高等学校规划教材·化学

无机化学

（第2版）

岳 红 主编

西北工业大学出版社

西 安

【内容简介】 本书保留了第1版的基本内容和特点，结合使用过程中出现的问题进行了文字和数据的修改，并对部分内容进行了充实和完善。全书共包括物质状态的基本理论、化学热力学概论、化学动力学浅述与化学平衡、酸碱反应原理、沉淀溶解反应原理、氧化还原反应原理及电化学、原子结构、分子结构、固体结构、配合物结构、p区元素的化学、s区与ds区元素的化学、d区元素的化学等13章内容。在部分章节中增加了一定量的阅读材料，以反映当今科技的发展和趋势。本书既满足了无机化学(Inorganic Chemistry)教学的基本要求，也满足了广大读者拓展知识面的需求。

本书可作为高等学校理工科各专业无机化学课程的基础教材，也可供相关学科科研人员、工程技术人员参考使用。

图书在版编目(CIP)数据

无机化学 / 岳红主编．— 2版．—西安：西北工业大学出版社，2022.6

高等学校规划教材．化学

ISBN 978-7-5612-7704-1

Ⅰ．①无…　Ⅱ．①岳…　Ⅲ．①无机化学-高等学校-教材　Ⅳ．①O61

中国版本图书馆CIP数据核字(2022)第084708号

WUJI HUAXUE

无 机 化 学

岳红　主编

责任编辑：何格夫　　策划编辑：何格夫

责任校对：张　友　　装帧设计：李　飞

出版发行：西北工业大学出版社

通信地址：西安市友谊西路127号　　邮编：710072

电　　话：(029)88491757，88493844

网　　址：www.nwpup.com

印 刷 者：兴平市博闻印务有限公司

开　　本：787 mm×1 092 mm　1/16

印　　张：30.25

字　　数：794千字

版　　次：2015年9月第1版　2022年6月第2版　2022年6月第1次印刷

书　　号：ISBN 978-7-5612-7704-1

定　　价：112.00元

第 2 版前言

本书第 1 版于 2015 年 9 月第 1 次印刷出版，至今已使用了六年多。在使用过程中，我们发现了部分知识结构、内容组织、文字编排及数据引用中存在的问题。近年来，随着科学技术的飞速发展，部分无机化学的概念有了更改和完善，特别是当今世界正在经历着百年未有之大变局，我国的发展面临的国内外环境也发生着深刻而复杂的变化，我国“十四五”时期以及更长时期的发展对加快科技创新提出了更为迫切的要求。科技是第一生产力，人才是第一资源，创新是发展的第一动力。国家科技创新力的根本源泉在于人才，这就要做好基础学科的人才培养。因此，我国和社会对人才培养模式提出了更高、更新的要求。全面提高教育质量，注重培养学生创新意识和创新能力，有必要加强数学、物理、化学、生物等基础学科建设。

近年来，各国都在积极进行高等教育体系的改革，以适应现代科技发展的需要。化学(含无机化学、有机化学、物理化学、配位化学等)是设计合成新物质、研制新材料、建立先进工业过程等方面不可或缺的知识体系之一，也是为国家和国防科技所涉及的各种化学类、材料类、新能源及动力等宏观工程领域的关键技术提供基础性科学支撑所必需的基础知识。

经过六年多的使用和教学实践，我们认为有必要对第 1 版教材进行修改和完善。本书力求立足于现在、植根于基础、着眼于未来，力求能够适应新形势、新发展的需要。

本书保留了第 1 版的基本内容和特点，由西北工业大学基础化学教学组在总结多年教学实践经验的基础上，结合使用过程中出现的问题进行了文字和数据的修改，并对部分内容进行了充实和完善。其中：第 6 章在电势图解及应用中增加了直观易懂并有广泛应用的 pH -电势图和标准吉布斯函数变-氧化态图两个重要的电势图解的构成及应用，使得电势图解及应用的内容更完整、更系统；第 1 章和第 9 章对新概念进行了更新。这些增加和更新的内容由岳红负责。全书各章内容由原编者负责修改和完善，具体分工如下：第 1，4，5，11，12，13 章由岳红负责，第 2 章由欧植泽、高云燕负责，第 3 章由王景霞负责，第 6 章由耿旺昌负责，第 7 章由尹德忠负责，第 8 章由刘根起负责，第 9 章由管萍负责，第 10 章由王欣负责。钦传光、殷明志参与了阅读材料的修改工作。全书由岳红担任主编，进行统稿工作。苏克和教授、胡小玲教授对全书的修改和完善提出了许多有益的建议和指导。

本书集西北工业大学基础化学教学组全体教师之智慧、实践，由岳红任主编，历时近一年时间修订完成。虽然我们努力了，但是书中难免有不妥之处，恳请各位读者不吝赐教，以便我们不断修改和完善。谢谢！

编　者

2021 年 10 月于西安

第1版前言

进入21世纪以来，科学技术有了飞速的发展，对人才培养模式提出了更高的要求。各国都在积极进行高等教育体系的改革，以适应现代科技发展的需要。化学与高新技术所需的特种材料、生物技术、信息技术、环境保护等有着密切的关系。因此，化学已成为现代高科技发展和社会进步的基础和先导，是一类具有广泛社会需求的基础性学科。

化学经过几千年的发展，逐渐形成了包括无机化学、有机化学、分析化学和物理化学为基本骨架的基础化学体系，其中无机化学又是其他课程的基础。在高等教育阶段，化学类学生学习的第一门课程就是无机化学，所以，无机化学在化学类技术人才培养中的重要地位显而易见。随着科学技术的发展，化学与多学科不断融合，新的交叉化学学科（如高分子化学、配位化学、催化化学、环境化学、生物化学、地球化学等）不断涌现。但是，无机化学仍然是化学领域和各分支学科中化学基础知识的概括，重点讲述化学中最基本的原理、最基本的理论、基础的元素化学的知识。

通过无机化学的学习，学生能够掌握现代无机化学的基本知识内容和基础理论体系，了解化学在社会发展和现代科技进步中的重要作用，培养学生用现代无机化学的观点去观察分析科学研究、工程技术问题的素养，提高学生解决实际工程领域中与化学相关问题的能力，是现代社会发展对复合型人才的基本要求，也是科技进步对高级工程技术人才的基本要求。

经过多年无机化学教学实践，我们积累了许多教学体会和实际的教学案例，编写一本既能适应高等教育体系改革的新形势，又能适应西北工业大学实际特点的教材是我们长久以来的夙愿。几十年来，我校（西北工业大学）保持独有的"航空、航天、航海"三航特色，兼具材料、化学、机电、生物工程等多领域快速发展。2013年西北工业大学为适应新形势对人才培养的新要求，以"给通才制定规则，给天才留出空间"为指导思想的多元化、个性化的人才培养体系，为学生成长成才创造更加广阔自由的发展空间，启动了全面的本科教学培养方案的改革。本次改革的目的是力求培养基础扎实、专业能力强、有社会责任感和国际视野的高素质创新型拔尖人才，保持和发展"厚基础、宽口径、重实践、求创新"的人才培养特色。因此，我们编写本书恰恰适应了我校发展的需要，也满足了高等教育体系改革的新要求，在编写中我们力求做到立足于现在、植根于基础、着眼于未来。

本书共13章，是由西北工业大学基础化学教学组在总结多年教学实践经验的基础上，根据教育部提出的《无机化学课程教学基本要求》编写而成的。其中第1，5，11～13章由岳红编写，第2章由欧植泽、高云燕编写，第3章由王景霞编写，第4章由朱光明、张诚编写，第6章由耿旺昌编写，第7章由尹德忠编写，第8章由刘根起编写，第9章由管萍编写，第10章由王欣编写。钦传光、殷明志参与了阅读材料的编写工作。全书由岳红担任主编，进行统稿工作。苏克和教授、胡小玲教授对全书的编写提出了许多有益的建议和意见。编写本书曾参阅了相关文献资料，在此，谨向其作者深表谢忱。

本书集基础化学教学组全体教师之智慧，历时近三年时间编写完成。即使如此，由于水平所限，书中不妥之处在所难免，恳请各位读者指教，以便我们不断修改和完善。谢谢！

编 者

2015 年 3 月于西安

目　录

第1章　物质状态的基本理论

物质的聚集状态最常见的有三种，分别是气态、液态和固态。在一定条件下存在的等离子态、中子态，也被称为物质的第四态和第五态。本章将简要介绍最常见的气、液、固三态的基本性质和相关理论。

1.1　气　　体

气体的性质最为简单，也是人们认识较早并研究较为充分的。一般认为，气体具有两个基本的特性，即自动扩散性和可压缩性。人们对于气体的研究是从理想模型入手的，提出了理想气体的基本概念，进而扩展到真实气体的研究，以指导实际的生产过程。

一、气体的状态方程

1. 理想气体状态方程

假设分子微粒之间的作用力、分子本身的体积忽略不计的气体为理想气体。这种气体实际并不存在，只是人们研究气体状态变化时提出的一种理想的物理模型。但是，在低压及高温下，由于气体分子微粒间距较大，所以分子之间相互作用力很小，与气体的体积相比，气体分子微粒本身所占有的体积是微不足道的。因此，这种状态下的气体非常接近于理想气体，在研究时通常可以当作理想气体进行处理。在研究气体状态的变化时，除特别指明以外，可以把体系中的气体都看作理想气体。根据玻意耳(R. Boyle)定律、盖吕萨克(Gay-Lussac)定律、阿伏伽德罗(A. Avogadro)定律推导，得到以下理想气体状态方程：

$$pV = nRT \tag{1-1}$$

理想气体状态方程描述了气体的压力 p、体积 V、热力学温度 T 和物质的量 n 的关系。在国际单位制中，p,V,T 的单位依次为 Pa，m^3，K(开尔文)。R 为理想气体常数，最常采用的数值为 8.314 $J\cdot mol^{-1}\cdot K^{-1}$。热力学温度 $T=273+t$，其中 t 为摄氏温度(℃)。

理想气体状态方程可以用于计算 p,V,T 和 n 中的任意物理量；确定气体的密度；进行摩尔质量等一系列的计算和讨论。

例 1-1　在容积为 40.0 L 的氧气钢瓶中充有 8.0 kg 氧气，温度为 25℃，计算钢瓶中氧气的压力为多少？

解　　$n(O_2)=m/M=8\ 000\ g/\ (32.0\ g\cdot mol^{-1})=250\ mol$

根据理想气体状态方程，有

$$p=nRT/V=(250\ mol\times 8.314\ J\cdot mol^{-1}\cdot K^{-1}\times 298\ K)/(40\ L\times 10^{-3})=1.55\times 10^{4}\ kPa$$

例 1-2　氦气(He)通常可以由液态空气蒸馏而得到。当氦的质量 m 为 1.26 g，温度 T 为 298.15 K，压力 p 为 76.35 kPa，体积 V 为 10.22 L 时，氦的摩尔质量 M(He)、相对原子质

量 A_r(He)以及标准状况下氦的密度 ρ(He)各是多少?

解 根据理想气体状态方程,有 $pV=nRT=(m/M)RT$,则

$M(He)=mRT/pV=$

$(1.26\ g\times8.314\ J\cdot mol^{-1}\cdot K^{-1}\times298.15\ K)/(76.35\ kPa\times10.22\ L)=$

$4.0027\ g\cdot mol^{-1}$

$$A_r(He)=4.0027$$

标准状况是指 $T=273.15$ K,$p=101.325$ kPa 时,故得

$\rho(He)=(101.325\ kPa\times4.0027\ g\cdot mol^{-1})/(8.314\ J\cdot mol^{-1}\cdot K^{-1}\times273.15\ K)=$

$0.1786\ g\cdot L^{-1}$

2.实际气体状态方程

自然状态下的气体就是实际气体。实际气体与理想气体模型之间存在着一定的偏差,有时偏差还会较大。因为,理想气体就是一种人为设定的假想状态。

由图 1-1 可以看出:当气体分子越小时,该气体就越接近理想气体,例如 H_2,N_2 等;而当气体分子越大时,该气体就会偏离理想气体越远,例如 CH_4,CO_2 等。

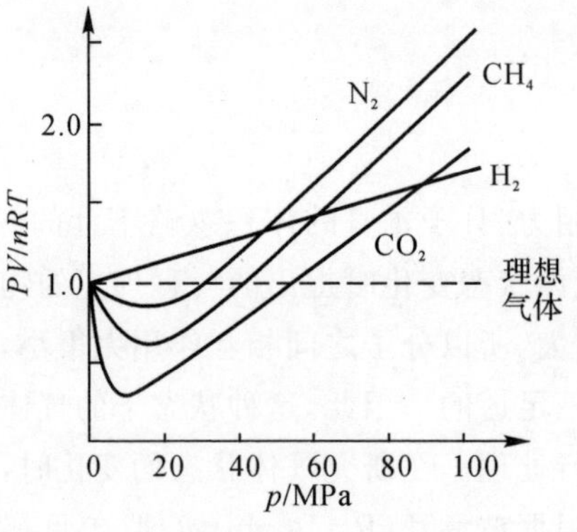

图 1-1 几种气体的 $pV/nRT-p$(200 K)图

很显然,实际气体需要考虑分子微粒间的相互作用力以及分子本身所占有的体积。对于理想气体,压力是由分子自由碰撞器壁而产生的;但是,实际气体的压力因为分子之间存在着相互间的吸引力,而使分子不能自由地碰撞器壁,其结果使得压力减小;实际气体的体积也需要考虑气体分子本身所占有的体积。综合各种影响因素,荷兰科学家范德瓦尔斯(van der Waals)于 1873 年提出了对于理想气体状态方程的修正,称为范德瓦尔斯气体状态方程,表达式为

$$\left(p+a\frac{n^2}{V^2}\right)(V-bn)=nRT \tag{1-2}$$

范德瓦尔斯气体状态方程可以用于计算和讨论实际气体。方程中的 a 是与分子间引力有关的常数,b 是与分子本身体积有关的常数,统称为范德瓦尔斯常数,数值见表 1-1。

通常,a,b 数值愈大,表明实际气体距理想气体愈远,从而产生的偏差就愈大。当然,产生分子间引力的原因除范德瓦尔斯力之外,还有很多种,对压力的影响因素也不只是分子间引力。因此,实际气体状态方程有很多种,情况也是非常复杂的,上述只是讨论了实际气体中的一种情况。

表1-1 一些气体的范德瓦尔斯常数

气体	$a/(m^6 \cdot Pa \cdot mol^{-2})$	$b/(m^3 \cdot mol^{-1})$	气体	$a/(m^6 \cdot Pa \cdot mol^{-2})$	$b/(m^3 \cdot mol^{-1})$
He	3.44×10^{-3}	2.37×10^{-5}	NH_3	4.22×10^{-1}	3.71×10^{-5}
H_2	2.47×10^{-2}	2.66×10^{-5}	C_2H_2	4.45×10^{-1}	5.14×10^{-5}
NO	1.35×10^{-1}	2.79×10^{-5}	C_2H_4	4.53×10^{-1}	5.71×10^{-5}
O_2	1.38×10^{-1}	3.18×10^{-5}	NO_2	5.35×10^{-1}	4.42×10^{-5}
N_2	1.41×10^{-1}	3.91×10^{-5}	H_2O	5.53×10^{-1}	3.05×10^{-5}
CO	1.51×10^{-1}	3.99×10^{-5}	C_2H_6	5.56×10^{-1}	6.38×10^{-5}
CH_4	2.28×10^{-1}	4.28×10^{-5}	Cl_2	6.57×10^{-1}	5.62×10^{-5}
CO_2	3.64×10^{-1}	4.27×10^{-5}	SO_2	6.80×10^{-1}	5.64×10^{-5}
NCl	3.72×10^{-1}	4.08×10^{-5}	C_6H_6	1.82	1.154×10^{-4}

例1-3 在容积为40.0 L的氧气钢瓶中充有8.0 kg氧气，温度为25℃。

(1)按理想气体状态方程计算钢瓶中氧气的压力；

(2)根据范德瓦尔斯气体状态方程计算氧气的压力；

(3)确定两种计算方法的相对偏差。

解 (1)由例1-1的计算有 $n(O_2)=250$ mol，根据理想气体状态方程有

$$p(O_2)=1.55\times10^4\ \text{kPa}$$

(2)根据范德瓦尔斯气体状态方程有

$$\begin{aligned}p'(O_2)=&[nRT/(V-nb)]-a(n/V)^2=\\&[(250\ \text{mol}\times8.314\ \text{J}\cdot\text{mol}^{-1}\cdot\text{K}^{-1}\times298\ \text{K})/(40\ \text{L}\times10^{-3}-\\&250\ \text{mol}\times3.18\times10^{-5}\ \text{m}^3\cdot\text{mol}^{-1})]-(0.138\ \text{Pa}\cdot\text{m}^6\cdot\text{mol}^{-2}\times\\&250^2\ \text{mol}/40^2\ \text{L}\times10^{-6})=1.40\times10^4\ \text{kPa}\end{aligned}$$

(3)两种计算结果的相对偏差为

$$\begin{aligned}X=&[(p(O_2)-p'(O_2))/p(O_2)]\times100\%=\\&[(1.55\times10^4\ \text{kPa}-1.40\times10^4\ \text{kPa})/1.55\times10^4\ \text{kPa}]\times100\%=9.7\%\end{aligned}$$

通过例1-1和例1-3的计算可以看出，根据理想气体状态方程和实际气体的范德瓦尔斯气体状态方程计算的结果有着一定的偏差。据此可以进一步了解到理想气体只是一种设想的理想状态，在讨论实际气体的性质时，采用理想气体状态方程是存在着偏差的。

二、混合气体

科学实验和生产实际中，常常遇到的不是只有一种气体，而是由多种气体组成的混合物。那么，混合气体是否也和单一气体一样遵守理想气体状态方程呢？在总结了低压下气体混合物压力实验的基础上，得出如下结论。

1. 分压定律

气体混合物的总压力等于各种气体单独存在，且具有混合物温度和体积时的压力之和，称

为道尔顿(J. Dalton)分压定律,可表示为

$$p_{总}=\sum_{B} p_{B} \tag{1-3}$$

假设在温度 T(K) 时,将物质的量为 n_a 的气体 a,置于体积为 V 的容器中,压力为 p_a;物质的量为 n_d 的气体 d,置于体积为 V 的容器中,压力为 p_d。若将若干种理想气体共置于该容器中,在 T,V 不变时,只要 a,d 等若干种气体之间不发生化学反应,它们各自的压力与它们单独存在时一样,即 a,d 等都各自遵循理想气体状态方程,有下式成立:

$$p_a=\frac{n_a RT}{V},\quad p_d=\frac{n_d RT}{V},\quad \cdots \tag{1-4}$$

将上述各式相加,有

$$p_a+p_d+\cdots=\frac{(n_a+n_d+\cdots)RT}{V}=\frac{n_{总}RT}{V}=p_{总} \tag{1-5}$$

那么,混合气体的总压 $p_{总}$ 也就等于 p_a,p_d,… 之和,即

$$p_{总}=p_a+p_d+\cdots \tag{1-6}$$

由式(1-4)、式(1-5) 可得

$$\frac{p_a}{p_{总}}=\frac{n_a}{n_{总}} \tag{1-7}$$

或表示为

$$p_a=\frac{n_a}{n_{总}}\cdot p_{总}=x_a\cdot p_{总} \tag{1-8}$$

即有

$$p_B=\left(\frac{n_B}{n_{总}}\right)\cdot p_{总}=x_B\cdot p_{总} \tag{1-9}$$

式(1-9) 中,B 表示任一组分,x_B 表示任一组分的摩尔分数,即任一组分的压力等于该组分的摩尔分数与总压的乘积。由上述推导可见,混合气体与单一气体相同,都遵守理想气体状态方程。

例 1-4 在 25℃ 下,将 0.10 MPa 的氧气 46 L 和 0.10 MPa 的氮气 12 L 充入体积为10 L 的储气罐中,试计算该罐内混合气体中,氧气、氮气的分压以及混合气体的总压。

解 气体混合前后的温度没有改变,氧气和氮气的物质的量不变,根据理想气体状态方程,有

$$p_1(O_2)V_1(O_2)=nRT,\quad p_2(O_2)V_2(O_2)=nRT$$

从而 $$p_1(O_2)V_1(O_2)=p_2(O_2)V_2(O_2)$$

则有 $p_2(O_2)=p_1(O_2)V_1(O_2)/V_2(O_2)=(0.10\ \text{MPa}\times 46\ \text{L})/10\ \text{L}=0.46\ \text{MPa}$

同理 $p_2(N_2)=p_1(N_2)V_1(N_2)/V_2(N_2)=(0.10\ \text{MPa}\times 12\ \text{L})/10\ \text{L}=0.12\ \text{MPa}$

根据分压定律有

$$p_{总}=p(O_2)+p(N_2)=0.46\ \text{MPa}+0.12\ \text{MPa}=0.58\ \text{MPa}$$

2. 分体积定律

根据同样的原理和方法,也可以推导得到分体积定律为

$$p_B=\varphi_B p_{总} \tag{1-10}$$

式(1-10) 中,φ_B 是任一组分的体积分数。请尝试着自己进行推导。

三、气体的基本性质

1. 气体扩散定律

英国科学家格拉罕姆(T. Graham)于1831年指出，同温同压下气体的扩散速率与其密度的二次方根成反比，可表示为

$$\frac{v_a}{v_d}=\frac{\sqrt{\rho_d}}{\sqrt{\rho_a}} \tag{1-11}$$

式(1-11)中，v_a，v_d分别表示气体a，d的扩散速率；ρ_a，ρ_d分别表示气体a，d的密度。由于同温同压下气体的密度与其相对分子质量成正比，故有下式成立：

$$\frac{v_a}{v_d}=\frac{\sqrt{M_{rd}}}{\sqrt{M_{ra}}} \tag{1-12}$$

即扩散速率与其相对分子质量的二次方根也成反比。

2. 气体分子的速率分布和能量分布

(1) 气体分子的速率分布。一定量气体的分子数目众多，各个分子的运动速率并不相同，在无序的运动中，分子与分子之间、分子与器壁之间相互碰撞，从而使分子的运动速率和运动方向不断改变。但是，分子运动速率的分布却遵循着一定的统计规律。英国科学家麦克斯韦(J. C. Maxwell)于1860年运用概率论及统计力学的方法，推导得出了计算分子运动速率分布的计算公式，讨论了分子运动速率的分布规律，其结论为，速率极大和极小的分子数量较少，速率居中的分子数量较多，称为麦克斯韦-玻尔兹曼(Maxwell-Boltzmann)速率分布。例如，计算得到氧气分子在273 K时的速率分布见表1-2，其数据很好地印证了麦克斯韦-玻尔兹曼速率分布的合理性。

表1-2　氧气分子在273 K时的速率分布

速率范围/($m\cdot s^{-1}$)	分子百分比/(%)	速率范围/($m\cdot s^{-1}$)	分子百分比/(%)
<100	1.4	400～500	20.3
100～200	8.1	500～600	15.1
200～300	16.7	600～700	9.2
300～400	21.5	>700	7.7

用图示法研究气体分子的速率分布是一种直观而清晰的方法。图1-2为气体分子运动速率分布曲线。

该图是以横坐标气体分子运动速率v对纵坐标$\frac{1}{N}\frac{\Delta N}{\Delta v}$作图，曲线下的总面积为1。$N$是分子的总数，$\Delta N$是速率处于$v_0$附近的速率间隔$\Delta v$内的分子数，$\frac{\Delta N}{\Delta v}$是速率$v_0$附近单位速率间隔内的分子数，所以纵坐标$\frac{1}{N}\frac{\Delta N}{\Delta v}$表示处于$v_0$附近单位速率间隔内气体分子数占分子总数的百分数。$v_1$～$v_2$之间曲线下的面积则表示速率处于$v_1$～$v_2$之间的气体分子的数目占分子总数的百分数。曲线最高点对应的速率v_p称为最概然速率，表示具有此速率的分子数目占分子总数

的百分数最大；$\bar{v}$ 称为算术平均速率；$\sqrt{\overline{v^2}}$ 称为方均根速率。这 3 种速率的表达式及关系如下：

算术平均速率为

$$\bar{v}=\frac{v_1+v_2+\cdots+v_N}{N} \tag{1-13}$$

方均根速率为

$$\sqrt{\overline{v^2}}=\sqrt{\frac{N_1v_1^2+N_2v_2^2+\cdots}{N_1+N_2+\cdots}} \tag{1-14}$$

这 3 种速率的关系为

$$\sqrt{\overline{v^2}}:\bar{v}:v_p=1.000:0.921:0.816 \tag{1-15}$$

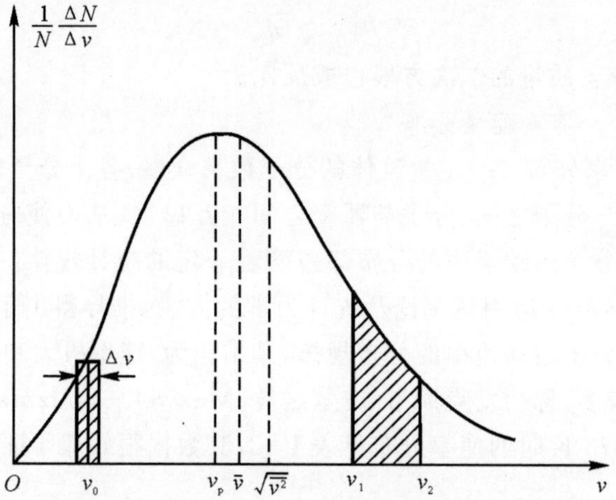

图 1-2　气体分子运动速率分布

图 1-2 中也给出了这 3 种速率的关系。通常，计算气体分子在单位时间平均运动的距离时采用 $\bar{v}$，而计算气体分子的平均动能时则用 $\sqrt{\overline{v^2}}$。

图 1-3 为不同温度下的气体分子的速率分布曲线。很显然，升高温度时，气体分子的运动速率均增大，且具有较高速率的分子百分数提高，表现为曲线右移且平坦。

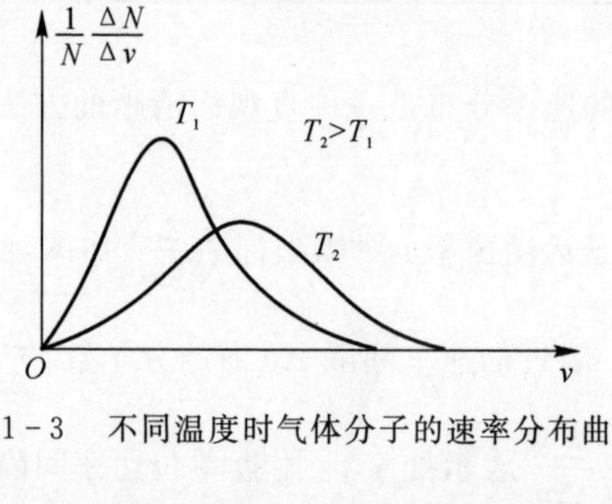

图 1-3　不同温度时气体分子的速率分布曲线

(2) 气体分子的能量分布。气体分子的能量分布与速率分布有关，因为气体分子运动的动能与速率有关，如图 1-4 所示。

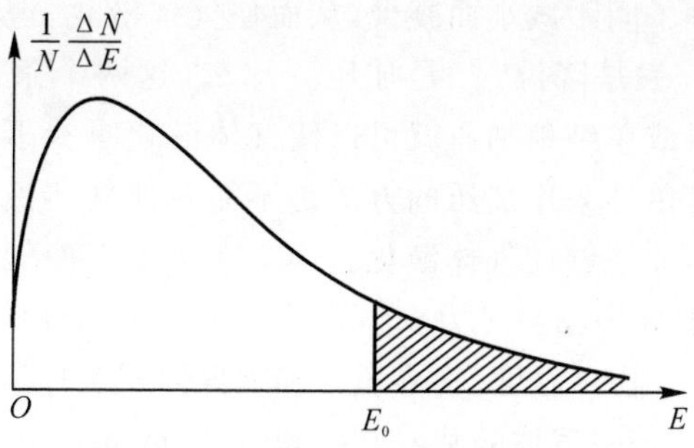

图 1-4　气体分子的能量分布

从图 1-4 可以看出，能量分布与速率分布有着相似的规律，所不同的是，能量分布图开始时较陡，而后趋缓。在无机化学课程中，一般只需用下述近似公式进行讨论即可：

$$f_{E_0}=\frac{N_i}{N}=e^{-E_0/(RT)} \tag{1-16}$$

式(1-16)中，E_0 是个特定的能量值，$\frac{N_i}{N}$ 是能量大于或等于 E_0 的所有分子的分数。当 E_0 值越大时，$\frac{N_i}{N}$ 的分数值越小。在讨论化学反应速率时要用到这些公式和概念。

1.2　液　　体

一、液体的基本性质

1. 相与态

系统中物理性质、化学性质完全相同的部分叫作一个相。在指定条件下，相与相之间存在明显的界面。只有一个相的系统（如一杯溶液或一瓶气体）叫作单相系统或均匀系统。含有两个相或两个相以上的系统叫作多相系统或不均匀系统。

应当注意，相与物态的概念是不同的。例如，油和水组成的系统有两个相，是多相系统，但只有一个态，即液态。那么，如何确定一个系统中有多少个相呢？

对于气体而言，通常情况下，任何气体之间均能自动扩散、混合均匀，即气体间是分子程度的混合，故无论系统中含有多少种气体，都只有一个相。对于液体而言，按其互溶程度确定有几个相，若液体之间完全互溶则只有一个相，反之则为多相。例如，相溶性较差的油和水的系统就是两相系统，将其剧烈震荡后油和水形成了乳浊液，但仍然是两相系统。对于固体而言，如果系统中所含的不同固体间达到了分子程度的均匀混合，就形成了固溶体（如锌-铝合金等）。一种固溶体就是一个相；反之，如果系统中不同固体之间未达到分子级的混合，则不论这些固体研磨得多么细，分散得多么均匀，仍是系统中含有多少种固体物质，就有多少个相。相的存在与物质的量的多少无关，相也可以不连续存在。如冰不论是 1 kg 还是 0.5 kg，也不论是大块还是小块，都只有一个相。

2. 气体的液化

气体由气态到液体的过程称为气体的液化。根据气体的性质，通过降低温度、增加压力能够使得分子的动能降低，分子间距减小而凝聚，从而使气体液化。从前面的描述可以看出，气体液化的基本条件有两个，一是降温，二是加压。那么，这两个条件各自都能够使气体液化吗？也就是说，单纯地降温或单纯地加压就可以使气体液化吗？事实是单纯采用降温的方法是可以使气体液化的，但是单纯采用加压的方法是不能够使气体液化的。只有当温度降低到一定的数值时，再进行加压才能够使气体液化。这个在加压下使气体液化所要求的温度称为临界温度 T_c，对应的压力就称为临界压力 p_c。在临界温度和临界压力下，1 mol气态物质所占有的体积称为临界体积 V_c。临界温度、临界压力和临界体积统称为临界常数，见表1-3。

表1-3　一些气体的临界常数和熔点(m.p.)、沸点(b.p.)

气体	T_c/K	p_c/Pa	$V_c/(m^3 \cdot mol^{-1})$	m.p./K	b.p./K
He	5.1	2.28×10^5	5.77×10^{-5}	1	—
H_2	33.1	1.30×10^6	6.50×10^{-5}	14	20
N_2	126	3.39×10^6	9.00×10^{-5}	63	104
O_2	154.6	5.08×10^6	7.44×10^{-5}	54	90
CH_4	190.9	4.64×10^6	9.88×10^{-5}	90	156
CO_2	304.1	7.39×10^6	9.56×10^{-5}	104	169
NH_3	408.4	1.13×10^7	7.23×10^{-5}	195	240
Cl_2	417	7.71×10^6	1.24×10^{-4}	122	239
H_2O	647.2	2.21×10^7	4.50×10^{-4}	273	373

通常情况下，任意物质的临界温度越低，该物质的气体越难液化，该物质的熔点、沸点也就越低。

3.液体的蒸发

由液体到气体的过程称为液体的蒸发。液体蒸发时，分子首先要从液体内部向液体表面运动，进而克服临近分子的引力而逃逸，该过程无疑是要吸收能量的。液体分子的能量分布与气体分子的能量分布相似，都服从式(1-16)。虽然这些高能分子不一定在液体表面，但是，蒸发速度还是与高能分子数目成正比。

某物质的液态与气态间的凝聚速率和蒸发速率相等时的蒸气压称为该物质的饱和蒸气压，简称蒸气压。任一物质的蒸气压只与该液体的本质和温度有关，而与液体的量和容器的大小无关。

在一定的温度下，将一定量的液体盛于一定体积的密闭容器中，则液面上部分高能量分子就会克服分子间的引力逸出液面，进入容器的空间内成为蒸气分子[见图1-5(a)]。相反，蒸气分子在液面上的空间不断运动时，某些蒸气分子可能碰到液面又进入液体中。在一定的温度下，液体的蒸发速率是恒定的，而凝聚速率最初较小[见图1-5(b)]，但是，随着蒸气分子数目增多，凝聚速率增加，最后，当凝聚速率与蒸发速率相等时，液体(液相)和它的蒸气(气相)就处于平衡状态[见图1-5(c)]。这种两相之间的平衡称为相平衡。平衡时，在单位时间内从气相回到液相的分子数等于从液相进入气相的分子数，因此，它是一种动态平衡。在一定的温度 T_1 下，液体和它的蒸气处于平衡状态时，由于密闭容器中气体分子B的物质的量 n_1 恒定，体

积 V 一定，因此按照理想气体状态方程有

$$p_1 = \frac{n_1}{V}RT_1$$

由上式得知，p_1 必为定值，所以，在一定温度下，液体的饱和蒸气压是一定的。

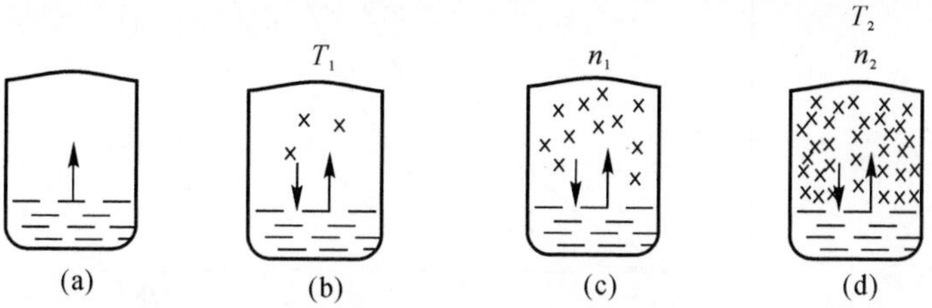

图 1－5　液体蒸发与蒸气凝聚过程示意图

(a) 开始时，$v_蒸 = D$，$v_凝 = 0$；　(b) 未达平衡，$v_蒸 = D$，$v_凝 < D$；

(c) $v_蒸 = v_凝 = D$ 时(平衡状态)；　(d) 温度升至 T_2 时平衡状态($n_2 > n_1$)，$v'_蒸 = v'_凝 = D' > D$

图中(a)(b)(c) 均为 T_1 温度下；(d) 为 T_2 温度下；箭头长短表示蒸发速率或凝聚速率的大小

当温度升高至 T_2($> T_1$) 时，系统中所有分子的动能均增大了，具有逸出能力的分子(高能分子) 数目也增多了。与此同时，由于受热膨胀，液体分子间距离增大，分子之间的引力减弱，具有较低能量的分子也可能从液面逸出，使得在单位时间内从单位液面上逸出的分子数增加，即蒸发速率加快。如图 1－5(d) 所示，当 $v'_凝 = v'_蒸$ 时，显然 $n_2 > n_1$，由理想气体状态方程式得知，p_2 必然大于 p_1。也就是说，对于同一物质，当温度由 T_1 升高至 T_2 时，蒸气压增大了。

由理想气体状态方程式可以看出，p 与 n 和 T 的乘积成正比，而 n 随 T 变化，因此，蒸气压与温度的关系并非呈直线变化。

蒸气压与液体的本性有关，而与液体的量无关。例如，在 20℃ 时，水的蒸气压是 2.339 kPa，酒精是 5.847 kPa，乙醚是 58.932 kPa。通常，蒸气压愈大的物质愈容易挥发。

在一定温度下，每种液体的蒸气压是一个定值。温度升高，蒸气压增大(见表 1－4)。

表 1－4　在不同温度下水的蒸气压

温度 /℃	0	10	20	25	30	40	60
蒸气压 /kPa	0.610	1.228	2.339	3.169	4.246	7.381	19.932
温度 /℃	80	100	120	150	200	375	
蒸气压 /kPa	47.373	101.325	198.5	476.1	1 554.5	22 061.7	

固体表面的分子也能蒸发。如果把固体放在密闭的容器中，固体(固相)和它的蒸气(气相)之间也能达到平衡，而产生一定的蒸气压。固体的蒸气压也随着温度的升高而增大。表 1－5列出了在不同温度下冰的蒸气压。

表 1－5　在不同温度下冰的蒸气压

温度/℃	0	－1	－5	－10	－15	－20	－25
蒸气压/kPa	0.61	0.563	0.401	0.260	0.165	0.104	0.064

以蒸气压为纵坐标，温度为横坐标，画出几种液体在不同温度下的蒸气压曲线，如图 1－6 所示。

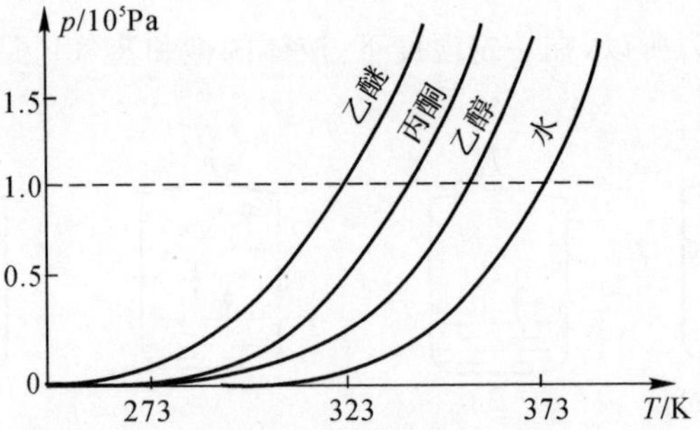

图 1－6　几种液体的蒸气压曲线

4. 液体的沸点

液体的饱和蒸气压与外压相等时的温度称为该液体的沸点。根据定义可见，液体的沸点与外界大气压相关，当外界大气压升高时，液体的沸点随之升高。我们常把外界大气压为 101.325 kPa时的沸点称为液体的正常沸点，由图 1－6 可以看出乙醚、丙酮、乙醇和水的正常沸点。当然，外界大气压的高低又与海拔高度相关，在高海拔地区对沸点有什么样的影响请读者思考。

二、溶液

溶液是由一种或多种物质分散在另一种物质中所形成的均相分散体系。工农业生产、日常生活和科学实验都离不开溶液。我们熟知的许多反应是在溶液中进行的，物质的性质也常常是在溶液中呈现的。例如：机械工业中的酸洗、除锈、电镀、电解加工、化学刻蚀，日常生活中的洗涤、烹饪等都和溶液有关。在制备和使用溶液时，需要确定溶液的浓度，了解溶液的性质。溶液可分为电解质溶液和非电解质溶液。非电解质溶液具有某些共同的特性，称为依数性；而电解质溶液则偏离这些性质。因此，对多种类型的溶液进行讨论，了解其各自的特性，具有重要的意义。

1. 溶液及浓度的基本概念

一种物质的微小粒子分散在另一种物质中组成的系统叫作分散系统，简称分散系(Disperse system)。被分散的物质称为分散质(Dispersed substance)，起分散作用的物质，也就是分散质周围的介质称为分散剂(Dispersant)。例如，葡萄糖水溶液是葡萄糖以分子状态分散在水中形成的分散系；医学临床上使用的生理盐水是 NaCl 以离子状态分散在水中形成的分散系，其中葡萄糖和 NaCl 是分散质，水是分散剂。将黏土投入水中并搅拌后，黏土以微小的颗粒分散在水中形成泥浆。

分散系可以分为胶体(Colloid)分散系和溶液(Solution)分散系(见表 1－6)。胶体中分散质的粒子较大，由许多分子聚集而成。这些粒子各自以一定的界面和周围的介质分开，成为一个不连续的相，因此，胶体是多相分散系。在溶液中，分散质(又称为溶质)都是以单个分子或离子状态存在的，整个溶液是单相分散系。

根据分散质粒子直径的大小，胶体又可分为浊液(Cloudy solution)和溶胶(Sol)两类。在浊液中分散质粒子直径大于 100 nm，不但用普通显微镜能看见，而且肉眼也能看见，系统呈浑浊状态。浊液又分为悬浊液和乳浊液。分散质为固态时的浊液称悬浊液(Suspension)，如泥水；分散质为液态时的浊液称乳浊液(Emulsion)，如牛奶、鱼肝油、杀虫剂的乳化液和切削液等。在溶胶中分散质粒子的直径为 1～100 nm，普通显微镜或肉眼均观察不到，从外表看整个系统是清澈的。

表 1－6　各种分散系

分散状态	粒径/nm	举　例	特　征	相　系
浊液	＞100	泥水、牛奶	不透明、不稳定、不穿过滤纸	多相
溶胶	1～100	水玻璃(纳米材料)	微浑浊、半透明或不浑浊透明	多相
溶液	0.10～1	硫酸、盐水	不沉降、稳定、可穿过滤纸	单相

在溶液中虽然分散质以单个分子或离子状态存在，但对不同分散质来说，分散质分子所含原子数目却相差悬殊，有的仅有几个，有的可多达几千个或几万个。通常把原子数目很多、相对分子质量很大的高分子物质(如蛋白质、纤维、橡胶等)所形成的溶液称为高分子溶液(Macromolecule solution)，高分子溶液有时也呈现出一些溶胶的性质；把含原子数目较少，相对分子质量通常在 1 000 以下，粒子较小的低分子物质(如葡萄糖和 NaCl 等)所形成的溶液称为低分子溶液，简称溶液。如果溶液中两种组分都是液态时(如消毒用的碘酒)，则以其中含量较多的组分作为分散剂；如果其中一个组分为水时，通常以水作为分散剂。

通常溶液定义为：一种物质以分子或离子均匀地分布于另一种物质中所组成的均匀而稳定的体系。所谓均匀而稳定的体系，是指体系的任何部分的组成和性质都相同，且长时间保持不变。溶液通常都是单相系统，也称为均相系统。

2. 溶液浓度的表示

在一定量的溶液或溶剂中所含溶质的量，叫作溶液的浓度。由于溶质、溶剂和溶液的量可以用不同的单位表示，因此，溶液浓度的表示方法有多种形式。

(1)溶质 B 的量浓度。溶质 B 的量浓度表示为溶质 B 的物质的量 n_B 除以溶液的体积 V(单位：L)，用符号 c_B 表示，其单位为 $mol \cdot L^{-1}$，即

$$c_B = \frac{\text{溶质 B 的物质的量(mol)}}{\text{溶液的体积(L)}} = \frac{n_B}{V} \tag{1-17}$$

(2) 溶质 B 的质量摩尔浓度。 溶质 B 的质量摩尔浓度表示为溶质 B 的物质的量 n_B 除以溶剂的质量 m(单位：kg)，用符号 m_B(或 b_B) 表示，其单位为 $mol \cdot kg^{-1}$，即

$$m_B = \frac{n_B}{m} \tag{1-18}$$

(3) 溶质 B 的摩尔分数。 溶质 B 的摩尔分数(又叫作溶质 B 的量分数) 表示为溶质 B 的物质的量 n_B 除以溶质的物质的量 n_B 和溶剂的物质的量 n_A 的和($n_B + n_A$)，用符号 x_B 表示，其量纲为 1，即溶质 B 的摩尔分数为

$$x_B = \frac{n_B}{n_B + n_A} \tag{1-19}$$

溶质 A 的摩尔分数为

$$x_A = \frac{n_A}{n_A + n_B}$$

很显然，溶液中溶质和溶剂的摩尔分数之和等于1，即

$$x_A + x_B = 1 \tag{1-20}$$

例 1－5 在20℃时，硫酸溶液的密度为 $1.52\ g \cdot mL^{-1}$，每升溶液中含 H_2SO_4 为590.5 g。试计算：(1) H_2SO_4 的质量分数；(2) H_2SO_4 的物质的量浓度；(3) H_2SO_4 的质量摩尔浓度；(4) H_2SO_4 和 H_2O 的摩尔分数。

解 (1)1 L(等于1 000 mL) H_2SO_4 溶液的质量为

$$1\,000\ mL \times 1.52\ g \cdot mL^{-1} = 1\,520\ g$$

H_2SO_4 的质量分数为

$$\frac{590.5\ g}{1\,520\ g} \times 100\% = 38.85\%$$

(2) H_2SO_4 的摩尔质量为 $98.08\ g \cdot mol^{-1}$，则590.5 g H_2SO_4 的物质的量为

$$\frac{590.5\ g}{98.08\ g \cdot mol^{-1}} = 6.021\ mol$$

按题意，溶液的体积为1 L，故 H_2SO_4 的物质的量浓度为 $6.021\ mol \cdot L^{-1}$。

(3) 1 520 g H_2SO_4 溶液中含 H_2SO_4 590.5 g，含水为

$$1\,520\ g - 590.5\ g = 929.5\ g$$

则含1 000 g水的 H_2SO_4 溶液中含 H_2SO_4 的物质的量为

$$\frac{590.5\ g}{98.08\ g \cdot mol^{-1}} \times \frac{1\,000\ g}{929.5\ g} = 6.477\ mol$$

则 H_2SO_4 的质量摩尔浓度为 $6.477\ mol \cdot kg^{-1}$。

(4)由(2)知590.5 g H_2SO_4 的物质的量为6.021 mol，H_2O 的摩尔质量为 $18.02\ g \cdot mol^{-1}$，则929.5 g H_2O 的物质的量为

$$\frac{929.5\ g}{18.02\ g \cdot mol^{-1}} = 51.58\ mol$$

H_2SO_4 的摩尔分数为

$$x = \frac{6.021\ mol}{6.021\ mol + 51.58\ mol} = 0.104\,5$$

H_2O 的摩尔分数为

$$x = \frac{51.58\ mol}{6.021\ mol + 51.58\ mol} = 0.895\,5$$

从计算结果可以看出，当 H_2SO_4 的物质的量浓度为 $6.021\ mol \cdot L^{-1}$ 时，则质量摩尔浓度为 $6.477\ mol \cdot kg^{-1}$，相对偏差约为7.6%；可以推测出，当物质的量浓度愈小时，与质量摩尔浓度的相对偏差也愈小。因此，在稀溶液的研究中，物质的量浓度和质量摩尔浓度的数据时常相互直接使用而无须换算就是依据于此。

三、稀溶液——非电解质稀溶液的依数性

物质的溶解是一个物理化学过程，溶解作用的结果，不但溶质的性质发生了变化，溶剂的性质也随之变化，这些变化包括溶液的颜色、体积、导电性以及溶液的蒸气压、沸点、凝固点、渗透压的改变。

非电解质是指溶质以分子形态分散在溶剂中；稀溶液一般是指溶质分子数在溶液分子总

数中不超过2%；依数性意指该性质只与溶剂的本性、溶液中溶质的量有关，而与溶质的本性无关。

溶液的基本性质可以分为个性和共性。通常，溶液的个性有颜色、导电性、密度等，这些性质与溶质的本性密切相关。例如：当溶剂为水时，溶质是硫酸铜的话，溶液呈天蓝色；而溶质是硫酸镍的话，溶液呈淡绿色；等等。很显然，颜色与溶质的本性相关。溶液的共性有蒸气压、凝固点、沸点、渗透压等，这些性质都与溶质的本性无关。通常，溶液的蒸气压、沸点、凝固点以及渗透压等，仅仅与溶剂性质及溶液中溶质的数量（即溶液浓度）有关，而与溶质的本性无关，故称为溶液的依数性。它实际是溶液中加入溶质后，使溶剂的性质发生了变化。这种依数性在非电解质稀溶液中表现出明显的规律，并且知道了一种依数性性质可以推算出其他依数性。

1. *溶液的蒸气压下降*

由实验得知，在溶剂中溶解有任何一种难挥发的非电解质物质时，该溶液的蒸气压就比纯溶剂的蒸气压降低了。这是因为，溶质溶入溶剂以后，每个溶质分子与若干个溶剂分子结合，形成溶剂化分子，这样一方面减少了一些高能量的溶剂分子，另一方面又占据了一部分溶剂的表面，结果使得在单位表面、单位时间内逸出的溶剂分子相应减少，因此，在同一温度下，当溶剂分子达到平衡时，难挥发溶质的溶液蒸气压必定低于纯溶剂的蒸气压。在相同温度下，纯溶剂蒸气压和溶液蒸气压的差值叫作溶液的蒸气压下降。显然，溶液的浓度越大，溶液的蒸气压下降就越多。图1-7为水的相图，其中AOC是纯水以固体存在的区域，AOB是纯水以液体存在的区域，COB是纯水以气体存在的区域；AO(液-固)、BO(液-气)、CO(气-固)线是纯水的两相平衡线，即线上任意一点对应的温度和压力下，水都是以两相共存的；O点称为纯水的三相共存点，即水的三相点。当水中溶解了任意难挥发的非电解质时，溶液的蒸气压下降了，那么，BO线总体下移，成为DE线。

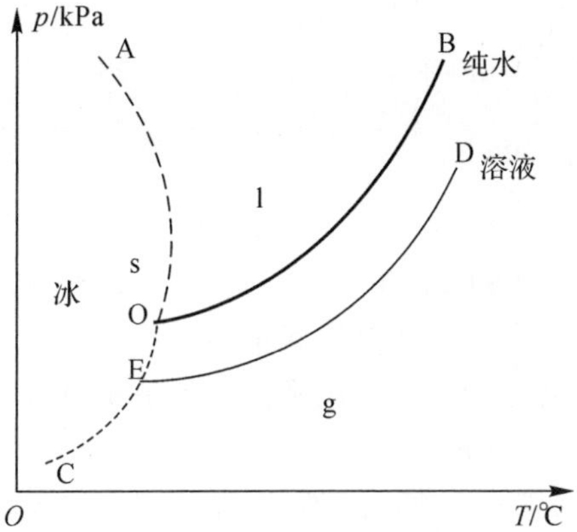

图1-7　水的相图

1887年，法国物理学家拉乌尔(F. M. Raoult)根据实验结果，得出难挥发的非电解质稀溶液的蒸气压下降与溶质的量的关系为

$$\Delta p=\frac{n_B}{n_B+n_A}p^* \tag{1-21}$$

式中：Δp 表示溶液的蒸气压下降；p^* 表示纯溶剂的蒸气压；n_A 表示溶剂的物质的量；n_B 表示溶质的物质的量。对于稀溶液来说，n_A 远大于 n_B 时，有 $n_A+n_B\approx n_A$，故得

$$\Delta p \approx \frac{n_B}{n_A} p^* \qquad (1-22)$$

式(1－22)和式(1－21)可表述为：在一定温度下，难挥发的非电解质稀溶液的蒸气压下降与溶质B的摩尔分数成正比(或与溶质B的摩尔浓度成正比)，而与溶质的本性无关。这个结论称作拉乌尔定律。

某些固体物质，如氯化钙($CaCl_2$)、五氧化二磷(P_2O_5)等，在空气中易吸收水分而潮解，就与溶液的蒸气压下降有关。因为，这些固体物质表面吸水后，形成该物质的溶液，它的蒸气压比空气中水蒸气的分压小，结果空气中的水蒸气不断地凝结进入此溶液，使这些物质继续潮解。正由于此性质，所以这些物质常用作干燥剂。

例1－6 计算293 K时，下列水溶液的蒸气压各下降了多少。

(1)17.1 g蔗糖溶解在100.0 g水中；

(2)1.5 g尿素溶解在50.0 g水中。

计算结果说明了什么问题？(蔗糖的摩尔质量M＝342.3 g·mol^{-1}，尿素的摩尔质量M＝60.1 g·mol^{-1}。)

解 查表，在293 K时，水的p^*＝2.34 kPa。

(1)蔗糖水溶液：

$$x_B = \frac{n_B}{n_A + n_B} = \frac{17.1\ \text{g}/342.3\ \text{g}\cdot\text{mol}^{-1}}{17.1\ \text{g}/342.3\ \text{g}\cdot\text{mol}^{-1} + 100.0\ \text{g}/18.0\ \text{g}\cdot\text{mol}^{-1}} =$$

$$\frac{0.05\ \text{mol}}{0.05\ \text{mol} + 5.56\ \text{mol}} = \frac{0.05\ \text{mol}}{5.61\ \text{mol}} = 8.91 \times 10^{-3}$$

由式(1－21)得

$$\Delta p = \frac{n_B}{n_B + n_A} p^*$$

$$\Delta p = 2.34\ \text{kPa} \times 8.91 \times 10^{-3} = 2.08 \times 10^{-2}\ \text{kPa}$$

(2)同理，尿素水溶液：

$$x_B = \frac{1.5\ \text{g}/60.1\ \text{g}\cdot\text{mol}^{-1}}{50.0\ \text{g}/18.0\ \text{g}\cdot\text{mol}^{-1} + 1.5\ \text{g}/60.1\ \text{g}\cdot\text{mol}^{-1}} = 8.91 \times 10^{-3}$$

$$\Delta p = 2.34\ \text{kPa} \times 8.91 \times 10^{-3} = 2.08 \times 10^{-2}\ \text{kPa}$$

通过计算说明，不论是蔗糖稀溶液还是尿素稀溶液都比纯水的蒸气压降低了，并且，只要两者溶质的摩尔分数相同，其稀溶液的蒸气压降低值就是相同的。

2.溶液的沸点上升和凝固点下降

一切纯物质都有一定的沸点和凝固点。但是，在溶剂中加入难挥发的非电解质溶质后，由于溶液的蒸气压下降而使其沸点上升和凝固点下降。现在通过图1－8中水溶液的例子予以说明。图中aa'，ac和bb'线分别表示水、冰和水溶液的蒸气压与温度的关系。

我们知道，液体的沸点和凝固点与蒸气压有着密切的关系。沸点是指液体的蒸气压等于外界压力时的温度。在一定温度下，由于溶液的蒸气压下降了，故溶液的蒸气压(见图1－8中bb'线)总是低于纯溶剂(水)的蒸气压(见图1－8中aa'线)。溶液的蒸气压下降必然要引起它的沸点和凝固点的变化。在101.325 kPa下，纯水的沸点是100℃，这时，纯水的蒸气压等于101.325 kPa。在相同的温度下溶液的蒸气压必定低于101.325 kPa(即低于外界大气压)，图中d点低于101.325 kPa，此时溶液不会沸腾。要使溶液沸腾，必须升高溶液的温度到t_b。因此，溶液的沸点总是高于纯溶剂的沸点(见图中 $t_b>100$℃)。溶液的沸点和纯溶剂的沸点的差值 Δt_b 就是溶液的沸点上升。

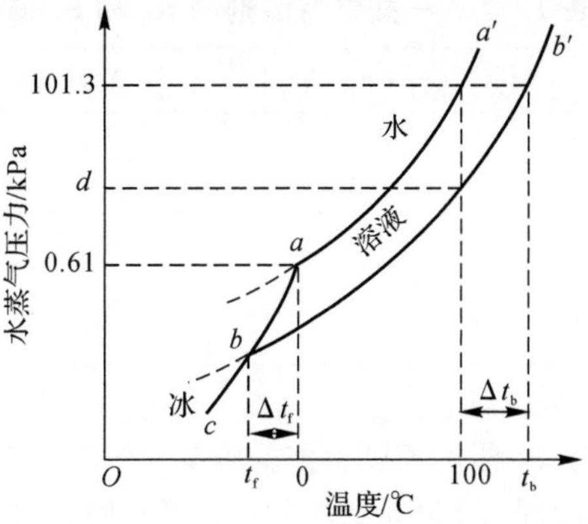

图 1－8　水溶液的沸点上升和凝固点下降示意图

溶液的凝固点下降也是由于溶液的蒸气压下降引起的。凝固点是指固相与液相共存(即两相蒸气压相等)时的温度。这里所谓溶液的凝固点，是指溶液中溶剂(水)的蒸气压等于冰的蒸气压时的温度，即图 1－8 中 ac 线与 bb'线交点对应的温度。(液体的凝固点是在一定的外压下，纯液体与其固体达成平衡时的温度。液体在 101.325 kPa 下的凝固点为液体的正常凝固点，此时固体的蒸气压等于液体的蒸气压。比如水在常压下凝固点是 273.15 K，这时，液态水与冰的蒸气压相等，都是 0.61 kPa。)

由于溶液的蒸气压下降，0℃时溶液的蒸气压小于冰的蒸气压(0.61 kPa，见图 1－8)，即使在溶液中放入冰块，蒸气压大的冰也要熔化，即冰与溶液不能共存，所以 0℃的溶液不会结冰。要使溶液结冰必须降低温度。显然，溶液的凝固点总是比纯溶剂的凝固点低。

在 0℃以下时，虽然冰和溶液的蒸气压都随着温度下降而减小，但冰的蒸气压减小的程度比溶液蒸气压减小的程度大，故 ac 线比 aa'线更陡些。当体系的温度降低到 0℃以下某一温度时，冰和溶液的蒸气压相等(但都小于 0.61 kPa)，冰和溶液达到平衡，此时的温度就是溶液的凝固点，即图 1－8 中 ac 和 bb'交点对应的温度 t_f，它比水的凝固点要低($t_f<0$℃)。溶液的凝固点和纯溶剂的凝固点的差值 Δt_f 就是溶液的凝固点下降。

溶液的凝固点下降和沸点上升的原因是蒸气压下降了，蒸气压下降与溶液的浓度有关，因此，凝固点下降和沸点上升的数值也取决于溶液的浓度。拉乌尔根据实验归纳出如下定律：难挥发的非电解质稀溶液的沸点上升和凝固点下降与溶液的质量摩尔浓度成正比。此定律可用数学式表示为

$$\Delta t_b = K_b m_B \tag{1-23}$$

$$\Delta t_f = K_f m_B \tag{1-24}$$

式中：Δt_b 和 Δt_f 分别代表溶液的沸点上升和凝固点下降；K_b 和 K_f 分别代表溶剂的沸点上升常数和凝固点下降常数，单位为 ℃ · kg · mol^{-1}；m_B 是溶液的质量摩尔浓度。

显然，当 $m_B = 1\ mol \cdot kg^{-1}$ 时，$\Delta t_b = K_b$，$\Delta t_f = K_f$，因此，某溶剂的沸点上升常数和凝固点下降常数，就是当 1 mol 难挥发的非电解质溶解在 1 000 g 溶剂中，所引起的沸点上升和凝固点下降的度数。

K_b 和 K_f 只与溶剂的本性有关，而与溶质的性质无关。溶剂不同，K_b 和 K_f 的数值也不同。表 1-7 给出了一些常用溶剂的 K_b 和 K_f 的数值。

表 1-7　一些常用溶剂的 K_b 和 K_f 值

溶　剂	沸点 /℃	K_b/(℃·kg·mol^{-1})	凝固点 /℃	K_f/(℃·kg·mol^{-1})
醋酸	118.1	2.93	17	3.9
苯	80.2	2.53	5.4	5.12
氯仿	61.2	3.63	−63.5	4.68
萘	—	—	80	6.8
水	100	0.51	0	1.86

若不同的溶质溶解在同一溶剂中，只要溶液的质量摩尔浓度相等(即一定量溶剂中溶质的粒子数相等)，其沸点上升和凝固点下降也必然分别相等。例如，在 1 000 g 水中溶解0.1 mol 蔗糖(溶液浓度为 0.1 mol·kg^{-1}) 时，其凝固点下降 Δt_f 是 0.186℃，在 1 000 g 水中溶解 0.1 mol 葡萄糖(溶液浓度仍为 0.1 mol·kg^{-1}) 时，其凝固点下降 也是 0.186℃。

根据拉乌尔定律，可以利用测定凝固点下降或沸点上升的方法来求算溶质的相对分子质量。由于凝固点下降值较易测准，它常作为测定相对分子质量的方法。

例 1-7　纯苯的凝固点为 5.40℃，0.322 g 萘溶于 80 g 苯所配制成的溶液凝固点为 5.24℃，已知苯的 K_f 值为 5.12，求算萘的摩尔质量。

解　根据式(1-24)，萘($C_{10}H_8$) 的质量摩尔浓度为

$$m=\frac{\Delta t_f}{K_f}=\frac{5.40℃-5.24℃}{5.12℃\cdot kg\cdot mol^{-1}}=0.031\ 25\ mol\cdot kg^{-1}$$

已知 1 000 g 纯苯中所含萘的质量为

$$\frac{0.322\ g}{80\ g}\times 1\ 000\ g=4.025\ g$$

可得萘的摩尔质量为

$$M=\frac{4.025\ g\cdot kg^{-1}}{0.031\ 25\ mol\cdot kg^{-1}}=128.8\ g\cdot mol^{-1}$$

如果是浓溶液，因为溶液浓度增大，溶质分子之间的影响以及溶质与溶剂的相互影响大为增强，则拉乌尔定律数学式中的浓度应该是有效浓度(又叫作活度)—— 溶液中有效地自由运动粒子的浓度。通常用符号 a 表示活度，它的数值等于实际浓度 c 乘上一个系数 f，即

$$a=fc \qquad (1-25)$$

f 叫作活度系数，用它来反映溶液中粒子的自由活动程度。活度系数大，表示粒子活动的自由程度大。溶液越稀，活度系数越接近 1，当溶液无限稀时，活度系数等于 1，粒子活动的自由程度为 100%(表示粒子间距离远，彼此间不相互影响)，活度等于粒子的浓度。

对于电解质溶液，因溶质解离，则粒子(分子和离子) 的总浓度增大，其 Δp，Δt_b 和 Δt_f 值较相同浓度的非电解质溶液的值要大。例如，0.1 mol·kg^{-1} 的 HAc 溶液，由于 HAc 的解离，即

$$HAc \rightleftharpoons H^+ + Ac^-$$

溶液中 HAc，H^+ 和 Ac^- 3 种粒子的总浓度必然大于 0.1 mol·kg^{-1}，根据式(1-24)，它的 Δt_f 必然大于 0.1 mol·kg^{-1} 蔗糖溶液的 Δt_f。而强电解质在稀溶液中一般解离度以 100%

计算。例如，在 0.1 mol·kg^{-1}的 $Ca(NO_3)_2$ 溶液中，Ca^{2+} 浓度为 0.1 mol·kg^{-1}，NO_3^- 浓度为 0.2 mol·kg^{-1}，则其 Δt_f 约为同浓度的非电解质溶液的 3 倍。

溶液凝固点的下降原理具有实际意义，因为当稀的溶液达到凝固点时，溶液中开始是水结成冰而析出，随着冰的析出，溶液的浓度不断增大，凝固点不断降低，最后溶液的浓度达到该溶质的饱和溶液浓度（即溶解度）时，冰和溶质一起析出（即冰晶共析）。此时，虽继续冷却溶液，但凝固的温度保持不变，直至溶液全部凝固为止。因此，用食盐和冰混合，温度可以降至 −22℃，用 $CaCl_2 \cdot 2H_2O$ 和冰混合，温度可降至 −55℃。它们可作为冷冻剂。另外，也可利用溶液的凝固点下降，在溶剂中加入某种溶质以防止溶剂凝固。例如，我们在冬季常看到建筑工人在砂浆中加食盐或氯化钙。又如，木工在画线的墨盒里常加食盐，汽车驾驶员在散热器（水箱）中的水里加酒精或乙二醇（水的凝固点只决定于纯水的蒸气压和冰的蒸气压，像酒精或乙二醇等挥发性溶质，虽然能使溶液的总蒸气压增加，但由于它们能降低水的蒸气压，因此能降低水的凝固点），都是利用溶液凝固点下降来防止水结冰的。

3. *溶液的渗透压*

溶液除了蒸气压下降、沸点上升、凝固点下降 3 种性质之外，还有一种性质就是渗透现象。渗透必须通过一种半透膜来进行，这种膜只能允许溶剂分子通过，而不能允许溶质分子通过。如图 1-9 所示，用半透膜 M 把溶液（A）和纯溶剂（B）隔开，这时，在单位时间内由纯溶剂（B）进入溶液（A）的溶剂分子数目，要比从溶液（A）进入纯溶剂（B）内的溶剂分子数目多。溶剂通过半透膜进入溶液中去的过程叫作渗透。

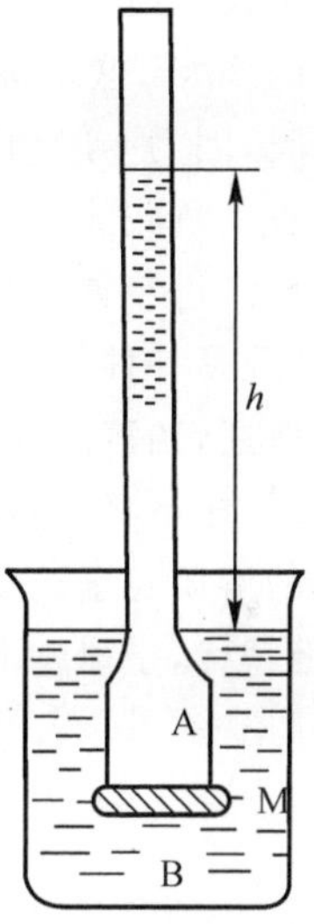

图 1-9　渗透压示意图

A—溶液　B—纯溶剂　M—半透膜

由于渗透作用，溶液的体积逐渐增大，垂直的玻璃管中的液面逐渐上升。随着管内液面的升高，管内液柱向下的静压力也逐渐增大，使管内溶剂向外渗透逐渐加快，最后达到液柱高 h，此时单位时间内溶剂分子从两个相反的方向穿过半透膜的数目彼此相等，即达到渗透平衡。这时溶液液面上由于液柱高 h 所增加的压力，就是这个溶液的渗透压。因此，渗透压也就是阻止溶剂通过半透膜进入溶液所施加于溶液的最小的额外压力。

根据实验结果发现：当温度一定时，稀溶液的渗透压与溶液的质量摩尔浓度成正比；当浓度不变时，稀溶液的渗透压和绝对温度成正比。设 Π 代表渗透压，c 代表物质的量浓度，T 代表绝对温度，n 代表溶质的物质的量，V 代表溶液的体积，则

$$\Pi = cRT$$

因为对于稀溶液，有

$$c = \frac{n}{V}$$

所以

$$\Pi = \frac{n}{V}RT$$

或

$$\Pi V = nRT \qquad (1-26)$$

此方程式（1-26）是荷兰物理化学家范托夫（J. H. van't Hoff）发现的，称为范托夫渗透

压公式。它的形式与理想气体状态方程式十分相似，R 的值也完全一样，但气体的压力和溶液的渗透压在本质上并无相同之处，其物理意义也完全不同。气体由于它的分子运动碰撞容器壁而产生压力，溶液的渗透压并不是溶质分子直接运动的结果。实际溶液的浓度越小，使用式(1-26)的计算误差也就越小。由式(1-26)可知，溶液的渗透压大小只与温度和溶质的浓度有关，而与溶质种类无关，因此，也是一种依数性的表现。

渗透压在生物学中具有重要意义。有机体的细胞膜大多具有半透膜的性质，因此，渗透压是引起水在动植物细胞组织中运动的主要力量。植物细胞质的渗透压可达 20×101.325 kPa，所以，我们看到水由植物的根部甚至可运送到高达数十米的顶端。人体血液的渗透压约为7.7×101.325 kPa，由于人体有保持渗透压在正常范围的要求，因此，我们吃了过多的食物以及在强烈的排汗后，由于组织中的渗透压升高，就会有口渴的感觉。饮水可降低组织中可溶物的浓度，从而使渗透压降低。

在图 1-9 的实验中，如果外加于溶液上的压力超过了渗透压，则反而使溶液中的溶剂分子向纯溶剂方向流动，使纯溶剂的体积增加，这个过程叫作反渗透。反渗透的原理广泛应用于海水淡化、工业废水处理和溶液的浓缩等方面。

反渗透技术简单，能耗成本较低，例如，淡化海水用的反渗透技术所需的能量仅为蒸馏法所需能量的 30%，这是很有发展前途的淡化水的方法。但其主要问题是选取一种高强度的耐高压半透膜，因为一般动物、植物细胞容易破碎。近几年来采用醋酸纤维素和在结构上与尼龙有关的芳香聚酰胺的空心纤维组成的半透膜，使反渗透技术得以改进，应用更加广泛。例如，利用这种反渗透装置进行脱盐，即可生产淡水，因为无机盐杂质不能通过半透膜，这对环境保护、水质处理是一种很好的技术。

综上所述，稀溶液的依数性可以归纳为如下的稀溶液定律：难挥发溶质的稀溶液的性质(溶液的蒸气压下降、沸点上升、凝固点下降和渗透压改变)和一定量溶剂(或一定体积的溶液)中所溶解的溶质粒子的物质的量成正比，而与溶质的本性无关。稀溶液的依数性定律是有限定律，溶液越稀，定律越准确。

1.3 固　　体

固体物质通常由分子、原子或离子等粒子组成。粒子之间存在着相互间的作用力，如化学键或分子间力，使得它们按一定方式排列，只能在一定的平衡位置上振动，因此，固体具有一定的体积、形状和刚性。根据结构和性质的不同，可以把固体分为晶体和非晶体两大类。

一、晶体与非晶体

1. 晶体、非晶体的定义及特征

X 射线研究发现，晶体中的微粒(原子、分子或离子)在三维空间周期性重复排列，即晶体是内部微粒有规则排列的固体。绝大多数无机物和金属都是晶体。非晶体则是内部微粒排列没有规则的固体，其外部形态是一种无定形的凝固态物质，故又叫无定形体。

晶体与非晶体相比较，通常有下述特征。

(1)晶体具有一定的几何外形。如食盐晶体是立方体，水晶是六角柱体，方解石是棱面体等，而非晶体则没有一定的几何外形。

(2)晶体有固定的熔点。当把晶体加热到某一温度时，它开始熔化，在晶体未完全熔化之前继续加热，其温度保持不变。晶体熔化过程中的这一温度叫作晶体的熔点。非晶体没有固定的熔点，它从开始加热直到完全成为流体，温度是不断上升的。

(3)晶体具有各向异性，即它在不同方向的力、光、热、电等物理性质不同。例如：云母片在不同方向上的传热速率不同，石墨在不同方向上的导电率不同，而非晶体都是各向同性的。

自然界里，绝大多数的固体物质都是晶体，而非晶体只占极少数。常见的非晶体有玻璃、石蜡、沥青、炉渣等，其内部结构类似于液体，内部微粒呈无规律排列。由此可知，只要控制在一定条件下，晶体与非晶体可以互相转化，如石英晶体可以转化为玻璃非晶体，玻璃非晶体也可以转化成晶态玻璃。

2.晶体的缺陷

在理想晶体构造中，所有的微粒都是严格地按照一定规律排列的。而自然界的实际晶体，不可能是在绝对理想的条件下生长形成的，且晶体形成过程中化学成分也不可能绝对纯净。同时，构成晶体的微粒都有一定的热运动，这就使得晶体在局部出现了不完整(即结点位置上有空缺)或不规则的现象，此现象称为晶体的缺陷。由于缺陷对固体材料的电、光、声、热、磁、机械强度、化学性质都有很大的影响，因此，晶体缺陷是固体化学中研究和讨论的一个重要内容。

(1)晶体缺陷的类型。根据晶体构造中缺陷的形成和范围，可将晶体缺陷分为点缺陷、线缺陷、面缺陷和体缺陷4种类型。

1)点缺陷。在晶体晶格中，某些结点位置上缺少应有的微粒，使晶体变得不完整，或者是由于微量的杂质微粒掺入晶体构造中，占据一定结点位置而破坏了微粒的排列规律，使晶体变得不规则。这种局限于结点的缺陷叫作点缺陷，如图1-10所示。点缺陷的出现常使晶体具有某些特性。例如：红宝石是掺杂Cr^{3+}的$\alpha-Al_2O_3$(刚玉)，其中Cr^{3+}占据Al^{3+}的位置，并能发生激光振荡而使红宝石成为激光晶体；纯态NiO晶体是绝缘体，掺杂少量Li_2O后，由于Li^+占据Ni^{2+}的点位而使晶体内部发生了一些变化，导致NiO晶体成为半导体。因此当制造半导体材料时，往往有意识的加入某种杂质，使之形成具有所需性质的半导体材料。

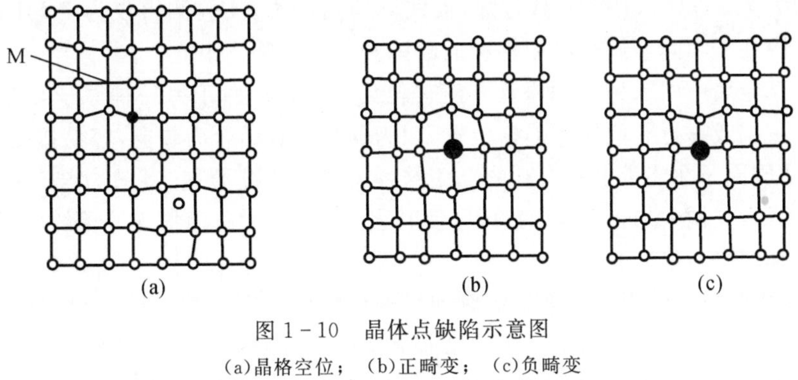

图1-10　晶体点缺陷示意图

(a)晶格空位；(b)正畸变；(c)负畸变

M—空位　●—杂质原子或离子　○—原晶体中的原子或离子

2)线缺陷。在实际晶体的结晶过程中，由于化学成分和温度的变化，以及振动、撞击等机械因素的影响，晶体结构中微粒排列的行列间发生相对位移，破坏了原有的规律，此现象称为线缺陷，又称位移缺陷，如图 1－11 所示。晶体的许多性质，如力学、热学、光学、电磁、光电等都与这种缺陷有密切关系。晶体的缺陷可通过光学显微镜、X 射线、电子衍射等现代技术进行直接的观察和间接的测定。

3）面缺陷。在晶体的形成过程中，温度变化会造成各种应力（如机械应力、热应力）相互影响，使得一完整晶体变成一个由许多较小晶粒组成的聚集体，这些较小的晶粒共棱而不共面，相互间有极小的倾斜角度，但基本上相互平行，这种现象即为面缺陷，如图 1－12 所示。这种缺陷对晶体材料的性质影响较大。

4）体缺陷。体缺陷是在晶体晶格中掺入较多的杂质，杂质微粒与晶体形成固态溶液（固溶体），但不破坏原有晶体结构的一种缺陷。如由钠长石（$NaAlSi_3O_8$）和钙长石（$CaAl_2Si_2O_8$）形成的固溶体斜长石就属于这种缺陷。

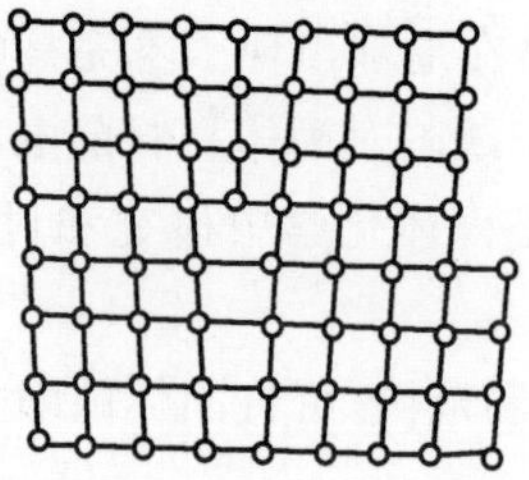

图 1－11　晶体线缺陷示意图

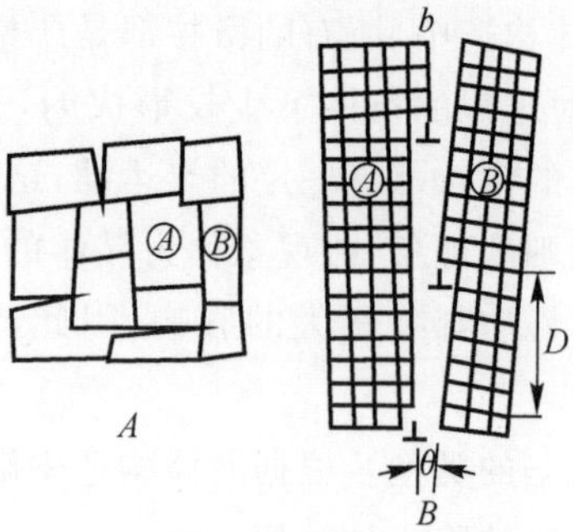

图 1－12　晶体面缺陷示意图

以上是 4 种基本类型的缺陷，此外还有因微粒热运动而造成的热缺陷，化学组成的波动而产生的组成缺陷，以及晶体外形上的缺陷等，这里不再介绍。在实际晶体中，各种缺陷往往不是单独存在的，亦即在同一晶体结构中可能同时存在几种缺陷。

（2）晶体缺陷对性质的影响。缺陷对晶体的各种性质都有很大的影响，主要有以下 3 方面。

1）面缺陷对机械强度的影响。要使两个完整密堆积的原子平面彼此相对位移，所加的切变应力必须克服这两个平面上彼此最邻近原子的引力，所需的这个应力可由已知的原子间力计算出来，约为 7 GPa（7×10^9 Pa）数量级，而实际所需的力，实验测得仅为 7 MPa（7×10^6 Pa）或更少，其原因在于实际金属样品中存在面缺陷和其他缺陷。

另外，向某金属中引入另一种原子可使它硬化和强化。由于另一种原子与基本原子大小不同，倾向于占据或靠近有位错的晶格位置，因为这种位置结合力较弱，容易接受外来原子，且在该处保持杂质原子在能量上是有利的。用这种方式来强化金属，其效力与杂质原子的大小直接有关。例如：在铜中加入 10％的锌，可使其强度增加 30％；而加入等量的原子半径小得多的铍，其强度则增加 3 倍。

2）缺陷对化学性质的影响。金属的腐蚀是与化学性质有关的，金属的晶间腐蚀与缺陷有关。固体常具有微晶结构，不同微晶粒的晶面之间常存在缺陷。其间的原子间隔将是无规则的，这些区域里的原子不太稳定，趋于更加活泼，导致晶界面处容易受到腐蚀。

3）晶体缺陷对导电性的影响。具有缺陷的晶体会通过离子移动导电，即相邻离子移动到空穴，而留下一个新的空穴，使空穴在晶体内移动而导电。但是在常温下离子移动十分微弱，只有在高温下缺陷浓度增大，导电性才变得明显，因而被称为固体电解质或快离子导体。目前研制出的固体电解质已有几十种，有的导电能力接近于电解质溶液，有的在室温下就有较高的导电性。

由于固体电解质能在高温下工作，因此，它是发展高新技术的关键材料之一。例如：固体电解质 $RbAg_4I_5$ 制成的固体电池可在－55～200℃条件下工作，还有一些固体电解质可在300℃乃至500～1 000℃条件下使用，用于制造燃料电池、传感器、心脏起搏器的电源等。

硅和锗具有与金刚石相似的晶体结构，没有自由电子，所以在较低温下不能导电。但因它们的电负性不大，原子半径也较碳的大，核对成键的价电子束缚较弱，只需要较低的能量就能使其成为自由电子，所以，在较高温下导电性随之显著增大，这就是半导体导电的特性，它不同于金属导电性随温度升高而降低。

在硅和锗中掺入少量杂质，可以大大改变其导电性能。例如：在硅中掺入磷，磷原子有5个价电子，在它取代某个硅原子的位置后，除了它的4个价电子与4个相邻的硅原子形成共价键之外，还剩1个价电子未成键，这个电子受原子核的束缚要比成键电子受到的束缚弱得多，只要较小的能量就能使它变为自由电子，因而使整个晶体导电性增强。在半导体材料的制备中，往往有目的地掺入一定量的某种杂质，使制得的半导体材料具有合乎需要的导电性能。

二、晶体结构基本理论

1. 基本概念

晶格：晶体的外部特征是其内部微粒（分子、离子、原子）规则排列的反映。这些有规律排列的点的总和称为晶格或（空间）点阵。NaCl的晶格如图1-13所示。

晶格结点：晶格中排列微粒的每一个点叫作晶格结点。

晶体：物质微粒规则排列的无限重复构成晶体。

晶胞：晶格实质上是从晶体构造中抽象出来的几何图形，它反映晶体结构的几何特征。在晶格中，能反映出晶体对称特点、各构造单元排布规律及结晶化学特性的最小重复单位，称为单位晶格，又叫晶胞。图1-13中是晶体NaCl的晶胞。

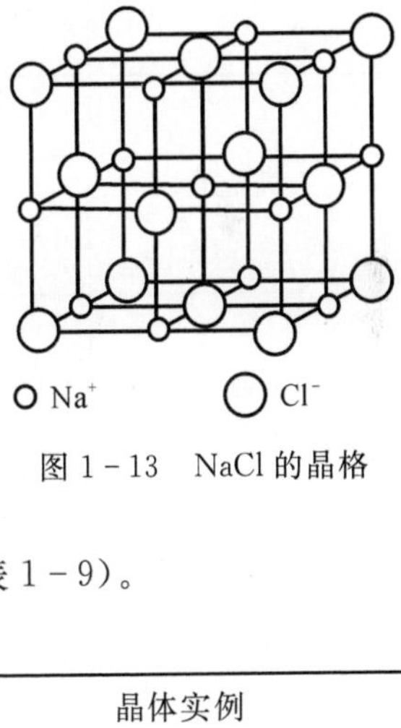

图1-13　NaCl的晶格

2. 晶体的外形与晶体的内部结构

显然，宏观上的晶体是晶胞在空间有规律地重复排列而得到的，晶胞的形状、大小和组成决定着整个晶体的结构和性质。根据晶胞的特征，晶体可以划分成7个晶系（见表1-8），14种晶格（见表1-9）。

表1-8　7个晶系

晶　系	边　长	夹　角	晶体实例
立方晶系	$a=b=c$	$\alpha=\beta=\gamma=90°$	NaCl，ZnS
四方晶系	$a=b\neq c$	$\alpha=\beta=\gamma=90°$	SnO_2，Sn
正交晶系	$a\neq b\neq c$	$\alpha=\beta=\gamma=90°$	$HgCl_2$，$BaCO_3$
单斜晶系	$a\neq b\neq c$	$\alpha=\gamma=90°,\beta\neq 90°$	$KClO_3$，$Na_2B_4O_7$
三斜晶系	$a\neq b\neq c$	$\alpha\neq\beta\neq\gamma\neq 90°$	$CuSO_4\cdot 5H_2O$
三方晶系	$a=b=c$	$\alpha=\beta=\gamma\neq 90°$	Al_2O_3，Bi
六方晶系	$a=b\neq c$	$\alpha=\beta=90°,\gamma=120°$	AgI，SiO_2（石英）

表 1－9　14 种晶格

晶　系	格　子			
	简单格子	体心格子	面心格子	底心格子
立方晶系	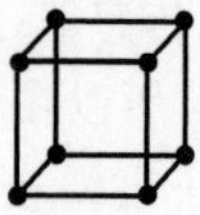	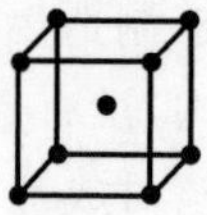	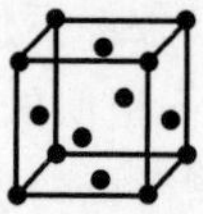	
四方晶系	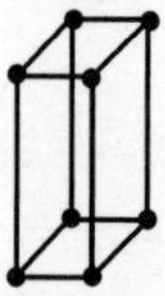	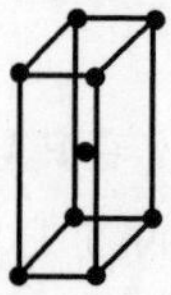		
正交晶系	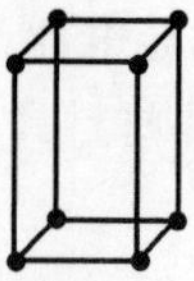	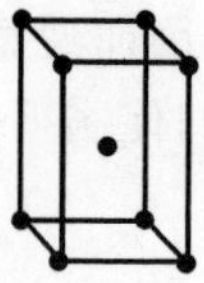	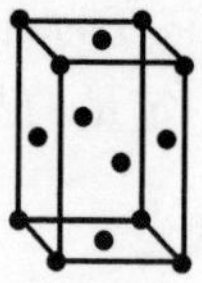	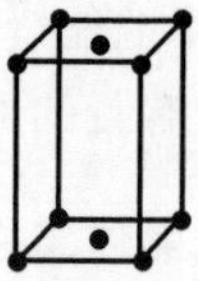
单斜晶系				
三斜晶系	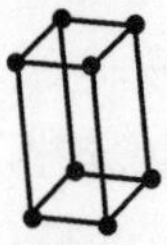			
三方晶系	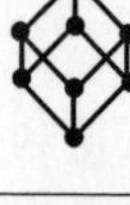			
六方晶系	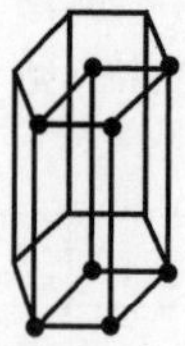			

三、晶体的类型

晶体分类的方式有多种，按照组成晶体的微粒种类和结点间作用力的不同，可将晶体分为 4 种基本类型：金属晶体、离子晶体、分子晶体和共价晶体，基本特征见表 1－10。此外，自然界中还存在混合晶体。

表 1-10　晶体类型

晶体类型	结点上的微粒	结点间作用力
金属晶体	金属原子，金属正离子	金属键
离子晶体	正、负离子	离子键
分子晶体	分子	分子间力
共价晶体	原子	共价键

阅读材料

新型非晶体

粒子在三维空间的排列呈杂乱无序状态，即短程（几百皮米范围内）有序、长程无序的固体统称为非晶体（Non crystals），也称为无定形体、玻璃体。因非晶体结构无序，故组成的变化范围大。它们的共同特点是：①各向同性；②无明显的固定熔点；③热导率和热膨胀性小；④可塑性变形性大，呈不同形状的制品。非晶体中最具代表性的是玻璃。

微晶玻璃是近 30 年发展起来的新型非晶体，它的结构非常致密，基本上没有气孔，玻璃基体中有很多非常细小而弥散的结晶，其中晶粒的直径为 20～1 000 nm（远远小于陶瓷体内的晶粒）。这些微晶的体积可达总体积的 55%～98%。微晶玻璃与普通玻璃比较，软化点大大提高，约从 500℃提高到 1 000℃，断裂强度提高 10 倍以上，热膨胀系数可以大范围控制，有利于与金属部件相匹配。例如：铌酸钠微晶玻璃，组成为 Na_2O 15%，SiO_2 14%，CdO 3%，NbO_2 2%，析晶 $NaNbO_3$:Cd，该微晶玻璃随电场大小而各向异性，且有滞后现象，可用作电场控制光的元件，如光闸、标色等。又有激光玻璃（如钕玻璃）作为激光器的工作物质，其输出激光波长 λ 达 1 062 nm，可用于光纤传输。

非晶态半导体是不具有长程有序，而只具有短程有序的半导体物质。1968 年，奥维辛斯基（Ovshinskg）利用硫系玻璃（硫系玻璃是由硫系 S，Se，Te 化合物和一部分金属氧化物组成的非晶态固体）半导体，如 $Ge_{10}As_{20}Te_{70}$（下标数字为百分组成）制成高速开关的半导体器件，该半导体器件对杂质不敏感且有信息存储性能。该项研究促使了以后非晶态半导体研究的蓬勃发展。1976 年，斯皮尔和勒康姆伯（Spear and Le Comber）成功地制得半导体非晶硅，非晶硅对太阳光的吸收系数比单晶硅大得多，单晶硅要 0.2 mm 厚才能有效吸收太阳光，而非晶硅只需0.001 mm厚，其光能转换效率已高达 12%～14%，是价廉而又高效的太阳能电池材料。

世界上最轻的固体材料——硅海绵气凝胶，密度只有 3 mg · mL^{-1}，其中 99.8%为空气，比玻璃轻 1 000 倍，隔热效率比最好的玻璃纤维高出 39 倍，它是浅蓝色半透明“固态烟”，看似天空的云，有很好的耐久性，适应外层空间环境，美国国家航空航天局（NASA）已将其用作“火星探路者”号（Mars Pathfinder）飞船上的隔热层，并计划在“星尘”号（Star Dust）飞船上用来采集 Wild 2 彗星散发的微粒，因为高速运动的炽热微粒会嵌入硅海绵板上而被捕集。

此外，非晶态磁泡（如 Gd-Co 薄膜）是近年来发展的磁性存储器，对计算机发展极为重要。它由电路和磁场来控制磁泡(似浮在水面上的水泡)的产生、消失、传输、分裂,以及磁泡间的相互作用,实现信息的存储、记录和逻辑运算等功能。非晶态固体已成为推动新科技领域发展前景广阔的一类新材料。

思考题

1. 何为理想气体?真实气体在什么条件下接近理想气体?

2. 试比较理想气体状态方程和范德瓦尔斯气体状态方程,说明 a,b 的物理意义。

3. 理想气体状态方程式中 R 的数值是多少?单位是什么?

4. 何为分压定律?何为分体积定律?

5. 什么叫作溶液的浓度?溶液浓度的表示方法常用的有哪几种?它们的定义各如何?怎么相互换算?

6. 讨论下面的说法:溶液的质量摩尔浓度值大于同一溶液的物质的量浓度值。

7. 何谓蒸气压?它与哪些因素有关?试以水为例说明之。

8. 溶液蒸气压下降的原因何在?如何用蒸气压下降来解释溶液的沸点上升和凝固点下降?

9. 什么叫沸点?什么叫凝固点?外界压力对它们有无影响?如何影响?

10. 纯水的凝固点为什么是 0.009 9℃而不是 0℃?

11. 什么叫拉乌尔定律?什么叫沸点上升常数和凝固点下降常数?

12. 回答下列问题:

(1)为什么在高山上烧水,不到 100℃就沸腾了?

(2)为什么海水较河水难结冰?

(3)为什么高压锅煮食物容易熟?

(4)为什么在盐碱土地上栽种的植物难以生长?

(5)0.1 $mol \cdot kg^{-1}$ 葡萄糖(相对分子质量是 180 $g \cdot mol^{-1}$)水溶液的沸点与 0.1 $mol \cdot kg^{-1}$ 尿素(相对分子质量是 60 $g \cdot mol^{-1}$)水溶液的沸点是否相等?

13. 难挥发物质的稀溶液蒸发时,蒸气分子是什么物质的分子?当不断沸腾时,其沸点是否恒定?当冷却时,开始是什么物质凝固?在继续冷却的过程中,其凝固点是否恒定?为什么?何时溶质与溶剂才同时析出?

14. 比较 0.1 $mol \cdot kg^{-1}$ 蔗糖溶液,0.1 $mol \cdot kg^{-1}$ 食盐溶液和 0.1 $mol \cdot kg^{-1}$ 氯化钙溶液的凝固点高低,并解释之。

15. 什么叫渗透、渗透压和反渗透?各有何实际意义?

16. 晶体有何特点?它与非晶体主要有哪些区别?

17. 什么是晶体、晶格和晶胞?举例说明。

18. 划分晶体类型的主要依据是什么?晶格结点上粒子间的作用力与化学键有无区别?

19. 实际晶体为什么会有缺陷?晶体缺陷对材料的性能有何影响?这些影响在实际应用中是否总是不利因素?

习　题

1. 在容积为 50.0 L 的容器中，充有 140.0 g 的 CO 和 20.0 g 的 H_2，温度为 300 K。试计算：(1)CO 与 H_2 的分压；(2)混合气体的总压。

2. 在实验室中用排水集气法收集制取的氢气。在 23℃，100.5 kPa 的压力下，收集了 370.0 mL 的气体(23℃时，水的饱和蒸气压为 2.81 kPa)。试求：

(1)23℃时该气体中氢气的分压；

(2)氢气的物质的量；

(3)若在收集氢气之前，集气瓶中已充有氮气 20.0 mL，其温度也是 23℃，压力为 100.5 kPa；收集氢气之后，气体的总体积为 390.0 mL。计算此时收集的氢气分压，与(2)相比，氢气的物质的量是否发生变化？

3. 在容积为 50.0 L 的氧气钢瓶中充有 10.0 kg 的氧气，温度为 25℃。

(1)按理想气体状态方程计算钢瓶中氧气的压力；

(2)按范德瓦尔斯气体状态方程计算钢瓶中氧气的压力；

(3)计算(1)(2)两者的相对偏差。

4. 将 20 g 的 NaCl 溶于 200 g 水中，求此溶液的质量摩尔浓度和摩尔分数。

5. 已知乙醇水溶液中乙醇(C_2H_5OH)的摩尔分数是 0.05，求此溶液的物质的量浓度(溶液的密度为 0.997 $g \cdot mL^{-1}$)和质量摩尔浓度。

6. 在 100 g 溶液中含有 10 g 的 NaCl，溶液的密度为 1.071 $g \cdot mL^{-1}$，求此溶液的质量摩尔浓度和 NaCl 的量浓度。

7. 溶解 0.324 g 的 S 于 4.00 g 的苯(C_6H_6)中，使 C_6H_6 的沸点上升了 0.81℃。问此溶液中的 S 是由几个原子组成的？

8. 在 26.6 g 的氯仿($CHCl_3$)中溶有 0.402 g 萘($C_{10}H_8$)的溶液，其沸点比纯氯仿的沸点高 0.455℃，求氯仿的沸点上升常数。

9. 某稀溶液在 25℃时蒸气压为 3.127 kPa，纯水在此温度的蒸气压为 3.168 kPa，求溶液的质量摩尔浓度。已知 K_b 的值为 0.51℃ $\cdot$ kg $\cdot$ mol^{-1}，求此溶液的沸点。

10. 在 1 000 g 水中加入多少克乙二醇($C_2H_6O_2$)，方可把溶液的凝固点降到 −10℃？

11. 将下列两组水溶液按照它们的蒸气压以从小到大的顺序排列。

(1)浓度均为 0.1 $mol \cdot kg^{-1}$ 的 NaCl，H_2SO_4，$C_6H_{12}O_6$(葡萄糖)；

(2)浓度均为 0.1 $mol \cdot kg^{-1}$ 的 CH_3COOH，NaCl，$C_6H_{12}O_6$。

12. 将 5.0 g 溶质溶于 60 g 苯中，该溶液的凝固点为 1.38℃，求溶质的相对分子质量。

第 2 章　化学热力学概论

人类的生存和活动需要食物的氧化提供能量，开动汽车、飞机、舰艇需要燃料的燃烧提供动力，这些能量和动力通常是通过化学反应将化学能转换而得到的。那么，一种燃料的燃烧能够提供多少能量？如何计算？设计的某种新型燃料能否发生化学反应而释放出能量？解决这些问题必须要通过理论计算、理论分析，化学热力学就是解决这些问题的重要基础理论。

热力学是研究能量间相互转换过程中所应遵循规律的科学。化学热力学(Chemical Thermodynamic)是热力学在化学领域中应用的一门学科。化学热力学的内容极其丰富，但作为化学热力学基础，主要解决化学反应中的两个基本问题：

(1)化学反应中能量是如何转换的；

(2)确定化学反应进行的方向及反应的最大限度(程度)。

热力学第一定律解决第一个问题，热力学第二定律解决第二个问题。热力学第一定律、第二定律，乃至第三定律都是人类实践经验的总结，它们的正确性是由无数次的实验事实所证实的，时至今日，这些理论还不能从逻辑上或用理论方法加以证明。

化学热力学虽然能够解决许多化学问题，但是也有一定的局限性。首先，在化学热力学研究的变量中不包括时间，所以，热力学不能确定化学反应的快慢。也就是说，化学热力学只能说明一个化学反应是否能自发进行，能进行到什么程度，但不能说明化学反应进行所需的时间长短。有关时间和速率等问题是由化学动力学所研究的。其次，化学热力学研究的对象是足够大量微粒的系统，即物质的宏观性质；对于物质的微观性质，即个别或少数原子、分子的行为，热力学无能为力。

2.1　化学热力学术语和基本概念

一、系统和环境(System and Surroundings)

研究热力学问题时，通常把一部分物体和周围其他物体划分开来，作为研究的对象，这部分被划分出来的物体就称为系统。系统以外的部分(或与系统相互影响可及的部分)叫作环境。系统和环境之间不一定要有明显的物理分界面，这个界面可以是实际的，也可以是想象的。例如，一个烧杯中放有蔗糖溶液，研究对象是蔗糖溶液，那么，蔗糖溶液就是研究的系统，而烧杯及周围的一切都是环境。但如果把蔗糖当作研究对象，则水和烧杯就属于环境中的一部分，此时水和蔗糖的界面就只能想象了。

在热力学中主要研究能量的相互转化，因此，系统和环境间是否有能量传递是十分重要的。按照系统和环境间是否有能量和物质的转移，可将系统分为以下 3 类。

(1)开放系统。开放系统也叫敞开系统，它和环境之间既有能量的交换，也有物质的交换。例如，在一个烧杯中装有水，这杯水就是一个开放系统。因为它既不保温以阻止热能的交换，也不封闭以阻止液态水以气态蒸发。化学热力学一般不研究开放系统。

(2)封闭系统。这种系统和环境之间只有能量的交换，而没有物质的交换。例如，一个加了盖子的瓶中装有水，这瓶水虽不会挥发掉，但它却和外界有热量交换。化学热力学主要研究的是封闭系统。在化学热力学中，不但要研究系统和环境之间不同能量形式的转换和传递，还特别要研究化学能转变成其他形式的能量，如热和功的问题。

(3)孤立系统。这种系统和环境之间既没有物质的交换，也没有能量的交换。例如，带塞保温瓶中放有热水，它的绝热密闭性较好，可以近似地看作是个孤立系统。实际上，孤立系统是一种理想状态。保温瓶的保温不是绝对的，瓶内水温仍会缓慢下降，经过一段较长的时间，系统和环境之间的能量交换就显现出来了。当然，若在一个隔热不太好的密闭容器里研究爆炸系统，因爆炸反应时间很短，在如此短的时间内，系统和环境间能量交换极小，爆炸反应放出的热与热量损失相比要大得多，所以这样一个隔热不太好的装置，在特定条件下也可以看作是孤立系统。

二、过程和途径(Process and Way)

系统由一种状态变化到另一种状态的过渡称为过程。由此可见，过程只与系统的起始和终点的性质有关。如：

(1)等温过程：在温度恒定的条件下系统状态发生变化，称为等温过程或恒温过程。

(2)等压过程：在压力恒定的条件下系统状态发生变化，称为等压过程或恒压过程。

(3)等容过程：在体积恒定的条件下系统状态发生变化，称为等容过程或恒容过程。

(4)绝热过程：系统状态发生变化时与环境交换的热量为零的过程称为绝热过程。

(5)循环过程：系统由始态出发，经过一系列变化，又回到起始状态，这种始态和终态相同的变化过程称为循环过程。

一个热力学过程的实现，可以通过多种方式来完成，完成一个过程的具体步骤称为途径，因此途径是完成过程的实际路径。如图 2－1 所示，一个系统可由起始状态(298 K，100 kPa)经过恒温过程变化到另一状态(298 K，500 kPa)，再经过恒压过程变化到终了状态(373 K，500 kPa)。这个变化过程也可以采用另一个途径，先由起始状态经过恒压过程变化到一个状态(373 K，100 kPa)，再经过恒温过程变化到终态(373 K，500 kPa)。系统由始态变化到终态，虽然途径不同，但是系统的 T 和 p 的变化值却是相同的，即

$$\Delta T = T_{终} - T_{始} = (373 - 298)\ \text{K} = 75\ \text{K}$$

$$\Delta p = p_{终} - p_{始} = (500 - 100)\ \text{kPa} = 400\ \text{kPa}$$

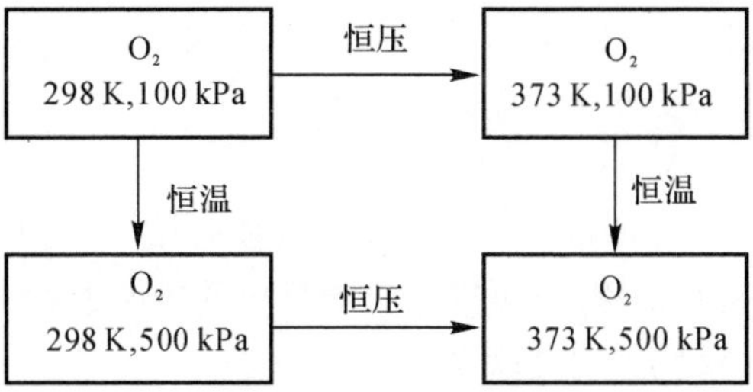

图 2－1　过程和途径

三、状态和状态函数(State and State Functions)

热力学系统的状态是系统的物理性质和化学性质的综合表现。这些性质都是系统的宏观性质,如质量、温度、压力、体积、浓度、密度等。以上这些描述系统状态的物理量就是状态函数。当所有的状态函数一定时,系统的状态就确定了。系统中只要有一个状态函数改变了,那么系统的状态就随之而变。

实际上,系统的状态函数之间并不是各自独立的,而是相互有关联的。例如,对于单一组分气体来说,描述系统状态的状态函数有四个:压力、温度、体积、物质的量。只要确定了压力、温度、物质的量这三个状态函数,系统的状态就确定了。据此,可以总结出状态函数的以下三大性质:

(1)状态函数的变化值只取决于系统的始态和终态,而与变化的途径无关。

(2)系统的状态确定后,该系统的状态函数有唯一对应确定值。

(3)循环过程的状态函数变化值等于零。

四、化学反应计量式和反应进度

1. 化学反应计量式的数学表达

对于任意化学过程,其化学反应的计量式用数学方程可以表示为

$$\Sigma \nu_B B = 0 \qquad (2-1)$$

式(2-1)中,B代表任意物质,ν_B 是物质B的化学计量数。对于 ν_B 规定:产物的 ν_B 取正值,反应物的 ν_B 取负值,并且 ν_B 无量纲。那么,我们常见的由氢气和氧气化合生成水的反应方程式根据式(2-1)写为

$$-O_2(g) - 2H_2(g) + 2H_2O(g) = 0$$

其中:$\nu(H_2O) = +2$;$\nu(O_2) = -1$;$\nu(H_2) = -2$。

即
$$O_2(g) + 2H_2(g) = 2H_2O(g)$$

又如,合成氨的化学反应方程式也可以写为

$$-N_2(g) - 3H_2(g) + 2NH_3(g) = 0$$

即
$$N_2(g) + 3H_2(g) = 2NH_3(g)$$

那么,用于化学热力学研究的化学反应方程式的通式为

$$\Sigma \nu_B B = 0$$

即
$$aA(g) + dD(s) = eE(l) + gG(aq)$$

特别注意,用于化学热力学研究的化学反应方程式在书写时还必须标明各物质的状态。

2. 反应进度(Extent of Reaction)

对于任意化学反应,化学反应计量式为

$$aA(g) + dD(s) = eE(l) + gG(aq)$$

表示发生反应时,有 a mol A与 d mol D的始态物质被消耗,生成了 e mol E和 g mol G的终态物质。系统中化学反应进行的程度,可以用化学反应的进度 ξ 来表示。ξ 表示随着反应的进行,物质的量的变化程度。反应进度可以表示为

$$\xi = \frac{n_i(\xi) - n_i(0)}{\nu_i} = \frac{\Delta n_i}{\nu_i} \qquad (2-2)$$

式(2-2)中，$n_i(\xi)$ 表示反应进度为 $\xi=\xi$ 时物质 i 的物质的量，$n_i(0)$ 表示反应进度为 $\xi=0$ 时物质 i 的物质的量，ν_i 为反应方程式中 i 物质的化学计量数。显然，ξ 的量纲为 mol。

例如：	$N_2(g)$ +	$3H_2(g)$ ══	$2NH_3(g)$
$\xi=0$ 时，n_i/mol	3.0	10.0	0
$\xi=\xi$ 时，n_i/mol	2.0	7.0	2.0

$$\xi=\frac{\Delta n(N_2)}{\nu(N_2)}=\frac{\Delta n(H_2)}{\nu(H_2)}=\frac{\Delta n(NH_3)}{\nu(NH_3)}=\frac{2.0-3.0}{-1}\ \mathrm{mol}=$$

$$\frac{7.0-10.0}{-3}\ \mathrm{mol}=\frac{2.0-0}{2}\ \mathrm{mol}=1.0\ \mathrm{mol}$$

ξ 为 1.0 mol 时，表明按该化学反应计量式进行了 1.0 mol 的反应，即表示 1.0 mol N_2 和 3.0 mol H_2 反应生成了 2.0 mol 的 NH_3。

若按计量式 $\frac{1}{2}N_2(g)+\frac{3}{2}H_2(g) \rightleftharpoons NH_3(g)$ 反应，则 $\xi=\xi$ 时，$\Delta n(N_2)=(2-3)$ mol $=-1$ mol，此时

$$\xi=\frac{\Delta n(N_2)}{\nu(N_2)}=\frac{-1}{-1/2}\ \mathrm{mol}=2\ \mathrm{mol}$$

从以上计算可以看出，同一化学反应中所有物质的 ξ 数值都相同，因此，反应进度 ξ 的值与选用何种化合物物质的量的变化无关。但应注意，同一化学反应如果化学计量式写法不同，ν_B 数值就不同。因此，物质 i 在确定的 Δn_i 情况下，化学计量式写法不同，必然导致 ξ 数值有所不同。在后面的各热力学函数变的计算中，都是以反应进度为 1 mol($\xi=1.0$ mol) 为计量基础的。

2.2　热力学第一定律

一、热与功(Heat and Work)

由于系统与环境之间存在温度差而引起的能量传递形式称为“热”。除热以外的其他能量传递形式统称为“功”。那么，热和功是怎样的函数呢？

(1) 热。因温差而进行的能量传递形式称为热(单位为 J)。温度通常用热力学温度(即绝对温度)T 来度量，单位为开尔文(K)。开尔文是纯水的三相点(即汽、水、冰之间达到平衡)热力学温度的 1/273。温度也可用摄氏温度(t)来量度。热力学温度和摄氏温度的关系为

$$t=T-T_0 \tag{2-3}$$

式中，T_0 定义为 273 K。

热总是与系统所进行的具体过程相联系着，因此，热不是状态函数。在热力学中，热的符号用 Q 表示，并规定：系统吸热为正值，放热为负值。

(2) 功。功的形式很多，如机械功(是指施于物体上的作用力和该物体在作用力方向上的位移的乘积：$W_{机}=F\Delta l$)、电功(是指电量和电势差的乘积：$W_{电}=QV=ItV$)等。在热力学的研究中最为重要的是体积功，它是抵抗外部压力时系统体积发生变化所做的功。当系统膨胀时，体积功的计算为

$$W_{体}=-F\Delta l$$

式中，F 为系统对外界的作用力，等于外界压力（$p_{外}$）与受力面积（A）的乘积，即 $F = p_{外} A$。

因此

$$W_{体} = -p_{外}\ \Delta l A = -p_{外}\ \Delta V \qquad (2-4)$$

规定：系统对环境做功取负值，环境对系统做功取正值。功的国际标准单位是焦尔（J），可由 $Pa \times m^3$（或 $kPa \times L$）计算得到。

例 2-1(a)　一定量某气体的体积为 10 L，压力为 100 kPa，此气体按以下两种方式膨胀。

(1) 恒温下，在外压恒定为 50 kPa 下，一次膨胀到 50 kPa；

(2) 恒温下，第一次在外压恒定为 75 kPa 下，膨胀到 75 kPa，第二次在外压恒定 50 kPa 下，膨胀到 50 kPa。

试通过计算说明以上两种情况各做了多少体积功。

解　(1)　$p_{外} = p_2 = 50\ kPa = 50\ J \cdot L^{-1}$，　$V_1 = 10\ L$

由理想气体状态方程得

$$p_1 V_1 / T_1 = p_2 V_2 / T_2$$

已知　$T_1 = T_2$

有　$p_1 V_1 = p_2 V_2$

$$V_2 = p_1 V_1 / p_2$$

故得　$V_2 = 100\ kPa \times 10\ L / 50\ kPa = 20\ L$

$$W_{体} = -p_{外}\ \Delta V = -p_{外}(V_2 - V_1) = -50\ kPa \times (20 - 10) L = -500\ J$$

(2) 第一次膨胀时

$$p_{外} = 75\ kPa = 75\ J \cdot L^{-1} = p_2$$

$$V_2 = p_1 V_1 / p_2 = 100\ kPa \times 10\ L / 75\ kPa = 13.33\ L$$

$$W_{体1} = -75\ kPa \times (13.33 - 10) L = -249.75\ J$$

第二次膨胀时

$$p_{外} = 50\ kPa = 50\ J \cdot L^{-1} = p_2$$

$$V_2 = p_1 V_1 / p_2 = 100\ kPa \times 10\ L / 50\ kPa = 20\ L$$

$$W_{体2} = -50\ kPa \times (20 - 13.33) L = -333.5\ J$$

两次膨胀做功之和（$W_{体}$）为

$$W_{体} = W_{体1} + W_{体2} = -249.75\ J + (-333.5) J = -583.25\ J$$

由例 2-1(a) 看到，体系二次膨胀所做的体积功大于一次膨胀所做的体积功。事实上，体积膨胀做功的大小与膨胀次数相关，膨胀的次数越多，所做的功越大。由此可以推得，若是无穷次膨胀，系统将做最大功。这种能做最大功的过程是一个无限缓慢进行的过程，过程的每一时刻都无限接近平衡状态。热力学上把这种过程叫作可逆过程，此种过程逆向进行时，系统与环境都能够恢复到原态而不留下任何痕迹，即膨胀过程和压缩过程做功量数值相等。

从例 2-1(a) 中还可以看出，系统对外界做的体积功和系统膨胀的途径有关，所以，体积功不是一个状态函数，其他的非体积功，如电功、机械功等也不是状态函数。因此，我们不能说一个系统有多少功，也不能说一个系统从一个状态转化到另一个状态一定会对环境做多少功，或环境一定会对系统做多少功，因为途径不同，做功量可能有所不同。

传热和做功都可以引起系统内部能量的变化，即热力学能的改变。

二、热力学能(Internal Energy)

我们将系统内部各种形式能量的总和称为热力学能(或内能),它包括组成系统的各种质点(如分子、原子、电子、原子核等)的动能(如分子的平动、转动、振动能等)以及质点间相互作用的势能(如分子的吸引能、排斥能、化学键能等),但不包括系统整体运动的动能和系统整体处于外场中具有的势能。热力学能是状态函数,也就是说系统处于某状态,热力学能就有相应的确定值。热力学能用符号 U 表示,单位为焦耳(J) 或千焦(kJ)。

热力学能的绝对值目前还无法直接测量得到。对于热力学研究,重要的不是热力学能的绝对值,而是热力学能的变化值。系统与环境之间能量的传递可以造成热力学能的变化,具体的传递方式通常有两种,即传热和做功。那么,热、功和热力学能之间又有着怎样的关系呢?

三、热力学第一定律(The First Law of Thermodynamics)

自工业革命以后,大量利用蒸汽机提供工业动力,将热能转换成机械能、电能等。在能量形式的变换过程中,能量的数值是否发生了变化呢? 大量事实告诉我们:在孤立系统中,各种形式的能量可以相互转化,但系统内部能量的总和是恒定的。这个大量事实的经验总结称为热力学第一定律。该定律可以表示为

$$\Delta U_{孤} = U_{终} - U_{始} = 0 \tag{2-5}$$

热力学能是系统的性质,也是状态函数,如果用 U_1 代表系统在始态时的热力学能,U_2 代表系统在终态时的热力学能,则系统由始态到终态,热力学能的变化可以表示为

$$\Delta U = U_2 - U_1$$

对于封闭系统,系统和外界有能量交换。我们知道,能量交换有两种形式:一种是热,另一种是功。封闭系统热力学能的变化可以表示为

$$\Delta U = Q + W = Q + (W_{体} + W') \tag{2-6}$$

式中,$W_{体}$ 为体积功,W' 为非体积功。由式(2-6)可见,系统热力学能的增加,由得到的热和环境对系统所做的功而获得,换句话说,系统获得的能量全部用来改变系统的热力学能。

例 2-1(b)　计算例 2-1(a) 的理想气体按两种不同方式膨胀达到终态时,系统与环境之间的传热量各是多少。

解　由于理想气体的热力学能仅与温度有关,因此,理想气体等温膨胀时热力学能不发生变化,即 $\Delta U = 0$。

(1) 由例 2-1(a) 计算知

$$W_{体1} = -50\ \text{kPa} \times (20 - 10)\text{L} = -500\ \text{J}$$

因为 $\Delta U = 0$,而

$$\Delta U = Q + W$$

所以

$$Q_1 = 500\ \text{J}$$

(2) 同理有

$$Q_2 = 583.25\ \text{J}$$

即系统对环境做功 583.25 J,环境向系统传热 583.25 J,而系统的热力学能不变。

对于绝热系统,因为系统与环境之间热传递为 0,则有

$$\Delta U = W \tag{2-7}$$

对于循环系统，因为过程的始态和终态为同一点，状态函数 U 的改变量等于 0，即 $\Delta U = 0$，故得

$$Q = -W \tag{2-8}$$

式(2-5)～式(2-8)都是热力学第一定律的表达式，但是，每个表达式都有其对应的前提条件，应用时要特别注意表达式与条件的关系，不能随意使用。

2.3 热 化 学

把热力学第一定律应用于化学反应，讨论和计算化学反应能量转换问题的学科称为热化学。当反应前后的温度相同(恒温过程)时，化学反应过程中吸收或放出的热量称为化学反应的热效应，简称反应热(Heats of Reaction)。化学反应常在恒容或恒压条件下进行，因此，化学反应热效应也常分为恒容反应热和恒压反应热，分别讨论之。

一、恒容反应热与热力学能的变化

在封闭系统、恒温时，若系统在恒容条件下进行化学反应，且系统只做体积功，则该系统与环境之间交换的热量称为恒容反应热，用 Q_v 表示，下角标"v"表示恒容。也就是说，在恒容过程中，因为 $\Delta V = 0$，体系的体积功 $W_{体} = 0$，又不做非体积功，即 $W' = 0$，根据封闭系统中热力学第一定律的表达式，有

$$\Delta U = Q_v \tag{2-9}$$

式(2-9)表明，系统的恒容反应热在量值上等于系统热力学能的变化值。前面提到，系统和环境间的热量交换不是状态函数，但是，在某些特定条件下，某一特定过程的热却可以是一个定值，该定值只取决于系统的始态和终态。式(2-9)也常称为热力学第一定律的第五种表示形式。

热力学能的绝对值无法通过实验测得，但热力学能的变化值 ΔU 可以通过测量恒容反应热而得到。恒容反应热是通过弹式量热计测量的，如图 2-2 所示。量热计中，有一个用高强度钢制成的密封钢弹，钢弹放入装有一定质量水的绝热容器中。测量反应热时，将已准确称重的反应物装入钢弹 A 的试样皿 E 中，放置在绝热的水浴里，精确测定系统的起始温度后，用电火花引发反应。开动搅拌器 B，用电热丝 C 点火使化学反应开始进行。如果所测是一个放热反应，则放出的热量使系统(包括钢弹及内部物质、水和钢质容器等)的温度升高。可用温度计 D 测出水系统的终态温度。反应放出的热量 Q_v 可由反应物的质量、水浴中水的质量、温度的改变值、水的比热和热量计的热容量等计算出来，由此就可以得到热力学能的变化值 ΔU。则有

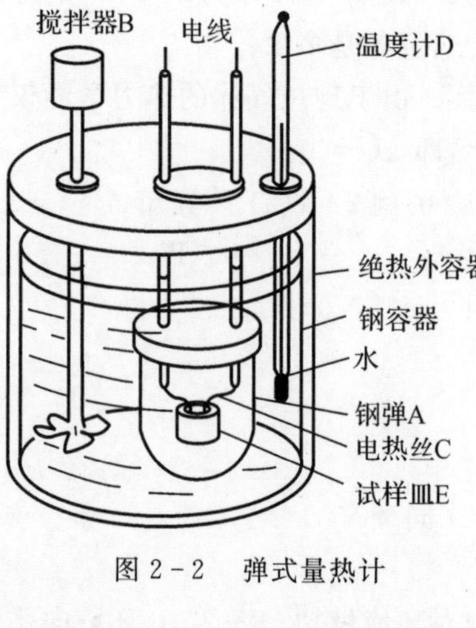

图 2-2　弹式量热计

$$Q_v = \Delta T(C_1 + C_2)$$

式中，ΔT 为温度改变值，C_1 和 C_2 分别是水的热容和装置的热容(装置的热容在仪器出厂时已经确定，并附表，以供查阅)。

二、恒压反应热与焓变

在封闭系统、恒温时，若系统在恒压条件下进行化学反应，且只做体积功，则该过程中系统与环境间交换的热量就是恒压反应热，用 Q_p 表示，下角标“p”表示恒压过程。根据热力学第一定律，当封闭系统，恒压，只做体积功时，有

$$\Delta U = Q_p + W_{体} = Q_p - p\Delta V$$

移项并整理，得

$$Q_p = \Delta U + p\Delta V = (U_2 - U_1) + (p_2V_2 - p_1V_1) = (U_2 + p_2V_2) - (U_1 + p_1V_1)$$

热力学中将$(U + pV)$ 函数的组合定义为焓(Enthalpy)，用 H 表示，单位为 J 或 kJ，即

$$H \equiv U + pV \tag{2-10}$$

由于热力学能的绝对值无法确定，所以新组合的函数 H 的绝对值也无法确定。但是，通过下式可以求得系统状态变化过程中 H 的变化值(ΔH)，即

$$Q_p = H_2 - H_1 = \Delta H \tag{2-11}$$

由式(2-11)可知，在恒温、恒压过程中，系统吸收的热量全部用来改变系统的焓，即恒温、恒压过程中，化学反应热在数值上等于焓的变化值。由于通常情况下反应在恒压条件下进行，所以常用焓的变化值来表示反应的热效应，当 $\Delta H < 0$ 时，表明系统是放热的，而 $\Delta H > 0$ 时，表明系统是吸热的。式(2-11)也常称为热力学第一定律的第六种表示形式。

如图 2-3 所示，保温杯式量热计测定恒压反应热，基本原理和计算方法与弹式量热计基本相同。

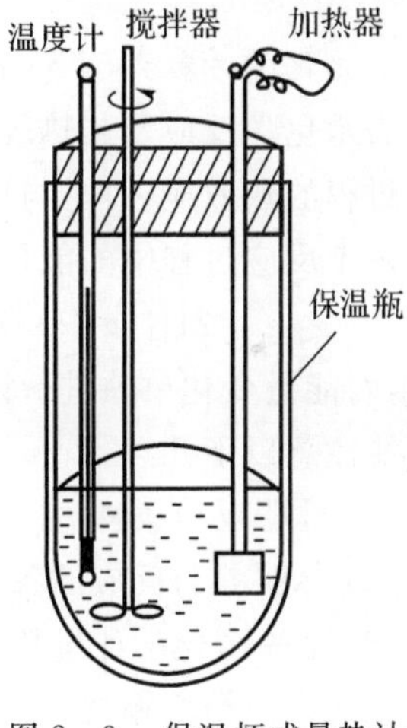

图 2-3　保温杯式量热计

三、反应的摩尔热力学能 $\Delta_r U_m$ 和反应的摩尔焓变 $\Delta_r H_m$

通常情况下，化学反应表示为

$$\Sigma\nu_B B = 0$$

当某起始状态时，反应进度为 ξ_1，对应的热力学能为 U_1，焓为 H_1；随着反应的进行，终了状态时，反应进度为 ξ_2，对应的热力学能为 U_2，焓为 H_2；那么，它们的变化量依次为 $\xi = \xi_2 - \xi_1$，$\Delta U = U_2 - U_1$，$\Delta H = H_2 - H_1$。单位反应进度的热力学能变称为摩尔热力学能变，表示为 $\Delta_r U_m$，定义式如下：

$$\Delta_r U_m = \frac{\Delta_r U}{\xi} = \frac{\nu_B \Delta_r U}{\Delta n_B} \tag{2-12}$$

同理，单位反应进度的焓变称为摩尔焓变，表示为 $\Delta_r H_m$，定义式如下：

$$\Delta_r H_m = \frac{\Delta_r H}{\xi} = \frac{\nu_B \Delta_r H}{\Delta n_B} \tag{2-13}$$

反应的摩尔热力学能 $\Delta_r U_m$ 和反应的摩尔焓变 $\Delta_r H_m$ 的单位为kJ · mol^{-1}。其中：下角标“r”代表反应；下角标“m”代表 $\Delta_r U_m$ 和 $\Delta_r H_m$ 单位为 kJ · mol^{-1}，而 mol^{-1} 表示反应进行的程

度为 1 mol 或反应进度 $\xi=1$ mol。那么，$\Delta_r U_m$ 和 $\Delta_r H_m$ 又有怎样的关系呢？$\Delta_r U_m$ 是定容反应热，通过量热计测量定容热而得到；而 $\Delta_r H_m$ 是定压反应热，通过量热计测量定压热得到。两者的关系为

$$\Delta_r U_m = \Delta_r H_m + W = \Delta_r H_m - p\Delta V = \Delta_r H_m - RT\,\Sigma\nu_B \tag{2-14}$$

通常情况下，由于 $RT\,\Sigma\nu_B$ 项数值较小，所以一般按两者近似相等进行处理，从而有

$$\Delta_r U_m \approx \Delta_r H_m \tag{2-15}$$

式(2-15)常常用于两者的换算。

例 2-2 在一定条件下，当 $c(C_2O_4^{2-})=0.16\ \text{mol}\cdot\text{L}^{-1}$ 的酸性草酸溶液 25 mL 与 $c(MnO_4^-)=0.08\ \text{mol}\cdot\text{L}^{-1}$ 的高锰酸钾溶液 20 mL 完全反应时，由量热实验得知，该反应放热 1.2 kJ，试计算该反应的摩尔焓变 $\Delta_r H_m$ 是多少。

解 该反应的化学反应方程式为

$$C_2O_4^{2-} + \frac{2}{5}MnO_4^- + \frac{16}{5}H^+ = \frac{2}{5}Mn^{2+} + \frac{8}{5}H_2O(l) + 2CO_2(g)$$

因为 $\Delta n(C_2O_4^{2-}) = -(25\times 0.001)\text{L}\times 0.16\ \text{mol}\cdot\text{L}^{-1} = -0.004\ \text{mol}$

所以 $\xi = \Delta n(C_2O_4^{2-})/\nu(C_2O_4^{2-}) = -0.004\ \text{mol}/(-1) = 0.004\ \text{mol}$

$$\Delta_r H_m = \Delta_r H/\xi = -1.2\ \text{kJ}/0.004\ \text{mol} = -300\ \text{kJ}\cdot\text{mol}^{-1}$$

四、热化学方程式与热力学标准状态

1. 热化学方程式(Thermochemical Equations)

表示化学反应及其热效应的化学反应方程式，称为热化学方程式。化学反应的热效应与其他过程的热效应一样，与反应消耗的物质多少有关，也与反应进行的条件相关。例如，现在表示一个反应过程中的能量变化时通常表示为

$$2H_2(g) + O_2(g) = 2H_2O(g) \quad \Delta_r H_m = -483.6\ \text{kJ}\cdot\text{mol}^{-1}$$

其中，对能量变化单独进行说明，并且可以清楚地看出该反应是放热的。在热化学方程式的书写中要注意以下几点：

(1) 标明反应条件，如 T，p 等，因为这些条件与反应的摩尔焓变的数值有着密切的关系；

(2) 标明参与反应的各个物质的状态，如气态 g、液态 l、固态 s、水合物 aq、固体的晶型等；

(3) 是一个化学计量数确定的反应，因为物质的计量数 ν_B 与反应进度相关，而反应进度又与反应的摩尔焓变相关；

(4) 化学反应的方向改变，即始态与终态颠倒，则反应的摩尔焓变的数值相等、符号相反。

2. 热力学标准状态

热力学函数 H，U 等的绝对值无法测得，只能测得它们的变化值，如 ΔH，ΔU 等。如前所述，化学反应的热效应与反应物、产物的状态有关，因此，需要确定一个标准状态作为这些热力学函数相互间比较的基准，这就是热力学标准状态。热力学标准状态是在标准压力 $p^\ominus$ ($p^\ominus$= 100 kPa) 下的状态，简称标准态(Standard State)。具体的规定如下：

(1) 纯理想气体的标准态是该气体处于标准压力 $p^\ominus$ 下的状态。混合理想气体中任一组分的标准态是指该气体组分的分压为 $p^\ominus$，且单独存在的状态。

(2) 对于溶液，其溶质的标准态是指处于标准压力 $p^\ominus$ 下，溶质的质量摩尔浓度为 1 $\text{mol}\cdot\text{kg}^{-1}$ 时，并表现出无限稀释溶液特性时的(假想) 的状态。

(3) 对液体和固体，其标准态则是指处于标准压力 $p^{\ominus}$ 下的纯物质，在温度 T 时的状态。

应当注意的是，在热力学标准状态时只规定了压力为 $p^{\ominus}$，而没有规定温度。处于压力为 $p^{\ominus}$ 下的各种物质，如果改变温度它就有相应温度下的标准态。最常用的热力学函数值是 298 K 时的数值，若非 298 K 需要特别说明。

注：质量摩尔浓度(m) 是指每千克溶剂中所含溶质的物质的量，单位为 $mol \cdot kg^{-1}$。由于在化学上使用最为方便的溶液计量是体积，各种教科书涉及浓度时常用 $mol \cdot L^{-1}$(c) 或 $mol \cdot dm^{-3}$ 为单位。当浓度比较小时，溶液密度近似为 $1\ kg \cdot dm^{-3}$，溶液的质量摩尔浓度近似等于物质的量浓度，即 $m^{\ominus}=c^{\ominus}$，本书也按此法处理。

五、标准摩尔焓

1. 标准摩尔生成焓

在热力学标态(100 kPa)，一定温度 T 下，由指定单质生成物质 B($\nu_B=+1$) 时反应的标准摩尔焓变，称为该物质 B 的标准摩尔生成焓，用符号 $\Delta_f H_m^{\ominus}$(B，相态，T) 表示，单位为 $kJ \cdot mol^{-1}$。符号 $\Delta_f H_m^{\ominus}$ 中：下标 f 表示生成(Formation)；m 代表 mol；298 表示指定温度，通常为298 K 时可以省略，但是，指定温度不是 298 K 时必须标明；上标$^{\ominus}$ 代表热力学标准态。

热力学中规定：指定单质的标准摩尔生成焓为零。因此，任意物质 B 的标准摩尔生成焓都是相对值。例如：碳有多种同素异形体 —— 石墨、金刚石、无定形碳和 C_{60} 等。其中热力学规定石墨的标准摩尔生成焓为零，那么，其他碳单质，如金刚石、无定形碳和 C_{60} 等的标准摩尔生成焓就都不是零。常用物质的标准摩尔生成焓见附表 1。

根据 $\Delta_f H_m^{\ominus}$(B，相态，T) 的定义，在任何温度下，指定单质的标准摩尔生成焓均为零。例如：$\Delta_f H_m^{\ominus}$(C，石墨，s，T)=0，$\Delta_f H_m^{\ominus}$(P_4，白磷，s，T)=0。因为，从指定单质生成其本身，系统没有反应，所以也就没有热效应。

实际上，$\Delta_f H_m^{\ominus}$(B，相态，T) 是物质 B 的生成反应的标准摩尔焓变。书写物质 B 的生成反应方程式时，要使 B 的化学计量数 $\nu_B=+1$。

例如，在 298 K 时，CH_3OH 的生成反应为

$$\mathrm{C(s,石墨,}\ p^{\ominus}) + 2H_2(g,\ p^{\ominus}) + 1/2O_2(g,\ p^{\ominus}) = CH_3OH(g,\ p^{\ominus})$$

$$\Delta_f H_m^{\ominus}(CH_3OH, g,\ p^{\ominus}) = \Delta_r H_m^{\ominus} = -201.0\ kJ \cdot mol^{-1}$$

2. 水合离子的标准摩尔生成焓

对于水溶液中进行的离子反应，常常涉及水合离子的标准摩尔生成焓。水合离子的标准摩尔生成焓是指：在热力学标态(100 kPa)，一定温度 T 下，由指定单质生成溶于大量水(形成无限稀溶液) 的水合离子 B(aq) 的标准摩尔焓变，其符号为 $\Delta_f H_m^{\ominus}$(B，∞，aq，T)，单位为 $kJ \cdot mol^{-1}$。符号 ∞ 表示“在大量水中”或“无限稀水溶液”，常常省略。当书写离子反应方程式时，由于阴、阳离子总是同时存在的，所以，热力学上规定：水合氢离子的标准摩尔生成焓为零，即在 298 K，标准状态时由单质 H_2(g) 生成水合氢离子的标准摩尔反应焓变为零。书写时，应使离子 B 的化学计量数 $\nu_B=+1$，有

$$\frac{1}{2}H_2(g) + aq = H^+(aq) + e^-$$

$$\Delta_f H_m^{\ominus}(H^+, aq) = \Delta_r H_m^{\ominus}(H^+) = 0$$

那么，反应 $1/2H_2(g)+1/2Cl_2(g) = H^+(aq)+Cl^-(aq)$ 的标准摩尔反应焓变是否是 Cl^-(aq) 水

合离子的标准摩尔生成焓呢？请读者思考。一些水合离子的标准摩尔生成焓的数据见附表1。

3. 标准摩尔溶解焓

在热力学标态(100 kPa)，一定温度 T 下，生成物质 B($\nu_B = +1$) 溶于无限量的溶剂时的热效应称为该物质的标准摩尔溶解焓，用 $\Delta_f H_m^\ominus(B,\infty,aq,T)$ 表示。其中，“aq”代表水合。

例如，反应 $H_2S(g) + nH_2O(l) \longrightarrow H_2S(aq)$ 的标准摩尔反应焓变就是 $H_2S(aq)$ 的标准摩尔溶解焓。一些物质的标准摩尔溶解焓的数据见附表1。

4. 标准摩尔燃烧焓

物质B的标准摩尔燃烧焓是指，在热力学标态(100 kPa)，一定温度 T 下，物质 B($\nu_B = -1$) 完全燃烧(或氧化) 成相同温度下的指定产物时反应的标准摩尔焓变，用符号 $\Delta_c H_m^\ominus$(B，相态，T) 表示，单位为 $kJ \cdot mol^{-1}$。所谓指定产物，是指反应物中的C被氧化为 $CO_2(g)$，H被氧化为 $H_2O(l)$，S被氧化为 $SO_2(g)$，N被氧化为 $N_2(g)$。由于反应物已完全燃烧(或氧化)，所以产物不能再燃烧。因此，上述定义中实际上是指在各燃烧反应中所有“产物的燃烧焓都为0”。

书写燃烧反应计量式时，要使B的化学计量数 $\nu_B = -1$。如 $CH_3OH(l)$ 的燃烧反应式为

$$CH_3OH(l) + 3/2O_2(g) \longrightarrow CO_2(g) + 2H_2O(l)$$

$$\Delta_r H_m^\ominus = \Delta_c H_m^\ominus(CH_3OH, l) = -726.1\ kJ \cdot mol^{-1}$$

由定义可知

$$\Delta_c H_m^\ominus(H_2O, l) = 0 \quad \Delta_c H_m^\ominus(CO_2, g) = 0$$

所以，任意物质B的标准摩尔燃烧焓也是相对值。一些物质的标准摩尔燃烧焓的数据见附表2。

2.4 盖斯定律及其应用

一、盖斯定律(Hess's Law)

1840年，俄罗斯科学家盖斯(Herri Hess) 总结出一条重要定律：“对于一个给定的总反应，不管反应是一步直接完成还是分步完成，其反应的热效应总是相同的。”这一规律称为盖斯定律。其实质是指出了反应的热效应只取决于始、终态，而与经历的具体途径无关。

盖斯定律的发现是在热力学第一定律之前，它为热力学第一定律的建立打下了实验基础，盖斯的功绩是不可磨灭的。盖斯定律的重要意义在于，它能使热化学方程式像普通代数式那样进行计算，从而可根据已经准确测定的反应热，间接计算未知化学反应的热效应，解决了那些根本不能测量反应的热效应问题。

以恒压过程的反应为例，说明盖斯定律的应用。例如，根据盖斯定律，可以用下列方法间接求出生成CO的反应热。碳完全燃烧生成 CO_2 有两个途径，如图2-4中的(1)和(2)+(3)所示。

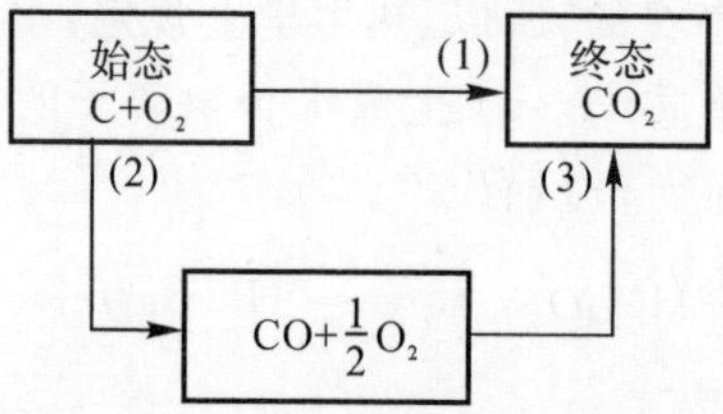

图2-4 $C + \frac{1}{2}O_2 \longrightarrow CO$ 反应热的计算

(1) 和(3) 的反应热在实验中较容易测定，在 100 kPa 和 298 K 条件下，其反应热为

$$C(s) + O_2(g) \longrightarrow CO_2(g) \quad \Delta_r H_m^\ominus(1) = -393.5\ kJ \cdot mol^{-1}$$

$$CO(g) + \frac{1}{2}O_2(g) \longrightarrow CO_2(g) \quad \Delta_r H_m^\ominus(3) = -283.0\ kJ \cdot mol^{-1}$$

根据盖斯定律，有

$$\Delta_r H_m^\ominus(1) = \Delta_r H_m^\ominus(2) + \Delta_r H_m^\ominus(3)$$

$$\Delta_r H_m^\ominus(2) = \Delta_r H_m^\ominus(1) - \Delta_r H_m^\ominus(3) = [-393.5 - (-283.0)]\ kJ \cdot mol^{-1} = -110.5\ kJ \cdot mol^{-1}$$

因此，在 100 kPa 和 298 K 条件下，有

$$C(s) + \frac{1}{2}O_2(g) \longrightarrow CO \quad \Delta_r H_m^\ominus(2) = -110.5\ kJ \cdot mol^{-1}$$

通过上例可以看出，利用盖斯定律，我们可以较为方便地通过计算得到一些在实验中难以直接测定反应的热效应值，这就为获得大量的热力学数据提供了一种快捷的方法。

二、由 $\Delta_f H_m^\ominus$ 计算 $\Delta_r H_m^\ominus$

对于任何一个化学反应来说，其生成物和反应物的原子种类和个数是相同的，也就是说，从同样的单质出发，经过不同途径可以生成反应物，也可以生成产物，如图 2-5 所示。

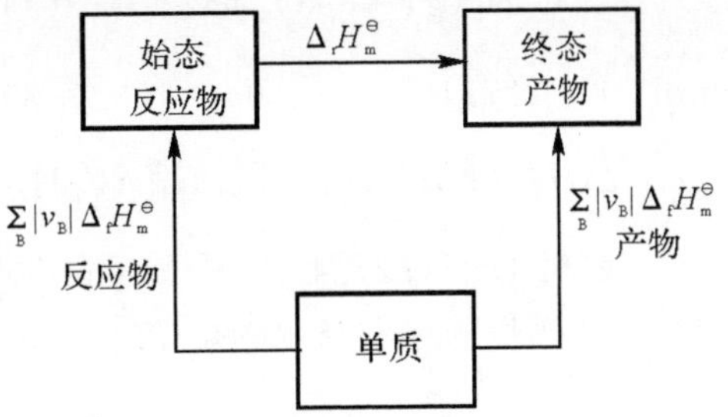

图 2-5　利用标准摩尔生成焓计算反应热

根据盖斯定律，有

$$\sum_B (|\nu_B| \Delta_f H_m^\ominus)_{反应物} + \Delta_r H_m^\ominus = \sum_B (\nu_B \Delta_f H_m^\ominus)_{产物}$$

即
$$\Delta_r H_m^\ominus = \sum_B (\nu_B \Delta_f H_m^\ominus)_{产物} - \sum_B (|\nu_B| \Delta_f H_m^\ominus)_{反应物}$$

整理后，得

$$\Delta_r H_m^\ominus(T) = \sum_B \nu_B \cdot \Delta_f H_{m,T}^\ominus(B) \tag{2-16}$$

式(2-16) 表示，任意一个恒压反应的标准摩尔焓变等于所有产物和所有反应物的标准摩尔生成焓之和。

例 2-3　利用标准摩尔生成焓计算葡萄糖氧化反应的热效应。

解　首先写出葡萄糖氧化反应的热化学方程式并配平，查出各物质的标准摩尔生成焓。

	$C_6H_{12}O_6(s)$	$+\ 6O_2(g)$	$\longrightarrow 6CO_2(g)$	$+\ 6H_2O(l)$
$\Delta_f H_m^\ominus(298\ K)/(kJ \cdot mol^{-1})$	$-1\ 273.3$	0	-393.5	-285.8

根据式(2-16) 得

$$\Delta_r H_m^\ominus = [6\Delta_f H_m^\ominus(CO_2, g) + 6\Delta_f H_m^\ominus(H_2O, l)] - [\Delta_f H_m^\ominus(C_6H_{12}O_6, s) + 6\Delta_f H_m^\ominus(O_2, g)] =$$

$[6\times(-393.5)+6\times(-285.8)]\ \text{kJ}\cdot\text{mol}^{-1}-[1\times(-1\ 273.3)+6\times0]\ \text{kJ}\cdot\text{mol}^{-1}=$

$-2\ 802.5\ \text{kJ}\cdot\text{mol}^{-1}$

计算结果表明，葡萄糖的氧化是一个强烈的放热反应，每摩尔葡萄糖氧化时，可放出约 2 802.5 kJ 的热量。人类的主食是淀粉类食品，淀粉在人体内水解后转化成葡萄糖，所以，上述反应是人体内普遍存在的一个反应，人体所需热量大部分由葡萄糖供给。

例 2-4 酸碱中和反应是一类重要的化学过程，计算下面反应的 $\Delta_r H_m^\ominus(298\ \text{K})$：

$$H^+(aq)+OH^-(aq) = H_2O(l)$$

$\Delta_f H_m^\ominus(298\ \text{K})/(\text{kJ}\cdot\text{mol}^{-1})$ 0 −230.0 −285.8

$$\Delta_r H_m^\ominus(298\ \text{K})=\Delta_f H_m^\ominus(H_2O,l)-[\Delta_f H_m^\ominus(H^+)+\Delta_f H_m^\ominus(OH^-)]=$$

$$-285.8\ \text{kJ}\cdot\text{mol}^{-1}-[0+(-230.0)]\ \text{kJ}\cdot\text{mol}^{-1}=$$

$$-55.8\ \text{kJ}\cdot\text{mol}^{-1}$$

计算结果表明，酸碱中和反应是一个放热反应。

例 2-5 利用标准摩尔生成焓数据，计算乙炔的标准摩尔燃烧焓 $\Delta_c H_m^\ominus(C_2H_2,g,298\ \text{K})$。

解 写出乙炔燃烧的化学反应方程式，查出各物质的标准摩尔生成焓。

$$C_2H_2(g)+\frac{5}{2}O_2(g) = 2CO_2(g)+H_2O(l)$$

$\Delta_f H_m^\ominus(298\ \text{K})/(\text{kJ}\cdot\text{mol}^{-1})$ 227.4 0 −393.5 −285.8

$$\Delta_r H_m^\ominus=[2\Delta_f H_m^\ominus(CO_2,g)+\Delta_f H_m^\ominus(H_2O,l)]-[\Delta_f H_m^\ominus(C_2H_2,g)+\frac{5}{2}\Delta_f H_m^\ominus(O_2,g)]=$$

$$[2\times(-393.5)+(-285.8)-(227.4+0)]\ \text{kJ}\cdot\text{mol}^{-1}=-1\ 300.2\ \text{kJ}\cdot\text{mol}^{-1}$$

计算出的标准摩尔反应焓就是乙炔燃烧的标准摩尔燃烧焓。这里应注意，如果上述反应方程式写成

$$2C_2H_2(g)+5O_2(g) = 4CO_2(g)+2H_2O(l)$$

计算出的标准摩尔反应焓是多少？是否是乙炔的标准摩尔燃烧焓？请读者思考。

三、利用热化学方程式计算 $\Delta_r H_m^\ominus$

例如，$ZnSO_4$ 的标准摩尔生成焓不能够直接由指定单质反应而测定，但是，我们可以利用以下 4 步反应而间接得到：

$Zn(s)+\frac{1}{2}O_2(g) = ZnO(s)$ (1) $\Delta_r H_m^\ominus(1)=-350.5\ \text{kJ}\cdot\text{mol}^{-1}$

$S(s)+O_2(g) = SO_2(g)$ (2) $\Delta_r H_m^\ominus(2)=-296.8\ \text{kJ}\cdot\text{mol}^{-1}$

$SO_2(g)+\frac{1}{2}O_2(g) = SO_3(g)$ (3) $\Delta_r H_m^\ominus(3)=-98.3\ \text{kJ}\cdot\text{mol}^{-1}$

$ZnO(s)+SO_3(g) = ZnSO_4(s)$ (4) $\Delta_r H_m^\ominus(4)=-237.2\ \text{kJ}\cdot\text{mol}^{-1}$

四式相加可得总反应为

$$Zn(s)+S(s)+2O_2(g) = ZnSO_4(s) \quad (5)$$

根据盖斯定律有

式(5) = 式(1) + 式(2) + 式(3) + 式(4)

计算所得就是 $ZnSO_4(s)$ 的标准摩尔生成焓，即

$$\Delta_f H_m^{\ominus}(ZnSO_4, s, 298\ K) = \Delta_r H_m^{\ominus}(1) + \Delta_r H_m^{\ominus}(2) + \Delta_r H_m^{\ominus}(3) + \Delta_r H_m^{\ominus}(4) = -982.8\ kJ \cdot mol^{-1}$$

四、由 $\Delta_c H_m^{\ominus}$ 计算 $\Delta_r H_m^{\ominus}$

由于 $\Delta_c H_m^{\ominus}(298\ K)$ 的定义针对的是反应物，因此，用标准摩尔燃烧焓计算任意反应的标准摩尔焓 $\Delta_r H_m^{\ominus}$ 时，公式为

$$\Delta_r H_m^{\ominus}(298\ K) = -\sum_B \nu_B \cdot \Delta_c H_m^{\ominus}(298\ K)(B) \qquad (2-17)$$

$$H_2(g) + \frac{1}{2}O_2(g) = H_2O(l)$$

通过该反应方程式中各反应物和产物的标准摩尔生成焓，计算得到的反应的标准摩尔焓变，是否是水的标准摩尔生成焓？是否还是氢气的标准摩尔燃烧焓？请读者认真思考。

2.5　热力学第二定律与反应自发方向

热力学第一定律基本解决了化学反应中能量转换的相关问题。那么，要解决化学反应自发进行的方向和限度的问题，需要我们继续学习热力学第二定律。

在人类生活中，吃、穿问题是最为重要的。那么，食物和织物是否可以用最廉价且易得的原料，通过化学过程而大量生产呢？例如，是否可以由 CO_2 和 H_2O 通过化学反应 $6CO_2 + 6H_2O = 6O_2 + C_6H_{12}O_6$ 制备葡萄糖、淀粉以解决吃的问题呢？从该反应的原子配比来看没有什么问题，但是，大量实验表明，此反应不能自发进行。那么，如何从理论上预言何种反应可以自发进行，何种反应不能自发进行就显得非常有必要。

一、自发过程

在一定的条件下，系统不需借助外力，可以自动地从一种状态改变到另一种状态的过程叫作自发过程。在自然界中，自发过程大量存在。自发过程可以是物理过程，也可以是化学过程。例如，高处的水自发地流向低处，因为，在不同高度地球的引力大小不同，势能是水流动发生自发过程的原因。又如，将一滴红墨水滴在一杯清水中，经过一段时间，红墨水就会自发地扩散到整杯水中，而呈红色。以下的化学反应都是可以自发进行的。

$$H^+(aq) + OH^-(aq) = H_2O(l)$$

$$C(s) + O_2(g) = CO_2(g)$$

$$Zn(s) + 2H^+(aq) = Zn^{2+}(aq) + H_2(g)$$

通常，自发过程有着一些共同的特点：

(1) 有确定的方向。任何自发过程在没有外力干预下都是不可逆的，也就是说，自发过程的方向是确定的，其逆过程一定是不自发的。如，水可以自发地从高处向低处流，而不可能自发地由低处向高处流。墨水可以自发地扩散，却不能自发地聚集。酸和碱可以自发地反应生成盐和水，盐和水却不可以自发地转变为酸和碱。

(2) 通过装置可以做有用功。例如，利用水位差，通过涡轮机可以发电，电功是有用功；利用氧化还原反应，组装成原电池，将化学能转变成电能等。

(3) 自发过程是有限度的，这个限度就是平衡态。当水位差等于零时，水就不再流动（宏观上）；当溶液浓度均匀时，扩散过程就不再进行；等等。

那么,自发过程的方向和限度又该如何确定呢?特别是能自发进行的化学反应的方向和限度又如何判断呢?

二、焓与能量最低原理

早在19世纪,化学家们就希望找到一种能用来判断反应方向的依据。他们在对自发反应的研究中发现,许多自发反应都是放热的,如:

$$H^+(aq) + OH^-(aq) \longrightarrow H_2O(l) \qquad \Delta_r H_m^\ominus = -55.8\ kJ \cdot mol^{-1}$$

$$C(s) + O_2(g) \longrightarrow CO_2(g) \qquad \Delta_r H_m^\ominus = -393.5\ kJ \cdot mol^{-1}$$

$$Zn(s) + 2H^+(aq) \longrightarrow Zn^{2+}(aq) + H_2(g) \qquad \Delta_r H_m^\ominus = -153.9\ kJ \cdot mol^{-1}$$

1878年,法国化学家贝特洛(M. Berthelot)和丹麦化学家汤姆森(J. Thomsen)曾提出,自发的化学反应趋向于使系统放出最多的热。于是,有人试图用反应的热效应或焓变作为反应自发进行的判断依据。但是,随后的研究又发现,有些吸热的过程或反应也能自发进行。例如,101.325 kPa,温度高于273 K时,冰可自发地变成水:$H_2O(s) \longrightarrow H_2O(l)$,$\Delta_r H_m^\ominus > 0$。又如,$NH_4Cl$的溶解:$NH_4Cl(s) + H_2O(l) \longrightarrow NH_4^+(aq) + Cl^-(aq)$,$\Delta_r H_m^\ominus = 14.7\ kJ \cdot mol^{-1}$。这些吸热过程或反应($\Delta_r H_m^\ominus > 0$)在一定条件下均能自发进行。由此说明,放热($\Delta_r H_m^\ominus < 0$)只是有助于反应自发进行的因素之一,而不是唯一的因素。那么,影响反应自发进行的因素还有什么呢?

三、熵与熵判据

1. 混乱度与熵、熵与微观状态数、熵增原理

化学反应系统是一种热力学系统,热力学系统是由大量微观粒子组成的,但微观粒子的性质必然反映在宏观性质上。或者说,热力学系统的宏观性质是和系统中微观粒子的微观性质相关联的。例如,图2-6(a)左面的烧瓶中是O_2,右边的烧瓶中是N_2。打开活塞后,两边的气体经过一段时间后会完全混合[见图2-6(b)],这时混乱度增大了,系统达到稳定状态。反过来,图2-6(b)中的混合气体(O_2和N_2)不会自发地变成图2-6(a)中的分离状态,因为O_2和N_2分开后,系统的混乱度减小,混乱度小的系统是不稳定的。

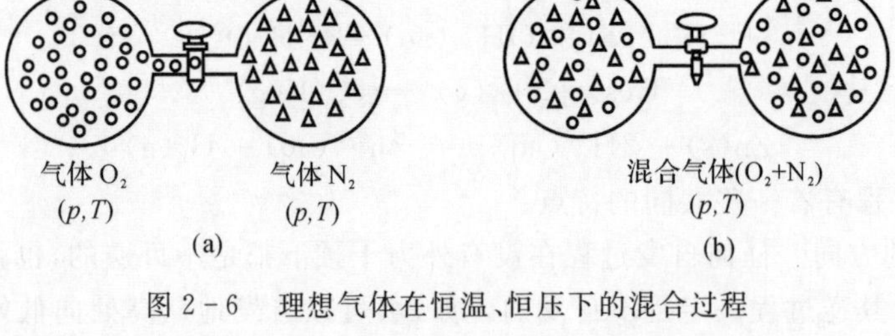

图2-6 理想气体在恒温、恒压下的混合过程

系统中微观粒子的混乱度用"熵"(Entropy)来表述,或者说熵是系统内物质微观粒子的混乱度的量度,用符号S表示。系统的混乱度小或处在较有秩序的状态,其熵值小;混乱度大或处在较无秩序的状态,其熵值大。因此,熵是系统内部大量质点运动规律的统计结果,是衡量系统内部运动质点混乱程度的宏观物理量。

1878年,玻尔兹曼(L. Boltzman)提出了微观粒子状态数与S之间的定量关系式(也叫

Boltzman 公式)：

$$S = k\ln\Omega \tag{2-18}$$

式中，S 为熵，Ω 为微观状态数，k 为 Boltzman 常量。从 Boltzman 公式可知，微观状态数越大，熵越大，系统越混乱。而微观状态数的大小与空间的大小、物质的组成、运动的形式等有关。也就是说，微粒数愈多，空间位置愈大，微粒组成愈复杂，微观状态数愈大，系统的熵愈大。由此可见，熵是系统内微观粒子可能达到的微观状态数的定量量度。但是，微观状态数很难定量，所以，熵无法通过微观状态数直接计算得到。目前，我们是通过实验测定恒温可逆过程的 Q 来得到熵的定量数值，表示为

$$\Delta S = \frac{Q_r}{T} \tag{2-19}$$

因此，熵也称为热温熵。

系统的状态一定，其混乱度也就一定，相应地必有一确定的熵值，因此，熵也是状态函数，它是反映系统中粒子运动混乱程度的一个物理量。除了上述提到的吸热过程外，还有许多自发过程与它们的混乱度增加有关，称为熵增原理。例如，气体的自发扩散、红墨水在水中的自发扩散等，但让扩散了的气体或液体再自发地恢复扩散前的状态是不可能的。日常生活或工作中，类似的例子随处可见，如冰的融化、水的蒸发、固体物质在水中的溶解、难溶氢氧化物溶于酸等。这些事实表明，过程能自发地向着熵增加的方向进行，或者说系统有趋向于混乱度最大(或无序度)的倾向。因此，系统熵增大是有利于过程自发进行的。

2. 热力学第三定律和标准熵

系统内物质微观粒子的混乱度与物质的聚集态和温度等有关。可以设想，在绝对温度 0 K 时，纯物质的完美晶体中粒子都在晶格结点整齐排列，微观状态数目为 1，与这种状态相应的熵值应为零，即"在绝对零度下，一切纯物质的完美晶体的熵值为零"，这就是热力学第三定律。热力学第三定律只是理论上的推断，因为，至今为止，我们还没能达到绝对温度 0 K。根据热力学第三定律，可以确定其他温度下物质的熵。如果将某纯物质从 0 K 升温到 T (K)，那么该过程的熵变 ΔS 为

$$\Delta S = S_T - S_0 = S_T \tag{2-20}$$

S_T 称为该物质的绝对熵。在热力学标态($p^\ominus$=100 kPa)，指定温度下，物质 B(ν_B = +1) 的绝对熵称为标准摩尔熵，以符号 $S_m^\ominus$(B，相态，T) 表示，单位为 $J \cdot mol^{-1} \cdot K^{-1}$。很显然，所有物质在 298 K 下的标准摩尔熵 $S_m^\ominus$(B，相态，T) 均大于零。这与指定单质的标准摩尔生成焓 $\Delta_f H_m^\ominus$ 为 0 不同。但与标准摩尔生成焓相似的有，对于水合离子，同样规定在 298 K 时，处于标准状态下的 H^+ (aq) 的标准摩尔熵值为零，即 $S_m^\ominus(H^+, aq, 298\ K) = 0$，从而得出其他水合离子在 298 K 时的标准摩尔熵(相对值)，常用数据见附表 1。

3. 熵变的定性判断

系统的熵变有时只需定性的给出，物质熵的一般性规律为：

(1) 熵与物质的聚集状态有关。同一物质在同一温度时，气态熵值最大，液态次之，固态最小，即

$$S_m^\ominus(B, s, 298\ K) < S_m^\ominus(B, l, 298\ K) < S_m^\ominus(B, g, 298\ K)$$

(2) 同一物质同一聚集状态时，其熵值随温度的升高而增大，即 $S_{高温}^\ominus > S_{低温}^\ominus$。

(3) 温度、聚集态相同时，分子结构相似且相近的物质，其 $S_m^\ominus$ 相近。如 $S_m^\ominus$(CO，g，298 K) =

197.7 $J \cdot mol^{-1} \cdot K^{-1}$，$S_m^{\ominus}(N_2, g, 298\ K) = 191.6\ J \cdot mol^{-1} \cdot K^{-1}$。

(4) 分子结构相似，但相对分子质量不同的物质，其 $S_m^{\ominus}$ 随相对分子质量的增大而增大。如气态卤化氢的 $S_m^{\ominus}$ 依 HF(g)，HCl(g)，HBr(g) 顺序增大(见附表 1 数据)。

(5) 就固体而言，较硬的固体(如：金刚石)要比较软的固体(如：石墨)的熵值低。如 $S_m^{\ominus}$(C，金刚石，298 K) < $S_m^{\ominus}$(C，石墨，298 K)。

(6) 同一聚集态，混合物或溶液的熵往往比相应的纯物质的熵值大，即 $S_{混合物}^{\ominus} > S_{纯净物}^{\ominus}$。

由上述说明可见，物质的标准摩尔熵与聚集态、温度及其微观结构密切相关。根据以上规律可得出一条定性判断过程熵变的有用规则：对于物理或化学变化而言，如果一个过程或反应导致气体分子数增加，则熵值变大；反之，如果气体分子数减小，则熵值变小。

4. 反应的标准摩尔熵变与热力学第二定律

因为熵是状态函数，所以，一个化学反应前后的熵变就等于生成物的绝对熵和反应物的绝对熵与化学计量数乘积的总和，即

$$\Delta_r S_m^{\ominus} = \sum_B \nu_B S_{m,298}^{\ominus}(B) \tag{2-21}$$

例 2-6 计算 298 K 下反应 $2H_2(g) + O_2(g) \longrightarrow 2H_2O(l)$ 的熵变 $\Delta_r S_m^{\ominus}$。

解 查附表 1 得到各物质的标准摩尔熵为

	$2H_2(g)$	$+ O_2(g)$	$\longrightarrow 2H_2O(l)$
$S_m^{\ominus}/(J \cdot mol^{-1} \cdot K^{-1})$	130.7	205.2	70.0

$$\Delta_r S_m^{\ominus} = 2S_m^{\ominus}(H_2O, l) - [2S_m^{\ominus}(H_2, g) + S_m^{\ominus}(O_2, g)] =$$
$$[2 \times 70.0 - (2 \times 130.7 + 205.2)]\ J \cdot mol^{-1} \cdot K^{-1} = -326.6\ J \cdot mol^{-1} \cdot K^{-1}$$

由计算结果可知，氢气与氧气反应生成水是一个熵减的过程。很显然，由气态到液态是一个有序的过程，计算结果与之对应。

例 2-7 计算 298 K 下 $CaCO_3$(文石)热分解反应的 $\Delta_r S_m^{\ominus}$ 和 $\Delta_r H_m^{\ominus}$，并初步分析该反应的自发性。

解 查附表 1 得到 298 K 下各物质的 $S_m^{\ominus}$ 和 $\Delta_f H_m^{\ominus}$，有

	$CaCO_3(s)$	$\longrightarrow CaO(s)$	$+ CO_2(g)$
$\Delta_f H_m^{\ominus}/(kJ \cdot mol^{-1})$	−1 207.8	−634.9	−393.5
$S_m^{\ominus}/(J \cdot mol^{-1} \cdot K^{-1})$	88.0	38.1	213.8

$$\Delta_r H_m^{\ominus} = [\Delta_f H_m^{\ominus}(CO_2, g) + \Delta_f H_m^{\ominus}(CaO, s)] - \Delta_f H_m^{\ominus}(CaCO_3, s) =$$
$$[(-393.5) + (-634.9) - (-1\ 207.8)]\ kJ \cdot mol^{-1} = 179.4\ kJ \cdot mol^{-1}$$
$$\Delta_r S_m^{\ominus} = [S_m^{\ominus}(CO_2, g) + S_m^{\ominus}(CaO, s)] - S_m^{\ominus}(CaCO_3, s) =$$
$$[213.8 + 38.1 - 88.0]\ J \cdot mol^{-1} \cdot K^{-1} = 163.9\ J \cdot mol^{-1} \cdot K^{-1}$$

在 298 K 下反应的 $\Delta_r H_m^{\ominus}$ 为正值，表明此反应吸热，从系统倾向于取得最低的能量这一因素来看，吸热不利于反应自发进行。但是，在此条件下反应的 $\Delta_r S_m^{\ominus}$ 也为正值，表明反应过程中系统的熵值增大，从系统倾向于取得最大混乱度这一因素来看，熵值增大有利于反应自发进行。由分析可知，根据 $\Delta_r H_m^{\ominus}$ 或 $\Delta_r S_m^{\ominus}$ 并不是总能判断出反应的自发性。那么，如何准确判断反应的自发性呢？

5. 热力学第二定律和熵判据

热力学第二定律给出的是宏观过程自发进行的条件和方向的经验定律。热力学第二定律

与热力学第一定律的不同之处是，它有多种表述方式，我们这里介绍其中几种。热力学第二定律的熵表述为：如果孤立系统的熵值增大，该系统是自发过程，称为熵增原理，表示为

$\Delta S_{孤立} > 0$　　自发过程

$\Delta S_{孤立} = 0$　　平衡状态

$\Delta S_{孤立} < 0$　　非自发过程

特别指出，熵增原理或熵判据必须应用于孤立系统。那么，对于封闭系统，又该如何判断反应的自发性呢？我们知道，对于孤立系统有

$$\Delta S_{孤立} = \Delta S_{封闭} + \Delta S_{环境} \tag{2-22}$$

所以，封闭系统和环境的熵变需要分别进行计算。$\Delta S_{封闭}$ 由反应物和产物的标准摩尔熵计算得到(查附表 1)；对于(大) 孤立系统，系统与环境之间的能量交换改变了环境的熵。系统放出能量给环境，环境的熵会增加，而系统从环境吸收能量，环境的熵将减少。如果环境足够大时，这种有限的热量交换，不会引起 T 的大幅改变，根据热温熵的定义式计算 $\Delta S_{环境}$ 有

$$\Delta S_{环境} = \frac{(Q_{环境})_{\mathrm{r}}}{T_{环境}} = \frac{-Q_{系统}}{T_{环境}} = \frac{-\Delta H_{\mathrm{r}}}{T_{环境}} \tag{2-23}$$

如果计算所得 $\Delta S_{孤立} = \Delta S_{封闭} + \Delta S_{环境}$ 是熵增的，那么该系统是自发过程。

热力学第二定律的另一种表述是：功可以全部转换成热，热不能完全转换成功而不发生其他变化；或热不能自动地从低温物体传递到高温物体，而不给环境留下痕迹。热功转化的实质是不可避免地使系统和环境的熵增大。热力学第二定律同热力学第一定律一样是大量客观事实的总结，没有例外。

2.6　吉布斯函数变与反应自发方向的判断

一、吉布斯函数变及吉布斯函数变判据

从前面的学习我们知道，系统的能量降低，熵增加时有利于反应自发进行，但是，只根据系统的 $\Delta_{\mathrm{r}} H_{\mathrm{m}}^{\ominus} < 0$ 或 $\Delta_{\mathrm{r}} S_{\mathrm{m}}^{\ominus} > 0$ 是不能够确定反应是不是自发的。而热力学第二定律的熵判据是只能在孤立系统中使用的。孤立系统是既要考虑系统，又要涉及环境。但是，在研究工作中，人们更习惯只考虑系统而不论及环境。那么，就系统而言，若单独使用能量减小和熵增两个原理时，通常有：当熵改变趋于零时，可以用能量减小原理判断反应自发进行的方向；或当能量改变趋于零时，可以用熵增原理判断反应自发进行的方向；但是，在大多数情况下，很难满足这样的条件。

在恒温恒压下，结合式(2-22)、式(2-23)，有

$$\Delta S_{总} = \Delta S_{系统} + \Delta S_{环境} = \Delta S_{系统} - \frac{\Delta H_{系统}}{T}$$

整理得

$$-T\Delta S_{总} = \Delta H_{系统} - T\Delta S_{系统}$$

当令 $-T\Delta S_{总} = \Delta G$ 时，上式为

$$\Delta G = \Delta H - T\Delta S \tag{2-24}$$

式(2-24) 称为吉布斯-赫姆霍兹(Gibbs-Holmholtz) 方程，则有

$$G = H - TS$$

G 称为吉布斯函数(也叫吉布斯自由能, Gibbs Free Energy)。根据能量减小原理和熵增大原理,在封闭系统、等温恒压过程中,且系统不做非体积功时,可以根据吉布斯-赫姆霍兹方程,用系统的吉布斯函数变 ΔG 来判定反应或过程的自发性,即

$\Delta G < 0$　自发过程,即反应正向自发进行

$\Delta G = 0$　平衡状态

$\Delta G > 0$　非自发过程,即反应逆向自发进行

这表明,在不做非体积功和恒温恒压条件下,任何自发变化总是使系统的吉布斯函数变减小(即 $\Delta G < 0$)。这一判据可用来判断封闭系统反应自发进行的方向。因为,化学反应常常在恒压条件下进行,而计算 ΔG 时只需用系统的 ΔH 和 ΔS,所以,通过 ΔG 来判别反应自发进行的方向较为方便。ΔG 具有以下性质。

1. *G 是状态函数*

因为 $G = H - TS$,其中 H,T,S 都是状态函数,所以 G 也是状态函数。ΔG 的数值只与系统的始态和终态有关,而和途径无关。

2. *ΔG 是系统做有用功的量度*

根据热力学第一定律的表达式有

$$\Delta U = Q + (W_{体} + W')$$

那么,在恒温恒压可逆过程中,代入式(2-19)和体积功的计算式后得

$$\Delta U = T\Delta S - p\Delta V + W'$$

移项后整理,非体积功为

$$W' = (\Delta U + p\Delta V) - T\Delta S = \Delta H - T\Delta S = \Delta G$$

由上述推导可见:ΔG 是系统做有用功的量度。

根据吉布斯-赫姆霍兹公式有

$$\Delta H = \Delta G + T\Delta S$$

从该式可以看出,反应或过程的焓变实际上含有两部分能量:一部分用来维持系统温度和改变系统的混乱度,这部分能量不能用来转变成另外一种能量形式,所以这部分能量也叫作束缚能;另一部分焓变是能用于做有用功的能量,即 ΔG。

3. *ΔG 是自发过程的推动力*

从 ΔG 判据可以看出,在恒温、恒压、只做体积功的条件下,自发过程进行的方向是吉布斯函数变减小的方向。这就是说,系统之所以从一种状态自发地变成另一种状态,是因为这两个状态之间存在着吉布斯函数的差值 ΔG。就像存在温度差 ΔT,会有热量传递,存在水位差 Δh,会有水流动一样,ΔG 就是化学反应自发进行的推动力。自发过程总是由 G 大的状态向 G 小的状态进行,直至 $\Delta G = 0$,达到平衡状态。换句话说,吉布斯函数越大的系统越不稳定,有自发向吉布斯函数小的状态转变的趋势,吉布斯函数小的状态相对较为稳定。因此,吉布斯函数也是系统稳定性的一种量度。

二、反应的标准摩尔吉布斯函数变

与反应的焓变一样,系统的吉布斯函数绝对值无法测量,热力学上关注的是吉布斯函数的

变化值。吉布斯函数变与反应消耗的物质多少有关，也与反应进行的条件有关。

热力学上规定，$\Delta_r G_m^\ominus$ 称为反应的标准摩尔吉布斯函数变，它指的是温度一定时，某化学反应在标准状态下，按照反应计量式完成由反应物到产物的转化，相应的吉布斯函数的变化，单位为 $kJ \cdot mol^{-1}$。

1. 由 $\Delta_f G_m^\ominus$ 计算 $\Delta_r G_m^\ominus$

热力学中规定，在温度 T、压力为 $p^\ominus$ 的条件下，由指定单质生成物质 B($\nu_B = +1$) 时反应的标准摩尔吉布斯函数变，称为物质 B 的标准摩尔生成吉布斯函数变，记为 $\Delta_f G_m^\ominus$(B，相态，T)，单位为 $kJ \cdot mol^{-1}$。其中所规定的指定单质与前面讨论 $\Delta_f H_m^\ominus$ 时的定义是一致的。显然，指定单质的 $\Delta_f G_m^\ominus$ 也为零，即 $\Delta_f G_m^\ominus$(指定单质，相态，T)=0。物质的 $\Delta_f G_m^\ominus$ 数据见附表1。附表1中同样还有水合离子的标准摩尔吉布斯函数变 $\Delta_f G_m^\ominus$(B，aq，相态，T)，同样规定：水合氢离子的标准摩尔生成吉布斯函数变为零，即 $\Delta_f G_m^\ominus(H^+, aq) = 0$；标准摩尔溶解吉布斯函数变 $\Delta_f G_m^\ominus$(B，相态，T)。附表1中列出的数据都是 298 K 下各物质的 $\Delta_f H_m^\ominus$，$S_m^\ominus$，$\Delta_f G_m^\ominus$ 值，在 298 K 下反应的 $\Delta_r G_m^\ominus$ 可直接由如下公式计算得到，即

$$\Delta_r G_m^\ominus = \sum_B (\nu_B \Delta_f G_m^\ominus) \tag{2-25}$$

例 2-8　汽车尾气中含有毒气体 NO 和 CO，脱除这两种有毒气体的方案之一是利用反应：$NO + CO \longrightarrow CO_2 + \frac{1}{2}N_2$，该反应的产物是无毒的。请利用 $\Delta_f G_m^\ominus$ 数据计算该反应的 $\Delta_r G_m^\ominus$，反应条件为 298 K，标准态。

解　查表得　　$NO(g) + CO(g) \longrightarrow CO_2(g) + \frac{1}{2}N_2(g)$

$\Delta_f G_m^\ominus/(kJ \cdot mol^{-1})$　87.6　　−137.2　　−394.4　　0

$$\Delta_r G_m^\ominus = [\Delta_f G_m^\ominus(CO_2, g) + \frac{1}{2}\Delta_f G_m^\ominus(N_2, g)] - [\Delta_f G_m^\ominus(NO, g) + \Delta_f G_m^\ominus(CO, g)] =$$
$$[(-394.4) + 0]\ kJ \cdot mol^{-1} - [(-137.2) + 87.6]\ kJ \cdot mol^{-1} =$$
$$-344.8\ kJ \cdot mol^{-1} < 0$$

因为 $\Delta_r G_m^\ominus < 0$，所以在 298 K 下，该反应正向自发进行。

2. 由吉布斯-赫姆霍兹公式计算 $\Delta_r G_m^\ominus$

在标准状态下，式(2-24)的吉布斯-赫姆霍兹方程可以表示为

$$\Delta_r G_m^\ominus = \Delta_r H_m^\ominus - T\Delta_r S_m^\ominus \tag{2-26}$$

利用前节计算得到的 $\Delta_r H_m^\ominus$ 和 $\Delta_r S_m^\ominus$ 可以很方便地计算出 298 K 下的 $\Delta_r G_m^\ominus$。对于其他温度下的标准态，在没有相变发生时，$\Delta_r H_m^\ominus$ 和 $\Delta_r S_m^\ominus$ 随温度的变化不大(无机化学课程中)，因此，可以近似地认为

$$\Delta_r H_m^\ominus(T) \approx \Delta_r H_m^\ominus(298\ K),\quad \Delta_r S_m^\ominus(T) \approx \Delta_r S_m^\ominus(298\ K)$$

则有

$$\Delta_r G_m^\ominus(T) = \Delta_r H_m^\ominus(298\ K) - T\Delta_r S_m^\ominus(298\ K) \tag{2-27}$$

利用式(2-26)或式(2-27)计算得到的 $\Delta_r G_m^\ominus$ 的正、负，可以判断反应在对应温度下、标准态时反应自发进行的方向。

例 2-9　丙烯腈是制造腈纶的原料，可以用丙烯和氨氧化合成，现已知如下条件，请计算其 298 K 时的 $\Delta_r G_m^\ominus$，进而判断反应的方向。

$$C_3H_6(g) + NH_3(g) + \frac{3}{2}O_2(g) \longrightarrow CH_2{=}CH{-}CN(g) + 3H_2O(g)$$

	$C_3H_6(g)$	$NH_3(g)$	$O_2(g)$	$CH_2{=}CH{-}CN(g)$	$H_2O(g)$
$\Delta_f H_m^\ominus/(kJ \cdot mol^{-1})$	20.0	−45.9	0	184.9	−241.8
$S_m^\ominus/(J \cdot mol^{-1} \cdot K^{-1})$	267	192.8	205.2	273.93	188.8

解 $\Delta_r H_m^\ominus = [\Delta_f H_m^\ominus(C_3H_3N, g) + 3\Delta_f H_m^\ominus(H_2O, g)] -$

$[\Delta_f H_m^\ominus(C_3H_6, g) + \Delta_f H_m^\ominus(NH_3, g) + \frac{3}{2}\Delta_f H_m^\ominus(O_2, g)] =$

$[184.9 + 3 \times (-241.8)]\ kJ \cdot mol^{-1} - [20.0 + (-45.9) + 0]\ kJ \cdot mol^{-1} =$

$-514.6\ kJ \cdot mol^{-1}$

$\Delta_r S_m^\ominus = [S_m^\ominus(C_3H_3N, g) + 3S_m^\ominus(H_2O, g)] - [S_m^\ominus(C_3H_6, g) +$

$S_m^\ominus(NH_3, g) + \frac{3}{2}S_m^\ominus(O_2, g)] =$

$(273.93 + 3 \times 188.8)\ J \cdot mol^{-1} \cdot K^{-1} - (267 + 192.8 + \frac{3}{2} \times 205.2)\ J \cdot mol^{-1} \cdot K^{-1} =$

$72.73\ J \cdot mol^{-1} \cdot K^{-1}$

$\Delta_r G_m^\ominus(298K) = \Delta_r H_m^\ominus - T\Delta_r S_m^\ominus =$

$-(514.6)\ kJ \cdot mol^{-1} - 298\ K \times 0.001 \times 72.73\ J \cdot mol^{-1} \cdot K^{-1} =$

$-536.3\ kJ \cdot mol^{-1} < 0$

故得，298 K 时反应能正向自发进行。

计算时应注意 $\Delta_r S_m^\ominus$ 的单位是 $J \cdot mol^{-1} \cdot K^{-1}$，代入吉布斯-赫姆霍兹公式时，注意单位的统一。

3. 根据盖斯定律直接求 $\Delta_r G_m^\ominus$

值得提及的是，由于 G 是状态函数，盖斯定律也适用于化学反应的吉布斯函数变 $\Delta_r G_m^\ominus$ 的相关计算。

例 2-10 计算 298 K 时以下反应的 $\Delta_r G_m^\ominus$：

$$CH_2{=}CH_2(g) + O_2(g) \longrightarrow CH_3COOH(g) \qquad (1)$$

已知

$$CH_2{=}CH_2(g) + \frac{1}{2}O_2(g) \longrightarrow CH_3CHO(g) \quad \Delta_r G_m^\ominus(2) = -201.4\ kJ \cdot mol^{-1} \qquad (2)$$

$$CH_3CHO(g) + \frac{1}{2}O_2(g) \longrightarrow CH_3COOH(g) \quad \Delta_r G_m^\ominus(3) = -241.2\ kJ \cdot mol^{-1} \qquad (3)$$

解 反应(1) 为反应(2) 与(3) 之和，有

$$CH_2{=}CH_2(g) + \frac{1}{2}O_2(g) \longrightarrow CH_3CHO(g)$$

$$+ \qquad CH_3CHO(g) + \frac{1}{2}O_2(g) \longrightarrow CH_3COOH(g)$$

$$CH_2{=}CH_2(g) + O_2(g) \longrightarrow CH_3COOH(g)$$

所以

$\Delta_r G_m^\ominus(1) = \Delta_r G_m^\ominus(2) + \Delta_r G_m^\ominus(3) = [-201.4 + (-241.2)]\ kJ \cdot mol^{-1} = -442.6\ kJ \cdot mol^{-1}$

三、吉布斯-赫姆霍兹公式及其应用

吉布斯-赫姆霍兹公式反映了温度、系统的焓变、熵变和吉布斯函数变之间的关系。由于吉布斯函数变的正负决定了反应自发进行的方向，而吉布斯函数变又与温度密切相关，吉布斯-赫姆霍兹公式除用于计算反应的吉布斯函数变外，还可方便地用于探讨温度与自发方向的关系。为了方便讨论，以标准状态为例。

1. 判断温度对化学反应方向的影响

根据 $\Delta_r H_m^\ominus$ 和 $\Delta_r S_m^\ominus$ 数值符号的不同，考虑温度对化学反应方向的影响时，可能有以下几种情况。

(1) $\Delta_r H_m^\ominus < 0$，$\Delta_r S_m^\ominus > 0$。这是一个放热、熵增大的过程。无论从能量最小原理，还是从熵增大原理来看，都有利于反应朝正向进行，由吉布斯-赫姆霍兹公式可以看出，该反应的 $\Delta_r G_m^\ominus(T)$ 在任何温度下都是负值，所以反应在任何温度下都可以正向自发进行。例如：

$$C_6H_{12}O_6(s) + 6O_2 \longequal 6CO_2(g) + 6H_2O(l)$$
$$H_2(g) + Cl_2(g) \longequal 2HCl(g)$$
$$C(s) + O_2(g) \longequal CO_2(g)$$

(2) $\Delta_r H_m^\ominus < 0$，$\Delta_r S_m^\ominus < 0$。这是一个放热、熵减小的过程。这时温度将起主要作用，因为只有在 $|\Delta_r H_m^\ominus| > T|\Delta_r S_m^\ominus|$ 时，$\Delta_r G_m^\ominus < 0$，所以温度越低，对这种过程越有利。水结成冰就是这种过程的一个例子。因水结冰放出热量，$\Delta_r H_m^\ominus < 0$；但结冰过程中水分子变得更有序，混乱度减小，$\Delta_r S_m^\ominus < 0$。为了保证 $\Delta_r G_m^\ominus < 0$，温度不能高。在 100 kPa 下，水温低于 273 K 才能结冰，高于 273 K 时，$\Delta_r G_m^\ominus > 0$，结冰就不可能自发进行，这一类反应在工业生产中、实际生活里大量存在。例如：

$$N_2(g) + 3H_2(g) \longequal 2NH_3(g)$$
$$2H(g) \longequal H_2(g)$$
$$CaO(s) + CO_2(g) \longequal CaCO_3(s)$$

(3) $\Delta_r H_m^\ominus > 0$，$\Delta_r S_m^\ominus > 0$，这是一个吸热、熵增大的过程。要使 $\Delta_r G_m^\ominus(T)$ 为负值，温度 T 必须足够高（使 $T\Delta S$ 大于 $\Delta_r H_m^\ominus$），即高温下此类反应可自发进行，所以温度越高，对这种反应越有利。冰融化、水蒸发即属于这一类的过程。例如：

$$CaCO_3(s) \longequal CaO(s) + CO_2(g)$$
$$2NaHCO_3(s) \longequal Na_2CO_3(s) + CO_2(g) + H_2O(g)$$
$$2H_2O(g) \longequal 2\ H_2(g) + O_2(g)$$

只有在高温时，$\Delta_r G_m^\ominus < 0$。

(4) $\Delta_r H_m^\ominus > 0$，$\Delta_r S_m^\ominus < 0$。两个因素都对自发过程不利，不管什么温度下，总是 $\Delta_r G_m^\ominus > 0$，所以反应不可能正向自发。在实际生活中此类反应虽不多见，但并不是自然界这类反应不多。因为不能自发进行，所以必须外加能量，如光照等，这类反应才能进行。像光合作用、生成臭氧的反应在自然界都是十分重要的。例如：

$$N_2(g) + 3Cl_2(g) \longequal 2NCl_3(g)$$
$$3O_2(g) \longequal 2O_3(g)$$
$$6CO_2(g) + 6H_2O(l) \longequal C_6H_{12}O_6(s) + 6O_2(g)$$

上述关系的总结见表 2-1。

表 2-1　标准状态下温度对化学反应方向的影响

类型	$\Delta_r H_m^\ominus$	$\Delta_r S_m^\ominus$	$\Delta_r G_m^\ominus(T) = \Delta_r H_m^\ominus - T\Delta_r S_m^\ominus$	反应情况
(1)	−	+	永远是−	任何温度下,反应均自发进行
(2)	−	−	低温是−	低温时,反应自发进行
(3)	+	+	高温是−	高温时,反应自发进行
(4)	+	−	永远是+	任何温度下,反应均不自发进行

从上述讨论可以看出,当 $\Delta_r H_m^\ominus$ 与 $\Delta_r S_m^\ominus$ 符号不同时,是不能通过改变温度而改变反应方向的,见表2-1中(1)(4);当$\Delta_r H_m^\ominus$ 与$\Delta_r S_m^\ominus$ 符号相同时,是可以通过改变温度而改变反应方向的,见表 2-1 中(2)(3)。

2.估算标准状态下反应自发进行的温度(判断化学反应的转向温度)

对于 $\Delta_r H_m^\ominus < 0$,$\Delta_r S_m^\ominus < 0$,即低温下可自发进行而高温下不能自发进行的反应,或是 $\Delta_r H_m^\ominus > 0$,$\Delta_r S_m^\ominus > 0$,即高温下可自发进行而低温下不能自发进行的反应,可根据 $\Delta_r G_m^\ominus \leqslant 0$ 估算出反应自发进行的温度,通常称为转向温度,即正、逆反应的转向温度 $T_{转向}$。因为

$$\Delta_r G_m^\ominus(T) = \Delta_r H_m^\ominus - T\Delta_r S_m^\ominus$$

所以有

$$T_{转换} = \frac{\Delta_r H_m^\ominus}{\Delta_r S_m^\ominus} \tag{2-28}$$

这里要注意 $\Delta_r H_m^\ominus$ 常用量纲是 $kJ \cdot mol^{-1}$,而 $\Delta_r S_m^\ominus$ 常用量纲是 $J \cdot mol^{-1} \cdot K^{-1}$,计算时需要统一单位。

例 2-11　氯气分解反应的 $\Delta_r H_m^\ominus = 242.6\ kJ \cdot mol^{-1}$,$\Delta_r S_m^\ominus = 107.3\ J \cdot mol^{-1} \cdot K^{-1}$,求氯气分解反应的最低温度。

解　氯气分解反应:

$$Cl_2(g) = 2Cl(g)$$

由于此反应 $\Delta_r H_m^\ominus > 0$, $\Delta_r S_m^\ominus > 0$,故应利用公式(2-28)计算反应的最低温度,有

$$T > T_{转换} = \frac{\Delta_r H_m^\ominus}{\Delta_r S_m^\ominus} = \frac{(242.6 \times 1\,000)\ J \cdot mol^{-1}}{107.3\ J \cdot mol^{-1} \cdot K^{-1}} = 2\,261\ K$$

该反应能够自发进行的最低温度为 2 261 K。

3.估算标准状态下的相变温度及相变熵变

利用吉布斯-赫姆霍兹公式,还可以计算正常相变的温度。例如,100 kPa下物质的凝固点和沸点及相变时的熵变。因为正常相变时两相处于平衡状态,此时的 $\Delta_r G_m^\ominus = 0$,则有

$$\Delta_r H_m^\ominus(相变) - T\Delta_r S_m^\ominus(相变) = 0$$

$$T_{相变} = \Delta_r H_m^\ominus(相变)/\Delta_r S_m^\ominus(相变) \tag{2-29}$$

$$\Delta_r S_m^\ominus(相变) = \Delta_r H_m^\ominus(相变)/T_{相变} \tag{2-30}$$

因为 $\Delta_r H_m^\ominus$(相变) 和 $T_{相变}$ 较易测定,所以常利用公式式(2-30)来计算 $\Delta_r S_m^\ominus$(相变)。

例 2-12　求 1 mol 水在 100 kPa 及 373 K 条件下变为水蒸气的熵变。

$$H_2O(l) = H_2O(g) \quad \Delta_r H_m^\ominus(相变) = 40\,668.48\ J \cdot mol^{-1}$$

解　直接利用公式式(2-30),有

$$\Delta_r S_m^\ominus(\text{相变}) = 40\ 668.48\ \text{J} \cdot \text{mol}^{-1}/373\ \text{K} = 109.03\ \text{J} \cdot \text{mol}^{-1} \cdot \text{K}^{-1}$$

四、非标准状态下反应自发方向的判断

在温度 T，任意条件下（即非标准状态下），反应或过程能否自发进行，要用非标准状态下的吉布斯函数变 $\Delta_r G_m(T)$ 来判断。在实际反应中，$\Delta_r G_m(T)$ 将随着反应物和生成物的分压（对于气体）或浓度（对于溶液）的改变而改变，且 $\Delta_r G_m(T)$ 与 $\Delta_r G_m^\ominus(T)$ 之间有一定的关系，其关系式可由化学热力学的有关公式推导得出。对于温度为 T 时的任意反应：

$$aA + bB \longrightarrow gG + dD$$

有下式成立：

$$\Delta_r G_m(T) = \Delta_r G_m^\ominus(T) + RT\ln Q \tag{2-31}$$

式(2-31) 称为热力学等温方程式。式中 Q 称为反应商，对于涉及气体的反应，有

$$aA(g) + bB(g) \longrightarrow gG(g) + dD(g)$$

$$Q = \frac{(p_G/p^\ominus)^g\ (p_D/p^\ominus)^d}{(p_A/p^\ominus)^a\ (p_B/p^\ominus)^b} \tag{2-32}$$

式(2-32) 中：p_A，p_B，p_G，p_D 分别表示气态物质 A，B，G 和 D 处于任意条件下的分压；$p^\ominus$ 为标准压力；$p/p^\ominus$ 为相对分压。反应商 Q 为生成物相对分压以化学方程式中的化学计量数为指数的乘积和反应物相对分压以化学计量数为指数的乘积的比值。

对于溶液中的反应，有

$$aA(aq) + bB(aq) \longrightarrow gG(aq) + dD(aq)$$

$$Q = \frac{(c_G/c^\ominus)^g\ (c_D/c^\ominus)^d}{(c_A/c^\ominus)^a\ (c_B/c^\ominus)^b} \tag{2-33}$$

式(2-33) 中：c_A，c_B，c_G 和 c_D 分别为物质 A，B，G 和 D 处于任意条件下的量浓度；$c^\ominus$ 为标准量浓度（$c^\ominus = 1\text{mol} \cdot \text{L}^{-1}$）；$c/c^\ominus$ 为相对浓度。

由式(2-33) 和式(2-32) 均可以看出，反应商的量纲为 1。如果反应式中有固态物质、纯液体，则在式(2-33) 和式(2-32) 中以常数 1 代入。

由式(2-31) 等温方程可以计算温度 T 时，任意指定条件下化学反应的吉布斯函数变 $\Delta_r G_m(T)$，并由 $\Delta_r G_m(T)$ 确定反应的方向，即

$$\left.\begin{array}{ll} \Delta_r G_m(T) < 0 & \text{反应可正向自发进行} \\ \Delta_r G_m(T) = 0 & \text{反应达到平衡状态} \\ \Delta_r G_m(T) > 0 & \text{反应正向非自发进行} \end{array}\right\} \tag{2-34}$$

也就是说，在任意条件下，判断化学反应方向的是 $\Delta_r G_m(T)$，不是 $\Delta_r G_m^\ominus(T)$。但是，要特别注意，通过式(2-31) 计算 $\Delta_r G_m(T)$，进而判断反应在任意条件下的方向时，对应 T 时的 $\Delta_r G_m^\ominus(T)$ 要由吉布斯-赫姆霍兹公式计算得到。

例 2-13 在 298 K 下，Ag_2O 的固体在大气中能否自发分解为 Ag 和 O_2？

解 从附表 1 查出有关数据，有

$$2\ Ag_2O(s) \longrightarrow 4\ Ag(s) + O_2(g)$$

$\Delta_f G_m^\ominus/(\text{kJ} \cdot \text{mol}^{-1})$ $\quad -11.2 \quad 0 \quad 0$

$$\Delta_r G_m^\ominus = 4\Delta_f G_m^\ominus(Ag,s) + \Delta_f G_m^\ominus(O_2,g) - 2\Delta_f G_m^\ominus(AgO,s) =$$

$$[0 - 2 \times (-11.2)]\ \text{kJ} \cdot \text{mol}^{-1} = 22.4\ \text{kJ} \cdot \text{mol}^{-1}$$

由于大气中氧气的分压为 $p(O_2)=0.21\times101.325\ \text{kPa}$，故反应商为

$$Q=p(O_2)/p^{\ominus}=0.21\times101.325\ \text{kPa}/100\ \text{kPa}\approx0.21$$

$$\begin{aligned}\Delta_r G_m(298\text{K})&=\Delta_r G_m^{\ominus}(298\ \text{K})+RT\ln Q=22.4\ \text{kJ}\cdot\text{mol}^{-1}+\\&\quad 8.3145\ \text{J}\cdot\text{mol}^{-1}\cdot\text{K}^{-1}\times10^{-3}\times298\ \text{K}\ln0.21=\\&\quad 18.53\ \text{kJ}\cdot\text{mol}^{-1}\end{aligned}$$

因为此条件下的 $\Delta_r G_m(298\text{K})>0$，所以固体 Ag_2O 在大气中不会自动分解为 Ag 和 O_2。

思 考 题

1. 区别下列概念。

(1) 反应热效应与焓变；

(2) 标准摩尔生成焓与反应的标准摩尔焓变；

(3) 标准摩尔生成焓与标准摩尔生成吉布斯函数；

(4) 反应的吉布斯函数变与反应的标准摩尔吉布斯函数变。

2. 说明下列符号的意义：

$Q,Q_p,V,H,\Delta_r H_m^{\ominus},\Delta_f H_m^{\ominus}(298\ \text{K}),S,S_m^{\ominus}(O_2,g,298\ \text{K}),\Delta_r S_m^{\ominus}(598\ \text{K}),G,\Delta_r G_m^{\ominus}(398\ \text{K}),$ $\Delta_f G_m^{\ominus}(298\ \text{K}),Q$。

3. 化学热力学中所说的“标准状态”意指什么？对于单质、化合物和水合离子所规定的标准摩尔生成焓有何区别？

4. 判断下列说法是否正确。

(1) 放热反应均是自发的。

(2) 单质的 $\Delta_f H_m^{\ominus}(298\ \text{K})$，$\Delta_f G_m^{\ominus}(298\ \text{K})$ 和 $S_m^{\ominus}(298\ \text{K})$ 皆为零。

(3) 反应过程中产物的分子总数比反应物的分子总数增多，该反应 ΔS 必是正值。

(4) 某反应的 ΔH 和 ΔS 皆为正值，当温度升高时 ΔG 将减小。

5. 判断反应能否自发进行的标准是什么？能否用反应的焓变或熵变作为衡量的标准？为什么？

6. 如何用物质的 $\Delta_f H_m^{\ominus}(298\ \text{K})$，$S_m^{\ominus}(298\ \text{K})$ 和 $\Delta_f G_m^{\ominus}(298\ \text{K})$ 的数据，计算反应的 $\Delta_r G_m^{\ominus}(298\ \text{K})$ 以及某温度 T 时反应的 $\Delta_r G_m^{\ominus}(T)$ 的近似值？举例说明。

习 题

1. 在 298 K 时，一定量 H_2 的体积为 15 L，此气体：

(1) 在恒温下，反抗外压 50 kPa，一次膨胀到体积为 50 L；

(2) 在恒温下，反抗外压 100 kPa，一次膨胀到体积为 50 L。

计算两次膨胀过程的功。

2. 计算下列情况系统热力学能的变化。

(1) 系统放出 2.5 kJ 的热量，并对环境做功 500 J。

(2) 系统放出 650 J 的热量，并且环境对系统做功 350 J。

3. 1 mol 理想气体，经过恒温膨胀、恒容加热、恒压冷却三步，完成一个循环后回到原态。

整个过程吸热 100 J，求此过程的 W 和 ΔU。

4. 在 0℃，标准大气压($1.013\ 25\times10^5$ Pa) 下，氦气球体积为 875 L，n(He) 为多少？38.0℃下气球体积在定压下膨胀至 997 L。计算这一过程中系统的 Q,W 和 ΔU(氦的摩尔定压热容 $C_{p,m}$ 是$20.8\ \text{J}\cdot\text{K}^{-1}\cdot\text{mol}^{-1}$)。

5. 用 $\Delta_f H_m^\ominus$ 数据计算下列反应的 $\Delta_r H_m^\ominus$。

(1)$4Na(s)+O_2(g) = 2Na_2O(s)$

(2)$2Na(s)+2H_2O(l) = 2NaOH(aq)+H_2(g)$

(3)$2Na(s)+CO_2(g) = Na_2O(s)+CO(g)$

根据计算结果说明，金属钠着火时，为什么不能用水或二氧化碳灭火剂来扑救。

6. 已知下列热化学反应方程式：

(1)$C_2H_2(g)+5/2O_2(g) = 2CO_2(g)+H_2O(l)$　　$\Delta_r H_m^\ominus(1)=-1\ 300\ \text{kJ}\cdot\text{mol}^{-1}$

(2)$C(s)+O_2(g) = CO_2(g)$　　$\Delta_r H_m^\ominus(2)=-394\ \text{kJ}\cdot\text{mol}^{-1}$

(3)$H_2(g)+1/2O_2(g) = H_2O(l)$　　$\Delta_r H_m^\ominus(3)=-286\ \text{kJ}\cdot\text{mol}^{-1}$

计算 $\Delta_f H_m^\ominus(C_2H_2,g)$。

7. 联氨(N_2H_4) 和二甲基联氨[$N_2H_2(CH_3)_2$] 均易与氧气反应，并可用作火箭燃料。它们的燃烧反应分别为

$$N_2H_4(l)+O_2(g) = N_2(g)+2H_2O(g)$$

$$N_2H_2(CH_3)_2(l)+4O_2(g) = 2CO_2(g)+4H_2O(g)+N_2(g)$$

通过计算比较每克联氨和二甲基联氨燃烧时，何者放出的热量多。

8.(1) 写出 $H_2(g)$,$CO(g)$,$CH_3OH(l)$ 燃烧反应的热化学方程式；

(2) 甲醇的合成反应为 $CO(g)+2H_2(g) = CH_3OH(l)$。利用 $\Delta_c H_m^\ominus(CO,g)$，$\Delta_c H_m^\ominus(H_2,g)$，$\Delta_c H_m^\ominus(CH_3OH,l)$ 计算反应的 $\Delta_r H_m^\ominus$。

9. 在下列反应中能放出最多热量的是哪一个？

(1)$CH_4(l)+2O_2(g) = CO_2(g)+2H_2O(g)$

(2)$CH_4(g)+2O_2(g) = CO_2(g)+2H_2O(g)$

(3)$CH_4(g)+2O_2(g) = CO_2(g)+2H_2O(l)$

(4)$CH_4(g)+\frac{3}{2}O_2(g) = CO(g)+2H_2O(l)$

10. 求证恒温、恒压条件下，对于理想气体物质进行的化学反应：

$$\Delta H=\Delta U+\Delta nRT$$

11. 在 373 K 和 100 kPa 下，1 mol H_2O(l) 体积为 0.018 8 L，水蒸气为 30.2 L，水的汽化热为 $2.256\ \text{kJ}\cdot\text{g}^{-1}$，试计算 1 mol 水变成水蒸气时的 ΔH 和 ΔU。

12. 由附表1查出 CH_4,CO,H_2O(g) 和 CO_2 的标准摩尔生成焓，计算 25 ℃，100 kPa 条件下，1 m^3 CH_4 和 1 m^3 CO 分别燃烧的反应热效应各为多少。

13. 甘油三油酸酯是一种典型的脂肪，当它被人体代谢时发生下列反应：

$$C_{57}H_{104}O_6(s)+80O_2(g) = 57CO_2(g)+52H_2O(l)$$

$$\Delta_r H_m^\ominus=-3.35\times10^4\ \text{kJ}\cdot\text{mol}^{-1}$$

问消耗这种脂肪 1 kg 时，将有多少热量放出？

14. 计算下列反应的 $\Delta_r H_m^\ominus$ 和 $\Delta_r U_m^\ominus$：

$$CH_4(g) + 4Cl_2(g) = CCl_4(l) + 4HCl(g)$$

15. 已知下列热化学方程式：

$Fe_2O_3(s) + 3CO(g) = 2Fe(s) + 3CO_2(g)$　　$\Delta_r H_m^\ominus = -24.8\ kJ \cdot mol^{-1}$

$3Fe_2O_3(s) + CO(g) = 2Fe_3O_4(s) + CO_2(g)$　　$\Delta_r H_m^\ominus = -47.2\ kJ \cdot mol^{-1}$

$Fe_3O_4(s) + CO(g) = 3FeO(s) + CO_2(g)$　　$\Delta_r H_m^\ominus = 19.4\ kJ \cdot mol^{-1}$

不用查表，计算下列反应的 $\Delta_r H_m^\ominus$：

$$FeO(s) + CO(g) = Fe(s) + CO_2(g)$$

16. 按照熵与混乱度的关系判断下面系统变化过程中是熵增大还是熵减少。

(1) 盐溶解于水；

(2) 两种不同的气体混合；

(3) 水结冰；

(4) 活性炭吸附氧；

(5) 金属钠在氯气中燃烧生成氯化钠；

(6) 硝酸铵加热分解。

17. 不用查表，试将下列物质按标准摩尔熵 $S_m^\ominus$ 值由大到小排序。

(1)$K(s)$；(2)$Na(s)$；(3)$Br_2(l)$；(4)$Br_2(g)$；(5)$KCl(s)$。

18. 在 353 K 和 100 kPa 下，1 mol 液态苯汽化为苯蒸气，若已知苯的汽化热为 $349.91\ J \cdot g^{-1}$，摩尔质量为 $78.1\ g \cdot mol^{-1}$，求此相变过程的 W 和 $\Delta S^\ominus$（353 K 为苯的正常沸点）。

19. 在 25℃ 下，$CaCl_2(s)$ 溶解于水：$CaCl_2(s) \xlongequal{H_2O} Ca^{2+}(aq) + 2Cl^-(aq)$，该过程的溶解是自发的。计算其标准摩尔熵[变]；其环境的熵变化如何？其值比系统的 $\Delta_r S_m^\ominus$ 是大还是小？

20. 利用附表 1 中数据，求 298 K 时下列各反应的 $\Delta_r H_m^\ominus$，$\Delta_r S_m^\ominus$ 和 $\Delta_r G_m^\ominus$。

(1)$CaCO_3(s) = CaO(s) + CO_2(g)$

(2)$2CuO(s) = Cu_2O(s) + \frac{1}{2}O_2(g)$

21. 已知下列数据，求 N_2O_4 的标准摩尔生成吉布斯函数变。

$\frac{1}{2}N_2(g) + \frac{1}{2}O_2(g) = NO(g)$　　$\Delta_r G_m^\ominus = 87.6\ kJ \cdot mol^{-1}$

$NO(g) + \frac{1}{2}O_2(g) = NO_2(g)$　　$\Delta_r G_m^\ominus = -36.3\ kJ \cdot mol^{-1}$

$2NO_2(g) = N_2O_4(g)$　　$\Delta_r G_m^\ominus = -2.8\ kJ \cdot mol^{-1}$

22. 利用下列反应的 $\Delta_r G_m^\ominus$ 值，计算 $Fe_3O_4(s)$ 在 298 K 时的标准摩尔生成吉布斯函数变。

$2Fe(s) + \frac{3}{2}O_2(g) = Fe_2O_3(s)$　　$\Delta_r G_m^\ominus = -742.2\ kJ \cdot mol^{-1}$

$4Fe_2O_3(s) + Fe(s) = 3Fe_3O_4(s)$　　$\Delta_r G_m^\ominus = -77.4\ kJ \cdot mol^{-1}$

23. 由 $\Delta_f H_m^\ominus$ 和 $S_m^\ominus$ 计算反应

$$MgCO_3(s) = MgO(s) + CO_2(g)$$

能自发进行的最低温度。

24. 求气态碘分子 $I_2(g)$ 可以自发分解成碘原子 $I(g)$ 的最低温度。

25. 在 100 kPa 和 298 K 条件下，溴由液态蒸发成气态。（利用附表 1 数据）

(1) 求此过程中的 $\Delta_r H_m^\ominus$ 和 $\Delta_r S_m^\ominus$；

(2) 由(1) 计算结果，讨论液态溴与气态溴的混乱度变化情况；

(3) 求此过程的 $\Delta_r G_m^\ominus$，由此说明该过程在此条件下能否自发进行；

(4) 如要过程自发进行，试求出自发蒸发的最低温度。

26. 用锡石(SnO_2) 制取金属锡(白锡)，有人建议可用下列几种方法：

(1) 单独加热矿石，使之分解；

(2) 用炭还原矿石(加热产生 CO_2)；

(3) 用 H_2 还原矿石(加热产生水蒸气)。

今希望加热温度尽可能低一些，试通过计算，说明采用何种方法为宜。

27. 试估计 $CaCO_3$ 的最低分解温度，反应式为

$$CaCO_3(s) = CaO(s) + CO_2(g)$$

并与实际烧石灰操作温度 900 ℃ 作比较。

28. 固体氨的摩尔熔化焓变 $\Delta_{fus} H_m^\ominus = 5.65\ kJ \cdot mol^{-1}$，摩尔熔化熵变 $\Delta_{fus} S_m^\ominus = 28.9\ J \cdot mol^{-1} \cdot K^{-1}$。

(1)计算在 170 K 下氨熔化的标准摩尔吉布斯函数。

(2)在 170 K 标准状态下，氨熔化是自发的吗?

(3)在标准压力下，固体氨与液体氨达到平衡时的温度是多少?

第3章　化学动力学浅述与化学平衡

对化学反应的研究需要解决两个最基本问题，一是反应的可能性，二是反应的可行性。通过第2章化学热力学的学习，我们已经知道，在一定的条件下判断化学反应能够自发进行的条件是 $\Delta_r G_m < 0$。然而，对于一个在一定条件下能够自发进行的反应，其完成反应的时间长短，或反应速率的快慢却各不相同。有的反应可以进行得很快，有的反应则进行得很慢。例如，氢气和氧气化合生成水的反应，其 $\Delta_r G_m^{\ominus} = -237.1\ \text{kJ} \cdot \text{mol}^{-1}(\ll 0)$。显然，该反应自发进行的趋势很大，并且，也能进行得非常彻底。但是，如果把氢气和氧气在常温下放在一个密闭的容器里，多少年过去也不能检测到有水的生成。这就是由于反应太慢或反应的速率太小了。又如，盐酸与氢氧化钠中和反应的 $\Delta_r G_m^{\ominus} = -79.9\ \text{kJ} \cdot \text{mol}^{-1}$。反应自发进行的趋势比氢、氧化合的小，但是，反应速率却非常快，瞬时即可完成。由此可见，仅仅研究化学热力学，即探讨反应的可能性，对于实现一个化学反应是不够的，我们还有必要继续研究反应的可行性（即现实性），才能使化学反应为生产实践所利用。反应可行性的研究就是化学动力学（Kinetics of chemical reactions）要完成的任务，它一般包括化学反应机理（Reaction mechanisms）的研究和化学反应速率（Reaction rate）的研究两方面。

化学反应机理是探讨反应究竟是怎么发生的，它进行的过程如何。一般来讲，反应物分子之间，并不是一接触就直接发生反应而生成产物的，而是要经过若干反应步骤，生成若干中间物质（Intermediates）后，才能逐渐转变为生成物。此外，由于化学反应实质上是旧化学键的断裂和新化学键的形成，因此，在破坏旧键的过程中，反应物必须经历一种能量较高的状态形成中间物质，然后能量降低，才能变为生成物。化学反应速率是研究反应进行的快慢程度，它要给出反应速率的描述和测定方法，同时也要讨论各种因素，包括反应物浓度、温度、催化剂、介质、光、声等因素对化学反应速率的影响。

研究化学动力学的价值是显而易见的。例如，在生产实践中，人们总是希望化学反应按照所期望的途径和速率进行。所谓途径，指尽可能多地获得预期的主产物而抑制副产物的生成；所谓速率，指反应在所希望的时间内完成。因此，人们为了能够控制反应的进行，得到满意的产品，就必须研究化学动力学。

应当指出的是，化学动力学与化学热力学的研究方法是不同的。热力学只注意系统的始态与终态，因此，讨论的是状态函数的变化量。在热力学函数中，并不涉及时间或速率这一衡量过程进行快慢的变量。化学动力学要讨论过程进行的历程和速率，与过程进行的途径和时间紧密相关。此外，从原则上讲，化学平衡问题也能用化学动力学方法来处理。这是因为，正向反应与逆向反应速率相等时，就达到了化学平衡。但是反过来，人们不可能用化学热力学的方法来处理反应速率的问题。这是由于化学动力学的研究和实验数据还很不充分，远不如热力学数据丰富。因此，平衡的相关问题，目前也只有通过热力学的方法进行研究。

不同化学反应的速率差别很大。反应速率很小的化学反应如岩石的风化、地壳中的一些反应等，通常人们难以觉察其反应的进行；反应速率很大的化学反应如溶液中的离子反应、燃烧与爆炸反应等，瞬时即可完成；当然，有的化学反应反应速率则比较适中，在几十秒至几十天的范围，大部分的有机反应以及生物体内的反应即属于此。目前，化学动力学所研究的反应大多是速率比较适中的反应。但是，近年来，随着科技的发展和实验技术的提高，快速反应的研究也有了较大的进展。特别是达到飞秒（10^{-15} s）甚至阿秒（10^{-18} s）量级的超快激光脉冲技术和分子束技术等近代技术的发展，使得人们可以在微观的尺度上，更加精细而深入地研究反应发生的细节。量子化学的发展，目前也已达到了相当成熟的阶段，不仅可以精确计算反应能量（热力学），而且还能确定实验难以检测到的中间体、过渡态（Transition state）的结构和能量，确定反应途径（Reaction pathways）、活化能，并结合统计热力学获得速率常数等，在微观层次上进一步深入研究反应动力学的问题。

3.1　化学反应速率的表示方法及测定

一、反应速率的定义及表示方法

1. 平均速率与瞬时速率

化学反应速率通常是指单位时间内反应物或生成物浓度的变化量，这是一个平均速率的表示。但是，即使在外界条件不变时，大多数化学反应的速率也还是随着时间的变化而改变。因此，应当用微商 dc/dt 形式来表示反应的瞬时速率。例如，有一最简单的单分子反应：A→B，物质 A，B 的浓度 c 随时间 t 的变化曲线如图 3－1 所示。图中曲线上某一点的切线的斜率就是在时刻 t 时反应的瞬时速率。

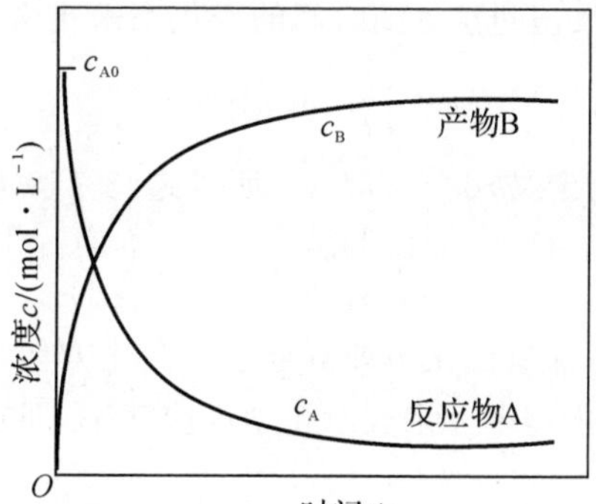

图 3－1　浓度随反应时间的变化

例如，五氧化二氮在四氯化碳溶液中分解的反应式为

$$N_2O_5(CCl_4) = N_2O_4(CCl_4) + \frac{1}{2}O_2$$

测定的实验数据见表 3－1。

表 3－1　40.00℃，5.00mL CCl_4 中 N_2O_5 的分解速率实验数据

t/s	$V_{STP}(O_2)$/mL	$c(N_2O_5)/(mol \cdot L^{-1})$	$r/(mol \cdot L^{-1} \cdot s^{-1})$	$\bar{r}/(mol \cdot L^{-1} \cdot s^{-1})$
0	0.000	0.200	7.29×10^{-5}	—
300	1.15	0.180	6.46×10^{-5}	6.66×10^{-5}

续表

t/s	$V_{STP}(O_2)$/mL	$c(N_2O_5)/(mol\cdot L^{-1})$	$r/(mol\cdot L^{-1}\cdot s^{-1})$	$\bar{r}/(mol\cdot L^{-1}\cdot s^{-1})$
600	2.18	0.161	5.80×10^{-5}	—
900	3.11	0.144	5.21×10^{-5}	6.2×10^{-5}
1 200	3.95	0.130	4.69×10^{-5}	—
1 800	5.36	0.104	3.79×10^{-5}	5.4×10^{-5}
2 400	6.50	0.084	3.04×10^{-5}	—
3 000	7.42	0.068	2.44×10^{-5}	4.4×10^{-5}
4 200	8.75	0.044	1.59×10^{-5}	—
5 400	9.62	0.028	1.03×10^{-5}	3.2×10^{-5}
6 600	10.17	0.018	—	—
7 800	10.53	0.012	—	—
∞	11.20	0.000 0	—	—

从表 3-1 中数据可以看出，无论是平均速率还是瞬时速率，都是随着反应时间的增加而减慢。但是，平均速率反映的是一段时间内速率的平均值，而瞬时速率表达的是某时刻的速率，所以，瞬时速率能够更好地表示反应在某一时刻的速率。

2. 定容速率

目前，国际上已普遍采用反应进度 ξ 随时间的变化率来定义反应速率 r，称为转化速率，即

$$r=\frac{d\xi}{dt}\ (mol\cdot s^{-1}) \tag{3-1}$$

按照第 2 章对反应进度的定义，$d\xi=dn_B/\nu_B$，所以式(3-1)可以表示为

$$r=\frac{1}{\nu_B}\frac{dn_B}{dt}\ (mol\cdot s^{-1}) \tag{3-2}$$

由于测定反应体系中物质的量变化不如测定浓度变化方便，对于体积 V 不变的化学反应体系，通常又用单位体积的转化速率 v 来表示化学反应速率，即定容速率：$v=r/V$。

对于任意化学反应：

$$aA+dD \xlongequal{\quad} gG+hH$$

其定容反应速率定义为(任一物质 B 的浓度 $c_B=n_B/V$)

$$v=-\frac{1}{a}\frac{dc_A}{dt}=-\frac{1}{d}\frac{dc_D}{dt}=\frac{1}{g}\frac{dc_G}{dt}=\frac{1}{h}\frac{dc_H}{dt} \tag{3-3}$$

使用任一物种表示定容反应速率 $v(mol\cdot L^{-1}\cdot s^{-1})$ 的数值总是相等的。此外，反应速率总是正值。对反应物 A，浓度变化 dc_A 为减少，是负数；其计量数 ν_A 也是负数，所以比值为正，即反应速率是正值。而对于产物 G，浓度变化 dc_G 为增加，是正数；其计量数 ν_G 也是正数，所以比值是正，反应速率的数值仍然是正值，即定容速率表示为

$$v=\frac{1}{\nu_B}\frac{dc_B}{dt} \tag{3-4}$$

式中：c_B 为物质 B 在时刻 t 的瞬时浓度，单位通常用 $mol\cdot L^{-1}$ 表示(可以根据需要自行选定)；时间

单位通常用 s 表示(可以根据需要自行选定)。因此,反应速率的单位一般为 $mol \cdot L^{-1} \cdot s^{-1}$。

二、反应速率的实验测定

实验测定一个化学反应的速率,不可能在极短的时间 dt 内测出物质 B 的浓度 c_B 的极微变化 dc_B。常见化学反应速率的测定,是在一较短的时间间隔 Δt 内测出某物质 B 的浓度变化 Δc_B。因此,实验测定的反应速率,通常为 Δt 内的平均速率。如果时间间隔 Δt 远小于反应继续进行直至达到平衡的时间,则可近似认为该平均速率为反应在这一时刻的瞬时速率。

例 3-1　某条件下,在一恒容容器中,氮气与氢气反应合成氨,测得各物质浓度变化如下:

	N_2 +	$3H_2$ ══	$2NH_3$
起始浓度 /($mol \cdot L^{-1}$)	0.020 0	0.030 0	0.000 0
2 s 后浓度 /($mol \cdot L^{-1}$)	0.019 8	0.029 4	0.000 4

试计算反应速率。

解　根据化学反应速率的定义,有

$$v=\frac{1}{\nu_B}\ \frac{\text{任意物质 B 的浓度变化量 } \Delta c_B}{\text{变化所用时间 } \Delta t}\ mol \cdot L^{-1} \cdot s^{-1}$$

假设以 NH_3 的浓度变化来计算,NH_3 的计量数 $\nu_B=+2$,则有

$$v=\frac{1}{2}\times\frac{(0.000\,4-0.000\,0)\ mol \cdot L^{-1}}{2\ s}=0.000\,1\ mol \cdot L^{-1} \cdot s^{-1}$$

不难算得,以 N_2 或 H_2 的浓度变化表示的反应速率仍然为 $0.000\,1\ mol \cdot L^{-1} \cdot s^{-1}$。

例 3-1 中合成氨的反应,由于 2 s 后各反应物的浓度变化都很小,可以预计反应将要进行并达到平衡的时间远比 2 s 长,因此,反应在起始的 2 s 内的平均速率,可以近似认为是反应在起始时刻的瞬时速率。

3.2　反应速率理论与反应机理简述

我们知道,化学反应的实质是旧键的断裂和新键的生成。但是,旧键是如何断裂,新键又是怎样形成的呢?目前,描述化学反应进行过程,即反应机理的理论有两个:一个是碰撞理论(Collision theory),另一个是过渡状态理论(Rransition state theory)或活化络合物理论(Activated complex theory)。

一、碰撞理论简述

物质分子总是处于不断的热运动中。以气态分子为例,根据气体分子运动论,在一定温度下,运动能量(或运动速率)较小和运动能量较大的分子的相对数目是较少的,而运动能量居中的分子数目较多。一般情况如图 3-2 所示的分布。温度越高,曲线越向右伸展,变得平坦,表明具有较高能量的分子的相对数目增加。曲线下的总面积代表体系中分子的总量,它不随温度的变化而变化。具有较高能量(曲线右半部)分子的相对数目与 T 关系近似为玻耳兹曼(Boltzmann)分布,即式(1-16),有

$$f_{E_0}=\frac{N_i}{N}=e^{-E_0/(RT)}$$

我们已经知道式(1-16)中 E_0 是个特定的能量值，$\frac{N_i}{N}$ 是能量大于或等于 E_0 的所有分子的分数。当 E_0 值越大时，$\frac{N_i}{N}$ 的分数值越小。

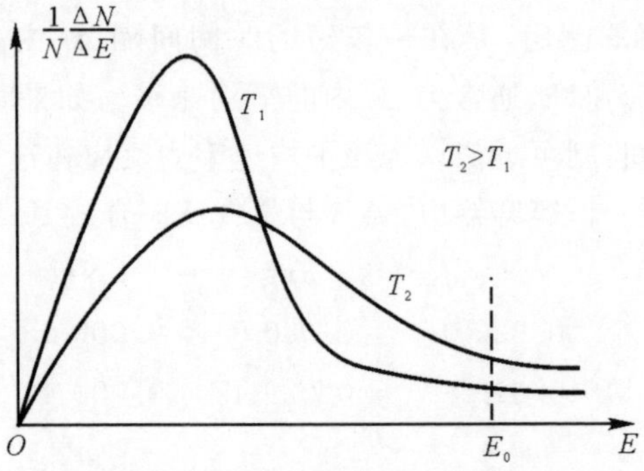

图 3-2　气体分子能量分布示意图

碰撞理论认为，分子必须通过碰撞的过程才能发生反应。设想一下，如果每次碰撞都能发生反应的话，反应速率一定是非常快的。而事实上，并不是只要碰撞就能发生反应。我们知道，化学反应的发生是一个旧化学键断裂和新化学键生成的过程，要特别注意的是，旧的化学键断裂在前，新的化学键生成在后。因此，只有那些具有足够高能量的分子之间的碰撞才有可能破坏旧的化学键，即需要满足能量因素，进而形成新的化学键，发生化学反应。我们把能够发生化学反应的碰撞称为有效碰撞，把能够发生有效碰撞的高能分子称为活化分子(Activated molecule)。实际上，发生化学反应除了要满足断裂化学键的能量因素外，还必须在一定的几何方位(Steric)才能发生有效碰撞，我们称为方位因子。因为，分子有一定的几何构型，原子在空间有一定的伸展方向，当能量因子满足时，如果碰撞的方位不合适，旧的化学键也是不会断裂的。只有那些既满足断裂化学键所需要的能量，又同时在适宜的方位发生的碰撞才能够发生化学反应。

总之，根据碰撞理论，反应物分子必须有足够的最低能量，并以适宜的方位相互碰撞，才能够促使有效碰撞的发生。通常情况下，活化分子数越多(高能分子越多)，反应物分子越简单(适宜方位概率越大)，发生有效碰撞的概率越大，化学反应的速率也就越快。

研究表明，多个特定分子同时碰在一起，并且发生有效碰撞(即导致化学键断裂、引起化学反应的碰撞)的机会是不多的。如反应：

$$2NO + 2H_2 = N_2 + 2H_2O$$

两个 NO 和两个 H_2(共 4 个分子)同时碰在一起并发生反应的概率，比起两分子的 NO 和一分子的 H_2 发生碰撞并发生反应的概率小得多。

当分子发生有效碰撞时，1 mol 分子对所需要的最低能量称为摩尔临界能 E_c。活化分子的分数 $f = e^{-E_c/(RT)} < 1$，E_c 愈小，f 愈大，活化分子愈多，反应速率愈快。但是，在满足了能量因子后，还要求方位因子 P，只有方位概率越大时，才能保证反应速率越快。

能够导致旧的化学键发生破裂的能量称为活化能(Activation energy)。活化能的热力学定义是：发生有效碰撞的分子的平均能量与体系中所有分子的平均能量之差。设某一化学反应的活化能为 E_a，按照式(1-16)，在一定温度下活化分子的相对数目正比于 $e^{-E_a/(RT)}$。这里活

化能 E_a 以 $kJ \cdot mol^{-1}$ 为单位，R 为摩尔气体常数，$R = k \times N_0 = 1.380\,650\,3 \times 10^{-23}\ J \cdot K^{-1} \times 6.022\,141\,99 \times 10^{23}\ mol^{-1} \approx 8.314\,5\ J \cdot K^{-1} \cdot mol^{-1}$，其中 k 和 N_0 分别为 Boltzmann 常数和 Avogadro 常数。显然，对于给定的化学反应，因活化能是一定值，但由于 T 在指数内，当温度升高时，活化分子数目将急剧增加，导致反应速率大大加快。

反应进行过程中分子的能量变化如图 3-3 所示。E_1 表示反应物分子的平均能量，E_2 表示生成物分子的平均能量，E_x 为中间物质（活化中间体）的平均能量。显然，$E_{a正} = E_x - E_1$ 为正反应的活化能；$E_{a逆} = E_x - E_2$ 为逆反应的活化能。图中还可见，化学反应的焓变

$$\Delta_r H_m = E_2 - E_1 = E_{a正} - E_{a逆}$$

即反应焓变也与正、逆反应的活化能之差相等。

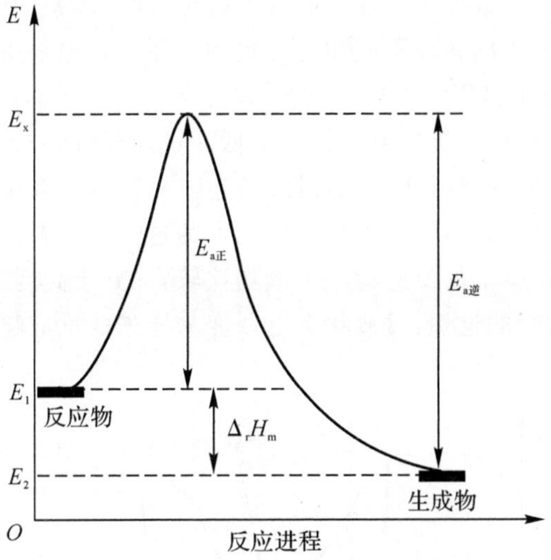

图 3-3　反应进程-能量示意图

通常情况下，化学反应的活化能 $E_a < 60\ kJ \cdot mol^{-1}$ 的反应一般速率较快，活化能 $E_a > 240\ kJ \cdot mol^{-1}$ 的反应一般速率较慢，活化能 E_a 在 $60 \sim 240\ kJ \cdot mol^{-1}$ 之间的反应速率居中。由此可见，活化能的大小对反应速率的快慢有着决定性的作用。

温度对系统中分子的平均能量和活化分子的平均能量都有一定的影响，很显然，升高温度，系统中所有分子的平均能量和活化分子的平均能量都会相应地增大。可以推测，活化能也与温度相关。但是，能够发生反应的临界能 E_c 与温度无关。碰撞理论的研究得出下式：

$$E_a = E_c + \frac{1}{2}RT \tag{3-5}$$

当温度不是很高时，$\frac{1}{2}RT$ 项相对于 E_c 项数值较小（常常更小），所以有 $E_a \approx E_c$。在无机化学课程中常把 E_a 看成与温度无关就是基于这个原因。

二、过渡状态理论简述

“活化能”这一物理量在化学反应动力学研究中具有极为重要的地位，碰撞理论并未解决求算活化能的问题。目前，确定活化能的实验方法，一般只能获得总反应的表观活化能（Apparent activation energy）。迄今为止，许多重要反应的活化能也还没有确定出来。

随着统计力学和量子力学的发展,研究化学动力学的理论中,形成了过渡状态理论。过渡状态理论又称活化络合物理论或绝对反应速率理论。过渡状态理论并不排除碰撞理论,只是侧重点不是旧键断裂所需要的能量如何获得,而是研究在反应物分子相互接近、分子价键重排的过程中,分子内各种相互作用的能量与分子结构的关系。过渡状态理论认为,反应物分子在相互接近和价键重排的过程中,会形成一个中间过渡状态后,方能变成产物分子。这个过渡状态又称活化络合物(Activated complex),它实际上极像碰撞理论中的"活化体"。反应物分子通过过渡状态的速率就是反应速率。

过渡状态理论主要是研究这个络合物的结构及其形成与分解,其基础是化学反应的势能曲面(Potential energy surface)。简单势能曲面的形状像个马鞍,如图 3 - 4 所示。势能曲面所描述的是,相互接近的分子或原子处在空间各不同位置时,体系的能量随原子位置的变化情况,表明整个分子势能与分子内各原子间相对位置的关系。形象地讲,简单势能曲面像两座山峰之间的一道山梁附近的地表面。山梁一边的反应物能量要升高,越过山梁才能变成产物。反应物分子在相互靠近的过程中能量升高是以最低能量途径(即一定的空间几何方位,相当于从山坳中而不是从山坡上向山梁行进)到达过渡状态。过渡状态在山梁脊线上具有最低能量,即处于山梁上高度最低的状态,习惯上称势能曲面上的这一点为鞍点(Saddle point)。但由于鞍点仍然处于山梁上,与山脚下的反应物和生成物比较,又处于高能状态,因而很不稳定,很容易滑下山梁。如果滑向山梁的这边,过渡状态返回变为原来的反应物;如果滑向另一边,则变为产物,发生化学反应。

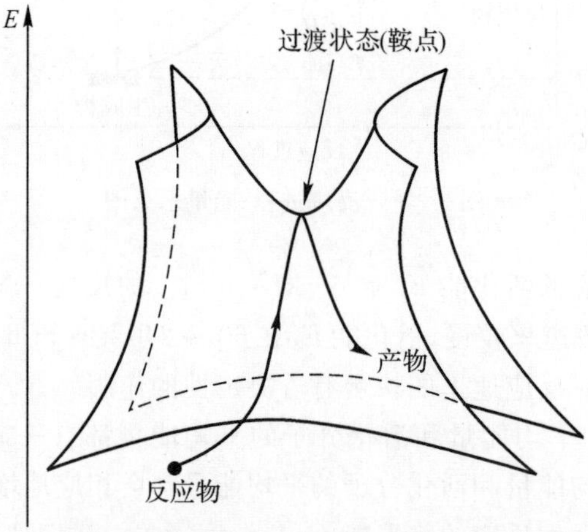

图 3 - 4　化学反应势能曲面示意图

从反应物过山梁到产物这一过程来看,体系经历了从低能态(反应物)到高能态(过渡状态,即反应过程中的最高能量状态)再到低能态(产物)的能量变化过程。自然,过渡状态与反应物的能量差为正反应的活化能;过渡状态与产物的能量差为逆反应的活化能。

通过量子化学方法,已经可以很容易地确定过渡状态的几何构型(Geometry)。这是因为在鞍点处,势能曲面只有在沿山坳的唯一一个方向上凸起,而在其他方向上都是下凹的。以此作为判据,便可确定鞍点的位置,从而获得过渡状态所对应的分子的几何构型。量子化学方法还能从过渡状态出发,计算出沿山坳的最低能量路径(称为内禀反应坐标 Intrinsic reaction coordinates),进而确认这一过渡状态沿该路径所连接的是何种反应物和何种产物(或中间产物),达到确认基元反应和反应历程的目的。近年来,量子化学已能在大约$\pm10\ \mathrm{kJ\cdot mol^{-1}}$的已知误差范围内，精确计算出小分子(包括过渡状态、反应物、中间体和产物)的能量，从而获得相当可靠的活化能和反应能量等数据，实现理论方法研究反应机理。也由于实验研究反应机理的技术难度较大，实验数据十分缺乏，当前，用量子化学结合统计力学等方法研究反应动力学，正在被科学家广泛应用，并已经揭示了众多化学反应的机理。

三、反应机理简述

化学反应从反应物到产物的过程中，实际经历的途径称为反应机理。在化学动力学中，通常把反应物相互一次性碰撞就能够进行的反应，即"一步完成的反应"称为基元反应(Elementary reaction)，也就是简单反应；如果一个反应是由多步完成的，则称为复杂反应(Complex reaction)，也就是复合反应。

例如，反应 $NO_2+CO = NO+CO_2$ 就是一次性碰撞就能够发生的反应，所以是基元反应，也可以称为简单反应。

如前所述，反应

$$2NO+2H_2 = N_2+2H_2O \tag{1}$$

并不是由两个 NO 和两个 H_2(共4个分子)同时碰在一起并发生反应的。事实上，该反应是分步进行的，第一步由两个 NO 和一个 H_2 发生反应生成 N_2 和中间物质 H_2O_2，然后一个 H_2 和一个 H_2O_2 再发生反应生成两分子的水，即

$$2NO+H_2 = N_2+H_2O_2 \tag{2}$$

$$H_2+H_2O_2 = 2H_2O \tag{3}$$

反应(2)和(3)都是基元反应，但是反应(1)就不是基元反应，而是非基元反应或复杂反应。

基元反应中参加反应的分子数目，称为反应分子数(Molecularity)。一个分子参加的反应称为单分子反应(Unimolecular reaction)，两个分子参加的反应称为双分子反应(Bimolecular reaction)，依此类推。因此，反应(2)是三分子反应，反应(3)为双分子反应。根据碰撞理论的研究发现，三分子反应已经很少，3个以上分子的反应还未发现。例如：

$H_2+I_2 = 2HI$　　复杂反应(非基元反应)

$I_2 = I+I$　　基元反应　　单分子反应

$H_2+2I = 2HI$　　基元反应　　三分子反应

从以上几例可以看出，一个反应是不是基元反应或非基元反应，是不能够由反应的表面是否简单来确定的，特别是我们看到的氢和碘的反应，表面看很简单，但是，该反应确实是复杂反应。研究发现，该反应是分两步完成的。反应机理的研究对于弄清楚反应的实质和反应的实际路径是非常必要的，目前，有关的研究还是很不充分的。

3.3　影响反应速率的因素

对化学反应速率的控制有着非常重要的实际意义。我们知道，一个化学反应能否应用于实际的工业过程之中，与该反应的速率有着必然的联系。化学反应速率过慢、过快的反应有着一定的应用，但是，化工过程中的反应通常要求适中的速率。当我们选定的反应其速率不能满足要求时，势必要进行调控，最常采用的方法有改变反应物质的浓度、反应的温度以及加入催化剂等，我们逐一进行讨论。

一、浓度对反应速率的影响

1.化学反应速率方程

对于任意化学反应

$$aA+bB=gG+dD$$

当温度一定时,其反应物的浓度与反应速率的关系有如下表达式成立:

$$v=k\cdot c_A^m\cdot c_B^n \tag{3-6}$$

式(3-6)表示了反应速率与反应物浓度之间的依赖关系,称为化学反应速率方程。

(1)有关速率方程的说明。

1)式(3-6)中,c_A 和 c_B 是指气体或溶液中溶质的浓度。对于纯液体或纯固体,此项为常数1。

2)反应级数。m 和 n 为反应物各自浓度项的幂次,各反应物浓度的指数之和称为该反应的反应级数(Reaction order)。如式(3-6)中,m 称为反应对反应物A的反应级数,n 称为反应对反应物B的反应级数,而 $m+n$ 称为反应的反应级数。m,n 不能直接由化学反应的计量数而确定,只能由实验和反应的机理研究而确定。一旦反应级数确定,则反应的速率方程具体形式也就确定了。

反应级数表示了浓度对反应速率的影响程度。m,n 的数值越大,浓度对反应速率的影响越大。反应级数可以是整数、分数,也可以是零。其中,零级反应指反应速率与反应物浓度无关的化学反应,如纯固体或纯液体物质的分解反应,碘化氢的分解就是零级反应;表面上发生的多相反应,如酶的催化反应、光敏反应往往也是零级反应。一级反应指反应速率与反应物浓度的一次方成正比的化学反应,如气体的分解、放射性元素的衰变等。双氧水的分解就是一级反应;乙醛的分解反应是3/2级,是个典型的分数级反应。表3-2列出了一些常见反应以及反应级数。

表3-2 一些反应的反应级数

化学反应计量式	速率方程	反应级数	反应分子数
$2HI(g)\xlongequal{Au}H_2(g)+I_2(g)$	$v=k$	0	2
$2H_2O_2(aq)=2H_2O(l)+O_2(g)$	$v=kc(H_2O_2)$	1	2
$SO_2Cl_2(g)=SO_2(g)+Cl_2(g)$	$v=kc(SO_2Cl_2)$	1	1
$CH_3CHO(g)=CH_4(g)+CO(g)$	$v=k[c(CH_3CHO)]^{3/2}$	3/2	1
$CO(g)+Cl_2(g)=COCl_2(g)$	$v=kc(CO)[c(Cl_2)]^{3/2}$	1+3/2	1+1
$NO_2(g)+CO(g)\xlongequal{>500\ K}NO(g)+CO_2(g)$	$v=kc(NO_2)c(CO)$	1+1	1+1
$NO_2(g)+CO(g)\xlongequal{<500\ K}NO(g)+CO_2(g)$	$v=k[c(NO_2)]^2$	2	1+1
$H_2(g)+I_2(g)=2HI(g)$	$v=kc(H_2)c(I_2)$	1+1	1+1
$2NO(g)+2H_2(g)=N_2(g)+2H_2O(g)$	$v=k[c(NO)]^2c(H_2)$	2+1	2+2
$S_2O_8^{2-}(aq)+3I^-(aq)=2SO_4^{2-}(aq)+I_3^-(aq)$	$v=kc(S_2O_8^{2-})c(I^-)$	1+1	1+3

3)反应速率常数。速率方程中的 k 为一比例常数,也称为反应速率常数(Rate constant),

是各反应物的浓度都为单位浓度时的反应速率。因此，对于同一个化学反应，在同一温度和相同催化剂条件下，k 是一个定值，它不随反应物浓度的改变而变化。需要指出的是，反应速率常数的单位与速率方程的 m，n 有关，反应的 m，n 不同，单位就不同。例如，零级反应 k 的单位是 $mol \cdot L^{-1} \cdot s^{-1}$，一级反应 k 的单位是 s^{-1}，二级反应 k 的单位是 $L \cdot mol^{-1} \cdot s^{-1}$ 等。

如果在一定条件下，一个反应的 k 值很大，一般来讲，该反应进行的速率较大。这是因为，在一般的反应体系中，物质浓度的变化范围不会太大。

4)反应速率的"决速步"。反应级数是可以通过实验和反应机理的研究确定的。事实上，在一个由若干基元反应完成的化学反应中，如果某一步基元反应的速率很慢，即是个慢反应的话，而其他各步反应的速率都很快，那么，整个反应的速率将取决于慢反应进行的速率，称为"决速步"。例如，反应

$$2NO + 2H_2 = N_2 + 2H_2O$$

分为以下两步基元反应进行：

第一步反应：　$2NO + H_2 = N_2 + H_2O_2$　（慢）

第二步反应：　$H_2 + H_2O_2 = 2H_2O$　（快）

其中第一步反应是慢反应，而第二步反应是快反应。当第二步反应要进行时，必须等待第一步反应产生的 H_2O_2。因为生成 H_2O_2 的速率缓慢，所以第一步反应为决速步骤，它的反应速率决定了整个反应的速率，即总反应的速率近似等于第一步反应的速率。因此，总反应的速率方程遵循决速步基元反应的浓度关系，有如下表达式：

$$v = k \cdot c^2(NO) \cdot c(H_2)$$

这里 $c(H_2)$ 的指数是 1 而不是 2，不是总反应方程式中的计量数。由此可见，通过反应机理的研究可以确定复杂反应的反应级数。

我们知道，反应级数除了整数以外，通常还能见到分数或小数的反应级数。这是因为，当一个化学反应的所有基元反应中有不止一个步骤是慢反应时，或者当某些较慢的基元反应进行的速率差别不是特别明显时，实验测出的反应速率方程是一综合（或表观）结果，某些物质的指数必然有可能出现分数。因此，在对某一化学反应书写速率方程表达式时，如果事先并不知道这一反应是否是基元反应，往往不要轻易按照反应物的计量数来写，必须以实验测定和反应机理的研究为依据。例如：

$H_2 + I_2 = 2HI$		复杂反应（非基元反应）	
$I_2 = I + I$	（快）	基元反应	单分子反应
$H_2 + 2I = 2HI$	（慢）	基元反应	三分子反应

该反应的决速步骤是第二个基元反应。通过实验测定，反应 $H_2 + I_2 = 2HI$ 的速率方程的表达式为

$$v = kc(H_2)c(I_2)$$

从表面上看，反应级数与总反应的化学计量数相同，即 $a = m$，$b = n$，但是，通过反应机理的研究，人们发现，该反应是个复杂反应。根据决速反应写出的速率方程的表达式为

$$v = k_2 c(H_2)c^2(I) \tag{1}$$

中间体 I 可以通过第一个基元反应的快平衡得到，有

$$v_1 = v_{-1}$$

即正、逆反应的速率方程表达为

$$k_1c(I_2)=k_{-1}c^2(I) \quad (2)$$

将式(2)代入式(1)有

$$v=\frac{k_2 \cdot k_1}{k_{-1}} \cdot c(H_2) \cdot c(I_2)$$

通过反应机理的研究而得到的速率方程为

$$v=kc(H_2)c(I_2)$$

可见,通过实验测定和反应机理的研究而得到的速率方程是一致的。很显然,当反应级数与化学计量数相同时是不能断定是否是基元反应的,我们只能通过机理推导和实验测定共同来确定。

(2)确定速率方程的方法。

1)初始速率法。化学反应速率方程可以通过实验测定的方法分析得到。表3-3和表3-4是对两个化学反应的速率在不同反应物浓度下,分别进行实验测定的结果。

表3-3 某温度下,$NO_2+CO=NO+CO_2$ 反应速率随反应物浓度的变化

实验编号	$c(NO_2)/(mol \cdot L^{-1})$	$c(CO)/(mol \cdot L^{-1})$	反应速率$/(mol \cdot L^{-1} \cdot s^{-1})$
1	0.10	0.10	0.005
2	0.10	0.20	0.010
3	0.20	0.20	0.020

表3-4 某温度下,$2NO+Cl_2=2NOCl$ 反应速率随反应物浓度的变化

实验编号	$c(NO)/(mol \cdot L^{-1})$	$c(Cl_2)/(mol \cdot L^{-1})$	反应速率$/(mol \cdot L^{-1} \cdot s^{-1})$
1	0.200	0.200	1.20
2	0.200	0.400	2.40
3	0.400	0.400	9.60

从表3-3可见:反应物CO的浓度加倍,反应速率加倍;反应物NO_2的浓度加倍,反应速率也加倍;如果反应物CO和NO_2的浓度都加倍,反应速率增加到4倍。这表明,反应速率与NO_2和CO的浓度均成正比,即

$$v \propto c(NO_2) \cdot c(CO)$$

从而有

$$v=k \cdot c(NO_2) \cdot c(CO) \quad (k\text{ 为比例常数})$$

从表3-4中的数据可见:反应物Cl_2的浓度加倍,反应速率加倍;反应物NO的浓度加倍,反应速率增加到4(或2^2)倍;反应物NO和Cl_2的浓度分别都加倍时,反应速率增加至2×2^2倍。这表明该反应的速率与Cl_2的浓度成正比,与NO的浓度的二次方成正比,即

$$v \propto c(Cl_2) \cdot c^2(NO)$$

从而有

$$v=k \cdot c(Cl_2) \cdot c^2(NO) \quad (k\text{ 为另一比例常数})$$

这是最常用的通过实验数据的分析,进而确定速率方程的方法,称初始速率法。确定了反

应物浓度项的指数后，可进一步计算得到反应的速率常数。

2）积分法。各级反应都有特征的浓度与时间的变化关系，通过数学处理，也可以得到反应的反应级数。例如，一级反应（单物种反应模型）的速率可以表示为

$$v=-\frac{dc_A}{dt}=kc_A$$

分离变量后，有

$$\frac{dc_A}{c_A}=-k\mathrm{d}t$$

设起始时刻 A 的浓度为 c_0，t 时刻 A 的浓度为 c_t，对上式进行积分，有

$$\int_{c_0}^{c_t}\frac{dc_A}{c_A}=-\int_0^t k\mathrm{d}t$$

得

$$\ln\frac{c_t}{c_0}=-kt \tag{3-7}$$

展开后为

$$\ln c_t=-kt+\ln c_0$$

用 $\ln c_t-t$ 作图是一条直线，直线的斜率是 $-k$，截距是 $\ln c_0$。

当 t 时刻 A 的浓度为 $c_t=\frac{1}{2}c_0$ 时，也就是初始反应物浓度消耗一半时，将此浓度代入式(3－7)，有

$$\lg\frac{\frac{1}{2}c_0}{c_0}=-\frac{k}{2.303}t$$

$$T_{1/2}=\frac{0.693}{k} \tag{3-8}$$

式中，$T_{1/2}$ 称为反应的半衰期，此数值的大小可以用来表示反应的快慢。依据同样的数学推导，可以得到各级反应的浓度与时间的关系式，见表 3－5。

表 3－5　反应速率方程与反应级数

反应级数	反应速率方程	积分速率方程	对 t 作图是直线	直线的斜率	$T_{1/2}$
0	$v=k$	$c_t(A)=-kt+c_0(A)$	$c_t(A)$	$-k$	$\frac{c_0(A)}{2k}$
1	$v=kc(A)$	$\ln\{c_t(A)\}=-kt+\ln\{c_0(A)\}$	$\ln\{c_t(A)\}$	$-k$	$\frac{0.693}{k}$
2	$v=k[c(A)]^{2*}$	$\frac{1}{c_t(A)}=kt+\frac{1}{c_0(A)}$	$1/c_t(A)$	k	$\frac{1}{kc_0(A)}$ *

* 仅适用于只有一种反应物的二级反应。

根据积分速率方程的特点，由实验中得到的浓度与时间的定量关系，可以确定反应的速率方程，称为积分法。从表 3－5 中可以看出，如果以 $c_t(A)-t$ 作图得到直线的话，就是一个零级

反应，以 $\ln c_t(\mathrm{A})-t$ 作图得到直线的话，就是物种 A 的一级反应，而以 $1/c_t(\mathrm{A})-t$ 作图得到直线的话，就是物种 A 的二级反应。

例 3-2 放射性核衰变反应都是一级反应，习惯上用半衰期表示核衰变速率的快慢。放射性 ^{60}Co 所产生的 γ 射线广泛用于癌症治疗，其半衰期 $T_{1/2}$ 为 5.26 年，放射性物质的强度以"居里"表示。某医院购买一个含 20 居里的钴源，在 10 年后还剩多少？

解 该反应是一级反应，有

$$\ln \frac{c_t}{c_0} = -kt$$

当核衰变至一半时，有

$$\ln \frac{1}{2} = -k \times 5.26$$

那么反应的速率常数为

$$k = 0.132\ \mathrm{a}^{-1}$$

对于 20 居里的钴，10 年后，有

$$\ln \frac{c_t}{c_0} = -0.132t$$

$$\ln c_t - \ln 20 = -0.132 \times 10$$

$$c_t = {}^{60}\mathrm{Co} = 5.3\ \text{居里}$$

即 10 年后钴源的剩余量为 5.3 居里。

对于任意化学反应，通过初始速率法和积分法确定了速率方程后，浓度对速率的影响也就确定了。由速率方程可知，反应级数越大，浓度对反应速率的影响就越大。值得注意的是，浓度的变化是有限的，因此，浓度对反应速率的影响也就是有限的。

对有气态物质参加的反应来讲，总压力对反应速率的影响，实质上是浓度对反应速率的影响。这是因为，根据理想气体状态方程 $p_\mathrm{B}=n_\mathrm{B}RT/V_{\text{总}}$，在一定温度下，对一定量的气态反应物增加总压力，就可使体积缩小，而使浓度 n_B/V 增大，反应速率加快。相反，减小总压力，就是减小气体浓度，导致反应速率减小。

需要进一步指出的是，化学反应通常是可逆反应，以上仅仅是关于正反应的讨论。严格地讲，反应的净速率应当等于正反应的速率减去逆反应的速率。当然，逆反应方向速率方程仍然满足如上关于正反应的讨论。

2. 影响多相反应速率的因素

以上讨论浓度对反应速率的影响，是针对气体混合物或溶液中的反应而言的，这种反应称为均相(Homogeneous)化学反应。而对于有固体参加的反应，除浓度影响反应速率外，还有其他因素。通常，有固体参加的反应属于不均匀体系(称为多相体系 Heterogeneous)的反应。在不均匀体系中，反应总是在相与相的界面上进行的。因为只有在这里反应物才能接触。因此，不均匀体系的反应速率除了和浓度有关外，还和彼此接触的相之间的面积大小有关。例如，焦炭燃烧时的反应为

$$\mathrm{C(s)} + \mathrm{O_2(g)} = \mathrm{CO_2(g)}$$

如果用煤粉代替煤块，即可增大反应物的接触面，使反应加快。此外，不均匀体系的反应速率还与反应物向表面扩散的速率，以及产物扩散离开表面的速率有关，即扩散使还没有发生反应的反应物不断进入界面，使已经产生的生成物不断离开界面。搅拌或鼓风可以加速扩散

过程，也就可以加快反应速率。

二、温度对反应速率的影响

温度对反应速率的影响，随具体反应的差异而有所不同。但对于大多数反应来说，反应速率一般随温度的升高而加快。从历史上说，研究得出的温度对反应速率的经验性规律曾有多种，最早是范托夫(van't Hoff)根据实验总结出的一条近似规律：在一定温度范围内，温度每升高 10℃，反应速率增加 2～4 倍。此经验规律虽不精确，但当数据缺乏时，可用来粗略估计。随后，最有影响的便是阿仑尼乌斯(Arrhenius)经验公式。

1. 阿仑尼乌斯公式

前面我们讨论浓度对反应速率的影响时，都设定温度不变。现在来讨论温度对反应速率的影响时，也要设定浓度不变，即把浓度的影响暂时消除。

根据反应速率方程式(3-6)，温度对反应速率的影响，实际上是通过影响速率常数 k 而实现的。并且，温度对反应速率的影响比浓度更为显著。一般来讲，反应速率常数 k 随温度升高而很快增大。如 H_2 与 O_2 在室温下作用非常缓慢，以致多少年内都观察不出有反应发生。但是，倘若将温度升至 600℃，它们立即就会发生反应，甚至爆炸。19 世纪末，阿仑尼乌斯总结了大量实验数据，提出一个描述反应速率常数 k 与温度 T 之间的经验公式，称为阿仑尼乌斯公式或阿仑尼乌斯方程(Arrhenius equation)，表达式为

$$k = Z\exp[-E_a/(RT)] \tag{3-9}$$

式中：E_a 称为实验活化能或表观(Apparent)活化能，一般可将它看作是与温度无关的常数，单位为 $kJ \cdot mol^{-1}$；Z 为常数，称为指前因子(Pre-exponential Arrhenius factor)或频率因子。由式(3-9)可见，k 与 T 为指数关系，所以人们又将此式称为反应速率的指数定律。

事实上，温度升高使反应速率加快，与升高温度增加了反应体系中的活化分子的分数[比较图 3-2 和式(1-16)]是一致的。因为式(1-16)中 $e^{-E_0/(RT)}$(亦称为 Boltzmann factor)就是能量为 E_0 的分子(现为具有能量 E_a 的活化分子)占总分子数的分数。将阿仑尼乌斯公式与反应机理的碰撞理论进行比较，式(3-9)中的频率因子 Z 相当于活化分子在一定方位进行碰撞的碰撞频率。一般来讲，Z 的大小与温度有关，但比起处于指数上的温度 T，往往可忽略 T 对 Z 的影响。此外，阿仑尼乌斯公式中的活化能 E_a 为实验活化能。如果研究的反应不是一个简单反应，而是由若干基元反应组成的，实验活化能将是所有基元反应的活化能的综合表现，因此也称为表观活化能。

阿仑尼乌斯公式的适用面很广，不仅适用于气相反应，也适用于液相反应和多相催化反应。对于绝大多数化学反应，反应速率常数与温度的关系都能满足阿仑尼乌斯公式。但是，有些反应并不如此，如通常的爆炸反应，当温度升至某一极限时，反应速率可趋于无穷大；有的化学反应的速率反而随温度升高而减小等。这些不符合阿仑尼乌斯公式的反应类型称为反阿仑尼乌斯型反应，目前共发现了 4 种，有兴趣的读者可参考其他资料。

2. 阿仑尼乌斯公式的应用

将阿仑尼乌斯公式式(3-9)两边同时取对数，有

$$\ln\frac{k}{[k]} = -\frac{E_a}{RT} + \ln Z \tag{3-10}$$

式中：$[k]$ 为反应速率常数 k 的单位；如果忽略温度对 Z 的影响，Z 为常数。

(1) 判断(计算)k。根据阿仑尼乌斯公式,当已知活化能 E_a,频率因子 Z,并在给定温度 T 时,就可以通过阿仑尼乌斯公式判断或计算速率常数 k 的大小,进而判断或计算速率 v 的快慢。

(2) 作图法求算 E_a。通过实验可以在几个不同温度下测出同一反应的几个速率常数,有 $T_1 \sim k_1$,$T_2 \sim k_2$ 等一系列数据。当忽略温度 T 对频率因子 Z 的影响时,根据式(3-10),如果将 $k/[k]$ 取对数后,以 $\ln(k/[k])$ 为纵坐标,$1/T$ 为横坐标作图,通过这些实验点可以得到一条直线。只要计算出直线的斜率 α,即可得到活化能 $E_a = -\alpha R$。这一关系,使我们能够通过实验的方法较准确地测定化学反应的活化能。

例如,实验测得 N_2O_5 在 CCl_4 液体中的分解反应式为

$$N_2O_5 \xlongequal{} N_2O_4 + \frac{1}{2}O_2$$

该反应在几个温度下的速率常数见表 3-6。

表 3-6　不同温度下 N_2O_5 分解反应的速率常数

温度 t/℃	温度 T/K	$1/T/(10^{-3}\ K^{-1})$	$k/(10^{-5}\ s^{-1})$	$\ln(k/[k])$
65	338	2.96	487	−5.32
55	328	3.05	150	−6.50
45	318	3.14	49.8	−7.60
35	308	3.25	13.5	−8.91
25	298	3.36	3.46	−10.3
0	273	3.66	0.078 7	−14.1

将表 3-6 的数据作图,如图 3-5 所示。通过实验点描一条直线,使直线斜近 45°为好。求得直线斜率 α 为 -1.24×10^4 K。得该反应的活化能为

$$E_a = -\alpha R = -(-1.24\times10^4\ K)\times8.314\ 5\ J\cdot mol^{-1}\cdot K^{-1} = 1.03\times10^5\ J\cdot mol^{-1}$$

延长直线与纵坐标轴相交,可求得直线在纵坐标上(对应 $1/T$ 为零)的截距 $\ln Z$ 为 31.4,所以 $Z = 4.33\times10^{13}$。

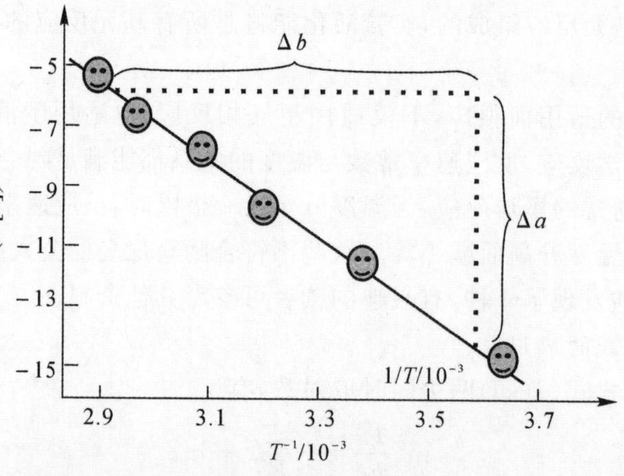

图 3-5　N_2O_5 分解反应的 $\ln(k/[k])$ 与 T^{-1} 的关系

需要指出的是，上述作图法求直线的斜率，通过斜率求活化能，虽然可以部分消除因每次测定时可能存在的偶然误差，但该方法仍然是人为描出直线中的实验点，不同的人会描绘出不同的结果，因此，也不是太科学的方法。

常用的，同时也是一种科学的方法是最小二乘法确定直线方程，得到斜率和截距。最小二乘法的原理是使待确定的直线为这样一条直线：将每个实验点至直线的距离求二次方，使所有点的“距离二次方”之和为最小。因此，称这种方法为最小二乘法，也称为“最小二乘法直线回归”或简称为“直线回归”方法。

(3) 计算 E_a。根据阿仑尼乌斯公式式(3-10)在不同温度 T_1 和 T_2 下，有

$$\ln k_1 = \ln Z - \frac{E_a}{RT_1}, \quad \ln k_2 = \ln Z - \frac{E_a}{RT_2}$$

若视 $\ln Z$ 与温度无关，将两式相减，则有

$$\ln\frac{k_2}{k_1} = \frac{E_a}{R}\left(\frac{1}{T_1} - \frac{1}{T_2}\right) \tag{3-11}$$

如果已知一个反应的活化能和某一温度下的反应速率常数，则另一温度下的速率常数可用上式计算得出。

例 3-3　对上述 N_2O_5 的分解反应，计算：

1) 10℃ 时的速率常数；

2) 温度再升高 10℃，反应速率的变化。

解　1) 已知该反应的阿仑尼乌斯公式为

$$\ln\frac{k}{[k]} = -\frac{E_a}{RT} + \ln Z$$

$$\ln(k/[k]) = (-1.24 \times 10^4/T) + 31.4$$

将 $T = 283$ K 代入上式，有

$$\ln(k/[k]) = (-1.24 \times 10^4\ \mathrm{K}/283\ \mathrm{K}) + 31.4 = -12.42$$

故得

$$k = 4.05 \times 10^{-6}\ \mathrm{s}^{-1}$$

2) 根据速率方程，浓度不变时，有

$$v = ck$$

式中，c 为与浓度有关的比例常数，若以 v_1，v_2 和 k_1，k_2 分别表示在温度 T_1，T_2 时的速率与速率常数，则有

$$v_1 = ck_1, \quad v_2 = ck_2$$

故得

$$v_2/v_1 = (ck_2)/(ck_1) = k_2/k_1$$

根据式(3-11)可知

$$\ln\frac{v_2}{v_1} = \ln\frac{k_2}{k_1} = \frac{E_a}{R}\left(\frac{1}{T_1} - \frac{1}{T_2}\right)$$

将 $E_a = 1.03 \times 10^5\ \mathrm{J \cdot mol^{-1}}$，$T_1 = 283$ K，$T_2 = 293$ K 代入上式，得

$$\ln\frac{v_2}{v_1} = \ln\frac{k_2}{k_1} = \frac{1.03 \times 10^5\ \mathrm{J \cdot mol^{-1}}}{8.314\ \mathrm{J \cdot mol^{-1} \cdot K^{-1}}} \times \frac{293 - 283}{293 \times 283}\ \mathrm{K^{-1}} = 1.495\ 4$$

故得

$$v_2/v_1=4.46$$

(4) 分析。

1) 活化能、速率常数与速率的关系：根据阿仑尼乌斯公式，反应的温度一定，R，$\ln Z$ 是常数时，反应的活化能愈小时，速率常数值愈大，速率愈快。即一个反应的活化能愈小，该反应的速率愈快的根本原因是速率常数愈大。

2) 温度、速率常数与速率的关系：根据阿仑尼乌斯公式，反应的活化能一定，R，$\ln Z$ 是常数时，升高温度，速率常数值将随之增大，从而加快了反应速率。

3) 根据阿仑尼乌斯公式在不同温度下的推导式式(3-11)可知，对于任一化学反应，在低温时采取升高温度的方式比在高温时采取升高温度的方式对速率的影响更加显著。如表3-7中，当活化能 $E_a=200.0\ kJ\cdot mol^{-1}$ 时，在273 K时升高10℃，k_{T+10}/k_T 的比值为22.42，而在773 K时同样升高10℃，k_{T+10}/k_T 的比值为1.49。由此可见，无论低温还是高温时，同样升高10℃，低温时 k_{T+10}/k_T 的比值比高温时大得多，即低温时采用升温的方式影响程度更大。

4) 根据阿仑尼乌斯公式的推导式式(3-11)可知，当反应的活化能愈大，升高同样的温度时，$\ln k_2/k_1$ 愈大，表明升高温度对活化能大的反应的影响更加显著。如表3-7中，当活化能 $E_a=80.0\ kJ\cdot mol^{-1}$ 时，在273 K时升高10℃，k_{T+10}/k_T 的比值为3.47，而在活化能 $E_a=400.0\ kJ\cdot mol^{-1}$ 时，同样在273 K时升高10℃，k_{T+10}/k_T 的比值就为502.82。很显然，在升高同样的温度时，反应的活化能愈大影响程度愈大。

根据式(3-11)并假定频率因子不随温度改变，反应温度升高10℃，可以算出不同温度下，具有不同活化能的反应的 k_{T+10}/k_T 数值，见表3-7。

表3-7　在不同温度时具有不同活化能 E_a 的反应的 k_{T+10}/k_T

$E_a/(kJ\cdot mol^{-1})$	k_{T+10}/k_T					
	273 K	373 K	473 K	573 K	673 K	773 K
80.0	3.47	1.96	1.52	1.33	1.23	1.17
100.0	4.74	2.32	1.69	1.43	1.30	1.22
150.0	10.30	3.53	2.20	1.72	1.48	1.35
200.0	22.42	5.38	2.86	2.05	1.69	1.49
300.0	106.18	12.47	4.85	2.94	2.19	1.81
400.0	502.82	28.93	8.20	4.22	2.85	2.21

由表3-7每一列可以看出，温度每升高10℃时，活化能大的反应速率增大的倍数更大，即升高温度对活化能大的反应影响更加显著；从每一行可以看出，对活化能相同的反应，温度每升高10℃时，低温时比高温时增大的倍数要大，表明在低温时采用升高温度的方法比高温时有效性更高。

3.降低温度反应速率加快的反应

有一些化学反应在降低温度时，反应速率不但不减小，反而加快。这类反应虽然为数不多，但是也很重要。试举一例加以说明：例如，反应

$$2NO + O_2 \Longrightarrow 2NO_2$$

可能的机理为

$$2NO \Longrightarrow N_2O_2 \qquad \Delta_r H_m < 0 \tag{1}$$

这是个快反应，设正反应速率常数为 k_1，逆反应速率常数为 k_{-1}，继续反应有

$$N_2O_2 + O_2 \Longrightarrow 2\ NO_2 \tag{2}$$

这是个慢反应，设正反应速率常数为 k_2。根据慢反应是决速步骤，其速率方程表达式为

$$v = k_2 c(N_2O_2)c(O_2)$$

速率方程中的中间产物必须消去，所以，根据第一个基元反应是快反应可知，当正、逆反应速率相等时，正、逆反应速率方程表示为

$$k_1 c^2(NO) = k_{-1} c(N_2O_2)$$

整理后，有

$$c(N_2O_2) = \left(\frac{k_1}{k_{-1}}\right) \cdot c^2(NO) = K \cdot c^2(NO)$$

将该式代入决速步骤的速率方程中，有

$$v = k_2 K\, c^2(NO)c(O_2) = k\, c^2(NO)c(O_2)$$

对于放热反应，降低温度时，K 有可能变大（K 是平衡常数，相关内容在 3.4 节中讨论），但是 k_2 变小。当 K 变大的幅度较大时，也就是说超过了 k_2 变小的程度，那么，由于 $k_2K = k$ 将会增大，因此表现为温度降低了，反应速率却加快了。

三、催化剂对反应速率的影响

从化学动力学的基本原理来讲，催化剂与前面所讨论的浓度和温度一样，都是影响反应速率的重要因素之一。但是催化剂无论在工业生产还是在科学实验中，都有着非常广泛的应用。据统计，目前有 80% ～ 85% 的化学工业生产中都使用催化剂，由此可见，催化剂在化学化工产业有着多么重要的作用。

1. 催化剂的基本特性

(1) 催化剂与催化作用。某些物质在化学反应系统中只要加入很少的量就能够显著改变反应速率，而本身的化学成分、数量与化学性质在反应前后均不发生变化，这类物质称为催化剂(Catalyst)。虽然催化剂在反应前后的组成、物质的量和化学性质都不发生变化，但往往伴随有物理性质的改变。如分解 $KClO_3$ 的催化剂 MnO_2，反应后会从块状变为粉末。又如，用铂网催化使氨氧化，几星期后铂网表面就会变得粗糙。通常，我们把能使反应速率加快的催化剂称为正催化剂；反之，则称为负催化剂。由于负催化剂的应用不如正催化剂那样广泛，如不特别指明，所讲的催化剂都是指正催化剂。还有一类催化剂是反应中生成的，又对该反应进行催化，故称为自身催化剂。另外，有一类可以提高催化剂效能的化学物质常称为助催化剂。催化剂改变化学反应速率的作用称为催化作用(Catalysis)。

(2) 催化反应的类型。化学化工中常用的催化剂按照其起作用时与物料之间的分散状态，一般有均匀分散和非均匀分散两大类。前者称为均相催化(剂)，发生的是均相催化反应，如溶液中的氢离子、过渡金属离子或配位化合物等；后者称为多相或复相催化(剂)，发生的是多相催化反应，如，工业上称为触媒的各种过渡金属或合金固体及金属氧化物等。另外，生物体中还有一类效率和选择性都很高的特殊催化剂 —— 酶(Enzame)，发生的是酶催化反应。

(3) 催化剂具有选择性。催化剂的选择性有两个方面的意义。其一，不同类型的反应须要选择不同的催化剂，例如，氧化反应的催化剂和脱氢反应的催化剂是不同的。即使是同一类型的反应，其催化剂也不一定相同。例如，SO_2 的氧化用 V_2O_5 作催化剂，而 $CH_2{=}CH_2$ 氧化却用金属 Ag 作催化剂。其二，对同样的反应物，如果选择不同的催化剂，可以得到不同的产物。这一点在工业生产中有着重要的意义。例如，乙醇的分解有以下几种可能的反应：

$$C_2H_5OH \xrightarrow[Cu]{473 \sim 523\ K} CH_3CHO + H_2$$

$$C_2H_5OH \xrightarrow[Al_2O_3]{623 \sim 633\ K} C_2H_4 + H_2O$$

$$2C_2H_5OH \xrightarrow[Al_2O_3]{413\ K} (C_2H_5)_2O + H_2O$$

$$2C_2H_5OH \xrightarrow[ZnO \cdot Cr_2O_3]{673 \sim 773\ K} CH_2{=}CH{-}CH{=}CH_2 + 2H_2O + H_2$$

从热力学观点看，这些反应都是可以自发进行的。但是，某种催化剂只对某一特定反应有催化作用，而不能加速所有热力学上可能的反应，这就是催化剂的选择性。因此，我们可以利用催化剂的选择性，通过选用不同的催化剂，而得到不同的产物。

(4) 催化剂的活性与中毒。催化剂的活性是指催化剂的催化能力，即在指定条件下，单位时间内单位质量(或单位体积)的催化剂上能生成的产物量。许多催化剂在开始使用时，活性从小到大，逐渐达到正常水平。活性稳定一定时间后，又下降直到衰老而不能使用。这个活性稳定期称为催化剂的寿命。催化剂寿命的长短因催化剂的种类和使用条件的改变而改变。衰老的催化剂有时可以用再生的方法使之重新活化。催化剂在活性稳定期间往往会因为接触了少量的杂质而使活性快速下降，这种现象称为催化剂中毒。如果消除了中毒因素，活性能够恢复则称为暂时性中毒，否则为永久性中毒。

固体催化剂的活性常取决于它的表面状态，而表面状态因催化剂的制备方法不同而异。也就是说，催化剂的物理性质也影响它的活性。有时为了充分发挥催化剂的效率，常将催化剂分散在表面积大的多孔性惰性物质上，这种物质称为载体。常用的载体有硅胶、氧化铝、浮石、石棉、活性炭、硅藻土等。在实际应用中，催化剂通常不是单一的物质，而是由多种物质组成的，可区分为主催化剂与助催化剂。主催化剂通常是一种物质，也可以是多种物质。助催化剂单独存在时没有活性或活性很小，但它和主催化剂组合后能显著提高催化剂的活性、选择性和稳定性。

2. 催化剂影响化学反应速率的机理

(1) 均相催化机理。我们首先讨论均相催化的机理。双氧水的分解反应中加入碘离子后，分解速度加快的过程就是均相催化的实例。

当无催化剂时：$2H_2O_2(aq) = 2H_2O(l) + O_2(g)$　　　$E_a = 76\ kJ \cdot mol^{-1}$

当有催化剂时：$2H_2O_2(aq) \xrightarrow{I^-(aq)} 2H_2O(l) + O_2(g)$　　　$E_a = 57\ kJ \cdot mol^{-1}$

催化机理如图 3-6 所示。

如图 3-6 所示，有催化剂参加的新的反应历程和无催化剂时的原反应历程相比，活化能减小了。也就是说，催化剂的加入，是通过改变原有反应途径，走了一条活化能较低的路径，从而加快了反应的速率。大多数催化剂都是含过渡金属的化合物或直接就是过渡金属，它们活跃的 d 电子往往在与反应物分子相互作用(如吸附)时，使反应物分子的化学键得以松弛，从而改变了原反应途径，走了一条活化能较低的路径。由于活化能减小了，活化分子的百分率相对增大。由式(3-9)可知，活化能处于负指数的位置，所以加快了反应速率。

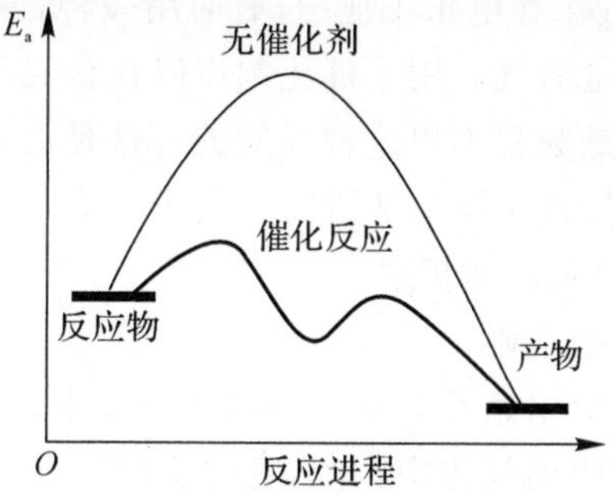

图 3-6　催化机理示意图

(2) 非均相催化机理。在实际的生产过程中，相当多的催化过程发生在非均相系统中，即催化剂与反应物种不在同一相中。但是，催化机理与均相催化相同。表 3-8 给出了 3 个非均相催化反应在有催化剂和无催化剂存在时，活化能的实验值。

表 3-8　催化反应与非催化反应的活化能

反　应	活化能 /($kJ \cdot mol^{-1}$)		催化剂
	非催化反应	催化反应	
$2HI = H_2 + I_2$	184.1	104.6	Au
$2H_2O = 2H_2 + O_2$	244.8	136	Pt
$3H_2 + N_2 = 2NH_3$	334.7	167.4	$Fe-Al_2O_3-K_2O$

表 3-8 中数据表明，非均相催化剂的存在也是使反应的活化能显著减小，而使反应大大加速的。

例如，碘化氢分解的反应，若在 503 K 下进行，催化剂 Au 使活化能减小了大约 80 $kJ \cdot mol^{-1}$。利用阿仑尼乌斯公式式(3-9)不难算得催化与非催化的反应速率常数之比(假设 Z 不变)为 1.8×10^8，两者的反应速率相差近 2 亿倍。

从图 3-6 还可看到，催化剂的存在并不改变反应物和生成物的相对能量。也就是说，一个反应无论在有催化剂还是无催化剂时进行，体系的始态和终态都没有发生改变。因此，催化剂不能改变一个反应的 $\Delta_r H_m$ 和 $\Delta_r G_m$。这也说明催化剂只能加速热力学上认为可以进行的反应，即 $\Delta_r G_m < 0$ 的反应；对于通过热力学计算判断不能进行的反应，即 $\Delta_r G_m > 0$ 的反应，使用任何催化剂都是徒劳的。换句话说，动力学的研究是建立在热力学是可能的前提之下，进而研究反应的可行性的。

由图 3-6 还可见，加入催化剂后，正反应的活化能减小的数值与逆反应的活化能减小的数值是相等的。这表明，催化剂不仅加快正反应的速率，同时也加快逆反应的速率。既然催化剂对正、逆反应的活化能产生了同样程度的影响，那么在一定条件下，对正反应是优良的催化剂，对逆反应也是优良的催化剂。例如，铁、铂、镍等金属既是良好的脱氢催化剂，也是良好的加氢催化剂。简而言之，催化剂对反应速率的影响是通过减小反应的活化能，而加快反应速率的。

酶催化原理也与均相催化相同，不再赘述。

3. 催化应用举例

(1) 从氢气中除去少量氧气。在电子工业中，有时用一种含钯0.03%的分子筛作催化剂，用来去除氢气中可能含有的少量氧气。用了催化剂可以在常温下迅速实现氢气和氧气化合生成水的反应，而没有催化剂时，是观察不出这种反应的。这是由于两种气体在催化剂表面吸附后，反应的活化能减小了，大大加速了反应的进行。其历程为：

1) 反应物 H_2 与 O_2 向催化剂表面扩散；

2) 氧气分子在催化剂表面被吸附；

3) 氢分子与催化剂表面上吸附状态的氧分子结合生成水；

4) 水分子从催化剂表面解吸向气体中扩散，完成反应。

(2) 催化合成氨。研究表明，其催化机理是，N_2 首先化学吸附在铁催化剂表面上使化学键削弱；接着，化学吸附的氢原子不断和表面上的氮原子作用，在催化剂表面上逐步生成氨分子；最后，氨分子从表面脱附，得到气态氨，即

1) $x\mathrm{Fe} + 0.5\mathrm{N_2} = \mathrm{Fe}_x\mathrm{N}$

2) $\mathrm{Fe}_x\mathrm{N} + [\mathrm{H}]_{吸} = \mathrm{Fe}_x\mathrm{NH}$

3) $\mathrm{Fe}_x\mathrm{NH} + [\mathrm{H}]_{吸} = \mathrm{Fe}_x\mathrm{NH_2}$

4) $\mathrm{Fe}_x\mathrm{NH_2} + [\mathrm{H}]_{吸} = \mathrm{Fe}_x\mathrm{NH_3} = x\mathrm{Fe} + \mathrm{NH_3}$

在没有催化剂存在时，反应的活化能 E_a 很高，为 250～340 $kJ \cdot mol^{-1}$。加入铁催化剂后，反应分为生成铁的氮化物阶段和铁的氮氢化物阶段，如图3-7所示。第一阶段的活化能 E_{a1} 为 125～167 $kJ \cdot mol^{-1}$，第二阶段的活化能 E_{a2} 很小，为 12.6 $kJ \cdot mol^{-1}$。因此，第一阶段为速率控制步骤，即决速步。显然，催化剂的使用，大大减小了反应的活化能，从而大大加速了合成氨的反应。

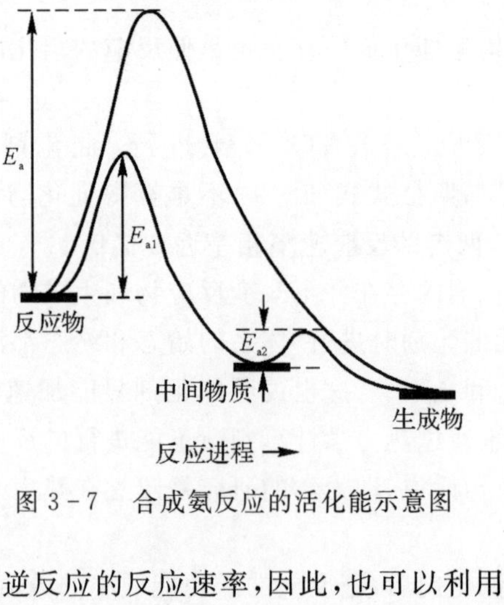

图3-7 合成氨反应的活化能示意图

由于催化剂同时加快正、逆反应的反应速率，因此，也可以利用上述反应的逆反应来加速氨的分解，制取氢气和氮气。

催化剂的应用已经十分广泛，但是，对催化剂的性质和作用机理的认识，还没有建立系统而完整的理论，目前，主要还是以实验为基础寻找需要的催化剂。

四、化学反应进行的限度 —— 化学平衡

在一定的条件下，既能向正方向进行又能向逆方向进行的反应称为可逆反应。对于可逆反应，当正、逆两个方向的反应速度相等时，该反应就达到了平衡状态。化学平衡有两个重要特征：一是只要外界条件不变，平衡后反应中各物质浓度或分压不再随时间的改变而改变，即无论经过多长时间，这种状态都不会发生变化，生成物不再增多，也就是反应达到了能够进行的最大限度；二是化学平衡是动态平衡，从宏观上看，化学反应达到平衡状态时，反应似乎"停止"了(宏观上)，但从微观上看，正逆两个方向反应仍在继续进行，只不过是它们的反应速率大小相等。那么，化学平衡如何定量描述呢？标准平衡常数就是一个反应是否达到平衡的数值标度。

1. 标准平衡常数

在一定的温度下，对于任意以气态进行的可逆反应

$$aA(g)+bB(g) \rightleftharpoons gG(g)+dD(g)$$

当达到平衡时，有关系式

$$K_T^{\ominus}=\frac{(p_G/p^{\ominus})^g\ (p_D/p^{\ominus})^d}{(p_A/p^{\ominus})^a\ (p_B/p^{\ominus})^b} \tag{3-12}$$

式中：p_A，p_B，p_G 和 p_D 分别为气体 A，B，G 和 D 在平衡时的分压；$p^{\ominus}$ 为标准压力(100 kPa)。

对于任意在溶液中进行的可逆反应

$$aA(aq)+bB(aq) \rightleftharpoons gG(aq)+dD(aq)$$

当达到平衡时，有下述关系式成立：

$$K_T^{\ominus}=\frac{(c_G/c^{\ominus})^g\ (c_D/c^{\ominus})^d}{(c_A/c^{\ominus})^a\ (c_B/c^{\ominus})^b} \tag{3-13}$$

式中：c_A，c_B，c_G 和 c_D 分别为物质 A，B，G 和 D 在平衡时的量浓度；$c^{\ominus}$ 为标准浓度($1\ mol \cdot L^{-1}$)。

书写标准平衡常数表达式时应注意以下几点：

(1) 在标准平衡常数表达式中，各物质的浓度或分压均为平衡时的浓度或分压，并且是与标准浓度($1\ mol \cdot L^{-1}$) 或标准压力(100 kPa) 的比值，即表示为相对浓度($c/c^{\ominus}$) 或相对压力($p/p^{\ominus}$)，反应中的纯固体、纯液体物质以常数 1 表示，所以 $K_T^{\ominus}$ 无量纲(或量纲为 1)。

例如，反应　　$CO_2(g)+C(s) \rightleftharpoons 2CO(g)$

的标准平衡常数表达式为　　$K^{\ominus}=\dfrac{(p_{CO}/p^{\ominus})^2}{p_{CO_2}/p^{\ominus}}$

(2) 如果反应中既有气体又有溶液时，对于气态物质，在标准平衡常数表达式中以其平衡时的相对压力($p/p^{\ominus}$) 表示，对于溶液则以平衡时的相对浓度($c/c^{\ominus}$) 表示。

例如，某反应　　$aA(s)+bB(aq) \rightleftharpoons gG(g)+dD(l)$

其标准平衡常数表示为　　$K_T^{\ominus}=\dfrac{(p_G/p^{\ominus})^g \cdot 1}{(c_B/c^{\ominus})^b \cdot 1}$

(3) $K_T^{\ominus}$ 与温度有关，但是与物质的分压或浓度无关[①]。因此，书写标准平衡常数表达式时，需要注明温度，若未注明温度，则通常指 298 K。

① 严格地说，对于理想气体或极稀溶液此说法才是准确的。

(4)$K_T^\ominus$ 的数值与反应方程式的书写有关，因此，在给出标准平衡常数表达式时，必须有与之对应的反应方程式。

例如，SO_2 氧化成 SO_3 的反应，当反应方程式写成

$$2SO_2(g)+O_2(g) \Longrightarrow 2SO_3(g) \tag{1}$$

和

$$SO_2(g)+\frac{1}{2}O_2(g) \Longrightarrow SO_3(g) \tag{2}$$

时，反应(1) 和反应(2) 的标准平衡常数表达式的关系为

$$K_{T(1)}^\ominus=[K_{T(2)}^\ominus]^2 \quad 或 \quad K_{T(2)}^\ominus=\sqrt{K_{T(1)}^\ominus}$$

(5)$K_T^\ominus$ 是任意化学反应是否达到化学平衡的特征值。通常，$K_T^\ominus$ 的数值愈大，反应进行的程度(限度) 愈大，即 $K_T^\ominus$ 数值的大小表示了反应进行程度的大小。

2. 多重平衡规则

任意化学反应

$$2A+B \Longrightarrow A_2B$$

的标准平衡常数的表达式为

$$K_T^\ominus=\frac{\dfrac{c(A_2B)}{c^\ominus}}{\left(\dfrac{c(A)}{c^\ominus}\right)^2\left(\dfrac{c(B)}{c^\ominus}\right)}$$

根据反应机理，该反应分两步完成，第一步为

$$A+B \Longrightarrow AB \tag{1}$$

其反应的标准平衡常数的表达式为

$$K_{T_1}^\ominus=\frac{\dfrac{c(AB)}{c^\ominus}}{\left(\dfrac{c(A)}{c^\ominus}\right)\left(\dfrac{c(B)}{c^\ominus}\right)}$$

第二步为

$$AB+A \Longrightarrow A_2B \tag{2}$$

其反应的标准平衡常数的表达式为

$$K_{T_2}^\ominus=\frac{\dfrac{c(A_2B)}{c^\ominus}}{\left(\dfrac{c(A)}{c^\ominus}\right)\left(\dfrac{c(AB)}{c^\ominus}\right)}$$

把式(1) 和式(2) 相加就得到总反应，那么，反应式(1) 和反应式(2) 的标准平衡常数相乘也就得到总反应的标准平衡常数，即

$$K_{T_1}^\ominus K_{T_2}^\ominus=\frac{\dfrac{c(A_2B)}{c^\ominus}}{\left(\dfrac{c(A)}{c^\ominus}\right)^2\left(\dfrac{c(B)}{c^\ominus}\right)}=K_T^\ominus$$

同样的道理，如果把两式相减而得到一总反应，那么，两个反应的标准平衡常数相除也就得到总反应的标准平衡常数，即

$$K_T^{\ominus}=\frac{K_{T1}^{\ominus}}{K_{T2}^{\ominus}}$$

这种规则也称为多重平衡原理。

3. 标准平衡常数与速率常数

对于任意化学反应

$$2A+B=\!=\!=A_2B$$

经机理研究，是由基元反应式(1) 和基元反应式(2) 分两步完成的，即

$$A+B=\!=\!=AB \tag{1}$$

$$AB+A=\!=\!=A_2B \tag{2}$$

当基元反应式(1) 达到平衡，即正、逆反应速率相等时，有

$$v_1=v_{-1}$$

根据速率方程表达式，有

$$k_1c(A)c(B)=k_{-1}c(AB)$$

移项并整理，得

$$\frac{k_1}{k_{-1}}=\frac{c(AB)}{c(A)c(B)}=\frac{\frac{c(AB)}{c^{\ominus}}}{\left(\frac{c(A)}{c^{\ominus}}\right)\left(\frac{c(B)}{c^{\ominus}}\right)}=K_{T_1}^{\ominus} \tag{3}$$

由此式可以看出，基元反应式(1) 的正、逆反应速率常数的比等于该反应的标准平衡常数。

同理，当基元反应式(2) 达到平衡时，也有

$$v_2=v_{-2}$$

其速率方程表达式为

$$k_2c(AB)c(A)=k_{-2}c(A_2B)$$

移项并整理，得

$$\frac{k_2}{k_{-2}}=\frac{c(A_2B)}{c(AB)c(A)}=\frac{\frac{c(A_2B)}{c^{\ominus}}}{\left(\frac{c(AB)}{c^{\ominus}}\right)\left(\frac{c(A)}{c^{\ominus}}\right)}=K_{T_2}^{\ominus} \tag{4}$$

由此式同样可以看出，基元反应式(2) 的正、逆反应速率常数的比也等于该反应的标准平衡常数。

那么，根据多重平衡原理，并结合(3)(4) 两式有，总反应的标准平衡常数为

$$K_T^{\ominus}=K_{T_1}^{\ominus}K_{T_2}^{\ominus}=\frac{k_1k_2}{k_{-1}k_{-2}}=\frac{k_{正}}{k_{逆}}$$

由上述一系列推导可知，标准平衡常数($K_T^{\ominus}$) 和速率常数(k) 一样，其值与浓度或分压无关，但是与温度有关。

4. 吉布斯函数变与化学平衡

在温度 T，任意条件下(即非标准状态下)，反应或过程能否自发进行，是用非标准状态下的吉布斯函数变 $\Delta_rG_m(T)$ 判断的。有热力学等温方程式(2-31) 成立。该式给出了 $\Delta_rG_m(T)$ 与 Q(反应商) 的关系，那么，$\Delta_rG_m^{\ominus}(T)$ 与 $K_T^{\ominus}$(标准平衡常数) 是怎样的关系呢？

(1)$\Delta_rG_m^{\ominus}(T)$ 与标准平衡常数。在一定温度下，当一个化学反应达到平衡时，一定是

$\Delta_r G_m(T)=0$ 时,根据式(2-31)有

$$\Delta_r G_m(T)=\Delta_r G_m^\ominus(T)+RT\ln Q_{eq}=0$$

从而有

$$\Delta_r G_m^\ominus(T)=-RT\ln Q_{eq}$$

式中,Q_{eq} 表示平衡时的反应商,即

$$K_T^\ominus=Q_{eq}$$

故得

$$\Delta_r G_m^\ominus(T)=-RT\ln K_T^\ominus \qquad (3-14)$$

式中,$K_T^\ominus$ 是标准平衡常数,其量纲为1。由式(3-14)可以看出,$\Delta_r G_m^\ominus(T)$ 的代数值越小,标准平衡常数 $K_T^\ominus$ 值就越大,即正反应进行得越彻底,式(3-14)用于 $\Delta_r G_m^\ominus(T)$ 与 $K_T^\ominus$ 的相互换算。在计算中请特别注意,当温度不是298 K时,温度 T 的 $\Delta_r G_m^\ominus(T)$ 应由吉布斯-赫姆霍兹公式计算得到,根据式(3-14)才能得到同温度下的 $K_T^\ominus$。

(2)$\Delta_r G_m(T)$ 与标准平衡常数。将式(3-14)代入热力学等温方程式后得

$$\Delta_r G_{m,T}=\Delta_r G_{m,T}^\ominus+RT\ln Q=-RT\ln K_T^\ominus+RT\ln Q$$

即

$$\Delta_r G_{m,T}=RT\ln\frac{Q}{K_T^\ominus} \qquad (3-15)$$

根据式(3-15)可知,在任意时刻,如果测定的 Q 与 $K_T^\ominus$ 为 $Q=K_T^\ominus$,表示该反应已经达到了化学平衡;若 $Q\neq K_T^\ominus$,表示该反应尚未达到化学平衡。即

$Q=K_T^\ominus$　　反应达到平衡

$Q<K_T^\ominus$　　反应正向自发进行(直至 $Q=K_T^\ominus$)

$Q>K_T^\ominus$　　反应逆向自发进行(直至 $Q=K_T^\ominus$)

这个规律称为化学反应进行方向的反应商判据。

(3)van't Hoff 方程。通过我们已知的吉布斯-赫姆霍兹公式和 $\Delta_r G_m^\ominus(T)$ 与 $K_T^\ominus$ 的关系式推导 van't Hoff 方程。有

$$\Delta_r G_m^\ominus(T)=\Delta_r H_m^\ominus-T\Delta_r S_m^\ominus \qquad (1)$$

$$\Delta_r G_m^\ominus(T)=-RT\ln K_T^\ominus \qquad (2)$$

将式(2)代入式(1),有

$$-RT\ln K_T^\ominus=\Delta_r H_m^\ominus-T\Delta_r S_m^\ominus$$

整理得

$$\ln K_T^\ominus=-\frac{\Delta_r H_m^\ominus}{RT}+\frac{\Delta_r S_m^\ominus}{R}$$

当把 $\Delta_r H_m^\ominus$ 和 $\Delta_r S_m^\ominus$ 看作与 T 无关的量(无机化学中)时,在不同的温度下,有

$$\ln K_{T1}^\ominus=-\frac{\Delta_r H_m^\ominus}{RT_1}+\frac{\Delta_r S_m^\ominus}{R},\quad \ln K_{T2}^\ominus=-\frac{\Delta_r H_m^\ominus}{RT_2}+\frac{\Delta_r S_m^\ominus}{R}$$

用式(2)减去式(1)得

$$\ln\frac{K_{T_2}^\ominus}{K_{T_1}^\ominus}=\frac{\Delta_r H_m^\ominus}{R}\cdot\frac{T_2-T_1}{T_1T_2} \qquad (3-16)$$

式(3-16)称为 van't Hoff 方程。该式可以在已知反应的 $\Delta_r H_m^\ominus$ 时,用于计算不同温度下的

$K_T^\ominus$,或已知两个温度下的 $K_T^\ominus$,计算反应的 $\Delta_r H_m^\ominus$。

5. 标准平衡常数的应用

(1) 判断反应进行的程度。我们知道,$K_T^\ominus$ 数值的大小可以用来表示反应进行的程度,通常 $K_T^\ominus$ 愈大表明反应进行的程度愈大,$K_T^\ominus$ 愈小表明反应进行的程度愈小,对于 $K_T^\ominus$ 常有经验值 $10^{-5} \sim 10^5$ 来判断反应进行程度的大小,即

$K_T^\ominus > 10^5$	反应正向进行完全,逆向进行程度很小
$K_T^\ominus < 10^{-5}$	反应逆向进行完全,正向进行程度很小
$10^5 > K_T^\ominus > 10^{-5}$	可逆反应

当然,平衡转化率 α 也可以用来表示反应进行的程度的大小。当反应由 $\xi=0$ 进行到 $\xi=\xi_{eq}$ 时,有

$$\alpha_{(A)}=\frac{n_{0(A)}-n_{eq(A)}}{n_{0(A)}}$$

其中:$n_{0(A)}$ 是 $\xi=0$ 时 A 物质的量,$n_{eq(A)}$ 是 $\xi=\xi_{eq}$ 时 A 物质的量。很显然,平衡转化率愈大,反应进行的程度也愈大。但是 $K_T^\ominus$ 与 α 的判断有什么区别呢?请读者自己考虑。

(2) 有关标准平衡常数的计算。

1) 根据平衡时反应体系的组成求算标准平衡常数。

例 3-4 在 400℃ 和 10×101.325 kPa 时进行合成氨反应,原料氢气和氮气的体积比为 3∶1,反应达到平衡后,测得氨的体积分数为 3.9%。在此条件下试计算,合成氨反应的标准平衡常数 $K_T^\ominus$。

解 总压力为

$$p_{总}=p_{NH_3}+p_{H_2}+p_{N_2}=10\times 101.325\ \text{kPa}$$

由于气体的体积分数等于其摩尔分数,按气体分压定律得,平衡时混合气体中 NH_3 的分压为

$$p_{NH_3}=\varphi(NH_3)\times p_{总}=3.9\%\times 10\times 101.325\ \text{kPa}=39.52\ \text{kPa}$$

平衡时混合气体中 H_2 和 N_2 的总压为

$$p_{H_2}+p_{N_2}=p_{总}-p_{NH_3}=(10\times 101.325-39.52)\ \text{kPa}=973.73\ \text{kPa}$$

设 N_2 参加反应的物质的量为 x mol,根据方程式:

$$N_2+3\,H_2 \xlongequal{\quad} 2NH_3$$

起始时物质的量比	1 ∶ 3
反应时物质的量比	x ∶ $3x$
平衡时物质的量比	$(1-x)$∶$(3-3x)$=1∶3

则有

$$p_{H_2}=\frac{3}{4}(p_{H_2}+p_{N_2})=\frac{3}{4}\times 973.73\ \text{kPa}=730.3\ \text{kPa}$$

$$p_{N_2}=\frac{1}{4}(p_{H_2}+p_{N_2})=\frac{1}{4}\times 973.73\ \text{kPa}=243.4\ \text{kPa}$$

根据标准平衡常数的表达式,得

$$K_T^\ominus=\frac{(p_{NH_3}/p^\ominus)^2}{(p_{N_2}/p^\ominus)(p_{H_2}/p^\ominus)^3}=\frac{(39.52\ \text{kPa}/100\ \text{kPa})^2}{(243.4\ \text{kPa}/100\ \text{kPa})(730.3\ \text{kPa}/100\ \text{kPa})^3}=1.6\times 10^{-4}$$

2) 根据 $\Delta_r G_m^\ominus(T)=-RT\ln K_T^\ominus$ 求算标准平衡常数。

例 3-5 试写出下列反应的标准平衡常数表达式,并计算出 298 K 时的标准平衡常数:

$$C(石墨,s) + CO_2(g) \rightleftharpoons 2CO(g)$$

解　该反应的标准平衡常数表达式为 $K_T^\ominus = \dfrac{(p_{CO}/p^\ominus)^2}{p_{CO_2}/p^\ominus}$。由附表1查出反应：

	$C(石墨,s)$	$+ CO_2(g)$	$\rightleftharpoons 2CO(g)$
$\Delta_f G_m^\ominus/(kJ \cdot mol^{-1})$	0	-394.4	-137.2

$$\Delta_r G_m^\ominus = 2\Delta_f G_m^\ominus(CO,g) - \Delta_f G_m^\ominus(C,石墨,s) - \Delta_f G_m^\ominus(CO_2,g) =$$
$$[2\times(-137.2)-(-394.4)-0]\ kJ \cdot mol^{-1} = 120.0\ kJ \cdot mol^{-1}$$

由
$$\Delta_r G_m^\ominus(T) = -RT\ln K_T^\ominus$$

得
$$\ln K_{298}^\ominus = \frac{-120\ kJ \cdot mol^{-1} \times 1\,000}{8.314\ J \cdot mol^{-1} \cdot K^{-1} \times 298\ K} = -48.432$$
$$K_{298}^\ominus = 9.256 \times 10^{-22}$$

由 $\Delta_r G_m^\ominus$ 和 $K_{298}^\ominus$ 的数值均看出，此反应在 298 K 时实际上是不能正向自发进行的。

五、化学平衡的移动

化学平衡是有条件的、暂时的、动态的，若任何一个影响平衡的条件发生改变，则平衡状态将随之而变，也就是原来的平衡被破坏，需要在新的条件下建立起新的平衡，这种从一种平衡状态到另一种平衡状态的过程称为化学平衡的移动。分别讨论浓度、压力和温度等条件对化学平衡的影响。

1. 浓度对化学平衡的影响

可逆反应达到平衡后，任意物质的浓度发生变化时，化学平衡的移动可根据反应过程的吉布斯函数变 $\Delta_r G_m(T)$ 来确定。因为，根据式(3-15)可得，只要 $Q \neq K_T^\ominus$ 时，平衡必将移动。进而，根据 Q 与 $K_T^\ominus$ 的相对大小，判断反应进行的方向。

在恒温下，某一溶液反应为

$$aA(aq) + bB(aq) \rightleftharpoons gG(aq) + dD(aq)$$

当反应达到平衡时，$\Delta_r G_m(T) = 0$，此时反应商 Q 等于标准平衡常数 $K_T^\ominus$，即

$$Q_{eq} = K_T^\ominus = \frac{(c_G/c^\ominus)^g\ (c_D/c^\ominus)^d}{(c_A/c^\ominus)^a\,(c_B/c^\ominus)^b}$$

当反应物浓度由 c_A 和 c_B 增加到 c'_A 和 c'_B 时，由于 $c'_A > c_A$，$c'_B > c_B$，故

$$Q = \frac{(c/c^\ominus)^g\ (c_D/c^\ominus)^d}{(c'_A/c^\ominus)^a(c'_B/c^\ominus)^b} < K_T^\ominus$$

由式(3-15)可得 $\Delta_r G_m < 0$，所以该反应的平衡向右边移动。

由此可见，在恒温下反应物浓度增大时，化学平衡向右即向生成物方向移动。反之，产物浓度增大时，$Q > K_T^\ominus$，则 $\Delta_r G_m(T) > 0$，故平衡向左，即向反应物方向移动。

例 3-6　已知水煤气转化反应为

$$CO(g) + H_2O(g) \rightleftharpoons CO_2(g) + H_2(g)$$

当温度为 1 073 K 时，$K^\ominus = 1.0$。(1) 若于恒容密闭容器中通入 100 kPa 的 CO 气体和 300 kPa 水蒸气使其反应，试确定该反应达平衡时各气体的分压和 CO 的转化率。(2) 在上述已达平衡的反应系统中，保持温度和体积不变，通入水蒸气使其压力增加 400 kPa，试通过计算说明此时平衡移动的方向。

解　(1) 因为是恒容反应，根据 $pV = nRT$，($\Delta pV = \Delta nRT$) 各物质分压的变化值之比等于

相应的化学计量数之比，即假设平衡时 $p(CO_2)=p(H_2)=x$，有

	$CO(g)$ +	$H_2O(g)$ ══	$CO_2(g)$ +	$H_2(g)$
起始压力 /kPa	100	300	0	0
变化压力 /kPa	$-x$	$-x$	$+x$	$+x$
平衡压力 /kPa	$100-x$	$300-x$	x	x

$$K^{\ominus}=\frac{[p(H_2)/p^{\ominus}][p(CO_2)/p^{\ominus}]}{[p(CO)/p^{\ominus}][p(H_2O)/p^{\ominus}]}=\frac{(x/100)^2}{[(100-x)/100][(300-x)/100]}=$$

$$\frac{x^2}{(100-x)(300-x)}=1.0$$

解得

$$x=75\ \text{kPa}$$

所以平衡后 H_2 和 CO_2 的分压为 $p(H_2)=p(CO_2)=75$ kPa，CO 的分压为 $p(CO)=25$ kPa，H_2O 的分压为 $p(H_2O)=225$ kPa，故得

$$\text{CO 的转化率}=\frac{75\ \text{kPa}}{100\ \text{kPa}}\times 100\%=75\%$$

(2) 加入水蒸气后，H_2O 的分压为 $p(H_2O)=(225+400)$ kPa $=625$ kPa，代入计算得

$$Q\approx\frac{(75\ \text{kPa}/100\ \text{kPa})^2}{(25\ \text{kPa}/100\ \text{kPa})(625\ \text{kPa}/100\ \text{kPa})}=0.36$$

因为此时的 $Q<K_T^{\ominus}$，所以水煤气转化反应正向进行(向右移动)。

2. 压力对化学平衡的影响

(1) 分压的影响。分压对化学平衡的影响与浓度相同。改变气体的浓度，实际上相当于改变气体的压力，所以对于有气体参加的反应，改变某一物质的压力和改变某浓度对平衡的影响是一致的。

我们重点讨论总压改变对化学平衡的影响。

(2) 总压的影响。对于液体、固体间的反应，总压力的改变可近似地认为对平衡无影响，因为压力对液态或固态物质的体积影响很小。因此，下面讨论总压力对化学平衡的影响时，只考虑有气体物质参加的反应。

在恒温下，某一气体反应为

$$aA(g)+bB(g)\xlongequal{\quad}gG(g)+dD(g)$$

当反应达到平衡时，$\Delta_r G_m(T)=0$，此时反应商 Q_{eq} 等于标准平衡常数 $K_T^{\ominus}$，即

$$Q_{eq}=K_T^{\ominus}=\frac{(p_G/p^{\ominus})^g\,(p_D/p^{\ominus})^d}{(p_A/p^{\ominus})^a\,(p_B/p^{\ominus})^b}$$

1) 当定温时，将系统的体积缩小至 $1/m(m>1)$ 时，总压力增大到 m 倍，由气体分压定律知各气体分压也相应改变了 m 倍，此时

$$Q=\frac{(mp_G/p^{\ominus})^g\,(mp_D/p^{\ominus})^d}{(mp_A/p^{\ominus})^a(mp_B/p^{\ominus})^b}=m^{(g+d)-(a+b)}\frac{(p_G/p^{\ominus})^g\,(p_D/p^{\ominus})^d}{(p_A/p^{\ominus})^a(p_B/p^{\ominus})^b}=$$

$$m^{\sum\nu_B}K_T^{\ominus}$$

即

$$Q=m^{\sum\nu_B}K_T^{\ominus}\tag{3-17}$$

由上式可见，总压力增大到 m 倍时，如果：

①$(a+b)>(g+d)$，即 $\Sigma\nu_B<0$ 时，$m^{\sum\nu_B}<1$，$Q<K_T^{\ominus}$，则 $\Delta_r G_m(T)<0$，此时平衡向右

移动，即向气体分子总数减少的方向移动；

②$(a+b)<(g+d)$，即 $\Sigma\nu_B>0$ 时，$m^{\Sigma\nu_B}>1$，$Q>K_T^{\ominus}$，则 $\Delta_r G_m(T)>0$，此时平衡向左移动，也是向气体分子总数减少的方向移动。

由此可见，在恒温下增大总压力时，平衡总是向气体分子数减少的方向移动。

2) 同理减少总压力时可得

$$Q=\left(\frac{1}{m}\right)^{\Sigma\nu_B}K_T^{\ominus} \tag{3-18}$$

①$(a+b)>(g+d)$，即 $\Sigma\nu_B<0$ 时，$\left(\frac{1}{m}\right)^{\Sigma\nu_B}>1$，$Q>K_T^{\ominus}$，则，$\Delta_r G_m(T)>0$，此时平衡向左移动，即向气体分子总数增加的方向移动；

②$(a+b)<(g+d)$，即 $\Sigma\nu_B>0$ 时，$\left(\frac{1}{m}\right)^{\Sigma\nu_B}<1$，$Q<K_T^{\ominus}$，则 $\Delta_r G_m(T)<0$，此时平衡向右移动，也是向气体分子总数增加的方向移动。

由此可见，在恒温下减小总压力时，平衡总是向气体分子数增大的方向移动。

3) 当$(a+b)=(g+d)$，即 $\Sigma\nu_B=0$ 时，式(3-17)中 $m^{\Sigma\nu_B}=1$，式(3-18)中$\left(\frac{1}{m}\right)^{\Sigma\nu_B}=1$，所以总有 $Q=K_T^{\ominus}$，则 $\Delta_r G_m(T)=0$，此时反应处于原平衡状态，即化学平衡不发生移动。即对于反应前后气体分子总数相同($\Sigma\nu_B=0$)的反应，无论加压或减压，平衡都不发生移动。

例 3-7 在一定温度下，合成氨反应 $N_2+3H_2 = 2NH_3$ 达到平衡时，如果平衡体系总压力减小到原来的一半时，根据式(3-18)分析判断化学平衡如何移动。

解 设平衡时各组分的分压为 p_{H_2}，p_{N_2}，p_{NH_3}，当总压减少到原来的一半时，由式(3-18)得

$$Q=\left(\frac{1}{m}\right)^{\Sigma\nu_B}\frac{(p_{NH_3}/p^{\ominus})^2}{(p_{N_2}/P^{\ominus})(p_{H_2}/P^{\ominus})^3}=\left(\frac{1}{2}\right)^{2-(1+3)}K_T^{\ominus}=4K_T^{\ominus}$$

即

$$Q>K_T^{\ominus},\quad \Delta_r G_m>0$$

故总压减小到原来的一半，平衡向左移动，即向气体分子总数增加的方向进行。

例 3-8 在一定温度下，水煤气中 CO 和 H_2O 的转化反应

$$CO(g)+H_2O(g) = CO_2(g)+H_2(g)$$

已达到平衡。当体系总压力增大到原来的两倍时，化学平衡怎样移动？

解 根据式(3-17)，该反应有

$$\Sigma\nu_B=(1+1)-(1+1)=0$$

故得

$$Q=m^{\Sigma\nu_B}K_T^{\ominus}=K_T^{\ominus}$$

$$\Delta_r G_m=0$$

因此，系统仍然处于平衡状态，不发生移动。如果根据式(3-18)是否可以得出相同的结论，请读者思考。

(3) 惰性气体的影响。在化学平衡系统中，加入惰性气体，对平衡的影响有以下几种情况。

1) 在恒温、恒容条件下，如果某反应已经达到了平衡，当引入惰性气体时，系统的总压一定是增大了，但是，各个物质的分压此时并没有改变，所以有 $Q=K_T^{\ominus}$，平衡并没有移动；

2) 在恒温、恒压条件下，如果某反应已经达到了平衡，当引入惰性气体时，要保持系统的总压不变，必然有系统的体积增大了，其结果是各个物质的分压随之减小，此时，平衡将向气体分子数增加的方向移动；

3) 若在有惰性气体存在下反应已经达到了平衡，因改变体积而引起系统的总压改变时，只要反应前后气体分子数不等，平衡必将移动，这种情况与2.(2)的讨论相同。但是，特别注意惰性气体的分压是不出现在Q或$K_T^{\ominus}$的表达式之中的。

综上所述，压力对于化学平衡移动的影响，要根据具体的情况进行讨论。特别注意参与反应的各物质的分压是否改变，同时还要考虑反应前后气体分子数是否发生了变化，以及是否有惰性气体的加入。只有进行细致的分析才能够给出合理的判断。

3. 温度对化学平衡的影响

温度对平衡的影响与浓度和压力对平衡的影响有着本质的不同。在化学反应达到平衡后，改变浓度或压力并不改变标准平衡常数$K_T^{\ominus}$，而是通过改变反应商Q使得$Q \neq K_T^{\ominus}$，导致平衡进行移动；而改变温度主要是通过改变$K_T^{\ominus}$，使得$Q \neq K_T^{\ominus}$，从而导致平衡进行移动。

(1) 不同温度下标准平衡常数之间的关系。温度的改变与反应的标准平衡常数之间的关系可由van't Hoff方程进行讨论。对于任何一个给定的恒温、恒压化学反应，由van't Hoff方程可以看出：

若反应是吸热的，即$\Delta_r H_m^{\ominus} > 0$，当温度升高($T_2 > T_1$)时，标准平衡常数变大($K_{T2}^{\ominus} > K_{T1}^{\ominus}$)，而原平衡时$Q = K_{T1}^{\ominus}$，故此时的$Q < K_{T2}^{\ominus}$，平衡将向右移动，也就是向吸热的方向移动。

若反应是放热的，即$\Delta_r H_m^{\ominus} < 0$，当温度升高时，标准平衡常数变小($K_{T2}^{\ominus} < K_{T1}^{\ominus}$)，则此时的$Q > K_{T2}^{\ominus}$，平衡将向左移动，也就是向吸热的方向移动。

由分析可见，升高温度，平衡总是向吸热的方向移动；反之，降低温度，平衡总是向放热的方向移动。

(2) 根据反应焓变求算不同温度下的标准平衡常数。

例3-9 假定反应$2SO_3(g) \rightleftharpoons 2SO_2(g) + O_2(g)$的$\Delta_r H_m^{\ominus}$不随温度而变化，试根据下列数据计算100 kPa，600℃时反应的标准平衡常数$K_T^{\ominus}$。

解 查附表1得

	$2SO_3(g)$	$2SO_2(g)$	$O_2(g)$
$\Delta_f H_m^{\ominus}/(kJ \cdot mol^{-1})$	-395.7	-296.8	0.0
$\Delta_f G_m^{\ominus}/(kJ \cdot mol^{-1})$	-371.1	-300.1	0.0

解 根据反应方程式，有

$$\Delta_r H_m^{\ominus}(298\ K) = 2\Delta_f H_m^{\ominus}(SO_2) + \Delta_f H_m^{\ominus}(O_2) - 2\Delta_f H_m^{\ominus}(SO_3) = [2\times(-296.8) + 0 - 2\times(-395.7)]\ kJ\cdot mol^{-1} = 197.8\ kJ\cdot mol^{-1}$$

$$\Delta_r G_m^{\ominus}(298\ K) = 2\Delta_f G_m^{\ominus}(SO_2) + \Delta_f G_m^{\ominus}(O_2) - 2\Delta_f G_m^{\ominus}(SO_3) = [2\times(-300.1) + 0 - 2\times(-371.1)]\ kJ\cdot mol^{-1} = 142\ kJ\cdot mol^{-1}$$

由
$$\Delta_r G_m^{\ominus}(T) = -RT\ln K_T^{\ominus}$$

得
$$\ln K_T^{\ominus} = \frac{-\Delta_r G_m^{\ominus}}{RT} = \frac{(-142\times 10^3)\ J\cdot mol^{-1}}{8.314\ J\cdot mol^{-1}\cdot K^{-1}\times 298\ K} = -57.31$$

$$K_{298}^{\ominus} = 1.29\times 10^{-25}$$

在100 kPa，600℃时，由式(3-16)得

$$\ln\frac{K_{298}^{\ominus}}{K_{873}^{\ominus}} = \frac{\Delta_r H_m^{\ominus}}{R}\ \frac{T_1 - T}{T_1\times T_2} = \frac{(197.8\times 10^3)\ J\cdot mol^{-1}}{8.314\ J\cdot mol^{-1}\cdot K^{-1}} \times \frac{298-873}{298\times 873}\ K^{-1} = -52.58$$

$$K_{298}^{\ominus}/K_{873}^{\ominus} = 1.46\times 10^{-23}$$

$$K_{873}^{\ominus} = \frac{1.29\times 10^{-25}}{1.46\times 10^{-23}} = 8.84\times 10^{-3}$$

(3) 根据不同温度下的标准平衡常数求算焓变。

例 3-10　在 0℃ 时水蒸气压力为 611 Pa，求：

(1) 水的汽化热；

(2)50℃ 时水的蒸气压力。

解
$$H_2O(l) \xrightleftharpoons[\text{凝结}]{\text{蒸发}} H_2O(g)$$

1) 已知 $T_1 = 273\ K$，$p_1 = 611\ Pa$；$T_2 = 373\ K$(水沸腾时)，$p_2 = 101\ 325\ Pa$。

因为
$$K_T^{\ominus} = p_{H_2O}/p^{\ominus}$$

所以
$$K_{T_1}^{\ominus} = p_1/p^{\ominus} = 611\ Pa/(100\ kPa \times 10^3) = 6.11 \times 10^{-3}$$
$$K_{T_2}^{\ominus} = p_2/p^{\ominus} = 101\ 325\ Pa/(100\ kPa \times 10^3) = 1.013\ 25$$

由式(3-16)，有
$$\ln \frac{K_{T_1}^{\ominus}}{K_{T_2}^{\ominus}} = \frac{\Delta_r H_m^{\ominus}}{R} \frac{T_1 - T_2}{T_1 \times T_2}$$

得
$$\ln \frac{6.11 \times 10^{-3}}{1.013\ 25} = \frac{\Delta_r H_m^{\ominus}}{8.314\ J \cdot mol^{-1} \cdot K^{-1}} \times \frac{273 - 373}{273 \times 373}\ K^{-1} = -5.11$$
$$\Delta_r H_m^{\ominus}(T) = 44\ 000\ J \cdot mol^{-1} = 44.0\ kJ \cdot mol^{-1}$$

2)
$$T_1 = (273 + 50)\ K = 323\ K, \quad p_1 = p_{H_2O}$$
$$T_2 = 373\ K, \quad p_2 = 101\ 325\ Pa$$

将数据代入式(3-16)，得
$$\ln \frac{p_1/p^{\ominus}}{101\ 325/p^{\ominus}} = \frac{(44.0 \times 10^3)\ J \cdot mol^{-1}}{8.314\ J \cdot mol^{-1} \cdot K^{-1}} \times \frac{323 - 373}{323 \times 373}\ K^{-1} = -2.196$$
$$\frac{p_1/p^{\ominus}}{101\ 325/p^{\ominus}} = 0.111$$

解得
$$p_1 = 11\ 268\ Pa$$

即 50℃ 时水的蒸气压力为 11 268 Pa。

4. 勒夏特列(Le Châtelier) 原理

前面讨论了浓度、总压力和温度对化学平衡的影响，得出如下结论：如果在平衡系统内增加反应物的浓度，平衡就向减小反应物浓度的方向移动；如果增大平衡系统的总压力，平衡就向减少气体分子总数的方向移动，也就是说，在容积不变的条件下，向减小总压力的方向移动。如果升高温度(加热)，平衡就向着吸热(降低温度) 的方向移动。总之，平衡移动的规律可以概括为：改变平衡系统的条件之一，如浓度、总压力或温度，平衡就向着削弱这个改变的方向移动，这个规律称为 Le Châtelier 原理。

应当注意，Le Châtelier 原理只适用于已处于平衡状态的系统，非平衡系统是不能使用此原理的。

还应当指出，在实际生产中，常常要综合考虑速率和平衡两方面的因素，选择最适宜的生产条件。例如，SO_2 转化为 SO_3 的反应是放热的，就平衡而言，如果降低温度，则可提高系统中 SO_2 转化为 SO_3 的转化率。但是，温度低时，反应速率较小，达到平衡所需的时间就会较长，这就要求反应温度不能太低，所以，应该根据具体情况，将温度控制在适当的范围之内，以使反应速率居中，达平衡的时间适当为好。目前，在接触法制取硫酸的过程中，实际控制 SO_2 的转化温度在 400～500℃。再就压力来说，增加总压力可以提高 SO_2 的转化率，而且，增加总压力对增大反应速率也有利。但是，由于常压下 SO_2 的转化率已经很高，而加压要消耗更多动力，并且,设备材料和操作要求也更多,所以,目前生产中都采用常压转化。此外,还加入了过量的氧气(空气),并常用五氧化二钒(V_2O_5)作催化剂。

例 3-11　利用 CO 与 H_2 合成甲醇的反应为:$2CO(g)+4H_2(g) \longrightarrow 2CH_3OH(g)$,在 350 K 时测得密闭容器中所含各物质的分压为:$p(CO)=2.03\times10^4\,Pa$,$p(H_2)=3.04\times10^4\,Pa$,$p(CH_3OH)=0.300\times10^4\,Pa$,试求:

(1) 该反应的 $\Delta_r G_m^{\ominus}(350\ K)$;

(2) 判断此时反应将向哪个方向进行。

已知	$2CO(g)$	$+4H_2(g)$	$\longrightarrow 2CH_3OH(g)$
$\Delta_f H_m^{\ominus}/(kJ\cdot mol^{-1})$	-110.5	0	-201.0
$S_m^{\ominus}/(J\cdot mol^{-1}\cdot K^{-1})$	197.7	130.7	239.9

解　(1) $\Delta_r H_m^{\ominus}=2\times\Delta_f H_m^{\ominus}(CH_3OH,g)-2\times\Delta_f H_m^{\ominus}(CO,g)-4\Delta_f H_m^{\ominus}(H_2,g)=$

$$[2\times(-201.0)-2\times(-110.5)-0]\ kJ\cdot mol^{-1}=-181\ kJ\cdot mol^{-1}$$

$\Delta_r S_m^{\ominus}=2\times S_m^{\ominus}(CH_3OH,g)-2\times S_m^{\ominus}(CO,g)-4S_m^{\ominus}(H_2,g)=$

$$[2\times239.9-2\times197.7-4\times130.7]\ J\cdot mol^{-1}\cdot K^{-1}=-438.4\ J\cdot mol^{-1}\cdot K^{-1}$$

$\Delta_r G_m^{\ominus}(350\ K)=\Delta_r H_m^{\ominus}-350\Delta_r S_m^{\ominus}=-181\ kJ\cdot mol^{-1}-(-438.4\ J\cdot mol^{-1}\cdot K^{-1})\times$

$$0.001\times350\ K=-27.56\ kJ\cdot mol^{-1}$$

(2) 判断该反应的反应方向时,由于各化合物的分压不等于标准压力,即该反应处于非标准状态,因此不能采用 $\Delta_r G_m^{\ominus}(350\ K)$ 作为判据,而应采用 $\Delta_r G_m(350\ K)$ 进行判断。

根据等温式有

$\Delta_r G_m(350\ K)=\Delta_r G_m^{\ominus}(350\ K)+RT\ln Q=$

$$-27.56\ kJ\cdot mol^{-1}+8.314\ J\cdot mol^{-1}\cdot K^{-1}\times0.001\times350\ K\times$$

$$\ln\frac{0.03^2}{0.203^2\times0.304^4}=-24.83\ kJ\cdot mol^{-1}$$

因为 $\Delta_r G_m(350\ K)<0$,所以反应向生成物方向进行,即反应向右移动。

若用 Q 与 $K^{\ominus}$ 的大小关系判断自发进行的方向,该如何判断,请读者自行思考。

另外,催化剂能对化学反应速率产生很大的影响。它虽能缩短达到平衡的时间,但却不能改变平衡状态($K^{\ominus}$ 不变)。因为,反应前后催化剂的化学性质未改变,对于一个可逆反应来讲,反应前后,始态和终态与催化剂的存在与否无关。因此,反应的标准吉布斯函数变是个定值,标准平衡常数自然也是个定值,由标准平衡常数计算出来的最高产率也只能和不加催化剂时相同。从图 3-3 以及图 3-7 还可以看出,催化剂在减小了正反应的活化能的同时,也减小了逆反应的活化能。可以说,催化剂对于正、逆反应的活化能(速率常数)产生了同等程度的影响。因此,催化剂能够加速达到平衡的时间,但不能改变化学平衡而使最高产率发生变化。

阅读材料

燃烧的化学反应过程

燃料的燃烧是人们利用热能的主要途径。在热能工程(如各种工业与民用锅炉)、动力(如车辆、轮船、航空航天飞行器)以及人们日常生活中,燃烧现象极为常见。然而,除一些较为特殊的燃料(如固体运载火箭的推进剂)燃烧外,最常见的是煤气(主要成分为$CO+H_2$)、石油产品(天然气,汽油、煤油、柴油等烃类物质)以及煤炭在空气中的燃烧。

燃烧反应是可燃物质与氧气发生的一种快速氧化反应,一般都进行得比较快。这是由于除碳的燃烧反应以外,上述其他物质的燃烧反应都是按照一种称为“链反应”(Chain reaction)的机理进行的。反应链一旦引发(Initiation),传递或增殖(Propagation)速率便非常快。链反应的特点是反应引发后,各步基元反应都是通过自由基(Radical,即具有单电子的,能量较高、不稳定、反应活性大的中间物质)参与进行,因而反应的活化能都比较低,反应速率较大。下面分别介绍氢气、CO、烃类及碳的燃烧反应。

1. 氢气的燃烧与链反应

氢气燃烧的总反应为

$$2H_2+O_2 \longrightarrow 2H_2O \qquad \Delta_r H_m^{\ominus}=-483.68\ kJ\cdot mol^{-1}$$

研究表明,这一反应是通过如下步骤(机理)完成的。

(1) 少数氢分子在一定温度下受到高能量分子(M)的碰撞,分解成氢原子:

$$H_2+M \longrightarrow 2H+M \qquad \Delta_r H_m^{\ominus}=436.0\ kJ\cdot mol^{-1}$$

(2) 氢原子遇到氧分子发生化学反应:

$$H+O_2 \longrightarrow O+OH \qquad \Delta_r H_m^{\ominus}=70.3\ kJ\cdot mol^{-1}$$
$$E_a=75.4\ kJ\cdot mol^{-1}$$

(3) 氧原子和氢氧自由基分别引起化学反应:

$$O+H_2 \longrightarrow H+OH \qquad \Delta_r H_m^{\ominus}=7.5\ kJ\cdot mol^{-1}$$
$$E_a=25.1\ kJ\cdot mol^{-1}$$
$$OH+H_2 \longrightarrow H_2O+H \qquad \Delta_r H_m^{\ominus}=-62.8\ kJ\cdot mol^{-1}$$
$$E_a=41.9\ kJ\cdot mol^{-1}$$

由此可见,一个H自由基经(2)～(3)的反应结果,导致了2个H_2O的生成和3个H自由基的产生:

$$H+3H_2+O_2 \longrightarrow 2H_2O+3H$$

这3个H又将引发更多的(9个)H自由基产生。由于反应的活化能最大不超过$75.4\ kJ\cdot mol^{-1}$,因此,反应将像滚雪球一样,速率按几何级数增长。以这种方式进行的反应即称为链反应或链式反应(也称连锁反应)。其中,步骤(1)的反应称为链的引发,步骤(2)(3)新产生的3个H进一步引发反应称为链传递或链增长。这一机理解释了为什么氢和氧生成水的反应在低温下很难发生,而在较高温度下却能以极快的速率甚至爆炸的方式进行。

在较低温度下的反应,也有人认为链引发步骤(1)需要的能量太多,提出起链反应主要为

$$M+H_2+O_2 \longrightarrow M+H_2O_2 \longrightarrow 2OH \qquad \Delta_r H_m^{\ominus}=213\ kJ\cdot mol^{-1}$$

需要指出的是,链的传递或增长不是无限的。自由基数量在不断繁殖增长的同时,也会由于其他原因而销毁。例如,自由基在空中相互碰到一起,释放出能量被其他分子带走,或碰到容器壁面而销毁等,这些过程称为链终止(Termination)。

链反应是一类重要的化学反应。除燃烧反应以外,现代许多重要的工艺过程如合成橡胶、塑料、合成纤维及其他高分子化合物的制备等,都与链反应有密切的关系。原子核裂变反应也是典型的链反应。链反应除了由碰撞产生自由基而引发之外,常见的还有光引发,即在光照条件下,某些分子被解离,首先生成自由基,引发链反应。光起链最常见的是卤素(Br_2,Cl_2等)

参加的反应。又如,研究表明,氟氯烃(制冷剂)排入大气,被光解离生成Cl自由基,加速了O_3的分解,导致大气层中的臭氧层被破坏,出现臭氧空洞而带来严重的环境和生态问题。

2.一氧化碳的燃烧

一氧化碳的燃烧也是链反应。由于氢和水蒸气的存在对CO的燃烧具有催化作用,因此CO与O_2的混合物的燃烧,一般分为"干燥"和"潮湿"混合物两种情况来讨论。

干的CO和O_2燃烧时,少量氧原子与氧分子首先结合成臭氧,臭氧是引发链反应的物质。它与CO反应产生CO_2和两个原子态的氧,导致链增长。原子氧活性较高,可以进一步氧化CO。CO和氧的混合物要在660～740℃以上才能着火。当温度低于250℃时,可以认为O_2不与CO发生反应。

研究表明,反应体系中很少量的含氢物质(如H_2,H_2O等)可以催化CO的燃烧。当CO和O_2的混合物中掺有水蒸气或氢时,链反应的机理与干燥CO燃烧时大不一样。水的催化反应过程为

$$CO+O_2 = CO_2+O$$
$$O+H_2O = 2OH$$
$$OH+CO = CO_2+H$$
$$H+O_2 = OH+O$$

若H_2是催化剂,则反应还有

$$O+H_2 = OH+H$$
$$OH+H_2 = H_2O+H$$

其中,重要步骤是$OH+CO = CO_2+H$。这与$OH+H_2 = H_2O+H$极相似。

CO燃烧反应的研究表明,总反应速率与CO的浓度成正比。当O_2的浓度低于5%时,与O_2的浓度成正比;当O_2浓度高于5%时,与O_2浓度无关。反应速率还与水蒸气浓度成正比。反应速率仍然遵循质量作用定律和阿仑尼乌斯公式。但是,反应速率常数和活化能都是计算值,许多实验测出的活化能出入很大,通常为80～120 $kJ \cdot mol^{-1}$。

3.烷烃的燃烧与闪点

烷烃的燃烧反应都是链反应。甲烷是分子结构最简单的烷烃,但是它的C—H键键能比其他烷烃的都高,反应机理有所不同。不过,甲烷分子结构毕竟简单,所以我们首先讨论甲烷的燃烧反应。

(1)甲烷的燃烧。由于破坏甲烷中C—H键所需的能量大于其他烷烃C—H键的键能,因而氧化机理有所不同。实际上,点燃甲烷/空气混合物比点燃其他一些烃更困难。在低温下,原子氧自由基与甲烷的化学反应也是缓慢的。由于甲烷仅有一个碳原子,因此不能生成在低温燃烧条件下易于导致链分支的乙醛,但它却能生成导致爆炸所需链分支步骤的甲醛。

在较低温度下,甲烷氧化的最简单反应机理为(反应式中带"·"的化学式代表自由基)

$$CH_4+O_2 = CH_3\cdot+HO_2\cdot \qquad \text{(链引发)}$$
$$CH_3\cdot+O_2 = CH_2O+OH\cdot$$
$$OH\cdot+CH_4 = H_2O+CH_3\cdot \qquad \text{(链传递)}$$
$$OH\cdot+CH_2O = H_2O+HCO\cdot$$
$$CH_2O+O_2 = HO_2\cdot+HCO\cdot \qquad \text{(链分支,Branching)}$$

$$HCO\cdot + O_2 = CO + HO_2\cdot$$

$$HO_2\cdot + CH_4 = H_2O_2 + CH_3\cdot \quad (链传递)$$

$$HO_2\cdot + CH_2O = H_2O_2 + HCO\cdot$$

$$OH\cdot \longrightarrow 器壁 \quad (链终止)$$

$$CH_2O \longrightarrow 器壁$$

显然,第一个反应是慢反应。

在较高温度下,甲烷的燃烧包括使 CO 进一步氧化成 CO_2 这一步骤:

$$OH + CO = H + CO_2$$

同时,一些高活化能的步骤也变得可行,因此有人还提出过一个 18 步的高温氧化机理。

(2)多碳烷烃的燃烧与闪点。烷烃的分子式为 C_nH_{2n+2},或写为 RH。其中 R 代表 C_nH_{2n+1},R 也可看成 RCH_2。

烷烃与氧的燃烧反应主要是由 OH 作为自由基引发的:

$$OH\cdot + RH = R\cdot + H_2O$$

R·进一步氧化成醛 RCHO(醛的 R 少一碳):

$$R\cdot + O_2 = RO_2\cdot \quad 及 \quad RO_2\cdot = RCHO + OH\cdot$$

醛进一步反应变成烷:

$$RCHO + R\cdot = RCO\cdot + RH \quad 及 \quad RCO\cdot = R\cdot + CO$$

如上过程的综合结果为

$$RH + O_2 = RH + CO + H_2O$$

式右的 RH 比式左的 RH 少了一个 CH_2。烷烃经过如上步骤一步一步减短碳原子链,最后都变成甲烷。甲烷再生成甲醛,而甲醛或者分解或者直接燃烧都比较顺利:

$$HCHO = CO + H_2$$

$$HCHO + O_2 = CO_2 + H_2O$$

其中,甲醛能发出带白色的浅蓝色光。

烃的氧化反应发生的同时,在因混合不均匀而没有氧存在的地方,烃可以发生热裂解反应。热裂解基本反应是脱氢和断链:

脱氢: $$C_nH_{2n+2} = C_nH_{2n} + H_2$$

断链: $$C_{m+n}H_{2(m+n)+2} = C_nH_{2n} + C_mH_{2m+2}$$

脱氢和断链可以进一步发生直至析碳。工业生产中也利用这种析碳反应生产炭黑。此外,在有催化剂存在时,烃的裂解可在 150～200℃ 的较低温度下进行,且裂解速率可以加快,这就是石油工业中将重油进行催化裂化(Catalytic cracking)生产轻油的技术。

烃与空气的混合物在 100～300℃ 的温度下,就会发生链反应,生成甲醛,发出蓝光。但是,由于某些因素的影响,自由基的销毁速率大于繁殖速率。此时,链反应还不能大量增殖引起爆炸,这种现象称为冷焰。石油产品在大气压力下受热,其蒸气和空气混合物按试验条件规定,断续地接触火焰,第一次出现短促闪火(冷焰)现象时的油品温度称为闪点(Flash point)。

按有关规定,油料在无压或非密闭体系中加热时,其加热温度不得超过闪点,以免发生火灾。事实上,一般的加热温度要比闪点至少低 10℃。

4.煤的燃烧

煤是一成分十分复杂的混合物，主要是由含有不同杂质的多种大小不等的、带有不同基团的缩合六边形芳香环碳及碳氢化合物组成。煤的燃烧属于多相化学反应。煤在燃烧时首先析出挥发成分，最终留下固体焦炭(也称固定碳)参与燃烧。其中的一些矿物杂质，燃烧结束时形成灰分。

碳燃烧的热化学方程为

$$C + O_2 = CO_2 \qquad \Delta_r H_m^{\ominus} = -409\ kJ \cdot mol^{-1}$$

$$2C + O_2 = 2CO \qquad \Delta_r H_m^{\ominus} = -245\ kJ \cdot mol^{-1}$$

反应机理：

$$4C + 3O_2 = 2CO_2 + 2CO$$

或

$$3C + 2O_2 = 2CO + CO_2$$

它们为初次反应，初次反应生成的 CO 和 CO_2 又可能与碳和氧进一步发生二次反应：

$$C + CO_2 = 2CO \qquad \Delta_r H_m^{\ominus} = 162\ kJ \cdot mol^{-1}$$

及气相中

$$2CO + O_2 = 2CO_2 \qquad \Delta_r H_m^{\ominus} = -571\ kJ \cdot mol^{-1}$$

以上 4 个反应交叉和平行地进行。如果反应体系中有水蒸气存在，还有反应：

$$C + 2H_2O = CO_2 + 2H_2$$

$$C + H_2O = CO + H_2$$

$$C + 2H_2 = CH_4$$

这 3 个反应的显著程度取决于反应体系所处的压力与温度条件。

由于碳燃烧是多相化学反应，反应进行的速率(燃烧的顺利程度)还与煤粉的粒度和通风条件有关。煤的燃烧当然也与所烧原煤的质量(烟煤，无烟煤和杂质含量等)有关。在实际生产中，通风量也应适当，因为过多的未起反应的 O_2 和 N_2 等气体会带走热量而使燃烧热不能充分利用。

思　考　题

1.化学反应速率的含义是什么？反应速率如何表达？

2.能否根据化学方程式来判断反应的级数？为什么？举例说明。

3.阿仑尼乌斯公式有什么重要应用？举例说明。对于通常的化学反应，温度每上升10℃，反应速率一般增加到原来的多少倍？

4.对一个化学反应的活化能进行实验测定，根据阿仑尼乌斯公式判断，最少要进行几个温度下的速率测定？实验中为什么往往测定的温度要比这些温度点多？

5.如果一个反应是单相反应，则影响速率的主要因素有哪些？它们对速率常数分别有什么影响？为什么？

6.一个反应的活化能为 120 kJ · mol^{-1}，另一反应的活化能为 78 kJ · mol^{-1}，在相似条件下，这两个反应中何者进行得较快？为什么？

7.如果一个反应是放热反应，则温度升高将不利于反应的进行，所以这个反应在高温下将缓慢进行。这一说法是否正确？为什么？

8. 总压力与浓度的改变对反应速率以及对平衡移动的影响有哪些相似之处？有哪些不同之处？举例说明。

9. 比较温度与标准平衡常数的关系式及温度与反应速率常数的关系式，有哪些相似之处？有哪些不同之处？举例说明并解释两式中各物理量的含义。

10. 对于多相反应，影响化学反应速率的主要因素有哪些？举例说明。

11. 什么是石油工业中的催化裂化？

12. 石油产品在储运和加工过程中应特别注意什么问题？

13. 要使木炭燃烧，必须首先加热，为什么？这个反应究竟是放热还是吸热反应？$\Delta_r H$ 是正值还是负值？

14. 如何利用物质的 $\Delta_f H_m^{\ominus}(298\ \text{K})$，$S_m^{\ominus}(298\ \text{K})$ 和 $\Delta_f G_m^{\ominus}(298\ \text{K})$ 的数据，计算反应的 $K_T^{\ominus}$ 值？写出有关的计算公式。

15. 对于反应

$$2A(g) + B(g) \longrightarrow 2C(g) \quad \Delta H = -x\ \text{kJ} \cdot \text{mol}^{-1}$$

有下列说法，你认同吗？

(1) 由于 $K_T^{\ominus} = \dfrac{p_r^2(C)}{p_r^2(A)p_r(B)}$，随着反应的进行，C 的分压不断增加，A 和 B 的分压不断减小，标准平衡常数不断增大。

(2) 增大总压力，使 A 和 B 的分压增加，C 的分压不断减小，故平衡向右移动。

16. 对下列平衡体系

$$2CO(g) + O_2(g) \longrightarrow 2CO_2(g) \quad \Delta H < 0$$

(1) 写出标准平衡常数表达式。

(2) 如果在平衡体系中：① 加入氧气；② 从体系中取走 CO 气体；③ 增大体系的总压力；④ 降低体系的温度，体系中 CO_2 的浓度各将发生什么变化？

习　题

1. 设反应 $\frac{3}{2}H_2 + \frac{1}{2}N_2 \longrightarrow NH_3$ 的活化能为 334.7 kJ · mol^{-1}，如果 NH_3 按相同途径分解，测得分解反应的活化能为 380.6 kJ · mol^{-1}，试求合成氨反应的反应焓变。

2. 研究表明，大气中的臭氧层可以阻止太阳的紫外线辐射，保护人类及动、植物免受伤害。而在有氯存在的情况下，臭氧分解 $2O_3 \longrightarrow 3O_2$ 的速率将大大加快。氟利昂（如 $CFCl_3$）可能是大气中出现臭氧空洞的主要原因。今在一定条件下，于恒容容器中测得臭氧分解过程中 O_3 和 O_2 的浓度变化如下：

	$2O_3$ ═══	$3O_2$
起始浓度/(mol · L^{-1})	0.031 5	0.022 6
3 s 后浓度/(mol · L^{-1})	0.026 1	0.030 8

试分别以 O_3 和 O_2 的浓度变化量计算该反应此时的反应速率。

3. 在一定条件下，第 2 题反应 $2O_3 = 3O_2$ 的正反应速率与 O_3 浓度的关系如下：

O_3 浓度/$(mol \cdot L^{-1})$	反应速率/$(mol \cdot L^{-1} \cdot s^{-1})$
0.010 00	1.841×10^{-4}
0.015 00	3.382×10^{-4}

其他条件不变，试由这两组数据，确定该反应的反应级数及速率与浓度的关系式。

4. 下列反应为基元反应，并在密闭容器中进行：

$$2NO + O_2 = 2NO_2$$

试求：(1)反应物初始浓度$(mol \cdot L^{-1})$分别为 $c(NO)=0.3$，$c(O_2)=0.2$ 时的反应速率。

(2)在恒温下，增加反应物浓度，使其达到 $c(NO)=0.6\ mol \cdot L^{-1}$，$c(O_2)=1.2\ mol \cdot L^{-1}$ 时的反应速率，它是(1)中反应速率的多少倍。

5. 氢和碘的蒸气在高温下按下式一步完成反应：

$$H_2 + I_2 = 2HI$$

若两反应物的浓度均为 1 $mol \cdot L^{-1}$，反应速率为 0.05 $mol \cdot L^{-1} \cdot s^{-1}$；设 H_2 的浓度为 0.1 $mol \cdot L^{-1}$，I_2 的浓度为 0.5 $mol \cdot L^{-1}$，则此时反应速率为多少？

6. 当矿物燃料燃烧时，空气中的氮和氧反应生成一氧化氮，它同氧再反应生成二氧化氮：$2NO(g) + O_2(g) \rightarrow 2NO_2(g)$。25℃下该反应的初始速率实验数据见表 3-9。

表 3-9　实验数据

实验编号	$c(NO)/(mol \cdot L^{-1})$	$c(O_2)/(mol \cdot L^{-1})$	反应速率/$(mol \cdot L^{-1} \cdot s^{-1})$
1	0.002	0.001	2.8×10^{-5}
2	0.004	0.001	1.1×10^{-4}
3	0.002	0.002	5.6×10^{-5}

(1)写出反应速率方程；

(2)计算 25℃时反应速率系数 k；

(3)$c_0(NO)=0.003\ 0\ mol \cdot L^{-1}$，$c_0(O_2)=0.001\ 5\ mol \cdot L^{-1}$时，相应的初始速率是多少？

7. 通过实验确定速率方程时，通常以时间作为自变量，浓度作为变量。但是，在某些实验中，以浓度为自变量，时间为变量，可能是更方便的。例如，丙酮的溴代反应：

$$\underset{\underset{O}{\|}}{CH_3CCH_3} + Br_2 + H^+ = \underset{\underset{O}{\|}}{CH_3CCH_2Br} + HBr + H^+$$

以测定溴的黄棕色消失所需的时间来研究其速率方程。23.5℃下，该反应的典型实验数据见表 3-10。

(1)哪一物种是限制因素？

(2)在每次实验中，丙酮浓度有很大变化吗？HCl 浓度变化吗？并说明之。

(3)该反应对 Br_2 的反应级数是多少？并说明之。

(4)该反应对丙酮的反应级数是多少？对 HCl 的反应级数是多少？

(5)写出该反应的速率方程。

(6)如果第 5 次实验中，$c_0(CH_3COCH_3)=0.80\ mol\cdot L^{-1}$，$c_0(HCl)=0.20\ mol\cdot L^{-1}$，$c_0(Br_2)=0.005\ 0\ mol\cdot L^{-1}$，则 Br_2 的颜色消失需要多少时间？

表 3-10　实验数据

实验编号	初始浓度 $c/(mol\cdot L^{-1})$			时间/s
	CH_3COCH_3	HCl	Br_2	
1	0.80	0.2	0.001	2.9×10^2
2	0.80	0.2	0.002	5.7×10^2
3	1.60	0.2	0.001	1.5×10^2
4	0.80	0.4	0.001	1.4×10^2

8. 700℃时 CH_3CHO 分解反应的速率常数 $k_1=0.010\ 5\ s^{-1}$。如果反应的活化能 E_a 为 $188\ kJ\cdot mol^{-1}$，求 800℃时该反应的速率常数 k_2。

9. 设某反应正反应的活化能为 $8\times10^4\ J\cdot mol^{-1}$，逆反应的活化能为 $12\times10^4\ J\cdot mol^{-1}$，如果忽略 Z 的差异，求在 800 K 时的 $v_{正}$ 与 $v_{逆}$ 各为 400 K 时的多少倍。根据计算结果看，活化能不同的反应，当温度升高时，何者速率改变较大？

10. 设在 400 K 时，上题的反应加催化剂后，活化能变为 $2\times10^4\ J\cdot mol^{-1}$，计算此时的 $k_{正}/k_{逆}$ 的比值与未加催化剂前的比值是否相同（忽略 Z 的差异）。由此说明，催化剂使正、逆反应速率增大的倍数是否相同？

11. 有两个反应，其活化能相差 $4.184\ kJ\cdot mol^{-1}$，如果忽略此二反应的频率因子的差异，计算它们的速率常数在 300 K 时相差多少倍。

12. 甲酸在金表面上的分解反应在 140℃和 185℃时的速率常数分别为 $5.5\times10^{-4}\ s^{-1}$ 及 $9.2\times10^{-2}\ s^{-1}$，试求该反应的活化能。

13. 已知某反应的活化能为 $80\ kJ\cdot mol^{-1}$，试求(1)由 20℃升高到 30℃，(2)由 100℃升高到 110℃，其速率常数各增大了多少倍。

14. 根据实验，NO 和 Cl_2 的反应 $2NO(g)+Cl_2(g)$══$2NOCl(g)$是基元反应。

(1)写出该反应的反应速率与浓度的关系的表达式。

(2)该反应的总级数是多少？

(3)其他条件不变，如果将容器的体积增加至原来的 2 倍，反应速率如何变化？

(4)如果容器的体积不变而将 NO 的浓度增加至原来的 3 倍，反应速率又将如何变化？

15. 将含有 $0.1\ mol\cdot L^{-1}\ Na_3AsO_3$ 和 $0.1\ mol\cdot L^{-1}\ Na_2S_2O_3$ 的溶液与过量的稀硫酸溶液混合均匀，发生下列反应：

$$2H_3AsO_3+9H_2S_2O_3 \text{══} As_2S_3(s)+3SO_2(g)+9H_2O+3H_2S_4O_6$$

今由实验测得，17℃时从混合开始至出现黄色 As_2S_3 沉淀共需时 1 515 s。若将溶液温度升高 10℃，重复实验，测得需时 500 s。试求该反应的活化能 E_a。

16. 二氧化氮的分解反应 $2NO_2(g)$══$2NO(g)+O_2(g)$，319℃时，$k_1=0.498\ mol\cdot L^{-1}\cdot s^{-1}$；354℃时，$k_2=1.81\ mol\cdot L^{-1}\cdot s^{-1}$。计算该反应的活化能 E_a 和指前因子 Z 以及 383℃时反应速率系数 k。

17. 环丁烷分解反应：$C_4H_8(g) = 2CH_2=CH_2(g)$，$E_a = 262\ kJ \cdot mol^{-1}$，600 K 时，$k_1 = 6.10 \times 10^{-8} s^{-1}$，当 $k_2 = 1.00 \times 10^{-4} s^{-1}$ 时，温度是多少？写出其速率方程。计算 600 K 下的半衰期 $T_{1/2}$。

18. 当没有催化剂存在时，H_2O_2 的分解反应

$$H_2O_2(l) = H_2O(l) + 1/2O_2(g)$$

的活化能为 75 kJ · mol⁻¹。当有催化剂存在时，该反应的活化能减小到 54 kJ · mol⁻¹。计算在 298 K 时，两反应速率的比值（忽略 Z 的差异）。

19. 已知反应 $2Ce^{4+}(aq) + Tl^{+} = 2Ce^{3+}(aq) + Tl^{3+}(aq)$ 在没有催化剂的情况下，该反应速率很小。Mn^{2+} 是该反应的催化剂，其催化反应机理被认定为：

①$Ce^{4+} + Mn^{2+} = Ce^{3+} + Mn^{3+}$　　慢

②$Ce^{4+} + Mn^{3+} = Ce^{3+} + Mn^{4+}$　　快

③$Mn^{4+} + Tl^{+} = Mn^{2+} + Tl^{3+}$　　快

(1)试判断该反应的控制步骤，其对应的反应分子数是多少？

(2)写出该反应的速率方程。

(3)确定该反应的中间产物有几种。

(4)该反应是均相催化还是多相催化？

20. 写出下列反应的 $K_T^{\ominus}$ 表达式：

(1)$SnO_2(s) + 2CO(g) = Sn(s) + 2CO_2(g)$

(2)$CH_4(g) + 2O_2(g) = CO_2(g) + 2H_2O(l)$

(3)$Al_2(SO_4)_3(aq) + 6H_2O(l) = 2Al(OH)_3(s) + 3H_2SO_4(aq)$

(4)$NH_3(g) = \frac{1}{2}N_2(g) + \frac{3}{2}H_2(g)$

(5)$C(s) + H_2O(g) = CO(g) + H_2(g)$

(6)$BaCO_3(s) = BaO(s) + CO_2(g)$

(7)$Fe_3O_4(s) + 4H_2(g) = 3Fe(s) + 4\ H_2O(g)$

21. 已知 298 K 时，下列反应的标准平衡常数：

$$FeO(s) = Fe(s) + \frac{1}{2}O_2(g) \quad K_1^{\ominus} = 1.5 \times 10^{-43}$$

$$CO_2(g) = CO(g) + \frac{1}{2}\ O_2(g) \quad K_2^{\ominus} = 8.7 \times 10^{-46}$$

试计算反应 $Fe(s) + CO_2(g) = FeO(s) + CO(g)$ 在相同温度下的标准平衡常数 $K_T^{\ominus}$。

22. 五氯化磷的热分解反应如下：

$$PCl_5(g) = PCl_3(g) + Cl_2(g)$$

在 100 kPa 和某温度 T 下达平衡，测得 PCl_5 的分压为 20 kPa，试计算该反应在此温度下的标准平衡常数 $K_T^{\ominus}$。

23. 在一恒压容器中装有 CO_2 和 H_2 的混合物，存在如下的可逆反应：

$$CO_2(g) + H_2(g) = CO(g) + H_2O(g)$$

如果在 100 kPa 下混合物 CO_2 的分压为 25 kPa，将其加热到 850℃ 时，反应达到平衡，已知标准平衡常数 $K^{\ominus} = 1.0$。

(1) 求各物质的平衡分压；

(2) 求 CO_2 转化为 CO 的百分率；

(3) 如果温度保持不变，在上述平衡体系中再加入一些 H_2，判断平衡移动的方向。

24. 在 763 K 时，反应 $H_2(g) + I_2(g) \rightleftharpoons 2HI(g)$ 的 $K_T^\ominus = 45.9$，问在下列两种情况下反应各向什么方向进行？

(1) $p(H_2) = p(I_2) = p(HI) = 100$ kPa；

(2) $p(H_2) = 10$ kPa，$p(I_2) = 20$ kPa，$p(HI) = 100$ kPa。

25. 在 1 073 K 时，反应 $C(s) + CO_2(g) \rightleftharpoons 2CO(g)$ 的 $K_T^\ominus = 7.5 \times 10^{-2}$，问在下列两种情况下反应各向什么方向进行？

(1) C(s) 重量为 1 kg，$p(CO_2) = p(CO) = 100$ kPa；

(2) C(s) 重量仍为 1 kg，$p(CO_2) = 500$ kPa，$p(CO) = 5$ kPa。

26. 在 V_2O_5 催化剂存在的条件下，已知反应

$$2SO_2(g) + O_2(g) \rightleftharpoons 2SO_3(g)$$

在某温度和 100 kPa 达到平衡时，SO_2 和 O_2 的分压分别为 10 kPa 和 30 kPa，如果保持温度不变，将反应体系的体积缩小至原来的 1/2，通过反应商的计算，说明平衡移动的方向。

27. 700 ℃ 时，反应

$$Fe(s) + H_2O(g) \rightleftharpoons FeO(s) + H_2(g), \quad K_T^\ominus = 2.35$$

如果在 700℃ 下，用总压力为 100 kPa 的等物质的量的 H_2O 与 H_2 混合处理 FeO，试问会不会被还原成 Fe？如果 H_2O 与 H_2 混合气体的总压力仍为 100 kPa，想要使 FeO 不被还原，则 $H_2O(g)$ 的分压最小应达多少？

28. 一定量的 N_2O_4 气体在一密闭容器中保温，反应

$$N_2O_4(g) \rightleftharpoons 2NO_2(g)$$

达到平衡，试通过附表 1 的有关数据计算：

(1) 该反应在 298 K 时的标准平衡常数 $K_{298}^\ominus$；

(2) 该反应在 350 K 时的标准平衡常数 $K_{350}^\ominus$。

29. 有下列反应：

$$CuS(s) + H_2(g) \rightleftharpoons Cu(s) + H_2S(g)$$

(1) 计算在 298 K 下的标准平衡常数 $K_{T_1}^\ominus$；

(2) 计算在 798 K 下的标准平衡常数 $K_{T_2}^\ominus$。

30. 已知反应

$$Fe(s) + CO_2(g) \rightleftharpoons FeO(s) + CO(g) \quad K_{T_1}^\ominus$$

$$Fe(s) + H_2O(g) \rightleftharpoons FeO(s) + H_2(g) \quad K_{T_2}^\ominus$$

在不同温度下的 $K_T^\ominus$ 数值见表 3－11。

表 3－11　不同温度下的 $K_T^\ominus$ 值

T/K	973	1 073	1 173	1 273
$K_{T_1}^\ominus$	1.47	1.81	2.15	2.48
$K_{T_2}^\ominus$	2.38	2.00	1.67	1.49

(1) 计算上述各温度下,反应

$$CO_2(g) + H_2(g) \longrightarrow CO(g) + H_2O(g)$$

的 $K_T^\ominus$,以此判断正反应是吸热还是放热。

(2) 计算该反应的焓变。

31. 已知反应

$$CO(g) + H_2O(g) \longrightarrow CO_2(g) + H_2(g)$$

在 25℃ 时的标准平衡常数 $K_T^\ominus$ 为 3.32×10^3 和反应的焓变 $\Delta_r H_m^\ominus = -41.2\ kJ\cdot mol^{-1}$,试求反应在 1 000 K 时的 $K_T^\ominus$ 值。

32. 已知反应

$$SnO_2(s) + 2H_2(g) \longrightarrow Sn(s) + 2H_2O(g)$$

在 27℃ 时的 $K_T^\ominus = 6.28\times10^{-11}$,$\Delta_r H_m^\ominus = 94.0\ kJ\cdot mol^{-1}$,求在 227 ℃ 时的 $K_T^\ominus$ 值。

33. 已知反应

$$\frac{1}{2}H_2(g) + \frac{1}{2}Cl_2(g) \longrightarrow HCl(g)$$

在 25℃ 时的 $K_T^\ominus = 5.0\times10^{16}$,$\Delta_r H_{m298}^\ominus = -92.3\ kJ\cdot mol^{-1}$,求在 227℃ 时的 $K_T^\ominus$ 值。

34. 已知下列反应在 1 362 K 时的标准平衡常数:

①$H_2(g) + \frac{1}{2}S_2(g) \longrightarrow H_2S(g)$　　　　$K_1^\ominus = 0.80$

②$3H_2(g) + SO_2(g) \longrightarrow H_2S(g) + 2H_2O(g)$　$K_2^\ominus = 1.8\times10^4$

计算反应 $4H_2(g) + 2SO_2(g) \longrightarrow S_2(g) + 4H_2O(g)$ 在 1 362 K 时的标准平衡常数 $K^\ominus$。

35. 将 1.50 mol 的 NO,1.00 mol 的 Cl_2 和 2.50 mol 的 NOCl 在容积为 15.0 L 的容器中混合。230℃ 时,反应 $2NO(g) + Cl_2(g) \longrightarrow 2NOCl(g)$ 达到平衡时测得有 3.06 mol NOCl 存在。计算平衡时 NO 的物质的量和该反应的标准平衡常数 $K^\ominus$。

36. 已知反应:$PCl_5(g) \longrightarrow PCl_3(g) + Cl_2(g)$。

(1)523 K 时,将 0.70 mol 的 PCl_5 注入容积为 2.00 L 的密闭容器中,平衡时有0.500 mol PCl_5 被分解了。试计算该温度下的标准平衡常数 $K^\ominus$ 和 PCl_5 的分解率。

(2) 若在上述容器中已达到平衡后,再加入 0.10 mol 的 Cl_2,则 PCl_5 的分解率与(1) 中的分解率相比相差多少?

(3) 如开始时在注入 0.70 mol 的 PCl_5 的同时,就注入了 0.10 mol 的 Cl_2,则平衡时 PCl_5 的分解率又是多少?比较(2)(3) 所得结果,可以得出什么结论?

37. 已知反应$\frac{1}{2}Cl_2(g) + \frac{1}{2}F_2(g) \longrightarrow ClF(g)$,在 298 K 和 398 K 下,测得其标准平衡常数分别为 9.3×10^9 和 3.3×10^7。

(1) 计算 $\Delta_r G_m^\ominus(298\ K)$;

(2) 若 298 ~ 398 K 范围内 $\Delta_r H_m^\ominus$ 和 $\Delta_r S_m^\ominus$ 基本不变,计算 $\Delta_r H_m^\ominus$ 和 $\Delta_r S_m^\ominus$。

第 4 章　酸碱反应原理

酸碱反应是我们最为熟悉的反应之一。但是，要明确一种物质是具有酸性还是显示碱性，事实上并不是很容易的。本章我们将在介绍几个常用的酸碱理论的前提下，了解酸碱的定义，酸碱反应的本质；掌握弱电解质溶液的单相解离平衡，进而掌握一元弱酸、弱碱的解离平衡，多元弱酸、弱碱的解离平衡及盐溶液的酸碱平衡；了解配位化合物的基本概念，掌握配位平衡等相关的理论和原理。

4.1　酸碱理论

一、酸碱理论的发展

1884 年，瑞典化学家阿仑尼乌斯(S. Arrhenius)提出了在当时已有电解质溶液理论基础上发展起来的较为成熟的酸碱的电离理论。Arrhenius 定义的酸是指：在水溶液中电离出的阳离子全部是 H^+ 的物质就是酸；定义的碱是指：在水溶液中电离出的阴离子全部是 OH^- 的物质就是碱。Arrhenius 的酸碱电离理论是基于电解质在水溶液中的电离，是以电离出的 H^+ 为酸的特征，以电离出的 OH^- 为碱的特征。那么，酸碱反应的实质是什么呢？从酸的特征为 H^+ 和碱的特征为 OH^- 可知，酸碱反应就是含有 H^+ 的酸和含有 OH^- 的碱反应生成 H_2O 和盐的中和反应。正是由于 Arrhenius 的酸碱电离理论是建立在水溶液之中的电离结果，因此也就限制了该理论的应用。因为，有许多的反应并不在水溶液中进行，它们却表现出酸碱性。如气态的氨与气态的氯化氢反应生成固体氯化铵，根据酸碱电离理论是无法判断这是一个酸(HCl)和碱(NH_3)的反应。另外，还有许多的酸、碱之中并不含有 H^+ 或 OH^-，但是，却表现出酸、碱性。例如，上例中的氨(NH_3)并无 OH^- 的存在，却表现出碱性，而氯化锌($ZnCl_2$)中并无 H^+ 的存在，也表现为酸性。很显然，这样一些问题在 Arrhenius 的酸碱电离理论中无法得以解决。随后发展了酸碱的质子理论、电子理论等，我们一一介绍。

二、酸碱质子理论

1923 年，丹麦化学家布朗斯特(J. N. Brønsted)和英国化学家劳里(T. M. Lowry)几乎同时，但却是独立地提出了酸碱的质子理论，后人称之为 Brønsted - Lowry 酸碱质子理论。该理论的中心是质子，Brønsted - Lowry 指出，凡是能够给出质子的任何物种都是酸，凡是能够结合质子的任何物种都是碱。给出质子和结合质子是酸或碱的特征。例如，HCl，HS^-，$[Al(OH)(H_2O)_5]^{2+}$ 都是可以给出质子的物种，所以它们都是酸；而 NaOH，Ac^-，NH_3 都是可以结合质子的物种，所以它们都是碱。酸和碱之间通过质子传递而相互发生着变化，我们把这种关系称为共轭关系。对于共轭酸碱对，当其酸愈强时，该酸的共轭碱就愈弱；反之，当其碱愈强时，该碱的共轭酸就愈弱。由于酸与碱之间是通过质子传递而变化着，所以，许多物种具两面性，其显酸性还是显碱性取决于与之发生反应的物种，例如：

$$\underset{\text{酸 1}}{HCl(g)} + \underset{\text{碱 2}}{NH_3(g)} = \underset{\text{共轭酸 2(碱 2)}}{NH_4^+} + \underset{\text{共轭碱 1(酸 1)}}{Cl^-}$$

由上述反应可见，HCl(g) 给出质子成为它的共轭碱 Cl^-，而 NH_3(g) 得到质子成为它的共轭酸 NH_4^+，那么，酸碱反应的实质是两个共轭酸碱对之间的质子传递（质子转移）的过程。我们再举几例：

中和反应　$$\underset{\text{酸 1}}{HCl} + \underset{\text{碱 2}}{NaOH} = \underset{\text{共轭碱 1(酸 1)}}{NaCl} + \underset{\text{共轭酸 2(碱 2)}}{H_2O}$$

电离反应　$$\underset{\text{酸 1}}{HCl} + \underset{\text{碱 2}}{H_2O} = \underset{\text{共轭碱 1(酸 1)}}{Cl^-} + \underset{\text{共轭酸 2(碱 2)}}{H_3O^+}$$

自身电离反应　$$\underset{\text{酸 1}}{H_2O} + \underset{\text{碱 2}}{H_2O} = \underset{\text{共轭碱 1(酸 1)}}{OH^-} + \underset{\text{共轭酸 2(碱 2)}}{H_3O^+}$$

上述各例反应的实质都是进行了质子传递（质子转移）。常见的酸碱的共轭关系见表4－1。

表 4－1　常见酸碱的共轭关系

酸	化学式	$K_a^\ominus$	共轭碱
氢碘酸	HI	$\sim 10^{11}$	I^-
氢溴酸	HBr	$\sim 10^{9}$	Br^-
高氯酸	$HClO_4$	$\sim 10^{7}$	ClO_4^-
盐酸	HCl	$\sim 10^{7}$	Cl^-
氯酸	$HClO_3$	$\sim 10^{3}$	ClO_3^-
硫酸	H_2SO_4	$\sim 10^{2}$	HSO_4^-
硝酸	HNO_3	20	NO_3^-
水合氢离子	H_3O^+	1	H_2O
草酸	$H_2C_2O_4$	5.89×10^{-2}	$HC_2O_4^-$
硫酸氢根离子	HSO_4^-	1.0×10^{-2}	SO_4^{2-}
磷酸	H_3PO_4	6.92×10^{-3}	$H_2PO_4^-$
六水合铁(Ⅲ)离子	$[Fe(H_2O)_6]^{3+}$	7.7×10^{-3}	$[Fe(OH)(H_2O)_5]^{2+}$
亚硝酸	HNO_2	5.62×10^{-4}	NO_2^-
甲酸	$HCOOH$	1.78×10^{-4}	$HCOO^-$
叠氮酸	HN_3	2.4×10^{-5}	N_3^-

续表

酸	化学式	$K_a^{\ominus}$	共轭碱
醋酸	H_3CCOOH	1.74×10^{-5}	CH_3COO^-
碳酸	H_2CO_3	4.74×10^{-7}	HCO_3^-
氢硫酸	H_2S	8.91×10^{-8}	HS^-
六水合锌(Ⅱ)离子	$[Zn(H_2O)_6]^{2+}$	1×10^{-9}	$[Zn(OH)(H_2O)_5]^+$
铵离子	NH_4^+	5.62×10^{-10}	NH_3
过氧化氢	H_2O_2	2.0×10^{-12}	HO_2^-
水	H_2O	1.0×10^{-14}	OH^-

酸碱的质子理论将酸碱的范围从水溶液扩大到了各种溶剂形成的溶液之中，并且进一步扩大到了气相、液相、固相的反应之中，所以，酸碱质子理论的应用较之酸碱电离理论更加广泛。但是，质子理论的适用对象只是那些含有质子的反应体系，对于那些反应中并无质子的过程质子理论还是无法给出解释。例如，$ZnCl_2$ 浓溶液呈现酸性，但是它们本身并不给出质子，这是一个在质子理论的定义下无法给出合理解释的实例。

三、酸碱电子理论

酸碱电子理论是美国化学家路易斯(G. N. Lewis)于1923年提出的，该理论基于化学反应中电子的重新分布。Lewis定义的酸是指那些能够接受电子对的物种，碱是指那些能够给出电子对的物种。Lewis酸通常要提供空的价轨道用于接受电子对，或者是一些电子密度较小的原子、离子等，如 Cu^{2+}，Zn^{2+} 就可以与电子密度较大的原子共享电子对而表示为酸性，所以，Lewis酸的范围比质子理论中酸的范围进一步扩大了。同理，Lewis碱通常要提供孤对电子填充Lewis酸的空轨道，或者是一些电子密度较大的原子，也可以是 π 电子等，如 F^-，Cl^-，NH_3，乙烯，苯等就表示为碱性，因此，Lewis碱的范围也比质子理论中碱的范围有所扩大。根据酸碱的电子理论，酸碱反应实质上是以电子对共享，形成配位键的过程。也就是说酸碱反应的结果形成了酸碱配合物。例如：

$$H^+ + :OH^- = H \leftarrow OH \quad (1)$$

$$B(OH)_3 + H_2O: = [B(OH)_4]^- + H^+ \quad (2)$$

$$ZnCl_2 + H_2O: = [Zn(OH)Cl_2]^- + H^+ \quad (3)$$

反应(1)在酸碱电子理论中是 H^+ 提供空的价轨道来接受电子对，那么，H^+ 就是Lewis酸，而 OH^- 中的氧提供孤对电子填充该空轨道，那么，$:OH^-$ 就是Lewis碱，它们之间形成了配位键 $H\leftarrow OH$，H_2O 也叫作酸碱配合物。反应(2)是 $B(OH)_3$ 中的硼提供空的价轨道来接受电子对，那么，$B(OH)_3$ 就是Lewis酸，而 H_2O: 中的氧提供孤对电子填充该空轨道，那么，H_2O:就是Lewis碱，形成了配位键 $B\leftarrow OH$，$[B(OH)_4]^-$ 也叫作酸碱配合物。与此相同的情况，反应(3)是 $ZnCl_2$ 中的锌提供空的价轨道来接受电子对，那么，$ZnCl_2$ 就是Lewis酸，而 H_2O: 中的氧提供孤对电子填充该空轨道，那么，H_2O: 就是Lewis碱，形成了配位键 $Zn\leftarrow OH$，$[Zn(OH)Cl_2]^-$ 也叫作酸碱配合物。反应(2)和(3)中的 $B(OH)_3$ 和 $ZnCl_2$ 是Lewis

酸的情况，在酸碱质子理论和电离理论中都是无法给予解释的。因此，酸碱的电子理论因其酸碱的定义范围的扩大，能够通过反应的实质是电子传递，形成配位键而确定一些物种的酸性、碱性。但是，该理论也有一些问题尚未解决，如酸碱强度的定量问题就没有得到很好的解决。

4.2　单相解离平衡

一、水的解离平衡与溶液的 pH

1. 水的解离平衡

$$H_2O(l)+H_2O(l)=\!=\!=OH^-(aq)+H_3O^+(aq)$$

其标准平衡常数的表达式为

$$K_T^{\ominus}=\left(\frac{c(H_3O^+)}{c^{\ominus}}\right)\left(\frac{c(OH^-)}{c^{\ominus}}\right)=K_w^{\ominus} \qquad (4-1)$$

式(4-1)中 $K_w^{\ominus}$ 称为水的离子积常数。$K_w^{\ominus}$ 是标准平衡常数在水的解离平衡中的表示，因此，$K_w^{\ominus}$ 也是一个与浓度无关，但与温度有关的值，见表 4-2。

表 4-2　不同温度下水的离子积常数

t/℃	$K_w^{\ominus}$	t/℃	$K_w^{\ominus}$
0	1.15×10^{-15}	40	2.87×10^{-14}
10	2.96×10^{-15}	50	5.31×10^{-14}
20	6.87×10^{-15}	90	3.73×10^{-13}
25	1.01×10^{-14}	100	5.43×10^{-13}

由表 4-2 中数据可以看出，随着温度的升高，水的离子积常数逐渐增大。在 0℃时，水的离子积常数为 1.15×10^{-15}；在 25℃时，水的离子积常数为 1.01×10^{-14}；在 100℃时，水的离子积常数为 5.43×10^{-13}。从 0℃到 100℃，水的离子积常数有两个数量级的改变。我们通常使用的水的离子积常数 1.0×10^{-14} 只是常温条件下的数值。

2. 溶液的 pH

由水的电离可知，水溶液中同时存在着 OH^- 和 H^+，如果 OH^- 和 H^+ 的浓度发生变化，溶液的酸、碱性随之而变。当 $c(H^+)=c(OH^-)=10^{-7}\ mol\cdot L^{-1}$ 时，溶液为中性；当 $c(H^+)$ 的浓度比 $c(OH^-)$ 浓度大时，溶液为酸性；反之，$c(H^+)$ 的浓度比 $c(OH^-)$ 浓度小时，溶液为碱性。由此可见，溶液呈现出的酸、碱性是相对的。

溶液的酸、碱性常常用 $c(H^+)$ 或 $c(OH^-)$ 的负对数来表示，即

$$pH=-\lg c(H^+) \quad 或 \quad pOH=-\lg c(OH^-) \qquad (4-2)$$

根据水的离子积常数有

$$K_w^{\ominus}=c_r(H_3O^+)c_r(OH^-)$$

两边同时取负对数后有

$$pK_w^{\ominus}=pH+pOH=14 \qquad (4-3)$$

也就是，当 $c(H^+)=10^{-7}$ 时，溶液的 pH=7，该溶液呈中性；当 $c(H^+)>10^{-7}$ 时，溶液的 pH<

7，该溶液呈酸性；当 $c(H^+)<10^{-7}$ 时，溶液的 pH>7，该溶液呈碱性。表 4－3 给出了一些常见液体的 pH。

表 4－3 常见液体的 pH

名 称	pH	名 称	pH
胃液	1.0～3.0	唾液	6.5～7.5
柠檬汁	2.4	牛奶	6.5
醋	3.0	纯水	7.0
葡萄汁	3.2	血液	7.35～7.45
橙汁	3.5	眼泪	7.4
尿	4.8～8.4	氧化镁乳	10.6
暴露在空气中的水	5.5		

在实际的研究工作和生产过程中，溶液的 pH 可以使用 pH 试纸，或由酸度计（pH 计）直接获得。酸度计的使用，使得工业过程的自动控制得以快速、准确地实现。

二、单相解离平衡——弱酸弱碱的解离平衡

1. 一元弱酸、弱碱的解离平衡

对于任意 AB 型弱电解质在水溶液中的解离平衡：

$$HX(aq)+H_2O(l)=\!=\!=H_3O^+(aq)+X^-(aq)$$

达平衡时，其标准平衡常数的表达式为

$$K_i^{\ominus}=\frac{\left[\dfrac{c(H^+)}{c^{\ominus}}\right]\left[\dfrac{c(X^-)}{c^{\ominus}}\right]}{\dfrac{c(HX)}{c^{\ominus}}}$$

或为了书写的方便，将 $c/c^{\ominus}$ 用 c_r 表示，有式：

$$K_i^{\ominus}=\frac{c_r(H^+)c_r(X^-)}{c_r(HX)} \tag{4-4}$$

$K_i^{\ominus}$ 称为该弱电解质的标准解离常数。通常情况下，$K_i^{\ominus}$ 与浓度无关，而与温度有关。但是，在水溶液中的影响并不大，那是因为水以液态存在的温度区间较小，所以，在水溶液中进行的反应，往往并不考虑温度对 $K_i^{\ominus}$ 的影响。$K_i^{\ominus}$ 数值的大小可以用来表示任意弱电解质的解离程度的大小，也可以表示任意弱电解质的相对强弱。当是弱酸时 $K_i^{\ominus}$ 用 $K_a^{\ominus}$（Acid）表示，当是弱碱时 $K_i^{\ominus}$ 用 $K_b^{\ominus}$（Base）表示。例如，CH_3COOH（简写为 HAc），在水溶液中存在着下列的解离平衡：

$$HAc=\!=\!=H^++Ac^-$$

当以 $c(HAc)$，$c(H^+)$ 和 $c(Ac^-)$ 分别表示上述反应达平衡时，溶液中 HAc，H^+ 和 Ac^- 的物质的量浓度，有关系式

$$K_a^{\ominus}(HAc)=\frac{[c(H^+)/c^{\ominus}][c(Ac^-)/c^{\ominus}]}{c(HAc)/c^{\ominus}} \tag{4-5}$$

式（4－5）中 $K_a^{\ominus}$ 叫作醋酸的标准解离常数。一些常见弱电解质的标准解离常数见附表 4。对

于共轭酸碱对，知道了某酸的 $K_a^\ominus$，其共轭碱的 $K_b^\ominus$ 可以通过 $K_w^\ominus$ 进行换算，因为：

某酸的解离为

$$HX\,(aq) + H_2O\,(l) \rightleftharpoons H_3O^+\,(aq) + X^-\,(aq)$$

其共轭碱的解离为

$$X^-\,(aq) + H_2O\,(l) \rightleftharpoons OH^-\,(aq) + HX\,(aq)$$

从而有

$$K_a^\ominus \cdot K_b^\ominus = c_r(H_3O^+) \cdot c_r(OH^-) = K_w^\ominus \tag{4-6}$$

也就是说，共轭酸碱对的 $K_a^\ominus$ 和 $K_b^\ominus$ 是可以相互换算的，但是，不是共轭酸碱关系的酸与碱的 $K_a^\ominus$ 和 $K_b^\ominus$ 是不能够从其一（$K_a^\ominus$ 或 $K_b^\ominus$）得到另一的（$K_b^\ominus$ 或 $K_a^\ominus$）。

任意弱电解质 AB 的初始浓度设为 $c(AB)$，解离度为 α 时，则各物质间浓度的关系为

	AB $\rightleftharpoons$	A^+	+ B^-
开始浓度 /($mol \cdot L^{-1}$)	c	0	0
平衡浓度 /($mol \cdot L^{-1}$)	$c - c\alpha$	$c\alpha$	$c\alpha$

$$K_i^\ominus(AB) = \frac{c_r(A^+)c_r(B^-)}{c_r(AB)}$$

$$K_i^\ominus(AB) = \frac{(c\alpha)^2}{c(1-\alpha)} = \frac{c\alpha^2}{1-\alpha} \tag{4-7}$$

通常情况下，当 $K^\ominus(AB) < 10^{-4}$，而且 $c(AB) > 0.1\ mol \cdot L^{-1}$ 时，解离度很小，常常可以忽略已解离部分而近似地认为 $1-\alpha \approx 1$，于是有

$$K_i^\ominus(AB) = \frac{c\alpha^2}{1-\alpha} \approx c\alpha^2$$

或

$$\alpha = \sqrt{\frac{K_i^\ominus(AB)}{c}} \tag{4-8}$$

根据式(4-8)可知，在一定的温度下，$K_i^\ominus$ 是常数，溶液浓度越稀，其弱电解质 AB 的解离度越大。这个关系式也称为稀释定律。由式(4-8)的推导可知，该式的应用是有条件的，只有那些满足近似计算要求的弱酸、弱碱的解离度才能应用此式进行相关计算。还要特别说明，式(4-8)只能用于一元弱酸、弱碱系统，对于多元的弱酸、弱碱系统并不适用；并且只能用于只存在一种组分的系统，对于有多种组分存在的系统也是不能够使用的。当然，$K_i^\ominus$ 和 α 数值的大小都可以用来表示任意弱电解质解离程度的大小，但是，$K_i^\ominus$ 是标准平衡常数，数值的大小与浓度无关；而 α 是解离度，其数值的大小与浓度有关。那么，要比较弱电解质解离程度的大小时，选择哪一个为好呢？请读者思考。

一元弱酸、弱碱系统中各物种浓度的计算如下：

设某一元弱酸的起始浓度为 c，达平衡时，解离生成的氢离子浓度为 x，该一元弱酸的解离平衡为

	HX $\rightleftharpoons$	H^+	+ X^-
开始时浓度 /($mol \cdot L^{-1}$)	c	0	0
平衡时浓度 /($mol \cdot L^{-1}$)	$c - x$	x	x

达到平衡时有

$$K_a^{\ominus}=\frac{x^2}{c-x} \tag{4-9}$$

当 $K^{\ominus}(AB)<10^{-4}$，且 $c(AB)>0.1\ mol\cdot L^{-1}$ 时，可以近似地认为 $1-\alpha\approx 1$，从而近似计算可得

$$x=c(H^+)=\sqrt{K_a^{\ominus}c} \tag{4-10}$$

此时溶液的 $pH=-\lg c(H^+)$，解离度为

$$\alpha=\frac{c(H^+)}{c} \tag{4-11}$$

同理可得一元弱碱的相关计算式为

$$K_b^{\ominus}=\frac{x^2}{c-x} \tag{4-12}$$

近似计算可得

$$x=c(OH^-)=\sqrt{K_b^{\ominus}c} \tag{4-13}$$

此时溶液的 $pOH=-\lg c(OH^-)$，解离度为

$$\alpha=\frac{c(OH^-)}{c} \tag{4-14}$$

当不能满足近似计算条件时，必须通过解一元二次方程来得到溶液中的氢离子浓度，进而得到溶液的 pH，以及该弱电解质的解离度。

2. 多元弱酸的解离平衡

多元弱酸的解离过程是分级解离的，每一级都有其标准解离常数，如，H_2S 的分级解离平衡：

$H_2S = H^+ + HS^-$ (1) $K_{a1}^{\ominus}=\frac{c_r(H^+)c_r(HS^-)}{c_r(H_2S)}=8.91\times10^{-8}$

$HS^- = H^+ + S^{2-}$ (2) $K_{a2}^{\ominus}=\frac{c_r(H^+)c_r(S^{2-})}{c_r(HS^-)}=1.0\times10^{-19}$

式(4-9)、式(4-10)可用于其中每一步解离平衡的计算，但对于下列总的解离平衡式则不适用：

$$H_2S = 2H^+ + S^{2-} \tag{3}$$

根据多重平衡规则，(1)+(2)=(3) 时得到下式：

$$K_a^{\ominus}=K_{a1}^{\ominus}K_{a2}^{\ominus}=\frac{c_r^2(H^+)c_r(S^{2-})}{c_r(H_2S)}$$

一般来说，由带负电荷的酸式根(如 HS^-)再解离出带正电荷的 H^+ 比较困难，同时，一级解离产生的 H^+ 使二级解离平衡强烈地偏向左方，所以，多元弱酸的各级标准解离常数依次显著减小，常常是 $K_{a1}^{\ominus}\gg K_{a2}^{\ominus}\gg K_{a3}^{\ominus}$。因此，比较多元弱酸的酸性强弱时，只要比较它们的一级解离常数值就可以初步确定。但是，如果 $K_{a1}^{\ominus}$ 与 $K_{a2}^{\ominus}$ 相差不大时，二级解离出的 H^+ 必须考虑。另外，水的解离平衡在必要时也是需要注意到的。

还应注意，多元弱酸各级解离产生的 H^+ 在同一溶液之中，我们是分不清楚哪个 H^+ 来自哪一级解离，所以，各级解离常数式中的 H^+ 浓度是指溶液中总的 H^+ 浓度。在实际计算中，根据实际情况，往往可以近似地用一级解离的 H^+ 浓度代替。多元弱碱与上述情况类似。

例 4-1 计算 25℃ 时 $0.10\ mol\cdot L^{-1}$ 的 H_2S 溶液中的 H^+，OH^-，HS^- 和 S^{2-} 各离子的浓度和溶液的 pH。

解　首先根据一级解离平衡，计算溶液中的 $c(H^+)$，$c(HS^-)$。

设 $c(HS^-)=x\ (mol \cdot L^{-1})$，按一级解离有

$$H_2S \rightleftharpoons H^+ + HS^-$$

平衡浓度 $/(mol \cdot L^{-1})$　　$0.10-x$　　x　　x

$$K_{a1}^{\ominus}=\frac{c_r(H^+)c_r(HS^-)}{c_r(H_2S)}=\frac{x^2}{0.10-x}=8.91\times10^{-9}$$

因 K_{a1} 值很小，可以近似计算，得

$$0.10-x\approx0.10,\quad x^2=8.91\times10^{-9}$$

$$x=c(H^+)=c(HS^-)=9.44\times10^{-5}\ mol \cdot L^{-1}$$

实际上，HS^- 要继续解离，$c(H^+)$ 应略大于此值(9.44×10^{-5})，而 $c(HS^-)$ 略小于此值。

再根据二级解离平衡，计算溶液中的 $c(S^{2-})$，$c(OH^-)$ 和 pH。

设 $c(S^{2-})=y(mol \cdot L^{-1})$，按二级解离平衡有

$$HS^- \rightleftharpoons H^+ + S^{2-}$$

平衡浓度 $/(mol \cdot L^{-1})$ $9.44\times10^{-5}-y$　　$9.44\times10^{-5}+y$　　y

$$K_{a2}^{\ominus}=\frac{c_r(H^+)c_r(S^{2-})}{c_r(HS^-)}=1.0\times10^{-19}$$

因 $K_{a2}^{\ominus}$ 值很小，有　　$9.44\times10^{-5}\pm y\approx9.44\times10^{-5}$

$$K_{a2}^{\ominus}=\frac{(9.44+10^{-5}+y)y}{9.44\times10^{-5}-y}=1.0\times10^{-19}$$

$$y\approx K_{a2}^{\ominus}$$

故得　　$c(S^{2-})=y=1.0\times10^{-19}\ mol \cdot L^{-1}$

又　　$c_r(OH^-)=\dfrac{K_w^{\ominus}}{c_r(H^+)}=\dfrac{1.0\times10^{-14}}{9.44\times10^{-5}}=1.1\times10^{-10}\ mol \cdot L^{-1}$

由计算可以看出，因为 $K_{a2}^{\ominus}(1.0\times10^{-19})$ 值很小，HS^- 的解离程度也就很小，那么，溶液中的 H^+ 和 HS^- 浓度不会因 HS^- 的继续解离而有明显的改变，因此，溶液的 pH 为

$$pH=-\lg c(H^+)=-\lg 9.44\times10^{-5}=4.0$$

通过计算可以看出，在实际计算中，近似地用一级解离的 H^+ 浓度代替溶液的 H^+ 浓度是合理的近似处理。

3. 盐溶液的酸碱平衡

我们知道，盐主要有强酸强碱盐、强酸弱碱盐、弱酸强碱盐和弱酸弱碱盐四大类。在酸碱的质子理论中，并没有盐的概念，那么，盐水溶液的酸碱性如何判断和计算呢？根据酸碱质子理论，盐的组成离子与水发生的质子传递的酸碱反应也称为盐的水解，其结果是使溶液呈现酸性或碱性。在四大类盐中，只有强酸强碱盐不发生水解，而强酸弱碱盐、弱酸强碱盐和弱酸弱碱盐这三种均会发生程度不同的水解过程，使得其水溶液呈现酸性或碱性。我们分别进行讨论。

(1) 强酸弱碱盐。以 NH_4Cl 为例。在水溶液中，NH_4Cl 解离为阴、阳离子，其阳离子 NH_4^+ 和水之间发生质子传递反应，而使盐的水溶液呈现出酸性，那么，在酸碱质子理论中 NH_4^+ 也就称为阳离子酸，其阳离子酸的酸解离反应为

$$NH_4^+(aq) + H_2O(l) \rightleftharpoons NH_3(aq) + H_3O^+(aq)$$

酸 1　　碱 2　　共轭碱 1(酸 1)　共轭酸 2(碱 2)

上述反应既可以叫作盐 NH_4Cl 的水解，也可以叫作阳离子酸 NH_4^+ 的酸解离。其结果使溶液呈现酸性。该反应的标准平衡常数的表达式为

$$K^{\ominus}=\frac{c_r(NH_3)c_r(H_3O^+)}{c_r(NH_4^+)}$$

把上式上下同乘氢氧根的相对浓度，并找出与各相关常数的关系，有如下各式成立。

$$K^{\ominus}=\frac{c_r(NH_3)c_r(H_3O^+)c_r(OH^-)}{c_r(NH_4^+)c_r(OH^-)}=\frac{K_w^{\ominus}}{K_b^{\ominus}(NH_3)} \tag{4-15}$$

$$K^{\ominus}=\frac{K_w^{\ominus}}{K_b^{\ominus}(NH_3)}=K_a^{\ominus}(NH_4^+) \tag{4-16}$$

$$K^{\ominus}=\frac{K_w^{\ominus}}{K_b^{\ominus}(NH_3)}=K_a^{\ominus}(NH_4^+)=K_h^{\ominus}(NH_4Cl) \tag{4-17}$$

上述反应的 $K^{\ominus}$ 即是阳离子酸的标准酸解离常数 $K_a^{\ominus}(NH_4^+)$，见式(4-16)；也叫作盐的标准水解常数 $K_h^{\ominus}(NH_4Cl)$，见式(4-17)。我们知道，在常温下 $K_w^{\ominus}$ 是常数，当 $K_b^{\ominus}$ 愈小时，表明碱愈弱，其共轭酸的 $K_a^{\ominus}$ 愈大，那么共轭酸愈强。反应后溶液的 pH 如何计算？设反应生成的氢离子浓度为 x，各物种浓度的关系为

$$\begin{array}{cccc} NH_4^+(aq) + H_2O(l) & \rightleftharpoons & NH_3(aq) & + H_3O^+(aq) \\ c_{盐}-x & & x & x \end{array}$$

将此关系代入式(4-15)、式(4-16)有

$$K_a^{\ominus}(NH_4^+)=\frac{x^2}{c_{盐}-x}$$

若能够满足近似计算的条件，近似计算得

$$x=c(H^+)=\sqrt{K_a^{\ominus}(NH_4^+)c_{盐}} \tag{4-18}$$

进而计算出溶液的 pH。同样原理，当满足近似计算条件时有水解度为

$$\alpha=\frac{c(H^+)}{c_{盐}}=\sqrt{\frac{K_a^{\ominus}}{c_{盐}}}=\sqrt{\frac{K_w^{\ominus}}{c_{盐}\,K_b^{\ominus}}} \tag{4-19}$$

在酸碱质子理论中，强酸弱碱盐的水解，也就是阳离子酸的酸解离。因此，计算的原理和方法与一元弱酸相同。

(2) 弱酸强碱盐。以 NaAc 为例。在水溶液中，NaAc 解离为阴、阳离子，其阴离子 Ac^- 和水之间发生质子传递反应，而使盐的水溶液呈现出碱性，那么，在酸碱质子理论中 Ac^- 也就称为阴离子碱，其阴离子碱的碱解离反应为

$$\begin{array}{ccccc} Ac^-(aq) & + H_2O(l) & \rightleftharpoons & HAc(aq) & + \quad OH^-(aq) \\ 碱1 & 酸2 & & 共轭酸1(碱1) & 共轭碱2(酸2) \end{array}$$

上述反应既可以叫作盐 NaAc 的水解，也可以叫作阴离子碱 Ac^- 的碱解离。其结果使溶液呈现碱性。该反应的标准平衡常数的表达式为

$$K^{\ominus}=\frac{c_r(HAc)c_r(OH^-)}{c_r(Ac^-)}$$

把上式上下同乘氢离子的相对浓度，并找出与各相关常数的关系，有如下各式成立。

$$K^{\ominus}=\frac{c_r(HAc)c_r(OH^-)c_r(H^+)}{c_r(Ac^-)c_r(H^+)}=\frac{K_w^{\ominus}}{K_a^{\ominus}(HAc)} \tag{4-20}$$

$$K^{\ominus}=\frac{K_w^{\ominus}}{K_a^{\ominus}(HAc)}=K_b^{\ominus}(Ac^-) \tag{4-21}$$

$$K^{\ominus}=\frac{K_w^{\ominus}}{K_a^{\ominus}(HAc)}=K_b^{\ominus}(Ac^-)=K_h^{\ominus}(NaAc) \tag{4-22}$$

上述反应的 $K^{\ominus}$ 即是阴离子碱 Ac^- 的标准碱解离常数 $K_b^{\ominus}(Ac^-)$，见式(4－21)；也叫作盐的标准水解常数 $K_h^{\ominus}(NaAc)$，见式(4－22)。我们知道，在常温下 $K_w^{\ominus}$ 是常数，当 $K_a^{\ominus}$ 愈小时，表明酸愈弱，其共轭碱的 $K_b^{\ominus}$ 愈大，那么共轭碱愈强。反应后溶液的 pH 如何计算？设反应生成的氢氧根浓度为 x，各物种浓度的关系为

$$\begin{array}{llll} Ac^-(aq) + H_2O(l) & \rightleftharpoons & HAc(aq) & + \ OH^-(aq) \\ c_{盐}-x & & x & \quad x \end{array}$$

将此关系代入式(4－20)、式(4－21)有

$$K_b^{\ominus}(Ac^-)=\frac{x^2}{c_{盐}-x}$$

若能够满足近似计算的条件，近似计算得

$$x=c(OH^-)=\sqrt{K_b^{\ominus}(Ac^-)c_{盐}} \tag{4-23}$$

通过水解离平衡，计算出氢离子浓度，进而得出溶液的 pH。同样原理，当满足近似计算条件时有水解度为

$$\alpha=\frac{c(OH^-)}{c_{盐}}=\sqrt{\frac{K_b^{\ominus}}{c_{盐}}}=\sqrt{\frac{K_w^{\ominus}}{c_{盐}K_a^{\ominus}}} \tag{4-24}$$

在酸碱质子理论中，弱酸强碱盐的水解，也就是阴离子碱的碱解离。因此，计算的原理和方法与一元弱碱相同。

(3) 酸式盐。以 Na_3PO_4 为例。在水溶液中，Na_3PO_4 进行分步解离为多种阴、阳离子，其阴离子 $H_2PO_4^-$，HPO_4^{2-}，PO_4^{3-} 和水之间都可以发生质子传递反应，而使盐的水溶液呈现出碱性，那么，在酸碱质子理论中 $H_2PO_4^-$，HPO_4^{2-}，PO_4^{3-} 也就称为阴离子碱，其各阴离子碱的碱分步解离反应为

一级解离：

$$\begin{array}{lllll} PO_4^{3-}(aq) + & H_2O(l) & \rightleftharpoons & HPO_4^{2-}(aq) & + \ OH^-(aq) \\ 碱 1 & 酸 2 & & 共轭酸 1(碱 1) & 共轭碱 2(酸 2) \end{array}$$

$$K_{b1}^{\ominus}(PO_4^{3-})=\frac{c_r(OH^-)c_r(HPO_4^{2-})}{c_r(PO_4^{3-})}=\frac{c_r(OH^-)c_r(HPO_4^{2-})}{c_r(PO_4^{3-})}\frac{c_r(H^+)}{c_r(H^+)}=$$

$$\frac{K_w^{\ominus}}{K_{a3}^{\ominus}(H_3PO_4)}=2.09\times10^{-2} \tag{4-25}$$

$$K_{b1}^{\ominus}(PO_4^{3-})=\frac{K_w^{\ominus}}{K_{a3}^{\ominus}(H_3PO_4)}=K_{h1}^{\ominus}(Na_3PO_4) \tag{4-26}$$

二级解离：

$$\begin{array}{lllll} HPO_4^{2-}(aq) + & H_2O(l) & \rightleftharpoons & H_2PO_4^-(aq) & + \ OH^-(aq) \\ 碱 1 & 酸 2 & & 共轭酸 1(碱 1) & 共轭碱 2(酸 2) \end{array}$$

$$K_{b2}^{\ominus}(PO_4^{3-})=\frac{c_r(OH^-)c_r(H_2PO_4^-)}{c_r(HPO_4^{2-})}=\frac{c_r(OH^-)c_r(H_2PO_4^-)}{c_r(HPO_4^{2-})}\frac{c_r(H^+)}{c_r(H^+)}=$$

$$\frac{K_w^{\ominus}}{K_{a2}^{\ominus}(H_3PO_4)}=1.62\times10^{-7} \tag{4-27}$$

$$K_{b2}^{\ominus}(PO_4^{3-})=\frac{K_w^{\ominus}}{K_{a2}^{\ominus}(H_3PO_4)}=K_{h2}^{\ominus}(Na_3PO_4) \quad (4-28)$$

三级解离： $H_2PO_4^-(aq)+H_2O(l) \rightleftharpoons H_3PO_4(aq) + OH^-(aq)$

碱 1　　酸 2　　共轭酸 1(碱 1)　　共轭碱 2(酸 2)

$$K_{b3}^{\ominus}(PO_4^{3-})=\frac{c_r(OH^-)c_r(H_3PO_4)}{c_r(H_2PO_4^-)}=\frac{c_r(OH^-)c_r(H_3PO_4)}{c_r(H_2PO_4^-)}\frac{c_r(H^+)}{c_r(H^+)}=$$

$$\frac{K_w^{\ominus}}{K_{a1}^{\ominus}(H_3PO_4)}=1.45\times10^{-12} \quad (4-29)$$

$$K_{b3}^{\ominus}(PO_4^{3-})=\frac{K_w^{\ominus}}{K_{a1}^{\ominus}(H_3PO_4)}=K_{h3}^{\ominus}(Na_3PO_4) \quad (4-30)$$

上述 3 步解离反应的 $K^{\ominus}$ 即是阴离子碱 $H_2PO_4^-$，HPO_4^{2-}，PO_4^{3-} 的标准碱解离常数 $K_{b1}^{\ominus}(PO_4^{3-})$，$K_{b2}^{\ominus}(PO_4^{3-})$，$K_{b3}^{\ominus}(PO_4^{3-})$，见式(4-25)，式(4-27)，式(4-29)；也叫作盐的标准水解常数 $K_{h1}^{\ominus}(Na_3PO_4)$，$K_{h2}^{\ominus}(Na_3PO_4)$，$K_{h3}^{\ominus}(Na_3PO_4)$，见式(4-26)、式(4-28)、式(4-30)。我们知道，在常温下 $K_w^{\ominus}$ 是常数，当 $K_a^{\ominus}$ 愈小时，表明酸愈弱，其共轭碱的 $K_b^{\ominus}$ 愈大，那么共轭碱愈强。反应后溶液的 pH 如何计算呢？各步解离对溶液中氢氧根离子浓度有怎样的影响？现举例说明。

例 4-2　试计算 0.1 mol·L^{-1} Na_3PO_4 溶液的 pH。（已知：PO_4^{3-} 的 $K_{b1}^{\ominus}=2.09\times10^{-2}$，$K_{b2}^{\ominus}=1.62\times10^{-7}$）。

解　设一级解离反应生成的氢氧根浓度为 x，各物种浓度的关系为

一级解离： $PO_4^{3-}(aq)+H_2O(l) \rightleftharpoons HPO_4^{2-}(aq)+OH^-(aq)$

$0.1-x$　　　x　　　x

$$K_{b1}^{\ominus}(PO_4^{3-})=\frac{c_r(OH^-)c_r(HPO_4^{2-})}{c_r(PO_4^{3-})}$$

$$2.09\times10^{-2}=x^2/0.1-x$$

不能近似计算，解该方程得

$$x=c(OH^-)=0.037\ mol\cdot L^{-1}$$

设二级解离反应生成的 $H_2PO_4^-$ 浓度为 y，各物种浓度的关系为

二级解离： $HPO_4^{2-}(aq)+H_2O(l) \rightleftharpoons H_2PO_4^-(aq)+OH^-(aq)$

$0.037-y$　　　y　　　$0.037+y$

$$K_{b2}^{\ominus}(PO_4^{3-})=\frac{c_r(OH^-)c_r(H_2PO_4^-)}{c_r(HPO_4^{2-})}$$

$$1.62\times10^{-7}=y(0.037+y)/(0.037-y)$$

近似计算得　　$y=1.62\times10^{-7}\ mol\cdot L^{-1}$

由计算可见，二级解离的 OH^- 浓度很小，所以，可以按一级解离为主计算溶液的 pH，有

$$pH=14+\lg0.037=12.57$$

此计算类似于多元弱酸解离的计算过程。

(4) 弱酸弱碱盐。以 NH_4Ac 为例。在水溶液中，NH_4Ac 解离为阳离子 NH_4^+、阴离子 Ac^-，该阴、阳离子均可以与水之间发生质子传递反应，而使盐的水溶液呈现出酸性或碱性，那么，在酸碱质子理论中 NH_4^+ 称为阳离子酸，而 Ac^- 称为阴离子碱，其酸碱反应为

$$NH_4Ac(s)+H_2O(l) \rightleftharpoons NH_4^+(aq)+Ac^-(aq)$$

即水解反应：　$NH_4^+(aq) + Ac^-(aq) + H_2O(l) \rightleftharpoons NH_3 \cdot H_2O(aq) + HAc(aq)$

酸 1　　　　碱 2　　　　　　　　共轭碱 1(酸 1)　　　共轭酸 2(碱 2)

$$K^{\ominus} = \frac{c_r(NH_3)c_r(HAc)}{c_r(NH_4^+)c_r(Ac^-)} = \frac{c_r(NH_3)c_r(HAc)}{c_r(NH_4^+)c_r(Ac^-)} \frac{c_r(OH^-)c_r(H^+)}{c_r(OH^-)c_r(H^+)} =$$

$$\frac{K_w^{\ominus}}{K_a^{\ominus}(HAc)K_b^{\ominus}(NH_3)} = K_h^{\ominus}(NH_4Ac) \tag{4-31}$$

上述反应的 $K^{\ominus}$ 即是阳离子酸 NH_4^+ 和阴离子碱 Ac^- 的标准解离常数；也叫作盐的标准水解常数 $K_h^{\ominus}(NaAc)$，见式(4-31)。我们知道，在常温下 $K_w^{\ominus}$ 是常数，当共轭碱或酸的 $K_a^{\ominus}$ 和 $K_b^{\ominus}$ 愈小时，表明酸或碱愈弱。该溶液是显酸性还是显碱性由阳离子酸 NH_4^+ 和阴离子碱 Ac^- 的共轭碱或酸的 $K_a^{\ominus}$ 和 $K_b^{\ominus}$ 大小所决定。那么溶液的 pH 又如何计算呢？设反应后生成的 HAc 浓度为 x，各物种浓度的关系为

$$NH_4^+(aq) + Ac^-(aq) + H_2O(l) \rightleftharpoons NH_3 \cdot H_2O(aq) + HAc(aq)$$

$$c_{盐} - x \qquad c_{盐} - x \qquad\qquad\qquad x \qquad\qquad\qquad x$$

$$K^{\ominus} = \frac{c_r(NH_3)c_r(HAc)}{c_r(NH_4^+)c_r(Ac^-)}$$

$$K^{\ominus} = \frac{x^2}{(c_{盐} - x)^2} = \frac{K_w^{\ominus}}{K_a^{\ominus}(HAc)K_b^{\ominus}(NH_3)} \tag{4-32}$$

当共轭酸 HAc 和共轭碱 NH_3 的 $K_a^{\ominus} \approx K_b^{\ominus}$ 时，我们可以按共轭酸或共轭碱中的一个进行推导，有

$$K_a^{\ominus} = \frac{c_r(Ac^-)c_r(H^+)}{c_r(HAc)}$$

整理得

$$c_r(H^+) = K_a^{\ominus} \cdot \frac{c_r(HAc)}{c_r(Ac^-)}$$

将上述 x 和 $c_{盐} - x$ 关系代入得

$$c_r(H^+) = K_a^{\ominus} \cdot \frac{x}{c_{盐} - x}$$

根据式(4-32)可得

$$c_r(H^+) = \sqrt{\frac{K_w^{\ominus} \cdot K_a^{\ominus}(HAc)}{K_b^{\ominus}(NH_3)}} \tag{4-33}$$

由推导式(4-33)可知，弱碱弱酸盐溶液的 pH 与盐的浓度无关，只取决于阳离子酸 NH_4^+ 和阴离子碱 Ac^- 的共轭碱 NH_3 和共轭酸 HAc 的 $K_b^{\ominus}(NH_3)$ 和 $K_a^{\ominus}(HAc)$ 的比值，通常情况下，有

$K_a^{\ominus}(HAc) > K_b^{\ominus}(NH_3)$　$c_r(H^+) > (K_w^{\ominus})^{1/2}$　$pH < 7$　呈酸性

$K_a^{\ominus}(HAc) = K_b^{\ominus}(NH_3)$　$c_r(H^+) = (K_w^{\ominus})^{1/2}$　$pH = 7$　呈中性

$K_a^{\ominus}(HAc) < K_b^{\ominus}(NH_3)$　$c_r(H^+) < (K_w^{\ominus})^{1/2}$　$pH > 7$　呈碱性

注意：上述推导是建立在 $K_a^{\ominus}(HAc)$ 与 $K_b^{\ominus}(NH_3)$ 近似相等的基础之下的，如果两者相差较大时，该推导是不能成立的。但是，并不妨碍上述结论的应用。

(5) 影响盐类水解的因素及应用。

1) 盐的本性。组成盐的酸或碱愈弱，盐就愈易水解，从而使溶液呈现酸性或者碱性。在酸碱质子理论中，阳离子酸和阴离子碱的强弱决定着溶液的酸碱性。

2）盐溶液的酸碱性。配制易水解的盐首先需要防止水解的发生，对于那些水解后呈现酸性的盐，可以加酸来抑制水解，对于那些水解呈现碱性的盐，可以加碱来抑制水解。值得特别指出的是，有些盐溶液的配制需要先加入酸而后用水进行稀释，而不能先加水，再加酸。因为，先加水时，水解反应一旦发生，水解产物往往不再溶于酸中，所以，不能先水后酸，只能先酸后水。

3）温度。通常，水解多为吸热反应，升高温度总是有利于水解的。

当然，与化学平衡一样，酸碱解离平衡也能随着条件的改变而进行移动。例如，在弱酸或弱碱中加入某强电解质，平衡会怎样移动呢？该组成的溶液有何特殊的性质呢？

三、缓冲溶液

在介绍缓冲溶液之前，我们先看看什么是同离子效应。

1. 同离子效应

对于弱电解质的解离平衡，稀释使得其解离度增大，就是因为浓度改变而使解离平衡移动的结果，见式(4-8)。如果在弱电解质的平衡体系中加入某种强电解质，使原来溶液中某种离子浓度发生变化，也会使解离平衡移动。例如，在醋酸溶液的平衡中：

$$HAc \rightleftharpoons H^+ + Ac^- \tag{1}$$

如果加入含有与弱电解质相同离子的强电解质醋酸钠(NaAc)，则有

$$NaAc \rightleftharpoons Na^+ + Ac^- \tag{2}$$

由于醋酸钠的加入，原醋酸溶液中 $c(Ac^-)$ 浓度增大，平衡(1)将向左移动，其结果使得醋酸的解离度减小。这是因为弱电解质的 $K_i^\ominus$ 是不变的，当 $c(Ac^-)$ 的浓度增大时，平衡向左移动后 $c(HAc)$ 的浓度增大，而 $c(H^+)$ 的浓度减小，其左移的结果使弱电解质的解离度减小。总之，在弱电解质溶液中，加入有相同离子的强电解质时，可使弱电解质的解离度降低的现象叫作同离子效应。对于 HX－MX 体系，当有同离子效应发生时，相关的计算有

$$HX \rightleftharpoons H^+ + X^-$$

加入含相同离子的强电解质有　　　$MX \rightleftharpoons M^+ + X^-$

设此溶液中醋酸解离的 H^+ 浓度为 x，则有

	HX	⇌	H^+	+	X^-
平衡时浓度	$c_酸 - x$		x		$c_盐 + x$

$$K_a^\ominus = \frac{x(c_盐 + x)}{(c_酸 - x)}$$

若能满足近似计算条件时，有

$$K_a^\ominus = \frac{x c_盐}{c_酸}$$

故有

$$c(H^+) = K_a^\ominus \cdot \frac{c_酸}{c_盐}$$

两边同取对数，有

$$pH = pK_a^\ominus - \lg\frac{c_酸}{c_盐} \tag{4-34}$$

此时，弱电解质的解离度为

$$\alpha = \frac{c(H^+)}{c_酸} = \frac{K_a^\ominus}{c_盐} \tag{4-35}$$

同样的原理，我们也可以以氨水为例进行推导，也得出相似的结果。如氨水的平衡：

$$NH_3 \cdot H_2O \rightleftharpoons NH_4^+ + OH^-$$

如果向其中加入强电解质铵盐（如 NH_4Cl），由于 $c(NH_4^+)$ 增大，平衡将向左移动，其结果使氨水的解离度减小。当氨和氯化铵的浓度为 c 时，溶液中的 $c(OH^-)$、pH 和氨的解离度又是多少？设此溶液中氨解离的浓度为 x，则有

$$NH_3 \cdot H_2O \quad \rightleftharpoons \quad NH_4^+ \quad + \quad OH^-$$

平衡时浓度 $\qquad c_{碱} - x \qquad\qquad c_{盐} + x \qquad\qquad x$

$$K_b^{\ominus} = \frac{c_r(NH_4^+)c_r(OH^-)}{c_r(NH_3)} = \frac{(c_{盐} + x)x}{(c_{碱} - x)} = \frac{c_{盐}\,x}{c_{碱}}$$

因满足近似计算条件，计算得

$$c_r(OH^-) = K_b^{\ominus}\frac{c_{碱}}{c_{盐}}$$

两边同取对数有

$$pOH = pK_b^{\ominus} - \lg\frac{c_{碱}}{c_{盐}} \tag{4-36}$$

氨的解离度为

$$\alpha = \frac{c(OH^-)}{c_{碱}} = \frac{K_b^{\ominus}}{c_{盐}} \tag{4-37}$$

我们通过一个例子来看一下，弱电解质的解离度在加入了含有相同离子的强电解质后，有了怎样的变化。

例 4-3 试计算 0.1 mol·L^{-1}的纯 HAc 溶液的解离度是多少？如果加入浓度为 0.2 mol·L^{-1}的 NaAc 的 0.1 mol·L^{-1}的 HAc 溶液的解离度又是多少？（忽略体积的变化。）

解 对于纯 HAc 溶液的解离度由式(4-8)计算，有

$$\alpha = \sqrt{\frac{K_a^{\ominus}}{c}} = \sqrt{\frac{1.74 \times 10^{-5}}{0.1}} = 1.32\%$$

加入浓度为 0.2 mol·L^{-1} NaAc 后，0.1 mol·L^{-1} HAc 溶液的解离度需由式(4-35)进行计算，有

$$\alpha = \frac{K_a^{\ominus}}{c_{盐}} = \frac{1.74 \times 10^{-5}}{0.2} = 0.008\,7\%$$

通过计算可以看出，无 NaAc 的纯 HAc 溶液的解离度为 1.32%，而加入 NaAc 后的解离度为 0.008 7%，相应地，溶液的 pH 分别为 2.88 和 5.06。

利用弱电解质的解离平衡，可以获得在化学研究和化工生产中非常有用的一种溶液。

2. 缓冲溶液

缓冲溶液是指能够抵抗外加少量酸、碱和适度稀释，而使溶液的 pH 保持基本不变的溶液体系。这样的溶液一般由弱酸及其盐、弱碱及其盐、酸式盐及次级盐所组成，例如，HAc 和 NaAc，NH_3 和 NH_4Cl，$NaHCO_3$ 和 Na_2CO_3 等。这样的溶液是怎样起到缓冲作用的，缓冲能力的大小由什么因素所决定？我们以 HAc-NaAc 为例讨论之。在 HAc-NaAc 的体系中，当 HAc 的浓度为 1.0 mol·L^{-1}，NaAc 的浓度也为 1.0 mol·L^{-1}时，有关系式

$$HAc \quad \rightleftharpoons \quad H^+ \quad + \quad Ac^-$$

$$1.0 \qquad\qquad 0 \qquad\qquad 1.0$$

在溶液中大量存在着 HAc 和 Ac^-，当外加少量的酸时，少量的 H^+ 将与少量的 Ac^- 反应，而生成少量的 HAc，体系中大量存在着的 HAc 和 Ac^- 不会因为 Ac^- 的少量减少和少量的 HAc 的增加发生较大的变化，所以，溶液的 H^+ 浓度变化有限，从而使溶液的 pH 保持基本不变，我们把加入少量酸时，保持溶液 pH 基本不变的组分 NaAc 称为抗酸成分；同样的道理，当外加少量的碱时，少量的 OH^- 将与少量的 H^+ 反应，而生成少量的 H_2O，并促使少量的 HAc 进行解离来补充消耗的 H^+，同时生成了少量的 Ac^-，体系中大量存在着的 HAc 和 Ac^- 不会因为 HAc 的少量减少和少量的 Ac^- 的增加发生较大的变化，所以，溶液的 H^+ 浓度变化有限，从而使溶液的 pH 保持基本不变，我们把加入少量碱时，保持溶液 pH 基本不变的组分 HAc 称为抗碱成分；当然，如果把 HAc－NaAc 体系进行适度稀释，也不会使溶液的 H^+ 浓度发生较大的变化，即溶液的 pH 基本不变。

反应 $HAc = H^+ + Ac^-$ 达平衡时，根据同离子效应的计算有式(4－35)、式(4－37)成立，从上述分析可见，外加少量 H^+ 时，溶液的 $c_{酸}$，$c_{盐}$ 变化都不大，故溶液的 pH 也就变化不大；如果不是在缓冲溶液中，$c_r(H^+)$ 就是外加酸的浓度，溶液的 pH 一定有较大的变化；同理，外加少量 OH^- 时，溶液的 $c_{酸}$，$c_{盐}$ 变化不大，故溶液的 pH 也就变化不大；如果不是在缓冲溶液中，$c_r(OH^-)$ 就是外加碱的浓度，溶液的 pH 一定有较大的变化；不加酸、碱或酸、碱浓度相同时，弱酸性缓冲溶液的

$$c(H^+) = K_i^{\ominus}$$

$$pH = pK_a^{\ominus}(HAc) = 4.76$$

缓冲溶液的缓冲能力可以根据式(4－34)或式(4－36)看出。

$$pH = pK_a^{\ominus} - \lg \frac{c_{酸}}{c_{盐}}, \quad pOH = pK_b^{\ominus} - \lg \frac{c_{碱}}{c_{盐}}$$

如果 HAc－NaAc 体系中，$c_{酸} + c_{盐} = c_{总}$，当 $c_{总}$ 越大时，此缓冲溶液抵抗酸、碱的总能力越大，即该缓冲溶液的缓冲能力越强；当然，只是 $c_{总}$ 大并不能说明缓冲能力一定强，还必须有 $c_{酸}$ 与 $c_{盐}$ 的比值越接近于 1，缓冲能力才会最强，即抵抗酸、碱的能力不仅大，且均衡。例如，我们用浓度相同的 HAc 和 NaAc 来配制缓冲溶液时，取 HAc 100mL，NaAc 1mL 进行混合而成，此溶液中，抵抗酸的成分 NaAc 的浓度为(1/101)c，抵抗碱的成分 HAc 的浓度为(100/101)c，很显然，这样配比的溶液的缓冲能力由浓度较小的 NaAc 成分所决定。因此，通常情况下，抵抗酸、碱的组分的比值在 1∶10 或 10∶1 之间为好。超出这个范围，一般认为此溶液已经不具备缓冲能力了。那么，在选择缓冲溶液时，根据式(4－34)或式(4－36)，首先由 $K_a^{\ominus}$ 和 $K_b^{\ominus}$ 选定大的范围，再根据酸或碱以及与盐的浓度比值进行调整即可。我们常常选用的缓冲对见表 4－4。

表 4－4　常见的某些缓冲溶液

弱酸	共轭碱	$K_a^{\ominus}$	pH 范围
邻苯二甲酸 $C_6H_4(COOH)_2$	邻苯二甲酸氢钾 $C_6H_4(COOH)COOK$	1.3×10^{-3}	1.9～3.9
醋酸 HAc	醋酸钠 NaAc	1.7×10^{-5}	3.7～5.7
磷酸二氢钠 NaH_2PO_4	磷酸氢二钠 Na_2HPO_4	6.2×10^{-8}	6.2～8.2

续 表

弱酸	共轭碱	$K_a^{\ominus}$	pH 范围
氯化铵 NH_4Cl	氨水 NH_3	5.6×10^{-10}	8.3～10.3
碳酸氢钠 $NaHCO_3$	碳酸钠 Na_2CO_3	4.68×10^{-11}	9.3～11.3
磷酸氢二钠 Na_2HPO_4	磷酸钠 Na_3PO_4	4.8×10^{-13}	11.3～13.3

例 4-4　有两个溶液，一是 pH＝5 的盐酸溶液，另一是由 0.10 mol·L^{-1} HAc 和 0.10 mol·L^{-1} NaAc 组成的缓冲溶液。在上述两溶液各 1 L 中，分别加入 50 mL 1.0 mol·L^{-1}的 HCl(即 0.05 mol H^+)，试通过计算比较这两种溶液的 pH 变化有何不同。

解　其一：在 1 L pH＝5 的盐酸溶液(非缓冲溶液)中，加入 50 mL 1.0 mol·L^{-1}的 HCl 后，有 1.05 L 的 HCl 溶液，其中 H^+ 约为 0.05 mol，则

$$c(H^+)=\frac{0.05\ \text{mol}}{1.05\ \text{L}}\approx5\times10^{-2}\ \text{mol}\cdot\text{L}^{-1}$$

$$\text{pH}=2.0-0.7=1.3$$

与原来 pH＝5 相比，降低了 3.7。

其二：
$$c_r(H^+)=K_a^{\ominus}\frac{c_r(\text{HAc})}{c_r(\text{Ac}^-)}\approx1.74\times10^{-5}\times\frac{0.10}{0.10}=1.74\times10^{-5}$$

$$\text{pH}=-\lg(1.74\times10^{-5})=4.76$$

1 L HAc＋NH_4Ac 溶液(缓冲溶液)加入 50 mL 1.0 mol·L^{-1}的 HCl 后，由于有足够的 Ac^- 与 H^+ 结合形成的 HAc，几乎消耗了全部加入的 H^+，则有

溶液中 HAc 的物质的量≈(0.10＋0.05) mol＝0.15 mol

溶液中 Ac^- 的物质的量≈(0.10－0.05) mol＝0.05 mol

$$\frac{c(\text{HAc})}{c(\text{Ac}^-)}=\frac{0.15\ \text{mol}/1.05\ \text{L}}{0.05\ \text{mol}/1.05\ \text{L}}=\frac{0.15}{0.05}=3$$

根据 HAc 的标准解离常数式，有

$$c_r(H^+)=K_a^{\ominus}\frac{c_r(\text{HAc})}{c_r(\text{Ac}^-)}=3K_a^{\ominus}\approx5.22\times10^{-5}$$

$$\text{pH}=-\lg(5.22\times10^{-5})=5-0.72=4.28$$

与原来 pH＝4.76 相比，只降低了 0.48。

如果在上述各 1 L 的两溶液中，分别加入 50 mL 1.0 mol·L^{-1}的 NaOH 溶液时，类似的计算表明，HCl 溶液的 pH 将增加到 12.7，变化 7.7 单位，而缓冲溶液的 pH 由 4.76 增加到 5.24，变化只是 0.48，缓冲溶液的缓冲作用是明显的。

缓冲溶液在工业、科研等方面有重要意义。例如，半导体器件硅片表面的氧化物(SiO_2)，通常可用 HF 和 NH_4F 的混合液清洗，使 SiO_2 成为 SiF_4 气体而除去；金属器件电镀时，电镀液常用缓冲溶液来控制一定的 pH 范围。在动植物体内也都有复杂和特殊的缓冲体系维持体液的 pH，以保持生命的正常活动。如人体血液中有机血红蛋白和血浆蛋白缓冲体系，以及

HCO_3^- 和 H_2CO_3 是最重要的缓冲对，使血液 pH 始终保持在 7.35～7.45 之间，超出这个范围就会不同程度地导致“酸中毒”或“碱中毒”；若改变量超出 0.4pH 单位，患者就会有生命危险。

3. 酸碱指示剂

酸碱指示剂是检验溶液酸碱性的常用试剂，常用的酸碱指示剂一般是一些弱的有机酸或弱的有机碱，其解离平衡可以表示为

$$HX(aq)+H_2O(l)=H_3O^+(aq)+X^-(aq)$$

$$K_a^{\ominus}=\frac{\left[\frac{c(H_3O^+)}{c^{\ominus}}\right]\left[\frac{c(X^-)}{c^{\ominus}}\right]}{\frac{c(HX)}{c^{\ominus}}} \quad (4-38)$$

HX 和 X^- 是共轭酸碱对，根据缓冲溶液的缓冲原理，同样有

$$pH=pK_a^{\ominus}-\lg\frac{c_{HX}}{c_{X^-}} \quad (4-39)$$

那么，酸碱指示剂的变色范围为

$$pH=pK_a^{\ominus}\pm1$$

则 $\frac{c_r(HX)}{c_r(X^-)}=\frac{10}{1}$ 显酸色，$\frac{c_r(HX)}{c_r(X^-)}=\frac{1}{10}$ 显碱色

常用的酸碱指示剂见表 4-5。

表 4-5　常见酸碱指示剂的变色范围

指示剂	变色范围 pH	颜色变化	$pK^{\ominus}$ (HIn)	浓　度	用量(滴/10 mL 试液)
百里酚蓝	1.2～2.8	红—黄	1.7	0.1%的 20%乙醇溶液	1～2
甲基黄	2.9～4.0	红—黄	3.3	0.1%的 90%乙醇溶液	1
甲基橙	3.1～4.4	红—黄	3.4	0.05%水溶液	1
溴酚蓝	3.0～4.6	黄—紫	4.1	0.1%的 20%乙醇溶液或其钠盐水溶液	1
甲基红	4.4～6.2	红—黄	5.0	0.1%的 60%乙醇溶液或其钠盐水溶液	1
溴百里酚蓝	6.2～7.6	黄—蓝	7.3	0.1%的 20%乙醇溶液或其钠盐水溶液	1
中性红	6.8～8.0	红—黄橙	7.4	0.1%的 60%乙醇溶液	1
酚酞	8.0～10.0	无—红	9.1	0.5%的 90%乙醇溶液	1～3
百里酚酞	9.4～10.6	无—蓝	10.0	0.1%的 90%乙醇溶液	1～2

在进行酸碱滴定时，指示剂颜色的变化与我们视觉的敏感性有着密切的关联。例如，由无色到红色就比由红色到无色敏感度高，由红色到黄色也是不好观察的。当然，用 pH 计测定溶液的 pH 是既准确又不受视觉所限的方法。

四、强电解质的解离和表观解离度

通常我们认为，强电解质在溶液中是全部解离的，因此，解离平衡的概念对于强电解质溶液是不适用的。但是，事实又是怎样的呢？例如，18℃时，KCl 的 $c\alpha^2/(1-\alpha)$值不是一个常数，而是随着浓度的改变而改变。当浓度为 0.10 mol·L^{-1}时，$\alpha=86.2\%$，上述比值为 0.538；当浓度为 0.50 mol·L^{-1}时，$\alpha=78.8\%$，上述比值变为 1.46 等。这是为什么呢？

数据表明，强电解质 KCl 在水中并没有完全解离，也就是存在一定量的分子，那么也就有了平衡常数之说。为什么实验测得的强电解质的解离度不是 100%呢？1923 年德拜(Peter J. W. Debeye)和休克尔(E. Huckel)提出，强电解质在水溶液中是完全解离的。但是，由于正、负离子的相互作用，在一段时间内，每一离子周围总是被一些异性电荷离子所包围，形成所谓"离子氛"，牵制了离子在溶液中的运动，使每个离子不能完全发挥应有的效能，其结果表现在一些性质上，就好像是没有完全解离。此观点可以概括为离子互吸理论。因此，实验测得的强电解质的解离度叫作表观解离度。溶液越浓，离子的电荷越高，离子间的互吸作用越大，表观解离度越小。离子间的互吸作用也可用活度的概念来描述。

进一步研究发现，随着浓度的增加，正、负离子间还能暂时形成"离子对"，例如，Na^+Cl^-。这种离子对作为微粒在溶液中运动，不导电。这种离子对还可同自由离子进一步结合成三离子物，如 $Na^+Cl^-Na^+$ 或 $Cl^-Na^+Cl^-$ 等。溶液越浓，离子电荷越高，溶剂的介电常数越小，则形成离子对越普遍。因此，在溶液中的"离子对"与单个水合离子之间存在着动态平衡。这可从热力学中"标准平衡常数与标准吉布斯函数变 $\Delta_r G_m^\ominus$ 的关系"求得它们的 $K^\ominus$ 值。

按照
$$\Delta_r G_m^\ominus = -RT\ln K^\ominus$$
当 $T=298$ K 时，有
$$R=8.314\ \text{J}\cdot\text{mol}^{-1}\cdot\text{K}^{-1}$$
$$\Delta_r G_m^\ominus = -8.314\ \text{J}\cdot\text{mol}^{-1}\cdot\text{K}^{-1}\times 298\ \text{K}\times 2.303\lg K^\ominus$$
$$-\lg K^\ominus=\frac{\Delta_r G_m^\ominus}{8.314\ \text{J}\cdot\text{mol}^{-1}\cdot\text{K}^{-1}\times 298\ \text{K}\times 2.303}=\frac{\Delta_r G_m^\ominus}{5.71\ \text{J}\cdot\text{mol}^{-1}}$$
因
$$\text{p}K^\ominus=-\lg K^\ominus$$
故得
$$\text{p}K^\ominus=\Delta_r G_m^\ominus/5.71$$

按照此法，计算氢卤酸的酸常数($\text{p}K_a^\ominus$)并列于表 4-6 中。从解离吉布斯函数变 $\Delta_r G_m^\ominus$ 计算所得的 $K_a^\ominus$ 值与实验值相当符合，说明强电解质溶液中提出"离子对"模型，正、负离子互吸理论是符合实际的。

表 4-6　氢卤酸的酸常数

酸	HF	HCl	HBr	HI
解离吉布斯函数变 $\Delta_r G_m^\ominus/(\text{kJ}\cdot\text{mol}^{-1})$	18.1	−39.7	−54.0	−57.3
$\text{p}K_a^\ominus$	3.2	−7.0	−9.5	−10
$K_a^\ominus$ 计算值	$10^{-3.2}$	10^7	$10^{9.5}$	10^{10}
$K_a^\ominus$ 实验值	10^{-3}	10^7	10^9	10^{10}

氢氟酸由于H—F键能较大(570 kJ·mol^{-1}),且有氢键缔合作用,所以酸性较弱。而氢氯酸、氢溴酸、氢碘酸均为强酸,$K_a^{\ominus}$ 值依次增大,酸性依次增强,其中氢碘酸是最强的酸。同样,H_2S,H_2Se 和 H_2Te 的水溶液酸性也依次增强。

随着科学的发展,对强电解质稀溶液的一些性质,已能用理论加以解释。但对于较浓的溶液,其中因素较复杂,还不很了解。但人们对电解质溶液的认识在逐步深入,根据实验现象建立起来的各种理论还在发展之中。

4.3 配位化合物与配位平衡

18世纪初,德国的美术颜料制造家迪士巴赫(Diesbach)制备出一种组成为 $KCN \cdot Fe(CN)_2 \cdot Fe(CN)_3$ 的蓝色颜料并将其定名为普鲁士蓝。经过了将近一个世纪,法国化学家塔索尔特(B. M. Tassaert)于1798年制备出三氯化钴的六氨合物 $CoCl_3 \cdot 6NH_3$。正如当时的化学式所表示的那样,两个化合物都是由简单化合物形成的复杂化合物,而现在通常称之为配合物(Coordination compounds)。这两个也许是最早制得的配合物,化学式分别书写为 $KFe[Fe(CN)_6]$ 和 $[Co(NH_3)_6]Cl_3$。同时,塔索尔特还敏锐地认识到,满足了价键要求的简单化合物之间形成稳定的复杂化合物这一事实,肯定具有当时化学家尚不了解的新含义。$CoCl_3 \cdot 6NH_3$ 的制备成功激起了化学家对类似体系进行研究的极大兴趣,标志着配位化学的真正开始。

又过了将近一个世纪,人们才真正理解了塔索尔特意识到的那种新含义。我们现在对金属配合物本性的了解,建立在瑞士化学家维尔纳(A. Werner,1866—1919年)在1893年提出的见解上。他的见解被后人称之为维尔纳配位学说,并因此获得了1913年诺贝尔化学奖。该学说对20世纪无机化学和化学键理论的发展,产生了深远的影响。

当今,配位化学已经发展成为化学的一个专门的学科。现代生物化学和分子生物学的研究发现,配位化合物在生物的生命活动中起着重要的作用。它不仅是现代无机化学学科的中心课题,而且对分析化学、催化动力学、电化学、量子化学等方面的研究都有重要的意义。

一、配位化合物的定义

由某一原子(或离子)提供电子对与另一原子(或离子)提供空轨道而形成的共价键叫作配位键。例如 AgCl 溶于过量氨水的反应:

$$H_3N: + AgCl + :NH_3 = [H_3N:Ag:NH_3]^+ + Cl^-$$

反应中提供共用电子对的原子(或离子)成为电子对的给予体,它一般应有孤对电子。如上例中 NH_3 分子的N原子。接受共用电子对的原子(或离子)叫作电子对的接受体,它必须有空轨道。如上例中的 Ag^+。生成的 $[Ag(NH_3)_2]^+$ 叫作配位离子(简称配离子),该配位正离子与氯离子组成化合物 $[Ag(NH_3)_2]Cl$。也可以是配位负离子与另一正离子组成化合物,如 $K_3[Fe(CN)_6]$。像这类含有配离子的化合物叫作配盐。还有一些由中性分子与中性原子配合生成,不带电荷的分子称为配位分子,如 $[Ni(CO)_4]$。配盐与配位分子统称为配位化合物,简称配合物。

二、配合物的组成与类型

配合物的组成是可以测定的。例如,在 $CoCl_2$ 的氨溶液中加入 H_2O_2 可以得到一种橙黄

色晶体 $CoCl_3 \cdot 6NH_3$。将此晶体溶于水后，加入 $AgNO_3$ 溶液则立即析出 AgCl 沉淀，沉淀量相当于该化合物中氯的总量：

$$CoCl_3 \cdot 6NH_3 + 3AgNO_3 \xlongequal{} 3AgCl \downarrow + Co(NO_3)_3 \cdot 6NH_3$$

显然，该化合物中氯离子都是自由的，能独立地显示其化学性质。虽然在此化合物中氨的含量很高，但是它的水溶液却呈中性或弱酸性反应，在室温下加入强碱也不产生氨气，只有热至沸腾时，才有氨气放出并产生三氧化二钴沉淀，即

$$2(CoCl_3 \cdot 6NH_3) + 6KOH \xlongequal{沸腾} Co_2O_3 \downarrow + 12NH_3 + 6KCl + 3H_2O$$

此化合物的水溶液用碳酸盐或磷酸盐试验，也检验不出钴离子的存在，这些试验证明，化合物中的 Co^{3+} 和 NH_3 分子已经配合，形成配离子 $[Co(NH_3)_6]^{3+}$，从而在一定程度上丧失了 Co^{3+} 和 NH_3 各自独立存在时的化学性质。

在上述配合物中，Co^{3+} 称为中心离子(或中心原子，Central atom，在本书中不严格区分两者)，它可以是金属离子或原子，也可以是非金属原子(如 Si)，但都是电子对接受体。6个配位的 NH_3，叫作配位体(简称配体，Ligand)。配位体中与中心离子直接键合的原子叫作配位原子，它是电子对给予体。

中心离子与配位体构成了配合物的内配位层(或称内界)。内界之外的其余部分称为外配位层(或称外界)。内、外界之间是离子键，在水中全部解离。

就配合物整体而言，内界是配位个体的结构单元，是配合物的特征部分，如图4-1所示，在化学式中通常用一个方括号把它括起来，方括号以内代表内界，方括号以外的是外界。对于中性的配位分子而言则无内界和外界之分，一般把整个分子看作内界，如 $[Pt(NH_3)_2Cl_2]$。

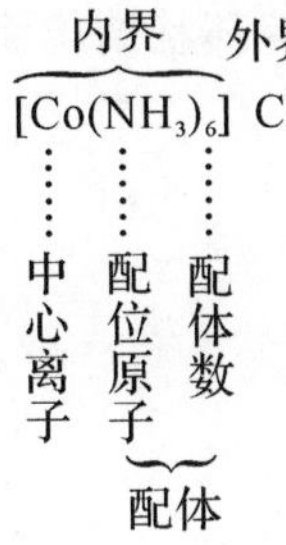

图4-1　配位化合物的组成

只含1个配位原子的配位体叫作单齿配位体(Monodentate ligand)，如 F^-，Cl^-，Br^-，I^-，OH^-(羟基)，H_2O，SCN^-，NH_3，CN^-，CO 等。含2个、3个配位原子的配位体叫双齿、三齿配位体，总称为多齿配位体(Polydentate ligand)。表4-7给出了几种有代表性的多齿配位体。

表4-7　常见多齿配位体举例

符　号	名　称	化学式	齿合原子数
en	乙二胺	$NH_2CH_2CH_2NH_2$	2
tm	三亚甲基二胺	$NH_2CH_2CH_2CH_2NH_2$	2
dien	二乙基三胺	$NH_2CH_2CH_2NHCH_2CH_2NH_2$	3
gly	氨基乙酸根离子	$NH_2CH_2COO^-$	2

续表

符　号	名　称	化学式	齿合原子数
ox	草酸根离子	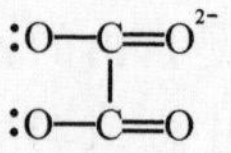	2
EDTA	乙二胺四乙酸根离子	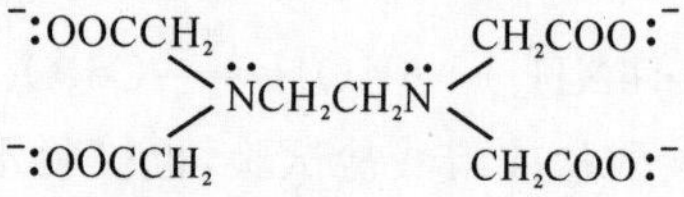	6
bipy	2,2'-联吡啶	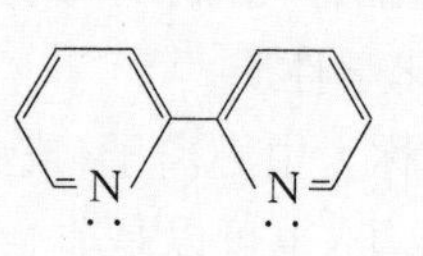	2
phen	1,10-菲咯啉	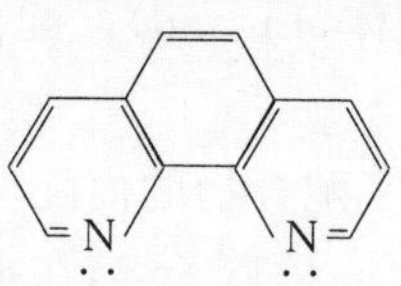	2

多齿配位体以2个或2个以上配位原子配位于中心离子形成所谓的螯合物(Chelate),从这一角度考虑将能用作多齿配位体的试剂叫作螯合剂(Chelating agents)。螯合物的形成犹如螃蟹钳住中心离子,从而使配合物因具有环状结构而更加稳定。举例见图4-2和图4-3。

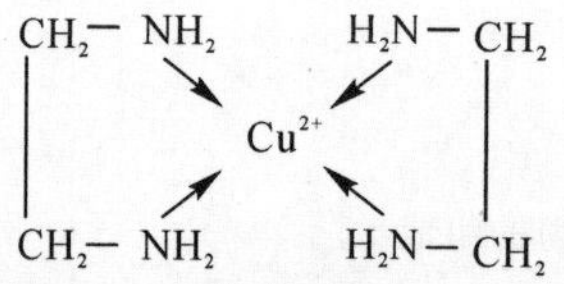

图4-2　螯合物的环状结构

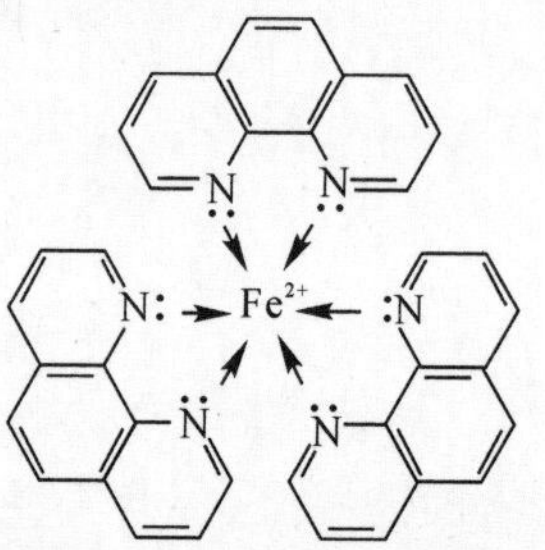

图4-3　螯合物的环状结构

中心离子周围配位原子的总数叫作该中心离子的配位数(Coordination number),常用符号CN表示。例如$[Cu(NH_3)_4]SO_4$,$Na_3[AlF_6]$,$H_2[SiF_6]$和$[Ni(CO)_4]$中,中心离子的CN分别为4,6,6和4。需要注意的是,不要把配位体的数目当作多齿配体配合物中中心离子的配位数。图4-2和图4-3中Cu^{2+}和Fe^{2+}的配位数分别为4和6,而不是2和3。表4-8中给出了一些常见金属离子的配位数。

配位数的大小不但与中心离子和配位体的性质有关,而且依赖于配合物的形成条件。大体积配位体有利于形成低配位数配合物,大体积高氧化态阳离子有利于形成高配位数配合物。Ce^{4+}和Th^{4+}的配位数可达12,U^{4+}甚至形成配位数为14的配合物。高配位数配合物为数很少,最常见的金属离子配位数为4和6。

表 4-8　常见金属离子的配位数

+1 金属离子		+2 金属离子		+3 金属离子	
Cu^+	2,4	Ca^{2+}	6	Al^{3+}	4,6
Ag^+	2	Mg^{2+}	6	Cr^{3+}	6
Au^+	2,4	Fe^{2+}	6	Fe^{3+}	6
		Co^{2+}	4,6	Co^{3+}	6
		Cu^{2+}	4,6	Au^{3+}	4
		Zn^{2+}	4,6		

随着配位化学学科不断发展，各种构型新颖的配合物被不断发现。例如，1965 年加拿大化学家阿仑（A. D. Allen）和塞诺夫（C. V. Senoff）制得的第一个分子氮配合物$[Ru(NH_3)N_2]Cl_2$，启发了人们探索常温常压下固氮的研究，继而开始的固氮酶的结构和作用机理研究兴起了化学模拟生物固氮这门边缘学科。我国科学家卢嘉锡等在这方面取得了世界水平的成果。1927 年合成的第一个烯烃配合物蔡斯(Zeise)盐 $K[PtCl_3(C_2H_4)]\cdot H_2O$[见图 4-4(a)]和 1951 年制备成功的二茂铁$[Fe(C_5H_5)_2]$[见图 4-4(b)]使人们意识到含有不饱和键及 π 轨道有离域电子的碳氢化合物（如乙烯、苯 C_6H_6、环戊二烯基 C_5H_5 等）也可以作为电子给予体而形成配合物。二茂铁著名的“夹心”结构很快由红外(IR)光谱推知，并接着由 X 射线衍射测得详尽的结构数据。二茂铁的稳定性、结构和成键状况大大激发了化学家的想象力，推动了一系列合成、表征和理论工作，从而导致 d 区金属有机化学的迅速发展。两位成果丰硕的化学家费歇尔(E. Fischer，德国)和威尔金森(G. Wilkinson，英国)由于在该领域的杰出贡献获得 1973 年诺贝尔奖。同样，在 20 世纪 70 年代后期成功制备了五甲基环戊二烯基(C_5Me_5)与 f 区元素形成的稳定化合物[见图 4-4(d)]，很快迎来了 f 区金属有机化学发展的兴旺时期。

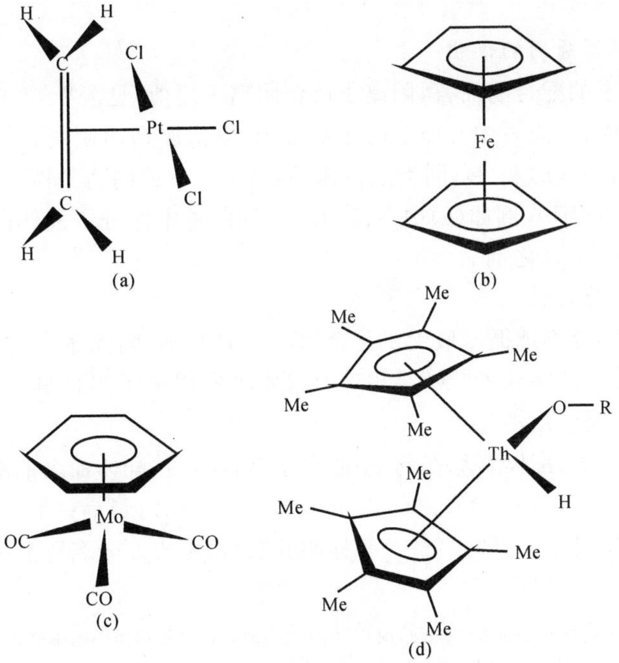

图 4-4　配合物结构的多样性

(a)$[PtCl_3(C_2H_4)]^-$；　(b)$Fe(C_5H_5)_2$；　(c)$Mo(C_6H_6)(CO)_3$；　(d)$ThH(C_5Me_5)_2OR$

三、配合物的化学式和命名

随着配位化学的不断发展,配合物的组成日趋复杂。中国化学会无机化学专业委员会制定了一套命名规则,这里通过表 4-9 中的实例予以说明。

表 4-9 一些配合物的化学式及系统命名

类 别	化学式	系统命名	编 序
配位酸	$H_2[SiF_6]$	六氟合硅(Ⅳ)酸	(a)
配位碱	$[Ag(NH_3)_2](OH)$	氢氧化二氨合银(Ⅰ)	(b)
配位盐	$[Cu(NH_3)_4]SO_4$	硫酸四氨合铜(Ⅱ)	(c)
	$[CrCl_2(H_2O)_4]Cl$	一氯化二氯・四水合铬(Ⅲ)	(d)
	$[Co(NH_3)_5(H_2O)]Cl_3$	三氯化五氨・一水合钴(Ⅲ)	(e)
	$K_4[Fe(CN)_6]$	六氰合铁(Ⅱ)酸钾	(f)
	$Na_3[Ag(S_2O_3)_2]$	二(硫代硫酸根)合银(Ⅰ)酸钠	(g)
	$K[PtCl_5(NH_3)]$	五氯・一氨合铂(Ⅳ)酸钾	(h)
	$[Pt(NH_3)_6][PtCl_4]$	四氯合铂(Ⅱ)酸六氨合铂(Ⅱ)	(i)
非电解质配合物	$[Fe(CO)_5]$	五羰基合铁(0)	(j)
	$[Co_2(CO)_8]$	八羰基合二钴(0)	(k)
	$[PtCl_4(NH_3)_2]$	四氯・二氨合铂(Ⅳ)	(l)

1. 关于化学式书写原则的说明

(1)对含有配离子的配合物而言,阳离子放在阴离子之前,见表 4-9 中的(a)~(i)。

(2)对配体个体而言,先写中心原子的元素符号,再依次列出阴离子配位体和中性分子配位体,见表 4-9 中的(d)(h)和(l);同类配位体(同为负离子或同为中性分子)以配位原子元素符号英文字母的先后排序①,例如(e)中 NH_3 和 H_2O 两种中性分子配体的配位原子分别为 N 和 O,因而 NH_3 写在 H_2O 之前。

2. 关于命名原则的说明

(1)含配离子的配合物遵循一般无机化合物的命名原则:阴离子名称在前,阳离子名称在后,阴、阳离子之间用"化"字或者"酸"字相连。只要将配阴离子当含氧酸根看待,就不难区分"化"字与"酸"字的不同应用场合。

(2)配位个体的命名:配体名称在前,中心原子名称在后;配体命名的顺序与中心离子后的配体书写顺序一致②,不同配体相互之间以中圆点"・"分开;最后一种配位体名称之后缀以"合"字;配体名称前用汉字"一""二""三"等标明其数目;中心原子名称后用罗马数字Ⅰ,Ⅱ,Ⅲ

① 在实际运用中,当讨论配合物的结构和反应时,其化学式有时也可以根据需要而不必拘泥于"原则"所规定的顺序来书写。

② IUPAC1970 的规则不同,是按配体的英文名称词头字母的英文字母顺序命名,故与化学式的顺序不一定一致。

等加括号表示其氧化数(见 6.1 节)。

四、配位平衡

1. 配合物的标准解离常数与标准稳定常数

配合物的内界与外界之间在溶液中的解离类似于强电解质的解离，内界的中心离子与配位体之间的解离类似于弱电解质的解离。例如，由 $CuSO_4$ 与浓氨水所形成的深蓝色 $[Cu(NH_3)_4]SO_4$ 溶液中有两种解离方式：

完全解离　　$[Cu(NH_3)_4]SO_4 = [Cu(NH_3)_4]^{2+} + SO_4^{2-}$

部分解离　　$[Cu(NH_3)_4]^{2+} \rightleftharpoons Cu^{2+} + 4NH_3$

标准解离常数表达式为

$$K^{\ominus}_{不稳} = \frac{c_r(Cu^{2+})c_r^4(NH_3)}{c_r([Cu(NH_3)_4]^{2+})}$$

标准解离常数 $K^{\ominus}$ 的数值越大，说明溶液中的中心离子和配体浓度越大，即配离子的解离趋势越大，配离子越不稳定[①]。因此，通常把标准解离常数叫作标准不稳定常数，以 $K^{\ominus}_{不稳}$（或 $K^{\ominus}_{d}$）表示。配离子在溶液中的稳定性也可用配合平衡的常数来表示，有

$$Cu^{2+} + 4NH_3 \rightleftharpoons [Cu(NH_3)_4]^{2+}$$

$$K^{\ominus}_{稳} = \frac{c_r([Cu(NH_3)_4]^{2+})}{c_r(Cu^{2+})c_r^4(NH_3)}$$

$K^{\ominus}_{稳}$（或 $K^{\ominus}_{f}$）叫作配离子的标准稳定常数。对同类型的配离子来说，$K^{\ominus}_{稳}$ 值越大配离子越稳定；反之则越不稳定。显然，$K^{\ominus}_{稳}$ 与 $K^{\ominus}_{不稳}$ 互为倒数关系，有

$$K^{\ominus}_{稳} = (K^{\ominus}_{不稳})^{-1} \tag{4-40}$$

一些配离子的标准稳定常数见表 4-10。实际上，像 $[Cu(NH_3)_4]^{2+}$ 这类配位数大于 1 的配离子在溶液中的形成是分级进行的，存在着各级平衡。

表 4-10　一些配离子的标准稳定常数[②]

配离子	$K^{\ominus}_{稳}$	$\lg K^{\ominus}_{稳}$
$[Ag(CN)_2]^-$	1.26×10^{21}	21.2
$[Ag(NH_3)_2]^+$	1.12×10^{7}	7.05
$[Ag(S_2O_3)_2]^{3-}$	2.89×10^{13}	13.46
$[AgCl_2]^-$	1.10×10^{5}	5.04
$[AgBr_2]^-$	2.14×10^{7}	7.33
$[AgI_2]^-$	5.50×10^{11}	11.74
$[Ag(py)_2]^+$	1.0×10^{10}	10.0
$[Co(NH_3)_6]^{2+}$	1.29×10^{5}	5.11

① 配合物稳定性的讨论通常会区分热力学稳定性和动力学稳定性。由稳定常数表征的稳定性是热力学稳定性。动力学稳定性按反应速率将配合物区分为活性(labile)和惰性(intert)两大类，前一概念是指配体可被其他配体快速取代的配合物，后者则指取代缓慢的配合物。热力学稳定性只与产物和反应物的能量差有关，动力学稳定性即反应速率的大小则取决于反应的活化能。

② 温度一般为 20～25℃。$K^{\ominus}_{稳}$ 由 $\lg K^{\ominus}_{稳}$ 换算所得。

续 表

配离子	$K^{\ominus}_{稳}$	$\lg K^{\ominus}_{稳}$
$[Cu(CN)_2]^-$	1.00×10^{24}	24.0
$[Cu(SCN)_2]^-$	1.52×10^{5}	5.18
$[Cu(NH_3)_2]^+$	7.24×10^{10}	10.86
$[Cu(NH_3)_4]^{2+}$	2.09×10^{13}	13.32
$[Cu(P_2O_7)_2]^{6-}$	1.0×10^{9}	9.0
$[FeF_6]^{3-}$	2.04×10^{14}	14.31
$[Fe(CN)_6]^{3-}$	1.0×10^{42}	42
$[Fe(CN)_6]^{4-}$	1.0×10^{35}	35
$[Hg(CN)_4]^{2-}$	2.51×10^{41}	41.4
$[HgI_4]^{2-}$	6.76×10^{29}	29.83
$[HgBr_4]^{2-}$	1.0×10^{21}	21.00
$[HgCl_4]^{2-}$	1.17×10^{15}	15.07
$[Ni(NH_3)_6]^{2+}$	5.50×10^{8}	8.74
$[Ni(en)_3]^{2+}$	2.14×10^{18}	18.33
$[Zn(CN)_4]^{2-}$	5.0×10^{16}	16.7
$[Zn(NH_3)_4]^{2+}$	2.87×10^{9}	9.46
$[Zn(en)_2]^{2+}$	6.76×10^{10}	10.83

在比较不同配离子的稳定性时应考虑以下几个问题。

(1)对于中心离子的配体数相同的配离子，如$[HgI_4]^{2-}$和$[Cu(NH_3)_4]^{2+}$，其稳定性可直接比较其标准稳定常数(或标准不稳定常数)。$K^{\ominus}_{稳}$越大(或$K^{\ominus}_{不稳}$越小)的配离子越稳定。例如，$[HgI_4]^{2-}$($K^{\ominus}_{稳}=6.76\times10^{29}$)比$[Cu(NH_3)_4]^{2+}$($K^{\ominus}_{稳}=2.09\times10^{13}$)稳定。

(2)对于不同中心离子形成的各种类型的配离子(即配体数不同者)，不能根据$K^{\ominus}_{稳}$(或$K^{\ominus}_{不稳}$)的数值大小简单地比较其稳定性，需要通过实验或计算才能确定它们的稳定性。

例 4-5 在 1.0 L 6.0 $mol\cdot L^{-1}$氨水中加入 0.10 mol 的 $CuSO_4$，求溶液中各组分的浓度。

解 因氨水浓度远大于Cu^{2+}浓度，故可以认为 0.1 $mol\cdot L^{-1}$的Cu^{2+}几乎全部被NH_3配合为配离子，则溶液中应含有 0.1 $mol\cdot L^{-1}$的$[Cu(NH_3)_4]^{2+}$，自由氨的浓度为$(6.0-4\times0.1)$ $mol\cdot L^{-1}=5.6$ $mol\cdot L^{-1}$，并设溶液中Cu^{2+}浓度为x $mol\cdot L^{-1}$，则

$$Cu^{2+}+4NH_3 \rightleftharpoons [Cu(NH_3)_4]^{2+}$$

平衡浓度/($mol\cdot L^{-1}$)　x　　$5.6+4x$　　$0.10-x$

由于$K^{\ominus}_{稳}$(2.1×10^{13})相当大，可以认为

$$(0.10-x)\ mol\cdot L^{-1}\approx0.1\ mol\cdot L^{-1},\quad (5.6+4x)\ mol\cdot L^{-1}\approx5.6\ mol\cdot L^{-1}$$

$$K^{\ominus}_{稳}=\frac{c_r([Cu(NH_3)_4]^{2+})}{c_r(Cu^{2+})c_r^4(NH_3)}=\frac{0.10}{x(5.6)^4}=2.09\times10^{13}$$

$$x=\left[\frac{0.10}{(5.6)^4\times2.09\times10^{13}}\right]\text{ mol}\cdot\text{L}^{-1}=4.8\times10^{-18}\text{ mol}\cdot\text{L}^{-1}$$

所以溶液中各组分的浓度为

$$c([Cu(NH_3)_4]^{2+})=0.10\text{ mol}\cdot\text{L}^{-1}$$

$$c(NH_3)=5.6\text{ mol}\cdot\text{L}^{-1}$$

$$c(SO_4^{2-})=0.10\text{ mol}\cdot\text{L}^{-1}$$

$$c(Cu^{2+})=4.8\times10^{-18}\text{ mol}\cdot\text{L}^{-1}$$

仿照上例计算浓度相同的不同配体数的配离子溶液的中心离子浓度，才能比较出相应配离子的稳定性。

2. 配位平衡的移动

与其他平衡一样，改变平衡条件，配离子的解离平衡也会移动。如果减少配体或中心离子的浓度，则配离子的解离平衡向解离方向移动，直到新平衡建立为止。

(1)生成更稳定的配离子。在含$[Ag(NH_3)_2]^+$配离子的溶液中加入足量的 NaCN，则$[Ag(NH_3)_2]^+$配离子几乎可全部解离而生成$[Ag(CN)_2]^-$配离子。该反应式为

$$[Ag(NH_3)_2]^+ + 2\,CN^- = [Ag(CN)_2]^- + 2NH_3\uparrow$$

上述反应能发生的原因是$[Ag(CN)_2]^-$配离子的稳定性($K^{\ominus}_{稳}=1.26\times10^{21}$)比$[Ag(NH_3)_2]^+$配离子的稳定性($K^{\ominus}_{稳}=1.12\times10^{7}$)大。

这类反应的实质是两种稳定性不同的配离子平衡移动的结果。上述反应过程为

$$\begin{array}{c}[Ag(NH_3)_2]^+ = Ag^+ + 2NH_3\\ + \\ 2NaCN = 2CN^- + 2Na^+\\ \| \\ [Ag(CN)_2]^-\end{array}$$

通过这个例子可以知道，由同一中心离子形成的两种配离子间的转化，总是$K^{\ominus}_{稳}$小的配离子转化为$K^{\ominus}_{稳}$大的配离子。当然，这种转化也与配合剂的浓度有关。当不容易定性判断时，便需要通过计算来确定。

(2)生成难解离的物质。如果配离子解离产生的配位体能与其他物质反应生成更难解离的物质，则可使配离子的解离平衡向解离方向移动。例如，向含有$[Cu(NH_3)_4]^{2+}$配离子的溶液中加入酸(如 HCl)，由于酸中的H^+易与NH_3结合成更稳定的NH_4^+，使溶液中NH_3浓度降低，因而$[Cu(NH_3)_4]^{2+}$配离子的解离平衡向解离方向移动，有

$$\begin{array}{c}[Cu(NH_3)_4]^{2+} = Cu^{2+} + 4NH_3\\ + \\ 4HCl = 4Cl^- + 4H^+\\ \| \\ 4NH_4^+\end{array}$$

总反应方程式为

$$[Cu(NH_3)_4]^{2+} + 4H^+ = 2Cu^{2+} + 4NH_4^+$$

(3)发生氧化还原反应。当配离子解离产生的配体能与某种物质发生氧化还原反应时，配离子的解离平衡将向解离方向移动。例如：往$[Cu(CN)_4]^{2-}$配离子溶液中加入 NaClO 溶液，

由于 ClO^- 是氧化剂，可把 $[Cu(CN)_4]^{2-}$ 配离子解离产生的 CN^- 离子浓度减少，于是 $[Cu(CN)_4]^{2-}$ 配离子的解离平衡向解离方向移动，有

$$\begin{array}{rl} [Cu(CN)_4]^{2-} = \!= Cu^{2+} + & 4CN^- \\ & + \\ 4NaClO = \!= 4Na^+ + & 4ClO^- \\ & \parallel \\ & 4CNO^- + 4Cl^- \end{array}$$

总反应方程式为

$$[Cu(CN)_4]^{2-} + 4ClO^- = \!= Cu^{2+} + 4CNO^- + 4Cl^-$$

这个反应是环境保护工作中用碱性氯化法处理含氰废水的主要化学反应。

应当指出，有一些与配盐相似的化合物①，如，明矾 $KAl(SO_4)_2 \cdot 12H_2O$ 叫作复盐。它们与配盐不同，溶于水后全部解离为简单 K^+，Al^{3+} 和 $SO_4{}^{2-}$ 的水合离子，只有微乎其微的 $[Al(SO_4)_2]^-$，而不存在大量的配离子。但这个区别也无绝对的界线，例如，前述诸配离子如 $[Cu(NH_3)_4]^{2+}$ 等仍能解离为少量的 Cu^{2+} 与 NH_3。而有些复盐如 $KCl \cdot MgCl_2 \cdot 6H_2O$，在溶液中也有不稳定的 $[MgCl_3]^-$ 存在。因此，也可以把复盐看作为内界极不稳定的配盐。

很多化合物是以配合物形式存在的。常见的结晶水合物有许多是配合物。例如，含有 6 个分子的结晶水的氯化镁和氯化铝等盐类的结构式分别是 $[Mg(H_2O)_6]Cl_2$ 和 $[Al(H_2O)_6]Cl_3$ 等。但是，某些结晶水合物中部分结晶水也可以位于外界，如胆矾 $CuSO_4 \cdot 5H_2O$ 的结构式是 $[Cu(H_2O)_4]SO_4 \cdot H_2O$。胆矾的蓝色和通常铜盐溶液的蓝色实际上都是 $[Cu(H_2O)_4]^{2+}$ 的颜色。

思考题

1. 什么叫解离度、标准解离常数？浓度对它们有何影响？什么叫分级解离？并比较各级解离度的大小。

2. 有人说：根据 $K^\ominus = c\alpha^2$，弱电解质溶液的浓度愈小，则解离度愈大，因此，对弱酸来说，溶液愈稀，酸性愈强（即 pH 愈小）。你以为如何？

3. 说明下列说法是否正确：相同浓度的一元酸溶液中 H^+ 浓度都是相同的，理由是分别中和同体积、同浓度的乙酸溶液和盐酸溶液，所需的碱是等量的。

4. 什么叫同离子效应、缓冲溶液？它们的作用如何？举例并用平衡观点加以解释。

5. 向缓冲溶液中加入大量的酸或碱，或用大量的水稀释时，pH 是否基本保持不变？为什么？

6. 什么叫配位化合物？它与简单化合物有哪些区别？举例说明。

7. 配离子由哪两部分组成？举例说明其各部分的名称。

8. 形成配离子的条件是什么？形成配离子时常有哪些特征？举例说明。

9. 为什么过渡元素的离子易形成配离子？为什么 F，Cl，Br，I，C，N 等常作配位原子？

---

① 配盐如 $[Cu(NH_3)_4]SO_4$ 是简单分子 $CuSO_4$ 与 NH_3 的加合。同样，复盐 $KAl(SO_4)_2 \cdot 12H_2O$ 也可视为简单分子 $K_2SO_4 \cdot Al_2(SO_4)_3$ 与 H_2O 的加合，所以说配盐与复盐相似。

10. 什么叫配离子的标准稳定常数和标准不稳定常数？两者的关系如何？

11. 举例说明配离子平衡的移动。

12. 什么是螯合物？形成螯合物的条件是什么？举例说明。

13. 在日常生活中你都接触到了哪些重要的配合物？试举例说明。

习　题

1. 0.1 $mol \cdot L^{-1}$的 HCl 与 1 $mol \cdot L^{-1}$ HAc 的氢离子浓度各为多少？哪个酸性强？

2. 将 0.2 $mol \cdot L^{-1}$的 HF 与 0.2 $mol \cdot L^{-1}$的 NH_4F 溶液等量混合，计算所得溶液的 pH 和 HF 的解离度。

3. 根据酸碱质子理论，确定以水为溶剂时下列物种哪些是酸，哪些是碱，哪些是两性物质：SO_3^{2-}，H_3AsO_3，$Cr_2O_7^{2-}$，$HC_2O_4^-$，HCO_3^-，NH_2-NH_2（联氨），BrO^-，$H_2PO_4^-$，HS^-，H_3PO_3。

4. 麻黄素（$C_{10}H_{15}ON$）是一种碱，被用于鼻喷雾剂，以减轻充血。$K_b^\ominus(C_{10}H_{15}ON)=1.4\times10^{-4}$。

(1)写出麻黄素与水反应的离子方程式，即麻黄素这种弱碱的解离反应方程式；

(2)写出麻黄素的共轭酸，并计算其 $K_a^\ominus$ 的值。

5. 水杨酸（邻羟基苯甲酸）$C_7H_4O_3H_2$ 是二元弱酸。25℃以下，$K_{a1}^\ominus=1.06\times10^{-3}$，$K_{a2}^\ominus=3.6\times10^{-14}$。有时可用它作为止痛药而代替阿司匹林，但它有较强的酸性，能引起胃出血。计算 0.065 $mol \cdot L^{-1}$的 $C_7H_4O_3H_2$ 溶液中平衡时各物种的浓度和 pH。

6. 计算下列盐溶液的 pH：

(1)0.10 $mol \cdot L^{-1}$ NaCN　　(2)0.010 $mol \cdot L^{-1}$ Na_2CO_3

(3)0.10 $mol \cdot L^{-1}$ NaH_2PO_4　　(4)0.10 $mol \cdot L^{-1}$ Na_2HPO_4

7. 今有 2.00 L 的 0.500 $mol \cdot L^{-1}$ NH_3(aq)和 2.00 L 的 0.500 $mol \cdot L^{-1}$ HCl 溶液，若配制 pH＝9 的缓冲溶液，不允许再加水，最多能配制多少升缓冲溶液？其中 $c(NH_3)$，$c(NH_4^+)$各为多少？

8. 在 25℃时，$c[Ni(NH_3)_6]^{2+}$为 0.10 $mol \cdot L^{-1}$，$c(NH_3)=1.0$ $mol \cdot L^{-1}$，加入乙二胺(en)后，使开始时 $c(en)=2.30$ $mol \cdot L^{-1}$。计算平衡时溶液中$[Ni(NH_3)_6]^{2+}$，NH_3，$[Ni(en)_3]^{2+}$的浓度。

9. 命名下列配合物，并指出配离子和中心离子的价数。

(1) $[Co(NH_3)_6]Cl_2$　　(2) $K_2[Co(SCN)_4]$　　(3) $Na_2[SiF_6]$

(4) $K[PtCl_5(NH_3)]$　　(5) $[Fe(CO)_5]$　　(6) $H_2[PtCl_6]$

10. 无水 $CrCl_3$ 和 NH_3 化合时，能生成两种配位化合物，其组成为 $CrCl_3\cdot6NH_3$ 和 $CrCl_3\cdot5NH_3$。硝酸银能从第一种配合物的水溶液中将几乎全部 Cl^- 沉淀为 AgCl，而从第二种配合物的水溶液中只能沉淀出组成中所含 Cl^- 的 2/3，试写出这两种配合物的结构式及名称，并分别列出配离子的解离平衡式。

11. 在浓度为 0.1 $mol \cdot L^{-1}$的$[Ag(NH_3)_2]^+$溶液中，已测得 $c(NH_3)=1.0$ $mol \cdot L^{-1}$，求溶液中游离银离子的浓度。

12. 判断下列反应方向，并作解释。

(1) $[Cu(CN)_2]^- + 2\,NH_3 \rightleftharpoons [Cu(NH_3)_2]^+ + 2\,CN^-$

(2) $[FeF_6]^{3-} + 6\ CN^- \longrightarrow [Fe(CN)_6]^{3-} + 6\ F^-$

13. 将浓度为 0.02 mol · L^{-1}的 $CuSO_4$ 与 1.08 mol · L^{-1}的氨水等量混合后,溶液中游离铜离子的浓度为多少?

14. 已测定溶液中的 Fe^{3+} 用去 0.010 0 mol · L^{-1}的 EDTA 溶液 20.00 mL,试求溶液中含铁量。(注:定量分析中用 EDTA 离子(常以 Y^{4-} 表示)滴定 Fe^{3+},其反应可表示为 $Fe^{3+} + Y^{4-} \longrightarrow [FeY]^-$)

15. 利用 $K^{\ominus}_{稳}$ 计算下列平衡体系的标准平衡常数:

$$[HgCl_4]^{2-} + 4I^- \longrightarrow [HgI_4]^{2-} + 4Cl^-$$

第5章 沉淀溶解反应原理

本章主要讨论难溶强电解质溶液的多相解离平衡。根据热力学相关数据求算难溶强电解质的溶度积等，了解溶度积规则及在科学研究和生产中的实际应用。

在强电解质溶液中，一般不存在分子与离子的平衡。但是，当固态强电解质溶于一定量的溶剂，形成饱和溶液时，过剩的未溶固态物质和溶液中的离子之间存在着一种动态平衡，即沉淀溶解平衡，该平衡是多相解离平衡。例如：

$$\underset{\text{（未溶固体）}}{AgCl} \underset{\text{结晶}}{\overset{\text{溶解}}{\rightleftharpoons}} \underset{\text{（在溶液中）}}{Ag^{+} + Cl^{-}}$$

在上述体系中，存在未溶解的固体 AgCl，溶液为 AgCl 的饱和溶液。在两相都存在时达到平衡，称为该难溶强电解质在此溶剂中达到了沉淀溶解平衡。

5.1 溶度积与溶解度

一、溶解度

当温度一定时，在一定量的溶剂中溶解的溶质的量，为该溶质在此溶剂中的溶解度。很显然，溶解度与温度有着密切的关系。通常情况下，大多数物质的溶解度随着温度的升高而增大。溶解度也与溶质和溶剂的类别及性质相关，例如，选择的溶剂的极性，电解质的强弱等都会影响溶解度的大小。难溶强电解质一般溶解度较小。

二、溶度积

当温度一定时，难溶强电解质的结晶与溶解达平衡时，溶液中离子浓度有一定的关系，例如，在碳酸钙的饱和溶液中，存在下列平衡：

$$\underset{\text{（未溶固体）}}{CaCO_3} \underset{\text{结晶}}{\overset{\text{溶解}}{\rightleftharpoons}} \underset{\text{（溶液中）}}{Ca^{2+} + CO_3^{2-}}$$

在这个沉淀溶解平衡中，$CaCO_3$ 为固体，其标准平衡常数表达式为

$$K_{sp}^{\ominus} = \{c\,(Ca^{2+})/c^{\ominus}\}\{c\,(CO_3^{2-})/c^{\ominus}\}$$

即在一定温度下，难溶强电解质饱和溶液中，各离子浓度（系数次方）的乘积为一常数，称为标准溶度积常数，简称溶度积。通常用 $K_{sp}^{\ominus}$ 表示，以区别于弱电解质的标准解离常数 $K_i^{\ominus}$ 或一般标准平衡常数。$K_{sp}^{\ominus}(CaCO_3)$ 就是 $CaCO_3$ 的溶度积。式中离子浓度的单位为 $mol \cdot L^{-1}$。

溶度积的表达式应根据具体化合物的组成而定，需要特别注意下述几点。

(1)$K_{sp}^{\ominus}$ 是难溶强电解质达到沉淀溶解平衡时的特性常数，与各物种的浓度无关，但是，是

温度的函数。

(2)$K_{sp}^{\ominus}$ 数值的大小，表明了难溶强电解质在该溶剂中溶解能力的大小。通常情况下，$K_{sp}^{\ominus}$ 的数值愈大，表明难溶强电解质在该溶剂中溶解能力愈大，也就是 $K_{sp}^{\ominus}$ 愈小，该难溶强电解质愈易生成沉淀。

(3) 通过 $\Delta_r G_m^{\ominus} = -RT\ln K_{sp}^{\ominus}$ 可以进行 $\Delta_r G_m^{\ominus}$ 与 $K_{sp}^{\ominus}$ 的相互换算。

例如，在25℃时，$CaCO_3$ 的饱和溶解度为 $9.3\times10^{-5}\ mol\cdot L^{-1}$，根据上述解离方程式可知，在溶液中：

$$c(Ca^{2+}) = c(CO_3^{2-}) = 9.3\times10^{-5}\ mol\cdot L^{-1}$$

根据溶度积的表达式有

$$K_{sp}^{\ominus}(CaCO_3) = c_r(Ca^{2+})\cdot c_r(CO_3^{2-}) = (9.3\times10^{-5})\times(9.3\times10^{-5}) = 8.7\times10^{-9}$$

三、溶度积与溶解度的关系

对于任意难溶强电解质 A_xB_y，设该电解质的溶解度为 S，有

$$A_xB_y(s) \rightleftharpoons xA^{y+}(aq) + yB^{x-}(aq)$$

初始 $\qquad 0 \qquad 0$

达平衡 $\qquad c(A^{y+}) = xS \qquad yS = c(B^{x-})$

溶度积表达式为

$$K_{sp}^{\ominus}(A_xB_y) = c_r^x(A^{y+})\cdot c_r^y(B^{x-}) \tag{5-1}$$

那么，溶解度与溶度积的换算关系为

$$K_{sp}^{\ominus}(A_xB_y) = x^x y^y S^{x+y} \tag{5-2}$$

根据式(5-2)，不同类型难溶强电解质，溶解度与溶度积的关系如下：

1-1型	$AgCl$	$BaSO_4$	$K_{sp}^{\ominus} = S^2$
1-2型	Ag_2CrO_4	$Mg(OH)_2$	$K_{sp}^{\ominus} = 4S^3$
1-3型	$Al(OH)_3$	$Fe(OH)_3$	$K_{sp}^{\ominus} = 27S^4$
2-3型	Al_2S_3	As_2S_3	$K_{sp}^{\ominus} = 108S^5$

因为式(5-1)中离子浓度是饱和溶液中的浓度，所以，溶度积大小能反映溶解度的大小。对于同类型的难溶电解质(如 $AgCl$, $AgBr$, $BaSO_4$, $BaCO_3$ 同为AB型；$Cu(OH)_2$ 与 $PbCl_2$ 同为 AB_2 型)，在相同温度下，$K_{sp}^{\ominus}$ 值越大，溶解度越大。但是，对于不同类型的难溶电解质，是不能直接根据 $K_{sp}^{\ominus}$ 值的大小来确定溶解度的大小的。例如，25℃时，$AgCl$ 和 Ag_2CrO_4 的 $K_{sp}^{\ominus}$ 值分别为 $K_{sp}^{\ominus}(AgCl) = 1.77\times10^{-10}$，$K_{sp}^{\ominus}(Ag_2CrO_4) = 1.12\times10^{-12}$，即 $K_{sp}^{\ominus}(AgCl) > K_{sp}^{\ominus}(Ag_2CrO_4)$，但是，溶解度却是 $AgCl$ 的小($1.33\times10^{-5}\ mol\cdot L^{-1}$)，而 Ag_2CrO_4 的大($6.54\times10^{-5}\ mol\cdot L^{-1}$)。这是因为 $AgCl$ 为AB型，$K_{sp}^{\ominus} = c_r(A^+)\cdot c_r(B^-)$，而 Ag_2CrO_4 为 A_2B 型，$K_{sp}^{\ominus} = c_r^2(A^+)\cdot c_r(B^{2-})$，二者离子浓度指数不同的缘故。在这种情况下，应根据 $K_{sp}^{\ominus}$ 值计算出溶解度，再进行比较。例如，上述 Ag_2CrO_4 的溶解度可由下式计算：

$$Ag_2CrO_4 \rightleftharpoons 2Ag^+ + CrO_4^{2-}$$

平衡浓度 /$(mol\cdot L^{-1})$ $\qquad 2x \qquad x$

$$K_{sp}^{\ominus}(Ag_2CrO_4) = c_r^2(Ag^+)\cdot c_r(CrO_4^{2-}) = (2x)^2(x) = 4x^3 = 1.12\times10^{-12}$$

$$x = \left(\sqrt[3]{\frac{1.12}{4}\times10^{-12}}\right)\ mol\cdot L^{-1} = \left(\sqrt[3]{0.28\times10^{-12}}\right)\ mol\cdot L^{-1} = 6.54\times10^{-5}\ mol\cdot L^{-1}$$

因为，1 mol Ag_2CrO_4 解离产生 1 mol CrO_4^{2-}，所以，Ag_2CrO_4 的溶解度即为 6.54×10^{-5} $mol\cdot L^{-1}$。

四、溶解度与溶度积相互换算的偏差

当我们由溶解度计算溶度积，或由溶度积计算溶解度时，常常会出现一定的偏差(见表 5－1)。有的偏差还会较大。要特别指出，$K_{sp}^{\ominus}$ 描述的是难溶强电解质的固相与溶解后全部以离子形式存在时的两相平衡，那么，凡是影响离子存在形式的因素都会造成一定的偏差。

表 5－1　由 $K_{sp}^{\ominus}$ 计算溶解度与实测溶解度的比较

化学式	温度/℃	$K_{sp}^{\ominus}$	由 $K_{sp}^{\ominus}$ 计算溶解度 /(g/100 g H_2O)	实测溶解度 /(g/100 g H_2O)
$CaCO_3$	25	4.96×10^{-9}	7.0×10^{-4}	1.4×10^{-3}
$PbCO_3$	20	1.46×10^{-13}	1.0×10^{-5}	1.1×10^{-4}
$NiCO_3$	25	1.4×10^{-7}	4.4×10^{-3}	9×10^{-3}
$PbBr_2$	20	9×10^{-6}	0.5	0.8
HgI_2	25	2.7×10^{-19}	8.6×10^{-9}	0.01
Hg_2Br_2	25	6.2×10^{-23}	1.4×10^{-6}	4×10^{-6}
AgBr	100	5.35×10^{-13}	4×10^{-4}	4×10^{-4}
AgCl	10	1.77×10^{-10}	9×10^{-5}	9×10^{-5}
AgI	25	8.51×10^{-17}	2.1×10^{-7}	3×10^{-7}
$Fe(OH)_2$	18	4.87×10^{-17}	5×10^{-5}	1.5×10^{-4}
$Pb(OH)_2$	20	2×10^{-15}	1.9×10^{-4}	0.016
$Mn(OH)_2$	18	2.06×10^{-13}	3×10^{-4}	2×10^{-4}
$BaSO_4$	25	1.07×10^{-10}	2×10^{-4}	2×10^{-4}
Hg_2SO_4	25	7.9×10^{-7}	0.044	0.06
CdS	18	1.4×10^{-29}	3×10^{-14}	1.3×10^{-4}
MnS	18	4.65×10^{-14}	1.5×10^{-6}	5×10^{-4}

根据表中数据分析，出现偏差的主要原因有：

(1)分子溶解度的影响。难溶强电解质溶解后，溶解的物质并未完全解离，从而造成了溶液中离子浓度与溶解度之间出现了差别。对于强电解质溶解后，原则上是完全解离的，但是，随着电解质的共价性增强，其溶解后解离程度愈小，进而产生的偏差就会愈大。

(2)形成离子对的影响。难溶强电解质溶解后，生成了阴离子和阳离子，阴、阳离子的相互吸引作用，使游离的离子数比预期的要小，进而使离子浓度与溶解度间的差别增大。通常，组成电解质的离子所带电荷愈高、离子半径愈小，离子间相互吸引力愈强，愈易形成离子对，那么，产生的偏差也就会愈大。

(3)发生分步解离的影响。对于难溶强电解质 A_xB_y 溶解后，必然发生分步解离过程，溶

液中存在的物种数目更多。分步解离与难溶强电解质的配位数有关，通常，配位数愈多，分步解离过程愈复杂。只有那些最为简单的强电解质，如 1-1 型的难溶强电解质的偏差是最小的。

(4)物质水解性的影响。物质的水解性与组成的阴、阳离子的酸、碱性强弱相关，通常，阴、阳离子的酸、碱性愈弱，发生水解的程度愈大，进而产生的偏差愈大。

5.2 多相解离平衡

一、溶度积规则及应用

当难溶强电解质的结晶与溶解达平衡后，若改变条件，如改变离子浓度时，该多相解离平衡也会发生移动(即产生沉淀或沉淀溶解)。平衡移动的方向可以用溶度积进行判断，即对于任一难溶强电解质：

$$A_xB_y(\text{固}) \rightleftharpoons xA^{y+} + yB^{x-}$$

如果任一状态时的离子积为 Q，则有

$Q = c_r^x(A^{y+}) \cdot c_r^y(B^{x-}) = K_{sp}^{\ominus}$ 时，为该难溶强电解质的饱和溶液；

$Q = c_r^x(A^{y+}) \cdot c_r^y(B^{x-}) < K_{sp}^{\ominus}$ 时，无沉淀析出或沉淀溶解；

$Q = c_r^x(A^{y+}) \cdot c_r^y(B^{x-}) > K_{sp}^{\ominus}$ 时，析出沉淀(原则上)

上述各表达式所表示的称为溶度积规则。

Q 与溶度积 $K_{sp}^{\ominus}$ 之间的关系也可以根据等温方程：

$$\Delta_r G_m = 2.303RT\lg\frac{Q}{K_{sp}^{\ominus}}$$

判断沉淀的生成或溶解，即

$Q < K_{sp}^{\ominus}$ 时，无沉淀析出或沉淀溶解，为非饱和溶液；

$Q = K_{sp}^{\ominus}$ 时，达到沉淀溶解平衡，为饱和溶液；

$Q > K_{sp}^{\ominus}$ 时，沉淀生成(原则上)。

这与利用标准平衡常数($K^{\ominus} > Q$，$K^{\ominus} < Q$ 或 $K^{\ominus} = Q$)判断单相解离平衡移动方向的原则是相同的。

可以用溶度积规则来说明 $CaCO_3$ 溶于稀盐酸溶液。如 $CaCO_3$ 在水中存在以下平衡：

$$CaCO_3(s) \rightleftharpoons Ca^{2+}(aq) + CO_3^{2-}(aq)$$

$$+$$

$$2HCl \rightleftharpoons 2Cl^- + 2H^+$$

$$\Vert$$

$$H_2CO_3 \rightleftharpoons CO_2\uparrow + H_2O$$

加入盐酸后，CO_3^{2-} 与 H^+ 结合生成 H_2CO_3，H_2CO_3 进一步分解为 CO_2 和 H_2O，使溶液中 $c(CO_3^{2-})$ 不断减小，因而 $c_r(Ca^{2+}) \cdot c_r(CO_3^{2-}) < K_{sp}^{\ominus}(CaCO_3)$，$CaCO_3$ 的沉淀溶解平衡不断向右移动，促使 $CaCO_3(s)$ 不断溶解，如果盐酸足量，$CaCO_3$ 便可全部溶解。反之，若 $CaCO_3$ 的饱和溶液中加入 Na_2CO_3 溶液，则 $c(CO_3^{2-})$ 增大，使 $c_r(Ca^{2+}) \cdot c_r(CO_3^{2-}) > K_{sp}^{\ominus}(CaCO_3)$，

$CaCO_3$的沉淀溶解平衡向左移动，产生 $CaCO_3$ 沉淀，直到两种离子浓度的乘积等于 $K_{sp}^{\ominus}(CaCO_3)$时，达到新的平衡为止。

1. 沉淀的生成

根据溶度积规则，生成沉淀的条件是 $Q>K_{sp}^{\ominus}$，实际应用中最常采用的实验手段有：加入适宜的沉淀剂，调整溶液的 pH。

例 5-1　在 0.01 $mol \cdot L^{-1}$的 $Pb(NO_3)_2$ 溶液中，加入等量 0.01 $mol \cdot L^{-1}$KI 溶液，是否有 PbI_2 沉淀产生？如果加入等量 0.001 $mol \cdot L^{-1}$ 的 KI 溶液，是否有 PbI_2 沉淀产生？[$K_{sp}^{\ominus}(PbI_2)=8.49\times10^{-9}$]

解　在 0.01 $mol \cdot L^{-1}$ $Pb(NO_3)_2$ 溶液中 $c(Pb^{2+})=0.01\ mol \cdot L^{-1}$，在加入等量的 KI 溶液后，溶液量增大 1 倍，则此时 $c(Pb^{2+})=0.005\ mol \cdot L^{-1}$。同理有，$c(I^-)=0.005\ mol \cdot L^{-1}$。此时

$$Q=c_r(Pb^{2+}) \cdot c_r^2(I^-)=0.005\times0.005^2=1.25\times10^{-7}>K_{sp}^{\ominus}(PbI_2)$$

故溶液中有 PbI_2 沉淀产生。

若加入等量 0.001 $mol \cdot L^{-1}$的 KI 溶液，则 $c(I^-)=0.000\ 5\ mol \cdot L^{-1}$，此时

$$Q=c_r(Pb^{2+}) \cdot c_r^2(I^-)=0.005\times0.000\ 5^2=1.25\times10^{-9}<K_{sp}^{\ominus}(PbI_2)$$

故溶液中不会生成 PbI_2 沉淀。

例 5-2　有一 0.01 $mol \cdot L^{-1}$ Fe^{3+} 的溶液，试计算通过调整溶液 pH 使 Fe^{3+} 开始沉淀和沉淀完全时的 pH 是多少。

解　通过调整溶液 pH，可以使 Fe^{3+} 以 $Fe(OH)_3$ 沉淀析出，开始沉淀时即为达沉淀溶解平衡时，有

$$K_{sp}^{\ominus}=c_r(Fe^{3+})c_r^3(OH^-)=2.64\times10^{-39}$$

$$c_r(OH^-)=(2.64\times10^{-39}/0.01)^{1/3}=6.41\times10^{-13}$$

$$pH=1.81$$

而沉淀完全时，即溶液中 Fe^{3+} 离子浓度小于 $10^{-5}\ mol \cdot L^{-1}$，有

$$c_r(OH^-)=(2.64\times10^{-39}/10^{-5})^{1/3}=6.41\times10^{-12}$$

$$pH=2.81$$

所以，只需要控制溶液 pH 在 1.81～2.81 之间，即可使 Fe^{3+} 从开始沉淀到沉淀完全。

溶度积规则在生产上有着广泛的应用。例如，软化硬水(Ca^{2+} 和 Mg^{2+} 较多)的石灰苏打法，为什么要同时加入 Na_2CO_3 与 $Ca(OH)_2$ 两种物质呢？只用 Na_2CO_3 可不可以呢？我们可以看看常温下有关几种物质的溶度积：

$$K_{sp}^{\ominus}[Mg(OH)_2]=5.61\times10^{-12}$$

$$K_{sp}^{\ominus}(MgCO_3)=6.82\times10^{-6}$$

$$K_{sp}^{\ominus}(CaCO_3)=4.96\times10^{-9}$$

由 $K_{sp}^{\ominus}$数据可以看出，如果只用 Na_2CO_3，则因 $K_{sp}^{\ominus}(CaCO_3)$很小，Ca^{2+} 可以沉淀得比较完全，而 Mg^{2+} 则沉淀很不完全。因为 $K_{sp}^{\ominus}(MgCO_3)$较大，反应后留在溶液中的 Mg^{2+} 浓度还较大，不符合软水的要求。当然，所谓 Ca^{2+} 沉淀较完全，也并非水中绝对无 Ca^{2+} 了，只是浓度很小而已。因此，从理论上说，所谓沉淀完全是相对的。这与通常所说“没有绝对不溶的物质”是一致的。

另外，如果要用化学方法除去锅炉的锅垢，就应使用某种易与 Ca^{2+} 和 Mg^{2+} 结合生成极难

解离(但可溶)的物质(例如:配离子),使水中 Ca^{2+} 和 Mg^{2+} 浓度小于其与锅垢平衡的浓度(即 Ca^{2+},Mg^{2+} 与有关阴离子的离子积小于锅垢的溶度积)。这样,锅垢便可除去。当然选用何种物质,应该具体进行分析。

此外,在化工生产、化学分析上也常常要应用溶度积规则。

2.分步沉淀

在例 5-1 中,根据溶度积规则判断了在含 Pb^{2+} 的溶液中,加入含 I^- 的沉淀剂后,是否会生成 PbI_2 沉淀。实际上,溶液中常常同时含有多种离子,当加入某种沉淀剂时,可能会产生多种沉淀,或者同时析出沉淀,或者先后析出沉淀。我们可以根据溶度积规则来控制沉淀发生的次序,这种先后沉淀的现象叫作分步沉淀。

例 5-3 在含 0.01 mol·L^{-1} Cl^- 和 0.000 5 mol·L^{-1}CrO_4^{2-} 的混合溶液中,逐滴加入 $AgNO_3$ 溶液,开始时,先生成白色的 AgCl 沉淀,然后出现砖红色的 Ag_2CrO_4 沉淀。

在分析化学上,用 K_2CrO_4 溶液作指示剂,用 $AgNO_3$ 溶液作沉淀剂来测定 Cl^- 的含量,就是根据分步沉淀的原理。随着 $AgNO_3$ 溶液从滴定管加到待测溶液中去,AgCl 沉淀不断生成,最后,当出现砖红色时,滴定就达到终点。

根据溶度积规则,可以分别计算出上述溶液中生成 AgCl 和 Ag_2CrO_4 沉淀所需的 Ag^+ 的最低浓度(加入 $AgNO_3$ 溶液所引起的体积变化,忽略不计时)。

要沉淀浓度为 0.01 mol·L^{-1} Cl^-,需要 Ag^+ 的最低浓度为

$$c_r(Ag^+)=\frac{K_{sp}^{\ominus}(AgCl)}{c_r(Cl^-)}=\frac{1.77\times10^{-10}}{0.01}=1.77\times10^{-8}$$

要沉淀浓度为 0.000 5 mol ·L^{-1}CrO_4^{2-},需要 Ag^+ 的最低浓度为

$$c_r(Ag^+)=\sqrt{\frac{K_{sp}^{\ominus}(Ag_2CrO_4)}{c_r(CrO_4^{2-})}}=\sqrt{\frac{1.12\times10^{-12}}{5.0\times10^{-4}}}=4.73\times10^{-5}$$

由计算结果可知,沉淀 Cl^- 所需 Ag^+ 的浓度比沉淀CrO_4^{2-} 所需 Ag^+ 的浓度小得多,所以 AgCl 先沉淀,而 Ag_2CrO_4 后沉淀。

当 Ag_2CrO_4 沉淀刚析出时,Cl^- 的浓度又如何呢?如果不考虑加入试剂所引起溶液量的变化,可以认为此时溶液中 Ag^+ 的浓度为 4.73×10^{-5} mol·L^{-1},则 Cl^- 浓度为

$$c_r(Cl^-)=\frac{K_{sp}^{\ominus}(AgCl)}{c_r(Ag^+)}=\frac{1.77\times10^{-10}}{4.73\times10^{-5}}=3.74\times10^{-6}$$

这就说明,当 Ag_2CrO_4 开始析出沉淀时,Cl^- 已沉淀完全了(一般认为,浓度小于 10^{-5} mol·L^{-1},即沉淀完全)。

由此例可以看出:

(1)$K_{sp}^{\ominus}$值相差得愈大,各离子的分离愈容易,分离的效果也愈好;

(2)被分离离子浓度相差愈小,愈容易选择适宜的沉淀剂;

(3)当沉淀类型相同时,可以直接用 $K_{sp}^{\ominus}$值的大小进行判断;但是,如果沉淀类型不相同时,必须通过计算后再进行判断。

3.沉淀的转化

把一种沉淀转化为另一种沉淀的过程叫作沉淀的转化。沉淀总是向 $K_{sp}^{\ominus}$更小的物质转化,也就是向更稳定的沉淀方向进行。

例如,工业上的锅炉用水,水中杂质常结成锅垢,如不及时清除,不仅消耗燃料,也易发生

事故。锅垢中含有 $CaSO_4$，既难溶于水又难溶于酸，很难除去。但是，我们可以设法加入某种试剂，把 $CaSO_4$ 沉淀[$K_{sp}^{\ominus}(CaSO_4)=7.1\times10^{-5}$]转化为既疏松而又可溶于酸的 $CaCO_3$ 沉淀[$K_{sp}^{\ominus}(CaCO_3)=4.96\times10^{-9}$]，以利于锅垢的清除，其反应为

$$CaSO_4(s)+Na_2CO_3 \rightleftharpoons CaCO_3(s)+2Na^{+}+SO_4^{2-}$$

又如在海港建筑中，海水中的 Mg^{2+} 对水泥[含有 $Ca(OH)_2$]有侵蚀作用，是由于 $Ca(OH)_2$ 沉淀[$K_{sp}^{\ominus}[Ca(OH)_2]=4.68\times10^{-6}$]转化为 $Mg(OH)_2$ 沉淀[$K_{sp}^{\ominus}[Mg(OH)_2]=5.61\times10^{-12}$]，其反应为

$$Ca(OH)_2(s)+Mg^{2+} \rightleftharpoons Mg(OH)_2(s)+Ca^{2+}$$

近年来，常利用沉淀转化的原理进行废水处理。例如，用 FeS 可处理含 Hg^{2+} 或 Cu^{2+} 的废水，收效甚佳。反应式可表示为

$$FeS(s)+Cu^{2+} \rightleftharpoons CuS(s)+Fe^{2+}$$

$$FeS(s)+Hg^{2+} \rightleftharpoons HgS(s)+Fe^{2+}$$

很显然，在反应中两种难溶电解质的 $K_{sp}^{\ominus}$ 相差愈大，加入转化离子的浓度又较大，则沉淀的转化就愈完全。

4. 难溶物质与配合物的转化

在$[Ag(S_2O_3)_2]^{3-}$ 溶液中加入 Na_2S 溶液后，生成溶解度很小的 Ag_2S 沉淀，使溶液中 Ag^{+} 浓度减小，平衡就向着配离子$[Ag(S_2O_3)_2]^{3-}$解离的方向移动，有

$$2[Ag(S_2O_3)_2]^{3-} \rightleftharpoons 2Ag^{+}+4S_2O_3^{2-}$$

$$+$$

$$Na_2S \rightleftharpoons S^{2-}+2Na^{+}$$

$$\Vert$$

$$Ag_2S\downarrow$$

离子方程式为

$$2[Ag(S_2O_3)_2]^{3-}+S^{2-} \rightleftharpoons Ag_2S\downarrow+4S_2O_3^{2-}$$

反之，在 AgBr(s)加入 $Na_2S_2O_3$ 溶液后，有

$$AgBr(s) \rightleftharpoons Ag^{+}+Br^{-}$$

$$+$$

$$2S_2O_3^{2-}$$

$$\Vert$$

$$[Ag(S_2O_3)_2]^{3-}$$

生成稳定的$[Ag(S_2O_3)_2]^{3-}$，使溶液中 Ag^{+} 浓度减小，$c_r(Ag^{+})c_r(Br^{-})<K_{sp}^{\ominus}(AgBr)$，结果 AgBr(s)溶解。其离子方程式为

$$AgBr(s)+2S_2O_3^{2-} \rightleftharpoons [Ag(S_2O_3)_2]^{3-}+Br^{-}$$

从上述两例可以看出，体系中同时存在着配位平衡和沉淀溶解平衡，沉淀剂(S^{2-} 和 Br^{-})与配合剂($S_2O_3^{2-}$)争夺金属离子。争夺能力的大小主要取决于配离子的稳定性和难溶物质的溶解性。一般是：当配离子的 $K_{稳}^{\ominus}$ 较大而难溶物的 $K_{sp}^{\ominus}$ 不很小时，则难溶物质易与配合剂配合而溶解；当配离子的 $K_{稳}^{\ominus}$ 和难溶物的 $K_{sp}^{\ominus}$ 都较小时，则配离子易被沉淀剂沉淀而破坏。如果需

要准确地判断，则要通过计算给予说明。

二、同离子效应与盐效应

1. 同离子效应

如果在溶液中通入 HCl 气体，由于 Cl^- 浓度增大，上述平衡就向生成固体 AgCl 的方向移动，即有固体析出。结果降低了 AgCl 的溶解度。同样，如果在 AgCl 的饱和溶液中，有

$$AgCl(s) \rightleftharpoons Ag^+ + Cl^-$$

加大 Cl^- 浓度，也会有固体 AgCl 析出。可见，在电解质的饱和溶液中，加入含有相同离子的另一电解质，会使原有电解质的溶解度降低，称为同离子效应。例如，固体 $BaSO_4$ 溶于水，设 $BaSO_4$ 的溶解度为 S，有

$$BaSO_4(s) + H_2O(l) \rightleftharpoons Ba^{2+}(aq) + SO_4^{2-}(aq)$$

$$K_{sp}^{\ominus} = c_r(Ba^{2+}) \cdot c_r(SO_4^{2-}) = S \cdot S = 1.07 \times 10^{-10}$$

若在沉淀溶解平衡体系中加入与该沉淀相同的某一离子，如：SO_4^{2-}，就会使溶液中的 SO_4^{2-} 浓度增大，沉淀溶解平衡也将发生移动，但是，由于 $K_{sp}^{\ominus}$ 是一个常数，所以，在新的条件下有

$$c_{新}(SO_4^{2-}) > c_{原}(SO_4^{2-})$$

而

$$c_{新}(Ba^{2+}) < c_{原}(Ba^{2+})$$

即在加入同离子后，$BaSO_4$ 的溶解度减小了，由此可以看出，同离子效应的结果是使难溶电解质的溶解度减小。

在化合物的合成及制备中，同离子效应有着广泛的应用。通常，要使某物质沉淀析出，总是要适当地加入过量的沉淀剂（一般过量 20%～50%）而使某离子沉淀完全，就是利用同离子效应的原理；在进行定量分离时，总是选择含同离子的洗涤剂对过滤的沉淀物进行洗涤，也是利用了同离子效应的原理等。那么，选择的适宜沉淀剂是否过量得愈多，生成的沉淀就愈完全呢？除了同离子效应以外，还有盐效应也会对溶解度有所影响。

2. 盐效应

在强电解质的溶液中，由于离子氛的产生，各离子的移动速度减慢，其表观电离度减小。

很显然，当溶液的浓度愈大时，溶液中的离子数目愈多；组成电解质的离子电荷愈高，吸引异电荷的能力愈强。这些因素都会使离子氛的密度增大，离子移动时的阻碍也就更大。如果在难溶强电解质溶液中加入易溶强电解质，使溶液中的离子数目大大增加，因为离子氛的形成，阴、阳离子之间的碰撞机会大大减少，从而使难溶物的沉积趋势减小，其结果是难溶强电解质的溶解度增大了。我们把加入易溶强电解质而使难溶强电解质溶解度增大的现象称为盐效应。

在同离子效应中是否存在盐效应呢？让我们看看表 5-2 和表 5-3 中的数据。

表 5-2 AgCl 在 KNO_3 溶液中的溶解度（25℃）

$c(KNO_3)/(mol \cdot L^{-1})$	0.00	0.001 00	0.005 00	0.010 0
$S(AgCl)/(10^{-5}\ mol \cdot L^{-1})$	1.278	1.325	1.385	1.427

表 5-3　$PbSO_4$ 在 Na_2SO_4 溶液中的溶解度

$c(Na_2SO_4)/(mol \cdot L^{-1})$	0	0.001	0.01	0.02	0.04	0.100	0.200
$S(PbSO_4)/(mmol \cdot L^{-1})$	0.15	0.024	0.016	0.014	0.013	0.016	0.023

因此，在选择使用沉淀剂时，不可无限过量！通常以过量20％～50％为宜。但是，通常情况下，同离子效应的影响比盐效应的影响更大一些。

三、沉淀的溶解

在实际工作中，经常需要将难溶固体物质转化为溶液。例如，矿样的分析、锅炉锅垢的清除、物质的提纯、印像的定影(除去胶片上的 AgBr)等，都要将固体物质溶解。根据溶度积规则，只要使 $Q<K_{sp}^{\ominus}$，即在难溶电解质的多相平衡体系中，如果能除去某种离子，使离子浓度(适当方次)的乘积小于其溶度积，则沉淀会溶解。通常需要针对具体的研究对象，采用适宜的溶解方法。

1. pH 对沉淀溶解平衡的影响

(1)难溶金属氢氧化物的溶解。任意难溶金属氢氧化物的沉淀溶解平衡为

$$M(OH)_n(s) \rightleftharpoons M^{n+}(aq)+nOH^-(aq)$$

其溶度积表示为

$$K_{sp}^{\ominus}=c_r(M^{n+}) \cdot c_r^n(OH^-)$$

在上述平衡中加入 H^+ 后，由于生成了弱电解质 H_2O，而使平衡持续向右移动，进而使沉淀溶解。通常，加入适当的离子，与溶液中某离子结合生成弱电解质，可使沉淀向溶解的方向移动。例如，氢氧化铜与盐酸作用，生成弱电解质水而使氢氧化铜溶解，有

$$Cu(OH)_2(s)+2H^+ \rightleftharpoons Cu^{2+}+2H_2O$$

生成弱电解质 H_2O，使溶液中 OH^- 浓度减小，$c_r(Cu^{2+}) \cdot c_r^2(OH^-)<K_{sp}^{\ominus}[Cu(OH)_2]$，结果是 $Cu(OH)_2$ 溶解。又如，$Mg(OH)_2$ 溶于铵盐中，有

$$Mg(OH)_2(s)+2\,NH_4^+ \rightleftharpoons Mg^{2+}+2NH_3+2H_2O$$

反应中NH_4^+ 与 $Mg(OH)_2$ 解离出来的 OH^- 结合，生成弱电解质 H_2O 和 NH_3，且 NH_3 以气体逸出，使溶液中 OH^- 浓度减小，$c_r(Mg^{2+}) \cdot c_r^2(OH^-)<K_{sp}^{\ominus}[Mg(OH)_2]$，结果使 $Mg(OH)_2$溶解。

对于难溶金属氢氧化物，当设其溶解度为 S 时，可以推导得出

$$M(OH)_n(s) \rightleftharpoons M^{n+}(aq)+nOH^-(aq)$$

$$S=c_r(M^{2+})=\frac{K_{sp}^{\ominus}}{c_r^n(OH^-)}=\frac{K_{sp}^{\ominus}}{[K_w^{\ominus}/c_r(H^+)]^n}$$

整理后为

$$S=\frac{K_{sp}^{\ominus}}{(K_w^{\ominus})^n} \cdot c_r^n(H^+) \tag{5-3}$$

根据式(5-3)，以 S 对 pH 作图，得到图 5-1。从 S-pH 图中可以了解到难溶金属氢氧化物的存在形式与溶液 pH 的关系。图中每条线的右方区域为对应金属离子的沉淀生成区；每条线的左方区域为金属氢氧化物的沉淀溶解区；每条线上是该难溶金属氢氧化物处于沉淀

溶解平衡状态。如:$Fe(OH)_3$ 的 S-pH 线的右方是 $Fe(OH)_3$ 的存在区,左方是 Fe^{3+} 离子的存在区,S-pH 线上 $Fe(OH)_3$ 的沉淀溶解两相达平衡。对于每一个难溶金属氢氧化物来说,每条线的最高点和最低点,是该金属氢氧化物开始沉淀和沉淀完全的点。如 $Fe(OH)_3$ 的 S-pH 线的最上端的点对应的是 $Fe(OH)_3$ 开始沉淀的 pH,最下端的点对应的是 $Fe(OH)_3$ 沉淀完全的 pH。通过图 5-1,我们可以清楚地看出,在何 pH 时金属氢氧化物开始沉淀,何 pH 时就沉淀完全了。图 5-1 也可以用来直观地判断几种离子是否能够通过控制 pH 进行良好地分离。如 $Fe(OH)_3$ 沉淀完全的 pH 与 $Cu(OH)_2$ 开始沉淀的 pH 相差较大,也就是说,可以用调整溶液 pH 的方法,良好地分离 Fe^{3+} 和 Cu^{2+}。但是,$Ni(OH)_2$ 沉淀完全的 pH 与 $Co(OH)_2$ 开始沉淀的 pH 相互交叠,也就是在 $Ni(OH)_2$ 尚未沉淀完全时,$Co(OH)_2$ 就已经开始沉淀了,那么,用调整溶液 pH 的方法是无法分离 Ni^{2+} 和 Co^{2+} 的。

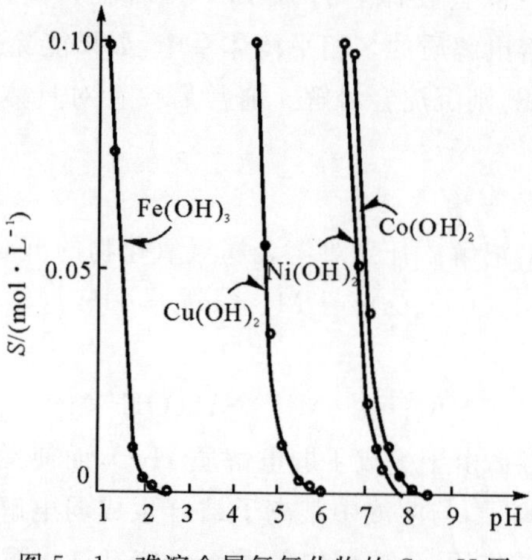

图 5-1　难溶金属氢氧化物的 S-pH 图

(2)金属硫化物。金属硫化物的溶解最为复杂,因为各硫化物的 $K^{\ominus}_{sp}$ 相差较大。用各种酸来溶解金属硫化物是常用的方法之一。在讨论金属硫化物的酸溶解时,我们以一种最简单模式来进行。如在 1 L 盐酸中溶解 0.1 mol 某金属硫化物 MS 所需的酸浓度为 $c(H^+)$,表示为

$$MS(s)+2H^+(aq) \rightleftharpoons M^{2+}(aq)+H_2S(aq)$$

加入盐酸 HCl,因生成弱电解质 H_2S 而使平衡右移,促使沉淀溶解。

有表达式

$$K^{\ominus}=\frac{c_r(M^{2+})c_r(H_2S)}{c_r^2(H^+)}$$

$$c_r(H^+)=\sqrt{\frac{c_r(M^{2+})c_r(H_2S)}{K^{\ominus}}}$$

又有

$$K^{\ominus}=\frac{c_r(M^{2+})c_r(H_2S)}{c_r(H^+)c_r(H^+)}\frac{c_r(S^{2-})c_r(HS^-)}{c_r(S^{2-})c_r(HS^-)}=\frac{K^{\ominus}_{sp}}{K^{\ominus}_{a1}K^{\ominus}_{a2}}$$

整理得

$$c_r(H^+)=\sqrt{\frac{c_r(M^{2+})c_r(H_2S)K^{\ominus}_{a1}K^{\ominus}_{a2}}{K^{\ominus}_{sp}}} \tag{5-4}$$

通过查 $K_{sp}^{\ominus}$,$K_{a1}^{\ominus}$,$K_{a2}^{\ominus}$等,就可以进行相应的计算。如 MnS,ZnS,CuS 溶解所需要的酸浓度见表 5-4 中的数据。

表 5-4　几种硫化物溶解所需要的酸浓度

硫化物	$K_{sp}^{\ominus}$	$c_r(H^+)$
MnS	4.65×10^{-14}	5.85×10^{-7}
ZnS	2.93×10^{-25}	0.24
CuS	1.27×10^{-36}	8.9×10^{9}

由计算可知,MnS 在弱酸中就可溶解,如 HAc;而 ZnS 能够溶于更强一些的酸中,如稀盐酸;根据计算结果 CuS 已不能溶于一般的酸,因为,酸的浓度是无法达到 10^9 这个数量级的。这一类硫化物的溶解只能通过其他的反应来实现。

2. 沉淀的配位溶解

生成配合物是难溶物溶解的方法之一。有许多难溶物可以发生配位反应,生成可以溶解的物质而溶解,例如,在 AgBr 沉淀中加入氨水,由于生成配合物$[Ag(NH_3)_2]Br$能否使 AgBr 溶解,反应式为

$$AgBr(s)+2NH_3(aq)\!=\!=\!=[Ag(NH_3)_2]^+(aq)+Br^-(aq)$$

根据反应,标准平衡常数表示为

$$K^{\ominus}=\frac{c_r[Ag(NH_3)_2^+]c_r(Br^-)}{c_r^2(NH_3)}$$

上下同乘 Ag^+ 浓度有

$$K^{\ominus}=\frac{c_r[Ag(NH_3)_2^+]c_r(Br^-)}{c_r^2(NH_3)}\frac{c_r(Ag^+)}{c_r(Ag^+)}$$

整理得

$$K^{\ominus}=K_f^{\ominus}K_{sp}^{\ominus} \tag{5-5}$$

代入数据计算得

$$K^{\ominus}=5.99\times10^{-6}$$

根据 $K^{\ominus}$值的大小就可以判断反应的方向,进而判断沉淀能否溶解。在 AgBr 沉淀中加入氨水,反应的 $K^{\ominus}=5.99\times10^{-6}<10^{-5}$,所以不能使 AgBr 溶解。上述我们推导了由沉淀到配合物的转化,有式(5-5),同理可以得到由配合物到沉淀的转化,有

$$K^{\ominus}=\frac{1}{K_f^{\ominus}K_{sp}^{\ominus}} \tag{5-6}$$

例如,试通过式(5-5)、式(5-6)判断 AgCl,AgBr,AgI 沉淀与配合物$[Ag(NH_3)_2]^+$,$[Ag(S_2O_3)_2]^{3-}$,$[Ag(CN)_2]^-$相互转化的可能性。我们知道:

沉淀→配合物	配合物→沉淀
$K^{\ominus}=K_f^{\ominus}K_{sp}^{\ominus}$	$K^{\ominus}=\dfrac{1}{K_f^{\ominus}K_{sp}^{\ominus}}$

根据上两式计算:在沉淀 AgCl 中加入氨水,有何反应?再依次加入 KBr 溶液、$Na_2S_2O_3$ 溶液、KI 溶液、KCN 溶液又有何反应发生?

表 5-5　沉淀与配合物相互转换 $K^{\ominus}$ 的计算

<table>
<tr><th>沉淀</th><th>$K_{sp}^{\ominus}/K_f^{\ominus}$</th><th>沉淀→配合物的 $K^{\ominus}$</th><th>配合物→沉淀的 $K^{\ominus}$</th></tr>
<tr><td>AgCl</td><td>1.77×10^{-10}</td><td rowspan="2">$AgCl\rightarrow[Ag(NH_3)_2]^+$
1.98×10^{-3}</td><td></td></tr>
<tr><td>$[Ag(NH_3)_2]^+$</td><td>1.12×10^{7}</td><td rowspan="2">$[Ag(NH_3)_2]^+\rightarrow AgBr$
1.13×10^{5}</td></tr>
<tr><td>AgBr</td><td>5.35×10^{-13}</td><td rowspan="2">$AgBr\rightarrow[Ag(S_2O_3)_2]^{3-}$
15.46</td></tr>
<tr><td>$[Ag(S_2O_3)_2]^{3-}$</td><td>2.89×10^{13}</td><td rowspan="2">$[Ag(S_2O_3)_2]^{3-}\rightarrow AgI$
4.15×10^{2}</td></tr>
<tr><td>AgI</td><td>8.51×10^{-17}</td><td rowspan="2">$AgI\rightarrow[Ag(CN)_2]^-$
1.07×10^{5}</td></tr>
<tr><td>$[Ag(CN)_2]^-$</td><td>1.26×10^{21}</td><td></td></tr>
</table>

根据表 5-5 计算的 $K^{\ominus}$ 大小，判断沉淀与配合物间转化的方向，进而选择试剂浓度。

上例中卤化银(AgCl,AgBr,AgI)都是难溶于水的，酸、碱也不能使它们溶解，若借助于生成可溶性的配合物，则可溶解。根据计算的 $K^{\ominus}$，其中 AgCl 易溶于 $NH_3\cdot H_2O$ 中，生成 $[Ag(NH_3)_2]^+$ 配离子，AgBr，AgI 则不溶于 $NH_3\cdot H_2O$ 中；但可以选用形成更稳定配合物的配合剂，如 AgBr 可选用海波($Na_2S_2O_3\cdot 5H_2O$)，AgI 可选用 KCN，它们分别生成更稳定的配离子 $[Ag(S_2O_3)_2]^{3-}$ 和 $[Ag(CN)_2]^-$，而使 AgBr 和 AgI 溶解。具体反应式为

$$AgCl(s)+2NH_3\cdot H_2O=\!=\!=[Ag(NH_3)_2]^++Cl^-+2H_2O$$

$$AgBr(s)+2Na_2S_2O_3=\!=\!=[Ag(S_2O_3)_2]^{3-}+Br^-+4Na^+$$

$$AgI(s)+2KCN=\!=\!=[Ag(CN)_2]^-+I^-+2K^+$$

3. 生成气体

加入适当物质，与溶液中某种离子结合，生成微溶的气体，而使沉淀溶解平衡向右移动，即沉淀溶解的方向。

例如，在有关"溶度积规则"内容中提到，碳酸钙和盐酸作用，生成二氧化碳使碳酸钙溶解，所用的酸即使是乙酸，也能使碳酸钙溶解。又如，FeS 溶解于盐酸，也是由于生成了 H_2S 气体，而使 FeS 溶解，其反应可以用离子方程式表示为

$$FeS(s)+2H^+=\!=\!=Fe^{2+}+H_2S\uparrow$$

4. 生成氧化产物

加入氧化剂或还原剂，与溶液中某一离子发生氧化还原反应，以降低该离子浓度。而使沉淀溶解平衡向右移动，即沉淀溶解的方向。

例如，硫化铜与氧化性的硝酸作用，生成单质 S 而使硫化铜溶解，即

$$3CuS(s)+8HNO_3=\!=\!=3Cu(NO_3)_2+3S\downarrow+2NO\uparrow+4H_2O$$

由于反应中的 HNO_3 使 CuS 解离出来的 S^{2-} 氧化成 S，而使溶液中 S^{2-} 浓度减少，$c_r(Cu^{2+})\cdot c_r(S^{2-})<K_{sp}^{\ominus}(CuS)$，导致 CuS 溶解。

对于像 HgS 等溶度积[$K_{sp}^{\ominus}(HgS)=6.44\times10^{-53}$(黑)]很小的物质，即使在浓 HNO_3 中也不能溶解，只有在王水中才能溶解。反应中 S^{2-} 被王水中的 HNO_3 氧化，Hg^{2+} 与王水中的 Cl^- 结合形成配离子 $[HgCl_4]^{2-}$。这样，HgS 在氧化和配合的双重作用下，溶液中 S^{2-} 和 Hg^{2+} 浓度不断减小，$c_r(Hg^{2+})\cdot c_r(S^{2-})<K_{sp}^{\ominus}(HgS)$，结果 HgS 溶解。其反应可以用离子方程式表示为

$$3HgS(s)+8H^{+}+2NO_3^{-}+12Cl^{-}=3[HgCl_4]^{2-}+3S\downarrow+2NO\uparrow+4H_2O$$

总之，沉淀的溶解方法很多，根据需要来选择。常常采用两种及两种以上的方法同时进行，以求达到较好的效果。

思考题

1. 什么叫溶度积？若要比较一些难溶电解质的溶解度大小，是否可以根据各难溶电解质的溶度积大小直接比较？即溶度积大的，溶解度也大；溶度积小的，溶解度也小。为什么？

2. 什么叫溶度积规则？什么叫分步沉淀？试举例说明。

3. 如果 AgCl(s)与它的离子 Ag^+ 和 Cl^- 的饱和溶液处于平衡状态，在下列各种情况中对平衡产生什么影响？

(1)加入更多的 AgCl(s)；

(2)加入 $AgNO_3$ 溶液；

(3)加入 NaCl 溶液；

(4)加入 KI 溶液；

(5)加入氨水。

4. 试从配离子的稳定性和难溶物质的溶解性解释以下事实：

(1)AgCl 能溶于稀氨水，AgBr 只能微溶，而在 $Na_2S_2O_3$ 溶液中 AgCl 和 AgBr 都能溶解；

(2)在$[Ag(NH_3)_2]^+$溶液中加入 I^- 能得到 AgI 沉淀，但在$[Ag(CN)_2]^-$溶液中加入 I^- 不能得到 AgI 沉淀。

习　题

1. 室温时 100 g 水中能溶解 0.003 3 g 的 Ag_2CrO_4，求其溶度积。

2. 根据 AgI 的溶度积，计算：

(1)AgI 在纯水中的溶解度($g\cdot L^{-1}$)；

(2)在 0.001 0 $mol\cdot L^{-1}$KI 溶液中 AgI 的溶解度($g\cdot L^{-1}$)；

(3)在 0.010 $mol\cdot L^{-1}$$AgNO_3$ 溶液中 AgI 的溶解度($g\cdot L^{-1}$)。

3. 某溶液含 0.10 $mol\cdot L^{-1}$的 Cl^- 和 0.10 $mol\cdot L^{-1}$的CrO_4^{2-}，如果向该溶液中慢慢加入 Ag^+，哪种沉淀先产生？当第二种离子沉淀时，第一种离子浓度是多少？

4. 在氯化铵溶液中有 0.01 $mol\cdot L^{-1}$的 Fe^{2+}，若要使 Fe^{2+} 生成 $Fe(OH)_2$ 沉淀，需将 pH 调节到多少时才开始产生沉淀？

5. 某溶液中含有 Pb^{2+} 和 Zn^{2+}，两者的浓度均为 0.10 $mol\cdot L^{-1}$；在室温下通入 $H_2S(g)$ 使之成为 H_2S 饱和溶液，并加 HCl 控制 S^{2-} 的浓度。为了使 PbS 沉淀出来，而 Zn^{2+} 仍留在溶液中，则溶液中的 H^+ 浓度最低应是多少？此时溶液中的 Pb^{2+} 是否被沉淀完全？

6. 在某混合溶液中 Fe^{3+} 和 Zn^{2+} 的浓度均为 0.010 $mol\cdot L^{-1}$。加碱调节 pH，使 $Fe(OH)_3$沉淀出来，而 Zn^{2+} 保留在溶液中。通过计算确定分离 Fe^{3+} 和 Zn^{2+} 的 pH 的范围。

7. 已知反应：$Cu(OH)_2(s)+4NH_3(aq)=[Cu(NH_3)_4]^{2+}(aq)+2OH^-(aq)$

(1)计算该反应在 298 K 下的标准平衡常数；

(2)估算 $Cu(OH)_2$ 在 6.0 mol·L^{-1} 氨水中的溶解度(mol·L^{-1})(忽略氨水浓度的变化)。

8. 某溶液中含有 0.10 mol·L^{-1} Li^+ 和 0.10 mol·L^{-1} Mg^{2+}，滴加 NaF 溶液(忽略体积变化)，哪种离子最先被沉淀出来？当第二种沉淀析出时，第一种沉淀的离子是否被沉淀完全？两种离子有无可能分离开？

9. 有两种溶液，第一种溶液中 $c([Ag(NH_3)_2]^+)$ = 0.05 mol·L^{-1}，$c(NH_3)$ = 0.1 mol·L^{-1}，第二种溶液中 $c([Ag(CN)_2^-])$ = 0.05 mol·L^{-1}，$c(CN^-)$ = 0.1 mol·L^{-1}。根据计算指出，在两种溶液中分别加入 NaCl，使 $c(Cl^-)$ = 0.05 mol·L^{-1}(设体积不变)，是否有 AgCl 沉淀生成。

10. 在有氯化银沉淀的试管中加入过量的氨水，沉淀消失。将此溶液分为两份，一份中加入氯化钠溶液少许，无变化；另一份中加入碘化钾溶液少许，则出现沉淀。解释以上现象，并写出有关反应方程式(所需数据自己查找)。

第6章　氧化还原反应原理及电化学

电化学(Electrochemistry)是研究化学变化与电之间的转化关系,即化学能与电能相互转化规律的一门学科。这样的转化关系及转化规律决定了电化学过程都是在氧化还原反应的基础上才能得以实现。因此,学习电化学必须熟悉氧化还原反应的基本规律。自发的氧化还原反应的化学能通过原电池而转化为电能。在电解池中,电能将迫使非自发的氧化还原反应进行而将电能转化为化学能。

本章将讨论衡量物质氧化还原能力强弱的"标准电极电势"的概念及影响电极电势的因素,结合热力学函数与反应速率理论,分析反应方向、限度和阻力;讨论电解的基本原理及影响电极反应的主要因素,了解电解的应用。学习金属电化学腐蚀及防护的基本知识,了解化学电源的新发展。

6.1　原电池与氧化还原反应

一、氧化数

氧化数(Oxidation number)也称氧化值,表示某元素一个原子所带的表观电荷数(Apparent charge number)。表观电荷是把分子中的键合电子指定给电负性较大的原子后,该原子净得的电荷,也称形式电荷。确定氧化数的规则如下。

(1)在单质中,原子的氧化数为零。

(2)在离子型化合物中,元素原子的氧化数等于该元素的离子电荷数。

(3)在共价型化合物中,原子的氧化数就是原子所带的表观电荷数。

(4)在未知结构的化合物中,原子的氧化数可以用下面的方法计算得到:

1)中性化合物中,所有原子的氧化数总和等于零;

2)单原子离子的氧化数等于它所带的电荷数,多原子离子中,所有原子氧化数总和等于该离子所带的电荷数;

3)氢在化合物中的氧化数一般为+1,但在金属氢化物(如 LiH)中为−1;

4)氧在化合物中的氧化数一般为−2,但在过氧化物(如 H_2O_2)中为−1,在超氧化物(如 KO_2)中为−1/2,在 OF_2 中为+2;

5)氟是电负性最大的元素,在所有化合物中氧化数均为−1。

(5)有机化合物中碳原子的氧化数可按下面规则计算得到:

1)碳原子和碳原子相连接,无论是单键还是多重键,碳原子的氧化数均为零;

2)碳原子与氢原子相连接氧化数算作−1;

3)碳原子以单键、双键或三键与电负性比碳大的 O,N,S,X 等杂原子连接,碳原子的氧化数算作+1,+2 或+3。

根据这些规则,可以确定化合物中原子的氧化数。

例 6-1 求 $Cr_2O_7^{2-}$ 中 Cr 的氧化数。

解 已知 O 的氧化数为-2,设 Cr 的氧化数为 x,则

$$2x+7\times(-2)=-2,\quad x=+6$$

例 6-2 求 Fe_3O_4 中 Fe 的氧化数。

解 已知 O 的氧化数为 -2,设 Fe 的氧化数为 x,则

$$3x+4\times(-2)=0,\quad x=+8/3$$

由此例可见,氧化数与物质的真实结构无关,它只是某元素一个原子的形式电荷数。

例 6-3 分别求 CH_3COOH 中甲基和羧基上碳原子的氧化数。

解 CH_3COOH 中甲基和羧基上的碳原子的氧化数分别为-3 和+3。

虽然在许多化合物中原子的氧化数往往和化合价的数值相同,但是氧化数和化合价是两个不同的概念。氧化数是某元素一个原子的表观电荷数,可以是整数、分数或小数。而化合价是各种元素的原子相互化合的数目,只能是整数。

二、氧化还原反应及其方程式的配平

对于化学反应来说,凡在化学反应过程中物质的氧化数有变化的反应即为氧化还原反应(Oxidation-Reduction reactions)。在氧化还原反应过程中电子得与失一定同时发生,如在

$$Zn+Cu^{2+}=\!=\!=Zn^{2+}+Cu$$

的反应里,1 mol Zn 原子失去 2 mol 电子,同时 1 mol Cu^{2+} 就得到 2 mol 电子。但有的反应,例如,在 H_2 和 O_2 的反应里:

$$H_2+1/2\ O_2=\!=\!=H_2O$$

电子的得失关系就没有那么明显了。

根据氧化数的概念,如上反应由于氧的电负性大于氢,就这对电子的归属而言,通常算它归属氧,由此可看作 H 失去 1 个电子,"形式电荷"为+1,而 O 由于得到 2 个电子,"形式电荷"为-2。

电化学实验证明,1 mol MnO_4^- 还原为 MnO_2 时须要得到 3 mol 电子,而还原为 Mn^{2+} 时则须得到 5 mol 电子,即

$$Mn^{+7}O_4^-+4H^++3e^-=\!=\!=Mn^{+4}O_2+2H_2O$$

$$Mn^{+7}O_4^-+8H^++5e^-=\!=\!=Mn^{+2}+4H_2O$$

1 mol Mn 的氧化数由+7 降为+4 需要获得 3 mol 电子,而由+7 降为+2 则需获得 5 mol 电子。由此可见,氧化数也反映了元素所处的氧化状态。反应过程中氧化数的变化表明氧化剂和还原剂电子转移关系。

氧化还原反应的配平有离子电子法、氧化数法、矩阵法。这里只介绍氧化数法,即用氧化数升降的方法来配平。下面简单说明配平过程中应注意的几个问题。

配平过程可分为下述 3 个步骤。

(1)根据实验现象确定生成物并注意反应条件。

(2)确定有关元素氧化数的变化。

(3)按氧化(Oxidation)和还原(Reduction)同时发生,电子得失数目必须相等的原则进行配平。水溶液中反应根据实际情况用 H^+,OH^-,H_2O 等配平 H 和 O。

例 6-4　将 $FeSO_4$ 溶液加入酸化后的 $KMnO_4$ 溶液中，MnO_4^- 的紫红色褪去，生成了 Mn^{2+}，写出离子反应方程式。

解　由于反应是在酸性介质中进行的，其离子反应式是：

第一步　$Fe^{2+} = Fe^{3+}$

$MnO_4^- + 8H^+ = Mn^{2+} + 4H_2O$

第二步　$Fe^{2+} - e^- = Fe^{3+}$

$MnO_4^- + 8H^+ + 5e^- = Mn^{2+} + 4H_2O$

第三步　$5Fe^{2+} - 5e^- = 5Fe^{3+}$

$MnO_4^- + 8H^+ + 5e^- = Mn^{2+} + 4H_2O$

第四步　$5Fe^{2+} + MnO_4^- + 8H^+ = Mn^{2+} + 5Fe^{3+} + 4H_2O$

若忽略反应条件而写成下例两个反应式，表面上看也是配平的，但是与事实不符，都不能代表上述反应：

$$5Fe^{2+} + MnO_4^- + 4H_2O = Mn^{2+} + 5Fe^{3+} + 8OH^-$$

$$3Fe^{2+} + MnO_4^- + 4H^+ = MnO_2 + 3Fe^{3+} + 2H_2O$$

在前一反应方程式中表示的是在中性条件下的反应，反应后有 OH^- 生成。但是，若在中性条件下，MnO_4^- 不能被还原成 Mn^{2+}，只能还原成 MnO_2，理论与实际不符。并且 Fe^{3+} 和 Fe^{2+} 与 OH^- 将生成 $Fe(OH)_3$ 和 $Fe(OH)_2$ 沉淀。在后一反应方程式里有 MnO_2 生成，它是棕色沉淀，与无色溶液不符。

三、原电池的构造

原电池(Primary)是借助自发进行的氧化还原反应，将化学能直接转变为电能的装置。当把锌片放入硫酸铜溶液中时，就会发生如下的氧化还原反应：

$$Zn + CuSO_4 = Cu + ZnSO_4$$

在这个反应过程中，由于锌和硫酸铜溶液直接接触，电子从锌原子直接转移到 Cu^{2+} 上。这里电子的流动是无序的，随着反应的进行，溶液的温度有所升高，即反应时的化学能转变成为热能。例如，上述反应的 $\Delta_r H_m^{\ominus} = -211.4\ kJ \cdot mol^{-1}$。要利用氧化还原反应构成原电池，使化学能转化为电能，必须满足以下三个条件才能使电荷定向移动，有秩序地交换：

(1)必须是一个可以自发进行的氧化还原反应；

(2)氧化反应与还原反应要分别在两个电极上自发进行；

(3)组装成的内外电路要构成通路。

根据以上条件，把上述反应装配成 Cu-Zn 原电池，如图 6-1 所示。在两个烧杯中分别盛装 $ZnSO_4$ 溶液和 $CuSO_4$ 溶液，在盛有 $ZnSO_4$ 溶液的烧杯中放入锌片，在盛有 $CuSO_4$ 溶液的烧杯中放入铜片，将两个烧杯的溶液用盐桥连接起来(盐桥，其作用是接通内电路，中和两个半电池中的过剩电荷，使 Zn 溶解、Cu 析出的反应得以持续进行。一般用饱和 KCl 溶液和琼脂制成凝胶状，以使溶液不至流出，而离子却可以在其中自由移动)；将两个金属片用导线连接，并在导线中串联一个电流表。这样装配以后，电子不能直接转移，而是使还原剂失去的电子沿着金属导线转移到氧化剂。这样把氧化反应和还原反应分别在两处进行，电子不直接从还原剂转移到氧化剂，而是通过电路进行传递，按一定方向流动，从而产生电流，使化学能转化为电能。按这个原理组装的实用铜锌电池称为丹尼尔电池(Daniell cell)。这个电池在 19 世纪是普遍实用的化学电源。

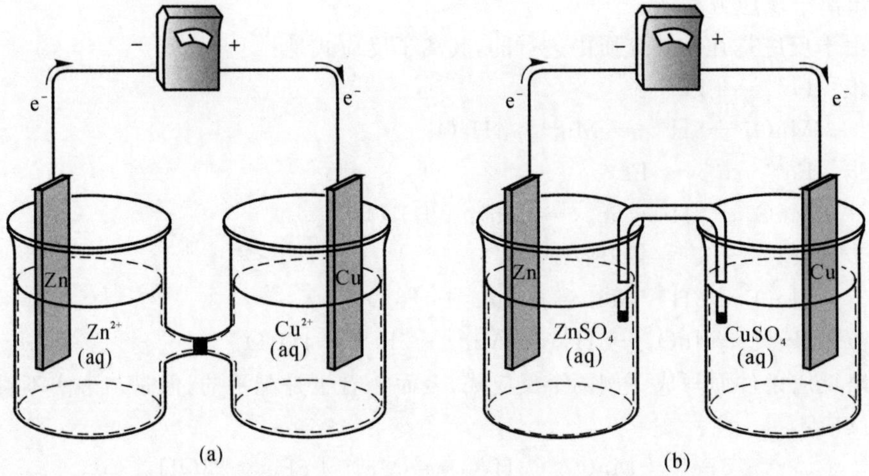

图 6-1 Cu-Zn 原电池

四、电极、电池反应及电池符号

任意一个自发进行的氧化还原反应，选择适当电极(Inert electrode)便可组装成一个原电池(Primary cell)，使电子沿一定方向流动产生电流。这里所说的电极绝非泛指一般电子导体，而是指与电解质溶液相接触的电子导体。它既是电子储存器，又是电化学反应发生的地点。电化学中的电极总是与电解质溶液联系在一起，而且电极的特性也与其上所进行的化学反应分不开。因此，电极是指电子导体与电解质溶液的整个体系。根据电极反应(Electrode reaction)的性质，可以将电极分为：第一类电极，由金属浸在含有该金属离子的溶液中所构成，如 $Zn \mid Zn^{2+}$；第二类电极，由氢、氧、卤素等气体浸在含有该气体组成元素的离子溶液中构成的气体电极，如 $Pt(H_2) \mid H^+$；第三类电极，包括金属及该金属难溶盐电极和氧化还原电极，如 $Pt \mid Fe^{2+}, Fe^{3+}$。

原电池的两个电极之间存在着电势差。电势较高或电子流入的电极是正极(Cathode)。电势较低或电子流出的电极是负极(Anode)。电化学中规定，无论是在原电池(自发电池)、电解池(非自发电池)还是腐蚀电池(自发电池)中，都将发生氧化反应的电极称为阳极，发生还原反应的电极称为阴极。但当原电池转变为电解池(例如蓄电池放电后的再充电)时，它们的正负极符号不变，原来的阴极变为阳极，而原来的阳极变为阴极。这当然是与电极反应的方向对应的，电极反应方向改变，阴、阳极名称随之改变。这也就是人们为什么总是愿意用正、负极来表示原电池中两个电极名称的原因。按此规定，在 Cu-Zn 原电池中电极名称、电极反应、电池反应为：

电极反应：负极(锌与锌离子溶液)：$Zn - 2e^- = Zn^{2+}$ （氧化反应）

正极(铜与铜离子溶液)：$Cu^{2+} + 2e^- = Cu$ （还原反应）

电池反应：两个电极反应相加即可得到

$$Zn + Cu^{2+} = Zn^{2+} + Cu \quad \text{（氧化还原反应）}$$

在上述两极反应进行的瞬间，Zn 片上的原子变成 Zn^{2+} 进入硫酸锌溶液，使硫酸锌溶液因

Zn^{2+} 增加而带正电荷；同时，Cu^{2+} 变成 Cu 沉积在铜片上，使硫酸铜溶液中因 Cu^{2+} 减少而带负电荷。这两种电荷都会阻碍原电池反应中得失电子的继续进行，以致实际上不能产生电流。当有盐桥(Salt bridge)存在时，负离子可以向 $ZnSO_4$ 溶液扩散，正离子则向 $CuSO_4$ 溶液扩散，分别中和过剩的电荷，从而保持溶液的电中性，使得失电子的过程持续进行，不断产生电流。

为了方便地表述原电池，1953 年国际纯粹与应用化学联合会(IUPAC)协约用符号来表示原电池。原电池符号可按以下几条规则书写：

以化学式表示电池中各种物质的组成，并需分别注明物态(固、液、气等)。气体需注明压力，溶液需注明浓度，固体需注明晶型等。

以单竖线"｜"表示不同物相之间的界面，包括电极与溶液界面，溶液与溶液界面等。用双竖线"‖"表示盐桥(消除液接电势)。

电池的负极(阳极)写在左方，正极(阴极)写在右方，由左向右依次书写。在书写电池符号表示式时，各化学式及符号的排列顺序要真实反映电池中各物质的接触顺序。

溶液中有多种离子时，负极按氧化态升高依次书写，正极按氧化态降低依次书写。

根据上述规则 Cu－Zn 原电池可用符号表示为

$$(-)Zn \mid ZnSO_4(c_1) \parallel CuSO_4(c_2) \mid Cu(+)$$

不仅两个金属和它"自己的"盐溶液构成的两个电极用盐桥连接能组成原电池，而且任何两种不同金属插入任何电解质溶液，都可组成原电池。其中较活泼的金属为负极，较不活泼的金属为正极。如，伏特(Volta)电池：

$$(-)Zn \mid H_2SO_4 \mid Cu(+)$$

从原则上讲，任何一个可以自发进行的氧化还原反应，只要按原电池装置来进行，都可以组装成原电池，产生电流。例如，在一个烧杯中放入含 Fe^{2+} 和 Fe^{3+} 的溶液，另一烧杯中放入含 Sn^{2+} 和 Sn^{4+} 的溶液，分别插入铂片(或碳棒)作为电极，并用盐桥连接起来。再用导线连接两极后，就有电子从 Sn^{2+} 溶液中经过导线移向 Fe^{3+} 溶液而产生电流。电极反应分别为

电极反应：负极　　$Sn^{2+}(aq) - 2e^- = Sn^{4+}(aq)$　　(氧化反应)

　　　　　正极　　$Fe^{3+}(aq) + e^- = Fe^{2+}(aq)$　　(还原反应)

电池反应：　$Sn^{2+}(aq) + 2Fe^{3+}(aq) = Sn^{4+}(aq) + 2Fe^{2+}(aq)$

该电池的符号为

$$(-)Pt \mid Sn^{2+}(c_1), Sn^{4+}(c_2) \parallel Fe^{3+}(c_3), Fe^{2+}(c_4) \mid Pt(+)$$

(氧化反应)　　　　(还原反应)

在这种电池中，Pt 不参加氧化还原反应，仅起导体的作用。

在原电池的每个电极反应中都包含同一元素不同氧化数的两类物质，其中低氧化数的是可作还原剂(Reducing agent)的物质，叫作还原态(Reducing state)物质。高氧化数的是可作氧化剂(Oxidizing agent)的物质，叫作氧化态(Oxidizing state)物质。例如，在 Cu-Zn 电池的两个电极反应中：

$Zn - 2e^- = Zn^{2+}(aq)$，　　　$Cu^{2+}(aq) + 2e^- = Cu$

还原态　　　氧化态　　　　　氧化态　　　还原态

每个电极的还原态和相应的氧化态构成氧化还原电对(Redox couple)，简称电对。电对可用符号"氧化态/还原态"表示。例如，锌电极和铜电极的电对分别为 Zn^{2+}/Zn 和 Cu^{2+}/Cu。不仅金属和它的离子可以构成电对，而且同一种金属的不同氧化态的离子或非金属的单质及

其相应的离子都可以构成电对。例如，Fe^{3+}/Fe^{2+}，Sn^{4+}/Sn^{2+}，H^+/H_2，O_2/OH^-和Cl_2/Cl^-等。但在这些电对中，由于它们自身都不是金属导体，因此，必须外加一个能够导电而又不参加电极反应的惰性电极。通常以铂或石墨作惰性电极。这些电对所组成的电极可用符号表示为 $Pt|Fe^{3+},Fe^{2+}$；$Pt|Sn^{4+},Sn^{2+}$（氧化还原电极）；$Pt(H_2)|H^+$；$Pt(O_2)|OH^-$ 和 $Pt(Cl_2)|Cl^-$（非金属电极）。

例 6-5 试写出由下列氧化还原反应构成的原电池的电池符号、电极反应、电对及电极：

$$2MnO_4^- + 10Cl^- + 16H^+ = 2Mn^{2+} + 5Cl_2\uparrow + 8H_2O$$

解 先根据方程中各物质氧化数变化找出氧化剂电对为 MnO_4^-/Mn^{2+}，还原剂电对为 Cl_2/Cl^-。再写出该原电池的符号，有

$$(-)Pt(Cl_2, p_1)\mid Cl^-(c_1)\parallel MnO_4^-(c_2), Mn^{2+}(c_3), H^+(c_4)\mid Pt(+)$$

两极反应分别为：

负极 $2Cl^- - 2e^- = Cl_2\uparrow$

正极 $MnO_4^- + 8H^+ + 5e^- = Mn^{2+} + 4H_2O$

电对分别为 Cl_2/Cl^-，MnO_4^-/Mn^{2+}

电极分别为 $Pt(Cl_2)\mid Cl^-$，$Pt\mid MnO_4^-, Mn^{2+}$

五、法拉第(Faraday)定律、电动势与 *G* 函数

1. Faraday 定律

在化学电池中，负极（阳极）总是释放电子，通过外电路被正极（阴极）所获得，遵守电荷守恒的基本原理。电荷与物质的质量之间有着对应关系。

(1)在正(阴)、负(阳)两极产生或者消耗的物质的质量与通过化学电池的电荷量成正比关系，也就是产生或者消耗的物质的质量越多，那么，通过化学电池的电荷量也就越多。

(2)当通过化学电池的电荷量一定时，产生或者消耗的物质的质量就与(摩尔质量/n)成正比。这就是 Faraday 定律。

1 mol 电子所带电荷量为

$$F = 1.602\,177\,3\times10^{-19}\ C\times6.022\,137\times10^{23}\ mol^{-1} = 96\,485.31\ C\cdot mol^{-1}$$

2. 原电池电动势与 *G* 函数

根据第 2 章可知，一个化学反应能否自动进行，可由 Gibbs 函数的变化来判断，即

$\Delta_r G_m > 0$ 正向反应不能自发进行

$\Delta_r G_m < 0$ 正向反应能自发进行

$\Delta_r G_m = 0$ 反应处于平衡状态

利用自发进行的氧化还原反应组装的原电池产生电流后，原电池就对环境（外路）做功，这种功叫电功 W，它等于由一极转移到另一极的电荷量(q)与电动势(E)的乘积，电池对环境做功为负号，即

$$W_{max} = -qE$$

如果电极发生了一定量的物质反应，有 1 mol 电子转移时，就会产生 96 485 C 的电量，即一个法拉第的电量(F)。如果反应中有 n mol 电子转移，即有 $n\times96\,485$ C 的电量，故得

$$W_{max} = -n\times96\,485\times E = -nFE$$

电功和其他功相似，在恒温恒压可逆条件下的原电池反应，其 Gibbs 函数减小必然与体系

对环境所做的电功相等，即

$$\Delta_r G_m = W_{max} = -nFE$$

式中，n 和 F 都是正整数。通过上式可把判断反应方向的 $\Delta_r G_m$ 判据成功转换为电动势判据。再根据 $E = \varphi_+ - \varphi_-$，则有

$E>0$ 或 $\varphi_+ > \varphi_-$　　反应正向能自发进行

$E<0$ 或 $\varphi_+ < \varphi_-$　　反应正向不能自发进行

$E=0$ 或 $\varphi_+ = \varphi_-$　　反应处于平衡状态

原电池能够做的最大电功，就是该氧化还原反应的 $\Delta_r G_m(T)$；如果在标准状态下，就是该氧化还原反应的 $\Delta_r G_m^{\ominus}(T)$。

原电池电动势　$E_{MF} = \varphi_+ - \varphi_-$　(6-1)

标态　$E_{MF}^{\ominus} = \varphi_+^{\ominus} - \varphi_-^{\ominus}$　(6-2)

原电池最大功与 Gibbs 函数

$$\Delta_r G_m(T) = -W_{max} = -nFE_{MF} \quad (6-3)$$

标态　$\Delta_r G_m^{\ominus}(T) = -nFE_{MF}^{\ominus}$　(6-4)

6.2　电极电势　能斯特方程及其应用

在原电池中用导线将两个电极连接起来，导线中就有电流通过，这说明两个电极间存在电势差。原电池两电极间有电势差，说明构成原电池的两个电极有着不同的电极电势(Electrode potential)。也就是说，原电池电流的产生，是由于两个电极的电极电势不同而引起的。那么，电极电势是怎样产生的呢？

一、电极电势的产生——双电层理论

1. 电极电势的产生及双电层理论(Doublelayer theory)

在电极与溶液接触形成新的界面时，来自溶液中的游离电荷或偶极[①]子，就在界面上重新排布，形成双电层，该双电层间存在着电势差，如图 6-2 所示。

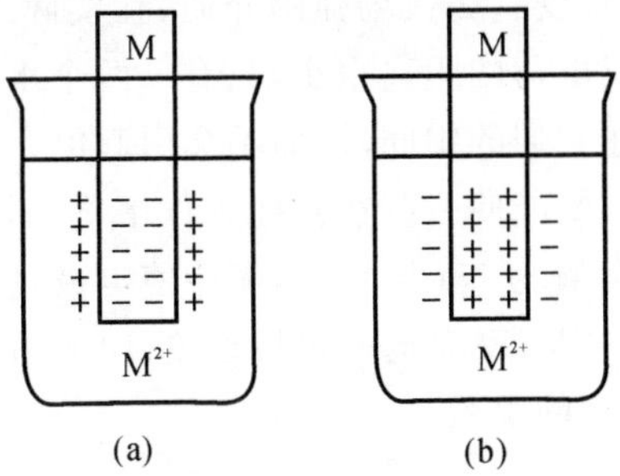

图 6-2　双电层示意图

双电层的形成可以从金属内部的结构及 Gibbs 函数进行说明。如果电极是某种金属，金

① 一个分子(或其他粒子)两端分别显正、负电荷就成为偶极。

属是由其自由离子和“自由电子”所组成。通常情况下，金属相中金属离子的作用能和 Gibbs 函数与溶液相中同种离子的 Gibbs 函数，在金属与溶液未接触以前并不相等。因此，当金属与溶液两相接触时，会发生金属离子在两相间的转移。若在某温度下，将某金属电极插入含该种金属离子的溶液中，如，将 Zn 电极插入 $ZnCl_2$ 溶液中，Zn^{2+} 在金属锌中的 Gibbs 函数比它在某一浓度的 $ZnCl_2$ 溶液中高，当两相接触时，金属锌上的 Zn^{2+} 将自发地转入溶液中，发生锌的氧化反应。金属上 Zn^{2+} 转入溶液中以后，电子留在金属上，金属表面带负电。它将以库仑(Coulomb)力吸引溶液中的正电荷(如 Zn^{2+})，使之留在电极表面附近处，因此，在两相界面处出现了电势差。这个电势差对 Zn^{2+} 继续进入溶液有阻滞作用，相反，却能促使溶液中 Zn^{2+} 返回金属。随着金属上 Zn^{2+} 进入溶液数量的增多，电势差变大，Zn^{2+} 进入溶液的速率逐渐变小，溶液中 Zn^{2+} 返回金属的速率不断增大。最后，在电势差的影响下建立起两个方向、速率相等的状态，即达到了溶解-沉积平衡。这时，在两相界面间形成了锌上带负电荷，而溶液带正电荷的离子双电层，如图 6-2(a)所示，这就是自发形成的离子双电层，该双电层的电势差就是此金属和其离子的电极电势。

如果金属上正离子(例如 Cu^{2+})的 Gibbs 函数比溶液中的低，则溶液中的正离子会自发地沉积在金属上，使金属表面带正电。正离子向金属的这种转移，也破坏了溶液的电中性，溶液中过剩的负离子被金属表面正电荷吸引在表面附近，形成了金属表面带正电，溶液带负电的离子双电层，如图 6-2(b)所示。

自发形成离子双电层的过程非常迅速，一般可以在百万分之一秒的瞬间完成。但是，并不是所有的金属与溶液接触时都能自发地形成离子双电层。例如：纯汞放入 KCl 溶液中，由于汞相对稳定，不易被氧化，同时 K^+ 也很难被还原，因此，它常不能自发地形成离子双电层。

2. *双电层中少量剩余电荷的巨大作用*

双电层中剩余电荷不多(电极表面一般若有 10% 左右的原子有剩余电荷，即其覆盖度只有 0.1 左右)，所产生的电势差也不太大，但它对电极反应的影响却很大。如果电势差为 1 V，界面间两层电荷距离的数量级 10^{-10} m，则双电层的场强应为

$$1\ \mathrm{V}/10^{-10}\ \mathrm{m}=10^{10}\ \mathrm{V\cdot m^{-1}}$$

当场强的数量级超过 $10^{10}\ \mathrm{V\cdot m^{-1}}$ 时，几乎对所有的电介质(绝缘体)都会引起火花放电而遭破坏。由于人们找不到能承受这么大场强的介质，在实际工作中就很难得到这么大的场强。在电化学的双电层中，两层电荷的距离很小，只有一两个水分子层。其他离子与分子差不多均处于双电层之外，而不是在它们的中间，因而不会引起电介质破坏的问题。

双电层所给出的巨大场强，既能使一些在其他条件下本来不能进行的化学反应得以顺利进行(例如，电解法可将 NaCl 分解为 Na 与 Cl_2)，又可使电极过程的速率发生极大的变化。例如，界面间电势差改变 0.1～0.2 V，反应速率可以改变 10 倍左右。所以说，电极过程的速率与双电层电势差间有着极其密切的关系。

二、标准电极电势的测定

金属电极电势的大小，反映出金属在其盐溶液中得失电子趋势的大小。如能定量地测出电极电势，会有助于我们判断氧化剂、还原剂的相对强弱。但是，到目前为止，金属在其盐溶液中电极电势的绝对值尚无法测出，我们只能得到相对值。规定个零点，将其他电极与此电极作比较，再测定出它们的电极电势。这种方法正如规定海平面为零作标准而得到海拔高度一样。

目前采用的标准电极是氢电极，称为标准氢电极（Standard hydrogen electrode）。

标准氢电极的组成是将镀有海绵状的蓬松铂黑的铂片插入 $c^{\ominus}(H^+)=1\ mol\cdot L^{-1}$的硫酸溶液中，在 298.15 K 下不断通入压力为 100 kPa 的纯氢气，氢气为铂黑所吸附，这样被氢气饱和的铂黑就成为一个由氢构成的电极。被铂黑吸附的氢气与溶液中氢离子组成电对H^+/H_2，其电极反应式为

$$\frac{1}{2}H_2(g,100\ kPa)-e^- = H^+(aq,1\ mol\cdot L^{-1})$$

在测定过程中，给物质的状态规定了一个参比的标准态。对气体，其标准态就是它的分压为 100 kPa；对溶液，其标准态就是处于标准压力下溶液的浓度为 1 mol · L^{-1}（用 $c^{\ominus}$ 表示）；对液体和固体，其标准态则是处于标准压力下的纯物质。

由于电极反应中各物质均处于标准态，故此装置就成了标准氢电极，见图 6-3。它所具有的电势就称为标准氢电极的标准电极电势，其符号为 $\varphi^{\ominus}(H^+/H_2)$。标准氢电极作为参比基准，人为规定，在 298.15 K 下的标准电极电势（Slandard electrode potential）为零伏，即

$$\varphi^{\ominus}(H^+/H_2)=0.000\ 0\ V$$

要测定某电极的电极电势时，可将待测电极的标准电极与标准氢电极组成原电池，如图 6-4所示。原电池的标准电池电动势（$E^{\ominus}$）等于组成该原电池两个电极间的电势差。1953 年 IUPAC 认定还原电势称为电极电势。所谓“还原电势”就是构成测定用的原电池时，待测电极作为正极发生还原反应所测得的电极电势，其电极反应通式可写为

$$a\ 氧化态+ne^- = b\ 还原态$$

标准电池电动势为

$$E^{\ominus}=\varphi^{\ominus}_{+待测}-\varphi^{\ominus}_{-氢电极} \qquad (6-5)$$

式中，$\varphi^{\ominus}_{+}$和 $\varphi^{\ominus}_{-}$分别表示正极和负极的标准电极电势。由于标准氢电极的电极电势为零，所以，测得原电池的电动势（Electromotive force of cell）的数值，就可以确定待测电极的电极电势的数值。由于电极电势不仅决定于物质的本性，还与条件，如：温度、浓度等有关，为了便于比较，通常规定：在温度为 298.15 K 下，电极中的有关离子浓度为 1 mol · L^{-1}，有关气体的压力为 100 kPa 时，所测得的电极电势为标准电极电势，以 $\varphi^{\ominus}$ 表示之。

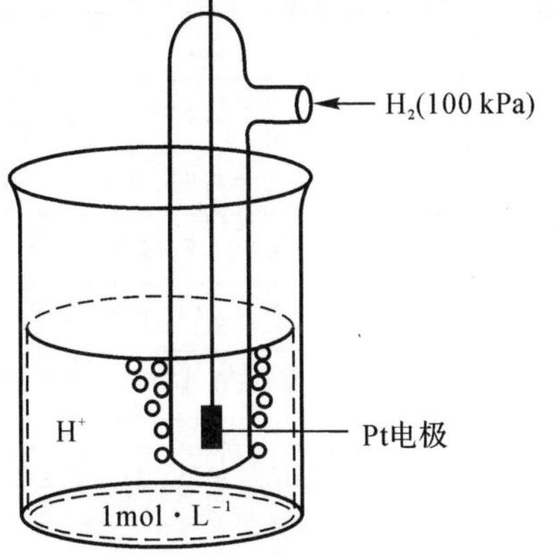

图 6-3　标准氢电极

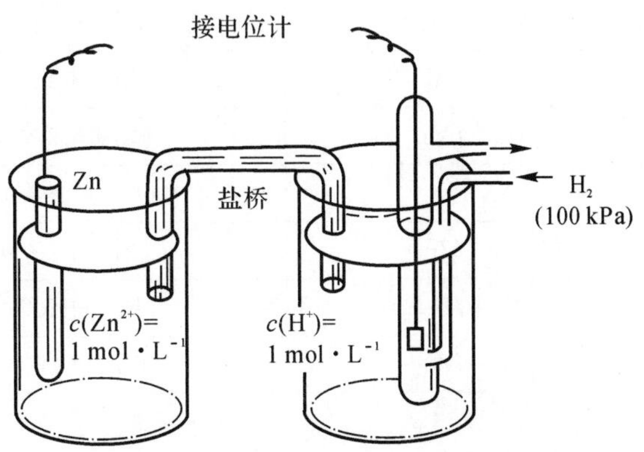

图 6-4　测定标准电极电势的装置

如果待测电极是锌电极，原电池装置见图 6-4，电势差计测得此原电池的电动势为

$-0.7628\ V$，它等于待测电极电势与标准氢电极电势之差：

电动势 $E^{\ominus}=\varphi^{\ominus}_{+}(Zn^{2+}/Zn)-\varphi^{\ominus}_{-}(H^{+}/H_2)=-0.7618\ V$

因为 $\varphi^{\ominus}_{-}(H^{+}/H_2)=0.0000\ V$

所以 $E^{\ominus}=\varphi^{\ominus}_{+}(Zn^{2+}/Zn)$①$=-0.7618\ V$

式中，"－"表示该电极电势比标准氢电极电势低，Zn 比 H_2 易失电子，也表明该电极与标准氢电极组成原电池时，该电极实际应为负极。电极反应为：

负极 $Zn-2e^{-}=Zn^{2+}$

正极 $2H^{+}+2e^{-}=H_2$

电池反应 $2H^{+}+Zn=H_2+Zn^{2+}$

如果将锌电极换成铜电极，再测原电池电动势为$+0.3419\ V$。

电动势 $E^{\ominus}=\varphi^{\ominus}_{+}(Cu^{2+}/Cu)-\varphi^{\ominus}_{-}(H^{+}/H_2)=+0.3419\ V$

因为 $\varphi^{\ominus}_{-}(H^{+}/H_2)=0.0000\ V$

所以 $E^{\ominus}=\varphi^{\ominus}_{+}(Cu^{2+}/Cu)=+0.3419\ V$

式中，"＋"号表示该电极电势比标准氢电极电势高，H_2 比 Cu 易失电子，也表明该电极与标准氢电极组成原电池时，该电极实际应为正极。电极反应为：

负极 $H_2-2e^{-}=2H^{+}$

正极 $Cu^{2+}+2e^{-}=Cu$

电池反应 $H_2+Cu^{2+}=2H^{+}+Cu$

利用类似的方法，可以测出各种物质组成的电对的标准电极电势值，有些物质的标准电极电势目前尚不能测定，而可利用间接方法推算出来（推算见后）。将部分标准电极电势按顺序排列见表 6－1。

表 6－1 标准电极电势（25℃）

电对（氧化态/还原态）	电极反应（a 氧化态$+ne^{-}=b$ 还原态）	$\varphi^{\ominus}$/V
K^{+}/K	$K^{+}+e^{-}=K$	-2.931
Ca^{2+}/Ca	$Ca^{2+}+2e^{-}=Ca$	-2.868
Na^{+}/Na	$Na^{+}+e^{-}=Na$	-2.71
Mg^{2+}/Mg	$Mg^{2+}+2e^{-}=Mg$	-2.372
Al^{3+}/Al	$Al^{3+}+3e^{-}=Al$	-1.662
Mn^{2+}/Mn	$Mn^{2+}+2e^{-}=Mn$	-1.185
H_2O/H_2	$2H_2O+2e^{-}=H_2+2OH^{-}$	-0.8277（碱性）
Zn^{2+}/Zn	$Zn^{2+}+2e^{-}=Zn$	-0.7618
Fe^{2+}/Fe	$Fe^{2+}+2e^{-}=Fe$	-0.447
Cd^{2+}/Cd	$Cd^{2+}+2e^{-}=Cd$	-0.4030

① 从这个关系式可知，这样测得的电极电势实际上是一种特定情况下的电动势。但为了避免初学者使用上的混乱，本书以 E 表示电动势，而用 φ 表示电极电势。

续表

电对(氧化态/还原态)	电极反应(a氧化态$+ne^-$══b还原态)	$\varphi^{\ominus}$/V
PbI_2/Pb	PbI_2+2e^-══$Pb+2I^-$	−0.365
$PbSO_4/Pb$	$PbSO_4+2e^-$══$Pb+SO_4^{2-}$	−0.358 8
Co^{2+}/Co	$Co^{2+}+2e^-$══Co	−0.28
$PbCl_2/Pb$	$PbCl_2+2e^-$══$Pb+2Cl^-$	−0.267 5
Ni^{2+}/Ni	$Ni^{2+}+2e^-$══Ni	−0.257
Sn^{2+}/Sn	$Sn^{2+}+2e^-$══Sn	−0.137 5
Pb^{2+}/Pb	$Pb^{2+}+2e^-$══Pb	−0.126 2
Fe^{3+}/Fe	$Fe^{3+}+3e^-$══Fe	−0.037
H^+/H_2	H^++e^-══$1/2H_2$	0.000 0
$S_4O_6^{2-}/S_2O_3^{2-}$	$S_4O_6^{2-}+2e^-$══$2S_2O_3^{2-}$	+0.08
S/H_2S	$S+2H^++2e^-$══H_2S	+0.142
Sn^{4+}/Sn^{2+}	$Sn^{4+}+2e^-$══Sn^{2+}	+0.151
SO_4^{2-}/H_2SO_3	$SO_4^{2-}+4H^++2e^-$══$H_2SO_3+H_2O$	+0.172
$AgCl/Ag$	$AgCl+e^-$══$Ag+Cl$	+0.222 33
Hg_2Cl_2/Hg	$Hg_2Cl_2+2e^-$══$2Hg+2Cl^-$	+0.268 08
Cu^{2+}/Cu	$Cu^{2+}+e^-$══Cu	+0.341 9
O_2/OH^-	$1/2O_2+H_2O+2e^-$══$2OH^-$	+0.401(碱性)
Cu^+/Cu	Cu^++e^-══Cu	+0.521
I_2/I^-	I_2+2e^-══$2I^-$	+0.535 5
I_3^-/I^-	$I_3^-+2e^-$══$3I^-$	+0.536
MnO_4^-/MnO_4^{2-}	$MnO_4^-+e^-$══MnO_4^{2-}	+0.558
O_2/H_2O_2	$O_2+2H^++2e^-$══H_2O_2	+0.695
Fe^{3+}/Fe^{2+}	$Fe^{3+}+e^-$══Fe^{2+}	+0.771
Hg_2^{2+}/Hg	$1/2Hg_2^{2+}+e^-$══Hg	+0.797 3
Ag^+/Ag	Ag^++e^-══Ag	+0.799 6
Hg^{2+}/Hg	$Hg^{2+}+2e^-$══Hg	+0.851
NO_3^-/NO	$NO_3^-+4H^++3e^-$══$NO+2H_2O$	+0.957
HNO_2/NO	$HNO_2+H^++e^-$══$NO+H_2O$	+0.983
Br_2/Br^-	Br_2+2e^-══$2Br^-$	+1.087 3
MnO_2/Mn^{2+}	$MnO_2+4H^++2e^-$══$Mn^{2+}+2H_2O$	+1.224
O_2/H_2O	$O_2+4H^++4e^-$══$2H_2O$	+1.229

续表

电对(氧化态/还原态)	电极反应(a 氧化态$+ne^-$ ══ b 还原态)	$\varphi^\ominus$/V
$Cr_2O_7^{2-}/Cr^{3+}$	$Cr_2O_7^{2-}+14H^++6e^- = 2Cr^{3+}+7H_2O$	+1.232
Cl_2/Cl^-	$Cl_2+2e^- = 2Cl^-$	+1.358 27
PbO_2/Pb^{2+}	$PbO_2+4H^++2e^- = Pb^{2+}+2H_2O$	+1.455
MnO_4^-/Mn^{2+}	$MnO_4^-+8H^++5e^- = Mn^{2+}+4H_2O$	+1.507
Mn^{3+}/Mn^{2+}	$Mn^{3+}+e^- = Mn^{2+}$	+1.51
MnO_4^-/MnO_2	$MnO_4^-+4H^++3e^- = MnO_2+2H_2O$	+1.679
H_2O_2/H_2O	$H_2O_2+2H^++2e^- = 2H_2O$	+1.776
$S_2O_8^{2-}/SO_4^{2-}$	$S_2O_8^{2-}+2e^- = 2SO_4^{2-}$	+2.010
F_2/F^-	$F_2+2e^- = 2F^-$	+2.866

注:由于溶液的酸碱度影响许多电对的电极电势,所以,标准电极电势表,通常分酸表(记为 $\varphi_a^\ominus$)和碱表(记为 $\varphi_b^\ominus$)。表中的标准电极电势除 O_2/OH^- 和 H_2O/H_2 电对的电极电势外,其他皆为酸性溶液中的氢标准电极电势。

由此可以看出,在实际工作中经常使用的电极电势并不是指单个电极上的电势差,而是指该电极与标准氢电极所组成的原电池,且该电极为正极,标准氢电极为负极时两个端点的电势差,即电动势,通常称为氢标准电极电势。

$\varphi^\ominus$代数值的大小可以说明金属的活泼性,即标准电极电势的代数值越小,表示电对中还原态物质失电子的能力越大,而氧化态物质得电子的能力越小;标准电极电势的代数值越大,表示电对中还原态物质失电子的能力越小,而氧化态物质得电子的能力越大。

使用标准电极电势应该注意以下几点:

(1)同一物质在不同的介质中,其标准电极电势不同,氧化还原能力也不同,如 $KMnO_4$:

1)在酸性介质中

$MnO_4^-+8H^++5e^- = Mn^{2+}+4H_2O$ $\qquad \varphi^\ominus(MnO_4^-/Mn^{2+})=1.507\ V$

2)在中性介质中

$MnO_4^-+2H_2O+3e^- = MnO_2+4OH^-$ $\qquad \varphi^\ominus(MnO_4^-/MnO_2)=0.595\ V$

3)在强碱性介质中

$MnO_4^-+e^- = MnO_4^{2-}$ $\qquad \varphi^\ominus(MnO_4^-/MnO_4^{2-})=0.558\ V$

(2)对于相同介质下的同一电对,其平衡方程式中的计量数,对标准电极电势的数值没有影响。例如:

$Zn^{2+}+2e^- = Zn$ $\qquad \varphi^\ominus(Zn^{2+}/Zn)=-0.761\ 8\ V$

$2Zn^{2+}+4e^- = 2Zn$ $\qquad \varphi^\ominus(Zn^{2+}/Zn)=-0.761\ 8\ V$

(3)标准电极电势没有加和性。例如:

$$
\begin{array}{ll}
Fe^{2+}+2e^- = Fe & \varphi^\ominus(Fe^{2+}/Fe)=-0.447\ V \\
+\quad Fe^{3+}+e^- = Fe^{2+} & \varphi^\ominus(Fe^{3+}/Fe^{2+})=0.771\ V \\
\hline
Fe^{3+}+3e^- = Fe & \varphi^\ominus(Fe^{3+}/Fe)\neq 0.324\ V
\end{array}
$$

$$\varphi^{\ominus}(Fe^{3+}/Fe) = -0.037\ V$$

更多内容请看元素电势图中相关部分。

(4)标准电极电势数值大小与其电对作原电池的正负极无关。例如，铜的标准电极电势为

$$\varphi^{\ominus}(Cu^{2+}/Cu) = 0.341\ 9\ V$$

它与锌标准电极组成原电池时作正极，电极反应为

$$Cu^{2+} + 2e^- = Cu$$

而与银标准电极组成原电池时，铜为负极，电极反应为

$$Cu - 2e^- = Cu^{2+}$$

无论作正极，还是作负极，它的标准电极电势都为

$$\varphi^{\ominus}(Cu^{2+}/Cu) = 0.341\ 9\ V$$

三、能斯特(Nernst)方程——浓度对电极电势的影响

1. 能斯特(Nernst)方程

标准电极电势 $\varphi^{\ominus}$ 是电极处于平衡状态（见图 6－2，$v_{溶} = v_{沉}$），并且是在热力学标准状态（纯物质，各气体压力为 100 kPa，离子浓度为 1 mol·L^{-1}）下测得的电极电势，它的数值反映了物质的本性——电对中氧化态和还原态物质得失电子的难易。

在实际应用中，并非总是在热力学标准状态，那么，非标准状态下，电极电势将发生怎样的变化？根据双电层理论[参考图 6－2(a)]可以看出，如果正离子（氧化态物质）浓度大，它沉积到电极表面的速率增大。平衡时，电极表面将有更多的正电荷，电极电势代数值就增大；如果溶液中的离子是还原态物质（如 Cl_2/Cl^- 电对中的 Cl^-），那么离子浓度越大，该电极的电势代数值越小。此外，电极电势也与温度有关（一般不说明条件时按 298.15 K 处理）。

本节主要讨论电极电势与浓度的关系，暂不涉及与温度的关系（本课程）。电极电势与浓度的关系是由 Nernst 方程表示的。若电极反应为

$$a\ 氧化态 + ne^- = b\ 还原态$$

则该电极的电极电势 φ 为

$$\varphi(Ox/Re) = \varphi^{\ominus}(Ox/Re) + \frac{RT}{nF}\ln\frac{c_r^a(氧化态)}{c_r^b(还原态)} \tag{6-6}$$

式中　$\varphi(Ox/Re)$——任意浓度时的电极电势；

$\varphi^{\ominus}(Ox/Re)$——该电极的标准电极电势；

c_r(氧化态)——氧化态物质的相对浓度；

c_r(还原态)——还原态物质的相对浓度；

a,b——分别为它们在电极反应式中的计量数；

n——电极反应的电子数；

ln——自然对数（＝2.303 lg）；

T——绝对温度，K；

R——气体常数，$R = 8.314\ J \cdot mol^{-1} \cdot K^{-1}$；

F——法拉第常数(Faraday comstant)，$F = 96\ 485\ C \cdot mol^{-1}$。

式(6－6)称为 Nernst 方程，在 25℃（$T = 298.15$ K）时，将上述各值代入式(6－6)，并变为常用对数时，则有

$$\varphi(\mathrm{Ox/Re})=\varphi^{\ominus}(\mathrm{Ox/Re})+\frac{8.314\times298.15\times2.303}{96\,485\times n}\lg\frac{c_r^a(\text{氧化态})}{c_r^b(\text{还原态})}$$

即

$$\varphi(\mathrm{Ox/Re})=\varphi^{\ominus}(\mathrm{Ox/Re})+\frac{0.059\,2}{n}\lg\frac{c_r^a(\text{氧化态})}{c_r^b(\text{还原态})} \tag{6-7}$$

如果一个电池反应为

$$aA+bB=\!=\!=gG+dD$$

则电池电动势与各物质浓度的关系可根据热力学函数与电动势的关系，以及热力学等温方程式(2-31)得出。因为

$$\left.\begin{aligned}\Delta_r G_m&=-nFE\\ \Delta_r G_m^{\ominus}&=-nFE^{\ominus}\\ \Delta_r G_m&=\Delta_r G_m^{\ominus}+RT\ln\frac{c_r^g(G)c_r^d(D)}{c_r^a(A)c_r^b(B)}\end{aligned}\right\} \tag{6-8}$$

所以
$$-nFE=-nFE^{\ominus}+RT\ln\frac{c_r^g(G)c_r^d(D)}{c_r^a(A)c_r^b(B)}$$

$$E=E^{\ominus}-\frac{RT}{nF}\ln\frac{c_r^g(G)c_r^d(D)}{c_r^a(A)c_r^b(B)}$$

代入各常数后有

$$E=E^{\ominus}+\frac{0.059\,2}{n}\lg\frac{c_r^a(A)c_r^b(B)}{c_r^g(G)c_r^d(D)} \tag{6-9}$$

式中，n 为电池反应式配平后的得失电子数。

该 Nernst 方程可用于计算和讨论常温(25℃)下，浓度对电极的电极电势及电池电动势的影响。用电池电动势判断反应的方向有：

$E_{MF}>0$	$\Delta_r G_m<0$	反应正向自发
$E_{MF}<0$	$\Delta_r G_m>0$	反应正向非自发
$E_{MF}=0$	$\Delta_r G_m=0$	反应达到平衡

应用 Nernst 方程时，还需注意以下几点。

(1)若组成电极的某一物质是固体或纯液体(其浓度规定为 1)，则不列入 Nernst 方程式中，如果是气体，则代入该气体的相对分压($p_i/p^{\ominus}$)进行计算，如果是溶液，则代入相对浓度($c_i/c^{\ominus}$)进行计算。

(2)若电极反应式中氧化态和还原态物质前的计量数不等于 1，则氧化态物质和还原态物质的浓度应以各自的计量数作为指数。

(3)若在电极反应中，有 H^+ 或 OH^- 参加反应，则这些离子的浓度也应该根据配平的电极反应式写在 Nernst 方程中(原因后面讲)，但 H_2O 不写入(它是纯液体，浓度为 1)。

(4)应用范围：计算平衡时(即外路导线的电流趋于零)M^{n+}/M 的电极电势。

2. 浓度对电极电势的影响

(1) 浓度的影响。根据 Nernst 方程，可以计算或讨论常温下浓度对电极电势的影响。

例 6-6 计算 25℃，$c(Zn^{2+})=0.001\ mol\cdot L^{-1}$ 时，Zn^{2+}/Zn 的电极电势。

解
$$Zn^{2+}+2e^-=\!=\!=Zn$$

$$\varphi(Zn^{2+}/Zn)=\varphi^{\ominus}(Zn^{2+}/Zn)+\frac{0.0592}{n}\lg\frac{c_r^a(\text{氧化态})}{c_r^b(\text{还原态})}=\varphi^{\ominus}(Zn^{2+}/Zn)+\frac{0.0592}{2}\lg\frac{c_r^a(Zn^{2+})}{1}=$$

$$\left[-0.7618+\frac{0.0592}{2}\lg0.001\right]\text{ V}=-0.8503\text{ V}$$

即 $c(Zn^{2+})=0.001\ mol\cdot L^{-1}$时，$Zn^{2+}/Zn$ 的电极电势是 -0.8503 V。

例 6－7　计算在 25℃，$p(O_2)=100$ kPa，$c(OH^-)=10^{-7}\ mol\cdot L^{-1}$时，$O_2/OH^-$ 电极的电极电势。

解

$$O_2+2H_2O+4e^-=\!=\!=4OH^-$$

$$\varphi(O_2/OH^-)=\varphi^{\ominus}(O_2/OH^-)+\frac{0.0592}{n}\lg\frac{c_r^a(\text{氧化态})}{c_r^b(\text{还原态})}=\varphi^{\ominus}(O_2/OH^-)+\frac{0.0592}{4}\times\lg\frac{\frac{100}{100}\times1}{(10^{-7})^4}=$$

$$\left[0.401-\frac{0.0592}{4}\times\lg(10^{-7})^4\right]\text{ V}=0.814\text{ V}$$

即 $p(O_2)=100$ kPa，$c(OH^-)=10^{-7}\ mol\cdot L^{-1}$时，$O_2/OH^-$ 电极的电极电势是 0.814 V。

从以上两例可以看出：

1)离子浓度对电极电势有影响，但影响有限。如在例 6－6 中，当金属离子浓度由 1 mol·L^{-1}减小到 0.001 mol·L^{-1}时，电极电势改变只有 0.0885 V。

2)当金属(或氢)离子(氧化态)浓度减小时，相应的电极电势代数值减小，金属(或氢)将较容易失去电子成为离子而进入溶液，也就是使金属(或氢)的还原性增强。相反，则还原性减弱。

3)对于非金属负离子，当其离子(还原态)浓度减小时，相应的电极电势代数值增大，也就是使非金属的氧化性增强。相反，则氧化性减弱。

(2)由电极电势的测定计算 $K_{sp}^{\ominus}$。浓度既然对电极电势有影响，我们就可以设计电极，测定电极电势，以确定浓度。测定难溶物质的离子浓度可以计算 $K_{sp}^{\ominus}$。

例如，AgCl 是难溶盐，用一般的化学分析方法直接测定 Ag^+ 和 Cl^- 的浓度是很困难的。但是，我们可以设计下列电池，测定它的电动势，就能计算 AgCl 的 $K_{sp}^{\ominus}$。

$(-)Ag|AgCl(s),Cl^-(c_1=0.010\ mol\cdot L^{-1})\parallel Ag^+(c_2=0.010\ mol\cdot L^{-1})|Ag(+)$

电极的正极由金属银和 $c(AgNO_3)=0.010\ mol\cdot L^{-1}$的$AgNO_3$ 的溶液组成，负极由金属银、AgCl(s)和 $c(KCl)=0.010\ mol\cdot L^{-1}$ 的 KCl 溶液组成。这个电极的 Ag^+ 浓度是和 AgCl(s)及 $c[Cl^-(aq)]=0.010\ mol\cdot L^{-1}$的$Cl^-(aq)$的浓度处于平衡状态。由实验直接测定电池电动势后，可用 Nernst 方程式计算出待求的Ag^+浓度，将Ag^+的浓度与已知的Cl^-浓度相乘就可求出 AgCl 的 $K_{sp}^{\ominus}$。如实验测定 $E=0.34$ V，因

正极电势　$\varphi_+=\varphi^{\ominus}(Ag^+/Ag)+\frac{0.0592}{n}\lg c_r(Ag^+)_{\text{正}}$

负极电势　$\varphi_-=\varphi^{\ominus}(Ag^+/Ag)+\frac{0.0592}{n}\lg c_r(Ag^+)_{\text{负}}$

$$E=\varphi_+-\varphi_-=0.0592\lg\frac{c_r(Ag^+)_{\text{正}}}{c_r(Ag^+)_{\text{负}}}=0.0592\lg\frac{0.010}{c_r(Ag^+)_{\text{负}}}=0.34\text{ V}$$

故　$c(Ag^+)_{\text{负}}=1.8\times10^{-8}\ mol\cdot L^{-1}$

这就是AgCl(s)与 $c[Cl^-(aq)]=0.010mol\cdot L^{-1}$的$Cl^-$处于平衡状态的$Ag^+$浓度。因此

$$K_{sp}^{\ominus}=c_r(Ag^+)c_r(Cl^-)=1.8\times10^{-8}\times0.010=1.8\times10^{-10}$$

Ag^+浓度等于 $1.8\times10^{-8}\ mol\cdot L^{-1}$，一般分析方法是无法直接测定的，但是，该电池的电

动势等于0.34 V是很容易测准的。AgCl的$K_{sp}^{\ominus}$就是用电化学方法求得的，不少化合物的$K_{sp}^{\ominus}$也是用此方法测定的。

(3)计算难溶物和配合物电对的标准电极电势。根据任意电对(如M^+/M)的标准电极电势和难溶物的$K_{sp}^{\ominus}$，可以计算该难溶物电对(如MX/M)的标准电极电势。

例如，M^+/M电对的电极反应为

$$M^+ + e^- = M$$

Nernst方程表示为

$$\varphi(M^+/M) = \varphi^{\ominus}(M^+/M) + 0.059\,2\lg c_r(M^+)$$

当生成难溶物MX时，M的氧化态并没有发生改变，都为+1，但是，M^+的存在状态发生了变化。M^+是水合离子，MX是难溶物。当生成沉淀时，上述电极反应转换为

$$MX + e^- = M + X^-$$

该难溶物的溶度积为

$$K_{sp}^{\ominus} = c_r(M^+)c_r(X^-)$$

设$c_r(X^-)=1$时，有

$$c_r(M^+) = K_{sp}^{\ominus} \tag{1}$$

此时有

$$\varphi(M^+/M) = \varphi^{\ominus}(M^+/M) + 0.059\,2\lg c_r(M^+) \tag{2}$$

将式(1)代入式(2)有

$$\varphi^{\ominus}(MX/M) = \varphi^{\ominus}(M^+/M) + 0.059\,2\lg K_{sp}^{\ominus} \tag{3}$$

特别注意，当$c_r(M^+)=K_{sp}^{\ominus}$时，$c_r(X^-)=1$，为标态条件，故有

$$\varphi(M^+/M) = \varphi^{\ominus}(MX/M) \tag{4}$$

我们通过电极的转换，就可以通过任意简单电对计算难溶物电对的标准电极电势。根据式(3)可知，当氧化态离子生成沉淀，该难溶物的$K_{sp}^{\ominus}$愈小，计算的$\varphi^{\ominus}(MX/M)$也就愈小，表明此电对中氧化态的氧化能力愈小，还原态的还原能力愈大。

若生成配合物(如$M^+ + 4X = [MX_4]^+$)，我们可以用同样的方法进行推导。

当生成配合物$[MX_4]^+$时，同样的M氧化态没有发生改变，还是+1，但是，M^+的存在状态发生了变化。M^+是水合离子，$[MX_4]^+$是配合物。当生成配合物时，电极反应

$$M^+ + e^- = M$$

转换为

$$[MX_4]^+ + e^- = M + 4X$$

根据配合物有

$$K_f^{\ominus} = \frac{c_r[MX_4^+]}{c_r(M^+) \cdot c_r^4(X)}$$

令$c_r(X)=c_r([MX_4]^+)=1$时，有

$$c_r(M^+) = 1/K_f^{\ominus} \tag{5}$$

将式(5)代入式(2)有

$$\varphi^{\ominus}([MX_4]^+/M) = \varphi^{\ominus}(M^+/M) + 0.059\,2\lg 1/K_f^{\ominus} = \varphi^{\ominus}(M^+/M) - 0.059\,2\lg K_f^{\ominus} \tag{6}$$

此时，同样要注意，当$c_r(M^+)=1/K_f^{\ominus}$时，$c_r(X)=c_r([MX_4]^+)=1$，为标态条件，故有

$$\varphi(M^+/M) = \varphi^{\ominus}([MX_4]^+/M) \tag{7}$$

我们通过电极的转换，就可以通过简单电对计算配合物电对的标准电极电势。对于氧化态离子生成配合物的，只要该配合物的 $K_f^{\ominus}$ 愈大，计算的 $\varphi^{\ominus}([MX_4]^+/M)$ 也就愈小，表明此电对中氧化态的氧化能力愈小，还原态的还原能力愈大。

综上所述，氧化态离子生成配合物或沉淀，当 $K_f^{\ominus}$ 愈大或 $K_{sp}^{\ominus}$ 愈小，表明该配合物或沉淀愈稳定，系统中 $c_r(M^+)$ 愈小，氧化态的氧化能力愈小。

那么，还原态离子生成配合物或沉淀时，有怎样的变化呢？让我们举例说明：

$$X_2 + 2e^- \longrightarrow 2X^- \quad p^{\ominus}(X_2) = 100\ \text{kPa}$$

Nernst 方程表示为

$$\varphi(X_2/X^-) = \varphi^{\ominus}(X_2/X^-) + \frac{0.059\ 2}{2}\lg\frac{p_r(X_2)}{c_r^2(X^-)} = \varphi^{\ominus}(X_2/X^-) - 0.059\ 2\lg c_r(X^-)$$

当生成难溶物 MX 时，X 的氧化态并没有发生改变，都为 −1，但是，X^- 的存在状态发生了变化。X^- 是水合离子，MX 是难溶物。当生成沉淀时，上述电极反应转换为

$$2M^+ + X_2 + 2e^- \longrightarrow 2MX$$

该难溶物的溶度积为

$$K_{sp}^{\ominus} = c_r(M^+)c_r(X^-)$$

设 $c_r(M^+) = 1$ 时，有

$$c_r(X^-) = K_{sp}^{\ominus} \tag{8}$$

此时

$$\varphi(X_2/X^-) = \varphi^{\ominus}(X_2/X^-) - 0.059\ 2\lg c_r(X^-) \tag{9}$$

将式(8)代入式(9)有

$$\varphi^{\ominus}(X_2/MX) = \varphi^{\ominus}(X_2/X^-) - 0.059\ 2\lg K_{sp}^{\ominus} \tag{10}$$

特别注意，当 $c_r(X^-) = K_{sp}^{\ominus}$ 时，$c_r(M^+) = 1$，为标态条件，故有

$$\varphi(X_2/X^-) = \varphi^{\ominus}(X_2/MX) \tag{11}$$

我们通过电极的转换，就可以通过任意简单电对计算难溶物电对的标准电极电势。根据式(10)可知，当还原态离子生成沉淀，该难溶物的 $K_{sp}^{\ominus}$ 愈小，计算的 $\varphi^{\ominus}(X_2/MX)$ 也就愈大，表明此电对中还原态的还原能力愈小，氧化态的氧化能力愈大。

若生成配合物（如 $M^+ + 4X^- \longrightarrow [MX_4]^{3-}$），我们可以用同样的方法进行推导。

当生成配合物 $[MX_4]^{3-}$ 时，同样的 X 氧化态没有发生改变，还是 −1，但是，X^- 的存在状态发生了变化。X^- 是水合离子，$[MX_4]^{3-}$ 是配合物。当生成配合物时，电极反应：

$$X_2 + 2e^- \longrightarrow 2X^- \quad p^{\ominus}(X_2) = 100\ \text{kPa}$$

转换为

$$M^+ + 2X_2 + 4e^- \longrightarrow [MX_4]^{3-}$$

根据配合物，有

$$K_f^{\ominus} = \frac{c_r[MX_4]^{3-}}{c_r(M^+)\cdot c_r^4(X^-)}$$

令 $c_r(M^+) = c_r([MX_4]^{3-}) = 1$ 时，有

$$c_r^{\ 4}(X^-) = 1/K_f^{\ominus} \tag{12}$$

将式(12)代入式(9)有

$$\varphi^{\ominus}(X_2/[MX_4]^{3-}) = \varphi^{\ominus}(X_2/X^-) - (0.059\ 2/4)\lg 1/K_f^{\ominus} =$$

$$\varphi^{\ominus}(M^+/M)+(0.059\ 2/4)\ \lg K_f^{\ominus} \tag{13}$$

此时，同样要注意，当 $c_r^{\ 4}(X^-)=1/K_f^{\ominus}$ 时，$c_r(M^+)=c_r([MX_4]^{3-})=1$，为标态条件，所以有

$$\varphi(X_2/X^-)=\varphi^{\ominus}(X_2/[MX_4]^{3-}) \tag{14}$$

我们通过电极的转换，就可以通过简单电对计算配合物电对的标准电极电势。对于还原态离子生成配合物的，只要该配合物的 $K_f^{\ominus}$ 愈大，计算的 $\varphi^{\ominus}(X_2/[MX_4]^{3-})$ 也就愈大，表明此电对中氧化态的氧化能力愈大，还原态的还原能力愈小。

还原态离子生成配合物或沉淀，当 $K_f^{\ominus}$ 愈大或 $K_{sp}^{\ominus}$ 愈小，表明该配合物或沉淀愈稳定，系统中 $c_r(X^-)$ 愈小，还原态的还原能力愈小。

如果氧化态和还原态同时生成配合物或沉淀，情况又会怎样？请读者自己推导。

其结果一定是当氧化态和还原态同时生成沉淀时，若 $K_{sp}^{\ominus}$(氧化态)$<K_{sp}^{\ominus}$(还原态)，则电极电势变小；反之，则变大。同理，当氧化态和还原态同时生成配合物时，若 $K_f^{\ominus}$(氧化态)$>K_f^{\ominus}$(还原态)，则电极电势变小；反之，则变大。

3. pH 对电极电势的影响

除了浓度对电极电势的影响之外，溶液的 pH 也对电极电势有着较大的影响，通常，pH 的影响比浓度的影响更加显著。

例 6-8 已知 $Cr_2O_7^{2-}+14H^++6e^- \longrightarrow 2Cr^{3+}+7H_2O$，$\varphi^{\ominus}=1.232$ V，用 Nernst 方程计算，当 $c(H^+)=10\ mol\cdot L^{-1}$ 及 $c(H^+)=1.0\times10^{-3}\ mol\cdot L^{-1}$ 时的 φ 值各是多少（其他各离子浓度均为标准浓度）。根据计算结果比较酸度对 $Cr_2O_7^{2-}$ 氧化还原性强弱的影响。

解 根据电极反应，得

$$\varphi(Cr_2O_7^{2-}/Cr^{3+})=\varphi^{\ominus}(Cr_2O_7^{2-}/Cr^{3+})+\frac{0.059\ 2}{6}\lg\frac{c_r(Cr_2O_7^{2-})c_r^{14}(H^+)}{c_r^2(Cr^{3+})\cdot 1}$$

当 $c(H^+)=c(Cr^{3+})=c(Cr_2O_7^{2-})=1\ mol\cdot L^{-1}$ 时，有

$$\varphi(Cr_2O_7^{2-}/Cr^{3+})=\varphi^{\ominus}(Cr_2O_7^{2-}/Cr^{3+})=1.232\ V$$

当 $c(H^+)=10\ mol\cdot L^{-1}$ 和 $c(Cr^{3+})=c(Cr_2O_7^{2-})=1\ mol\cdot L^{-1}$ 时，有

$$\varphi(Cr_2O_7^{2-}/Cr^{3+})=\left(1.232+\frac{0.059\ 2}{6}\times\lg\frac{10^{14}}{1}\right)\ V=1.468\ 2\ V$$

当 $c(H^+)=1\times10^{-3}\ mol\cdot L^{-1}$ 和 $c(Cr^{3+})=c(Cr_2O_7^{2-})=1\ mol\cdot L^{-1}$ 时，有

$$\varphi(Cr_2O_7^{2-}/Cr^{3+})=\left(1.233+\frac{0.059\ 2}{6}\times\lg\frac{(1\times10^{-3})^{14}}{1}\right)\ V=0.915\ 6\ V$$

上述 $\varphi(Cr_2O_7^{2-}/Cr^{3+})$ 的计算结果：当 $c(H^+)=10\ mol\cdot L^{-1}$ 时，$\varphi(Cr_2O_7^{2-}/Cr^{3+})=1.468\ 2$ V；当 $c(H^+)=1\ mo\ l\cdot L^{-1}$ 时，$\varphi(Cr_2O_7^{2-}/Cr^{3+})=1.232$ V；当 $c(H^+)=1.0\times10^{-3}\ mol\cdot L^{-1}$ 时，$\varphi(Cr_2O_7^{2-}/Cr^{3+})=0.915\ 6$ V。由上例可以看出，$Cr_2O_7^{2-}$ 的氧化能力随酸度的降低而明显减弱。因此，凡有 H^+ 和 OH^- 参加的氧化还原反应，且 H^+ 和 OH^- 在反应式中计量数较大时，酸度对电极电势有较大的影响，因此，当计算任意浓度的电极电势时，必须先写出配平的电极反应式。

四、电极电势及电动势的应用

1. 判断原电池的正、负极，计算原电池的电动势

在原电池中，电极电势高的电对总是作为原电池的正极，电极电势低的电对作为原电池的

负极，原电池的电动势 $E=\varphi_+-\varphi_-$。如果是在标准状态下，直接查表；如果是在非标准状态下，根据 Nernst 方程计算后再行判断。

例 6-9　由锌电极 $Zn^{2+}(0.1\ mol\cdot L^{-1})|Zn$ 与铜电极 $Cu^{2+}(0.01\ mol\cdot L^{-1})|Cu$ 组成自发电池，试判断该原电池的正、负极，并计算出原电池的电动势。

解　查表 6-1 知，$\varphi^\ominus(Zn^{2+}/Zn)=-0.761\ 8\ V$，$\varphi^\ominus(Cu^{2+}/Cu)=0.341\ 9\ V$。根据 Nernst 方程，有

$$\varphi(Zn^{2+}/Zn)=\varphi^\ominus(Zn^{2+}/Zn)+\frac{0.059\ 2}{2}\lg c_r(Zn^{2+})=\left(-0.761\ 8+\frac{0.059\ 2}{2}\times\lg 0.1\right)\ V=-0.791\ 3\ V$$

$$\varphi(Cu^{2+}/Cu)=\varphi^\ominus(Cu^{2+}/Cu)+\frac{0.059\ 2}{2}\lg c_r(Cu^{2+})=\left(0.341\ 9+\frac{0.059\ 2}{2}\times\lg 0.01\right)\ V=0.288\ V$$

由以上计算结果可知：$\varphi(Cu^{2+}/Cu)>\varphi(Zn^{2+}/Zn)$，故在该原电池中，正极为铜电极 $Cu^{2+}(0.01\ mol\cdot L^{-1})|Cu$，负极为锌电极 $Zn^{2+}(0.1\ mol\cdot L^{-1})|Zn$。原电池电动势

$$E=\varphi(Cu^{2+}/Cu)-\varphi(Zn^{2+}/Zn)=0.288\ V-(-0.791\ 3\ V)=1.079\ V$$

2. 氧化剂、还原剂的强弱及选择

(1)电极电势与氧化剂、还原剂的强弱。已知锌电极的 $\varphi^\ominus(Zn^{2+}/Zn)=-0.761\ 8\ V$，铜电极的 $\varphi^\ominus(Cu^{2+}/Cu)=0.341\ 9\ V$，由前所述，这两个电极构成的原电池一旦接通，负极金属锌失去电子，而正极溶液中铜离子得到电子，这说明标准电极电势代数值小的还原态 Zn，比标准电极电势大的还原态 Cu 失去电子的倾向大，而标准电极电势代数值大的氧化态 Cu^{2+} 比标准电极电势代数值小的氧化态 Zn^{2+} 得到电子的倾向大。因此，还原态物质失去电子倾向越大，其还原能力越强；氧化态物质得到电子倾向越大，其氧化能力越强。

应当注意，这里所说的还原能力(失去电子)或氧化能力(得到电子)是相对而言的，标准电极电势值的大小也是相对值。例如，Cu 失去电子的倾向虽比锌小，但如果把它与标准电极电势更大的 Ag 相比，Cu 失去电子倾向比 Ag 大，若由它们构成原电池，Cu 变成输出电子的负极。

由上可见，就一个电对而言，标准电极电势代数值越小，其还原态物质还原能力越强，而其相应的氧化态物质氧化能力越弱；相反地，一个电对的标准电极电势代数值越大，其氧化态物质氧化能力越强，其相应的还原态物质的还原能力越弱。因此，一个电对的标准电极电势代数值同时表示其氧化态物质的氧化能力和还原态物质的还原能力两种性质，其中一种性质若是强的，另一种性质就必然是弱的。因此，可以利用标准电极电势代数值的大小，判断氧化态物质的氧化能力，或还原态物质的还原能力的强弱。

在表 6-1 中，把一些常见的氧化还原电对的标准电极电势按其代数值递增的顺序排列起来，称为标准电极电势表。表中从上到下，标准电极电势代数值增大，相应电对中氧化态物质得到电子的倾向增大，其氧化能力增大，在表的左下角的氧化态物质 F_2 得到电子的倾向最大，其氧化能力最强，它是最强的氧化剂。另外，相应的还原态物质失去电子倾向减小，还原能力减小，在表的右上角的还原态物质 K 失去电子的倾向最大，其还原能力最强，它是最强的还原剂。当两电对 $\varphi^\ominus$ 差值很小又是非标准态时，就要根据 Nernst 方程计算后，用 φ 代数值大小判断氧化态物质的氧化能力，或还原态物质的还原能力的强弱。

(2)氧化剂、还原剂的选择。利用电极电势代数值大小判断出氧化剂、还原剂强弱后，在实际中还可以将其用于特定反应中氧化剂、还原剂的选择。比如：在某一混合体系中，如果只希

望某种组分被氧化或被还原，而另外的组分不发生变化。这种情况下就需要选择合适的氧化剂或还原剂，通过电极电势代数值的比较来达到目的。

例 6-10 在含有 Br^-，I^- 的混合溶液中，标准状态下，欲使 I^- 氧化成 I_2，而不使 Br^- 氧化成 Br_2，试判断选择 $Fe_2(SO_4)_3$ 和 $KMnO_4$ 中的哪一种氧化剂能满足要求。

解 分析：欲使 I^- 氧化成 I_2，而不使 Br^- 氧化成 Br_2，那么选择的氧化剂其氧化性应该大于 I_2 而小于 Br_2。因此，其对应电对的电极电势代数值应该大于 I_2/I^- 的而小于 Br_2/Br^- 的电极电势代数值。

查表得，$\varphi^{\ominus}(Br_2/Br^-)=1.0873\ V$， $\varphi^{\ominus}(I_2/I^-)=0.5355\ V$

$\varphi^{\ominus}(Fe^{3+}/Fe^{2+})=0.771\ V$， $\varphi^{\ominus}(MnO_4^-/Mn^{2+})=1.507\ V$

很显然，应该选择电极电势代数值介于 0.535 5 V 与 1.087 3 V 之间的作为氧化剂，即应选择 $Fe_2(SO_4)_3$。

在非标准状态时，就要根据 Nernst 方程计算后，用 φ 代数值大小选择适当的氧化剂或还原剂。

3. 氧化还原反应方向的判断

一个氧化还原反应能否自发进行，可由 Gibbs 函数的变化或电动势来判断，即

当 $\Delta_r G_m<0$， $E>0$ 或 $\varphi_+>\varphi_-$ 时， 反应能正向自发进行

当 $\Delta_r G_m>0$， $E<0$ 或 $\varphi_+<\varphi_-$ 时， 反应正向不能自发进行

当 $\Delta_r G_m=0$， $E=0$ 或 $\varphi_+=\varphi_-$ 时， 反应处于平衡状态

请注意以下几点：

(1)电动势为什么会有负值？这是因为，按给定的反应式正向来看的。为了判断反应方向，计算 E 值时，一般应在反应物中确定氧化剂和还原剂，再按上式计算(而不能认为总是 φ 值大的减去 φ 值小的)，所以 E 值可正、可负。

(2)E 为负值意味着什么？当 $E<0$ 时，$\Delta_r G_m>0$，则逆反应 $\Delta_r G_m<0$，也就是逆反应自动进行，所以，$E<0$ 并不是说该电池不存在，只是表明电池反应的方向与原来判断(或假设)的方向相反而已。

例 6-11 试判断下列氧化还原反应进行的方向：

$$2Fe^{2+}+I_2 \longrightarrow 2Fe^{3+}+2I^-$$

设溶液中各种离子的浓度均为 $1\ mol\cdot L^{-1}$。

解 从反应式可以看出，若反应按正向进行，则电对 Fe^{3+}/Fe^{2+} 对应的电极应是负极，电对 I_2/I^- 对应的电极应是正极。此时

$$\varphi_+=\varphi^{\ominus}(I_2/I^-)=0.5355\ V$$

$$\varphi_-=\varphi^{\ominus}(Fe^{3+}/Fe^{2+})=0.771\ V$$

即 $$E=\varphi_+-\varphi_-=0.5355\ V-0.771\ V=-0.2355\ V$$

因 $$E<0$$

故此反应不能自动向右进行，而其逆反应必然 $E>0$，可以自发进行。如果 E 为负值，表示要外加电压才能进行正反应。

例 6-12 试判断下列浓差电池反应进行的方向：

$$Cu+Cu^{2+}(1\ mol\cdot L^{-1}) \longrightarrow Cu^{2+}(1.0\times10^{-4}\ mol\cdot L^{-1})+Cu$$

解 假设反应按照正反应方向进行，则 $Cu^{2+}(1.0\times10^{-4}\ mol\cdot L^{-1})|Cu$ 应为负极，

$Cu^{2+}(1\ mol\cdot L^{-1})|Cu$ 应为正极。

$$\varphi_+=\varphi^\ominus(Cu^{2+}/Cu)=0.341\ 9\ V$$

$$\varphi_-=\varphi^\ominus(Cu^{2+}/Cu)+\frac{0.059\ 2}{2}\lg c_r(Cu^{2+})=0.341\ 9\ V+\left(\frac{0.059\ 2}{2}\times\lg(10^{-4})\right)\ V=0.229\ V$$

$$E=\varphi_+-\varphi_-=0.341\ 9\ V-0.229\ V=0.112\ 9\ V$$

由于 $E>0$，所以该反应自发向右进行。

判断氧化还原反应进行方向时，通常可用标准电动势作粗略的判断。当电池标准电动势大于 0.3 V(或 0.5 V)时，通过改变溶液中各离子浓度来改变电池电动势符号的可能性不大。这是由于，在一般情况下，离子浓度对电极电势的影响有限。但是，如果组成电池的两个电对的标准电极电势相差很小，$E^\ominus$ 或 $\Delta_r G_m^\ominus$ 接近于零时，则离子浓度的改变有可能会引起氧化还原反应向相反方向进行。

例如，在氧化还原反应 $Pb^{2+}+Sn=Pb+Sn^{2+}$ 中：

当 $c(Pb^{2+})=c(Sn^{2+})=1\ mol\cdot L^{-1}$ 时，有

$$\varphi^\ominus_{氧化剂}=\varphi^\ominus(Pb^{2+}/Pb)=-0.126\ 2\ V$$

$$\varphi^\ominus_{还原剂}=\varphi^\ominus(Sn^{2+}/Sn)=-0.137\ 5\ V$$

$$E^\ominus=\varphi^\ominus_{氧化剂}-\varphi^\ominus_{还原剂}=-0.126\ 2\ V-(-0.137\ 5\ V)=0.011\ 3\ V$$

虽然 $E^\ominus$ 接近于零，但反应可以自发的向右进行。物质的氧化、还原性为：氧化性 $Pb^{2+}>Sn^{2+}$；还原性 $Sn>Pb$。

如果 $c(Sn^{2+})=1\ mol\cdot L^{-1}$，而 $c(Pb^{2+})=0.1\ mol\cdot L^{-1}$，那么，就不能用标准电极电势直接判断，而要通过计算后再进行判断，即

$$\varphi(Pb^{2+}/Pb)=\varphi^\ominus(Pb^{2+}/Pb)+\frac{0.059\ 2}{2}\times\lg 0.1=-0.126\ 2\ V-0.029\ 5\ V=-0.155\ 7\ V$$

$$\varphi(Sn^{2+}/Sn)=\varphi^\ominus(Sn^{2+}/Sn)=-0.137\ 5\ V$$

$$E=\varphi(Pb^{2+}/Pb)-\varphi^\ominus(Sn^{2+}/Sn)=-0.155\ 7\ V-(-0.137\ 5\ V)=-0.018\ 2\ V$$

故

$$E<0$$

结论和上面相反，上述反应不能自发向右进行。反应的自发方向为

$$Pb+Sn^{2+}=Pb^{2+}+Sn$$

是上述反应的逆反应，物质氧化、还原性强弱发生了变化。结果是：氧化性 $Sn^{2+}>Pb^{2+}$，还原性 $Pb>Sn$。

所以，当应用电极电势讨论问题时，如果两电对的标准电极电势相差很小(一般小于 0.3 V)，其离子浓度不是 $1\ mol\cdot L^{-1}$ 时，就要通过能斯特方程计算后才能得出正确结论。

另外，利用氧化剂、还原剂的强弱，可以不通过计算而定性地判断氧化还原反应的方向，这在许多情况下是方便的。

表 6-1 中右上方，$\varphi^\ominus$ 代数值较小的电对中的还原态是强的还原剂。表 6-1 中左下方，$\varphi^\ominus$ 代数值较大的电对中的氧化态是较强的氧化剂。氧化还原反应进行的方向是较强的氧化剂与较强的还原剂作用生成较弱的氧化剂和较弱的还原剂，即

$$(强氧化剂)_1+(强还原剂)_2\rightarrow(弱还原剂)_1+(弱氧化剂)_2$$

例如

$$Sn^{4+}+2e^-=Sn^{2+},\quad \varphi^\ominus(Sn^{4+}/Sn^{2+})=0.151\ V$$

$$Fe^{3+}+e^-=Fe^{2+},\quad \varphi^\ominus(Fe^{3+}/Fe^{2+})=0.771\ V$$

可得 $$2Fe^{3+} + Sn^{2+} \xlongequal{} 2Fe^{2+} + Sn^{4+}$$
（强）（强）（弱）（弱）

可见，表 6-1 中右上方的还原态作还原剂，左下方的氧化态作氧化剂，反应可自发进行。这种对角线方向相互反应的规则通俗地称为“对角线规则”。

当然，与反应有关的两个电对 $\varphi^{\ominus}$ 差值很小，且又在非标准条件下，用 $\varphi^{\ominus}$ 判断反应方向是不准确的，需要通过 Nernst 方程计算 φ 后得到电动势 E 再来判断。

4. 氧化还原反应的限度

氧化还原反应进行的程度，可由氧化还原反应的标准平衡常数 $K^{\ominus}$ 的大小得出，而标准平衡常数可由氧化还原反应组成电池的标准电动势计算得到，即

$$\Delta_r G_m^{\ominus} = -RT\ln K^{\ominus}$$

$$\Delta_r G_m^{\ominus} = -nFE^{\ominus}$$

故得 $$nFE^{\ominus} = RT\ln K^{\ominus}$$

如果将 $F = 96\ 485\ \text{C}\cdot\text{mol}^{-1}$， $R = 8.314\ \text{J}\cdot\text{K}^{-1}\cdot\text{mol}^{-1}$， $T = 298.15\ \text{K}$ 代入，可得

$$E^{\ominus} = \frac{2.303\times 8.314\times 298.15}{n\times 96\ 485}\lg K^{\ominus} = \frac{0.059\ 2}{n}\lg K^{\ominus}$$

$$\lg K^{\ominus} = \frac{nE^{\ominus}}{0.059\ 2} \tag{6-10}$$

因此，我们只要知道由氧化还原反应所组成的原电池的标准电动势，就可以计算出氧化还原反应的标准平衡常数，从而可以判断其反应进行的程度。但是，也应注意到，式中的 n 是总反应配平后的电子转移数。

例 6-13 判断下列反应进行的程度：

$$Cu + 2Ag^{+} \xlongequal{} Cu^{2+} + 2Ag$$

解 假设上述反应向正向进行，则其负极为 $Cu\mid Cu^{2+}$，正极为 $Ag^{+}\mid Ag$。

该反应对应原电池的标准电动势为

$$E^{\ominus} = \varphi^{\ominus}(Ag^{+}/Ag) - \varphi^{\ominus}(Cu^{2+}/Cu) = 0.799\ 6\ \text{V} - 0.341\ 9\ \text{V} = 0.457\ 7\ \text{V}$$

$$\lg K^{\ominus} = \frac{nE^{\ominus}}{0.059\ 2} = \frac{2\times 0.457\ 7}{0.059\ 2} = 15.462\ 8$$

$$K^{\ominus} = 2.2\times 10^{15}$$

标准平衡常数 2.2×10^{15} 是很大的，所以，此反应正向进行得很彻底。若上述反应式颠倒，$E^{\ominus}$ 及 $K^{\ominus}$ 如何计算？请读者自己考虑。

应当指出，根据电动势（电极电势），虽然可以判断氧化还原反应进行的方向和程度，但是，对反应速率的大小还要进行具体的分析。例如，电极电势表中可查得氢是较强的还原剂，氧是较强的氧化剂，氢与氧可以相互作用生成水。但是，在常温下，这一反应速率很小，几乎觉察不出。这说明一个氧化还原反应能否具体实现，与反应速率有很大关系，必须通过实验予以确定。

五、电势图解及应用

1. 元素电势图

为了迅速判断某条件下歧化反应能否自发进行，物理化学家拉铁莫尔（Latimer）把一种元素不同氧化数间的标准电极电势，按照氧化数降低的顺序把它们的分子式（或离子式）排列成图式，称为该元素的元素电势图。例如：氯的元素电势图如下：

$$ClO_4^- \xrightarrow{1.226} ClO_3^- \xrightarrow{1.157} HClO_2 \xrightarrow{1.673} HClO \xrightarrow{1.63} \frac{1}{2}Cl_2 \xrightarrow{1.358} Cl^-$$

注意:①按照元素的氧化数从高到低,由左向右依次排列;②需要标明介质(酸、碱性),分别用 $\varphi_a^\ominus$ 和 $\varphi_b^\ominus$ 表示;③直线连接的两物质为一半反应。

例如:

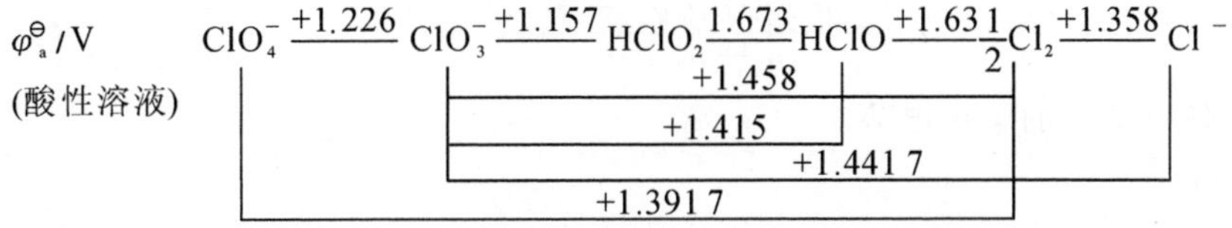

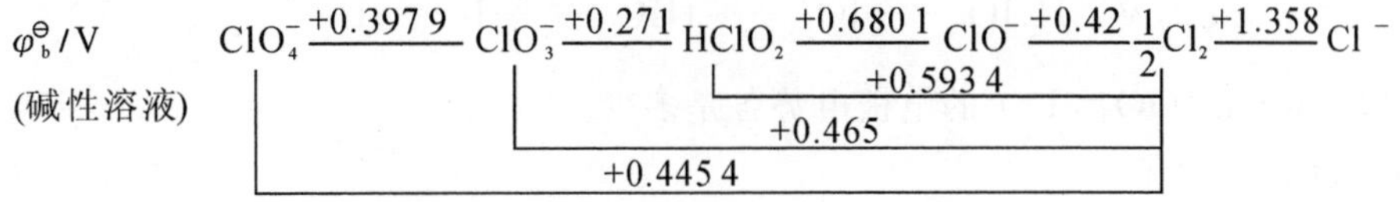

连线上的数字表示元素两种不同氧化数物质所组成的电对的标准电极电势。

(1)判断歧化反应能否发生。

当元素电势图中($A\xrightarrow{\varphi_左^\ominus}B\xrightarrow{\varphi_右^\ominus}C$),$\varphi_右^\ominus>\varphi_左^\ominus$,表明 B 能发生歧化反应,B=A+C;当$\varphi_右^\ominus<\varphi_左^\ominus$时,B 不能发生歧化反应,即说明 B 是稳定的。由此可以快速地判断歧化反应能否发生。

例如,判断 Cl_2 在碱性溶液中能否自发歧化为Cl^-和ClO_x^-(x=1,2,3,4)。

由上述氯元素在碱性溶液中的元素电势图可知

$$\varphi^\ominus(Cl_2/Cl^-)>\varphi^\ominus(ClO_x^-/Cl^-)(\varphi_右^\ominus>\varphi_左^\ominus)$$

故Cl_2 在碱性溶液中可自发进行多种歧化反应:

$$Cl_2(g)+2OH^-(aq)\!=\!=\!=3Cl^-(aq)+ClO^-(aq)+H_2O(l)$$

$$E^\ominus=\varphi^\ominus(Cl_2/Cl^-)-\varphi^\ominus(ClO^-/Cl_2)=1.358\ V-0.420\ V=+0.938\ V$$

$$2Cl_2(g)+4OH^-(aq)\!=\!=\!=3Cl^-(aq)+ClO_2^-(aq)+2H_2O(l)$$

$$E^\ominus=\varphi^\ominus(Cl_2/Cl^-)-\varphi^\ominus(ClO_2^-/Cl_2)=1.358\ V-0.593\ 4\ V=+0.765\ 6\ V$$

$$3Cl_2(g)+6OH^-(aq)\!=\!=\!=5Cl^-(aq)+ClO_3^-(aq)+3H_2O(l)$$

$$E^\ominus=\varphi^\ominus(Cl_2/Cl^-)-\varphi^\ominus(ClO_3^-/Cl_2)=1.358\ V-0.465\ V=+0.893\ V$$

$$4Cl_2(g)+8OH^-(aq)\!=\!=\!=7Cl^-(aq)+ClO_4^-(aq)+4H_2O(l)$$

$$E^\ominus=\varphi^\ominus(Cl_2/Cl^-)-\varphi^\ominus(ClO_4^-/Cl_2)=1.358\ V-0.445\ 4\ V=+0.912\ 6\ V$$

电动势的数据表明,第一个反应进行的趋势最大,故从热力学考虑,常温常压下,氯在碱性溶液中主要歧化为氯化物和次氯酸盐。依次再计算该氯酸根能否继续歧化,判断出歧化反应后的最终产物。

(2)求算任意电对的 $\varphi^\ominus$。

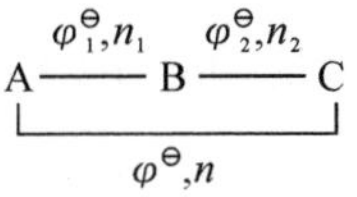

上式可以写为

(1)　　　$A+n_1e^-\!=\!=\!=B$　　　$\Delta_rG_{m1}^\ominus=-n_1F\varphi_1^\ominus$

(2) $B+n_2e^- = C \qquad \Delta_r G_{m2}^{\ominus} = -n_2 F\varphi_2^{\ominus}$

两式相加得 $A+(n_1+n_2)e^- = C \qquad \Delta_r G_m^{\ominus} = -(n_1+n_2)F\varphi^{\ominus}$

因

$$\Delta_r G_m^{\ominus} = \Delta_r G_{m1}^{\ominus} + \Delta_r G_{m2}^{\ominus}$$

有

$$-(n_1+n_2)F\varphi^{\ominus} = -n_1 F\varphi_1^{\ominus} - n_2 F\varphi_2^{\ominus}$$

整理得

$$\varphi^{\ominus} = \frac{n_1\varphi_1^{\ominus} + n_2\varphi_2^{\ominus} + \cdots}{n_1+n_2+\cdots} \tag{6-11}$$

该式用于计算任意电对的电极电势。

例 6-14 已知

$$\varphi_a^{\ominus}/V \quad H_5IO_6 \overset{1.60}{\text{——}} IO_3^- \overset{1.153\,5}{\text{——}} HIO \overset{1.431}{\text{——}} \frac{1}{2}I_2 \overset{0.535\,5}{\text{——}} I^-$$

试计算 $\varphi^{\ominus}(IO_3^-/I_2)$，$\varphi^{\ominus}(IO_3^-/I^-)$ 的电极电势各是多少。

解 根据式(6-11)有

$$\varphi^{\ominus}(IO_3^-/I_2) = \frac{4\times1.153\,5+1\times1.431}{4+1}\ V = 1.209\ V$$

$$\varphi^{\ominus}(IO_3^-/I^-) = \frac{4\times1.153\,5+1\times1.431+1\times0.535\,5}{4+1+1}\ V = 1.096\,75\ V$$

2. pH-电势图

对于化学反应，可以用热力学数据预言反应进行的方向和限度，根据 Nernst 方程和物质在水溶液中的性质提出了 pH-电势图。pH-电势图直观易懂，因而在多个化学领域有着广泛的应用。下面主要介绍 pH-电势图的构成法及其相关应用。

(1)pH-电势图的构成法。由 Nernst 方程可知，电极电势不仅与电极材料的性质有关，也与参加电极反应的各物质浓度、pH(酸度)、温度等因素有关。pH-电势图就是将各物质的电极电势与溶液 pH 的关系画成图(不随溶液 pH 发生变化的物种全部设为标准态)，通过该图可以直观地看出反应自发进行的可能性、所需浓度、pH 等。

1)电极反应与 pH-电势图的类型：根据电极反应，可以把 pH-电势图分为三种主要类型。

(A)电极反应中既有 H^+(或 OH^-)参加，又有电子得失。

例 6-15 $2H^+ + 2e^- = H_2 \qquad (2H_2O + 2e^- = H_2 + 2OH^-)$

解 $\varphi(H^+/H_2) = \varphi^{\ominus}(H^+/H_2) + \dfrac{0.059\,2}{2}\lg\dfrac{(c_{H^+}/c^{\ominus})^2}{(p_{H_2}/p^{\ominus})} =$

$$-\frac{0.059\,2}{2}\lg(p_{H_2}/p^{\ominus}) - 0.059\,2pH$$

例 6-16 $O_2 + 2H_2O + 4e^- = 4OH^- \qquad (O_2 + 4H^+ + 4e^- = 2H_2O)$

解 $\varphi(O_2/OH^-) = \varphi^{\ominus}(O_2/OH^-) + \dfrac{0.059\,2}{4}\lg\dfrac{(p_{O_2}/p^{\ominus})}{(c_{OH^-}/c^{\ominus})^4} =$

$$0.401 + \frac{0.059\,2}{4}\lg(p_{O_2}/p^{\ominus}) - 0.059\,2\lg K_w^{\ominus} - 0.059\,2pH =$$

$$1.23 + \frac{0.059\,2}{4}\lg(p_{O_2}/p^{\ominus}) - 0.059\,2pH$$

例 6-17 $MnO_4^- + 8H^+ + 5e^- = Mn^{2+} + 4H_2O$

解　$\varphi(MnO_4^-/Mn^{2+})=\varphi^{\ominus}(MnO_4^-/Mn^{2+})+\frac{0.0592}{5}\lg\frac{(c_{MnO_4^-}/c^{\ominus})(c_{H^+}/c^{\ominus})^8}{(c_{Mn^{2+}}/c^{\ominus})}=$

$$1.507+\frac{0.0592}{5}\lg\frac{(c_{MnO_4^-}/c^{\ominus})}{(c_{Mn^{2+}}/c^{\ominus})}-\frac{8}{5}\times0.0592pH=$$

$$1.507+\frac{0.0592}{5}\lg\frac{(c_{MnO_4^-}/c^{\ominus})}{(c_{Mn^{2+}}/c^{\ominus})}-0.09472pH$$

对于这类反应可以写成通式：

$$p_{\text{氧化态}}+mH^++ne^-=q_{\text{还原态}}+\frac{m}{2}H_2O$$

$$\varphi(p_{\text{氧化态}}/q_{\text{还原态}})=\varphi^{\ominus}(p_{\text{氧化态}}/q_{\text{还原态}})+\frac{0.0592}{n}\lg\frac{(c_{\text{氧化态}}/c^{\ominus})^p}{(c_{\text{还原态}}/c^{\ominus})^q}-\frac{m}{n}\times0.0592pH$$

为了简化，通常设 $c_{\text{氧化态}}=c_{\text{还原态}}=1\ mol\cdot L^{-1}$，这时的 pH -电势图称为基线，上式的基线为一直线方程，斜率为 $-(m/n)\times0.0592$，负值表示与 pH 轴的夹角为钝角；截距为 $\varphi^{\ominus}$，如图 6 - 5(a)所示。

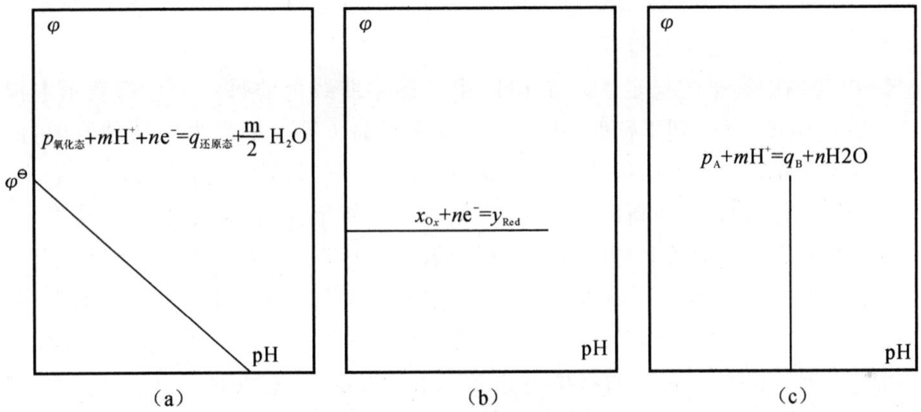

图 6 - 5　pH -电势图构成图解

(a)依赖 pH 和电势的平衡态；(b)不依赖 pH 的平衡态；(c)不依赖电势的平衡态

(B)电极反应中只有电子得失，没有 H^+(或 OH^-)参加反应。

例 6 - 18　$Cl_2+2e^-=2Cl^-$

解　$\varphi(Cl_2/Cl^-)=\varphi^{\ominus}(Cl_2/Cl^-)+\frac{0.0592}{2}\lg\frac{(p_{Cl_2}/p^{\ominus})}{(c_{Cl^-}/c^{\ominus})^2}=$

$$1.35827+0.0296\lg(p_{Cl_2}/p^{\ominus})-0.0592\lg(c_{Cl^-}/c^{\ominus})$$

这表明，电势值既与氯离子的浓度 c_{Cl^-} 有关，也与氯气的分压 p_{Cl_2} 有关，当 $p_{Cl_2}=100\ kPa$，$c_{Cl^-}=1\ mol\cdot L^{-1}$时，则有

$$\varphi(Cl_2/Cl^-)=\varphi^{\ominus}(Cl_2/Cl^-)=1.35827\ V$$

这类反应的电势值与 pH 无关，反映在 pH -电势图上是一条平行于横坐标的直线，如图 6 - 5(b)所示。这类反应的通式可表示为

$$x_{\text{氧化态}}+ne^-=y_{\text{还原态}}$$

(C)电极反应中有 H^+(或 OH^-)参加，但没有电子得失。

例 6 - 19　$Fe^{3+}+3H_2O=Fe(OH)_3+3H^+$

解 虽然这类反应不是氧化还原反应，但也涉及溶液 pH 的大小和电极反应中产物的存在形式（例如生成沉淀等），如果给定某一离子浓度，则可以根据标准溶度积常数计算一个对应的 pH，这类反应在 pH-电势图上是一条平行于纵坐标的直线，如图 6-5(c)所示。对于上述反应来说，标准平衡常数可按下式计算得到：

$$K^{\ominus}=\frac{(c_{H^+}/c^{\ominus})^3}{(c_{Fe^{3+}}/c^{\ominus})}\times\frac{(c_{OH^-}/c^{\ominus})^3}{(c_{OH^-}/c^{\ominus})^3}=\frac{(K_w^{\ominus})^3}{K_{sp}^{\ominus}[Fe(OH)_3]}=\frac{(1.0\times10^{-14})^3}{2.64\times10^{-39}}=3.79\times10^{-4}$$

$$c_{H^+}=\sqrt[3]{K^{\ominus}\times c_{Fe^{3+}}}$$

$$pH=-\frac{1}{3}(\lg K^{\ominus}+\lg c_{Fe^{3+}})$$

当 $c_{Fe^{3+}}=1\ mol\cdot L^{-1}$ 时，有

$$pH=-\frac{1}{3}\lg(3.79\times10^{-4})=1.14$$

当 $c_{Fe^{3+}}>1\ mol\cdot L^{-1}$ 时，直线向左平移；反之，当 $c_{Fe^{3+}}<1\ mol\cdot L^{-1}$ 时，直线向右平移。类似反应的通式可表示为

$$pA+mH^+ \!=\!=\!= qB+nH_2O$$

它们都是平行于纵坐标的直线。

2)pH-电势图中离子的稳定区。在 pH-电势图中曲线上的每一个点都表示电极反应在一定条件（浓度、酸度）下达到平衡时，电势与 pH 之间的关系。如果由于某种原因，例如浓度改变，使体系的电势离开了平衡位置 a 点而偏高（见图 6-6），落到直线上方区域 a′，由 Nernst 方程可知，如果正值增大，达到新的平衡时，氧化态浓度将增大，还原态浓度会减小，电极反应平衡向左移动，因此落在直线上方区域是有利于氧化态存在的，称为氧化态的稳定区；如果电势偏低，就落到直线下方区域 a″，φ 值减小，达到新平衡时氧化态浓度减小，还原态浓度增大，电极反应的平衡向右移动，有利于还原态存在，因此直线下方区域称为还原态的稳定区。对于平行于 φ 轴的 pH-电势图，显然直线的左边是离子的稳定区，直线的右边是沉淀的稳定区。

3)Fe-H₂O 体系的 pH-电势图构成（见图 6-7）。

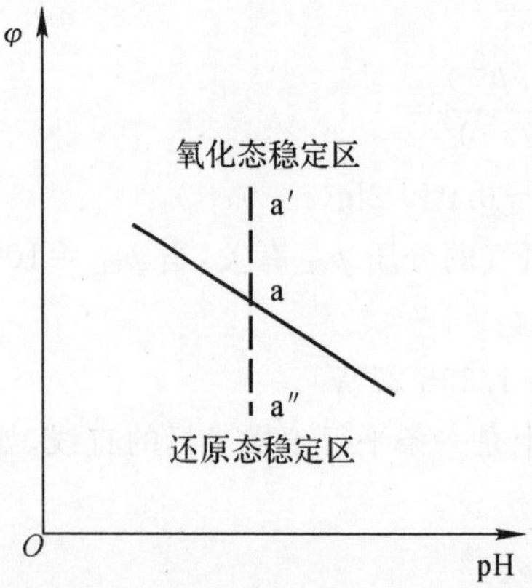

图 6-6　pH-电势图中离子的稳定区

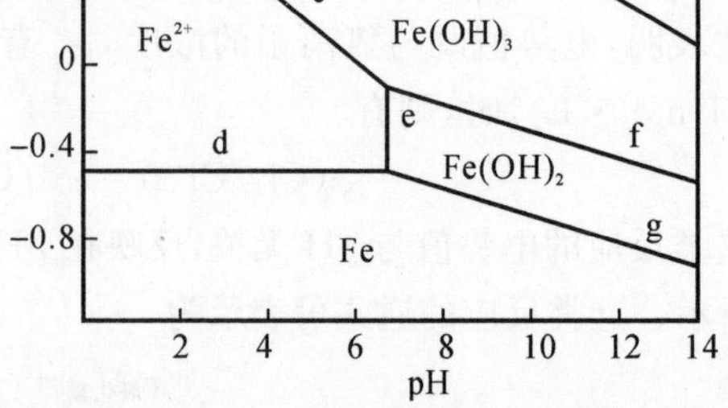

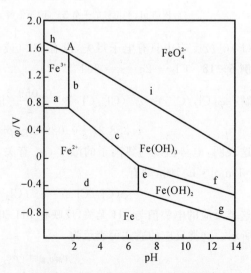

图 6-7　Fe-H₂O 体系 pH-电势图

a. $Fe^{3+} + e^- \longrightarrow Fe^{2+}$

$\varphi_a(Fe^{3+}/Fe^{2+}) = \varphi_a^{\ominus}(Fe^{3+}/Fe^{2+}) = 0.771\ V$

b. $Fe^{3+} + 3H_2O \longrightarrow Fe(OH)_3 + 3H^+$

$pH = 1.14$

c. $Fe(OH)_3 + 3H^+ + e^- \longrightarrow Fe^{2+} + 3H_2O$

$\varphi_c(Fe(OH)_3/Fe^{2+}) = \varphi_c^{\ominus}(Fe(OH)_3/Fe^{2+}) - 3\times0.059\ 2\ pH$

$\varphi_c^{\ominus}(Fe(OH)_3/Fe^{2+})$可以从式 a 求得，当 $c_{H^+}=1\ mol\cdot L^{-1}$，$c_{OH^-}=10^{-14}\ mol\cdot L^{-1}$时，则

$$c_{Fe^{3+}}=\frac{K_{sp}^{\ominus}[Fe(OH)_3]}{(c_{OH^-})^3}=\frac{2.64\times10^{-39}}{(1.0\times10^{-14})^3}\ mol\cdot L^{-1}=2.64\times10^{3}\ mol\cdot L^{-1}$$

将 $c_{Fe^{2+}}=1\ mol\cdot L^{-1}$代入式 a 得

$$\varphi_c^{\ominus}(Fe(OH)_3/Fe^{2+})=0.771\ V+\left(0.059\ 2\times\lg\frac{2.64\times10^{3}}{1}\right)\ V=0.97\ V$$

故　$\varphi_c(Fe(OH)_3/Fe^{2+})=0.97-0.177pH$

d. $Fe^{2+} + 2e^- \longrightarrow Fe$

$\varphi_d(Fe^{2+}/Fe)=\varphi_d^{\ominus}(Fe^{2+}/Fe)=0.447\ V$

e. $Fe^{2+} + 2H_2O \longrightarrow Fe(OH)_2 + 2H^+$

$pH=6.45$

f. $Fe(OH)_3 + H^+ + e^- \longrightarrow Fe(OH)_2 + H_2O$

$\varphi_f(Fe(OH)_3/Fe(OH)_2)=\varphi_f^{\ominus}(Fe(OH)_3/Fe(OH)_2)-0.059\ 2\ pH$

$\varphi_f^{\ominus}(Fe(OH)_3/Fe(OH)_2)$可以从式 a 求得，当 $c_{H^+}=1\ mol\cdot L^{-1}$时，则

$$c_{Fe^{2+}}=\frac{K_{sp}^{\ominus}[Fe(OH)_2]}{(c_{OH^-})^2}=\frac{4.87\times10^{-17}}{(1.0\times10^{-14})^2}\ mol\cdot L^{-1}=4.87\times10^{11}\ mol\cdot L^{-1}$$

又 $c_{Fe^{3+}}=2.64\times10^{3}\ mol\cdot L^{-1}$，代入式 a 得

$$\varphi_f^{\ominus}(Fe(OH)_3/Fe(OH)_2)=0.771\ V+\left(0.059\ 2\lg\frac{(c_{Fe^{3+}}/c^{\ominus})}{(c_{Fe^{2+}}/c^{\ominus})}\right)\ V=$$

$$0.771\ V+\left(0.059\ 2\times\lg\frac{2.64\times10^{3}}{4.87\times10^{11}}\right)\ V=0.28\ V$$

所以　$\varphi_f(Fe(OH)_3/Fe(OH)_2)=0.28-0.059\ 2pH$

g. $Fe(OH)_2 + 2H^+ + 2e^- \longrightarrow Fe + 2H_2O$

$\varphi_g(Fe(OH)_2/Fe)=\varphi_g^{\ominus}(Fe(OH)_2/Fe)-0.059\ 2pH$

$\varphi_g^{\ominus}(Fe(OH)_2/Fe)$可以从式 d 求得，当 $c_{H^+}=1\ mol\cdot L^{-1}$，$c_{Fe^{2+}}=4.87\times10^{11}\ mol\cdot L^{-1}$时，代入式 d 得

$$\varphi_g^{\ominus}(Fe(OH)_2/Fe)=0.447\ V+\left(\frac{0.059\ 2}{2}\lg(c_{Fe^{2+}}/c^{\ominus})\right)=\!=\!=$$

$$0.447\ V+\left(\frac{0.059\ 2}{2}\times\lg(4.87\times10^{11})\right)\ V=-0.10\ V$$

所以　$\varphi_g(Fe(OH)_2/Fe)=-0.10-0.059\ 2pH$

h. $FeO_4^{2-} + 8H^+ + 3e^- \longrightarrow Fe^{3+} + 3H_2O$

$\varphi_h(FeO_4^{2-}/Fe^{3+})=\varphi_h^{\ominus}(FeO_4^{2-}/Fe^{3+})-\frac{8}{3}\times0.059\ 2pH=1.9-0.157\ 9pH$

i. $FeO_4^{2-} + 5H^+ + 3e^- \longrightarrow Fe(OH)_3 + H_2O$

$$\varphi_i(FeO_4^{2-}/Fe(OH)_3) = \varphi_i^{\ominus}(FeO_4^{2-}/Fe(OH)_3) - \frac{5}{3}\times 0.059\ 2pH$$

$\varphi_i^{\ominus}(FeO_4^{2-}/Fe(OH)_3)$可从式 h 求得

$$\varphi_i^{\ominus}(FeO_4^{2-}/Fe(OH)_3) = 1.9 + \frac{0.059\ 2}{3}\lg\frac{1}{(c_{Fe^{3+}}/c^{\ominus})} =$$

$$1.9\ V + \left(\frac{0.059\ 2}{3}\times\lg\frac{1}{2.64\times 10^3}\right)\ V = 1.81\ V$$

所以 $\varphi_i(FeO_4^{2-}/Fe(OH)_3) = 1.81 - 0.098pH$

上述 pH -电势图中仅仅考虑了固相 $Fe(OH)_3$、$Fe(OH)_2$的生成，对于 Fe - H_2O 体系中的某些电极反应作了简化和忽略。例如 Fe 还可以生成 Fe_3O_4，Fe_2O_3等反应都没有列入。

对于 pH -电势图上各交点的坐标可以联立相邻两直线方程解得。例如图 6 - 7 中点 A，可以由直线 b、h、i 联立解得。因为直线 b 上每一点 pH = 1.14，代入直线方程 h 得

$$\varphi_h(FeO_4^{2-}/Fe^{3+}) = 1.9\ V - 0.157\times 1.14\ V = 1.72\ V$$

因此 A 点坐标 φ=1.72 V，pH=1.14。

(2)pH -电势图的应用举例。

1)判断氧化还原反应的方向和顺序。利用 pH -电势图判断氧化还原反应进行的方向和顺序，要比标准电极电势来得直观，而且全面。它可以在不同的浓度、酸度的条件下确定反应进行的方向和顺序。从热力学观点来讲，在 pH -电势图上，同一 pH 时，位于上面电势高的一条直线(Ⅰ)中的氧化态(Ⅰ)物质，可以与位于下面电势低的一条直线(Ⅱ)中的还原态(Ⅱ)物质起反应(见图 6 - 8)，即

氧化态(Ⅰ)+ 还原态(Ⅱ) = 氧化态(Ⅱ)+ 还原态(Ⅰ)

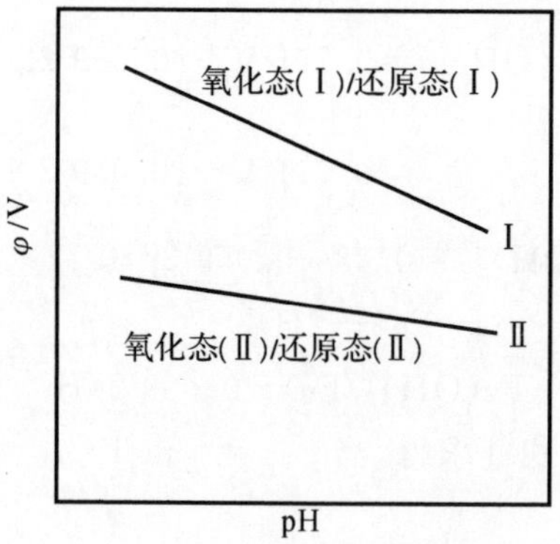

图 6 - 8 反应方向说明图

如果两条直线之间的距离越大，则反应自发进行的趋势也越大，因为直线之间的距离就是两个电极所组成的电池电动势 E：

$$E = \varphi_{(Ⅰ)} - \varphi_{(Ⅱ)}$$

即 E 值越大(E 为正值)，则反应吉布斯函数变也越小于零，因为

$$\Delta_r G_m = -nFE \ll 0$$

因此反应自发进行的程度也越大。反之，还原态物质在上面一条直线上，而氧化态物质在下面一条直线上，这时 E 为负值，$\Delta_r G_m > 0$，反应就不能自发进行。若同时存在几个反应，则一般情况下，E 值相差较大的电对优先进行反应。

例 6－20　实验室用盐酸与二氧化锰作用制取氯气的反应为

$$MnO_2 + 4H^+ + 2Cl^- = Mn^{2+} + Cl_2 + 2H_2O$$

试用 pH－电势图讨论：

(1) MnO_2 在不同 pH 条件下与一定浓度的 Cl^- 作用，反应的方向如何。

(2) 如果用盐酸反应，且 $c_{H^+} = c_{Cl^-}$，产生氯气所需盐酸的浓度最低为多少。（已知 $p_{Cl_2} = 100\ kPa$，$c_{Mn^{2+}} = 1\ mol \cdot L^{-1}$）

解　(1) 先作 pH－电势图（基线），如图 6－9 所示。

$MnO_2 + 4H^+ + 2e^- = Mn^{2+} + 2H_2O$

$\varphi_1 = 1.224 - 0.118pH$

$Cl_2 + 2e^- = 2Cl^-$

$\varphi_2 = 1.358\ 27\ V$

直线 φ_1 与 φ_2 的交点 A 的坐标 $\varphi = 1.358\ 27$，$pH = -1.1$（即 $c_{H^+} = 12.5\ mol \cdot L^{-1}$）。在基线情况下（当 $pH < -1.1$ 时，即 $c_{H^+} > 12.5\ mol \cdot L^{-1}$），上述反应向右进行，即有 Cl_2 产生。

当 $pH < -1.1$ 时，反应向右进行（正向）

当 $pH > -1.1$ 时，反应向左进行（逆向）

当 $pH = -1.1$ 时，体系建立平衡

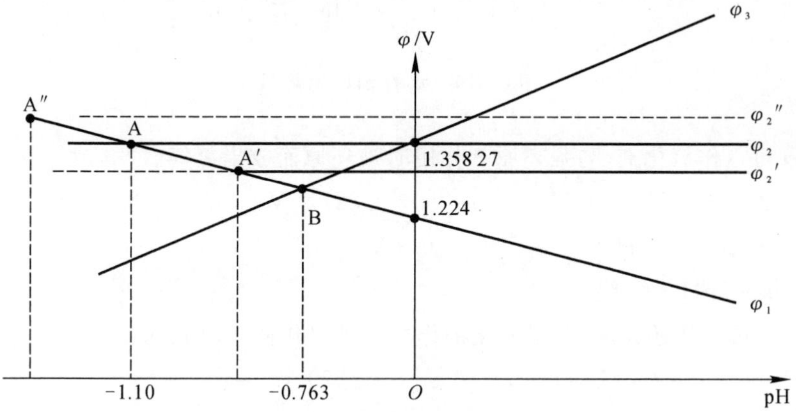

图 6－9　盐酸与二氧化锰反应的 pH－电势图

在非基线情况下，如果 $c_{Cl^-} > 1\ mol \cdot L^{-1}$，则

$$\varphi_2 = 1.358\ 27 + \frac{0.059\ 2}{2} \lg \frac{1}{(c_{Cl^-}/c^{\ominus})^2}$$

φ_2 要向下平移为 φ'_2 与 φ_1 相交于 A′，对应的 pH 增大，即要使反应向右进行，所需的 c_{H^+} 可以减小。当 $c_{Cl^-} < 1\ mol \cdot L^{-1}$ 时，φ_2 要往上平移为 φ''_2 与 φ_1 相交于 A″，所对应的 pH 减小，即要使反应向右进行，所需 c_{H^+} 要增大。

(2) 如果采用盐酸与 MnO_2 反应，因为 $c_{H^+} = c_{Cl^-}$，则 φ_2 改变为 φ_3，有

$$\varphi_3=1.358\ 27+\frac{0.059\ 2}{2}\lg\frac{1}{(c_{Cl^-}/c^{\ominus})^2}=1.358\ 27+\frac{0.059\ 2}{2}\times\lg\frac{1}{(c_{H^+}/c^{\ominus})^2}=1.358\ 27+0.059\ 2pH$$

φ_3 与 φ_1 交点 B 处，有 1.224－0.118pH＝1.358 27＋0.059 2pH，解得 pH＝－0.763，即 $c_{HCl}=5.4\ mol\cdot L^{-1}$。

在上述条件下，产生 Cl_2 所需盐酸的最低浓度为 $5.4\ mol\cdot L^{-1}$。

2)讨论水的热力学稳定性。

根据水的 pH－电势图(见图 6－10)，可以讨论水的热力学稳定性。

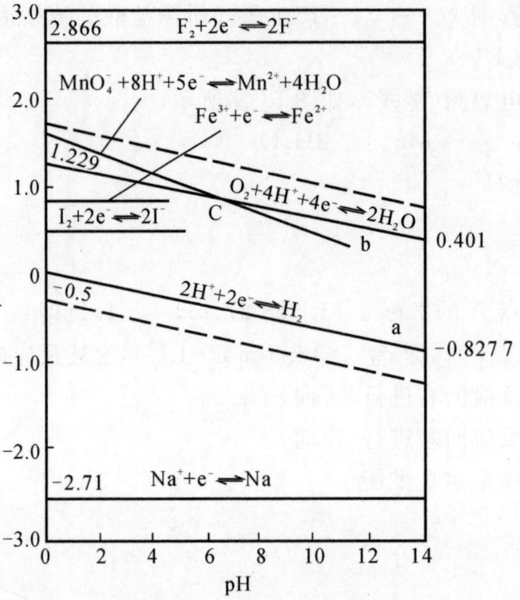

图 6－10　水的 pH－电势图

(A)H_2O 可以作氧化剂，与强还原剂作用时被还原而放出氢气。

$2H_2O + 2e^- \longrightarrow H_2 + 2OH^-$　　$\varphi_b^{\ominus}=-0.827\ 7\ V$

或　$2H^+ + 2e^- \longrightarrow H_2$　　$\varphi_a^{\ominus}=0.000\ 0\ V$

$\varphi_a=-0.059\ 2pH$　(a 线)

(B)H_2O 又可以作还原剂，与强氧化剂作用时被氧化而放出氧气。

$O_2 + 4H^+ + 4e^- \longrightarrow 2H_2O$　　$\varphi_a^{\ominus}=1.229\ V$

或　$O_2 + 2H_2O + 4e^- \longrightarrow 4OH^-$　　$\varphi_b^{\ominus}=0.401\ V$

$\varphi_b=1.229-0.059\ 2pH$　　(b 线)

从热力学观点讲，在水溶液中，如果存在一个强氧化剂，它的电位高于 b 线，它就可以把水氧化。例如：

$$F_2 + 2e^- \longrightarrow 2F^- \qquad \varphi^{\ominus}=2.866\ V$$

则反应

$$2F_2 + 2H_2O \longrightarrow 4HF + O_2$$

就可以发生。

如果存在一个强还原剂，它的电位低于 a 线，水就可以被还原。例如

$$Na^+ + e^- \longrightarrow Na \qquad \varphi^{\ominus} = -2.71\ V$$

则反应

$$2\ Na + 2H_2O \longrightarrow 2\ Na^+ + 2OH^- + H_2$$

就可以发生。

如果水溶液中氧化剂的电位低于 b 线，或者还原剂的电位高于 a 线，则水既不会被氧化，也不会被还原。例如氧化剂 $FeCl_3$，或还原剂 KI，它们在水溶液中都能稳定存在。换句话说，凡是 pH -电势图落在直线 a，b 之间的氧化剂或还原剂都不会与水发生反应。

从上面的分析可知，b 线上方是 O_2 的稳定区，a 线和 b 线之间是水的稳定区，a 线下方为 H_2 的稳定区。根据图 6－10 分析 $KMnO_4$ 在酸性介质中的稳定性：

$$MnO_4^- + 8H^+ + 5e^- \longrightarrow Mn^{2+} + 4H_2O \qquad \varphi^{\ominus} = 1.507\ V$$

$$\varphi = 1.507 - 0.098pH$$

由图 6－10 可知，它在 b 线交于 C 点，pH＝7.2，在此条件下（$c_{MnO_4^-} = 1\ mol \cdot L^{-1}$，pH＜7.2），$MnO_4^-$ 会被水还原，并放出 O_2，但实际上并非如此。实践证明，水的稳定区要比理论值 a，b 线所围区域分别向外扩展 ±0.5 V 左右，即为虚线所围区域。这是因为水被分解放出 O_2 或 H_2 时，它们的超电位都比较大。这样一来，高锰酸钾在酸性溶液中 pH -电势图也恰好落在水的实际稳定区之内，因此，高锰酸钾酸性溶液能够稳定存在。但是，由于它落在 b 线之上，虚线之内，所以一般不能配制标准溶液。

由于 pH -电势图使用方便，故在元素分析、湿法冶金、金属腐蚀、电沉积等方面都得到广泛的应用。

3. 标准吉布斯函数变-氧化态图

我们在学习无机化学中元素及其化合物的化学性质时，往往通过它们的酸碱性、氧化还原性、配合性以及溶解度等特性而了解，其中氧化还原性的变化较为复杂，不易掌握，而标准吉布斯函数变-氧化态图的应用可以抓住这个变化的规律化繁为简，并用图解的形式直观、形象地反映出来，易于掌握，给学习元素及其化合物的性质带来便利。

（1）标准吉布斯函数变-氧化态图的构成。标准吉布斯函数变-氧化态图是通过一个元素多种氧化态之间各电对的标准电极电势值，计算出相应氧化态的标准吉布斯函数变，再以标准吉布斯函数变为纵坐标，氧化值为横坐标作图，即可画出某元素的标准吉布斯函数变-氧化态图。

在恒温恒压下，从热力学可知，氧化还原反应所组成电池的标准电动势 $E^{\ominus}$ 与反应标准吉布斯函数变有如下关系：

$$\Delta_r G_m^{\ominus} = -nFE^{\ominus}$$

若令某电对与标准氢电极构成原电池时，所得电池的电动势即为该电对的标准电极电势 $\varphi^{\ominus}$，即

$$\Delta_r G_m^{\ominus} = -nF\varphi^{\ominus}$$

根据此式就可以计算一个元素各氧化态的标准吉布斯函数变，并绘制标准吉布斯函数变-氧化态图。例如，已知某元素有多种氧化态，其相邻氧化态间组成电对的标准电极电势值 $\varphi^{\ominus}$ 可以查表获得，然后依据 $\Delta_r G_m^{\ominus} = -nF\varphi^{\ominus}$，计算相应的标准吉布斯函数变，进而算出该元素（从单质出发）转变成各种氧化态时的标准吉布斯函数变，即反应

$$M = M^{n+} + ne^-$$

的标准吉布斯函数变。以标准吉布斯函数变为纵坐标，氧化值为横坐标，对该元素一系列氧化态作图，并将各点连接成线。

现以锰为例，已知锰在酸性介质中有六种常见氧化态，即 MnO_4^-，MnO_4^{2-}，MnO_2，Mn^{3+}，Mn^{2+}，Mn，各氧化态之间可组成如下电对：

$$\varphi_a^{\ominus}/V \quad MnO_4^- \xrightarrow{0.558} MnO_4^{2-} \xrightarrow{2.2395} MnO_2 \xrightarrow{0.938} Mn^{3+} \xrightarrow{1.51} Mn^{2+} \xrightarrow{-1.18} Mn$$

锰的各种氧化态化合物的标准吉布斯函数变值见表 6-2。

表 6-2 锰的各种氧化态标准生成吉布斯函数变

形式	Mn	Mn^{2+}	Mn^{3+}	MnO_2	MnO_4^{2-}	MnO_4^-	H^+	$H_2O(l)$
$\Delta_f G_m^{\ominus}/(kJ\cdot mol^{-1})$	0	−228.1	−82.01	−465.1	−500.7	−447.2	0	−273.1

1)计算 $Mn(s) = Mn^{2+}(aq) + 2e^-$ 反应的 $\Delta_r G_m^{\ominus}$ 值。

$$\Delta_r G_m^{\ominus} = \Delta_f G_m^{\ominus}(Mn^{2+}) - \Delta_f G_m^{\ominus}(Mn) = (-228.1-0)\ kJ\cdot mol^{-1} = -228.1\ kJ\cdot mol^{-1}$$

2)计算 $Mn(s) + 2H_2O(l) = MnO_2(s) + 4H^+(aq) + 4e^-$ 反应的 $\Delta_r G_m^{\ominus}$ 值。

$$\Delta_r G_m^{\ominus} = [\Delta_f G_m^{\ominus}(MnO_2) + 4\Delta_f G_m^{\ominus}(H^+)] - [\Delta_f G_m^{\ominus}(Mn) + 2\Delta_f G_m^{\ominus}(H_2O)] =$$
$$[(-465.1+4\times0)-(0-2\times273.1)]\ kJ\cdot mol^{-1} = 81.1\ kJ\cdot mol^{-1}$$

3)计算 $Mn(s) + 4H_2O(l) = MnO_4^-(aq) + 8H^+(aq) + 7e^-$ 反应的 $\Delta_r G_m^{\ominus}$ 值。

$$\Delta_r G_m^{\ominus} = [\Delta_f G_m^{\ominus}(MnO_4^-) + 8\Delta_f G_m^{\ominus}(H^+)] - [\Delta_f G_m^{\ominus}(Mn) + 4\Delta_f G_m^{\ominus}(H_2O)] =$$
$$[(-447.2+8\times0)-(0-4\times273.1)]\ kJ\cdot mol^{-1} = 645.2\ kJ\cdot mol^{-1}$$

4)计算 $Mn(s) + 4H_2O(l) = MnO_4^{2-}(aq) + 8H^+(aq) + 6e^-$ 反应的 $\Delta_r G_m^{\ominus}$ 值。

$$\Delta_r G_m^{\ominus} = [\Delta_f G_m^{\ominus}(MnO_4^{2-}) + 8\Delta_f G_m^{\ominus}(H^+)] - [\Delta_f G_m^{\ominus}(Mn) + 4\Delta_f G_m^{\ominus}(H_2O)] =$$
$$[(-500.7+8\times0)-(0-4\times273.1)]\ kJ\cdot mol^{-1} = 591.7\ kJ\cdot mol^{-1}$$

5)计算 $Mn(s) = Mn^{3+}(aq) + 3e^-$ 反应的 $\Delta_r G_m^{\ominus}$ 值。

$$\Delta_r G_m^{\ominus} = \Delta_f G_m^{\ominus}(Mn^{3+}) - \Delta_f G_m^{\ominus}(Mn) = (-82.01-0)\ kJ\cdot mol^{-1} = -82.01\ kJ\cdot mol^{-1}$$

以计算所得的各氧化态的 $\Delta_r G_m^{\ominus}$ 为纵坐标，以氧化值为横坐标，得图 6-11，即锰元素在酸性条件下的标准吉布斯函数变-氧化态图。

根据氧化还原反应的 $E^{\ominus}>0$，该反应能正向自发进行；或当 $E^{\ominus}<0$ 时，该反应不能正向自发进行的原则，结合标准吉布斯函数变-氧化态图解可以得出以下几点：

1)若所判断状态的物质，处在较高和较低两氧化态物质连线的上方(即形成凸点)，则该状态的物质是热力学不稳定的，将会发生歧化反应转变成两相邻的物质。

2)若所判断状态的物质，处在较高和较低两氧化态物质连线的下方(即形成凹点)，则该状态的物质是热力学稳定的，不会发生歧化反应。相反，较高和较低两状态的物质可以相互作用生成凹点的物质。

根据上述原则，结合图 6-11 可以进行下述推断：

图中 MnO_4^{2-} 位于 MnO_4^- 和 MnO_2 连线的上方，是凸点，所以它是热力学不稳定的，能发生如下歧化反应：

$$3MnO_4^{2-} + 4H^+ = 2MnO_4^- + MnO_2 + 2H_2O$$

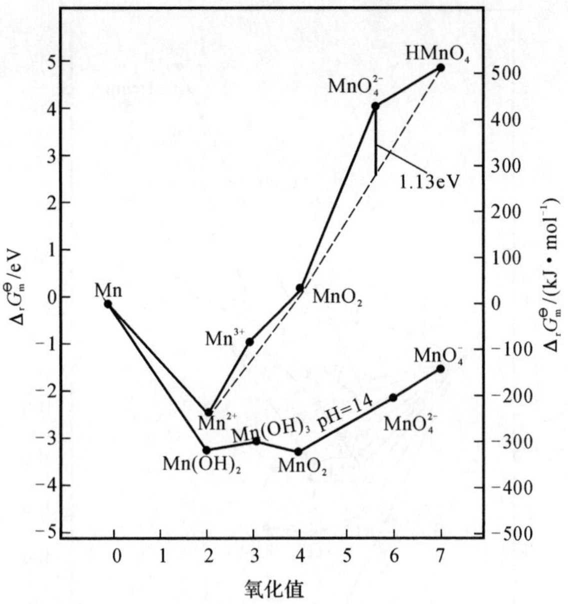

图 6-11　锰的标准吉布斯函数变-氧化态图

Mn^{3+} 处在 MnO_2 和 Mn^{2+} 连线的上方，也是凸点，所以也是热力学不稳定的，同样能发生如下歧化反应：

$$2Mn^{3+} + 2H_2O = Mn^{2+} + MnO_2 + 4H^+$$

而 MnO_2 处在 MnO_4^- 和 Mn^{2+} 连线的下方，是凹点，所以是热力学稳定的，不会发生歧化反应。相反，MnO_4^- 却能和 Mn^{2+} 反应生成 MnO_2：

$$2MnO_4^- + 3Mn^{2+} + 2H_2O = 5MnO_2 + 4H^+$$

(2)标准吉布斯函数变-氧化态图的应用。

1)d 区第一系列元素化学性质的变化规律。将 d 区第一系列元素各氧化态的标准吉布斯函数变对氧化值作图，得图 6-12，从图 6-12 可说明以下几点：

(A)看曲线的最低点。由图 6-12 可知，d 区第一系列元素在酸性溶液中的稳定态为 Cu^{2+}，Ni^{2+}，Co^{2+}，Fe^{2+}，Zn^{2+}，Mn^{2+}，Cr^{3+}，V^{3+}，Ti^{3+}，Sc^{3+} 等，均为+2 或+3 氧化态。

(B)看斜率的正负和大小。图 6-12 上从 Sc 到 Ni 金属单质的标准吉布斯函数变都为零，从这一点出发到各相应 M^{2+} 或 M^{3+} 的连线都是负斜率。且从金属出发到 Sc^{3+} 的线最陡，而到达 Ni^{2+} 的线近于平坦，也即从 Sc 到 Ni 随原子序数增大，斜率渐增，表明 M 变成 M^{2+} 或 M^{3+} 的趋势逐渐不容易，相应金属的还原能力逐渐减弱。因此可以说明 Sc 易失去电子变成 Sc^{3+}，而 Ni 变成 Ni^{2+} 就不容易。同理，Co 变成 Co^{2+} 也不容易。但是，从金属出发到 Cu^+ 的连线为正斜率，表明 Cu 变成 Cu^+ 的趋势很难。图上各元素高氧化态(Cu，Ni，Sc 除外)与最低点的连线均为正斜率，且正斜率越大即线越陡，其相应的高氧化态越不稳定，都倾向于形成低氧化态 M^{2+} 或 M^{3+}。较高氧化态的 Co^{3+}，$FeO_4{}^{2-}$，$MnO_4{}^-$，$Cr_2O_7{}^{2-}$ 等在酸性介质中均易接受电子，都是较强的氧化剂。而图上最低点是 Ti^{3+}，V^{3+}，Cr^{3+}，它们与相应的 Ti^{2+}，V^{2+}，Cr^{2+} 的连线为负斜率，所以 Ti^{3+}，V^{3+}，Cr^{3+} 都是较强的还原剂。又 Ti，V，Cr 等单质至 Ti^{2+}，V^{2+}，Cr^{2+} 的连线也为负斜率，而且线条更陡，所以这些金属单质是还原剂，它们在酸性溶液中可以把 H_2 置换出来。

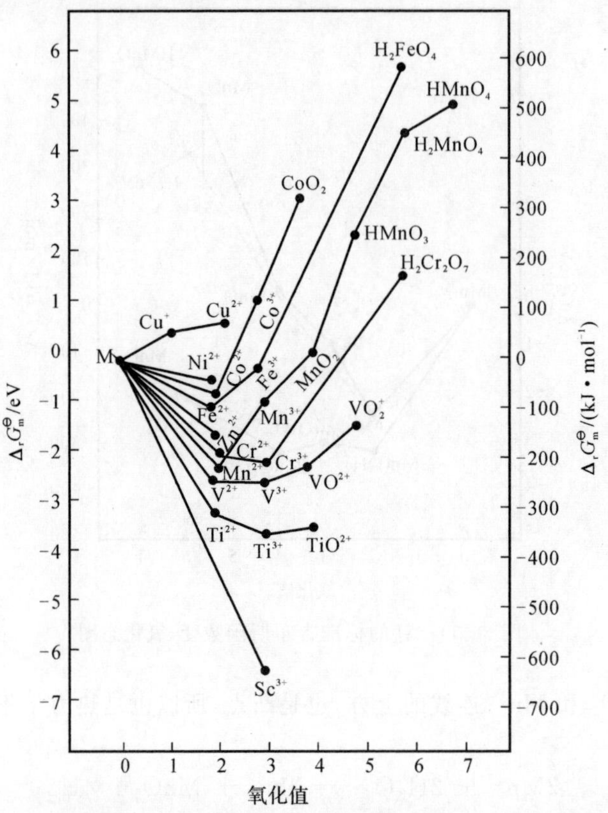

图 6-12　d 区第一系列元素标准吉布斯函数变-氧化态图(pH=0,M 为金属)

(C)看某氧化态位于相邻连线的上方还是下方。从图 6-12 可见,Cu^+,Mn^{3+},$MnO_4{}^{2-}$ 均位于相邻连线的上方即曲线向上凸起者,均可发生歧化反应,而其余各氧化态均在相邻连线的下方,因此,均无歧化的可能。从上述分析可见,从标准吉布斯函数变-氧化态图上比较同系列元素变化规律,简明形象,一目了然。

2)主族元素化学性质的变化规律。图 6-13 给出了ⅤA 族元素的标准吉布斯函数变-氧化态图。

从图 6-13 可知:

(A)位于曲线最低点者,在水溶液中为稳定态。所以ⅤA 族元素中以 $NH_4{}^+$,$PO_4{}^{3-}$,As,Sb,Bi 为稳定态,它们都位于相应曲线的最低点。

(B)位于相邻连线的上方者,可发生歧化反应。ⅤA 族中以 NH_2OH 最突出,所以羟氨可以歧化,反应如下:

$$3NH_3OH^+ \xlongequal{\quad} NH_4{}^+ + N_2\uparrow + 3H_2O + 2H^+$$

其余各氧化态则位于相邻连线的下方或几乎成一直线,因而难歧化。

(C)根据图中正斜率(或负斜率)线条的陡峭程度可以估计氧化(或还原)能力的相对大小。图 6-13 中 NH_4^+ 与单质氮之间的连线为正斜率(在图上 NH_4^+ 和单质之间连一直线),而 PH_3,AsH_3 与相应单质磷、砷之间的连线为负斜率。因此,NH_4^+ 变为氮的趋势难,也即 NH_4^+ 还原性弱;PH_3,AsH_3 都是较弱的还原剂,且还原性 AsH_3 比 PH_3 更强。

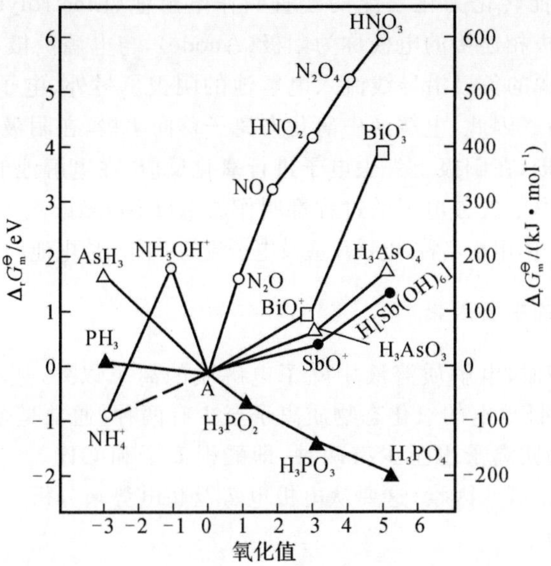

图 6 - 13　ⅤA 族元素标准吉布斯函数变-氧化态图（pH＝0，A 为单质）

由此可以推断ⅤA 族元素的最低氧化态的还原性顺序为

$$NH_4^+ < PH_3 < AsH_3$$

又 NH_3OH^+ 位于负斜率的顶端，它与氮之间的连线更陡，表明它很容易失去电子变为氮，所以是强还原剂，但 NH_3OH^+ 与 $NH_4{}^+$ 之间的连线却又位于正斜率的顶端，为此可以接受电子变为 $NH_4{}^+$，氧化性也不弱，例如羟氨可将亚硫酸氧化为硫酸，反应如下：

$$NH_2OH + H_2SO_3 + HCl = NH_4Cl + H_2SO_4$$

从图中还可以看出，ⅤA 族最高氧化态的 HNO_3、BiO_3^-（不存在于溶液中，只存在于 $NaBiO_3$ 固体中）、H_3AsO_4、$H[Sb(OH)_6]$、H_3PO_4 分别与相应的＋3 氧化态连线，各线的陡峭程度是不同的。通常线越陡，表示从＋5 氧化态变为＋3 氧化态的趋势愈强烈，即氧化性愈强，所以氧化性由强到弱的顺序是

$$(BiO_3^-) > HNO_3 > H[Sb(OH)_6] > H_3AsO_4$$

事实确是如此，偏铋酸盐是极强的氧化剂，其氧化性比硝酸更强。例如下面的反应可以发生：

$$2Mn^{2+} + 5NaBiO_3(s) + 14H^+ = 2MnO_4^- + 5Bi^{3+} + 7H_2O + 5Na^+$$

而 H_3PO_4 至 H_3PO_3 的连线为负斜率，表示不能从＋5 变为＋3 氧化态，即不能显示出氧化性，所以 H_3PO_4 不具有氧化性。

其他各主、副族元素的性质可以依次进行讨论。

6.3　电　　解

一、电解池

使电流通过电解池溶液（或熔盐）而发生氧化还原反应的过程叫作电解（Electrolysis），这种过程是非自发过程，是借助于外电源使某些 $\Delta_r G_m > 0$ 氧化还原反应得以进行的过程。为了

完成这一过程，即将电能转化为化学能的装置叫作电解池(Electrolytic cell)(非自发电池)。在电解池中，与电源正极相连接的电极称为阳极(Anode)，与电源负极相连接的电极称为阴极(Cathode)。电子从电源的负极沿导线流入电解池的阴极。另外，电子从电解池的阳极离开，沿导线流回电源的正极。因此，电解液中氧化态离子移向阴极，在阴极上得到电子进行还原反应；还原态离子移向阳极，在阳极上失去电子进行氧化反应，在电解池的两极反应中，氧化态离子得到电子，或还原态离子失去电子的过程都叫作放电(Discharge)。

应该注意，在电解池中，电极名称、电极反应及电子流的方向与原电池均有区别，不可相互混淆。

二、影响电极反应的主要因素

当电解盐的水溶液时，电解质溶液中除了电解质的离子以外，还有水解离出来的 H^+ 和 OH^-。因此，可能在阴极放电的氧化态物质离子至少有两种，通常是金属离子和 H^+；可能在阳极上放电的还原态物质离子也至少有两种，即酸根离子和 OH^-。究竟是哪一种物质先放电，物质放电顺序决定于哪些因素，这要从电极电势及超电势来分析。

1. 电极电势的影响

在电解池中，阳极进行的是氧化反应，阴极进行的是还原反应。在阳极是阴离子移向，为还原型离子，必定是容易失去电子的物质，即 φ 代数值较小的还原态物质先放电；在阴极是阳离子移向，为氧化型离子，必定是容易得到电子的物质，即 φ 代数值较大的氧化态物质先放电。

在 6.2 节中已经知道，φ 与物质的本性($\varphi^{\ominus}$)、离子浓度等有关，它可以用 Nernst 方程计算得到，我们称它为理论析出电势 $\varphi_{理论}$(Nernst 电势)，从理论上讲，只要计算出在两极可能放电的各物质的 $\varphi_{理论}$ 值，根据上述原则便可确定在两极是何种物质首先放电。

例如，电解 1 mol·L^{-1} $CuCl_2$ 水溶液(产生的气体均为 100 kPa)，H^+ 与 Cu^{2+} 趋向阴极，电极反应为

$$Cu^{2+} + 2e^- \longrightarrow Cu$$

$$2H^+ + 2e^- \longrightarrow H_2$$

H^+ 的 $\varphi^{\ominus}=0$ V，浓度 10^{-7} mol·L^{-1}，而 Cu^{2+} 的 $\varphi^{\ominus}=0.341\ 9$ V，浓度是1 mol·L^{-1}，据此计算可知

$$\varphi(Cu^{2+}/Cu)=\varphi^{\ominus}(Cu^{2+}/Cu)=0.341\ 9\ \text{V}$$

$$\varphi(H^+/H_2)=\varphi^{\ominus}(H^+/H_2)+\frac{0.059\ 2}{2}\times\lg\frac{(10^{-7})^2}{100/100}\ \text{V}=-0.413\ \text{V}$$

Cu^{2+} 的理论析出电势大于 H^+ 的理论析出电势，即

$$\varphi(Cu^{2+}/Cu)_{理论}>\varphi(H^+/H_2)_{理论}$$

所以，在阴极是 Cu^{2+} 首先放电。

在阳极可能放电的是 OH^- 和 Cl^-，电极反应为

$$2Cl^- - 2e^- \longrightarrow Cl_2\uparrow$$

$$4OH^- - 4e^- \longrightarrow O_2 + 2H_2O$$

按 OH^- 浓度为 10^{-7} mol·L^{-1} 计算时

$$\varphi(O_2/OH^-)=\varphi^{\ominus}(O_2/OH^-)+\frac{0.059\ 2}{4}\lg\frac{100/100}{(10^{-7})^4}\ \text{V}=0.401\ \text{V}+0.413\ \text{V}=0.814\ \text{V}$$

$$\varphi(Cl_2/Cl^-)=\varphi^{\ominus}(Cl_2/Cl^-)+\frac{0.059\ 2}{2}\lg\frac{100/100}{\left(\frac{2}{1}\right)^2}\ \text{V}=1.358\ \text{V}-0.017\ 7\ \text{V}=1.341\ 7\ \text{V}$$

OH^-的理论析出电势为0.814 V,远小于$\varphi(Cl_2/Cl^-)$的1.341 7 V,按照前述原则,阳极应是φ代数值较小的还原态物质首先放电,即OH^-放电,可是,实际上却是Cl^-首先放电。为什么?一定还有其他影响因素。

2.电极的极化和超电势

电解时,必须外加直流电源,通以电流。在氧化态、还原态物质分别向阴、阳极移动并放电的过程中,并非经过一步的简单反应,就能得到氧化、还原产物,而要受若干因素的影响,使离子在电极实际析出的电势$\varphi_{实际}$常要偏离$\varphi_{理论}$的数值。这种当电流通过电极时,电极电势偏离其平衡值$\varphi_{理论}$的现象叫作电极的极化(Polarization)。根据产生极化现象的原因不同,最常发生的极化有浓差极化、电化学极化及电池的IR降等。

(1)浓差极化:当电极处于平衡状态时,溶液中电解质的分布是均匀的。电流流通之后,情况就变了,随着电极反应的进行,电极表面及其附近的反应物一直在消耗,而产物又不断生成。为了维持电流稳定,最理想的情况是电极表面的反应物能够及时得到溶液深处反应物的补充,而生成物又能立即离去。然而,实际情况往往是反应物和生成物各自的扩散迁移速率赶不上反应的速率,以致造成电极附近电解质浓度发生变化,从而在溶液中形成浓度梯度。对阴极来说,电极表面溶液中的氧化态物质浓度变小了,而还原态物质的浓度相对变大,假若仍以能斯特公式计算,显然此时的实际电极电势将减小;而对阳极则相反,实时电势将增大。这种由于电极表面附近离子浓度与平衡时离子浓度的差别所引起的极化现象称为浓差极化。可见,浓差极化时,电流受离子移动的速度所控制。

(2)电化学极化:电极反应是在电极表面处进行的非均相化学反应。反应进行时自然要受到动力学因素的约束,因此,我们不得不考虑反应速率的问题。通常,每个电极反应都是由多个连续的基本步骤所组成(如离子放电、原子结合成分子、气泡的形成和逸出等),而它们中又可能有一个是活化能最高的,因而是速率最慢的一步,从而成为电极过程的控制步骤。为了使电极反应能够持续不断地进行,外电源需要额外增加一定的电压去克服反应的活化能。这种由于电极反应速率的迟缓所引起的极化作用称为电化学极化(又称动力学极化或活化能极化)。在电化学极化的情况下,流过电极的电流受电极反应速率所控制。

(3)电池的IR降:对于电化学体系的电池来说,无论是电解池还是原电池,存在着除浓差极化和电化学极化之外的另一种极化因素,这就是电池的IR降(R又称为欧姆内阻)。这是由于当电流流过电解质溶液时,氧化态、还原态离子各向两极迁移,由于电池本身存在一定的内阻R,离子的运动受到一定的“阻力”。为了克服内阻就必须额外加一定的电压去“推动”离子的前进。此种克服电池内阻所需的电压等于电流I与电池内阻R的乘积,即IR降。它通常以热的形式转化给环境了。这个额外损耗的电能为I^2R。

3.超电势

上面讨论了电极的极化现象。为了衡量电极极化的程度需要引入一个新的概念——超电势(Overpotential)。

电极上由于极化现象的存在,使电极的实际电势与平衡电势间产生了偏离值。这一偏离值称为超电势(或过电势),用符号η表示。应当指出,当极化出现时,阳极电势$\varphi_{阳}$升高,而阴极电势$\varphi_{阴}$降低。但习惯上η均取正值,以$\eta_{阴}$和$\eta_{阳}$分别代表阴、阳两极的超电势;$\varphi_{阴(理)}$和$\varphi_{阳(理)}$分别代表阴、阳两极的平衡电势(也称理论电势);$\varphi_{阴(实)}$和$\varphi_{阳(实)}$分别代表阴、阳两极的实际析出电势。则

$$\varphi_{阴(实)} = \varphi_{阴(理)} - \eta_{阴}, \eta_{阴} = \varphi_{阴(理)} - \varphi_{阴(实)} \tag{6-12}$$

$$\varphi_{阳(实)} = \varphi_{阳(理)} + \eta_{阳}, \eta_{阳} = \varphi_{阳(实)} - \varphi_{阳(理)} \tag{6-13}$$

这与前面所说的极化使阴极电势减小，使阳极电势增大是一致的。

根据产生极化的几种原因，对于单个电极总的超电势 η 应是浓差超电势 $\eta_{浓差}$（Concentration overpotential）、电化学超电势 $\eta_{电化}$（Electrotrchemical overpotential）、欧姆电压降 $\eta_{欧姆}$ 等之和，即

$$\eta = \eta_{浓差} + \eta_{电化} + \eta_{欧姆} + \cdots \tag{6-14}$$

目前超电势的数值还无法从理论上加以计算，困难在于影响因素中包含一些无法预计和控制的因素，但可以通过实验来测定超电势。由实验可知，对同一物质来说，超电势不是一个常数，它与下列因素有关：

(1)电解产物不同，超电势数值不同。金属的超电势一般较小，但铁、钴、镍的超电势较大。对气体产物，尤其是氢气和氧气的超电势较大，而卤素的超电势较小，详见表 6-3、表 6-4。

(2)电极材料和表面状态不同，即使电解产物为同一物质，其超电势也不同，在锡、铅、锌、银、汞等"软金属"电极上，η 很显著，尤其是汞电极，见表 6-3。

(3)电流密度越大，超电势越大，见表 6-4 和表 6-5。

(4)温度越高，或通过搅拌，超电势将减小。

表 6-3　在不同金属上氢和氧的超电势*（室温）

电极材料	超电势/V	
	氢	氧
Pt(镀铂黑的)	0.00	0.25
Pd	0.00	0.43
Au	0.02	0.53
Fe	0.08	0.25
Pt(平滑的)	0.09	0.45
Ag	0.15	0.41
Ni	0.21	0.06
Cu	0.23	—
Cd	0.48	0.43
Sn	0.53	—
Pb	0.64	0.31
Zn	0.70	—
Hg	0.78	—
石墨	0.90	1.09

* 在刚开始有显著气泡出现时的电流密度条件下测定的。

表 6-4　25℃时饱和 NaCl 溶液中氯在石墨电极上析出的超电势

电流密度/($A \cdot m^{-2}$)	400	700	1 000	2 000	5 000	10 000
超电势/V	0.186	0.193	0.251	0.298	0.417	0.495

表 6-5　25℃时 1 mol·L^{-1} KOH 溶液中氧在石墨电极上析出的超电势

电流密度/(A·m^{-2})	100	200	500	1 000	2 000	5 000
超电势/V	0.869	0.963	—	1.091	1.142	1.186

4. 分解电压与超电压

电解时，在电解池的两极上必须外加一定的电压，才能使电极上的反应顺利进行。究竟应加多大电压呢？这与超电势有关。现在以铂作电极，电解 $c(NaOH)=0.1\ mol\cdot L^{-1}$ 水溶液为例说明之(产生的气体均为 100 kPa)。

电解 NaOH 水溶液时，在阴极析出氢，在阳极析出氧，而部分的氢气和氧气分别吸附在铂片的表面，这样就组成了如下的原电池：

$$(-)Pt(H_2,p_1)\,|\,NaOH(0.1\ mol\cdot L^{-1})\,|\,(O_2,p_2)Pt(+)$$

它的电动势是正极(氧极)的电极电势与负极(氢极)的电极电势之差，其值可计算如下：

在 $c(NaOH)=0.1\ mol\cdot L^{-1}$ 的水溶液中，$c(OH^-)=0.1\ mol\cdot L^{-1}$，则

$$c(H^+)=\frac{10^{-14}}{10^{-1}}\ mol\cdot L^{-1}=10^{-13}\ mol\cdot L^{-1}$$

正极反应　$O_2+4\ H_2O+e^- = 4OH^-$　$\varphi^{\ominus}(O_2/OH^-)=0.401\ V$

正极电势　$\varphi=\varphi^{\ominus}+\frac{0.059\ 2}{4}\lg\frac{\left(\frac{p_{O_2}}{p^{\ominus}}\right)}{c_r^4(OH^-)}\ V=0.401\ V+\frac{0.059\ 2}{4}\times\lg(0.1)^{-4}\ V=0.459\ V$

负极反应　$2OH^-+H_2-2e^- = 2H_2O$　$\varphi^{\ominus}(H_2O/H_2)=-0.828\ V$

负极电势　$\varphi=\varphi^{\ominus}+\frac{0.059\ 2}{2}\lg\frac{1}{\left(\frac{p_{H_2}}{p^{\ominus}}\right)c_r^2(OH^-)}\ V=-0.828\ V+\frac{0.059\ 2}{2}\times\lg(0.1)^{-2}\ V=-0.769\ V$

此氢氧原电池的电动势为

$$E=\varphi_{正}-\varphi_{负}=0.459\ V-(-0.769\ V)=1.228\ V$$

电池中电流的方向与外加直流电源的方向正好相反。据此，从理论上讲，当外加电压等于该氢氧原电池的电动势时，电极反应处于平衡状态。而只要当外加电压略微超过该电动势(1.228 V)时，电解似乎应当能够进行，但实验结果与理论计算却有较大的差别，即电压并非为1.228 V而是 1.769 V(图 6-14 中 A 和 C 两点差值)。也就是说，当外加电压达 1.769 V 时，两极上才有明显的气泡产生(此时电流应为 B 点指示值)，电流才迅速增大，电解才能顺利进行，这种能使电解顺利进行的最低电压即为实际分解电压。各种物质的实际分解电压是通过实验测定的，如 $c(HCl)=1\ mol\cdot L^{-1}$ 的分解电压(Decomposition voltage)为 1.31 V，$c(HBr)=1\ mol\cdot L^{-1}$ 的分解电压是 0.94 V，$c(HI)=1\ mol\cdot L^{-1}$ 的分解电压为 0.54 V，电解食盐水(隔膜法)的分解电压为 3.4 V。

电解质的分解电压与电极反应有关，如表 6-6 所示，NaOH，KOH，KNO_3 溶液的分解电压很相近，这是因为这些溶液的电极反应产物都是 H_2 和 O_2。

表 6-6　几种电解质溶液($c=1\ mol\cdot L^{-1}$)的分解电压(室温,铂电极)

电解质	HCl	KNO_3	KOH	NaOH
分解电压/V	1.31	1.69	1.67	1.69

为什么实际分解电压与理论分解电压(Theoretic decomposition voltage)会有差值呢?原因之一是溶液与导线都有电阻,通电时会有电压降(IR)。但一般电解中,若电流 I 和电阻 R 都不大,IR 的数值不大①。

另一主要原因是由于电极的极化而产生超电势,由超电势引起超电压,所以,实际分解电压($V_{分解}$)常大于理论分解电压($V_{理}$)。

实际分解电压就是两极产物的析出电势之差,它与理论分解电压、超电压的关系如下:

$$V_{分解}=\varphi_{阳(实)}-\varphi_{阴(实)}=(\varphi_{阳(理)}+\eta_{阳})-(\varphi_{阴(理)}-\eta_{阴})=(\varphi_{阳(理)}-\varphi_{阴(理)})+(\eta_{阳}+\eta_{阴})=$$
$$理论分解电压+超电压 \tag{6-15}$$

由上式可知,两极超电势之和即为电解池的超电压,而实际分解电压主要是理论分解电压与超电压之和。如上述实验的分解电压(1.769 V)即为

$$\underset{\varphi(O_2)_{(理论)}}{0.460\ 2} - \underset{\varphi(H_2)_{(理论)}}{(-0.768\ 8)} + \underset{\eta(O_2)}{0.45} + \underset{\eta(H_2)}{0.09}=1.769\ V$$

$$V_{理}+V_{超}=V_{分解}$$

上述关系如图 6-14 所示。

超电势的存在使电解时多消耗一些电能,这是不利的。一般电解时总希望减小超电势,以节省电能,提高生产率。如工业上电解水(NaOH 溶液)时,以镍作阳极②,铁作阴极,这是由于氧在镍上的超电势较小,而氢在铁上的超电势也小。另外,超电势在生产上又有重要意义。例如,由于 H_2 有很大的超电势,当电解较活泼的金属盐溶液时,较活泼的金属如锌等,才有在阴极析出的可能。从锌盐溶液用电解法炼锌,在弱酸性(pH=5)锌盐溶液中电镀锌,就是利用了这个原理。在某些工艺过程,如电镀和电解加工中,合理地利用极化作用,可以改善产品质量。

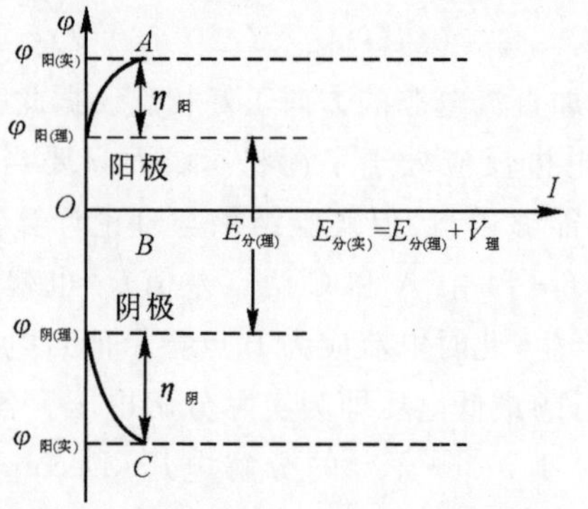

图 6-14　电解时阴、阳极电势示意图

① 在某些过程中(如电解加工、高速电镀),电流 I 很大,便应考虑 IR 值的影响。

② 从电极电势可以看出,Ni 比 OH^- 更容易失去电子,但在这里,镍并不溶解,这是因为在碱性溶液中镍被钝化的缘故。

三、电解产物的一般规律

在了解影响电极反应的因素和分解电压、超电压概念之后，便可以进一步讨论电解产物的一般规律。下面以电解食盐水制备烧碱为例，从电极电势、浓度和超电压等因素判断电极的产物和所需要的分解电压。

电解饱和食盐水所用 NaCl 的浓度一般不小于 315 g·L^{-1}，溶液的 pH 控制在 8 左右，用石墨作阳极，用铁作阴极，产生的气体均为 100 kPa。NaCl 溶液通电后，Na^+ 和 H^+ 移向阴极，Cl^- 和 OH^- 移向阳极，在电极上哪种离子先放电，决定于各种物质的实际析出电势。

在阴极　　$\varphi^{\ominus}(H^+/H_2)=0.000\ 0\ V$　　　$\varphi^{\ominus}(Na^+/Na)=-2.71\ V$

电极反应：　$2H^+ + 2e^- = H_2\uparrow$　　　$Na^+ + e^- = Na$

因为溶液 pH=8，则通电时，$c(H^+)=10^{-8}\ mol\cdot L^{-1}$，则算出 H_2 的理论电极电势为

$$\varphi(H_2)_{(理)}=\varphi^{\ominus}(H^+/H_2)+\frac{0.059\ 2}{2}\lg c_r^2(H^+)=0\ V+0.059\ 2\times\lg 10^{-8}\ V=-0.473\ 6\ V$$

查表知 H_2 在铁上的超电势是 0.08 V，因此，H_2 的实际析出电势为

$$\varphi(H_2)_{(实)}=\varphi(H_2)_{(理)}-\eta(H_2)=-0.473\ 6\ V-0.08\ V=-0.553\ 6\ V$$

这个数值远大于钠的标准电极电势（−2.71 V），即使在 NaCl 的饱和溶液中 Na^+ 浓度较大，会使其电极电势增大一些，也不可能大到−0.553 6 V。因此，在阴极是 H^+ 放电，即

$$2H^+ + 2e^- = H_2$$

随着 H^+ 的放电，阴极区溶液碱性逐渐增强，最后 NaOH 浓度为 10%（2.7 mol·L^{-1}）左右。此时，可以计算出 $\varphi(H_2)_{(理)}=-0.85\ V$，$\varphi(H_2)_{(实)}=-0.93\ V$，仍然远大于钠的电极电势，所以，电解 NaCl 的溶液时，阴极总是得到氢气。

在阳极　　　$\varphi^{\ominus}(Cl_2/Cl^-)=1.358\ V$　　　$\varphi^{\ominus}(O_2/OH^-)=0.401\ V$

电极反应　　$Cl_2+2e^- = 2Cl^-$　　　$2H_2O+O_2+4e^- = 4OH^-$

在电解食盐水中，NaCl 浓度不小于 315 g·L^{-1}，即为 5.38 mol·L^{-1}，$c(Cl^-)=5.38\ mol\cdot L^{-1}$，氯气析出时，它的分压为 100 kPa，则氯的理论电极电势为

$$\varphi(Cl_2)_{(理)}=1.358\ V+\frac{0.059\ 2}{2}\times\lg\frac{100/100}{(5.38/1)^2}\ V=1.315\ V$$

而氯在石墨上的超电势为 0.25 V，则氯的实际析出电势为

$$\varphi(Cl_2)_{(实)}=\varphi(Cl_2)_{(理)}+\eta(Cl_2)=1.315\ V+0.25\ V=1.57\ V$$

当 pH=8 时　　　　$c(OH^-)=10^{-6}\ mol\cdot L^{-1}$

$$\varphi(O_2)_{(理)}=0.401\ V+\frac{0.059\ 2}{4}\times\lg\frac{1}{(10^{-6})^4}\ V=0.754\ V$$

而氧气在石墨上的超电势为 1.09 V。则氧气的实际析出电势为

$$\varphi(O_2)_{(实)}=\varphi(O_2)_{(理)}+\eta(O_2)=0.754\ V+1.09\ V=1.844\ V$$

所以，阳极应是实际析出电极电势代数值小的还原态物质，即 Cl^- 离子放电而析出氯气：

$$2Cl^- - 2e^- = Cl_2$$

$$理论分解电压=\varphi_{正}-\varphi_{负}=1.315\ V-(-0.473\ 6\ V)=1.783\ 6\ V$$

$$实际分解电压=\varphi_{阳(理)}-\varphi_{阴(理)}+\eta_{阳}+\eta_{阴}=1.788\ 6\ V+0.33\ V=2.118\ 6\ V$$

即外加电压必须大于 2.5 V 时，电解才可能顺利进行。在实际生产中所采用的电压还要更大

些，用以克服电解液和隔膜的电压损失等。

一般情况下，水溶液中的电解质不外乎是卤化物、硫化物、含氧酸盐和氢氧化物等。对这些物质的电解产物的研究，前人做了不少的工作，已经得到一般的规律，这里根据电极和超电势的概念举例说明之。

(1)用石墨作电极，电解 $CuCl_2$ 水溶液：溶液中有 Cu^{2+}、H^+、Cl^- 和 OH^-，通电后 Cu^{2+} 和 H^+ 移向阴极，Cl^- 和 OH^- 则移向阳极。

在阴极，本节开始时已经述及，由于 $\varphi^{\ominus}(Cu^{2+}/Cu) > \varphi^{\ominus}(H^+/H_2)$，$c(Cu^{2+}) \gg c(H^+)$，所以 $\varphi(Cu)_{(理)} > \varphi(H_2)_{(理)}$，而且铜的超电势很小，而氢在石墨上的超电势相当大(0.9 V)，那么，$\varphi(Cu)_{(实)}$ 要比 $\varphi(H_2)_{(实)}$ 大得多，因此，无疑是 Cu^{2+} 放电。

在阳极，根据与上例类似的分析，可以知道，$\varphi(Cl_2)_{(实)} < \varphi(O_2)_{(实)}$，所以是 Cl^- 放电，析出氯气。

两极反应及总反应如下：

阴极反应(还原) $Cu^{2+} + 2e^- = Cu$

阳极反应(氧化) $2Cl^- - 2e^- = Cl_2\uparrow$

总反应式 $Cu^{2+} + 2Cl^- = Cu + Cl_2\uparrow$

与此类似，当电解溴化物、碘化物或硫化物溶液时，在阳极上通常得到溴、碘或硫；当电解电极电势序中位于氢后面的其他金属的盐溶液时，在阴极上通常得到相应的金属。

(2)用石墨作电极，电解 Na_2SO_4 水溶液：溶液中有 Na^+，H^+，SO_4^{2-} 和 OH^-，通电后 Na^+ 和 H^+ 移向阴极，SO_4^{2-} 和 OH^- 移向阳极。

由于 $\varphi^{\ominus}(Na^+/Na) = -2.71$ V，$\varphi^{\ominus}(H^+/H_2) = 0.000\ 0$V，虽然 Na^+ 浓度大大超过 H^+ 浓度，且氢的超电势较大，但氢的实际析出电势远远大于钠的电势，所以，在阴极是 H^+ 放电而析出氢气(计算见上例)。

在阳极，由于 $\varphi^{\ominus}(S_2O_8^{2-}/SO_4^{2-}) = +2.010$ V，$\varphi^{\ominus}(O_2/OH^-) = +0.401$ V，虽然 OH^- 的浓度远小于 SO_4^{2-} 浓度，且氧的超电势数值也较大，但二者的标准电极电势相差甚大，所以，氧的实际析出电势仍小于 SO_4^{2-} 电势，在阳极还是 OH^- 放电而析出氧气。反应式如下：

阴极反应(还原) $4H^+ + 4e^- = 2H_2\uparrow$

阳极反应(氧化) $4OH^- - 4e^- = 2H_2O + O_2\uparrow$

总反应式 $2H_2O = 2H_2\uparrow + O_2\uparrow$

同样，当电解其他含氧酸盐的溶液时，在阳极上通常得到氧气；当电解活泼金属(电极电势在 Al 以前)的盐溶液时，在阴极上通常得到氢气。含氧酸盐的作用在于增加溶液中离子浓度，从而增加溶液的导电能力。

(3)用金属镍作阳极，电解硫酸镍水溶液：当使用金属作阳极时，必须考虑金属是否参加反应。

在阳极：$\varphi^{\ominus}(Ni^{2+}/Ni) = -0.257$ V，$\varphi^{\ominus}(O_2/OH^-) = +0.401$ V，$\varphi^{\ominus}(S_2O_8^{2-}/SO_4^{2-}) = +2.010$ V，由于镍的电极电势远远小于其他二者的电极电势，因此，在阳极是金属 Ni 失去电子，被氧化为 Ni^{2+}。

在阴极，镍的电极电势与氢的电极电势相差不很大，同时 Ni^{2+} 浓度大于 H^+ 浓度。且氢的超电势较大，结果使 Ni^{2+} 的析出电势大于 H^+ 的析出电势，所以，在阴极是 Ni^{2+} 放电析出 Ni，而不是 H^+ 放电析出氢气，反应式如下：

阴极反应(还原)　　　　　$Ni^{2+}+2e^{-}$ ══ Ni

阳极反应(氧化)　　　　　$Ni-2e^{-}$ ══ Ni^{2+}

总反应式　　　　　$Ni+Ni^{2+}$ ══ $Ni^{2+}+Ni$

此时的电能消耗于将镍从阳极移到阴极。

同样,电解在电极电势序中位于氢前面的而离氢不太远的其他金属(如锌、铁)的盐溶液时,在阴极通常得到相应的金属①,而用一般金属[除很不活泼的金属(如铂),以及在电解时易钝化的金属(如铬、铅等)外]做阳极进行电解时,通常是阳极溶解。

应当指出,电解时用不活泼金属作阳极,常称为惰性电极,这是指一般情况而言。如果外加电压大到使阳极电势达到或超过电极材料本身的析出电势时,电极也就溶解了。因此,所谓惰性电极是有条件的。

电解熔融盐时,电解液中无 H^{+} 和 OH^{-},两极都是盐的离子放电。

电解过程中,当有多种阴、阳离子时,原则上应该通过计算实际析出电极电势后,才能准确地判断出阴、阳极是哪一种离子放电,以及放电的顺序。

四、pH-电势图在电解中的应用

在水溶液中电解精炼铜时,如何提高电流效率?可以根据 Cu-H_2O 体系的 pH-电势图(见图 6-15)进行分析。

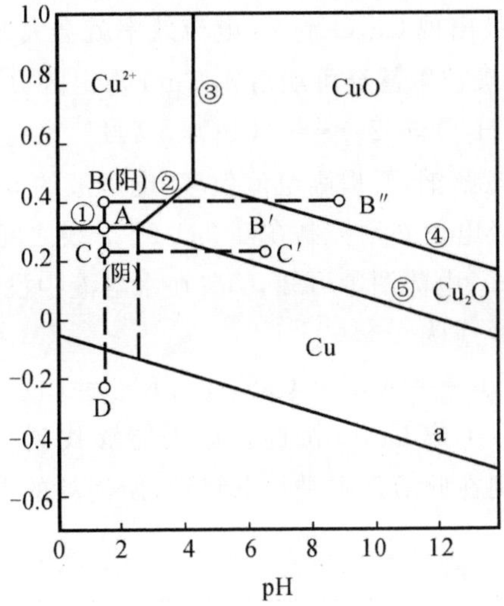

图 6-15　Cu-H_2O 体系 pH-电势图

由 Cu-H_2O 体系的 pH-电势图可知,当两块铜片浸在 1 mol·L^{-1} 的 $CuSO_4$ 溶液中,达到平衡时,每块铜片对溶液的电位都是 0.341 9 V,处于 Cu-H_2O 体系 pH-电势图的 A 点。当在两块铜片上加直流电压时,阳极电位要升高,假设移至 B 点,阴极电位要降低,假设移至 C 点。这时两块铜片上的反应为

阴极(C 点)　　$Cu^{2+}+2e^{-}$ ══ Cu　(Cu 析出)

① 随电解条件的不同,有时也会有氢气同时析出。

阳极(B点)　　$Cu - 2e^- = Cu^{2+}$　(Cu溶解)

① $Cu^{2+} + 2e^- = Cu$　$\varphi_1^\ominus = 0.3419\ V$

② $2Cu^{2+} + H_2O + 2e^- = Cu_2O + 2H^+$

$\varphi_2 = 0.20 + 0.0592pH$

③ $Cu^{2+} + H_2O = CuO + 2H^+$

$pH = 4.7(K_{sp}^\ominus = 2.2\times10^{-20})$

④ $2CuO + 2H^+ + 2e^- = Cu_2O + H_2O$

$\varphi_4 = 0.75 - 0.0592pH$

⑤ $Cu_2O + 2H^+ + 2e^- = 2Cu + H_2O$

$\varphi_5 = 0.47 - 0.0592pH$

如果按照上述电极反应进行电解,即在阴极只析出Cu,在阳极只有Cu溶解,那么电流效率为最高。如果在阴极所加电位过低,使C点落到a线之下的D点位置,那么阴极上除了Cu^{2+}放电之外,还可以有H^+放电(假如不考虑H_2的超电位),当阴极上有H_2放出时,会使电解液的pH增大,当电解液pH大于某一数值(假如pH>3)时,则可能使阴极位置C点和阳极位置B点都移到Cu_2O的稳定区C′和B′位置,这时电极上的产物均有Cu_2O析出。

阴极(C′点)　　$2Cu^{2+} + H_2O + 2e^- = Cu_2O + 2H^+$

阳极(B′点)　　$2Cu + H_2O - 2e^- = Cu_2O + 2H^+$

这时电解情况恶化,两极出现Cu_2O渣子,电流效率就会大大降低。如果阴极电位控制不当,继续让H^+放电,那么阳极位置甚至可能落入CuO稳定区B″点,这时电极产物是CuO。

阳极(B″点)　　$Cu + H_2O - 2e^- = CuO + 2H^+$

由此可见,在水溶液中电解铜,要提高电流效率,电解液的pH必须小于某一数值(直线①②⑤的交点,pH≈3),而阴极电位必须控制在0.3419～a线之间。

从$Cu-H_2O$体系的pH-电势图中可知,Cu^+在水溶液中没有稳定区,这是因为Cu^+在酸性溶液中很容易歧化分解,反应为

$$2Cu^+ = Cu + Cu^{2+} \qquad K^\ominus = 1.0\times10^6$$

而在中性或弱碱性条件下易生成Cu_2O沉淀。如果能够找到一种适当的非水溶剂,它能使Cu^+或其配离子稳定存在,则在此溶剂中进行电解铜,所消耗的电能等于水溶液中的一半。

五、电解的应用

电解的应用很广,在机械工业和电子工业中广泛应用电解方法进行机械加工和表面处理。如,电镀、电抛光、阳极氧化和电解加工等。

1.电镀

电镀(Electroplating)是应用电解的方法将一种金属(或非金属)镀到另一种金属(或非金属)零件表面上的过程。

以镀锌为例。镀锌时把被镀零件作阴极,用金属锌作阳极。电镀液通常不能直接用简单锌离子的盐溶液。若用硫酸锌作电镀液,由于锌离子浓度较大,结果使镀层粗糙,厚薄不均匀,与基体金属结合力差。如:采用碱性锌酸盐镀锌,则镀层细致光滑,这种电镀液是由氧化锌、氢氧化钠和添加剂等配制而成。氧化锌在氢氧化钠溶液中主要形成$Na_2[Zn(OH)_4]$(习惯上写

为锌酸钠 Na_2ZnO_2），有

$$ZnO+2NaOH+H_2O \longrightarrow Na_2[Zn(OH)_4]$$

$[Zn(OH)_4]^{2-}$ 离子在溶液中又存在如下的平衡：

$$[Zn(OH)_4]^{2-} \longrightarrow Zn^{2+}+4OH^-$$

由于 $[Zn(OH)_4]^{2-}$ 离子的生成，降低了 Zn^{2+} 的离子浓度，使金属晶体在镀件上析出的过程中晶核生成速度①减小，从而有利于新晶核的形成，可得到结晶细致的光滑镀层。随着电镀的进行，Zn^{2+} 不断放电，同时上式平衡不断向右移动，从而保证电镀液中 Zn^{2+} 的浓度基本稳定。两极主要反应为

阴极　　$Zn^{2+}+2e^- \longrightarrow Zn$

阳极　　$Zn-2e^- \longrightarrow Zn^{2+}$

电镀后将镀件放在铬酸溶液中进行钝化，以增加镀层的美观和耐腐蚀性。

2. 电抛光

电抛光是金属表面精加工方法之一，用电抛光可获得平滑和光泽的表面。

电抛光的原理是：在电解过程中，利用金属表面上凸出部分的溶解速率大于金属表面上凹入部分的溶解速度，从而使表面平滑光亮。

电抛光时，把工件（钢铁）作阳极，用铅板作阴极，用含有磷酸、硫酸和铬酐（CrO_3）的电解液进行电解，此时工件阳极铁被氧化而溶解。

阳极反应　　$Fe-2e^- \longrightarrow Fe^{2+}$

然后 Fe^{2+} 与溶液中的 $Cr_2O_7^{2-}$（铬酐在酸性介质中形成 $Cr_2O_7^{2-}$）发生氧化还原反应，即

$$6Fe^{2+}+Cr_2O_7^{2-}+14H^+ \longrightarrow 6Fe^{3+}+2Cr^{3+}+7H_2O$$

Fe^{3+} 进一步与溶液中的磷酸氢根形成磷酸氢盐 $[Fe_2(HPO_4)_3$ 等$]$ 和硫酸盐 $[Fe_2(SO_4)_3]$。

阴极主要是 H^+ 和 $Cr_2O_7^{2-}$ 的还原反应，有

$$2H^++2e^- \longrightarrow H_2\uparrow$$

$$Cr_2O_7^{2-}+14H^++6e^- \longrightarrow 2Cr^{3+}+7H_2O$$

3. 电解加工

电解加工是利用金属在电解液中可以发生阳极溶解的原理，将工件加工成型，其原理和电抛光相同。电解加工过程中，电解液的选择和被加工材料有密切的关系。常用的电解液是 $2.7\sim3.7\ mol\cdot L^{-1}$ 的氯化钠的溶液，适用于大多数黑色金属或合金的电解加工，下面以钢件加工为例，说明电解过程的电极反应：

阳极反应　　$Fe-2e^- \longrightarrow Fe^{2+}$

阴极反应　　$2H^++2e^- \longrightarrow H_2\uparrow$

反应产物 Fe^{2+} 与溶液中 OH^- 结合生成 $Fe(OH)_2$，并可再被溶解在电解液中的氧气氧化而生成 $Fe(OH)_3$。

电解加工的范围广，能加工高硬度金属或合金，以及复杂型面的工件，且加工质量好，节省工具。但这种方法只能加工能电解的金属材料，精密度只能满足一般要求。

① 结晶分两个步骤进行——晶核的形成和晶核的生长。如果晶核形成的速度较快，而晶核的生长速率较慢，则生成的结晶数目较多，晶粒较细；反之，晶粒较粗。

4. 阳极氧化

有些金属在空气中就能生成氧化物保护膜，而使内部金属在一般情况下免遭腐蚀。例如，金属铝与空气接触后即形成一层均匀而致密的氧化膜（Al_2O_3）起到保护作用。但是，这种自然形成的氧化膜（仅 0.02～1 μm）不能达到保护工件的要求。阳极氧化就是把金属在电解过程中作为阳极，氧化而得到厚度为 3～250 μm 的氧化膜。现以铝及铝合金的阳极氧化为例说明之。

铝及铝合金工件在经过表面除油等处理后，用铅板作为阴极，铝制件作为阳极，用稀硫酸（或铬酸）溶液作为电解液，通电后，适当控制电流和电压条件，阳极的铝制件上就能生成一层氧化铝膜。但因氧化铝能溶解于硫酸溶液，所以电解时，要控制硫酸浓度、电压、电流密度等，使铝阳极氧化所生成氧化铝的速度比硫酸溶解它的速度快，反应如下：

阳极 $$2Al+3H_2O-6e^- = Al_2O_3+6H^+$$

$$H_2O-2e^- = \frac{1}{2}O_2\uparrow+2H^+$$

阴极 $$2H^++2e^- = H_2\uparrow$$

阳极氧化所得氧化膜与金属结合得非常牢固，因而大大提高了铝及合金耐腐蚀性能。除此以外，氧化铝保护膜还富有多孔性，具有很好的吸附能力，能吸附各种颜料，平日看到各种颜色的铝制品就是用染料填充氧化膜孔隙而制得的，如光学仪器和仪表中有些需要降低反光性能的铝制件，常常用黑色颜料填封而得。

最后需要指出的是，在电解应用中，所采用的溶液或其产物，有可能造成环境污染，这是应当加以妥善解决的问题。

6.4 金属的腐蚀与防护

当金属和周围介质（空气，CO_2，H_2O，酸，碱，盐等）相接触时，会发生不同程度的破坏。产生这种现象之后，金属本身的外形、色泽、机械性能都起了变化。这种金属受周围介质的作用而引起破坏的现象，称为金属的腐蚀（Corrosion of metal）。

金属由于腐蚀而受到的损失是严重的，不仅给国民经济造成很大的危害，而且金属结构（如机器、设备和仪器等）的损失，所引起的产品质量降低、环境污染、飞机失事、轮船漏水、停电、停水以及爆炸等后果，更不是用损失的金属量所能计算的。因此，工程技术人员应当了解腐蚀的基本原理，在施工和设计中，尽量减小或避免腐蚀因素，或采取有效的防护措施，这对于增产节约、安全生产有着十分重大的意义。

根据金属腐蚀的机理，可将腐蚀分成化学腐蚀（Chemical corrosion）和电化学腐蚀（Electro-chemical corrosion）两大类。化学腐蚀是金属表面和干燥气体或非电解质发生化学作用而引起的腐蚀。它在常温、常压下不易发生，同时，这类腐蚀往往只发生在金属表面，危害性一般比电化学腐蚀小。电化学腐蚀是指金属表面与电解质溶液形成原电池，发生电化学反应时，金属作为阳极溶解而引起的腐蚀。它在常温、常压下就能发生，并可渗透到金属内部。与化学腐蚀相比，它的危害性更严重，发生更普遍，因而，下面着重讨论金属的电化学腐蚀。

一、电化学腐蚀的原理

金属的电化学腐蚀，是金属与介质由于发生电化学作用而引起的破坏，这里所说的电化学作用，其实质是由于金属表面电极电势不同而形成原电池的结果，所形成的原电池称为腐蚀电池（腐蚀微电池）。在腐蚀电池中，负极[①]上进行氧化反应，常叫作阳极，发生阳极溶解而被腐蚀；正极上进行还原反应，常叫作阴极，一般阴极只起传递电子的作用，不被腐蚀。

为了说明金属的电化学腐蚀原因，现以两种金属相接触时，在常温下发生的大气腐蚀为例进行分析，如图 6-16 所示。由于空气中含有水蒸气、CO_2 和 SO_2 等气体，水蒸气被金属表面吸附，在金属表面覆盖着一层很薄的水膜，铁和铜就好像浸在含有 H^+，OH^-，HSO_3^-，HCO_3^- 等离子的溶液中一样，形成了 Cu-Fe 腐蚀电池，从而发生电化学腐蚀。因铁比铜的电极电势低，所以铁为阳极，铜为阴极。其两极反应为

阳极（铁）　$Fe - 2e^- \longrightarrow Fe^{2+}$　（氧化反应）

$$Fe^{2+} + 2OH^- \longrightarrow Fe(OH)_2 \downarrow$$

阴极（铜）　$2H^+ + 2e^- \longrightarrow H_2 \uparrow$　（还原反应）

$$O_2 + 4e^- + 2H_2O \longrightarrow 4OH^-$$

腐蚀电池反应　$Fe + 2H_2O \longrightarrow Fe(OH)_2 \downarrow + H_2 \uparrow$

$$2Fe + O_2 + 2H_2O \longrightarrow 2Fe(OH)_2 \downarrow$$

然后 $Fe(OH)_2$ 被空气中的氧气所氧化为 $Fe(OH)_3$（或 $Fe_2O_3 \cdot nH_2O$），并部分脱水成为铁锈。

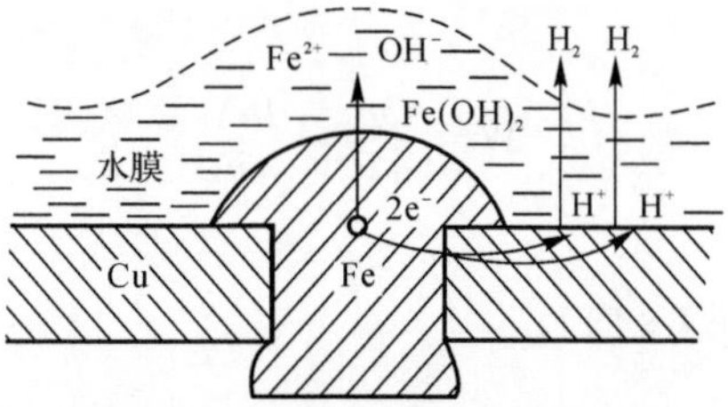

图 6-16　铜与铁接触的腐蚀情况

从上例中可以看出，这是两种不同金属与电解质溶液相接触的电化学腐蚀，是肉眼可以看到的，故称为宏电池腐蚀。

若一种金属不与其他金属接触，放在电解质溶液中，也能发生电化学腐蚀。因为，一般工业纯的金属常常含有杂质。例如，工业锌中的铁杂质 FeZn，钢中的 Fe_3C，铸铁的石墨等，由于这些成分的电势较高，当它们与电解质溶液相接触时，在金属的表面上，就能形成许多微阴极，电势较低的金属作为阳极，构成无数个微电池（Micro cell），而引起金属的腐蚀。我们称这样的腐蚀为微电池腐蚀，如图 6-17 所示。

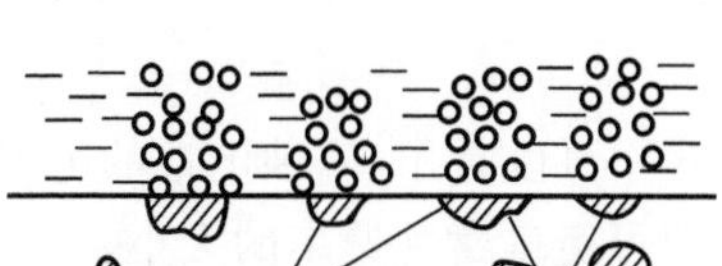

图 6-17　钢铁的腐蚀情况

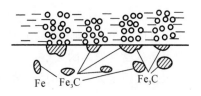

① 正、负极是根据电极电势代数值的大小区分的，阴、阳极则是根据电极反应的性质（阳极发生氧化反应，阴极发生还原反应）来区分的。当讨论腐蚀电池时，常用阴、阳极而不用正、负极。

综上所述，不难看出，引起金属电化学腐蚀的必备条件是：

(1)金属表面有不同电极电势的区域；

(2)有电解质溶液存在。

其腐蚀过程可看作由三个环节组成：①在阳极上，金属溶解变成离子转入溶液中，发生氧化反应，即 $M \xrightarrow{ne^-} M^{n+}$；②电子从阳极流到阴极；③在阴极上，电子被溶液中能与电子结合的物质所接受，发生还原反应。在大多数的情况下，是溶液中的 H^+ 或 O_2 引起腐蚀，即

$2H^+ + 2e^- \longrightarrow H_2\uparrow$ 析氢腐蚀(Hydrogen corrosion)

$O_2 + 4e^- + 2H_2O \longrightarrow 4OH^-$ 吸氧腐蚀(Oxygen corrosion)

前者往往在酸性溶液中发生，后者在中性或碱性溶液中发生。这三个环节是相互联系的，缺一不可，否则整个腐蚀过程也就停止。

了解了产生电化学腐蚀的原因与条件，便可以判别在某些条件下，金属发生腐蚀的可能性。但要了解腐蚀进行的现实性，还有必要知道腐蚀的速度问题，那么，有哪些主要因素会影响腐蚀速度呢？

二、腐蚀电池的极化与影响腐蚀速率的因素

在腐蚀电池中，阳极的金属失去电子而溶解，被腐蚀。显然，金属失去电子越多，从阳极流出的电子越多，金属溶解腐蚀的量也就越多。金属溶解腐蚀的量与电量之间的关系可用Faraday定律表示为

$$W = \frac{QA}{nF} = \frac{ItA}{nF} \tag{6-16}$$

式中 W—— 金属腐蚀量；

Q—— 流过的电量(在 t s内)；

F——Faraday 常数；

n—— 金属的氧化数；

A—— 金属的相对原子质量；

I—— 电流强度(单位为 A)。

因为腐蚀速率(v)是指金属在单位时间内单位面积上所损失的质量[g/(m² · h)]，可表示为

$$v = QA/nF = 3\,600IA/SnF \tag{6-17}$$

从式中可以看出，腐蚀电池的电流强度(I)越大，金属腐蚀速率越大。因此，通过电流强度的数值即可衡量腐蚀速率的大小。

根据欧姆定律，I 与两极电势差以及电池的电阻关系为

$$I_{腐} = \frac{\varphi_{起阴} - \varphi_{起阳}}{R_{起}} = \frac{E_{起}}{R_{起}} \tag{6-18}$$

式中 $\varphi_{起阴}$，$\varphi_{起阳}$——阴、阳极在腐蚀开始时的电势；

$R_{起}$——腐蚀开始时电池的电阻。

1. 腐蚀电池的极化

从上式明显看出，影响 $I_{腐}$ 的有两个因素：一是两极间的电势差；二是电池电阻。

腐蚀电池也会发生电极极化，其结果使阳极电势升高，阴极电势降低，从而引起两极间的电势差减小，如图 6-18 所示，有

$$E_{实}=(\varphi_{起阴}-\eta_{阴})-(\varphi_{起阳}+\eta_{阳})=\varphi_{阴}-\varphi_{阳} \tag{6-19}$$

$$I_{实腐}=\frac{\varphi_{阴}-\varphi_{阳}}{R_{实}}=\frac{E_{实}}{R_{实}} \tag{6-20}$$

从 $E_{起}\rightarrow E_{实}$，是由于腐蚀电池电极的极化而引起的。

$R_{实}$ 是腐蚀电池的实际电阻，它实际上不是单一不变的数值。例如，阴、阳极界面附近两极距离很近，$R_{实}$ 很小，离界面较远处 $R_{实}$ 较大；随着阳极被腐蚀，原来包在内部的杂质（阴极）又会显露出来，同时阳极面积也就不断变化，这些都使 $R_{实}$ 随之变化。目前还没有好的办法计算出腐蚀电流的分布状况。

金属的腐蚀速率决定于腐蚀电池的电流强度大小。因此，凡是影响 $I_{腐}$ 的因素都会影响腐蚀速率。

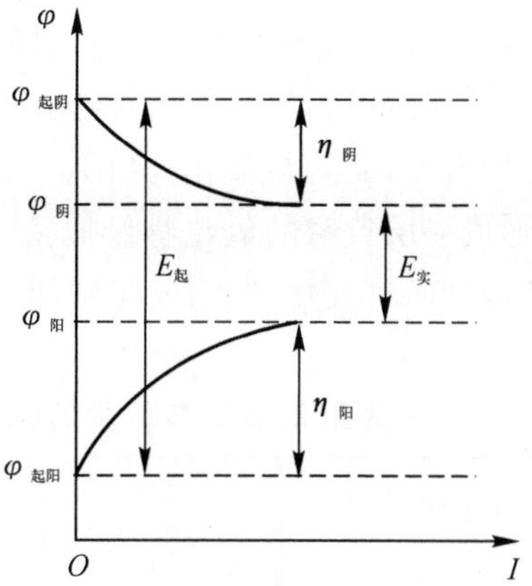

图 6-18　腐蚀时阴、阳极电势变化示意图

2. 影响腐蚀速率的主要因素

(1) 金属的电极电势。从式(6-20)看出，起始电势越大，$I_{腐}$ 越大。因此，金属构件在潮湿空气或在水溶液中，与所接触的不同金属或杂质间的起始电势差越大，构成两极的金属腐蚀越快。金属构件中存在应力与形变的部分易被腐蚀，晶界处电势差大时也易被腐蚀。

(2)电极的极化与介质的性质。从式(6-20)看出，一般情况下，若其他条件相同，电极极化程度越小，$I_{腐}$ 越大。不同金属的极化程度不同，腐蚀速率就会不同。

此外，超电势与电流密度有关，因此，在腐蚀电池中，阴极的电极面积大小，对腐蚀速率也有影响。阴极面积越小，电流密度越大，氢的超电势越大，腐蚀速率越小。反之，腐蚀速率加快，因此，从防止腐蚀的观点出发，就应避免用非常大的阴极连接到很小的阳极上。

由此可知，溶液中的离子或一些添加剂，能加强极化作用或提高电池电阻值的就能减慢腐蚀。反之，将使腐蚀加速。例如，能和阳极金属溶解的离子形成配离子的配合剂，如 NH_3 及 CN^-，Cl^-，Br^-，I^- 等活性离子，能加速钢铁的腐蚀，因而在金属制件进行熔盐淬火处理或电镀后，必须清洗干净，以免 Cl^- 加速腐蚀。

当溶液中的溶解的氧或氧化剂能使金属表面生成致密的氧化膜时，这就提高了电阻值，引起了电极电势的变化，而使腐蚀减慢。如 Al，Cr，Ni 等电极电势都较负，在含有氧化剂的介质

中却不易腐蚀，就是因为这些金属表面生成一层氧化膜，紧密而牢固地覆盖在金属表面，使金属不再受到腐蚀，这种现象称为金属钝化(Passivation)。

要使氧化膜能起保护作用，形成的氧化膜必须是连续的，也就是生成氧化物的体积必须大于所消耗的单质的体积。若以 $V_{氧化物}$ 表示单质氧化后生成的氧化物的体积，以 $V_{单质}$ 表示被氧化而消耗的单质的体积，则当 $V_{氧化物}/V_{单质}>1$ 时，氧化物才能形成连续的表面膜，遮盖住金属表面，具有保护作用。若 $V_{氧化物}/V_{单质}<1$，由于氧化膜不可能是连续的，无法遮盖住金属，因而不具有保护作用。表 6-7 列出了一些氧化物与单质的体积比。

从表 6-7 中可以看出，s 区金属(除 Be 外)的氧化膜是不可能连续的，对金属在空气中的氧化没有保护作用。铝、铬、镍、铜、硅等的氧化膜是可能连续的，有可能形成保护膜。但是，$V_{氧化物}/V_{单质}>1$，是表面膜具有保护性的必要条件，而不是唯一的条件。如果氧化物的稳定性较差，或者膜与单质的热膨胀系数相差较大，或者 $V_{氧化物}/V_{单质}\gg1$，但膜比较脆，膜就容易破裂而变成不连续的结构，失去保护作用。例如，钼的氧化物 MoO_3，当温度超过 520℃时就开始挥发，当然就失去保护作用。又如 $V_{WO_3}/V_W=3.35(\gg1)$，然而 WO_3 膜比较脆，容易破裂，这种膜的保护作用就差。铝、铬、硅等之所以在空气中相当稳定并能用作高温耐热(抗氧化)合金元素，不仅与氧化膜的连续性结构有关，而且与氧化物(Al_2O_3，Cr_2O_3，SiO_2 等)具有高度热稳定性有关。铁在一定条件下能形成一层致密的氧化物保护膜(如发黑生成的 Fe_3O_4)，但通常生成的氧化皮或铁锈，其组成随温度而有变化，结构较疏松，保护性能差，在电化学腐蚀中反而起了加速腐蚀的作用。

表 6-7　一些氧化物质与单质的体积比

单质	氧化物	$V_{氧化物}/V_{单质}$	单质	氧化物	$V_{氧化物}/V_{单质}$
K	K_2O	0.45	Zr	ZrO_2	1.35
Na	Na_2O	0.55	Zn	ZnO	1.57
Ca	CaO	0.64	Ni	NiO	1.60
Ba	BaO	0.67	Be	BeO	1.70
Mg	MgO	0.81	Cu	Cu_2O	1.70
Cd	CdO	1.21	Si	SiO_2	1.88
Ge	GeO	1.23	U	UO_2	1.94
Al	Al_2O_3	1.28	Cr	Cr_2O_3	2.07
Pb	PbO	1.29	Fe	Fe_2O_3	2.14
Sn	SnO_2	1.31	W	WO_3	3.35
Th	ThO_2	1.32	Mo	MoO_3	3.45

(3)温度和湿度。升高温度可使多数的化学反应加速，而使电池电阻值降低，电极极化减小，因此也能使腐蚀速率加快。但事物往往具有两面性，对吸氧腐蚀，由于温度升高，溶解氧减少，因而有时腐蚀速率反而减慢。当大气腐蚀时，大气中的相对湿度对腐蚀速率影响较大。因湿度大，金属表面水膜厚，溶液电阻小，腐蚀就快。

以上分析影响金属腐蚀速率的主要因素，其目的是为了掌握控制腐蚀速率和防止电化学腐蚀的手段和方法。

三、防止金属腐蚀的主要方法

从式(6-20)不难看出，凡能减少 $I_{腐}$，或使 $I_{腐}=0$ 的一切措施，都能有效地防止电化学腐蚀。

首先，可以通过各种措施尽量减小 $\varphi_{起阴}$ 与 $\varphi_{起阳}$ 的电势差，来减小腐蚀发生的可能性。其次，可以增大腐蚀电池电阻以及电池电极极化。在生产实际中，要防止金属腐蚀往往需要综合考虑上述各种因素进行分析，选择最佳方案。

1. 改善金属防腐性能

尽量地除去或减少金属中的有害杂质，减少形成腐蚀电池的可能性，或增加一些能加大电池电阻及电极极化的成分以减小腐蚀速率，这些都能改善金属的防腐性能，如在铁中加入18%的Cr和8%的Ni及少量的钛可制成不锈钢。另外，降低金属表面的粗糙度也能提高其防腐性能。利用退火消除金属构件的内应力也可减少应力腐蚀的可能性。

2. 采用各种保护层

这种方法的实质就是使金属与周围介质隔绝，以防止金属表面腐蚀电池的形成。其要求就是保护层应具有很好的连续性和致密性，同时本身在使用介质中保持高度的稳定性和牢固性。生产实际中可以根据金属制件的使用情况，合理地选择各种保护层。常用的保护层有金属层和非金属层两大类。金属保护层保持了金属的光泽、导电、导热等特性。非金属保护层成本低，工艺比较简单，但埋没了金属的特性。有色金属铝的阳极氧化，黑色金属及合金的发黑、发蓝及磷化，都有防止金属产生电化学腐蚀的作用，但易受摩擦的机器零件，不宜采用这些方法。总之，采用什么保护层比较合适，要考虑金属制件使用的条件和对防护的要求。

常用的保护层具体分类如下：

- 保护层
  - 金属层
    - 包镀：铜、黄铜、镍、铝等
    - 喷镀：锌、铝、铅、铜、铜合金、铁等
    - 渗镀：锌、铝、硅、铬等
    - 浸镀：锌、铝、锡等
    - 电镀：锌、镉、锡、镍、铜、铬、银、金合金等
    - 化学镀：镍、铜
  - 非金属层
    - 有机物：漆、树脂、橡胶、沥青等
    - 无机物：珐琅、水泥、耐酸材料等
    - 有色金属的氧化处理
    - 有色金属的钝化处理
    - 钠铁的氧化处理、磷处理

3. 缓蚀剂法

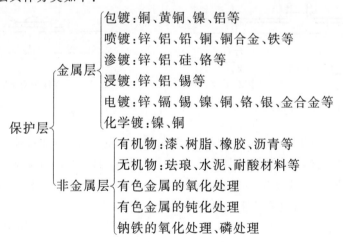

在介质中，加入少量能阻滞或使电极过程减慢的物质来防止金属的腐蚀，这种方法称为缓蚀剂法，所加的物质称为缓蚀剂(Corrosion inhibitor)或阻化剂。缓蚀剂的实质是增加电阻及电极极化，使 $I_{腐}$ 减小。能增大阳极钝化及极化使 $I_{腐}$ 减小的物质称为阳极缓蚀剂。常用的阳极缓蚀剂有氧化性物质，如，铬酸盐、重铬酸盐、硝酸盐、亚硝酸盐等，使在阳极形成钝化膜阻止

金属腐蚀。能增大阴极电阻及极化使 $I_{腐}$ 减小的物质称为阴极缓蚀剂。常用的阴极缓蚀剂，如，锌盐、碳酸氢钙、重金属盐类及有机胺类、琼脂、糊精、动物胶等，这些物质有些能与阴极附近的 OH^- 生成难溶的氢氧化物或碳酸盐，覆盖在阴极表面，使阴极电阻增大及阴极极化，减小 $I_{腐}$（吸氧腐蚀）。有机胺类的缓蚀作用，一般认为：

$$R_3N + H^+ \xlongequal{} (R_3NH)^+$$

生成的 $(R_3NH)^+$ 吸附在金属表面，阻止 H^+ 放电，从而减小阳极的腐蚀。

近年来，由于一些设备和仪器结构日趋复杂，要求在所有的孔隙及缝隙都充入缓蚀剂一般是困难的。因此，开始对挥发性化合物进行研究，将它们放入包装材料中，或放入储藏被保护制品的封闭空间中，就能避免大气腐蚀。这种化合物通常称为气相缓蚀剂。如，苯骈三氮唑为一种固体化合物，因为它具有较大的蒸气压，其蒸气能非常快地使空间饱和并为金属表面所吸附，因此，即使有电解质溶液聚集在金属表面，也能阻止腐蚀过程的进行。

4. 电化学防护

电化学防护的实质就是外加直流电源（或加保护屏）使金属为阴极，进行阴极极化使其被保护（称为阴极保护）；或是将金属与直流电流的正极相连进行阳极极化，使金属发生钝化，从而使金属腐蚀的速率急剧减小（称为阳极保护）。

(1) 阴极保护（Cathodic protection）是防止金属腐蚀的有效方法之一，多用在地下管道、冷却器、船舰、水上飞机、海底金属设备等的防腐保护上，如图 6-19 所示。

在阴极保护法中，也可以在金属设备上连接一种电势更负的金属或合金，依靠二者存在较大的电势差所产生的电流来使被保护金属成为阴极而被保护，这一电势较负的金属或合金作为阳极被腐蚀，故称之为牺牲阳极保护法（Sacrificial anodic protection）或保护屏保护法，如图 6-20 所示。

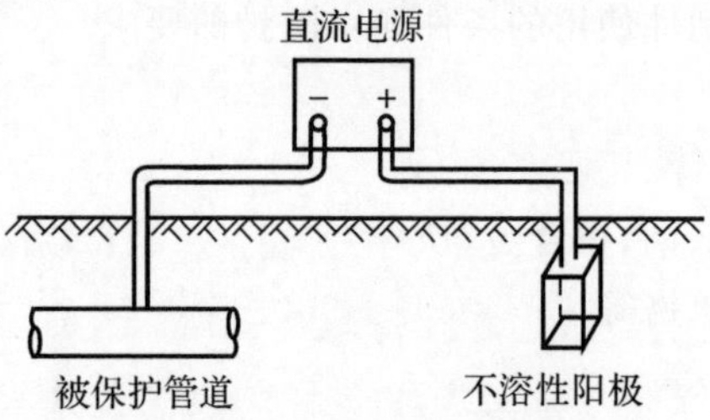

图 6-19　阴极保护

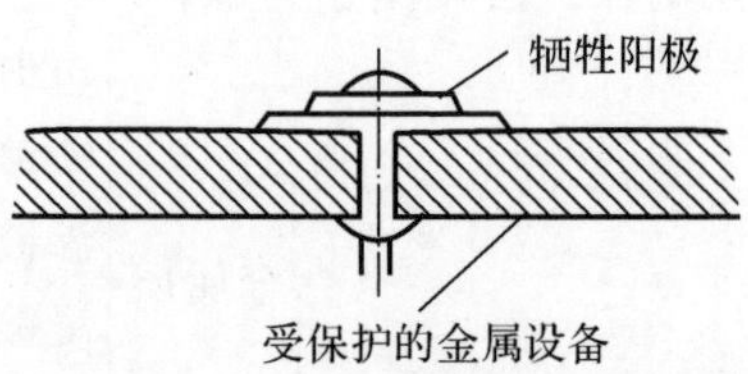

图 6-20　牺牲阳极保护

(2) 阳极保护（Anodic protection）不如阴极保护应用的范围广，常对被保护金属有一定的条件要求，即该金属在给定介质的条件下有可能产生稳定的钝化膜，介质必须有一定的钝化能力，并且在不大的阳极电流密度下能保护钝化。如，不锈钢在 9.3～15.1 $mol \cdot L^{-1}$ H_2SO_4 中，于 18～50℃温度下，可使腐蚀速率急剧降低。

防止金属腐蚀的方法很多，但究竟采用哪一种，要根据金属的性质、使用条件、对防护的要求、经济核算等方面来考虑，也可以几种方法同时采用，取长补短。因此，学会正确选用耐蚀金属来制造金属构件，结合使用条件合理地进行金属构件设计，针对电化学腐蚀的原因选择保护金属的方法，是工程技术人员必须掌握的知识。

金属的腐蚀虽然对生产带来很大的危害，但是，也可以利用腐蚀原理为生产服务。例如，化学切削和在印刷电路制版工艺中，就是利用腐蚀进行加工。下面简单介绍印刷电路制版法的原理。

印刷电路的一种制法是在敷铜板(在一个面上敷有铜箔的玻璃钢绝缘板)上,先用照相复印的方法将线路印在铜箔上,然后将图形以外不受感光胶保护的铜用三氯化铁溶液腐蚀,这就可以得到线路清晰的印刷电路板。三氯化铁之所以能腐蚀铜,可以从电极电势的代数值看出:

$$\varphi^{\ominus}(Fe^{3+}/Fe^{2+}) = +0.771\ V$$

$$\varphi^{\ominus}(Cu^{2+}/Cu) = +0.341\ 9\ V$$

$$\varphi^{\ominus}(Cu^{+}/Cu) = +0.521\ V$$

由于铜的电极电势比Fe^{3+}/Fe^{2+}电对的电极电势代数值小,因此,铜在三氯化铁溶液中能作还原剂,而$FeCl_3$作氧化剂。反应式为

$$2FeCl_3 + Cu = 2FeCl_2 + CuCl_2$$

$$FeCl_3 + Cu = FeCl_2 + CuCl$$

6.5　化学电源

化学电源(Battery)是现代生产和生活中常用的主要电源之一。前面讨论的原电池属化学电源的一种(一次电池)。此外,还有蓄电池(Storage cell,二次电池)、燃料电池和储备电池。储备电池是在储存时把电解质(液)和电池堆分开,使用时加注电解液和水才能放电的一次电池。目前,还研制出了为心脏起搏器提供微安电流的固体介质电池,如 $Li-I_2$,$Ag-R_4NI_3$ 等。化学电源种类繁多,新型电源不断出现,本节只介绍常用的需要量较大的几种。为了对化学电源的概貌有个大致的了解,这里首先介绍化学电源的分类。

一、化学电源分类

- 化学电源
  - 储备电池
    - 人工激活电池
    - 自动激活电池
  - 原电池
    - 干电池
      - 锌锰干电池
      - 碱性锌锰干电池
      - 扣式银锌干电池
    - 湿电池
      - 空气湿电池
      - 维斯顿标准电池
    - 固体电解质电池
      - 钠镍固体电解质电池
      - 锂碘固体电解质电池
      - $Ag-R_4NI_3$ 固体电解质电池
  - 蓄电池
    - 铅酸蓄电池
    - 碱性蓄电池
      - 镉镍电池
      - 银锌电池
      - 金属-氢电池
    - 熔融盐蓄电池
  - 燃料电池
    - 肼燃料电池
    - 氨燃料电池
    - 氢-空气燃料电池

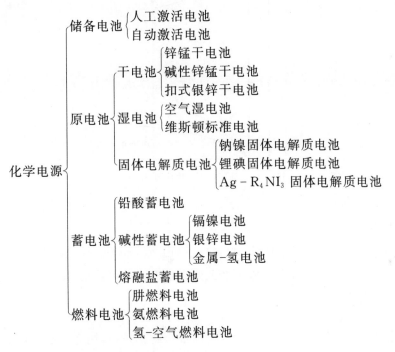

二、化学电源的电动势、开路电压和工作电压

化学电源是使化学能转化为电能的装置。根据热力学知识,体系吉布斯函数的减少等于

体系在等温、等压下可逆过程所做的最大有用功。用公式表示为

$$\Delta_r G_m = -nFE$$

其中的 E 代表可逆电池电动势。可逆电池必须是两电极上反应，可以正、逆两方向进行，放电过程按可逆的方式进行，即无论充电还是放电，其电流要十分微小，电池在接近平衡状态下工作。E 值可根据电池反应中的热力学数据计算。

电池的开路电压是指电池全充电的"新"电池的端电压。只有可逆电池的开路电压才是它的电动势。一般电池的开路电压只是接近它的电动势。化学能源中的一次电池均为不可逆电池，一次电池的开路电压小于它的电动势。而二次电池和燃料电池的开路电压才等于它的电动势。

电池的工作电压是指电池接通负载时的放电电压，也就是电池没有电流通过时的端电压。它随输出电流的大小、放电深度和温度而变。电池有电流通过时，同样存在三种极化（电化学极化、浓差极化和欧姆极化），使电池的放电电压低于开路电压。如电池为可逆电池（蓄电池），电池放电时它的端电压低于电动势，充电时它的端电压高于电动势。工作电压 V_i 为：

放电时工作电压　　　　$V_i = E - \eta_{阳} - \eta_{阴} - IR$

充电时工作电压　　　　$V_i = E + \eta_{阳} + \eta_{阴} + IR$

式中：$\eta_{阳}$ 为阳极的超电势；$\eta_{阴}$ 为阴极的超电势；IR 为充、放电时电池的欧姆电压降。

化学电池的电动势、开路电压和工作电压与电流的关系如图 6-21 所示。

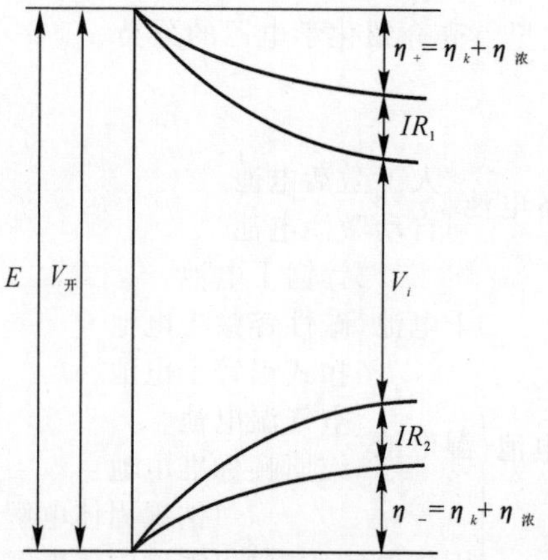

图 6-21　化学电池的电动势、开路电压、工作电压的关系

三、一次电池

一次电池是一种放电后不宜再充电只得抛弃的电池，如锌锰干电池、锌汞电池等。为了携带和使用方便，它是一种将电解液吸在凝胶或浆糊中而不自由流动的干电池。现在介绍这类电池的性能和工作原理。

1. 酸性锌锰干电池

此种电池以锌筒作负极，MnO_2 和活性炭粉混合物作正极，用 NH_4Cl 和 $ZnCl_2$ 水溶液作电解质，加淀粉糊使电解液凝结而不流动。上部口用一些密封材料封闭，以保护电池内部潮气。电池符号为

$(-)Zn|NH_4Cl(3.37\ mol\cdot L^{-1}),ZnCl_2(1\ mol\cdot L^{-1})|MnO_2|C(+)$

电池放电时，Zn被氧化，MnO_2被还原，开路电压为1.55～1.70 V。

由于电解液是酸性的，电池两极的反应分别为

正极(+)　　$2MnO_2+H_2O+2e^-=Mn_2O_3(s)+2OH^-$

负极(−)　　$Zn-2e^-=Zn^{2+}$

$Zn^{2+}+4NH_4Cl=(NH_4)_2ZnCl_4+2NH_4^+$

电池反应为

$$Zn+2MnO_2+H_2O+4NH_4Cl=(NH_4)_2ZnCl_4+Mn_2O_3+2NH_4OH$$

由于电池中的电解液是酸性的(pH=5)，电池反应产物中没有Zn^{2+}与NH_3形成的锌氨配位离子，而Cl^-与Zn^{2+}形成$(ZnCl_4)^{2-}$配位离子。

因3.37 $mol\cdot L^{-1}$ NH_4Cl溶液在−20℃时也会结冰，析出NH_4Cl晶体。因此，电池的最适宜使用温度为15～35℃，当温度低于−20℃时，此电池不能工作。高寒地区可使用碱性锌锰干电池。

2. 碱性锌锰干电池

碱性锌锰电池有时也称碱性锰电池。它与酸性锌锰电池的主要区别是电解液为KOH的水溶液，负极是汞齐化的Zn粉(不是Zn筒)，正极是MnO_2粉和炭粉混合物装在一个钢壳内。它可以连续地大电流放电，高速率放电时的电池容量是酸性锌锰电池的3～4倍。这种电池低温放电性能好，−40℃时仍可放电。放电时的反应为：

正极(+)　　$2MnO_2+2H_2O+2e^-=2MnOOH+2OH^-$

MnOOH在碱性溶液中有一定的溶解度

$$2MnOOH+6OH^-+2H_2O=2[Mn(OH)_6]^{3-}$$

负极(−)　　$Zn+2OH^-=Zn(OH)_2+2e^-$

$Zn(OH)_2+2OH^-=[Zn(OH)_4]^{2-}$

电池反应　$2MnO_2+Zn+4H_2O+8KOH=2K_3[Mn(OH)_6]+K_2[Zn(OH)_4]$

电池的正极反应不全是固相反应，负极的产物是可溶性的$[Zn(OH)_4]^{2-}$，因此可以大电流放电，也可供高寒地区使用。缺点是存在“爬碱”问题未能解决。

锌锰电池是不可逆电池，它的开路电压在1.5 V附近，工作电压很不稳定；它的另一缺点是自放电严重，所以储存性能差，一般只能存放6个月。

四、二次电池(蓄电池)

这类电池是一种能的存储器，电池反应可以沿着正向和逆向进行。蓄电池放电时为自发电池，充电时为一个电解池(非自发电池)。蓄电池充电后电池的容量得到恢复，充电、放电次数可达千百次。下面仅介绍几种常用蓄电池的原理、特点和维护方法。

1. 铅酸蓄电池

此种电池的负极为海绵铅，正极为PbO_2(附在铅板上)，电解液为密度1.25～1.28 $g\cdot mL^{-1}$的硫酸溶液。放电时的反应为

正极(+)　　$PbO_2+H_2SO_4+2H^++2e^-=PbSO_4+2H_2O$

负极(−)　　$Pb+H_2SO_4-2e^-=PbSO_4+2H^+$

电池反应　　　$Pb+PbO_2+2H_2SO_4 \underset{充}{\overset{放}{\rightleftharpoons}} 2PbSO_4+2H_2O$

放电时两极活性物质都逐渐与硫酸作用转化为 $PbSO_4$，电解液中的 H_2SO_4 逐渐减少，密度逐渐下降。当两极上的活性物质的表面被不导电的 $PbSO_4$ 所覆盖时，放电电压下降很快。电池的开路电压可用能斯特公式计算，有

$$\varphi_- = \varphi^\ominus(Pb^{2+}/Pb) + \frac{RT}{2F}\ln\frac{c_r^2(H^+)}{c_r^2(H^+)c_r(SO_4)} = -0.3588 + \frac{RT}{2F}\ln\frac{1}{c_r(SO_4)}$$

$$\varphi_+ = \varphi^\ominus(PbO_2/Pb^{2+}) + \frac{RT}{2F}\ln c_r^4(H^+)c_r(SO_4) = 1.455 + \frac{RT}{2F}\ln c_r^4(H^+)c_r(SO_4)$$

$$E = \varphi_+ - \varphi_- = 1.8138 + \frac{RT}{2F}\ln c_r^4(H^+)c_r^2(SO_4) = 1.8138 + \frac{RT}{F}\ln c_r^2(H^+)c_r(SO_4)$$

此电池的开路电压（即电池的电动势）随温度和 H_2SO_4 的浓度不同而略有差别，一般为 2.05～2.1 V。蓄电池的端电压随放电速率不同而变化，放电速率大，极化程度大，端电压下降快。反之，电池放电速率小，极化程度也小，端电压下降缓慢。因此，电池放电的截止电压也随放电速率不同而不同。放电截止后须立即充电。

2. 镉镍蓄电池

此种电池根据板的制作方法不同，分为烧结式和有极板盒的两种。正极的活性物质为羟基氧化镍，为增加导电性在羟基氧化镍中添加石墨。负极物质为海绵状金属镉，装在带孔的镀镍极板盒中或烧结在基体上。电解质选用密度为 1.16～1.19 g·mL^{-1} 的 KOH 溶液。放电时反应为：

正极（+）　　$2NiO(OH)+2H_2O+2e^- = 2Ni(OH)_2+2OH^-$

负极（−）　　$Cd+2OH^- - 2e^- = Cd(OH)_2$

电池反应　　$2NiO(OH)+Cd+2H_2O \underset{充}{\overset{放}{\rightleftharpoons}} 2Ni(OH)_2+Cd(OH)_2$

此电池的开路电压为 1.38 V，充电到 1.40～1.45 V 截止。此种干蓄电池不需维护，携带使用方便，目前主要用在计算器、微型电子仪器、卫星、宇宙探测器上。使用寿命长是这种电池的优点之一。

五、燃料电池

1. 燃料电池的原理及意义

燃料在电池中直接氧化而发电的装置叫燃料电池。这种化学电源与一般的电池不同，一般的电池是将活性物质全部储存在电池体内，而燃料电池是燃料不断输入负极作活性物质，把氧或空气输送到正极作氧化剂，产物不断排出。正、负极不包含活性物质，只是个催化转换元件。因此，燃料电池是名副其实的把化学能转化为电能的“能量转换机器”。一般燃料的利用须先经燃料把化学能转换为热能，然后再经热机把热能转换为电能，因此受到“热机效率”的限制。经热转换最高的能量利用率（柴油机）不超过 40%（我国可以达到 50%，居世界领先水平），蒸汽机火车头的能量利用率不到 10%，大部分能量都散发到环境中去了，造成环境污染，能源浪费。燃料电池将燃料直接氧化，可看作恒温的能量转换装置，不受热机效率的限制，能量利用率可以高达 80%以上，且无废气排出，不污染环境。另外，在开辟新的能源方面，燃料电池也起着重要的作用。未来的能源将主要是原子能和太阳能。利用原子能发电，电解水产

生大量的氢气，用管道将氢气送给用户（工厂和家庭），或将氢液化运往边远地区，通过氢-氧燃料电池产生电能供人们使用，也可利用太阳能电池电解水产生氢气储存起来，当没有太阳能时，将氢气通过氢-氧燃料电池产生电能。这样就克服了利用太阳能受时间、气候变化的影响。

现以酸性氢-氧燃料电池为例来说明燃料电池的原理。氢气流经电极解离为原子，因氢原子在电极上放出电子形成氢离子、电子流经外电路推动负载而流到通氧气的电极，氧与溶液中来自另一电极的 H^+ 结合，在氧极上生成水。其反应为：

负极(－)　　$H_2 - 2e^- = 2H^+$

正极(＋)　　$\frac{1}{2}O_2 + 2H^+ + 2e^- = H_2O$

电池反应　　$H_2 + \frac{1}{2}O_2 = H_2O$

2. 燃料电池的种类

燃料电池种类繁多，主要可分为以下几类。

(1)氢-氧燃料电池。氢-氧燃料电池是目前最重要的燃料电池。根据电解质性质的不同，它又可分为酸性、碱性和熔融盐等类型的燃料电池。

以碱性燃料电池为例：碱性燃料电池(Alkaline fuel cell, AFC)是以氢氧化钾溶液为电解质的燃料电池。氢氧化钾的质量分数一般为 30%～45%，最高可达 85%。在碱性电解质中氧化还原反应比在酸性电解质中容易。AFC 是 20 世纪 60 年代大力研究开发并在载人航天飞行中获得成功应用的一种燃料电池，可为航天飞行提供动力和水，并且具有高的比功率和比能量。

阳极上的氢的氧化反应为

$$H_2 + 2OH^- = 2H_2O + 2e^- \quad (\varphi_1 = -0.8277\ V)$$

阴极上的氧的还原反应为

$$\frac{1}{2}O_2 + H_2O + 2e^- = 2OH^- \quad (\varphi_2 = 0.401\ V)$$

电池反应为

$$H_2 + \frac{1}{2}O_2 = H_2O + 电能 + 热量 (E = \varphi_2 - \varphi_1 = 1.229\ V)$$

提到碱性电池，就不能不提美国的阿波罗(Apollo)登月计划。20 世纪 60 — 70 年代，航天探索是几个发达国家竞争的焦点。由于载人航天飞行对高功率密度、高能量密度的迫切需求，国际上出现了 AFC 的研究热潮。与一般民用项目不同的是，在电源的选择上不需要过多地考虑成本，只需严格地考察性能。通过与各种化学电池、太阳能电池甚至核能的对比，结果认定燃料电池最适合宇宙飞船使用。

Apollo 系统使用纯氢作燃料，纯氧作氧化剂。阳极为双孔结构的镍电极，阴极为双孔结构的氧化镍，并添加了铂，以提高电极的催化反应活性。

在国家航空航天局(National aeronautics and space administration, NASA)的资助下，航天飞机用石棉膜型碱性燃料电池系统开发成功。该电池组由 96 个单电池组成，尺寸为 35.6 cm×38.1 cm×114.3 cm，重 118 kg，输出电压为 28 V，平均输出功率为 12 kW，最高可达 16 kW，系统效率为 70%，于 1981 年 4 月首次用于航天飞行，至今累计飞行 113 次，运行时间约为 90 264 h。电池系统每 13 次飞行(运行时间约为 2 600 h)检修一次，后来检修间隔时间延长至 5 000 h。AFC 在航天飞行中的成功应用，不但证明了碱性燃料电池具有较高的质量/体积功率密度和能量转化效率(50%～70%)，而且充分证明这种电源有很高的稳定性与可靠性。

磷酸燃料电池(Phosphoric acid fuel cell, PAFC)是以磷酸为电解质的燃料电池，阳极通以富含氢并含有二氧化碳的重整气体，阴极通以空气，工作温度在200℃左右。PAFC 适于安装在居民区或用户密集区，其主要特点是高效、紧凑、无污染，而且磷酸易得，反应温和，是目前最成熟和商业化程度最高的燃料电池。

熔融碳酸盐燃料电池(Molten carbonate fuel cell, MCFC)的概念最早出现于 20 世纪 40 年代，50 年代 Broes 等人演示了世界上第一台熔融碳酸盐燃料电池，80 年代加压工作的熔融碳酸盐燃料电池开始运行。预计它将继第一代磷酸盐燃料电池之后进入商业化阶段，所以通常称其为第二代燃料电池。熔融碳酸盐燃料电池是一种高温电池，可使用的燃料很多，如氢气、煤气、天然气和生物燃料等，电池构造材料价廉，电极催化材料为非贵金属，电池堆易于组装，同时还具有高效率(40%以上)、噪声低、无污染、余热利用价值高等优点，是可以广泛使用的绿色电站。

固体氧化物燃料电池(Solid oxide fuel cell, SOFC)是一种理想的燃料电池，适于大型发电厂及工业应用。SOFC 具有与其他燃料电池类似的高效、环境友好的优点。SOFC 近年来发展迅速，2003 年以来 SOFC 俨然成为高温燃料电池的代表。若将余热发电计算在内，SOFC 的燃料至电能的转化率高达 60%。最近，科学家发现 SOFC 可以在相对低的温度(600℃)下工作，这在很大程度上拓宽了电池材料的选择范围，简化了电池堆和材料的制造工艺，降低了电池系统的成本。

质子交换膜燃料电池(Proton exchange membrane fuel cell, PEMFC)又称聚合物电解质膜燃料电池，最早由通用电气公司为美国宇航局开发。质子交换膜燃料电池除具有燃料电池的一般优点外，还具有可在室温下快速启动、无电解质流失及腐蚀问题、水易排出、寿命长、比功率和比能量高等突出特点。因此，质子交换膜燃料电池不仅可用于建设分散电站，也特别适于用作可移动式动力源。

质子交换膜燃料电池的研究与开发已取得实质性的进展。继加拿大 Ballard 电力公司 1993 年成功演示了 PEMFC 电动巴士以来，国际上著名的汽车公司对 PEMFC 均给予了高度重视，先后推出了各自的概念车并相继投入了示范性运行。2004 年 11 月 16 日，日本本田公司宣布将 2 辆 2005 型本田 FCX 汽车租给纽约州作整年示范运行，2005FCX 型电动轿车以高压氢气为燃料，电池组功率为 86 kW，发动机功率为 80 kW，可在低于 0℃下启动，该车最高时速达 150 km/h，一次加氢可行驶 306 km。

PEMFC 另一个巨大的市场是潜艇动力源。核动力潜艇造价高，退役时核材料处理难；以柴油机为动力的潜艇工作时噪声大，发热高，潜艇的隐蔽性差。因此，德国西门子公司先后建造了 4 艘以 300 kW PEMFC 为动力的混合驱动型潜艇，计划用作海军新型 212 潜艇的动力能源。随着 PEMFC 技术的日趋完善和成本的不断降低，新的应用市场必将不断显露出来。

(2)有机化合物-氧燃料电池。直接甲醇燃料电池(Direct methanol fuel cell, DMFC)：这是一种低温有机燃料电池。正、负极都可用多孔的铂制成，也可以用其他材料来作电极。如负极用少量贵金属作催化剂的镍电极，正极用银或载有催化剂的活性炭电极。电解液可用 H_2SO_4 溶液，也可以用 KOH 水溶液。燃料为甲醇，甲醇溶解于电解液中，通过电解液的循环流动把它带到电极上进行反应。氧或空气为氧化剂，具体反应如下：

负极(－)　　　　$CH_3OH + H_2O - 6e^- = CO_2 + 6H^+$

正极(＋)　　　　$\frac{3}{2}O_2 + 6H^+ + 6e^- = 3H_2O$

电池反应　　　　$CH_3OH + \frac{3}{2}O_2 = CO_2 + 2H_2O$

电池的电动势为 1.20 V，而开始电压都为 0.8～0.9 V，工作电压为 0.4～0.7 V，工作温度为 60℃。甲醇是液体燃料，在储存和运输上都十分方便。它在电解液中易于溶解，与气体燃料相比十分优越，在电化学反应上也是一种较活泼的有机燃料。但甲醇除了在电极上发生电化学氧化外，还发生化学氧化，所以，电池的开路电压仅为电动势的 65％。

DMFC 尽管起步较晚，但近年来发展迅速。由于结构简单，体积小，方便灵活，燃料来源丰富，价格低廉，便于携带和存储，DMFC 现已成为国际上燃料电池研究与开发的热点之一。DMFC 的理论能量密度约为锂离子电池的 10 倍，在比能量密度方面与各种常规电池相比具有明显的优势。在军用移动电源(如国防通信电源、单兵作战武器电源、车载武器电源、微型飞行器电源等)和电子设备电源(如移动电话、笔记本电脑、电源等)上有广泛的应用。

(3)金属-氧燃料电池(Metal - oxygen fuel cell，MOFC)。各种金属-氧燃料电池，例如，镁-氧、铅-氧、锌-氧等燃料电池是目前正在研究的几种电池。金属燃料电池的优点是十分安全和便于使用。缺点是易发生金属的自溶解作用而放出氢气，并且金属作燃料价格较高。燃料电池还有多种，如肼-氧燃料电池，再生式燃料电池，等等，这里就不再一一介绍了。

六、化学电源对环境的污染及处理措施

随着我国经济的高速发展及电子工业技术的不断更新，我国居民对各种化学电池的使用量急剧上升，主要用于各类数码产品、电动摩托车、各种小型电子器件等领域。据统计，全世界的电池年产量约 250 亿只，其中我国占总量的 1/2 左右，并且以每年 20％的速度增长。化学电池的使用给人们的生活带来了很大的便利，然而，由于目前人们对废旧电池的回收处理意识比较淡薄，因而对环境造成了很大的污染。

电池中的有害物质主要有汞、镉、铅等重金属物质，这些物质如果经过丢弃的电池慢慢渗入土壤或水体当中，会对土壤及水体造成极大的污染。有关资料表明，一节一号电池在土壤中慢慢腐蚀变烂，会使 1 m^2 的土壤永久失去使用价值。一粒纽扣电池中的重金属可使 600 t 水受到污染，这相当于一个人一生的饮水量。如果渗入土壤或水体的重金属再通过食物链转移入人体内，则会对人体健康造成极大的危害。如果汞进入人体的中枢神经系统，会引起神经衰弱综合征、神经功能紊乱、智力减退等症状。如果镉通过灌溉水进入大米中，人长期食用这种含镉的大米就会引起“痛痛病”，病症表现为腰、手、脚等关节疼痛。病症持续几年后，患者全身各部位会发生神经痛、骨痛现象，行动困难，甚至呼吸都会带来难以忍受的痛苦。到了患病后期，患者骨骼软化、萎缩，四肢弯曲，脊柱变形，骨质松脆，就连咳嗽都能引起骨折。铅可对人的胸、肾脏、生殖、心血管等器官和系统产生不良影响，表现为智力下降、肾损伤、不育及高血压等。由上可知，废旧电池如果不加以有效回收利用或处理而直接丢弃，不但会造成资源的大量浪费，更会对环境及人体健康造成巨大危害，甚至会贻害子孙后代。因此，近年来电池的回收和利用也成了人们越来越关注的课题。

电池的回收不仅能够缓解环境污染问题，同时也能生成可再生利用的二次资源。如，100

kg 废铅蓄电池可回收 50～60 kg 铅，100 kg 含镉废电池可回收 20 kg 左右的金属镉。国际上通行的废旧电池处理方式大致有 3 种：①固化深埋；②存放于矿井中；③回收利用。废旧干电池的回收利用技术主要有湿法和火法两种冶金处理方法。目前，发达国家在废旧电池的回收处理方面积累了较多成功的经验。如：丹麦是欧洲最早对废旧电池进行循环利用的国家。德国最先从法律上确定了回收废电池的义务主体。由一个非营利性机构全球回收认证（Global recycled standard，GRS）严格操作整个系统，废电池在收集、运输完成后，进行严格分类、处置和回收。日本二次电池的回收率也已达 84%。美国目前是在废电池污染管理方面立法最多最细的国家，不仅建立了完善的废电池回收体系，而且建立了多家废电池处理厂。比较而言，我国对废旧电池的防治起步较晚。为规范废电池的管理，加强废电池污染的防治，国家环境保护总局于 2003 年颁布了《废电池污染防治技术政策》，这是目前我国废电池管理方面唯一的专门性规定。但该政策也没有对电池回收制定详尽的细则，回收与不回收没有奖励、处罚，缺乏操作性。

由此可见，我国在废电池回收利用方面较发达国家还有较大差距，这就要求我们能够从自身做起，增强环保意识，大力宣传废弃电池对环境及人体健康造成的危害，并尽量减少电池的使用量。同时，政府部门也应该从立法方面高度重视，并建立相应的废旧电池回收处理机构，促进废旧电池的回收和循环利用形成产业化，实现废旧电池的减量化、资源化和无害化。

阅读材料

电极电势的其他应用

1. 求 $\varphi^{\ominus}_{未知}$

例如，欲求电极反应：$Sn^{4+} + 4e^- \!=\!=\!= Sn$ 的标准电极电势，可以通过已知的两个电极电势反应求出。首先将上述反应分解为以下两个反应：

(1) $Sn^{4+} + 2e^- \!=\!=\!= Sn^{2+}$ Gibbs 函数变化为 $\Delta_r G^{\ominus}_{m1}$

(2) $Sn^{2+} + 2e^- \!=\!=\!= Sn$ Gibbs 函数变化为 $\Delta_r G^{\ominus}_{m2}$

再设计两个自发电池：

(1) $(-)Pt(H_2, p^{\ominus}) \mid H^+(c_1^{\ominus}) \parallel Sn^{4+}(c_2^{\ominus}), Sn^{2+}(c_3^{\ominus}) \mid Sn(+)$ $E_1^{\ominus}$

(2) $(-)Pt(H_2, p^{\ominus}) \mid H^+(c_1^{\ominus}) \parallel Sn^{2+}(c_2^{\ominus}) \mid Sn(+)$ $E_2^{\ominus}$

若 $Sn^{4+} + 4e^- \!=\!=\!= Sn$ 与标准氢电极组成的原电池吉布斯函数变与电动势分别为 $\Delta_r G^{\ominus}_m$ 和 $E^{\ominus}$，则

$$\Delta_r G^{\ominus}_m = \Delta_r G^{\ominus}_{m1} + \Delta_r G^{\ominus}_{m2}$$

$$-4FE^{\ominus} = -2FE^{\ominus} - 2FE^{\ominus}$$

$$E^{\ominus} = \frac{E_1^{\ominus} + E_2^{\ominus}}{2}$$

对于电池(1) $E^{\ominus} = \varphi^{\ominus}(Sn^{4+}/Sn^{2+})$

对于电池(2) $E_2^{\ominus} = \varphi^{\ominus}(Sn^{2+}/Sn)$

因此，电极反应 $Sn^{4+} + 4e^- \!=\!=\!= Sn$ 的标准电极电势为

$$\varphi^{\ominus}(Sn^{4+}/Sn) = E^{\ominus} = \frac{E^{\ominus} + E^{\ominus}}{2} = \frac{\varphi^{\ominus}(Sn^{4+}/Sn^{2+}) + \varphi^{\ominus}(Sn^{2+}/Sn)}{2}$$

若查出 $\varphi^{\ominus}(Sn^{4+}/Sn^{2+})$ 和 $\varphi^{\ominus}(Sn^{2+}/Sn)$，则不难求出 $\varphi^{\ominus}(Sn^{4+}/Sn)$。

此外，还可以直接由 $\Delta_r G_m^{\ominus}$ 求某电极的标准电极电势。

例如，根据 $\Delta_r G_m^{\ominus}$ 计算 $\varphi^{\ominus}(Na^+/Na)$。

设计 Na－H_2 原电池，有

$$Na(s)+H^+(aq) = Na^+(aq)+1/2\ H_2(g)$$

$$\Delta_r G_m^{\ominus}/(kJ\cdot mol^{-1})\quad 0\qquad 0\qquad -261.9\qquad 0$$

$$\Delta_r G_m^{\ominus}=-261.9\ kJ\cdot mol^{-1}$$

$$\varphi^{\ominus}(H^+/H_2)-\varphi^{\ominus}(Na^+/Na)=E^{\ominus}=\frac{-\Delta_r G_m^{\ominus}}{nF}=\frac{261.9\times 10^3}{1\times 96\ 485}\ V=2.71\ V$$

因为标准条件下，$\varphi^{\ominus}(H^+/H_2)=0.000\ 0\ V$，所以，$\varphi^{\ominus}(Na^+/Na)=-2.71\ V$。

2. 用元素电势图分析物质的稳定性

利用元素电势图还可以了解元素及其化合物的一些性质。例如，金属铁在酸性介质中的元素电势图为

$$\varphi_a^{\ominus}/V\qquad Fe^{3+}\xrightarrow{+0.771}Fe^{2+}\xrightarrow{-0.447}Fe$$

因为 $\varphi^{\ominus}(Fe^{2+}/Fe)$ 为负值，而 $\varphi^{\ominus}(Fe^{3+}/Fe^{2+})$ 为正值，故在稀盐酸或稀硫酸等非氧化性稀酸中主要被氧化为 Fe^{2+} 而非 Fe^{3+}，即

$$Fe+2H^+ = Fe^{2+}+H_2\uparrow$$

但是在酸性介质中，Fe^{2+} 是不稳定的，易被空气中的氧气氧化为 Fe^{3+}，因为

$$Fe^{3+}(aq)+e^- = Fe^{2+}(aq)\qquad \varphi^{\ominus}(Fe^{3+}/Fe^{2+})=+0.771\ V$$

$$O_2(g)+4H^+(aq)+4e^- = 2H_2O(l)\qquad \varphi^{\ominus}(O_2/H_2O)=+1.229\ V$$

所以

$$4Fe^{2+}(aq)+O_2(g)+4H^+(aq) = 4Fe^{3+}(aq)+2H_2O(l)$$

由于 $\varphi^{\ominus}(Fe^{2+}/Fe)<\varphi^{\ominus}(Fe^{3+}/Fe^{2+})$，故 Fe^{2+} 不会发生歧化反应，即可发生歧化反应的逆反应：

$$Fe(s)+2Fe^{3+}(aq) = 3Fe^{2+}(aq)$$

因此，在 Fe^{2+} 盐溶液中，加入少量金属 Fe，能避免 Fe^{2+} 被空气中氧气氧化为 Fe^{3+}。

思　考　题

1. 从下列电池符号表示中，总结出原电池符号表示的一般规律：

(1) $Zn+Cu^{2+} = Cu+Zn^{2+}$

$(-)Zn\,|\,Zn^{2+}(1mol\cdot L^{-1})\,\|\,Cu^{2+}(1mol\cdot L^{-1})\,|\,Cu(+)$

(2) $Fe^{2+}+Ag^+ = Fe^{3+}+Ag$

$(-)Pt\,|\,Fe^{2+}(c_1),Fe^{3+}(c_2)\,\|\,Ag^+(c_3)\,|\,Ag(+)$

(3) $Zn+Sn^{4+} = Sn^{2+}+Zn^{2+}$

$(-)Zn\,|\,Zn^{2+}(c_1)\,\|\,Sn^{4+}(c_2),Sn^{2+}(c_3)\,|\,Pt(+)$

(4) $Sn^{2+}+2Fe^{3+} = Sn^{4+}+2Fe^{2+}$

$(-)Pt\,|\,Sn^{2+}(c_1),Sn^{4+}(c_2)\,\|\,Fe^{3+}(c_3),Fe^{2+}(c_4)\,|\,Pt(+)$

2. 什么叫氢标准电极电势及标准氢电极？

3.标准电极电势有哪些应用？

4.由标准锌半电池和标准铜半电池组成一原电池：

$$(-)Zn|ZnSO_4(1mol\cdot L^{-1})\|CuSO_4(1mol\cdot L^{-1})|Cu(+)$$

(1)下列条件改变对电池电动势有何影响？

1)增加 $ZnSO_4$ 溶液的浓度(或加入足量的氨水)；

2)增加 $CuSO_4$ 溶液的浓度(或加入足量的氨水)；

3)在 $CuSO_4$ 溶液中通入 H_2S。

(2)电池工作半个小时以后，电池的电动势是否发生改变？为什么？

(3)在电池工作过程中锌的溶解和铜的析出有什么关系？

5.同种金属及其盐溶液能否组成原电池？若能组成，必须具有什么条件？

6.试比较铜的电极电势在下列情况下的高低，并说明高低顺序排列的依据。

(1)铜在水中；

(2)在 $c(CuSO_4)=1mol\cdot L^{-1}$ 的 $CuSO_4$ 溶液中；

(3)在氨水中。

7.不查表写出 MnO_4^-/MnO_2，MnO_4^-/Mn^{2+}，MnO_2/Mn^{2+}，$Cr_2O_7^{2-}/Cr^{3+}$ 电对的电极反应和相应的 Nernst 方程式。

8.当用标准银半电池和标准锡半电池组成原电池时，电池的反应式为

$$Sn+2Ag^+ = Sn^{2+}+2Ag$$

有人认为，由于 2 个银离子还原所得到的电子数等于 1 个锡原子氧化所失去的电子数，所以，当计算银的电极电势时应该是 $\varphi^{\ominus}(Ag^+/Ag)$ 值的 2 倍，你认为对吗？

9.按下列氧化剂与还原剂的相对强弱，排列出由强到弱的顺序。

氧化剂：Fe^{3+}，I_2，Br_2，MnO_4^-，F_2

还原剂：Sn^{2+}，Fe^{2+}，I^-，Zn，H_2

10.判断氧化还原反应能否自动进行的标准有哪些依据？

11.在标准状态和非标准状态下判断氧化还原反应进行的程度依据是否相同？为什么？

12.原电池和电解池在构造上、原理上各有何特点？各举一例说明(从电极名称、电子流方向、两极反应等方面进行比较)。

13.实际分解电压为什么高于理论分解电压？怎样用电极电势来确定电解产物？

14.何谓电极极化？产生极化的主要原因是什么？

15.有一个埋在地下的铁管，一端在黏土中，一端在砂土中，哪一部分发生腐蚀？为什么？

16.影响电化学腐蚀速率有哪些主要因素？根据什么原理防止电化学腐蚀？有哪些主要途径？

17.说明下列现象发生的原因。

(1)硝酸能氧化铜而盐酸却不能；

(2)Sn^{2+} 与 Fe^{3+} 不能在同一溶液中共存；

(3)锡盐溶液中加入锡粒能防止 Sn^{2+} 的氧化；

(4)在 $KMnO_4$ 溶液中加入 H_2SO_4 能增加氧化性。

习　题

1. 如果把下列氧化还原反应装配成原电池，试以符号表示原电池：

(1) $Zn + CdSO_4 \longrightarrow ZnSO_4 + Cd$

(2) $Fe^{2+} + Ag^+ \longrightarrow Fe^{3+} + Ag$

2. 现有 3 种氧化剂：H_2O_2，$Cr_2O_7^{2-}$，Fe^{3+}，试从标准电极电势分析，要使含有 I^-，Br^-，Cl^- 的混合溶液中的 I^- 氧化成 I_2，而 Br^- 和 Cl^- 却不发生变化，选哪种氧化剂合适。

3. 已知反应：

	MnO_4^-	+	$8H^+ + 5e \longrightarrow$	Mn^{2+}	+	$4H_2O$
$\Delta_f G_m^\ominus/(kJ \cdot mol^{-1})$	-447.2		0	-228.1		-237.1

试求出此反应的标准电极电势 $\varphi^\ominus(MnO_4^-/Mn^{2+})$ 是多少。

4. 将锡和铅的金属片分别插入含有该金属离子的盐溶液中组成原电池，条件如下：

(1) $c(Sn^{2+}) = 1\ mol \cdot L^{-1}$，$c(Pb^{2+}) = 1\ mol \cdot L^{-1}$

(2) $c(Sn^{2+}) = 1\ mol \cdot L^{-1}$，$c(Pb^{2+}) = 0.01\ mol \cdot L^{-1}$

计算它们的电动势，分别写出电池的符号表示式、两极反应和总反应方程式。

5. 由标准氢电极和镍电极组成的原电池，如当 $c(Ni^{2+}) = 0.01\ mol \cdot L^{-1}$ 时，电池的电动势为 0.316 V，其中 Ni 为负极，计算镍电极的标准电极电势。

6. 试写出下列各电池的电极反应、电池反应，并计算电池的电动势。

(1) $(-)Pt(H_2, 100\ kPa) | H^+(1\ mol \cdot L^{-1}) \| Br^-(1\ mol \cdot L^{-1}) | [Br_2(l)]Pt(+)$

(2) $(-)Ag | Ag^+(0.05\ mol \cdot L^{-1}) \| Fe^{3+}(0.3\ mol \cdot L^{-1}), Fe^{2+}(c=0.02\ mol \cdot L^{-1}) | Pt(+)$

(3) $(-)Pt(H_2, 0.5\times 100\ kPa) | H^+(0.5\ mol \cdot L^{-1}) \| Sn^{4+}(0.7\ mol \cdot L^{-1}), Sn^{2+}(0.5\ mol \cdot L^{-1}) | Pt(+)$

(4) $(-)Zn | Zn^{2+}(1\ mol \cdot L^{-1}) \| Cd^{2+}(1\ mol \cdot L^{-1}) | Cd(+)$

7. 已知 $\varphi^\ominus(Ag^+/Ag) = 0.799\ 6\ V$，试计算当 $c(Ag^+) = 0.1\ mol \cdot L^{-1}$，$0.001\ mol \cdot L^{-1}$ 时，Ag 的电极电势。

8. 参考标准电极电势表，分别选择一氧化剂，能够氧化：

(1) Cl^- 成 Cl_2　　(2) Pb 成 Pb^{2+}　　(3) Fe^{2+} 成 Fe^{3+}

同样，分别选择一还原剂，能够还原：

(1) Fe^{2+} 成 Fe　　(2) Ag^+ 成 Ag　　(3) Mn^{2+} 成 Mn

9. 根据各物种相关的标准电极电势，判断下列反应能否发生；如果能发生反应，完成并配平有关反应方程式（已知：$\varphi^\ominus[Fe(CN)_6^{3-}]/[Fe(CN)_6^{4-}] = 0.335\ 7\ V$）：

(1) $Fe^{3+}(aq) + I^- \rightarrow$

(2) $Fe^{3+}(aq) + H_2S(aq) \rightarrow$

(3) $Fe^{3+}(aq) + Cu(s) \rightarrow$

(4) $Cr_2O_7^{2-}(aq) + Fe^{2+}(aq) \xrightarrow{H^+}$

(5) $MnO_4^-(aq) + H_2O_2(aq) \xrightarrow{H^+}$

(6) $S_2O_8^{2-}(aq) + Mn^{2+}(aq) \xrightarrow{H^+}$

(7) $[Fe(CN)_6]^{4-}(aq) + Br_2(l) \rightarrow$

10. 用标准电极电势判断并回答：

(1)将铁片投入 $CuSO_4$ 溶液时，Fe 被氧化成 Fe^{2+} 还是 Fe^{3+}？

(2)金属铁和过量氯气发生反应，产物是什么？

(3)下列物质中哪个是最强的氧化剂？哪个是最强的还原剂？

MnO_4^-，$Cr_2O_7^{2-}$，I^-，Cl^-，Na^+，HNO_3

11. 由标准钴电极和标准氯电极组成原电池，测得其电动势为 1.636 5 V，此时钴电极作负极，现已知氯的标准电极电势为 +1.359 5 V，问：

(1)此电池反应的方向如何？

(2)钴标准电极的电极电势是多少？

(3)当氯气的压力增大或减小时，电池的电动势将发生怎样的变化？理由是什么？

(4)当 Co^{2+} 浓度减低到 $0.01 mol \cdot L^{-1}$ 时，电池的电动势将如何变化？变化值是多少？

12. 下面反应从标准电极电势值分析，应向哪一个方向进行？

$$MnO_2 + 4Cl^- + 4H^+ = MnCl_2 + Cl_2\uparrow + 2H_2O$$

实验室是根据什么原理，采用什么措施使之产生 Cl_2 气的？试根据 Nernst 方程加以说明。

13. 某原电池中的一个半电池是由金属钴浸在 $1.0 mol \cdot L^{-1} Co^{2+}$ 溶液中组成的；另一半电池则由铂(Pt)片浸在 $1.0 mol \cdot L^{-1} Cl^-$ 的溶液中，并不断通入 $Cl_2[p(Cl_2) = 100.0 kPa]$ 组成。测得其电动势为 1.642 V，钴电极为负极。

(1)写出电池反应方程式；

(2)由查得 $\varphi^\ominus(Cl_2/Cl^-)$，计算 $\varphi^\ominus(Co^{2+}/Co)$；

(3) $p(Cl_2)$ 增大时，电池的电动势将如何变化？

(4)当 Co^{2+} 浓度为 $0.010 mol \cdot L^{-1}$，其他条件不变时，电池的电动势是多少？

14. 已知 $K_f^\ominus[Fe(bipy)_3^{2+}] = 10^{17.45}$，$K_f^\ominus[Fe(bipy)_3^{3+}] = 10^{14.25}$，其他数据查附表。

(1)计算 $\varphi^\ominus[Fe(bipy)_3^{3+}/Fe(bipy)_3^{2+}]$；

(2)将 Cl_2 通入 $[Fe(bipy)_3]^{2+}$ 溶液中，Cl_2 能否将其氧化？写出反应方程式，并计算 25℃ 下该反应的标准平衡常数 $K^\ominus$；

(3)若溶液中 $[Fe(bipy)_3]^{2+}$ 的浓度为 $0.20 mol \cdot L^{-1}$，所通 Cl_2 的压力始终保持 100.0 kPa，计算平衡时溶液中各离子的浓度。

15. 已知下列电极反应的标准电极电势：

$Cu^{2+}(aq) + 2e^- = Cu(s)$； $\varphi^\ominus = 0.341 9 V$

$Cu^{2+}(aq) + e^- = Cu^+(aq)$； $\varphi^\ominus = 0.162 8 V$

(1)计算反应：$Cu^{2+}(aq) + Cu(s) = 2Cu^+(aq)$ 的 $K^\ominus$；

(2)已知 $K_{sp}^\ominus(CuCl) = 1.7 \times 10^{-7}$，计算反应

$$Cu^{2+}(aq) + Cu(s) + 2Cl^-(aq) = 2CuCl(s)$$

的标准平衡常数 $K^\ominus$。

16. 已知在酸性溶液中 $\varphi^\ominus(MnO_4^-/MnO_4^{2-}) = 0.558 V$，$\varphi^\ominus(MnO_4^-/MnO_2) = 1.679 V$，$\varphi^\ominus(MnO_2/Mn^{2+}) = 1.224 V$，$\varphi^\ominus(Mn^{3+}/Mn^{2+}) = 1.51 V$。

(1)画出锰元素在酸性溶液中的元素电势图。

(2)计算 $\varphi^\ominus(MnO_4^{2-}/MnO_2)$ 和 $\varphi^\ominus(MnO_2/Mn^{3+})$。

(3)MnO_4^{2-} 能否歧化？写出相应的反应方程式，并计算该反应的 $\Delta_r G_m^{\ominus}$ 和 $K^{\ominus}$；还有哪些物种能歧化？

(4)计算 $\varphi^{\ominus}[MnO_2/Mn(OH)_2]$。

17. 在铜锌原电池中，当 $c(Zn^{2+})=c(Cu^{2+})=1\ mol\cdot L^{-1}$ 时，电池的电动势为 1.099 8 V。

(1)计算此反应的 $\Delta_r G_m^{\ominus}$ 的值，分别用焦耳及卡单位表示。

(2)从 $E^{\ominus}$ 和 $\Delta_r G_m^{\ominus}$，计算反应的标准平衡常数。

18. (1)试从 $Ag^+|Ag$ 和 $Fe^{2+},Fe^{2+}|Pt$ 的标准电极电势，计算反应

$$Fe^{3+}+Ag = Fe^{2+}+Ag^+$$

的标准平衡常数 $K^{\ominus}$。

(2)设实验开始时过量的 Ag 和 $c[Fe(NO_3)_3]=0.1\ mol\cdot L^{-1}$ 的 $Fe(NO_3)_3$ 溶液反应，求平衡时溶液中 Ag^+ 的浓度[平衡时 $c(Ag^+)=c(Fe^{2+})$]。

19. (1)应用半电池反应的标准电极电势，计算下面反应的标准平衡常数和所组成电池的电动势。

(2)等量 2 $mol\cdot L^{-1}$ 的 Fe^{3+} 和 2 $mol\cdot L^{-1}$ 的 I^- 溶液混合后，电动势和标准平衡常数是否变化？为什么？[借助 Nernst 方程来说明，不必计算。注意溶液中，$c(Fe^{2+})\neq 1\ mol\cdot L^{-1}$，但其浓度很小。]

$$Fe^{3+}+I^- = Fe^{2+}+\frac{1}{2}I_2$$

20. 某 $ZnSO_4$ 溶液中含有 $c(Mn^{2+})=0.1\ mol\cdot L^{-1}$ 的 Mn^{2+}，在酸性条件下(pH=5)，可加入 $KMnO_4$，使 Mn^{2+} 氧化为 MnO_2 沉淀被除去，同时，$KMnO_4$ 本身也被还原为 MnO_2 沉淀，最后过量的 MnO_4^- 的 $c(MnO_4^-)=10^{-3}\ mol\cdot L^{-1}$。通过计算回答：到达平衡时溶液中剩余的 $c(Mn^{2+})$ 为多少？

21. 将 Ag 电极插入 $AgNO_3$ 溶液，铜电极插入 $c[Cu(NO_3)_2]=0.1\ mol\cdot L^{-1}$ 的 $Cu(NO_3)_2$ 溶液，两个半电池相连，在 Ag 半电池中加入过量 HBr 以产生 AgBr 沉淀，并使 AgBr 饱和溶液中 $c(Br^-)=0.1\ mol\cdot L^{-1}$，这时测得电池电动势为 0.21 V，Ag 电极为负极，试计算 AgBr 的溶度积常数。

22. 已知 $\varphi^{\ominus}(Fe^{3+}/Fe^{2+})=0.771\ V$，$\varphi^{\ominus}(Ag^+/Ag)=0.799\ 6\ V$，用其组成原电池，若向 Ag 半电池中加入氨水至其中 $c(NH_3)=c[Ag(NH_3)_2^+]=1\ mol\cdot L^{-1}$ 时，电动势比 $E^{\ominus}$ 大还是小？为什么？此时 $\varphi(Ag^+/Ag)$ 为多少？(已知 $Ag(NH_3)_2^+$ 的 $\lg K_{稳}^{\ominus}=7$。)

23. 某溶液中含 $c(CdSO_4)=10^{-2}\ mol\cdot L^{-1}$ 的 $CdSO_4$，$c(ZnSO_4)=10^{-2}\ mol\cdot L^{-1}$ 的 $ZnSO_4$，把该溶液放在两个铂电极之间电解，试问：

(1)哪一种金属首先沉积在阴极上？

(2)当另一种金属开始沉积时，溶液中先析出的那种金属离子所剩余的浓度为多少？

24. 在 25℃，溶液 pH=7，H_2 在 Pt 上超电势为 0.09 V，O_2 和 Cl_2 在石墨上超电势分别为 1.09 V 和 0.25 V，$p(Cl_2)=p(O_2)=p(H_2)=100$ kPa 时，外加电压使下述电解池发生电解作用：

$$阴极\ Pt\left\{\begin{array}{l} c(CdCl_2)=1\ mol\cdot L^{-1}的\ CdCl_2 \\ c(NiSO_4)=1\ mol\cdot L^{-1}的\ NiSO_4 \end{array}\right| (石墨)阳极$$

当外加电压逐渐增加时，电极上首先发生什么反应？此时外加电压至少为多少(考虑超电势)？

25. 某溶液中含 $c(Ag^+)=0.05\ mol\cdot L^{-1}$，$c(Fe^{2+})=0.01\ mol\cdot L^{-1}$，$c(Cd^{2+})=0.001\ mol\cdot L^{-1}$，$c(Ni^{2+})=0.1\ mol\cdot L^{-1}$，$c(H^+)=0.001\ mol\cdot L^{-1}$，$p_{H_2}=100\ kPa$，又知 H_2 在 Ag，Fe，Cd，Ni 上的超电势分别为 0.15 V，0.08 V，0.48 V，0.21 V，当外加电压从 0 开始逐渐增加时，在阴极上发生什么变化？

26. 在 $c(CuSO_4)=0.05\ mol\cdot L^{-1}$ 的 $CuSO_4$ 及 $c(H_2SO_4)=0.01\ mol\cdot L^{-1}$ 的 H_2SO_4 混合溶液中，使 Cu 镀在铂极上，若 H_2 在 Cu 上的超电势为 0.23 V，问当外加电压增加到有 H_2 在电极上析出时，溶液中所剩余的 Cu^{2+} 的浓度为多少？

27. 当 25℃ 和 $p(Cl_2)=p(O_2)=p(H_2)=100\ kPa$，pH=7 时，以 Pt 为阴极，石墨为阳极，电解含有 $FeCl_2(0.01\ mol\cdot L^{-1})$ 和 $CuCl_2(0.02\ mol\cdot L^{-1})$ 的混合水溶液，若 Cl_2 和 O_2 在石墨上的超电势分别为 0.25 V 和 1.09 V，试问：

(1)何种金属先析出？

(2)第二种金属析出时至少须加多少电压？

(3)当第二种金属析出时，第一种金属离子浓度为多少？

28. 要自某溶液中析出 Zn，直至溶液中 Zn^{2+} 浓度不超过 $10^{-4}\ mol\cdot L^{-1}$，同时在 Zn 的析出过程中不会有 H_2 逸出，该溶液的 pH 至少为多少？已知在 Zn 阴极上 H_2 开始逸出时的超电势为 0.70 V，$p(H_2)=100kPa$。

29. 试用反应式表示下列物质的主要电解产物：

(1)电解 $NiSO_4$ 溶液，阳极用镍，阴极用铁；

(2)电解熔融 $MgCl_2$，阳极用石墨，阴极用铁；

(3)电解 KOH 溶液，两极都用铂。

30. 某溶液中含有 3 种阳离子，浓度分别为 $c(Fe^{2+})=0.01\ mol\cdot L^{-1}$，$c(Ni^{2+})=0.1\ mol\cdot L^{-1}$，$c(H^+)=0.001\ mol\cdot L^{-1}$，$p(H_2)=100\ kPa$，已知 H_2 在 Ni 上的超电势是 0.21V，试通过计算说明，当用 Ni 作阴极，电解上述溶液时，三种离子的放电次序。

31. 试确定含碳 0.4% 的钢，在总压为 100 kPa，温度为 900℃ 和气体组成为 25% CO_2，75% 的 CO 炉中加热时，是否可能发生氧化和脱碳作用。已知：

(1)$CO_2+Fe \xlongequal{900℃} FeO+CO$，$K^{\ominus}_{900}=2.20$

(2)$Fe_3C+CO_2 \xlongequal{900℃} 3Fe+2CO$，$K^{\ominus}_{900}=9.20$

32. 试计算，当 Cu^{2+} 与 Zn^{2+} 浓度成什么比值时，金属锌在 20℃ 的 $CuSO_4$ 溶液中溶解或铜的析出过程才会停止。

33. 在铁被腐蚀的电池中，若铁块上两点的差别仅是氧气的浓度不同，其中一点氧的分压为 100 kPa，另一点为 0.1×100 kPa，则这两点之间氧的电势差是多少？

34. 铜制水龙头与铁制水管接头处，哪个部位易遭受腐蚀？这种腐蚀现象与曲别针夹纸所发生的腐蚀，在机理上有何不同？试简要说明。

第7章　原子结构

原子是化学变化的最小微粒，是组成物质的“基石”，不同原子之间按不同方式结合、分离以及结合方式的改变，就构成了世界上种类繁多、光怪陆离的物质，以及形形色色的化学变化。也就是说，在化学反应发生时，原子核并不发生改变，只是核外运动的电子的运动状态发生了变化。因此，为了掌握物质的性质，说明物质的化学变化之本质，掌握化学变化之规律，就必须深入到物质的微观世界之中，了解原子的结构，以及原子与原子间的结合方式——化学键。

本章主要介绍原子核外电子的运动特性和分布规律，揭示原子结构与元素性质，以及元素周期律之间的关系。

7.1　原子光谱与玻尔理论

原子是极其微小的，直径约为 10^{-10} m 的基本微粒。科学研究表明，原子虽小，但其结构确十分复杂。1911 年，英国物理学家卢瑟福(E. Rutherford)在一系列实验的基础上，提出了原子的“行星式模型”。他认为：原子是由原子核(直径约为 10^{-14} m)和高速绕核运动的电子(直径约为 10^{-15} m)组成的。随后发现，原子核通常还包括有质子和中子等多种基本微粒，它们的基本性质见表 7-1。

表 7-1　组成原子的 3 种基本粒子的性质

名称	符号	质量/kg	电量/C	相对于电子的质量	相对于电子的电荷
质子	P	1.673×10^{-27}	1.602×10^{-19}	1 836	+1
中子	N	1.675×10^{-27}	0	1 839	0
电子	e^-	9.109×10^{-31}	1.602×10^{-19}	1	−1

化学上最为关心的是原子核外电子的状态，即核外电子的分布规律和能量。电子比原子小得多，如何揭示其运动规律呢？早在 20 世纪末，人们就积累了大量的、由原子发光而得到的光谱资料。深入研究发现，原子光谱可以反映原子中电子的运动状态，从而为揭示原子结构的奥秘打开了通道。

一、氢原子光谱

近代的原子结构理论，是由研究氢原子光谱的实验工作开始的。

1. 带状光谱(常称为连续光谱)与线状光谱(常称为不连续光谱)

光谱一般可分为连续光谱和不连续光谱两大类。通常，灼热的物体(如熔融金属、太阳等)，所产生的光谱包含波长连续的光谱线，称为连续光谱。从试验中发现，原子在受高温火焰、电弧或其他一些方法激发时，会发射出特定波长的光谱线，称为原子发射光谱(Atomic emission spectra, AES)。若用分光镜观察原子发射光谱,可发现一条条不连续的明亮的光谱线条,即原子光谱是不连续光谱,也叫线状光谱。

不同元素的原子光谱,它们的谱线特征,不仅波长不同,而且复杂程度也不相同,故有人把原子光谱比喻成"原子的名片"。利用谱线的波长可进行定性分析,以确定样品中的元素组成;同时,在一定的条件下,谱线的强度与样品中该元素的含量成正比,故根据谱线的强度可进行定量分析,以确定各组成元素的含量。原子光谱是现代光谱分析的重要组成部分(详见阅读材料之原子发射光谱定性分析简介)。

2. 氢原子光谱

在所有元素的原子光谱中,氢原子光谱(Hydrogen atomic spectrum)最为简单。当高纯的低压氢气在高压下放电时,氢分子离解成氢原子,并激发而放出玫瑰红色的可见光、紫外光和红外光。利用分光系统,这些光线可以被分成一系列按照波长次序排列的不连续的线状光谱线。它在可见光范围内,得到5条颜色各异的光谱线,对应的是5条特征波长的光辐射,如图7-1所示。

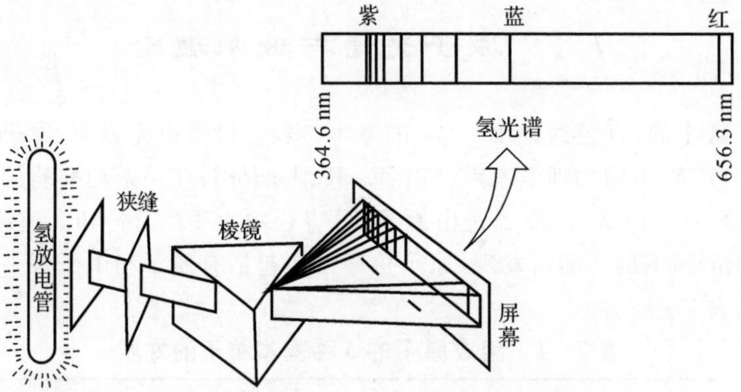

图 7-1 氢原子在可见光范围内的光谱图

1913年,里德伯(J. R. Rydberg)对氢光谱中的谱线频率进行了仔细的研究后,发现其结果可用下列方程进行概括:

$$\nu=\frac{c}{\lambda}=R\left(\frac{1}{n_1^2}-\frac{1}{n_2^2}\right) \tag{7-1}$$

式中:ν是频率;c是光速($2.998\times10^8\,\mathrm{m\cdot s^{-1}}$);$\lambda$是光的波长;$R$是一个实验常数,称为里德伯常数,$R=3.289\times10^{15}\,\mathrm{Hz}$;$n_1$和$n_2$都是正整数,且$n_2>n_1$。

为什么原子光谱都是不连续的线状光谱? 为什么不同的元素有不同的线状光谱? 与原子中的电子运动有什么关系? 通过一系列的研究,玻尔提出了相关理论。

二、玻尔理论

根据卢瑟福的原子行星式模型,按照经典电磁学理论,电子绕核做圆周运动,要发射连续的电磁波,得到的原子光谱应该是连续的,而且随着电磁波的发射,电子的能量将逐渐减小,电子运动轨道半径逐渐缩小,最终将坠落到原子核中,从而导致原子的毁灭。但实际情况恰好相反,原子没有毁灭,原子光谱也不是连续的。1913年,丹麦物理学家玻尔(Niles Bohr)在卢瑟福原子行星式模型的基础上,结合普朗克(M. Planck)的量子理论和爱因斯坦(A. Einstein)

的光子学说，提出了玻尔理论(Bohr theory)，从理论上解释了原子的稳定性和原子光谱的不连续性。

1. 能量的量子化与光量子学说

原子不能连续地吸收或放出能量，而只能是一份份地按一个基本量或按此基本量的整倍数吸收或放出能量，这种情况称为能量的量子化。这些一份份不连续的辐射能量的最小单位称为"光量子"。光量子的能量 E 和其辐射频率 ν 成正比，即

$$E = h\nu$$

式中，h 为普朗克常数，$h = 6.625\,6 \times 10^{-34}\,\text{J}\cdot\text{s}$。

2. 玻尔理论要点

玻尔关于氢原子结构有两个基本假设。

(1) 定态轨道假设：在原子中的电子不能沿着任意的轨道绕核运行，而只能在一些特定的轨道上运行，这些特定轨道的半径 r 和能量 E 必须符合量子化条件，即

$$r = 52.9 \times \frac{n^2}{Z}\ (\text{pm}) \tag{7-2}$$

$$v = 2\,200n\ (\text{km}\cdot\text{s}^{-1}) \tag{7-3}$$

$$E = -21.8 \times 10^{-19} \times \frac{Z^2}{n^2}\ (\text{J}) \tag{7-4}$$

式中，Z 为原子序数，$n = 1, 2, 3, \cdots, n$ 称为量子数(Quantum number)。凡符合量子化条件的轨道通常称为稳定轨道或称能层(又称电子层)。电子在某一稳定轨道运行时没有能量的放出或吸收。在通常条件下，电子总是在能量最低的稳定轨道上运行，这时原子所处的状态称为基态(Ground state)。

(2) 电子跃迁与原子光谱：当原子从外界吸收能量时，电子可以从离核较近的低能轨道跃迁到离核较远的高能轨道上去，这时原子所处的状态称为"激发态"(Excited state)。处于激发态的电子不稳定，当跃迁回低能轨道时，会有能量放出。能量若以光的形式辐射出来，其辐射的频率 ν 和电子在跃迁前后的两个轨道的能量之间有关系式

$$\nu = \frac{E_2 - E_1}{h} = \frac{21.8 \times 10^{-19}}{h}\left(\frac{Z^2}{n_1^2} - \frac{Z^2}{n_2^2}\right) = 3.289 \times 10^{15} \times \left(\frac{1}{n_1^2} - \frac{1}{n_2^2}\right) \tag{7-5}$$

这和里德伯从光谱实验得出的公式完全一致。每一种跃迁过程对应一条特征的发射谱线。这样，玻尔理论就很好地解释了当时由实验得到的氢原子线状光谱的规律性。图7-2反映了电子跃迁和谱线间的关系。

3. 对玻尔理论的评价

玻尔理论的成就是出色的，它在原子行星模型的基础上，加进量子化条件，从而提出定态能级概念，成功地解释了氢原子光谱和一些单电子离子(也称为类氢离子，如 He^+，Li^{2+}，Be^{3+} 等)的光谱，指出原子结构量子化的特征，是继卢瑟福原子"行星式模型"之后，人类认识原子世界的又一次飞跃，是原子结构理论中的重要里程碑。但是，由于当时对微观粒子的真实行为缺乏认识，玻尔理论虽然引入了量子化条件，却没有完全摆脱经典力学的束缚，把原子描绘成太阳系，把电子绕核运动看成如行星围绕太阳在一定轨道上运动那样，具有确定的路径(轨迹)，没有考虑电子运动的特殊性和电子间的相互作用，等等，因此，不能说明原子的其他性质，如氢原子光谱的精细结构、除氢原子以外的多电子原子光谱的复杂性及原子的成键情况等。欲较好地解决这些问题，必须对微观粒子的基本属性作进一步的了解。

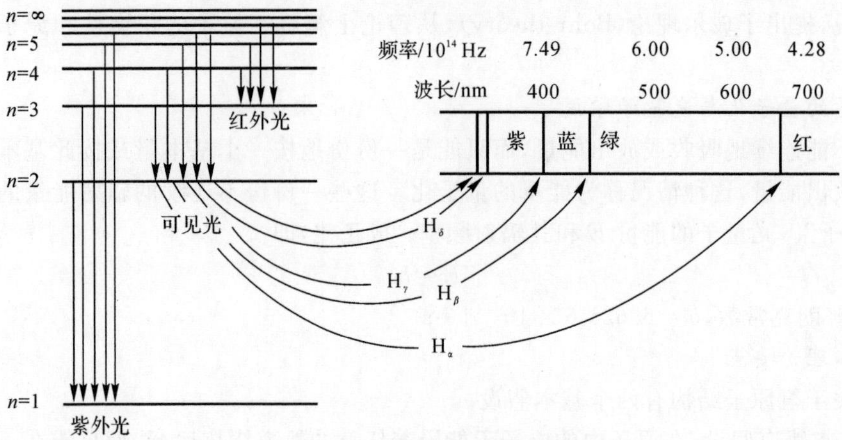

图 7-2 电子跃迁和谱线间的关系

三、微观粒子运动的基本特征

我们知道,光的干涉、衍射等现象说明光具有波动性,光的反射、光电效应说明光具有粒子性,因此,光量子具有波粒二象性(Wave particle duality)。原子中的电子作为一种微粒,其体积和质量都非常小,运动速度又非常快,是否也像光量子那样具有波粒二象性呢? 1923 年,法国物理学家德·布罗依(de Broglie) 在光的波粒二象性的启发下大胆提出设想,电子及一切微观粒子都具有波粒二象性。原子结构的近代理论就是在认识微观粒子的波粒二象性这一基本特征的基础上建立和发展起来的。

1. 电子的波粒二象性

德·布罗依假设:不仅仅是电子,质子、中子、原子等微观粒子都同光量子一样,具有波粒二象性。并且把微观粒子的波长 λ 与它的质量 m、运动速度 v 联系起来,得到了德·布罗依关系式:

$$\lambda=\frac{h}{P}=\frac{h}{mv} \tag{7-6}$$

德·布罗依关系式将微观粒子的粒子性(动量 P 是粒子性的特征)和波动性(λ 是波动性的特征)联系起来。对实物微粒来说,在粒子性中渗透着波动性,这一波动性能否被观察到,与这一微粒的运动速度、质量和微粒直径有关。表 7-2 列出了几种粒子的德·布罗依波长。微观粒子的德·布罗依波长大于粒子直径,波动性显著,见表 7-2 中的电子;宏观粒子的德·布罗依波长极短,以至于根本无法测量(电磁波中 γ 射线波长最短,也在 10^{-2} pm 量级),表现为粒子性,此时可用经典力学来处理。

表 7-2 若干实物粒子的德·布罗依波长

粒　子	m/kg	v/(m·s^{-1})	λ/m	粒子直径/m
电子	9.1×10^{-31}	1×10^{6}	7.3×10^{-10}	2.8×10^{-15}
氢原子	1.6×10^{-27}	1×10^{3}	4.1×10^{-12}	7.4×10^{-11}
铯原子	2.1×10^{-25}	1×10^{6}	3.2×10^{-15}	5.3×10^{-10}
枪弹	1×10^{-2}	1×10^{3}	6.6×10^{-35}	1×10^{-2}
卫星	8 000	7 900	1.0×10^{-41}	9

德·布罗依波在理论上是成立的，可是在当时还没有办法用仪器将它测出。但既然是波，它总要显示出波的某些现象。1927年，美国科学家戴维逊(C. J. Davisson)等人用实验证实了电子束确能发生干涉和衍射。如图7-3所示，当电子束通过晶体(由于晶体的原子层间距与电子波长相当，所以，可用晶体作为光栅进行衍射实验)投射到照相底板上时，会在底板上出现如同光的衍射一样的明暗相间的环纹，称为电子衍射图。根据电子衍射实验得到的电子波波长与按德·布罗依关系式计算出的波长完全一致，德·布罗依假设终于被实验所证实，电子显示了微粒的特性以及波的特性，即电子具有波粒二象性，进而验证了其他粒子的波粒二象性。

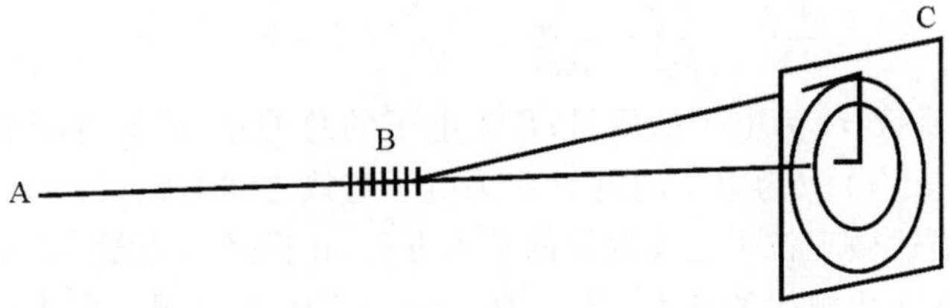

图7-3　电子衍射实验示意图

A—电子发生器　B—晶体粉末　C—照相底片

2. 测不准原理与概率波

由于电子具有波粒二象性，因此，电子在核外空间各区域都可能出现(波动性的特征)，故不能用经典力学来描述其运动状态。1927年，德国物理学家海森堡(W. Heisenberg)提出，微观粒子的位置与动量之间具有测不准关系式：

$$\Delta x \cdot \Delta p \geqslant \frac{h}{4\pi} \tag{7-7}$$

式中：Δx 为粒子的位置不确定量；Δp 为粒子的动量不确定量；h 为普朗克常数。

依据测不准原理，宏观物体位置不确定量微乎其微，测不准原理对宏观物体的影响可忽略不计，可以认为有确定的坐标和动量，即有固定的运动轨迹；而微小质量的电子，产生了比原子直径(约 10^{-10} m)大得多的位置不确定量，无法预测下一时刻会在空间的哪个位置出现(波动性的特征)，故没有固定的运动轨迹，不能用经典力学来描述其运动状态。

那么，如何描述微观粒子的运动所遵循的基本规律呢？微观粒子的波到底是一种什么波？比较科学的方法是"统计"的方法，对大量考察对象或同一考察对象的大量行为作总的处理的方法，从中得到统计规律。人们发现，若电子一个一个地先后到达底片，开始时，只能在底片上发现一个一个的点，显示出粒子性，但每次到达什么地方是不能准确预测的；经过足够长的时间(大量电子先后到达底片)，便得到明暗相间的衍射图(见图7-3)，显示出波动性。可见波动性是和大量微粒行为的统计规律联系在一起的，称为概率波。衍射强度大的地方，电子出现的机会多(概率大)，衍射强度小的地方，电子出现的机会少(概率小)。衍射强度的大小，即表示波的强度的大小，反映粒子在空间某点出现的机会(概率)的大小。

因此，微观粒子不遵守牛顿力学定律，没有固定的运动轨道，只有空间概率分布的规律。但是，如何描述原子核外电子的运动规律呢？这就是接下来在7.2节中要介绍的内容。

7.2 电子在核外运动状态的描述

一、薛定鄂方程与波函数

由于氢原子核外只有一个电子，结构最为简单，因此，量子力学是从研究氢原子结构入手，进而研究原子核外电子的运动规律。1926 年，奥地利物理学家薛定谔(E. Schrödinger)在波粒二象性的认识基础上，提出了一个用来描述微观粒子运动规律的方程式，也就是著名的薛定谔方程。其一般形式为

$$\frac{\partial^2 \psi}{\partial x^2}+\frac{\partial^2 \psi}{\partial y^2}+\frac{\partial^2 \psi}{\partial z^2}+\frac{8\pi^2 m}{h^2}(E-V)\psi=0 \qquad (7-8)$$

式中：ψ 为电子的波函数；m 为电子的质量；E 为电子的总能量；V 为电子的势能(对氢原子来说，电子的势能为 $-q^2/r$)；q 为电子的电荷；r 为电子与核之间的距离。

薛定谔方程是描述微观粒子运动规律的基本方程，正像经典力学(牛顿力学) 方程是描述宏观物体的运动状态变化规律的基本方程一样。如何求解薛定谔方程本课程暂不涉及，留待后续课程解决，下面仅介绍有关薛定谔方程的解 —— 波函数及与其有关的重要概念。

波函数(ψ)(Wave function) 是薛定谔方程的解，这个解不是一个或几个具体的数值，而是一个含有空间直角坐标(x,y,z) 或球坐标(r,θ,Φ) 的函数式，在空间具有一定的形状，由 3 个量子数 n,l,m 所规定，一般写成 $\psi_{n,l,m}(r,\theta,\Phi)$ 或 $\psi_{n,l,m}(x,y,z)$。

直角坐标(x,y,z) 与球坐标(r,θ,Φ) 的换算关系请参考相关的数学书。

对于最简单的氢原子和类氢原子的薛定谔方程，在一定的条件下可精确求解，得到描述氢原子核外电子运动状态的波函数(其他原子的方程可近似求解，得到波函数和能级)。波函数又可以分解为两部分，一部分称为径向函数，另一部分称为角度函数，两部分的乘积为波函数，通式表达为

$$\psi_{n,l,m}(r,\theta,\Phi)=R_{n,l}(r)\cdot Y_{l,m}(\theta,\Phi) \qquad (7-9)$$

式中：$R_{n,l}(r)$ 为波函数的径向部分(Redial part)，它只随距离 r 而变化；$Y_{l,m}(\theta,\Phi)$ 为波函数的角度部分(Angular part)，它随角度(θ,Φ) 而变化。表 7-3 列出了几个不同(n,l,m) 组合时氢原子波函数的径向部分和角度部分的函数式。

表 7-3 几个不同(n,l,m) 组合时氢原子的波函数

量子数			波函数径向部分	波函数角度部分
n	l	m	$R_{n,l}(r)$	$Y_{l,m}(\theta,\Phi)$
1	0	0	$2\sqrt{\frac{1}{a_0^3}}\,e^{-r/a_0}$	$\sqrt{\frac{1}{4\pi}}$
2	0	0	$\sqrt{\frac{1}{8a_0^3}}\left(2-\frac{r}{a_0}\right)e^{-r/2a_0}$	$\sqrt{\frac{1}{4\pi}}$
2	1	1	$\frac{1}{2\sqrt{6}}\left(\frac{1}{a_0}\right)^{3/2}\left(\frac{r}{a_0}\right)e^{-r/2a_0}$	$\left(\frac{3}{4\pi}\right)^{1/2}\sin\theta\cos\Phi$
2	1	0		$\left(\frac{3}{4\pi}\right)^{1/2}\cos\theta$
2	1	-1		$\left(\frac{3}{4\pi}\right)^{1/2}\sin\theta\sin\Phi$

二、量子数

在数学上解薛定谔方程时,可同时得到许多个函数式 $\psi_1,\psi_2,\psi_3,\cdots$,但由于受 $|\psi|^2$ 物理意义的限制,其中只有某些 ψ 能用于描述核外电子运动状态,这些波函数才是合理的。合理解是由 n,l,m 这 3 个参数的取值是否合理所决定的。组合合理的 n,l,m 可共同描述出电子在核外运动的一种状态,通常,我们把这种参数称为量子数(Quantum number)。现在分别讨论这些量子数的名称、符号、意义和可选取的数值。

1. 主量子数 n

$n=1,2,3,\cdots$,允许取正整数。n 值与电子层符号相对应,相当于电子层数,又称为能层,确定电子离核的远近(平均距离),是确定原子轨道能量的主要量子数,故 n 称为主量子数(Principal quantum number)。单电子原子的轨道能量完全由 n 决定,随着 n 值的增大其能量升高。

2. 角量子数 l

从原子光谱和量子力学计算得知,角量子数(Azimuthal quantum number) 决定电子角动量的大小,决定了波函数在空间的角度分布情况,与电子云形状密切相关,并反映电子在近核区概率的大小。l 取值受 n 限制,$l=0,1,2,\cdots,(n-1)$,最大只能等于$(n-1)$,共 n 个。由于具有相同角量子数的原子轨道角度部分图形相同或相似,所以,把具有相同角量子数的各原子轨道归并称之为亚层,代表一个能级。同一电子层中同一亚层各轨道的能级相同。l 值与亚层符号相对应,其关系见表 7-4。

表 7-4 l 值与亚层的对应关系

l	0	1	2	3	…
电子亚层	s	p	d	f	…
ψ 角度部分的形状	球形	双球形	花瓣形	更复杂的	…

例如:$n=1$ 时,$l=0$,亚层符号为 1s;$n=4$ 时,l 可取 0,1,2 和 3,亚层符号分别为 4s,4p,4d 和 4f。

3. 磁量子数 m

原子光谱在磁场中发生分裂,据此得知不同取向的电子在磁场作用下能级分裂,磁量子数 m (Magnetic quantum number) 由此而来,是决定原子轨道在空间伸展方向的量子数。m 的取值受 l 限制,它可从 $-l$ 到 $+l$,即 $m=0,\pm1,\pm2,\cdots,\pm l$,共可取 $2l+1$ 个数值。m 有多少个值,就表示在这个亚层中有多少个原子轨道(或有几个伸展方向)。例如:

ns($l=0$) ($m=0$) 能级(亚层) 上只有 1 条轨道;

np($l=1$)($m=-1,0,+1$) 能级上就有 3 条轨道;

nd($l=2$) ($m=-2,-1,0,+1,+2$) 能级上就有 5 条轨道;

nf($l=3$) ($m=-3,-2,-1,0,+1,+2,+3$) 能级上就有 7 条轨道。

磁量子数不影响原子轨道的能量。n 和 l 相同,m 不同的轨道具有相同的能量,称为简并轨道 (Degenrate orbital)或等价轨道(Equivalent orbital)。m 不同,一般不会改变轨道及电子云的形状。但在外磁场存在的条件下,高精度的光谱实验能够将它们区分出来。

从以上3个量子数的意义可知，原子中的n选定后，可以有n个l值；在l也选定后，还可以有$2l+1$个m值，对应$2l+1$条不同伸展方向的简并轨道。当n,l,m三个量子数的各自数值一定时，波函数的函数式也就随之而确定，可确定核外电子的一种运动状态。我们把原子的每一个能用于描述核外电子运动状态的波函数叫作原子轨道（Atomic orbital），或原子轨道函数，简称原子轨函，一般用符号$\psi_{n,l,m}$表示。因此，原子轨函或原子轨道就成了描述原子中电子运动状态的波函数的同义词。这种关系可简单表示为

$$\text{薛定谔方程} \longrightarrow \text{波函数}\ \psi \longrightarrow \text{原子轨道} \longrightarrow \text{填充电子}$$

n,l,m三个量子数确定原子轨道的关系汇集于表7-5中。

表7-5　3个量子数与轨道图

主量子数n（能层）	角量子数l（能级）	磁量子数m	轨道图	轨道总数n^2	电子容量$2n^2$
1（K）	0（1s）	0	□	1	2
2（L）	0（2s）	0	□	4	8
	1（2p）	−1，0，+1	□□□		
3（M）	0（3s）	0	□	9	18
	1（3p）	−1，0，+1	□□□		
	2（3d）	−2，−1，0，+1，+2	□□□□□		
4（N）	0（4s）	0	□	16	32
	1（4p）	−1，0，+1	□□□		
	2（4d）	−2，−1，0，+1，+2	□□□□□		
	3（4f）	−3，−2，−1，0，+1，+2，+3	□□□□□□□		

4.电子自旋状态的描述

自旋量子数（Spin magnetic quantum number）m_s与前3个用于确定轨道的3个量子数不同，它不是在解薛定谔方程时引入的，而是为了说明光谱的精细结构时提出来的。电子在运动的同时，还绕本身轴线做自旋运动。用自旋量子数m_s来描述这一运动。理论与实验均证明，m_s只能取两个值，即$+1/2$或$-1/2$，并在轨道图上简单地表示成↑或↓。因此，每条轨道上可以有两个不同自旋方向的电子。常将这样的两个电子称为配对电子或成对电子。

不同m_s的取值，在有外磁场存在的条件下、非常高精度的光谱实验中，能够区分出来。例如：将一束Ag原子流通过窄缝，再经过磁场，结果原子束在磁场中分裂，如图7-4所示。因为Ag最外层有一个成单电子，有两种自旋方向，磁矩正好相反。这些Ag在经过磁场时，有一

部分向左偏转，另一部分向右偏转。

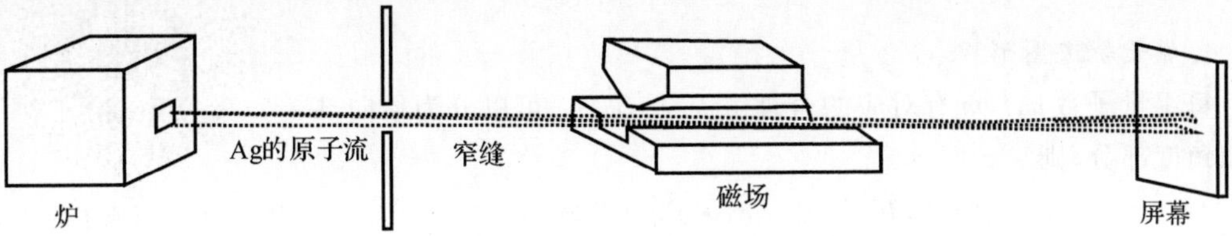

图 7-4 证明电子有不同自旋运动的实验示意图

由于电子在轨道上存在自旋状态的差别，故描述原子中电子的运动状态时用符号 ψ_{n,l,m,m_s} 表示，即需要 4 个量子数 n,l,m 和 m_s 描述原子中电子的运动状态。

三、概率密度与电子云

波函数 ψ 本身仅仅是个数学函数式，没有任何一个可以观察的物理量与其相联系，但波函数平方($|\psi|^2$)可以反映电子在空间某位置上单位体积内出现的概率大小，即概率密度。这又如何来理解呢？

例如：氢原子基态的波函数 $\psi_{1,0,0}$ 的二次方形式为

$$|\psi|^2=\frac{1}{\pi a_0^3}e^{-2r/a_0} \tag{7-10}$$

式(7-10)表明，氢原子的核外电子处于基态时，在核外出现的概率密度是电子离核的距离 r 的函数，与角度无关。r 越小，即电子离核越近，出现的概率密度越大；反之，r 越大，电子离核越远，则概率密度越小。有时以黑点的疏密表示概率密度分布，称为电子云图。基态氢原子的电子云图呈球形[见图 7-5(a)]，等密度面图见图 7-5(b)。

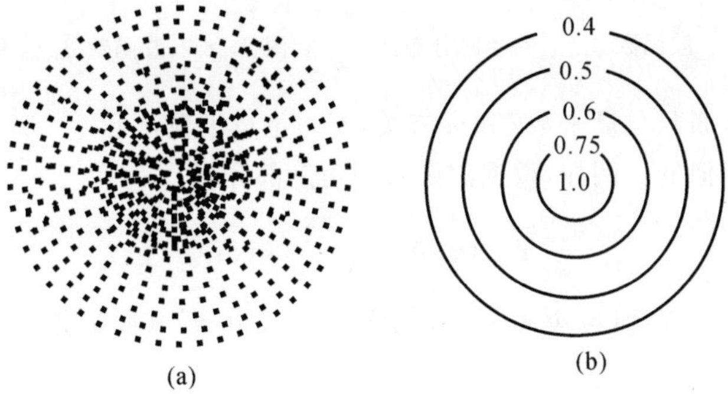

图 7-5 基态氢原子的电子云图和等密度面图

又如，氢原子的波函数 $\psi_{2,0,0}$ 的二次方形式为

$$|\psi|^2=\frac{1}{32\pi a_0^3}\left(2-\frac{r}{a_0}\right)e^{-r/a_0} \tag{7-11}$$

从式(7-11)可以看出，核外电子出现的概率密度是电子离核距离 r 的函数，与角度无关。同样有 r 越小，即电子离核越近，出现的概率密度越大；而电子离核越远，出现的概率密度越小。氢原子的 $\psi_{2,0,0}$ 电子云图见图 7-6。

四、原子轨道图形和电子云空间图像

1. 原子轨道图形

每组量子数n,l,m有对应的合理解$\psi_{n,l,m}$，$\psi_{n,l,m}$可以分为径向部分和角度部分，则

$$\psi_{n,l,m}(r,\theta,\Phi)=R_{n,l}(r)\cdot Y_{l,m}(\theta,\Phi)$$

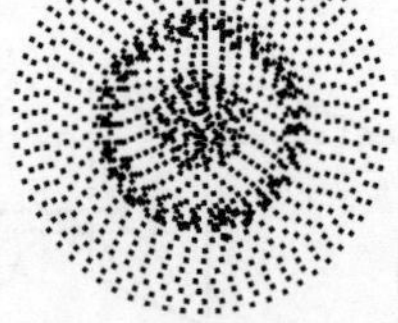

图 7-6　氢原子的$\psi_{2,0,0}$电子云图

当我们分别用波函数的径向部分$R(r)$和波函数的角度部分$Y(\theta,\Phi)$作图时，径向部分作图与m无关，角度部分作图与n无关，例如：波函数$\psi_{1,0,0}$的径向部分$R(r)$和角度部分函数式为

$$R_{1,0}(r)=2\sqrt{\frac{1}{a_0^3}}\cdot e^{-\frac{r}{a_0}} \tag{7-12}$$

$$Y_{0,0}(\theta,\Phi)=\sqrt{\frac{1}{4\pi}} \tag{7-13}$$

用波函数的径向部分作图，如图 7-7 所示；用波函数的角度部分作图，如图 7-8 所示。

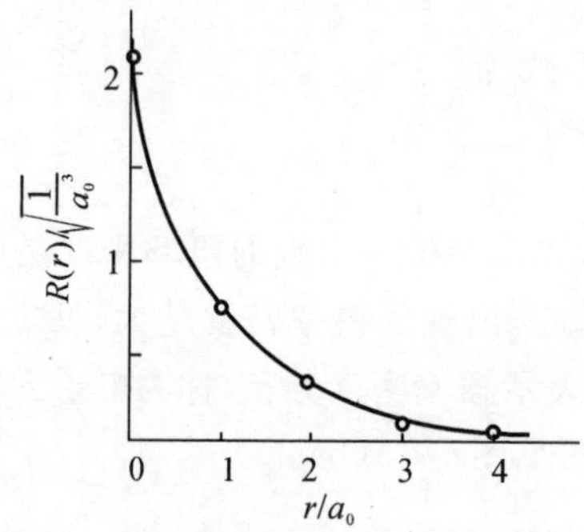

图 7-7　波函数$\psi_{1,0,0}$的径向分布图

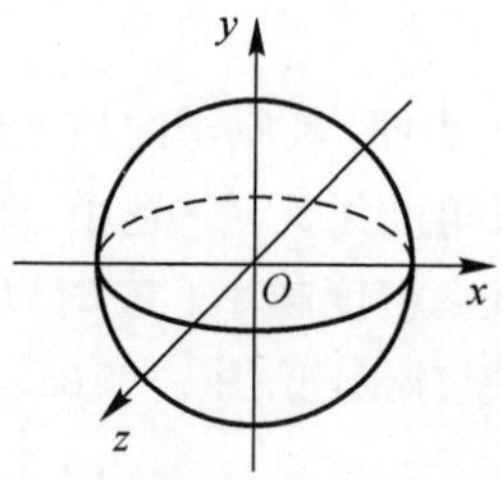

图 7-8　波函数$\psi_{1,0,0}$的角度分布图

原子轨道角度分布只与量子数l和m有关，而与主量子数n无关。例如，$2p_z$，$3p_z$，$4p_z$的角度分布图都是完全相似的。例如，根据波函数的角度部分有

$$Y_{np_z}(\theta,\Phi)=\sqrt{\frac{3}{4\pi}}\cdot\cos\theta$$

这是一个只与θ有关，而与Φ无关的原子轨道角度分布，其图形是一个绕z轴旋转而成的曲面。计算数据如下（$A=\sqrt{\frac{3}{4\pi}}$）：

θ	0°	30°	60°	90°	120°	150°	180°
$\cos\theta$	1	0.866	0.5	0	−0.5	−0.866	−1
Y_{np_z}	A	0.866A	0.5A	0	−0.5A	−0.866A	−A
$\lvert Y_{np_z}\rvert^2$	A^2	$0.76A^2$	$0.25A^2$	0	$0.25A^2$	$0.76A^2$	A^2

每给定一个角度θ，就可以计算出一个Y_{np_z}，依次得到全部数据，根据这些数据得到图7-9。

s，p，d 轨道的角度分布图见图 7-10。s 轨道波函数的角度部分是一个球面，整个球面均为正值；p 轨道的角度分布是两个相切的球面，故称为“双球形”，又称“哑铃形”，球面一个为

正，一个为负，这是波函数的角度部分中的三角函数在不同的象限有正、负值的缘故。符号 p_x，p_y，p_z 分别表示这几个轨道是沿 x，y，z 轴方向伸展的；d 轨道的角度分布则是花瓣形的，花瓣也有正、负号之分。

因为原子轨道角度分布与主量子数 n 无关，所以图 7－10 中 s，p 和 d 轨道符号前面的主量子数都没有标出。

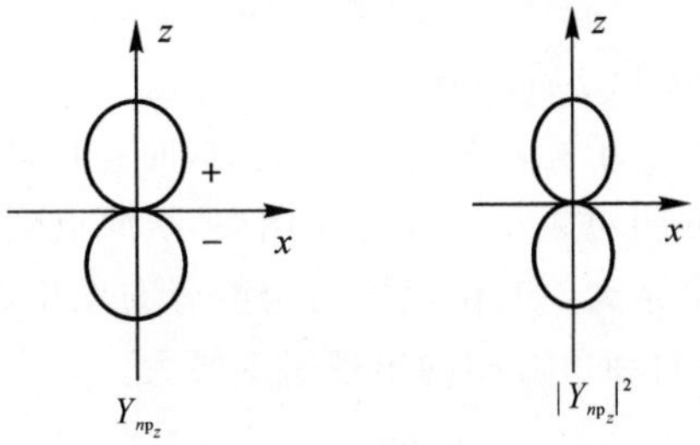

图 7－9　np_z 轨道的 Y_{np_z} 角度分布示意图和 $|Y_{np_z}|^2$ 示意图

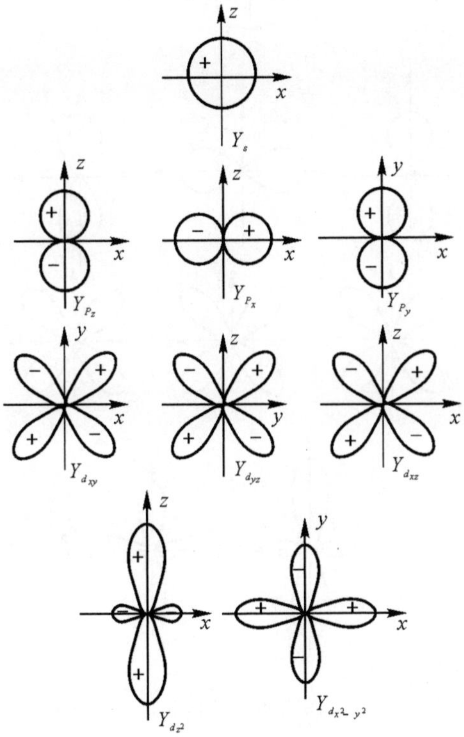

图 7－10　s，p，d 原子轨道的角度分布示意图

需要强调指出，任何波函数的图形只反映出波函数与自变量之间的关系，原子轨道角度分布图并不是电子运动的具体轨道，它只反映出波函数在空间不同方位上的变化情况，即用空间图形表示函数式的结果。同时还必须强调，这里所说的原子轨道，与经典力学和玻尔理论中所说的“轨道”有着本质上的区别，经典力学和玻尔理论中所说的“轨道”是指具有某种速度、可以确定运动物体任意时刻所处位置的轨道，量子力学中的轨道不是某种确定的轨迹，而是原子中

一个电子可能的运动状态，包含电子所具有的能量、离核的平均距离、概率密度分布等。因此，有的学者将波函数 ψ 叫作原子轨函，以免它们在概念上混淆。

2. 电子云的角度分布图

电子云即 $|\psi|^2$ 的角度分布图形与原子轨道的角度分布图相似（见图 7－11）。区别有两点：①原子轨道角度分布图有正、负号之分，电子云 $|\psi|^2$ 角度分布图全部是正值，这是由于数值取平方的缘故；②电子云角度分布图比原子轨道角度分布图要“瘦小”一些，这是由于原子轨道的角度部分的数值小于1，取平方后其值更小。

电子云角度分布不是反映电子运动的边界或范围，而是反映电子在以原子核为中心的空间各个方位上电子出现概率的相对大小。在分布图中，从原点到图形边缘的截距越大，说明电子在这一方位上电子出现概率越大，如，p_y 电子云角度分布图中，沿 y 轴正方向和负方向的截距最大，说明电子在 y 轴正方向和负方向的出现概率最大。

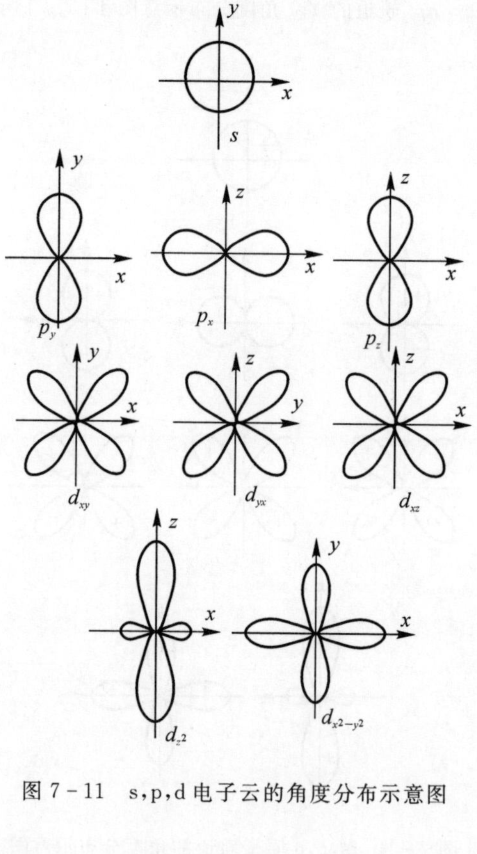

图 7－11　s，p，d 电子云的角度分布示意图

3. 径向分布函数 $D(r)$

电子在核外出现的概率还与空间体积有关。有必要考虑电子在原子核外距离为 r 的一薄层球壳中出现的概率随 r 的变化，如图 7－12 所示，称之为径向分布函数。$d\tau$ 表示微体积，$d\tau = 4\pi r^2 dr$，$d\rho$ 为概率，有关系式

$$\psi^2 = \frac{d\rho}{d\tau} \tag{7-14}$$

则有

$$d\rho = \psi^2 d\tau = \psi^2 \cdot 4\pi r^2 dr$$

令 $4\pi r^2 \psi^2 = D(r)$，有

$$d\rho = D(r) dr$$

所以

$$D(r) = \frac{d\rho}{dr}$$

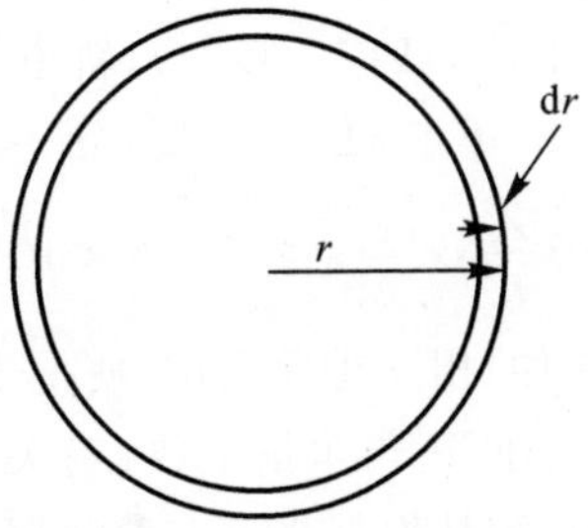

图 7－12　薄层球壳示意图

以 $D(r)-r$ 作图即得径向分布函数图，如图 7－13 所示。

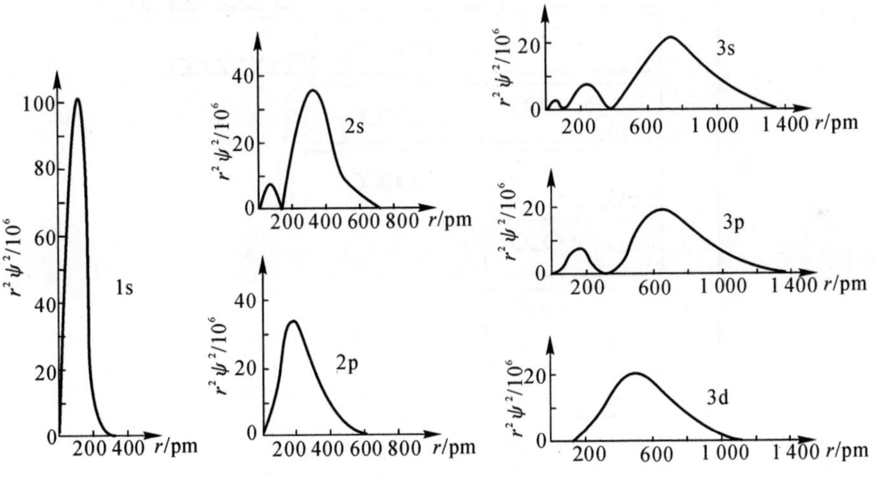

图 7－13　径向分布函数示意图

从图 7－13 中可以看出，径向分布函数最大分布(1s)在 $r=a_0=52.9$ pm 处，而不在距核最近处。根据图 7－13 可知，概率 $d\rho$ 既与 $|\psi|^2$ 有关，也与 $d\tau$ 有关，只有两者都较大或其中之一不那么小时，$d\rho$ 才会最大。径向分布函数表示了电子在空间一薄层球壳中出现的概率随 r 的变化，反映了电子概率密度分布的层次及穿透性；电子云角度分布图表示了电子在空间不同角度出现的概率的大小，是从角度的侧面反映了电子的概率密度分布的方向性。

从图 7－13 中还可以看出，径向分布函数图的曲线峰数与主量子数和角量子数有关，峰数 $N_{峰}$ 符合关系式

$$N_{峰} = n - l \tag{7-15}$$

7.3 多电子原子结构

一、多电子原子轨道能级图

1. 鲍林(L. Pauling)近似能级图和徐光宪能级顺序

每一个波函数除了代表核外电子的一种概率分布规律外，同时相应地有一确定的能量。对于单电子的氢原子和类氢离子($_2He^+$，$_3Li^{2+}$，$_4Be^{3+}$)，轨道能量只与主量子数 n 有关，与角量子数 l 无关，即 $E_{1s}<E_{2s}=E_{2p}<E_{3s}=E_{3p}=E_{3d}<E_{4s}=\cdots<\cdots$，而且其能量 E 可精确表示为

$$E=-13.6\frac{Z^2}{n^2}(\mathrm{eV})=-21.8\times10^{-19}\frac{Z^2}{n^2}(\mathrm{J}) \tag{7-16}$$

在多电子原子中，原子轨道之间的相互排斥作用，使得主量子数相同的各轨道能级产生分裂，轨道能量除了与主量子数 n 有关外，还与角量子数 l 有关，其关系比较复杂。轨道能量的高低主要是根据光谱实验结果得到的，鲍林根据光谱实验数据和理论计算，总结出了多电子原子的近似能级图(见图 7-14)。

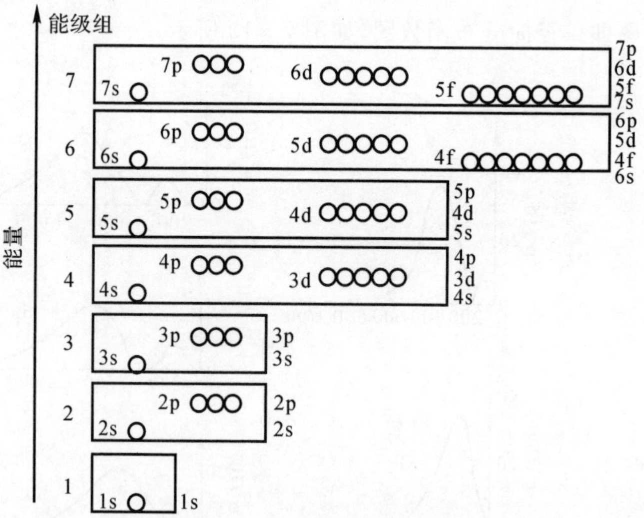

图 7-14 鲍林近似能级图

我国科学家徐光宪教授根据光谱数据归纳出能级高低的一般规律为：

(1) 对于原子的外层电子来说，$(n+0.7l)$ 值愈大，则能级愈高。

(2) 对于离子的外层电子来说，$(n+0.4l)$ 值愈大，则能级愈高。

(3) 对于原子或离子的较里的内层电子来说，能级高低基本上决定于 n 值，其次决定于 l 值(见后面科顿能级图)，能量变化较复杂，多处出现了能级交错现象。这便要由实验来确定，通常是不能简单推测的。

上述的第一条是原子中电子在各个能级上分布顺序的主要依据。按此计算各能级 $(n+0.7l)$ 值，可编成各电子能级组。其原则是将 $(n+0.7l)$ 计算值的整数位数值相同的各能级编成一组，共同构成一个能级组，并按 $(n+0.7l)$ 的整数位数值编号，依次为第 1，2，…，7 能级组，

见表 7-6。

表 7-6　电子能级组

能级组	亚层轨道	$n+0.7l$	所含轨道数目	电子容量
1	1s	1.0	1	2
2	2s　2p	2.0　2.7	1　3	8
3	3s　3p	3.0　3.7	1　3	8
4	4s　3d　4p	4.0　4.4　4.7	1　5　3	18
5	5s　4d　5p	5.0　5.4　5.7	1　5　3	18
6	6s　4f　5d　6p	6.0　6.1　6.4　6.7	1　7　5　3	32
7	7s　5f　6d　(7p)	7.0　7.1　7.4　(7.7)	1　7　5　(3)	未完全周期

从徐光宪教授的规则，我们得出了多电子原子轨道的近似能级顺序，即核外电子的填充顺序：

(1s) (2s　2p) (3s　3p) (4s　3d　4p) (5s　4d　5p) (6s　4f　5d　6p) (7s　5f　6d　7p) (…)

依据这个顺序，可写出基态原子的电子填充式。例如，钾与钛的电子分布式为：

$_{19}K$　$1s^2 2s^2 2p^6 3s^2 3p^6 4s^1$

$_{22}Ti$　$1s^2 2s^2 2p^6 3s^2 3p^6 4s^2 3d^2$

应当指出：

(1)重排。根据上述能级顺序写出的基态原子的电子分布，对于 20 号以前元素的排布式为电子层序列，但对于原子序数较大元素的原子，排布式就不是电子层序列了，故对许多元素按近似能级顺序写出的电子分布式，须局部地重排，即把其中电子层相同的各亚层排列在一起。以 59 号元素为例：

填充顺序　$1s^2 2s^2 2p^6 3s^2 3p^6 4s^2 3d^{10} 4p^6 5s^2 4d^{10} 5p^6 6s^2 4f^3$

重排式　$1s^2 2s^2 2p^6 3s^2 3p^6 3d^{10} 4s^2 4p^6 4d^{10} 4f^3 5s^2 5p^6 6s^2$

重排式便于计算电子层数及各层电子数，判断元素所处周期，计算有效核电荷数(见后面内容)等。

(2)原子实表示法。对于原子序数较大的元素，为了简化排布式，可以运用“原子实”代替部分内层电子构型，即用[稀有气体元素符号]表示原子内和稀有气体具有相同排布的电子构型。例如：

钾　$_{19}K$　$1s^2\ 2s^2\ 2p^6\ 3s^2\ 3p^6\ 4s^1$　　$[Ar]4s^1$

钛　$_{22}Ti$　$1s^2\ 2s^2\ 2p^6\ 3s^2\ 3p^6\ 4s^2\ 3d^2$　　$[Ar]3d^2 4s^2$

镨　$_{59}Pr$　$1s^2\ 2s^2 2p^6\ 3s^2\ 3p^6\ 4s^2\ 3d^{10}\ 4p^6\ 5s^2\ 4d^{10}\ 5p^6\ 6s^2\ 4f^3$　　$[Xe]4f^3 6s^2$

(3)失电子顺序。近似能级顺序只反映电子的“填充”顺序。当原子解离时，失去电子的顺序不能用此顺序说明，而要依据重排后的分布式从外往里失去电子。例如，$_{25}Mn$ 的电子分布是$[Ar]3d^5 4s^2$，而 Mn^{2+} 的电子分布是$[Ar]3d^5$，不是$[Ar]\ 3d^3 4s^2$。原子参加化学反应成键时，总是先利用 ns 电子，而后才动用$(n-1)$d 电子。这是因为，离子中能级高低按$(n+0.4l)$计算，离子中能量 3d<4s 的缘故。

有关鲍林近似能级图，以及徐光宪教授计算的轨道能级序说明如下：

(1)都是按轨道能级的由低到高进行排列的，并不是按电子层进行排列的；

(2)每个框或每组小括号表示一个能级组；

(3)都是按轨道能级相近划分为一个能级组的，并不是按电子层进行排列的；

(4)该能级并不表示原子轨道的真实能级，这个序列只是电子填充时的一般规律；

(5)电子填充后轨道能级要进行重新排列，为电子层序列，用于电子的得失。

(1s) (2s2p) (3s3p3d) (4s4p4d4f) (5s5p5d5f) (6s6p…)

例 7-1 写出钙、钪原子的电子填充的轨道能级序列，以及+2 氧化态钙、钪离子的轨道能级序列。

解 Ca(20) 电子填充时轨道能级序列为：$1s^2 2s^2 2p^6 3s^2 3p^6 4s^2$

Ca^{2+} 离子的轨道能级序列为：$1s^2 2s^2 2p^6 3s^2 3p^6 4s^0$

Sc(21) 电子填充时轨道能级序列为：$1s^2 2s^2 2p^6 3s^2 3p^6 4s^2 3d^1$

Sc^{2+} 离子的轨道能级序列为：$1s^2 2s^2 2p^6 3s^2 3p^6 3d^1 4s^0$

2. 科顿能级图

科顿(F. A. Cotton)多电子原子的轨道能量与原子序数关系见图 7-15。

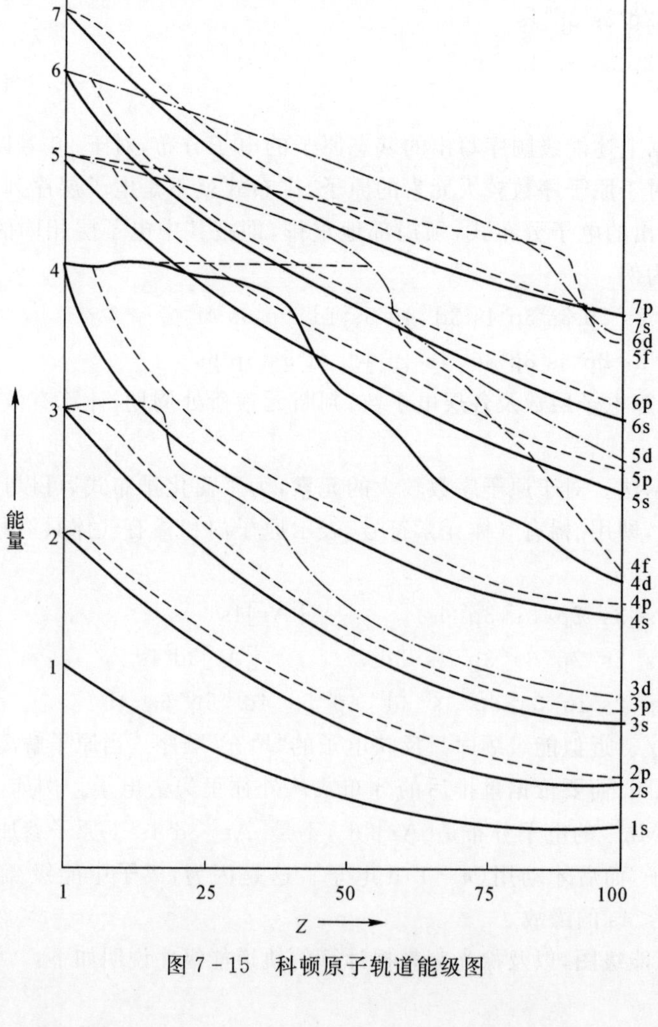

图 7-15 科顿原子轨道能级图

图 7－15 表明，在多电子原子中，原子轨道能量随原子序数增大而逐渐下降，由于下降幅度不同，产生了能级交错。总结起来，轨道能量有如下规律：

当 n 相同时，l 值大的能级的能量较高，即

$$E_{ns}<E_{np}<E_{nd}<E_{nf}<\cdots$$

当 l 相同时，n 值大的能级的能量较高，即

$$E_{1s}<E_{2s}<E_{3s}<E_{4s}<\cdots$$

$$E_{2p}<E_{3p}<E_{4p}<\cdots$$

若 n 和 l 都不同，例如，4s($n=4,l=0$)和 3d($n=3,l=2$)二者之间的能量高低如何呢？由图 7－15 可以看出，当 $Z=1\sim14$ 或 $Z>21$ 时，$E_{3d}<E_{4s}$，此时能量高低次序仍由 n 的大小所决定。但是，当 $Z=15\sim20$ 时，$E_{3d}>E_{4s}$，称此现象为能级交错。由图 7－15 不难看出，随 n 的增大，由 l 不同引起的能级分化越来越小，能级越来越接近，且能级交错的情况越来越多，这是由于核的电荷数增加，电子受其引力增加，使能级的能量以不同幅度降低所致。

特别注意：氢原子的能级在同 n 层不同 l 的能级总是相等的，即

$$ns=np=nd=nf$$

多电子原子轨道能量的一般规律可以用屏蔽效应和钻穿效应加以说明，我们分别进行介绍。

3. 屏蔽效应(Screening effect)

(1)在单电子体系中，如氢原子，前面的学习中我们知道，用式(7－16)可以计算基态氢原子 H($1s^1$)的轨道能量为

$$E=-21.8\times10^{-19}\frac{1^2}{1^2}=-21.8\times10^{-19}(\text{J})$$

(2)多电子原子的能级。我们知道，电荷总是同性相斥，异性相吸。在多电子原子中，某电子除受核吸引外，还受其他电子的排斥。这种排斥作用减弱了核对该电子的吸引，因此，其他电子的存在，犹如“罩子”一样屏蔽了一部分原子核的正电荷，减少了原子核施加于某个电子上的作用力，这种作用称为屏蔽效应。也就是说，屏蔽效应抵消了一部分核的正电荷。

例如，Li(3)电子排布为 $1s^22s^1$，要知道 2s 上一个电子受到的吸引与排斥的情况怎样，需要考虑到所受的斥力是电子之间的排斥，是使电子远离核的力，而使能量升高；所受的引力是核对该电子的吸引，是使电子靠近核的力，而使能量降低，如图 7－16 所示。

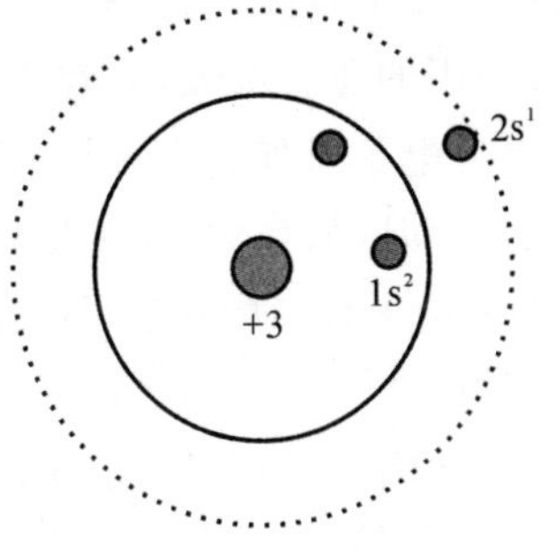

图 7－16　Li(3)电子排布示意图

当吸引与排斥两种作用力达平衡时，2s 上的电子受到了多少净核电荷的吸引？屏蔽效应的结果使净核电荷减小，称为有效核电荷，用 Z^* 表示。因此有

$$E \approx -13.6\frac{Z^{*2}}{n^2}(\text{eV}) = -21.8\times10^{-19}\frac{Z^{*2}}{n^2}(\text{J}) \tag{7-17}$$

屏蔽效应的强弱用屏蔽常数 σ 来表示，有效核电荷 Z^* 为

$$Z^* = Z - \Sigma\sigma \tag{7-18}$$

屏蔽常数 σ 可用 Slater 经验规则计算得到。首先，将原子中的轨道进行分组，每一小括号内为一个组，每一中括号内是一个电子层。

[(1s)][(2s2p)][(3s3p) (3d)][(4s4p) (4d) (4f)][(5s5p) (5d) (5f)]…

(1)右侧各组轨道上的电子对左侧各组轨道上的电子无屏蔽作用，σ 取 0，即外侧电子对内侧电子无屏蔽作用。

(2)同一组轨道上的电子的屏蔽作用较小，σ 取 0.35(同组是 1s 时 σ 取 0.30)。可见，同组电子有屏蔽作用，但是不大。

(3)(n－1)电子层轨道上的电子对 ns，np 轨道上的电子屏蔽作用较大，σ 取 0.85。可见，内层电子的屏蔽作用比同组的大。

(4)(n－2)电子层轨道上的电子对 ns，np 轨道上的电子屏蔽作用更大：σ 取 1.0。可见，更内层电子的屏蔽作用更大。

(5)所有内组轨道上的电子对 nd，nf 轨道上的电子屏蔽作用完全：σ 取 1.0。可见，内层电子对 nd，nf 轨道上电子的屏蔽作用比 ns，np 轨道上电子的屏蔽作用要大。

例 7－2 试计算 Na 的 1s，2s，3s 上各 1 个电子的有效核电荷是多少，Cr 的 4s，3d 上各 1 个电子的有效核电荷是多少。

解 Na(11) $1s^2 2s^2 2p^6 3s^1$

$$Z^*(3s) = 11 - (2\times1 + 8\times0.85) = 2.20$$

$$Z^*(2s) = 11 - (2\times0.85 + 7\times0.35 + 0) = 6.85$$

$$Z^*(1s) = 11 - (1\times0.30 + 0) = 10.70$$

Cr(24) $1s^2 2s^2 2p^6 3s^2 3p^6 3d^5 4s^1$

$$Z^*(4s) = 24 - (10\times1.0 + 13\times0.85) = 2.95$$

$$Z^*(3d) = 24 - (0 + 4\times0.35 + 18\times1.0) = 4.60$$

由计算可知，核对最外层电子的有效核电荷 Z^* 最小，因此，最外层电子最易参与反应。根据式(7－17)可知，有效核电荷越小，能量越高。其一般性的规律如下：

(1)随主量子数 n 的增大，屏蔽作用的总和增大，有效核电荷减小，能量升高；也就是，就其屏蔽作用有 K＞L＞M＞N…，即内层电子对外层电子屏蔽作用大，外层电子被屏蔽后，削弱了核对外层电子的吸引力，该电子的运动区域增大，能量也就升高了。

(2)当主量子数 n 相同时，随着角量子数 l 的增大，屏蔽作用的总和增大，有效核电荷减小，能量升高；也就是，就其屏蔽作用有 ns＞np＞nd＞nf…，即角量子数 l 愈小，对外层电子的屏蔽作用愈大，外层电子被屏蔽后，也就削弱了核对该电子的吸引力，那么，电子的运动区域也就增大了，能量随之升高了。

4. 钻穿效应(Penetration effect)

从量子力学观点看，电子可以在原子核外任意位置出现，只不过出现概率有差别而已，最外层电子也可能出现在离核很近的地方。外层电子在高速运动时，有钻入内层空间的能力。

外层电子钻入内层而靠近原子核，结果降低了其他电子对它的屏蔽作用，增加了与核的相互作用，降低电子的能量。这种由于电子钻穿而引起能量发生变化的现象，称为钻穿效应。电子钻穿越深，电子能量越低。有如下一般性的规律：

(1)当主量子数 n 相同，角量子数 l 不同时，角量子数 l 愈小的电子钻得愈深，而使能量愈低，有

$$E_{ns}<E_{np}<E_{nd}<E_{nf}$$

(2)当主量子数 n 不同，角量子数 l 相同时，钻穿效应相同，如 ns 的钻穿能力一样。

(3)当主量子数 n、角量子数 l 均不相同时，以 4s，3d 为例。如 4s 电子在 3d 电子的外层，但由于 4s 电子钻穿能力强于 3d 电子，导致 4s 电子能量低于 3d 电子；因此，在 4s 和 3d 之间出现了能级交错的现象，即

$$E_{4s}<E_{3d}$$

又如，6s 电子具有很强的钻穿能力，使其能量不仅低于 5d，还低于 4f 层电子。当然，更准确的结果应该计算系统总能量后进行判断。

那么，在一个多电子原子中，核外电子是怎样分布在这些原子轨道上的呢？它们首先占据哪一条或哪几条原子轨道呢？在原子轨道上电子又取何种自旋方向呢？所有这些问题，统称为核外电子的分布。

二、基态原子的电子排布规则

原子核外电子的分布是由实验确定的，不是由人们的意愿臆造的。但是，能否根据某些规律推测出符合实际的某元素原子的电子分布呢？根据量子力学理论和光谱实验结果，人们归纳出电子分布的三条基本原理。合理地运用这些原理，便可推测出大多数常见原子的核外电子分布。

1. 泡利不相容原理 (Pauli exclusion principle)

泡利认为，自旋方向相同的电子间有相互回避的倾向，因此，在同一个原子中，不允许有 4 个量子数完全相同的两个电子同时出现。在某原子中若有 2 个电子处在同一原子轨道中(它们的 n,l,m 相同)，则它们的 m_s 一定不同，即自旋方向必定相反。根据这个原理，可以列出电子层中电子的最大容量为 $2n^2$ 个，其简单表达见表 7-7。

表 7-7 电子层中电子的最大容量

电子层	K	L	M	N
所含亚层	$1s^2$	$2s^2 2p^6$	$3s^2 3p^6 3d^{10}$	$4s^2 4p^6 4d^{10} 4f^{14}$
$2n^2$	2	8	18	32

泡利不相容原理只解决了每个轨道，以及各亚层和电子层可容纳电子的数目问题，但对于不同的轨道中，电子分布的先后顺序又是怎样呢？

2. 能量最低原理 (Lowest energy principle)

电子的分布，在不违背泡利不相容原理的条件下，服从能量最低原理，即电子将尽可能优先占据能级较低的轨道，然后依次填充较高能级，使体系的能量处于最低状态。

能量最低原理解决了电子在不同能级中的排布顺序问题，但是，还没有解决在同一能级上的等价轨道中的排布问题。

3. 洪德规则 (Hund rule)

电子在等价轨道上分布时，总是尽可能先分占不同轨道，且自旋平行。

量子力学从理论上已证明电子成单地填充到等价轨道上有利于原子的能量降低。例如，C，其外层电子分布式是 $2s^2 2p^2$，2p 上的两个电子如何分布在 3 个 2p 轨道上呢？洪德规则告诉我们：它们必定是分占在 2 个 2p 轨道上，而且自旋平行，轨道图为 |↓|↓| |。又如，${}_{25}Mn$，价电子分布式为 $3d^5 4s^2$，3d 轨道的 5 个电子的分布应为 |↓|↓|↓|↓|↓|。研究表明，对于能级相等或接近相等的轨道，电子自旋平行比自旋反平行（配对）更有利于体系能量的降低，所以，洪德规则也可以认为是最低能量原理的补充。

根据光谱学分析测得，等价轨道上处于全充满、半充满或全空的状态时，原子比较稳定，即具有下列电子层结构的原子是比较稳定的。

全充满：p^6，d^{10}，f^{14} 等

半充满：p^3，d^5，f^7 等

全　空：p^0，d^0，f^0 等

这种状态称为洪德规则的特例。例如：${}_{24}Cr$ 的电子分布式是[Ar]$3d^5 4s^1$，而不是[Ar]$3d^4 4s^2$，这是因为 $3d^5$ 是 d 轨道的半充满分布。${}_{29}Cu$ 的电子分布式是[Ar]$3d^{10} 4s^1$，而不是[Ar]$3d^9 4s^2$，这是因为 $3d^{10}$ 是 d 轨道的全充满分布，原子的能量低。

泡利不相容原理、能量最低原理和洪德规则是各元素原子所遵循的最基本的电子分布规则，可依据上述三规则得到元素周期表中 111 种元素的核外电子分布及元素周期律。对于周期表中的许多“反常”分布的原子（约 11 种元素），单用上述规律还难以说明，对此本书暂不介绍更多的内容，如果有需要，可以进一步地学习。

三、基态原子的电子排布与元素周期表

1. 基态原子的电子排布

基态原子中电子的分布可根据光谱数据来确定，见表 7－8 中所列。由表中数字可以看出，核外电子的分层排布是有一定规律的。

(1)基态原子的第一层最多 2 个电子，第二层最多 8 个电子，第三层最多 18 个电子，第四层最多 32 个电子；

(2)基态原子的最外能层 n 上最多只有 8 个电子，次外能层($n-1$)上最多只有 18 个电子；

(3)由 Cr，Mo，Cu，Ag 和 Au 等基态原子中电子的分布可以看出，能级处于半充满或全充满状态比较稳定。

与原子的电子分布式相关的另一个重要概念是价电子构型（也叫作特征电子构型），即化学反应中参与成键的电子构型。化学变化中一般只涉及原子的价电子，因此，熟悉各元素原子的价电子构型对学习化学尤为重要。对于主族元素，最外层电子即为价电子。例如，氯原子的价电子分布式为 $3s^2 3p^5$。对于副族元素，价电子包括最外层 s 电子和次外层 d 电子。例如，上述钛原子和锰原子的价电子分布式分别为 $3d^2 4s^2$ 和 $3d^5 4s^2$。对于镧系和锕系元素一般还需

考虑处于外数(自最外层向内计数)第三层的f电子,情况较为复杂。

表7-8 基态原子的电子层结构

周期	原子序数	元素符号	电子层																	
			K	L		M			N				O				P			Q
			1s	2s	2p	3s	3p	3d	4s	4p	4d	4f	5s	5p	5d	5f	6s	6p	6d	7s
1	1	H	1																	
	2	He	2																	
2	3	Li	2	1																
	4	Be	2	2																
	5	B	2	2	1															
	6	C	2	2	2															
	7	N	2	2	3															
	8	O	2	2	4															
	9	F	2	2	5															
	10	Ne	2	2	6															
3	11	Na	2	2	6	1														
	12	Mg	2	2	6	2														
	13	Al	2	2	6	2	1													
	14	Si	2	2	6	2	2													
	15	P	2	2	6	2	3													
	16	S	2	2	6	2	4													
	17	Cl	2	2	6	2	5													
	18	Ar	2	2	6	2	6													
4	19	K	2	2	6	2	6		1											
	20	Ca	2	2	6	2	6		2											
	21	Sc	2	2	6	2	6	1	2											
	22	Ti	2	2	6	2	6	2	2											
	23	V	2	2	6	2	6	3	2											
	24	Cr	2	2	6	2	6	5	1											
	25	Mn	2	2	6	2	6	5	2											
	26	Fe	2	2	6	2	6	6	2											
	27	Co	2	2	6	2	6	7	2											
	28	Ni	2	2	6	2	6	8	2											
	29	Cu	2	2	6	2	6	10	1											
	30	Zn	2	2	6	2	6	10	2											
	31	Ga	2	2	6	2	6	10	2	1										
	32	Ge	2	2	6	2	6	10	2	2										
	33	As	2	2	6	2	6	10	2	3										
	34	Se	2	2	6	2	6	10	2	4										
	35	Br	2	2	6	2	6	10	2	5										
	36	Kr	2	2	6	2	6	10	2	6										

续表

周期	原子序数	元素符号	电子层																	
			K	L		M			N				O				P			Q
			1s	2s	2p	3s	3p	3d	4s	4p	4d	4f	5s	5p	5d	5f	6s	6p	6d	7s
5	37	Rb	2	2	6	2	6	10	2	6			1							
	38	Sr	2	2	6	2	6	10	2	6			2							
	39	Y	2	2	6	2	6	10	2	6	1		2							
	40	Zr	2	2	6	2	6	10	2	6	2		2							
	41	Nb	2	2	6	2	6	10	2	6	4		1							
	42	Mo	2	2	6	2	6	10	2	6	5		1							
	43	Tc	2	2	6	2	6	10	2	6	5		2							
	44	Ru	2	2	6	2	6	10	2	6	7		1							
	45	Rh	2	2	6	2	6	10	2	6	8		1							
	46	Pd	2	2	6	2	6	10	2	6	10									
	47	Ag	2	2	6	2	6	10	2	6	10		1							
	48	Cd	2	2	6	2	6	10	2	6	10		2							
	49	In	2	2	6	2	6	10	2	6	10		2	1						
	50	Sn	2	2	6	2	6	10	2	6	10		2	2						
	51	Sb	2	2	6	2	6	10	2	6	10		2	3						
	52	Te	2	2	6	2	6	10	2	6	10		2	4						
	53	I	2	2	6	2	6	10	2	6	10		2	5						
	54	Xe	2	2	6	2	6	10	2	6	10		2	6						
6	55	Cs	2	2	6	2	6	10	2	6	10		2	6			1			
	56	Ba	2	2	6	2	6	10	2	6	10		2	6			2			
	57	La	2	2	6	2	6	10	2	6	10		2	6	1		2			
	58	Ce	2	2	6	2	6	10	2	6	10	1	2	6	1		2			
	59	Pr	2	2	6	2	6	10	2	6	10	3	2	6			2			
	60	Nd	2	2	6	2	6	10	2	6	10	4	2	6			2			
	61	Pm	2	2	6	2	6	10	2	6	10	5	2	6			2			
	62	Sm	2	2	6	2	6	10	2	6	10	6	2	6			2			
	63	Eu	2	2	6	2	6	10	2	6	10	7	2	6			2			
	64	Gd	2	2	6	2	6	10	2	6	10	7	2	6	1		2			
	65	Tb	2	2	6	2	6	10	2	6	10	9	2	6			2			
	66	Dy	2	2	6	2	6	10	2	6	10	10	2	6			2			
	67	Ho	2	2	6	2	6	10	2	6	10	11	2	6			2			
	68	Er	2	2	6	2	6	10	2	6	10	12	2	6			2			
	69	Tm	2	2	6	2	6	10	2	6	10	13	2	6			2			
	70	Yb	2	2	6	2	6	10	2	6	10	14	2	6			2			
	71	Lu	2	2	6	2	6	10	2	6	10	14	2	6	1		2			
	72	Hf	2	2	6	2	6	10	2	6	10	14	2	6	2		2			

续表

周期	原子序数	元素符号	电子层																	
			K	L		M			N				O				P			Q
			1s	2s	2p	3s	3p	3d	4s	4p	4d	4f	5s	5p	5d	5f	6s	6p	6d	7s
6	73	Ta	2	2	6	2	6	10	2	6	10	14	2	6	3		2			
	74	W	2	2	6	2	6	10	2	6	10	14	2	6	4		2			
	75	Re	2	2	6	2	6	10	2	6	10	14	2	6	5		2			
	76	Os	2	2	6	2	6	10	2	6	10	14	2	6	6		2			
	77	Ir	2	2	6	2	6	10	2	6	10	14	2	6	7		2			
	78	Pt	2	2	6	2	6	10	2	6	10	14	2	6	9		1			
	79	Au	2	2	6	2	6	10	2	6	10	14	2	6	10		1			
	80	Hg	2	2	6	2	6	10	2	6	10	14	2	6	10		2			
	81	Tl	2	2	6	2	6	10	2	6	10	14	2	6	10		2	1		
	82	Pb	2	2	6	2	6	10	2	6	10	14	2	6	10		2	2		
	83	Bi	2	2	6	2	6	10	2	6	10	14	2	6	10		2	3		
	84	Po	2	2	6	2	6	10	2	6	10	14	2	6	10		2	4		
	85	At	2	2	6	2	6	10	2	6	10	14	2	6	10		2	5		
	86	Rn	2	2	6	2	6	10	2	6	10	14	2	6	10		2	6		
7	87	Fr	2	2	6	2	6	10	2	6	10	14	2	6	10		2	6		1
	88	Ra	2	2	6	2	6	10	2	6	10	14	2	6	10		2	6		2
	89	Ac	2	2	6	2	6	10	2	6	10	14	2	6	10		2	6	1	2
	90	Th	2	2	6	2	6	10	2	6	10	14	2	6	10		2	6	2	2
	91	Pa	2	2	6	2	6	10	2	6	10	14	2	6	10	2	2	6	1	2
	92	U	2	2	6	2	6	10	2	6	10	14	2	6	10	3	2	6	1	2
	93	Np	2	2	6	2	6	10	2	6	10	14	2	6	10	4	2	6	1	2
	94	Pu	2	2	6	2	6	10	2	6	10	14	2	6	10	6	2	6		2
	95	Am	2	2	6	2	6	10	2	6	10	14	2	6	10	7	2	6		2
	96	Cm	2	2	6	2	6	10	2	6	10	14	2	6	10	7	2	6	1	2
	97	Bk	2	2	6	2	6	10	2	6	10	14	2	6	10	9	2	6		2
	98	Cf	2	2	6	2	6	10	2	6	10	14	2	6	10	10	2	6		2
	99	Es	2	2	6	2	6	10	2	6	10	14	2	6	10	11	2	6		2
	100	Fm	2	2	6	2	6	10	2	6	10	14	2	6	10	12	2	6		2
	101	Md	2	2	6	2	6	10	2	6	10	14	2	6	10	13	2	6		2
	102	No	2	2	6	2	6	10	2	6	10	14	2	6	10	14	2	6		2
	103	Lr	2	2	6	2	6	10	2	6	10	14	2	6	10	14	2	6	1	2
	104	Rf	2	2	6	2	6	10	2	6	10	14	2	6	10	14	2	6	2	2
	105	Db	2	2	6	2	6	10	2	6	10	14	2	6	10	14	2	6	3	2
	106	Sg	2	2	6	2	6	10	2	6	10	14	2	6	10	14	2	6	4	2
	107	Bh	2	2	6	2	6	10	2	6	10	14	2	6	10	14	2	6	5	2
	108	Hs	2	2	6	2	6	10	2	6	10	14	2	6	10	14	2	6	6	2
	109	Mt	2	2	6	2	6	10	2	6	10	14	2	6	10	14	2	6	7	2

续表

周期	原子序数	元素符号	电子层																	
			K	L		M			N				O				P			Q
			1s	2s	2p	3s	3p	3d	4s	4p	4d	4f	5s	5p	5d	5f	6s	6p	6d	7s
	110	Ds	2	2	6	2	6	10	2	6	10	14	2	6	10	14	2	6	8	2
	111	Rg	2	2	6	2	6	10	2	6	10	14	2	6	10	14	2	6	9	2

例 7-3 试讨论某一多电子原子在第 3 能层上的以下各问题：

(1)能级数是多少？请用符号表示各能级。

(2)各能级上的轨道数是多少？该能层上的轨道总数是多少？

(3)哪些是简并轨道？请用轨道图表示。

(4)最多能容纳多少电子？请用轨道图表示。

(5)请用波函数表示最低能级上的电子。

解 第 3 能层，即主量子数 $n=3$。

(1)能级数是由角量子数 l 的数目确定的。当 $n=3$ 时，l 可以取 3 个值，即 $l=0,1,2$，故第 3 能层上有 3 个能级，分别为 3s，3p，3d。

(2)轨道数是由磁量子数 m 的数目确定的。当 $n=3$ 及 $l=0$ 时(3s)，$m=0$，即只有 1 条轨道；当 $n=3$ 及 $l=1$ 时(3p)，$m=-1,0,+1$，即可有 3 条轨道；当 $n=3$ 及 $l=2$ 时(3d)，$m=-2,-1,0,+1,+2$，即有 5 条轨道。

故第 3 能层上共有 9 条轨道，即 1 条 3s，3 条 3p，5 条 3d 轨道。

(3)简并轨道是能量相同的轨道。n 和 l 值相同的轨道，具有相同的能量。故 3p 能级上的 3 条轨道和 3d 能级上的 5 条轨道，分别互为简并轨道。轨道图为：

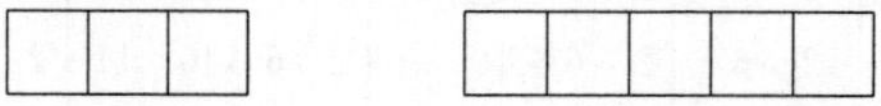

3p　　　　3d

(4)每条轨道上最多能容纳自旋相反的两个电子，故第 3 能层上最多能容纳 18 个电子，其轨道图如下：

$3s^2$　　$3p^6$　　$3d^{10}$

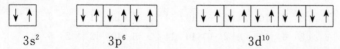

(5)第 3 能层上最低能级为 3s，其上最多有 2 个电子，波函数分别为 $\psi_{3,0,0,1/2}$ 和 $\psi_{3,0,0,-1/2}$。

2. 原子的电子层结构与元素周期系

原子结构理论的发展，揭示了元素周期系的本质。由表 7-8 可见，原子核外电子分布呈现周期性的变化，这种周期性变化导致元素性质也呈现周期性的变化。把这种元素性质的周期性变化用表格的形式表示出来，即为元素周期表(Periodic table of element)。原子核外电子分布的周期性是元素周期律的基础，而元素周期表是周期律的表现形式。核外电子能级组又进一步揭示了核外电子分布与元素周期表的内在关系。

(1)能级组与周期。周期表中的横行叫周期(Period)，一共有 7 个周期。第 1，2，3 个周期为短周期。在短周期中，从左到右，电子逐个递增，新增加的电子总是分布在最外电子层。电子最后分布在 s 亚层的，除 H 和 He 外，都是第ⅠA 和ⅡA 族元素；最后分布在 p 亚层的是第ⅢA～ⅦA 族及零族元素。3 个短周期分别各有 2，8，8 种元素。这正是第 1，2，3 个能级组中所含亚层的电子的最大容量。

第 4 周期从 $_{19}K$ 到 $_{36}Kr$，电子依次增加在 4s，3d，4p 亚层，这正是第 4 能级组所含的亚层，共 9 条轨道(1 条 s，5 条 d，3 条 p)，电子的最大容量为 18，所以，第 4 周期共 18 种元素。

第 5 周期与第 4 周期类似，从 $_{37}Rb$ 到 $_{54}Xe$ 电子依次增加在 5s，4d，5p 亚层，与第 5 能级组所含亚层一样，9 条轨道，共 18 个电子，所以，共有 18 种元素。

第 6 周期从 $_{55}Cs$ 到 $_{86}Rn$，电子依次增加在 6s，4f，5d，6p 亚层，同上面的分析，共 32 个电子，故有 32 种元素。

第 7 周期从 $_{87}Fr$ 开始，到目前已发现的 111 号元素为止，共 25 种元素，是一个未完成的长周期。电子分布与第 6 周期类似。

镧系、锕系元素，电子分别依次增加在 4f，5f 亚层，f 亚层包括 7 个轨道，共能容纳 14 个电子，所以，它们各有 14 个元素。

以上电子填充能级组与周期关系见表 7－9。

表 7－9 能级组与周期的关系

周期	电子填充轨道	能级组	包含元素	能级组电子容量	元素数目
1	1s	1	$_{1}H \longrightarrow _{2}He$	2	2
2	2s 2p	2	$_{3}Li \longrightarrow _{10}Ne$	8	8
3	3s 3p	3	$_{11}Na \longrightarrow _{18}Ar$	8	8
4	4s 3d 4p	4	$_{19}K \longrightarrow _{36}Ke$	18	18
5	5s 4d 5p	5	$_{37}Rb \longrightarrow _{54}Xe$	18	18
6	6s 4f 5d 6p	6	$_{55}Cs \longrightarrow _{86}Rn$	32	32
7	7s 5f 6d (7p)	7	$_{87}Fr \longrightarrow$	未完	未完

比较电子填充轨道、能级组的划分和元素周期表的关系可以看出：

1)当原子核电荷数逐渐增大时，原子最外层电子总是开始于 s 电子，结束于 p 电子；每一周期总是从金属元素开始，随后金属性逐渐减弱，非金属性逐渐增强，最后达到稳定的稀有气体元素。

2)电子每进入一个新的能级组，都会出现新的电子层，周期表也进入一个新的周期，所以元素的周期数就是元素电子进入的能级组的组号数，也等于元素的电子层数。

3)周期表中各周期的元素数目就是相对应的能级组中所含有的亚层能容纳的最多电子数目。

从以上的讨论可以看出，周期表中的周期是原子中电子能级组的反映。

(2)周期表的区与族。能级组中所含亚层轨道一栏中,各条纵行中的亚层轨道就是周期表中相应位置元素的核外电子最后进入的亚层。根据元素原子电子最后进入的亚层可把周期系划分成 5 个区域,每个区分为若干个纵行,称为族(Group 或 Family),周期表一共有 18 纵行,16 个族,同一族元素的电子层数不同,但具有相同的价电子构型,因此,化学性质相似。周期表元素分区示意图见图 7-11。

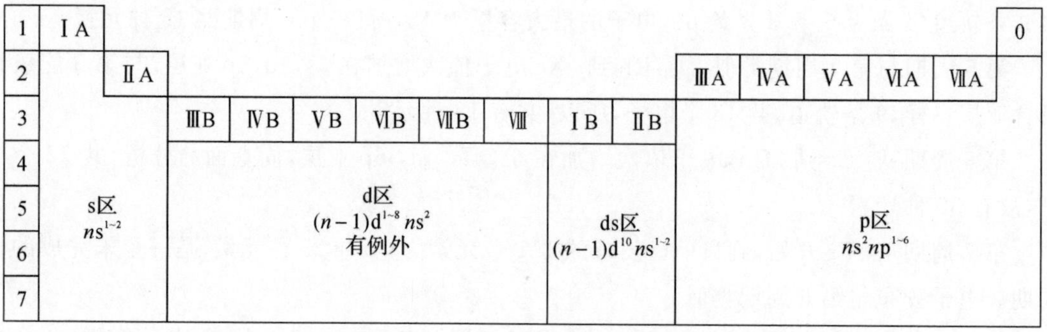

图 7-17 周期表元素分区示意图

1)s 区:在周期表的最左边,包括ⅠA,ⅡA 族元素,电子最后填充 ns 亚层。价电子构型为 $ns^{1\sim2}$(n 是最外电子层的号数或周期号,或所在能级组的组号数)。

2)p 区:在周期表的最右部分,包括ⅢA～ⅦA 族及零族元素。电子最后填充 np 亚层。价电子构型为 $ns^2np^{1\sim6}$(He 为 $1s^2$)。

3)d 区:在周期表中部包括ⅢB～ⅦB 和第Ⅷ族元素。电子最后填充$(n-1)$d 亚层。价电子构型为$(n-1)d^{1\sim8}ns^{2(\text{或}1)}$(学术上有争议),但有例外。

4)ds 区:在 d 区与 p 区之间,包括 IB 和ⅡB 族元素,电子最后也是填充$(n-1)$d 亚层,并使$(n-1)$d 亚层达全满。价电子构型为$(n-1)d^{10}ns^{1\sim2}$。d 区和 ds 区元素又称为过渡元素。

5)f 区:包括镧系、锕系元素。电子最后填充 f 亚层。价电子构型一般为$(n-2)f^{0-14}(n-1)d^{0\sim2}ns^2$(学术上有争议),但有例外。f 区元素也叫内过渡元素。

凡包含短周期元素的族,称为主族(A 族),共 7 个主族和零族;主族元素最后一个电子填充在最外层的 s 或 p 亚层,分别组成周期表中的前两个主族和后 5 个主族及零族,原子的价电子为最外层电子,最外层电子数即为族号数,当最外层电子数为 8 时,为零族。通常主族元素性质递变较为明显,且规律性更好。

仅包含长周期元素的族,称为副族(B 族),共包含 7 个副族和第Ⅷ族。对于副族元素,最后一个电子填入次外层的 d 轨道,d 电子可以全部或部分参与化学反应,因此其价电子包括次外层的 d 电子和最外层的 s 电子。副族元素最外层一般只有 1～2 个电子,因此都是金属元素。通常副族元素化学性质的递变不如主族元素规律性好。

镧系和锕系元素次外层和最外层电子排布几乎相同,最后一个电子填入倒数第三层的 f 轨道,在周期表中被单列出来。镧系和锕系元素的价电子构型包括最外层的 s 电子、次外层的 d 电子和外数第 3 层的 f 电子。

掌握了以上价电子构型与元素分区的关系,就容易根据某元素的价电子构型推知该元素在周期表中的位置。或者反过来,根据某元素在周期表中的位置推知它的价电子构型(除了少数例外),用以说明该元素的一些化学性质。

例 7-4 试求39号元素的电子层结构及其在周期表中的位置。

解 根据近似能级顺序，该元素的电子分布式为[Kr]$4d^1 5s^2$。电子最后填入的是d亚层，故属d区元素。价电子构型为$4d^1 5s^2$。价电子总数为3，在周期表中的位置为第5周期ⅢB族。

例 7-5 已知某元素处在第5周期ⅠB族位置上，试求其原子序数、电子分布式和价电子构型。

解 由于该元素位于第5周期ⅠB族，所以属ds区，其价电子构型为$4d^{10} 5s^1$。又因第5周期元素的原子实是[Kr]，所以电子分布式是[Kr] $4d^{10} 5s^1$。由于Kr的原子序数是36，所以该元素的原子序数是47。

另外，该元素的电子分布式也可利用价电子构型，直接根据近似能级顺序写出，从而得出原子序数。

7.4 元素的基本性质

元素的性质是原子内部结构的反映。由于原子的电子层结构的周期性，元素的一些基本性质，如有效核电荷数、原子半径、电离能、电子亲合能和电负性等也随之呈现周期性的变化。人们常把这些性质统称为原子参数，本节将从原子的结构特征出发，探讨原子的一些基本性质，即原子得失电子的能力。

一、有效核电荷数

在已发现的元素中，除氢以外的原子都属于多电子原子。由于存在屏蔽效应，在计算其能量时首先要计算有效核电荷。

例 7-6 计算Na，Mg，Ti，V的原子核对最外层1个电子的有效核电荷。

解 因为钠的电子分布式为$1s^2 2s^2 2p^6 3s^1$，所以

$$Z^*(3s)=11-(2\times1.00+8\times0.85)=2.20$$

采用同样的方法可得：因为Mg的电子分布式为$1s^2 2s^2 2p^6 3s^2$，Ti的电子分布式为$1s^2 2s^2 2p^6 3s^2 3p^6 3d^2 4s^2$，V的电子分布式为$1s^2 2s^2 2p^6 3s^2 3p^6 3d^3 4s^2$，所以

$$Z^*(3s)=12-(2\times1.00+8\times0.85+1\times0.35)=2.85$$

$$Z^*(4s)=22-(10\times1.00+10\times0.85+1\times0.35)=3.15$$

$$Z^*(4s)=23-(10\times1.00+11\times0.85+1\times0.35)=3.3$$

有效核电荷数Z^*在周期表中变化的一般规律见表7-10。

表 7-10 有效核电荷数的变化规律

	主族	副族
同周期，从左至右	明显增大	缓慢增大
同族，从上到下	基本不变(或略有增大)	不规则

同周期主族元素，由于电子填充在最外层上，从左到右，元素的核电荷数依次增加1个，屏蔽常数依次增加0.35，所以有效核电荷数依次增加(1－0.35)，即0.65，如例7-6中的钠

和镁。

同周期副族元素，由于电子填充在次外层上，从左到右，元素的核电荷数依次增加 1 个，屏蔽常数依次增加 0.85，所以有效核电荷数依次增加 0.15。如例 7－6 中的钛和钒。相对于同周期主族元素的变化较为缓慢。

同族元素，在电子数增加的同时，电子层也增加了，所以有效核电荷数的变化无论主族还是副族，从上到下的变化不像周期向那样规律。例如

	H	Li	Na	K	Rb
Z^*	1.0	1.3	2.2	2.2	2.2

二、原子半径概述

1. 原子半径

这个貌似简单的问题，却包含着复杂的内容。对孤立的自由原子来说，因其电子云没有明显的界面，无法确定其大小，因而讨论单个原子的半径是没有意义的。通常原子很少单个存在，总是存在于单质或化合物中，原则上便可测定单质或化合物中相邻两原子核间距离当作原子半径之和，再根据此核间距求得原子半径值。但是，原子核外电子云并非坚固的刚体，不同的化学键强度不同，相邻原子核间距离也随之变化，因此，根据原子间键的不同，原子半径也有共价半径、金属半径和范德瓦尔斯半径几种，它们的数值不同。一般是通过晶体衍射或光谱数据而获得其实验值。

由共价单键结合的物质的核间距离而求得的原子半径叫共价半径(Covalent radii)，由金属晶体的密堆积(配位数 12)方式，相邻同种原子核间距离而求得的半径叫金属半径(Metal radii)，由分子晶体中相邻两分子间两个邻近同种原子的核间距离而求得的半径叫范德瓦尔斯半径(vander Waals radii)。一般来说，同一元素的共价半径＜金属半径＜范德瓦尔斯半径。使用时应注意到这一点。各元素的原子半径列于表 7－11 及图 7－18 中。

表 7－11　元素的原子半径　　(单位:pm)

H																	He
37																	122
Li	Be											B	C	N	O	F	Ne
152	111											88	77	70	66	64	160
Na	Mg											Al	Si	P	S	Cl	Ar
186	160											143	117	110	104	99	191
K	Ca	Sc	Ti	V	Cr	Mn	Fe	Co	Ni	Cu	Zn	Ga	Ge	As	Se	Br	Kr
227	197	161	145	132	125	124	124	125	125	128	133	122	122	121	117	114	198
Rb	Sr	Y	Zr	Nb	Mo	Tc	Ru	Rh	Pd	Ag	Cd	In	Sn	Sb	Te	I	Xe
248	215	181	160	143	136	136	133	135	138	144	149	163	141	141	137	133	217
Cs	Ba	Lu	Hf	Ta	W	Re	Os	Ir	Pt	Au	Hg	Tl	Pb	Bi	Po		
265	217	173	159	143	137	137	134	136	136	144	160	170	175	155	153		

La	Ce	Pr	Nd	Pm	Sm	Eu	Gd	Tb	Dy	Ho	Er	Tm	Yb
188	183	183	182	181	180	204	180	178	177	177	176	175	194

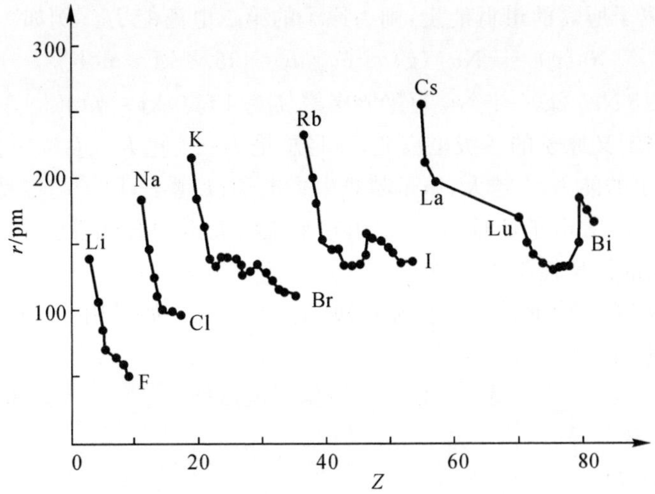

图 7-18　元素原子半径随原子序数的变化

（图中除金属为金属半径，其余皆为共价半径）

2. 原子半径变化规律

原子半径在周期表中变化的一般规律见表 7-12。

表 7-12　原子半径变化的一般规律

	主　族	副　族
同周期，从左至右	明显减小	缓慢减小
同族，从上到下	明显增大	稍有增大（或不规则）

3. 原子半径与原子结构的关系

在多电子原子中，原子半径 r 满足以下关系：

$$r \propto n^2/Z^* \qquad (7-19)$$

同周期从左至右，n 不变，Z^* 逐渐增加，原子半径趋于减小。由于主族元素的 Z^* 递增幅度大于副族元素，所以主族元素原子半径 r 明显减小，副族元素原子半径缓慢减小。

同一主族从上到下，有效核电荷数基本不变或略有增大，电子层数逐渐增多，且在式（7-19）中电子层数 n 为二次方项，使 n 对原子半径的影响比 Z^* 的影响大，电子层数增加的因素占主导地位，从而使原子半径逐渐变大。

同一副族从上到下，原子半径略有增大，但在第五、六周期的同一副族两种元素的原子半径相差很小，近于相等。主要原因是在第六周期含有 14 个镧系元素，其原子半径随原子序数递增而缓慢递减（由镧系收缩所导致）。

三、电离能和电子亲和能

1. 电离能

（1）定义。气态原子或离子失去电子所需要的最低能量称为电离能（Ionization energy）。通常用符号 I 表示，其单位为 $kJ \cdot mol^{-1}$。使基态气态原子失去一个电子形成气态+1 氧化态离子时所需的最低能量称为原子的第一电离能 I_1，由气态+1 氧化态离子再失去一个电子形

成气态+2 氧化态离子所需的最低能量，则为原子的第二电离能 I_2。例如

$$Na(g) = Na^{+}(g) + e, \quad I_1 = 495.8\ kJ \cdot mol^{-1}$$

$$Na^{+}(g) = Na^{2+}(g) + e, \quad I_2 = 4\ 560\ kJ \cdot mol^{-1}$$

依此类推，可以定义原子的各级电离能，而且总是 $I_1 < I_2 < I_3 < I_4 < \cdots$。通常是用 I 的大小说明原子失去电子的能力，I 越大，原子越难失去电子；I 越小，原子越容易失去原子。因此，电离能可以反映原子失去电子的难易，常常用它来说明元素的金属性。电离能数值与元素金属性、非金属性变化的周期性基本一致。

元素的各级电离能可以通过实验精确测知，见表 7-13。如果用 I_1 和原子序数作图，更可看出电离能变化的规律，如图 7-19 所示。

表 7-13　元素第一电离能 I_1　　(单位：$kJ \cdot mol^{-1}$)

H 1312.0																	He 2372.3
Li 520.2	Be 899.5											B 800.6	C 1086.5	N 1402.3	O 1313.9	F 1681.0	Ne 2080.7
Na 495.8	Mg 737.7											Al 577.5	Si 786.5	P 1011.8	S 999.6	Cl 1251.2	Ar 1520.6
K 418.8	Ca 589.8	Sc 633.0	Ti 658.8	V 650.9	Cr 652.9	Mn 717.3	Fe 762.5	Co 760.4	Ni 737.1	Cu 745.5	Zn 906.4	Ga 578.8	Ge 762.2	As 944.4	Se 941.0	Br 1139.9	Kr 1350.8
Rb 403.0	Sr 549.5	Y 599.9	Zr 640.1	Nb 652.1	Mo 684.3	Tc 702.4	Ru 710.2	Rh 719.7	Pd 804.4	Ag 731.0	Cd 867.8	In 558.3	Sn 708.6	Sb 830.6	Te 869.3	I 1008.4	Xe 1170.4
Cs 375.7	Ba 502.9	*Lu 523.5	Hf 659.0	Ta 728.4	W 758.8	Re 755.8	Os 814.2	Ir 865.2	Pt 864.4	Au 890.1	Hg 1007.1	Tl 589.4	Pb 715.6	Bi 703.0	Po 812.1	At	Rn 1037.1
Fr 392.0	Ra 509.3	Lr															

La 538.1	Ce 534.4	Pr 527.2	Nd 533.1	Pm 538.4	Sm 544.5	Eu 547.1	Gd 593.4	Tb 565.8	Dy 573.0	Ho 581.0	Er 589.3	Tm 596.7	Yb 603.4
Ac 498.8	Th 608.5	Pa 568.3	U 597.6	Np 604.5	Pu 581.4	Am 576.4	Cm 580.8	Bk 601.1	Cf 607.9	Es 619.4	Fm 627.1	Md 634.9	No 641.6

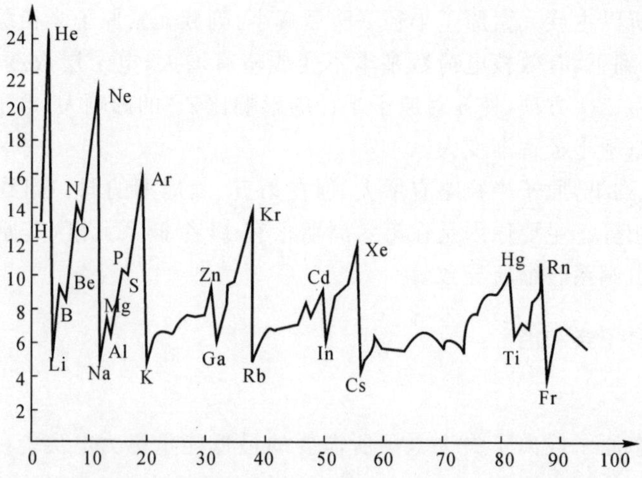

图 7-19　元素第一电离能 I_1 和原子序数 Z 的关系图

(2)一般规律。总的说来,元素的第一电离能呈现出周期性变化,见表7-14。

表7-14　电离能变化的一般规律

	主　族	副　族
同周期,从左至右	I_1 逐渐增大	I_1 改变较小
同族,从上到下	I_1 一般有所减少	规则性更差

在同一周期中从左到右,电离能呈周期性变化的同时,出现了一些特殊现象。例如,Be>B,N>O,Mg>Al,P>S,As>Se,Zn>Ga等,如何理解上述的规律性与特殊现象呢?

根据能量最低原理,原子中核外电子失去的难易与电子所处能级的能量大小有关,能量越大,越不稳定,越易失去,则电离能越小,反之亦然。参照式(7-17),在多电子原子中电子的近似能级公式为

$$E=-21.8\times10^{-19}\times\frac{Z^{*2}}{n^2}\ (\mathrm{J})$$

同一周期从左到右,n 相同,有效核电荷数逐渐增大,原子半径逐渐减小,第一电离能逐渐增大;副族元素从左到右,因为 Z^* 改变较小,第一电离能改变较小。对于Be>B,N>O,Mg>Al,Zn>Ga等特殊现象,是由于Be,N,Mg,Zn等具有 $1s^2$,$2s^22p^3$,$2s^2$,$4s^2$ 等全充满或半充满的较稳定电子层结构所致。

同族元素从上到下,n 逐渐增大,Z^* 变化不大,这样使最外层电子的能量 E 随 n 增大逐渐增大,导致主族元素的电离能从上到下一般有所减小。而副族元素的规律性不强,这主要与镧系收缩导致的原子半径变化不规则和本书所用有效核电荷数的计算方法较为粗略有关。

电离能的数据除了用于说明原子的失电子能力外,还可用来说明金属的常见氧化态。例如,Na,Mg,Al都是金属元素,Na的第二电离能比第一电离能大得多,故通常失去一个电子形成 Na^+,Mg的第三电离能较第二电离能大得多,故通常形成 Mg^{2+},而Al的第四电离能特别大。19~32号元素的第三电离能的变化规律如图7-20所示。由于80%以上的元素是金属,故了解电离能数据及其变化规律,对于掌握金属元素的性质有很大的帮助。

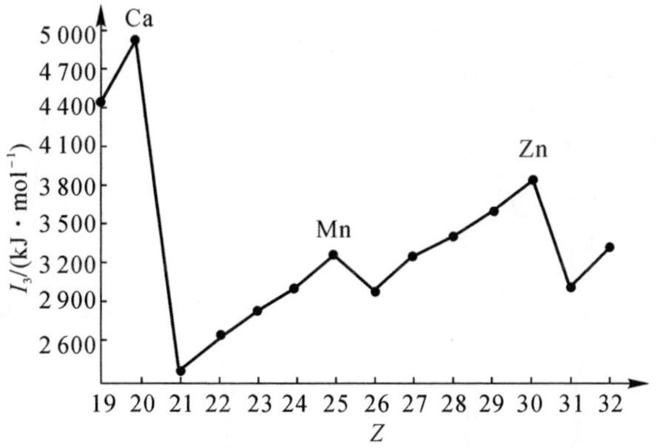

图7-20　19~32号元素第三电离能 I_3 和原子序数 Z 的关系图

2. 电子亲和能

电子亲和能(Election affinity)是指基态气态原子得到1个电子形成气态的-1氧化态离子时所放出的能量，用E_{ea}表示，单位为$kJ \cdot mol^{-1}$。电子亲和能等于电子亲和反应焓变的值，且也有第一、二、三电子亲和能等。例如

$$Cl(g)+e = Cl^-(g) \qquad E_{ea1}=\Delta_r H_m^\ominus=-349.0\ kJ \cdot mol^{-1}$$

$$S(g)+e = S^-(g) \qquad E_{ea1}=\Delta_r H_{m1}^\ominus=-200.4\ kJ \cdot mol^{-1}$$

$$S^-(g)+e = S^{2-}(g) \qquad E_{ea2}=\Delta_r H_{m2}^\ominus=590\ kJ \cdot mol^{-1}$$

数据见表7-15及图7-21。从表中数据可见，一般元素的第一电子亲和能为负值，而第二电子亲和能为正值，这是由于负离子带负电，排斥外来电子，如要结合电子必须吸收能量以克服电子的斥力。由此可见，O^{2-}，S^{2-}等离子在气态时都是极不稳定的，只能存在于晶体或溶液中。

表7-15　元素的第一电子亲和能　(单位：$kJ \cdot mol^{-1}$)

H −72.9							He +48.2
Li −59.6	Be +48.2	B −26.7	C −121.9	N +6.75	O −141.0	F −328.0	Ne +115.8
Na −52.9	Mg +38.6	Al −42.5	Si −133.6	P −72.1	S −200.4	Cl −349.0	Ar +96.5
K −48.4	Ca +28.9	Ga −28.9	Ge −115.8	As −78.2	Se −195.0	Br −324.7	Kr +96.5
Rb −46.9	Sr +28.9	In −28.9	Sn −115.8	Sb −103.2	Te −190.2	I −295.1	Xe +77.2

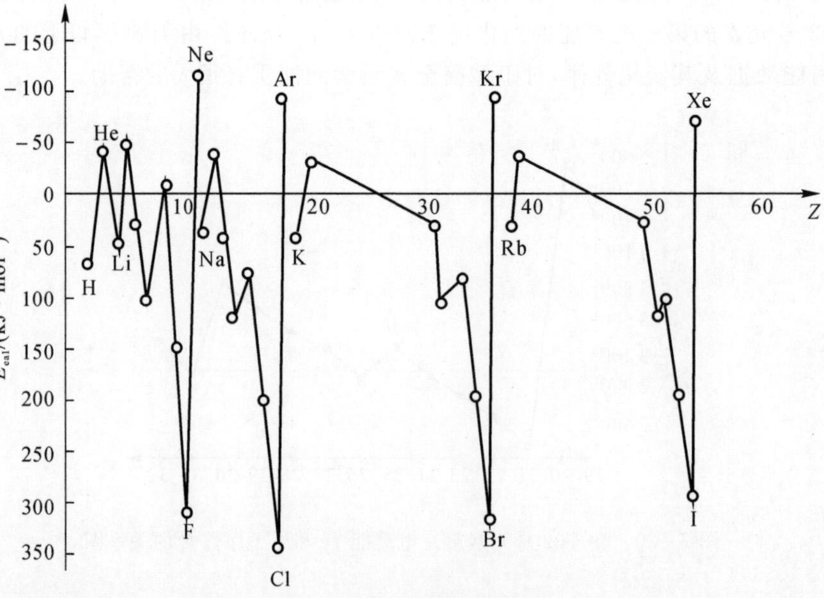

图7-21　元素的第一电子亲和能(E_{ea1})

电子亲和能的大小反映了原子得电子的难易。电子亲和能负值越大，原子得到电子时释放能量越多，表明原子越容易得电子，非金属性越强；反之亦然。电子亲 T 能的变化规律与电离能的变化规律基本相同，具有很大电离能的元素一般也具有很大的电子亲 T 能。

四、电负性(χ)

元素的电离能和电子亲和能是用来衡量一个孤立气态原子失去电子和得到电子的能力，没有反映原子在形成分子时对共用电子对的吸引能力。1932 年，美国化学家鲍林(L. Pauling)提出了电负性(Electronegativity)概念，用以度量一个原子在成键状态吸引电子的能力。他指定 F 的电负性为 3.98，以热化学数据比较其他各元素原子吸引电子的能力，得出其电负性 χ。电负性越大，原子在分子中吸引成键电子的能力就越强；电负性越小，原子在分子中吸引成键电子的能力就越弱(见表 7-16 和图 7-22)。

表 7-16　元素的电负性(χ)

H																
2.18																
Li	Be											B	C	N	O	F
0.98	1.57											2.04	2.55	3.04	3.44	3.98
Na	Mg											Al	Si	P	S	Cl
0.93	1.31											1.61	1.90	2.19	2.58	3.16
K	Ca	Sc	Ti	V	Cr	Mn	Fe	Co	Ni	Cu	Zn	Ga	Ge	As	Se	Br
0.82	1.00	1.36	1.54	1.63	1.66	1.55	1.8	1.88	1.91	1.90	1.65	1.81	2.01	2.18	2.55	2.96
Rb	Sr	Y	Zr	Nb	Mo	Tc	Ru	Rh	Pd	Ag	Cd	In	Sn	Sb	Te	I
0.82	0.95	1.22	1.33	1.60	2.16	1.9	2.28	2.2	2.20	1.93	1.69	1.78	1.96	2.05	2.10	2.66
Cs	Ba	Lu	Hf	Ta	W	Re	Os	Ir	Pt	Au	Hg	Tl	Pb	Bi	Po	At
0.79	0.89	1.2	1.3	1.5	2.36	1.9	2.2	2.2	2.28	2.54	2.00	2.04	2.33	2.02	2.0	2.2

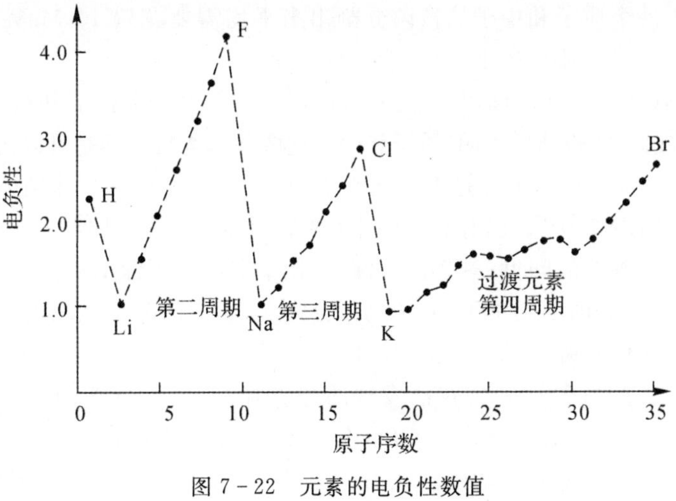

图 7-22　元素的电负性数值

从图 7-22 可以看出，电负性具有明显的周期性变化，这是因为，组成分子的原子在成键过程中，吸引成键电子的能力和数量严格地受到该原子自身的性质及周期环境的限制，即原子的电负性主要决定于原子的电荷、半径及轨道的形成。一般来说，原子半径越小，外层电子数越多，其电负性越大，故周期表中电负性最大的是氟，电负性最小的是钫或铯。

必须注意的是：元素的电负性是一个相对数值，不同的处理方法所获得的电负性数值有所不同。

阅 读 材 料

一、揭示物质结构之谜

望着茫茫大海、巍巍山峦，自古到今，有多少人在思考：世界万物是由什么构成的？它有最小结构吗？如果有，那是什么呢？从公元前400多年(古希腊时代，我国春秋战国时代)起就开始了关于物质是怎样构成的探讨。探讨的基本问题有两个：一是宇宙万物是否由某些基本物质构成？二是物质是否能无限地分割下去？人类对物质微观结构的研究经历了许多世纪的艰苦努力，直到20世纪初才真正弄清了原子的内部构造。此后，经过一代又一代科学家的科学实验，对物质微观结构的认识从一个层次深入到另一个层次，至今却始终没有找到物质微观结构的最小单元。到目前为止，已发现的粒子有几百种，它们当中绝大多数在自然界中不存在，是在高能实验室里产生出来的。这数百种粒子之间有什么联系？它们当中哪些是更基本的？这是当前探讨最多的问题。

20世纪初，在英国物理学家卢瑟福的实验基础上建立了原子结构含核模型，即原子由原子核和绕核运动的电子组成，指出各种原子的半径虽有不同，但均为10^{-8} cm的数量级。而原子核的半径只是原子半径的万分之一，约为10^{-12} cm。原子的质量几乎完全集中在原子核上。原子实际上是一个很松散的集合体。要想把一个电子从原子中剥离出来，平均只花费约10 eV的能量。这个能量称为电子在原子中的平均结合能。

原子分割为电子和原子核，原子核能不能再分割呢？20世纪30年代海森堡和伊凡宁柯分别独立地提出原子核是由质子和中子构成的。原子核内质子和中子靠强大的核力紧密地束缚在一起。要想把一个质子和中子从核内分割出来平均需要花费10 MeV的能量，比分离出一个电子要大100万倍。那么质子、中子能否再分呢？

20世纪60年代初，美国斯坦福大学霍夫斯达特用高能电子轰击氢和负核来观察电子与质子或中子的弹性散射。实验结果表明，质子和中子这两种基本粒子都是可以再分的，它们亦有更深层次的内部结构。质子和中子等是由什么更小的粒子构成的呢？人们把质子、中子、电子、μ子这些粒子统称为“基本粒子”。已有的上百种基本粒子能否像元素周期表一样排出个次序呢？

随着大型粒子探测器的问世，科学家已阐明，比基本粒子更深的层次是夸克和轻子。它们的尺寸都小于10^{-12} cm，即不到中子、质子的万分之一，它们的能量范围很大，从0到176 GeV(吉电子伏)。从而人们对微观世界认识的尺度一下子深入到原来的十亿分之一(相当于原子)和万亿分之一(相当于原子核)。现在已发现的夸克有6种：上夸克、下夸克、奇异夸克、粲夸克、底夸克和顶夸克。其中的顶夸克是1995年才确认的。轻子也共有6种：电子、电子中微子、μ子、μ子中微子、τ子、τ子中微子。从而确定了物质的最小构成单元不再是分子、原子，而是夸克和轻子。例如，质子是由两个μ夸克和一个d夸克组成，而中子是由两个d夸克和一个μ夸克组成，π^+介子由一个μ夸克和一个反d夸克构成，而K^+介子由μ夸克和反S夸克构成。

夸克和轻子都是基本粒子，理论和实验上都发现了它们之间有某些关联。这种规律性可以从表7-17看出。

表 7-17 微观粒子间的关系

基本粒子	第一代	第二代	第三代
轻子	电子 电子中微子	μ子 μ子中微子	τ子 τ子中微子
夸克	上夸克 下夸克	粲夸克 奇异夸克	顶夸克 底夸克

表 7-17 中按粒子发现的先后顺序分为"代",每列为一代,共有三列,即三代。这 3 个家族弱电相互作用的性质类似,但质量却相差很大。是否还存在着更多的基本粒子?有没有第四代、第五代?这是宇宙学所关心的问题。近 40 年来,粒子物理学有很大进展,但亦有许多基本问题需要解决。例如,基本粒子是否还能"分"下去?夸克和轻子为什么会有不同质量?质量的来源是什么?夸克、轻子是否只有三代?代的基元是什么?虽然目前还没有在实验上发现任何夸克和轻子内部结构的迹象,但从以往的历史可以肯定,夸克和轻子也绝不可能是物质微观结构的最小单元。夸克和轻子必有更深层的结构。有些理论家已给夸克、轻子下一层次的单元起名为"前子"或"亚夸克"。不管什么名字,其实体应当是存在的。人们相信不久的将来能证实它们的存在。应明确,物质往深层次的不断分割并不是简单的重复。原子的类似太阳系的结构到原子核已不复存在。到了夸克层次更有新特点。夸克至今没有被单个地观测到。把质子打碎后看到的不是夸克,而是夸克强子化后的各种介子、核子和共振态。质子的碎片与质子本身一样大,这就是新特点。目前无人知道"亚夸克"会是什么样。

人类对微观结构的研究走过了漫长的道路,可用图示简化为

原子→原子核→质子、中子、介子等→夸克和轻子→前子→…

由此看出,人类对微观世界的认识是无穷无尽的,宇宙往小的方面延伸是无限的,物质是无限可分的。当前宇宙往大的方面延伸也是无限的。近代天文观察已证实了这一点。宇宙不论往大、往小都是永无止境的。

为了探索自然界的秘密,必须要有高效率的仪器,进行精确而有说服力的实验。研究物质结构的有力工具是高能加速器和粒子探测器,形形色色的粒子靠它们来产生和探测,为此 20 世纪 60 年代大批的离子相继被发现。但高能加速器只产生一束高能粒子,作为"炮弹"轰击固定的"靶"而产生出新的粒子。"炮弹"的能量不同,产生的物理现象也不同。随着加速器能量的提高,发现这种实验方式存在着很大的能量损失,若要继续提高参与反应的能量,须要付出很高的经济代价。善于探索的人类在此背景下设计出了对撞机,它大大提高了有效作用能,有较好的性能-价格比。对撞机同时加速两种粒子,使它们沿相反方向运动和得到加速,然后在固定位置上发生碰撞,这样可以得到很高的有效作用能。

目前,世界上有两台超高能对撞机的建设计划,一台是美国的超级超导质子-质子对撞机(Superconducting super collider, SSC),能量为 40 TeV(太电子伏),周长 87 km,耗资 110 亿美元。由于耗资太大,该计划已被美国国会否决而夭折。另一台是西欧核子研究中心的大型质子-质子对撞机,能量为 16 TeV。人们期望在其上产生顶夸克和发现黑格斯粒子及其他新粒子和新现象,至今有了重大进展和新的发现。

我国加速器的发展,在 20 世纪 80 年代末和 90 年代初进入了一个新阶段。3 台大型加速

器相继问世。它们是:北京正一负电子对撞机(高能),兰州重离子加速器(中能)和合肥同步辐射加速器(中能)。虽然它们能区不同,研究内容各异,但都努力进入国际同类加速器的前列,做出国际第一流水平的成果。如20世纪60年代中期,中国的理论物理学家从结构的角度出发,发展了计算方法,提出了层子模型。1974年,美籍华裔物理学家丁肇中领导的一个小组和B.里克特领导的另一个小组独立地发现了一个新的粒子J/φ,其质量相当大,寿命很长。

二、原子发射光谱定性分析简介

原子发射光谱法(Atomic emission spectrometry,AES)是根据处于激发态的待测元素原子回到基态时发射的特征谱线对待测元素进行分析的方法。这一分析方法包括3个基本的过程,即首先由光源提供能量使样品蒸发,形成气态原子,并进一步使气态原子激发而产生辐射;然后,将光源所发出的复合光谱线经单色器分光成按波长排列的谱线,形成光谱;最后,用检测器检测光谱中特征谱线的波长和强度,以进行定性和定量分析。由于待测元素原子的能级结构不同,因此,能级之间的跃迁所产生的谱线具有不同的波长特征,据此可以确定元素的种类,对样品进行定性分析;而谱线强度在一定条件下与样品中待测元素原子的浓度相关,据此可对样品进行定量分析。

原子发射光谱仪的基本结构由三部分组成,即激发光源、分光系统和检测系统。激发光源的基本功能是提供使试样中被测元素原子化和原子激发所需的能量。分光系统的基本功能是将光源所发射出的含有所有发射光谱线的复合光在空间上分开,形成按照波长顺序排列的光谱。检测系统的作用是检测并记录原子发射光谱线,目前采用照相法和光电检测法,前者采用感光板,此类原子发射光谱仪称为摄谱仪;后者采用光电倍增管或电荷耦合器件作为接受与记录光谱的主要器件,此类原子发射光谱仪称为光电直读仪。

图7-23是国产WSP-1型平面光栅摄谱仪的光路图,图中B为光源,L为准光透镜,S为狭缝,O为准光镜,P为反射镜,F为感光板,G为光栅,D为光栅台,转动光栅台可以调节摄谱的波长范围。利用光栅摄谱仪进行定性分析十分方便,且该类仪器价格较便宜,测试费用低,目前应用仍十分广泛。

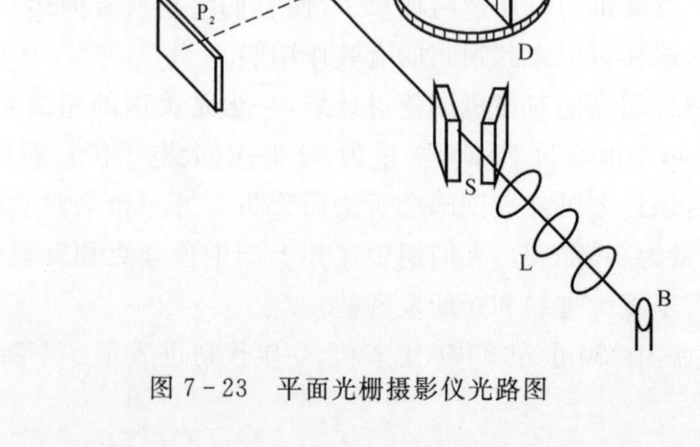

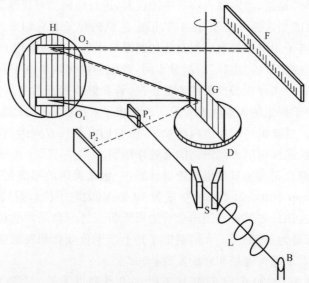

图7-23 平面光栅摄影仪光路图

光谱定性分析一般多采用摄谱法，目前最通用的方法是铁光谱比较法，它采用铁的光谱作为波长的标尺，来判断其他元素的谱线。标准光谱图是在相同条件下，在铁光谱上方准确地绘出 68 种元素的逐条谱线并放大 20 倍的图片。在进行分析工作时将试样与纯铁在完全相同条件下并列摄谱于同一感光板上，摄得的谱片置于映谱仪(放大仪)上，将谱片放大 20 倍，再与标准光谱图(见图 7 - 24)进行比较。比较时首先须将谱片上的铁谱与标准光谱图上的铁谱对准，逐一检查欲分析元素的灵敏线，若试样光谱中的元素谱线与元素标准光谱图中标明的某一元素谱线出现的波长位置相同，表明试样中存在该元素。

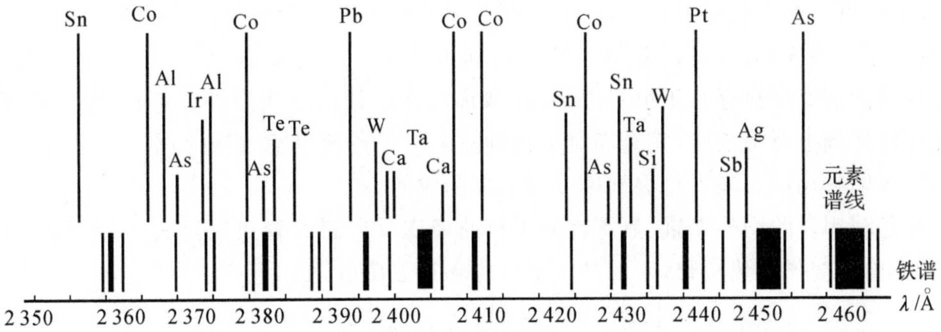

图 7 - 24　标准光谱图

另外，当只需对少数指定元素进行定性鉴别时，标准试样光谱比较法更为方便。将欲检查元素的纯物质与试样并列摄谱于同一感光板上，在映谱仪上检查试样光谱与纯物质光谱，若试样光谱中出现与纯物质光谱具有相同特征的谱线，表明试样中存在欲检查元素。

三、核武器与化学

核武器是利用能自持进行的核裂变或聚变反应瞬时释放的巨大能量，产生爆炸作用，并具有大规模杀伤破坏效应的武器的总称，它包括原子弹、氢弹、中子弹等。自 1945 年美国进行了第一次核爆炸试验后，苏联、英国、法国和我国都相继研制成功核武器，而且当今世界有核国家的数目正逐渐增加，给世界安全带来极大的挑战。

若原子核由于外来的原因，如带电粒子的轰击，吸收中子或高能光子照射等，引起核结构的改变，则称为核反应，包括核裂变反应和核聚变反应。核武器利用的就是核反应所释放的巨大能量而形成杀伤力的。

1. 原子弹

重核的核子平均结合能比中等质量的核的核子平均结合能小，因此，重核分裂成中等质量的核时，会有一部分原子核结合能释放出来，这种核反应叫裂变，如铀核裂变。裂变前后并没有发生质子、中子数量的变化，但是其质量却减轻了微不足道的一点。根据爱因斯坦能量方程 $E=mc^2$，这些消失的质量转化成为能量释放出来。质量减少虽然是微不足道的，但乘以光速的二次方，就是一个相当大的数值了。据测算，一个铀 235 原子核裂变仅能释放 2.9×10^{-11} J 的能量，但是，1 mol 铀 235 可以释放 1.746×10^{13} J 的能量，这相当于数千吨 TNT(三硝基甲苯)爆炸的效果。因为铀原子核在裂变时，可以同时释放 2～3 个中子，如果这些中子继续轰击其他的铀原子核，就可以形成雪崩式的裂变反应，把能量在百分之一秒内释放出来，我们称为链式反应。这样的瞬间能量释放可以形成破坏巨大的爆炸，完全能够制造出一种重量轻、破坏大的武器。

除铀235用于制造铀原子弹外，另一个制造原子弹的原料是钚239，称为钚弹。钚239与铀235性质相似，也可以发生链式反应。1945年投放在长崎的“胖子”就是一枚钚弹。据统计，美军在日本投下的两枚原子弹效果远远超过任何一种常规武器。

2. 氢弹

核裂变实现以后，科学家又把目光集中在了轻核的聚变反应。如果轻原子核，如氢的同位素氘、氚能靠近到一定距离，可以发生聚合成为质量稍大的氦核，其质量的衰减大于重核的裂变，释放的能量也大于核裂变反应，将可以制造出比原子弹威力更大的核武器。

但是，原子核携带正电荷，要想让其靠近到可以聚合的距离，必须让其具有巨大的动能。达到这种动能的温度只存在于恒星内部，依靠常规方法是无法实现的。可是，原子弹爆炸时，其温度可以达到上万摄氏度，完全满足了这种需求。一旦被引发，核聚变本身产生的能量就足以维持直到燃料用尽。氢弹是根据聚变的原理制成的。

氢弹是利用氢的同位素氘、氚等轻原子核的聚变反应瞬时释放出巨大能量而实现爆炸的核武器，亦称聚变弹或热核弹，主要是氘氘反应和氘氚反应，如

$$^{2}_{1}H + ^{3}_{1}H = ^{4}_{2}He + ^{1}_{0}n + 17.6Mev$$

氢弹的杀伤破坏因素与原子弹相同，但威力比原子弹大得多。原子弹的威力通常为几百至几万吨TNT当量，氢弹的威力则可大至几千万吨TNT当量。如，1952年美国在太平洋比基尼岛试爆了第一枚氢弹，爆炸当量相当于700个广岛原子弹，整个小岛几乎从海面上消失。

热核聚变反应的先决条件是高压。但要使热核装料燃烧充分，还必须使燃烧区的高温维持足够长的时间。为此就需创造一种自持燃烧的条件，使燃烧区中能量释放的速率大于能量损失的速率。氢弹中热核反应所必需的高温、高压等条件，是用原子弹爆炸来提供的，因此氢弹里装有一个专门设计用于引爆的原子弹，原子弹“雷管”爆炸时可以提供足量的中子，中子与氘化锂6反应生成氚，氘氚核聚变时又能产生中子，继续与锂6的反应。这样，氢弹质量小，可以应用于实战之中了。由于氢弹爆炸时要发生两种核反应——原子弹裂变反应和氘氚聚变反应，因此也被称为双相弹。

3. 中子弹

中子弹是一种以高能中子辐射为主要杀伤因素的强辐射战术核子武器，实际上它是一种靠微型原子弹引爆的超小型氢弹，只杀伤敌方人员，对建筑物和设施破坏很小，也不会带来长期放射性污染，尽管从来未曾在实战中使用过，但军事家仍将之称为战场上的“战神”——一种具有核武器威力而又可用的战术武器。例如，中子可以穿透金属，而不破坏金属，在坦克里的人可以轻而易举地被杀死，而外表看不出任何迹象。

中子弹的弹体由上、下两个部分组成，上部是一个微型原子弹扳机，用钚239作为核原料，下部中心是核聚变的心脏部分，称为储氚器，内部装有氘氚的混合物。中子弹在氢弹的基础上去掉了外壳，核聚变产生的大量中子就可能毫无阻碍地大量辐射出去，同时，却减少了光辐射、冲击波和放射性污染等因素，因此，爆炸时核辐射效应大、穿透力强，释放的能量不高，冲击波、光辐射、热辐射和放射性污染比一般核武器小。一枚千吨级TNT当量的中子弹，它的核辐射对人类的瞬间杀伤半径可达800 m，但其冲击波对建筑物的破坏半径只有四百公尺，不会像使用原子弹、氢弹那样成为一片废墟。

4.《不扩散核武器条约》

《不扩散核武器条约》(Treaty on the Non-Proliferation of Nuclear Weapons, NPT)又称《防止核扩散条约》或《核不扩散条约》,是1968年1月7日由英国、美国、苏联等59个国家分别在伦敦、华盛顿和莫斯科缔结签署的一项国际条约,1970年3月正式生效,截至2003年1月,条约缔约国共有186个。中国于1991年12月29日决定加入该条约,1992年3月9日递交加入书,同时条约对中国生效。

该条约共11款,宗旨是防止核扩散,推动核裁军和促进和平利用核能的国际合作,主要内容是:核国家保证不直接或间接地把核武器转让给非核国家,不援助非核国家制造核武器;非核国家保证不制造核武器,不直接或间接地接受其他国家的核武器转让,不寻求或接受制造核武器的援助,也不向别国提供这种援助;停止核军备竞赛,推动核裁军;把和平核设施置于国际原子能机构的国际保障之下,并在和平使用核能方面提供技术合作。

思考题

1. 什么是连续光谱和线状光谱?为什么原子光谱都是线状光谱?

2. 简述玻尔理论的要点,怎样用玻尔理论来解释氢原子光谱?玻尔理论的不足之处及其原因是什么?

3. 对于氢原子的一个电子来说,允许的能量值 E 和量子数 n 有什么关系?什么叫波粒二象性?如何证实电子具有波粒二象性?

4. 下列哪些叙述是正确的?

(1)电子波是一束波浪式前进的电子流;

(2)电子既是粒子又是波,在传播过程中是波,在接触实物时是粒子;

(3)电子的波动性是电子相互作用的结果;

(4)电子虽然没有确定的运动轨道,但它在空间出现的概率可以由波的强度反映出来,所以电子波又叫概率波。

5. 什么叫测不准原理?“测不准”的根本原因是什么?

6. 为什么微观粒子的状态要用波函数来描述?

7. 试区别下列名词或概念:

(1)基态原子与激发态原子; (2)宏观物体与微观粒子;

(3)概率与概率密度; (4)原子轨道与电子云;

(5)波函数 ψ 与 $|\psi|^2$。

8. 写出4个量子数的名称、符号、取值规则,并简述它们的含义。

9. 指出下列概念与量子数的关系:能层,能级,轨道,自旋。

10. 若能层数为 n,则在此层上最多能容纳多少电子?为什么?

11. 用4个量子数表示下列电子处在什么运动状态,试比较其能量大小并画出它的原子轨道 ψ 的角度分布图。

(1)$n=1, l=0$;(2) $n=2, l=1$;(3) $n=4, l=2$。

12. 比较波函数的角度分布图与电子云的角度分布图的特征。波函数角度分布图的正、负号代表什么?

13. 多电子原子的轨道能级与氢原子的轨道能级有什么不同？主要原因何在？

14. 基态原子电子排布的规则包括哪些？这些规则各解决了什么问题？

15. 屏蔽效应和钻穿效应有何区别？

16. 什么叫泡利不相容原理、能量最低原理和洪德规则？它们各解决了什么问题？

17. 核外电子能级分组的原则是什么？共分几组？各能级组分别包含哪些亚层？

18. 电子能级组与元素周期表有哪些关系？

19. 什么是原子的电子分布式？原子的价电子分布式？离子的电子分布式？并举例说明。

20. 根据什么原则将周期表中元素分成 s 区、p 区、d 区、ds 区和 f 区？各区的价电子构型如何？各区包括哪些主、副族？

21. 各电子层上所容纳的最大电子数，是否就是各周期中所含的最多元素数？为什么？

22. $E=-13.6(Z-\sigma)^2/n^2$，这个公式与玻尔理论的能量公式有何区别？原因何在？应用这个公式可以说明哪些问题？

23. 试简单说明屏蔽效应的含义及其作用。怎样简单计算主族和副族元素的有效核电荷数？

24. 原子半径有哪几种？它们是怎样规定的？

25. 在元素周期表中原子半径递变规律是什么？如何用原子结构理论解释？

26. 什么叫电离能？元素的电离能大小与哪些因素有关？元素的电离能在周期表中递变规律如何？

27. 已知下列元素的电负性，试排出它们吸引电子能力的强弱次序：

H	O	F	C	N	Br
2.18	3.44	3.98	2.55	3.04	2.96

28. 电离能、电子亲和能、电负性各反映了原子的什么性质？

29. 解释下列现象：

(1) Na 的第一电离能小于 Mg，而 Na 的第二电离能（4 562 $kJ\cdot mol^{-1}$）却远大于 Mg（1 451 $kJ\cdot mol^{-1}$）。

(2) Ne 和 Na^+ 是等电子体，但它们的第一电离能的数值（Ne，21.6 eV；Na^+，47.3 eV）差别较大。

(3) 下列等电子离子的离子半径有差别：

F^-（136 pm）　O^{2-}（140 pm）　Na^+（95 pm）　Mg^{2+}（65 pm）　Al^{3+}（50 pm）

(4) 电离能都是正值，而电子亲和能却有正有负。

习　题

1. 氢原子中，当电子从第三能层跃迁到第一能层时，计算这一过程放出的能量及辐射光的波长。

2. 计算从 H 原子，He^+，Li^{2+}，Be^{3+} 离子的基态取去一个电子到无穷远所需的能量。

3. 从 Li 表面释放出一个电子所需的能量是 2.37 eV，如果用氢原子中电子从能级 $n=2$ 跃迁到 $n=1$ 时辐射出来的光照射锂时，请计算能否有电子释放出来。若有，电子的最大动能是多少？

4. 已知电子的质量约为 9.1×10^{-31} kg，试计算电子的德·布罗依波的波长为 10 pm 时的运动速度为多少。

5. 设子弹的直径为 1.0 cm，质量为 19 g，速度为 1 000 $m\cdot s^{-1}$，请根据 de Brogile 式和测不准关系式，用计算说明宏观物体主要表现粒子性，它们的运动服从经典力学规律（设子弹运动速度的不确定程度为 $\Delta v=0.001\ m\cdot s^{-1}$）。

6. 下列各组量子数中哪一组是正确的？将正确的各组量子数用原子轨道符号表示之。

(1) $n=3, l=2, m=0$；　(2) $n=4, l=-1, m=0$；

(3) $n=4, l=1, m=-2$；　(4) $n=3, l=3, m=-3$。

7. 一个原子中，量子数 $n=3, l=2, m=2$ 时可允许的电子数最多是多少？

8. 指出下列各种原子轨道（2p，4f，6s，5d）相应的主量子数（n）及角量子数（l）的数值各为多少，每一种轨道所包含的轨道数是多少。

9. 今有 4 个电子，对每个电子把符合量子数取值要求的数值填入表 7-18 空格处。

表 7-18　填空

序　号	n	l	m	m_s
(1)		3	2	+1/2
(2)	2		1	−1/2
(3)	4	0		+1/2
(4)	1	0	0	

10. 指出下列亚层的符号，并回答他们分别有几个轨道。

(1) $n=2, l=1$；　(2) $n=4, l=0$；　(3) $n=5, l=2$；　(4) $n=4, l=3$。

11. 表 7-19 各组量子数中，哪些是不合理的？为什么？并写出一组正确的组合。

表 7-19　填空

序　号	n	l	m	不正确的理由	正确组合
(1)	2	−1	0		
(2)	2	0	−1		
(3)	3	3	+1		
(4)	4	2	+3		

12. 试讨论某一多电子原子，在第四能层上以下各问题：

(1) 能级数是多少？请用符号表示各能级。

(2) 各能级上的轨道数是多少？该能层上的轨道总数是多少？

(3) 哪些是等价轨道？请用轨道图表示。

(4) 最多能容纳多少电子？

(5) 请用波函数符号表示最低能级上的电子。

13. 试用波函数表示在第四能层上最高能级上的电子。

14. 用量子数表示 4f 亚层上的电子的运动状态。

15. 试写出 Al(13)，V(23)，Bi(83)3 种元素原子的电子分布式(先按能级顺序写，再重排)，+3 离子的电子分布式。

16. 在下列原子的电子分布式中，哪一种属于基态？哪一种属于激发态？哪一些是错误的？

(1) $1s^2 2s^2 2p^7$；　(2) $1s^2 2s^2 2p^6 3s^2 3d^1$；

(3) $1s^2 2s^2 2p^6 3s^2 3p^1$；　(4) $1s^2 2s^2 2p^5 3s^1$。

17. 将具有下列各组量子数的电子，按其能量增大的顺序进行排列(能量基本相同的以等号相连)。

(1) 3，2，+1，+1/2；　(2) 2，1，−1，−1/2；　(3) 2，1，0，+1/2；

(4) 3，1，−1，−1/2；　(5) 3，0，0，+1/2；　(6) 3，1，0，+1/2；

(7) 2，0，0，−1/2。

18. 写出氧、硅、钙、铬、铁和溴原子的电子分布式和价电子构型，并画出其轨道图。

19. 填写表 7-20。

表 7-20　填空

元素特征	原子序数	元素符号和名称	价电子分布式
第 4 个稀有气体			
原子半径最大			
第 7 个过渡元素			
第 1 个出现 5s 电子的元素			
2p 半满			
$4f^4$			

20. 某原子在 K 层有 2 个电子，L 层有 8 个电子，M 层有 14 个电子，N 层有 2 个电子，试计算原子中的 s 电子总数，p 电子总数，d 电子总数各为多少。

21. 填写表 7-21。

表 7-21　填空

原子序数	电子分布式	周期数	族数	分区	价电子分布
20					
35					
47					
59					
85					

22. 填写表 7-22。

表7-22　填空

元　素	周　期	族	价电子分布式	电子分布式
A	4	ⅠB		
B	5	ⅤB		
C	6	ⅡA		

23.若某元素最外层仅有1个电子，该电子的量子数为 $n=4, l=0, m=0, m_s=+1/2$。

(1)符合上述条件的元素可以有几个？原子序数各为多少？

(2)写出相应元素原子的电子分布式，并指出它在周期表中的位置。

24.完成表7-23。

表7-23　填空

原子序数	原子的电子分布	最外层电子分布及轨道图
15		
	$1s^2 2s^2 2p^6 3s^2 3p^6 3d^5 4s^1$	
	$[Ar]3d^2 4s^2$	

25.基态原子的电子构型满足下列条件之一者是哪一类或哪一个元素？

(1)量子数 $n=4, l=0$ 的电子有2个，$n=3, l=2$ 的电子有6个的元素：____________

(2)4s和3d为半充满的元素：____________

(3)具有2个4p成单电子的元素：____________

(4)3d为全充满，4s只有1个电子的元素：____________

(5)36号以前，成单电子数目为4个的元素：____________

(6)36号以前，成单电子数在4个以上(含四个)的元素：____________

26. 用s,p,d,f等符号表示下列元素的原子电子层结构(原子电子构型)，判断它们属于第几周期，第几主族或副族。

(1) $_{20}Ca$；　(2) $_{27}Co$；　(3) $_{32}Ge$；　(4) $_{48}Cd$；　(5) $_{83}Bi$。

27.某一元素的 M^{3+} 离子的3d轨道上有3个电子。

(1)写出该原子的核外电子排布式；

(2)用量子数表示这三个电子可能的运动状态；

(3)指出原子的成单电子数，画出其价电子轨道电子排布图；

(4)写出该元素在周期表中所处的位置及所处分区；

(5)计算该元素原子最外层电子的有效核电荷数。

28.已知某元素在氪前，在此元素的原子失去3个电子后，它的角量子数为2的轨道内电子恰巧为半充满，试推断该元素的原子序数及名称。

29.满足下列条件之一的是什么元素？

(1)+2阳离子和Ar的电子分布式相同；

(2)+3阳离子和 F^- 离子的电子分布式相同；

(3)＋2 阳离子的外层 3d 轨道为全充满。

30. 试用 Slater 规则：

(1)计算说明原子序数为 13,17,27 各元素中,4s 和 3d 哪一个能级的能量高；

(2)分别计算作用于 Fe 的 3s,3p,3d 和 4s 电子的有效核电荷数,这些电子所在各轨道的能量。

31. 试计算第 3 周期 Na,Si,Cl 三种元素原子对最外层一个电子的有效核电荷,并说明对元素金属性和非金属性的影响。

32. 计算氯和锰原子对外层 1 个电子的有效核电荷。利用计算结果,联系它们的原子结构,解释为什么氯和锰的金属性不相似。

33. 试计算第 4 周期 Ca 和 Fe 两种元素原子对最外层一个电子的有效核电荷,并说明对元素金属性的影响。与 31 题结果比较,有效核电荷数的变化哪个快？这对长周期系中部副族元素金属性有何影响？

34. 在下列各对元素中,哪个的原子半径较大？并说明理由。

(1) Mg 和 S；　(2)Br 和 Cl；　(3)Zn 和 Hg；　(4)K 和 Cu。

35. 在下列各对元素中,哪个的原子半径较大？不参考周期表说明理由。

(1) 11 号元素的原子和它最稳定的离子；

(2) 14 号元素的原子和 32 号元素的原子；

(3) 16 号元素的原子和它最稳定的离子；

(4) 18 号元素的原子和 19 号元素的原子。

36. 在下列各对元素中,哪个的第一电离能较大？并说明理由。

(1) P 和 S；　(2) Na 和 Cs；　(3) Al 和 Mg；　(4) Sr 和 Rb；

(5) Zn 和 Cu；　(6)Cs 和 Au；　(7)Rn 和 Pt。

37. 列出图 7－19 中原子序数从 11～20 第一电离能数据出现尖端的元素名称,并指出这些元素的原子结构的特点。

38. 下列元素中何者第一电离能最大？何者第一电离能最小？

(1)B;(2)Ca;(3)N;(4)Mg;(5)Si;(6)S;(7)Se。

第 8 章　分子结构

原子是化学变化的基本粒子，它在一个化学反应的前后其种类和数目保持不变。认识原子的结构和性质是了解物质性质的基础，但是，体现和保持物质化学性质的最小微粒并不是原子，而是分子。分子中的原子也不是简单地堆砌在一起，而是存在着强烈的相互作用，化学上把这种分子中直接相邻的两个或多个原子之间（有时原子得失电子变成离子）直接的、主要的、强烈的作用力称为化学键(Chemical bond)。

原子通过化学键结合成分子（或晶体），以及原子间化学键的破裂和重新组合成键，就是化学变化及伴随的能量变化的本质内涵。因此，学习化学键的相关理论，对于认识化学变化的本质及有关现象等有着重要意义。

化学键按其形成及性质的不同，通常分为离子键、共价键和金属键三大基本类型。本章重点介绍共价键，将着重学习共价键的相关基础理论：价键理论、杂化轨道理论、价层电子对互斥理论和分子轨道理论；解决共价型分子的结构问题。

8.1　价键理论

一般来讲，具有较大电负性元素的原子与电负性相同或相差不太大元素的原子之间，以共价键(Covalent bond)相结合。在 1916 年，美国化学家路易斯(G. N. Lewis)提出了原子间共用电子对的共价键理论的雏形。他认为，分子中每个原子都应该具有类似于稀有气体原子的稳定电子层结构，该稳定结构是通过原子间的共用电子对而形成，这种分子中原子间通过共用电子对结合而形成的化学键称为共价键。由共价键结合而形成的化合物也就称为共价型化合物(Covalent compound)。例如，H_2 和 HF 的形成过程可以表示为

$$\mathrm{H}\cdot + \cdot\mathrm{H} = \mathrm{H}:\mathrm{H} \quad (\text{或写成 H—H})$$

$$\mathrm{H}\cdot + \cdot\overset{\cdot\cdot}{\underset{\cdot\cdot}{\mathrm{F}}}: = \mathrm{H}:\overset{\cdot\cdot}{\underset{\cdot\cdot}{\mathrm{F}}}: \quad (\text{或写成 H—F})$$

路易斯的共价键理论，初步揭示了共价键不同于离子键的本质，对分子结构的认识前进了一步。但是，由于该理论是立足于经典静电理论，把电子看成为静止不动的负电荷，故而存在着一定的局限性。例如，路易斯理论无法解释为什么有些分子的中心原子最外层电子数虽然少于 8（如 BF_3 等）或多于 8（如 PCl_5 等）。但是，这些分子仍然稳定存在，也无法解释为什么存在着电荷排斥的两个电子能形成共用电子对，并能使两个原子结合在一起的本质，以及共价键的特性等诸多问题。直到 1927 年，德国化学家海特勒(W. Heitler)和伦敦(F. London)应用量子力学理论研究氢分子及其结构时，才初步认识了共价键的本质，这是现代共价键理论的开端。后来，化学家鲍林(L. Pauling)、密立根(R. Mulliken)、洪德(F. Hund)等人又相继研究和发展了这一理论，并建立起了现代价键理论(Valence Bond Theory，简称 VB 法)、杂化轨道理论(Hybrid Orbital Theory，简称 HO 法)、价层电子对互斥理论(Valence Shell Electron Pair

Repulsion，VSEPR)及分子轨道理论(Molecule Orbital Theory，简称 MO 法)等。本章逐一介绍各理论的基本要点和解决的问题。

一、共价键的本质与特点

海特勒和伦敦应用量子力学研究了由氢原子形成氢分子的过程，得出 H_2 能量 E 和核间距离 R 的关系，如图 8-1 所示。每个氢原子在基态时各有一个单电子(1s)，当两个电子自旋方向相反的氢原子相互靠近时，各原子的电子不仅受到自身原子核的吸引，也同时受到另一原子核的吸引。另外，在两个氢原子的核之间及电子云之间还存在着排斥作用，但是，两者之间的吸引力起主要作用。与此同时，两个原子轨道逐渐重叠，两核间的电子云密度(ψ^2)逐渐增大，体系能量逐渐下降。当两个氢原子继续靠近时，核间产生的斥力会迅速增加，直到和成键的吸引作用力相等(此时核间距约为 87 pm，实验值约为 74 pm)，两个原子轨道发生最大程度的重叠，体系能量将降到最低值，这样两个氢原子之间便形成了有效且稳定的共价键，此状态称为 H_2 的基态(Ground state)，如图 8-2(a)所示。相反，当电子自旋方向相同的两个氢原子相互靠近时，原子间发生排斥，原子轨道不能重叠，此时，两核间的电子云密度相对地减少，体系能量 E 增大，因而不能成键，此状态称为 H_2 的排斥态(Exclude state)，如图 8-2(b)所示。

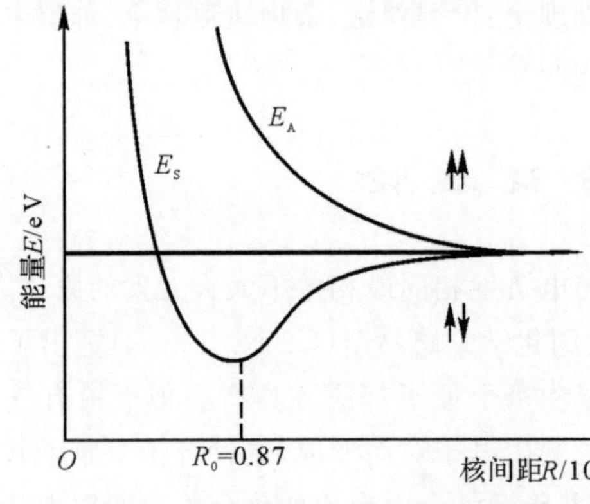

图 8-1　H_2 的能量与核间距的关系曲线

E_A—排斥态的能量曲线；　E_S—基态的能量曲线

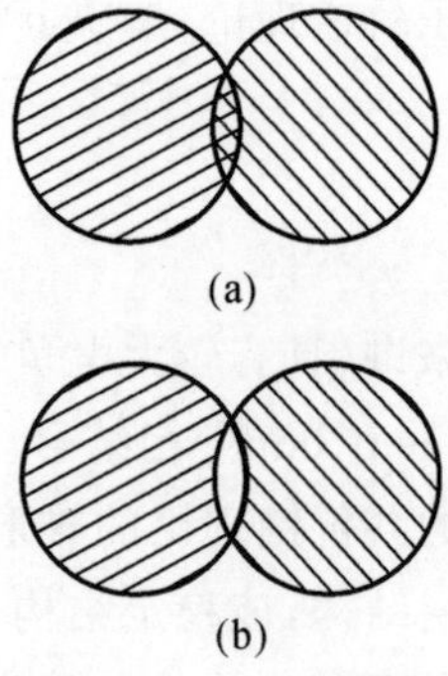

图 8-2　H_2 的两种状态

(a)基态；(b)推斥态

由 H_2 的形成过程可以看出，共价键的本质也是电性的。因为，共价键的结合力是两个原子核对共用电子对形成的负电区域的吸引力，而不是正、负离子间的库仑引力，这一点是经典的静电理论所无法解释的。这是因为，静电理论不能说明为什么互相排斥的电子，在形成共价键时反而会密集在两个原子核之间，使两核间的电子云密度增大，形成稳定的共价键。

二、价键理论

1. 价键理论要点

当原子形成分子时，原子应有未成对的电子，即单电子，并且电子的自旋方向要相反；当原子轨道进行重叠时，按空间伸展方向以最大重叠为原则，并且，要同号进行重叠而形成共价键。

2. 共价键的特点

(1)共价键具有饱和性。相邻两个原子间、自旋方向相反的两个电子相互配对时，可以形成稳定的共价键。形成共价键的数目，取决于原子中可能的未成对电子数。例如，两个氮原子中各有3个未成对电子($2p^3$),若其自旋方向相反,则两个氮原子间可形成3个共价键N≡N。

一个原子的单电子与另一个原子中自旋方向相反的单电子配对成键后,不能再与第三个电子结合,如H_2形成后,不能再与第三个H结合成H_3。此性质称为共价键的饱和性。

(2)共价键具有方向性。相应原子轨道相互重叠,只有同号轨道部分重叠才能成键①。重叠越多,核间电子云密度越大,所形成的共价键就越牢固,因此,成键原子轨道总是沿着合适的方向达到最大程度的有效重叠,这就是原子轨道的最大重叠原理,即共价键具有方向性。图8-4是各种类型原子轨道的符号相同部分进行最大重叠的示意图,异号原子轨道重叠则相互削弱或相互抵消。s轨道与p轨道若按图8-5(a)方式重叠,为异号重叠,不能成键;若按图8-5(b)方式重叠,同号和异号两部分相互抵消而为零的重叠;若按图8-5(c)方式重叠,当核间距离与图8-4(b)相同时,其重叠程度也较小。所以图8-5(b)(c)两种情况也都不能达到最大重叠,只有图8-4(b)的同号重叠,可使s与p_x轨道的有效重叠最大。

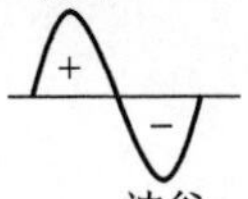

图8-3 波峰与波谷示意图

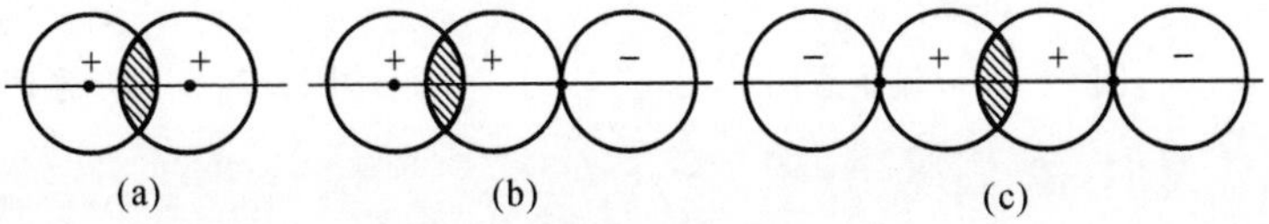

图8-4 s和p原子轨道最大重叠示意图(a:s-s; b:s-p; c:p-p)

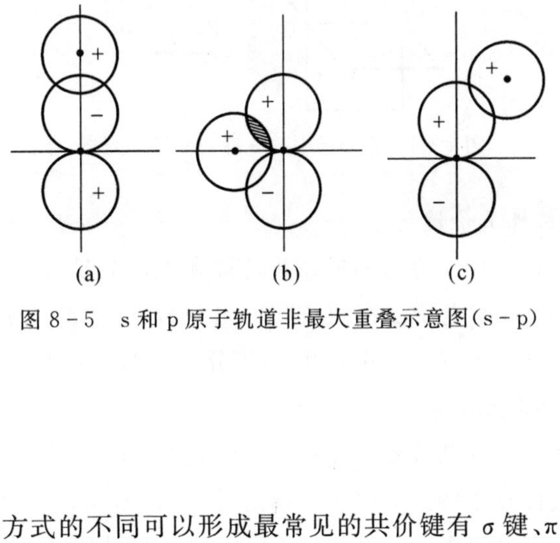

图8-5 s和p原子轨道非最大重叠示意图(s-p)

三、共价键的类型

1.σ键和π键

根据原子轨道重叠方式的不同可以形成最常见的共价键有σ键、π键和配位键等。

(1)σ键。凡是原子轨道沿两原子核的连线(键轴)以"头顶头"方式重叠形成的共价键称为π键,如图8-6所示。

(2)π键。凡原子轨道垂直于两原子核连线并沿着该线以"肩并肩"方式重叠形成的共价键称为π键,如图8-7所示。

---

① 因为电子运动具有波的特性,原子轨道的正、负号类似于经典机械波中含有波峰和波谷部分(见图8-3),当两波相遇时,同号则相互加强(如波峰与波峰或波谷与波谷相遇时相互叠加),异号则相互减弱甚至完全抵消(如波峰与波谷相遇时,相互减弱或完全抵消)。

通常共价单键都是 σ 键，例如，H—H 键是 1s－1s 电子云重叠，属于 σ_{s-s} 键。在共价双键或三键中，有一个是 σ 键，其余为 π 键，例如，N≡N 分子中有一个 σ 键，两个 π 键，如图 8－8 所示。由于 π 键原子轨道的重叠程度较 σ 键的小，所以，一般情况下，π 键的强度小于 σ 键。

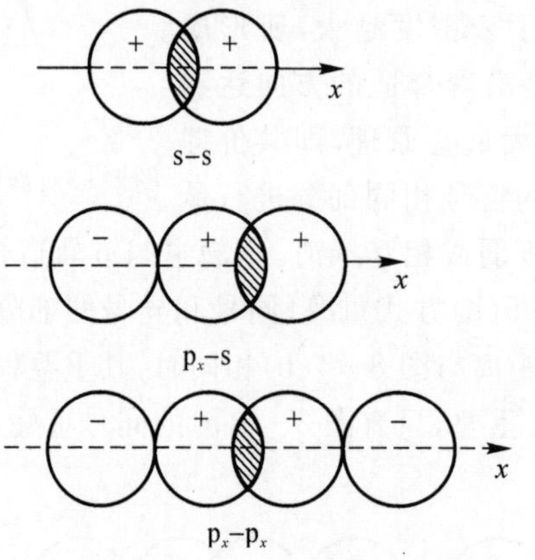

图 8－6 σ 键示意图

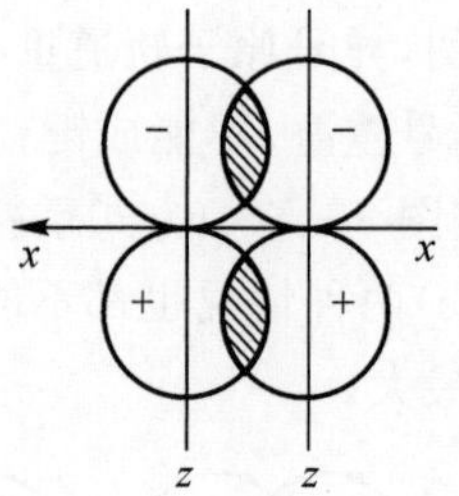

图 8－7 π 键示意图

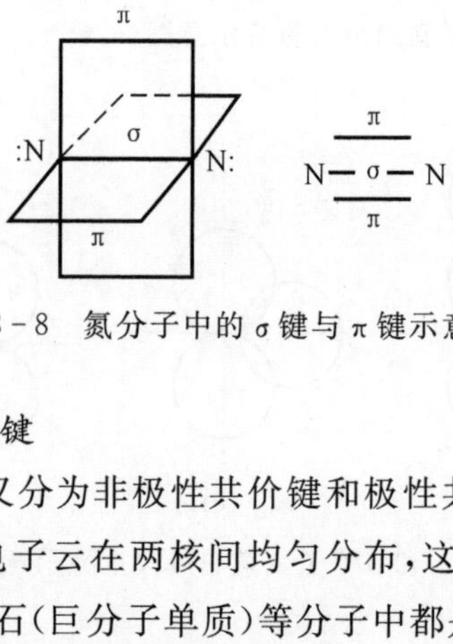

图 8－8 氮分子中的 σ 键与 π 键示意图

2. 非极性共价键和极性共价键

在共价键中，根据键的极性又分为非极性共价键和极性共价键。同种元素的原子间形成的共价键，由于电负性相同，使电子云在两核间均匀分布，这样的共价键称为非极性共价键。例如，在单质 H_2，O_2，Cl_2 和金刚石（巨分子单质）等分子中都是非极性共价键。

不同种元素的原子间形成的共价键，由于双方电负性不同，共用电子对将偏向电负性大的原子一方，这种共价键称为极性共价键。在极性共价键中，电负性较大的元素原子一端因电子云密度大而带负电，电负性较小的元素原子一端则带正电，因此，在共价键的两端出现了电的正极和负极，即这种共价键具有极性。例如，HCl 中，由于 Cl 的电负性比 H 的大，共用电子对偏向 Cl，使 Cl 带上部分负电荷 δ^-（δ 是表示小于 1 单位电荷的符号）而 H 上带部分正电荷 δ^+。HCl 的形成过程可表示为

$$\mathrm{H}\cdot + \cdot\ddot{\underset{\cdot\cdot}{\mathrm{Cl}}}: \longrightarrow \mathrm{H}:\ddot{\underset{\cdot\cdot}{\mathrm{Cl}}}: \longrightarrow \mathrm{H}^{\delta+}\text{—}\mathrm{Cl}^{\delta-}$$

共价键极性的大小，可由成键两元素电负性的差值（Δχ）大小来判断。电负性差值越大，键的极性也就越强。

可以认为，离子键是最强的极性键，而极性共价键则是由离子键到非极性共价键之间的一

种过渡状态。但实际上，绝大多数的化学键，既不是纯粹的离子键，也不是纯粹的共价键，它们具有离子性和共价性的双重性。对某一具体化学键来说，只有看哪一种性质占优而已。

3. 配位键

配位键也是共价键的一种类型，详细内容见后文第 10 章配位化合物中 10.1。

8.2 杂化轨道理论

价键理论对共价键的形成过程和本质做了明确的阐述，并成功地说明了共价键的形成、共价键的方向性和饱和性等，但在解释分子的空间构型方面却遇到了问题。例如，CH_4 中 C 的价电子排布为 $2s^2 2p^2$，p 轨道上只有两个未成对电子，与 H 应该只能形成 2 个 C—H 键，而近代实验测定结果表明：CH_4 有 4 个稳定的 C—H 键，且强度相同，键能均为 411 $kJ \cdot mol^{-1}$。CH_4 的结构是正四面体（见图 8 - 9），碳原子位于四面体的中心，4 个 H 占据四面体的 4 个顶点，键角均为 109°28′。为了解释这一实验事实，有人提出了激发成键的概念，即在化学反应中，C 的 1 个 2s 电子激发到 2p 轨道上，使价电子层上有 4 个未成对电子：

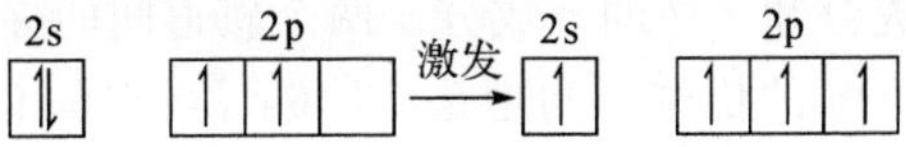

这样一来，C 就能与 4 个 H 的 1s 电子配对形成 4 个 C—H 键。但是，由于 2s 与 2p 轨道能量不同，因此甲烷分子中的 4 个 C—H 键的键能与键角也不应当相同，此结论与实验事实恰好相反。为了解释这一矛盾，1931 年鲍林（L. Pauling）等人在价键理论的基础上，提出了杂化轨道理论（Hybrid orbital theory）。

一、杂化轨道概念

杂化轨道理论认为，原子在成键过程中，由于原子间的相互影响，同一原子中能量相近的几个原子轨道可以"混合"起来，重新组合成成键能力更强的新的原子轨道，此过程叫作原子轨道的杂化（Hybridization of atomic orbital），组成的新轨道叫杂化轨道（Hybrid orbital）。杂化轨道与其他原子轨道重叠形成的化学键通常是 σ 键。

原子轨道杂化过程中，一般会发生：成对电子拆开，并激发到空轨道上变成未成对电子，此过程所需的能量可由成键后放出的部分能量加以补偿。在杂化过程中，轨道在空间的分布和能级发生了变化，并且参加杂化的原子轨道数目等于形成的杂化轨道数目，如图 8 - 9 所示，C 形成的 sp^3 杂化轨道，原子轨道的数目和形成的杂化轨道的数目均为 4。

原子轨道在成键时总是尽可能采取杂化轨道形成共价键。因为轨道杂化后，其角度分布发生了变化，形成的杂化轨道一头大一头小。大的一头与其他原子成键时，有利于电子云最大重叠，从而使成键能力增强。图 8 - 10 给出了 s 轨道、p 轨道的图像，s 轨道与 p 轨道"杂化"形成的 sp 型杂化轨道的图示见图（a），为表示方便，常把 sp 型杂化轨道画成图（b）所示的缩写形状。

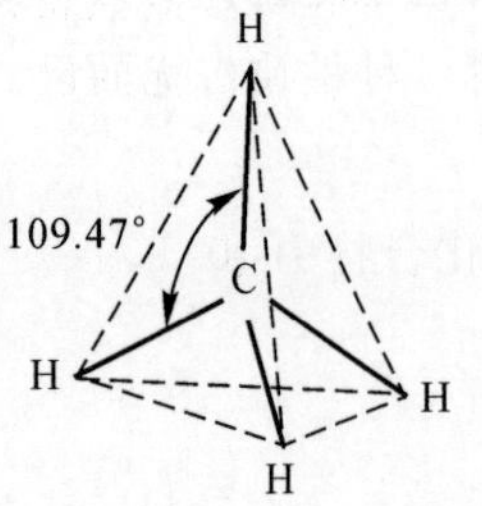

图 8-9　CH_4 分子的空间构型

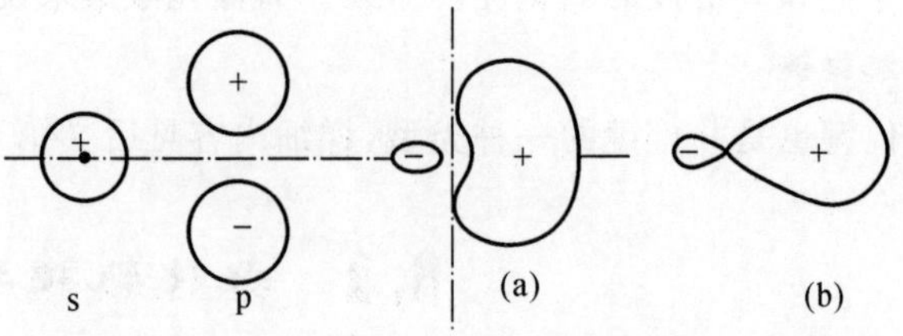

图 8-10　s,p 轨道与 sp 型杂化轨道图示的比较

二、杂化轨道的类型

由杂化轨道理论可知，在同一原子中，只要能量相近的原子轨道均可以形成杂化轨道。因此，s,p,d 轨道间可形成杂化轨道的类型有很多，如 sp 型杂化、spd 型杂化、dsp 型杂化，sp 型杂化又分成 sp^1，sp^2，sp^3 杂化。

1. sp 型杂化

(1)sp^1 杂化。1 个 ns 轨道和 1 个 np 轨道组合成的两个杂化轨道叫 sp^1 杂化轨道。每个 sp^1 杂化轨道含有 1/2 的 s 成分和 1/2 的 p 成分。两个轨道间的夹角为 180°，呈直线型分布。

例如，$HgCl_2$ 的形成中，Hg 的价电子构型是 $5d^{10}6s^2$，当它与 Cl 相遇时被激发成 $6s^16p^1$，随即发生杂化，生成 2 个新的 sp^1 杂化轨道，如图 8-11(a)所示。每一个 sp^1 杂化轨道与 Cl 的 3p 轨道，以“头顶头”方式重叠，生成两个 σ 键，形成 $HgCl_2$，如图8-11(b)所示。

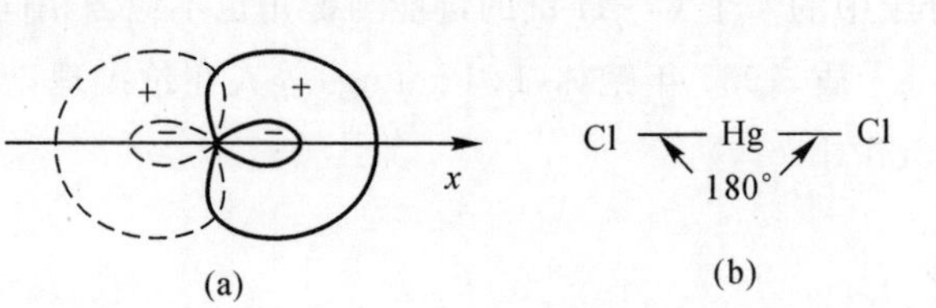

图 8-11　sp^1 杂化轨道的分布与分子的空间构型

$HgCl_2$ 的形成过程可表示为

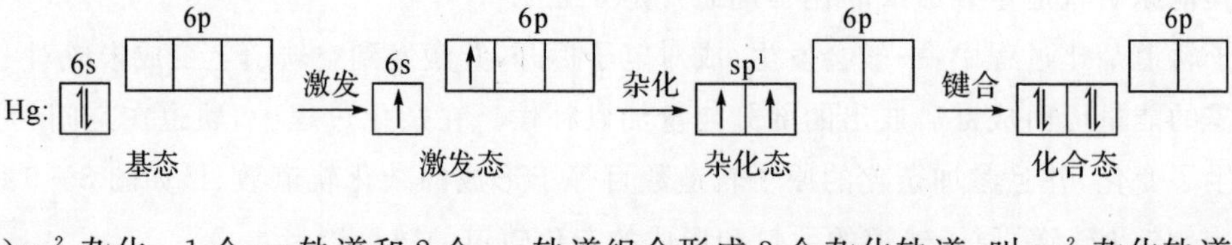

(2)sp^2 杂化。1 个 ns 轨道和 2 个 np 轨道组合形成 3 个杂化轨道，叫 sp^2 杂化轨道。每个 sp^2 杂化轨道都含有 1/3 的 s 成分和 2/3 的 p 成分。sp^2 杂化轨道为平面三角型分布。

例如，在 BF_3 的形成中，B 的价电子构型为 $2s^22p^1$，在成键时被激发为 $2s^12p_x{}^12p_y{}^1$，随后杂化生成 3 个 sp^2 杂化轨道，如图 8-12(a)所示。3 个 F 的 2p 轨道以“头顶头”方式与各杂化轨道的大头重叠生成 3 个 σ 键，得到 BF_3，如图 8-12(b)所示。

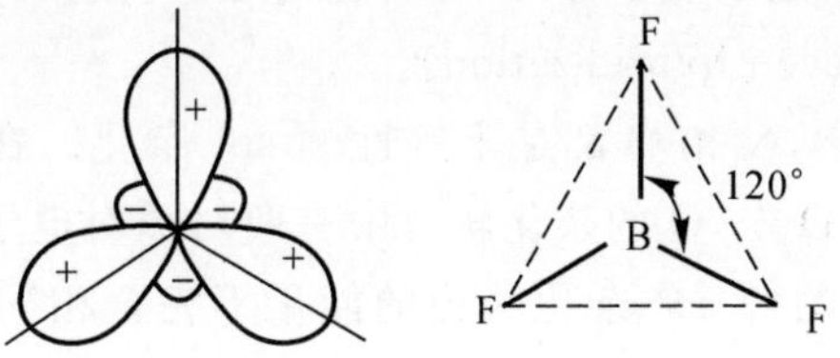

(a) (b)

图 8-12 sp^2 杂化轨道的分布与分子的空间构型

BF_3 的形成过程可表示为

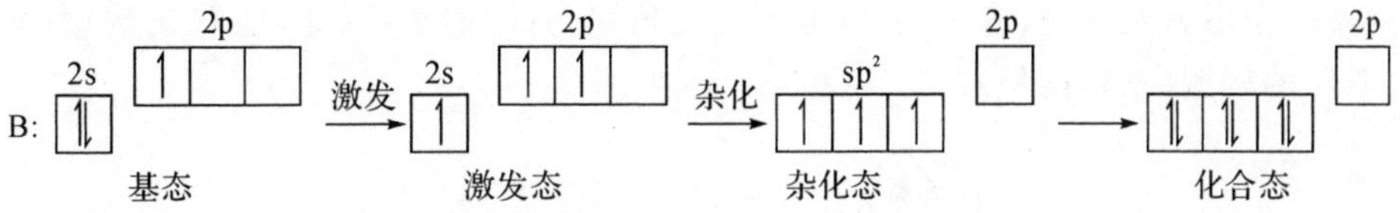

(3) sp^3 杂化。1 个 ns 轨道和 3 个 np 轨道组成的 4 个杂化轨道称为 sp^3 杂化轨道。每个 sp^3 杂化轨道都含有 1/4 的 s 成分和 3/4 的 p 成分。sp^3 杂化轨道的图形为正四面体结构，如图 8-13(a)所示。

例如，CH_4 的形成过程为

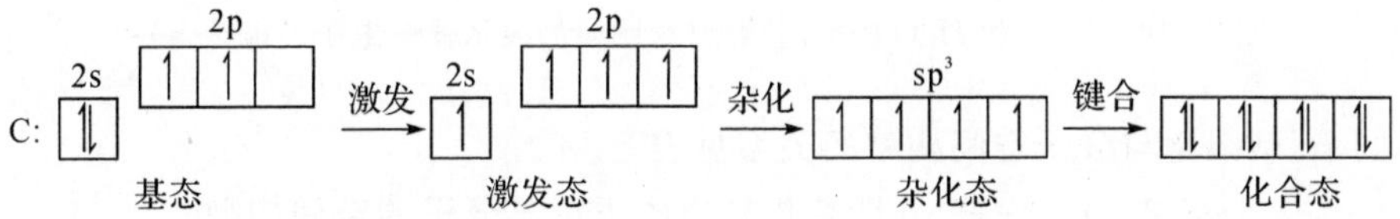

在此过程中，C 首先被激发成 $2s^1 2p_x^1 2p_y^1 2p_z^1$，然后 2s 轨道与 2p 轨道经过杂化形成 4 个完全相同的 sp^3 杂化轨道。这 4 个杂化轨道的大头指向正四面体的 4 个顶角，分别与 H 的 1s 轨道形成 σ 键，得到 CH_4，如图 8-13(b)所示。由于 CH_4 中的 4 个 sp^3 杂化轨道完全相同，因而，其 4 个 C—H 键的键能、键长及各键之间夹角均相同。

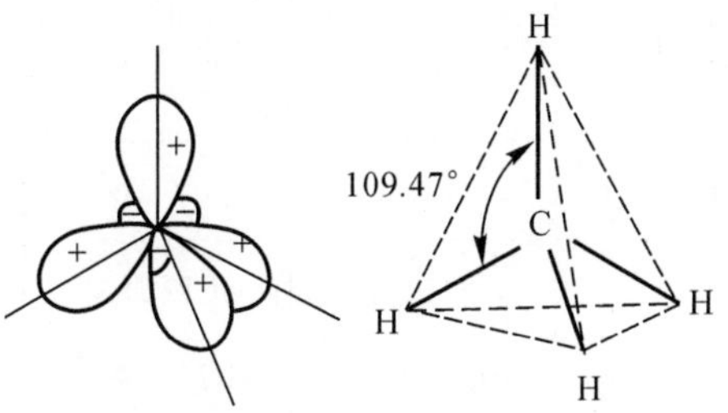

(a) (b)

图 8-13 sp^3 杂化轨道的空间分布与分子的空间构型

(4) 等性和不等性杂化。杂化又可分为等性和不等性杂化两种。凡是由不同类型的原子轨道“混合”起来，重新组合成一组完全等同（能量相同、成分相同）的杂化轨道叫等性杂化轨道，这种杂化叫等性杂化（Even hybridization）。上述的 $HgCl_2$，BF_3，CH_4 都属于等性杂化。如果杂化轨道中有不参与成键的孤对电子存在或轨道中无电子时，由于参与杂化的轨道中电子分布不均匀，造成各杂化轨道不完全等同（即所含的原子轨道成分、夹角、能量略有不同），这种杂化叫作不等性杂化（Uneven hybridization）。

例如，在 NH_3 和 H_2O 中，N 和 O 都是不等性的 sp^3 杂化。在 NH_3 中，N 的杂化轨道中有一对孤对电子占据；在 H_2O 中，O 的杂化轨道中有两对孤对电子占据。由于孤对电子占据的轨道能量较低，所以，形成的各 sp^3 杂化轨道的能量不完全相同，且各杂化轨道中含 s 和 p 的成分也略有不同。因此，NH_3 中的 N 和 H_2O 中的 O 都是不等性 sp^3 杂化。又由于杂化轨道上的孤对电子不参与成键，且离中心原子较近，其电子云在中心原子核外占据较大空间，对其他成键电子云产生排斥作用，因而使得键角变得小于正四面体的键角，如图 8－14 所示。H_2O 的键角为 104.5°，NH_3 的键角为 107.3°。在 H_2O 中，O 上有两对孤对电子，它们对成键电子云的排斥作用更大一些，造成 H_2O 分子的键角比 NH_3 的小，因此，H_2O 的构型（V 型）也不同于 NH_3 的构型（三角锥型）。

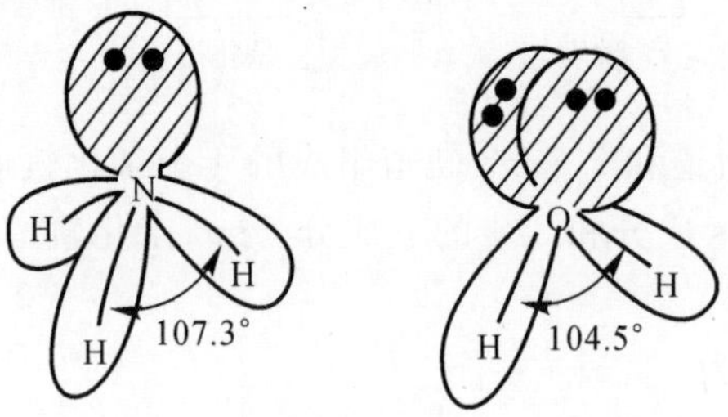

图 8－14　NH_3 和 H_2O 的空间构型（有阴影的表示孤对电子的电子云）

常见的 sp 型杂化与分子空间构型的关系见表 8－1。

表 8－1　一些 sp 型杂化轨道的类型与分子的空间构型

杂化轨道类型	sp 杂化	sp^2 杂化	sp^3 杂化	不等性 sp^3 杂化	
参加杂化的轨道	1 个 *n*s，1 个 *n*p	1 个 *n*s，2 个 *n*p	1 个 *n*s，3 个 *n*p	1 个 *n*s，3 个 *n*p	
杂化轨道的数目	2 个	3 个	4 个	4 个	
每个杂化轨道的组成	$\frac{1}{2}$s、$\frac{1}{2}$p	$\frac{1}{3}$s、$\frac{2}{3}$p	$\frac{1}{4}$s、$\frac{3}{4}$p		
杂化轨道间夹角	180°	120°	109°28′	90°～109°28′	
分子的空间构型	直线型	平面三角型	正四面体	三角锥型	角型
实例	$HgCl_2$，$BeCl_2$，CO_2，C_2H_2	BH_3，BCl_3，C_2H_4，C_6H_6	CH_4，SiH_4，CCl_4，NH_4^+	NH_3，NF_3，PH_3，PCl_3	H_2O，H_2S，OF_2

2. spd 型杂化

s 轨道、p 轨道和 d 轨道参与的杂化统称为 spd 型杂化。很显然，spd 型杂化比 sp 型杂化的种类和形式都会更加复杂和丰富，这里重点介绍最常见的几种类型：dsp^2 杂化、sp^3d 杂化和 sp^3d^2 杂化。

（1）sp^3d 杂化。1 个 s 轨道、3 个 p 轨道和 1 个 d 轨道重新组合成 5 个 sp^3d 杂化轨道，各杂化轨道在空间斥力最小的状态是呈三角双锥排列，杂化轨道之间的夹角为 90°和 120°。

例如：PCl_5 的几何构型就是三角双锥，其中 P 的外层电子构型为 $3s^2 3p^3$，P 与 Cl 成键时，P 的 3s 轨道上的 1 个电子激发到空的 3d 轨道上，同时，1 个 3s 轨道、3 个 3p 轨道和 1 个 3d 轨道杂化形成了 5 个 sp^3d 杂化轨道，这些 P 的杂化轨道与 5 个 Cl 的 p 轨道形成 5 个 σ 键，平面的 3 个 P—Cl 键键角为 120°，垂直于平面的两个 P—Cl 键与平面的夹角为 90°，如图 8－15 所示。

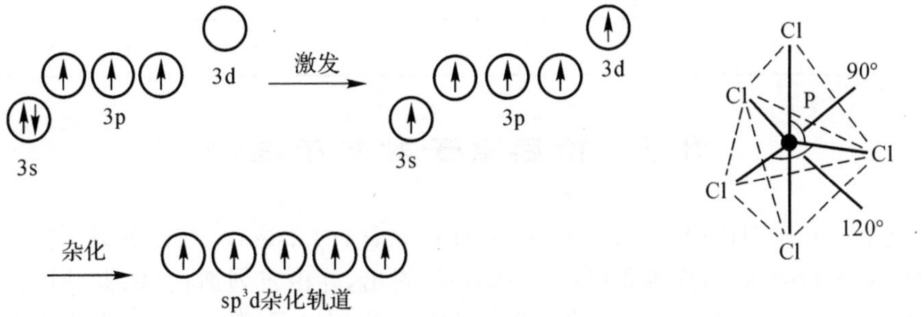

图 8－15　sp^3d 杂化与 PCl_5 的空间构型

(2)sp^3d^2 杂化。1 个 s 轨道、3 个 p 轨道和 2 个 d 轨道重新组合成 6 个 sp^3d^2 杂化轨道，各杂化轨道在空间斥力最小的状态是呈正八面体排列，杂化轨道之间的夹角为 90°和 180°。

例如：SF_6 的几何构型就是正八面体。其中，中心原子 S 的外层电子构型为 $3s^2 3p^4$。成键时 S 将 1 个 3s 电子和 1 个已成对的 3p 电子激发到空的 3d 轨道上，同时将 1 个 s 轨道、3 个 3p 轨道和 2 个 3d 轨道进行杂化，形成了 6 个 sp^3d^2 杂化轨道，这些 S 的杂化轨道与 6 个 F 的 2p 轨道重叠形成 6 个 σ 键。各键角之间在空间的位置有 90°和 180°两种键角，如图 8－16 所示。

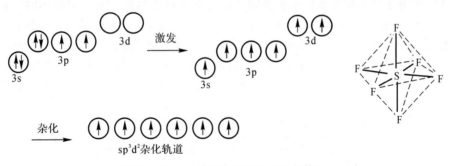

图 8－16　sp^3d^2 杂化和 SF_6 的空间构型

(3)dsp^2 杂化。1 个 s 轨道、2 个 p 轨道和 1 个 d 轨道重新组合成 4 个 dsp^2 杂化轨道，各杂化轨道在空间斥力最小的状态是呈平面四边型排列，杂化轨道之间的夹角为 90°。

这些有 d 轨道参与的杂化，在杂化时，d 轨道可以是 $(n-1)$d 或 nd 轨道。具体的实例我们将在第 10 章配合物结构中详细介绍。上述各种杂化轨道类型与空间构型及实例见表8－2。

表 8-2 杂化轨道与分子空间构型

杂化轨道	杂化轨道数目	键角	分子几何构型	实例
sp^1	2	180°	直线型	$BeCl_2$，CO_2
sp^2	3	120°	平面三角型	BF_3，$AlCl_3$
sp^3	4	109.5°	四面体	CH_4，CCl_4
sp^3d	5	90°，120°	三角双锥	PCl_5，AsF_5
sp^3d^2	6	90°，180°	八面体	SF_6，SiF_6^{2-}

8.3 价层电子对互斥理论

价层电子对互斥理论（Valence shell electron pair repulsion，VSEPR 法）于 1940 年由西奇威克（H. N. Sidgwick）与皮维尔（H. M. Powell）提出，并由吉列斯比（R. J. Gillespie）和尼霍尔姆（R. S. Nyholm）于 1957 年进一步完善和发展。价层电子对互斥理论与杂化轨道理论有着某些相似之处，主要用于判断共价型分子的空间构型，该理论的判断简便、易行，与实验事实吻合性尚好。

一、价层电子对互斥理论的基本要点

（1）中心原子 A 与若干个（m）配位原子或原子团 B 组成 AB_m 型分子时，分子的空间构型取决于 A 的价电子层的电子对数（VPN）。价电子层的电子对（简称价层电子对）包括成键的电子对与未成键的孤电子对。中心原子 A 的价层电子对数 VPN 可用下式计算：

$$VPN=\frac{1}{2}\left\{A\text{ 的价电子数}+B\text{ 提供的价电子数}\pm\text{离子电荷}\begin{pmatrix}\text{负离子}\\\text{正离子}\end{pmatrix}\right\} \tag{8-1}$$

（2）AB_m 型分子的空间构型原则上要满足价层电子对之间的斥力处于最小的状态。假设中心原子的价电子层为一个球面，当价层电子对有 2 对时，在空间处于斥力最小的状态就是直线型；当价层电子对有 3 对时，在空间处于斥力最小的状态就是平面三角型；以此类推，价层电子对有 4 对时，就是四面体型（或平面四边型）；价层电子对有 5 对时对应着三角双锥型；价层电子对有 6 对时对应着八面体型。因此，价层电子对空间排布方式与价层电子对数有着密切的关系，见表 8-3。

表 8-3 价层电子对的排布方式

价层电子对数（VPN）	价层电子对的排布方式
2	直线型
3	平面三角型
4	四面体
5	三角双锥
6	八面体

（3）对只含共价单键的 AB_m 型分子，中心原子的价层电子对数 VPN 等于成键电子对数和孤电子对数之和。AB_m 分子的几何构型与价层电子对数、成键电子对数及孤电子对数之间的

关系如表 8-4 所示。

(4)中心原子 A 与配位原子 B 之间若以双键或三键结合时，VSEPR 理论把双键或三键都当成单键来处理。因为，多重键中的 σ 键和 π 键都是连接着相同的两个原子，就决定分子几何构型的意义上，多重键的 2 对或 3 对电子同单键的 1 对电子是等同的。

表 8-4　AB_m 分子的几何构型和价层电子对的排布方式

A 的价层电子对数 VPN	成键电子对数 m	孤对电子对数 n	分子类型 AB_m	A 的价层电子对的排布方式	分子的几何构型	实　例
2	2	0	AB_2		直线型	$BeCl_2$，CO_2
3	3	0	AB_3	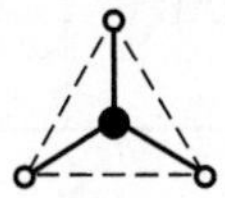	平面三角型	BF_3，SO_3，NO_3^-
	2	1	AB_3	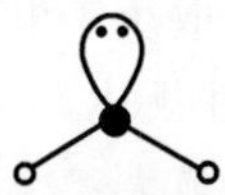	V 型	$SnCl_2$，O_3，NO_2，NO_2^-
4	4	0	AB_4	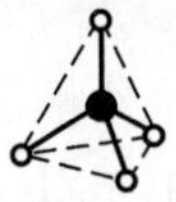	四面体	CH_4，CCl_4，SO_4^{2-}，PO_4^{3-}
	3	1	AB_4	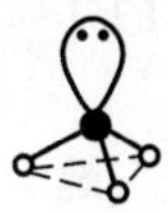	三角锥	NH_3，NF_3，ClO_3^-
	2	2	AB_4		V 型	H_2O，H_2S，SCl_2
5	5	0	AB_5	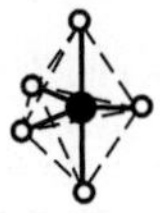	三角双锥	PCl_5，AsF_5
	4	1	AB_5	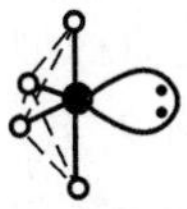	变形四面体（跷跷板型）	SF_4，$TeCl_4$
	3	2	AB_5	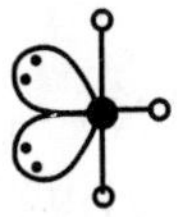	T 型	ClF_3，BrF_3
	2	3	AB_5	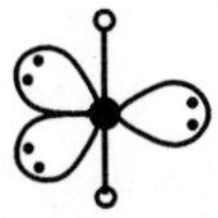	直线型	XeF_2，I_3^-

续 表

A 的价层电子对数 VPN	成键电子对数 m	孤对电子对数 n	分子类型 AB_m	A 的价层电子对的排布方式	分子的几何构型	实 例
	6	0	AB_6	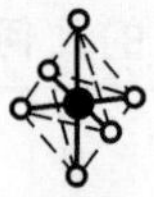	八面体	SF_6,AlF_6^{3-}
6	5	1	AB_6	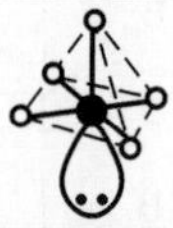	四方锥	ClF_5,IF_5
	4	2	AB_6	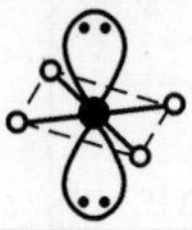	平面正方型	XeF_4,ICl_4^-

(5)价层电子对之间的斥力大小取决于电子对之间的夹角大小,以及价层电子对的类型。根据价层电子对的类型有如下一般性规律。

1)各电子对之间夹角愈小,斥力愈大:

$$F(30°)>F(60°)>F(90°)>F(120°)>F(180°)$$

2)价层电子对类型不同时,斥力大小顺序为:

孤对电子对-孤对电子对>孤对电子对-成键电子对>成键电子对-成键电子对

3)多重键的存在虽然不改变分子的几何形状,但对键角有一定的影响,排斥作用随多重键的类型不同而有所差异:

三键>双键>单键

4)元素的电负性等。

二、分子结构的确定

VSEPR 理论讨论的共价型分子主要是主族元素所形成的简单化合物,例如,$BeCl_2$,BCl_3,CH_4,PCl_5,SF_6,IF_5,XeF_4 等分子,它们的中心原子提供的价层电子数依次为 2,3,4,5,6,7 和 8(He 除外)。作为配位原子 B 的元素常是氢和活泼非金属元素,如,卤族元素、氧族元素等。计算配位原子 B 提供的价电子数时,氢和卤族元素记为 1,氧族元素记为 0。根据价层电子对互斥理论推断共价型分子或离子的几何构型有以下步骤。

(1)首先确定中心原子的价层电子对数。根据式(8-1),计算 A 的价层电子对数。

例如,CH_4 中,C 的价层电子对数计算为:中心 C 的价层电子数 4,加上配位 H 数乘以 1,再除以 2,得

$$VPN=(4+1\times4)/2=4$$

H_2O 中,O 的价层电子对数计算为:中心 O 的价层电子数 6,加上配位 H 原子数乘以 1,再除以 2,得

$$VPN=(6+1\times2)/2=4$$

SO_2 中,S 的价层电子对数计算为:中心 S 的价层电子数 6,加上配位 O 数乘以 0(氧族元素做配位原子时,记为 0),再除以 2,得

$$VPN=(6+0)/2=3$$

SO_4^{2-} 中，S的价层电子对数计算为：中心S的价层电子数6，加配位O数乘以0，加上相应的负电荷2（注意，当为正、负离子时，若是负离子，在计算VPN时要加上相应的负电荷，若是正离子则应减去相应的正电荷。），再除以2，得

$$VPN=(6+0+2)/2=4$$

(2)根据中心原子A的价层电子对数，初步判断价层电子对在空间的排布方式，参见表8-4。

(3)确定中心原子的孤对电子对数，进一步推断分子的几何构型。孤对电子对数可以通过下式进行计算：

$$n=\frac{1}{2}(\text{中心原子 A 的价电子数}-\text{A 与配位原子 B 成键用去的价电子数之和}) \quad (8-2)$$

例如，在SF_4中，孤对电子对数的计算为

$$n=(6-1\times4)/2=1$$

当孤对电子数$n=0$时，推测所得的分子几何形状与价层电子对的空间构型是一致的，也就是说，由价层电子对数推测出的分子空间构型就是该分子的几何构型，如，$BeCl_2$，BCl_3，CH_4，PCl_5和SF_6的几何构型分别是直线型、平面三角型、四面体型、三角双锥型和八面体型。

若孤对电子对数$n\neq0$，推测所得的分子几何构型与价层电子对的空间构型是不完全一致的。例如，NH_3的价层电子对数为4，由价层电子对数推测出NH_3的空间构型为四面体型，但是，实际上NH_3的几何构型为三角锥型。这是因为，四面体的一个顶点是由孤对电子所占据，所以，分子的几何构型与价层电子对的空间构型是不相同的。又如H_2O的价层电子对数也为4，由价层电子对数推测出H_2O的空间构型也为四面体型，但是，实际上H_2O的几何构型是V型，同样是因为，价层电子对中有两对是孤对电子，这两对孤对电子占据了四面体的两个顶点的缘故。

当然，在四面体中，孤对电子位于任何顶点其斥力都是相同的；而在三角双锥构型中，孤对电子位于不同的顶点，其斥力确是不同的，在判断分子的构型时应该特别注意。例如，SF_4中S的价层电子对数为5，这5对电子在空间斥力最小的构型为三角双锥，但是，其中四个顶点是F，余下一个顶点则由孤对电子所占据，而孤对电子的占位不同，可以有两种排布，如图8-17所示。

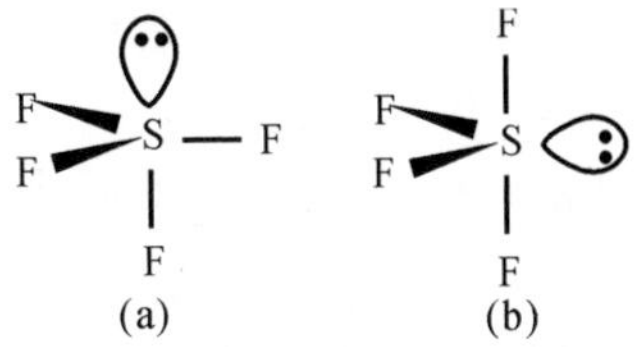

图8-17 SF_4中孤对电子所处的位置

图8-17(a)是指孤对电子占有轴向上的一个顶点，孤对电子与成键电子对间互成90°夹角的有3个，互成180°夹角的有1个。图8-17(b)是指孤对电子占据水平方向三角形的一个顶点，与成键电子对互成90°夹角的有2个，互成120°夹角的有2个。根据夹角愈小，相互间的排斥力愈大进行推测，其结果是SF_4应以(b)为稳定构型，即孤对电子应优先占据水平方向三角形的一个顶点，使分子构型成为变形四面体。

假如三角双锥的电子对空间排布中有2对或3对孤对电子，它们将分别占有水平方向三角形的2个或3个顶点，使分子的几何构型分别成为T型或直线型(见表8-4)，请学习者自己进行分析和推测。

在八面体的电子对空间构型中，若有1对或2对孤对电子，基于上述同样考虑，孤对电子将分别占据八面体的一个顶点或相对的两个顶点，分子的几何构型则分别成为四方锥型或平面正方型。让我们再一起分析几个实例：

例8-1 利用价层电子对互斥理论推断共价型分子BrF_3的几何构型。

解 在BrF_3中，Br为第ⅦA元素，价电子数为7，Br作为中心原子提供7个价电子，与Br同为卤族元素的F作为配位原子时，仅提供1个价电子。此时中心原子Br的价层电子对数为

$$VPN=(7+1\times3)/2=5$$

价层有5对电子，在空间应排布成三角双锥构型。又因为，实际上Br的7个价电子中的3个价电子与3个F形成σ键，余下的4个价电子(2对未成键的孤对电子)只占据了空间的位置，即在BrF_3中的两对孤对电子占据三角双锥平面三角形的2个顶点，因此，BrF_3的几何构型为T型(见表8-4)。请学习者仔细分析T型结构中夹角与斥力的关系，T型是否是最稳定的构型。

例8-2 利用价层电子对互斥理论推断共价型离子I_3^-的几何构型。

解 在I_3^-中，一个碘原子为中心原子，价电子数为7，两个碘原子为配位原子，各提供1个价电子，带1个负电荷。中心原子I的价层电子对数为

$$VPN=(7+1\times2+1)/2=5$$

价层有5对电子，在空间应排布成为三角双锥型。但是，其中的孤对电子对数为

$$n=(7+1-2)/2=3$$

那么，在I_3^-中，有2对成键电子和3对孤对电子，综合各因素，占据三角双锥平面三角形的3个顶点的是3对孤对电子，占据三角双锥轴向的是2对成键电子，所以，I_3^-的几何构型为直线型。

例8-3 利用价层电子对互斥理论推断共价型分子$XeOF_4$的几何构型。

解 电负性小的Xe为中心原子，提供的价电子数为8。配位原子O不提供价电子，记为0，配位原子F提供1个价电子，Xe的价层电子对数计算为

$$VPN=(8+0+1\times4)/2=6$$

价层有6对电子，在空间的排布为八面体构型。其中的孤对电子对数为

$$n=(8-2-1\times4)/2=1$$

这1对孤对电子占据八面体型的一个顶点，其他顶点都被O或F所占据，所以，$XeOF_4$的几何构型为四方锥型。

例8-4 利用价层电子对互斥理论推断共价型分子ClO_2的几何构型。

解 中心原子Cl的价电子数为7，配位原子O不提供价电子，计算所得价层电子对数为3.5。遇到此类情况，通常就当作4对进行讨论。价层有4对电子，应排布成四面体构型。在ClO_2中，4对价层电子对中有2对是成键电子对，另2对为未成键的孤电子对，所以ClO_2的几何构型为V型。

综上所述，利用价层电子对互斥理论预测共价型分子的几何构型，既简单也明了，尤其是在一系列稀有气体元素所形成的化合物构型的预言上，已经被实验证实是正确的。但是，任何

一个理论的应用都有一定的局限性，价层电子对互斥理论也不例外。对于过渡元素和长周期主族元素形成的共价型分子就常常与实验结果有一定的出入。该理论也不适用于极性较强的碱土金属卤化物等，如，高温气态分子(CaF_2，SrF_2，BaF_2 等)的几何构型并非直线型，而是V型，键角都小于180°。同时，该理论也不能说明原子结合时的成键原理。为此，讨论分子结构时，往往将VSEPR理论与杂化轨道理论同时使用，相互补充，再与其他理论一起说明形成共价键的原理。

8.4　分子轨道理论

有关共价键的第一个理论Lewis的电子配对理论非常直观、简明，随后发展的价键理论也能较好地说明共价键的形成及共价键的特性。同时，价键理论也为引入量子力学方法，处理共价型分子的结构奠定了基础。但是，价键理论把形成共价键的电子定域在两个相邻的原子之间，没有考虑到分子的整体情况，因此，该理论无法解释一些分子的性质。例如，O_2 具有顺磁性，表明其分子中含有未成对的电子。但是，在 O_2 的Lewis结构式中，所有的电子均已成对，这一点显然与实验事实不相符。又如 H_2^+ 和 He_2^+ 的形成与存在，B_2H_6 等缺电子化合物的结构，也都是价键理论无法给予解释的。20世纪20年代末，密立根(R. S. Mulliken)和洪德(F. Hund)提出了基于分子整体的分子轨道理论，建立了分子的离域电子模型。分子轨道理论与价键理论一起，成为量子力学理论描述分子结构的两个重要的理论。近年来，分子轨道理论较之价键理论的发展更为广泛和深入，前景良好。

一、分子轨道理论的基本要点

(1)分子轨道理论认为，在分子中的电子不再局限于组成分子的原子中的原子轨道上运动，而是在由原子轨道组成的分子轨道中运动。分子轨道中的每个电子的运动状态同样是用波函数 ψ 来描述的，此 ψ 就称为分子轨道。

(2)分子轨道是由组成分子的原子的原子轨道通过线性组合而成。例如，两个原子轨道的 ψ_a 和 ψ_b 通过线性组合，成为两个分子轨道 ψ_{I} 和 ψ_{II}，表示为

$$\psi_{\mathrm{I}} = c_1\psi_a + c_2\psi_b$$
$$\psi_{\mathrm{II}} = c_1\psi_a - c_2\psi_b$$

其中 c_1 和 c_2 是常数。

组合形成的分子轨道与组合前的原子轨道数目相等，但是，组合形成的分子轨道的能量是不同的。ψ_{I} 是能量低于原子轨道的分子轨道，称为成键分子轨道，它是由原子轨道进行同号重叠(波函数相加)而形成的。电子出现在核间区域概率密度大，对两个核产生强烈的吸引作用，形成的键强度大。ψ_{II} 是能量高于原子轨道的分子轨道，称为反键分子轨道，它是由原子轨道进行异号重叠(波函数相减)而形成的。在两核之间出现节面，即电子在核间出现的概率密度小，对成键不利。

(3)根据原子轨道组合方式的不同，分子轨道同样有 σ 轨道和 π 轨道。

1)s轨道与s轨道的线性组合。2个原子的s轨道线性组合成成键分子轨道 σ_s 和反键分子轨道 σ_s^*，如图8-18所示。从图中可见，反键分子轨道在两核间有节面，而成键分子轨道则没有。

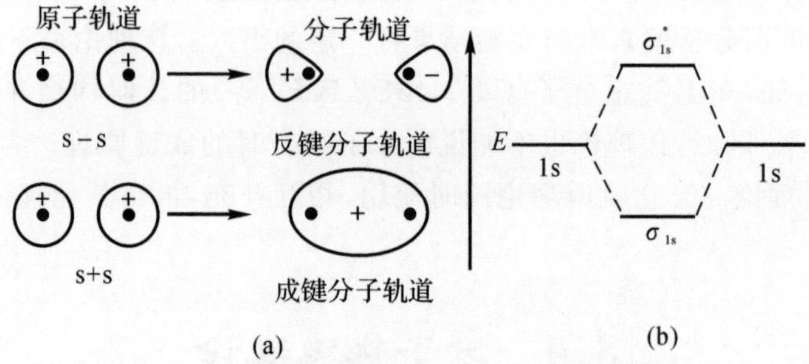

图 8－18　s—s 轨道重叠形成 σ_s，σ_s^* 分子轨道(a)和

s＋s 轨道组合成 σ_s，σ_s^* 能量变化图(b)

2)p 轨道与 p 轨道的线性组合。p 轨道之间的组合有两种基本方式，一是“头对头”的方式，另一是“肩并肩”的方式。

2 个原子的 p_x 轨道沿 x 轴以“头对头”的方式重叠时，产生一个成键的分子轨道 σ_{p_x} 和一个反键的分子轨道 $\sigma_{p_x}^*$，如图 8－19 所示。同时，2 个原子的 2 个 p_y 轨道之间以及 2 个 p_z 轨道之间也会分别以“肩并肩”的方式发生重叠，分别形成成键分子轨道 π_{p_y}，π_{p_z} 以及反键分子轨道 $\pi_{p_y}^*$，$\pi_{p_z}^*$，如图 8－20 所示。

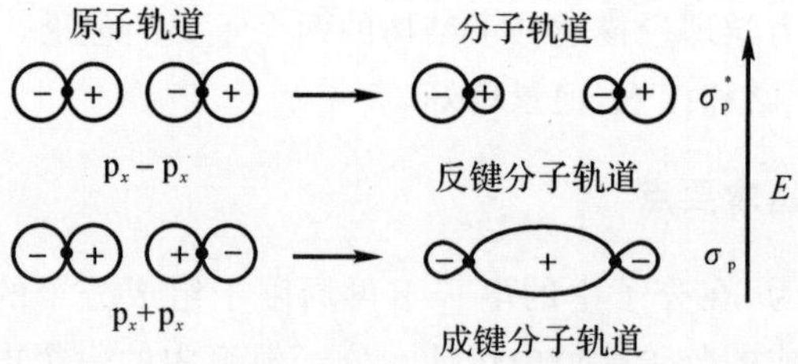

图 8－19　p－p 轨道“头对头”方式重叠成 σ_p 分子轨道

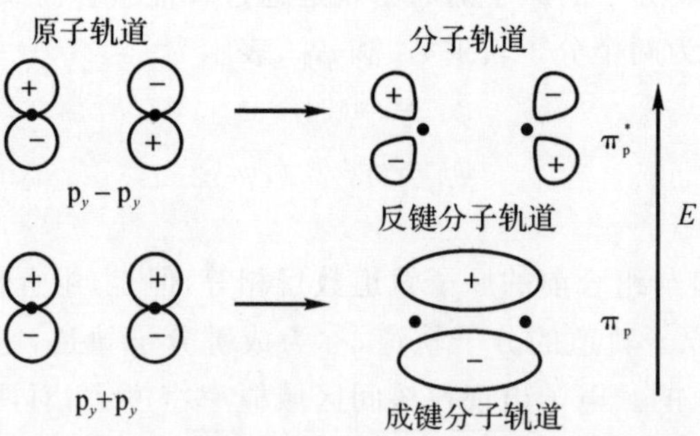

图 8－20　p－p 轨道“肩并肩”方式重叠成 π_p 分子轨道

从图 8－20 与图 8－19 比较中不难看出，π 分子轨道有通过键轴的节面，而 σ 分子轨道没有通过键轴的节面。

(4)原子轨道进行线性组合时，也要遵守 3 个基本原则：能量相近，对称性匹配和轨道最大重叠。

1)能量相近原则。只有那些能量相近的原子轨道才有可能组合成有效的分子轨道。该原则是选择不同类型的原子轨道进行组合的关键因素。例如，F 的 2s 轨道能量和 2p 轨道能量分别为 -6.428×10^{-18} J 和 -2.98×10^{-18} J，H 的 1s 轨道能量为 -2.179×10^{-18} J。按照能量相近的原则，H 与 F 生成 HF 时，只有 F 的 2p 轨道与 H 的 1s 轨道可以组成有效的分子轨道。

2)对称性匹配原则。只有对称性相同的原子轨道才能组合成分子轨道。以 x 轴为键轴，$s-s$，$s-p_x$，p_x-p_x 等组成的分子轨道绕键轴旋转，各轨道形状和符号不变，这种分子轨道称为 σ 轨道。p_y-p_y，p_z-p_z 等原子轨道组成的分子轨道绕键轴旋转，轨道的符号发生改变，这种分子轨道称为 π 轨道。有关原子轨道和分子轨道的对称性请读者参考有关书籍，本课程不做介绍。

3)轨道最大重叠原则。在满足能量相近原则，对称性匹配原则的前提下，原子轨道重叠程度愈大，形成的共价键愈稳定。

(5)电子在分子轨道中的填充原则：与电子在原子轨道中的填充原则一样，遵循能量最低原理、泡利不相容原理、洪德规则及洪德规则的特例。

二、分子轨道能级图及其应用

1. 同核双原子分子的分子轨道能级图

按照分子轨道的能量由低到高进行排列，就可以得到分子轨道的能级图。图 8-21 给出了第二周期同核双原子分子的分子轨道能级图。因为各原子的轨道能级的不同，第二周期同核双原子分子的分子轨道能级图有两个顺序。图 8-21(a)图适用于 O_2 和 F_2，图8-21(b)适合于 N 和 N 以前的元素形成的双原子分子。这是因为，O 的 2p 轨道与 2s 轨道的能级差是 2.64×10^{-18} J，F 的 2p 轨道与 2s 轨道的能级差是 3.45×10^{-18} J，从数据可以看出，它们的 2s 和 2p 原子轨道能量相差较大，使得它们的分子轨道能级排列中，π_{2p} 能级高于 σ_{2p}。

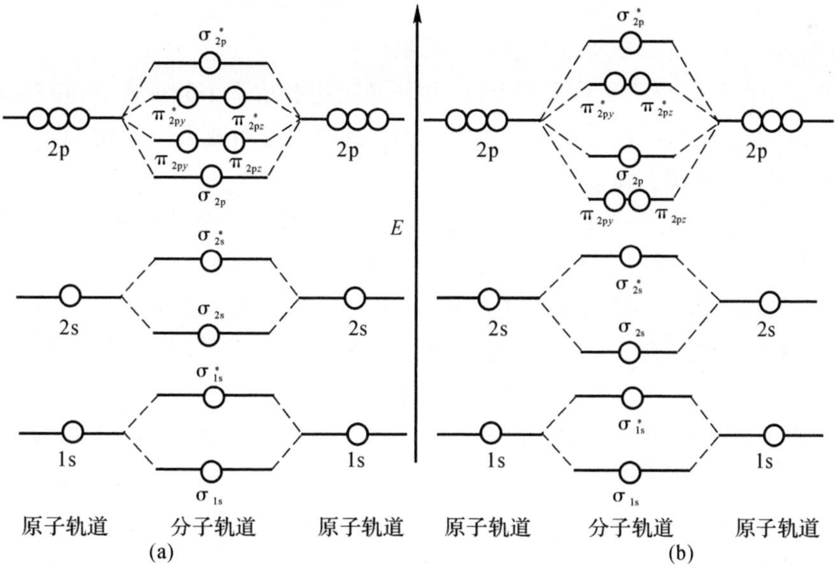

图 8-21　同核双原子分子轨道能级图

(a)2s 和 2p 能级相差较大；(b)2s 和 2p 能级相差较小

又如，N，C 和 B 的 2p 和 2s 轨道能级差分别为 2.03×10^{-18} J，8.4×10^{-19} J 和 8.0×10^{-19}

J。从数据可以看出，它们的 2s 和 2p 原子轨道能级相差较小，当原子相互靠近时，不仅发生 s－s 重叠、p－p 重叠，而且还会发生 s－p 轨道间的作用，从而导致能级顺序的改变，使得它们的分子轨道能级排列中，π_{2p} 能级低于 σ_{2p}。

分子轨道的能量目前主要是从电子吸收光谱、光电子能谱（Photoelectron spectroscopy，PES）或相关计算来确定的。表 8－5 列出了 N_2 和 O_2 的相关轨道能量数据。

在分子轨道理论中，分子中的全部电子均归属于整个分子，当电子填充成键分子轨道时，系统的能量将降低，形成了有效的共价键；当电子填充反键分子轨道时，系统的能量将会升高，对形成共价键将会产生削弱或抵消的作用，也即不能够形成有效的共价键。很显然，成键分子轨道中的电子数越多，形成的分子就越稳定；而反键分子轨道中电子数越多，形成的分子就越不稳定。分子的稳定性可以用键级进行描述，分子轨道理论把分子中成键电子和反键电子差数的一半定义为键级。通常情况下，键级愈大，分子愈稳定。

$$键级=\frac{1}{2}(成键轨道中的电子数-反键轨道中的电子数) \tag{8-3}$$

表 8－5　N_2 和 O_2 的分子轨道与 N 和 O 原子轨道能级数据

分　子	轨　道							
	原子轨道		分子轨道					
	2s	2p	σ_{2s}	σ_{2s}^*	σ_{2p_x}	π_{2p}	π_{2p}^*	σ_{2p_x}
N_2 轨道能量/(10^{-18} J)	−4.10	−2.07	−5.69	−3.00	−2.50	−2.74	1.12	4.91
O_2 轨道能量/(10^{-18} J)	−5.19	−2.55	−7.19	−4.79	−3.21	−3.07	−2.32	—

2. 同核双原子分子的分子轨道电子排布式举例

H_2 是最简单的同核双原子分子，2 个 1s 原子轨道组合成 2 个分子轨道：σ_{1s} 和 σ_{1s}^*。2 个电子以不同的自旋方式进入能量最低的 σ_{1s} 成键轨道，其电子排布式可以写成 $H_2[(\sigma_{1s})^2]$，键级为 1，表示形成了一个有效的 σ 键。

He_2 和 He_2^+。如果是 2 个 He 相互靠近时，每个 He 都有一个已经成对的 1s 电子。在形成分子轨道时，He_2 分子中的 4 个电子，其中一对电子进入 σ_{1s} 成键轨道，另一对电子只能进入 σ_{1s}^* 反键轨道。虽然进入成键轨道的电子对使分子系统的能量降低，但是，进入反键轨道的电子对却使分子系统的能量升高，两项相抵，没有有效的化学键形成，所以，2 个 He 靠近时不能形成稳定的分子。但是，He_2^+ 比 He_2 少 1 个电子，只有 3 个电子，一对电子进入 σ_{1s} 成键轨道后，只有一个电子进入 σ_{1s}^* 反键轨道。键级为 $(2-1)/2=1/2$，即相当于一个正常 σ 键的一半。He_2^+ 虽然不太稳定，但是能够存在。

N_2 共有 14 个电子，N 的电子构型是 $1s^2 2s^2 2p^3$。N_2 的 14 个电子按图8－21(b)的分子轨道能级顺序由低到高进行填充，N_2 的电子构型为

$$N_2\{(\sigma_{1s})^2(\sigma_{1s}^*)^2(\sigma_{2s})^2(\sigma_{2s}^*)^2[(\pi_{2p_y})^2(\pi_{2p_z})^2](\sigma_{2p_x})^2\}$$

这里对成键有贡献的主要是 $[(\pi_{2p_y})^2(\pi_{2p_z})^2]$ 和 $(\sigma_{2p_x})^2$ 这 3 对电子，即形成了 2 个 π 键和 1 个 σ 键。这 3 个键构成 N_2 中的三键，$[(\pi_{2p_y})^2(\pi_{2p_z})^2]$ 的轨道能级比 $(\sigma_{2p_x})^2$ 轨道能级低，使

得 N_2 中的 π 键特别稳定，甚至比 σ 键还要稳定，这一点可以很好地解释 N_2 在常温下不活泼的原因。而这个解释用价键理论是无法得到合理地结论的，因为按照价键理论，σ 键总是比 π 键更加稳定，N_2 中的三键键能应该小于 N—N 单键的 3 倍，但是，事实上，N_2 中的三键键能远远大于 N—N 单键的 3 倍。化学模拟生物固氮是人们一直热心研究的课题，为了寻找和促进 N_2 在温和条件下起反应的可能性，分子轨道理论在这方面起了不小的作用。

O_2 中共有 16 个电子，O 的电子层构型是 $1s^2 2s^2 2p^4$。O_2 的 16 个电子按图 8-21(a)的分子轨道能级顺序由低到高进行填充，O_2 的电子构型应为

$$O_2\{(\sigma_{1s})^2(\sigma_{1s}^*)^2(\sigma_{2s})^2(\sigma_{2s}^*)^2(\sigma_{2p_x})^2[(\pi_{2p_y})^2(\pi_{2p_z})^2][(\pi_{2p_y}^*)^1(\pi_{2p_z}^*)^1]\}$$

最后 2 个电子进入了 π_{2p}^* 轨道，根据 Hund 规则，它们分别占有能量相等的 2 个反键轨道，每个轨道里有 1 个电子，它们的自旋方式应相同。O_2 中有 2 个自旋方式相同的未成对电子，这一事实成功地解释了 O_2 的顺磁性。

O_2 中对成键有贡献的是 $(\sigma_{2p})^2$ 和 $(\pi_{2p_y})^2(\pi_{2p_z})^2$ 这 3 对电子(见图 8-22)，但是，在反键轨道 $(\pi_{2p_y}^*)^1(\pi_{2p_z}^*)^1$ 上的 2 个电子与成键电子相互抵消。综合结果，O_2 中有 1 个 σ 键和 2 个三电子 π 键。由于有 2 个反键电子，O_2 中的 2 个 π 键与 N_2 中的 2 个 π 键不同，O_2 中是三电子 π 键，即每个 π 键实际上由 2 个成键电子和 1 个反键电子组成，O_2 中有 2 个三电子 π 键。可见把 2 个 O 结合在一起的也是三键，而不像以前价键理论所得的是双键。由于三电子 π 键中有 1 个反键电子，削弱了键的强度，三电子 π 键不及二电子 π 键牢固。O_2 的叁键键能实际上与双键差不多，只有 498 $kJ\cdot mol^{-1}$(N≡N 键能 946 $kJ\cdot mol^{-1}$；C≡C 键837 $kJ\cdot mol^{-1}$；C=C 键 611 $kJ\cdot mol^{-1}$)。O_2 的键级=(10−6)/2=2，也与 O_2 的键能相一致。

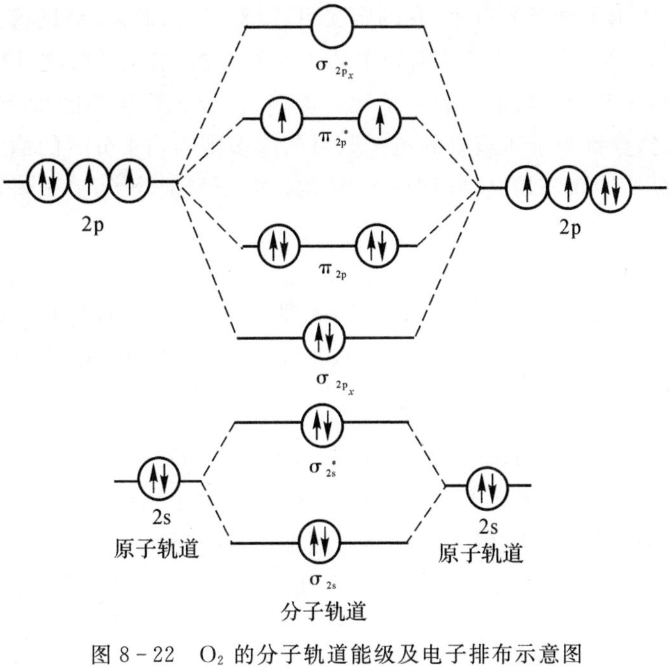

图 8-22　O_2 的分子轨道能级及电子排布示意图

第二周期元素的某些同核双原子分子的分子结构、键级、键能归纳成表 8-6。

表 8-6　第二周期同核双原子分子的分子轨道电子排布式及键能

分　子	分子轨道电子排布式	键　级	键能/(kJ · mol^{-1})
Li_2	$\sigma_{1s}^2\sigma_{1s}^{*2}\sigma_{2s}^2$ 或 $KK\sigma_{2s}^2$	1	106
B_2	$KK\sigma_{2s}^2\sigma_{2s}^{*2}\pi_{2p_y}^1\pi_{2p_z}^1$	1	297
C_2	$KK\sigma_{2s}^2\sigma_{2s}^{*2}\pi_{2p_y}^2\pi_{2p_z}^2$	2	611
N_2	$KK\sigma_{2s}^2\sigma_{2s}^{*2}\pi_{2p_y}^2\pi_{2p_z}^2\sigma_{2p}^2$	3	946
O_2	$KK\sigma_{2s}^2\sigma_{2s}^{*2}\sigma_{2p}^2\pi_{2p_y}^2\pi_{2p_z}^2\pi_{2p_y}^{*1}\pi_{2p_z}^{*1}$	2	498
F_2	$KK\sigma_{2s}^2\sigma_{2s}^{*2}\sigma_{2p}^2\pi_{2p_y}^2\pi_{2p_z}^2\pi_{2p_y}^{*2}\pi_{2p_z}^{*2}$	1	158

8.5　键　参　数

共价键的基本性质可以用某些物理量进行表征，如键级、键能、键长、键角、键矩和部分电荷等，这些物理量统称为键参数(Bond parameter)。

一、键级与键能

1. 键级

分子轨道理论提出了键级的概念，它的定义见式(8-3)。通常，键级越大，分子也越稳定。例如，H_2，O_2，N_2，HF 和 CO 的键级分别为 1，2，3，1 和 3，N_2 和 CO 较之其他几个物种稳定性高一些。在分子中，成键分子轨道中的电子数目愈多，使分子系统的能量降低得愈多，增强了分子的稳定性；反之，反键分子轨道中的电子数目的增多则削弱了分子的稳定性。

当然，上述键级的计算公式仅对简单分子适用。对于复杂分子，分子轨道理论对键级的计算也有相应的办法。

2. 键能(Bond Energy)

在 298.15 K，100 kPa 下，将物质 B($\nu_B=1$)的理想气态分子 AB 拆开成理想气态的 A 和 B(即将 1 mol 气态 AB 中的 A—B 键断开)时，所需的能量叫 A—B 键的键解离能，以符号 D(A—B)表示，单位为 kJ · mol^{-1}。

$$\text{A—B (g)} \xrightarrow{100\ \text{kPa}} \text{A (g)} + \text{B (g)} \quad D(\text{A—B})$$

对于双原子分子而言，键解离能就是键能(用符号 E 表示)，即 D(A—B)＝E(A—B)。如 HF 的键解离能 D(H—F)＝565 kJ · mol^{-1}，其键能 E(H—F)＝565 kJ · mol^{-1}。

在多原子分子中，断裂气态分子中的某一个键，形成两个“碎片”时所需的能量叫作分子中这个键的键解离能。例如：

$HOCl(g) = H(g) + OCl(g)$　　$D(H—OCl) = 326$ kJ · mol^{-1}

$HOCl(g) = Cl(g) + OH(g)$　　$D(Cl—OH) = 251$ kJ · mol^{-1}

$H_2O(g) = H(g) + O(g)$　　$D(H—OH) = 499$ kJ · mol^{-1}

$HO(g) = H(g) + O(g)$　　$D(O—H) = 429$ kJ · mol^{-1}

使气态的多原子分子的键全部断裂形成该分子的各组成气态原子时所需的能量，叫作该分子的原子化能 E_{atm}。例如：

$$HOCl(g) = H(g) + Cl(g) + O(g)$$

$$E_{atm}(HOCl) = D(Cl—OH) + D(O—H) = 680\ kJ \cdot mol^{-1}$$

当然 $E_{atm}(HOCl)$ 并不等于 $D(H—OCl)$ 与 $D(Cl—OH)$ 之和。同理

$$H_2O(g) = 2H(g) + O(g)$$

$$E_{atm}(H_2O) = D(H—OH) + D(O—H) = 928\ kJ \cdot mol^{-1}$$

此值也不等于 $D(H—OH)$ 的 2 倍。

至于单质的原子化能则是由参考状态的单质在标准状态下生成气态原子($\nu_B = 1$)所需要的能量。例如，金属钠在 298.15 K 时，$E_{atm} = 107.32\ kJ \cdot mol^{-1}$。对硫单质而言，其指定单质正交晶体为 8 个硫原子组成的环形 S_8。已知

$$S_8(s) = 8S(g) \quad \Delta_r H_m^{\ominus} = 2\ 230.4\ kJ \cdot mol^{-1}$$

$$E_{atm}(S) = (2\ 230.44/8)\ kJ \cdot mol^{-1} = 278.8\ kJ \cdot mol^{-1}$$

同理

$$E_{atm}(H) = (436/2)\ kJ \cdot mol^{-1} = 218\ kJ \cdot mol^{-1}$$

通常所说的原子化能，往往是原子化焓，两者相差很小。

对于多原子分子来说，键能是指化合物中几个相同的 A—B 键的平均键解离能。因为，在化合物中几个相同的 A—B 键的键解离能值是不同的(实际上在不同化合物中的相同 A—B 键的键解离能也是略有差别的)。例如，一个 $H_2O(g)$ 含有两个 O—H 键，断开第一个O—H键的键解离能 $D_1(O—H) = 499\ kJ \cdot mol^{-1}$，断开第二个 O—H 键的键解离能 $D_2(O—H) = 429\ kJ \cdot mol^{-1}$，故 $H_2O(g)$ 分子中的 O—H 键的键能为

$$E(O—H) = \frac{D_1 + D_2}{2} = \frac{499 + 429}{2}\ kJ \cdot mol^{-1} = 464\ kJ \cdot mol^{-1}$$

由上所述，键解离能指的是解离分子中某一种特定键所需的能量，而键能指的是某种键的平均能量，键能与原子化能的关系则是气态分子的原子化能等于全部键能之和。

键能是热力学能的一部分，在化学反应中键的破坏或形成，都涉及系统热力学能的变化；但若反应中的体积功很小，甚至可忽略时，常用焓变近似地表示热力学能的变化。

在气相中键($\nu_B = +1$)断开时的标准摩尔焓变称为键焓，以 $\Delta_B H_m^{\ominus}$ 表示。键焓与键能近似相等，实验测定中常常得到的是键焓数据。例如：

$$\Delta_B H_m^{\ominus}(H—H) = E(H—H) = 436\ kJ \cdot mol^{-1}$$

$$\Delta_B H_m^{\ominus}(C—H) = E(C—H) = D(C—H) = 414\ kJ \cdot mol^{-1}$$

键能是化学键强弱的量度，键能越大，表明该化学键越牢固，即断裂该键所需要的能量更大。表 8-7 给出了一些共价键的平均键能数值。

表 8-7　一些共价键的键能和键长

键	键能/($kJ \cdot mol^{-1}$)	键长/pm	键	键能/($kJ \cdot mol^{-1}$)	键长/pm
H—H	436	74	C—H	414	109
C—C	347	154	C—N	305	147
C═C	611	134	C—O	360	143

续表

键	键能/(kJ·mol^{-1})	键长/pm	键	键能/(kJ·mol^{-1})	键长/pm
C≡C	837	120	C═O	736	121
N—N	159	145	C—Cl	326	177
O—O	142	145	N—H	389	101
Cl—H	431	—	N—Cl	134	—
Cl—Cl	244	199	O—H	464	96
Br—Br	192	228	S—H	368	136
I—I	150	267	N≡N	946	110
S—S	264	205	F—F	158	128

由表 8-7 中数据可以看出，相同两原子间双键和三键的键能一般分别小于单键键能的两倍和三倍，表明此种情况下，π 键较 σ 键弱。但也有相反的情况，这表明这些分子的价键理论处理结果没有很好地反映分子内键的真实情况。例如 N_2 分子就是例证。

利用键能也可以计算反应的热效应(近似值)。例如，合成氨反应：

	N_2	+	$3H_2$	═══	$2NH_3$
键能/(kJ·mol^{-1})	946		436		389

反应中要破坏 1 个 N≡N 键和 3 个 H－H 键。根据热力学原理，可以设想如下反应步骤：

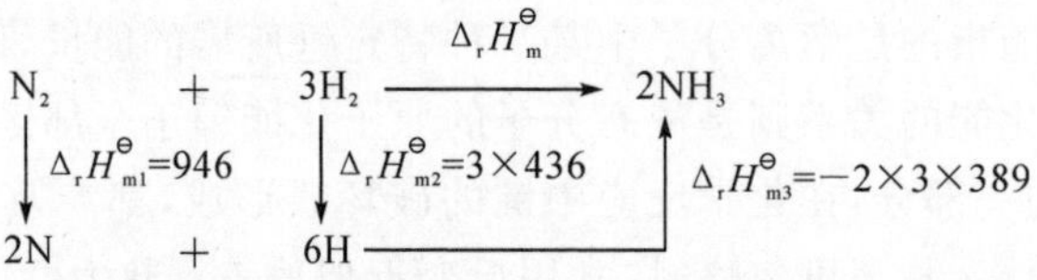

式中，$\Delta_r H^{\ominus}_{m3}$ 是由 2N 与 6H 生成 $2NH_3$ 放出的热量，根据键能的定义，其数值前用"－"号。由盖斯定律知：

$$\Delta_r H^{\ominus}_m = \Delta_r H^{\ominus}_{m1} + \Delta_r H^{\ominus}_{m2} + \Delta_r H^{\ominus}_{m3} = 946 + 3\times436 - 2\times3\times389 = -80\ \text{kJ}\cdot\text{mol}^{-1}$$

利用键能计算反应的焓变可概括为如下公式：

$$\Delta_r H^{\ominus}_m \approx \sum E_{B反应物} - \sum E_{B生成物}$$

式中，E_B 代表键能。需要注意的是：

(1) 式中 $\sum E_{B生成物}$ 是减数，$\sum E_{B反应物}$ 是被减数，恰好与利用 $\Delta_f H^{\ominus}_m$ 求 $\Delta_r H^{\ominus}_m$ 的盖斯定律公式相反；

(2)求反应物或生成物的总和时，要注意每个分子中的共价键数以及方程式中各物质的化学计量数。

由键能估算反应焓变值有一定的使用价值。但是，由于反应物和生成物的状态未必能满足定义键能时的反应条件，所以，由键能求得的反应的焓变值尚不能完全取代精确的热力学计算和反应热的测量。

二、键长(Bond Length)与键角(Bond Angle)

分子中成键的两个原子核间的平均距离称为键长，它等于成键原子的共价半径之和，常用的单位为 pm。理论上用量子力学的近似方法可以计算出键长，实际上对于复杂分子往往是通过光谱或衍射等实验方法来测定。表 8－7 中给出了一些共价键的键长数据。

一般地说，键合原子的半径越小，成键的电子对越多，其键长就越短，键能将越大，化学键也就越牢固。

在分子中键与键之间的夹角称为键角(α)。表 8－8 中列出了一些分子的共价键键角。

键角是共价键方向性的反映，它是决定分子几何构型的重要数据之一。键角为 180°时分子是直线型，键角为 120°时分子是平面三角型，键角为 109.5°时分子的几何构型是正四面体。此外，分子的几何构型与键长也有关系，如果某分子的键长和键角都确定了，则这个分子的几何构型也就确定了。表 8－9 中列出了一些分子的键长、键角和几何构型。

表 8－8　某些分子和离子中的键角

分子	键角	分子	键角	分子	键角
CO_2	OCO　180°	NO_3^-	ONO　120°	NH_3	HNH　107.3°
HCN	HCN　180°	HCHO	HCH　116.5°	H_2O	HOH　104.5°
BF_3	FBF　120°	CH_4	HCH　109.5°	H_2S	HSH　92.1°
SO_3	OSO　120°	CH_3Cl	HCH　110.8°	SF_5	FSF　90°

表 8－9　分子的键长、键角和几何构型

分子(AD_n)	键长/pm	键角	几何构型
$HgCl_2$ CO_2	225.2 116.0	180° 180°	D—A—D　直线型
H_2O SO_2	95.75 143.08	104.5° 119.3°	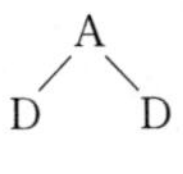 折线型(角型、V 型)
BF_3 SO_3	131.3 141.98	120° 120°	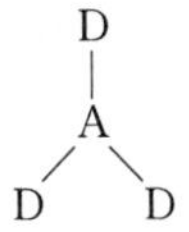 三角型
NH_3 SO_3^{2-}	101.3 151	107.3° 106°	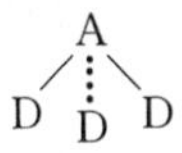 三角锥型
CH_4 SO_4^{2-}	108.70 149	109.5° 109.5°	 四面体型

三、键矩与部分电荷

键矩的概念类似于力矩，当分子中共用电子对偏向成键两原子中的一方时，键具有极性，如在 HCl 中共用电子对偏向于电负性较大的 Cl 一方形成共价键，其中氢为正端，氯为负端，可以 $\overset{+\delta}{\mathrm{H}}-\overset{-\delta}{\mathrm{Cl}}$表示之，键的极性的大小可以用键矩 μ 来衡量，定义为

$$\mu = q \cdot l \tag{8-4}$$

式中：q 为电荷量；l 通常取两原子的核间距即键长，如 $l(\mathrm{HCl})=127\ \mathrm{pm}$。$\mu$ 的单位为 C·m，键矩是矢量，其方向是从正指向负，其值可由实验测得，如 HCl 键矩经测得 $\mu = 3.57\times10^{-30}$ C·m，由此可得

$$q=\frac{\mu}{l}=\frac{3.57\times10^{-30}\ \mathrm{C\cdot m}}{127\times10^{-12}\ \mathrm{m}}=28.1\times10^{-21}\ \mathrm{C}$$

相当于 0.18 元电荷（将 q 值除以 $1.602\,2\times10^{-19}$ C 的结果），即 $\delta=0.18$ 元电荷。

$$\overset{\delta_{\mathrm{H}}=0.18}{\mathrm{H}} - \overset{\delta_{\mathrm{Cl}}=-0.18}{\mathrm{Cl}}$$

也就是说，H — Cl 键具有 18% 的离子性。

这里的 δ 通常又称为部分电荷，原子的部分电荷大小与成键原子间的电负性差有关，δ 值可借助电负性分数进行计算：

部分电荷 = 某原子的价电子数 − 孤对电子数 − 共用电子数 × 电负性分数

如果成键原子分别为 A 和 B，其电负性分别为 χ_a 和 χ_b，则 A 原子的电负性分数为

$$\chi_a/(\chi_a+\chi_b)$$

已知 H 和 Cl 的电负性分别为 2.18 和 3.16。HCl 中，H 和 Cl 的部分电荷计算如下：

$$\delta_{\mathrm{H}}=1-0-2\times\frac{2.18}{2.18+3.16}=0.18$$

$$\delta_{\mathrm{Cl}}=7-6-2\times\frac{3.16}{3.16+2.18}=-0.18$$

综上所述，键级、键能可用来描述共价键的强度，键长和键角可用来描述共价键分子的空间构型，而键矩或部分电荷可用来描述共价键的极性，它们都是共价键的基本参数。

阅 读 材 料

超分子化学

超分子化学(Supramolecular Chemistry)是当代化学研究的一个前沿领域。1987 年的诺贝尔化学奖授予了在超分子化学领域做出杰出贡献的三位科学家——美国的佩德森(C. J. Pedersen)、克莱姆(D. J. Cram)和法国的莱恩(J. M. Lehn)，这标志着化学的发展进入一个新的时代。超分子一词，并非指单个“分子”，而是指由许多分子形成的有序体系。Lehn 教授在获奖演说中曾为超分子化学做出如下注释：超分子化学是研究两种以上的化学物种通过分子间力相互作用缔结而成为具有特定结构和功能的超分子体系的科学。换而言之，超分子化学所研究的内容是分子如何利用相互间的非共价键作用，聚集形成有序的空间结构，以及具有这样有序结构的聚集体所表现出来的特殊性质。因此超分子化学也被称为分子以上层次的化学，是“超

越分子概念的化学”。

超分子化学的发展不仅与大环化学（如冠醚、环糊精、杯芳烃、C_{60}等）的发展密切相关，而且与分子自组装（如胶束、DNA 双螺旋等）、分子器件和超分子材料研究息息相关。主客体化学是超分子化学的雏形。1967 年，C. J. Pedersen 发现冠醚（Crown Ether）具有与金属离子及烷基伯铵阳离子配位的特殊性质，揭示了分子和分子聚集体的形态对化学反应的选择性起着重要作用。D. J. Cram 基于在大环配体与金属或有机分子的络合化学方面的研究，把冠醚称为主体（Host），把与它形成配合物的金属离子或其他阳离子称为客体（Guest），由此产生了主客体化学（Host－Guest Chemistry）这一名称。从本质上看，主客体化学的基本意义源于酶和底物间的相互作用，这种作用常被理解为锁和钥匙之间的相互匹配关系。通常，一个高级结构的分子配位化合物至少由一个主体部分和一个客体部分组成.因此，主客体关系实际上是主体和客体分子间的结构互补和分子识别关系。J. M. Lehn 在主客体化学的研究基础上，提出了“超分子化学”的完整概念，引起人们的广泛兴趣。

长期以来，人们认为分子是体现物质化学性质的最小微粒，主要关注的是原子如何结合成形成分子以及分子如何通过化学键的断裂和形成而发生转变。然而分子一经形成，就处于分子间力的相互作用之中，这种力场不仅制约着分子的空间结构，也影响物质性质。随着科学的发展，科学家逐渐发现一些传统分子理论难以解释的现象，如许多复杂的生物化学反应，并非可以由单一的分子来完成，而必须由许多按规律聚集在一起的分子集合体的相互协同作用才能完成。分子通过相互间的非共价键作用，聚集成有序的空间结构，既可表现出不同于单独存在的分子的性质，也不同于无序排列的分子聚集体的性质。

超分子化合物是由主体分子和客体分子之间通过非价键作用而形成的复杂而有组织的化学体系。超分子的形成不必输入高能量，不必破坏原来分子结构及价健，主客体间无强化学键，这就要求主客体之间应有高度的匹配性和适应性，不仅要求分子在空间几何构型和电荷，甚至亲/疏水性的互相适应，还要求在对称性和能量上匹配。这种高度的选择性导致了超分子形成的高度识别能力。如果客体分子有所缺陷，就无法与主体形成超分子体系。由此可见，从简单分子的识别组装到复杂的生命超分子体系，尽管超分子体系千差万别，功能各异，但形成基础是相同的，这就是分子间作用力的协同作用和主客体分子在空间结构上的互补。形成超分子体系的驱动力包括范德瓦尔斯力、氢键、库仑力、亲水/疏水作用等。这些弱相互作用一般比化学键的能量小 1～2 个数量级，难以依靠它们单独形成稳定的复合物，但是在超分子体系中所产生的加成效应和协同效应，使超分子体系具有自组装的重要特征。而发生在分子之间的选择性结合过程——分子识别，它既是分子组装体信息处理的基础，也是组装高级结构的重要途径之一。经过精心设计的人工超分子体系也可具备分子识别、能量转换、选择催化及物质传输等功能。因此，分子识别是超分子化学的研究基础和核心内容之一。

自组装在自然界中的一个典型例子是细胞膜。细胞膜是磷脂分子依靠范德瓦尔斯力和疏水作用形成双分子膜骨架，镶嵌和吸附蛋白质而形成的一种复杂而有序的集合体（见图 8－23）。它由细胞糖萼、蛋白质-脂层和细胞骨架三部分组成。其中，含蛋白质的脂双层结构起着活性过滤器的功能并参与运动和输送过程。外层细胞糖萼，主要是结合在其中的糖蛋白和糖脂的寡糖头基组成，决定了细胞的表面识别反应。它们在生命过程中发挥着重要作用。

目前，超分子化学已远远超越了原来有机化学主客体化学的范畴，形成了自己独特的概念和体系，如分子识别、分子自组装、超分子器件、超分子材料等，构成了化学大家族中一个颇具魅力的新学科。同时，超分子的思想使得人们重新审视许多传统的但仍具很大挑战的已有学科分支，如配位化学、液晶化学等，并给它们带来了新的研究空间。超分子化学与材料科学、生命科学、物理学和信息科学密切相关，从不同角度揭示分子组装的推动力及调控规律，已经发展成为超分子科学，并成为创造新物质、实现新功能的一种有效的方法。超分子研究已经从基础研究稳步走向高技术的应用，它必将为人类文明的发展做出巨大的贡献。

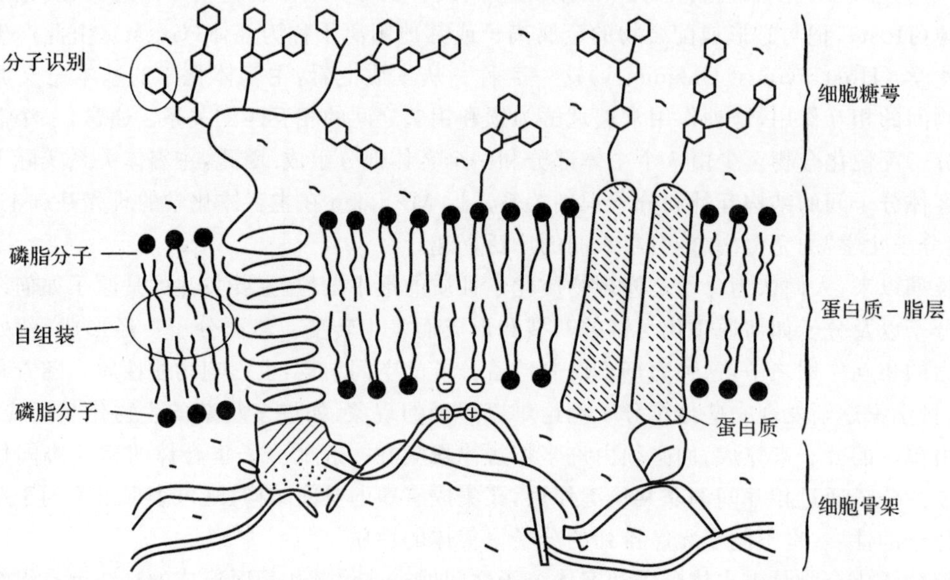

图 8－23　细胞膜示意图

思 考 题

1. 价键理论的要点是什么？元素周期表中哪些元素之间可能形成共价键？

2. 什么叫 σ 键、π 键？二者有何区别？

3. 什么叫原子轨道杂化？什么叫等性杂化和不等性杂化？原子为什么要采取杂化轨道成键？

4. 什么叫作 sp^1 杂化、sp^2 杂化、sp^3 杂化以及不等性杂化？试举例说明。

5. 试比较 BF_3 和 NF_3 两种分子结构（如化学键、分子极性和空间构型）。

6. 杂化轨道的类型与分子空间构型的关系有什么规律？试联系周期系简要说明。

7. 为什么 H_2O 的键角既不是 $90°$，又不是 $109.5°$，而是 $104.5°$？

8. 根据 VSEPR 判断分子或离子的几何构型时，若价层电子对数中没有孤对电子，如何确定分子或离子的几何构型？若价层电子对数中有孤对电子，又将如何确定分子或离子的几何构型？

9. 分别用价键理论和分子轨道理论对比说明 O_2 的成键情况，分析两种理论的优劣。

10. 试说明各键参数对结构研究的意义和影响。

习　　题

1. 化学键的极性是如何产生的？根据电负性推测，将下列物质中化学键的极性由小到大依次排列。

HCl，$NaCl$，$AgCl$，Cl_2，CCl_4

2. 根据电负性数据指出下列两组化合物中，哪个化合物键的极性最小，哪个化合物键的极性最大。

(1) $NaCl$，$MgCl_2$，$AlCl_3$，$SiCl_4$，PCl_5；

(2) HF，HCl，HBr，HI。

3. 写出下列化合物分子的Lewis结构式，并指出其中何者是σ键，何者是π键，何者是配位键。

(1) 磷 PH_3　　(2) 联氨 N_2H_4（N—N单键）　　(3) 乙烯

(4) 甲醛　　(5) 甲酸　　(6) 四氧化二氮（有双键）

4. 画出下列分子的价键结构式：

PH_3，BBr_3，SiH_4，CO_2，HCN，OF_2，SF_6，H_2O_2

5. 试用杂化轨道理论说明下列物质的成键过程并画出分子的几何构型。

(1) $BeCl_2$ 为直线型，键角为180°；

(2) $SiCl_4$ 为正四面体，键角为109.5°；

(3) PCl_3 为三角锥型，键角略小于109.5°。

6. C_2H_4 中的原子都在同一平面上，键角约为120°，试用杂化轨道理论分析成键过程并画出成键示意图。

7. 根据下列分子或离子的几何构型，试用杂化轨道理论加以说明。

(1) $HgCl_2$（直线型）；　　(2) SiF_4（正四面体）；　　(3) BCl_3（平面三角型）；

(4) NF_3（三角锥型，102°）；　　(5) NO_2^-（V型，115.4°）；　　(6) SiF_6^{2-}（八面体）。

8. 填写表8-10。

表8-10　填空

	CH_4	C_2H_4	C_2H_2	H_3COH	CH_2O
碳原子是何种杂化轨道					
分子中有几个π键					

9. 指出 $H_3C—C(=O)—C(H)=C(H)—CH_3$ 中各碳原子是何种杂化轨道。

10. 试用价层电子对互斥理论推断下列各分子的几何构型，并用杂化轨道理论加以说明。

(1) $SiCl_4$　　(2) CS_2　　(3) BBr_3　　(4) PF_3　　(5) OF_2　　(6) SO_2

11. 试画出下列同核双原子分子的分子轨道图，写出电子构型，计算键级，指出何者最稳定，何者不稳定，且判断哪些具有顺磁性，哪些具有反磁性。

H_2，He_2，Li_2，Be_2，B_2，C_2，N_2，O_2，F_2

12. 写出 O_2^+，O_2，O_2^-，O_2^{2-} 的分子轨道电子排布式，计算其键级，比较其稳定性强弱，并说明其磁性。

13. 实验测得 O_2 的键长比 O_2^+ 的键长长，而 N_2 的键长比 N_2^+ 的键长短，除 N_2 以外，其他三个物种均为顺磁性，如何解释上述实验事实？

14. 利用键能计算下列各气体反应过程中能量变化（$\Delta_r H_m^{\ominus}$）的近似值。

(1) $H_2 + Cl_2 = 2HCl$　　(2) $3Cl_2 + N_2 = 2NCl_3$

(3) $C_2H_4 + H_2 = C_2H_6$　　(4) $2H_2 + N_2 = N_2H_4$

15. 光化学烟雾中主要的眼睛刺激物是丙烯醛，其分子中各原子的排布是

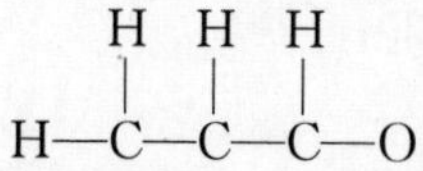

式中只表示各原子的连接次序，并不代表各原子间是单键或双键，试画出其结构式，并指出所有的键角（近似值），画出分子形状的示意图。

第 9 章　固体结构

第 7 章、第 8 章侧重从原子与分子的结构阐明物质性质与化学变化的本质，但是，日常生活和生产上所用的各种材料都不是单个原子和分子，而是由无数原子、分子以一定方式结合起来的聚集体。通常条件下，物质的聚集状态有气态、液态和固态。固态又在工程材料中占有重要的地位，而材料是近代科学技术的“三大支柱（能源，信息，材料）”之一，因此，出现了一门新的分支科学——固体化学。它专门研究各类固体物质的合成、结构及应用。

固体的性质（特别是物理性质）与其内部微粒间的相互影响有着密切的关系。晶体的结构特征请读者看第 1 章 1.3 节相关内容。本章着重在内部结构的基础上介绍一些重要的固体物质的性质，以及它们的重要用途，我们按照晶体的基本类型分别讨论。

9.1　离子晶体

一、离子晶体的结构

1. 离子键

正、负离子间的静电作用力称为离子键。由离子键形成的化合物（或分子）叫作离子型化合物（或离子型分子）。例如，MgO 的形成可表示为

$$\begin{array}{l} \mathrm{Mg([Ne]3s^2)} - 2e^- \longrightarrow \mathrm{Mg^{2+}([Ne])} \searrow \\ \qquad\qquad\qquad\qquad\qquad\qquad\qquad\qquad \mathrm{Mg^{2+}O^{2-}} \\ \mathrm{O([He]2s^22p^4)} + 2e^- \longrightarrow \mathrm{O^{2-}([Ne])} \nearrow \end{array}$$

在离子型化合物中，对于简单的负离子来说，都具有稀有气体原子的稳定电子层结构。如 Cl^- 的外层电子构型为 $3s^23p^6$，O^{2-} 为 $2s^22p^6$。但是，对于正离子来说情况较为复杂，有稳定稀有气体电子层结构的，如 Na^+，K^+，Ca^{2+} 等；也有其他类型电子层结构的，例如：外层为 18 电子构型的 Zn^{2+}（$3s^23p^63d^{10}$），Pb^{4+}（$5s^25p^65d^{10}$）等，外层为（18＋2）电子构型的 Sn^{2+}（$4s^24p^64d^{10}5s^2$），Pb^{2+}（$5s^25p^65d^{10}6s^2$）等，以及外层为（9～17）电子构型的 Fe^{3+}（$3s^23p^63d^5$），Cu^{2+}（$3s^23p^63d^9$）等。典型离子晶体中的离子（如，NaCl 中的 Na^+ 和 Cl^-）一般都具有稀有气体原子类型的稳定电子层结构。

电负性较小的活泼金属元素（ⅠA 族，ⅡA 族）和电负性较大的活泼非金属元素（N，O，S，F，Cl，Br 等）之间往往形成离子键。一般来讲，金属元素与非金属元素之间电负性差（$\Delta\chi$）大于 1.70 时，主要形成离子键。例如：N 的电负性为 3.04，La 的电负性为 1.10，两个元素的电负性差 $\Delta\chi = 3.04 - 1.10 = 1.86 > 1.70$，所以，在 LaN 中形成的是离子键。不过，这一分界线不能视为绝对的。离子型化合物与共价型化合物之间存在着一系列处于过渡状态的化合物。

离子键通常有下述特点。

(1)离子键的本质是静电作用。离子键是由正、负离子之间通过静电吸引作用而形成的化学键。在离子键模型中,可以近似地将正、负离子的电荷分布看成球形对称的(即各方向均匀分布)。由库仑定律知,两种带相反电荷(q^+ 和 q^-)离子间的静电引力 f 与离子电荷的乘积成正比,而与离子间距离 d 的二次方成反比,其数学表达式为

$$f=\frac{q_+q_-}{d^2} \tag{9-1}$$

由此可见,正、负离子所带电荷愈多,正、负离子间的距离愈小,正、负离子间的吸引力就愈大,形成的离子键也就愈强。

(2)离子键没有方向性和饱和性。由于离子所带电荷是球形均匀分布的,它所产生的电场有效地作用于各个方向,因此,每个离子可以从任何方向上同时吸引异性电荷的离子而形成离子键,即离子键没有方向性。正是因为离子键没有方向性,只要空间允许,就会尽可能多地吸引带异性电荷的离子而形成较多的离子键,所以,离子键也没有饱和性。例如:在食盐晶体中,每个 Na^+ 可以同时吸引 6 个 Cl^-,每个 Cl^- 也同样吸引着 6 个 Na^+。

2. 离子晶体的基本特征

(1)离子晶体通常有较高的熔点、沸点。因为,离子晶体的晶格结点间的作用力是离子键,要破坏离子键,需要的能量较大,所以,离子晶体的熔点、沸点较高。

(2)离子晶体硬度大,但是较脆。这是因为,晶格结点上的正、负离子的吸引与排斥达到平衡时,形成了离子键,而离子键是无法压缩的,所以,离子晶体的硬度通常较大。但是,由于晶格结点上是正、负离子交错排列着,受到外力的作用,很容易错位,表现为脆性。

(3)离子晶体具有强极性,易溶于极性溶剂中。这是相似相溶原理的具体表现。

(4)离子晶体在固态时是不导电的,溶液、熔融态时可以导电。在离子晶体的晶格结点上的正、负离子只能振动而不会移动,所以,在固态时是不导电的,在溶液中或熔融态下,由于正、负离子可以自由移动而导电。

3. 几种典型的离子晶体

在离子晶体中,晶格结点上交替排列着正离子和负离子,我们介绍几种典型的离子晶体。例如,氯化钠型晶体,如图 9-1 所示。氯化钠型晶胞是正立方体,在立方体的正中心有一个离子(Na^+),而每个面的中心有一个带相反电荷的离子(Cl^-),这种晶格是面心立方晶格。在 NaCl 晶体中,Na^+ 和 Cl^- 的配位数都是 6,所以,整个晶格中 Na^+ 和 Cl^- 的配位数之比为 6∶6(即 1∶1)。由于在离子晶体中无法区分某个正离子属于哪个负离子或某个负离子属于哪个正离子,所以,离子晶体(如 NaCl)实际上是一个巨型分子,即晶格中不存在独立的小分子。因此,习惯上写的氯化钠分子式(NaCl)确切地说应是化学式。属于 NaCl 型的晶体还有 NaF,AgBr,BaO 等。

再如,CsCl 型晶胞是立方体,属简单立方晶格,见图 9-2 所示。每个 Cs^+(或 Cl^-)处于立方体的中心,被立方体 8 个角顶的 8 个异号离子所包围。由于角顶上离子属于 8 个晶胞所共有,也就是角顶上离子只有 $\frac{1}{8}$ 属于一个晶胞,所以,在一个 CsCl 晶胞上实际只有 1 个 Cs^+ 离子和 1 个 Cl^- 离子,所含分子个数为 1。对于 CsCl 晶体来讲,配位数为 8,由于正、负离子的配位数都是 8,所以称为 8∶8(即 1∶1)配位,属于 CsCl 型的离子晶体还有 CsBr,CsI 等。

再如 ZnS 型晶胞有两种结构类型,一种是闪锌矿,如图 9-3 所示,另一种是纤锌矿型。闪锌矿型结构中 S^{2-} 处于面心立方密堆积,半数的四面体空隙被 Zn^{2+} 占据,Zn^{2+} 和 S^{2-} 的配位数

都是 4，所以称为 4∶4(也是 1∶1)配位，属于 ZnS 型的离子晶体还有 CuCl，CdS，HgS 等。更多的离子晶体的结构，读者可以参考其他的无机化学书。

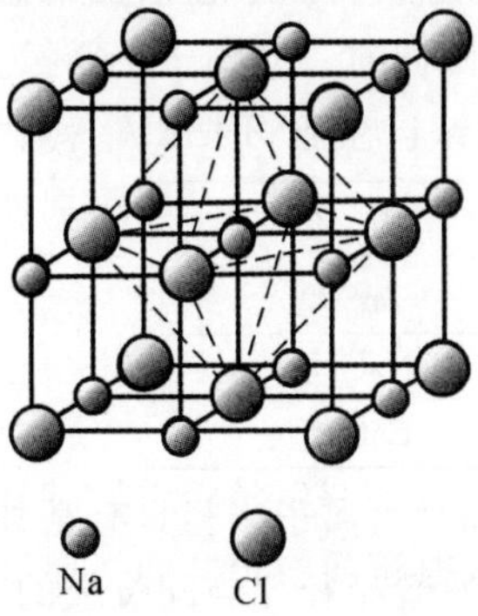

图 9－1　NaCl 型晶胞

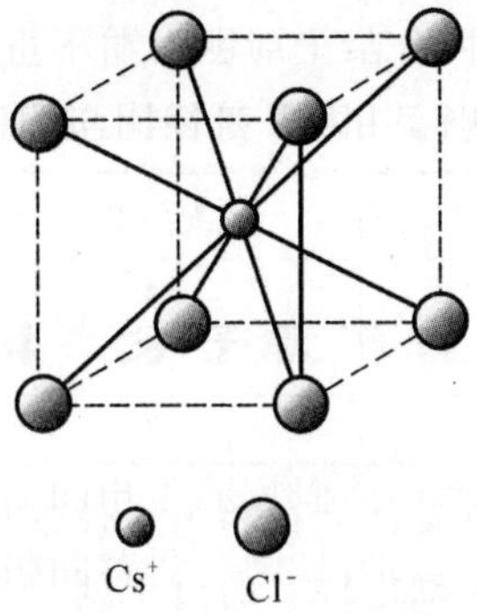

图 9－2　CsCl 型晶胞

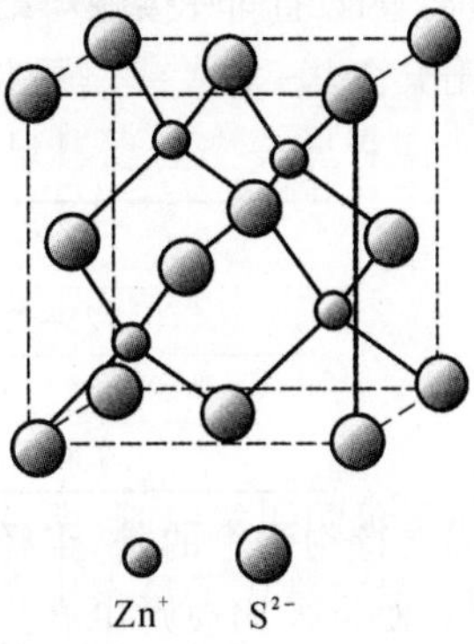

图 9－3　ZnS 型晶胞

几乎所有的盐类和碱性氧化物都是离子型化合物，属于离子型晶体。离子型化合物在固态时是巨型分子，但是，在高温下变成蒸气后却是以单独的小分子形式存在的。

4. 离子半径

设想离子呈球形，在离子晶体中，最邻近的正、负离子中心之间的距离是正、负离子半径的和；离子半径还与晶体类型有关。当以 NaCl 构型为标准时，由 X-射线衍射实验测定得到正、负离子半径的和。要得到各个离子的离子半径，需要进行一定的推算过程。1927 年，鲍林(Pauling)根据原子核对外层电子的吸引力推算出一套离子半径，是现在最常引用的数据；后来，桑尼(R. D. Shannon)等人归纳整理了实验测定的上千种氧化物、氟化物中正、负离子半径的和，以鲍林(Pauling)的氧、氟离子半径为前提，划分出各离子半径，两套数据见表 9－1。

表 9－1　离子半径

离子	半径/pm		离子	半径/pm		离子	半径/pm	
	Pauling	Shannon		Pauling	Shannon		Pauling	Shannon
Li^+	60	59(4)	Fe^{2+}	76		In^{3+}		79
Na^+	95	102	Fe^{3+}	64		Tl^{3+}		88
K^+	133	138	Co^{2+}	74		Sn^{2+}	102	
Rb^+	148	149	Ni^{2+}	72		Sn^{4+}	71	
Cs^+	169	170	Cu^+	96		Pb^{2+}	120	
Be^{2+}	31	27(4)	Cu^{2+}	72		O^{2-}	140	140
Mg^{2+}	65	72	Ag^+	126		S^{2-}	184	184
Ca^{2+}	99	100	Zn^{2+}	74		Se^{2-}	198	198
Sr^{2+}	113	116	Cd^{2+}	97		Te^{2-}	221	221
Ba^{2+}	135	136	Hg^{2+}	110		F^-	136	133
Ti^{4+}	68		B^{3+}	20	12(4)	Cl^-	181	181
Cr^{3+}	64		Al^{3+}	50	53	Br^-	196	196
Mn^{2+}	80		Ga^{3+}	62	62	I^-	216	220

注：括号内数字是离子的配位数，未注明的为 6。

很明显，两套离子半径的数据有所不同，因此，在引用时，不同定义下的离子半径不要混用。在形成离子晶体时，只有当正、负离子处于良好的接触状态时，晶体才能够处于稳定态。正、负离子能否良好接触与结构类型有关，也与正、负离子的半径比有关。经总结得到的半径比规则见表 9-2。

表 9-2　离子半径比与配位数

r_+/r_-	配位数	构　型
0.225～0.414	4	ZnS 型
0.414～0.732	6	NaCl 型
0.732～1.00	8	CsCl 型

需要特别注意的是，半径比规则是建立在离子半径数据之上的，而离子半径具有某种不确定性，致使半径比规则也有一定的不确定性。通过下列数据我们看看半径比与配位数的关系。

NaCl 型碱金属卤化物的半径比值

	Li^+	Na^+	K^+	Rb^+
F^-	0.44	0.70	0.98	1.09
Cl^-	0.33	0.52	0.735	0.82
Br^-	0.31	0.49	0.68	0.76
I^-	0.28	0.44	0.62	0.69

在线的两侧都是 NaCl 型，半径比的值或大于 0.732 或小于 0.414。因此，半径比规则可以帮助我们判断离子晶体的构型，但是，要确定离子晶体的构型还是要通过实验进行测定。

二、晶格能

离子晶体中，晶格的牢固程度可以用晶格能的大小来表示。离子晶体的晶格能是指在热力学标准状态下，物质 B($\nu_B=1$)的离子晶体成为气态正、负离子时所吸收的能量，用 U 表示。例如

$$MX(s) \xlongequal{} M^-(g) + X^-(g)$$

通常，晶格能愈大，破坏晶格时需要消耗的能量愈多，该离子晶体愈稳定。晶格能大的离子晶体，一般熔点也较高、硬度较大，见表 9-3 和表 9-4。

表 9-3　晶格能和离子晶体的熔点

晶　体	NaI	NaBr	NaCl	NaF	CaO	MgO
晶格能/($kJ \cdot mol^{-1}$)	692	740	780	920	3 513	3 889
熔点/℃	660	747	801	996	2 570	2 852

表 9-4　晶格能和离子晶体的硬度

晶　体	BeO	MgO	CaO	SrO	BaO
晶格能/($kJ \cdot mol^{-1}$)	4 521	3 889	3 513	3 310	3 152
莫氏硬度*	9.0	6.5	4.5	3.5	3.3

* 莫氏硬度是德国矿物学家莫氏(F. Mohs)提出的。他把常见的 10 种矿物按其硬度依次排列，将最软的滑石的硬度定为 1，最硬的金刚石的硬度定为 10。10 种矿物的硬度按其由小到大的次序排列为：1. 滑石；2. 石膏；3. 方解石；4 萤石；5. 磷灰石；6. 正长石；7. 石英；8. 黄玉；9. 刚玉；10. 金刚石。测定莫氏硬度用刻画法。

1. 玻恩-哈伯(Born - Haber)循环(实验测定晶格能)

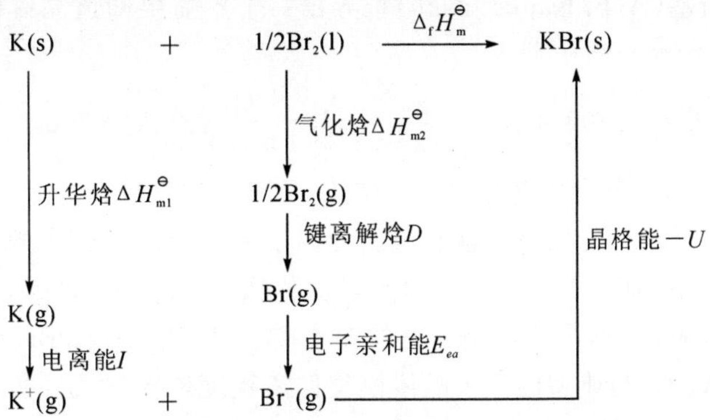

根据上述 Born-Haber 循环有：　$\Delta_f H_m^\ominus = \Delta H_{m1}^\ominus + I + 1/2\Delta H_{m2}^\ominus + 1/2D + E_{ea} - U$

整理得　　　　　　$U = \Delta H_{m1}^\ominus + I + 1/2\Delta H_{m2}^\ominus + 1/2D + E_{ea} - \Delta_f H_m^\ominus$

根据上式可以由实验测定的数据计算出晶格能。晶格能是反映离子晶体性质的特性值，通常晶格能愈大，表明正、负离子间的吸引力愈大，形成的离子晶体愈稳定，从而判断离子晶体的熔、沸点会愈高，硬度也会愈大。

2. 玻恩-朗德(M·Born - A·Landé)公式(理论计算晶格能)

离子晶体的晶格能也可以进行理论计算。如，玻恩-朗德公式为

$$U = \frac{138\ 940\ AZ_1Z_2}{R_0}\left(1 - \frac{1}{n}\right) \tag{9-2}$$

式(9 - 2) 中　R_0—— 正、负离子半径之和，pm；

Z_1, Z_2—— 正、负离子电荷数的绝对值；

A—— 马德隆(E. Madelung)常数，由晶体构型决定(CsCl 型，$A = 1.763$；NaCl 型，$A = 1.748$；ZnS 型，$A = 1.638$)；

n—— 玻恩指数，由离子的电子构型决定(见表 9-5)，如果正、负离子的类型不同，则在计算时，n 取它们的平均值；

U—— 晶格能，$kJ \cdot mol^{-1}$。

表 9 - 5　离子的电子构型和玻恩指数的关系

离子的电子类型	He	Ne	Ar 或 Cu^+	Kr 或 Ag^+	Xe 或 Au^+
n	5	7	9	10	12

以离子晶体 NaF 为例，利用上式计算其晶格能有：

由于 NaF 晶体属于 NaCl 型($r_+/r_- = 0.699$)，则 $A = 1.748$；

Na^+ 和 F^- 均为 +1 价离子 $Z_1 = Z_2 = 1$；

Na^+ 半径为 95 pm，F^- 半径为 136 pm，$R_0 = 231$ pm；

Na^+ 和 F^- 的电子构型均属 Ne 型，$n = 7$，则

$$U_{NaF} = \frac{138\ 940 \times 1.748 \times 1 \times 1}{231} \times \left(1 - \frac{1}{7}\right) = 898.3\ \ kJ \cdot mol^{-1}$$

上述玻恩-朗德公式中马德隆常数值与晶体构型有关，如果晶体构型不知道，就无法计算晶格能。卡普斯钦斯基(A. F. Kapustinskii)推导出一个不需要知道晶体构型，就可以计算晶格能的经验公式：

$$U=1.202\times10^5\Sigma_n\frac{Z_1Z_2}{r_++r_-}\left(1-\frac{34.5}{r_++r_-}\right)\ \mathrm{kJ\cdot mol^{-1}} \qquad (9-3)$$

式中：$\Sigma_n=n_++n_-$，n_+，n_- 分别为晶体化学式中正、负离子的数目；r_+，r_- 的单位为 pm。

但是也有一些离子化合物的晶格能与典型的离子晶体模型有较大的偏离。例如，卤化银 AgF，AgCl，AgBr 的晶格能($\mathrm{kJ\cdot mol^{-1}}$)的实验值依次为 969，912，900，理论值依次为 920，833，816，从数据可以看出，理论值与实验值的偏差按 AgF，AgCl，AgBr 顺序依次增大。此现象表明，由 AgF 到 AgBr，与典型的离子晶体模型偏离程度依次增大。实际上，碘化银已基本上是共价型化合物。

通常情况下，如果晶格能的理论计算值与实验测定值吻合得愈好，说明该化合物与离子晶体模型愈相符；反之，若晶格能的理论计算值与实验测定值相差愈大，表明距离子晶体模型愈远，即共价成分增加。我们可以通过晶格能的理论计算值与实验测定值的吻合程度看出化学键型的过渡。通常，要判定晶体构型和离子电子层构型并不是很容易，所以，理论计算晶格能可行，但是，有一定的难度。

三、离子极化

一些化合物偏离离子型而靠近共价型的现象可以用离子极化理论来说明。在外电场作用下，离子中的原子核和电子(主要是最外层的电子)会发生相对位移，离子就会变形，产生诱导偶极，从而使离子产生极性，此过程叫作离子的极化。在化合物中，正、负离子的相互极化可使电子云发生部分重叠而使键的极性减小，极化作用越强，键的极性越小，离子键便逐渐过渡到共价键，如图 9-4 所示。与此同时，晶型也由典型的离子晶体变为过渡型晶体，直到成为分子晶体。

由于正离子有过剩正电荷，当它的半径不大时，外层电子不容易发生变形，而负离子有过剩负电荷，外层电子较容易变形。因此，一般情况下常常是正离子的极化力作用于负离子，而使负离子发生变形。正离子的半径越小，电荷越多，极化力越强；外层为 2 电子构型，18 电子构型，(9～17)电子构型，(18＋2)电子构型的正离子比 8 电子构型的极化力强。负离子的负电荷越多，半径越大，则越容易变形而被极化(2 电子构型与 18 电子构型的正离子也较容易变形)。由此便可以说明由 AgF 到 AgI 逐渐过渡到共价型的转变。在晶体内正、负离子相互靠近，总是或多或少的相互极化，因此，100％的典型离子键是不存在的，通常的离子型化合物只是离子键占优势。离子型与典型共价型化合物之间存在着一系列过渡状态的化合物，二者之间没有绝对的界限。这也是物质多样化的内在原因。

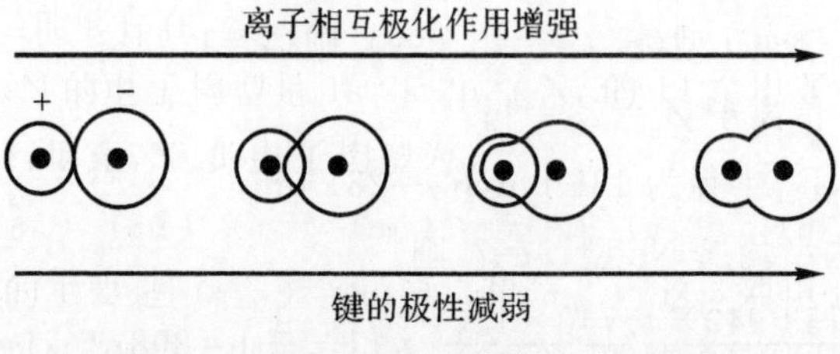

图 9-4　离子键向共价键转变的示意图

由于离子极化对化学键产生了影响，因而对相应化合物的性质也会产生一定的影响。表9-6给出离子极化引起卤化银一些性质的变化。

表9-6 离子极化引起物质性质的变化

晶 体	AgF	AgCl	AgBr	AgI
离子半径之和/pm	262	307	322	342
实测键长/pm	246	277	288	299
键型	离子键	过渡型	过渡型	共价键
晶体构型	NaCl	NaCl	NaCl	ZnS
溶解度/($mol \cdot L^{-1}$)	易溶	1.34×10^{-5}	7.07×10^{-7}	9.11×10^{-9}
颜色	白色	白色	淡黄	黄

(1) 晶型的转变。由于离子相互极化，化学键的共价成分增加，键长缩短(实测键长较正、负离子半径之和为小)，因此，当离子相互作用很强时，晶体就会由于离子极化而向配位数较小的构型转变。例如：银的卤化物，由于 Ag^+ 离子具有18电子构型的电子层结构，极化力和变形性都很大，从AgF到AgI，随着负离子变形性增大，离子相互极化的趋势明显，离子键中共价键成分逐渐增多，到AgI已过渡为共价键，晶体构型由6配位的NaCl型过渡到4配位的ZnS型。

(2)化合物的溶解度。键型的过渡引起晶体在水中溶解度的改变。离子晶体大都易溶于水，当离子极化引起键型的转化时，晶体的溶解度会相应降低。从表9-6可以看出，典型离子晶体AgF易溶，而从AgCl，AgBr到AgI，随着共价键成分的增大，在极性较大的水中的溶解度越来越小。

(3)晶体的熔点。键型的改变也使晶体的熔点发生变化，一般来讲，由离子键所组成的晶体较由共价键构成的分子所组成的晶体具有较高的熔点。例如，NaCl和AgCl虽然具有相同的晶体构型，但是NaCl熔点为801℃，而AgCl的熔点却只有455℃，这是由于 Ag^+ 和 Cl^- 相互极化作用大，键的共价性增多的缘故。

(4)化合物颜色。离子极化还会导致离子颜色的加深，由表9-6可以看出AgCl，AgBr到AgI，颜色由白色、淡黄色至黄色。又如，Pb^{2+}，Hg^{2+} 和 I^- 均为无色离子，但形成 PbI_2 和 HgI_2 后，离子极化明显，使 PbI_2 呈金黄色，HgI_2 呈橙红色。

离子极化可以解释化合物中许多性质的变化，但是，并不是在任何时候都可以使用，在解释典型的离子型化合物的性质时是不适用的，离子极化只能解释从离子型到共价型过渡的化合物性质的变化。

9.2 金属晶体

在周期表中，大多数元素都是金属元素。金属元素的原子可以规则地排列成晶体，这种晶体称为金属晶体。

一、金属晶体的结构

1. 金属晶体的一般性质

(1) 大多数的金属晶体稳定性高。因为，占据晶格结点的微粒为金属原子或其正离子，结点间的作用力是金属键，金属键的强弱可以用升华焓进行衡量。

(2) 大多数的金属晶体的熔点、沸点高，硬度也较大，但是，值得注意的是，有一部分金属晶体的熔点、沸点较低，硬度也不大，如金属汞。

(3) 金属晶体通常都可以导电、传热。这是因为金属晶体中都存在着一定数量的自由电子所致。

(4) 金属晶体通常都具有良好的延展性，便于机械加工。

(5) 金属晶体都是一个庞大分子。

2. 金属键

在金属晶体中，晶格结点上排列的微粒是金属原子和金属正离子，如图 9－5 所示。因为金属原子最外层上的价电子数较少，与原子核的距离较远，所受引力较小，故容易“脱落”成为自由电子，这时金属原子就成为金属正离子。“脱落”下来的电子，不是固定在某一金属离子的附近，而是为整个晶体内的金属原子、金属正离子所共用。它们既可与周围的任一金属离子结合成金属原子，又可从另一金属原子上“脱落”下来。在金属原子和正离子之间，这些电子不断地做高速自由运动，但并不消耗能量。

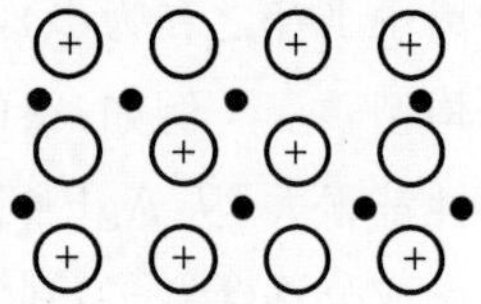

图 9－5　金属键示意图

金属晶体内自由电子的这种运动，使金属原子、金属正离子与自由电子之间产生了一种强烈的作用力(结合力)，此作用力被称为金属键。在金属晶体中，因为自由电子可在整个晶体中做高速的自由运动，从而能够迅速地传递电量和热量，故金属是电和热的良导体。并且金属晶体的各部分可以发生相对位移而不会破坏金属键。因此，金属有良好的延展性和机械加工性能。

金属键的强度可由金属升华焓来度量，金属升华焓(亦即原子化焓)是指，热力学标态，298.15 K 下，将某晶体 B($\mu_B = -1$)完全分离为气态原子时所需的能量。由于气态的金属都是以单原子状态存在，此时金属晶体中的晶格结构已完全被破坏，故升华焓的大小标志着金属键的强度，升华焓越大，金属键越强，其熔点、沸点及硬度一般也越高。

3. 金属晶体的结构

在金属晶体中，金属原子只有少数的价电子用于成键，这些价电子一般都是 s 电子，而 s 电子云是球形对称的，可以在任意方向上与尽可能多的邻近原子的价层电子云重叠，即金属键没有方向性和饱和性。因此，当形成金属晶体时，只要空间条件允许，每个原子总是尽可能与更多的原子形成金属键，倾向于组成极为紧密的结构，这种结构中粒子间的空隙很小，通常称为金属的密堆积。由于金属原子采取最紧密堆积方式，每个金属原子拥有较多的相邻原子，即配位数较高(可达 8,12 或更多)。

根据 X 射线衍射研究可知，金属晶体中最常见的紧密堆积构型有以下 3 种。

(1)体心立方密堆积。体心立方密堆积也称为 ABAB 型或 9494 型堆积。体心立方晶格中每一个晶胞均是立方体。在立方体的 8 个角上和其正中心各有一个粒子，每一粒子周围有 8 个粒子与它相邻，即配位数为 8，空间利用率为 68.02%，如图 9－6(a)所示。属于这种晶体结构的金属单质有 Li,Na,K,Rb,Cs,α－Fe,Cr,Mo,W 等。

(2)面心立方密堆积。面心立方密堆积也称为ABCABC型或733733型堆积。面心立方晶格中每一个晶胞也都是立方体。在立方体的8个角上和6个面的中心位置上各有一个粒子,在该粒子周围有12个粒子与它相邻,即配位数为12,空间利用率为74.02%,如图9-6(b)所示。金属Ca,Sr,Cu,Pb,Ni,Au,Ag,γ-Fe等都是面心立方晶体结构。

(3)六方密堆积。六方密堆积也称为ABAB型或7373型堆积。六方密堆积晶格中每一个晶胞都是六面柱体,在六面柱体中,粒子分3层排列,如图9-6(c)所示。在上、下两层正六边形里的中心位置和每个角上都有一粒子,柱体的中间层上有3个粒子排成正三角形,这种结构的配位数也是12,空间利用率为74.02%。属于这种结构的金属单质有Mg,Cd,Co,Rb,Y,La,Ti,Zr,Hf等。

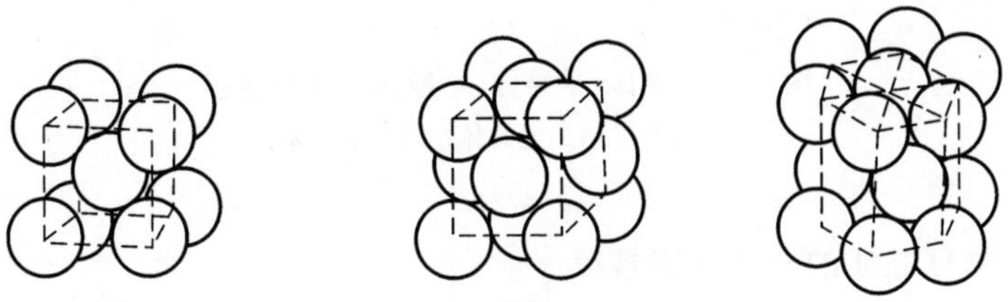

(a) (b) (c)

图9-6 金属晶体的紧密堆积方式

(a)体心立方晶格; (b)面心立方晶格; (c)六方晶格

金属晶体与离子晶体一样,在晶体内没有单独的小分子存在,一块晶体就是一个巨大的分子,故金属单质的化学式常用元素符号来表示,如Fe,Al,Cu等。

二、金属键理论

1.电子海模型

通常,金属原子的价电子数较少,并且,核对价电子的吸引力较弱,因此,占据晶格结点的是金属原子或其正离子。在晶格的空隙间"游动"着自由电子,由于自由电子、正离子、金属原子之间瞬时变化着,其间所产生的作用力就是金属键。我们把这种金属晶体的模型称为电子海模型。

电子海模型用来解释金属晶体的导电性、传热性及延展性,能够得到满意的结果。

2.能带理论

(1) 由于金属晶体是庞大分子,因此,在金属固体中,各个金属原子的价轨道组合成分子轨道时,形成了成键轨道、非键轨道和反键轨道,我们把若干个能量相近的分子轨道的集合称为能带,如图9-7所示。由于能带中各个分子轨道的能级差很小,可以看成是准连续的。

(2)按照电子在能带中分布的不同,可以将能带分为满带(即填满电子的能带)、导带(即电子未填满的能带)以及禁带(也就是满带和导带之间的间隙),如图9-7所示。

(3) 满带和导带之间也可以重叠,也就是没有禁带。

根据图9-7,利用能带理论可以说明导体、半导体、绝缘体的一般性质。所谓导体就是导带内的电子定向移动而形成电流的物质,如Fe、Cu等;半导体就是那些禁带较窄、导带内有极少的激发电子,导电性较小的物质,如Si等;绝缘体就是那些禁带较宽,导带内又无电子,不会发生电子跃迁,也就不导电的物质。

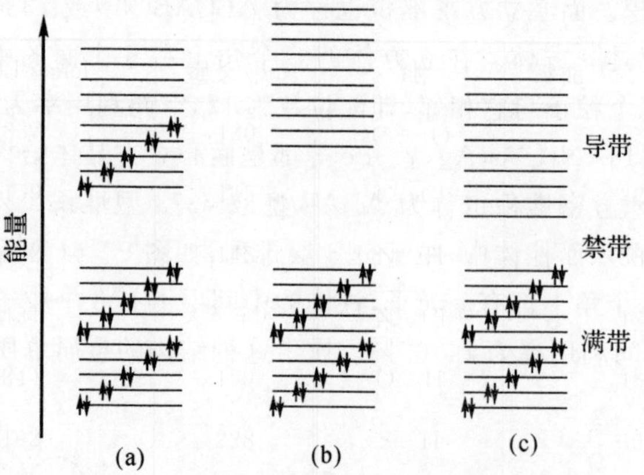

图 9-7 导体、半导体、绝缘体的能带示意

(a)导体； (b)绝缘体； (c)半导体

三、金属单质物理性质的一般递变规律

1. 金属在周期表中的位置

在元素周期表中，共分为 5 个区，其中 s 区，d 区，ds 区及 f 区均为金属元素，而 p 区的右上方为非金属元素，左下方为金属元素。p 区中的硼、硅、砷、碲、砹这一对角线附近的一些元素的性质介于金属元素和非金属元素之间。在 s 区、p 区之间的 d 区和 ds 区元素，其性质具有从典型的金属过渡到非金属的特点，因此，称为过渡元素。f 区元素称为内过渡元素，金属性较活泼。

对于 s 区，d 区，ds 区的大多数元素来说，位于周期表同一族的元素的物理、化学性质具有明显的相似性。d 区的第Ⅷ族元素中，位于同一周期的元素的相似性大于垂直方向，所以，第Ⅷ族元素常分为 3 个元素组，即铁组（铁、钴、镍）、钯组（钌、铑、钯）和铂组（锇、铱、铂）。f 区包括镧系和锕系各 15 种元素，分别位于周期表ⅢB 族中的第 6 周期和第 7 周期的两格内。

2. 金属单质的物理性质

金属单质一般都具有金属光泽，良好的导电性、传热性和延展性，但各种金属单质的性质有所差异。由于物理性质与各金属元素的原子结构以及晶体结构有关，所以，金属单质的一些物理性质在周期表中就显示出规律性的变化。

金属单质的熔点、沸点、硬度一般在ⅥB 族附近有较高值。ⅥB 族金属钨的熔点为 3 140℃，沸点为 5 660℃，是熔点、沸点最高的金属。ⅥB 族的铬是硬度最大的金属，莫氏硬度达到 9，钨、铬两旁金属单质的熔点、沸点、硬度趋于降低。金属汞的熔点、沸点、硬度均为最低。工程上常按熔点高低将金属分为高熔点和低熔点金属。高熔点金属多集中在 d 区，通常所说的耐高温金属就是指熔点等于或高于铬的熔点（1 857℃）的金属。

金属单质密度的变化规律，一般是各周期开始的金属元素单质密度较小，而后面的密度增大，到第Ⅷ族达到最大，以后又递减。同族则一般由上到下密度增大。在工程上，通常将密度小于 5 g · cm^{-3}的金属称为轻金属（包括除镭外的 s 区以及钪、钛、铝等），如锂是最轻的金属，其密度约为水的一半，钠和钾的密度也均小于水。密度大于 5 g · cm^{-3}的称为重金属，密度较大的金属集中在第 6 周期的第Ⅷ族及其附近，锇是密度最大的金属。

金属都是电的良导体。金属的导电性递变规律在周期系中不很明显。但已知导电率最好的是ⅠB 族金属（铜、银、金），其次是铝和ⅠA 族金属。但ⅠA 族金属强度差，熔点很低，不能用做一般的导电材料。处于 p 区对角线附近的金属，如锗导电能力介于导体与绝缘体之间，是半导体。

一般来说，固态金属单质都是属于金属晶体。金属晶体的熔点、沸点、密度、硬度及导电性均与金属键有关。不同的金属晶体中的金属键强度差别较大，这是因为金属键与金属的原子半径、能参加成键的价电子数以及核对外层电子的有效核电荷等有关。通常，金属的原子半径小，价电子数多，核对外层电子的有效核电荷大，则金属键强。如ⅠA 族的锂、钠、钾、铷、铯，是同周期中金属原子半径最大、价电子数最少、金属键较弱的元素，故它们的熔点、沸点、硬度、密度也较小。在周期表中，同周期元素由左至右，原子半径逐渐减小，参与成键的价电子数逐渐增加，以及原子核对外层电子的有效核电荷逐渐增强，金属键能将逐渐增大，故熔点、沸点、密度、硬度也逐渐增大。ⅥB 族的原子半径较小，未成对的价电子数最多（包括未成对的 s 电子和次外层的 d 电子），金属键（并有部分共价键）很强，因此，单质的熔点、沸点最高。ⅦB 族以后，由于未成对价电子数逐渐减少，金属键逐渐减弱，故熔点、沸点降低。金属间的导电性与金属的纯度及温度等因素也有关，金属中有杂质存在或温度升高，金属的导电率将下降。

四、金属及其合金材料

金属及其合金[①]在现代工程技术中是极为重要的材料。金属及其合金叫作金属材料。最简单的金属材料是纯金属，由于纯金属性能较单一，作为结构材料用途较少。而金属的合金往往集中了几种金属的优点，具有纯金属所不具备的特性，故在工程中被广泛应用。

工业上把所有的金属及其合金分为两大类，即黑色金属和有色金属。黑色金属是指铁和以铁为基本成分的合金，如钢、铸铁及铁合金。有色金属是指除黑色金属以外的其他所有金属及其合金。按照性能特点，有色金属可进一步分为轻金属（密度小于 $5\ g \cdot cm^{-3}$）、重金属（密度大于 $5\ g \cdot cm^{-3}$）、贵金属（在地壳中含量少、化学性质稳定、价格较高）、易熔金属、难熔金属及稀土金属等。这里只介绍在航空、航天、航海工业上有重要用途的几种金属材料。

1. 铝和铝合金

金属铝是银白色的轻金属，密度为 $2.78\ g \cdot cm^{-3}$（约为钢的 1/3）。它不仅有良好的导电、传热性，而且有一定的延展性和强度，可用作导电材料及食品包装材料等。铝的单质是典型的面心立方密堆积结构。其化学性质较活泼，能与许多非金属直接化合，例如：

$$2Al + 3F_2 = 2AlF_3$$

$$4Al + 3O_2 = 2Al_2O_3$$

$$2Al + N_2 = 2AlN$$

其中，产物 AlF_3 和 Al_2O_3 是离子型化合物，AlN 是共价型化合物。

铝的电极电势值较小[$\varphi^{\ominus}(Al^{3+}/Al) = -1.662\ V$]，但在空气和水中却很稳定，并没有表现出它相应的活泼性。这是因为铝具有很强的亲氧性，其氧化物（Al_2O_3）的 $\Delta_f H_m^{\ominus}$ 可达 $-1\ 669\ kJ \cdot mol^{-1}$。因此，铝在接触空气后便会很快在表面生成致密而牢固的氧化铝薄膜，这层膜很薄（约 10^{-6}cm），但很结实，能阻止内部铝继续被氧化，故具有耐蚀性。借助阳极氧化

① 合金是由两种或两种以上的金属元素（或金属和非金属元素）组成的，它具有金属所应有的特性。

制作的人工氧化膜，既具有一定厚度又致密，其耐蚀性更强。

纯铝的强度很低，机械性能差，导电性较好，大量用于电气工业，但不能用作结构材料。在纯铝中加入某些元素（如 Si，Mn，Ti，Cr）制成铝合金，其机械性能可以大为改善。铝合金密度小、质轻、强度大且坚韧，甚至可以达到超高强度钢的水平，故主要用作飞机、火箭、汽车等的结构材料。

经过热处理，强度大为提高的铝合金称为硬铝合金。硬铝制品的强度和钢相近，而质量仅为钢的 1/4 左右，因此，在飞机、汽车等制造方面获得广泛的应用。但硬铝的耐蚀性较差，在海水中易发生晶间腐蚀，不宜用于造船工业。

2. 钛及其合金

钛元素发现于 1790 年，但由于分布分散，难于提炼，且在高温下易吸收气体而变脆，经不起锻造，一经打击便脆裂，故未能引起人们的注意。直到 20 世纪 40 年代末，冶炼技术得到进一步发展，才实现了钛的工业化生产。钛在地壳中的含量约为 0.61%，排在所有元素中的第 10 位，目前，自然界已探明的钛储量约有一半分布在我国。

金属钛有银白色光泽，密度小（$4.5\ g \cdot cm^{-3}$）、熔点高（约为 1 660℃）。纯金属钛在固态时有两种结构：一种是密堆六方晶格，称为 α－Ti，这种钛通常是在 882℃以下存在；另一种是体心立方晶格，称为 β－Ti，在 882℃以上存在。钛在常温下不与水、稀硫酸、稀盐酸、硝酸作用，甚至不与王水作用，具有较好的耐腐蚀性。尤其是对盐酸的耐腐蚀性可超过现有的任何一种金属材料，因为，其表面有一层致密而坚固的氧化物薄膜。

金属钛及其合金是一种新型的结构材料，具有质轻、耐高温、耐腐蚀及较大的机械强度等特点。机械强度和耐热性远优于铝。钛的合金材料更具有优势，它的比强度（即强度与密度比）是目前所有工业金属材料中最高的，是铝合金的 1.3 倍，镁合金的 1.6 倍。因此，钛及其合金是现代超声速飞机、火箭、导弹等宇航工业中不可缺少的材料，有“空间金属”之称。此外，钛和钢的复合材料能耐酸、碱腐蚀，被誉为“复合材料”之王。在 20 世纪 90 年代中后期，人们又发现钛镍合金（TiNi）具有“形状记忆”的能力，即能记住某一定温度下的形状，故又叫作形状记忆合金。形状记忆合金是一种新型的功能材料，其应用所涉及的领域极其广泛，如，宇航、电子、机械、建筑、医疗及日常生活等，几乎涉及产业界的所有领域。目前，人们把铁叫作“第一金属”，把铝叫作“第二金属”，预计钛将成为“第三金属”。

3. 锂及其合金

锂位于周期表中ⅠA 族，是碱金属元素。它与同族的其他金属元素相比，有许多特殊性，如：锂的熔点、沸点高于同族其他金属，电极电势值是同族中最低的。锂的密度小、强度大、塑性好，它是所有固体单质中最轻的，能浮在煤油表面，密度仅为水的一半，由锂与铝、镁制成的合金密度也很小，称为超轻金属。

我国盛产锂云母[$K_2Li_3Al_4Si_7O_{21}(OH_2F)_3$]，现已探明我国锂的储量居世界首位。锂发现较早，但其使用价值直到几十年前才为人们所认识。近年来，锂工业的发展十分迅速，在宇航工业中锂及其合金是大有前途的轻便结构材料，可用于制造飞机、火箭、导弹等。锂也是重要的能源材料，如用锂代替汞电池，可用于植入人体内的心脏起搏器，使用寿命能由 15 个月延长到 15 年。锂及烷基锂还是制备高分子聚合物的重要催化剂，它活性高，用量少，使催化反应容易控制。

以上讨论了 Al，Ti，Li 3 种金属及其合金，它们的共同特点是质轻而强度高，这在航空、航天、航海工业中是很重要的。在元素周期表中，强度较好的轻金属位于左上方，因此，铍和镁及其合金也可用作宇航材料。但铍性脆，有毒性，且价格较高，这是应用中有待解决的问题。

9.3 分子晶体

一、分子型晶体的结构

分子型晶体的晶格结点上排列的微粒是分子(也包括像稀有气体那样的单原子分子)，在分子内部是较强的共价键，但是，分子之间是较弱的范德瓦尔斯力(有时还有氢键)。例如：固态二氧化碳(干冰)是典型的分子型晶体，如图 9 - 8 所示，其晶胞为立方体，CO_2 分子占据立方体的 8 个顶角和 6 个面的中心位置，在 CO_2 内，原子是以键能很大的 C═O 键结合，而 CO_2 之间存在的是极弱的色散力。固态的水(冰)也是典型的分子型晶体。在晶体冰中，一个水分子通过 4 个氢键与周围 4 个水分子结合成四面体，见图 9 - 9(a)。每个 H 同时与两个 O 相连接，其中一个是共价键，另一个是氢键。每个四面体以共用顶点的方式连接成分子晶体(类似方石英结构)，见图 9 - 9(b)。这种结构较疏松，分子间空隙较大，故水结冰后密度要变小。

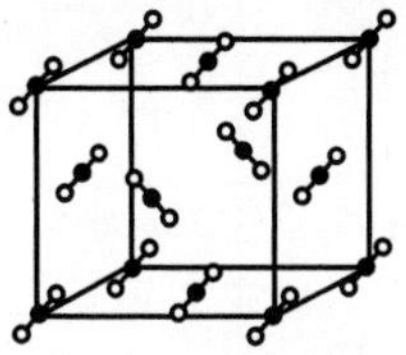

○氧原子● 碳原子

图 9 - 8　CO_2 晶体结构

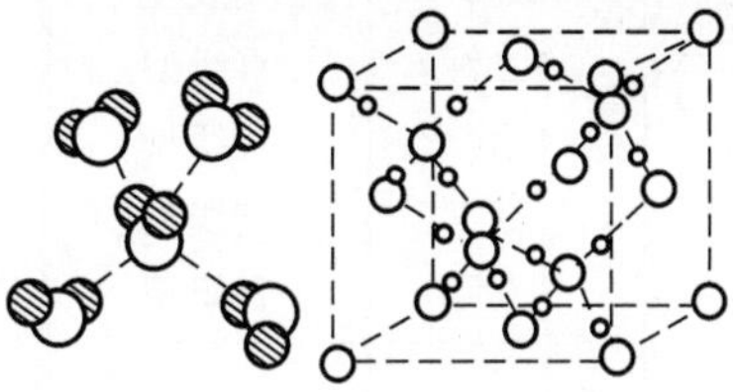

(a)　　(b)

图 9 - 9　冰的晶体结构

通常，稀有气体、卤素单质以及 O_2，S_8，P_4 等大多数非金属单质在固态时都形成分子晶体。大多数共价化合物和有机物，如 NH_3，SO_2，硼酸和草酸等在固态时也是分子晶体。

在分子晶体中，由于分子间作用力较弱，只需要很小的能量，就能破坏晶体。因此，分子晶体通常熔点、沸点较低，硬度较小，常温时大多数都以气态或液态存在，即使固态，其挥发性也较大，且常具有升华的性质。例如：萘($C_{10}H_8$)的沸点只有 80℃，常温下可以升华。由于分子晶体中晶格结点上的微粒是分子，所以，都是电的不良导体。根据相似相溶原理，极性分子的晶体易溶于极性溶剂中，非极性分子的晶体易溶于非极性溶剂中。

二、分子的极性(Moleular Polarity)与偶极矩

由共价键结合成的分子，如 HCl，由于键的极性，分子中 H 的一端带部分正电荷，而 Cl 的一端带部分负电荷。分别用"+"号表示"正电荷重心"，用"－"号表示"负电荷重心"。凡正、负电荷重心不重合的分子(如 HCl)就是极性分子(Polar moleule)，如图 9 - 10 所示。

在极性分子中，正电荷重心的电量 $+q$ 和负电荷重心的电量 $-q$ 的绝对值相等。正、负电荷中心分别形成正、负两极，称为偶极。偶极之间的距离 l 称为偶极长度，电量 q 与距离 l 的乘积叫作偶极矩(Dipole moment)，用符号 μ 表示，有

$$\mu = q \cdot l \tag{9-4}$$

因 q 取绝对值,故由式(9-4)可知:极性分子的 $l>0$,所以 $\mu>0$;而非极性分子的 $l=0$,因而$\mu=0$。

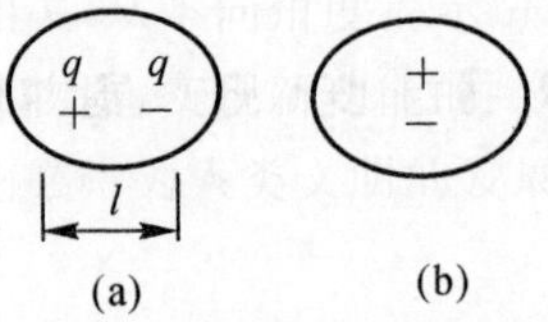

图 9-10 极性分子(a)和非极性分子(b)

偶极矩也可以通过实验进行测定。它是衡量分子(固有)极性强弱的依据,偶极矩越大,表明分子的极性越强。表 9-7 列出了一些分子的偶极矩数据。

表 9-7 偶极矩和分子的空间构型

分子式		偶极矩 $(10^{-30}C\cdot m)$	分子空间构型	分子式		偶极矩 $(10^{-30}C\cdot m)$	分子空间构型
双原子分子	HF	6.39	直线型	三原子分子	HCN	9.84	直线型
	HCl	3.60	直线型		H_2O	6.14	V 型
	HBr	2.60	直线型		SO_2	5.37	V 型
	HI	1.27	直线型		H_2S	3.14	V 型
	CO	0.40	直线型		CS_2	0	直线型
	N_2	0	直线型		CO_2	0	直线型
	H_2	0	直线型				
四原子分子	NH_3	5.00	三角锥型	五原子分子	$CHCl_3$	3.44	四面体型
	BF_3	0	平面三角型		CH_4	0	正四面体型
					CCl_4	0	正四面体型

分子的极性来源于键的极性,因此,由非极性共价键结合的分子,必然是非极性分子(Nonpolar moleule),其 $\mu=0$。

对于极性共价键结合的分子,由表 9-7 可以看到,有的 $\mu=0$,有的 $\mu>0$。再细加考察可以看出,双原子分子是否极性分子与分子中键有无极性是一致的。而多原子分子中,即使是由极性共价键结合的,有的 $\mu>0$,有的却 $\mu=0$。可见除了键的极性外,还有另外的因素影响分子是否有极性,那就是分子的空间构型。例如,CO_2 和 H_2O,CO_2 中的C=O键是极性共价键,其分子呈直线形 O=C=O,两个 C=O 键的极性完全抵消,使整个分子的正负电荷重心在碳核上重合,因而 $\mu=0$,所以,CO_2 是非极性分子。但 H_2O 的空间构型不是直线形,而呈三角形,两个 O—H 键的极性不能抵消,分子的负电荷重心靠近氧原子,正电荷重心则靠近两个 H 核连线的中点,整个分子的正、负电荷重心不能重合,使 $\mu>0$,所以,H_2O 是极性分子。

因此,在定性的判断多原子分子是否是极性分子时,首先要看键有无极性。若键有极性,还要结合分子的空间构型来判别。反之,如果由实验测得的 μ 值,也可以结合键的极性来推测某些分子的空间构型。例如,BF_3 和 NH_3,实验测得 BF_3 的 $\mu=0$,NH_3 的 $\mu>0$,而 B—F 键和 N—H 键都有极性,便可断定前者的空间构型是平面三角型,而后者是三角锥型。

三、分子的极化与极化率

分子极性的大小除决定于分子的本性以外，还可受外界电场的影响而发生变化。分子在外界电场的影响下，由于同性相斥，异性相吸，可以使正、负电荷重心发生相对位移，即可使分子发生变形，产生一种偶极，叫作诱导偶极。由于在外电场影响下，分子能产生诱导偶极，可使非极性分子转变为极性分子[见图 9-11(a)]，使极性分子的极性由固有偶极（无外界电场时已存在的偶极）再加上诱导偶极而变得更大[见图 9-11(b)]。分子在外界电场的影响下发生变形而产生诱导偶极的过程叫作分子的极化。

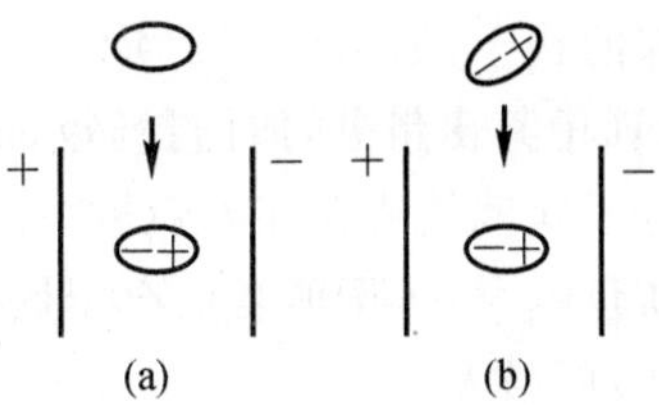

图 9-11 分子在外界电场中的极化

(a)非极性分子；(b)极性分子

分子的极化与分子的变形（即变形的难易）与外界电场有关。分子变形性越大，外界电场强度(E)越大，分子的极化所产生的诱导偶极($\mu_{诱导}$)也就越大，即

$$\mu_{诱导}=\alpha E$$

式中的比例系数 α 叫作极化率，极化率等于单位电场强度下的诱导偶极矩，用于衡量分子的变形性。通常，α 越大，表示分子越易变形而被极化。

在类似的物质中，可定性地认为，极化率随相对分子质量（或电子数）的增大而增大。例如，在稀有气体中，从氦到氙，烷烃中从甲烷到乙烷，极化率都是依次增大的（见表 9-8）。分子的极化率对于分子间力的大小也有着密切的关系。

表 9-8 一些物质的极化率 （单位：10^{-40} C · m^2 · V^{-1}）

分子式	极化率	分子式	极化率	分子式	极化率	分子式	极化率
He	0.205	H_2	0.804	HCl	2.63	CO	1.95
Ne	0.396	O_2	1.581	HBr	3.61	CO_2	2.911
Ar	1.641	N_2	1.740	HI	5.44	NH_3	2.81
Kr	2.484	Cl_2	4.61	H_2O	1.45	CH_4	2.593
Xe	4.044	Br_2	7.02	H_2S	3.78	C_2H_6	4.47

四、分子间的作用力（范德瓦尔斯力）

在离子晶体中，离子间以离子键结合；在金属晶体中，是通过金属键结合的。离子键和金属键都是化学键，是原子间比较强的相互作用，键能为 100～800 kJ · mol^{-1}。除了这些原子间较强的相互作用外，在分子与分子之间还存在着一种较弱的相互作用，即分子间作用力（简称分子间力，Inter Moleule Force），其结合能只有几个到几十 kJ · mol^{-1}，比化学键键能小 1～2 两个数量级。在 1873 年，物理学家范德瓦尔斯（van der Waals）在研究气体行为时，首先提出了这种相互作用，所以，通常把分子间力又称为范德瓦尔斯力。分子间作用力主要包括以下 3 部分。

1. 色散力（Dispersion Force）

当非极性分子相互靠近时，每个分子中的电子在不断运动，以及原子核的不断振动，经常发生电子在瞬间与原子核之间的相对位移，使分子中的正、负电荷重心不重合，从而产生瞬间偶极，这种瞬间偶极也会诱导邻近的分子产生瞬间偶极，于是两个分子可以靠瞬间偶极相互吸引，即瞬间偶极之间处于异极相邻的状态，如图 9－12 所示。这种由于存在“瞬间偶极”而产生的相互作用力称为色散力。虽然瞬间偶极存在的时间极短，而方向也不断变化，但是，上述的异极相邻状态总是存在的，这样分子间就始终存在着色散力。

一般来说，分子的相对分子质量越大，分子所含的电子数越多，分子间的色散力也就越大，即色散力随着相对分子质量的增大而增大。

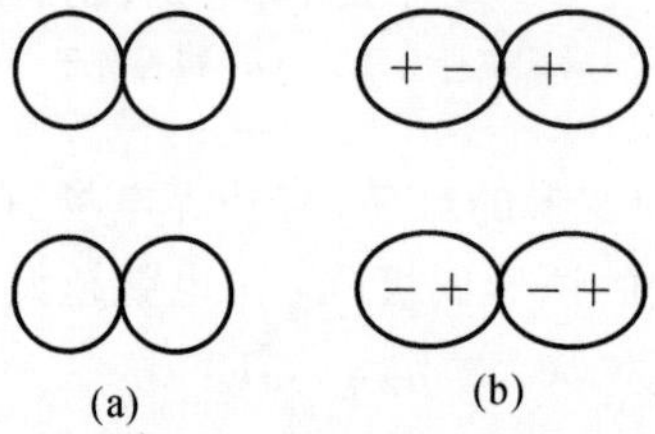

图 9－12　非极性分子之间相互作用的情况

2. 诱导力（Induced Force）

当极性分子与非极性分子相互靠近时，分子间除色散力外，还存在诱导力。这是因为，极性分子的固有偶极对非极性分子的电子云和原子核要产生吸引或排斥作用，使得非极性分子的正、负电荷重心不重合，发生相对位移，而产生了诱导偶极。这种诱导偶极和极性分子的固有偶极之间所产生的作用力叫作诱导力。与此同时，诱导偶极又作用于极性分子，使其偶极矩进一步增大，从而进一步加强了它们之间的吸引力，如图 9－13 所示。诱导力的本质是静电作用。根据静电理论可知：外电场（此处是分子极性）强度大，分子变形性大，分子间距离小，诱导力就大。

3. 取向力（Orientation Force）

当极性分子相互靠近时，分子的固有偶极之间同极相斥，异极相吸，使得分子在空间按一定取向排列，相互处于异极相邻状态，因而产生了分子间引力。这种因极性分子的取向而产生的固有偶极间的作用力称为取向力。显然，分子的极性越大，分子间的取向力越大。取向力的存在，使相邻的极性分子更加靠近，它们彼此相互诱导，又使得每个极性分子的正、负电荷重心更加偏离（即变形性增大），而产生了诱导偶极，如图 9－14 所示。因此，在极性分子之间还存在着诱导力。同时，由于极性分子中的电子与核的相对位移，也同时产生瞬间偶极，即有色散力的存在。

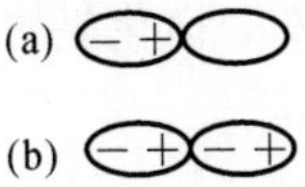

图 9-13 极性分子与非极性分子相互作用的情况

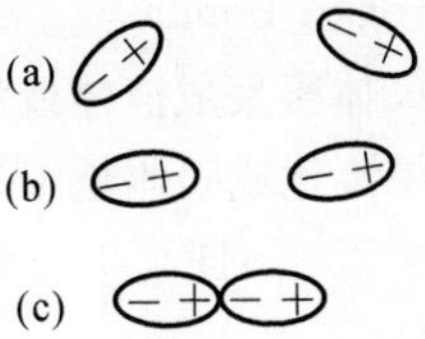

图 9-14 极性分子之间相互作用的情况

总之，在非极性分子之间只存在着色散力，在极性分子和非极性分子之间既存在着色散力也存在着诱导力，在极性分子之间存在着色散力、诱导力和取向力。其中，色散力在各种分子之间都存在，因此，色散力具有普遍性。表 9-9 列出了一些分子中 3 种分子间作用力的分配情况。

表 9-9 分子间作用力的分配

分 子	取向能/(kJ·mol^{-1})	诱导能/(kJ·mol^{-1})	色散能/(kJ·mol^{-2})	总能/(kJ·mol^{-1})
Ar	0	0	8.493	8.493
H_2	0	0	1.674	1.674
CH_4	0	0	11.297	11.297
HI	0.025	0.113	25.857	25.995
HBr	0.685	0.502	21.924	23.112
HCl	3.305	1.004	16.820	21.12
CO	0.002 93	0.008 37	8.745	8.756
NH_3	13.305	1.548	14.937	29.790
H_2O	36.358	1.925	8.996	47.279

从表 9-9 可以看出，一般情况下，色散力在分子间力中占的成分比较大，即

$$色散力 \gg 取向力 > 诱导力$$

只有在极性很强的分子中取向力才是主要的分子间力，如水、液氨中。

分子间力没有方向性和饱和性，比化学键的键能小得多，结合能一般为十几千焦每摩尔。分子间力与分子间距离的 7 次方成反比，故其作用的范围比较小，一般在 300～500 pm 范围内较显著。当分子间距离增大时，分子间力迅速减小，当距离大于 500 pm 时，分子间力便可忽略不计。因此，固态时分子间力最大，液态次之，气态最小（常忽略不计，可近似当作理想气体对待）。

由于分子间力的存在，对于共价型分子所组成物质的一些物理性质有较大的影响。一般来讲，对类型相同的分子，其分子间力常随着相对分子质量的增大而增大。分子间力越大，物质的熔点、沸点和硬度就越高。例如，F_2，Cl_2，Br_2 和 I_2 的相对分子质量依次增大，其分子间力（主要是色散力）也依次增大，导致其晶体的熔点、沸点依次增高。因此，在常温下，F_2 是气体，Cl_2 也是气体（但易液化），Br_2 为液体，而 I_2 为固体。稀有气体从 He 到 Xe 在水中溶解度依次增加，也是因为从 He 到 Xe 原子体积逐渐增加，致使水分子与稀有气体间的诱导力依次加大。烷烃（C_nH_{2n+2}）的熔点、沸点也随相对分子质量的增大而依次增加，二十（碳）烷的沸点比乙烷的沸点高出 500℃。

4. 氢键(Hydrogen Bond)

我们知道,当气体凝聚成液体或液体凝聚为固体时,都要受到分子间作用力的影响。分子间力越大,液体越不易汽化或固体越不易熔化,即沸点或熔点越高。卤化氢的沸点和熔点如下:

卤化氢(HX)	HF	HCl	HBr	HI
沸点/℃	19.9	−85.0	−66.7	−35.4
熔点/℃	−83.57	−114.18	−86.81	−50.79

其中 HCl,HBr,HI 的沸点、熔点随着相对分子质量的增大而升高,这与色散力的一般递变规律是一致的。但是 HF 出现异常现象,其沸点特别高,说明在 HF 分子间除存在范德瓦尔斯力外,还存在着另外一种作用力(因为液体汽化时需要能量来克服分子间的作用力),这就是氢键(Hydrogen bond)。

氢键是指氢原子与电负性较大元素的原子(如 F,O,N 等)以共价键结合的同时,又与另一个电负性较大的元素的原子之间产生的吸引作用。例如,在 HF 中,F 的价电子构型为 $2s^2 2p^5$,轨道图表示式为

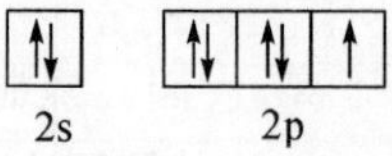

其中,2p 轨道上的一个单电子与 H 原子的 1s 电子配对,形成共价键。由于 F 的电负性(3.98)比氢的电负性(2.18)大得多,共用电子对强烈的偏向 F 一边,使 F 带有较大的负电荷,而氢带有较大的正电荷,此时的 H 几乎是"裸露"出来的(常称为裸核);又由于 F 的外层轨道 2s 和 2p 上还有 3 对孤对电子,因此,H 在与 F 形成共价键的同时,还会受到另一个 F 的外层孤对电子的吸引,从而产生了氢键,氢键常用虚线来表示,见下图:

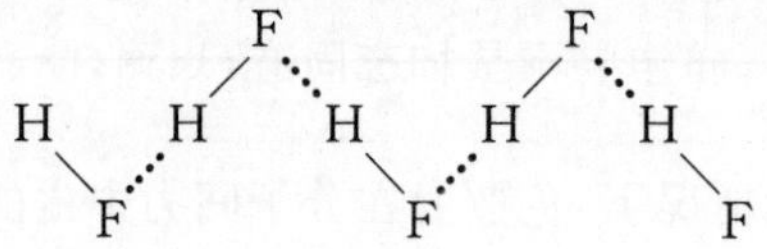

分子间氢键的存在,使 HF 之间产生了缔合现象:

$$n\text{HF} \rightarrow n(\text{HF}) \quad (n=2,3,4,\cdots) \quad \text{即}(\text{HF})_n$$

即由简单的小分子结合成比较复杂的缔合分子。由上例看出,HF 中的氢键是在分子间形成的。但是,也有些氢键是在分子内形成的,如,邻硝基苯酚中的分子内氢键:

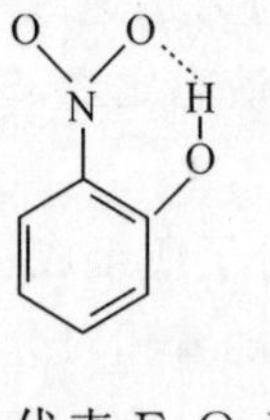

氢键通常用 X—H…Y 表示。X 和 Y 代表 F,O,N 等电负性大且原子半径较小的元素的原子。X 和 Y 可以是同种元素的原子,也可以是不同元素的原子(如 N—H…O)。形成氢键一般需要具备如下条件:

(1)分子中必须有一个电负性较强的元素与 H 形成强极性共价键。

(2)分子中电负性较大的元素必须是原子半径小且带有孤对电子(如 F,O,N 等)。这是因为氢键与范德瓦尔斯力不同,它有一定的方向性,在可能的范围内,氢键要在 Y 原子孤对电

子伸展的方向上形成，这样使“裸露”的H原子更容易与孤对电子相互吸引。

氢键的强弱与X和Y的电负性的大小及半径的大小有关。X和Y的电负性越大，原子半径越小，形成的氢键就越强。例如，在HF中，F的电负性最大，原子半径又小，所以形成的氢键最强；在NH_3中，N的电负性虽大，但其原子半径较F大些，因而，形成的氢键比HF的弱一些。氢键的强度可以用键能来表示，表9-10给出了一些常见氢键的键能和键长。氢键的键能是指将1 mol的X—H…Y—R分解成X—H和Y—R时所需的能量。氢键的键长是指在X—H…Y结构中，由X的中心到Y中心的距离。

氢键就其本质而言，主要是偶极之间的静电作用。氢键的特征是有饱和性、方向性。在X—H…Y中，当H与Y形成氢键后，由于H的体积很小，使得X和Y彼此靠近，第三个电负性大的原子Y因受到X和Y的斥力而难于接近H，故一个X—H的H只能与一个Y原子相结合形成一个氢键，此谓氢键的饱和性。同时，为了减少X，Y之间的斥力，X—H…Y之间的键角尽可能接近180°，此即氢键的方向性。

表9-10 氢键的键能和键长

氢 键	键能/($kJ \cdot mol^{-1}$)	键长/pm	化合物
F—H…F	28.0	255	$(HF)_n$
O—H…O	18.8	276	冰
N—H…F	20.9	266	NH_4F
N—H…O	—	286	CH_2CONH_2
N—H…N	5.4	358	NH_3

氢键在无机化合物(如水和水合物)及有机化合物(如醇类、有机酸等)中都普遍存在。氢键强烈影响着这些物质的物理性质，使它们具有较高的熔点、沸点和较低的蒸气压。例如，在H_2O，HF和NH_3中，由于存在着氢键，它们的沸点就比同类其他氢化物高出很多。如图9-15所示，但如果是分子内氢键，情况恰好相反。如形成了分子内氢键的邻硝基苯酚的熔点为45℃，而形成分子间氢键的间位和对位硝基苯酚的熔点分别为96℃和114℃。由此可以认为，分子间氢键更类似于分子间力，主要影响物质的物理性质，而分子内氢键则更类似于化学键，主要影响物质的化学性质。

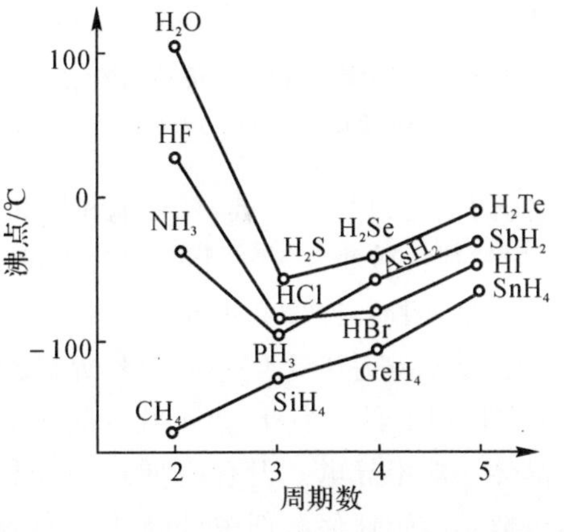

图9-15 ⅣA～ⅦA族氢化物沸点变化趋势

9.4 其他类型的晶体

共价型化合物和单质的晶体类型有共价晶体和分子晶体。共价型化合物绝大多数形成分子晶体,形成共价晶体的很少。此外,自然界中还存在着混合型晶体。本节简要介绍之。

一、共价晶体

在共价晶体中,晶格结点上排列的是原子,原子与原子之间通过共价键而结合。图 9-16 分别是金刚石共价晶体和方石英(SiO_2)共价晶体的结构,由于在各个方向上的共价键都是完全相同的,因此,在共价晶体中不存在独立的小分子,可以把整个晶体看成是一个巨型分子。晶体有多大,分子就有多大,它没有确定的相对分子质量。

金刚石是典型的共价晶体,在金刚石晶体中,每个碳原子通过 4 个 sp^3 杂化轨道,与其他 4 个碳原子形成 4 个 C—C 间 σ 键,组成一个个正四面体,见图 9-16(a)。这种排布在三维空间延伸,构成连续的、坚固的骨架结构,C—C 原子间的键长是 154 pm,键角是 109.5°。二氧化硅(方石英)也是一个典型的共价晶体,见图 9-16(b)。在该晶体中,硅原子与氧原子形成一个个硅氧四面体,四面体的中心是硅原子,4 个顶角均是氧原子,每个氧原子又与两个硅原子连接形成整个晶体。由于整个二氧化硅晶体是一个巨型分子,所以,SiO_2 是化学式,只表示硅原子和氧原子数的最简式,但习惯上仍把它称为二氧化硅的分子式。

在周期表中,第ⅣA 族元素的单质,如碳、硅、锗、锡及ⅢA 族的硼单质,都属于共价晶体。此外,ⅢA 和ⅣA 族元素间的许多化合物,如碳化硅(SiC)、碳化硼(B_4C)、氮化硼(BN)和砷化镓(GaAs)等,在它们的晶体中,原子间以共价键结合,且具有与金刚石相类似的结构。因此,也都是共价晶体。

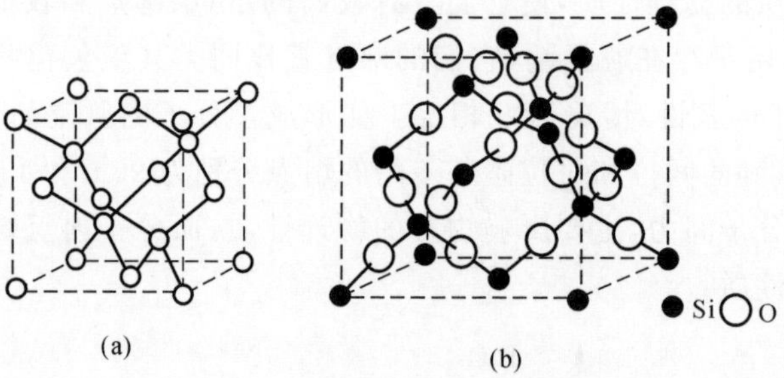

图 9-16 金刚石和方石英的晶体结构

(a)金刚石; (b)方石英

在共价晶体中,由于结点间的结合力是共价键,具有饱和性和方向性,所以,它不像离子晶体中的离子堆积的那样紧密,配位数也较小。又由于这些共价键沿键轴方向成键,强度很高,破坏这种结构需要消耗较多的能量,因而,许多共价晶体都具有较高的熔点、沸点和硬度,化学性质很稳定。例如,金刚石(C)的熔点高达 3 500℃,是自然界已知物中最坚硬的单质,莫氏硬度为 10,故金刚石常用作钻探和切割工具。另外,由于共价晶体中不存在带电的离子,且价电子都用于成键了,所以,共价晶体一般不导电。但有些原子,如,硅(Si)、锗(Ge)和镓(Ga)等可用作半导体材料。共价晶体一般难溶于任何溶剂中,机械加工较困难。

二、混合型晶体

前面介绍了离子晶体、金属晶体、分子晶体、共价晶体，这4种晶体是最简单、最基本的典型晶体，同一类型晶格结点上作用力都是相同的。此外，还有一类晶体，其晶格结点上粒子间的作用力并不完全相同，通常，同时存在多种作用力，具有多种晶体的结构和性质，这种粒子间不同作用力构成的晶体，称为混合型晶体(亦称过渡型晶体)。下面介绍两个典型的混合型晶体：石墨和硅酸盐。

1. 石墨

石墨晶体具有层状结构，如图9-17所示。在同一层中，碳原子均为 sp^2 杂化，并且每个碳原子与另外3个碳原子以σ共价键相连，键角为120°。每6个碳原子在同一平面上形成正六边形的环，此结构重复延伸，便构成无数个正六边形的网状平面。另外，在每个碳原子上还有一个未杂化的 $2p_x$ 轨道是垂直于网状平面的，它能够与同层中任何一个相邻碳原子的 $2p_x$ 轨道以"肩并肩"方式重叠，形成遍及整个网平面的π键，又叫大π键。这种大π键是由多个原子共同形成的，π键中的电子不是固定在两个原子之间，而是在所有碳原子的 $2p_x$ 轨道上自由运动，有些类似于金属晶体中自由电子的运动。在石墨层状结构的同一层中，相邻的碳原子之间是共价键结合，原子之间距离为142 pm。而层与层之间是以微弱的范德瓦尔斯力结合，层与层之间C—C距离为335 pm。由于在石墨中既有共价键，又有分子间力，同时大π键中有自由运动的电子，所以，石墨是兼有共价晶体、分子晶体和金属晶体特征的混合型晶体。石墨常常具有金属光泽，并有良好的导电性，导电率较大。又由于在石墨结构的同一平面层中，存在着共价键，故其熔点很高，化学性质很稳定，常用来制造电极。而且受外力作用时，其平面层也很难被破坏。但是，石墨的层与层之间作用力较弱，当它受到与层相平行的外力作用时，层与层之间容易滑动，所以石墨可以用作固体润滑剂。

20世纪70年代以来，石墨在航天飞机制造中受到重用，因高纯石墨可以形成纤维，可纺可织，再经过某些高分子处理易于成型，如经环氧树脂浸渍的石墨，质量轻，耐热，坚韧，用作航天飞机的有效载荷舱门；又如，经聚酰亚胺处理的石墨能抗辐射，用作航天飞机机身襟翼，垂直尾翼等。

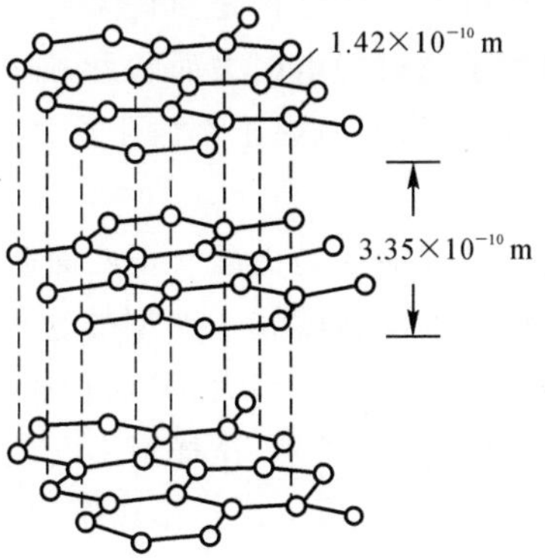

图9-17 石墨的晶体结构

2. 硅酸盐

硅酸盐是组成地壳的主要矿物。常见的天然硅酸盐有长石、云母、黏土、石棉、滑石等，其晶体的基本结构都是硅氧四面体 $(SiO_4)^{4-}$，如图9-18所示。各个四面体是通过共用顶角的氧原子来连接，由于连接的方式不同，便可以组成以下几种构型不同的硅酸盐。

(1)单个阴离子结构的硅酸盐。这类盐中的阴离子主要是单硅酸根离子 SiO_4^{4-}、二硅酸根离子 $Si_2O_7^{6-}$、三硅酸根离子 $Si_3O_9^{6-}$ 等，如图 9－19 所示。每一种阴离子通过阳离子互相联系而构成晶体。如：镁橄榄石 $MgSiO_4$ 和锆英石 $ZrSiO_4$ 等，都属于这种构型。这类硅酸盐的密度大，硬度较高。

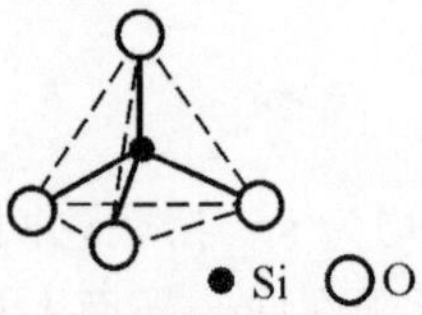

图 9－18　硅氧四面体的结构图

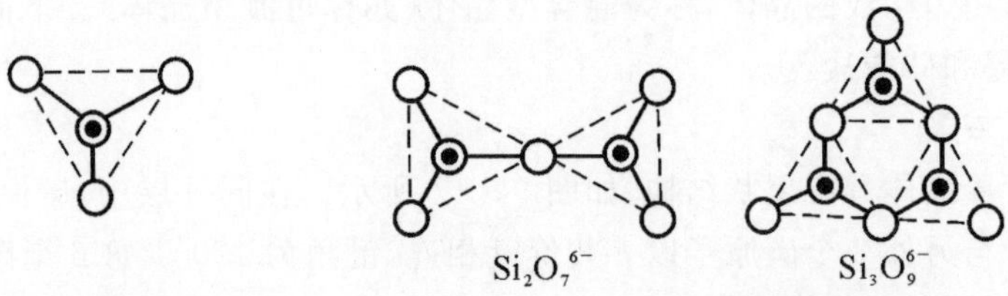

图 9－19　单个离子的结构

(2)链状结构的硅酸盐。这类硅酸盐的晶体是由无限长的单链或双链组成。单链的成分为 $(SiO_3)_n^{2n-}$，双链的成分为 $(Si_4O_{11})_n^{6n-}$，如图 9－20 所示。由于链与链之间是由各种阳离子来连接，故链链之间存在着离子键，而链内的硅氧四面体 $(SiO_4)^{4-}$ 中的原子之间是共价键结合。石棉就属于这类结构，它是纤维状镁、钙、铁、钠的硅酸盐矿物的总称。由于石棉耐热、耐酸，故工业上常用它作为耐火材料和保温材料等。

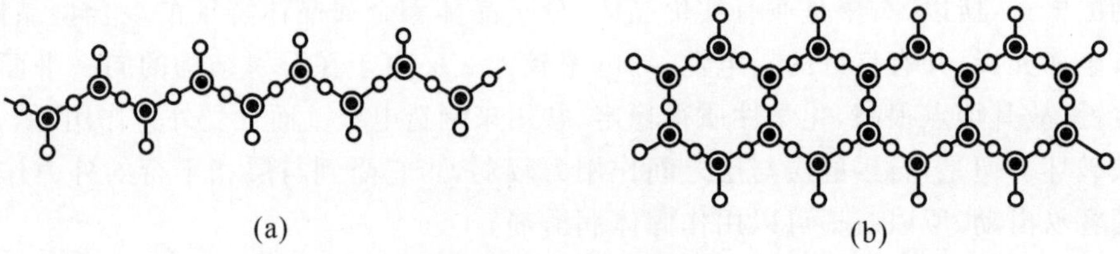

图 9－20　链状结构

(a)单链 $(SiO_3)_n^{2n-}$ 结构；　(b)双链 $(Si_4O_{11})_n^{6n-}$ 结构

(3)层状结构的硅酸盐。这种硅酸盐的结构是由许多硅氧四面体的链和链相互交联而形成层状；层与层之间是由金属阳离子通过静电引力而联系，如图 9－21 所示。此类硅酸盐容易沿着层与层之间裂成薄片。如，云母、滑石及黏土都属于这种结构，云母可作绝缘材料，滑石可作润滑剂，黏土通常作造型材料。

(4)骨架型硅酸盐。这种骨架型硅酸盐是由硅氧正四面体的氧原子与其他四面体共用，构成类似方石英的骨架状结构。例如，泡沸石就属于典型的这种结构的硅酸盐。泡沸石是一种多孔性的铝硅酸盐。其结构的骨架敞开，空穴较大，可以让直径较小的分子出入，若分子的直径比空穴小，就能进入空穴，反之就被拒之于外，这样泡沸石就起到“筛”分子的作用，故称它为“分子筛”，如图 9－22 所示。另外，泡沸石也可以让阳离子出入，进行交换，从而使硬水软化：

$$(Na_2Al_2Si_3O_{10}\cdot 2H_2O)_n + nCa^{2+} \xlongequal{\quad} (Ca\ Al_2Si_3O_{10}\cdot 2H_2O)_n + 2nNa^+$$

常用的分子筛大都是人工合成的泡沸石，又叫沸分子筛。目前，人们已经利用水玻璃 (Na_2SiO_3)、偏铝酸钠 $(NaAlO_2)$ 和氢氧化钠合成了数十种分子筛。分子筛的吸附能力主要与其本身的孔径大小有关，也与被吸附物质的极性有关。它对极性分子的吸附能力较强，像 H_2O 和 NH_3 等就很容易被吸附。由于分子筛的这种选择性，可用它来分离气体或用作高效能的干燥剂和催化剂等。

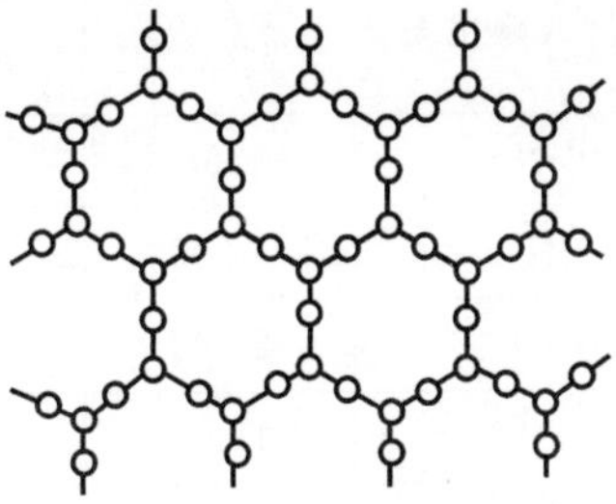

图 9-21　层状结构

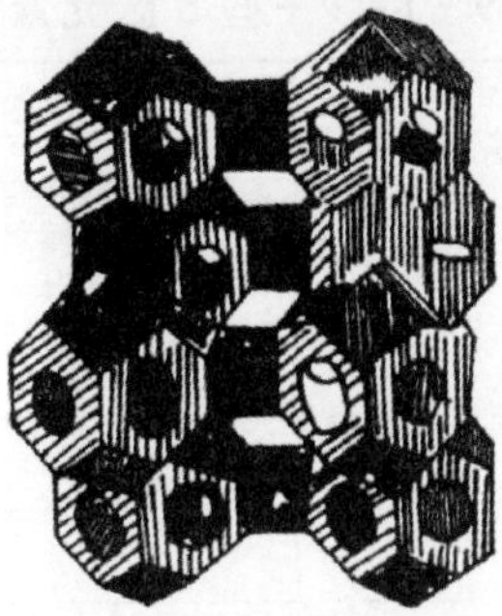

图 9-22　分子筛结构

9.5　金属型化合物和新型陶瓷材料

氮、碳、硼、氢分别与比它们电负性小的元素形成的二元化合物称为氮化物、碳化物、硼化物、氢化物。这4种元素的电负性(除N外)都不很大,因此,所形成的二元化合物以金属型化合物和共价型共价晶体为突出特征。氮、碳、硼、氢与氧以及它们相互间的二元化合物都是共价化合物,熔点高、硬度大,是新型陶瓷的重要材料,如 Si_3N_4,BN,B_4C 等。有的也显示某些金属性,如 SiC 等。

一、金属型化合物

周期系中ⅣB,ⅤB,ⅥB族和锰、铁等d区元素电负性与H,B,C和N接近或相差不大,而H,B,C和N的原子半径小,能溶于这些d区金属晶格结点间的空隙中,形成间隙固溶体,而原金属晶格形式不变。在适当条件下,当N,C,B等含量超过溶解度极限时,量变引起质变,形成金属型化合物,也叫间隙化合物(原金属晶格变为另一种形式的金属晶格)。这些金属型化合物的共同点是,具有金属光泽,能传热、导电,熔点高,硬度大,但脆性也大。表9-11列出了一些金属型化合物的熔点和硬度。这些化合物熔点和硬度特别高(有的甚至超过原金属),其原因是这些d区金属原子价电子多,一部分形成金属键外,还有一部分与进入间隙的C,B,N等原子形成了共价键。

1. 氮、碳、硼化物的用途

金属型碳化物是许多合金钢中的重要成分,对合金钢的性能有着显著的影响。例如:一般工具钢(包括合金工具钢、刀具)当温度为300℃以上时,硬度就显著降低,使切削过程不能进行。但高速钢(又叫锋钢)(如 $W_{18}CrV$ 和 $W_6Mo_5Cr_4V_2$ 钢等)刀具,由于含有大量钨、钼、钒等碳化物,当温度接近600℃时,仍能保持足够的硬度和耐磨性,进行较高速度的切削,并提高了寿命。

第ⅣB,ⅤB,ⅥB族金属与碳、氮、硼等所形成的间隙化合物,由于硬度和熔点特别高,因而统称为硬质合金。例如:YG6是含WC 94%和Co 6%(Co用作"黏结剂")的钨钴硬质合金,YT14是含WC 78%,TiC 14%,Co 8%的钨钴钛硬质合金。硬质合金即使在1 000~1 110℃仍能保持其硬度,硬质合金刀具的切削速度比高速钢刀具高4~7倍或更多,所以,硬质合金是制造高速切削和钻探等工具的优良材料。

表 9-11　一些 d 区元素的碳化物、氮化物、硼化物的熔点和硬度*

碳化物	熔点/℃	显微硬度** /(kg·mm⁻²)	氮化物或硼化物	熔点/℃	显微硬度 /(kg·mm⁻²)
TiC	3 150	3 000	TaN	3 205	1 994
ZrC	3 530	2 625	VN	2 360	1 520
HfC	3 890	2 913	NbN	2 300	1 396
VC	2 810	2 094	CrN	1 500	1 093
NbC	3 480	1 961	Mo_2N	—	630
TaC	3 880	1 599	Fe_2N	560	—
Cr_3C_2	1 895	1 350	Fe_4N	670	—
Cr_7C_3	1 780	1 336	TiB_2	2 980	3 300
MoC	2 700	—	VB_2	2 400	2 800
Mo_2C	2 410	—	NbB	2 280	2 195
WC	2 720	1 499	Cr_2B	1 890	1 350
W_2C	2 730	1 780	Mo_2B	2 140	2 500
Mn_3C	1 520	2 470	FeB	1 540	1 800～2 000
Fe_3C	1 650	～860	FeB_2	1 389	1 400～1 500

* 表中数据，各种资料彼此有出入，个别的甚至很大。

** 划分硬度的标准有很多种。硬质金属、合金或化合物常用显微硬度表示。显微硬度和以金刚石＝10 的十分制的关系大致为：

金刚石＝10 的十分制硬度：	7	8	9	10
显微硬度/($kg \cdot mm^{-2}$)：	820	1 340	1 800	7 000

近年来又出现一种新型工具材料——钢结硬质合金。它是以 TiC 和 WC 等碳化物为硬质材料，用铬钼钢或高速钢作“黏结剂”，兼有硬质合金和钢的性能，既具有一般合金的可加工性、可热处理、可焊接的性能，又具有硬质合金的高硬度、高耐磨性等优点，因而，克服了工具钢不耐磨和硬质合金难加工的缺点，而且成本较低，是很有发展前途的材料。碳化物和氮化物、硼化物对于钢的化学热处理有着重要的意义。把碳、氮或硼等渗入低碳钢的表层，能使钢的表层具有高硬度和耐磨性，而其心部仍保持塑性和韧性。钢件渗硼后，表层具有很高的硬度，而且耐酸（盐酸、稀硫酸）性、耐碱性及抗高温氧化性也都较好，并能在温度接近 800℃时仍能保持其硬度。但渗氮（氮化）不能用高温，一般在 500～600℃进行，这与氮化铁的熔点不高、热稳定性较差有关。铝在钢中不能形成碳化物，但是，形成氮化物（AlN）的倾向很强，所以，铝在钢中能充分起到脱氮的作用。

2. 金属型氢化物及其应用

许多 d 区金属，尤其是ⅣB，ⅤB，ⅥB 族金属的金属型氢化物，如 Ti_2H，Zr_2H，Ta_2H，TiH，ZrH，CrH，TiH_2，ZrH_2，CrH_2 等，其性质与金属型碳化物相似，其组成也可在一定范围内变化。由于单质氢呈气态,因而温度和氢气的分压对金属中氢的溶解度有很大的影响,很显然,也会影响到金属型氢化物的组成。氢在d区金属中的溶解度在同一周期中一般从左到右逐渐减小(钯除外),这与d区金属原子半径逐渐减小,因而金属晶格空隙逐渐减小有关。氢的溶解度随氢气压力(分压)的增加而增大。但是,温度的影响不很规则,例如:氢在钛中的溶解度随温度升高而减小,但在铁中的溶解度随温度升高而增大。

氢是地球上资源丰富且无污染的一种燃料,日益被人们所重视,但储存气态氢需要很大的容器,使用不方便。若能够将氢变成固态或液态进行储存,又需要低温和高压。而利用金属吸收氢气来储存氢,也称氢海绵,则在大约300℃,7×101.32 kPa条件下,每立方厘米金属可储存氢5 cm^3。在180℃,101.325 kPa时又可放出氢气。

钢铁制件中有一种常见的现象叫作氢脆,会导致钢铁制件发脆,强度大大地降低。将酸洗过的金属在180～400℃的烘干炉中放置2～3 h,使部分渗入金属内部的氢逐渐放出,基本上可以消除氢脆。但氢脆仍是一个值得进一步研究的问题。

金属型氢化物在工业上也有应用。例如,氢化锆在电子管中分解时,在管壁上形成一层锆,由于这层锆吸收了管中的气体,因而可使管内达到高度真空。

二、新型陶瓷材料的性能和用途

陶瓷是人类最早应用的人造无机非金属材料,通常以氧化物为主要原料,经原料制备、坯料成型和在低于其熔点温度下烧结三大步骤而成。近几十年来,陶瓷材料的研究有了飞速的发展,各种新型陶瓷不断出现,已成为继金属材料、高分子材料之后的第三大工程材料,其应用也渗透到各种工业及生活领域中。

新型陶瓷分为结构陶瓷和功能陶瓷两大类。结构陶瓷是具有高硬度、高强度、耐磨、耐蚀、耐高温等特性的,用作机械结构零部件的材料。这里主要介绍这一类材料。

1. 超硬陶瓷材料

(1)金属陶瓷。作为工具材料的金属陶瓷主要是超硬质合金,又称黏结碳化物。它以高硬、耐高温、耐磨的金属碳化物(WC,TiC,TaC,NbC等)为主要成分,用抗机械冲击和热冲击好的钴、钼、镍作黏结剂,经粉末冶金方法烧结而成。它既具有陶瓷的耐高温特性,又具有金属的强度。金属陶瓷密度较小,硬度较大,耐磨、导热性较好,不会由于骤冷骤热的影响而脆裂。抗张强度在低温下虽不及耐热合金,但在高温(如 ZrO_2+W在2 000℃)下仍能保持良好性能,而一般耐热合金在1 100℃以上就不能使用了。故金属陶瓷是火箭、导弹和航空发动机不可缺少的材料。

(2)立方氮化硼陶瓷。氮化硼(BN)有三种变体(不同晶体结构),第一种是常压下制得的具有类似石墨的层状结构,俗称白色石墨。其硬度比石墨的高,但比 Al_2O_3 低。它是比石墨更耐高温的固体润滑剂。它在高温(1 800℃)高压(8 000 MPa)下可转变为立方氮化硼,后者具有立方金刚石类似的结构。B—N共价键有部分(约22%)离子键成分,键的强度和方向性很强,因此,具有接近金刚石的硬度和高的抗压强度。第二种是在高压下得到的六方密堆积氮化硼,硬度仅次于金刚石,而其热稳定性和化学惰性好,在1 400℃仍保持稳定,超过金刚石(900℃)。立方BN熔点高(3 000℃),硬度保持能力和高温下抗氧化能力都高于金属陶瓷。用立方BN制作的刀具适用于切削即硬又韧的钢材,其工作效率是金刚石的5～10倍。

此外,还有烧结金刚石多晶体和金刚石/金属陶瓷复合体的超硬陶瓷。近年来超硬陶瓷不仅在车刀、刨刀、镗刀、端铣刀方面得到广泛应用，且有逐渐向其他领域(拉巴模的嵌件、凸模等)扩展的趋势，是一种很有前途的工具材料。

2. 高强陶瓷材料

陶瓷材料的高温力学性能比金属材料好，但有脆性，易断裂。近年来国内外广泛开展了对高强、高韧陶瓷的研究，取得了可喜的成果。

高强陶瓷是一大类非氧化物与某些氧化物高温烧结而成的新型无机非金属材料，如 Si_3N_4，SiC，Si—Me—O—N，Al_2O_4，ZrO_2 等。它是许多新技术中的关键，其应用研究的最大课题是开发高效发动机和燃气轮机。对高强陶瓷的要求是：①在大气中于 1 200℃以上的环境中放置 1 000 h 能保持可靠性和强度；②在大气中于 1 200℃高温环境中蠕变试验应满足 1 000℃耐用性。

(1)典型高强陶瓷材料。Si_3N_4 是强共价键材料，在高温下几乎不变形，比氧化物、碳化物的热膨胀系数低，可经急冷急热反复多次而不开裂；它的传导率高，故耐热冲击性能好，高温下机械强度很少下降；除熔融 NaOH 外，对化学药品和熔融金属的抗腐蚀性非常高。SiC 是具有金刚石型结构的共价晶体，熔点 2 827℃，硬度接近金刚石，故通常叫作金刚砂。它的耐热性、导热性优良，抗化学腐蚀性能好，不受强酸，甚至发烟硫酸与氢氟酸的混合酸的侵蚀，在高温下也不受氯、氧或硫的侵蚀，可在 1 700℃下，空气中稳定使用。因此，SiC 已成为重要的新型无机材料，用于高温燃气轮机的涡轮叶片、火箭喷嘴等高温结构材料。近年来，以 SiC 和 Si_3N_4 为基础的高温陶瓷受到特别重视。

(2)高强韧性陶瓷材料。陶瓷内部结构的复杂性和不均匀性，使它缺乏像金属材料那样的塑性变形能力，脆性是陶瓷材料的普遍弱点。纤维增韧和利用 ZrO_2 相变增韧是两条有效改善陶瓷脆性的途径。前者是将陶瓷基体与纤维复合，其增韧效果好，但要解决化学相容性、物理相容性和弹性模量的配合问题；后者在近几十年来取得很大进展，通过在陶瓷中加入 ZrO_2，在一定条件下诱发 ZrO_2 发生某种相变而使陶瓷增韧。以 ZrO_2 为主体的增韧陶瓷具有很高的强度和韧性，能抗敲击，可以达到高强度合金钢的水平，故有人称之为陶瓷钢。

(3)超塑性陶瓷材料。陶瓷在室温下没有延展性的根本原因在于：①晶粒内部是以离子键或有部分共价键的过渡键结合，不能像金属键那样在受外力时发生晶面间的滑移；②陶瓷晶粒比较粗，通常为几至几十微米，且晶粒间界面比较牢靠和不够平直，不能像某些高分子物质那样容易做相对运动。因此，即使超过 1 000℃的温度，陶瓷的可塑性也是有限的。但是，将陶瓷晶粒从微米级下降到纳米级，它的形变率将提高 10^9 倍，同时晶粒度的降低又可使它更易于扩散。其总效应是：晶粒度下降 3 个数量级，形变率可提高 10^{12} 倍。现已报道过超塑性陶瓷的热锻造和挤压加工等。

3. 高温陶瓷材料

高温陶瓷材料是应用于高温下的无机非金属材料。它的特征是：①在现有金属材料不能承受的高温和苛刻环境下具有较高强度；②高韧性，且在高温条件下韧性不降低；③抗蠕变性高；④耐腐蚀性能优异；⑤抗热冲击能力高；⑥耐磨损性好等。可应用于火箭、导弹、喷气发动机喷喉、壳件、回收型人造卫星前缘、航天飞机外壳蒙皮、汽轮机叶片、飞机的高温轴承、高温电极、发电和能源用陶瓷、热电偶保护管、模具等。在坦克、汽车、飞机发动机以及耐高温、耐磨、耐腐蚀涂层方面的应用已取得显著成绩。

高温陶瓷制造发动机对提高能源利用率有重要意义。燃气涡轮发动机的效率主要决定于涡轮进口温度。飞机发动机进口温度若能从现在的约 1 000℃提高到 1 400℃，就可以使能量利用率达到 50%，可节省燃料 20%～30%。

高温陶瓷材料包括 Al_2O_3，MgO，BeO，ZrO_2 等氧化物，以及 Si_3N_4，SiC，BN，AlN，B_4C 等非氧化物。

4. 功能陶瓷材料

功能陶瓷材料是具有特殊物理、化学或生命功能的陶瓷材料。每当外界条件变化时都会引起这类陶瓷本身某些性质的改变，测量这些性质的变化，就可“感知”外界变化，这类材料被称为敏感材料。目前，已制成了温度传感材料（如 $BaTiO_3$ 类陶瓷），湿度传感材料（如 Fe_3O_4，Al_2O_3，Cr_2O_3 与其他氧化物的二元或多元材料），气体传感材料（如 SnO_2，ZnO 和 Fe_2O_3 系 n 型半导体，吸附 H_2 等还原性气体时导电率增加，吸附 O_2 等氧化性气体时导电率下降），压力和振动传感材料（主要有 $BaTiO_3$ 和 $PbTiO_3-PbZrO_4$ 复合陶瓷），等等。由 ZrO_2，ThO_2，$LaCrO_3$ 等高温电子陶瓷，可制造电容器和电子工业中的高频高温器件；用尖晶石型铁氧体制成的磁性陶瓷，可用作制造能量转换、传输和信息储存器件，目前功能陶瓷已广泛应用在电子、电力工业中。

目前，结构陶瓷和功能陶瓷正向着更高阶段的称为智能陶瓷的方向发展。所谓智能陶瓷（Intellectual ceramic）是它有很多特殊的功能，能像有生命物质（譬如人的五官）那样感知客观世界，也可以能动地对外做功、发射声波、辐射电磁波和热能，以及促进化学反应和改变颜色等对外做出类似有智慧反应的陶瓷。

生物陶瓷是用于人体器官替换、修补及外科矫形的陶瓷材料，如烃基磷灰石陶瓷（HA）。HA 的化学成分是 $Ca_{10}(PO_4)_6(OH)_2$。其单位晶胞与人体骨质是相同的，是骨、牙组织的无机组成部分，因此，被用作人工骨种植材料。新生长的骨组织可以与 HA 陶瓷紧密结合，一般种植 4～5 年之后，HA 逐渐被吸收。HA 的力学性能较差，不能作承受载荷大的种植体。但是，HA 具有良好的生物活性，能与人骨紧密结合。它主要用于不承载的小型种植体（如耳骨）、用金属支撑加强的牙科种植体等。

由于纳米结晶复合材料的迅速发展，出现了纳米陶瓷材料。TiO_2 纳米陶瓷的断裂韧性比普通多晶陶瓷增高了 1 倍。今后定会进一步发展这类陶瓷材料。更多内容请看阅读材料的相关部分。

阅 读 材 料

一、纳米材料

物质颗粒尺寸的大小与其性质有一定的关系。一般把粒径为 1～10 mm 的称为“微小型”，1 μm～1 mm 的称“微米级”，1 nm～1 μm 的称“纳米级”。“纳米技术”就是通过物理或化学方法，将物质制成“纳米级”微粒。这种微粒的粒径比头发丝的 $1/10^5$ 还要小，要在 20 万倍以上的电子显微镜下才能看得清楚。物质微粒小到纳米级时会产生表面效应、体积效应、量子尺寸效应，其性质会发生突变。

纳米材料的表面效应是指纳米粒子的表面原子数与总原子数之比随粒径的变小而急剧增大后所引起的性质上的变化；由于纳米粒子体积极小，所包含的原子数很少，相应的质量极小。

因此，许多现象就不能用通常有无限个原子的块状物质的性质加以说明，这种特殊的现象通常称之为体积效应；当纳米粒子的尺寸下降到某一值时，纳米半导体微粒存在不连续的最高被占据的分子轨道能级和最低未被占据的分子轨道能级，使得能隙变宽的现象，被称为纳米材料的量子尺寸效应。非晶态纳米材料的颗粒表面层附近的原子密度减小，导致声、光、电、磁、热力学等特性出现异常。如，光吸收显著增加，超导相向正常相转变，金属熔点降低，增强微波吸收等。因此，纳米材料在宏观上显示出许多奇妙的特性，如，纳米相铜强度比普通铜高 5 倍；纳米相陶瓷是摔不碎的，这与大颗粒组成的普通陶瓷完全不一样。

20 世纪 90 年代发现，许多纳米陶瓷（如 ZrO_2，TiO_3，Si_3N_4）在适当温度下具有很好的塑性，上海硅酸盐研究所的研究发现，纳米 3Y－TZP 陶瓷（100 nm 左右）在经室温循环拉伸试验后，样品的端口区域发生了局部超塑性形变，形变量高达 380%。这使人们想到陶瓷的最大缺点——脆性是否可以在这种异常性能中得到解决。

碳纳米管是在 20 世纪末制成的新型纳米材料。碳纳米管是石墨中一层或若干层碳原子卷曲而成的笼状“纤维”，内部是空的，外径只有几十纳米。这种纤维的密度是钢的 1/6，而强度却是钢的 100 倍。有人指出，用它做绳索是唯一可以从月球表面拉到地球表面而不被自身重量拉断的绳索。这种材料还能储存和凝聚大量氢气，并可能作为燃料电池驱动汽车。2000 年 11 月，香港科学家研制成功的最小碳管直径只有 0.4 nm，它是由一个个笼状的小单元连接而成的。这些小单元看起来很像足球。

2001 年 11 月，三位中国科学家在美国制造出 10～15 nm 厚，30～300 nm 宽的“纳米带”。纳米带的生产可解决在大量生产碳纳米管时难免出现的结构上的缺陷。

现代纳米技术不仅是指制造超细粉末的技术，它的重要意义是人类能够在纳米尺度范围内对原子、分子进行操纵和加工，并按人们的意愿组成所需要的超微型器件。2005 年，法国科学家首次成功地利用特种显微镜仪器，让一个分子做出了各种动作：科学家使用一个金属探针刺激联苯分子的不同部位，还可以使其产生不同的电子反应。其精度则达到了 10 pm（10^{-11} m），也就是可以精确到大小仅为单个联苯分子 1% 的范围。这一新的研究成果使人们从此可以简单控制单分子，并使它变成一个分子“机器”。

纳米材料可以使计算机存储器的存储能力提高 1 000 倍，到那时巨型计算机小到可以放到口袋里，美国国会图书馆的全部资料的信息可以存储在一块水果糖大小的存储器中。

2005 年，中国科学院上海硅酸盐研究所研制的“纳米药物分子运输车”，直径只有200 nm，装载的药物在沿途不会泄漏，直到引导到某一个特定的疾病靶点、在人们需要的时候才释放出来，对疾病产生治疗作用。研究人员已经成功完成用“运输车”装载消炎、止痛、抗癌药物的装载、控制、释放和定向传输的实验。

日本已用极微小的部件组装成一辆只有米粒大小、能够运转的汽车；德国工程师还制成了一架只有黄蜂大小、并能升空的直升机以及肉眼几乎看不见的发动机。

纳米材料的异常行为必将拓展其在各领域的应用。纳米 SiO_2，$\alpha-Al_2O_3$ 或稀土氧化物对紧凑节能灯的玻璃管做表面处理，可提高灯的光通维持率；纳米金属熔点的降低（如，金的熔点由 1 063℃降到 33℃；银的熔点由 960.8℃降到 100℃）可使低温烧结制备合金成为可能；纳米铂黑催化剂可使乙烯氢化反应的温度从 600℃降至室温。如果在玻璃表面涂一层渗有纳米氧化钛的涂料，那么普通玻璃马上变成具有自己清洁功能的“自净玻璃”，不用人工擦洗了；电池使用纳米材料制作，则可以使很小的体积容纳极大的能量，届时汽车就可以以电池为动力在大街上奔驰了。

当前的研究热点和技术前沿包括：以碳纳米管为代表的纳米组装材料；纳米陶瓷和纳米复合材料等高性能纳米结构材料；纳米涂层材料的设计和合成；单电子晶体管、纳米激光器和纳米开关等纳米电子器件的研制、C_{60}超高密度信息存储材料等。

纳米技术还蕴藏着巨大商机。据调查，到 2010 年，纳米技术成为仅次于芯片制造的世界第二大产业，拥有 14 400 亿美元的市场份额。

二、液晶

早在 1888 年奥地利植物学家莱尼茨尔(F. Reinitzer)就观察到了液晶现象，但长期未曾找到它的实际应用，只是停留在实验室的一些探索性研究。到 20 世纪 30 年代中期对液晶的合成及其重要的物理特性才积累了一定的系统知识。20 世纪 50 年代末期才建立了关于液晶的比较正确的理论，并了解到液晶材料的某些应用价值，20 世纪 60 年代末期液晶显示器显出光明前景。近 10 年，液晶的研究领域已遍及物理、化学、电子学、生物学各个学科。日常用品中袖珍计算器和电子手表上液晶显示已是众所周知的了。那么，什么是液晶呢？

我们知道，固态晶体内部的粒子是在晶格结点上作有规则排列，即有序结构，具有各向异性的特点，有明确的熔点，固态加热到熔点即转变为液态。但某些有机物晶体(如胆甾醇酯)熔化时并不是直接转变为各向同性的液体，而是经过一系列“中介相”，这种中介相既具有像液体的流动性和连续性，又有类似晶体的各向异性。显然在这中介相状态下物质仍保留着晶体的某种有序排列。这样的有序流动就是液晶。其变化过程示意如图 9－23 所示。

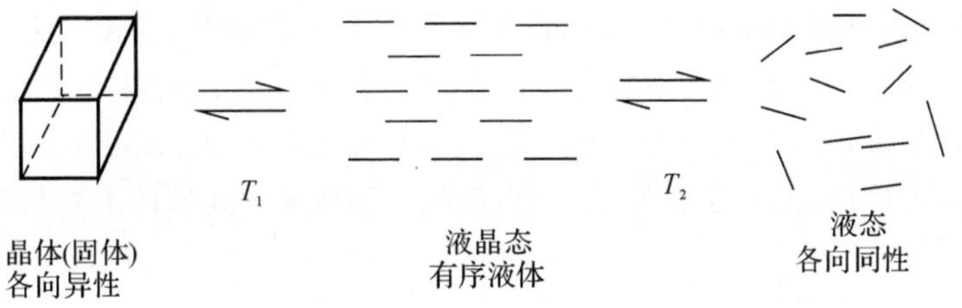

图 9－23　液晶与固态晶体、液态的转变示意图

图 9－23 中，$T_1 \sim T_2$ 之间为液晶相区间。液晶是热力学上稳定的中间态，不是介稳态，因为在相变时有严格确定的焓变(ΔH)和熵变(ΔS)。

根据形成条件和组成，液晶可分为热致液晶和溶致液晶。热致液晶是由温度变化形成的，只能在一定温度范围内存在，一般是单组分。热致液晶可分为近晶相(或层状相)、向列相(或丝状相)和胆甾相(或螺旋相)，如图 9－24 所示。

溶致液晶是由改变溶液浓度而形成的，一般由符合一定结构要求的两种或两种以上化合物组成。最常见的溶致液晶是由水和“双亲性”分子组成。所谓双亲性分子是指分子中既含有亲水的极性基团(如—OH，$—COO^-\ Na^+$ 等)，又含有非极性基团，也就是疏水基团(如$—C_nH_{2n+1}$等)。这种分子在水中将极性基团溶入水中，而非极性基团一端，由于疏水而趋于远离水面，形成层状排列，如图 9－25 所示。在不同条件下还能以球形或圆柱形排列。人和动物的大脑、神经、肌肉、血液等组织都是由溶致液晶构成的。

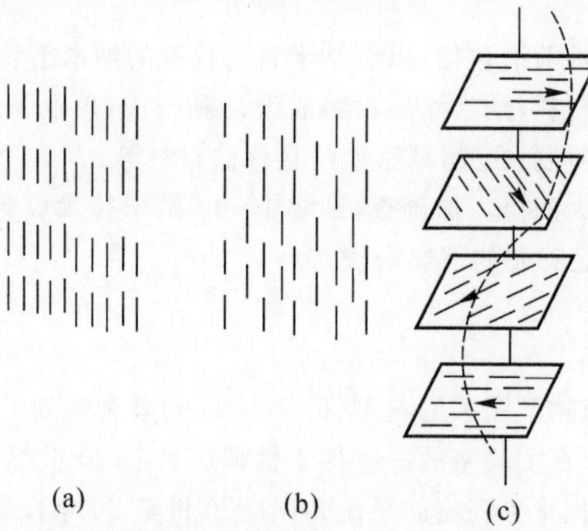

图 9-24　热致液晶分子排列示意图

(a)近晶相；（b)向列相；（c)胆甾相

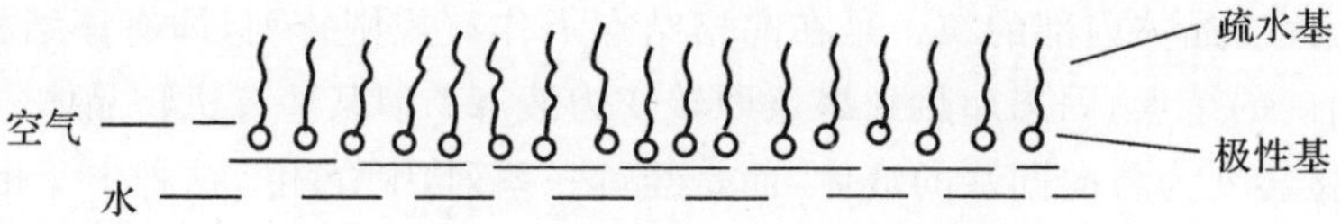

图 9-25　双亲分子单层排列示意图

液晶在光学、电学、力学性质上表现出明显的各向异性，可出现折射、旋光、乳浊等现象。由于液晶分子的排列不像晶体那样牢固，很容易受外界电场、磁场、温度应力等的影响，使分子排列发生变化，从而使上述各种性质随之发生变化。若在电极间施以电压观察液晶显示器件的透射光，就可以显示出或明或暗的变化。适当选择电极的形状，就可显示出所要求的图像。因此，液晶应用非常广泛，尤其是在显示方面，液晶是制造显示元件的绝好材料。如：电子手表上的数字，袖珍计算机及许多电子仪表上的显示，就是利用液晶的光电效应显示的。如果把液晶同某些染料混合，放在导电玻璃上，通电后颜色会发生明显的变化。如：体育馆里的记分牌，城市街道上的巨大变色广告等。近年来，人们对高分子液晶态的纺丝进行了比较深入的研究，可在普通纺丝和工艺条件下获得高取向度和高强度的合成纤维。人们在高能物理研究中，用液晶显示某些微观粒子的径迹或测量放射性射线的剂量等。总之，液晶的应用日益广泛，它已是现代科学中引人注目的一种新型材料。无论是液晶理论或是新液晶材料的开发，都有待于进一步探讨、研究。

三、光导纤维

光导纤维（光学纤维）简称光纤，是 20 世纪 60 年代末兴起而迅速发展的一种传光和传像的光波传导介质。它的信息容量大，理论上可传递 100 亿路电话（微波通信仅 10 800 路电话），它质轻而软（每公里同轴电缆需铜 1.1 t，铝 3.7 t，而石英光纤维只需几千克），而且能量损耗小，抗干扰，保密性好，耐腐蚀，不怕震动。目前最大的应用是光纤通信。我国自 70 年代初就积极进行研究，现在已有许多光纤通信线路。

光纤由三部分组成，即内芯玻璃（简称芯料）、涂层玻璃（简称皮料）以及芯料和皮料之间的吸收料。芯料是由高折射率的光学玻璃或塑料制成,皮料是由低折射率的塑料或玻璃制成。入射光在芯料和皮料的界面上发生全反射,故入射光几乎全部封闭在芯料内部,经过无数次呈锯齿形的全反射向前传播,使光信号从光纤一端传送到另一端,再经过接收元件恢复原来的信号或图像。

光导纤维材料的组成有多组分玻璃光纤、复合光纤和石英光纤,目前实用光缆都是由石英纤维制成。制造光纤用的多组分玻璃有铅硅酸盐系、硼硅酸盐系、钠钙硅酸盐系和铝硅酸盐系。为了减少传光损耗,制作光纤的材料必须超级纯(杂质应在 $1/10^9$ 以下),且要有光学均匀性,不允许有过渡元素(如铁、镍、铜)、水、胶体等杂质,也不能有气泡或晶体缺陷。除了光纤通信外,光纤还可以用于电视、传真、电话、医学、光学、电子和机械工业等各个领域。

四、功能陶瓷

1. 电功能陶瓷

(1)半导体陶瓷。半导体陶瓷是体积电阻率为 $10^{-5}\sim10^{7}\,\Omega\cdot m$ 的材料,它的特点是导电性会随环境、条件的变化而改变。半导体陶瓷具有热敏、声敏、磁压敏、湿敏、气敏、光敏、色敏等敏感效应。在微电子技术中是制造各种敏感器件的理想材料,能将外界环境信息敏感地转化为电信息,具有灵敏度高、响应快、尺寸小、稳定性好、结构可靠等优点,可以制成各种热敏温度计、电炉温度补偿器、无触点开关等,如 ZnO,Fe_2O_3,CoO 等。

(2)电容器介质陶瓷。电容器介质陶瓷指主要用来制造电容器的陶瓷材料。陶瓷介质可以分为铁电介质陶瓷、高频介质陶瓷、半导体介质陶瓷、反铁电介质陶瓷、微波介质陶瓷和独石结构介质陶瓷等。按照国家标准分为Ⅰ类、Ⅱ类和Ⅲ类陶瓷介质。Ⅰ类陶瓷介质主要用于制造高频电路中使用的陶瓷介质电容器;Ⅱ类陶瓷介质主要用于制造低频电路中使用的陶瓷介质电容器;Ⅲ类陶瓷介质也称为半导体陶瓷,主要用于制造汽车、电子计算机等电路中要求体积非常小的陶瓷介质电容器。

(3)微波介质陶瓷。通信装置一般包含有半导体和谐振器元件组成的微波电路元件,这些都是由微波介质陶瓷制成。微波介质陶瓷是指在 300 MHz～300 GHz 的微波频率范围内具有极好的介电性的陶瓷材料。目前,正在微波电介质陶瓷体系主要包括钛酸盐系列和一些复杂的锆酸盐系列,如 $Ba_2Ti_9O_{20}$ 等。

(4)陶瓷超导材料。由于超导陶瓷材料发展迅速而且时间较短,有关理论尚处在逐步形成和探索之中,能否制成更具有实用价值的新型陶瓷超导体,还需要不断地研究。迄今为止所发现的大部分超导体必须用液氦(4.2 K)冷却,而这种材料若能在液氢(20.2 K)和液氮(77 K)温度下使用的话,超导体的实用价值将大为提高。目前,研究能广泛用于发电机、能源储存、核聚变炉、磁力悬浮列车、磁力分离等方面的超导材料,如 $YBa_2Cu_3O_6$。

(5)电绝缘陶瓷。有人称电绝缘陶瓷为电子工业用的结构陶瓷。它主要用作集成电路基片,也用于电子设备中安装、固定、支撑、保护、绝缘、隔离及连接各种无线电零件盒器件。装置具有高的体积电阻率($10^{12}\,\Omega\cdot m$)和高介电强度($\gg10^{4}$ kV/m),以减少漏电损耗和承受较高的电压。介电常数小(常小于 9),可以减少电容分布值,避免在线路中产生恶劣的影响,如 Al_2O_3,MgO 等。

2. 光学陶瓷

(1)透明陶瓷。根据用途和功能可将透明陶瓷分为透明结构陶瓷和透明功能陶瓷。透明结构陶瓷主要用于高压钠光灯管、高温透视窗等方面，包括氧化铝、氧化钇等；透明功能陶瓷包括电光透明陶瓷，如锆钛酸铅镧(PLZT)、激光透明陶瓷，如钕钇铝石榴石(Nd:YAG)、闪烁透明陶瓷等。如，Al_2O_3 透明陶瓷是引入少量 MgO 的高纯度细散 Al_2O_3 通过压制法形成，并在高于普通陶瓷的温度下经氢气气氛或真空烧成。

(2)激光陶瓷。钇铝石榴石(YAG)的化学式为 $Y_3Al_5O_{12}$，是一种综合性能(包括光学、力学和热学)优良的激光基质。因为 Nd:YAG 具有较高的热导率和抗光伤阈值，同时三价钕离子取代 YAG 中的钇离子无需电荷补偿而提高激光输出效率，使它成为用量最多、最成熟的激光材料。

(3)红外陶瓷。随着火箭与导弹技术的发展，人们需要有大尺寸的力学强度高、耐高温、耐热冲击的红外光学材料。由于稀土元素原子量较大，因而有利于拓宽红外透过范围，熔点高，化学稳定性好，能抑制晶粒异常长大，相应增强其力学性质。同时，由于它们的晶格结构大多是立方晶系，因而在光学上是各向同性的，同时晶粒散射损失较小，容易制备透明陶瓷体。

(4)闪烁陶瓷。它广泛应用于影像核医学、核物理、高能物理、工业 CT、油井勘探、安全检查等领域。闪烁陶瓷的重要性能指标包括透明性、X 射线阻止本领、光输出、衰减速度、余晖和辐照损伤等。目前大多数陶瓷闪烁体还处于研究阶段。

3. 磁性陶瓷

磁性陶瓷简称磁性瓷，它是氧和以铁为主的一种或多种金属元素组成的复合氧化物，又称为铁氧体。其导电性与半导体相似。因其制备工艺和外观类似陶瓷而得名。在现代无线电电子学、自动控制、微波技术、电子计算机、信息存储、激光调制等方面都有广泛的用途。

(1)信息存储铁氧体磁性材料。由于现代科技和信息技术的发展，特别是探测和制导技术的迅速发展，飞机、坦克、舰艇等武器的安全性有所降低，武器隐身技术变得极为重要。另外，电子计算机系统在工作时，主机、显示器、磁盘驱动器、键盘、打印机、绘图仪、鼠标和接口等均能泄露出含有信息的杂散辐射信号，如电、磁、声等。有用的电磁信号若被对方截获，就是所谓的计算机信息泄露。为了防止信息泄露，通常要采用防止信息泄露技术，即所谓 TEMPEST (Transient Electromagnetic Pulse Emanation Surveillance Technology)技术。在武器的隐蔽技术和电子计算机的 TEMPEST 技术以及净化电磁环境技术中的关键隐身和防护材料，叫吸波材料。通常吸波材料应具备吸收率高、频带宽、密度小，且性能稳定等特性。铁氧体吸波材料在使用时可分为结构型和涂敷型。

庞磁电阻材料：钙钛矿结构的 $La_{1-x}Ca_xMnO_3$(LCMO)氧化物中，存在 Mn^{3+} 和 Mn^{4+} 离子，他们有完全自旋极化的 3d 能带。也就是说，Mn^{3+} 有 4 个自旋向上电子，Mn^{4+} 有 3 个自旋向上的电子，它们自旋向下的能带是空的，没有电子占据。此时，它们的自旋极化度都是 1 (100%)。在不同氧化态锰离子转变时，$Mn^{4+} + e^- \longrightarrow Mn^{3+}$ 的过程中，材料的电导率有很大的变化，可转化为金属型导电性。在较高温度下，由于自选无序散射作用，材料的导电性质向半导体型转变。因此，随着 Mn^{4+} 离子含量的变化，材料可以形成反铁磁耦合，则材料呈低电阻率。如果在零磁场下，材料是反铁磁态，则电阻处于极大；外加磁场后，由反铁磁态转变为铁磁态，则电阻由高电阻变为低电阻。磁电阻率 $\Delta R/R(\mathrm{H})$ 可达到很高，将其称为庞磁电阻效应，此类材料也称为庞磁电阻材料。

(2)微波介质陶瓷。它是制造微波介质滤波器的关键材料。这些器件主要应用于商用无线通信系统，如，蜂窝式移动通信系统(0.4～1 GHz)、电视接收系统(TVRO，2～5 GHz)，直接广播系统(TVRO,2～5 GHz),直接广播系统(DBS,11～13 GHz)及卫星通信系统(20～30 GHz)等。随着微波集成线路发展的迫切需要,作为制造其振荡元件的主要材料,微波介质陶瓷的研究也越来越受到重视。高性能微波陶瓷的基本要求是介电常数大,谐振频率的温度系数小,如 $BaO-Fe_2O_3$。

磁性氧化物陶瓷是制造多种电子器件的重要功能材料,如,制备各种通信系统中常见的环形器和隔离器。近年来,在微波介质陶瓷研究中,一个重要的、引人瞩目的研究动向是,综合了非磁性微波介质陶瓷和磁性氧化物陶瓷的优点,研究和开发一种新型微波磁介质陶瓷,其基本要求是在不牺牲低介电损耗和高饱和磁化强度的前提下达到较高介电常数,以实现器件小型化。

思考题

1. 有人说:"食盐晶体是由 NaCl 组成的,硫酸钠的晶体是由 Na_2SO_4 组成的。"这句话对不对?为什么?

2. 怎样理解"不同种元素组成的化合物中,几乎没有离子性百分数达到100%的典型离子化合物"?为什么?

3. 金属晶体的基本特征是什么?金属晶体主要有哪几种堆积方式?金属为什么具有可塑性和良好的导电性?

4. 在组成分子晶体的分子中,原子间是共价键结合,在组成共价晶体的原子间也是共价键结合,那么,为什么分子晶体与共价晶体的性质有很大差别?

5. H_2O 中 O 和 H 间以共价键相结合,金刚砂 SiC 中 Si 和 C 间也是共价键,为什么 H_2O 和 SiC 的物理性质有很大差异?

6. "稀有气体晶体中晶格结点上是原子,因此属于共价晶体。"这种说法对吗?

7. 根据结构说明石墨是一种混合键型的晶体。利用石墨作润滑剂与它的晶体中哪一部分结构有关?金刚石为什么没有这种性能?

8. 什么是金属型化合物?它们有何特点?有何重要的实际应用?

9. 新型陶瓷材料有何重要特性?这与它们的组成有何关系?这些特点对于现代高科技有何意义?

10. 键的极性与分子的极性是否完全一致?如何判断共价小分子的极性?

11. 什么叫作偶极矩?它与什么因素有关?"极性共价键分子的偶极矩必然大于零"这句话对吗?为什么?

12. 什么是分子的极化率?它与分子的变形性有何关系?极化率的大小与什么因素有关?

13. 分子间作用力包括哪几种?它们是怎样产生的?一般以哪种作用力为主?

14. 氢键是如何产生的?对物质的性质有何影响?氢键与共价键有何区别?

15. 指出下列说法的错误:

(1)色散力仅存在于非极性分子之间。

(2)凡是含有氢的化合物的分子之间都能产生氢键。

16. 预测下列物质晶格能的高低顺序和熔点的高低顺序。

$$K_2O, Na_2O, MgO, CaO$$

习　题

1. 写出下列各离子的电子排布式，并指出它们的外层电子各属于何种类型。

K^+，Pb^{2+}，Zn^{2+}，Co^{2+}，Cl^-，S^{2-}

2. 氧化钙的 $\Delta_f H_m^\ominus = -635\ kJ \cdot mol^{-1}$，利用下列数据计算氧化钙的晶格能 U。

$Ca(s) = Ca(g)$　　$\Delta_r H_{298}^\ominus = 193\ kJ \cdot mol^{-1}$

$Ca(g) = Ca^{2+}(g) + 2e$　　$\Delta_r H_{298}^\ominus = 1740\ kJ \cdot mol^{-1}$

$1/2O_2(g) = O(g)$　　$\Delta_r H_{298}^\ominus = 249\ kJ \cdot mol^{-1}$

$O(g) + 2e = O^{2-}(g)$　　$\Delta_r H_{298}^\ominus = 702\ kJ \cdot mol^{-1}$

3. 根据下列数据计算反应

$$2NaCl(s) + F_2(g) = 2NaF(s) + Cl_2(g)$$

的反应热，并由计算结果说明该反应是放热还是吸热反应。

$F_2(g) = 2F(g)$　　$\Delta_r H_{298}^\ominus = 155\ kJ \cdot mol^{-1}$

$Cl_2(g) = 2Cl(g)$　　$\Delta_r H_{298}^\ominus = 242\ kJ \cdot mol^{-1}$

$Cl(g) + e = Cl^-(g)$　　$\Delta_r H_{298}^\ominus = -364\ kJ \cdot mol^{-1}$

$F(g) + e = F^-(g)$　　$\Delta_r H_{298}^\ominus = -348\ kJ \cdot mol^{-1}$

$Na^+(g) + Cl^-(g) = NaCl(s)$　$\Delta_r H_{298}^\ominus = -771\ kJ \cdot mol^{-1}$

$Na^+(g) + F^-(g) = NaF(s)$　$\Delta_r H_{298}^\ominus = -902\ kJ \cdot mol^{-1}$

4. 利用 Born-Haber 循环计算 NaCl 的晶格能。

5. KF 晶体属于 NaCl 构型，试利用 Born－Lande 公式计算 KF 晶体的晶格能，已知从 Born－Haber 循环求得的晶格能为 $802.5\ kJ \cdot mol^{-1}$，比较实验值和理论值的符合程度如何。

6. 写出下列物质的离子极化作用由大到小的顺序。

(1) $MgCl_2$；　(2) NaCl；　(3) $AlCl_3$；　(4) $SiCl_4$。

7. 讨论下列物质的键型有何不同。

(1) Cl_2；　(2) HCl；　(3) AgI；　(4) NaF。

8. 对下列各对物质的沸点的差异给出合理的解释。

(1) HF(20℃)与 HCl(−85℃)；　(2) NaCl(1 465℃)与 CsCl(1 290℃)；

(3) $TiCl_4$(136℃)与 LiCl(1 360℃)；

(4) CH_3OCH_3(−25℃)与 CH_3CH_2OH(79℃)。

9. 试推测下列物质各属于哪一类晶体，并简述理由。

物质	CO_2	KF	Si
熔点/℃	−56.6	880	1 423

10. 根据下列物质的物理性质，推测它们所属的晶体类型：

H_2S，NH_3，金刚石，NaCl，HCl

11. Ar，Cu，NaCl，CO_2 晶体都属于面心立方晶格结构，但它们的物理性质却极不相同，为什么？

12. 有 X，Y，Z 三种元素：X 原子外层电子构型为 $3s^1$；Y 为周期表中ⅤA 族元素；Z 属于卤族元素；X，Y，Z 元素处于同一周期。

(1)三元素的电负性，哪个最大，哪个最小？

(2)X—Z 键和 Y—Z 键，各属于离子键还是共价键？

(3)X 和 Z，Y 之间可形成哪些化合物？写出化学式，判断它们是离子型化合物还是共价型化合物？共价型化合物分子有无极性？

13. 食盐、金刚石、干冰(CO_2)以及金属都是固态晶体，但它们的溶解性、熔点、沸点、硬度和导电性等物理性质为什么相差甚远？

14. 试判断下列物质可形成何种类型的晶体：

O_2，H_2S，KCl，Si，Ag

15. 根据所学晶体结构的知识，填写表 9-12。

表 9-12 填空

物 质	晶格结点上的微粒	晶格中微粒间的作用力	晶体类型	预测熔点(高或低)
KI				
Cr				
BN(立方)				
BBr_3				

16. 已知下列两类晶体的熔点(℃)：

NaF(995)，NaCl(808)，NaBr(775)，NaI(661)

SiF_4(−90.3)，$SiCl_4$(−68)，$SiBr_4$(5.2)，SiI_4(120.5)

(1)为什么钠的卤化物比相应硅的卤化物熔点总是高？

(2)为什么钠的卤化物和硅的卤化物的熔点递变不一致？

17. 预测下列分子的空间构型，并指出偶极矩是否为零，是极性分子还是非极性分子。

SiF_4，$BeCl_2$，NF_3，BCl_3，H_2S，$HCCl_3$

18. 根据分子结构和键合原子间的电负性差，用＝，＜ 或 ＞ 等符号定性地比较下列各对分子偶极矩的大小：

HF 与 HCl，F_2O 与 CO_2，CCl_4 与 CH_4

PH_3 与 NH_3，H_2S 与 H_2O，BF_3 与 NF_3

19. 下列每对分子中哪个分子的极性较强？简要说明原因。

(1)HCl 与 HI；　(2)H_2O 与 H_2S；　(3)NH_3 与 PH_3；

(4)CH_4 与 SiH_4；　(5)CH_4 与 CH_3Cl；　(6)BF_3 与 NF_3。

20. 19 题(1)～(4)各对分子中各是哪个分子的极化率较大？为什么？

21. 已知 SF_6 的偶极矩为零，它的分子空间构型应该怎样？

22. 指出下列各结构式中所有的键角(各接近什么数值)，并指出这些物质的偶极矩是否为零：

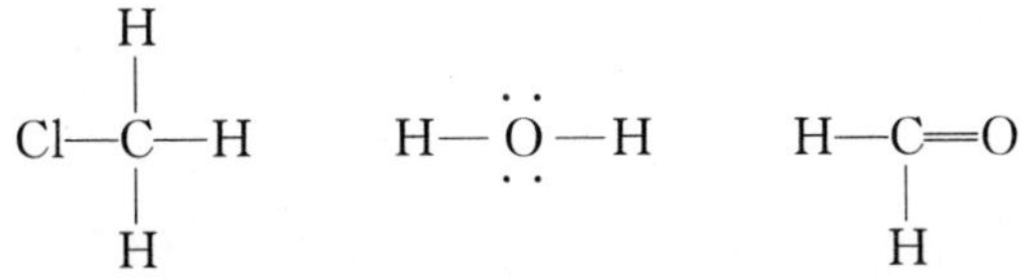

23. 试判断下列各组分子间存在哪些分子间力。

(1)Cl_2 与 CCl_4； (2)CO_2 与 H_2O； (3)H_2S 与 H_2O； (4)NH_3 与 H_2O。

24. 常温时第ⅦA 族的单质 F_2 和 Cl_2 为气体，Br_2 为液体，I_2 为固体，这是为什么？

25. 下列每种化合物分子之间有无氢键存在？为什么？

(1)C_2H_6； (2)NH_3； (3)C_2H_5OH； (4)H_3BO_3； (5)CH_4。

26. 说明下列每组分子间存在着什么形式的分子间作用力（取向力、色散力、诱导力、氢键）。

(1)苯和 CCl_4； (2)甲醇和水； (3)HBr 液体； (4)He 和水。

27. 乙醇(C_2H_5OH)和二甲醚(CH_3OCH_3)成分相同，但前者的沸点为 78.5℃，后者的沸点为−23℃，为什么？

28. 试分析下列分子间各有哪些作用力（色散力、诱导力、取向力及氢键）。

(1)HCl； (2)He； (3)H_2O； (4)H_2O 和 Ar 之间。

第 10 章　配合物结构

配位化合物的种类、数量日益增多，组成、结构越来越复杂，促使配位化合物的化学键理论不断发展和完善。在最早期的价键理论之后，又发展了晶体场理论、配体场理论及分子轨道理论。这些理论对于配合物的结构和性质给予了较好的解释和说明，本章我们重点介绍价键理论和晶体场理论，并运用这些理论对配合物的结构和某些性质进行讨论。

10.1　配合物概述

一、配合物的空间构型

配合物的空间构型是指配体围绕着中心体按照一定的几何形状排布而成。目前，实验测定配合物空间构型的方法很多，最常采用的方法是 X 射线衍射。这种方法能够较为精确地测出配合物中各原子的位置、键角和键长等，进而得出配合物分子或离子的空间构型。空间构型与配位数的多少有着密切的关系。表 10－1 列举了配合物的一些主要的空间构型。

表 10－1　配合物的空间构型

配位数	空间构型	配合物
2	直线型 	$[Ag(NH_3)_2]^+$，$[Cu(NH_3)_2]^+$ $[AgBr_2]^-$，$[Ag(CN)_2]^-$
3	平面三角型 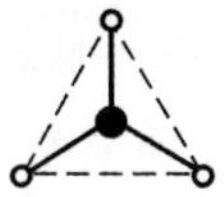	$[HgI_3]^-$
4	四面体 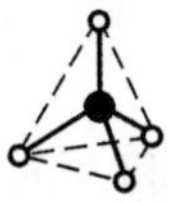	$[BeF_4]^{2-}$，$[BF_4]^-$，$[HgCl_4]^{2-}$ $[Zn(NH_3)_4]^{2+}$，$Ni(CO)_4$
	平面正方型 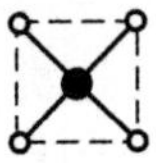	$[Ni(CN)_4]^{2-}$，$[PtCl_2(NH_3)_2]$ $[Cu(NH_3)_4]^{2+}$，$[PdCl_4]^{2-}$
5	四方锥 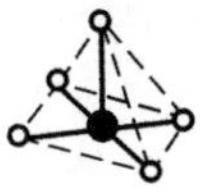	$[SbCl_5]^{2-}$，$[MnCl_5]^{2-}$ $[Co(CN)_5]^{3-}$，$[InCl_5]^{2-}$
	三角双锥 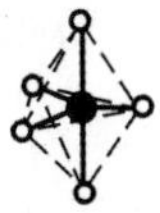	$[CuCl_5]^{3-}$，$[CdI_5]^{3-}$ $Fe(CO)_5$，$[Mn(CO)_5]^-$

续 表

配位数	空间构型	配合物
6	八面体 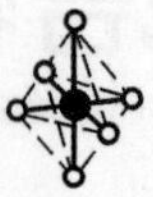	$[Co(NH_3)_6]^{3+}$，$[Fe(CN)_6]^{3-}$，$[SiF_6]^{2-}$ $[AlF_6]^{3-}$，$[PtCl_6]^{2-}$

最常见的配合物的配位数在 2～14 之间，我们从比较熟悉的配位数为 2，4 和 6 的配合物开始进行讨论。

二配位的配合物常见的有$[Cu(NH_3)_2]^+$，$[Ag(NH_3)_2]^+$等，这些中心金属离子大多具有d^{10}电子构型，如Ag^+，Cu^+和Hg^{2+}等，所形成的二配位配合物的空间构型为直线型。

四配位配合物常见的有$[Cu(NH_3)_4]^{2+}$，$[BeCl_4]^{2-}$等，非过渡元素的四配位配合物大多是四面体构型，如$[BeCl_4]^{2-}$和$[BF_4]^-$等，这是因为中心体采取 sp^3 杂化，呈四面体构型。四配位配合物也能呈现平面正方形构型，如$[Cu(NH_3)_4]^{2+}$和$[Ni(CN)_4]^{2-}$等，这是因为中心体采取 dsp^2 杂化，呈平面正方形构型。由此可见，配合物的空间构型不仅仅取决于配位数，当配位数相同时，还与中心离子和配体的种类有关。

六配位配合物是最常见的，一般为八面体构型。常见的有$[Co(NH_3)_6]^{3+}$，$[Fe(CN)_6]^{3-}$等，这是因为中心体采取 sp^3d^2 或 d^2sp^3 杂化，呈八面体构型。

另外，五配位配合物虽然为数不多，但却很重要。人们在研究配合物的反应动力学时发现，无论四配位还是六配位化合物的取代反应历程中，都可以形成不是很稳定的中间产物，这些中间体常常是五配位的配合物，类似的现象也出现在许多重要的催化反应以及生物体内的某些生化反应之中。五配位配合物有两种基本结构形式——三角双锥和四方锥，且以前者为主。

二、配合物的异构现象

所谓异构现象是指，两种或两种以上的化合物，具有相同的原子种类和数目，但是其结构、性质不同的现象。由于配合物具有多种配位数和复杂多变的几何构型，而有多种异构现象。这里只重点讨论几何异构和旋光异构。

1. 几何异构现象

配位数为 4 的四面体配合物以及配位数为 2 和 3 的配合物不存在几何异构体，因为在这些构型中所有的配位位置彼此相邻或相反。几何异构现象主要发生在配位数为 4 的平面正方型和配位数为 6 的八面体构型的配合物之中。在这类配合物中，按照配体对于中心离子的不同位置，通常分为顺式(cis)和反式(trans)两种异构体。

对于配位数为 4 的平面正方型，两个相同的配体处于正方型相邻两顶角的叫顺式异构体，处于对角的则叫反式异构体。例如，$[PtCl_2(NH_3)_2]$的空间构型是平面正方形，研究发现其具有两种几何异构体：

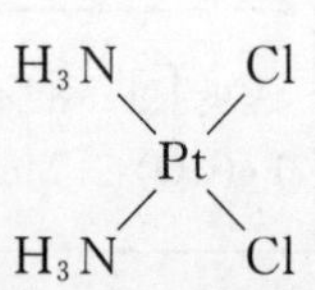

顺式(cis)异构体

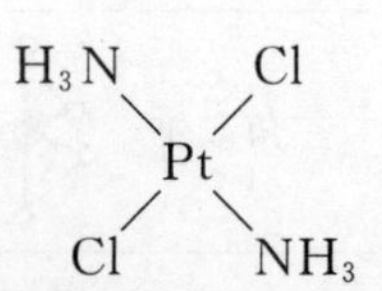

反式(trans)异构体

这两种几何异构体的结构不同，所以性质也不同：cis -[$PtCl_2(NH_3)_2$]呈橙黄色粉末，偶极矩较大，有抗癌作用。每 100 g 水中可以溶解 cis -[$PtCl_2(NH_3)_2$] 0.258 g，可见溶解度较大；邻位的 Cl^- 可以被取代，如 OH^-，草酸根等。而 trans -[$PtCl_2(NH_3)_2$]呈亮黄色，偶极矩为 0，无抗癌活性。每 100 g 水中仅能溶解 trans -[$PtCl_2(NH_3)_2$] 0.037 g，可见溶解度要小得多；另外，对位的 Cl^- 也不能够被取代，所以不能转变为草酸等配合物。

配位数为 6 的八面体配合物也存在顺、反异构体。当配合物的组成为 MA_6 和 MA_5B 时是没有几何异构体的。在 MA_4B_2 型中有顺、反两种几何异构体。例如，顺式 MA_4B_2 异构体中两个 B 共占八面体的一个边，如图 10－1(a)所示；结构上的差异，使得异构体的性质有所不同。

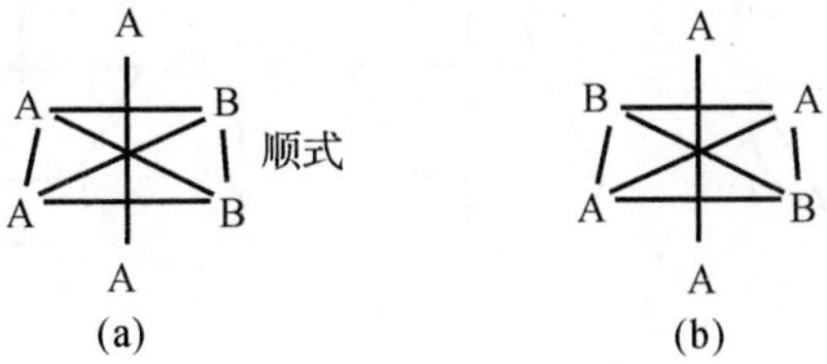

图 10－1 MA_4B_2的几何异构体

MA_3B_3 型配合物也有两种几何异构体，一种是三个 A 占据八面体的一个三角面的三个顶点，称为面式；另一种是三个 A 位于正方平面的三个顶点，称为经式(八面体的六个顶点都是位于球面上，经式是处于同一经线)，如图 10－2 所示。

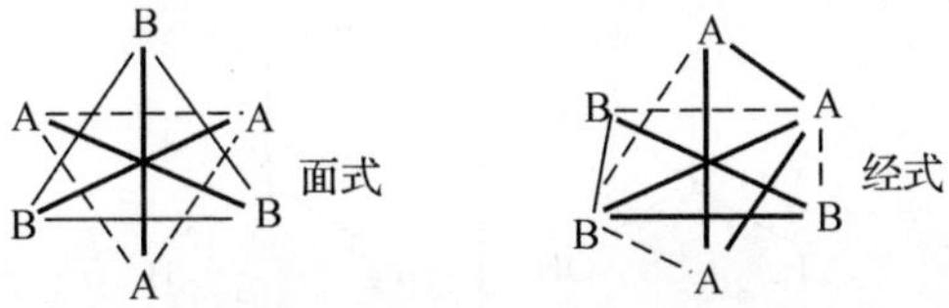

图 10－2 MA_3B_3的几何异构体

如果配体种类增多，几何异构体的数目也会增加，请读者自己推导。

2. 旋光异构现象

因分子的特殊对称性形成的两种异构体引起的旋光性相反的现象称为旋光异构现象。这两种旋光异构体的对称关系与我们的左手和右手的关系相类似，也就是镜像关系，如图 10－3 所示。右手的镜像看似与左手一样，但是，左、右手是无法重叠的。旋光异构体能使偏振光发生方向相反的旋转，因此，旋光异构也称为光学异构。例如，cis -[$Co(NO_2)_2(en)_2$]$^+$ 与它的镜像就是不能重叠的，如图 10－4 (b)所示，该分子与其镜像彼此互为异构体，具有旋光性的分子也称为手性分子。

旋光异构现象通常与几何异构现象密切相关。例如，[$Co(NO_2)_2(en)_2$]$^+$ 的顺式异构体可以形成一对旋光活性异构体，而反式异构体则往往没有旋光活性，其分子不是手性分子，如图 10－4(a)所示。

在配合物中，最重要的旋光性配合物是含双齿配体的六配位螯合物，如上例[$Co(en)_2(NO_2)_2$]$^+$，还有[$CoCl_2(en)_2$]$^+$等。

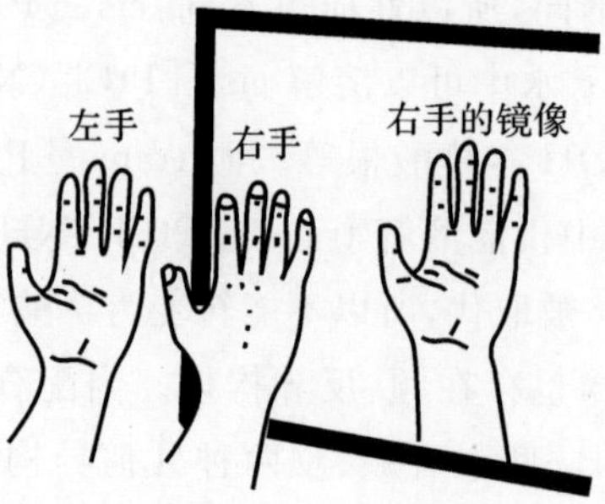

图 10-3　人手与其镜像

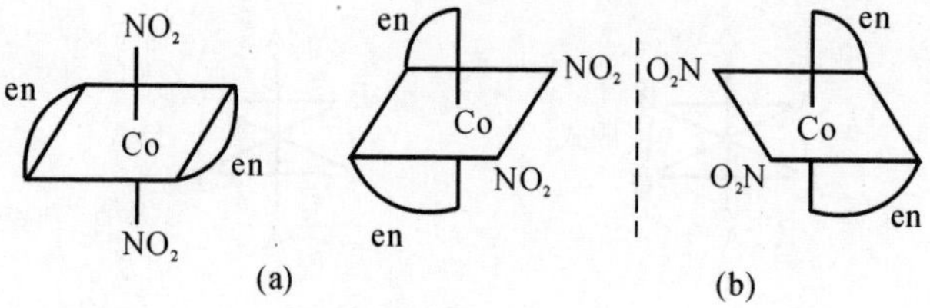

图　10-4

(a)反式-$[Co(en)_2(NO_2)_2]^+$无旋光异构体；　(b)顺式-$[Co(en)_2(NO_2)_2]^+$有旋光异构体

平面正方型的四配位化合物通常没有旋光性，而四面体构型的配合物则常有旋光性，如四面体构型的 $CH(CH_3)(OH)(COOH)$ 的旋光异构体，如图 10-5 所示。

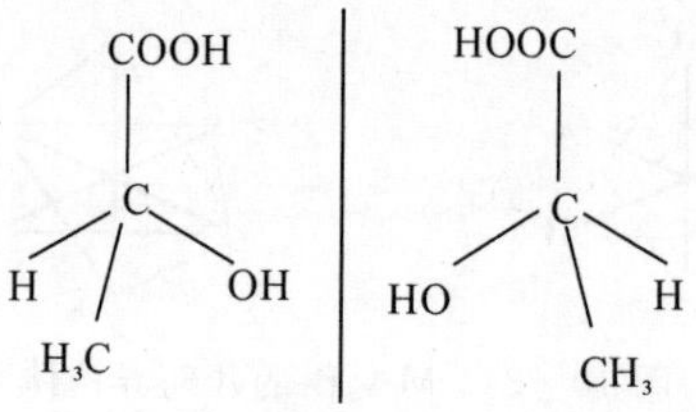

图 10-5　$CH(CH_3)(OH)(COOH)$旋光异构体

三、配合物的磁性

在研究配合物的结构时，磁性是配合物的重要性质之一。通常，物质的磁性是指它在磁场中所表现出的性质。我们将物质放在磁场中，根据它们在磁场中的性质可以分为三大类：第一类是反(抗)磁性物质，在磁场中，当磁力线遇到反(抗)磁性物质时，磁力线弯曲，绕过这类物质，如 H_2，N_2 等；第二类是顺磁性物质，在磁场中，当磁力线遇到顺磁性物质时，磁力线通过这类物质，并使其顺着外磁场排列，如 O_2 等；第三类是铁(永)磁性物质，第三类物质被磁场强烈吸引，当移除外磁场后，此类物质仍然具有强的磁性，例如，铁、钴、镍及其合金都是铁(永)磁性物质。

物质是否表现出磁性主要与物质内部的电子自旋有关。如果物质中所有电子都是耦合的，即电子全部成对了，那么，由电子自旋产生的磁效应相互抵消，这种物质在磁场中就表现为反(抗)磁性。如果物质中存在未成对的电子，那么，由电子自旋产生的磁效应也就不能完全抵消，这种物质就会表现出顺磁性。

反(抗)磁性是大多数物质的基本属性。因为，只要物质中存在成对的电子，就会表现出反(抗)磁性。例如，H_2，因为氢分子中有两个自旋方向相反的电子已耦合成键。顺磁性物质都含有未成对的电子，如 O_2，NO，NO_2，ClO_2 和 d 区元素中许多金属离子，以及由它们组成的简单化合物和配合物等。

顺磁性物质的分子中如含有不同数目的未成对电子，则它们在磁场中产生的效应也不同，这种效应可以由实验测出。通常把顺磁性物质在磁场中产生的磁效应，用物质的磁矩(μ)来表示，物质的磁矩与分子中未成对电子数(n)有以下近似关系：

$$\mu=\sqrt{n(n+2)}\ \text{B. M.} \qquad (10-1)$$

根据上式，可由未成对电子数目 n 估算物质的磁矩 μ。B. M. 是玻尔磁子[1 B. M. = 9.274×10^{-24} J · T^{-1}(T：Tesla)]，玻尔磁子是磁矩的单位。物质的磁性通常借助于磁天平测定(见图 10-6)。

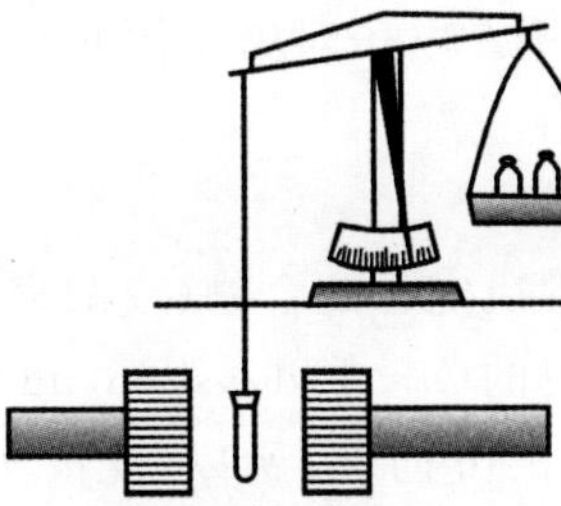

图 10-6　磁天平示意图

反磁性的物质在磁场中由于受到磁场力的排斥作用而使重量减轻，顺磁性的物质在磁场中受到磁场力的吸引而使重量增加，由物质的增重计算磁矩大小，从而确定未成对电子数。由实验测得的磁矩与以上估算值有时略有出入。由实验测得的一些配合物的磁矩见表 10-2。

表 10-2　配合物磁矩与未成对电子数的关系

中心离子	n(未成对电子数)	μ/B. M.(计算值)	μ/B. M.(实验值)
Ti^{3+}	1	1.73	1.7～1.8
V^{3+}	2	2.83	2.7～2.9
Cr^{3+}	3	3.87	3.8
Mn^{3+}	4	4.90	4.8～4.9
Fe^{3+}	5	5.92	5.9

10.2　配合物的化学键理论

配位化合物中的化学键理论主要讨论配合物个体内部中心原子与配位体原子之间的作用力。目前，讨论这种作用力有三种理论：价键理论、晶体场理论和分子轨道理论(又叫配位场理论)。我们首先介绍价健理论，然后介绍晶体场理论。对于过渡元素金属有机化合物的讨论涉及的分子轨道理论本节就不作更多的介绍了。

一、价健理论

1. 理论要点

同一原子内轨道的杂化和不同原子间轨道的重叠构成第 8 章共价键之价健理论的核心论点。美国化学家鲍林(Pauling L. C.,1901—1994)首先将分子结构的价键理论应用于配合物，后经多人修正补充，逐渐形成了近代的配合物之价键理论。该价键理论认为，配体中的配位原子以其孤对电子“投入”中心体的杂化的空轨道形成所谓配位键。

2. 配位键的形成

中心体接受配体的孤对电子形成配位键时的空轨道应是杂化轨道。过渡元素以及在周期表中靠近该系列的元素，特别是金属元素，它们的离子有空的价层轨道，可用来接受配体所给予的孤对电子，容易形成配离子。主族元素也是可以形成配离子，如 Li^+，Na^+，F^-，Cl^- 等的水合离子，以及$[Sn(OH)_4]^{2-}$，$[SiF_6]^{2-}$，$[AlF_6]^{3-}$等都是配离子。

常见的单齿配体(含有一个配位原子的配体)，如 F^-，Cl^-，Br^-，I^-，OH^-，H_2O，SCN^-，NH_3，CN^-，CO 等，都能提供孤对电子。电子对给予体通常是那些电负性较大的元素，如：以上各配体中的 F，O，S，N 等。

3. 配合物(或配离子)的空间构型

中心体的成键杂化轨道的方向性决定了配合物(或配离子)的空间构型。在配离子中，中心离子的空价层轨道通常是能量相近的$(n-1)$d，ns，np，nd 轨道。它们在配体的作用下形成杂化轨道。由于杂化轨道具有一定的方向性，所以，配离子也具有一定的空间构型。现以$[Cu(NH_3)_2]^+$为例加以说明。

Cu^+ 价层轨道中电子分布为

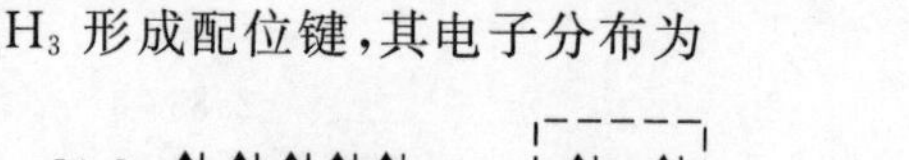

其中 3d 轨道已全充满，而 4s 和 4p 轨道是空的。每个空轨道可以接受由 NH_3 给予的 1 对孤对电子，共可以接受 4 对孤对电子，以形成最高配位数为 4 的配离子。但 Cu^+ 的配位数通常是 2，这是因为配体的性质(如，电荷、半径等)也影响配位数的多少。在$[Cu(NH_3)_2]^+$中，Cu^+ 采用 sp^1 杂化轨道与 NH_3 形成配位键，其电子分布为

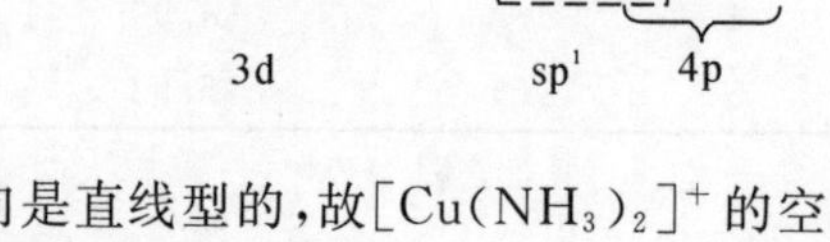

由于 sp^1 杂化轨道的方向是直线型的，故$[Cu(NH_3)_2]^+$的空间构型也就是直线型的。配离子的几种杂化轨道及空间构型见表 10-3。

表 10-3　杂化轨道类型与配合单元空间结构的关系

配位数	杂化轨道	空间结构	实　例
2	sp^1	直线型	$[Cu(NH_3)_2]^+$　$[Ag(NH_3)_2]^+$
3	sp^2	平面三角型	$[Cu(CN)_3]^{2-}$

续表

配位数	杂化轨道	空间结构	实　例
4	sp^3	四面体	$[Zn(NH_3)_4]^{2+}$　$[Ni(NH_3)_4]^{2+}$　$[Cu(CN)_4]^{3-}$
	dsp^2 或 spd^2	正方型	$[Ni(CN)_4]^{2-}$　$[Cu(NH_3)_4]^{2+}$
5	dsp^3	三角双锥型	$[Ni(CN)_5]^{3-}$　$[Fe(CO)_5]$
6	d^2sp^3 或 sp^3d^2	八面体	$[Fe(CN)_6]^{3-}$　$[Fe(CN)_6]^{4-}$　$[FeF_6]^{3-}$　$[Co(NH_3)_6]^{3+}$

4.配合物(或配离子)的类型

中心体杂化轨道的类型决定了配合物(或配离子)的类型。当中心体的次外层轨道未完全充满时,在形成配合物(或配离子)时可能有两种杂化情况。

第一种,例如,Ni^{2+} 与 NH_3 形成的$[Ni(NH_3)_4]^{2+}$电子分布为

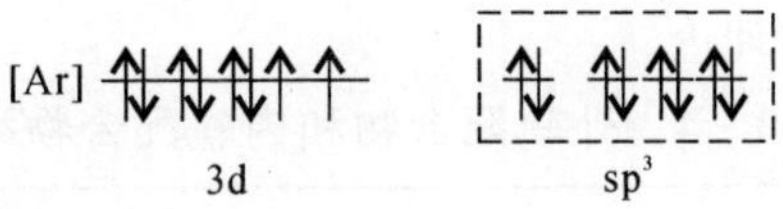

Ni^{2+} 的 8 个 d 电子没有重新分布,仍占据着 5 个 3d 轨道,即在等价轨道中未成对电子有 2 个。而 Ni^{2+} 的 4s 和 4p 空轨道杂化组成 4 个 sp^3 杂化轨道,这种杂化轨道的空间几何构型为正四面体。中心离子仍保持其原来的电子构型,配位体的孤对电子只进入外层轨道,这样形成的配位键称为外轨(Outer orbital)(型)配键,对应的配合物(或配离子)叫作外轨型配合物(或配离子)。

第二种,例如 Ni^{2+} 与 CN^- 形成的$[Ni(CN)_4]^{2-}$电子分布为

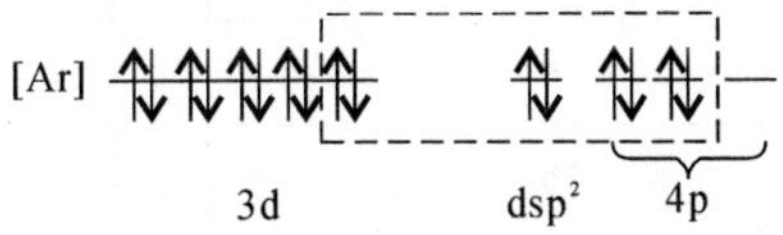

Ni^{2+} 在配位体 CN^- 的影响下,2 个未成对的 3d 电子进行重新分布,2 个电子成对,空出 1 个 3d 轨道,这 1 个 3d 轨道和 4s 及 2 个 4p 空轨道进行杂化组成 4 个 dsp^2 杂化轨道,这种杂化轨道的空间几何构型为平面正方形。中心离子的电子构型发生改变,未成对电子配对,配体的孤对电子进入中心的内层空轨道,这样形成的配位键称为内轨(Inner orbital)(型)配键,对应的配合物(或配离子)叫作内轨型配合物(或配离子)。

在配离子$[FeF_6]^{3-}$和$[Fe(CN)_6]^{3-}$中,中心离子 Fe^{3+} 分别以 sp^3d^2 和 d^2sp^3 杂化空轨道与配体成键。因此,这类杂化轨道的空间几何构型均为八面体。但是,$[FeF_6]^{3-}$进行的是外轨型杂化,属于外轨型配离子;而$[Fe(CN)_6]^{3-}$进行的是内轨型杂化,属于内轨型配离子。

由于内轨型配离子用了内层$(n-1)$d 轨道,而$(n-1)$d 轨道能量低于 nd 轨道,因此,由$(n-1)$d轨道参与所组成的杂化轨道的配位键比用 nd 轨道组成的杂化轨道配位键要强。因此,相同氧化数的同一金属离子(如 Fe^{3+}),当形成相同配位数的配离子时,如,$[FeF_6]^{3-}$和

$[Fe(CN)_6]^{3-}$，它们的稳定性是不同的，一般是内轨型配离子$[Fe(CN)_6]^{3-}$比外轨型配离子$[FeF_6]^{3-}$稳定（$K^{\ominus}_{稳}$见表 4－10）。在溶液中，前者比后者较难解离。而且，一般内轨型配合物的配位键具有共价键性质，而外轨型配合物的配位键具有一些离子键性质，但在本质上两者均属于共价键范畴。外轨配合物与内轨配合物的举例见表 10－4。

配合物是内轨型还是外轨型，主要决定于中心离子的电子层结构、电荷的多少和配位原子的电负性大小等。一般来说，具有 d^{10} 构型的离子只能形成外轨型配离子；具有 d^8 构型的离子，如 Ni^{2+}，Pt^{2+} 等，在多数情况下形成内轨型配离子；具有其他构型的离子，形成两种类型的配离子都有可能。中心离子电荷多有利于形成内轨型配离子。电负性较大的配位原子如 F 等，大多与中心离子形成外轨型配离子；电负性较小的配位原子，如 C 等，与中心离子形成内轨型配离子。

价键理论对配合物的形成、空间构型以及中心离子的配位数等都能做出较好的说明，但也有其局限性。例如：它不能解释内轨型配合物中中心离子的电子为什么要重新分布，以及由于 d 电子数不同，所形成的配合物的稳定性不同的规律；也不能解释配离子的颜色等。从原则上看，当形成配位键时，中心离子与配位体必须发生相互影响，而不同的中心离子与配位体之间，这种影响强弱必然不同，使原子内轨道的能级和方向发生不同的变化，因而配离子的性质也就有所不同了。由此发展了新的理论。

表 10－4　外轨配合物和内轨配合物举例

中心原子	配合物	相关轨道电子数*				杂化类型
		3d	4s	4p	4d	
Ag^+	$[Ag(NH_3)_2]^+$	**10**	2	2		sp^1
Cu^+	$[Cu(NH_3)_2]^+$	**10**	2	2		sp^1
Cu^+	$[Cu(CN)_4]^{3-}$	**10**	2	2		sp^3
Cu^{2+}	$[Cu(NH_3)_4]^{2+}$	**8** ＋ 2	2	4＋1**		dsp^2
Zn^{2+}	$[Zn(NH_3)_4]^{2+}$	**10**	2	6		sp^3
Cd^{2+}	$[Cd(CN)_4]^{2-}$	**10**	2	6		sp^3
Fe	$[Fe(CO)_5]$	**8** ＋ 2	2	6		dsp^3
Fe^{3+}	$[FeF_6]^{3-}$	**5**	2	6	4	sp^3d^2
Fe^{3+}	$[Fe(CN)_6]^{3-}$	**5** ＋ 4	2	6		d^2sp^3
Fe^{2+}	$[Fe(CN)_6]^{4-}$	**6** ＋ 4	2	6		d^2sp^3
Fe^{2+}	$[Fe(H_2O)_6]^{2+}$	**6**	2	6	4	sp^3d^2
Mn^{2+}	$[MnCl_4]^{2-}$	**5**	2	6		sp^3
Mn^{2+}	$[Mn(CN)_6]^{4-}$	**5** ＋ 4	2	6		d^2sp^3
Cr^{3+}	$[Cr(NH_3)_6]^{3+}$	**3** ＋ 4	2	6		d^2sp^3

*黑体数字电子表示电子来自中心原子，"＋"后的数字表示电子来自配位原子；

**由 3d 激发而来的这个电子所在的 4p 轨道不参与杂化。

二、晶体场理论

晶体场理论是一种改进了的静电理论，该理论将配位体看作是点电荷或偶极子，除考虑配位体阴离子负电荷或者极性分子偶极子负端与中心原子正电荷间的静电引力外，着重考虑配位体上述电性对中心原子 d 电子的静电排斥力，即着重考虑中心原子 5 条价层 d 轨道在配位体电性作用下产生的能级分裂。

1. 理论要点

(1)晶体场理论建立的基点是离子模型，即在配合物中，中心离子处于带负电荷的配体(负离子或极性分子)形成的静电场中，中心离子与配体之间主要是由静电作用结合在一起。

(2)配体形成的中心场对中心离子的电子，特别是价电子层中的 d 电子产生排斥作用，使中心离子的价层 d 轨道发生了能级分裂，有的 d 轨道能量升高，有的则要降低。分裂后高能 d 轨道与低能 d 轨道间的能量差称为分裂能。

(3)在空间构型不同的配合物中，配体形成不同的晶体场，对中心离子 d 轨道的影响也不相同。

(4)价层 d 轨道发生的能级分裂，使得系统的能量发生了改变。价层 d 轨道能级分裂前和分裂后，系统的能量差称为晶体场稳定化能。

2. 六配位配合物的八面体晶体场的分裂和分裂能

我们仅以六配位八面体场(中心原子处于以八面体方式排布的 6 个配位原子的中心位置)为例说明 d 轨道能级分裂的情况。

自由原子(离子)中 5 条 d 轨道为等价轨道[见图 10－7(a)]。如果将其置于带负电荷的球壳形均匀电场中心，均匀的排斥力使其能级同等程度地升高，即能级升高而不分裂[见图 10－7(b)]。然而，6 个相同的配位体从八面体顶角的方向接近中心原子，配位体负电荷或者偶极负电产生的电场显然不具有球壳对称性。如果限定 6 个配位体从 x，y，z 坐标轴方向接近中心原子(见图 10－8)，d_{z^2} 和 $d_{x^2-y^2}$ 轨道在这种情况下处于“首当其冲”的位置，d_{xy}，d_{yz}，d_{zx} 轨道则不与配位体正面相撞。这意味着在假定的平均电场中轨道能级[见图 10－7(b)]将发生分裂：由于受到较强的排斥力，迎头相撞的两条轨道能级从原有状态升高；又由于平均电场保持不变(5 条 d 轨道的总能量不变)，必然伴随着 d_{xy}，d_{yz} 和 d_{zx} 轨道能级下降[见图 10－7(c)]。晶体场理论中将分裂后能级较高的一组等价轨道，即 d_{z^2} 和 $d_{x^2-y^2}$ 轨道叫 e_g 轨道，而将分裂后能级较低的一组等价轨道，即 d_{xy}，d_{yz} 和 d_{zx} 轨道叫 t_{2g} 轨道。这些轨道符号表示对称类别，e 为二重简并，t 为三重简并，g 代表中心对称。

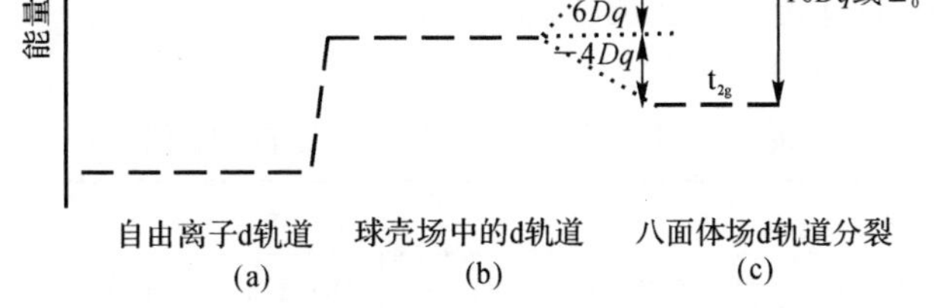

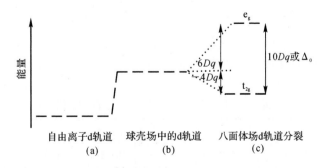

图 10－7　d 轨道在八面体场中的分裂情况示意图

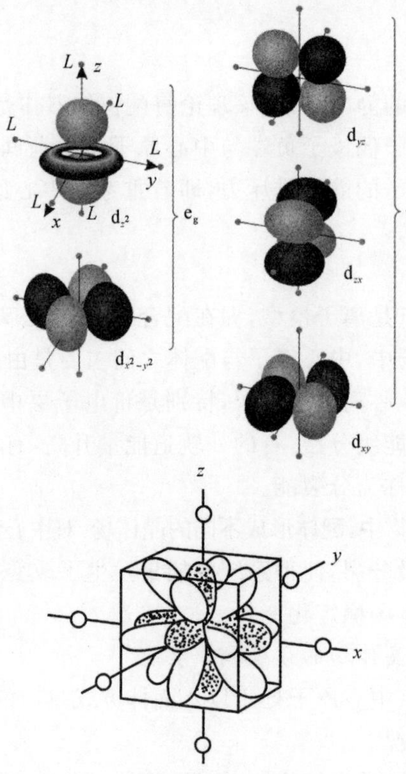

图 10-8　d 轨道及八面体场中的 d 轨道

两组轨道间的能量差叫作八面体晶体场的分裂能，用符号 $10Dq$（Dq 表示场强参数）或 Δ_o 表示，即

$$10Dq=\Delta_o=E(e_g)-E(t_{2g}) \qquad (10-2)$$

量子力学证明，一组简并轨道因静电作用而引起分裂，则分裂后能级，其平均能量不变，这就是能量重心不变原则。按照这一原则，三重简并的（t_{2g}）轨道能量的减少等于二重简并的（e_g）轨道能量的增加，得到关系

$$2E(e_g)+3E(t_{2g})=0 \qquad (10-3)$$

联立式（10-2）和式（10-3）可得

$$E(e_g)=\frac{3}{5}\Delta_o=6Dq \quad E(t_{2g})=-\frac{2}{5}\Delta_o=-4Dq \qquad (10-4)$$

可见，八面体场中 d 轨道分裂的结果，相对于球形场 e_g 轨道能量比分裂前上升了 $6Dq$，t_{2g} 轨道能量比分裂前下降了 $4Dq$。分裂能在数值上相当于一个电子由 t_{2g} 轨道跃迁至 e_g 轨道所吸收的能量，该能量可通过光谱实验测得（参阅例 10-1），单位常用 cm^{-1} 或 $kJ\cdot mol^{-1}$ 来表示。表 10-5 给出了一些常见八面体配合物的分裂能值。

表 10-5　某些八面体配合物的 Δ_o 值

d 电子数	中心离子	Δ_o/cm^{-1}						
		$6Br^-$	$6Cl^-$	$6H_2O$	EDTA	$6NH_3$	3en	$6CN^-$
$3d^1$	Ti^{3+}			20 300				

续表

d电子数	中心离子	Δ_o/cm^{-1}						
		$6Br^-$	$6Cl^-$	$6H_2O$	EDTA	$6NH_3$	3en	$6CN^-$
$3d^2$	V^{3+}			17 700				
$3d^3$	V^{2+}			12 600				
	Cr^{3+}		13 600	17 400	18 400	21 600	21 900	26 300
$4d^3$	Mo^{3+}		19 200	24 000				
$3d^4$	Cr^{2+}			13 900				
	Mn^{3+}			21 000				
$3d^5$	Mn^{2+}			7 800				
	Fe^{3+}			13 700				
$3d^6$	Fe^{2+}			10 400				33 000
	Co^{3+}			18 600	20 400	23 000	23 300	34 000
$4d^6$	Rh^{3+}	18 900	20 300	27 000		33 900	34 400	
$5d^6$	Ir^{3+}	23 100	24 900				41 200	
	Pt^{4+}	24 000	29 000					
$3d^7$	Co^{2+}			9 300		10 100	11 000	
$3d^8$	Ni^{2+}	7 000	7 300	8 500	10 100	10 800	11 600	
$3d^9$	Cu^{2+}			12 600	13 600	15 100	16 400	

影响分裂能的主要因素有中心离子的电荷、d轨道的主量子数 n、价层电子构型以及配体的结构和性质。主要有下述变化规律。

(1)中心离子的电荷。同种配体与不同中心离子形成的配合物其分裂能大小不等。表10-5中 M^{3+}(Cr^{3+},Mn^{3+},Fe^{3+},Co^{3+})的6水配合物比 M^{2+}(Cr^{2+},Mn^{2+},Fe^{2+},Co^{2+})的6水配合物的 Δ_o 大,也就是说,同一元素与相同配体形成的配合物中,中心离子电荷多的比电荷少的 Δ_o 的值大。因为中心离子的正电荷愈多,对配体引力愈大,中心离子与配体间的距离愈小,中心离子外层的d电子与配体之间的斥力愈大,所以 Δ_o 的值愈大。

(2)形成体涉及元素的周期。相同配体带相同电荷的同族金属离子,其 Δ_o 随着中心离子(形成体)的周期数的增加而增大。从表10-6中可查得相关配合物的 Δ_o 值。

表10-6　某些八面体配合物的 Δ_o 值

金属元素的周期	金属元素的族及 Δ_o 值			
	ⅥB	Δ_o/cm^{-1}	Ⅷ	Δ_o/cm^{-1}
四	$[CrCl_6]^{3-}$	13 600	$[Co(en)_3]^{3+}$	23 300
五	$[MoCl_6]^{3-}$	19 200	$[Rh(en)_3]^{3+}$	34 400
六			$[Ir(en)_3]^{3+}$	41 200

与 3d 轨道相比，第五、六周期元素的 4d 和 5d 轨道伸展得较远，与配体更为接近，使中心离子与配体间斥力较大。

(3)配体的性质。不同配位体所产生的分裂能不同，因而分裂能是配位体晶体场强度的量度。根据光谱实验数据，结合理论计算，归纳出若干配位体配体场强弱的顺序叫光谱化学序列(Spectrochemical series)，排列如下：

$$I^- < Br^- < Cl^- < S^{2-} < SCN^- < NO_3^- < F^- < OH^- \sim ONO^- < C_2O_4^{2-} <$$
$$H_2O < NCS^- < EDTA < NH_3 < en < SO_3^{2-} < phen < NO_2^- < CN^- < CO$$

对不同的中心原子而言，该顺序可能略有变化。序列前部的配位体(大体以 H_2O 为界)是弱场配体，序列后部的配位体(大体以 NH_3 为界)是强场配体。由光谱化学序列可以看出，I^- 把 d 轨道分裂为 t_{2g} 与 e_g 的本领最差(Δ_o 值最小)，而 CN^- 和 CO 的最大。因此，I^- 为弱场配体，CN^- 和 CO 称为强场配体，配体是强场还是弱场，常因中心离子的不同而不同，可结合配合物的磁矩来确定。上述光谱化学序列存在这样的规律：配位原子相同的列在一起，如 OH^-，$C_2O_4^{2-}$，H_2O 均为 O 作配位原子，又如，NCS^-，EDTA，NH_3，en 均为 N 作配位原子。从光谱序列还可以粗略看出，按配位原子来说，Δ_o 大小的顺序为 $I < Br < Cl < F < O < N < C$。

(4)配合物的几何构型。中心离子、配体均相同时，分裂能与配合物的几何构型有关。分裂能大小的顺序是平面正方型＞八面体＞四面体(见表 10－7 和图 10－9)。

表 10－7　不同晶体场中 d 轨道的能级分裂

几何构型	d_{z^2}	$d_{x^2-y^2}$	d_{xy}	d_{xz}	d_{yz}	晶体场分裂能 Δ
八面体	6.00	6.00	−4.00	−4.00	−4.00	10.00
四面体	−2.67	−2.67	1.78	1.78	1.78	4.45
平面正方型	−4.28	12.28	2.28	−5.14	−5.14	17.42

注：能量以 *Dq* 为单位。

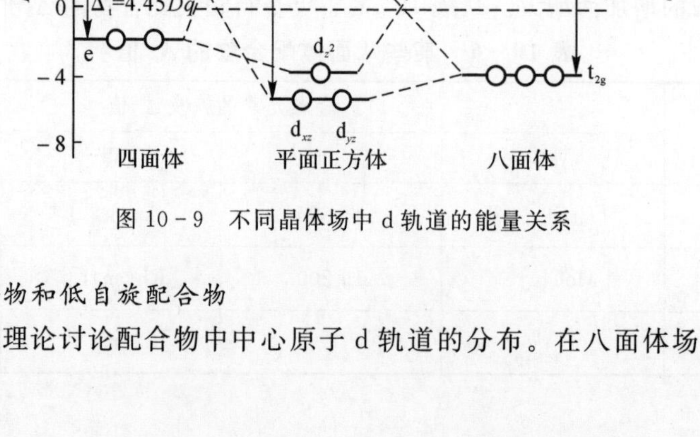

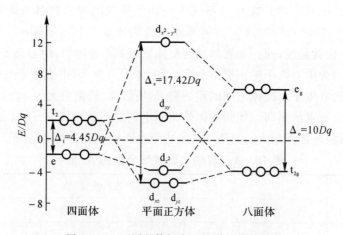

图 10－9　不同晶体场中 d 轨道的能量关系

3. 高自旋配合物和低自旋配合物

现在用晶体场理论讨论配合物中中心原子 d 轨道的分布。在八面体场中，中心离子的 d

电子在 t_{2g} 和 e_g 轨道中的分布要遵守能量最低原理、泡利不相容原理和洪德规则，同时还要考虑分裂能的影响。例如，Co^{3+} 含有 6 个 d 电子，为 d^6 组态离子。正如图 10－10 所表示的那样，$[CoF_6]^{3-}$ 和 $[Co(NH_3)_6]^{3+}$ 中 6 个 d 电子选择了不同的排布方式。

(a)　　(b)

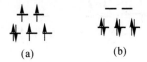

图 10－10　d^6 组态过渡金属离子的电子排布图

(a) $[CoF_6]^{3-}$ 中的 Co^{3+}；　(b) $[Co(NH_3)_6]^{3+}$ 中的 Co^{3+}

根据能量最低原理，前 3 个电子应分别填入 3 条 t_{2g} 轨道且自旋平行，第 4、第 5 个电子就面临选择了。填入 t_{2g} 轨道需要克服所谓的成对能(Pairing energy)，通常用符号 P 表示，可将成对能理解为轨道上已有电子对将要进入电子的排斥力。填入 e_g 轨道则需要克服分裂能，选择显然决定于 P 和 Δ_o 的相对大小。如果将这两种情况下的成对能看作是定值，选择也就决定于分裂能的大小了。F^- 是个弱场配体，$[CoF_6]^{3-}$ 中 Co^{3+} 的分裂能小于成对能，电子进入 e_g 轨道，以分占为主。$d^4 \sim d^7$ 组态离子的电子排布式可分别记为 $t_{2g}^3e_g^1$，$t_{2g}^3e_g^2$，$t_{2g}^4e_g^2$ 和 $t_{2g}^5e_g^2$；NH_3 的配位场强度比 F^- 大得多，使得 $[Co(NH_3)_6]^{3+}$ 中 Co^{3+} 的分裂能大于成对能，电子进入 t_{2g} 轨道与轨道中原有的单电子配对，以成对为主。d^4 至 d^7 组态离子的电子排布式可分别记为 $t_{2g}^4e_g^0$，$t_{2g}^5e_g^0$，$t_{2g}^6e_g^0$ 和 $t_{2g}^6e_g^1$；上述两种排布方式代表了两种电子自旋状态，含有单电子数较多的配合物为高自旋配合物，不存在单电子或者含有单电子数少的配合物为低自旋配合物。通过对比不难发现，晶体场理论中的高自旋配合物、低自旋配合物分别对应于价健理论中的外轨型配合物和内轨型配合物。

与 $d^4 \sim d^7$ 组态不同的是，$d^1 \sim d^3$ 及 $d^8 \sim d^{10}$ 组态的离子通常只有一种排布。图 10－11 给出了 d^3 和 d^8 组态各自唯一的排布方式。

(a)　　(b)

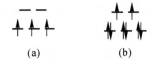

图 10－11　配合物中 d^3 组态(a)和 d^8 组态(b)过渡金属离子的电子排布图

$d^1 \sim d^3$ 组态离子的电子排布式可分别记为 $t_{2g}^1e_g^0$，$t_{2g}^2e_g^0$ 和 $t_{2g}^3e_g^0$，$d^8 \sim d^{10}$ 组态离子的电子排布式可分别记为 $t_{2g}^6e_g^2$，$t_{2g}^6e_g^3$ 和 $t_{2g}^6e_g^4$。

4. 晶体场稳定化能

在八面体的强场和弱场中，d^{1-10} 构型的中心离子的电子在 t_{2g} 和 e_g 轨道中的分布情况列在图 10－12 中。

在晶体场影响下，中心离子的 d 轨道能级分裂，电子优先占据能量较低的轨道。d 电子进入分裂的轨道后，与占据未分裂轨道(在球形场中)时相比，系统的总能量有所下降，这份下降的能量叫作晶体场稳定化能(Crystal field stabilization energy，CFSE)。

晶体场稳定化能与中心离子的电子数目有关，也与晶体场的强弱有关，此外还与配合物的空间构型有关。以八面体场为例，根据 t_{2g} 和 e_g 的相对能量和进入其中的电子数，就可以计算出八面体配合物的晶体场稳定化能。

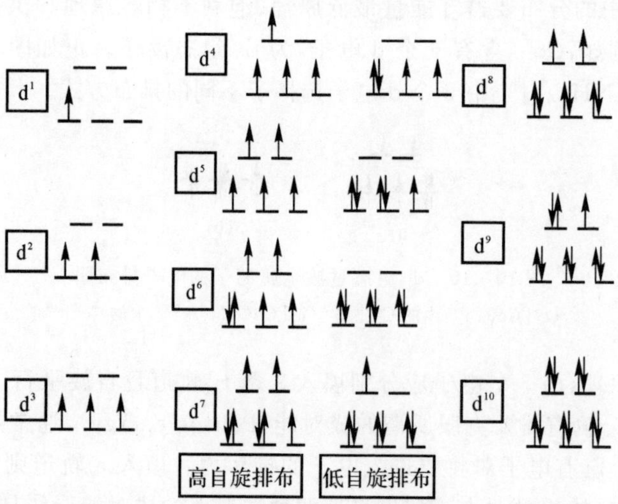

图 10-12 八面体场中电子在 t_{2g} 和 e_g 轨道中的分布

不论是形成高自旋配合物还是低自旋配合物，该配合物都应处于最有利的能量状态。前面讨论中引入了平均电场的概念，是为了说明在能级分裂过程中不存在总能量的得失，一组轨道(t_{2g}轨道)失去的能量被另一组轨道(e_g轨道)所获得。其物理意义是：t_{2g}轨道上填入一个电子，相应地增加 $0.4\Delta_o$ 的稳定化能，e_g轨道上填入一个电子，相应地减少 $0.6\Delta_o$的稳定化能。由 d 轨道分裂而产生的这种额外稳定能就是晶体场稳定化能。图 10-10 和图 10-11 中 4 种组态的 CFSE 分别为：

d^3： CFSE$=-1.2\Delta_o$ $[3\times(-0.4\Delta_o)]=-12Dq$

d^8： CFSE$=-1.2\Delta_o+3P$ $[6\times(-0.4\Delta_o)+2\times(0.6\Delta_o)+3P]=-12Dq+3P$

d^6(高自旋)：CFSE$=-0.4\Delta_o+P$ $[4\times(-0.4\Delta_o)+2\times(0.6\Delta_o)+P]=-4Dq+P$

d^6(低自旋)：CFSE$=-2.4\Delta_o+3P$ $[6\times(-0.4\Delta_o)+3P]=-24Dq+3P$

比较 d^6 组态的两种排布，低自旋排布的 CFSE 大于高自旋排布，其配合物应当更加稳定。许多的 Co^{3+} 配合物都是低自旋配合物，6 个 d 电子成对地填充在 t_{2g}轨道上。它们都是十分稳定的反磁性配合物，例如，$[Co(NH_3)_6]Cl_3$ 在高达 200℃的温度下也不失去 NH_3，在热的浓盐酸中重结晶时也不分解。请读者自己计算一下其他各组态的 CFSE。

5. 晶体场理论的应用

(1)决定配合物的自旋状态。在八面体场中，d^1，d^2，d^3型离子，按照洪德规则，其 d 电子只能分占 3 个简并的 t_{2g}低能轨道，即只能有一种 d 电子的排布方式。至于 d^4，d^5，d^6，d^7型离子，则分别有两种可能的排布。例如，对于 d^4 型离子，$t_{2g}^3e_g^1$组态的高自旋态是指尽量分占轨道而具有最多自旋平行的成单电子的状态；$t_{2g}^4e_g^0$组态的低自旋态是指电子尽量先进入低能轨道 t_{2g}，而有电子成对。一个电子由 t_{2g}进入 e_g所需的能量为 Δ_o，在同一轨道上与另一电子成对克服排斥所需的能量为 P。d^4 型离子在八面体场中究竟采取高自旋排布或低自旋排布，将由 P 和 Δ_o 的相对大小所决定。当 $P>\Delta_o$ 时，则因跃迁进入 e_g 轨道需要能量较少，而采取高自旋态。

对于 d^5 型离子，高自旋态为 $t_{2g}^3e_g^2$，需要的能量为 $2\Delta_o$，低自旋态为 $t_{2g}^5e_g^0$，需要的能量

为 $2P$。因此，究竟采取何种自旋态，还是要看 P 和 Δ_o 的相对大小。对于 d^6 和 d^7 型离子也可作类似的分析。对于 d^8 和 d^9 型离子，在八面体场中则只能有一种组态。

总之，八面体配合物中只有 d^4，d^5，d^6，d^7 4 种离子才有高、低自旋两种可能的排布。高自旋态(因 $P>\Delta_o$)即是 Δ_o 较小的弱场排列，不够稳定，成单电子多而磁矩高。低自旋态(因 $P<\Delta_o$)即是 Δ_o 较大的强场排列，较稳定，成单电子少而磁矩低。对比稳定性时，高自旋与外轨型，低自旋与内轨型似有对应关系，但二者是有区别的。高、低自旋是从稳定化能出发的，内、外轨是从内、外层轨道的能量不同出发的。

另外，四面体配合物的分裂能 Δ_t 仅是八面体分裂能 Δ_o 的 4/9，如此相对较小的分裂能，常常不会超过成对能 P，因此，四面体配合物中 d 电子排布一般取高自旋状态。

(2)解释配合物的颜色。含 $d^1 \sim d^9$ 的过渡金属离子的配合物一般是有颜色的。例如：

d^1	d^2	d^3	d^4	
$Ti(H_2O)_6^{3+}$	$V(H_2O)_6^{3+}$	$Cr(H_2O)_6^{3+}$	$Cr(H_2O)_6^{2+}$	
紫红	绿	紫	天蓝	
d^5	d^6	d^7	d^8	d^9
$Mn(H_2O)_6^{2+}$	$Fe(H_2O)_6^{2+}$	$Co(H_2O)_6^{2+}$	$Ni(H_2O)_6^{2+}$	$Cu(H_2O)_4^{2+}$
肉红	淡绿	粉红	绿	蓝

晶体场理论认为，这些配离子，由于 d 轨道上的电子没有充满，电子能够吸收光能后在 t_{2g} 和 e_g 轨道之间进行跃迁。例如，d^9 型离子，电子排布为 $t_{2g}{}^6 e_g{}^3$(基态)$\rightarrow t_{2g}{}^5 e_g{}^4$(激发态)，这种发生在 d 轨道之间的跃迁称为 d－d 跃迁。有：

$$E(t_{2g})-E(e_g)=\Delta=h\nu=h\times c/\lambda \tag{10-5}$$

式(10－5)中：$h\nu$ 是光能，h 为普朗克常数($h=6.626\times10^{-24}\ J\cdot s^{-1}$)；$c$ 为光速($c=2.997\ 9\times10^{10}\ cm\cdot s^{-1}$)；$\lambda$ 为波长(以 cm 表示)。因 h 与 c 均为常数，即光能与波数成正比，故光能的单位也可以用波数来表示。

通常，大多数配离子吸收的光的能量在 10 000～30 000 cm^{-1} 范围之间，它包括了全部可见光(14 286～25 000 cm^{-1})，因而，大多数配离子都显示出某种颜色。例如，$[Ti(H_2O)_6]^{3+}$ 的最大吸收峰约相当于 20 300 cm^{-1} 处(蓝色区)，最少吸收的光区在紫和红区，故显紫红色，如图 10－13 所示。晶体场理论认为，这是由于$[Ti(H_2O)_6]^{3+}$ 中的 d 电子在吸收光能后，由 t_{2g} 轨道跃迁到 e_g 轨道。这种跃迁所吸收的能量恰好等于 t_{2g} 与 e_g 轨道之间的分裂能 Δ，即：$\Delta_o=10Dq=20\ 300\ cm^{-1}$。

又例如，$[Cu(H_2O)_4]^{2+}$ 显蓝色，吸收峰约在 12 600 cm^{-1} 处(吸收橙红色光为主)；而$[Cu(NH_3)_4]^{2+}$ 显很深的蓝紫色，吸收峰约在 15 100 cm^{-1} 处(吸收橙黄色光为主)。由光谱化学顺序知，NH_3 是比 H_2O 更强的配位体，$\Delta(NH_3)>\Delta(H_2O)$，故$[Cu(NH_3)_4]^{2+}$ 的吸收区向波长较短的黄绿色区移动，从而显更深的蓝紫色。至于无水 $CuSO_4$，则因 SO_4^{2-} 离子的 Δ 很小，吸收区移到了红外区，故不显示颜色。通过配合物的吸收光谱图，可以计算配合物的晶体场稳定化能。

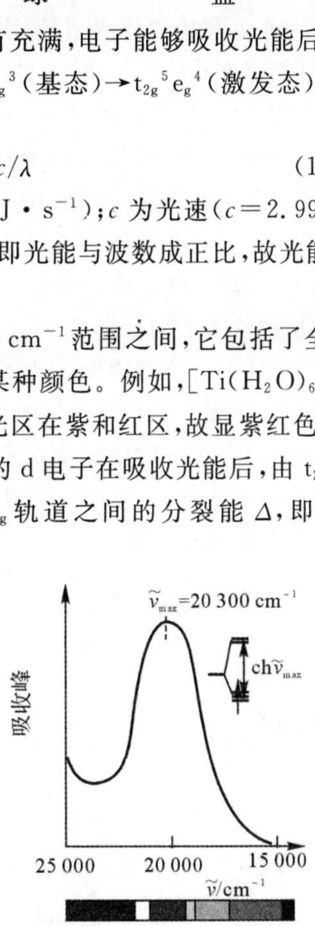

图 10－13　$[Ti(H_2O)_6]^{3+}$ 的吸收光谱

例 10－1 $[Ti(H_2O)_6]^{3+}$ 的吸收光谱如图 10－13 所示，试计算配合物的晶体场稳定化能。

解 (1)由配合物的吸收光谱图得到分裂能 Δ_o。$[Ti(H_2O)_6]^{3+}$ 为八面体配合物，中心离子 3d 轨道在 H_2O 分子的八面体场中分裂为 2 条高能 e_g 轨道和 3 条低能 t_{2g} 轨道。分裂能等于图上最大吸收对应的波数(波长的倒数，单位为 cm^{-1})，有

$$\Delta_o = 20\ 300\ cm^{-1}$$

(2)求算 CFSE。Ti^{3+} 为 d^1 组态离子，唯一的 d 电子填入 3 条 t_{2g} 轨道之一，则有

$$CFSE = 1 \times (-0.4\Delta_o) = -8\ 120\ cm^{-1}$$

乘以换算因子 $1\ kJ \cdot mol^{-1}/83.6\ cm^{-1}$ 得到以常用能量单位表示的数值为

$$CFSE = -8\ 120\ cm^{-1} \times 1\ kJ \cdot mol^{-1}/83.6\ cm^{-1} = -97.1\ kJ \cdot mol^{-1}$$

即由于 d 轨道分裂造成 $97.1\ kJ \cdot mol^{-1}$ 的能量降低，使体系更加稳定。

例 10－2 第 4 周期的下列氧化物中的金属离子都具有八面体氧配位环境，其晶格能为

化合物	CaO	TiO	VO	MnO
晶格能/($kJ \cdot mol^{-1}$)	3 460	3 878	3 913	3 810

试通过晶体场稳定化能说明这种变化趋势。

解 在电荷相同的情况下，晶格能主要决定于离子半径。由 Ca^{2+} 至 Mn^{2+} 离子半径依次减小，晶格能变化的总趋势为自左向右依次增大。这种趋势主要不由晶体场稳定化能所决定(请注意例 10－1 的计算结果，一个 t_{2g} 电子的 CFSE 约 $-100\ kJ \cdot mol^{-1}$，而晶格能则为 $103\ kJ \cdot mol^{-1}$)，但却受晶体场稳定化能的影响，O^{2-} 为弱场配位体，四种氧化物 $CaO(d^0)$，$TiO(d^2)$，$VO(d^3)$ 和 $MnO(d^5)$ 的 CFSE 分别等于 0，$-0.8\Delta_o$，$-1.2\Delta_o$ 和 0。如果假定该系列自左至右 Δ_o 值大体是个常数，不难发现晶体场稳定化能的变化趋势与晶格能的变化趋势一致。由 CaO 至 VO 晶格能和 CFSE 都增大，由 VO 至 MnO 的 CFSE 骤降 $1.2\Delta_o$，这种下降改变了本应继续上升的总趋势。

(3)解释配合物的磁性。晶体场理论用来解释配合物的磁性质也有较好的结果。对自由离子磁矩的贡献来自于电子的轨道角动量和自旋角动量。在某些情况下，由于电子与环境之间的相互作用，配合物中金属离子的轨道角动量被淬灭，可以认为只有自旋角动量在起作用。配合物的磁矩 μ 可由式(10－1)进行理论计算。表 10－8 中计算结果与实验结果的一致能够说明晶体场理论的成功。

表 10－8 一些配合物的磁矩

中心离子 d 电子总数	配合物	μ/B. M.(实验值)	未成对 d 电子数	μ/B. M.(估算值)
1	$[Ti(H_2O)_6]^{3+}$	1.73	1	1.73
2	$[V(H_2O)_6]^{3+}$	2.75～2.85	2	2.83
3	$[Cr(H_2O)_6]^{3+}$	3.70～3.90	3	3.87
	$[Cr(NH_3)_6]Cl_3$	3.88	3	3.87
	$K_2[MnF_6]$	3.90	3	3.87
4	$K_3[Mn(CN)_6]$	3.18	2	2.83

续表

中心离子 d 电子总数	配合物	μ/B. M.（实验值）	未成对 d 电子数	μ/B. M.（估算值）
5	$[Mn(H_2O)_6]^{2+}$	5.65～6.10	5	5.92
	$K_4[Mn(CN)_6]\cdot H_2O$	1.80	1	1.73
	$K_3[FeF_6]$	5.90	5	5.92
	$K_3[Fe(CN)_6]$	2.40	1	1.73
	$NH_4[Fe(EDTA)]$	5.91	5	5.92
6	$[Fe(H_2O)_6]^{2+}$	5.10～5.70	4	4.90
	$K_3[CoF_6]$	5.26	4	4.90
	$[Co(NH_3)_6]^{3+}$	0	0	0
	$[Co(CN)_6]^{3-}$	0	0	0
	$[CoCl_2(en)_2]^{+}$	0	0	0
	$[Co(NO_2)_6]^{3-}$	0	0	0
	$[Fe(CN)_6]^{4-}$	0	0	0
7	$[Co(H_2O)_6]^{2+}$	4.30～5.20	3	3.87
	$[Co(NH_3)_6](ClO_4)_2$	4.26	3	3.87
	$[Co(en)_3]^{2+}$	3.82	3	3.87
8	$[Ni(H_2O)_6]^{2+}$	2.80～3.50	2	2.83
	$[Ni(NH_3)_6]Cl_2$	3.11	2	2.83
	$[Ni(CN)_4]^{2-}$	0	0	0
9	$[Cu(H_2O)_4]^{2+}$	1.70～2.20	1	1.73

例 10－3　实验测得某 Co^{2+} 八面体配合物的磁矩为 4.0 B. M.，试推断 d 电子的排布方式。

解　配合物中 Co^{2+} 为 d^7 组态，两种可能的排布为 ${t_{2g}}^5{e_g}^2$ 和 ${t_{2g}}^6{e_g}^1$。前一种为含有 3 个未成对电子的高自旋排布，后一种为含有 1 个未成对电子的低自旋排布。由于实验磁矩接近 3 个未成对电子，理论上算得的自旋磁矩 3.87 B. M.，这些都与 1 个电子算得的结果 1.73 B. M. 相去甚远，因此，不难推断出 d 电子是采取高自旋排布的。

晶体场理论在其他方面也有应用，本书就不再介绍了。

6. 晶体场理论的优点与不足

晶体场理论的优点是能对配合物的光学、磁学性质作出合理的解释，对诸如平面正方型的 $[Cu(H_2O)_4]^{2+}$ 的解释也较为合理。在价键理论中，$[Cu(H_2O)_4]^{2+}$ 的 dsp^2 杂化是要将 1 个 3d 电子激发至 4p(或 5s)轨道上，这是需要很高的激发能的，这与形成稳定的 $[Cu(H_2O)_4]^{2+}$ 配合物相互矛盾，因而，晶体场理论比价键理论有所前进。但是，晶体场理论也有不足之处，它的主要缺点是，只考虑了中心离子与配位体之间的静电作用，而没有考虑二者之间还有一定程度的共价性。例如，对 $Ni(CO)_4$，$Fe(CO)_5$，$Fe(C_5H_5)_2$ 等以共价键为主的配合物就无法进行合理的说明。另外，对于光谱化学顺序中 X^-，OH^- 为何场强比中性分子 H_2O 的场强还要低，也不能给予合理的解释。这些问题都需要由配位场理论、分子轨道理论予以阐明。

阅读材料

一、氮的固定

农业生产需要大量的氮肥，空气中的氮是氮丰富的天然资源，但它不能直接被植物吸收，必须将它转变为化合态的氨或铵盐（即所谓固定氮）才能为植物所吸收。目前，固定氮的工业生产是在高温、高压的苛刻条件下，还要用催化剂才能合成氨。生物圈不存在这种强化的反应条件，而是采取了一条全然不同，而且更为迂回复杂的路线合成氨。

各种固氮微生物之所以具有奇特的固氮本领，最根本的原因是它们都有固氮酶作为固氮反应的生物催化剂。生物固氮以三磷酸腺苷（ATP）为还原剂，相关的还原半反应可表示为

$$N_2 + 16MgATP + 8e^- + 8H^+ \longrightarrow 2NH_3 + 16MgADP + 16P_i + H_2$$

式中的 P_i 代表无机磷酸盐。该过程诱人的特征在于，发生在常温常压下。各种豆科植物（如三叶苜蓿、紫苜蓿、菜豆、豌豆等）根瘤里的根瘤菌，以及其他一些菌类和蓝绿藻都具有常温常压将 N_2 转化为 NH_3 的能力。

人们至今仍不了解固氮机理的详情，但已确知固氮酶涉及铁-硫蛋白和钼-铁-硫蛋白。生物化学家分离出了该催化过程中含金属的辅酶，生物无机化学家则制备了具有活性部位的多种模型化合物。取得的一个重要突破是获得了辅酶 $MoFe_7S_8$［见图 10－14(a)］和与之相关的“P”簇合物①［见图 10－14(b)］晶体并测定了 X 射线结构，后者是由硫桥联接起来的 4Fe4S 簇。

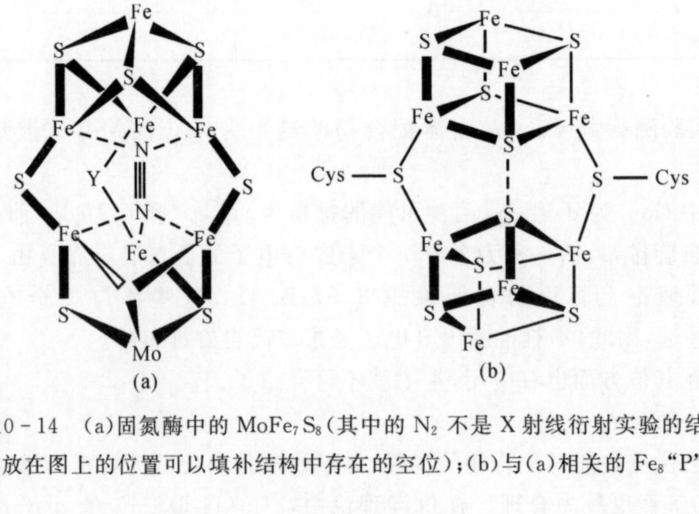

图 10－14　(a)固氮酶中的 $MoFe_7S_8$（其中的 N_2 不是 X 射线衍射实验的结果，但放在图上的位置可以填补结构中存在的空位）；(b)与(a)相关的 Fe_8“P”簇

① 簇合物，可简称为簇，一般指以 3 个或 3 个以上原子的多面体或“笼”为核心，连接一组外围原子或配体而形成的化合物。从定义来看，簇合物是相当广泛的，核心原子可以属于主族也可以是过渡金属。

人们推测 N_2 可能按图 10－14 所示的那种方式与该簇的某种更强的还原态相键合，N_2 被还原的同时与质子相加合。人们对该过程的了解只能算是极为肤浅的，事实上还不确知 N_2 是否是以这种奇特的方式键合的。然而，新的结构数据无疑为活性部位提供了比以前各种模型更为明确的参考信息，而且与金属发生的多部位键合能够促进 N_2 还原的概念在金属有机化学中能找到间接支持。例如，已经证实金属簇能够促进 CO（N_2 的等电子体）的质子诱导还原过程。

二、光合作用

以光为能源将 H_2O 和 CO_2 转换为碳水化合物和 O_2 的反应是著名的氧化还原反应之一（见图 10－15），但该反应从热力学上考虑是很难发生的。

碳水化合物的生成在形式上包括 CO_2 的还原和将 H_2O 氧化成 O_2 这样两个过程。反应具有两个光反应中心，光系统Ⅰ（PSⅠ）和光系统Ⅱ（PSⅡ），两个系统都是在叫作叶绿体的绿色叶子的细胞类脂质中发生的。

PSⅠ以叶绿素 a_1 为基础，叶绿素 a_1 是含有金属 Mg 的二氢卟啉配合物（见图 10－16）。受光激发的 PSⅠ可作为还原剂还原 Fe－S 配合物，配合物得到的电子最终用于还原 CO_2。电子转移之后形成的氧化型 PSⅠ的氧化能力不足以使 H_2O 氧化，而是回到还原型。回到还原型的过程中通过包括几个铁基氧化还原电对和一个叫作塑体醌在内的中间物种驱动两个二磷酸腺苷（Adenosine diphosphate，ADP）分子转化成两个三磷酸腺苷（Adenosine triphosphate，ATP）分子。PSⅡ的氧化型是个足以使 H_2O 氧化的强氧化剂。而该反应只能通过由锰基酶（这种酶似乎含有{2Mn(Ⅱ)，2Mn(Ⅳ)}或 4Mn(Ⅲ)混合氧化态簇，能将电子转移至光化学活性中心）催化的一系列复杂的氧化还原反应才能完成。

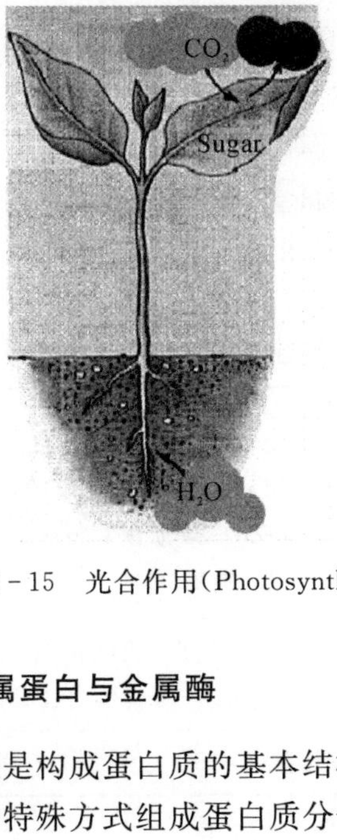

图 10－15　光合作用(Photosynthesis)

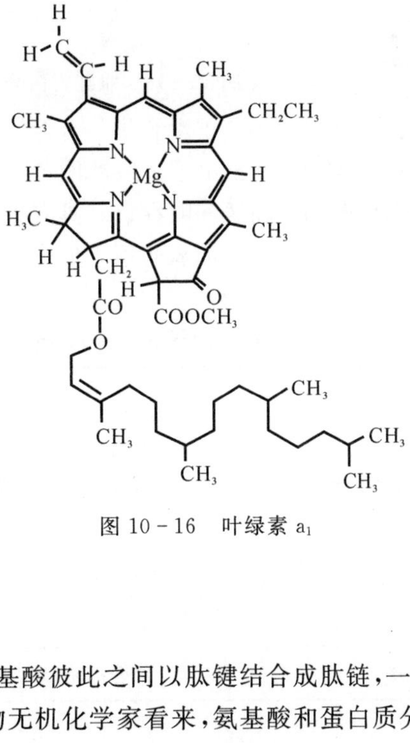

图 10－16　叶绿素 a_1

三、金属蛋白与金属酶

氨基酸是构成蛋白质的基本结构单元，氨基酸彼此之间以肽键结合成肽链，一条或多条肽链再以各种特殊方式组成蛋白质分子。在生物无机化学家看来，氨基酸和蛋白质分子中的多肽链都是金属离子的配位体。蛋白质的肽链属于大分子配位体,又叫生物配位体。

生物配位体与金属离子配位时显示高度选择性,这种选择性意味着含金属离子的生物大分子具有高度的功能专属性。例如,人们发现对于肌红蛋白中的血红素分子(见图10-17,裸血红素分子即不带肽链的血红素分子),尽管化学上可以找到多种二价金属离子,但肌红蛋白分子中的金属离子非铁莫属;并且,由153个氨基酸残基组成的肽链上存在着众多的配位基,但只能是第93位残基的咪唑N与Fe(Ⅱ)配位(见图10-18)。

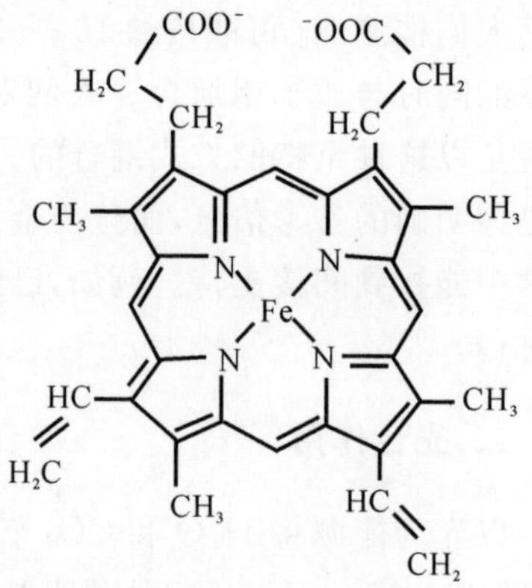

图10-17 裸血红素分子

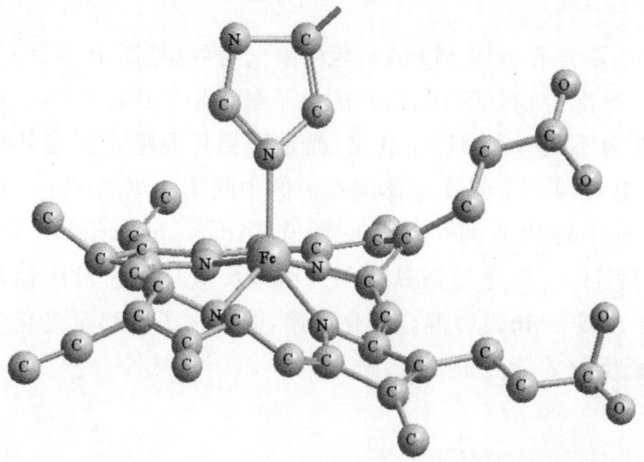

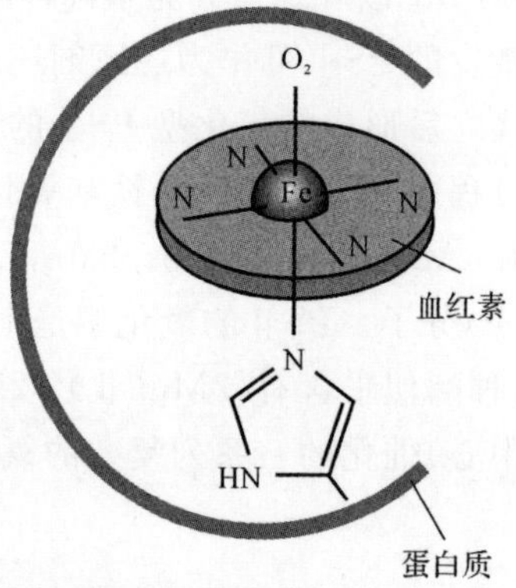

图10-18 肌红蛋白分子中Fe(Ⅱ)的配位环境

人们显然不能指望小分子配合物具有能够维持生命体系中复杂而微妙的动态过程所要求的这种专属性。表10-9给出了一些功能各不相同的含金属离子的生物大分子。血红蛋白和肌红蛋白的功能分别是输送和贮存氧。具有生物催化作用的金属蛋白称为蛋白酶,许多蛋白酶是以其功能命名的,例如,加氧酶用于催化加氧反应,氢酶催化加氢或放氢反应,固氮酶催化将N_2转化为NH_3的反应等。

表10-9 含金属离子的生物分子举例(括号中给出分子中的金属离子)

生物分子	举 例
蛋白酶分子(生物催化剂)	加氧酶、氢酶(Fe);固氮酶(Fe,Mo);氧化酶、还原酶、羟化酶(Fe,Mo,Cu);超氧化物歧化醇(Mo,Cu,Zn);羧肽酶(Zn);磷酸酯酶(Zn,Cu,Mg);氨肽酶(Mg,Mn);维生素B_{12}辅酶(Co)
起传递和贮存作用的蛋白质分子	细胞色素、铁-硫蛋白、铁蛋白、铁传递蛋白、肌红蛋白、血红蛋白、蚯蚓血红蛋白(Fe);蓝铜蛋白、血浆铜蓝蛋白、血蓝蛋白(Cu)
非蛋白质分子	含铁细胞(Fe);叶绿素(Mg);骨骼(Ca,Si)

思　考　题

1. 配位化合物的价键理论的主要内容是什么？应用这一理论可以说明配离子的哪些问题？

2. 中心离子的杂化轨道与配离子的空间构型存在何种关系？举例说明配位数为2,4和6的配离子的形成及其空间构型。

3. 内轨型与外轨型配合物在结构上与性质上有什么区别？

4. 晶体场理论的要点是什么？该理论与价键理论相比，在解决配位化合物的结构问题时有何优势？

5. 何为低自旋配合物？何为高自旋配合物？高、低自旋配合物与内、外轨型配合物是什么关系？

6. 晶体场理论是如何解释配位化合物的磁性、颜色等问题的？

7. 光谱化学序列是如何确定的？在判断配位化合物的稳定性上有何意义？

8. 影响分裂能的主要因素有什么？试举一6配位化合物加以说明。

9. 晶体场稳定化能是如何产生的？它的大小如何影响配位化合物的稳定性？

习　　题

1. 指出$[Cu(NH_3)_4]^{2+}$与$[Fe(CN)_6]^{3-}$的空间构型和杂化轨道类型。

2. $[HgCl_4]^{2-}$和$[PtCl_4]^{2-}$分别为外轨型和内轨型配合物，试用价健理论讨论它们的空间结构和磁性质。

3. 根据下列配离子的空间构型，画出它们形成时中心离子的价层电子分布，并指出它们以何种杂化轨道成键，估计其磁矩各为多少(B. M.)。

(1)$[CuCl_2]^-$(直线型)

(2)$[Zn(NH_3)_4]^{2+}$(四面体)

(3)$[Co(NCS)_4]^{2-}$(四面体)

4. 根据下列配离子的磁矩画出它们中心离子的价层电子分布，指出杂化轨道和配离子的空间构型。

	$[Co(H_2O)_6]^{2+}$	$[Mn(CN)_6]^{4-}$	$[Ni(NH_3)_6]^{2+}$
μ/B. M.	3.82	1.8	3.11

5. $[NiCl_4]^{2-}$含有两个未成对电子，但$[Ni(CN)_4]^{2-}$是反磁性的，指出两种配离子的空间构型，并估算它们的磁矩。

6. 由下列配合物的磁矩推断各自的电子组态。

(1) $[Mn(NCS)_6]^{4-}$　(6.06 B. M.)

(2) $[Cr(NH_3)_6]^{3+}$　(3.9 B. M.)

(3) $[Mn(CN)_6]^{4-}$　(1.8 B. M.)

7. 完成表10-10。

表 10-10 填空

d^n	弱场($\Delta_o<P$)				强场($\Delta_o>P$)			
	电子排布		未成对电子数	CFSE	电子排布		未成对电子数	CFSE
	t_{2g}	e_g			t_{2g}	e_g		
d^1								
d^2								
d^3								
d^4			4	$-0.6\Delta_o$			2	$-1.6\Delta_o+P$
d^5								
d^6								
d^7								
d^8								
d^9								
d^{10}								

8. 绘出下列八面体配合物的晶体场分裂图，标出轨道名称，将中心原子的 d 电子填入应该出现的轨道上。

(1) $[Mn(H_2O)_6]^{3+}$

(2) $[CoF_6]^{3-}$

(3) $[Ti(H_2O)_6]^{3+}$

9. 已知下列配合物的分裂能(Δ_o)和中心离子的对子成对能(P)，表示出各中心离子的 d 电子在 e_g 轨道和 t_{2g} 轨道中的分布，并估计它们的磁矩(B. M.)各约为多少。指出这些配合物中何者为高自旋型，何者为低自旋型。

	$[Co(NH_3)_6]^{2+}$	$[Fe(H_2O)_6]^{2+}$	$[Co(NH_3)_6]^{3+}$
M^{n+1}的 P/cm^{-1}	22 500	17 600	21 000
Δ_o/cm^{-1}	11 000	10 400	22 900

10. 已知$[Fe(CN)_6]^{4-}$和$[Fe(NH_3)_6]^{2+}$的磁矩分别为 0 和 5.2 B. M.。利用价键理论和晶体场理论，分别画出它们形成时中心离子的价层电子分布。这两种配合物各属哪种类型(指内轨和外轨，低自旋和高自旋)？

第 11 章 p 区元素的化学

人们对于元素和化合物的认识是从人类的需求开始，如，李时珍（明，1518－1592 年）所著《本草纲目》中记载了 1 892 种药物，其中无机化合物约 276 种，如砒霜（As_2O_3）、水银（Hg）、硫磺（S）等，由此可见，当时的人们已经对无机化合物有所认识。现在，已经得到确认的化学元素有 118 种，其中从氢（H）到铀（U）的 92 种元素中有 90 种在地球上已经找到，92 号铀（U）元素之后的均为人工合成元素；正是这些元素组成了自然界中存在的，千变万化的，为数众多的化合物。以单质存在的元素为数不多，通常是由化合物制备而得，单质主要有下述制备方法。

（1）分离法。在自然界中，以单质存在的只需要进行分离，就可以得到较纯的单质，如 Au，O_2，N_2 等。

（2）热分解法。对于分解温度较低的化合物，可以通过直接加热的方法，使其分解，从而得到单质，如 HgO 加热至 673 K 以上即分解为 $Hg+O_2\uparrow$，而得到金属汞。

（3）热还原法。

1）C 还原法：C 是最常用的还原剂。自然界存在的金属、非金属的化合物，在空气中灼烧，首先转化为氧化物，而后用 C 作还原剂。如铁的主要矿石有赤铁矿 Fe_2O_3、磁铁矿 Fe_3O_4、黄铁矿 FeS_2 和菱铁矿 $FeCO_3$ 等，炼铁时，首先将铁矿石转化为氧化铁，然后用 C 作还原剂而得到金属单质铁。

2）H_2 还原法：用 H_2 作还原剂，可避免生成碳化物，对于价值较高的金属常采用此法。如钛的主要矿石有钛铁矿 $FeTiO_3$、金红石 TiO_2 等，为了得到高纯度的钛，通常采用 H_2 作还原剂，以避免生成碳化物而影响后续的纯化处理。

3）活泼金属还原法：用活泼金属作还原剂，适用于稀有金属的制备。如稀土金属钐（Sm）、铕（Eu）等的单质可用活泼金属 Ca 作还原剂而得到。

（4）电解法。

1）电解盐的水溶液：用上述方法不易得到的单质，可以用电解的方法。通常，在水中稳定且较不活泼的金属，如铜等可以通过电解其盐的水溶液而得到金属单质铜。

2）电解熔融盐：通常，在水中不稳定且较活泼的金属，只能通过电解其熔融盐而得到。如：钠就是在 580℃下电解熔融的 40％NaCl 和 60％$CaCl_2$ 的混合物而得到金属单质钠。

我们在第 7 章学习了元素周期表的分区，各区的价电子构型见 7.3 节中图 7－17。从本章开始我们根据各区的价电子构型的特征，分区讨论元素的通性和一些重要无机化合物的相关性质。

11.1 p 区元素概述

p 区元素包括ⅢA～ⅦA 及 0 族元素，除 H 以外的所有非金属元素都在 p 区，p 区中 B，Si，Ge，As，Sb，Se，Te，Po 又称为准金属；除第ⅦA 族和稀有气体外，p 区各族元素都由明显的非金属元素起，过渡到明显的金属元素为止。自然界存在的大多数化合物都是由金属和非金属元素组成，所以，可以说22个非金属元素占据了化合物的“半壁江山”，p区元素的化合物也更加丰富，性质具有多样性。

一、p区元素的结构特征

p区元素的价电子构型为$ns^2np^{1\sim6}$，价电子数由3增加到8，使其得电子的趋势增强，呈现负氧化态的趋势增大；p区元素的氧化态有多种，即具有多变价性，如，Pb常见的氧化态有+2，+4；N常见的氧化态有－3，0，+1，+2，+3，+5等。在第ⅢA～ⅤA族中，具有低的正氧化值化合物的稳定性从上到下依次增强，但具有高的正氧化值化合物的稳定性从上到下则依次减弱。例如，ⅣA族中的Si^{4+}的化合物很稳定，Si^{2+}的化合物则不稳定；到第六周期的Pb时，情况恰好相反，即Pb^{2+}的化合物较稳定，而Pb^{4+}的化合物则不稳定。Pb^{4+}的化合物表现出很强的氧化性而不能够稳定存在。同一族元素这种从上到下的低氧化值化合物比高氧化值化合物更稳定的现象叫作惰性电子对效应。一般认为，随着主量子数的增加，外层ns轨道中的电子对越不容易参与成键，表现得不够活泼；或者说ns^2电子即使形成了化学键，此化学键也非常弱而有效性不高。因此，高氧化值化合物容易获得2个电子而形成ns^2电子结构。惰性电子对效应也存在于ⅢA和ⅤA族元素之中。

二、p区元素的原子半径的变化规律

从表7－11中数据可以看出以下规律：

(1)从总的趋势可以看出：同一周期，从左到右，半径依次减小；同一族，从上至下，半径依次增大。在族中，从上至下各元素获得电子的能力逐渐减弱，其非金属性也依次减弱，而金属性逐渐增强。这些变化规律在p区元素中表现较明显，在第ⅢA～ⅤA族元素中表现得更为突出。同一主族元素中，第一个元素的原子半径最小，电负性最大，获得电子的能力最强，因而与同族其他元素相比，化学性质有较大的差别。

(2)各族中第一个元素(第二周期的B，C，N，O，F)的半径特别小，使得第二周期到第三周期的半径出现了跳跃式的变化，随后的第三周期到第四周期的半径变化幅度较小。这是因为：第二周期元素内层电子少，核对外层电子吸引力强，故第二周期元素的半径特别小；第三周期随着电子层数的增多，半径随之增大，故第二周期到第三周期半径出现跳跃式变化；第四周期随着d电子的填充，内层电子数突然增多，屏蔽效应使得有效核电荷增大，核对外电子吸引力增强，所以，第三周期到第四周期的半径变化的幅度较小。

(3)半径是影响性质的重要因素。正是因为第二周期元素半径特别小，使其具有了某些“特殊性”，而第四周期元素半径变化的幅度较小，使其具有了某些“不规则性”。

三、第二周期元素的特殊性与第四周期元素的不规则性

1.第二周期元素的特殊性主要表现在以下几方面

(1)同核双原子分子X_2的键能小。对于同核双原子分子，若半径愈小，其键能愈大。第二周期元素的半径特别小，键能理应特别大，但是，实际上第二周期元素的同核双原子分子X_2的键能反而较小。这是因为，第二周期元素的半径特别小，使得其电子密度相对较大，增大了原子之间的斥力，致使同核双原子分子的键能减小而非增大。我们比较一下第二周期元素与第三周期元素的同核双原子分子X_2的键能：

X_2	N—N	O—O	F—F
键能 $\Delta_B H_m^{\ominus}/(kJ \cdot mol^{-1})$	159	142	158
X_2	P—P	S—S	Cl—Cl
键能 $\Delta_B H_m^{\ominus}/(kJ \cdot mol^{-1})$	209	264	244

(2)第二周期元素易形成多重键。第二周期元素半径特别小，也就是电子层数少，当两个原子相互靠近时，在原子轨道以“头对头”重叠形成 σ 键的同时，还可以有效地进行“肩并肩”的重叠形成 π 键。我们看看第二周期元素与第三周期元素的分子形成的键：

B—B	C＝C	N≡N	O＝O	F—F
	Si—Si	P—P	S—S	Cl—Cl

例如，第二周期元素氮的单质 N_2 分子是叁键，第三周期元素磷的单质白磷 P_4 分子就是单键；第二周期元素氧的单质 O_2 分子是双键(实际是三键)，第三周期元素硫的单质 S_8 分子也是单键。

(3)第二周期元素的最大配位数为 4。因为第二周期只有 2s2p 共 4 个价轨道，所以，最大配位数也为 4；第三周期以后有了 3d 轨道，可以用来参与成键，3s3p3d 共 9 个价轨道，配位数就可以比 4 大。例如，元素氮用 2s2p 价轨道进行 sp^3 杂化，形成 NCl_3 的化合物；而元素磷用 3s3p 价轨道进行 sp^3 杂化时，形成与 NCl_3 相似的 PCl_3 化合物，也可以用 3s3p3d 价轨道进行 sp^3d 杂化，形成 PCl_5 化合物。又例如：元素碳用 2s2p 价轨道进行 sp^3 杂化，形成 CH_4 化合物；而元素硅除了 sp^3 杂化形成化合物以外，还可以用 3s3p3d 价轨道进行 sp^3d^2 杂化，形成 $H_2[SiF_6]$ 化合物。

(4)第二周期元素易形成氢键。因为 N，O，F 半径特别小，电负性特别大，在与氢形成 H—X 键时，分子之间还易于形成氢键。

(5)化学性质有一些独特的表现。如 CCl_4 不发生水解，而 $SiCl_4$ 强烈水解。就是因为碳没有 d 轨道，而硅有 3d 轨道的结果。

2. 第四周期的不规则性

第四周期的不规则性变化主要表现在原子半径、电负性、金属性等方面。产生第四周期原子半径变化不规则性的原因可能是：第四周期元素的电子在$(n-1)$d 轨道填充，电子层数增多了，原子半径应该相应地增大，但是，增大的幅度比预期的要小。因为，第四周期元素的电子填充内层，有效核电荷增大，核对外电子吸引力增强，原子半径有减小的趋势，综合电子层数增多和有效核电荷增大的结果是原子半径增大的幅度减小了，这种现象在ⅢA 族表现最为明显，镓的原子半径反而比铝的原子半径有所减小，随后又开始增大。图 11－1 给出了 p 区元素电负性随原子序数的变化。从图 11－1 中可以清楚地看出各族的电负性从左到右(族向)依次减小，但是，第二周期元素(纵向看)在同族中总是特别大，表现为特殊性，也是第二周期元素特殊性的表示；第四周期元素(纵向看)在同族中出现了一个小凸起，表现为不规则的变化，常常称为第四周期的不规则性。

在第五周期和第六周期的 p 区元素之前，同样有$(n-1)$d 轨道，第六周期还存在$(n-2)$f 轨道，它们对这两周期元素也有着类似的影响，这也使得第四、五、六周期的各族元素性质递变较为规律。

从表 7－11 中原子半径看出，第四、五周期元素的原子半径相差较大，而第五、六周期元素的原子半径相差不太大，这与第六周期元素$(n-2)$f轨道的电子填充有关，在第五、六周期元素的性质上表现得比较接近。有关d和f电子层的出现对元素性质的影响，在后面的元素化合物讨论中还可以看到很多，如含氧酸的氧化还原性、卤化物的生成焓等。

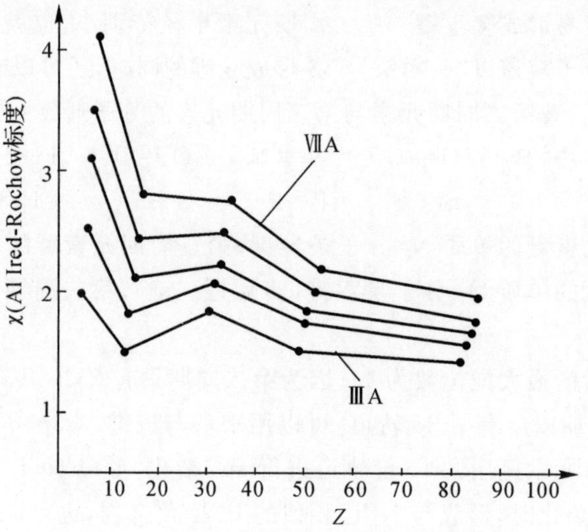

图11-1　p区元素电负性随原子序数的变化

四、p区元素化合物的键型

p区元素的电负性相对于其他各区较大，除了电负性最大的非金属与活泼金属形成的化合物是以离子键相结合的以外，其他绝大多数的化合物是以共价键为主要特征的。

综上所述，由于d区和f区元素的插入，使得p区元素自上而下性质的递变有一定的规律性，但是，也有较多的不规则性。p区元素的性质有以下4个特征。

(1)第二周期元素具有某些特殊性；

(2)第四周期元素表现出一定的不规则性；

(3)各族第四、五、六周期元素性质缓慢地递变；

(4)各族第五、六周期元素性质有些相似。

我们按族分别进行讨论。

11.2　硼族元素

一、硼族元素概述

周期表第ⅢA族称为硼族元素，包括硼、铝、镓、铟、铊5种元素。硼和铝有富集矿藏，而镓、铟、铊是分散的稀有元素，常与其他矿共生。本节只重点讨论硼及其化合物。硼族元素的性质见表11-1。

表 11－1　硼族元素的一般性质

	硼	铝	镓	铟	铊
元素符号	B	Al	Ga	In	Tl
价层电子构型	$2s^2 2p^1$	$3s^2 3p^1$	$4s^2 4p^1$	$5s^2 5p^1$	$6s^2 6p^1$
共价半径/pm	88	143	122	163	170
沸点/℃	3 864	2 518	2 203	2 072	1 457
熔点/℃	2 076	660.3	29.764 6	156.6	303.5
电负性	2.04	1.61	1.81	1.78	2.04
电离能/(kJ·mol^{-1})	807	583	585	541	596
电子亲和能/(kJ·mol^{-1})	－23	－42.5	－28.9	－28.9	－50
$\varphi^\ominus(M^{3+}/M)/V$		－1.662	－0.549 3	－0.339	0.741
$\varphi^\ominus(M^{+}/M)/V$					－0.335 8
氧化值	＋3	＋3	(＋1),＋3	＋1,＋3	＋1,(＋3)
配位数	3,4	3,4,6	3,6	3,6	3,6

从表 11－1 中可以看出，硼族元素原子的价电子层构型为 ns^2np^1。因此，一般都能形成氧化值为＋3 的化合物。从上到下，形成低氧化值＋1 化合物的趋势逐渐增强，这种现象是惰性电子对效应影响的结果。p 区元素第二周期元素的特殊性在硼族元素中有所表现，例如，硼和铝在原子半径、电离能、电负性、熔点等性质上有着较大的差异，在硼的化合物中，硼原子的最高配位数为 4，而硼族元素其他元素的化合物中，中心原子的最高配位数可以是 6 等。

硼的原子半径较小，电负性较大，所以硼的化合物都是共价型的，在水溶液中也不存在 B^{3+}，而其他元素均可形成 M^{3+} 和相应的化合物。但是，由于 M^{3+} 具有较强的极化作用，这些化合物中的化学键也常常表现出共价性。在硼族元素化合物中形成共价键的趋势自上而下依次减弱。但是，低氧化值的 Tl(Ⅰ)的化合物较稳定，所形成的键具有较强的离子键特征。

硼族元素原子的价轨道为 $nsnp$ 共 4 个，而其价电子只有 3 个，这种价电子数少于价轨道数的原子称为缺电子原子，它们所形成的化合物常常表现出缺电子的性质。因为，有空的价轨道的存在，所以，它们有很强的接受电子对的能力，容易形成聚合型分子(如 Al_2Cl_6)及配位化合物(如 HBF_4 等)。在此过程中，中心原子价轨道的杂化方式发生了变化，可以由 sp^2 杂化过渡到 sp^3 杂化。相应地分子的空间构型也就有了变化，即由平面三角型结构过渡成四面体的立体结构。

硼族元素的电势图如下：

酸性溶液中 $\varphi_a^\ominus/V$

$$H_3BO_3 \xrightarrow{-0.889\,4} B$$

$$Al^{3+} \xrightarrow{-1.662} Al$$

$$Ga^{3+} \xrightarrow{-0.549\,3} Ga$$

$$In^{3+} \xrightarrow{-0.339} In$$

$$Tl^{3+} \xrightarrow{1.28} Tl^{+} \xrightarrow{-0.335\,8} Tl$$

碱性溶液中 $\varphi_b^\ominus/V$

$$B(OH)_4^- \xrightarrow{-2.5} B$$

$$Al(OH)_4^- \xrightarrow{-2.34} Al$$

$$Ga(OH)_4^- \xrightarrow{-1.22} Ga$$

$$Tl(OH)_3 \xrightarrow{-0.05} TlOH \xrightarrow{-0.334} Tl$$

二、硼族元素的单质

现在列出了硼、碳、硅的某些化学键和键能的数据，有利于我们理解这些元素的存在形式和状态。

共价键	键能/($kJ \cdot mol^{-1}$)	共价键	键能/($kJ \cdot mol^{-1}$)	共价键	键能/($kJ \cdot mol^{-1}$)
B—H	289	C—H	414	Si—H	318
B—O	561	C—O	360	Si—O	452
B—B	293	C—C	347	Si—Si	222

硼在地壳中的含量很小，在自然界中也不是以单质的形式存在，主要以含氧的化合物存在。这一点由硼B—B的共价键键能相对较小，而B—O的共价键键能相对较大，可以给出合理地解释。硼的重要天然矿物有硼砂($Na_2B_4O_7 \cdot 10H_2O$)，方硼石($2Mg_3B_3O_{15} \cdot MgCl_2$)，硼镁矿($Mg_2B_2O_5 \cdot H_2O$)等，还有少量硼酸($H_3BO_3$)。我国西部地区的内陆盐湖和辽宁、吉林等省都有硼矿。

铝在自然界分布很广，主要以铝矾土($Al_2O_3 \cdot xH_2O$)矿的形式存在。实际上铝矾土是一种水合氧化铝矿，它是提取金属铝的主要原料。

单质硼有无定形硼和晶形硼等多种同素异形体。无定形硼为棕色粉末，晶形硼为黑灰色。硼的熔点和沸点都很高。晶形硼的硬度很大，在单质中，其硬度仅次于金刚石。晶形硼有多种复杂的结构。其中，α-菱形硼等所含B_{12}基本结构单元为12个B原子组成的正二十面体，如图11-2所示。每个B原子位于正二十面体的一个顶角，分别和另外5个B原子相连，B—B键的键长为177 pm。

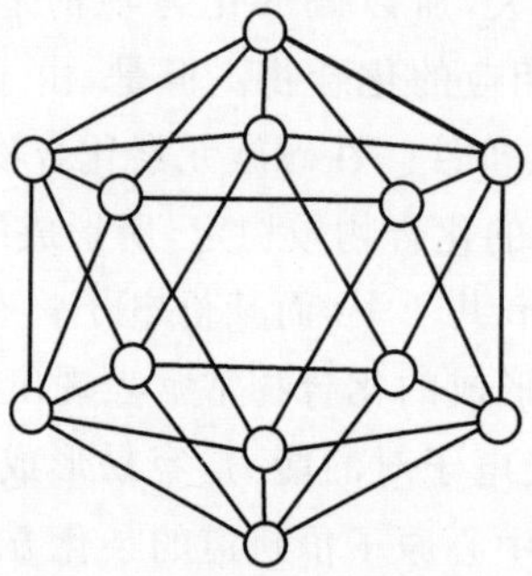

图11-2 B_{12}的正二十面体结构单元

铝是银白色的有光泽的轻金属，密度为2.2 $g \cdot cm^{-3}$，具有良好的导电性和延展性。镓、铟、铊都是软金属，物理性质相近，熔点都较低，镓的熔点比人体体温还低。

在工业上，通常是用浓碱溶液分解硼镁矿的方法制备单质硼的。首先，硼镁矿用热碱溶液浸泡，得到偏硼酸钠晶体；过滤、除杂后，将偏硼酸钠晶体溶于水中；通过调节溶液的pH，经浓缩得到硼砂；再将硼砂溶于水中，用硫酸进行酸化进而得到硼酸；加热后，硼酸脱水生成三氧化二硼；最后用镁等活泼金属还原得到单质硼。若要制备高纯度的硼，可以再制得碘化硼(BI_3)，而后将BI_3进行加热，分解得到高纯硼。

工业上是以铝矾土矿为原料制备铝的。在加压条件下，用碱液溶解铝矾土得到四羟基合铝(Ⅲ)酸钠，反应式为

$$Al_2O_3(\text{铝矾土})+2NaOH+3H_2O = 2Na[Al(OH)_4]$$

经沉降、过滤后，在溶液中通入 CO_2 以调节溶液的 pH，促使生成沉淀氢氧化铝 $Al(OH)_3$，反应式为

$$2Na[Al(OH)_4]+CO_2 = 2Al(OH)_3\downarrow + Na_2CO_3 + H_2O$$

过滤后，将沉淀进行干燥、进一步灼烧，得到 Al_2O_3，反应为

$$2Al(OH)_3 \xlongequal{\triangle} Al_2O_3 + 3H_2O$$

最后，在 1 300 K 的高温下，将 Al_2O_3 和冰晶石（Na_3AlF_6）的熔融液进行电解，在阴极上得到铝，纯度可达 99%，放出后铸成铝锭。电解反应方程式为

$$2Al_2O_3 \xlongequal[\text{电解}]{Na_3AlF_6} 4Al + 3O_2\uparrow$$

硼族元素中，硼具有非金属元素的一般性质。无定形硼比晶形硼活泼，例如，无定形硼能与熔融的 NaOH 反应，而晶形硼不与氧、硝酸、热浓硫酸、烧碱等作用。由于硼有较大的电负性，它能与金属形成硼化物，其中硼的氧化值为 −3。硼还是亲氧元素，它与氧结合的能力极强，能把铜、锡、铅、锑、铁和钴的氧化物还原为金属单质。硼族其他元素具有金属元素的一般性质。铝的化学性质比较活泼，但其表面有一层致密的钝态氧化膜，而使铝的反应活性大为降低，不能与水和空气进一步作用。硼族单质的化学性质列于表 11 - 2 中。

表 11 - 2　硼族元素的化学性质（M 为金属元素）

	B	Al	Ga	In	Tl
空气(25℃)	不反应	不反应	$\xrightarrow[\text{反应活泼性增强}]{M_2O_3}$		
在空气中加热	B_2O_3，BN	—— M_2O_3 ——			Tl_2O
N_2（加热）	BN	AlN			
C（加热）	B_4C	Al_4C_3			
S（加热）	B_2S_3	—— M_2S_3 ——			Tl_2S
X_2（加热）	BX_3	—— MX_3 ——			TlX
金属（加热）	Mg_3B_2，Fe_2B，VB	—— 合金 ——			
水蒸气	$H_3BO_3+H_2$	不反应	$\xrightarrow[\text{反应活泼性增强}]{H_2+M^{3+}(\text{Tl 为 }Tl^{+})}$		
稀酸	不反应	反应较慢	$\xrightarrow[\text{反应活泼性增强}]{H_2+M^{3+}(\text{Tl 为 }Tl^{+})}$		
浓 HCl	不反应	—— H_2 ——			
浓 H_2SO_4，加热	$H_3BO_3+SO_2$	—— $M^{3+}+SO_2$ ——			
浓 HNO_3	$H_3BO_3+NO_2$	钝化	—— $M^{3+}+NO_2$ ——		
热的浓碱	$BO_2^-+H_2$	$Al(OH)_4^-$	$Ga(OH)_4^-$		

铝也是亲氧元素，与氧反应时放出大量的热，比一般金属与氧反应时放出的热量要大得多。例如：

$$2Al(s)+3/2O_2(g)\xlongequal{\triangle}Al_2O_3(s)\quad \Delta_r H_m^{\ominus}=-1\ 675.7\ kJ\cdot mol^{-1}$$

铝与硼一样，能将大多数金属氧化物还原为金属单质。把某些金属的氧化物和铝粉混合，并进行灼烧，得到相应的金属单质，反应剧烈进行并放出大量的热。例如：

$$2Al(s)+Fe_2O_3(s)\xlongequal{}2Fe(s)+Al_2O_3(s)\quad \Delta_r H_m^{\ominus}=-851.5\ kJ\cdot mol^{-1}$$

这类反应在坩埚中进行，反应放出大量的热而使温度较高，所以，常用于制备一些熔点较高的金属单质，如 Cr，Mn，V 等，上述反应统称为铝热法。铝热法用于铁轨焊接时，用铝和四氧化三铁 Fe_3O_4 的细粉混合而成，称为"铝热剂"，用铝和过氧化钠 Na_2O_2 的混合物或镁来点燃反应，温度可高达 3 000℃。反应方程式为

$$8Al(s)+3Fe_3O_4(s)\xlongequal{}9Fe(s)+4Al_2O_3(s)\quad \Delta_r H_m^{\ominus}=-3\ 347.6\ kJ\cdot mol^{-1}$$

将铝粉、石墨、二氧化钛（或其他高熔点金属的氧化物）按一定比例混合后，涂在底层金属上，然后在高温下煅烧就形成了高温金属陶瓷涂层，反应方程式为

$$4Al+3TiO_2+3C\xlongequal{}2Al_2O_3+3TiC$$

这两种产物都是耐高温物质，因此在金属表面上获得了耐高温的涂层，这在火箭及导弹技术上有重要的应用。

三、硼族元素的化合物

硼的重要化合物有含氧化合物、氢化物、卤化物等。从硼元素的成键特征看，硼的化合物主要有下述 4 种基本类型。

(1)硼与电负性更大的元素能够形成共价型化合物，如 BF_3，BCl_3 等。在这类化合物中，硼原子以 sp^2 杂化轨道与其他元素的原子形成 σ 键，分子的空间构型为平面三角形。

(2)硼可以通过配位键形成四配位化合物，如 $[BF_4]^-$ 等。由于硼具有缺电子性，在形成三配位的硼化合物中，硼原子与其他元素的原子形成 3 个共价键后，还有一个空的 p 轨道，因此，它还有可能接受其他负离子或分子的一对电子形成配键。此时，硼原子由 sp^2 杂化转换为 sp^3 杂化轨道成键，空间构型为四面体。

(3)硼与氢形成含三中心键（氢桥）的缺电子化合物，如 B_2H_6，B_4H_{10} 等（详见硼的氢化物）。这也是由硼原子的缺电子特性所决定的。

(4)硼与活泼金属形成氧化值为−3 的化合物，如 Mg_3B_2 等。

硼的一些重要化合物的基本性质见表 11-3。

表 11-3　硼的重要化合物

化合物	颜色和状态	受热时的变化	溶解度 / g/100 g H_2O
四硼酸钠（硼砂）$Na_2B_4O_7\cdot 10H_2O$	坚硬白色晶体	加热后首先熔融，然后膨胀失去结晶水，最后变为玻璃状物质，$Na_2B_4O_7\cdot H_2O$ 在 200℃时仍稳定，400℃以上才完全脱水	2.01(20℃) 水溶液呈碱性，也能溶于甘油，却不溶于酒精

续表

化合物	颜色和状态	受热时的变化	溶解度/(g/100 g H_2O)
硼酸 H_3BO_3	六角形晶体，发珠光的白色鳞状物	107℃时失去部分水，变为偏硼酸 HBO_2，在 140℃～160℃时变成焦硼酸(四硼酸)$H_2B_4O_7$，红热时变为 B_2O_3	4.74(20℃) 23.3(90℃) 溶于水后，有正、偏和焦型的离子，也能溶于酒精、甘油及醚中
三氧化二硼 B_2O_3	无色透明玻璃状物		1.1(0℃) 15.7(100℃) 极易吸水，吸湿后变浑浊状态，也能溶于酒精
三氟化硼 BF_3	无色气体	−100℃沸腾	在水中水解
氮化硼 BN	白色，像滑石一样的粉状物	4 930℃升华，加热时难被氧化，也不与 Cl_2 作用，红热时与 H_2O 作用放出 NH_3	不溶于水，不与酸、强碱溶液作用

1. 硼的氢化物

从 B—H，C—H，Si—H 的键能可以看出，硼与碳相似，可以与氢形成一定数目的共价型化合物，目前已制出的硼烷有 20 余种，如 B_2H_6，B_4H_{10}，B_5H_9 和 B_6H_{10} 等。这类化合物的性质也与烷烃相似，故称为硼烷。根据硼烷的组成可将其分为多氢硼烷和少氢硼烷两大类，其通式可以分别写作 B_nH_{n+6} 和 B_nH_{n+4}。硼原子只有 3 个价电子，根据价键理论，它似乎与氢应该形成 BH_3，B_2H_4($H_2B—BH_2$)，B_3H_5($H_2B—BH—BH_2$)等类型的硼氢化合物，但是，实际上形成的硼烷分子的组成、结构和性质是一些具有特殊组成、结构和性质的化合物。通过测定硼烷的气体密度已经证明最简单且稳定的硼烷是乙硼烷 B_2H_6 而不是甲硼烷 BH_3。

我们不能由硼和氢直接反应制备硼烷，通常采用间接的方法进行制备。例如，用碱金属的氢化物或 $NaBH_4$ 与卤化硼反应可以制得乙硼烷 B_2H_6，反应式为

$$6LiH(s)+8BF_3(g)=\!=\!=6LiBF_4(s)+B_2H_6(g) \tag{1}$$

$$3NaBH_4(s)+4BF_3(g)\xlongequal{50\sim70℃}3NaBF_4(s)+2B_2H_6(g) \tag{2}$$

$$2NaBH_4+I_2\xlongequal{\text{二甘醇二甲醚}}B_2H_6+2NaI+H_2\uparrow \tag{3}$$

实验室常用反应(3)制备乙硼烷。

硼氢化物的分子结构是无法用经典的共价键理论进行解释和说明的。由于硼原子的价电子数比价轨道数少，在形成硼氢化物时，分子内所有的价电子总数不能满足形成经典共价键所需要的数目。如乙硼烷 B_2H_6 中必须有 14 个价电子才能满足形成经典共价键的要求，而实际上乙硼烷 B_2H_6 中只有 12 个价电子。那么，在诸如 B_2H_6，B_4H_{10} 等类型的硼烷分子中，除了形成经典的共价键之外，还形成了什么类型的共价键呢？

在乙硼烷(B_2H_6)中，B—H 之间有 4 个经典的共价键，用了 4 对电子，还有 2 对电子，在余

下的 2 个 B—H，1 个 B—B 之间如何成键呢？20 世纪 60 年代利普斯科姆(W. N. Lipscomb)提出了多个原子可以共有一对电子而形成多中心键，正是这一贡献使得他获得了 1976 年的诺贝尔(A. Nobel)化学奖。在乙硼烷 B_2H_6 中除了有 4 个经典的 B—H 共价键以外，还存在由 2 个硼原子和 1 个氢原子通过共用一对电子而形成的三中心二电子键，即存在 2 个 B—H—B 三中心二电子键。B_2H_6 和 B_4H_{10} 的结构分别如图 11－3 和图 11－4 所示。常以弧线表示三中心键，就像是 2 个硼原子通过氢原子作为桥梁而联结起来的，所以这种三中心键又形象地称为氢桥键。氢桥键是一种特殊的共价键，体现了硼氢化合物的缺电子特征。在乙硼烷分子中，硼原子采取不等性 sp^3 杂化，以 2 个 sp^3 杂化轨道与 2 个氢原子形成 2 个正常的 σ 键，键长为 119 pm。另外 2 个 sp^3 杂化轨道则用于同氢原子形成三中心二电子键。2 个硼原子和与其形成正常 σ 键的 4 个氢原子位于同一平面，而两个三中心键则对称分布于该平面的上方和下方，且与平面垂直。

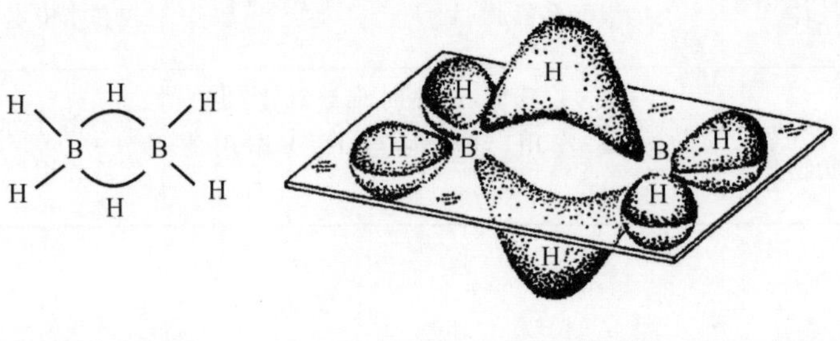

图 11－3　B_2H_6 结构示意图

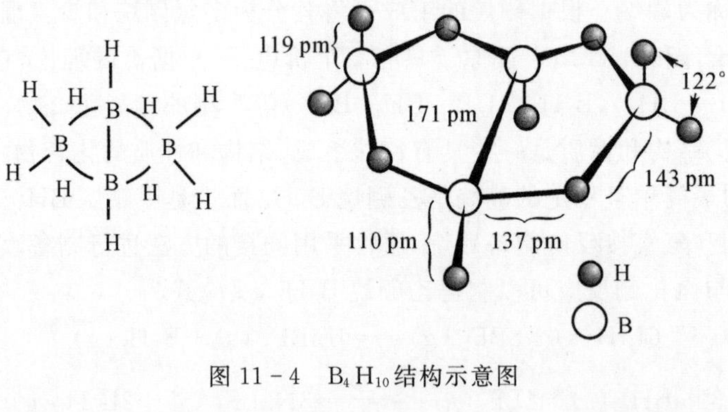

图 11－4　B_4H_{10} 结构示意图

在硼烷分子中，常见的化学键有 B—B，B—H 单键，三中心二电子氢桥键 ，开放式三中心二电子硼桥键 ，闭合式三中心二电子硼键 。以癸硼烷－14 为例看一下 $B_{10}H_{14}$ 分子中的键联关系，如图 11－5 所示。

在癸硼烷－14 ($B_{10}H_{14}$)中，有 14 个氢，除 H_1，H_2，H_3，H_4 外，其他的 10 个氢均各自与 B 形成 10 个 B—H 单键；B_1 与 B_2，B_3 与 B_4 之间形成 2 个 B—B 单键；$B_1H_1B_8$，$B_1H_2B_5$，

$B_4H_3B_{10}$，$B_4H_4B_7$ 形成 4 个三中心二电子氢桥键 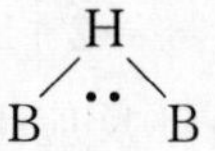 ；$B_5B_2B_8$，$B_7B_3B_{10}$ 形成 2 个三中心二电子硼桥键 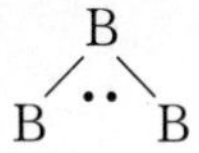 ；$B_2B_6B_9$，$B_3B_6B_9$，$B_5B_6B_7$，$B_8B_9B_{10}$ 形成 4 个闭合式三中心二电子硼键 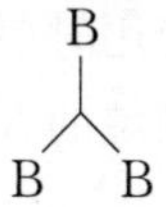 。

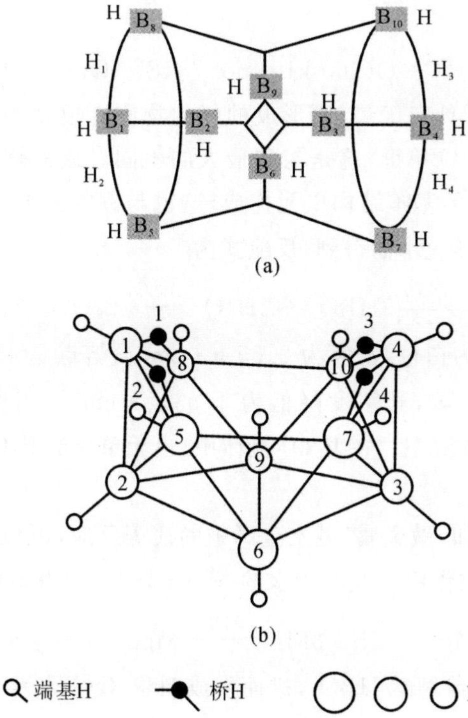

图 11－5　癸硼烷-14 的键联关系示意图

简单的硼烷大多数是无色、臭味、极毒的气体，在水中发生水解反应，例如，乙硼烷在水中快速水解，而丁硼烷的水解较慢。硼烷溶于有机溶剂中，例如，乙硼烷溶于乙醚，丁硼烷溶于苯。通常情况下硼烷很不稳定，在空气中燃烧，甚至自燃，反应后生成三氧化二硼和水，并且反应速率快，放出大量的热，例如：

$$B_2H_6(g)+3O_2(g)=\!=\!=B_2O_3(s)+3H_2O(g)\quad \Delta_r H_m^{\ominus}=-2\,033.8\ kJ\cdot mol^{-1}$$

因此，曾有人把硼烷作为火箭和导弹的燃料，请学习者考虑为什么又放弃了？

硼烷和水的反应程度不同，速率也不同。例如，在室温下乙硼烷和水的反应就进行得很快，也很完全，反应式为

$$B_2H_6(g)+6H_2O(l)=\!=\!=2H_3BO_3(s)+6H_2(g)\quad \Delta_r H_m^{\ominus}=-509.3\ kJ\cdot mol^{-1}$$

乙硼烷的缺电子性，使得其易与 CO，NH_3 等具有孤对电子的分子发生 Lewis 酸碱反应，反应式为

$$B_2H_6+2CO=\!=\!=2[H_3B\leftarrow CO]$$

$$B_2H_6 + 2NH_3 = 2[BH_2 \cdot (NH_3)_2]^+ + [BH_4]^-$$

所以，乙硼烷在乙醚中易与 LiH，NaH 反应生成 $LiBH_4$ 和 $NaBH_4$，反应式为

$$2LiH + B_2H_6 = 2LiBH_4$$

$$2NaH + B_2H_6 = 2NaBH_4$$

乙硼烷可以作为制备其他硼烷的基本原料。但是，由于硼烷有很大的毒性，在使用时要十分小心。硼烷的毒性与氰化氢 HCN 和光气 $COCl_2$ 的毒性不相上下，在空气中，乙硼烷的含量不允许超过 0.1 $\mu g \cdot g^{-1}$。

2. 硼的氧化物

从 B—O($561\ kJ \cdot mol^{-1}$)，C—O($360\ kJ \cdot mol^{-1}$)，Si—O($452\ kJ \cdot mol^{-1}$)的键能可以看出，硼形成氧化物比硅和碳更具有优势，所形成的氧化物应有很高的稳定性，事实的确如此。在硼氧之间只形成稳定的 B—O 单键，这是与碳最大的不同。通常硼的氧化物是由平面三角形的 BO_3 和四面体型的 BO_4 的基本结构单元构成，这也与硼的缺电子性有关。例如，三氧化二硼(B_2O_3)可以通过硼酸受热脱水而得到，反应式为

$$2H_3BO_3 \xlongequal{150℃} 2HBO_2 + 2H_2O \xlongequal{300℃} B_2O_3 + 3H_2O$$

晶态 B_2O_3 较为稳定，常为白色，密度为 $2.55\ g \cdot cm^{-3}$，熔点是 450℃；晶态 B_2O_3 经过高温灼烧可以转化为玻璃状 B_2O_3，其密度降低为 $1.83\ g \cdot cm^{-3}$；当温度继续升高后玻璃状 B_2O_3 会软化，达到赤热时呈现液态。在 B_2O_3 晶体中，也无单个的 B_2O_3 分子，而是含有—B—O—B—O—键的大分子。

通过 B_2O_3 与活泼金属，如，碱金属、碱土金属中的镁等反应，可以制得单质硼。经盐酸处理其反应混合物，MgO 与盐酸作用生成溶于水的 $MgCl_2$，过滤后得到粗硼。反应式为

$$B_2O_3 + 3Mg = 2B + 3MgO \xlongequal{6HCl} 3MgCl_2 + 3H_2O + 2B$$

B_2O_3 与水反应可以生成偏硼酸 HBO_2，进而生成硼酸，反应式为

$$B_2O_3 + H_2O = 2HBO_2 \xlongequal{2H_2O} 2H_3BO_3$$

B_2O_3 与锂、铍等金属氧化物制成的玻璃常具有特征的颜色，可以用作 X 射线管的窗口。

3. 硼酸

硼酸包括原硼酸（简称硼酸）H_3BO_3、偏硼酸 HBO_2 和多硼酸 $xB_2O_3 \cdot yH_2O$。制备硼酸最常采用的是将硼砂($Na_2B_4O_7 \cdot 10H_2O$)溶于用盐酸酸化的水中并加热，反应一段时间后，自然冷却，即会有硼酸析出，这是因为，硼酸在热水中有较大的溶解度，在冷水中溶解度较小，反应式为

$$Na_2B_4O_7 + 2HCl + 5H_2O \xlongequal{\triangle} 4H_3BO_3 + 2NaCl \xrightarrow{冷却} H_3BO_3 \downarrow$$

H_3BO_3 是一元弱酸，硼的缺电子性，使得硼酸在水中发生解离反应，有

$$B(OH)_3 + H_2O = B(OH)_4^- + H^+ \quad K_a^\ominus = 5.37 \times 10^{-10}$$

反应生成的 $B(OH)_4^-$ 具有四面体构型，其中的硼原子采用 sp^3 杂化轨道成键。H_3BO_3 与 H_2O 反应的特殊性就是硼的缺电子性所决定的。

H_3BO_3 是典型的 Lewis 酸，H_3BO_3 与多羟基化合物生成配合物而使酸性增大，如

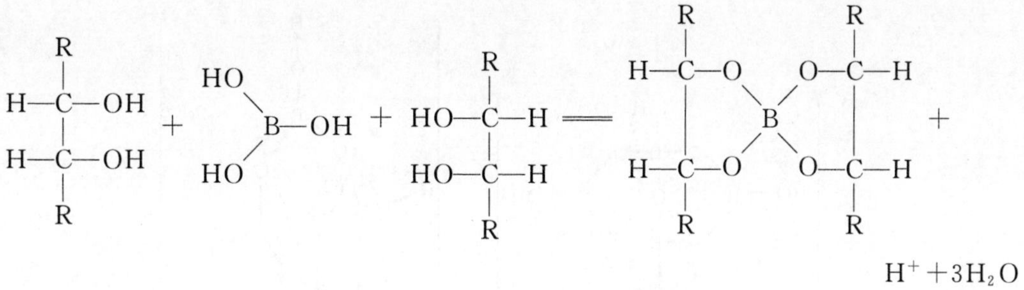

$$\begin{array}{c}\text{H—C—OH}\\|\\\text{H—C—OH}\\|\\\text{R}\end{array} + \begin{array}{c}\text{HO}\\\diagdown\\\text{B—OH}\\\diagup\\\text{HO}\end{array} + \begin{array}{c}\text{R}\\|\\\text{HO—C—H}\\|\\\text{HO—C—H}\\|\\\text{R}\end{array} = \begin{array}{c}\text{R}\quad\quad\text{R}\\|\quad\quad|\\\text{H—C—O}\quad\text{O—C—H}\\\diagdown\quad\diagup\\\text{B}\\\diagup\quad\diagdown\\\text{H—C—O}\quad\text{O—C—H}\\|\quad\quad|\\\text{R}\quad\quad\text{R}\end{array} + $$

$$H^+ + 3H_2O$$

当硼酸和单元醇反应时会生成酯,如

$$\begin{array}{c}\text{HO}\\\diagdown\\\text{B—OH}\\\diagup\\\text{HO}\end{array} + 3H—OR = \begin{array}{c}\text{OR}\\\diagdown\\\text{B—OR}\\\diagup\\\text{OR}\end{array} + 3H_2O$$

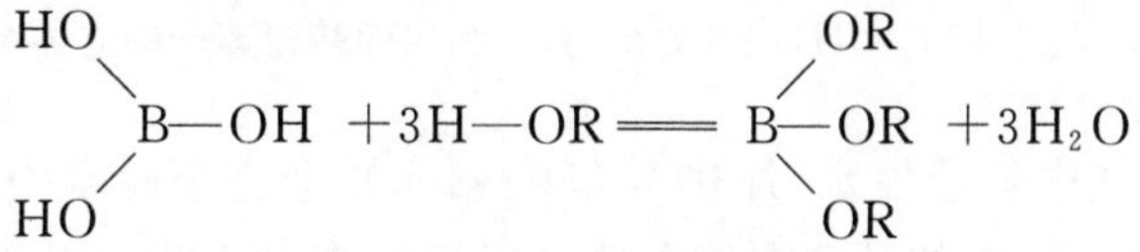

上一反应需在浓 H_2SO_4 中进行,主要是为了及时吸收反应生成的水,来防止生成的硼酸酯发生水解。硼酸酯具有挥发性且易于燃烧,燃烧的火焰呈绿色。常常利用这一特性来判断是否存在硼的化合物。

在硼酸的层状晶体中,硼原子进行 sp^2 杂化,并以 3 个 sp^2 杂化轨道与 3 个氧原子形成 3 个 σ 键,其基本构型为平面三角形。与此同时,H_3BO_3 在同一层内又彼此通过氢键相互连接着,即每个硼原子与 3 个氧原子以共价键相连接的同时,每个氧原子又会通过氢键与其他 2 个氧原子相连接。此时的氢键(OH…O)的平均键长为 272 pm。硼酸晶体呈鳞片状,只有一种晶型,层与层之间距离为 318 pm,层间以微弱的分子间力结合着,如图 11 - 6 所示。

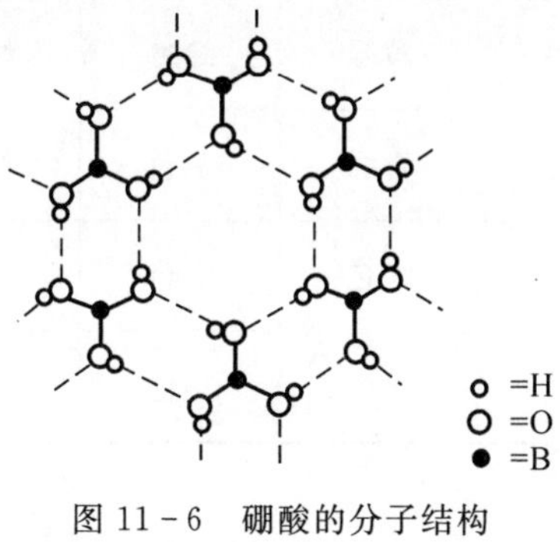

○ =H
◎ =O
● =B

图 11 - 6　硼酸的分子结构

4. 硼酸盐

根据硼酸的组成,相应地也有原硼酸盐、偏硼酸盐和多硼酸盐等。最常见也是最重要的是俗称硼砂的四硼酸钠。其分子式为 $Na_2B_4O_5(OH)_4 \cdot 8H_2O$,而习惯上常常写为 $Na_2B_4O_7 \cdot 10H_2O$。在 $[B_4O_5(OH)_4]^{2-}$ 结构单元中,是由两个 BO_3 结构单元和两个 BO_4 结构单元通过共用角顶氧原子构成,在无色透明的硼砂晶体中,$[B_4O_5(OH)_4]^{2-}$ 通过氢键相连成链,链与链之间由钠离子连接,其间有水分子。$[B_4O_5(OH)_4]^{2-}$ 的结构如图 11 - 7 所示。

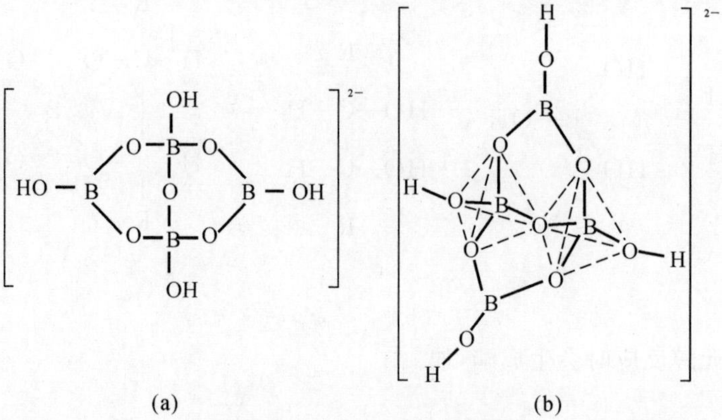

图 11-7 $[B_4O_5(OH)_4]^{2-}$ 的结构(a)和四硼酸根离子的立体结构(b)

硼砂在干燥的空气中就会失水，加热至 350～400℃会完全脱水为四硼酸钠 $Na_2B_4O_7$，在 878℃时熔化为玻璃体。熔融的玻璃态硼砂珠可以溶解多种金属氧化物，形成偏硼酸的复盐。奇特的是不同金属的硼砂珠显示出特征的颜色(见表 11-4)。例如

$$Na_2B_4O_7 + NiO \xlongequal{\quad} Ni(BO_2)_2 \cdot 2NaBO_2\text{(棕色)}$$

上述反应可以看作是酸性氧化物 B_2O_3 和碱性金属氧化物的作用。利用硼砂的这一类反应，可以鉴定某些金属离子，称为硼砂珠实验。

表 11-4 几种金属的硼砂珠颜色

元 素	氧化焰		还原焰		原 料
	热	冷	热	冷	
Co	青色	青色	青色	青色	$CoCl_2$
Cr	黄色	黄绿	绿色	绿色	$CrCl_2$
Cu	绿色	青绿	灰色	红色	$CuSO_4$
Fe	黄色	褐色	绿色	淡绿	$FeCl_2$
Mn	淡黄	无色	褐色	褐色	MnO_3

硼砂易溶于水，其溶液显碱性，pH 约为 9.24。这是因为 $[B_4O_5(OH)_4]^{2-}$ 易于水解，反应式为

$$[B_4O_5(OH)_4]^{2-} + 5H_2O \xlongequal{\quad} 4H_3BO_3 + 2OH^- \xlongequal{\quad} 2H_3BO_3 + 2B(OH)_4^-$$

在硼砂溶液中含有等物质的量的 H_3BO_3 和 $B(OH)_4^-$，故而具有一定的缓冲作用，也是实验室中常用的一种缓冲溶液。

因为硼砂的熔点较低，在陶瓷业中用其制备低熔点的釉，在玻璃业中用其制造耐温度骤变的特种玻璃和光学玻璃；又由于硼砂能溶解金属氧化物，在焊接金属时可用其作助溶剂，以熔去金属表面的氧化物。

11.3　碳族元素

一、碳族元素概述

碳族元素位于周期系第ⅣA 族，包括碳、硅、锗、锡、铅 5 种元素。在地壳中硅的丰度为 27.6%，其含量仅次于氧；碳的丰度为 0.1%，在自然界中，碳和硅的分布都很广。锗、锡和铅的自然分布较为集中，易于提炼，应用广泛。

在碳族元素中，通常将碳和硅划归非金属元素，锗、锡、铅划归金属元素。但是，硅具有某些金属性，锗具有某些非金属性，这样的元素称为准金属。碳族元素的一般性质见表 11－5。

表 11－5　碳族元素的一般性质

	碳	硅	锗	锡	铅
元素符号	C	Si	Ge	Sn	Pb
价层电子构型	$2s^2 2p^2$	$3s^2 3p^2$	$4s^2 4p^2$	$5s^2 5p^2$	$6s^2 6p^2$
共价半径/pm	77	117	122	141	175
沸点/℃	4 329	3 265	2 830	2 602	1 749
熔点/℃	3 550	1 412	937.3	232	327
电负性	2.55	1.90	2.01	1.96	2.33
电离能/($kJ \cdot mol^{-1}$)	1 093	793	767	715	722
电子亲和能/($kJ \cdot mol^{-1}$)	－122	－137	－116	－116	－100
$\varphi^{\ominus}(M^{4+}/M^{2+})/V$				0.151	1.458
$\varphi^{\ominus}(M^{2+}/M)/V$				－0.137 5	－0.126 2
氧化值	－4，＋4	4	(2)，4	2，4	2，4
配位数	3，4	4	4	4，6	4，6

碳族元素的特征价电子构型为 ns^2np^2，因此，其特征氧化值为＋4，＋2，碳也可以有－4 氧化值，并且，该族元素的化合物以共价型为主。位于第二周期的碳在形成化合物时，其配位数最大为 4，而其他元素的配位数可以比 4 大，因为有 nd 轨道可以参与成键，如 $GeCl_6^{2-}$，SiF_6^{2-} 等。硅与第ⅢA 族的硼处于对角线位置，它们的单质及化合物的性质较为相似。在碳族元素中，从上到下，氧化值为＋4 的化合物的稳定性依次降低，是惰性电子对效应的结果。例如，Pb(Ⅱ)的化合物较为稳定，而 Pb(Ⅳ)的化合物表现出较强的氧化性，如下反应就是 Pb(Ⅳ)强氧化性的表现：

$$PbO_2 + 4HCl(浓) \xlongequal{} PbCl_2 + Cl_2\uparrow + 2H_2O$$

$$5PbO_2 + 2Mn^{2+} + 4H^+ \xlongequal{} 5Pb^{2+} + 2MnO_4^- + 2H_2O$$

二、碳族元素的单质

碳在自然界的单质有金刚石和石墨，还有人工制成的碳笼原子簇、线型碳。以化合物形式存在的碳有煤、石油、天然气、碳酸盐、二氧化碳等(见图 11-8)。

金刚石是原子晶体(见第 9 章 9.4 节图 9-16)，C—C 键长为 154 pm，键能为347.3 $kJ \cdot mol^{-1}$。

石墨是层状晶体(见第 9 章 9.4 节图 9-17)，具有金属光泽，并有良好的导电性，导电率较大。日常生活中我们常用的活性炭是经过处理后得到的无定形碳，具有大的比表面积，有良好的吸附性能。球碳、碳纤维、碳纳米管都是新型的结构材料，近几十年来发展迅速。

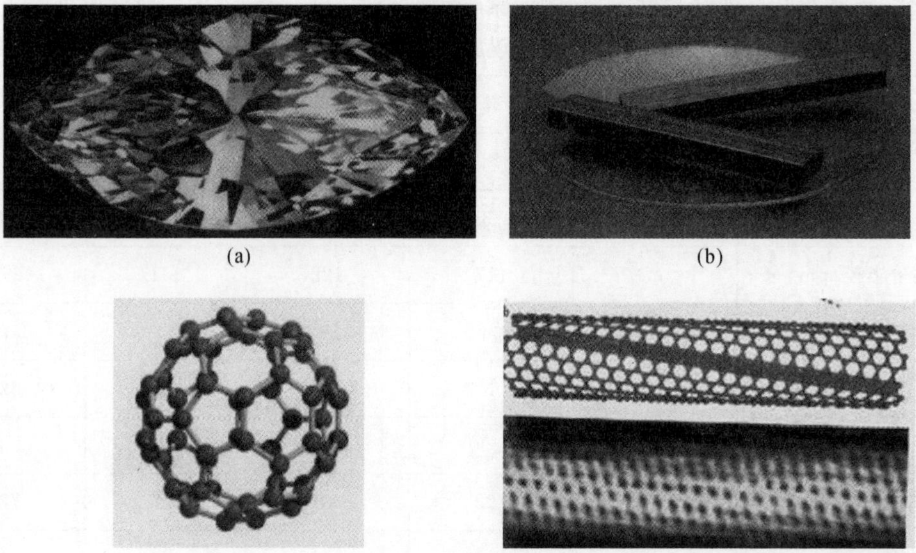

(a) (b) (c) (d)

图 11-8 几种碳单质

(a)金刚石； (b)石墨； (c)球碳； (d)碳纳米管

1985 年，英国萨塞克斯(Sussex)大学的克罗托(H. W. Kroto)等人用激光作石墨的气化试验时发现了 C_{60}，这是一种由 60 个碳原子组成的稳定原子簇。此后又发现了 C_{50}，C_{70}，C_{240} 乃至 C_{540} 等，它们都具有空心的球形结构，属于笼形碳原子簇分子。由于 C_{60} 的结构类似建筑师巴克敏斯特·富勒(Buckminster Fuller)设计的圆顶建筑，因而称为富勒烯(Fullerend)，也有布基球、足球烯、球碳、笼碳等名称。C_{60} 是 20 世纪的重大科学发现之一。Kroto 等人因此而荣获 1996 年诺贝尔化学奖。

以 C_{60} 为代表的富勒烯均是空心球形构型，碳原子分别以五元环和六元环而构成球状。如 C_{60} 就是由 12 个正五边形和 20 个正六边形组成的三十二面体，像一个足球。每个五边形均被 5 个六边形包围，而每个六边形则邻接着 3 个五边形和 3 个六边形。富勒烯族分子中的碳原子数是 28，32，50，60，70，…，240，540 等偶数系列的“幻数”。

C_{60} 分子中碳原子彼此以 σ 键键合，其杂化轨道类型介于 sp^2 与 sp^3 之间，平均键角为 116°。碳原子上剩余的 π 轨道相互形成大 π 键。相邻两六元环的 C—C 键长为 138.8 pm，五元环与六元环共用的 C—C 键长为 143.2 pm。C_{70} 为椭球形，C_{240} 及 C_{540} 与 C_{60} 的差别更大一些，但都是笼形空心结构。C_{60}的晶体属分子晶体，晶体结构因晶体获得的方式不同而异，但均系最紧密堆积所成。用超真空升华法制得的C_{60}单晶为面心立方结构。

从化学和材料科学的角度来看，富勒烯具有重要的学术意义和应用前景，其中最早令人关注的是金属掺杂富勒烯的超导性。由于室温下富勒烯是分子晶体，C_{60}的能带结构表明是半导体，能隙为 1.5 eV。但经过适当的金属掺杂后，都能变成超导体。C_{60}能承受 20 GPa 的静压，可用于承受巨大压力的火箭助推器；C_{60}具有球形结构，可望成为超级润滑剂；根据C_{60}的磁性和光学性质，C_{60}有可能作光电子计算机信息存储的元器件材料。

总之，富勒烯的应用前景十分诱人，但要获得广泛的应用还有许多问题需要解决。例如，富勒烯及其衍生物的合成必须有新的突破，因为目前成功的合成法所得的富勒烯成本是很高的，很大程度地限制了其应用的研究开发。

1968 年，前西德科学家在 Riss 火山口的石墨片麻岩中发现了与石墨层交替出现的薄膜线型碳，后来又在含碳球粒陨石和星际粉尘中发现了多种结晶形态的线型碳。由于理论上预言线型碳可能是一种室温超导体及超强纤维材料，因而很大程度上激励了各国研究者的研究热情。

碳纳米管是由石墨中的碳原子卷曲而成的管状的材料，管的直径一般为几纳米（最小为 1 nm 左右）到几十纳米，管的厚度仅为几纳米。实际上，碳纳米管可以形象地看成是类似于极细的铁丝网卷成的一个空心圆柱状的长“笼子”。碳纳米管的直径十分微小，十几万个碳管排起来才有人的一根头发丝宽；而碳纳米管的长度却可到达 100 μm。碳纳米管有许多特异的物理性能。如碳纳米管的热导与金刚石相近，电导高于铜。但碳纳米管的应用研究还在探索阶段。

高强度碳纤维，理论计算表明，碳纳米管的抗张强度比钢高 100 倍，但重量只有钢的六分之一。其长度是直径的几千倍，5 万个并排起来才有人的一根头发那么宽，因而号称“超级纤维”。

我国利用碳纳米管研制出新一代显示器。这种显示器不仅体积小、重量轻、省电、显示质量好，而且响应时间仅为几微秒，在－45～85 ℃范围内都能正常工作。

碳纤维具有模量高、强度大、密度小、耐高温、抗疲劳、抗腐蚀、自润滑等优异性能。从航天、航空、航海等高技术产业到汽车、建筑、轻工等民用工业的各个领域正逐渐得到越来越广泛的应用。碳纤维增强复合材料作结构材料，可作飞机的尾翼或副翼，通信卫星的天线系统和导波管，航天飞机的货舱门、燃料箱，助推火箭的外壳；在建筑方面，可作碳纤维增强水泥地板，并有取代钢筋的可能性。

硅的单质有晶体和无定形体两种。晶体硅的结构与金刚石类似，熔点、沸点较高，性质脆硬。工业用晶体硅可按以下步骤得到：

$$SiO_2 \xrightarrow[\text{电炉}]{C} Si \xrightarrow{Cl_2} SiCl_4 \xrightarrow{\text{蒸馏}} \text{纯}SiCl_4 \xrightarrow[\text{还原}]{H_2} Si$$

碳族单质的化学活泼性自上而下逐渐增强。碳族元素的主要化学性质见表 11－6。

马口铁是表面镀锡的薄铁皮，用于铁的保护，说明锡在常温下，在空气和水中都是稳定的，具有一定的抗腐蚀性。从电极电势来看，$\varphi^{\ominus}(Pb^{2+}/Pb) = -0.126\ 6\ V$，似乎铅应是较活泼的金属，但它在化学反应中却表现得不太活泼。这主要是由于铅的表面生成难溶性化合物而阻止反应继续进行的缘故。例如，铅与稀硫酸接触时，由于生成难溶性硫酸铅而阻止了铅与硫酸的进一步作用。铅与盐酸作用也因生成难溶的 $PbCl_2$ 而减缓。常温下，铅与空气中氧、水和二氧化碳作用，表面形成致密的碱式碳酸盐保护层。铅能溶于醋酸，生成可溶性的 $Pb(Ac)_2$，但反应相当缓慢。

表 11-6 碳族元素的主要化学性质

试 剂	反应	说 明
热的浓 HCl	$E+2H^+ = E^{2+}+H_2\uparrow$	C,Si,Ge 不反应,Pb 反应缓慢
热的浓 H_2SO_4	$C+2H_2SO_4 = CO_2+2SO_2+2H_2O$	Si 不反应
	$E+4H_2SO_4 = E(SO_4)_2+2SO_2+4H_2O$	E=Sn,Ge,Pb,生成 ESO_4
浓 HNO_3	$3E+4H^++4NO_3^- = 3EO_2+ENO+2H_2O$	不包括 Si
	$3Pb+8H^++2NO_3^- = 3Pb^{2+}+2NO+4H_2O$	但发烟硝酸使铅钝化
HF	$Si+6HF = 2H_2\uparrow+H_2SiF_6$	Si 只与 HF 反应
碱溶液	$Si+2OH^-+H_2O = SiO_3^{2-}+2H_2\uparrow$	C,Ge,Pb 不反应,$Sn(OH)_4^{2-}$ 很缓慢生成,不易觉察
熔融碱	$E+4OH^- = EO_4^{4-}+2H_2\uparrow$	C 不反应,Sn 生成 $Sn(OH)_6^{2-}$,Pb 生成 $Pb(OH)_4^{2-}$
空气中加热	$E+O_2 = EO_2$	
	$Pb \xrightarrow{空气} PbO \xrightarrow{H_2O} Pb(OH)_2 \xrightarrow{CO_2}$ 碱式碳酸盐	
热水蒸气	$E+2H_2O = EO_2+2H_2\uparrow$ $C+H_2O = CO+H_2\uparrow$	E=Sn,Si(不包括 Ge,Pb)
S,加热	$E+2S = ES_2$	Pb 生成 PbS
Cl_2,加热	$E+2Cl_2 = ECl_4$	Pb 生成 $PbCl_2$
金属,加热	碳化物,硅化物,Pb,Sn 形成合金	

三、碳的化合物

碳的化合物以共价型为主，属于无机化合物的主要有一氧化碳、二氧化碳、碳酸及其盐等，其余绝大部分碳的化合物属于有机化合物。

1. 碳的氧化物

(1)一氧化碳。一氧化碳(CO)是一种无色、无臭、但有毒的气体，微溶于水。在实验室中，可以用硫酸和 HCOOH 反应，使 HCOOH 脱水而制得 CO；在工业上，主要由水煤气获得 CO。CO 与 N_2 是等电子体，它们的分子轨道排布式如下：

CO(14)　$1\sigma^2 2\sigma^2 3\sigma^2 4\sigma^2 1(\pi_y{}^2\pi_x{}^2)5\sigma^2$[类似于 $\sigma_{1s}{}^2\sigma_{1s}*{}^2\sigma_{2s}{}^2\sigma_{2s}*{}^2(\pi_{2py}{}^2\pi_{2px}{}^2)\sigma_{2pz}{}^2$]

N_2(14)　$\sigma_{1s}{}^2\sigma_{1s}*{}^2\sigma_{2s}{}^2\sigma_{2s}*{}^2(\pi_{2py}{}^2\pi_{2pz}{}^2)\sigma_{2px}{}^2$

形成了 1 个 σ 键，两个 π 键，键级为 3。

CO 中碳原子与氧原子间形成三重键，即 1 个 σ 键和 2 个 π 键，键级为 3。N_2 中也是三重键，1 个 σ 键和 2 个 π 键，键级为 3。CO 与 N_2 所不同的是其中 1 个 π 键是配键，这对电子是由氧原子提供的。

CO 偶极矩的方向，一般地认为，由于 O 的电负性较 C 的大，应当是 $\overset{+}{C}—\overset{-}{O}$，但是，实验测定确为 $\overset{-}{C}—\overset{+}{O}$。根据分子轨道理论精确计算的 CO 的极性也与实验测定结果是一致的。

那是因为，在 CO 的分子轨道中，1σ 和 2σ 是 O 的 1s 轨道和 C 的 1s 轨道组合的，为内层轨道。3σ 轨道是成键轨道，以 O 的 2s 轨道为主和少量 C 的 2s 和 2p 轨道组成，键合较牢；3σ 的电荷密度集中在核间区侧重于 O 的一方。4σ 是反键轨道，主要以 O 的 2s 轨道和 2p 轨道组成，电荷中心集中在 O 的右侧。5σ 轨道是成键轨道，是由 C 的 2s 和 2p 轨道组成，电荷中心偏于 C 核的左侧。$1\pi_x$ 是成键轨道，以 C 的部分 $2p_x$ 和 O 的大部分 $2p_x$ 轨道组成；$1\pi_y$ 与 $1\pi_x$ 相同，也是成键轨道，只是方向与 $1\pi_x$ 成直角，1π 为二重简并轨道，电荷中心偏于 O 的一侧。CO 分子的偶极矩应该是所有键矩的和，各被占领轨道的电荷密度偏于 O 的有 3σ、4σ 和 1π，但是，它们对极性贡献的总和不如 5σ 的大，电荷密度中心对键轴中心向左略有偏移，偶极矩的方向就是 $\overset{-}{C}—\overset{+}{O}$。由此可见，在双原子分子中，某些情况下，是不能简单地依据元素的电负性大小直接判断分子偶极矩的方向的。

CO 的化学性质主要表现为还原性，其反应式为

$$CO(g)+1/2O_2(g) = CO_2(g) \quad \Delta_r H_m^{\ominus} = -283\ kJ \cdot mol^{-1}$$

$$Fe_2O_3(s)+3CO(g) = 2Fe(s)+3CO_2(g) \quad \Delta_r H_m^{\ominus} = -24.8\ kJ \cdot mol^{-1}$$

作为配体的 CO 表现出强烈的加合性，其配位原子为 C。与过渡金属原子(或离子)形成羰基化合物(见第 4 章 4.3 节)，如 $Fe(CO)_5$ 和 $Co_2(CO)_8$ 等。CO 还应用于一些有机合成，例如

$$CO+2H_2 \xrightarrow[623\sim673K]{Cr_2O_3 \cdot ZnO} CH_3OH$$

$$CO+Cl_2 \xrightarrow{\text{活性炭}} COCl_2$$

CO 毒性很大，它能与人体血液中的血红蛋白结合形成稳定的配合物，使血红蛋白失去输送氧气的功能。当空气中 CO 的含量达 0.1%(体积分数)时，就会引起中毒，导致缺氧症，甚至导致死亡。

(2)二氧化碳。在充足的空气或氧气中，碳或含碳化合物的完全燃烧，以及生物体内有机物的氧化都将释放出二氧化碳。CO_2 在大气中的含量约为 0.03%(体积分数)。近几十年来，随着全世界的工业革命的进行，大气中 CO_2 的含量逐渐增加，从而引起的全球气温升高，所以，现在科学界认为 CO_2 是形成地球温室效应的主要原因之一。

CO_2 是一种无色、无臭的气体，其临界温度为 31℃，较容易液化。在常温下，只要加压至 7.6 MPa 即可使 CO_2 液化。固体 CO_2 是分子晶体，呈雪花状，俗称“干冰”，在常压下 −78.5℃升华。大量的 CO_2 用于生产 Na_2CO_3，$NaHCO_3$，NH_4HCO_3 和尿素等化工产品，还广泛用于啤酒、饮料等的生产之中。由于 CO_2 不助燃，可用作灭火剂。但是，金属镁的燃烧不能用 CO_2 灭火，反应为

$$2Mg+CO_2 = 2MgO+C \quad \Delta_r H_m^{\ominus} = -809.89\ kJ \cdot mol^{-1}$$

CO_2是直线型分子，其结构分析见第8章8.2节。CO_2中C═O键长为116 pm，而乙醛分子中C═O键长为124 pm，CO中C≡O键长为112.8 pm，从数据可见，CO_2中C═O键长介于乙醛分子中C═O键长和CO中C≡O键长之间，说明CO_2中的C═O双键已具有一定程度的叁键特征。因此，在CO_2中可能存在着离域的大π键，即碳原子除了与氧原子形成2个σ键外，还形成了2个三中心四电子的大π键，CO_2的结构就可以表示为

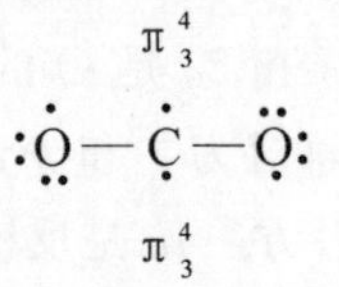

这种结构还可以从CO_2的热稳定性很高得以验证，在2 000℃时仅有1.8%的CO_2分解成CO和O_2，说明C═O双键的键能比预想的要大。

2.碳酸及其盐

将CO_2通入水中，CO_2与水形成水合物，其中有少量的生成碳酸。碳酸只在水溶液中以很小的浓度存在，只要浓度增大，即分解析出CO_2，且纯的碳酸至今尚未制得。碳酸是二元弱酸，其水溶液中H_2CO_3的解离平衡为

$$H_2CO_3 \rightleftharpoons H^+ + HCO_3^- \quad K_{a1}^{\ominus}=4.47\times10^{-7}$$

$$HCO_3^- \rightleftharpoons H^+ + CO_3^{2-} \quad K_{a2}^{\ominus}=4.68\times10^{-11}$$

但是，实际上H_2CO_3的第一级解离平衡常数为$K_{a1}^{\ominus}$(实际)$=2.5\times10^{-4}$。

那么，$K_{a1}^{\ominus}=4.2\times10^{-7}$是怎么得来的？这是基于溶于水中的$CO_2$全部生成碳酸而计算得到的，即有平衡：

$$CO_2 + H_2O \rightleftharpoons H_2CO_3 \rightleftharpoons H^+ + HCO_3^-$$

对应于碳酸，碳酸盐有正盐(碳酸盐)和酸式盐(碳酸氢盐)两种基本类型。除了碱金属(锂除外)和铵的碳酸盐易溶于水外，其他金属的碳酸盐都难溶于水。对于那些难溶的碳酸盐，它们相对应的酸式盐溶解度却较大。如$Ca(HCO_3)_2$的溶解度就比$CaCO_3$的大。这就是地表层中的碳酸盐石在CO_2和水的浸蚀下能部分地转变为$Ca(HCO_3)_2$而溶解的原因，反应为

$$CaCO_3 + CO_2 + H_2O \rightleftharpoons Ca(HCO_3)_2$$

与此恰好相反的是，对于那些易溶的碳酸盐，其相应的酸式盐的溶解度则较小。如$NaHCO_3$和$KHCO_3$的溶解度分别小于Na_2CO_3和K_2CO_3的溶解度。这种溶解度的反常是由于HCO_3^-之间以氢键相连形成二聚离子或多聚链状离子的结果。

通常碳酸盐的热稳定性都较差。碳酸氢盐受热首先分解为相应的碳酸盐，继续加热碳酸盐分解为金属氧化物和二氧化碳，反应为

$$M^{II}(HCO_3)_2 \xlongequal{\triangle} M^{II}CO_3 + H_2O + CO_2\uparrow$$

$$M^{II}CO_3 \xlongequal{\triangle} M^{II}O + CO_2\uparrow$$

一般说来，碳酸、碳酸氢盐、碳酸盐的热稳定性顺序为

碳酸＜酸式盐＜正盐

例如，Na_2CO_3很难分解，$NaHCO_3$在270℃分解，H_2CO_3在室温以下就分解了。这一点可以根据离子极化理论得到很好的解释。在H_2CO_3和HCO_3^-中，H—O之间以共价键相结

合,离子极化理论认为是 H^+ 和 O^{2-} 之间的作用。H^+ 把 CO_3^{2-} 中的 O^{2-} 吸引后形成了 OH^-,OH^- 再与另一个 H^+ 结合生成 H_2O,同时放出 CO_2,这一极化过程使得 HCO_3^- 和 H_2CO_3 不稳定,并且,在 H_2CO_3 中有两个 H^+,更容易夺取 CO_3^{2-} 中的 O^{2-} 成为 H_2O,所以,H_2CO_3 比 HCO_3^- 更加不稳定。不同金属的碳酸盐,因金属离子的极化作用强弱不同,其分解温度相差很大。通常,金属离子的极化作用越强,其碳酸盐的分解温度就越低,即碳酸盐越不稳定。而 H^+ 是极化力最强的阳离子之一。表 11－7 列出了一些碳酸盐的分解温度。

表 11－7　一些碳酸盐的分解温度

碳酸盐	Li_2CO_3	Na_2CO_3	$MgCO_3$	$BaCO_3$	$FeCO_3$	$ZnCO_3$	$PbCO_3$
$r(M^{n+})$/pm	60	95	65	135	76	74	120
M^{n+} 的电子构型	$2e^-$	$8e^-$	$8e^-$	$8e^-$	$(9\sim17)e^-$	$18e^-$	$(18+2)e^-$
分解温度/℃	1 310	1 800	540	1 360	282	300	300

四、硅的化合物

在地壳中,硅多以 SiO_2 和各种硅酸盐的形式存在,硅原子主要是通过 Si—O—Si 键构成链状、层状和三维骨架的复杂结构,组合成岩石、土壤、黏土和沙子等。硅的重要化合物有氧化物、含氧酸盐、卤化物等。有关天然二氧化硅晶体石英的结构见第 9 章 9.4 节中的内容和图 9－16方石英的晶体结构。石英在 1600℃熔化成黏稠液体,其结构单元处于无规则状态,当急速冷却时,形成石英玻璃。石英玻璃是无定形的二氧化硅,其中硅和氧的排布是杂乱的。石英玻璃有许多特殊性质,如能高度透过可见光和紫外光,膨胀系数小,能经受温度的剧变等。虽然石英玻璃有强的耐酸性,但能被 HF 所腐蚀,反应方程式为

$$SiO_2+4HF = SiF_4(g)+2H_2O$$

二氧化硅是酸性氧化物,能与热的浓碱溶液反应生成硅酸盐,反应较快。例如

$$SiO_2+2NaOH = Na_2SiO_3+H_2O$$

SiO_2 也可以与某些碱性氧化物或某些含氧酸盐发生反应生成相应的硅酸盐。例如

$$SiO_2+Na_2CO_3 = Na_2SiO_3+CO_2\uparrow$$

与碳酸相同,硅酸也是二元酸,只是酸性比碳酸更弱。硅酸的 $K_{a1}^{\ominus}=1.7\times10^{-10}$,$K_{a2}^{\ominus}=1.6\times10^{-12}$。用硅酸钠与盐酸作用可制得硅酸,有

$$Na_2SiO_3+2HCl = H_2SiO_3+2NaCl$$

当单分子硅酸含量不大时,并不生成硅酸沉淀,只有当单分子硅酸逐渐聚合形成多硅酸时,则形成硅酸溶胶呈胶状。硅酸的组成与形成的条件有关,常以通式 $xSiO_2\cdot yH_2O$ 表示。H_4SiO_4 称为原硅酸,脱去一分子水就得到 H_2SiO_3 称为偏硅酸,继续脱水可以得到多硅酸。习惯上用 H_2SiO_3 表示硅酸。工业上从凝胶状硅酸中除去大部分的水,得到白色、稍透明的固体,称之为硅胶。由于硅胶具有许多极细小的空隙,比表面积大,因而其吸附能力很强,可以吸附各种气体和水蒸气,故而常用作干燥剂或催化剂的载体。

按照硅酸盐的溶解性,可以把硅酸盐分为可溶性和不溶性两大类。可溶性的硅酸盐有 Na_2SiO_3,K_2SiO_3 等,因 SiO_3^{2-} 水解而使水溶液呈碱性,硅酸钠(通常写作 $Na_2O\cdot nSiO_2$)的水溶液俗称水玻璃;其他大多数的硅酸盐难溶于水并具有特征的颜色。

天然硅酸盐都是不溶性的。如长石、云母、黏土、石棉、滑石等都是最常见的天然硅酸盐，其化学式很复杂，通常写成氧化物的形式。几种天然硅酸盐的化学式：

正长石　$K_2O \cdot Al_2O_3 \cdot 6SiO_2$

白云母　$K_2O \cdot 3Al_2O_3 \cdot 6SiO_2 \cdot 2H_2O$

高岭土　$Al_2O_3 \cdot 2SiO_2 \cdot 2H_2O$

石　棉　$CaO \cdot 3MgO \cdot 4SiO_2$

滑　石　$3MgO \cdot 4SiO_2 \cdot H_2O$

泡沸石　$Na_2O \cdot Al_2O_3 \cdot 2SiO_2 \cdot nH_2O$

由此可见，铝硅酸盐在自然界中分布最广。硅酸盐的结构和应用见第 9 章 9.4 节中的相关内容。

11.4　氮族元素

一、氮族元素概述

氮族元素包括氮、磷、砷、锑、铋 5 种元素，位于周期系第ⅤA 族。氮和磷是非金属元素，砷和锑是准金属，铋是金属元素。与硼族、碳族相似，第ⅤA 族元素也是由典型的非金属元素过渡到典型的金属元素。氮族的一般性质见表 11－8。

表 11－8　氮族元素的一般性质

	氮	磷	砷	锑	铋
元素符号	N	P	As	Sb	Bi
价层电子构型	$2s^2 2p^3$	$3s^2 3p^3$	$4s^2 4p^3$	$5s^2 5p^3$	$6s^2 6p^3$
共价半径/pm	70	110	121	141	155
沸点/℃	－195.79	280.3	615(升华)	1 587	1 564
熔点/℃	－210.01	44.15	817	630.7	271.5
电负性	3.04	2.19	2.18	2.05	2.02
电离能/$(kJ \cdot mol^{-1})$	1 409	1 020	953	840	710
电子亲和能/$(kJ \cdot mol^{-1})$	6.75	－72.1	－78.2	－103.2	－110
$\varphi^{\ominus}(M^{5+}/M^{3+})/V$	0.94	－0.276	0.574 8	(Sb_2O_5/SbO^+)	(Bi_2O_5/BiO^+)
$\varphi^{\ominus}(M^{3+}/M)/V$	1.46 HNO_2	－0.503 H_3PO_3	0.247 3 $HAsO_2$	0.21 (SbO^+)	0.32 (BiO^+)
氧化值	0,1,2,3,4,5, －3,－2,－1	3,5－3(1)	－3,3,5	(－3),3,5	3,(5)
配位数	3,4	3,4,5,6	3,4,(5),6	3,4,(5),6	3,6

氮族元素性质的变化有其自身的规律。位于第二周期的元素氮以其原子半径最小，电负性最大而有许多特殊性；位于第四周期的元素砷表现出某些异样性。

氮族元素的特征价电子层构型为 ns^2np^3，除氮以外的各元素电负性都不是很大，所以，氮族元素以形成正氧化值＋3 和＋5 的化合物为主要特征。氮族元素自上而下低氧化值(如＋3)的化合物的稳定性依次增强，符合惰性电子对效应，并且 R^{3+}(R 为氮族元素)的稳定性也是自上而下增强；高氧化值(如＋5)主要以含氧离子的形式而稳定，其稳定性自上而下依次减弱，氮、磷以含氧酸根 NO_3^- 和 PO_4^{3-} 的形式存在；铋已不能以高氧化值(如＋5)而稳定，如 Bi(Ⅴ)的化合物是强氧化剂。

氮族元素所形成的化合物以共价型为主要特征。氮族元素在形成化合物时，只有位于第二周期的元素 N 最大配位数一般为 4，其他元素的最大配位数通常都大于 4。氮族元素的电势图如下：

$\varphi_a^\ominus$/V
(酸性溶液)

$$NO_3^- \xrightarrow{0.7989} NO_2 \xrightarrow{1.08} HNO_2 \xrightarrow{1.04} NO \xrightarrow{1.582} N_2O \xrightarrow{1.77} N_2 \xrightarrow{0.27} NH_4^+$$

$$NO_3^- \xrightarrow{0.94} HNO_2 \qquad NO_3^- \xrightarrow{0.97} NO \qquad NO_3^- \xrightarrow{1.125} N_2O \qquad NO_3^- \xrightarrow{1.25} N_2 \qquad NO_3^- \xrightarrow{0.88} NH_4^+$$

$$H_3PO_4 \xrightarrow{-0.276} H_3PO_3 \xrightarrow{-0.50} H_3PO_2 \xrightarrow{-0.51} P \xrightarrow{-0.065} PH_3 \qquad H_3PO_3 \xrightarrow{-0.503} P$$

$$H_3AsO_4 \xrightarrow{0.5748} H_3AsO_3 \xrightarrow{0.2473} As \xrightarrow{-0.2381} AsH_3$$

$$Sb_2O_5 \xrightarrow{0.58} SbO^+ \xrightarrow{0.21} Sb \xrightarrow{-0.5104} SbH_3$$

$$Bi_2O_5 \xrightarrow{1.6} Bi^{3+} \xrightarrow{0.32} Bi \xrightarrow{-0.8} BiH_3$$

$\varphi_b^\ominus$/V
(碱性溶液)

$$NO_3^- \xrightarrow{-0.86} NO_2 \xrightarrow{0.88} NO_2^- \xrightarrow{-0.46} NO \xrightarrow{0.76} N_2O \xrightarrow{0.94} N_2 \xrightarrow{-0.73} NH_3$$

$$NO_3^- \xrightarrow{0.01} NO_2^- \qquad NO_3^- \xrightarrow{0.15} NO$$

$$PO_4^{3-} \xrightarrow{-1.12} HPO_3^{2-} \xrightarrow{-1.57} H_2PO_2^- \xrightarrow{-2.05} P \xrightarrow{-0.89} PH_3 \qquad HPO_3^{2-} \xrightarrow{-1.73} P$$

$$AsO_4^{3-} \xrightarrow{-0.67} As(OH)_4^- \xrightarrow{-0.68} As \xrightarrow{-1.43} AsH_3$$

$$Sb(OH)_4^- \xrightarrow{-0.66} Sb \xrightarrow{-1.34} SbH_3$$

$$BiO_2 \xrightarrow{0.55} Bi_2O_3 \xrightarrow{-0.46} Bi$$

二、氮族元素的单质

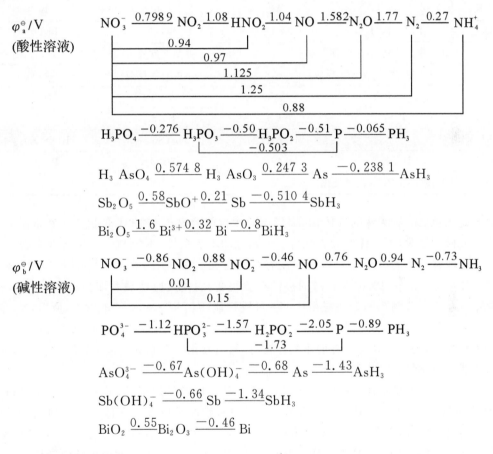

在氮族元素中，只有氮是主要以单质存在于大气之中，约占空气体积的 78％。天然存在的氮的无机化合物较少，只有硝酸钠大量分布于智利沿海。氮和磷都是构成动植物组织的基本和必要的元素。自然界中无单质磷存在，主要以磷酸盐形式分布在地壳中，如磷酸钙 $Ca_3(PO_4)_2$，氟磷灰石 $3Ca_3(PO_4)_2 \cdot CaF_2$ 等。砷、锑和铋主要以硫化物矿存在，如雄黄 As_4S_4，辉锑矿 Sb_2S_3，辉铋矿 Bi_2S_3 等。

工业上是将空气液化，经过分馏，得到氮气的。在实验室中，可以用浓的盐溶液通过加热而制得所需要的氮气，有

$$NH_4Cl + NaNO_2 \xlongequal{\triangle} N_2\uparrow + NaCl + 2H_2O$$

将磷酸钙、沙子和焦炭混合，强热，可以得到白磷。反应为

$$2Ca_3(PO_4)_2 + 6SiO_2 + 10C \xlongequal{1\,500℃} 6CaSiO_3 + P_4 + 10CO\uparrow$$

砷、锑、铋单质的制备是先将硫化物矿通过焙烧，得到相应的氧化物，而后用碳还原。反应为

$$2Sb_2S_3 + 9O_2 \xlongequal{} 2Sb_2O_3 + 6SO_2\uparrow$$

$$Sb_2O_3 + 3C \xlongequal{} 2Sb + 3CO\uparrow$$

氮族元素（除氮外）的一般化学性质见表 11－9。

表 11－9　氮族元素的化学性质

试剂	P	As	Sb	Bi
O_2	P_2O_3，P_2O_5	As_2O_3	Sb_2O_3	Bi_2O_3
空气	（白磷极易氧化，故保存在水中）	———强热下反应———		
H_2	PH_3（磷与氢气在气相反应）	————不能直接反应————		
Cl_2	PCl_5，PCl_3	$AsCl_3$	$SbCl_3$，$SbCl_5$	$BiCl_3$
S	P_2S_3	As_2S_3	Sb_2S_3	Bi_2S_3
热浓 H_2SO_4	—	H_3AsO_3	$Sb_2(SO_4)_3$	$Bi_2(SO_4)_3$
浓 HNO_3	H_3PO_4	H_3AsO_4	Sb_2O_5	Bi_2O_3
碱溶液	$H_2PO_2^- + PH_3$（白磷歧化）			

氮气是无色、无臭、无味的气体，0℃时 1 mL 水仅能溶解 0.023 mL 的氮气。在常温下，氮气化学性质极不活泼，不与任何元素化合。气态氮的不活泼性，不但与 N≡N 键非常强有关，也与分子中非常对称的电子分布以及键没有极性有关。在 N_2 的等电子体中的 CO，CN^- 和 NO^+ 等，因为电子分布的对称性和键的极性有所改变，而使反应性显著增强。氮分子的三键结构见第 8 章 8.4 节例 8－7。正是由于 N≡N 键键能（946 kJ·mol^{-1}）非常大，所以，N_2 是最稳定的双原子分子，常被用作保护气体。只有当与锂、钙、镁等活泼金属一起加热时，才能生成离子型氮化物。在高温、高压并有催化剂存在时，氮与氢化合生成氨。在很高的温度下氮才与氧化合生成一氧化氮。

常见的磷的同素异形体有白磷、红磷和黑磷三种。白磷是透明的、软的蜡状固体，白磷的 P_4 为四面体构型，其结构如图 11－9 所示。在 P_4 中，磷原子位于四面体的四个顶点，磷原子之间以共价键相结合，键角∠PPP 约为 60°。这样的分子内部具有一定的内张力，其结构是不稳定的。P—P 键的键能小，易被破坏，一个 P—P 键断裂后相互连接起来的长链结构，释放了一定的能量，结构趋向稳定，图 11－10 所示是红磷可能的一种结构形式。在P—P键继续断裂后可以转变为黑磷。黑磷具有与石墨类似的层状结构，但与石墨不同的是，黑磷每一层内的磷原子并不都在同一平面上，而是相互以共价键连接成网状结构，如图11－11所示。黑磷具有导电性，黑磷也不溶于有机溶剂。

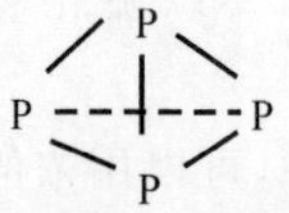

图 11－9　白磷 P_4 的分子构型

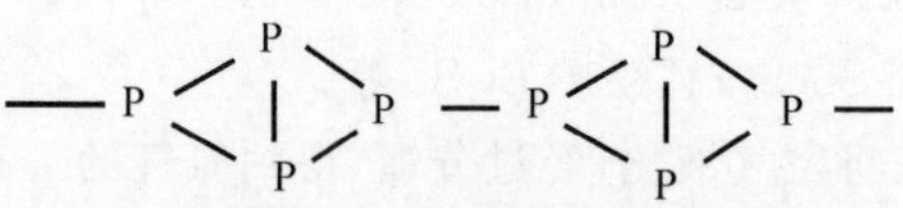

图 11－10　红磷的一种结构

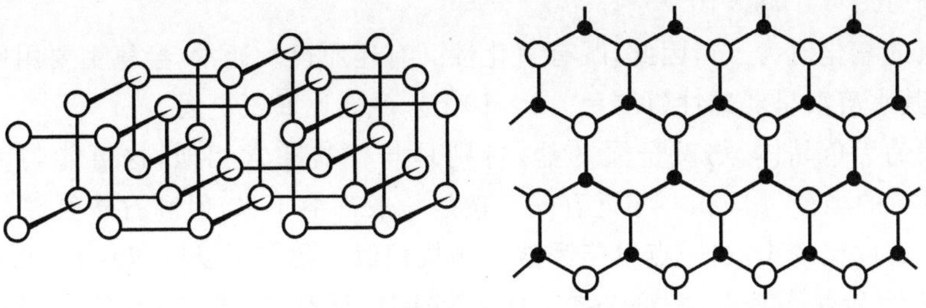

图 11-11　黑磷的网状结构

白磷的化学性质很活泼，在空气中能自燃，但不与水反应，所以，可以将白磷保存在水中。白磷有剧毒，致死量约为 0.15 g，若误食了白磷，可以用稀 $CuSO_4$ 溶液进行解毒，并紧急送医做进一步的救治，反应式为

$$P_4 + 3O_2 = P_4O_6$$

或

$$P_4 + 10CuSO_4 + 16H_2O = 10Cu + 4H_3PO_4 + 10H_2SO_4$$

红磷比白磷稳定，400℃以上才能燃烧。但是，长时间放置的红磷会发生潮解，那是因为，红磷在空气中与氧缓慢反应，生成的 P_4O_{10} 吸收了空气中的水所致。当我们要使用已经潮解的红磷时，只需将红磷用水洗涤，在低温下烘干即可。黑磷的稳定性更好。

三、氮的化合物

1. 氮的氢化物

氨是具有特殊刺激气味的无色气体。氨分子为三角锥形，氮原子以不等性 sp^3 杂化轨道与氢原子形成共价键，氮原子还有一对孤对电子，可以在氨分子之间形成氢键。因此，氨的熔点、沸点高于同族元素磷的氢化物 PH_3；氨易于液化；液态氨的汽化焓较大，故液氨可用作制冷剂；氨的极性较强，在水中的溶解度极大。

氨分子参与的反应都与分子中的氢原子被取代有关。例如，氨通入熔融的金属钠得到氨基化钠 $NaNH_2$，可以看成是氨分子中 1 个氢原子被活泼金属所取代的结果，反应式为

$$2Na + 2\,NH_3 \xlongequal{350℃} 2\,NaNH_2 + H_2\uparrow$$

再如，氮化镁 Mg_3N_2 也可以看成是氨分子中 3 个氢原子全部被金属原子所取代而形成的化合物。联氨 N_2H_4 也叫作肼，相当于 2 个 NH_3 各脱去 1 个氢原子而结合起来的产物 $H_2N—NH_2$，也可以看成是氨分子中 1 个氢原子被氨基所取代的结果。还有羟氨 NH_2OH，可以看作氨分子中的 1 个氢原子被羟基所取代的结果。

在氨分子中，氮的氧化值是最低的 -3，所以，氨具有还原性。如氨在纯氧中燃烧生成水和氮气，即

$$4NH_3 + 3O_2 = 6H_2O + 2N_2\uparrow$$

在联氨（N_2H_4）分子中，氮的氧化值为 -2，也是一种强还原剂，在空气中燃烧，并放出大量的热，有

$$N_2H_4 + O_2 = N_2\uparrow + 2H_2O \quad \Delta_r H_m^{\ominus} = -622\ kJ\cdot mol^{-1}$$

因此，联氨及其衍生物至今还用作火箭燃料。联氨的水溶液呈弱碱性（$K_b^{\ominus} = 9.8\times10^{-7}$），

比氨的碱性弱($K_b^\ominus=1.78\times10^{-5}$)。

羟氨中氮的氧化值为-1,因此,既有氧化性又有还原性。通常,羟氨主要用作还原剂。羟氨易溶于水,其水溶液呈弱碱性($K_b^\ominus=9.1\times10^{-9}$),碱性比联氨更弱。

铵盐一般为无色晶体,与碱金属的盐,特别是与钾盐非常相似,这可能与 NH_4^+ 的半径(143 pm)和 K^+ 的半径(133 pm)相近有关。铵盐一般都溶于水,但酒石酸氢铵与高氯酸铵等少数铵盐的溶解度比较小,这一点也与钾盐和铷盐相似。我们可以用 Nessler 试剂($K_2[HgI_4]$ 的 KOH 溶液)鉴定是否有 NH_4^+ 的存在,加入 Nessler 试剂,生成红棕沉淀表明有 NH_4^+:

$$NH_4^+ + 2[HgI_4]^{2-} + 4OH^- = [OHg_2NH_2]I(s) + 7I^- + 3H_2O$$

上述反应也会因 NH_4^+ 的含量和 Nessler 试剂用量的不同,生成沉淀的颜色从红棕到深褐色有所不同。

铵盐受热极易分解,分解的情况因组成铵盐的酸的性质不同分为几种情况。

1)若是挥发性、但无氧化性的酸,则完全分解成酸和氨而放出,如$(NH_4)_2CO_3$ 就是这一类的典型,反应式为

$$(NH_4)_2CO_3 \xlongequal{\triangle} 2NH_3\uparrow + H_2O + CO_2\uparrow$$

2)若是不挥发、但无氧化性的酸,则分解时只有氨放出,酸或酸式盐则留在容器中,如$(NH_4)_3PO_4$,$(NH_4)_2SO_4$ 等就是这一类的典型,反应式为

$$(NH_4)_3PO_4 \xlongequal{\triangle} 3NH_3\uparrow + H_3PO_4$$

$$(NH_4)_2SO_4 \xlongequal{\triangle} NH_3\uparrow + NH_4HSO_4$$

3)若是有氧化性的酸,则分解产生的氨会被酸氧化成 N_2 或 N_2O,如$(NH_4)_2Cr_2O_7$,NH_4NO_3 等就是这一类的典型,反应式为

$$(NH_4)_2Cr_2O_7 \xlongequal{\triangle} N_2\uparrow + Cr_2O_3 + 4H_2O$$

$$NH_4NO_3 \xlongequal{\triangle} N_2\uparrow + 2H_2O$$

或

$$5NH_4NO_3 \xlongequal[\text{有机杂质催化}]{240℃\text{以上}} 4N_2\uparrow + 2HNO_3 + 9H_2O$$

从上述各反应可以看出,无论哪一种铵盐受热都极易分解,并且体积都会急剧膨胀,因此,在制备、贮存、运输、使用时,都应格外小心,防止受热或撞击而引起爆炸。

大量地用作肥料的铵盐有硝酸铵(NH_4NO_3)和硫酸铵[$(NH_4)_2SO_4$]。硝酸铵还用来制造炸药。在焊接金属时,常用氯化铵来除去待焊金属物件表面的氧化物。因为,当氯化铵接触到红热的金属表面时,就分解成为氨和氯化氢,氯化氢立即与金属氧化物起反应生成易溶的或挥发性的氯化物,这样金属表面就被清洗干净了,使焊料更好地与焊件结合。

2. 氮的氧化物

氮的氧化值从+1到+5都有对应的氧化物,如一氧化二氮 $\overset{+1}{N_2}O$,一氧化氮 $\overset{+2}{N}O$,三氧化二氮 $\overset{+3}{N_2}O_3$,二氧化氮 $\overset{+4}{N}O_2$,五氧化二氮 $\overset{+5}{N_2}O_5$ 等。这些氧化物的结构和物理性质见表11-10。

表 11 - 10　氮的氧化物

化学式	制备反应	性　质	结构式
N_2O	$NH_4NO_3 \xlongequal{463\sim573\ K} N_2O+2H_2O\uparrow$ $\Delta H_m^{\ominus}=-125.52\ kJ\cdot mol^{-1}$	熔点 170.6K，沸点 184.5K，无色气体，有甜味，能溶于水，但不与水作用，能助燃，是一种氧化剂。不助呼吸。曾作为牙科麻醉剂，俗称“笑气”	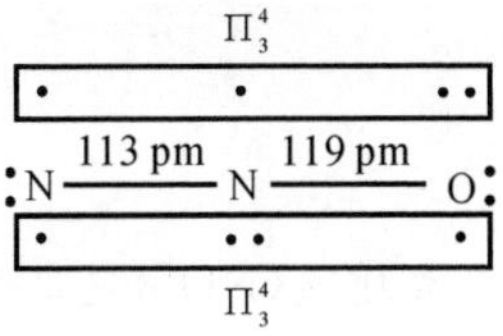
NO	$3Cu+8HNO_3$(稀)$=\!=\!=$ $3Cu(NO_3)_2+2NO+4H_2O$	熔点 109.4K，沸点 121.2K，无色气体，不助燃，结构上不饱和，故有加合反应，例如：$2NO+Cl_2 =\!=\!= 2NOCl$，$2NO+O_2 =\!=\!= 2NO_2$ 也可以作为配合剂，参加配合物组成	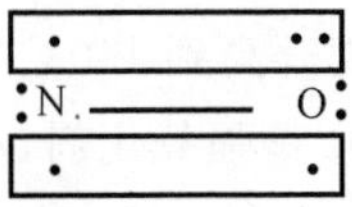
N_2O_3	$NO+NO_2 =\!=\!= N_2O_3$ $\Delta H_m^{\ominus}=-41.84\ kJ\cdot mol^{-1}$	熔点 170.8K，沸点 276.5K（分解），不稳定，常压下即分解为 NO 和 NO_2 $N_2O_3 =\!=\!= NO+NO_2$ 蓝色　　无色　红棕色	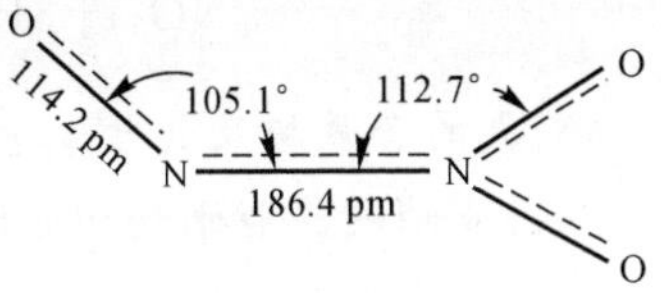
NO_2	$2NO+O_2 =\!=\!= 2NO_2$ $Cu+4HNO_3 =\!=\!=$ $Cu(NO_3)_2+2NO_2\uparrow+2H_2O$	红棕色气体，熔点 181K，沸点 294.3K（分解），易压缩成无色液体，低温下聚合成 N_2O_4，即 $2NO_2 =\!=\!= N_2O_4$，溶于水时生成硝酸，即 $2NO_2+H_2O =\!=\!= HNO_3+HNO_2$	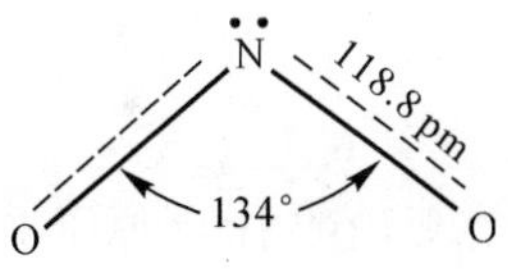
N_2O_5	$2NO_2+O_3 =\!=\!= N_2O_5+O_2$ $\Delta H_m^{\ominus}=-267.78\ kJ\cdot mol^{-1}$	白色固体，熔点 303K（分解），沸点 320K（分解），易潮解，挥发时分解成 NO_2 和 O_2，极不稳定，能爆炸性分解，强氧化剂，溶于水生成硝酸。 $N_2O_5+H_2O =\!=\!= 2HNO_3$	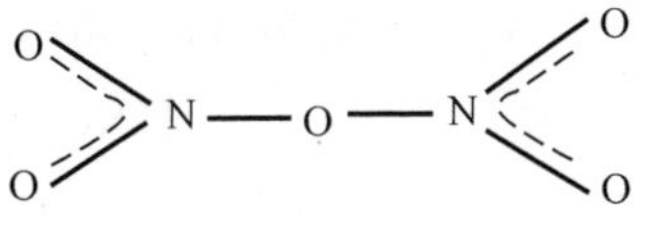

（1）一氧化氮。一氧化氮（NO）分子中，氧原子和氮原子的价电子数之和为 11，即含有未成对电子，具有顺磁性。这种价电子数为奇数的分子称为奇电子分子。NO 是硝酸生产的中间产物，工业上是用氨的铂催化氧化的方法制备的。实验室用金属铜与稀硝酸反应制取 NO。

（2）二氧化氮与四氧化二氮。NO_2 也是奇电子分子，空间构型为 V 型，氮原子以 sp^2 杂化轨道与氧原子成键，此外还形成一个三中心三电子的大 π 键。N_2O_4 具有对称的结构，2 个氮原子和 4 个氧原子在同一平面上。NO_2 和 N_2O_4 的分子构型如图 11 - 12 所示。

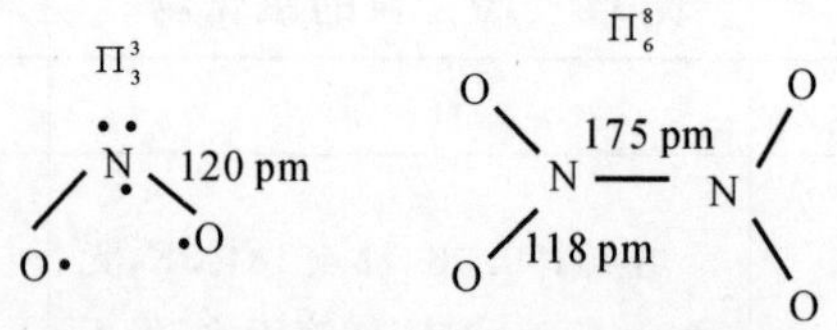

图 11 - 12　NO_2 与 N_2O_4 的分子构型

二氧化氮(NO_2)是具有特殊的臭味并有毒的红棕色气体。在 21.2℃时 NO_2 凝聚为红棕色液体。继续冷却,液体二氧化氮颜色逐渐变淡,最后变为无色,在－9.3℃凝结为无色晶体。颜色的改变是由于二氧化氮在冷凝时聚合成无色的四氧化二氮。

$$2NO_2(g) = N_2H_4(g) \quad \Delta_r H_m^{\ominus} = -57.2\ kJ \cdot mol^{-1}$$

温度升高到 140℃时,N_2O_4 几乎全部变成 NO_2,呈深棕色。

NO_2 是强氧化剂,从以下标准电极电势可以看出其氧化能力比硝酸强,N_2O_4 已广泛用于火箭燃料联氨 N_2H_4 的氧化剂:

$$NO_2 + H^+ + e^- = HNO_2 \qquad \varphi^{\ominus} = 1.08\ V$$

$$NO_3^- + 3H^+ + 2e^- = HNO_2 + H_2O \qquad \varphi^{\ominus} = 0.94\ V$$

3.氮的含氧酸及其盐

(1)亚硝酸。亚硝酸和亚硝酸根离子的结构如图 11 - 13 所示。

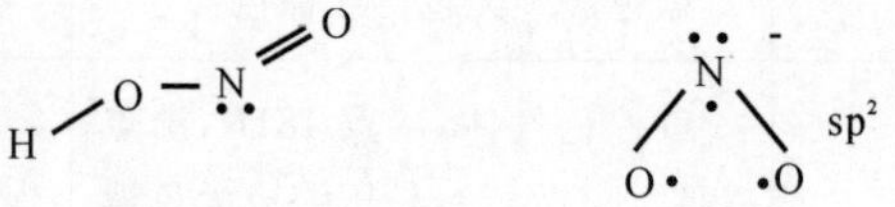

图 11 - 13　HNO_2 和 NO_2^- 的结构

在亚硝酸中,氮原子采取不等性 sp^2 杂化,与氧原子以 σ 键相连,在 O—N 之间未杂化的 p 轨道形成一个 π 键。在亚硝酸根离子中,氮原子采取 sp^2 杂化与氧原子形成 σ 键,此外还形成一个三中心四电子大 π 键,其构型为 V 型,如图 11 - 13 所示。

亚硝酸极不稳定,只能在很稀的冷溶液中存在,溶液浓缩或加热时,就分解为 H_2O 和 N_2O_3,进而分解为 NO_2 和 NO。

$$2HNO_2 = H_2O + N_2O_3 = H_2O + NO\uparrow + NO_2\uparrow$$

(淡蓝色)　　　　(棕色)

亚硝酸是一种弱酸,$K_a^{\ominus} = 6.0 \times 10^{-4}$,酸性稍强于醋酸。亚硝酸既有氧化性又有还原性,但以氧化性为主。

(2)硝酸及其盐。在硝酸分子中,氮原子进行 sp^2 杂化,并与 3 个氧原子以 σ 键相连,氮氧之间以平面三角形排布。与此同时,氮原子上未杂化的 p 轨道与 2 个非羟基氧原子的对称性相同的 p 轨道重叠,在 O—N—O 间形成三中心四电子大 π 键表示为 Π_3^4。HNO_3 还可以形成分子内氢键。在硝酸根中,NO_3^- 也为平面三角形,因为 NO_3^- 与 CO_3^{2-} 互为等电子体,所以它们的结构很相似。NO_3^- 中的氮原子进行 sp^2 杂化,并与 3 个氧原子以 σ 键相连,这些氮氧之间同时还形成一个四中心六电子的大 π 键 Π_4^6。HNO_3,NO_3^- 的构型如图 11 - 14 所示。

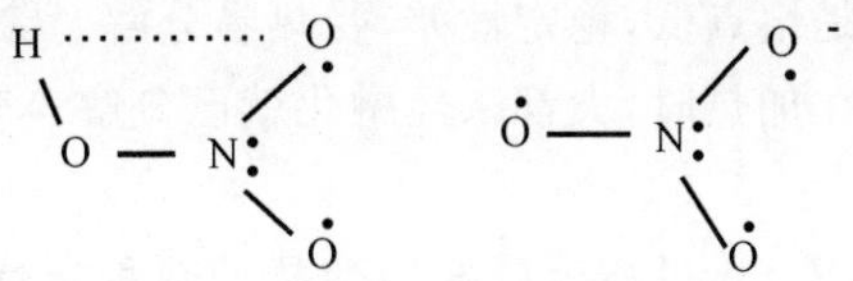

图 11-14　HNO_3 和 NO_3^- 的构型

纯硝酸是无色液体。含 HNO_3 约 69%的浓硝酸，约为 15 $mol \cdot L^{-1}$；含 HNO_3 约 86%的浓硝酸称为发烟硝酸；溶有过量 NO_2 的浓硝酸会产生红烟。发烟硝酸可用作火箭燃料的氧化剂。浓硝酸应置于阴凉不见光处存放。因为受热或光照时浓硝酸会分解。

在硝酸中，氮的氧化值为+5，是氮的最高氧化值的化合物，因此具有强的氧化性。可以将许多非金属单质氧化为相应的氧化物或含氧酸。例如，碳、磷、硫、碘等和硝酸共热时，反应式为

$$3C + 4HNO_3 = 3CO_2\uparrow + 4NO\uparrow + 2H_2O$$

$$3P + 5HNO_3 + 2H_2O = 3H_3PO_4 + 5NO\uparrow$$

$$S + 2HNO_3 = H_2SO_4 + 2NO\uparrow$$

$$3I_2 + 10HNO_3 = 6HIO_3 + 10NO\uparrow + 2H_2O$$

硝酸能与大多数的金属反应生成相应的硝酸盐（除不活泼的金属如金、铂等和某些稀有金属外）。但是，硝酸与金属反应时与硝酸的浓度和金属的活泼性两个方面有关。

1）铁、铝等金属可与稀硝酸反应，但与冷的浓硝酸不反应。这是因为，浓硝酸能使这些金属表面被氧化，形成薄而致密的氧化物保护膜，也称钝化膜，而使金属不能再与硝酸继续作用。

2）锡、钼、钨等与硝酸反应，生成不溶于酸的氧化物。

3）大多数金属和硝酸反应，生成可溶性的硝酸盐。硝酸被还原时生成的物质形式较多，有

$$\overset{+4}{N}O_2 - H\overset{+3}{N}O_2 - \overset{+2}{N}O - \overset{+1}{N}_2O - \overset{0}{N}_2 - \overset{-3}{N}H_3$$

根据氮的标准电极电势，可以判断得到的产物是上述哪一种物质，但是，实际上生成的都是某些物质的混合物，至于哪种产物较多些，则取决于硝酸的浓度和金属的活泼性。通常，浓硝酸主要被还原为 NO_2；稀硝酸通常被还原为 NO；较稀的硝酸与较活泼的金属作用时，可得到 N_2O；若硝酸很稀时，则可被还原为 NH_4^+。例如

$$Cu + 4HNO_3(浓) = Cu(NO_3)_2 + 2NO_2\uparrow + 2H_2O$$

$$3Cu + 8HNO_3(稀) = 3Cu(NO_3)_2 + 2NO\uparrow + 4H_2O$$

$$4Zn + 10HNO_3(稀) = 4Zn(NO_3)_2 + N_2O\uparrow + 5H_2O$$

$$4Zn + 10HNO_3(很稀) = 4Zn(NO_3)_2 + NH_4NO_3 + 3H_2O$$

浓硝酸和浓盐酸按体积比 1∶3 的混合物叫作王水。在王水中存在着 HNO_3，Cl_2 和氯化亚硝酰 NOCl 等几种氧化剂，因此，王水的氧化性比硝酸更强，可以与金、铂等不和硝酸反应的金属发生反应。例如

$$HNO_3 + 3HCl = Cl_2\uparrow + NOCl + 2H_2O$$

$$Au + HNO_3 + 4HCl = HAuCl_4 + NO\uparrow + 2H_2O$$

在和金的反应中，除了王水的强氧化性以外，王水中大量的 Cl^- 的配位性也起了很重要的作用，由于 R^{3+} 形成了 $[RCl_4]^-$，根据 Nernst 方程，降低了金属电对的电极电势，增强了金属的还原性。据此王水也能溶解铌、钽等。

硝酸盐和亚硝酸盐通常是熔点低，稳定性差，受热易分解。除钠、钾等少数活泼金属外，其他金属的硝酸盐和亚硝酸盐在加热时，大都未经融化就已分解。表 11－11 给出一些硝酸盐和亚硝酸盐的热分解温度。

从表 11－11 中数据可以看出，过渡金属的硝酸盐的热稳定性比钠、钾等活泼金属的硝酸盐要差，钠、钾的硝酸盐、亚硝酸盐的热稳定性差别不大，而硝酸、亚硝酸比它们的盐更不稳定，这两种酸很容易热分解。

表 11－11　一些硝酸盐和亚硝酸盐的热分解温度[$p(O_2)=100$ kPa]

分子式	$NaNO_3$	KNO_3	$Ca(NO_3)_2$	$Mn(NO_3)_2$	$Ni(NO_3)_2$	$AgNO_3$	$Pb(NO_3)_2$
熔点/℃	308	334	561	—	—	208.5	—
热分解温度 T/℃	约 525	约 560	＞561	约 130	约 105	约 444	约 470
分子式	$NaNO_2$	KNO_2	HNO_3	HNO_2			
熔点/℃	271	297	－41.59	—			
热分解温度 T/℃	约 520	约 550	256	遇热就分解			

硝酸盐和亚硝酸盐的热分解有两个特点：

其一它们的热分解反应伴随氧化数的改变。其二反应产物比较复杂，除 O_2 外，还有氮的较低氧化物(或 NH_3)和盐、金属氧化物、金属单质等(随金属性质而异)。反应如下：

碱金属、碱土金属的硝酸盐$\longrightarrow$亚硝酸盐$+O_2\uparrow$

电位序在 Mg～Cu 间的硝酸盐$\longrightarrow$氧化物$+O_2\uparrow+N_2\uparrow$

电位序在 Cu 之后的硝酸盐$\longrightarrow$金属单质$+O_2\uparrow+NO_2\uparrow$

这两种盐在高温时是强氧化剂，加热时应注意防止带入木炭、油类、棉布等可燃性物质，以免引起剧烈燃烧，甚至爆炸。总之，硝酸盐和亚硝酸盐热分解时，体积膨胀很大，在贮存、运输时都需要防止爆炸的发生。

通常硝酸盐的溶液没有氧化性，加入酸后才有氧化性，因为氢离子浓度增大，$\varphi(NO_3^-/NO)$值增大，NO_3^- 氧化能力增强。

亚硝酸盐在反应中，由于 N 的氧化数为＋3，处于中间氧化态，故既可作氧化剂，又可作还原剂，但一般以氧化性为主。与还原剂(如 KI)作用时，NO_2^- 被还原成 NO 或 NH_3 等。例如

$$2NO_2^- + 2I^- + 4H^+ \xlongequal{} 2NO\uparrow + I_2 + 2H_2O$$

亚硝酸盐与强氧化剂作用时可显还原性，被氧化成 NO_3^-。例如

$$5NO_2^- + 2MnO_4^- + 6H^+ \xlongequal{} 5NO_3^- + 2Mn^{2+} + 3H_2O$$

亚硝酸盐的氧化性常被应用于钢铁的发黑处理。工业上还常用 $NaNO_2$(2%～20%)和 Na_2CO_3(0.3%～0.5%)的溶液作防锈水。将钢铁工件浸在 70～80℃的防锈水中，工件表面就会被 $NaNO_2$ 氧化，形成一层钝化膜，可以防止工件腐蚀。

亚硝酸盐大多数是无色的晶体，一般都易溶于水，在水溶液中溶解的亚硝酸盐较为稳定。所有的亚硝酸盐都是剧毒的，并且都是致癌性物质。

四、磷的化合物

1. 磷的氢化物

磷的氢化物与氮的氢化物相似，有气态的膦（PH_3）和液态的联膦（P_2H_4）。膦是无色、有蒜臭味、剧毒的气体；−87.78℃凝聚为液体，−133.81℃结晶为固体；膦与氨最大的不同是，在 20℃时只有氨溶解度的约万分之四；纯净的膦在空气中的着火点为 150℃。联膦极不稳定，易自燃，是一种强还原剂。磷在常温下可以自动燃烧，就是由于其中含有少量的联膦所致。

膦分子的结构与氨分子相似，也呈三角锥形，磷原子上有一对孤对电子。膦的碱性比氨弱，它是一种较强的还原剂，稳定性较差。与 NH_3 不同，PH_3 的加合性很差，与铵盐相对应的许多鏻盐是不存在的。比较稳定的鏻盐是碘化鏻 PH_4I，它可由膦与碘化氢直接化合而成。氯化鏻和溴化鏻在室温下便分解。与铵盐不同，卤化鏻遇水立即分解，例如

$$PH_4Cl + H_2O = PH_3 + H_3O^+ + Cl^-$$

2. 磷的氧化物

磷在氧气中燃烧时生成 P_4O_6，若氧气充足时则生成 P_4O_{10}；P_4O_{10} 和 P_4O_6 分别简称为五氧化二磷和三氧化二磷；P_2O_5 常称为磷酸酐，P_2O_3 常称为亚磷酸酐。

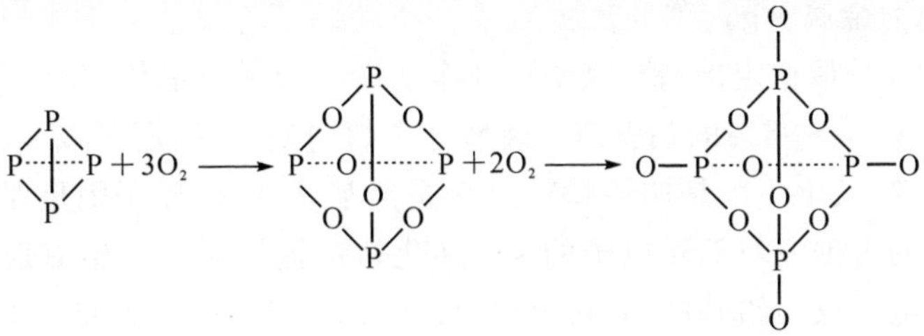

三氧化二磷的基本组成和构型见上一反应所示。在 P_4 的四面体构型的基础上，与氧反应后，6 个氧原子嵌入 P−P 键，并位于四面体每一棱的外侧，分别与两个磷原子形成 P—O 单键，键长为 165 pm，键角∠POP 为 128°，∠OPO 为 99°。五氧化二磷的基本组成和构型见上一反应所示。P_4O_{10}的结构基本与 P_4O_6 相似，只是在每个磷原子上又多结合了一个氧原子。每个磷原子与周围 4 个氧原子以 O—P 键连接形成一个四面体，其中 3 个氧原子是与另外 3 个四面体共用。

P_4O_6 是白色易挥发的蜡状固体，在 23.8℃熔化，沸点为 173℃。P_4O_6 与冷水反应生成亚磷酸：

$$P_4O_6 + 6H_2O(冷) = 4H_3PO_3$$

P_4O_6 与热水反应则歧化为磷酸和膦（或单质磷）：

$$P_4O_6 + 6H_2O(热) = 3H_3PO_4 + PH_3$$

$$[或\ 5P_4O_6 + 18H_2O(热) = 12H_3PO_4 + 8P]$$

P_4O_{10}是白色雪花状晶体，在 360℃时升华；与水反应时都先生成偏磷酸，而后是焦磷酸，最后为正磷酸。P_4O_{10}吸水性很强，甚至可以使硫酸、硝酸等脱水成为相应的氧化物，因此，常用作气体和液体的干燥剂。

$$P_4O_{10} + 6H_2SO_4 = 6SO_3 + 14H_3PO_4$$

$$P_4O_{10} + 12HNO_3 = 6N_2O_5 + 4H_3PO_4$$

3.磷的含氧酸及其盐

磷能形成多种氧化值的含氧酸，如，次磷酸 $H_3P^{+1}O_2$，亚磷酸 $H_3P^{+3}O_3$ 和磷酸 $H_3P^{+5}O_4$ 等。根据磷的含氧酸脱水的数目不同，又分为正、偏、聚、焦磷酸等。

次磷酸(H_3PO_2)是一种无色晶状固体，易溶于水。在 H_3PO_2 的结构中，有 2 个氢原子、1 个非羟基氧、1 个羟基氧与磷原子相连，羟基上的氢在水中解离出 H^+ 而使次磷酸为一元中强酸($K_a^\ominus=1.0\times10^{-2}$)。$H_3PO_2$ 是强还原剂，能在溶液中将 $AgNO_3$，$HgCl_2$，$CuCl_2$ 等重金属盐还原为金属单质。

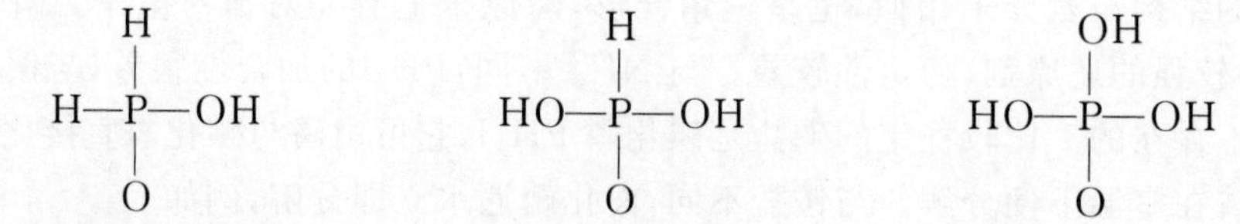

次磷酸(H_3PO_2)　　亚磷酸(H_3PO_3)　　正磷酸(H_3PO_4)

亚磷酸(H_3PO_3)是无色晶体，在水中的溶解度为 82g/100g H_2O(20℃时)。在 H_3PO_3 的结构中，有 1 个氢原子、1 个非羟基氧、2 个羟基氧与磷原子相连接，因此，亚磷酸为二元酸，($K_{a1}^\ominus=6.3\times10^{-2}$，$K_{a2}^\ominus=2.0\times10^{-7}$)。亚磷酸也是较强的还原剂，它们的氧化性差。例如，亚磷酸能将 Ag^+ 还原为金属 Ag。

正磷酸(H_3PO_4)是最稳定的磷含氧酸。纯净的磷酸为无色晶体，是一种高沸点酸。市售磷酸试剂是含磷酸 83%～98%的黏稠液。磷酸分子的构型中，磷原子以 sp^3 杂化轨道与 4 个氧原子形成 4 个 σ 键，其中 1 个是非羟基氧、3 个是羟基氧，PO_4 原子团呈四面体构型；磷与非羟基氧之间是由磷的占据一对孤对电子的 sp^3 杂化轨道提供对电子给氧形成 σ 配键，同时氧又将 p 轨道上的对电子反馈给磷的 3d 轨道，形成 d－pπ 反馈配键，这样一来，在磷与非羟基氧之间形成的化学键相当于双键，但比双键键能小，比单键键能大。由于磷酸结构中有 3 个是羟基，所以，磷酸是三元酸，酸强度居中，三级解离常数为：$K_{a1}^\ominus=6.92\times10^{-3}$，$K_{a2}^\ominus=6.17\times10^{-8}$，$K_{a3}^\ominus=4.79\times10^{-13}$。磷酸虽然是磷的最高氧化值的化合物，但却没有氧化性：

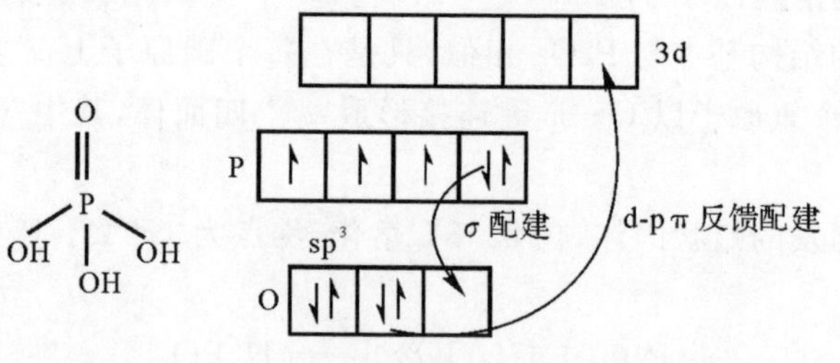

当 P_4O_{10} 与不同量的水作用时，可以生成几种主要的 P^{+5} 的含氧酸，反应为

$$P_4O_{10}+2H_2O(冷)=\!=\!=4HPO_3(偏磷酸)$$
$$3P_4O_{10}+10H_2O=\!=\!=4H_5P_3O_{10}(三聚磷酸)$$
$$P_4O_{10}+4H_2O=\!=\!=2H_4P_2O_7(焦磷酸)$$
$$P_4O_{10}+6H_2O(热)=\!=\!=2H_3PO_4(正磷酸)$$

按照与水的比例，磷酸的含水比例最高。反之，当磷酸脱水时，依次生成焦磷酸(200～300℃)、三聚磷酸和偏磷酸，其脱水过程可用下面的反应方程式表示之：

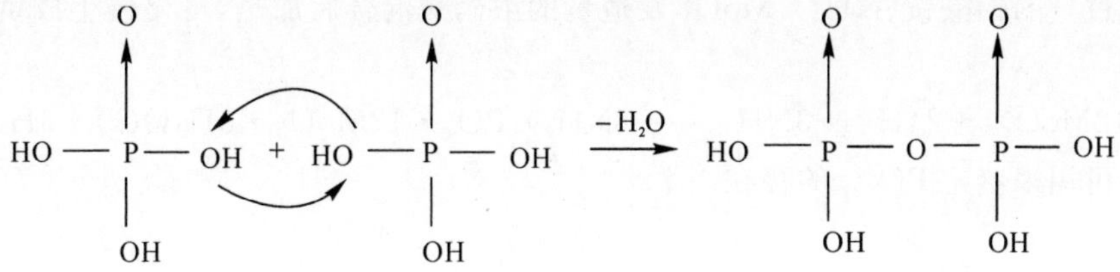

磷酸　　焦磷酸

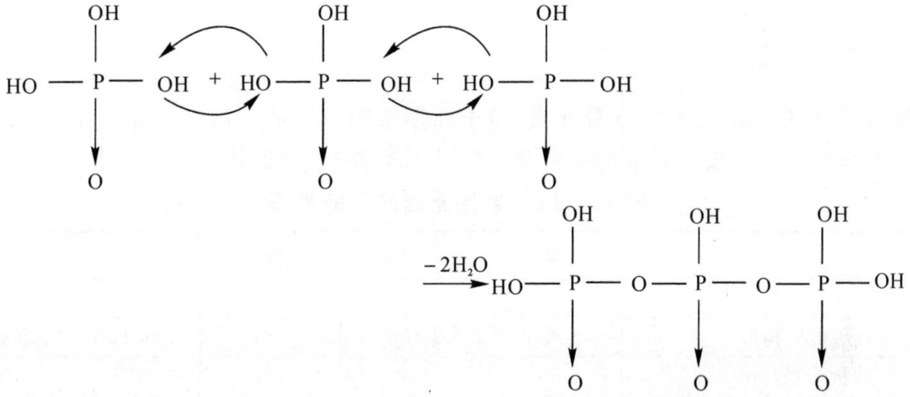

三聚磷酸

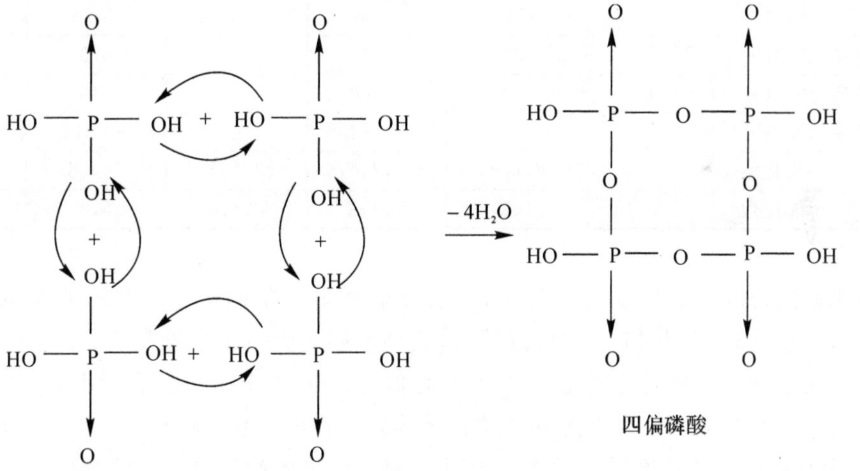

四偏磷酸

磷酸盐的类型较多，有简单磷酸盐（如 M_3PO_4，M_2HPO_4，MH_2PO_4），有复杂磷酸盐（如对应于次磷酸、亚磷酸、偏磷酸、多聚磷酸、焦磷酸等都有相应的盐）。另外，多聚磷酸盐还有双聚、多聚，支链、环状的，所以，磷酸的盐类形式多种多样。

大多数磷酸二氢盐都易溶于水，而磷酸一氢盐和正盐（除钠、钾及铵等少数盐外）都难溶于水。磷酸的钙盐在水中的溶解度就是按 $Ca(H_2PO_4)_2$，$CaHPO_4$ 和 $Ca_3(PO_4)_2$ 的次序减小的。磷酸钙以磷灰石和纤核磷灰石矿存在于自然界，也少量的存在于所有的土壤中。工业上利用天然磷酸钙生产磷肥，其反应方程式为

$$Ca_3(PO_4)_2 + 2H_2SO_4 + 4H_2O = Ca(H_2PO_4)_2 + 2CaSO_4 \cdot 2H_2O$$

得到的 $Ca(H_2PO_4)_2$ 和 $CaSO_4 \cdot 2H_2O$ 的混合物称为“过磷酸钙”，可作为化肥施用。

磷酸盐与过量的钼酸铵$(NH_4)_2MoO_4$及适量的浓硝酸混合后加热，可慢慢生成黄色的磷钼酸铵沉淀：

$$PO_4^{3-}+12MoO_4^{2-}+24H^++3NH_4^+ \xlongequal{} (NH_4)_3PO_4\cdot 12MoO_3\cdot 6H_2O(s)+6H_2O$$

这一反应可用来鉴定PO_4^{3-}的存在。

11.5　氧 族 元 素

一、氧族元素概述

氧族包括氧、硫、硒、碲和钋 5 种元素，位于周期系第ⅥA 族。前四个元素是非金属元素，钋是放射性金属元素。氧族元素的一些基本性质列于表 11－12 中。

表 11－12　氧族元素的一般性质

	氧	硫	硒	碲	钋
元素符号	O	S	Se	Te	Po
价层电子构型	$2s^22p^4$	$3s^23p^4$	$4s^24p^4$	$5s^25p^4$	$6s^26p^4$
共价半径/pm	60	104	117	137	153
沸点/℃	－183	445	685	990	962
熔点/℃	－218	115	217	450	254
电负性	3.44	2.58	2.55	2.10	2.0
电离能/$(kJ\cdot mol^{-1})$	1 320	1 005	947	875	812
电子亲和能/$(kJ\cdot mol^{-1})$	－141	－200	－195	－190	
$\varphi^{\ominus}(X/X^{2-})/V$		－0.445	－0.78	－1.14	
氧化值	－2,(－1)	－2,2,4,6	－2,2,4,6	2,4,6	2,6
配位数	1,2	2,4,6	2,4,6	6,8	

氧族元素的价电子层构型为ns^2np^4，有较强的获得电子的趋势，因此，常见的氧化值为－2,0,＋2,＋4,＋6。由表 11－12 可以看出，氧是本族元素中电负性最大、原子半径最小、电离能最大的元素，所以，只在与氟化合时，其氧化值为正值，在其他的化合物中氧的氧化值均为负值。氧原子的最大配位数为 4，是第二周期元素特殊性的表现，本族其他元素的配位数可以大于 4，因为有可用的 d 轨道(如SF_6)等；较重元素还能形成配位数更大的物种，如TeF_8^{2-}。

氧族元素的电势图如下：

$\varphi_a^{\ominus}/V$

(酸性溶液)

$$O_3 \xrightarrow{2.08} O_2 \xrightarrow{0.695} H_2O_2 \xrightarrow{1.776} H_2O$$

（O_2—H_2O：1.229）

$$S_2O_8^{2-} \xrightarrow{1.939} SO_4^{2-} \xrightarrow{0.172} H_2SO_3 \xrightarrow{0.068} HS_2O_4^- \xrightarrow{0.752} S_2O_3^{2-} \xrightarrow{0.489} S \xrightarrow{0.142} H_2S$$

（H_2SO_3—$S_4O_6^{2-}$：0.539；$S_4O_6^{2-}$—S：0.024；H_2SO_3—$S_2O_3^{2-}$：0.410 1；H_2SO_3—S：0.449 7；SO_4^{2-}—S：0.352 3）

$$SeO_4^{2-} \xrightarrow{1.15} H_2SeO_3 \xrightarrow{0.74} Se \xrightarrow{-0.40} H_2Se$$

$$H_6TeO_6 \xrightarrow{1.02} TeO_2 \xrightarrow{0.53} Te \xrightarrow{-0.72} H_2Te$$

$\varphi_b^{\ominus}/V$　　$O_3 \xrightarrow{1.247} O_2 \xrightarrow{-0.065} HO_2^- \xrightarrow{0.867} OH^-$

（碱性溶液）

$$SO_3^{2-} \xrightarrow{-1.13} S_2O_4^{2-} \xrightarrow{-0.002\,3} S_2O_3^{2-}$$

$$SO_4^{2-} \xrightarrow{-0.936\,2} SO_3^{2-} \xrightarrow{-0.565\,9} S_2O_3^{2-} \xrightarrow{-0.753} S \xrightarrow{-0.445} S^{2-}$$

$$SO_3^{2-} \xrightarrow{-0.659\,2} S$$

$$SO_3^{2-} \xrightarrow{-0.587\,2} S^{2-}$$

$$SeO_4^{2-} \xrightarrow{0.05} SeO_3^{2-} \xrightarrow{-0.37} Se \xrightarrow{-0.78} Se^{2-}$$

$$TeO_4^{2-} \xrightarrow{0.40} TeO_3^{2-} \xrightarrow{-0.57} Te \xrightarrow{-1.14} Te^{2-}$$

二、氧的单质与化合物

1.氧的单质

氧的单质有氧气和臭氧，它们是同素异形体。氧广泛分布在地壳、大气和海洋中，在地壳中以化合物形式存在，其质量分数约为岩石层的 47%；在海洋中主要以水的形式存在，其质量分数约为 89%；大气中以单质存在，质量分数约为 23%。臭氧 O_3 在地面附近的大气层中含量仅有 $1.0\times10^{-3}\,mL\cdot m^{-3}$，而在大气层的最上层，由于太阳对大气中氧气的强烈辐射作用，形成了一层臭氧层。氧的同位素有 ^{16}O，^{17}O，^{18}O 三种，其中 ^{16}O 的含量占氧原子数的99.76%，^{18}O 也是一种稳定的同位素，常作为示踪原子用于化学反应机理的研究。

通过分馏液态空气可以制得氧气，少量的氧气可以利用氯酸钾的热分解制取。氧气是无色、无臭的，在－183℃时凝聚为淡蓝色液体，冷却到－218℃时凝结为蓝色的固体。氧气可以用钢瓶贮存，压力为 15 MPa。氧在水中的溶解度很小，但却是各种水生动物、植物赖以生存的重要条件。臭氧是有鱼腥味的淡蓝色气体。在－112℃时凝聚为深蓝色液体，在－193℃时凝结为黑紫色固体。臭氧分子为极性分子，其偶极矩 $\mu=1.8\times10^{-30}\,C\cdot m$。臭氧比氧气易溶于水（0℃时 1 L 水中可溶解 0.49 L O_3）。

氧分子的结构见第 8 章 8.4 节例 8－8。在臭氧分子中，中心氧原子进行 sp^2 杂化，并以 2 个有单电子的杂化轨道与另 2 个氧原子以 σ 键相连，呈 V 形，还有 1 对孤对电子占据着 sp^2 杂化轨道如图 11－15 所示；与此同时，中心氧原子还有 1 个有一对电子的未参与杂化的 p 轨道，两端的氧原子也各有 1 个含单电子的，与中心氧原子对称性匹配的 p 轨道，它们之间形成了三中心四电子大 π 键，用 Π_3^4 表示。臭氧分子是反磁性的。

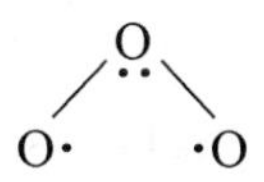

图 11－15　臭氧分子的结构

在常温下，空气中的氧气只能将某些强还原性物质（如 NO，$SnCl_2$，H_2SO_3 等）氧化；在加热条件下，除卤素、少数贵金属（如 Au，Pt 等）以及稀有气体外，氧几乎能与所有元素直接化合成相应的氧化物。与氧气相反，臭氧是非常不稳定的，在常温下缓慢分解，在 200℃以上分解较快：

$$2O_3(g) \longrightarrow 3O_2(g) \quad \Delta_r H_m^{\ominus} = -285.4\ kJ \cdot mol^{-1}$$

臭氧的氧化性比 O_2 强，能将 I^- 氧化而析出单质碘，能够用这一反应测量臭氧的含量。反应式为

$$O_3 + 2I^- + 2H^+ \longrightarrow I_2 + O_2 \uparrow + H_2O$$

利用臭氧的氧化性以及不容易导致二次污染这一优点，可以用臭氧代替氯气作为饮用水消毒剂，其优点是杀菌快而且消毒后无味。尽管空气中含微量的臭氧有益于人体的健康，但当臭氧含量高于 $1\,mL \cdot m^{-3}$ 时，会引起头疼等症状，对人体是有害的。臭氧层能吸收太阳光的紫外辐射，成为保护地球上的生命免受太阳强辐射的天然屏障。对臭氧层的保护已成为全球性的任务。

2.氧的氢化物

过氧化氢的熔点为－1℃，沸点为150℃。液态、固态的 H_2O_2 分子间通过氢键发生缔合，其缔合程度比水大。过氧化氢 H_2O_2 的水溶液一般也称为双氧水。

H_2O_2 不是直线型的，其分子结构就像一本打开的书，在 H_2O_2 中，2 个氧原子都进行 sp^3 杂化，并以 sp^3 杂化轨道相连成过氧链—O—O—，位于翻开书的连接处，与此同时，这 2 个氧原子分别以 sp^3 杂化轨道与 2 个氢原子相连，2 个氢原子分别在翻开书的两页上，两页间的夹角约 94°，∠HOO 约 97°，O—O 键长约 149 pm，H—O 键长约 97 pm，如图 11－16 所示。

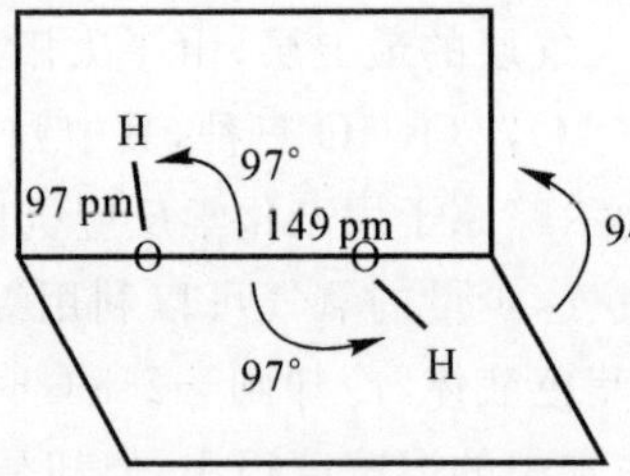

图 11－16　H_2O_2 的结构

低浓度的过氧化氢 H_2O_2 水溶液是较为稳定的，呈极弱的酸性，298K 时，其 $K_{a1}^{\ominus} = 2.0 \times 10^{-12}$，$K_{a2}^{\ominus}$ 约为 10^{-25}。随着浓度的增高，其稳定性降低，遇热会发生爆炸，分解反应式为

$$2H_2O_2(l) \longrightarrow 2H_2O(l) + O_2(g) \quad \Delta_r H_m^{\ominus} = -196\ kJ \cdot mol^{-1}$$

少量 Fe^{2+}，Mn^{2+}，Cu^{2+}，Cr^{2+} 等金属离子的存在能大大加速 H_2O_2 的分解。光照也可使 H_2O_2 的分解速率加大。因此，H_2O_2 应贮存在棕色试剂瓶中，置于阴凉处。

根据氧的元素电势图可以看出，无论在酸性条件下还是在碱性条件下，H_2O_2 都能发生歧化反应。在过氧化氢中，氧的氧化值为－1，所以，H_2O_2 既有氧化性，又有还原性。但是，以氧化性为主。例如

$$2I^- + H_2O_2 + 2H^+ \longrightarrow I_2 + 2H_2O$$

$$2[Cr(OH)_4]^- + 3H_2O_2 + 2OH^- \longrightarrow 2CrO_4^{2-} + 8H_2O$$

$$PbS(黑) + 4H_2O_2 \longrightarrow PbSO_4(白) + 4H_2O$$

H_2O_2 的还原性较弱，只有当 H_2O_2 与强氧化剂作用时，才能被氧化而放出 O_2。例如

$$2KMnO_4 + 5H_2O_2 + 3H_2SO_4 \longrightarrow 2MnSO_4 + 5O_2 \uparrow + K_2SO_4 + 8H_2O$$

$$H_2O_2 + Cl_2 \longrightarrow 2HCl + O_2 \uparrow$$

在酸性溶液中，H_2O_2 能与重铬酸盐反应生成蓝色的过氧化铬 CrO_5。CrO_5 在乙醚或戊

醇中比较稳定。

$$4H_2O_2+Cr_2O_7^{2-}+2H^+ = 2CrO_5+5H_2O$$

这个反应可用于检查 H_2O_2，也可以用于检验 CrO_4^{2-} 或 $Cr_2O_7^{2-}$ 的存在。

过氧化氢的主要用途是作为氧化剂使用，其优点是产物为 H_2O，不会给反应系统引入其他杂质。工业上使用 H_2O_2 作漂白剂，医药上用稀 H_2O_2 作为消毒杀菌剂。

三、硫的单质与化合物

1. 硫的单质

硫的单质一般有正交硫（也称菱形硫）和单斜硫两种同素异形体。天然硫通常是正交硫（菱形硫），呈黄色，在 94.5℃以下稳定。当加热到 94.5℃以上时，黄色的正交硫转变为浅黄色的单斜硫。因此，94.5℃是正交硫和单斜硫这两种同素异形体的转变温度：

$$S(正交) \xrightarrow{94.5℃} S(单斜) \quad \Delta_r H_m^{\ominus}=0.30\ kJ \cdot mol^{-1}$$

正交硫和单斜硫都是由 8 个硫原子组成的，具有环状结构的分子，如图 11－17 所示。在 S_8 分子中，每个硫原子均进行不等性sp^3 杂化，各个硫原子之间都以有单电子的 2 个sp^3 杂化轨道与另两个相邻的也是有单电子的sp^3 杂化轨道以 σ 键相连；每个硫原子的其余 2 个sp^3 杂化轨道则被孤对电子占据。S_8 之间靠弱的分子间力结合，熔点较低。单斜硫与正交硫相比，只是晶体中分子的排列不同而已。

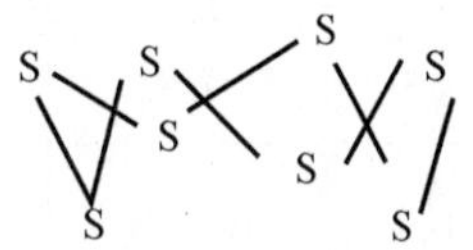

图 11－17　硫的分子构型

当加热单质硫时，先是熔化，颜色变浅、逐渐透明、流动性向好；继续加热至约 160℃左右，颜色变暗，黏度增大，是因为 S_8 环开始部分断裂，并且聚合成中长链的大分子；当温度升至 190℃左右，黏度继续变大，是因为环不断的破裂并聚合成长链的巨分子所至；进一步加热至 200℃，颜色变黑，黏度开始逐渐降低，是因为长链断裂为较短的链状分子（如 S_8，S_6 等）；当温度达到 444.6℃时液体沸腾了，蒸气中有 S_8，S_6，S_4，S_2 等分子。随着温度的升高，分子中 S 数目减少。当温度高达 2 000℃左右时，开始有单原子硫解离出来。S_2 蒸气急剧冷却至－196℃，得到含 S_2 的紫色固体，其结构和 O_2 相似，也具有顺磁性。

硫的化学性质与氧相似，比较活泼，但不如氧活泼。能与许多金属直接化合生成相应的硫化物，也能与氢、氧、卤素（碘除外）、碳、磷等直接作用生成相应的共价化合物。硫的最大用途是制造硫酸。硫在橡胶工业、造纸工业、火柴和焰火制造等方面也是不可缺少的。此外，硫还用于制造黑火药、合成药剂以及农药杀虫剂等。

2. 硫的化合物

(1)硫化氢（H_2S）。硫化氢是无色、有臭鸡蛋味、剧毒的气体。空气中 H_2S 的含量不能超过0.01 $mg \cdot L^{-1}$。H_2S 中毒是由于它能与血红素中的 Fe^{2+} 作用生成 FeS 沉淀，因而使 Fe^{2+} 失去原来的生理作用。硫化氢的沸点为－60℃，熔点为－86℃，比同族的 H_2O，H_2Se，H_2Te 都低。

硫化氢的分子构型与水分子相似，也呈 V 型，但 H—S 键长（136pm）比 H—O 键略长，而键角∠HSH（92°）比∠HOH 小。H_2S 分子的极性比 H_2O 弱，因此在水中的溶解度不大，1 体积的水只能溶解 2.5 体积的硫化氢。

硫化氢中的硫是最低氧化值-2，而具有较强的还原性。空气中的氧就能将硫化氢氧化成游离的硫而使溶液变浑浊，硫化氢也能被卤素氧化成游离的硫，甚至是硫酸，例如

$$H_2S+Br_2 \xlongequal{} 2HBr+S$$

$$H_2S+4Cl_2+4H_2O \xlongequal{} H_2SO_4+8HCl$$

根据元素电势图可知，在碱性溶液中 S^{2-} 的还原性比酸性溶液中的 H_2S 稍强些。

硫化氢的水溶液常称为氢硫酸，是弱的二元酸，其 $K_{a1}^{\ominus}=8.91\times10^{-8}$，$K_{a2}^{\ominus}=1.0\times10^{-19}$。氢硫酸能与金属离子形成正盐，即硫化物，也能形成酸式盐即硫氢化物(如 NaHS 等)。

(2)金属硫化物。与金属氧化物不同的是金属硫化物大多数是有颜色的，这个性质可以用离子极化理论加以解释。金属硫化物在中的溶解度差别较大，有易溶的碱金属硫化物和 BaS；有微溶的碱土金属硫化物(BeS 难溶)；而大多数金属硫化物难溶于水，甚至难溶于酸。根据金属硫化物在水中和稀酸中溶解性列于表 11-13 中。

表 11-13　某些金属硫化物的颜色和溶解性

硫化物	颜　色	$K_{sp}^{\ominus}$	溶解性	硫化物	颜　色	$K_{sp}^{\ominus}$	溶解性
Na_2S	白色	—	溶于水或微溶于水	SnS	棕色	1.0×10^{-25}	难溶于水和稀酸
K_2S	黄棕色	—		PbS	黑色	9.04×10^{-29}	
$(NH_4)_2S$	溶液无色(微黄)	—		Sb_2S_3	橙色	2.9×10^{-59}	
CaS	无色	—		Bi_2S_3	黑色	1×10^{-97}	
BaS	无色	—		Cu_2S	黑色	2.5×10^{-48}	
MnS	肉红色	4.65×10^{-14}	难溶于水而溶于稀酸	CuS	黑色	1.27×10^{-36}	
FeS	黑色	1.59×10^{-19}		$Ag_2S(\beta)$	黑色	1.09×10^{-49}	
CoS(α)	黑色	4.0×10^{-21}		CdS	黄色	1.4×10^{-29}	
NiS(α)	黑色	3.2×10^{-19}		Hg_2S	黑色	1.0×10^{-47}	
ZnS(α)	白色	2.93×10^{-25}		HgS	黑色	2.0×10^{-53}	

注：表中稀酸指 0.3 $mol\cdot L^{-1}$ HCl。

各种难溶金属硫化物在酸中的溶解情况相差很大，这与它们的溶度积常数有关，相关的计算见第 5 章 5.2 节，表 5-4 中数据。$K_{sp}^{\ominus}$ 大于 10^{-10} 的硫化物一般用醋酸即可溶解，如 MnS 在酸浓度为 5.85×10^{-7} $mol\cdot L^{-1}$ 就能够溶解；$K_{sp}^{\ominus}$ 大于 10^{-24} 的硫化物一般可溶于稀酸。例如，ZnS 可溶于 0.24 $mol\cdot L^{-1}$ 的盐酸；溶度积介于 10^{-25} 与 10^{-30} 之间的硫化物一般不溶于稀酸而溶于浓盐酸，如 CdS 可溶于 6.0 $mol\cdot L^{-1}$ 的盐酸，有

$$CdS+4HCl \xlongequal{} H_2[CdCl_4]+H_2S\uparrow$$

如果溶度积更小的硫化物(如 CuS)在浓盐酸中也不溶解，但可溶于硝酸。对于在硝酸中也不溶解的 HgS 来说，则需要用王水才能将其溶解。这一特性用于元素分析—硫化物分组法。

金属硫化物无论是易溶的还是微溶的，都会发生水解反应，即使是难溶的金属硫化物，其溶解的部分也同样发生水解。

(3)硫的含氧酸。

1)二氧化硫、亚硫酸及其盐。在气态 SO_2 分子中,硫原子进行不等性 sp^2 杂化,并以 2 个有单电子的 sp^2 杂化轨道分别与 2 个氧原子以 σ 键相连,还有一个 sp^2 杂化轨道被孤对电子占据。硫原子的未参与杂化的 p 轨道上的一对电子和对称性相匹配的 2 个氧原子的各 1 个未成对的 p 电子形成三中心四电子大 π 键 Π_3^4。键角∠OSO 约为 119.5°,S—O 键长为 143pm。SO_2 的分子为 V 形结构,如图11－18所示。

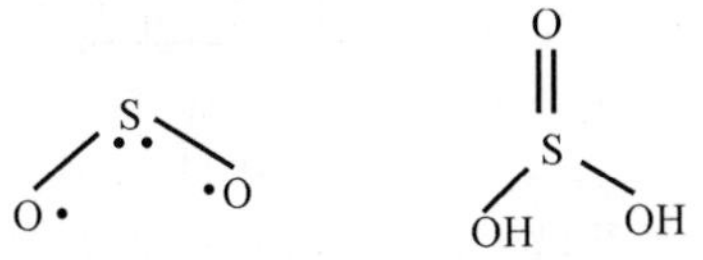

图 11－18　SO_2 和 H_2SO_3 的结构

SO_2 是无色、有强刺激性气味的气体。其沸点为－10℃,熔点为－75.5℃,较易液化。液态 SO_2 是一种良好的非水溶剂,其自解离平衡如下:

$$2SO_2 \rightleftharpoons SO^{2+} + SO_3^{2-}$$

SO_2 分子的极性较强,易溶于水,生成亚硫酸(H_2SO_3)。H_2SO_3 很不稳定,其结构见图 11－18,H_2SO_3 是二元中强酸,其 $K_{a1}^{\ominus}=1.41\times10^{-2}$,$K_{a2}^{\ominus}=6.3\times10^{-8}$。$H_2SO_3$ 只存在于水溶液中,游离状态的纯 H_2SO_3 尚未制得。SO_2 溶于水中其解离反应按下式进行,有

$$SO_2 + H_2O \rightleftharpoons H^+ + HSO_3^-$$

在 SO_2 和 H_2SO_3 中,硫的氧化值是＋4,因此,它们既有氧化性,又有还原性。但以还原性为主。如,亚硫酸可以将 MnO_4^- 分别还原为 Mn^{2+},甚至可以将 I_2 还原为 I^-,反应式为

$$2MnO_4^- + 5SO_3^{2-} + 6H^+ = 2Mn^{2+} + 5SO_4^{2-} + 3H_2O$$

$$H_2SO_3 + I_2 + H_2O = H_2SO_4 + 2HI$$

只有当 H_2SO_3 与强还原剂反应时,H_2SO_3 才表现出氧化性。例如

$$H_2SO_3 + 2H_2S = 3S\downarrow + 3H_2O$$

SO_2 主要用于生产浓硫酸和亚硫酸盐,还大量用于生产合成洗涤剂、食品防腐剂、住所和用具消毒剂、漂白剂等。SO_2 的漂白机理是与有机色素结合生成无色物而达到漂白目的的,所以,放置一段时间后,由于反应逆转,又会使漂白物出现返黄现象。

根据元素电势图可知,在碱性溶液中SO_3^{2-} 的还原性比酸性溶液中的 H_2SO_3 强,因此,亚硫酸盐的还原性就比亚硫酸要强,在空气中亚硫酸盐易被氧化成硫酸盐而失去还原性。

2)三氧化硫、硫酸及其盐。纯三氧化硫是一种无色、易挥发的固体,其熔点为 16.8℃,沸点为 44.8℃。

在 SO_3 中,硫原子进行 sp^2 杂化,并以 sp^2 杂化轨道上的单电子与 3 个氧原子以 3 个 σ 键相连,此外,硫原子还进行了 pd^2 杂化,这种杂化形成的是 π 轨道,硫原子用 pd^2 杂化轨道与 3 个对称性匹配的氧原子形成一个大 π 键,叫作四中心六电子大 π 键 Π_4^6。在大 π 键中,有 3 个电子来自于硫原子,而另外 3 个电子来自于 3 个氧原子。在 SO_3 中,∠OSO 为 120°,硫氧键长为 143 pm,比 S—O 单键(155pm)短,故具有类似于双键的特征,其分子构型为平面三角型,如图 11－19 所示。

三氧化硫具有很强的氧化性,与磷接触时会燃烧。温度升高氧化性更强,能将 KI,HBr 和 Fe,Zn 等金属氧化。三氧化硫极易与水化合生成硫酸,同时放出大量的热:

$$SO_3(g)+H_2O(l)=\!=\!=H_2SO_4(aq)\quad \Delta_r H_m^{\ominus}=-132.44\ kJ\cdot mol^{-1}$$

因此，SO_3 在潮湿的空气中挥发呈雾状。

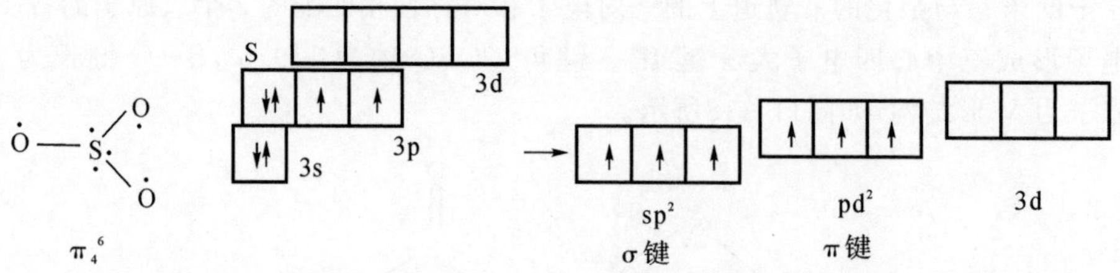

图 11-19　SO_3 的分子构型

纯硫酸是无色油状液体，在 10.38℃时凝固成晶体；市售浓硫酸浓度约为 18 mol·L^{-1}、密度约为 1.84 g·cm^{-3}；浓硫酸沸点较高，是由于在硫酸分子间存在氢键。

硫酸的分子构型与磷酸分子的构型有某些相似之处。硫原子以 sp^3 杂化轨道与 4 个氧原子形成 4 个 σ 键，其中 2 个是非羟基氧、2 个是羟基氧，SO_4 原子团呈四面体构型；硫与 2 个非羟基氧之间是由硫的占据一对孤对电子的 sp^3 杂化轨道提供对电子给氧形成 σ 配键，同时氧又将 p 轨道上的对电子反馈给硫的 3d 轨道，形成 d－pπ 反馈配键，这样以来，在硫与非羟基氧之间形成的化学键相当于双键，但比双键键能小，比单键键能大。硫酸分子中有 2 个是羟基，所以硫酸是二元强酸。在 SO_4 原子团中，各键角和 4 个 S—O 键长是不相等的，如图 11-20 所示。

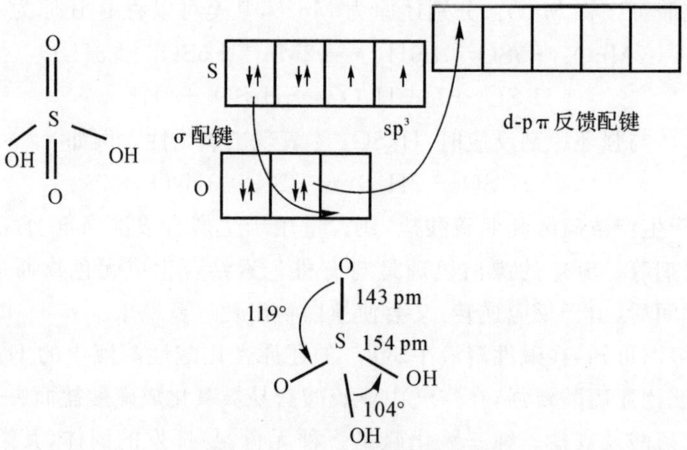

图 11-20　硫酸分子的结构

硫酸中的硫原子是最高氧化值，但是只有浓硫酸才起氧化剂的作用。浓硫酸在加热时能氧化许多金属和非金属，例如

$$Zn+2H_2SO_4(浓)\xlongequal{\triangle}ZnSO_4+SO_2\uparrow+2H_2O$$

$$S+2H_2SO_4(浓)\xlongequal{\triangle}3SO_2\uparrow+2H_2O$$

当硫酸较稀时，与比氢活泼的金属(如 Mg，Zn，Fe 等)作用放出氢气，有

$$Fe+H_2SO_4(稀)=\!=\!=FeSO_4+H_2\uparrow$$

冷的浓硫酸(70%以上)能使铁的表面钝化，生成一层致密的保护膜，阻止硫酸与铁表面继

续作用。因此可以用钢罐贮装和运输浓硫酸(80%～90%)。

浓硫酸还具有强的吸水性和脱水性。实验室常用浓硫酸干燥那些与硫酸不发生反应的气体,如氯气、氢气和二氧化碳等;浓硫酸还能使纤维、糖等有机物,按照 H_2O 的氢氧比脱水,而留下游离的碳,称之为脱水作用,鉴于此作用,在使用浓硫酸时要格外注意人身和衣物的安全!

硫酸是一种重要的基本化工原料。在化肥工业中使用大量的硫酸以制造过磷酸钙和硫酸铵;在有机化学工业中用硫酸作磺化剂制取磺酸化合物(磺酸基$-SO_3H$ 取代有机物中的氢原子)。此外,硫酸还与硝酸一起大量用于炸药的生产、石油和煤焦油产品的精炼等。

硫酸能形成两种类型的盐,即正盐和酸式盐(硫酸氢盐)。在硫酸盐中,SO_4^{2-} 的构型为正四面体,结构如下所示,SO_4^{2-} 中 4 个 S—O 键键长均为 144 pm,具有很大程度的双键性质。

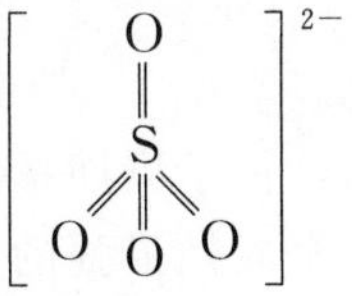

除了亚硫酸、硫酸以外,还有焦硫酸、硫代硫酸、连二硫酸、过硫酸等。如焦硫酸是由两个硫酸缩合失水而得到的,类似于磷酸和焦磷酸,反应如下。焦硫酸的氧化性、脱水性比硫酸更强,有

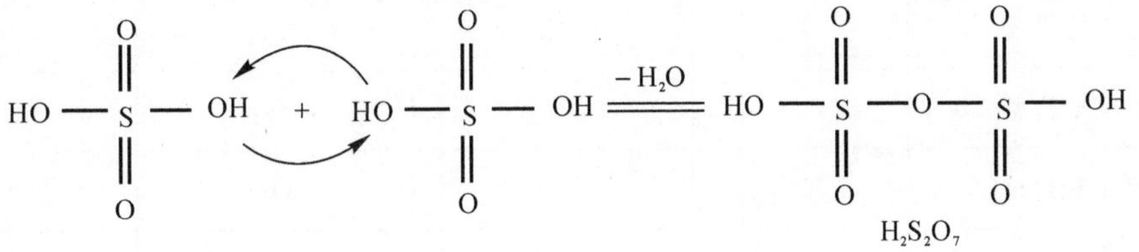

$H_2S_2O_7$

硫代硫酸($H_2S_2O_3$)可以看成是 H_2SO_4 中一个 O 被 S 所取代的产物,因此具有还原性。硫代硫酸根的结构式为

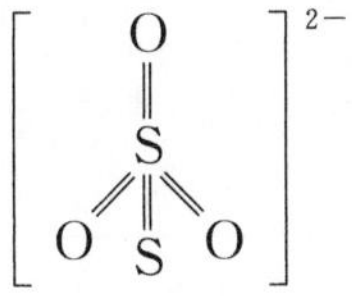

还有过二硫酸($H_2S_2O_8$)可以看成是 H_2O_2 中的 H 被 HSO_3^- 取代的产物,有

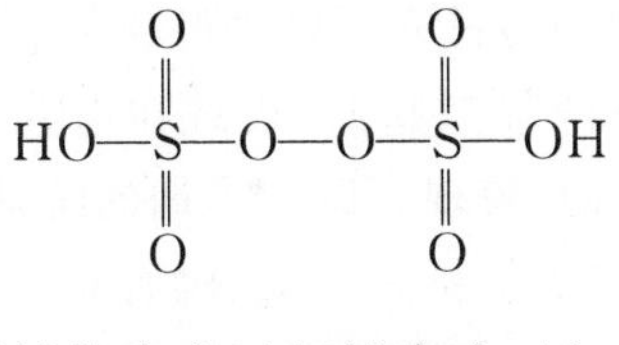

要注意的是,在过二硫酸分子结构中有过氧链存在,过二硫酸做氧化剂的时候,断裂的是过氧链,生成硫酸根,而不是高氧化态的硫起氧化作用。例如

$$2Mn^{2+} + 5S_2O_8^{2-} + 8H_2O \xrightarrow[\text{催化}]{Ag^+} 2MnO_4^- + 10SO_4^{2-} + 16H^+$$

大多数硫酸盐易溶于水,但碱土金属的硫酸盐中硫酸钙 $CaSO_4$ 和硫酸锶 $SrSO_4$ 溶解度较

小，硫酸钡 $BaSO_4$ 难溶，并且也不溶于酸。根据 $BaSO_4$ 的这一特性，可以用 $BaCl_2$ 等可溶性钡盐鉴定 SO_4^{2-} 离子的存在。虽然亚硫酸根 SO_3^{2-} 也和 Ba^{2+} 生成白色 $BaSO_3$ 沉淀，但是 $BaSO_3$ 能溶于盐酸而放出 SO_2。酸式硫酸盐都易溶于水，其溶解度稍大于相应的正盐，其水溶液呈酸性。硫酸盐极易形成复盐，是因为水分子与 SO_4^{2-} 间以氢键相连，形成了水合阴离子 $SO_4(H_2O)^{2-}$。例如，$K_2SO_4 \cdot Al_2(SO_4)_3 \cdot 24H_2O$（明矾），$K_2SO_4 \cdot Cr_2(SO_4)_3 \cdot 24H_2O$（铬钾矾）和 $(NH_4)_2SO_4 \cdot FeSO_4 \cdot 6H_2O$（Mohr 盐）等硫酸复盐。

11.6 卤族元素

一、卤族元素概述

卤族包括氟、氯、溴、碘和砹 5 种元素，位于周期系第ⅦA 族。卤族元素是典型的非金属元素，性质的表现规律性较强，其中氟是非金属性最强的元素，砹是放射性元素，在一般性质的讨论中不涉及砹。卤族元素的一般性质见表 11 - 14。

表 11 - 14 卤族元素的一般性质

	氟	氯	溴	碘
元素符号	F	Cl	Br	I
价层电子构型	$2s^2 2p^5$	$3s^2 3p^5$	$4s^2 4p^5$	$5s^2 5p^5$
共价半径/pm	64	99	114	133
电负性	3.98	3.16	2.96	2.66
电离能/$(kJ \cdot mol^{-1})$	1 687	1 257	1 146	1 015
电子亲和能/$(kJ \cdot mol^{-1})$	−328	−349	−325	−295
氧化值	−1	−1，+1，+3，+5，+7	−1，+1，+3，+5，+7	−1，+1，+3，+5，+7
配位数	1	1,2,3,4	1,2,3,4,5	1,2,3,4,5,6,7

卤族元素的特征价电子层构型为 ns^2np^5，只要得到一个电子便可达到稳定的 8 电子构型，所以，卤族元素各原子有得到电子的强烈趋向，表现在卤族元素的电子亲和能的绝对值都很大。在卤族元素中，氟位于第二周期，表现出第二周期的特殊性，如配位数最大为 4、原子半径最小、电负性最大、电子亲和能的绝对值不是最大、没有正氧化值等。其他卤族元素原子的价电子层都有空的 nd 轨道，从而形成配位数大于 4 的高氧化值的卤族元素化合物，原子半径、电负性、电子亲和能的变化呈现较好的规律性，除氟以外，氯、溴、碘的氧化值即可以有负，如−1，也可以有+1，+3，+5，+7 的正氧化值，但以奇数为主。从表 11 - 14 中可以看出，卤素的许多性质随着原子序数的增加较有规律地变化，但是，位于第四周期的溴也会表现出某些不规则性。水溶液中卤族元素的标准电极电势：

$\varphi_a^{\ominus}/V$

(酸性溶液)

$$F_2 \xrightarrow{3.076} HF$$

$$ClO_4^- \xrightarrow{+1.226} ClO_3^- \xrightarrow{+1.157} HClO_2 \xrightarrow{1.673} HClO \xrightarrow{+1.63} Cl_2 \xrightarrow{+1.358\,27} Cl^-$$

$$ClO_3^- \xrightarrow{1.415} HClO$$

$$ClO_3^- \xrightarrow{1.458} Cl_2$$

$$ClO_3^- \xrightarrow{1.442\,7} Cl^-$$

$$ClO_4^- \xrightarrow{1.391\,7} Cl_2$$

$$BrO_3^- \xrightarrow{1.49} HBrO \xrightarrow{1.604} Br_2 \xrightarrow{1.087\,3} Br^-$$

$$BrO_3^- \xrightarrow{1.513} Br_2$$

$$H_5IO_6 \xrightarrow{1.60} IO_3^- \xrightarrow{1.153\,5} HIO \xrightarrow{1.431} \frac{1}{2}I_2 \xrightarrow{0.535\,5} I^-$$

$$IO_3^- \xrightarrow{1.209} \frac{1}{2}I_2$$

$$IO_3^- \xrightarrow{1.096} I^-$$

$\varphi_b^{\ominus}/V$

(碱性溶液)

$$F_2 \xrightarrow{2.866} F^-$$

$$ClO_4^- \xrightarrow{+0.397\,9} ClO_3^- \xrightarrow{+0.271} HClO_2 \xrightarrow{+0.680\,1} HClO \xrightarrow{+0.42} Cl_2 \xrightarrow{+1.358\,27} Cl^-$$

$$HClO_2 \xrightarrow{+0.593\,4} Cl_2$$

$$ClO_3^- \xrightarrow{+0.465} Cl_2$$

$$ClO_4^- \xrightarrow{+0.445\,4} Cl_2$$

$$BrO_3^- \xrightarrow{0.536} HBrO \xrightarrow{0.456} Br_2 \xrightarrow{1.087\,3} Br^-$$

$$BrO_3^- \xrightarrow{0.520} Br_2$$

$$H_5IO_6 \xrightarrow{0.7} IO_3^- \xrightarrow{0.169} HIO \xrightarrow{0.403} \frac{1}{2}I_2 \xrightarrow{0.535\,5} I^-$$

$$IO_3^- \xrightarrow{0.216} \frac{1}{2}I_2$$

二、卤族元素的单质

卤族元素单质均为非极性双原子分子，依次为 F_2，Cl_2，Br_2，I_2，且随着相对分子质量的增大，分子间色散力逐渐增加，表现在卤族元素单质的密度依次递增，使得 F_2，Cl_2，Br_2，I_2 在常态下依次为气体、气体、液体、固体；还有卤族元素单质的熔点（依次为－219.61℃，－101.5℃，－7.25℃，113.6℃）、沸点（依次为－188.13℃，－34.04℃，58.8℃，185.24℃）等也依次递增；卤族元素单质的颜色逐渐加深，依次为浅黄色、黄绿色、红棕色、紫色。

卤族元素单质具有毒性，强烈的刺激眼、鼻、气管等的黏膜，吸入较多时会导致严重中毒，甚至死亡。液溴会使皮肤严重灼伤而难以治愈，使用时要特别小心。卤族元素单质在水溶液中的溶解度不大。其中，氟使水剧烈的分解而释放出氧气。氯、溴和碘的水溶液分别被称为氯水、溴水和碘水。

卤族元素是比ⅢA～ⅥA 各族都活泼的典型的非金属元素，都能不同程度地与大多数金属和非金属元素直接化合。氟无疑是最活泼的非金属元素，氟能与除氮、氧和某些稀有气体外所有金属和非金属直接化合，而且反应激烈；氯也能与所有金属和大多数非金属元素（除氮、氧、碳和稀有气体外）直接化合，但反应不如氟剧烈；溴、碘的活泼性与氯相比则更差一些。

根据元素电势图可见，卤族元素单质最典型的化学性质是都具有强的氧化性，以 F_2 的氧化性最强，依次减弱，I_2 的氧化性最弱。这一性质在卤族元素与氢的化合反应中表现得十分明显。氟与氢化合时，在低温、暗处即发生爆炸；氯与氢化合时，在暗处反应很慢，但在光照射下即瞬间完成；溴与氢化合时，需要加热才能进行反应，碘与氢化合时，要在加热或催化剂存在下才能反应。

从卤族元素的标准电极电势 $\varphi^{\ominus}(X_2/X^-)$ 看，卤族元素单质在水溶液中的氧化性也同样按 $F_2>Cl_2>Br_2>I_2$ 的次序递变；因此，位于前面的卤族元素单质可以氧化后面卤族元素的阴离子。例如，Cl_2 能氧化 Br^- 和 I^-，分别生成相应的单质 Br_2 和 I_2；Br_2 则能氧化 I^-，生成 I_2。

卤族元素与水发生的反应有两种主要类型。第一类是卤族元素氧化水放出氧气的反应，表示式为

$$2X_2+2H_2O = 4X^-+4H^++O_2\uparrow \tag{1}$$

其中 $O_2+4H^++4e^- = 2H_2O \quad \varphi^{\ominus}=1.229\ V$

根据卤族元素的标准电极电势 $\varphi^{\ominus}(X_2/X^-)$ 和 $\varphi^{\ominus}(O_2/H_2O)$ 看，F_2，Cl_2，Br_2 与水反应的强度依次递减，I_2 无该反应。如，氟与水发生第一类反应，并且反应是自发的、激烈的放热反应，有

$$2F_2+2H_2O = 4HF+O_2\uparrow \quad \Delta_r G_m^{\ominus}=-713.02\ kJ\cdot mol^{-1}$$

而氯只有在光照下缓慢地与水反应放出 O_2，溴与水作用放出 O_2 的反应极其缓慢。碘与水不发生第一类反应。

第二类反应是卤族元素的歧化反应，有

$$X_2+H_2O = H^++X^-+HXO \tag{2}$$

根据卤族元素的标准电极电势 $\varphi^{\ominus}(X_2/X^-)$ 和 $\varphi^{\ominus}(XO^-/X_2)$ 看，Cl_2，Br_2，I_2 有反应式(2)，而 F_2 无该反应；并且在碱性条件下更有利于反应式(2)的进行。Cl_2，Br_2，I_2 歧化反应的标准平衡常数分别为 4.22×10^{-4}，7.21×10^{-9}，2.04×10^{-13}。由此可见，反应进行的程度随原子序数的增大依次减小。当溶液的 pH 增大时，卤族元素的歧化反应平衡向右移动。歧化的最终产物由元素电势图得出。

综上所述，X_2 与 H_2O 反应，F_2 主要进行式(1)反应，其他以式(2)反应为主，且碱性条件下更有利于式(2)反应的进行。

卤族元素单质的制备与其性质有着密切的关系，如，F_2 性质最为活泼，只能用电解熔盐的方法制备，并且还要严密隔离阴、阳极，以防止生成的产物发生爆炸；而 Cl_2 就可以用电解盐的水溶液进行制备；Br_2 和 I_2 主要从海水或海产品中提取。

三、卤族元素的化合物

1. 氢化物

卤族元素的氢化物称为卤化氢，卤化氢是无色、有刺激性臭味的气体。卤化氢的一些性质见表 11-15。

表 11-15 卤化氢的部分性质

	HF	HCl	HBr	HI
熔点/℃	−83.57	−114.18	−86.87	−50.8
沸点/℃	19.52	−85.05	−66.71	−35.1
核间距/pm	92	127	141	161

续表

	HF	HCl	HBr	HI
偶极矩/(10^{-30}C·m)	6.37	3.57	2.76	1.40
熔化焓/($kJ \cdot mol^{-1}$)	19.6	2.0	2.4	2.9
汽化焓/($kJ \cdot mol^{-1}$)	28.7	16.2	17.6	19.8
键能/($kJ \cdot mol^{-1}$)	570	432	366	298
$\Delta_f H_m^{\ominus}$/($kJ \cdot mol^{-1}$)	−271.1	−92.3	−36.4	−26.5
$\Delta_f G_m^{\ominus}$/($kJ \cdot mol^{-1}$)	−273.2	−95.3	−53.4	1.70

由表 11－15 可见，卤化氢分子中键的极性、键能随着 F，Cl，Br，I 电负性的减小而减弱、减小。因此，在加热时，HF 最稳定，分解温度最高(1 000℃以上)，而 HI 最不稳定，分解温度最低(300℃分解)。这一性质从卤化氢的标准摩尔生成焓也可以看出，即卤化氢的键能愈大，则标准摩尔生成焓数值就越负，卤化氢的稳定性愈高。卤化氢分子的熔点、沸点、熔化焓、汽化焓、核间距的变化与氟位于第二周期有关。由于氟的半径特别小、电负性特别大，在性质中表现明显。如，氟化氢的熔点、沸点在卤化氢中非但不是最低，甚至熔点高于溴化氢，沸点高于碘化氢，这是由于 HF 分子间存在氢键形成缔合分子的缘故。

根据卤族元素的标准电极电势 $\varphi^{\ominus}(X_2/X^-)$看，除氢氟酸没有还原性外，其他氢卤酸都具有不同程度的还原性，其还原性强弱的次序是 HF＜HCl＜HBr＜HI。氢卤酸的酸性按 HF＜HCl＜HBr＜HI 的顺序依次增强。其 $K_a^{\ominus}$ 依次为 6.31×10^{-4}，1.58×10^{7}，3.16×10^{9}，1.58×10^{10}，可见氢氟酸为弱酸，其他的氢卤酸都是强酸。卤化氢及氢卤酸都是有毒的，特别是氢氟酸毒性更大。浓氢氟酸会把皮肤灼伤，难以痊愈。

2. 卤化物

卤族元素和电负性较小的元素生成的化合物称为卤化物。按照结合元素可将卤化物分为金属卤化物和非金属卤化物两大类；也常根据卤化物的键型而将卤化物分成离子型和共价型两大类。我们就按结合元素进行讨论。

(1)非金属卤化物。绝大多数的非金属，如硼、碳、硅、氮、磷等都能与卤族元素生成共价型卤化物。这些卤化物的熔点、沸点按 F，Cl，Br，I 顺序而升高，是因为它们分子间的色散力随相对分子质量的增大而增强的缘故。如，卤化硅的熔点和沸点见表 11－16。

表 11－16　卤化硅的熔点和沸点

卤化硅	SiF_4	$SiCl_4$	$SiBr_4$	SiI_4
熔点/℃	−90.3	−68.8	5.2	120.5
沸点/℃	−86	57.6	154	287.3

(2)金属卤化物。几乎所有的金属都能与卤族元素生成金属卤化物。金属卤化物的键型与金属的性质和卤族元素的性质有着很大的关系。电负性最大的氟以及电负性次之的氯与电负性较小的碱金属、碱土金属等形成的卤化物属于离子型，如 CsF，NaCl，$BaCl_2$ 等；当金属位于 d 区、ds 区、p 区时，与电负性较小、半径较大的卤族元素形成卤化物时，由于阳离子与阴离

子之间的极化作用增强，使之形成共价型卤化物，如 AgCl，$AlCl_3$，$SnCl_4$，$FeCl_3$，$TiCl_4$ 等。金属卤化物的键型及熔点、沸点等性质有怎样的递变规律呢？

卤化物在周期中，从左向右随着阳离子的电荷依次升高，离子半径逐渐减小，形成的化学键由离子型向共价型过渡，其熔点和沸点随之变化。表 11－17 给出了第二至第六周期部分元素氯化物的熔点和沸点。

表 11－17　同周期元素氯化物的熔点、沸点

	LiCl	$BeCl_2$	BCl_3	CCl_4
熔点/℃	613	415	－107	－22.9
沸点/℃	1 360	482.3	12.7	76.7
	NaCl	$MgCl_2$	$AlCl_3$	$SiCl_4$
熔点/℃	800.8	714		－68.8
沸点/℃	1 465	1 412	181(升华)	57.6
	KCl	$CaCl_2$	$ScCl_3$	$TiCl_4$
熔点/℃	771	775	967	－25
沸点/℃	1 437	约 1 940	1 342	136.4
	RbCl	$SrCl_2$	YCl_3	$ZrCl_4$
熔点/℃	715	874	721	437(2.5 MPa)
沸点/℃	1 390	1 250	1 510	334(升华)
	CsCl	$BaCl_2$	$LaCl_3$	
熔点/℃	646	962	852	
沸点/℃	1 300	1 560	1 812	
氯化物类型	离子型			共价型

当卤化物为同一金属时，从 F 到 I 随着离子半径的依次增大，极化率渐大，形成的化学键由离子型向共价型过渡，例如，AlF_3 是离子型的，而 AlI_3 亦然是共价型了，其熔点和沸点表现为 AlF_3 熔点、沸点均高，其他卤化铝熔点、沸点均较低，且沸点随着相对分子质量增大而依次增高。又如，卤化钠的熔点和沸点高低次序为 NaF＞NaCl＞NaBr＞NaI，符合离子型的一般变化规律（见表 11－18）。

表 11－18　卤化钠、卤化铝的熔点和沸点

卤化钠	熔点/℃	沸点/℃	卤化铝	熔点/℃	沸点/℃
NaF	996	1 704	AlF_3	1 090	1 272(升华)
NaCl	800.8	1 465	$AlCl_3$		181(升华)
NaBr	755	1 390	$AlBr_3$	97.5	253(升华)
NaI	660	1 304	AlI_3	191.0	382

在卤化物中，当同一金属氧化值不同时，高氧化值的卤化物一般共价性更显著，这是因为电荷愈高，极化作用愈大，形成的卤化物共价成分愈多，所以熔点、沸点比低氧化值卤化物要低。表 11－19 给出了几种金属氯化物的熔点和沸点。

表 11－19　几种金属氯化物的熔点和沸点

氯化物	熔点/℃	沸点/℃	氯化物	熔点/℃	沸点/℃
$SnCl_2$	246.9	623	$SbCl_3$	73.4	220.3
$SnCl_4$	−33	114.1	$SbCl_5$	3.5	79(2.9kPa)
$PbCl_2$	501	950	$FeCl_2$	677	1 024
$PbCl_4$	−15	105(分解)	$FeCl_3$	304	约 316

3. 卤族元素的含氧酸及其盐

卤族元素在形成含氧酸时，可以形成次卤酸、亚卤酸、卤酸、高卤酸 4 种类型，但是氟只有次氟酸 HOF。卤族元素各种含氧酸的结构及组成如下：

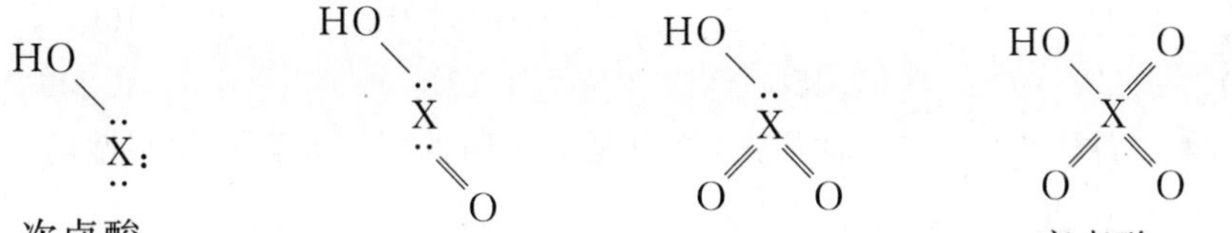

次卤酸 HXO　　亚卤酸 HXO_2　　卤酸 HXO_3　　高卤酸 HXO_4

在卤族元素含氧酸中，卤族成酸元素都进行 sp^3 杂化，其中次卤酸、亚卤酸、卤酸都是不等性 sp^3 杂化，只有高卤酸是等性 sp^3 杂化。各个原子团的空间构型都呈四面体。在各种含氧酸中，卤族成酸元素都以有单电子的 sp^3 杂化轨道与 1 个羟基氧原子以 σ 键相连，所以，卤族元素各含氧酸都是一元酸；在亚卤酸、卤酸、高卤酸中都有类似于磷酸中的 d－pπ 反馈配键。如高卤酸中，卤族元素与 3 个非羟基氧之间是由卤族元素的占据一对孤对电子的 sp^3 杂化轨道提供对电子给氧形成 σ 配键，同时氧又将 p 轨道上的对电子反馈给卤族元素的 d 轨道，形成 d－pπ 反馈配键，这样一来，在卤族元素与非羟基氧之间形成的化学键相当于双键，但比双键键能小，比单键键能大。次卤酸中有 2 个 d－pπ 反馈配键，亚卤酸中有 1 个 d－pπ 反馈配键。另外，在次卤酸、亚卤酸、卤酸中还有未参与成键的电子对，依次有 3 对、2 对、1 对。正是这些未参与成键的电子对的存在，使得它们的稳定性都没有高卤酸稳定。

(1)同一族、同氧化态、不同元素的酸及盐性质的变化规律。在卤族元素含氧酸中，次卤酸有 HFO，HClO，HBrO，HIO，其中 HFO 只在低温下生成和存在，后 3 种只在水溶液中存在，且浓度较小，依次为 $0.03\ mol \cdot L^{-1}$，$1.15\times10^{-3}\ mol \cdot L^{-1}$，$6.405\times10^{-6}\ mol \cdot L^{-1}$。亚卤酸通常只有 $HClO_2$，并且只能存在于水溶液中。卤酸有 $HClO_3$，$HBrO_3$，HIO_3 三种，$HClO_3$ 和 $HBrO_3$ 只在水溶液中存在，最大质量百分数依次为 40% 和 50%，HIO_3 则以白色固体存在。高卤酸有 $HClO_4$，$HBrO_4$，HIO_4（H_5IO_6），他们可以达到较高的浓度，高溴酸已经制得纯液体，高碘酸是无色晶体；其中高碘酸由于碘的半径增大，其结构中有 5 个羟基，1 个非羟基氧，碘采取 sp^3d^2 杂化，分子为八面体构型。

对于卤族元素，同一族、相同氧化态、不同元素的含氧酸，从上到下酸性依次减弱。如，次卤酸(HClO,HBrO,HIO)的 $K_a^\ominus$ 依次为 2.8×10^{-8}，2.6×10^{-9}，2.4×10^{-11}，因此，次卤酸均为弱酸。卤酸($HClO_3$，$HBrO_3$，HIO_3)中，$HClO_3$，$HBrO_3$ 是强酸($pK_a^\ominus\leqslant0$)，HIO_3 是中强酸($pK_a^\ominus=0.8$)。而高卤酸[$HClO_4$，$HBrO_4$，HIO_4(H_5IO_6)]中，高氯酸是最强的无机含氧酸，高溴酸也是强酸，而高碘酸是一种弱酸($K_{a1}^\ominus=4.4\times10^{-4}$，$K_{a2}^\ominus=2\times10^{-7}$，$K_{a3}^\ominus=6.3\times10^{-13}$)。

对于卤族元素，同一族、相同氧化态、不同元素的含氧酸，从上到下热稳定性是增强的。如次卤酸 HOF，HClO，HBrO，HIO 中，只有 HOF 可得到纯的化合物，次氯酸、次溴酸、次碘酸都不稳定，只能存在于稀溶液中，即使在稀溶液中也很容易分解，在光的作用下分解得更快。卤酸 $HClO_3$，$HBrO_3$，HIO_3，高卤酸 $HClO_4$，$HBrO_4$，HIO_4(H_5IO_6)的热稳定性都是依次增强的。

对于卤族元素，同一族、相同氧化态、不同元素的含氧酸，从上到下的氧化性是依次减弱的。就其氧化性，次卤酸(HClO，HBrO，HIO)都具有强氧化性，且氧化性按 Cl，Br，I 顺序降低。卤酸($HClO_3$，$HBrO_3$，HIO_3)的氧化性为 $HBrO_3>HClO_3>HIO_3$，高卤酸[$HClO_4$，$HBrO_4$，HIO_4(H_5IO_6)]的氧化性为 $HBrO_4>H_5IO_6>HClO_4$。这是因为溴位于第四周期，而第四周期的元素在氧化性上常常有不规则性的表现，所以，BrO_3^- 的氧化性最强，这正好反映了 p 区第四周期元素的不规则性。这由以下各电对的标准电极电势的数据可见：

电对	ClO_3^-/Cl_2	BrO_3^-/Br_2	IO_3^-/I_2
$\varphi_a^\ominus$/V	1.458	1.513	1.209

在高卤酸中，$HBrO_4$ 的氧化性最强，这也是 p 区第四周期元素不规则性的一个例子。有关的电极反应及 $\varphi^\ominus$ 值如下：

$$ClO_4^-+2H^++2e^-=\!=\!=ClO_3^-+H_2O \qquad \varphi^\ominus=1.226V$$

$$BrO_4^-+2H^++2e^-=\!=\!=BrO_3^-+H_2O \qquad \varphi^\ominus=1.763V$$

$$H_5IO_6+H^++2e^-=\!=\!=IO_3^-+3H_2O \qquad \varphi^\ominus=1.60V$$

卤族元素含氧酸盐性质的变化规律与对应酸相似。同一族、相同氧化态、不同元素的含氧酸盐，从上到下热稳定性增强；氧化性是依次减弱的，并且，只有在酸性条件下才有较强的氧化性。如，次氯酸盐的溶液有氧化性和漂白作用，漂白粉就是次氯酸钙、氯化钙和氢氧化钙的混合物，次氯酸盐的漂白作用主要是次氯酸氧化性的体现；NaBrO 在分析化学上也常用作氧化剂。固体 $KClO_3$ 是强氧化剂，与各种易燃物(如硫、磷、碳或有机物质)混合后，经撞击会引起爆炸起火，因此，$KClO_3$ 多用来制造火柴和焰火等。固体高氯酸盐在高温下是强氧化剂，$KClO_4$ 常用于制造炸药，用 $KClO_4$ 制作的炸药比用 $KClO_3$ 制作的炸药要稳定些；NH_4ClO_4 是现代火箭推进剂的主要成分；$KBrO_4$ 为白色晶体，加热时分解为 $KBrO_3$ 和 O_2，说明 $KBrO_3$ 的热稳定性比 $KBrO_4$ 的高，这一点相似于碘的相应的化合物，而不同于氯的化合物，这也是 p 区第四周期元素不规则性的一个例子。

(2)同一元素、不同氧化态的酸及盐性质的变化规律。在卤族元素含氧酸中，以氯为例讨论同一元素、不同氧化态的酸及盐性质的一般规律。如，氯的 HClO，$HClO_2$，$HClO_3$，$HClO_4$ 的性质中，根据结构的稳定性可知，酸性依次增强，热稳定性也依次增强，而氧化性依次减弱。也就是说，酸根的结构愈稳定，愈容易发生 O—H 键的断裂，从而表现出酸性愈强，热稳定性也愈强。但是结构的稳定，使得物质的氧化性减弱了。与酸对应的盐 MClO，$MClO_2$，$MClO_3$，$MClO_4$ 的性质变化与酸相似。酸与其盐相比，盐的热稳定性高，但氧化性弱。

我们以氯为例，将卤族元素的各种含氧酸及其盐的性质进行归纳整理，如：

氯能形成 4 种含氧酸，即次氯酸、亚氯酸、氯酸和高氯酸，在氯的含氧酸中，亚氯酸最不稳定。现将氯的各种含氧酸及其盐的性质的一般规律性总结如下：

酸性增强　　热稳定性增强　　氧化性减弱 →

$HClO$　　$HClO_2$　　$HClO_3$　　$HClO_4$

↓ 热稳定性增强　氧化性减弱

$MClO$　　$MClO_2$　　$MClO_3$　　$MClO_4$

→ 热稳定性增强　　氧化性减弱

随着 Cl 的氧化值的增加，H—O 键被 Cl 极化而引起的变形程度增加，在水分子的作用下，H^+ 容易解离出来，所以氯的含氧酸的酸性随着氯的氧化值的增加而增强。由于氯的各种含氧酸的最终还原产物都是 Cl^- 和 H_2O，因此，其氧化性的强弱主要取决于 Cl—O 键断裂的难易。表 11－20 中含氧酸根中 Cl—O 的键长和键能数据足以说明氯的含氧酸中 Cl—O 键的断裂顺序。至于含氧酸根在酸性介质中才显氧化性，可能与 H^+ 的极化作用有关，含氧酸根质子化有利于 Cl—O 键的断裂，所以，氯的含氧酸的氧化能力强于氯的含氧酸根。氯的含氧酸及其盐的热稳定性也与含氧酸根的结构有关；盐的热稳定性比相应酸的热稳定性强，也与 H^+ 离子的极化作用有关。

表 11－20　氯的含氧酸根中 Cl—O 的键长和键能

含氧酸根	Cl—O 键长/pm	Cl—O 键能/$kJ \cdot mol^{-1}$
ClO^-	170	209
ClO_3^-	157	244
ClO_4^-	145	364

11.7　零族元素

一、零族元素概述

零族元素包括氦、氖、氩、氪、氙、氡 6 种元素，称为稀有气体。稀有气体均无色、无臭、无味，都是单原子分子，分子间以弱的范德瓦尔斯力结合，分子间力以色散力为主。根据色散力随着相对分子质量的增加而增大，稀有气体的熔点、沸点、溶解度、密度和临界温度等都是从上到下依次递增的。稀有气体的某些性质列于表 11－21 中。

氦是所有气体中最难液化的。液氦在 2.178 K 以上时，是正常液体，在 2.178 K 以下时，表现为超流体，其黏度只是氢气的 0.1%；液氦的导热性也很好，是铜的 600 倍；液氦的导电性也很强，电阻接近于 0，是一种超导体；利用液氦可以获得 0.001 K 的超低温。氦是唯一没有气-液-固三相平衡点的物质，常压下不能固化。除氦以外，稀有气体的固体均为面心立方密堆积结构。

因为氦不会燃烧，所以常用氦气替代氢气填充气球或汽艇。氖、氦等常用于霓虹灯、航标灯等照明设备。氪和氙也用于制造特种电光源，如用氙制造、俗称“人造小太阳”的高压长弧氙灯。在医学上，氡已用于治疗癌症。但是，氡的放射性会损害人体健康。最常见的是由于天然大理石中氡的含量超标而造成的危害，因此，各国都颁布了室内氡含量的标准。

表 11-21 稀有气体的某些性质

	氦	氖	氩	氪	氙	氡
元素符号	He	Ne	Ar	Kr	Xe	Rn
原子最外层电子构型	$1s^2$	$2s^22p^6$	$3s^23p^6$	$4s^24p^6$	$5s^25p^6$	$6s^26p^6$
范德瓦尔斯半径/pm	122	160	191	198	217	—
熔点/℃	−272.15	−248.67	−189.38	−157.36	−111.8	−71
沸点/℃	−268.935	−246.05	−185.87	−153.22	−108.04	−62
电离能/($kJ \cdot mol^{-1}$)	2 372.3	2 086.95	1 526.8	1 357.0	1 176.5	1 043.3
水中溶解度/($mL \cdot kg^{-1}$)	8.61	10.5	33.6	59.4	108	230
临界温度/K	5.25	44.5	150.85	209.35	289.74	378.1

在 1869 年由法国天文学家詹森(P. J. Janssen)和英国天文学家洛克尔(J. N. Lockyer)首先从太阳光谱上发现了稀有气体氦;后来,美国化学家赫列布莱德(W. F. Hillebrend)又从沥青铀矿中发现了氦;随后,拉姆齐(W. Ramsay)又从空气中分离出了氦,由此证明了氦在地球上的存在。

氩的发现,有一个科学史上"第三位小数的胜利"的小故事。1894 年,英国物理学家雷利(L. Rayleigh)测定了由空气分馏得到"氮气"的密度为 $1.257\ 2\ g \cdot L^{-1}$,而 Ramsay 测定了用化学法得到"氮气"的密度为 $1.250\ 5\ g \cdot L^{-1}$,这两个数据从小数点后第三位才出现了差别。经过 Rayleigh 和 Ramsay 反复认真地实验,精确地测量,终于发现这是空气中尚有 1%略重于氮气的其他气体造成的,这就是氩气。随后的若干年,Ramsay 和特拉弗斯(M. W. Travers)从空气中相继分离出了氪、氖和氙。1900 年,德国物理学教授多恩(F. E. Dorn)在某些放射性矿物中发现了氡。

稀有气体在自然界是以单质状态存在的。除氡以外,它们主要存在于空气中。在空气中各稀有气体的含量见表 11-22。

表 11-22 空气中各稀有气体的含量

稀有气体	氦	氖	氩	氪	氙
φ/(%)	5.239×10^{-4}	1.818×10^{-3}	0.934	1.14×10^{-4}	8.6×10^{-5}
w/(%)	7.42×10^{-5}	1.267×10^{-3}	1.288	3.29×10^{-4}	3.9×10^{-5}

各稀有气体是通过液态空气分级蒸馏而获得。首先蒸馏出大量存在的氮,继续分馏,得到以氩为主的稀有气体混合物。稀有气体之间的分离是利用活性炭对这些气体的选择性吸附而进行的。由于稀有气体各种分子之间色散力的差异,相同温度下,相对分子质量大的稀有气体的色散力大,该气体被活性炭吸附得紧一些,而相对分子质量小的氦被吸附的最不牢固。吸附了稀有气体混合物的活性炭在低温下经过分级解吸,即可得到各种稀有气体。

二、稀有气体的化合物

零族元素的原子最外电子层构型均为 ns^2np^6,都是稳定的 8 电子构型(只有氦为 $1s^2$),由此结构可以得出,稀有气体的化学性质是很不活泼的,很难与其他元素生成化合物。从表

11－22中也可以看出同样的结论，稀有气体原子具有很大的电离能。因此，相对说来，在一般条件下稀有气体原子不易失去或得到电子而与其他元素的原子形成化合物。事实也确实如人们所料，在很长一段时间，人们并没有发现稀有气体元素与其他元素之间发生化学反应，这种情况一直持续到 1962 年才有了重大进展。

时至 1962 年，在加拿大工作的 26 岁的英国化学家巴特列(N. Bartlett)，经过反复而艰苦的努力，合成出 $O_2^+[PtF_6]^-$ 新的化合物，在自己已有的这一工作基础之上，他坚信稀有气体元素也应该能够合成出相应的化合物。在他的坚持和努力下，第一个稀有气体的化合物 $XePtF_6$ 终于合成出来了，从此打破了稀有气体是化学惰性的结论。那么，N. Bartlett 为什么由合成的 $O_2^+[PtF_6]^-$ 联想到 $XePtF_6$ 了呢？拿数据说话：一是氙的第一电离能(1 176.5 kJ · mol^{-1})与氧分子的第一电离能(1 171.5 kJ · mol^{-1})相近，估计氧分子阳离子(O_2^+)和氙阳离子(Xe^+)的半径也相近，进而估算 $XePtF_6$ 的晶格能与 O_2PtF_6 的晶格能应相差不大。最终他在室温下合成出了氙的化合物 $XePtF_6$，一种红色晶体。自从 $XePtF_6$ 被合成出来以后，人们已经制备出了数百种稀有气体化合物。现在已经合成的稀有气体化合物多为氙的化合物和少数氪的化合物，而氦、氖、氩的化合物至今尚未制得。

在一定条件下，氙的氟化物可由氙与氟直接反应得到。反应的主要产物决定于 Xe 和 F_2 的比例和反应时的压力、温度等条件。从表 11－23 中数据可以看出，增大反应物混合气体中 F_2 的比例，升高反应的压力、适当降低温度都是有利于生成高氟化合物的。

表 11－23　Xe 与 F_2 反应的数据

反应方程式	Xe ∶ F_2(摩尔数比)	反应的压力	$K^\ominus_{523}$	$K^\ominus_{673}$
$Xe(g)+F_2(g) = XeF_2(g)$	2 ∶ 1	常压	8.80×10^4	3.60×10^2
$Xe(g)+2F_2(g) = XeF_4(g)$	1 ∶ 5	600 kPa	1.07×10^8	1.98×10^3
$Xe(g)+3F_2(g) = XeF_6(g)$	1 ∶ 20	6 000 kPa	1.01×10^8	36

当 XeF_6 不完全水解时，生成 $XeOF_4$ 和 HF，反应式为

$$XeF_6+H_2O = XeOF_4+2HF$$

当 XeF_6 完全水解时，可得到 XeO_3，反应式为

$$XeF_6+3H_2O = XeO_3+6HF$$

氙的氟化物都是非常强的氧化剂，如 XeF_2 的 $\varphi_a^\ominus(XeF_2/Xe)=2.6$ V，可见，XeF_2 能将许多物质氧化，而 XeF_4 和 XeF_6 的氧化性就更强了，反应式为

$$XeF_2+2HCl = Xe+Cl_2\uparrow+2HF$$

$$XeF_4+4KI = Xe+2I_2+4KF$$

$$XeF_6+3H_2 = Xe+6HF$$

XeF_2 还可以将 BrO_3^- 氧化为 BrO_4^-，足以说明其氧化性很强，反应式为

$$XeF_2+BrO_3^-+H_2O = Xe+BrO_4^-+2HF$$

到目前为止，对稀有气体化合物研究得比较多的主要是氙的化合物。例如，氙的氟化物(XeF_2，XeF_4，XeF_6 等)、氧化物(XeO_3，XeO_4)、氟氧化物($XeOF_2$，$XeOF_4$ 等)和含氧酸盐($MHXeO_4$，M_4XeO_6 等)。高氙酸盐也是非常强的氧化剂[$\varphi_a^\ominus(HXeO_6^{3-}/HXeO_4^-)=0.9$ V]。

氙的主要化合物及某些性质见表 11－24。

表 11－24　氙的主要化合物的一些性质

氧化值	化合物	状　态	熔点/K	性　质
＋2	XeF_2	无色晶体	402	易溶于 HF 中，易水解，有强氧化性
＋4	XeF_4	无色晶体	390	稳定，有强氧化性，遇水歧化
	$XeOF_2$	无色晶体	304	不太稳定
＋6	XeF_6	无色晶体	323	稳定，水解猛烈，有强氧化性
	$XeOF_4$	无色晶体	227	稳定
	XeO_3	无色晶体	—	易爆炸，易潮解，溶液中稳定，有强氧化性
＋8	XeO_4	无色晶体	237.3	易爆炸
	M_4XeO_6	无色盐	—	有强氧化性

氙及其主要化合物间的转化：

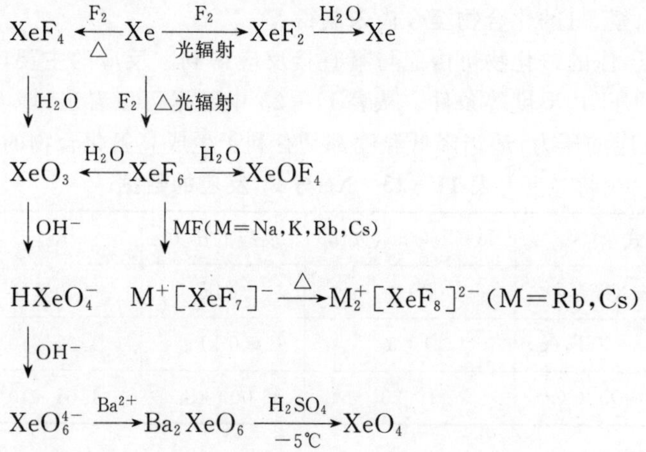

稀有气体化合物的结构，可以根据价层电子对互斥理论进行推测，也可以利用杂化轨道理论进行解释，两个理论的分析和判断吻合性很好：

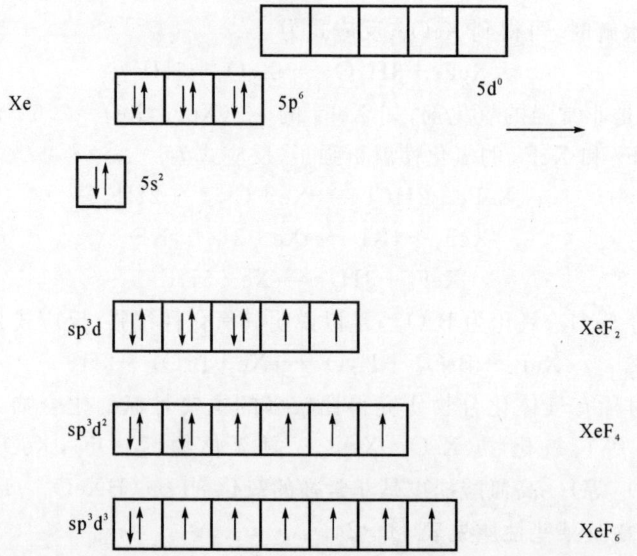

以氙为例进行分析：氙的最外电子层构型均为 $5s^2 5p^6 5d^0$，当激发一个电子到空的 d 轨道后，两个单电子分别与两个氟的单电子以 σ 键结合，形成 XeF_2。按照 VSEPR 理论，价层有 [(8+2)/2]=5 对电子，其中有 3 对孤对电子，2 对成键电子，分子最终为直线型结构；按照杂化轨道理论，激发电子到空的 d 轨道后，进行不等性 sp^3d 杂化，其中有 3 个 sp^3d 杂化轨道被孤对电子占据，2 个 sp^3d 杂化轨道上是单电子，用以与两个氟的单电子以 σ 键结合，分子的结构也是直线型的。由此可见，两个理论的分析和判断是一致的。依次可以得到，XeF_4 是进行的不等性 sp^3d^2 杂化，由于有 2 对孤对电子，所以分子的结构也是平面四边形的。XeF_6 是进行的不等性 sp^3d^3 杂化，由于有 1 对孤对电子，所以分子的结构也是变形八面体。表 11 - 25 给出了氙的主要化合物的分子(或离子)的空间构型。

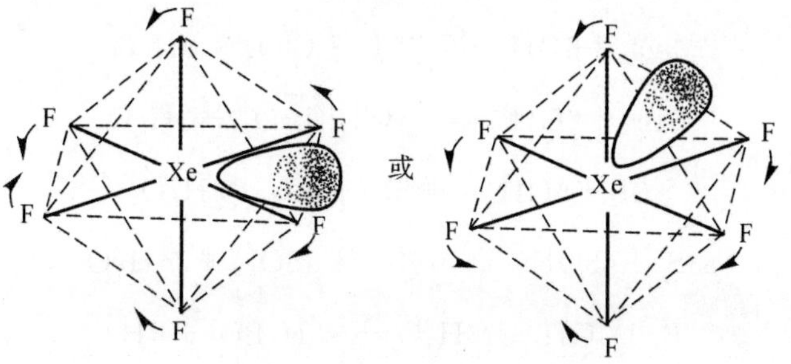

图 11 - 21　XeF_6 的分子构型

表 11 - 25　某些氙化合物分子(或离子)的构型

化合物	价层电子对数	成键电子对数	孤对电子对数	分子(或离子)的空间构型	中心原子价轨道杂化类型
XeF_2	5	2	3	直线型	sp^3d
XeF_4	6	4	2	平面四方型	sp^3d^2
XeF_6	7	6	1	变形八面体	sp^3d^3
$XeOF_4$	6	5	1	四方锥	sp^3d^2
XeO_3	4	3	1	三角锥	sp^3
XeO_4	4	4	0	四面体	sp^3
XeO_6^{4-}	6	6	0	八面体	sp^3d^2

综上所述，虽然用 VSEPR 理论和杂化轨道理论可以分别推测和说明某些氙化合物的空间构型，但对于化学键的相对稳定性都不能予以揭示。也有人利用分子轨道理论描述稀有气体化合物的成键情况。这里不再赘述。

11.8　p 区元素化合物性质的递变规律

本章前面各节我们按照族已经对 p 区元素及其化合物的许多性质进行了讨论，本节我们将对整个 p 区元素的单质及其某些重要化合物的结构、性质进行小结，以找到一些规律性的变化。

一、p 区元素的单质

p 区元素单质的晶体结构是复杂的。p 区右上方的典型非金属都为分子晶体，p 区左下方的重金属都是金属晶体，处于p区右上方和左下方之间的单质，有的为原子晶体，有的为过渡型(链状或层状)晶体。p区中的非金属元素的单质，就其结构和性质可以分为三大类：第一类是一些小分子的单质，如单原子分子的稀有气体、双原子分子的 X_2(卤素)，O_2 及 H_2 等，常态下是气体，其固体为分子晶体，熔点、沸点都很低；第二类是多原子分子组成的单质，如 S_8，P_4，As_4 等，常态下它们就是固体，为分子晶体，熔点、沸点较低，易挥发；第三类是大分子的单质，如金刚石、晶态硅、石墨等，常态下都是固体，为原子晶体，熔点、沸点极高。

在常温下，除了最活泼的卤素外，大部分非金属单质不与水作用，也不与非氧化性稀酸反应。但是，有许多非金属可在碱溶液中发生歧化反应(除碳、氮、氧外)，例如

$$Cl_2 + 2OH^- \xlongequal{\text{室温}} Cl^- + ClO^- + H_2O$$

$$3Cl_2 + 6OH^- \xlongequal{\triangle} 5Cl^- + ClO_3^- + 3H_2O$$

$$3Br_2 + 6OH^- \xlongequal{\triangle} 5Br^- + BrO_3^- + 3H_2O$$

$$3I_2 + 6OH^- \xlongequal{\triangle} 5I^- + IO_3^- + 3H_2O$$

$$3S_8 + 48OH^- \xlongequal{\triangle} 16S^{2-} + 8SO_3^{2-} + 24H_2O$$

$$P_4 + 3OH^- + 3H_2O \xlongequal{\triangle} 3H_2PO_2 + PH_3$$

二、p区元素的氢化物

氢是重要而特殊的非金属元素。氢原子的价电子层构型为 $1s^1$，氢的氧化值可以是+1，0，-1。因此，氢与活泼金属以离子键结合形成离子型氢化物，如，碱金属、碱土金属的氢化物就是此类，在离子型氢化物中，氢以 H^- 存在；氢与金属元素结合形成金属型氢化物，如，d区、f区绝大多数的金属都能形成 $MH_x(x \leqslant 3)$ 型氢化物；氢与p区元素(除稀有气体、铟、铊外)以共价键结合形成共价型氢化物，又称为分子型氢化物。p区元素氢化物为分子晶体，常态下多为气体，氢化物的组成、熔点、沸点见表11-26。

表11-26 一些p区元素氢化物的熔点和沸点

氢化物	CH_4	NH_3	H_2O	HF
熔点/℃	-182.5	-77.8	0	-83.6
沸点/℃	-161.5	-33.4	100	19.52
氢化物	SiH_4	PH_3	H_2S	HCl
熔点/℃	-185	-133.8	-85.5	-114.2
沸点/℃	-111.9	-87.8	-60.3	-85.1
氢化物	GeH_4	AsH_3	H_2Se	HBr
熔点/℃	-164.8	-116.9	-65.7	-86.9
沸点/℃	-88.1	-62.5	-41.4	-66.7
氢化物	SnH_4	SbH_3	H_2Te	HI
熔点/℃	-150	-91.5	-49	-51.9
沸点/℃	-52	-18.4	-2	-35.7

从表11-26数据可见，同一周期从左到右氢化物的熔点和沸点逐渐升高，但第ⅦA族元

素氢化物的熔点和沸点相对较低；同一族从上到下氢化物熔点、沸点逐渐升高，但第二周期的 NH_3，H_2O 和 HF 的熔点、沸点特别地高是由于分子间存在氢键的缘故，即第二周期特殊性的表现。

p 区元素氢化物的热稳定性可以用 $\Delta_f G_m^{\ominus}$ 表示，由表 11－27 中数据可以看出，同一周期元素氢化物的热稳定性从左到右逐渐增强；同一族元素氢化物的热稳定性从上到下逐渐减弱。这种变化正好与元素的电负性变化规律一致。元素的电负性越大，E—H 键的键能愈大，其热稳定性愈高。

表 11－27　一些 p 区元素氢化物的 $\Delta_f G_m^{\ominus}$

氢化物	B_2H_6	CH_4	NH_3	H_2O	HF
$\Delta_f G_m^{\ominus}/(kJ\cdot mol^{-1})$	86.7	－50.5	－16.4	－237.1	－275.4
氢化物	AlH_3	SiH_4	PH_3	H_2S	HCl
$\Delta_f G_m^{\ominus}/(kJ\cdot mol^{-1})$	231.15	56.9	13.4	－33.4	－95.3
氢化物	GaH_3	GeH_4	AsH_3	H_2Se	HBr
$\Delta_f G_m^{\ominus}/(kJ\cdot mol^{-1})$	193.7	113.4	68.93	15.9	－53.4
氢化物	InH_3	SnH_4	SbH_3	H_2Te	HI
$\Delta_f G_m^{\ominus}/(kJ\cdot mol^{-1})$	190.31	188.3	147.75	138.5	1.7

由于分子型氢化物共价键的极性差别较大，所以它们的化学行为比较复杂。例如：它们在水中有的不发生任何作用（碳、锗、锡、磷、砷、锑等的氢化物），有的则同水作用。对于能溶于水的 p 区元素氢化物，其酸性变化规律是：同一周期元素氢化物的酸性从左到右逐渐增强，同一族元素氢化物的酸性自上而下也逐渐增强。酸性的变化规律能够通过半径和电荷的变化加以说明。通常半径愈大，电荷愈低，酸性愈强。

p 区元素氢化物的还原性是：同一周期元素氢化物的还原性从左到右逐渐减弱，同一族元素氢化物的还原性自上而下逐渐增强。还原性的变化规律能够通过 E^{n-} 的半径和 E 的电负性的变化加以说明。通常 E^{n-} 的半径愈大，E 的电负性愈小，EH_n 的还原性愈强。

现将 p 区元素氢化物的热稳定性、水溶液中酸性、还原性的递变规律总结如下：

热稳定性↑

CH_4	NH_3	H_2O	HF
SiH_4	PH_3	H_2S	HCl
GeH_4	AsH_3	H_2Se	HBr
SnH_4	SbH_3	H_2Te	HI

还原性↑　　　　酸性↑

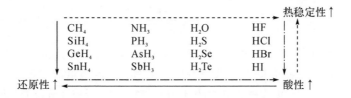

三、p 区元素的氧化物及其水合物

氧和其他元素形成的二元化合物称为氧化物。氧化物是极为广泛的一类化合物，除大多数稀有气体外，已知元素都能直接或间接地生成氧化物。

1. 氧化物

（1）氧化物的键型。按化学键的特征，氧化物的键型一般可以分为共价型和离子型。通常非金属与氧形成的氧化物属共价型化合物，常态下多为气态，如 NO，NO_2，CO_2 等。其中大多数在固态时属典型的分子晶体，熔点、沸点很低，只有少数非金属氧化物是原子晶体，如 SiO_2 等，它们具有高的熔点、沸点和较大的硬度。

由于氧的电负性很大(3.44)，而金属的电负性较小，故大多数金属氧化物是离子型化合物，其固态常为离子晶体，具有较高的熔点、沸点和硬度。如碱金属、碱土金属(除 Be 外)的氧化物都是典型的离子型化合物。另外，有一些金属性不是很强的元素的氧化物常常同时表现出离子性和部分共价性，如 PbO，SnO 等，它们的键型属于过渡型，这类金属氧化物多数是 p 区下方的重金属和过渡金属元素的较高氧化态的氧化物，如：锰的最高氧化态的氧化物 Mn_2O_7 为共价型化合物，熔点很低(5.9℃)，而锰的低氧化态的氧化物 MnO 却是离子型化合物，熔点很高(1 785℃)，其中间氧化态的氧化物 MnO_2 则为过渡型化合物。

(2)氧化物的稳定性。在自然界中，大多数氧化物都是很稳定的，如 SiO_2 和 MgO 在高温时也不会分解。因此，高熔点的氧化物和金属是工程技术上常用的耐热材料。但有少数氧化物加热时很易分解。

氧化物的稳定性可以用标准摩尔生成焓 $\Delta_f H_m^\ominus$ 的大小来判断。通常 $\Delta_f H_m^\ominus$ 负值愈大，说明生成该氧化物时放出的能量愈多，该氧化物也就愈稳定。表 11－28 给出了一些氧化物的标准摩尔生成焓的数据。由表 11－28 可以看出，Cl_2O_7 的 $\Delta_f H_m^\ominus$ 正值最大，Al_2O_3 的负值最大，故 Cl_2O_7 在该表所列出的氧化物中是最不稳定的，而 Al_2O_3 是最稳定的。实际上 Al_2O_3 在灼热时也不分解(熔点为 2 054℃)，常用作耐火、耐高温材料。

表 11－28　一些氧化物的 $\Delta_f H_m^\ominus$

氧化物	Cl_2O	ClO_2	Cl_2O_7	Au_2O_3	Ag_2O	SiO_2	MgO	Al_2O_3
$\Delta_f H_m^\ominus/(kJ\cdot mol^{-1})$	80.3	102.5	265.3	80.75	－31.1	－910.7	－601.6	－1 675.7

尽管大多数氧化物很稳定，但它们的稳定性还是有限的。通常当温度达到一定的程度时，它们便开始分解。这是因为氧化物的分解反应是 $\Delta S^\ominus>0$ 的熵增和 $\Delta H^\ominus>0$ 的吸收能量的过程。根据吉布斯公式，有

$$\Delta G^\ominus=\Delta H^\ominus-T\Delta S^\ominus$$

可判断出，当

$$T>\frac{\Delta H^\ominus}{\Delta S^\ominus}$$

时(此时 $\Delta G^\ominus<0$)，氧化物的分解反应可以自动进行。表 11－29 给出了一些单质与氧反应的 $\Delta_r H_{m298}^\ominus$ 和 $\Delta_r S_{m298}^\ominus$，根据这些数据可以求得各种氧化物分解的最低温度值。

表 11－29　一些单质与氧反应的 $\Delta_r H_{m298}^\ominus$ 和 $\Delta_r S_{m298}^\ominus$(以 1 mol O_2 为基础)

氧化反应	$\Delta_r H_{m298}^\ominus/(kJ\cdot mol^{-1})$	$\Delta_r S_{m298}^\ominus/(kJ\cdot mol^{-1}\cdot K^{-1})$
$2Hg+O_2 = 2HgO$	－181	－0.216
$2C$(石墨)$+O_2 = 2CO$	－221	＋0.179
$4Cu+O_2 = 2Cu_2O$	－337.2	－0.152

续 表

氧化反应	$\Delta_r H^\ominus_{m298}/(kJ \cdot mol^{-1})$	$\Delta_r S^\ominus_{m298}/(kJ \cdot mol^{-1} \cdot K^{-1})$
$4Fe_3O_4+O_2 = 6Fe_2O_3$	−471.6	−0.266
$2H_2+O_2 = 2H_2O$	−571.6	−0.327
$2Ni+O_2 = 2NiO$	−488	−0.188
$2Fe+O_2 = 2FeO$	−534	−0.141
$2CO+O_2 = 2CO_2$	−566	−0.173
$6FeO+O_2 = 2Fe_3O_4$	−623	−0.269
$2Zn+O_2 = 2ZnO$	−701	−0.201
$4/3Cr+O_2 = 2/3Cr_2O_3$	−759.8	−0.183
$Mn+O_2 = MnO_2$	−1 040	−0.163
$4Na+O_2 = 2Na_2O$	−828.4	−0.260
$Si+O_2 = SiO_2$	−910.7	−0.183
$Ti+O_2 = TiO_2$	−944.0	−0.185
$4/3Al+O_2 = 2/3Al_2O_3$	−1 117.1	−0.209
$2Mg+O_2 = 2MgO$	−1 203.2	−0.217
$2Ca+O_2 = 2CaO$	−1 269.8	−0.212

例 11－1　求氧化镁的分解温度($T_{分解}$)。

解　由表 11－29 知，MgO 分解反应的 $\Delta_r H^\ominus_{m298}=1\ 203.2\ kJ \cdot mol^{-1}$，$\Delta_r S^\ominus_{m298}=-0.217\ kJ \cdot mol^{-1} \cdot K^{-1}$，则

$$T_{分解} \geqslant \frac{\Delta_r H^\ominus_{m298}}{\Delta_r S^\ominus_{m298}}=\frac{-1\ 203.2\ kJ \cdot mol^{-1}}{-0.217\ kJ \cdot mol^{-1} \cdot K^{-1}}=5\ 544.7\,K$$

此例表明，从理论上讲，温度高于 5 544.7 K 时 MgO 便开始分解，但是，这样高的温度在实际中很难达到，因此，MgO 是极好的耐火高温材料。

(3)氧化物的酸碱性。根据氧化物与酸碱反应的情况不同，以及氧化物相应的水化物性质的区别，通常将氧化物分为以下几类：

1)酸性氧化物：酸性氧化物通常包括非金属氧化物和过渡金属的高氧化态氧化物，其水合物均为含氧酸，它们都能与碱作用生成盐和水，如 SO_3，P_2O_5，CrO_3 相应的水合物为 H_2SO_4，H_3PO_4，H_2CrO_4。

2)碱性氧化物：碱金属、碱土金属和过渡金属的低氧化态氧化物都是碱性氧化物，它们能与酸作用生成盐和水，其水合物的水溶液呈碱性，如 NaOH，$Ba(OH)_2$ 都是强碱。

3)两性氧化物：这类氧化物及其水合物都是既能与酸作用，又能与碱作用，因而是两性氧化物，如 BeO，Al_2O_3，ZnO 和 As_2O_3 等都是两性氧化物。

4)不成盐氧化物：不成盐氧化物又叫惰性氧化物，与水、酸、碱都不发生反应，如 CO 和 NO 都是不成盐氧化物。

根据元素周期表，氧化物酸碱性的变化有以下规律：

同一周期，最高氧化态氧化物从左至右碱性依次减弱，酸性依次增强，如 SiO_2，P_2O_5，SO_3，Cl_2O_7 的酸性依次增强；同一族中，相同氧化态的氧化物从上到下碱性依次增强，酸性依次减弱，如 N_2O_3，P_2O_3，As_2O_3，Sb_2O_3，Bi_2O_3 的碱性依次增强；有多种氧化态的氧化物，通常按氧化态由低到高酸性依次增强。例如

$Mn^{2+}O$	$Mn^{4+}O_2$	$Mn^{6+}O_3$	$Mn_2{}^{7+}O_7$
碱性	两性	酸性	酸性
$V^{2+}O$	$V_2{}^{3+}O_3$	$V^{4+}O_2$	$V_2{}^{5+}O_5$
碱性	碱性	两性	酸性

运用所学的热力学知识，对氧化物酸碱性的相对强弱可以近似地作出判断。当要比较氧化物的碱性（或酸性）时，首先选定一种酸（或碱）与其反应，再通过比较各反应的标准摩尔吉布斯函数变（$\Delta_r G_m^{\ominus}$）值的大小来推断反应进行的倾向和程度，从而判断出各氧化物碱性（或酸性）的相对强弱。注意发生的反应要是同类型同量（酸或碱）的。例如，要比较 K_2O 和 BaO 的碱性强弱时，可选用 CO_2 作为酸，其反应式为

$$K_2O(s)+CO_2(g)=\!=\!=K_2CO_3(s) \qquad \Delta_r G_{m(1)}^{\ominus}=-356\ kJ\cdot mol^{-1}$$

$$BaO(s)+CO_2(g)=\!=\!=BaCO_3(s) \qquad \Delta_r G_{m(2)}^{\ominus}=-218\ kJ\cdot mol^{-1}$$

由于 $\Delta_r G_{m(1)}^{\ominus}<\Delta_r G_{m(2)}^{\ominus}$，说明反应（1）的趋势大于反应（2），因此判断二者碱性是：$K_2O>BaO$。

再如：判断 P_2O_5，SO_3，Cl_2O_7 的酸性强弱时，可选用 H_2O 作为碱，其反应式为

$$\frac{1}{3}P_2O_5(s)+H_2O(l)=\!=\!=\frac{2}{3}H_3PO_4(l) \qquad \Delta_r G_m^{\ominus}=-59\ kJ\cdot mol^{-1}$$

$$SO_3(l)+H_2O(l)=\!=\!=H_2SO_4(l) \qquad \Delta_r G_m^{\ominus}=-70\ kJ\cdot mol^{-1}$$

$$Cl_2O_7(g)+H_2O(l)=\!=\!=2HClO_4(l) \qquad \Delta_r G_m^{\ominus}=-329\ kJ\cdot mol^{-1}$$

随 $\Delta_r G_m^{\ominus}$ 的减小，与碱的反应趋势增大，那么与之反应的物质酸性增强，所以 P_2O_5，SO_3，Cl_2O_7 的酸性依次增强。

在生产中选用耐火材料时，也要考虑其酸碱性。耐火材料是一种高熔点氧化物，耐火温度不低于 1 580℃，并在高温下能耐气体、熔融金属、熔融炉渣等物质的侵蚀。如果根据它们的化学性质，通常可分为酸性、碱性和中性三类。酸性耐火材料的主要成分是 SiO_2 等酸性氧化物，如硅砖；碱性耐火材料的主要成分是 MgO 和 CaO 等碱性氧化物，如镁砖；中性耐火材料的主要成分是 Al_2O_3 和 Cr_2O_3 等两性氧化物，如高铝砖。酸性耐火材料在高温下易受碱性物质的侵蚀；碱性耐火材料在高温下易受酸性物质的侵蚀；而中性耐火材料由于 Al_2O_3 和 Cr_2O_3 等两性氧化物经灼烧后在高温下既不易与酸性物质作用，又不易与碱性物质作用，因而抗酸、碱侵蚀的性能较好。

此外，选用耐火材料时还应注意炉气的氧化还原性质。例如，含 Cr_2O_3（熔点 2 265℃）的耐火材料高温时适于在氧化性气氛中使用，若在还原性气氛中使用，可能被还原成金属 Cr（熔点为 1 900℃），而使耐火温度降低。

2. 氧化物的水合物

（1）氧化物水合物的组成：将氧化物溶于水，即可得到该氧化物的水合物。其各元素氧化

物的水合物的组成是含有若干个OH基的氢氧化物，R能结合几个OH基与R的半径和所带电荷有关。

通常R的电荷多少决定了吸引OH基的能力，而R的半径大小决定了空间效应，综合两因素，氧化物的水合物可以表示为$(OH)_m RO_n$。当R的电荷(z)愈高、半径(r)愈大，结合OH基的数目愈多。

例11-2　Cl^{7+}，电荷最高，根据此电荷，应结合7个OH基，但是受半径大小的制约，脱水后使半径和电荷同时满足，从而得到其组成为$Cl(OH)O_3$，通常表示为$HClO_4$。

常见元素氧化物水合物的组成和习惯书写形式见表11-30。

表11-30　常见元素氧化物水合物的书写形式

周　期	ⅠA	ⅡA	ⅢA	ⅣA	ⅤA	ⅥA	ⅦA
第二周期	$LiOH$	$Be(OH)_2$	H_3BO_3	H_2CO_3	HNO_3	—	—
第三周期	$NaOH$	$Mg(OH)_2$	$Al(OH)_3$	H_2SiO_3	H_3PO_4	H_2SO_4	$HClO_4$
第四周期	KOH	$Ca(OH)_2$	$Ga(OH)_3$	H_2GeO_3	H_3AsO_4	H_2SeO_4	$HBrO_4$
第五周期	$RbOH$	$Sr(OH)_2$	$In(OH)_3$	H_2SnO_3	H_3SbO_4	H_6TeO_6	HIO_4
第六周期	$CsOH$	$Ba(OH)_2$	$TlOH$	$Pb(OH)_2$	$Bi(OH)_3$	—	—

(2)氧化物水合物的酸强度：根据各元素氧化物水合物的组成$(OH)_m RO_n$可知，R与一定数目的OH基和一定数目的非羟基氧结合，而非羟基氧的数目对氧化物水合物的酸强度有着决定性的影响。鲍林(Pauling)总结出下述规律：

对于多元酸，其$K_{a1}^{\ominus} : K_{a2}^{\ominus} : K_{a3}^{\ominus} = 1 : 10^{-5} : 10^{-10}$；而$K_{a1}^{\ominus} = 10^{5n-7}$，当$n$愈大(非羟基氧数愈多)、$K_{a1}^{\ominus}$愈大、酸性愈强。例如

$n=0$	$K_{a1}^{\ominus}=10^{-7}$	弱酸	$HClO$	$K_{a1}^{\ominus}=10^{-8}$
$n=1$	$K_{a1}^{\ominus}=10^{-2}$	中强酸	H_3PO_4	$K_{a1}^{\ominus}=10^{-3}$
$n=2$	$K_{a1}^{\ominus}=10^{3}$	强酸	H_2SO_4	$K_{a1}^{\ominus}=10^{2}$
$n=3$	$K_{a1}^{\ominus}=10^{8}$	很强酸	$HClO_4$	$K_{a1}^{\ominus}=10^{7}$

从中我们可以得出下述规律：

非羟基氧的数目愈多、酸性愈强。同周期，从左到右酸性逐渐增强，如$H_4SiO_4 < H_3PO_4 < H_2SO_4 < HClO_4$；同族，从上到下酸性逐渐减弱，如$HNO_3 > H_3PO_4$；同元素，则随氧化态的升高，酸性逐渐增强，如$H_2SO_4 > H_2SO_3$。

当非羟基氧数目相同时、R的半径愈大、其酸性愈弱，如$HClO > HBrO > HIO$。

当然，是经验规则也就会有例外情况，如H_2CO_3的$K_{a1}^{\ominus} = 4.45 \times 10^{-7}$就是本经验规则无法给予解释的。

(3)氧化物水合物的氧化性：在溶液体系中，物质的氧化性应该用电极电势的大小进行判断。通常电极电势值大的电对中的氧化型的氧化能力强，并且，根据能斯特(Nernst)方程，溶液体系的酸性愈强，其氧化能力就愈强。氧化物水合物的氧化性有以下规律：

1)同周期：最高氧化态含氧酸氧化性随原子序数的增加而急剧增大，如

$$H_4SiO_4 \ll H_3PO_4 \ll H_2SO_4 \ll HClO_4$$

那么，是什么因素影响含氧酸的氧化性呢？其一是中心成酸原子结合电子的能力，当成酸原子结合电子能力愈大，形成的含氧酸氧化性愈强，如 $HClO>HBrO>HIO$；其二是中心成酸原子的电负性，当成酸原子的电负性愈大，形成的含氧酸的氧化性愈强，如$H_4SiO_4 \ll H_3PO_4 \ll H_2SO_4 \ll HClO_4$ 就是此例。

2)同族：氧化性的变化呈现不规则性。第二周期、第四周期的含氧酸的氧化性较大，如

HNO_3	$>$	H_3PO_4	$<$	H_3AsO_4
第二周期		第三周期		第四周期
$HClO_4$	$<$	$HBrO_4$	$>$	H_5IO_6
第三周期		第四周期		第五周期

在族向上，由于第二周期的半径特别的小，原子核对核外电子的吸引力较强的同时，核外电子之间的排斥力也较大，总的结果是核对核外电子的吸引力被削弱，而使其形成的含氧酸的氧化能力较大；随电子层的增多，第三周期的半径随之增大，核外电子之间的排斥力较弱，使其形成的含氧酸的氧化能力降低；第四周期也应随电子层的增多而半径增大，但是，半径增大的幅度不大，故而使其形成的含氧酸的氧化能力较第三周期大。这样一来，就出现了第二周期元素所形成的含氧酸的氧化能力比第三周期大，第四周期元素所形成的含氧酸的氧化能力也比第三周期大。

3)同元素：同元素所形成的低氧化态含氧酸氧化性比高氧化态含氧酸氧化性强，如

$$HNO_2>HNO_3$$

对于同元素所形成的含氧酸，其氧化性强弱与中心成酸原子与氧原子成键的数目直接相关，成酸原子与氧原子成键数目越多，形成的含氧酸氧化性越弱，如 $HClO>HClO_2>HClO_3>HClO_4$。

还有一个对含氧酸氧化性影响非常显著的因素是介质的酸碱性，当酸性愈强，其含氧酸的氧化性愈强，因此，浓酸中含氧酸的氧化性强于稀酸中，更强于其盐的溶液；而酸性体系中含氧酸的氧化性强于中性体系中，更强于碱性体系中。

四、p 区元素的含氧酸盐的性质

含氧酸盐大多数属于离子型化合物，含氧酸盐的热稳定性既与含氧酸的稳定性有关，也与金属元素的活泼性有关。常见的有下述规律。

1. 热稳定性

热稳定性取决于酸根阴离子的结构，也和阳离子的极化力相关。

同金属、同酸根的盐。其正盐的热稳定性最高，其次是酸式盐，对应的含氧酸的热稳定性最弱。如，碳酸与其相应的盐的热稳定性可以通过盐的分解温度看出。如，Na_2CO_3 的分解温度为 2 073 K，$NaHCO_3$ 的分解温度为 543 K，而 H_2CO_3 的分解温度低于室温。因此，它们的热稳定性顺序是：Na_2CO_3 最稳定，$NaHCO_3$ 次之，H_2CO_3 最不稳定。

金属阳离子相同、酸根阴离子也相同的盐，热稳定性的不同就与氢离子有着非常大的关系，因为氢离子是极化力最强的阳离子。氢离子的半径最小，对酸根阴离子中的氧吸引力最大，从而破坏阴离子结构的能力最强。因此，含氧酸的热稳定性最弱，正盐的热稳定性最高。

不同金属、同酸根的盐：碱金属盐的热稳定性高于碱土金属盐的热稳定性，碱土金属盐的热稳定性又高于过渡金属盐的热稳定性，而过渡金属盐的热稳定性更高于铵盐的热稳定性。

我们也通过盐的分解温度看看热稳定性的变化规律。K_2CO_3 在 1 073 K 以下不分解，$CaCO_3$ 的分解温度为 1 173 K，$ZnCO_3$ 的分解温度为 623 K，$(NH_4)_2CO_3$ 的分解温度为 331 K。因此，它们的热稳定性顺序是：K_2CO_3 最稳定，其次是 $CaCO_3$、$ZnCO_3$，$(NH_4)_2CO_3$ 最不稳定。

当酸根阴离子相同时，热稳定性的不同与金属阳离子的性质和结构有着密切的关系，因为，金属阳离子的结构不同，其极化力不同，盐的热稳定性也就不同。我们知道，铵离子的稳定性最差，其盐的热稳定性也就最差，盐的分解温度也是最低的；其他金属阳离子的极化力与离子的结构相关，(18+2)电子构型，18 电子构型的极化力最强，其次是 9～17 电子构型，极化力最弱的是 8 电子构型或 2 电子构型的离子。锌离子是 18 电子构型，极化力比 8 电子构型的钾离子和钙离子强，其盐的共价键成分增多，热稳定性降低，而钾和钙的盐，以离子键为主，盐的分解温度较高，热稳定性也就较高。

对于同族金属元素形成的同酸根的盐，其盐的热稳定性随金属元素半径的增大而增强。如碱土金属碳酸盐 $BeCO_3$，$MgCO_3$，$CaCO_3$，$SrCO_3$，$BaCO_3$ 的分解温度依次为 373 K，742K，1 173 K，1 562 K，1 633 K。由此可以得出它们的热稳定性顺序为 $BeCO_3 < MgCO_3 < CaCO_3 < SrCO_3 < BaCO_3$。

同金属、不同酸根的盐。其盐的热稳定性与酸根的结构相关。酸根结构越稳定，形成的盐热稳定性越高。通常，酸根结构稳定性的顺序为 PO_4^{3-}，$SiO_4^{4-} > SO_4^{2-} > CO_3^{2-} > NO_3^- > ClO_4^- > ClO_3^-$ 等，那么含氧酸盐的热稳定性顺序就为 $BaSO_4 > BaCO_3 > Ba(NO_3)_2 > Ba(ClO_4)_2 > Ba(ClO_3)_2$ 等。这一顺序可以通过含氧酸盐的分解温度得以证明，它们的分解温度依次为 1 853 K，1 633 K，848 K，713 K，573 K。

同成酸元素形成的盐，其高氧化态趋向稳定。如氯的各种氧化态的含氧酸盐的热稳定性为 $KClO_4 > KClO_3 > KClO_2 > KClO$。成酸元素的氧化态越高，其价电子趋于全部用于形成化学键，使得酸根结构趋于稳定，因此，形成的高氧化态含氧酸盐热稳定性高。

2. 水解性

水解是盐的重要性质之一，根据盐的组成，可以分为强酸强碱盐(如 NaCl)、强酸弱碱盐(如 NH_4Cl)、弱酸强碱盐(如 NaAc)、弱酸弱碱盐(如 NH_4Ac)四大类；除强酸强碱盐外，其他类型的盐都有不同程度的水解。盐的水解程度与阳离子的极化力和阴离子的共轭酸的强弱有关。盐的水解反应以通式表示为

$$MA + (x+y)H_2O = [M(H_2O)_x]^+ + [A(H_2O)_y]^-$$

$$[M(H_2O)_x]^+ \Vert [M(OH)(H_2O)_{x-1}] + H^+ \qquad [A(H_2O)_y]^- \Vert [HA(H_2O)_{y-1}] + OH^-$$

对于阳离子而言，阳离子的极化力愈强，结合 OH^- 的能力就愈强，其水解程度愈大。同周期的阳离子半径相近，随着所带电荷的增多，阳离子的极化力增强，其盐的水解程度增大。如 $Na^+ < Mg^{2+} < Al^{3+} < \cdots$ 盐的水解程度依次增大；同族的阳离子电荷相同，随着阳离子半径的减小，阳离子的极化力增强，其盐的水解程度增大。如 $B^{3+} > Al^{3+} > Ga^{3+} > \cdots$ 盐的水解程度依次递减；当阳离子的半径相近，电荷相同时，离子构型决定阳离子的极化能力的强弱，通常就其极化力有 18 电子构型，(18+2)电子构型 >(9～17)电子构型 >8 电子构型，2 电子构型，所以，对应阳离子的盐水解程度依次递减。

阴离子的水解程度与其共轭酸的强弱相关，共轭酸愈弱，盐愈易水解，水解的程度愈大。如：PO_4^{3-}，CO_3^{2-}，S^{2-} 易水解，而 NO_3^-，SO_4^{2-} 不易水解。

综合阴、阳离子的结构因素，可以得到组成的盐水解程度的判断。

3. 溶解性

有关盐的溶解，我们已经知道硝酸盐易溶，硫酸盐大多易溶，部分难溶，而磷酸盐大多不溶，碱金属盐易溶，碱土金属盐大多不溶等。从理论上，可以根据盐溶解过程的热力学循环进行分析，盐溶解过程的热力学循环为

$$\Delta_r G^{\ominus}_{m溶} = \Delta_r H^{\ominus}_{m溶} - T\Delta_r S^{\ominus}_{m溶}$$

$$MX_n(s) \rightleftharpoons M^{n+}(aq) + nA^-(aq)$$

$$U(+),\Delta_r S^{\ominus}_m(\uparrow) \searrow \qquad \nearrow \Delta_r H^{\ominus}_{m,h}(-),\Delta_r S^{\ominus}_{m,h}(\downarrow)$$

$$M^{n+}(g) + nA^-(g)$$

从能量因素看：由晶体 MX_n 到气态阴、阳离子时需要吸收能量，晶格能 U 为正值，阴、阳离子水化时将放出能量，水化焓 $\Delta_r H^{\ominus}_{m,h}$ 为负值，两项之和的溶解焓 $\Delta_r H^{\ominus}_{m溶}$ 为负时，将有利于盐的溶解。

从混乱度看：由晶体 MX_n 到气态阴、阳离子是熵增过程，$\Delta_r S^{\ominus}_m$ 值增大，阴、阳离子水化时是熵减过程，$\Delta_r S^{\ominus}_{m,h}$ 值减小，两项之和的溶解熵 $\Delta_r S^{\ominus}_{m溶}$ 为正时（即熵增），也有利于盐的溶解。

综合两方面的影响因素，当能量项溶解焓 $\Delta_r H^{\ominus}_{m溶}$ 为负，熵项溶解熵 $\Delta_r S^{\ominus}_{m溶}$ 为正时，也就是两方面均有利时（放出能量、熵增），通常盐就是易于溶解的。而当能量项溶解焓 $\Delta_r H^{\ominus}_{m溶}$ 为负，熵项溶解熵 $\Delta_r S^{\ominus}_{m溶}$ 也为负时（放出能量、熵减），或能量项溶解焓 $\Delta_r H^{\ominus}_{m溶}$ 为正，熵项溶解熵 $\Delta_r S^{\ominus}_{m溶}$ 也为正时（吸收能量、熵增），即两方面影响因素一有利一不利时（放出能量、熵减或吸收能量、熵增），盐的溶解性就需要根据实际情况进行具体分析。

通常，当阴、阳离子半径相差较大时，更有利于使能量项溶解焓 $\Delta_r H^{\ominus}_{m溶}$ 为负，熵项溶解熵 $\Delta_r S^{\ominus}_{m溶}$ 为正。因为，阳离子半径愈小，阴离子半径愈大，由晶体 MX_n 到气态阴、阳离子时所需要吸收的能量愈少，即晶格能 U 的正值愈小；小阳离子水化时放出的能量愈多，即水化焓 $\Delta_r H^{\ominus}_{m,h}$ 负值愈大，两项之和的溶解焓 $\Delta_r H^{\ominus}_{m溶}$ 为负的可能性愈大，盐溶解时的溶解吉布斯函数变 $\Delta_r G^{\ominus}_{m溶}$ 更趋于小于零，而使盐更易于溶解。例如

Na_3PO_4	$\Delta_r H^{\ominus}_{m溶} = -78.66\ kJ\cdot mol^{-1}$	对盐溶解有利
$r(Na^+)=95$	$\Delta_r S^{\ominus}_{m溶} = -0.23\ kJ\cdot mol^{-1}$	对盐溶解不利
	$\Delta_r G^{\ominus}_{m溶} = -10.12\ kJ\cdot mol^{-1}$	综合结果为易溶
$Ca_3(PO_4)_2$	$\Delta_r H^{\ominus}_{m溶} = -64.6\ kJ\cdot mol^{-1}$	对盐溶解有利
$r(Ca^{2+})=99$	$\Delta_r S^{\ominus}_{m溶} = -0.86\ kJ\cdot mol^{-1}$	对盐溶解不利
	$\Delta_r G^{\ominus}_{m溶} = 191.68\ kJ\cdot mol^{-1}$	综合结果为难溶

4. 氧化还原性

许多含氧酸盐在反应中伴随有氧化数的改变，发生氧化还原反应，在实验室和工业上是重要的氧化剂或还原剂。含氧酸盐的氧化（或还原）性与稳定性、介质等有着密切的关系。

第三周期 p 区元素从其最高氧化值还原到单质的 $\varphi^{\ominus}_a$ 值如下：

电对	Al^{3+}/Al	SiO_2/Si	H_3PO_4/P	SO_4^{2-}/S	ClO_4^-/Cl_2
$\varphi^{\ominus}_a/V$	−1.66 2	−0.975 4	−0.412 2	0.352 3	1.391 7

由此可以看出，上述电对氧化型物质的氧化性从左到右依次增强。其他周期主族元素也有类似的情况。

对于氯、溴、氮等非金属性较强的元素的不同氧化值的含氧酸来说，通常不稳定的酸氧化性较强，而稳定的酸氧化性较弱。例如，从氯的含氧酸的有关标准电极电势可以看出这种情况：

电对	ClO_4^-/Cl^-	ClO_3^-/Cl^-	$HClO_2/Cl^-$	$HClO/Cl^-$
$\varphi_a^\ominus/V$	1.387 5	1.442 7	1.583 6	1.494 1

一般来说，浓酸的氧化性比稀酸的氧化性强，含氧酸又比含氧酸盐的氧化性强，同一种含氧酸盐在酸性介质中的氧化性比在碱性介质中的强(为什么？请读者思考)。

阅读材料

一、含有害金属废水的处理

在化工、冶金、电子、电镀等工业过程中排放的废水，常常含有一些有害的金属元素，如汞、铬、镉、铅等。这些金属元素能在生物体内积累，且不易排出体外，所以具有很大的危害性。

汞及其化合物能通过气体、饮水和食物进入人体。汞极易在中枢神经、肝脏及肾脏内蓄积。少量汞离子进入人体血液中，就会使肾功能遭到破坏。汞中毒的主要症状为情绪不稳、四肢麻痹、齿龈和口腔发炎、唾液增多等。有机汞(如甲基汞)的危害性比无机汞更大。20 世纪 50 年代日本发生的"水俣病"就是由于人们食用了含有有机汞的鱼虾而造成的汞中毒事件。

含镉废水排入江河或海洋后，镉能被水底贝类、动物和植物所吸收。人们食用了含镉的动物和植物后，镉就进入人体内，蓄积到一定量后就会导致中毒。Cd^{2+} 能代换骨骼中的 Ca^{2+}，引起骨质疏松和骨质软化等症，常使人感到骨骼疼痛，即"骨痛病"。

在铬的化合物中，Cr(Ⅵ)的毒性比 Cr(Ⅲ)大得多。Cr(Ⅲ)是一种蛋白质的凝聚剂，能造成人体血液中的蛋白质沉淀。含铬废水中的铬通常以 Cr(Ⅵ)的化合物存在。Cr(Ⅵ)能引起贫血、肾炎、神经炎和皮肤溃疡等疾病，还被确认为具有致癌性的物质。Cr(Ⅵ)对农作物和微生物也有很大的毒害作用。

铅和可溶性铅盐都是有毒的。铅可引起人体神经系统和造血系统等组织中毒，造成精神迟钝、贫血等症状，严重时可以导致死亡。

国家对工业废水中有害金属的允许排放浓度有明确的规定，见表 11－31，因此，对有害金属含量超标的废水必须经过处理后才能排放。

表 11－31　工业废水中有害金属的排放标准

有害金属元素	汞	镉	铬	铅
主要存在形式	Hg^{2+}，CH_3Hg^+	Cd^{2+}	CrO_4^{2-}，$Cr_2O_7^{2-}$	Pb^{2+}
最高允许排放浓度/($mg \cdot L^{-1}$)	0.05	0.1	0.5	1.0

处理含有害金属离子废水的方法很多，最常采用的方法有沉淀法、氧化还原法、离子交换法等，这些方法各有其特点和适用范围。

1. 沉淀法

在含有害金属离子的废水中加入沉淀剂，使有害金属离子生成难溶于水的沉淀而除去。这种方法既经济又有效，是除去水中有害金属离子的常用方法。如，在含铅废水中加入石灰作沉淀剂，可使 Pb^{2+} 生成 $Pb(OH)_2$ 和 $PbCO_3$ 沉淀而除去。当废水中仅含有 Cd^{2+} 时，可采用加碱或可溶性硫化物的方法使 Cd^{2+} 形成 $Cd(OH)_2$ 或 CdS 沉淀析出。在含 Hg^{2+} 废水中加入 Na_2S 或通入 H_2S,能使 Hg^{2+} 形成 HgS 沉淀。但是如果 Na_2S 过量时会生成$[HgS_2]^{2-}$ 而使 HgS 溶解,达不到除去 Hg^{2+} 的目的。

2.氧化还原法

利用氧化还原反应将废水中的有害物质转化为无毒的物质、难溶的物质或易于除去的物质,这是废水处理中的重要方法之一。例如,在含 Cd^{2+} 废水中加入硫酸亚铁或亚硫酸氢钠,可将 $Cr_2O_7^{2-}$ 还原为 Cr^{3+},再加入便宜的石灰调节溶液的 pH,使 Cr^{3+} 转化为 $Cr(OH)_3$ 沉淀而除去。$Cr(OH)_3$ 也可经灼烧生成氧化物后回收再利用。

处理含有害金属离子的废水常常综合应用氧化还原法和沉淀法。例如,氰化法镀镉废水中含有$[Cd(CN)_4]^{2-}$,解离出的 Cd^{2+} 和 CN^- 都是毒性很大的物质。因此,在除去 Cd^{2+} 的同时,也要除去 CN^-。采用在废水中加入适量漂白粉的方法进行处理可以达到此目的。漂白粉水解产生的次氯酸根离子可以将 CN^- 氧化为无毒的 N_2 和 CO_3^{2-},Cd^{2+} 可以 $Cd(OH)_2$ 和 $CdCO_3$ 沉淀而除去。

3.离子交换法

离子交换法是借助于离子交换树脂进行的废水处理方法。离子交换树脂是一类人工合成的不溶于水的高分子化合物,分为阳离子交换树脂和阴离子交换树脂。两者分别含有能与溶液中阳离子和阴离子发生交换反应的离子。例如,磺酸型阳离子交换树脂 $R—SO_3^- H^+$ 能以 H^+ 与溶液中阳离子交换,带有碱性交换基团的阴离子交换树脂 $R—NH_2^+ OH^-$ 能以 OH^- 与溶液中阴离子交换。当含有害金属离子的废水流经离子交换树脂时,有害金属离子可被交换到树脂上,因此达到净化的目的。含汞、镉、铅等有害金属离子的废水可以用阳离子交换树脂进行处理;含 Cr(Ⅵ) 的废水可以用阴离子交换树脂进行处理。

离子交换过程是可逆的。离子交换树脂使用一段时间后由于达到饱和而失去交换能力,此时需要将树脂进行处理,使其重新恢复交换能力,这一过程称为离子交换树脂的再生。

当然,处理有害金属离子废水的方法还有很多,如电解法、活性炭吸附法、反渗透法、电渗析法、生化法等。

二、新型无机聚合物

随着科学的发展,聚合物材料的应用日益广泛,一些有机聚合物的某些性能已不能满足极端条件(如耐高温)下的要求,而无机聚合物在这些方面显示出极大的优越性。因此,近年来无机聚合物作为新材料研制开发受到了广泛的重视。

无机聚合物通常指主链不含碳原子的一类相对分子质量较高的化合物。无机聚合物在固态时稳定,在液态或溶于溶剂时,有些发生水解作用而生成小分子化合物。与有机聚合物相似,无机聚合物常由聚合度不同的分子组成,例如:聚磷酸盐$(PO_4)_n$中 n 就有等于几十到几千的各种分子,所以,无机聚合物的相对分子质量只是平均相对分子质量。无机聚合物中含有多个结构单元,它们相互连结的方式很难一致,因此,同一种物质中也会有几何形式不同的分子链,例如:聚磷酸盐就有长链状,支链状,环状等多种形式的分子。

新型无机聚合物一般指根据人们的需要经"分子设计"合成的一大类功能性聚合物,它们具有优良的使用性能,典型的新型无机聚合物有聚硅烷,硫氮聚合物,聚磷腈等。

1. 聚硅烷

聚硅烷是一类主链完全由硅原子通过共价键连接的无机聚合物，硅烷上通常有烷基和苯基侧基。由于 Si—Si 链上的 σ 电子容易沿着主链广泛离域，赋予这类聚合物特殊的电子光谱、热致变色、光电导性、场致发光、导电性及非线性光学特性等许多独特的性质。

由硅原子链接而成的长链柔顺，其物理性能主要取决于连接到硅链上的有机基团的性能，聚合物可以是线型或交联型的，从而得到玻璃状、弹性体和部分结晶的材料。线性聚硅热塑性材料，不溶于醇类，但可溶于很多有机溶剂。聚硅烷在空气和潮湿的环境下是稳定的，属于绝缘体。但经氢化掺杂后，电导率可达 25 $s \cdot m^{-1}$ 而成为优良导体。例如：亚硅基二乙炔型聚合物可用各种电子受体($FeCl_3$)掺杂而成为导体和半导体。氟代烷基聚硅烷涂层作为光敏层可用于电子照相，具有灵敏度高，寿命长，可反复使用等优点。

2. 无机聚合物超导体

硫氮聚合物是一种重要的新型无机链状聚合物$(SN)_n$，具有金属的光泽和半导体性能，它是 1975 年发现的第一个具有超导体性的链状无机聚合物。$(SN)_n$ 为长链状结构，各链彼此平行地排列在晶体中，相邻分子链之间以分子间力结合。$(SN)_n$ 晶体在电性质等方面具有各向异性，例如，在室温下，$(SN)_n$ 晶体沿链方向的电导率与汞相近，且电导率随温度的降低而增大，在 0.26 K 以下为超导体。

3. 无机橡胶

聚氯化磷腈是线型无机聚合物，聚磷腈衍生物既有 P，N 无机主链，在侧链上又有各种取代的具有不同特性的有机基团(单一的或混合的)，从而使聚磷腈衍生物兼有有机和无机聚合物性能，其应用范围也就更广泛。可用于制备纤维、薄膜、防燃输油管道、严寒地区燃料管，封口材料等，并广泛用于塑料、织物、纤维、木材及纸张的阻燃处理，以及化学药剂载体的排泄速率控制等。聚磷腈衍生物也用于人造心脏瓣膜及人体的部分器官，是良好的生物医学材料。

思　考　题

1. 铝是活泼金属，为什么能广泛应用在建筑、汽车、航空及日用品等方面？

2. 试说明硼、硅的亲氧性及其应用。

3. 简述硼与同族元素的主要差异性和硼与硅的相似性。比较硅的氢化物和硼的氢化物的性质和结构。

4. 试比较二氧化碳与二氧化硅的结构与性质。分析 CO_2 和 SiO_2 都是共价型化合物，为什么 CO_2 易气化且硬度小，而 SiO_2 难熔且硬度大。

5. 比较下列物质的熔点高低顺序，酸碱性强弱顺序，并简述理由：

$$SO_2, Na_2O, K_2O$$

6. 磷与氮为同族元素，为什么白磷比氮气活泼得多？

7. 试说明过氧化氢的分子结构，指出其中氧原子的杂化轨道和成键方式。

8. 你如何认识氢在周期表中的位置？氢化物可分为几种类型？p 区元素氢化物的酸碱性、还原性和热稳定性的变化规律如何？并简单说明之。

9. p 区元素的氧化物水合物的酸碱性有哪些规律？何为鲍林(Pauling)规则？

10. 举例说明第二周期元素有哪些特殊性，第四周期元素有哪些不规则性。

11. p 区元素的含氧酸及其盐的性质有怎样的变化规律？简述之。

习　题

1.(1)试根据有关热力学数据估算当$p(CO_2)=100$ kPa时，$Na_2CO_3(s)$，$MgCO_3(s)$，$BaCO_3(s)$和$CdCO_3(s)$的分解温度。

(2)从书中查出上述各碳酸盐的分解温度($CdCO_3$为345℃)，与计算结果加以比较，并加以评价。

(3)各碳酸盐分解温度的实验值与由计算结果所得出的有关碳酸盐的分解温度的规律是否一致？并从离子半径、离子电荷、离子的电子构型等因素对上述规律加以说明。

2. 为什么在配制$SnCl_2$溶液时要加入盐酸和锡粒？否则会发生哪些反应？试写出反应方程式。

3. 试计算25℃时反应$H_3AsO_4+2I^-+2H^+ = H_3AsO_3+I_2+H_2O$的标准平衡常数。$H_3AsO_4$，$H_3AsO_3$和$I^-$的浓度均为$1.0\ mol \cdot L^{-1}$，该反应正、负极电极电势相等时，溶液的pH为多少？

4. 将$SO_2(g)$通入纯碱溶液中，有无色无味气体A逸出，所得溶液经烧碱中和，再加入硫化钠溶液除去杂质，过滤后得溶液B。将某非金属单质C加入溶液B中加热，反应后再经过滤、除杂等过程后，得溶液D。取3 mL溶液D加入HCl溶液，其反应产物之一为沉淀C。另取3 mL溶液D，加入少许AgBr(s)，则其溶解，生成配离子E。再取第3份3 mL溶液D，在其中加入几滴溴水，溴水颜色消失，再加入$BaCl_2$溶液，得到不溶于稀盐酸的白色沉淀F。试确定A，B，C，D，E，F的化学式，并写出各步反应方程式。

5. 回答下列问题：

(1)比较高氯酸、高溴酸、高碘酸的酸性和它们的氧化性；

(2)比较氯酸、溴酸、碘酸的酸性和它们的氧化性。

6. 比较下列各组化合物酸性的递变规律，并解释之。

(1)H_3PO_4，H_2SO_4，$HClO_4$；

(2)$HClO$，$HClO_2$，$HClO_3$，$HClO_4$；

(3)$HClO$，$HBrO$，HIO。

7. 有一种白色的钾盐固体A，取其少量加入试管中，而后加入一定量的无色油状液态酸B，有紫色气体凝固在试管壁上，得到紫黑色固体C，C微溶于水，加入A后C的溶解度增大，可得到棕色溶液D，取一定量D溶液，将其加入一种钠盐的无色溶液E，在E溶液中加入盐酸，有淡黄色沉淀和有强烈刺激性气味的气体生成。再取一定量D溶液，将$Cl_2(g)$通入其中，D溶液变为无色溶液F。若在F溶液中，再加入$BaCl_2$溶液，则有不溶于硝酸的白色沉淀G生成。试确定A，B，C，D，E，F，G的化学式，并写出各步反应方程式。

8. 根据价层电子对互斥理论，推测下列分子或离子的空间构型：

ICl_2^-　ICl_4^-　IF_5　ClF_3　$TeCl_4$

9. 用价层电子对互斥理论推测下列分子或离子的空间构型，并用杂化轨道理论解释其空间构型的形成：

XeF_2　XeF_4　$XeOF_4$　XeO_3　XeO_4　XeO_6^{4-}

10. 在3支试管中分别盛有NaCl，NaBr，NaI溶液，选择一种简单的方法鉴定它们的存在，并写出相关的反应方程式。

第 12 章　s 区与 ds 区元素的化学

我们把 s 区元素和 ds 区元素放在一章进行讨论，是基于这两个区的元素既有着各自非常明确的规律性变化，又有着非常高的相似之处。我们首先按区进行讨论，而后进行对比，以使学习者更易于掌握这两个区元素各自的变化规律和它们之间的相似之处与不同点。

12.1　s 区元素概述及重要化合物

一、s 区元素概述

s 区元素包括周期系ⅠA，ⅡA 族，其中ⅠA 族有锂、钠、钾、铷、铯、钫 6 种元素，常称为碱金属，ⅡA 族包括铍、镁、钙、锶、钡、镭 6 种元素，常称为碱土金属。其特征价电子层构型分别为 ns^1，ns^2；对应的特征氧化态为＋1，＋2。s 区元素是最活泼的金属元素，形成的化合物以离子型为主要特征(除 H，Li，Mg，Be 外)，其固体多是离子晶体，有较高的熔点和沸点。碱金属和碱土金属的一些基本性质见表 12－1 和表 12－2。

表 12－1　碱金属的一些基本性质

	Li	Na	K	Rb	Cs
价层电子构型	$2s^1$	$3s^1$	$4s^1$	$5s^1$	$6s^1$
金属半径/pm	152	186	227	248	265
沸点/℃	1 341	881.4	759	691	668.2
熔点/℃	180.54	97.82	63.38	39.31	28.44
密度/(g·cm^{-3})	0.534	0.968	0.89	1.532	1.878 5
电负性	0.98	0.93	0.82	0.82	0.79
电离能 I_1/(kJ·mol^{-1})	526.41	502.04	425.02	409.22	381.90
电子亲和能/(kJ·mol^{-1})	－59.6	－52.9	－48.4	－46.9	－45
标准电极电势 $\varphi^{\ominus}(M^+/M)$/V	－3.040	－2.71	－2.931	－2.943	－3.027
氧化值	＋1	＋1	＋1	＋1	＋1

表 12－2　碱土金属的一些基本性质

	Be	Mg	Ca	Sr	Ba
价层电子构型	$2s^2$	$3s^2$	$4s^2$	$5s^2$	$6s^2$
金属半径/pm	111	160	197	215	217
沸点/℃	2 467	1 100	1 484	1 366	1 845
熔点/℃	1 287	651	842	757	727

续表

	Be	Mg	Ca	Sr	Ba
密度/($g\cdot cm^{-2}$)	1.847 7	1.738	1.55	2.64	3.51
电负性	1.57	1.31	1.00	0.95	0.89
电离能 I_1/($kJ\cdot mol^{-1}$)	905.63	743.94	596.1	555.7	508.9
电子亲和能/($kJ\cdot mol^{-1}$)	48.2	38.6	28.9	28.9	—
标准电极电势 $\varphi^{\ominus}(M^{2+}/M)$/V	−1.968	−2.372	−2.868	−2.899	−2.906
氧化值	+2	+2	+2	+2	+2

s区元素在同族中，从上到下原子半径依次增大，电离能依次减小，电负性依次减小，金属性、还原性依次增强。在第二周期与第三周期元素之间性质有较大的差异，也是第二周期元素特殊性的体现，如锂及其化合物表现出较多的与同族元素不同的性质。

s区元素在同周期中，碱金属元素的原子半径最大，核电荷数最小，最易失去最外层的1个s电子，而使碱金属的第一电离能最低，所以，碱金属的金属性最强；碱土金属的原子半径比碱金属小，核电荷数比碱金属大，也易失去最外层的2个s电子，但碱土金属的第一电离能比碱金属略大，所以，碱土金属的金属性比同周期的碱金属略差。

s区元素的单质都是最活泼的金属，它们都能与大多数非金属反应，如它们极易在空气中燃烧。s区元素所形成的化合物大多是离子型的，但是，锂、铍和镁的一部分化合物是共价型的。这可以用离子极化理论进行解释，位于第二周期的锂、铍及铍下方的镁，离子半径小，极化作用较强，形成化合物的键型以共价型为主。除铍以外，s区元素的单质都能溶于液氨生成蓝色的还原性溶液。

由表12-1可以看出，碱金属的标准电极电势都很小，且从钠到铯，$\varphi^{\ominus}(M^+/M)$逐渐减小，但是$\varphi^{\ominus}(Li^+/Li)$却比$\varphi^{\ominus}(Cs^+/Cs)$还小，在规律性的变化上似乎表现得有点反常，其实质也是第二周期特殊性的一种表现。

二、s区元素单质

在自然界中不存在碱金属和碱土金属的单质，因为它们都是活泼的金属元素，通常是以离子型化合物的形式存在于自然界之中。如，Na，K，Ca和Ba的丰度都比较大，它们的主要矿物有氯化钠($NaCl$)、硝石($NaNO_3$)、锂辉石[$LiAl(SiO_3)_2$]、钾长石($K[AlSi_3O_8]$)、石灰石($CaCO_3$)、重晶石($BaCO_4$)等。

由于碱金属和碱土金属的单质都是活泼的金属元素，所以，它们的制备一般都采用电解熔融盐的方法。如，锂单质是在450℃下电解55%的LiCl和45%的KCl的熔融混合物而得到；钠单质是在580℃下电解40%的NaCl和60%的$CaCl_2$的熔融混合物而得到；但是，钾单质不能采用电解KCl熔盐的方法而制备，一是因为钾易溶解在熔化的KCl之中，二是因为钾在操作温度下汽化了。因此，工业上是在850℃以上用金属钠还原氯化钾来得到金属钾，反应式为

$$Na(g)+KCl(l)=\!=\!=NaCl(l)+K(g)$$

锶、钡与钾有相似之处，一般也不能用电解法制备；其余金属既可以用电解法，也可以用活

泼金属还原法制备。

s 区元素的单质与水的作用，碱金属的 $\varphi^{\ominus}(M^+/M)$ 数据如下：

碱金属元素	Li	Na	K	Rb	Cs
$\varphi^{\ominus}(M^+/M)/V$	−3.040	−2.71	−2.931	−2.943	−3.027

根据 $\varphi^{\ominus}(M^+/M)$ 的大小，与水反应的程度 Li 最大，而后从 Na 到 Cs 依次增大。但是实际反应现象为：Li 与水反应时速度最慢；Na，K 在水中剧烈反应，甚至燃烧；而 Rb，Cs 遇水发生爆炸化合。我们看到的实验现象与金属的活泼性判断并不是完全吻合的，为什么？值得注意的是，用 $\varphi^{\ominus}(M^+/M)$ 判断的是金属与水反应趋势的大小，属于热力学判断；而我们看到的实验现象是动力学结果。因为，Li 与水反应时有一些不利的动力学因素，如，Li 的熔点较高，反应放热不足以熔化 Li，也就不能增加 Li 与 H_2O 的接触面；反应产物 LiOH 的溶解度又较小，生成后即覆盖在 Li 的表面，进一步阻碍了反应的进行。因此，在实验现象的解释时，要分清热力学判断和动力学因素。

三、s 区元素重要化合物

1. 氢化物

碱金属ⅠA、碱土金属ⅡA(除 Be 以外)都能与 H_2 生成离子型氢化物，反应式为

$$2Li + H_2 \xlongequal{\triangle} 2LiH$$

$$2Na + H_2 \xlongequal{653\ K} 2NaH$$

$$Ca + H_2 \xlongequal{423\sim573\ K} CaH_2$$

常温下离子型氢化物都是白色晶体，为离子型晶体，熔点、沸点较高。离子型氢化物热稳定性可以用 $\Delta_r H_m^{\ominus}$ 判断，碱金属、碱土金属氢化物的 $\Delta_r H_m^{\ominus}$ 见表 12-3。

表 12-3　碱金属、碱土金属氢化物的 $\Delta_r H_m^{\ominus}/(kJ\cdot mol^{-1})$

氢化物	LiH	NaH	KH	RbH	CsH
$\Delta_r H_m^{\ominus}$	−90.54	−56.3	−57.74	−54.4	−54.18
氢化物		MgH_2	CaH_2	SrH_2	BaH_2
$\Delta_r H_m^{\ominus}$		−75.3	−186.2	−176.6	−178.7

从氢化物的 $\Delta_r H_m^{\ominus}$ 可知，放出能量愈多，化合物愈稳定，根据 $\Delta_r H_m^{\ominus}$ 可以得出：

(1)碱土金属氢化物比碱金属氢化物放出能量多，所以碱土金属氢化物比碱金属氢化物稳定性高。

(2)碱金属氢化物中，因为 LiH 放出能量最多，所以最为稳定。LiH 的分解温度为 850℃，高于其熔点 690℃。

离子型氢化物与水均发生剧烈反应，并放出 H_2，反应式为

$$MH + H_2O \xlongequal{} MOH + H_2\uparrow$$

$$MH_2 + 2H_2O \xlongequal{} M(OH)_2 + 2H_2\uparrow$$

根据这一特性，有时利用离子型氢化物，如，CaH_2 除去气体或溶剂中微量的水分。但水量多时不能用此法，因为，这是一个放热反应，能使产生的氢气燃烧。

从 $\varphi^{\ominus}(H_2/H^-)=-2.23$ V 可知，H^- 是强的还原剂，所以，离子型氢化物都是良好的强还原剂，在一定的温度下，可以还原金属氯化物、氧化物和含氧酸盐，如：用于还原金属钛的反应式为

$$2LiH+TiO_2 \xlongequal{} Ti+2LiOH$$
$$4NaH+TiCl_4 \xlongequal{} Ti+4NaCl+2H_2\uparrow$$

2. 氧化物

碱金属ⅠA、碱土金属ⅡA 都能与氧形成二元化合物，如氧化物、过氧化物、超氧化物等多种类型，依次含有 O^{2-}，O_2^{2-} 和 O_2^-。氧阴离子(O^{2-})是氧得 2 个电子而形成，该离子中电子已全部成对，其价电子层构型由 $2s^22p^4$ 转变成 $2s^22p^6$，具有反磁性。根据分子轨道理论有 O_2^{2-} 和 O_2^- 的价键组成如下：

$$O_2\{(\sigma_{1s})^2(\sigma_{1s}^*)^2(\sigma_{2s})^2(\sigma_{2s}^*)^2(\sigma_{2p_x})^2[(\pi_{2p_y})^2(\pi_{2p_z})^2][(\pi_{2p_y}^*)^1(\pi_{2p_z}^*)^1]\}$$
$$O_2^-\{(\sigma_{1s})^2(\sigma_{1s}^*)^2(\sigma_{2s})^2(\sigma_{2s}^*)^2(\sigma_{2p_x})^2[(\pi_{2p_y})^2(\pi_{2p_z})^2][(\pi_{2p_y}^*)^2(\pi_{2p_z}^*)^1]\}$$
$$O_2^{2-}\{(\sigma_{1s})^2(\sigma_{1s}^*)^2(\sigma_{2s})^2(\sigma_{2s}^*)^2(\sigma_{2p_x})^2[(\pi_{2p_y})^2(\pi_{2p_z})^2][(\pi_{2p_y}^*)^2(\pi_{2p_z}^*)^2]\}$$

O_2 中有 1 个 σ 键和 2 个三电子 π 键，因为单电子的存在，O_2 具有顺磁性。同理有，O_2^- 的价键组成为 1 个 σ 键和 1 个三电子 π 键，离子中也存在单电子，O_2^- 也是顺磁性的。O_2^{2-} 的价键组成为 1 个 σ 键，离子中已无单电子存在，所以，O_2^{2-} 是反磁性的。联系 O_2，O_2^{2-}，O_2^- 的结构可以看出：O_2^{2-} 和 O_2^- 的反键轨道上的电子比 O_2 多，键级比 O_2 小，键能分别为 142 kJ·mol^{-1} 和 398 kJ·mol^{-1}，比 O_2(498 kJ·mol^{-1})小。因此，过氧化物和超氧化物稳定性都不如氧气高。

s 区元素的单质都是活泼金属，极易在空气中燃烧。碱金属从 Li 到 Cs、碱土金属从 Be 到 Ba，随着电负性的减小、元素失电子能力增强、金属的活泼性增大，与氧反应的程度增强，如，碱金属中锂与氧反应时速度慢，生成氧化物，反应式为

$$4Li+O_2 \xlongequal{} 2Li_2O$$

钠、钾与氧反应时速度快，生成过氧化物；钾、铷、铯与氧反应时甚至燃烧，生成超氧化物，反应式为

$$2Na(K)+O_2 \xlongequal{} Na_2O_2(K_2O_2)$$
$$K(Rb,Cs)+O_2 \xlongequal{} KO_2(RbO_2,CsO_2)$$

又如，碱土金属中铍、镁、钙与氧反应时发生燃烧，生成氧化物；锶、钡与高压氧反应，生成过氧化物，反应式为

$$Be(Mg,Ca)+O_2 \xlongequal{} BeO(MgO,CaO)$$
$$Sr(Ba)+O_2 \xlongequal{} SrO_2(BaO_2)$$

(1)正常氧化物。碱金属氧化物 Li_2O，Na_2O，K_2O，Rb_2O，Cs_2O 的颜色依次为白色、白色、淡黄色、亮黄色、橙红色，颜色的变化可以用离子极化理论解释之。碱金属氧化物从 Li_2O 到 Cs_2O 的熔点依次为 1 570℃，920℃，350℃分解，400℃分解和 490℃。从数据可以看出，Li_2O，Na_2O 是典型的离子晶体，所以，熔点很高，而 K_2O，Rb_2O 和 Cs_2O 熔点较低，已具有了一定程度的分子晶体的特征，并且，在未达到熔点时便已开始分解。

碱土金属的氧化物 BeO，MgO，CaO，SrO 和 BaO 的颜色都是白色粉末。碱土金属氧化物从 BeO 到 BaO 的熔点依次为 2 578℃，2 800℃，2 900℃，2 430℃和 1 973℃。从数据可以看出，碱土金属的氧化物都是典型的离子晶体，所以，熔点很高，且都高于碱金属氧化物，这是因

为碱土金属氧化物的电荷为+2，而碱金属氧化物的电荷为+1 的缘故。

碱金属氧化物与水化合生成碱性氢氧化物 MOH。Li_2O 与水反应很慢，Rb_2O 和 Cs_2O 与水发生剧烈反应，甚至爆炸。BeO 几乎不与水反应，MgO 与水缓慢反应生成相应的碱。CaO，SrO，BaO 遇水都能发生剧烈反应生成相应的碱，并放出大量的热。

氧化物酸碱性的判断可以使氧化物发生同类型反应、选定同酸（或碱）、在酸（或碱）同量时，根据所进行反应的 $\Delta_r G_m^\ominus$ 数值的大小，判断氧化物酸碱性的强弱。例如，要判断氧化物（Na_2O，MgO，Al_2O_3）碱性的相对强弱，可以选择同酸 H_2O，在同量时，与指定氧化物所发生的同类型反应式为

$$Na_2O(s)+H_2O\ (l)=\!=\!=2NaOH(s) \qquad \Delta_r G_m^\ominus=-148\ kJ\cdot mol^{-1}$$

$$MgO(s)+H_2O\ (l)=\!=\!=Mg(OH)_2(s) \qquad \Delta_r G_m^\ominus=-27\ kJ\cdot mol^{-1}$$

$$1/3Al_2O_3(s)+H_2O\ (l)=\!=\!=2/3Al(OH)_3(s) \qquad \Delta_r G_m^\ominus=-7\ kJ\cdot mol^{-1}$$

根据反应的 $\Delta_r G_m^\ominus$ 依次增大，表明指定氧化物与同量的酸 H_2O 的反应趋势依次降低，那么，与之反应的氧化物碱性依次减弱。再如，要判断氧化物（Li_2O，Na_2O，K_2O）碱性的相对强弱，可以选择同酸 H_2O，在同量时，与指定氧化物所发生的同类型反应式为

$$Li_2O(s)+H_2O\ (l)=\!=\!=2LiOH(s) \qquad \Delta_r G_m^\ominus=-80\ kJ\cdot mol^{-1}$$

$$Na_2O(s)+H_2O\ (l)=\!=\!=2NaOH(s) \qquad \Delta_r G_m^\ominus=-148\ kJ\cdot mol^{-1}$$

$$K_2O(s)+H_2O\ (l)=\!=\!=2KOH(s) \qquad \Delta_r G_m^\ominus=-160\ kJ\cdot mol^{-1}$$

根据反应的 $\Delta_r G_m^\ominus$ 依次减小，表明指定氧化物与同量的酸 H_2O 的反应趋势依次增强，那么，与之反应的氧化物碱性依次增强。

(2)过氧化物。s 区元素中，碱金属ⅠA、碱土金属ⅡA(除铍、镁外)都能与氧生成过氧化物 $M_2^{+1}O_2$ 和 $M^{+2}O_2$，但以生成过氧化钠、过氧化钡较易，应用较广。

过氧化钠 Na_2O_2 是淡黄色颗粒状粉末。在室温下，过氧化钠 Na_2O_2 与水反应生成过氧化氢，与二氧化碳反应，则放出氧气，反应式为

$$Na_2O_2+2H_2O=\!=\!=2NaOH+H_2O_2$$

$$2Na_2O_2+2CO_2=\!=\!=2Na_2CO_3+O_2\uparrow$$

因此，Na_2O_2 可以用作供氧剂和二氧化碳的吸收剂。在做供氧剂时要注意：一是 Na_2O_2 具有强氧化性；二是反应产物的强碱性，所以，严密的隔离措施是必不可少的。由于 Na_2O_2 的强氧化性，当遇到棉花、木炭或铝粉等还原性物质时，会发生爆炸；遇到比自身更强的氧化剂时也会表现出还原性，即 Na_2O_2 被氧化放出氧气。这是因为，在结构上过氧化物的稳定性不如氧气高，所以，过氧化物的反应一般都会分解生成氧气。

(3)超氧化物。s 区元素中，碱金属ⅠA、碱土金属ⅡA(除锂、铍、镁外)都能与氧生成超氧化物 $M^{+1}O_2$ 和$M^{+2}(O_2)_2$。最重要的超氧化物有超氧化钾、超氧化铷、超氧化铯等。其中超氧化钾 KO_2 为橙黄色，超氧化铷 RbO_2 为深棕色，超氧化铯 CsO_2 为深黄色。

与过氧化物相似，超氧化物与水反应也是生成过氧化氢，还有氧气；与二氧化碳作用放出氧气。例如，超氧化钾 KO_2 遇到水后，发生以下反应：

$$2KO_2+2H_2O=\!=\!=2KOH+H_2O_2+O_2\uparrow$$

$$4KO_2+2CO_2=\!=\!=2K_2CO_3+3O_2\uparrow$$

因此，超氧化物也可以用作供氧剂和二氧化碳的吸收剂。KO_2 较易制备，常用于急救器

中，利用上述反应除去呼出的CO_2和湿气并提供氧气。超氧化物也是强氧化剂。同样是因为，在结构上超氧化物的稳定性不如氧气高，所以，超氧化物的反应一般最终都会分解生成氧气。

3. 氢氧化物

s区元素中，碱金属ⅠA、碱土金属ⅡA的氢氧化物都是白色固体。固体NaOH和$Ca(OH)_2$是常用的干燥剂。在水中，ⅠA的氢氧化物都是易溶的，其中LiOH的溶解度稍小，并且，溶解时都会放出大量的热。ⅡA的氢氧化物的溶解度都比ⅠA的氢氧化物的溶解度小，其中$Be(OH)_2$的溶解度为8.1×10^{-6} $mol\cdot L^{-1}$、$Mg(OH)_2$的溶解度为2.2×10^{-4} $mol\cdot L^{-1}$，已属难溶的氢氧化物。对于ⅡA的氢氧化物来说，从$Be(OH)_2$到$Ba(OH)_2$（溶解度为0.11 $mol\cdot L^{-1}$），在水中的溶解度依次增大，这是因为，随着碱土金属离子半径的增大，阳、阴离子之间的作用力逐渐减小，容易为水分子所解离的缘故。

金属氢氧化物可以用通式表示为R—O—H，其中R—O键和O—H键在溶液中有两种可能的解离方式：

$$R—O—H \Longrightarrow R^+ + OH^- \quad \text{碱式解离}$$

$$R—O—H \Longrightarrow RO^- + H^+ \quad \text{酸式解离}$$

那么，一种金属氢氧化物以哪种方式解离，则取决于金属阳离子R所带的电荷和半径的大小。通常金属阳离子R电荷愈高，半径愈小，则R对氧的电子云吸引力愈大，从而加强了R—O键，而使O—H键易于断裂，R—O—H将以酸式解离为主；反之，金属阳离子R电荷愈低，半径愈大，对氧的电子云吸引力愈小，而使R—O键较弱，易于断裂，R—O—H将以碱式解离为主。综合金属离子的电荷和离子半径两个因素，得到离子势为

离子势 ϕ = 金属离子电荷 z/金属离子半径 r(pm)

即
$$\phi=\frac{z}{r(\text{pm})}$$

根据离子势，得到一判断金属氢氧化物酸碱性的经验值$\sqrt{\phi}$：

当$\sqrt{\phi}<0.22$时　　ROH呈碱性

当$0.22<\sqrt{\phi}<0.32$时　　ROH呈两性

当$\sqrt{\phi}>0.32$时　　ROH呈酸性

例：

	LiOH <	NaOH <	KOH <	RbOH <	CsOH
$\sqrt{\phi}$	0.167	0.103	0.075	0.068	0.059
	中强碱	强碱	强碱	强碱	强碱

	$Be(OH)_2$ <	$Mg(OH)_2$ <	$Ca(OH)_2$ <	$Sr(OH)_2$ <	$Ba(OH)_2$
$\sqrt{\phi}$	0.254	0.175	0.142	0.133	0.122
	两性	中强碱	强碱	强碱	强碱

由$\sqrt{\phi}$经验值可知，碱金属和碱土金属氢氧化物的酸碱性，在各族中，随离子半径的增大，碱性增强；并且碱金属氢氧化物的碱性比碱土金属氢氧化物的碱性强；在碱土金属氢氧化物中$Be(OH)_2$已经具有两性特征。我们用$\sqrt{\phi}$把酸碱用一个标准联系在一起。但$\sqrt{\phi}$判据只是个经验值，有一定的局限性。通常情况下，除了碱金属和碱土金属的氢氧化物外，上述规律对其他金属氢氧化物并不是完全适用。根据离子极化理论可以说明LiOH，$Be(OH)_2$，$Mg(OH)_2$等

碱性较弱的原因。

在碱金属氢氧化物中，最重要的是俗称烧碱的氢氧化钠(NaOH)，氢氧化钠是重要的化工原料，应用很广泛。另外是氢氧化锂(LiOH)，氢氧化锂在宇宙飞船和潜水艇等密封环境中用于吸收 CO_2。在碱土金属氢氧化物中，最重要的是俗称熟石灰或消石灰的氢氧化钙[$Ca(OH)_2$]。氢氧化钙以其低廉的价格，大量用于化工和建筑工业。

4. 重要盐类及其性质

s 区元素中，碱金属ⅠA、碱土金属ⅡA 常见的盐有卤化物、硝酸盐、硫酸盐、碳酸盐等。这里重点讨论它们的晶体类型、溶解度、热稳定性等基本性质。

(1)s 区元素盐类的晶体类型。碱金属的盐大多数是离子型晶体，它们的熔点、沸点都较高。如，碱金属ⅠA 的氯化物的熔点如下：

	LiCl	NaCl	KCl	RbCl	CsCl
熔点/℃	615	800	770	715	645

从碱金属ⅠA 氯化物的熔点可以看出，除 LiCl 之外，从 NaCl 到 CsCl，随着碱金属阳离子半径的增大，熔点依次降低；而 LiCl 的熔点较低是由于 Li^+ 半径很小，极化力较强，使得卤化物表现出一定程度的共价性所致。

碱土金属的盐大多数也是离子型晶体，它们的熔点、沸点都较高。但是，碱土金属离子比碱金属离子电荷高，带 2 个正电荷，其离子半径又比相应的碱金属离子小，故它们的极化力增强，因此，碱土金属盐的离子键特征比碱金属差。但是，在同族元素中，仍然是随着金属离子半径的增大，键的离子性增强。例如，碱土金属氯化物的熔点从 Be 到 Ba 依次升高：

	$BeCl_2$	$MgCl_2$	$CaCl_2$	$SrCl_2$	$BaCl_2$
熔点/℃	415	714	775	874	962

从熔点数值可以看出，$BeCl_2$ 的熔点特别低，也不怎么符合离子型晶体的特征，这是因为 Be^{2+} 离子半径小，电荷数较多，极化力较强，当它与 Cl^-，Br^-，I^- 等极化率较大的阴离子形成化合物时，逐渐过渡为共价型化合物，所以，具有了某些共价型化合物的特征。如 $BeCl_2$ 易于升华，能溶于有机溶剂等。$MgCl_2$ 也有一定程度的共价性。

(2)s 区元素盐类的颜色。s 区元素中，碱金属阳离子 M^+ 和碱土金属阳离子 M^{2+} 都是无色的，所以，碱金属ⅠA、碱土金属ⅡA 大多数的盐类都是无色或白色的。如 X^-，NO_3^-，SO_4^{2-}，ClO_3^-，ClO^- 等与碱金属阳离子 M^+ 和碱土金属阳离子 M^{2+} 形成的盐就是无色或白色的。如果碱金属、碱土金属的盐是有色的，那通常是阴离子的颜色。如，紫色的 $KMnO_4$、黄色的 $BaCrO_4$、橙色的 $K_2Cr_2O_7$ 等，就是因为阴离子 MnO_4^- 是紫色的、阴离子 CrO_4^{2-} 是黄色的、阴离子 $Cr_2O_7^{2-}$ 是橙色的缘故。

(3)s 区元素盐类的溶解度。s 区元素盐类的溶解度差别较大，通常碱金属的盐类大多数都易溶于水，而碱土金属的盐比相应的碱金属的盐溶解度小，且不少是难溶的。绝大多数碱金属的盐溶解度随阳离子半径的增大而增大，碱金属碳酸盐的溶解度如下：

	Li_2CO_3	Na_2CO_3	K_2CO_3	Rb_2CO_3	Cs_2CO_3
溶解度 g/100g H_2O	1.3	29	90	450	很大
	$BeCO_3$	$MgCO_3$	$CaCO_3$	$SrCO_3$	$BaCO_3$
溶解度 g/100g H_2O	—	0.01	0.001 3	—	0.002 4

在碱金属的盐中只有少数的盐难溶于水，如，锂的部分盐 LiF，Li_2CO_3 和 Li_3PO_4 等；钠、钾的大阴离子的盐六亚硝酸根合钴(Ⅲ)酸钠钾 $K_2Na[Co(NO_2)_6]$(亮黄色)，四苯基硼酸钾 $K[B(C_6H_5)_4]$(白色)，这两个物种对应的反应可以用来鉴定 K^+ 的存在；醋酸铀酰锌钠 $NaAc \cdot ZnAc_2 \cdot 3UO_2Ac_2 \cdot 9H_2O$(淡黄色)，六羟基锑酸钠 $Na[Sb(OH)_6]$，这两个物种对应的反应可以用来鉴定 Na^+ 的存在。在钾、钠的可溶性盐中，钠盐的溶解性好、吸湿性强，因此，在分析化学中常用的标准试剂多是钾盐而非钠盐，如重铬酸钾、氯化钾等。

在碱土金属的盐中，溶解度差别较大。当碱土金属与半径小、电荷高的阴离子形成盐时，溶解度通常较小，如氟化物、碳酸盐、磷酸盐、草酸盐等都是难溶的。当碱土金属与一价大阴离子形成盐时，通常易溶，如卤化物(除氟化物外)、硝酸盐、氯酸盐、高氯酸盐、酸式碳酸盐、磷酸二氢盐等均易溶；但是，碱土金属的硫酸盐、铬酸盐的溶解度差别就较大，半径小的阳离子形成的盐易溶，如 $BeSO_4$ 和 $MgCrO_4$ 是易溶的，而半径大的阳离子形成的盐难溶，如 $BaSO_4$ 和 $BaCrO_4$ 是难溶的。$BaSO_4$ 甚至不溶于酸。

(4)s 区元素盐类的热稳定性。s 区元素盐类的热稳定性也有较大的差别，通常碱金属的盐热稳定性较强，而碱土金属盐的热稳定性比碱金属差一些；且碱土金属盐的热稳定性常常是随着金属离子半径的增大而增强的。

如碱金属中的碳酸盐，只有 Li_2CO_3 在 700℃左右分解为 Li_2O 和 CO_2，其余的碱金属碳酸盐在 800℃以下是不分解的。碱土金属碳酸盐的分解温度如下：

	$BeCO_3$	$MgCO_3$	$CaCO_3$	$SrCO_3$	$BaCO_3$
分解温度 T/℃	<100	540	855	1 290	1 360

可见，分解温度依次升高，说明了碱土金属碳酸盐的热稳定性依次增强。其中 $BeCO_3$ 的分解温度最低，稳定性最差；而 $BaCO_3$ 的分解温度最高，稳定性最强。铍的这一性质再次说明了第二周期元素的特殊性。

碱土金属碳酸盐的热稳定性规律可以用离子极化理论加以说明。在碳酸盐中，阳离子半径愈小，即 z/r 值愈大，极化力愈强，愈容易从 CO_3^{2-} 中夺取 O^{2-} 成为氧化物，同时放出 CO_2，表现为碳酸盐的热稳定性愈差，受热容易分解。碱土金属离子的极化力比相应的碱金属离子强，因而碱土金属的碳酸盐的热稳定性比相应的碱金属差。Li^+ 和 Be^{2+} 的极化力在碱金属和碱土金属中是最强的，因此 Li_2CO_3 和 $BeCO_3$ 在其各自同族元素的碳酸盐中都是最不稳定的。

(5)s 区元素盐类的焰色。s 区元素的化合物在火焰中灼烧时，呈现出特征的火焰的颜色称之焰色。由于金属的不同，价电子层构型也就不同，电子跃迁时的轨道不同，需要吸收的能量也不同，因此，呈现出不同的焰色。

在节日里我们燃放的焰火弹的主要原料大多数是 s 区元素的化合物。通常，制作焰火所用的氧化剂主要有高氯酸钾、氯酸钾、硝酸钾等。由于钠盐易吸水而潮解，且反应时产生强烈的黄色光，掩盖或冲淡了其他颜色的光，所以，一般多使用钾盐而不用钠盐。另外，使用高氯酸钾比氯酸钾的安全性要好。

典型的焰火弹中除了装有氯、氮的含氧酸盐作氧化剂之外，为了产生闪光、火花和特有的焰火效果，还装有金属镁粉、铝粉等，炭、硫等非金属粉末，锶、钡、铜等的含氧酸盐。表12-4给出了一些常用的制作焰火弹的化学品。

表 12－4　常用于制作焰火弹的化学品

氧化剂	燃　料	产生特殊效果的物质	特殊效果
硝酸钾	铝粉	硝酸锶，碳酸锶	红色焰火
氯酸钾	镁粉	硝酸钡，氯酸钡	绿色焰火
高氯酸钾	钛粉	碳酸铜，硫酸铜，氧化铜	蓝色焰火
高氯酸铵	炭粉	草酸钠，冰晶石	黄色焰火
硝酸钡	硫黄，镁粉，铝粉		白色焰火
氯酸钡	硫化锑	炭粉，铁屑	金色火花
硝酸锶	糊精	镁、铝、镁-铝合金、钛	白色火花
—	红色树胶	苯甲酸钾或水杨酸钠	产生哨音
—	聚氯乙烯	硝酸钾和硫的混合物	白色烟雾
—	—	氯酸钾、硫和有机染料的混合物	有色烟雾

焰火弹通常使用黑火药作为推进剂，氧化剂和燃料反应产生闪光，该反应强烈放热，生成的气体急速膨胀，并发出爆炸声。由于含有能够产生有色光的元素，当其原子吸收能量时，原子中的电子跃迁到高能量的轨道上，而后，激发态原子可以通过发出特定波长的光（在可见光区），以释放过剩的能量。焰火中的黄色是由于钠盐发射 589 nm 的光而产生。红色主要来自于发射 636～688 nm 光的锶盐。钡盐由于发射 505～535 nm 间的光而产生绿色。但是，良好的蓝色光难以得到，铜盐发射 420～460 nm 的光，产生蓝色，其困难在于氧化剂氯酸钾与铜盐反应能生成氯酸铜，这是一种易爆炸的化合物，储存此类产品危险性很大。

四、对角线规则

Li　　Be　　B　　C

　↘　　↘　　↘

Na　　Mg　　Al　　Si

1. 对角线规则

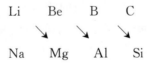

在 s 区和 p 区元素中，除了同族元素的性质相似之外，还有一些元素及其化合物的性质呈现出“对角线”位置的相似，这种相似性称为对角线规则。这种对角线相似性在 s 区元素中表现的尤为突出。第二周期前 3 个元素在性质上有与之右下角元素相似，而与同族元素的性质差别较大。如上图所示，ⅠA 族的 Li 与ⅡA 族的 Mg，ⅡA 族的 Be 与ⅢA 族的 Al，ⅢA 族的 B 与ⅣA 族的 Si 这三对元素在周期表中处于对角线位置，它们的性质有许多相似之处，表现为对角线相似性。

对角线相似性是由于第二周期前三个元素原子半径特别小，而右下角元素电荷高，就其极化能力而言相当，所以，在性质表现上就极为相似。而与同族元素相比，随着离子半径的增大，极化能力减弱，所以，就其极化能力而言相差较大。因此，在性质表现上就有了较大的差别。

2. 锂与镁的相似性

处于对角线位置的锂与镁的相似性主要表现在，锂、镁与过量的氧气燃烧化合时生成正常氧化物；与氮化合生成氮化物；与水反应均较缓慢；它们的氢氧化物都是中强碱，溶解度也不大，在加热时分解为 Li_2O 和 MgO；它们的某些盐类，如氟化物、碳酸盐、磷酸盐，均难溶于水；它们的碳酸盐在加热下均能分解为相应的氧化物和二氧化碳；它们的氯化物均能溶于有机溶剂中，表现出共价特征。

锂在碱金属中，常常表现出反常性。锂的化学性质与其他碱金属化学性质变化规律不一致。如锂的标准电极电势 $\varphi^\ominus(Li^+/Li)$ 在同族元素中反常得低，这与 $Li^+(g)$ 的水合放热较多有关；锂在空气中燃烧时能与氧形成普通氧化物 Li_2O，而位于锂下方的钠生成过氧化物 Na_2O_2 等；锂的化合物 LiF，Li_2CO_3，Li_3PO_4 难溶于水，是由于其共价性比同族其他元素化合物显著。

3. 铍与铝的相似性

处于对角线位置的铍与铝的相似性主要表现在：铍、铝都是两性金属；它们的标准电极电势相似，$\varphi^\ominus(Be^{2+}/Be)=-1.968$ V，$\varphi^\ominus(Al^{3+}/Al)=-1.662$ V；它们的氧化物均是熔点高、硬度大的物质；它们的氢氧化物 $Be(OH)_2$ 和 $Al(OH)_3$ 也都是两性氢氧化物，而且都难溶于水；它们的氟化物都能与碱金属的氟化物形成配合物，如 $Na_2[BeF_4]$ 和 $Na_3[AlF_6]$；它们的氯化物、溴化物、碘化物都易溶于水，易升华，易聚合，易溶于有机溶剂。

铍在碱土金属中，铍及其化合物的性质和ⅡA 族其他金属元素及其化合物也有明显的差别。铍的电负性较大，有较强的形成共价键的倾向，如 $BeCl_2$ 已属于共价型化合物，而其他碱土金属的氯化物基本上都是离子型的；铍的化合物热稳定性相对较差，易水解；铍的氢氧化物 $[Bc(OH)_2]$ 呈两性，而其他碱土金属的氢氧化物都是强碱。

4. 硼与硅的相似性

硅和硼在周期表中处于对角线位置上，它们的化合物表现出许多相似性。例如，硼、硅的单质与碱溶液反应能生成氢气。硼、硅的氢化物化学性质都很活泼，且易挥发，与水反应则放出氢气。硼、硅都能生成玻璃态氧化物。它们的氧化物显酸性，能与金属氧化物作用分别生成硼酸盐和硅酸盐。这些盐类中除了部分碱金属的盐能溶于水外，其他盐类都难溶于水。硼酸和硅酸都是弱酸，在冷水中的溶解度都不大。它们的卤化物水解后都生成相应的酸——硼酸和硅酸。

12.2 ds 区元素概述及重要化合物

一、ds 区元素概述

ds 区元素包括周期表中的第ⅠB 及ⅡB 副族，共 8 个金属元素。ds 区元素的性质与 s 区元素既有许多不同，也表现出某些相似性。第ⅠB 副族包括 Cu，Ag，Au，Rg 4 种元素，通常称为铜族元素，其中 Rg 是放射性元素，在性质的讨论中一般不涉及。第ⅡB 族元素包括锌、镉、汞、鎶 4 种元素，通常称为锌族元素，其中 Cn 在性质的讨论中不涉及。首先看看第ⅠB 副族与第ⅠA 主族都有哪些不同和相似的结构特征及性质。

铜族元素的价电子层构型为 $(n-1)d^{10}ns^1$，碱金属元素的价电子层构型为 ns^1，从价电子层结构上看，第ⅠB 副族与第ⅠA 主族的最外层都是 1 个电子，但是，第ⅠB 副族的价电子层除了最外层以外，还有次外层的$(n-1)$d轨道。基于此结构，第ⅠB副族的特征氧化值有多种，为+1，+2，+3，也就是$(n-1)$d轨道上的电子可以参与反应，而第ⅠA主族的特征氧化值只有+1。也正是第ⅠB副族有填满电子的$(n-1)d^{10}$轨道，使得其有效核电荷较大，如铜对$4s^1$的有效核电荷为3.7，钾对$4s^1$的有效核电荷为2.2，可见核对铜的$4s^1$电子的吸引力比钾对$4s^1$电子的吸引力大。第ⅠB副族的半径较小，铜的半径为128 pm，钾的半径为227 pm。从铜的第一电离能为746 kJ·mol^{-1}，第二电离能为1 970 kJ·mol^{-1}，钾的第一电离能为419 kJ·mol^{-1}，第二电离能为3 052 kJ·mol^{-1}可以看出，铜失去第一个电子比钾难，但失去第二个电子比钾易。这是因为，铜失去的第二个电子是处于价层的$(n-1)d^{10}$轨道上的电子，而钾失去的第二个电子是内层的$(n-1)p^6$轨道上的电子。第ⅠB副族的次外层为18电子构型，第ⅠA主族的次外层为8电子构型（Li除外），所以第ⅠB副族离子的极化作用强，第ⅠA主族离子的极化作用弱。形成的化合物中，第ⅠB副族元素以共价型为主要特征，而第ⅠA主族元素以离子型为主要特征。第ⅠB副族元素的化学活性从铜到金依次减小，而第ⅠA主族元素的化学活性从锂到铯依次增大。第ⅠB副族元素、第ⅠA主族元素的元素电势图如下：

$\varphi_a^{\ominus}/V$　$K^+ \xrightarrow{-2.931} K$

$Rb^+ \xrightarrow{-2.943} Rb$

$Cs^+ \xrightarrow{-3.027} Cs$

φ_a^{θ}/V　$CuO^+ \xrightarrow{1.8} Cu^{2+} \xrightarrow{0.1628} Cu^+ \xrightarrow{0.521} Cu$

$AgO^+ \xrightarrow{2.1} Ag^{2+} \xrightarrow{1.98} Ag^+ \xrightarrow{0.7996} Ag$

$Au^{3+} \xrightarrow{1.29} Au^{2+} \xrightarrow{1.29} Au^+ \xrightarrow{1.68} Au$

φ_b^{θ}/V　$Cu(OH)_2 \xrightarrow{-0.08} Cu_2O \xrightarrow{-0.36} Cu$

$Ag_2O_3 \xrightarrow{0.74} AgO \xrightarrow{0.57} Ag_2O \xrightarrow{0.34} Ag$

$H_2AuO_3^- \xrightarrow{0.7} Au$

第ⅠA主族元素以还原性为主要特征，但是第ⅠB副族元素确以氧化性为主要特征，特别是高氧化值的铜族元素氧化性很强，并且，在酸性条件下比碱性条件下要强。

锌族元素的价电子层构型为$(n-1)d^{10}ns^2$，碱土金属元素的价电子层构型为ns^2，从价电子层结构上看，第ⅡB副族与第ⅡA主族的最外层都是2个电子，但是，第ⅡB副族的价电子层除了最外层以外，还有次外层的$(n-1)$d轨道。基于此结构，第ⅡB副族的特征氧化值有多种，为+1，+2，也就是$(n-1)$d轨道上的电子对反应有影响，而第ⅡA主族的特征氧化值只有+2。也正是第ⅡB副族有填满电子的$(n-1)d^{10}$轨道，使得其有效核电荷较大，如锌对$4s^2$上的一个电子的有效核电荷为4.35，钙对$4s^2$上的一个电子的有效核电荷为2.85，可见核对锌的$4s^2$上一个电子的吸引力比钙对$4s^2$上一个电子的吸引力大。第ⅡB副族的半径较小，锌的半径为133 pm，钙的半径为197 pm。从锌的第一电离能为906 kJ·mol^{-1}，第二电离能为1 743 kJ·mol^{-1}，钙的第一电离能为590 kJ·mol^{-1}，第二电离能为1 152 kJ·mol^{-1}可以看出，锌失去第一个电子、第二个电子都比钙难。这是因为，锌失去的第二个电子是最外层$4s^2$轨道上的第二个电子，钙失去的第二个电子也是最外层$4s^2$轨道上的第二个电子。第ⅡB副族的次外层为18电子构型，第ⅡA主族的次外层为8电子构型（Be除外），所以第ⅡB副族离子的极化作用强，第ⅡA主族离子的极化作用弱。形成的化合物中，第ⅡB副族元素以共价型为主要特征，而第ⅡA主族元素以离子型为主要特征。第ⅡB副族元素的化学活性从锌到汞依次减小，而第ⅡA主族元素的化学活性从铍到钡依次增大。第ⅡB副族元素、第ⅡA主族元素的元素电势图如下：

$\varphi_a^{\ominus}/V$　$Ca^{2+}\xrightarrow{-2.868}Ca$　　$\varphi_a^{\ominus}/V$　$Zn^{2+}\xrightarrow{-0.7618}Zn$

$Sr^{2+}\xrightarrow{-2.899}Sr$　　$Cd^{2+}\xrightarrow{-0.6}Cd_2^{2+}\xrightarrow{-0.2}Cd$

$Ba^{2+}\xrightarrow{-2.906}Ba$　　$Hg^{2+}\xrightarrow{0.9047}Hg_2^{2+}\xrightarrow{0.7973}Hg$（$Hg^{2+}\rightarrow Hg$：0.851）

$\varphi_b^{\ominus}/V$　$Zn(OH)_2\xrightarrow{-1.245}Zn$

$Cd(OH)_2\xrightarrow{0.809}Cd$

$HgO\xrightarrow{0.098}Hg$

第ⅡA主族元素以还原性为主要特征，但是，第ⅡB副族元素氧化、还原性差别较大。无论酸、碱性条件，锌以还原性为主，而汞以氧化性为主，并且从锌到汞还原性依次减弱，氧化性依次增强。

ds区的第ⅠB副族和第ⅡB副族相比，其价电子层构型为$(n-1)d^{10}ns^1$，$(n-1)d^{10}ns^2$，从价电子层结构上看，第ⅠB副族与第ⅡB副族的最外层是1～2个电子，有点类似于碱金属和碱土金属，但第ⅠB副族与第ⅡB副族的次外层都是$(n-1)$d轨道，所以，第ⅠB和第ⅡB副族的氧化值有多种。铜对$4s^1$的有效核电荷为3.7，锌对$4s^2$上的一个电子的有效核电荷为4.35，可见，每增加一个单位的核电荷，有效核电荷增加0.65个单位。铜的半径为128 pm，锌的半径为133 pm，它们的半径从第ⅠB副族到第ⅡB副族略增，是由于第ⅡB副族元素电子填满的缘故。从铜的第一电离能为746 kJ・mol^{-1}，第二电离能为1 970 kJ・mol^{-1}，锌的第一电离能为906 kJ・mol^{-1}，第二电离能为1 743 kJ・mol^{-1}可以看出，铜失去第一个电子比锌易，但失去第二个电子比锌难。这是因为，铜失去的第一个电子是最外层$4s^1$轨道上的唯一电子，锌失去的第一个电子是最外层$4s^2$轨道上的第一个电子；铜失去的第二个电子是处于价层的$(n-1)d^{10}$轨道上的电子，锌失去的第二个电子是最外层$4s^2$轨道上的第二个电子。第ⅠB副族和第ⅡB副族的次外层都是18电子构型，所以极化作用强，形成的化合物以共价型为主要特征，第ⅠB副族和第ⅡB副族元素的化学活性都是从上到下依次减小。并且ⅡB的化学活性比ⅠB的化学活性高，标准电极电势值如下：

	Zn	Cd	H	Cu	Hg	Ag	Au
$\varphi^{\ominus}(M^{2+}/M)/V$	−0.761 8	−0.403	0.00	0.341 9	0.851	1.389 8	1.485

就其化学活性来说，锌、镉比氢活泼，而铜、汞、银、金不如氢活泼。

二、ds区元素的单质

1.铜族元素的单质

在自然界中，铜族元素既以矿物形式存在，如辉铜矿(Cu_2S)、孔雀石[$Cu_2(OH)_2CO_3$]、辉银矿(Ag_2S)、碲金矿($AuTe_2$)等，也以单质的形式存在，如金沙等。铜族元素的三种金属延展性、导电性和导热性较好，如，金的延展性特别突出，通常1 g金能抽成3 km长的丝，能压成0.000 1mm的金箔片，一根头发的直径约需500张金箔片的厚度。导电性最突出的是银，其次是铜，再次是金。考虑到成本，一般电器工业的导线以铜为主，高级仪器的导线以银、金为主。由于铜、银、金发现得较早，所以，古代的货币、器皿和首饰等常用它们的单质或合金制成。

铜族元素的化学活泼性较差，在室温下不与氧或水作用。由于铜、银、金的金属活动顺序位于氢之后，所以，它们都不能从稀酸中置换出氢气。铜、银能溶于硝酸中，而金只能溶于浓硝酸和浓盐酸的混合溶液——王水中：

$$Au + 4HCl + HNO_3 \longrightarrow H[AuCl_4] + NO\uparrow + 2H_2O$$

反应生成配酸 $H[AuCl_4]$是该平衡正向移动的主要因素之一，也就是铜族元素强的配位性起了主要的作用。在空气存在的情况下，铜族元素都能溶于氰化钾或氰化钠溶液中：

$$4M + O_2 + 2H_2O + 8CN^- \longrightarrow 4[M(CN)_2]^- + 4OH^-$$

M 代表 Cu，Ag，Au。这种现象也是由于铜族元素的离子能与 CN^- 形成配合物，从而使铜族元素单质的还原性增强，空气中的氧就能够将其氧化而发生上述反应。这是氰化法提取银和金的基础。基于环保的要求，氰化法正在被更好的方法所替代。银很易与硫作用，如在空气中银与硫化氢迅速生成硫化银，而使银的表面变黑，反应式为

$$4Ag + 2H_2S + O_2 \longrightarrow 2Ag_2S + 2H_2O$$

2. 锌族元素的单质

锌族元素的单质都是银白色金属，且熔点不高，锌、镉熔点依次为 420℃，321℃，汞在常态下呈液态。大量的汞用于制造温度计、日光灯、电池等，这也是现在汞的最大污染源——破损的温度计、随意丢弃的日光灯、报废的各种工业和生活电池等。

ds 区元素和 s 区元素可以形成一种特殊的合金，称之为汞齐，如锌、镉、铜、银、金、钠、钾等金属溶于汞中形成汞齐。汞齐中，随溶入金属量的增加，依次呈现液态、糊状和固态。而溶入汞齐中的金属却保持着自身的性质，如钠汞齐仍能从水中置换出氢气，只是反应速度和缓了，那么，用钠汞齐作还原剂就比钠作还原剂更安全。

锌族元素的单质在干燥的空气中都是稳定的。在空气中，把锌和镉加热到足够高的温度时，分别生成 ZnO 和 CdO，反应式为

$$2Zn + O_2 \xrightarrow[\triangle]{\text{燃烧}} 2ZnO\text{（蓝色火焰）}$$

$$2Cd + O_2 \xrightarrow[\triangle]{\text{燃烧}} 2CdO\text{（红色火焰）}$$

在空气中，加热汞时能生成 HgO；但是，温度超过 400℃时，HgO 又会分解为 Hg 和 O_2，反应式为

$$2Hg + O_2 \xrightarrow[\triangle]{<400℃} 2HgO\text{（红色）}$$

$$2HgO\text{（红色）} \xrightarrow[\triangle]{>400℃} 2Hg + O_2\uparrow$$

与氧不同的是，汞与硫的反应不需加热即可进行。因此，在出现意外时，如温度计破损，汞撒在了地上，就可以用硫粉覆盖散落的汞，使硫与汞化合生成 HgS，防止汞蒸气进入空气中，引发中毒。

锌的金属活泼性[$\varphi^\ominus(Zn^{2+}/Zn) = -0.761\ 8\ V$]虽然排在氢之前，但是，并不能从水中置换出氢气，这是因为锌的表面极易形成碱式碳酸盐膜的缘故。因此，常将锌镀在铁制品上，以保护铁。但是，锌在强碱性溶液中能够置换出氢气，反应式为

$$Zn+2OH^-+2H_2O=\!=\!=[Zn(OH)_4]^{2-}+H_2\uparrow$$

这一反应进行的主要原因也是由于 Zn^{2+} 形成配离子 $[Zn(OH)_4]^{2-}$ 的缘故。此时锌的电极电势 $[\varphi^\ominus([Zn(OH)_4]^{2-}/Zn)=-1.19\ V]$ 降低了，氢的电极电势为 $\varphi(H^+/H_2)=-0.828\,8\ V$(pH=14 时)，故锌可以从碱液中置换出氢气。一般来说，锌、镉、汞的化学活泼性从锌到汞依次降低。

三、ds 区元素的重要化合物

1. 铜族元素的化合物

(1)铜族元素氧化值为+1 的化合物。铜族元素都可以形成氧化值为+1，+2 和+3 的化合物。氧化值为+1 的化合物中以 Ag^+ 的化合物最稳定，其次是 Cu^+ 的化合物，Au^+ 的化合物很不稳定。在水溶液中，Cu^+ 和 Au^+ 容易歧化为 $Cu^{2+}(Au^{3+})$ 和 Cu(Au)，由此可见，在水溶液中，铜以 Cu^{2+} 的化合物稳定，金以 Au^{3+} 的化合物稳定。银、金的+2 氧化值的化合物都不稳定，如 AgO，AgF_2，AuF_2 是仅次于 O_3 和 F_2 的强氧化剂。氧化值为+3 的化合物以金最稳定，但它也具有强的氧化性。Cu^+ 的化合物一般是白色或无色的，是因为 Cu^+ 是 d^{10} 电子构型，不会发生电子的 d－d 跃迁；而 Cu^{2+} 的化合物或配合物可以发生电子的 d－d 跃迁而呈现颜色，是因为 Cu^{2+} 是 d^9 电子构型。

从元素电势图也可以看出：在酸性介质中只有 Ag^+ 稳定存在，Cu^+ 和 Au^+ 均可发生歧化反应；在碱性介质中 Cu_2O，Ag_2O 是可以稳定存在的。如果各氧化状态生成沉淀或配合物后，电极电势发生变化，如下所示，从数据可以看出，Cu^+ 生成沉淀或配合物后，$\varphi^\ominus$ 发生了变化，使得 Cu^+ 可以稳定存在而不发生歧化反应：

$$\varphi^\ominus/V \qquad Cu^{2+}\xrightarrow{0.162\,8}Cu^+\xrightarrow{0.521}Cu$$

$$Cu^{2+}\xrightarrow{0.447}[CuCl_2]^-\xrightarrow{0.232}Cu$$

$$Cu^{2+}\xrightarrow{0.561}CuCl\xrightarrow{0.117}Cu$$

通常情况下，固态 Cu^+ 的化合物比 Cu^{2+} 的化合物热稳定性高。例如

$$4CuO\xlongequal{1\,100℃}2Cu_2O+O_2\uparrow$$

$$2Cu_2O\xlongequal{1\,800℃}4Cu+O_2\uparrow$$

$$2CuCl_2\xlongequal{强热}2CuCl+Cl_2\uparrow$$

上述反应都说明了氧化值为+1 的 CuCl，Cu_2O 比氧化值为+2 的 $CuCl_2$，CuO 的热稳定性高。Cu^+ 的化合物都难溶于水，而 Cu^{2+} 的化合物则易溶于水的较多。常见的 Cu^+ 化合物在水中的溶解度按下列顺序降低：

$$CuCl>CuBr>CuI>CuSCN>CuCN>Cu_2S$$

Cu^+ 的配合物和难溶盐之间的转化反应能否进行，取决于难溶盐的溶度积和配合物稳定常数的大小，也要考虑到易溶盐的浓度等因素。例如，难溶的 CuCN 溶于易溶的 NaCN 溶液中，生成易溶配合物 $Na[Cu(CN)_2]$ 的反应方程式为

$$CuCN(s)+CN^-=\!=\!=[Cu(CN)_2]^-$$

该反应的标准平衡常数为

$$K^{\ominus}=\frac{c(Cu(CN)_2^-)/c^{\ominus}}{c(CN^-)/c^{\ominus}}=K_f^{\ominus}[Cu(CN)_2^-]\cdot K_{sp}^{\ominus}(CuCN)$$

代入数据计算，得

$$K^{\ominus}=1.0\times10^{24}\times3.5\times10^{-20}=3.5\times10^{4}$$

可见，反应向右进行的程度较大，即难溶盐可以转化为易溶配合物，而使难溶盐溶解。

由于 Cu^+ 能与 CO 或烯烃形成配合物，所以常用 Cu^+ 的配合物溶液来吸收 CO 和烯烃（如 C_2H_4，C_3H_6 等），反应式为

$$[CuCl_2]^- + CO = [CuCl_2(CO)]^-$$

$$[CuCl_2]^- + C_2H_4 = [CuCl_2(C_2H_4)]^-$$

$$[Cu(NH_3)_2]^+ + CO = [Cu(NH_3)_2(CO)]^+$$

$$[Cu(NH_2CH_2CH_2OH)_2]^+ + C_2H_4 = [Cu(NH_2CH_2CH_2OH)_2(C_2H_4)]^+$$

$[Cu(NH_3)_2]^+$ 吸收 CO 的能力比 $[CuCl_2]^-$ 强，并且，这些反应都是可逆的，加热时反应逆向进行，而放出 CO 气体。二乙醇氨合铜（Ⅰ）配离子 $[Cu(NH_2CH_2CH_2OH)_2]^+$ 的溶液吸收 C_2H_4 的能力比 $[CuCl_2]^-$ 强，该反应同样是可逆的，受热时放出 C_2H_4，工业上曾利用此反应从石油气中分离出烯烃。

(2)银、金的化合物。Ag^+ 的化合物热稳定性较差，难溶于水的较多，且见光易分解。如 $AgNO_3$ 是为数不多的可溶性盐，见光分解，需存放于棕色瓶中，对有机组织和纤维有破坏作用；易溶于水的 Ag^+ 化合物除硝酸银（$AgNO_3$）外，还有高氯酸银（$AgClO_4$）、氟化银（AgF）和氟硼酸银（$AgBF_4$）等。再有 Ag_2O，AgCN，$AgNO_3$ 在加热到不太高的温度时就会发生如下分解反应：

$$2Ag_2O \xlongequal{300℃} 4Ag + O_2\uparrow$$

$$2AgCN \xlongequal{320℃} 2Ag + (CN)_2\uparrow$$

$$2AgNO_3 \xlongequal{440℃} 2Ag + 2NO_2\uparrow + O_2\uparrow$$

难溶于水的 Ag^+ 的化合物较多，如卤化银，其溶解度按 AgF＞AgCl＞AgBr＞AgI 顺序依次减小，可以用离子极化作用加以解释。Ag^+ 是 18 电子构型，有较强的极化作用，而卤族元素阴离子的极化率从 F^- 到 I^- 依次增大，那么，阳、阴离子相互极化作用依次增强，使得以离子键为主的 AgF 逐步过渡到以共价键为主的 AgI，因而，在极性水中的溶解度依次减小。与 Cu^+ 相同，Ag^+ 也是 d^{10} 电子构型，不会发生电子的 d－d 跃迁，它的化合物一般呈白色或无色；但是，随卤族元素阴离子的极化率从 F^- 到 I^- 依次增大，颜色逐渐加深，由 AgF，AgCl 的白色，到 AgBr 的淡黄色，再到 AgI 的黄色。

Ag^+ 的卤化物对光很敏感。如 AgCl，AgBr，AgI 见光按下式分解：

$$AgX \xlongequal{光} Ag + \frac{1}{2}X_2$$

X 代表 Cl，Br，I。AgBr 常用于制造照相底片或印相纸等。AgI 可用于人工增雨。

从银的标准电极电势的数值[$\varphi^{\ominus}(Ag^+/Ag)=0.7996$ V]可以看出，Ag^+ 具有中等程度的氧化性，但是，当氧化性的 Ag^+ 遇到还原性的 I^- 时，却不发生氧化还原反应得到 I_2，而是生成

了沉淀 AgI。其主要原因是 Ag^+ 与 I^- 生成沉淀 AgI 后，降低了溶液中 Ag^+ 的浓度，使电极电势 $\varphi(Ag^+/Ag)$ 的数值大大降低，致使 Ag^+ 氧化 I^- 的反应不能发生。同样，在 Ag^+ 的溶液中通入 H_2S，也不会发生氧化还原反应，而是析出 Ag_2S 沉淀。

将 AgI 溶在过量的 KI 溶液中，就会生成 $[AgI_2]^-$ 而使 AgI 溶解；但是，加水稀释反应液时，又会重新析出黄色 AgI 沉淀。可逆反应为

$$AgI(s)+I^- \rightleftharpoons [AgI_2]^-$$

该反应的标准平衡常数为

$$K^{\ominus}=\frac{c(AgI_2^-)/c^{\ominus}}{c(I^-)/c^{\ominus}} \tag{1}$$

由式(1)可见，当加水稀释反应液时，$c(I^-)$ 和 $c(AgI_2^-)$ 同时在减小，且比值不变，这种情况下，平衡不移动，也就是不应该有 AgI 沉淀析出。但是，溶液中除了式(1)反应之外，还有一个平衡，是配合物 $[AgI_2]^-$ 的解离平衡，表示为

$$[AgI_2]^- \rightleftharpoons Ag^+ + 2I^-$$

该解离反应的标准平衡常数为

$$K^{\ominus}=\frac{\{c(Ag^+)/c^{\ominus}\}\{c(I^-)/c^{\ominus}\}^2}{\{c(AgI_2^-)/c^{\ominus}\}} \tag{2}$$

由式(2)可以看出，当加水稀释反应液时，式(2)的反应商 Q 比稀释前小了，即 $Q<K^{\ominus}$，所以，式(2)向生成 Ag^+ 与 I^- 的方向移动，当 Ag^+ 与 I^- 浓度的乘积大于 AgI 的 $K_{sp}^{\ominus}(AgI)$ 时，就会有 AgI 沉淀析出了。

在水溶液中，Ag^+ 能与多种配体形成配合物，其配位数一般为 2。例如，在 Ag^+ 的溶液中加入足量氨水时，发生以下反应：

$$Ag^+ + 2NH_3 \rightleftharpoons [Ag(NH_3)_2]^+$$

含有 $[Ag(NH_3)_2]^+$ 的溶液，在碱性条件下，能把醛或某些糖氧化，本身被还原为单质银。反应式为

$$2[Ag(NH_3)_2]^+ + HCHO + 3OH^- \rightleftharpoons 2Ag(s) + HCOO^- + 4NH_3 + 2H_2O$$

该反应在工业上大量用于化学镀银，但是，含 $[Ag(NH_3)_2]^+$ 的废液要及时处理，防止生成 AgN_3 而发生爆炸。

在含有 Ag^+ 的溶液中加入少量的 $Na_2S_2O_3$ 溶液，首先生成白色的沉淀，放置一段时间后，沉淀颜色逐渐加深，由白色到黄色、再到棕色，最后为黑色，有关的反应如下：

$$2Ag^+ + S_2O_3^{2-}(\text{少量}) \rightleftharpoons Ag_2S_2O_3\downarrow(\text{白色})$$

$$Ag_2S_2O_3(s) + H_2O \rightleftharpoons Ag_2S\downarrow(\text{黑色}) + H_2SO_4$$

当加入的 $Na_2S_2O_3$ 过量时，$Ag_2S_2O_3$ 转化成配离子 $[Ag(S_2O_3)_2]^{3-}$ 而溶解，反应式为

$$Ag_2S_2O_3(s) + 3S_2O_3^{2-}(\text{过量}) \rightleftharpoons 2[Ag(S_2O_3)_2]^{3-}$$

(3)铜族元素氧化值为+2 的化合物。铜是人类利用较早的金属。我国早在公元前 4700 年就有铜的冶炼，人们发现加热自然界存在的某些矿石，如碳酸羟铜 $Cu_2(OH)_2CO_3$ 只要稍稍加热即可分解，反应式为

$$Cu_2(OH)_2CO_3 \xlongequal{200℃} 2CuO + CO_2\uparrow + H_2O$$

在溶液中 Cu^{2+} 以六水合铜离子 $[Cu(H_2O)_6]^{2+}$ 形式存在，呈蓝色，水解程度不大，其水解反应式为

$$2Cu^{2+}+2H_2O \longequal [Cu_2(OH)_2]^{2+}+2H^+ \quad K^{\ominus}=2.51\times10^{-11}$$

在 Cu^{2+} 的溶液中加入适量的碱，析出浅蓝色氢氧化铜沉淀。$Cu(OH)_2$ 是两性氢氧化物，遇酸、碱时反应如下：

$$Cu(OH)_2+2H^+ = Cu^{2+}+2H_2O$$

$$Cu(OH)_2+2OH^- = [Cu(OH)_4]^{2-}\text{（深蓝色）}$$

在 $[Cu(OH)_4]^{2-}$ 中加入葡萄糖并加热至沸腾，有暗红色的 Cu_2O 沉淀析出：

$$\underset{\text{深蓝色}}{2[Cu(OH)_4]^{2-}}+\underset{\text{葡萄糖}}{C_6H_{12}O_6} = \underset{\text{红色}}{Cu_2O\downarrow}+\underset{\text{葡萄糖酸}}{C_6H_{12}O_7}+2H_2O+4OH^-$$

这一反应可以用来检验某些糖的存在。将 $Cu(OH)_2$ 加热后，随着温度的升高，依次分解为 CuO，Cu_2O：

$$Cu(OH)_2 \xrightarrow{\text{加热至 353K}} \underset{\text{低温稳定}}{CuO}+H_2O \xrightarrow{\text{至 1 273K}} \underset{\text{高温稳定}}{Cu_2O}+\frac{1}{2}O_2\uparrow$$

在五水硫酸铜 $CuSO_4\cdot5H_2O$ 的结构中，其中 4 个 H_2O 和 2 个 SO_4^{2-} 位于八面体的 6 个顶点，而 4 个 H_2O 处于平面正方形的 4 个角上，2 个 SO_4^{2-} 处于上下两个顶点，并与另外的 Cu^{2+} 共用。第五个 H_2O 则处于 $Cu(H_2O)_4^{2+}$ 和 SO_4^{2-} 之间，致使八面体成为变形八面体。当加热 $CuSO_4\cdot5H_2O$ 时的脱水过程可以印证这个结构，最终变为白色粉末状的无水硫酸铜。逐步脱水示意如下：

$$CuSO_4\cdot5H_2O \xrightarrow{102℃} CuSO_4\cdot3H_2O \xrightarrow{113℃} CuSO_4\cdot H_2O \xrightarrow{258℃} CuSO_4$$

无水 $CuSO_4$ 易吸水，吸水后由白色变为蓝色，常被用来吸收存在的微量水；工业上常用作电解铜的原料；农业上用它与石灰乳的混合液来消灭果树上的害虫；$CuSO_4$ 加在贮水池中可阻止藻类的生长。

在近中性溶液中，Cu^{2+} 与 $[Fe(CN)_6]^{4-}$ 反应，生成棕红色沉淀，反应式为

$$2Cu^{2+}+[Fe(CN)_6]^{4-} = Cu_2[Fe(CN)_6]\downarrow\text{（棕红色）}$$

这个反应可以用来鉴定是否有 Cu^{2+} 的存在，灵敏度较高。

在铜的简单配合物中，Cu^+ 配合物的稳定性通常都比 Cu^{2+} 配合物的稳定性高。例如，$[CuCl_2]^-$ 的标准稳定常数为 $\lg K_f^{\ominus}=4.84$，而 $[CuCl_4]^{2-}$ 的标准稳定常数为 $\lg K_f^{\ominus}=-4.6$，可见，$[CuCl_2]^-$ 比 $[CuCl_4]^{2-}$ 稳定性高。在 Cu^{2+} 的简单配合物中，深蓝色的 $[Cu(NH_3)_4]^{2+}$ 较稳定，$[Cu(NH_3)_4]^{2+}$ 溶液具有一特殊性质，能够溶解棉纤维，并且，在稀酸中喷出，形成具有蚕丝光泽的丝状纤维。Cu^{2+} 的螯合物稳定性比简单配合物稳定性高，通常 Cu^{2+} 的配合物或螯合物配位数大多为 4，空间构型为平面正方形。

从 Cu^{2+} 的价电子排布看，在八面体场的作用下，Cu^{2+} 的 3d 轨道能级分裂后，它的 $3d^9$ 的电子排布有以下两种可能的方式：

$$(t_{2g})^6\ (d_{x^2-y^2})^2\ (d_{z^2})^1 \qquad (1)$$

$$(t_{2g})^6\ (d_{x^2-y^2})^1\ (d_{z^2})^2 \qquad (2)$$

若 Cu^{2+} 采取方式(1)排布时，在 xy 平面上的配体受到的排斥作用比 z 轴方向大，因为 $d_{x^2-y^2}$ 轨道中有 2 个电子，d_{z^2} 轨道中只有 1 个电子，配体与 Cu^{2+} 在 xOy 平面上的键比在 z 轴方向的键要长，从而形成了压扁的八面体。同理，若 Cu^{2+} 采取方式(2)排布时，在 xOy 平面上

的配体受到的排斥作用比 z 轴方向小，因为 $d_{x^2-y^2}$ 轨道中有 1 个电子，d_{z^2} 轨道中有 2 个电子，在 z 轴方向上的键比 xOy 平面上的键要长，这样就形成了在 z 轴方向拉长的八面体。在 $Cu^{2+}-NH_3$ 的配合物中，Cu^{2+} 对第五、第六个配体拉的不够牢固，它们的标准稳定常数 $K_{f5}^{\ominus}$ 和 $K_{f6}^{\ominus}$ 的数值如下：

	$K_{f1}^{\ominus}$	$K_{f2}^{\ominus}$	$K_{f3}^{\ominus}$	$K_{f4}^{\ominus}$	$K_{f5}^{\ominus}$	$K_{f6}^{\ominus}$
$Cu^{2+}-NH_3$	$10^{4.31}$	$10^{3.67}$	$10^{3.02}$	$10^{2.30}$	$10^{-0.46}$	$10^{-2.5}$

从数据可以看出，$K_{f5}^{\ominus}$ 和 $K_{f6}^{\ominus}$ 很小，在水溶液中这两个配体较容易解离，那么，在配位数为 6 的 Cu^{2+} 配合物中，$3d^9$ 电子以拉长八面体的方式排布为主，所以，Cu^{2+} 配合物的配位数可以看作 4。

从铜的标准电极电势看，Cu^{2+} 的氧化性并不强，标准电极电势如下：

$$Cu^{2+}+2e^- = Cu^+ \qquad \varphi^{\ominus}=0.162\,8\,V$$

$$I_2+2e^- = 2I^- \qquad \varphi^{\ominus}=0.535\,5\,V$$

按照上述电极反应，Cu^{2+} 是不能将 I^- 氧化的，但是，实际上发生了 Cu^{2+} 将 I^- 氧化的反应，反应式为

$$2Cu^{2+}+4I^- = 2CuI\downarrow+I_2$$

这是由于 Cu^+ 与 I^- 反应生成了难溶于水的 CuI，使得溶液中的 Cu^+ 浓度变得很小，增强了 Cu^{2+} 的氧化性，即电对 $\varphi^{\ominus}(Cu^{2+}/Cu^+)$ 变成了 $\varphi^{\ominus}(Cu^{2+}/CuI)$，且电极电势变大了，为 $\varphi^{\ominus}(Cu^{2+}/CuI)=0.866\,V$，该数值大于 $\varphi^{\ominus}(I_2/I^-)$，所以，$Cu^{2+}$ 可以把 I^- 氧化。与此类似的还有反应式

$$2Cu^{2+}+6CN^- = 2[Cu(CN)_2]^-+CN_2\uparrow$$

(4)Cu^{2+} 与 Cu^+ 的转化。Cu^{2+} 和 Cu^+ 都有稳定的化合物及配合物，但是又可以相互转化，从离子结构的角度可知，Cu^+ 是 $3d^{10}$ 的电子排布的全满状态，而 Cu^{2+} 是 $3d^9$ 的电子排布状态，就其电子排布可以得出 Cu^+ 比 Cu^{2+} 稳定性高。从铜的第一电离能 $I_1=746\ kJ\cdot mol^{-1}$、第二电离能 $I_2=197\ 0\ kJ\cdot mol^{-1}$ 的数值来看，在气态下，也是 Cu^+ 比 Cu^{2+} 稳定性高。从各离子的 $\Delta_r H_{m.h}^{\ominus}$ 看，$\Delta_r H_{m.h}^{\ominus}(Cu^+)=-582\ kJ\cdot mol^{-1}$，$\Delta_r H_{m.h}^{\ominus}(Cu^{2+})=-212\ 1\ kJ\cdot mol^{-1}$，那么，在水溶液中就应该是 Cu^{2+} 比 Cu^+ 稳定性高。

再从 $\varphi^{\ominus}$ 看，有

$$Cu^{2+}\xrightarrow{0.162\,8}Cu^+\xrightarrow{0.521}Cu$$

Cu^+ 能够自发地歧化生成 Cu^{2+} 和 Cu，所以，在水溶液中是 Cu^{2+} 比 Cu^+ 稳定性高。但是，如果 Cu^+ 生成沉淀或配合物后，稳定性又发生了变化，这一点也可以从 $\varphi^{\ominus}$ 看出，如

$$Cu^{2+}\xrightarrow{0.447}[CuCl_2]^-\xrightarrow{0.232}Cu$$

$$Cu^{2+}\xrightarrow{0.561}CuCl\xrightarrow{0.117}Cu$$

Cu^+ 生成沉淀或配合物后，Cu^{2+} 的氧化能力增强了，Cu^+ 也不能歧化了，所以，又是 Cu^+ 比 Cu^{2+} 稳定性高。从上述各方面的分析可以得出，Cu^{2+} 与 Cu^+ 的稳定性是有条件的、相对的、可以转换的。

2. 锌族元素的化合物

对于锌族元素，锌和镉以氧化值为 +2 的化合物居多，性质比较相似，而汞有氧化值为

＋1，＋2的化合物，性质较为特殊。

(1)锌、镉的主要化合物。在水溶液中，与Cu^{2+}相同，Zn^{2+}和Cd^{2+}也以六水合离子$[Zn(H_2O)_6]^{2+}$和$[Cd(H_2O)_6]^{2+}$形式存在，这两种水合离子的水解趋势也是较弱的，其水解常数如下：

$$[Zn(H_2O)_6]^{2+} = [Zn(OH)(H_2O)_5]^{+} + H^{+} \qquad K^{\ominus} = 2.19\times10^{-10}$$

$$[Cd(H_2O)_6]^{2+} = [Cd(OH)(H_2O)_5]^{+} + H^{+} \qquad K^{\ominus} = 1.0\times10^{-9}$$

在上述平衡中，加入强碱，有利于平衡右移，而生成白色的$Zn(OH)_2$和$Cd(OH)_2$沉淀；但是，如果碱过量时，$Zn(OH)_2$又会因生成$[Zn(OH)_4]^{2-}$而溶解，$Cd(OH)_2$不发生这一反应，反应式为

$$Zn^{2+} + 2OH^{-} = Zn(OH)_2\downarrow(\text{白色})$$

$$\xlongequal{OH^{-}\text{过量}} [Zn(OH)_4]^{2-}$$

$$Cd^{2+} + 2OH^{-} = Cd(OH)_2\downarrow(\text{白色})$$

$$\xlongequal{OH^{-}\text{过量}} \text{不反应}$$

在含有Zn^{2+}和Cd^{2+}的溶液中通入H_2S，就会有白色的ZnS、黄色的CdS沉淀出来，反应式为

$$Zn^{2+} + H_2S = ZnS\downarrow(\text{白色}) + 2H^{+}$$

$$Cd^{2+} + H_2S = CdS\downarrow(\text{黄色}) + 2H^{+}$$

由于ZnS的溶度积($K_{sp}^{\ominus} = 1.2\times10^{-23}$)较大，在第5章5.2节中我们已经计算出，溶液中$H^{+}$的浓度超过0.3 mol·L^{-1}时，ZnS就会溶解。因此，要得到ZnS沉淀，在通入H_2S时，必须控制溶液的pH。而CdS的溶度积($K_{sp}^{\ominus} = 1.4\times10^{-29}$)较小，是难溶于稀酸的。这一生成特征黄色的反应常用来鉴定溶液中Cd^{2+}的存在。

在$ZnSO_4$的溶液中加入BaS时，生成一种混合型沉淀，反应式为

$$Zn^{2+} + SO_4^{2-} + Ba^{2+} + S^{2-} = ZnS\cdot BaSO_4\downarrow(\text{白色})$$

这种白色沉淀叫作锌钡白，俗称立德粉，是一种较好的白色颜料，没有毒性，在空气中也比较稳定。

Zn^{2+}和Cd^{2+}的配合物，以配位数为4的居多，基本构型为四面体。Zn^{2+}和Cd^{2+}都是d^{10}构型的离子，不会发生d-d跃迁，故其配离子都是无色的。只有一些带诸如—N═N—基团的螯合剂与Zn^{2+}结合时，才能生成有色的配合物。例如，二苯硫腙[C_6H_5—$(NH)_2$—CS—N═N—C_6H_5]与Zn^{2+}反应时，就会生成粉红色的沉淀。

在Zn^{2+}和Cd^{2+}与同种配体形成的各自的配合物中，通常Cd^{2+}的配合物比Zn^{2+}的配合物更稳定一些。例如，它们与卤素离子形成的配合物的标准稳定常数如下：

		F^{-}	Cl^{-}	Br^{-}	I^{-}
Zn^{2+}	$\lg K_{f1}^{\ominus}$	0.73	0.43	−0.60	<−1
Cd^{2+}	$\lg K_{f1}^{\ominus}$	0.46	1.95	1.75	2.10

Zn^{2+}和Cd^{2+}都能分别与NH_3，CN^{-}形成配位数为4的稳定配合物。

$$Zn^{2+} + 2NH_3 = Zn(OH)_2\downarrow(\text{白色})$$

$$\xlongequal{NH_3\text{过量}} [Zn(NH_3)_4]^{2+}$$

$$Cd^{2+} + 2NH_3 = Cd(OH)_2 \downarrow (白色)$$

$$\xrightarrow{NH_3 过量} [Cd(NH_3)_4]^{2+}$$

$$Zn^{2+} + 2CN^- = Zn(CN)_2 \downarrow$$

$$\xrightarrow{CN^- 过量} [Zn(CN)_4]^{2-}$$

$$Cd^{2+} + 2CN^- = Cd(CN)_2 \downarrow$$

$$\xrightarrow{CN^- 过量} [Cd(CN)_4]^{2-}$$

(2)汞化合物。与锌和镉不同,汞有氧化值为+1,+2 的化合物,如氧化值为+1 的 Hg_2^{2+}(—Hg—Hg—)的形式存在的亚汞化合物,大多数亚汞的无机化合物都是难溶于水的。在氧化值为+2 的 Hg^{2+} 的化合物中,易溶于水的化合物都是有毒的,与亚汞化合物一样,难溶于水的汞化合物也较多。在汞的化合物中,以共价键为主要特征。根据汞的元素电势图可以看出,在酸性体系中,Hg_2^{2+} 的化合物是稳定的,不易自发歧化生成 Hg^{2+} 和 Hg,有

$$\varphi_a^{\ominus}/V \quad Hg^{2+} \xrightarrow{0.904\ 7} Hg_2^{2+} \xrightarrow{0.797\ 3} Hg$$

相反,Hg 能把 Hg^{2+} 还原为 Hg_2^{2+},反应式为

$$Hg^{2+} + Hg = Hg_2^{2+} \qquad K^{\ominus} = 80$$

氯化汞和氯化亚汞是最常见的汞的化合物。其中氯化汞($HgCl_2$)俗称升汞,因为其熔点很低,只有 277℃,易于升华,故而得名(升汞)。氯化汞有剧毒,0.2~0.4 g 即可导致死亡。$HgCl_2$ 中 Hg^{2+} 以 sp^1 杂化轨道与 Cl^- 结合,形成共价型分子,分子的空间构型为直线型。氯化亚汞 Hg_2Cl_2 俗称甘汞,因为其味甜,有止痛作用,故而得名(甘汞)。其熔点为 525℃,加热至 383℃时升华,但不分解,由此可见,氯化亚汞比氯化汞稳定。氯化汞在水溶液中,主要以分子形式存在,部分氯化汞反应生成氯化羟基汞,反应式为

$$HgCl_2 + H_2O = Cl—Hg—OH + HCl$$

在 $HgCl_2$ 溶液中加入氨水,生成氯化氨基汞(NH_2HgCl)的白色沉淀,有

$$HgCl_2 + 2NH_3 = Cl—Hg—NH_2 \downarrow (白) + NH_4Cl$$

要想得到 Hg^{2+} 的氨配合物,只加过量的氨水是不能得到的,必须同时加入过量的 NH_4Cl,反应式为

$$HgCl_2 + 2NH_3 \xrightarrow{NH_4Cl} [HgCl_2(NH_3)_2]$$

$$[HgCl_2(NH_3)_2] + 2NH_3 \xrightarrow{NH_4Cl} [Hg(NH_3)_4]Cl_2$$

在含 Hg^{2+} 的溶液中加入强碱时,先生成不很稳定的 $Hg(OH)_2$,随生成即脱水,为黄色的 HgO 沉淀,反应式为

$$HgCl_2 + 2NaOH = HgO \downarrow (黄) + 2NaCl + H_2O$$

此氧化物 HgO 能溶于热的浓硫酸中,但难溶于碱溶液中。

在含 Hg^{2+} 的溶液中加入适量的 Br^-,SCN^-,I^-,$S_2O_3^{2-}$,CN^- 和 S^{2-} 时,会生成难溶于水的相应的汞盐。例如:在 $HgCl_2$ 溶液中加入适量的 KI,生成红色的 HgI_2 沉淀,反应式为

$$HgCl_2 + 2KI = HgI_2 \downarrow (红) + 2KCl$$

当加入的 KI 过量时,HgI_2 溶解,生成无色的$[HgI_4]^{2-}$配离子,反应式为

$$HgI_2 \downarrow (红) + 2KI = [HgI_4]^{2-}(无色液) + 2K^+$$

$[HgI_4]^{2-}$ 常用来配制 Nessler 试剂，用于鉴定 NH_4^+ 的存在。

在 Hg^{2+} 的溶液中加入 $SnCl_2$ 溶液时，首先有白色丝光状的 Hg_2Cl_2 沉淀生成，再加入过量的 $SnCl_2$ 溶液时，Hg_2Cl_2 可被 Sn^{2+} 还原为 Hg，反应式为

$$2HgCl_2 + SnCl_2 \xlongequal{} Hg_2Cl_2\downarrow(\text{白色}) + SnCl_4$$

$$Hg_2Cl_2(s)(\text{白色}) + Sn^{2+} + 4Cl^- \xlongequal{} 2Hg\downarrow(\text{黑色}) + [SnCl_6]^{2-}$$

此反应常用来鉴定溶液中 Hg^{2+} 的存在。

在 Hg_2Cl_2 溶液中加入氨水，生成氯化氨基亚汞(NH_2Hg_2Cl)的白色沉淀，NH_2Hg_2Cl 不稳定，随即分解为 NH_2HgCl 和 Hg，而使沉淀呈灰黑色，反应式为

$$Hg_2Cl_2 + 2NH_3 \xlongequal{} NH_2Hg_2Cl\downarrow(\text{白色}) + NH_4Cl$$

$$NH_2Hg_2Cl(s) \xlongequal{} NH_2HgCl\downarrow(\text{白色}) + Hg\downarrow(\text{黑色})$$

在含 Hg_2^{2+} 的溶液中加入强碱时，先生成不很稳定的 $Hg_2(OH)_2$，随生成即脱水，为棕褐色的 Hg_2O 沉淀，反应式为

$$Hg_2^{2+} + 2OH^- \xlongequal{} Hg_2O\downarrow(\text{棕褐色}) + H_2O$$

$$Hg_2O \xlongequal{} [HgO\downarrow(\text{黄色}) + Hg\downarrow(\text{黑色})](\text{黑色})$$

在含 Hg_2^{2+} 的溶液中加入适量的 Br^-，SCN^-，I^-，$S_2O_3^{2-}$，CN^- 和 S^{2-} 时，也会生成难溶于水的相应的亚汞盐。但是许多难溶于水的亚汞盐易于歧化为 Hg^{2+} 的化合物和单质汞(Hg_2Cl_2 例外)。例如，在 Hg_2^{2+} 溶液中加入适量的 KI 时，生成黄绿色的 Hg_2I_2 沉淀，反应式为

$$Hg_2Cl_2 + 2KI \xlongequal{} Hg_2I_2\downarrow\text{黄绿色} + 2K^+ + 2Cl^-$$

Hg_2I_2 立即歧化为红色的 HgI_2 和黑色的单质汞，反应式为

$$Hg_2I_2 \xlongequal{} [HgI_2\downarrow(\text{红色}) + Hg\downarrow(\text{黑色})](\text{黑色})$$

当加入的 KI 过量时，HgI_2 溶解，生成了无色的 $[HgI_4]^{2-}$ 配离子，反应式为

$$Hg\downarrow(\text{黑色}) + HgI_2\downarrow(\text{红色}) + 2KI \xlongequal{} [HgI_4]^{2-}(\text{无色液}) + Hg\downarrow(\text{黑色}) + 2K^+$$

在 Hg_2Cl_2 溶液中加入过量的 $SnCl_2$ 溶液时，Hg_2Cl_2 可被 Sn^{2+} 还原为 Hg，反应式为

$$Hg_2Cl_2(s)(\text{白色}) + Sn^{2+} + 4Cl^- \xlongequal{} 2Hg\downarrow(\text{黑色}) + [SnCl_6]^{2-}$$

上述各个反应都可以用来分离 Hg^{2+} 和 Hg_2^{2+}，并用于鉴定体系中是否存在 Hg^{2+} 和 Hg_2^{2+}。

Hg^{2+} 形成的配合物，以配位数为 4 的居多，且都是反磁性的。大多数配合物的形成都经历了从难溶物到可溶性配合物的过程，如在 $HgCl_2$ 中加入适量 KI，就是先生成 HgI_2 沉淀，加入过量 KI 时，再生成可溶的 $[HgI_4]^{2-}$。这一过程也可以从 Hg^{2+} 配合物的标准稳定常数看出。通常，它们的 $K_{f1}^\ominus$ 和 $K_{f2}^\ominus$ 比较接近，而 $K_{f1}^\ominus$ 和 $K_{f2}^\ominus$ 比 $K_{f3}^\ominus$ 和 $K_{f4}^\ominus$ 大得多。例如，$[HgCl_4]^{2-}$ 的各级标准稳定常数为

	$K_{f1}^\ominus$	$K_{f2}^\ominus$	$K_{f3}^\ominus$	$K_{f4}^\ominus$
$[HgCl_4]^{2-}$	$10^{6.74}$	$10^{6.48}$	$10^{0.85}$	$10^{1.00}$

再如，在 $HgCl_2$ 溶液中通入 H_2S 时，虽然在溶液中 $HgCl_2$ 主要以分子形式存在，Hg^{2+} 的浓度很小，但是，由于 HgS[$K_{sp}^\ominus$(黑)$=6.44\times10^{-53}$]极难溶于水，故仍然能有 HgS 沉淀生成，反应式为

$$HgCl_2 + H_2S \xlongequal{} HgS\downarrow(\text{黑色}) + 2H^+ + 2Cl^-$$

虽然 HgS 难溶于水、盐酸、硝酸之中，但是，却能溶于过量的浓 Na_2S 溶液，也是因为生成了二硫合汞(Ⅱ)配离子 $[HgS_2]^{2-}$ 的缘故，反应式为

$$HgS(s)+S^{2-} \longrightarrow [HgS_2]^{2-}$$

HgS 只能溶解在王水之中，反应式为

$$3HgS+12Cl^- +8H^+ +2NO_3^- \longrightarrow 3[HgCl_4]^{2-} +3S\downarrow +2NO\uparrow +4H_2O$$

在这一反应中，除了浓硝酸能把 HgS 中的 S^{2-} 氧化为 S 外，生成配离子$[HgCl_4]^{2-}$ 也是促使 HgS 溶解的因素之一。可见 HgS 的溶解是氧化还原反应和配位反应共同作用的结果。

阅读材料

一、Na^+，K^+，Mg^{2+}，Ca^{2+} 的生理作用

钠、钾、钙、镁对生物的生长和正常发育是非常必要的。Na^+，K^+，Mg^{2+}，Ca^{2+} 4 种离子占人体中金属离子总量的 99%。对高级动物来说，钠钾比值在细胞内液中和细胞外液中有较大的不同。在细胞内液中，$c(Na^+)\approx 0.005\ mol\cdot L^{-1}$，$c(K^+)\approx 0.16\ mol\cdot L^{-1}$；在人体血浆中，$c(Na^+)\approx 0.15\ mol\cdot L^{-1}$，$c(K^+)\approx 0.005\ mol\cdot L^{-1}$。这种浓度差别决定了高级动物的各种电物理功能，如神经脉冲的传送、隔膜端电压和隔膜之间离子的迁移、渗透压的调节等。由于钠在高级动物细胞外液中的浓度高于钾，因此，对于动物来说钠是较重要的碱金属元素，而对于植物来说钾是较重要的碱金属元素。

食盐是人类日常生活中不可缺少的无机盐，人如果得不到足量的食盐，就会患缺钠症。其主要症状是：口渴、恶心、肌肉痉挛、神经紊乱等，严重时会导致死亡。人可以从肉、奶等食物中获取一定量的钠，从果实、谷类、蔬菜等食物中获取适量的钾。神经细胞、心肌和其他重要器官功能都需要钾，肝脏、脾脏等内脏中钾比较富集。在胚胎中的钠钾比值与海水中十分接近，这一事实被一些科学家引为陆上动物起源于海生有机体的直接证明之一。

植物对钾的需要同高级动物对钠的需要一样，钾是植物生长所必需的一种成分。植物体通过根系从土壤中选择性地吸收钾。钾同植物的光合作用和呼吸作用有关，缺少钾会引起叶片收缩、发黄或出现棕褐色斑点等症状。

镁、钙对动植物的生存也起着重要作用。镁存在于叶绿素中。已经发现谷类光合作用的活性与 Mg^{2+}，Ca^{2+} 的浓度有关。镁占人体重量的 0.05%，人体内的镁以磷酸盐形式存在于骨骼和牙齿中，其余分布在软组织和体液中，Mg^{2+} 是细胞内液中除 K^+ 之外的重要离子。镁是体内多种酶的激活剂，对维持心肌正常生理功能有重要作用。若缺镁会导致冠状动脉病变，心肌坏死，出现抑郁、肌肉软弱无力和晕眩等症状。成年人每天镁的需要量为 200～300 mg。

钙对于所有细胞生物体都是必需的。无论在肌肉、神经、黏液和骨骼中都有 Ca^{2+} 结合的蛋白质。钙占人体总重量的 1.5%～2.0%，一般成年人体内含钙量约为 1 200 g，成年人每天钙的需要量为 0.7～1.0 g。钙是构成骨骼和牙齿的主要成分，一般为羟基磷酸钙 $Ca_5(PO_4)_3OH$，占人体钙的 99%。在血中钙的正常浓度为每 100 mL 血浆含 9～11.5 mg，其中一部分以 Ca^{2+} 存在，而另一部分则与血蛋白结合。钙有许多重要的生理功能，钙和镁都能调节动物和植物体内磷酸盐的输送和沉积。钙能维持神经肌肉的正常兴奋和心跳规律，血钙增高可抑制神经肌肉的兴奋，如，血钙降低，则引起兴奋性增强，而产生手足抽搐。钙对体内多种酶有激活作用。钙还参与血凝过程和抑制毒物，如，铅的吸收；它还影响细胞膜的渗透作用。人体缺钙，将影响儿童的正常生长，或出现佝偻病；对成年人来说，则患软骨病，易发生骨折并

发生出血和瘫痪等疾病，高血压、脑血管病等也与缺钙有关。

二、构成生命的化学元素

自然界中存在约90种稳定元素，其中含量最丰富的元素是 O，Si，Al，Fe。而在组成生物体的30余种元素中大约只有21种元素是构成生命不可缺少的元素，见表12-5。其中常量元素有C，H，O，N，S，P，Cl，Ca，K，Na，Mg等11种元素。微量元素有Fe，Zn，Mn，Co，Mo，Se，Cr，Si，I，F等10种元素。

与人体一样，其他生物体内各种元素的含量出乎意料地表现出"反自然"现象。自然界中C，H，N 3种元素的总和还不到元素总量的1%，然而生物体中C，H，N和O 4种元素竟占了96%以上，它们是构成糖、脂肪、蛋白质和核酸4种生物分子的主要成分。余下不足4%的元素包括Ca，P，K，S以及众多的微量元素，它们当中有许多成员在生命活动过程中主要起调节代谢反应的作用。这种"反自然"现象与生命具有富集自然界中稀少元素的能力有关。

表12-5　人体生命的部分元素成分

常量元素			微量元素		
元　素	体重/%	干重/%	元　素	含量/($mg \cdot kg^{-1}$)	日推荐量/mg
氧(O)	25.5	9.3	铁(Fe)	4 500	10～18
碳(C)	9.4	61.7	氟(F)	2 600	0.1～4
氢(H)	6.5	5.1	锌(Zn)	2 000	3～15
氮(N)	1.4	11.0	硅(Si)	24.0	1 000
钙(Ca)	0.31	5.0	硒(Se)	13.0	0.01～0.2
磷(P)	0.22	3.3	锰(Mn)	12.0	0.5～5
氯(Cl)	0.08	0.7	碘(I)	11.0	0.04～0.15
钾(K)	0.06	1.3	钼(Mo)	9.0	0.15～0.5
硫(S)	0.05	1.0	铬(Cr)	6.0	0.01～0.2
钠(Na)	0.03	0.7	钴(Co)	1.1	0.14～0.58
镁(Mg)	0.01	0.3			

部分微量元素的主要功能：

铁（Fe）：与氧的运送和酶的活性有关，缺少时，可引起缺铁性贫血。

锌（Zn）：与青少年的发育生长相关，对癌症等的发病和防治有着重要的作用。

钼（Mo）：与酶的活性、食道癌的发病率和防治有关。

碘（I）：缺碘会导致地方性甲状腺肿，幼儿发生呆小症。

锰（Mn）：与酶的活性有关。

钴（Co）：与酶的活性有关。青春期少女的推荐量为每日0.015 mg。

氟（F）：与牙齿健康有关，缺氟产生龋齿；过多则出现斑齿和氟中毒。

硅（Si）：矽肺，硅浸润细胞。

硒（Se）：缺硒产生克山病，与肝功能，冠心病发病和防治有关。

三、构成生命的无机小分子

1. 水

图 12-1 所示为水分子的结构与形态。

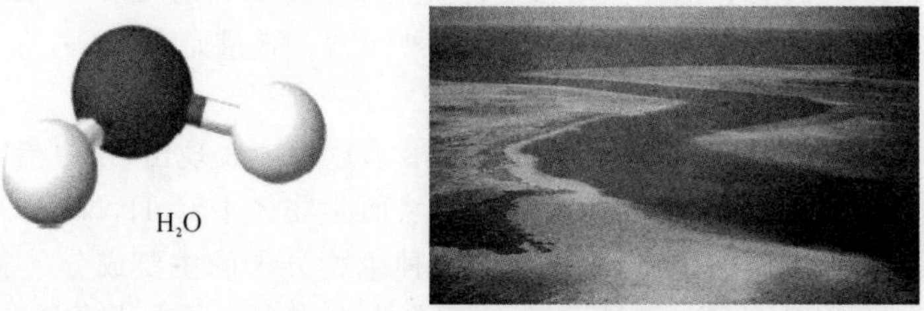

图 12-1　水分子的结构与形态

水是生命之源，不仅孕育了生命，而且还是构成生命的主要化学成分，生物体中的水占了约 70%的总体重。可见，小小的水分子在生命活动中扮演着至关重要的角色。

水的特性符合生物生存的需要。

(1)水是极性分子，形成极性共价键，可以和相邻的水分子形成不稳定的氢键，使水有较强的内聚力和表面张力。

(2)水有很强的结合能力，是最好的极性溶剂，对于生物体内物质的运输，生命化学反应的进行，正常的新陈代谢具有重要意义。

(3)水的比热为 4.2 $kJ \cdot kg^{-1} \cdot ℃^{-1}$，在温度改变时，热量的吸收和释放较大，这使细胞的温度和代谢速率得以保持相对稳定，从而维持生物的体温恒定。

2. 无机盐

生物体内含有多种无机盐，一般以离子状态存在(见图 12-2)，如 Na^+，K^+，Ca^{2+}，Mg^{2+}，Cl^-，PO_4^{3-} 等。无机盐主要有以下作用。

(1)对调控细胞的渗透压和 pH 都起着重要作用。

(2)是酶的活化因子和调节因子，如 Ca^{2+}，Mg^{2+}。

(3)是合成有机物的原料，如 PO_4^{3-} 参与合成磷脂，核苷酸。

(4)形成动作电位引发肌肉收缩等生理反应，如 Na^+，K^+，Ca^{2+}。

(5)稳定生物体的内环境：生物生存的 pH 范围为 3～8.5，各种生物以及各种组织均有各自适宜的 pH 范围，生物体液和细胞中存在的多种无机离子构成了缓冲溶液，对外界的酸或碱具有一定的缓冲能力，在一定程度上保护生命免受外界伤害。

图 12-2　食盐(NaCl)的离子晶体

思　考　题

1. s 区元素的结构特征是什么？有何变化规律？

2. 解释 s 区元素氢氧化物的碱性递变规律。

3. 金属钠为什么要存放在煤油中？存放在液氨中又会怎样？

4. 解释碱土金属碳酸盐的热稳定性变化规律。

5. 试述对角线规则，比较锂与镁、铍与铝的相似性。与同族元素相比，锂、铍有哪些特殊性？

6. s 区元素有哪些重要的化合物？又有怎样的变化规律？试举一、二例加以分析说明。

7. ds 区元素的结构特征是怎样的？有何变化规律？ds 区与 s 区元素的结构特征有何不同？又有哪些相似之处？

8. ds 区元素有哪些重要的化合物？又有怎样的变化规律？试举一二例加以分析说明。

9. 比较铜族元素和碱金属元素的异同点。

10. 比较锌族元素和碱土金属元素的异同点。

习　　题

1. 将 1.00 g 白色固体 A 加热，得到白色固体 B(加热时直至 B 的质量不再变化)和无色气体。将气体收集在 450 mL 的烧瓶中，温度为 25℃，压力为 27.9 kPa。将该气体通入 $Ca(OH)_2$ 饱和溶液中得到白色固体 C。如果将少量的 B 加入水中，所得 B 溶液能使红色石蕊试纸变蓝。B 的水溶液被盐酸中和后，经蒸发干燥得到白色固体 D。用 D 做焰色反应试验，火焰为绿色。如果 B 的水溶液与 H_2SO_4 反应后，得白色沉淀 E，E 不溶于盐酸。试确定 A，B，C，D，E 各是什么物质，并写出相关反应方程式。

2. 某黑色固体 A 不溶于水，但是可以溶于硫酸生成蓝色溶液 B。在 B 中加入适量氨水生成浅蓝色沉淀 C，C 溶于过量氨水生成深蓝色溶液 D，在 D 中加入 H_2S 饱和溶液生成黑色沉淀 E，E 可溶于浓硝酸。试确定 A，B，C，D，E 各是什么物质，并写出相关反应方程式：

3. 下列物质均为白色固体，试用最简单的方法，较少的实验步骤和常用的化学试剂区别它们，并写出现象和有关的反应方程式。

Na_2CO_3　Na_2SO_4　$MgCO_3$　$Mg(OH)_2$　$CaCl_2$　$BaCO_3$

4. 用两种简单的方法区分 Li_2CO_3 和 K_2CO_3。

5. 在 $HgCl_2$ 和 Hg_2Cl_2 溶液中，分别加入氨水，各生成什么产物？写出反应方程式。

6. 将少量某钾盐溶液 A 加到一硝酸盐溶液 B 中，生成黄绿色沉淀 C；将少量 B 加到 A 中则生成无色溶液 D 和灰黑色沉淀 E；将 D 和 E 分离后，在 D 中加入无色硝酸盐 F，可生成金红色沉淀 G；F 与过量的 A 反应则生成 D，F 与 E 反应又生成 B。试确定各字母所代表的物质，写出有关的反应方程式。

7. 已知反应 $Hg_2^{2+} \xlongequal{} Hg^{2+} + Hg\downarrow$ 的 $K^{\ominus} = 1.24\times10^{-2}$。在 $0.10\ mol\cdot L^{-1}$ Hg_2^{2+} 溶液中，有无 Hg^{2+} 存在？说明 Hg_2^{2+} 溶液中能否发生歧化反应。

8. 根据下列实验现象确定各字母所代表的物质。

$$A \xrightarrow{NaOH} B \xrightarrow{HCl} C \xrightarrow{氨水} D \xrightarrow{KBr} E$$

无色溶液　　棕色沉淀　　白色沉淀　　无色溶液　　淡黄色沉淀

$$E \xrightarrow{Na_2S_2O_3} F \xrightarrow{KI} G \xrightarrow{KCN} H \xrightarrow{Na_2S} I$$

淡黄色沉淀　　无色溶液　　黄色沉淀　　无色溶液　　黑色沉淀

9. 在Cu^{2+}，Ag^{+}，Cd^{2+}，Hg_2^{2+}，Hg^{2+}溶液中分别加入适量的 NaOH 溶液，各生成什么物质？写出有关的离子反应方程式。

10. 在一溶液中含有Cu^{2+}，Ag^{+}，Zn^{2+}，Hg^{2+} 4 种离子，如何把它们分离开，并鉴定它们的存在？

第 13 章 d 区元素的化学

第 11 章、第 12 章我们讨论了 p 区、s 区和 ds 区元素的一般性质，这一章我们重点学习 d 区元素的基本性质，并与 ds 区、p 区进行比较，以使读者能够更全面地了解元素的化学性质及变化规律。

13.1 d 区(ds 区)元素概述

d 区元素包括周期表中的第ⅢB 到ⅦB 副族、以及第Ⅷ族(ds 区元素包括周期表中的第ⅠB及ⅡB 副族)。d 区(ds 区)元素都是金属元素，也称为过渡金属元素，简称过渡元素。位于第四周期的钪(Sc)到锌(Zn)元素为第一过渡系，位于第五周期的钇(Y)到镉(Cd)元素为第二过渡系，位于第六周期的镥(Lu)到汞(Hg)元素为第三过渡系。过渡金属元素的性质表现出更多的相似。d 区元素的一般性质以第一过渡系为例，见表 13-1。

表 13-1 d 区(ds 区)元素的一般性质

第一过渡系	价电子层构型	熔点/℃	原子半径/pm	第一电离能/($kJ \cdot mol^{-1}$)	氧化值*
Sc	$3d^1 4s^2$	1 541	161	639.5	**3**
Ti	$3d^2 4s^2$	1 668	145	664.6	−1,0,2,**3**,**4**
V	$3d^3 4s^2$	1 917	132	656.5	−1,0,2,3,**4**,**5**
Cr	$3d^5 4s^1$	1 907	125	659.0	−2,−1,0,2,**3**,4,5,**6**
Mn	$3d^5 4s^2$	1 244	124	723.8	−2,−1,0,1,**2**,3,**4**,5,**6**,**7**
Fe	$3d^6 4s^2$	1 535	124	765.7	0,**2**,**3**,4,5,6
Co	$3d^7 4s^2$	1 494	125	764.9	0,**2**,**3**,4
Ni	$3d^8 4s^2$	1 453	125	742.5	0,**2**,**3**,(4)
Cu	$3d^{10} 4s^1$	1 085	128	751.7	**1**,**2**,3
Zn	$3d^{10} 4s^2$	420	133	912.6	**2**

* 表中黑体数字为常见氧化值。

一、价电子构型与氧化态

(1)d 区(ds 区)元素价电子层构型的特征是：$(n-1)d^{1\sim10}ns^{1\sim2}$。由此可见，d 区元素的价电子层结构特点是，最外层大多数元素具有 2 个 s 电子，少数元素只有 1 个 s 电子或无 s 电子，但是,它们的次外层具有1～10个d电子。影响d区元素性质的除了最外层的s电子之外,还有次外层的d电子。

(2)d区(ds区)元素氧化值的特征是:具有多种氧化值,也称为多变价性。但是,d区(ds区)元素与p区元素最大的不同是,d区(ds区)元素氧化值通常是以1个单位变化着,如Fe^{2+},Fe^{3+},Mn^{2+},Mn^{3+},$Mn^{4+}O_2$,$Mn_2^{5+}O_5$,$Mn^{6+}O_4^{2-}$,$Mn^{7+}O_4^-$;而p区元素的氧化值多以2个单位变化着,如Pb^{2+},$Pb^{4+}O_2$,S^{2-},S^0,S^{2+},$S^{4+}O_2$,$S^{6+}O_3$等。这种在氧化值变化上的差别是主族元素和副族元素的重要区别之一。

在周期向上,第一过渡系元素由Sc到Zn,其中从Sc到Mn元素的氧化值是依次升高的,至Fe元素时,氧化值又开始依次降低。这主要是因为,到元素Fe,d电子数达到了5个以上,为$3d^6$,也就是d电子开始成对,即随着d电子的成对,其氧化值开始依次降低。到元素Zn,d电子数达到了10个,为$3d^{10}$的全满状态,其氧化值就只有+2了。

在族向上,从上至下,最高氧化值趋向稳定,即更易于形成高氧化值的化合物,而p区元素却是从上至下,最高氧化值趋向不稳定,如:铅更易于形成低氧化值化合物PbO,而高氧化值化合物PbO_2是不稳定的,实际上PbO_2是强氧化剂,这也是主族元素和副族元素在氧化值变化上的区别之二。

二、原子半径和电离能

1.原子半径

从图13-1可以看出,过渡元素的原子半径在同一周期,从左到右,随着原子序数的增加,原子半径先是逐渐减小,至元素Fe之后,随着d电子的成对,原子半径又开始逐渐增大。三个过渡系的变化规律基本相似。在同一族,从上至下,原子半径逐渐增大,但是,第二过渡系与第三过渡系(第五周期、第六周期)的原子半径更为接近,甚至有小的交错,这是镧系收缩的结果。就主族和副族相比,副族无论是周期向还是族向的变化都趋缓(见图13-1)。

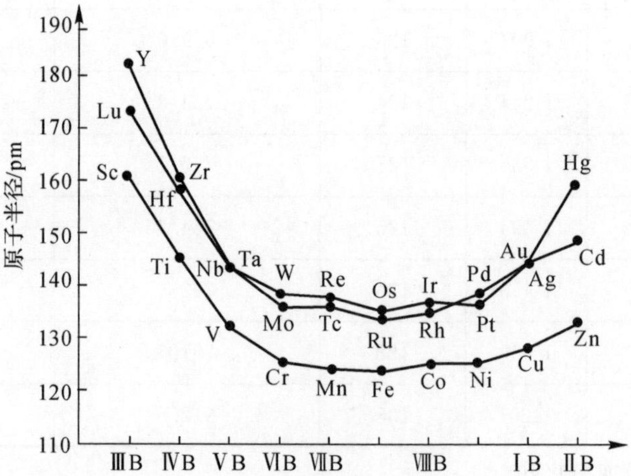

图13-1　过渡元素的原子半径

2.电离能

从表13-1中数据可以看出,在周期向,从左到右,随着原子序数的增加,第一电离能总的变化趋势是逐渐增大。同一族中，从上至下，电离能总的变化趋势是逐渐增大的，但是第二过渡系和第三过渡系有交错现象。电离能的变化与元素的 d 轨道上电子的填充有着密切的关系，当原子或离子的 d 轨道处于全满或半满状态时，再失去电子的电离能数值就会较大；而失电子后使离子的 d 轨道处于全满或半满状态时的电离能数值就会较小。例如，Fe 的第三电离能相对较小，就是由于从 Fe^{2+} 到 Fe^{3+} 是由 $3d^6$ 构型到半满状态的 $3d^5$ 构型。又如 Zn，Cd，Hg 的第一电离能较大，而第二电离能相对较小，也是由于ⅡB 族的价电子层构型为 $(n-1)d^{10}ns^2$，当失去第一个电子时，是在 $(n-1)d^{10}ns^2$ 的全满状态，所以，第一电离能较大；当失去第二个电子时，是在 $(n-1)d^{10}ns^1$ 的状态下，形成的 M^{2+} 离子处于 $(n-1)d^{10}ns^0$ 的较稳定状态，所以，第二电离能较小。

三、物理性质

(1)过渡元素具有金属的一切通性：过渡元素通常都有高的熔点、沸点，具有良好的导电、传热性。同一周期，从左到右其熔点先升后降，这也与单 d 电子数有关。在各个过渡系的前半部，随着单 d 电子数的增多，熔点依次升高，过渡系的后半部，又随着 d 电子的成对，熔点开始降低。因为金属晶体的熔点与金属键的强弱成正比，单电子数愈多，金属键愈强，熔点也就愈高。随着电子的成对，单电子数减少，金属键渐弱，熔点随之降低。同一族，从上至下，随着原子半径逐渐增大，熔点依次升高。从图 13 - 2 可以看出 W 的熔点最高。过渡元素单质的硬度也有类似的变化规律。硬度最大的金属是铬。密度最大的是Ⅷ族的锇(Os)。

(2)大多数过渡元素具有顺磁性：这一性质同样与过渡元素含有较多的未成对 d 电子有着密切的关系。

(3)过渡金属元素之间极易形成合金。

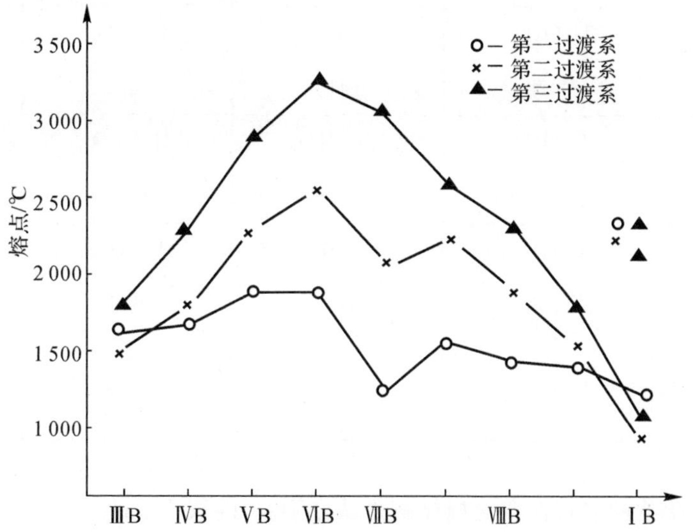

图 13 - 2 过渡元素的熔点

四、化学活泼性与氧化物水合物的酸碱性

1. 化学活泼性

大多数过渡金属元素的 $\varphi^{\ominus}$ 多为负值，说明过渡金属元素较为活泼，能够置换稀酸中的

H^+ 离子,第一过渡系金属元素的 $\varphi^\ominus(M^{2+}/M)$ 为

	Sc	Ti	V	Cr	Mn	Fe	Co	Ni	Cu	Zn
$\varphi^\ominus(M^{2+}/M)/V$	—	−1.63	−1.2	−0.91	−1.185	−0.447	−0.28	−0.257	0.341 9	−0.761 8
d 电子数	d^1	d^2	d^3	d^4	d^5	d^6	d^7	d^8	d^9	d^{10}

从数据可以看出,除铜以外,都可以置换稀酸中的 H^+ 离子,但是,实际反应多呈钝态,这是因为金属表面很容易形成氧化膜所致。同一周期,从左到右,$\varphi^\ominus(M^{2+}/M)$的主要变化趋势是逐渐增大,金属的活泼性依次降低。有两个变化点出现在 d^5 处和 d^{10} 处。同一族,从上至下,随着 $\varphi^\ominus(M^{n+}/M)$增大,金属的活泼性依次降低。例如

	$\varphi^\ominus(M^{3+}/M)/V$	$\varphi^\ominus(M^{4+}/M)/V$
Cr	−0.74	
Mo	−0.22	
W		−0.09

因为从上至下,原子半径增加幅度不大,而有效核电荷增加的幅度较大,故而核对外电子的吸引能力增大,所以金属的活泼性依次降低。

2. 氧化物水合物的酸碱性

过渡金属元素的氧化物水合物的酸碱性变化规律与主族元素一致。同一周期,从左到右酸性逐渐增强;同一族,从上到下酸性逐渐减弱;同一元素,随着氧化值的升高,酸性逐渐增强。过渡金属元素的氧化物水合物的组成见表 13-2。

表 13-2 过渡元素氧化物水合物的组成及酸碱性

ⅢB	ⅣB	ⅤB	ⅥB	ⅦB
$Sc(OH)_3$ 弱碱	$Ti(OH)_4$ 两性	HVO_3 酸性	H_2CrO_4 强酸	$HMnO_4$ 强酸
$Y(OH)_3$ 中强碱	$Zr(OH)_4$ 两性偏碱	$Nb(OH)_5$ 两性	H_2MoO_4 弱酸	$HTcO_4$ 酸性
$La(OH)_3$ 强碱	$Hf(OH)_4$ 两性偏碱	$Ta(OH)_5$ 两性	H_2WO_4 两性	$HReO_4$ 弱酸
$Ac(OH)_3$ 强碱				

例如,锰的氧化物的酸碱性变化规律就是从左到右,随氧化值的升高,酸性是逐渐增强的:

MnO	Mn_2O_3	MnO_2	MnO_3	Mn_2O_7
碱性	弱碱性	两性	酸性	强酸性

五、水合离子的颜色

由表 13-3 可见,当金属离子的 d 轨道为全空 d^0、全满 d^{10} 时,水合离子是无色的,如 $[Sc(H_2O)_6]^{3+}$ (d^0)和$[Zn(H_2O)_6]^{2+}$ (d^{10});只要金属离子的 d 轨道上有电子,水合离子就是

有颜色的。这是因为发生了电子的 d－d 跃迁而呈现一定的颜色。同一中心离子与不同配体形成的配合物，因配体对中心离子形成的晶体场强度不同，d－d 跃迁所需的能量也不同，因此，这些配合物就呈现不同的颜色，如$[Fe(H_2O)_6]^{2+}$是淡绿色的，$[Fe(CN)_6]^{4-}$是黄色的。

表 13－3　第一过渡系金属水合离子的颜色

d 电子数	水合离子	水合离子的颜色	d 电子数	水合离子	水合离子的颜色
d^0	$[Sc(H_2O)_6]^{3+}$	无色(溶液)	d^5	$[Fe(H_2O)_6]^{3+}$	淡紫色
d^1	$[Ti(H_2O)_6]^{3+}$	紫色	d^6	$[Fe(H_2O)_6]^{2+}$	淡绿色
d^2	$[V(H_2O)_6]^{3+}$	绿色	d^6	$[Co(H_2O)_6]^{3+}$	蓝色
d^3	$[Cr(H_2O)_6]^{3+}$	紫色	d^7	$[Co(H_2O)_6]^{2+}$	粉红色
d^3	$[V(H_2O)_6]^{2+}$	紫色	d^8	$[Ni(H_2O)_6]^{2+}$	绿色
d^4	$[Cr(H_2O)_6]^{2+}$	蓝色	d^9	$[Cu(H_2O)_6]^{2+}$	蓝色
d^4	$[Mn(H_2O)_6]^{3+}$	红色	d^{10}	$[Zn(H_2O)_6]^{2+}$	无色
d^5	$[Mn(H_2O)_6]^{2+}$	淡红色			

六、配位性和催化性

过渡金属元素均有可以参予成键的 d 轨道，所以，除了形成一般的无机化合物以外，非常容易形成各种形式的配合物。第ⅣB～Ⅷ族元素及化合物具有良好的催化性能。这是因为过渡金属元素具有适宜的表面吸附作用，从而降低了活化能，易于形成活化中间体(配合物)，使反应易于进行配位催化，加快了反应速率。例如，在硝酸制造过程中，氨的氧化用铂作催化剂；不饱和有机化合物的加氢常用镍作催化剂；接触法制造硫酸，用五氧化二钒(V_2O_5)作催化剂等。因此，过渡金属元素比主族元素更易于形成配合物，有更好的催化性能。

13.2　d 区元素化学各论

d 区元素中，第一过渡系元素在自然界中的储量较丰富，而第二过渡系和第三过渡系的元素丰度相对较小，只有银(Ag)和汞(Hg)除外。第ⅢB 族的元素钪(Sc)、钇(Y)、镥(Lu)和铹(Lr)与 d 区其他元素在性质上有许多不同之处。Sc，Y，Lu 与镧系元素(从 La 到 Yb)的性质较相似，在自然界中它们也常与镧系元素共生共存，所以，也常将 Sc，Y，Lu 与镧系元素放在一起进行讨论(见本章阅读材料中二、f 区元素的化学)。

在化学性质方面，第一过渡系元素的单质通常比第二过渡系和第三过渡系元素的单质活泼。例如，第一过渡系元素中除铜外，其他金属都能与稀酸作用，而第二过渡系和第三过渡系的单质大多较难发生类似的反应。如锆(Zr)、铪(Hf)单质仅能溶于王水和氢氟酸中，而钌(Ru)、铑(Rh)、锇(Os)、铱(Ir)等甚至在王水中也不溶解。

过渡金属元素与氢形成金属型氢化物，又称为过渡型氢化物。这类氢化物的特点是组成多是非化学计量的，如 $VH_{1.8}$，$TaH_{0.76}$，$LaNiH_{5.7}$ 等。在金属型氢化物中，氢原子占据金属晶体的空隙形成化合物。与氢类似的还有原子半径较小的 B，C，N 也能与ⅣB～ⅦB 族的元素形成间充(或间隙)式化合物，同样是 B，C，N 的原子占据金属晶格的空隙，它们的组成也是非化学计量的。通常，间充式化合物比相应的纯金属的熔点高，如 TiC，W_2C，TiN，TiB 的熔点都在

3 000℃左右；硬度大，大都接近于金刚石的硬度；化学性质不活泼。

过渡元素的单质由于具有多种优良的物理和化学性能，在冶金工业上用来制造各种合金钢，例如，不锈钢（含铬、镍等）、弹簧钢（含钒等）、建筑钢（含锰等）。

一、钛及其化合物

在我国钛矿储量丰富，已探明的主要矿物有钛铁矿 $FeTiO_3$ 和金红石 TiO_2。

1. 钛的单质

钛是银白色、轻质（密度为 4.506 g·L^{-1}）金属，并且机械强度很高（接近于钢），抗腐蚀性能优异。近几十年以来，钛被广泛用来制造超声速飞机、海军舰艇以及化工业的设备等。钛易于和肌肉长在一起，排异反应小，可用于制作人造关节。因此，钛被称为"国防金属""生物金属"等。

2. 钛的化合物

钛原子的价电子层构型为 $3d^2 4s^2$，因此，可以形成氧化值为＋4，＋3，＋2，0，－1 的化合物。从结构上看，钛的＋4 氧化值的化合物较为稳定。钛的元素电势图如下：

$$\varphi_a^{\ominus}/V \qquad TiO^{2+} \xrightarrow{0.1} Ti^{3+} \xrightarrow{-0.37} Ti^{2+} \xrightarrow{-1.63} Ti$$

$$\varphi_b^{\ominus}/V \qquad TiO_2 \xrightarrow{-1.69} Ti$$

从钛的元素电势图可以看出，在酸性体系中，最高氧化值的 Ti^{4+} 氧化性不强，其他氧化值的钛以还原性为主；在碱性体系中，最高氧化值的 Ti^{4+} 具有强的还原性。因此，钛能与氧化性强、电负性大的氟、氧形成化合物 TiF_4 和 TiO_2，与氯、溴、碘形成的化合物 $TiCl_4$，$TiBr_4$，TiI_4 的稳定性依次降低。

（1）钛的氧化值为＋4 的重要化合物。最高氧化值的 Ti^{4+} 由于电荷高，半径（68 pm）小，很难以简单离子形式存在于水溶液体系之中，常见的存在形式为 TiO^{2+}。最高氧化值的钛为 $(n-1)d^0$ 电子构型，所以，其化合物绝大多数是无色的。

在钛的氧化值为＋4 的化合物中，较为重要的是二氧化钛（TiO_2）和四氯化钛（$TiCl_4$）。在自然界中存在的高硬度、较稳定的金红石是 TiO_2 的其中一种结构形式，常呈现红色或黄色，是由于其中含有少量的铁、铌、钽、钒等的缘故。

在工业上，二氧化钛（TiO_2）是重要的化工原料，广泛用于制造白色涂料和钛的其他化合物。金属钛通常不能够由二氧化钛直接制取，因为金红石型 TiO_2 的标准摩尔生成焓为 －944.7 kJ·mol^{-1}，是个很大的数值，表明 TiO_2 的热稳定性很高。例如，用碳还原二氧化钛的反应式为

$$TiO_2(s) + 2C(s) = Ti(s) + 2CO(g) \quad \Delta_r G_m^{\ominus} = 615.2 \text{ kJ} \cdot \text{mol}^{-1}$$

该反应需要在 1 800℃以上的高温下才有可能进行，难以用该反应制取金属钛。那么，金属钛如何制得呢？通常是在 800～900℃下，用 TiO_2、碳和氯气进行反应，先制得四氯化钛 $TiCl_4$，反应式为

$$TiO_2(s) + 2C(s) + 2Cl_2(g) \xlongequal{800\sim900^{\circ}C} TiCl_4(l) + 2CO(g) \quad \Delta_r G_m^{\ominus} = -122.0 \text{ kJ} \cdot \text{mol}^{-1}$$

然后用镁或钠还原 $TiCl_4$，即可得到金属钛，反应式为

$$TiCl_4(l) + 2Mg(s) = Ti(s) + 2MgCl_2(s) \quad \Delta_r G_m^{\ominus} = -446.4 \text{ kJ} \cdot \text{mol}^{-1}$$

四氯化钛（$TiCl_4$）是共价键型化合物，极易吸湿的液体，与水猛烈作用，部分水解而生成氯

化钛酰($TiOCl_2$),完全水解时生成 $TiO_2 \cdot nH_2O$。在加热的情况下 $TiCl_4$ 被 H_2 还原为紫色粉末状 $TiCl_3$,反应式为

$$2TiCl_4 + H_2 = 2TiCl_3 + 2HCl$$

$TiCl_4$ 和 $TiCl_3$ 在某些有机合成反应中常用作催化剂。$TiCl_4$ 溶于含有 HCl 的溶液中,往往不能水解出难溶的 $TiO_2 \cdot nH_2O$,这是由于形成了配离子的缘故,反应式为

$$TiCl_4 + 2HCl = [TiCl_6]^{2-} + 2H^+$$

(2)钛的氧化值为+3 的重要化合物。在酸性溶液中,氧化值为+3 的钛与氧化值为+4 的钛的化合物不同的是,其中可以有 Ti^{3+} 的简单离子的存在,如反应:

$$2TiO^{2+} + Zn + 4H^+ = 2Ti^{3+} + Zn^{2+} + 2H_2O$$

向含有 Ti^{3+} 的溶液中加入碳酸盐时,就会有 $Ti(OH)_3$ 沉淀析出,反应式为

$$2Ti^{3+} + 3CO_3^{2-} + 3H_2O = 2Ti(OH)_3\downarrow + 3CO_2\uparrow$$

在酸性溶液中,Ti^{3+} 是一种比 Sn^{2+} 略强的还原剂,它容易被空气中的氧所氧化,有

$$4Ti^{3+} + 2H_2O + O_2 = 4TiO^{2+} + 4H^+$$

$[Ti(H_2O)_6]^{2+}$ 的还原性就更强一些,它能从水中置换出氢气。因此,在水溶液中难以制出 Ti^{2+} 的化合物。从以上分析可见,就钛而言,氧化值为+4 的化合物最稳定,其次是氧化值为+3 的化合物,氧化值为+2 的化合物已经很不稳定了。

二、铬及其化合物

铬原子的价电子层构型为 $3d^5 4s^1$。铬能形成氧化值为+6,+5,+4,+3,+2,+1,0,−1,−2 的化合物,其中以氧化值为+6 和+3 的化合物最常见,也最稳定。铬的元素电势图如下:

$$\varphi_a^\ominus/V \quad Cr_2O_7^{2-} \xrightarrow{1.232} Cr^{3+} \xrightarrow{-0.41} Cr^{2+} \xrightarrow{-0.91} Cr$$

$$\varphi_b^\ominus/V \quad CrO_4^{2-} \xrightarrow{-0.13} Cr(OH)_3 \xrightarrow{-1.1} Cr(OH)_2 \xrightarrow{-1.4} Cr$$

从铬的元素电势图可见,在酸性体系中,最高氧化值+6 具有强的氧化性。如氧化物(CrO_3)、氟化物(CrF_6)和重铬酸钾($K_2Cr_2O_7$)就是常用的氧化剂。在碱性体系中,最高氧化值+6 的化合物无氧化性,如铬酸钾(K_2CrO_4)等。铬的其他各氧化值均无氧化性,而有较强的还原性。如 Cr^{2+} 的化合物就是较强的还原剂,能从酸中置换出氢气。

1. 氧化值为+6 的铬的化合物

在氧化数为+6 的铬化合物中,最重要的是三氧化铬 CrO_3(铬酐)及其对应的酸(铬酸 H_2CrO_4 和重铬酸 $H_2Cr_2O_7$)以及它们的盐类,即铬酸盐和重铬酸盐。CrO_3 是暗红色晶体,易溶于水,生成铬酸和重铬酸,这些酸只能在溶液中存在,尚未分离出游离的 H_2CrO_4 和 $H_2Cr_2O_7$。它们都是强酸,但 $H_2Cr_2O_7$ 比 H_2CrO_4 的酸性要强一些。两种酸的解离平衡如下:

$$H_2Cr_2O_7 = HCr_2O_7^- + H^+; \qquad \text{完全解离}$$

$$HCr_2O_7^- = Cr_2O_7^{2-} + H^+; \qquad K_{a2}^\ominus = 0.85$$

$$H_2CrO_4 = HCrO_4^- + H^+; \qquad K_{a1}^\ominus = 9.55$$

$$HCrO_4^- = CrO_4^{2-} + H^+; \qquad K_{a2}^\ominus = 3.2\times10^{-7}$$

它们的盐类,如:铬酸钾 K_2CrO_4 和重铬酸钾 $K_2Cr_2O_7$,在通常情况下是稳定的。对于一些有颜色的含氧酸根离子,如 CrO_4^{2-}(黄色)等,它们的颜色是由电荷迁移而产生的。在这些

离子中，铬元素处于最高氧化值+6，具有 d^0 电子构型，具有较强的夺取电子的能力而呈现出明显的颜色。

大多数的铬酸盐呈黄色，这是 CrO_4^{2-} 离子的颜色，如 $PbCrO_4$（黄色）、$BaCrO_4$（淡黄色），也有一些铬酸盐呈现其他颜色，如 Ag_2CrO_4（砖红色），这一现象常用来鉴定溶液中是否存在银离子，反应式为

$$4Ag^+ + Cr_2O_7^{2-} + H_2O = 2Ag_2CrO_4\downarrow(\text{砖红色}) + 2H^+$$

如果在铬酸盐（如 K_2CrO_4）溶液中加入酸，使其呈酸性，则溶液颜色从黄色变为橙红色；若蒸发该橙红色溶液，便可得到橙红色的重铬酸盐结晶。溶液颜色的变化是因为溶液中存在着平衡：

$$2CrO_4^{2-} + 2H^+ = Cr_2O_7^{2-} + H_2O$$

反之，若在重铬酸盐溶液中加入碱，由于 OH^- 和 H^+ 结合成 H_2O，使平衡向生成 CrO_4^{2-} 的方向移动，溶液就从橙红色变成黄色（见表 13-4）。此平衡由溶液的酸度控制。

表 13-4　水溶液中铬的离子及性质

离　子	$Cr_2O_7^{2-}$	CrO_4^{2-}
氧化值	+6	+6
构型	两个四面体共用 1 个 O	正四面体
d 电子数	d^0	d^0
颜色	橙红色	黄色
存在时的 pH	<2	>6

从平衡观点看，若增加 H^+ 浓度，平衡向右移动，即有利于提高 $K_2Cr_2O_7$ 的氧化性。从标准电极电势 φ 值看，H^+ 浓度增加，则 φ 值增加，也有利于提高 $K_2Cr_2O_7$ 的氧化性。因此，当使用一些含氧酸盐（如 $K_2Cr_2O_7$，$KMnO_4$，KNO_3 等）作氧化剂时，通常要先使溶液酸化就是这个原因。

例如，在酸性、冷的溶液中，$K_2Cr_2O_7$ 可以氧化 H_2S，H_2SO_3 或 HI 等，反应式为

$$Cr_2O_7^{2-} + 3H_2S + 8H^+ = 2Cr^{3+} + 3S\downarrow + 7H_2O$$

$$Cr_2O_7^{2-} + 3H_2SO_3 + 2H^+ = 2Cr^{3+} + 3SO_4^{2-} + 4H_2O$$

$$Cr_2O_7^{2-} + 6I^- + 14H^+ = 2Cr^{3+} + 3I_2 + 7H_2O$$

当加热时，重铬酸钾可氧化浓盐酸中的氯离子而逸出氯气，反应式为

$$K_2Cr_2O_7 + 14HCl = 2CrCl_3 + 3Cl_2\uparrow + KCl + 7H_2O$$

在这些反应中，$Cr_2O_7^{2-}$ 的还原产物都是 Cr^{3+}。

CrO_3 是电镀的重要原料，但+6 氧化值的铬会严重毒害人体，它是国家规定的有毒物质之一。含+6 氧化值铬的废水必须控制铬含量在 0.5 mg·L^{-1}以下才能排放。目前处理含+6 氧化值铬废水的重要方法之一，就是把+6 氧化值的铬还原为+3 氧化值的铬，还原剂可以采用 $FeSO_4$，Na_2SO_3，$Na_2S_2O_3$ 等。但还原条件必须是酸性，pH 控制在 3 左右，然后再将+3 氧化值的铬在 pH 为 8.5 左右沉淀为 $Cr(OH)_3$，而 $Cr(OH)_3$ 可作为鞣革剂、抛光膏、瓷釉等化工原料。这样就可以变废为宝了。

3. 氧化值为 +3 铬的化合物

将 $(NH_4)_2Cr_2O_7$ 晶体加热，即可完全分解出固体 Cr_2O_3 和气体 N_2，H_2O，反应为

$$(NH_4)_2Cr_2O_7 \xlongequal{170℃} Cr_2O_3(s,\text{绿色}) + N_2\uparrow + 4H_2O$$

绿色的 Cr_2O_3 固体可以用来制作颜料，这一反应可以用来制作有趣的小火山，绿色的 Cr_2O_3 粉末涌出就好像是熔岩一般，喷出的气体 N_2 和 H_2O 无毒、无味，较为安全。

$(NH_4)_2Cr_2O_7$ 加热易于分解与它的组成有关。NH_4^+ 中的 N(氧化值为 −3)具有还原性，而 $Cr_2O_7^{2-}$ 中的 Cr^{6+} 有较强的氧化性。当受热时，分子内部容易发生氧化还原反应。再有，根据 $(NH_4)_2Cr_2O_7$ 分解反应的有关热力学数据，计算相关数值得

	$(NH_4)_2Cr_2O_7$ $\xlongequal{170℃}$	$Cr_2O_3(s,\text{绿色})$ +	$N_2\uparrow$ +	$4H_2O$
$\Delta_f H_m^\ominus/(kJ\cdot mol^{-1})$	−1 806.7	−1 139.7	0	4×(−241.8)
$S_m^\ominus/(J\cdot mol^{-1}\cdot K^{-1})$	488.7	81.2	191.6	4×188.8

$$\Delta_r H_m^\ominus = -300.2\ kJ\cdot mol^{-1}$$

$$\Delta_r S_m^\ominus = 539.3\ J\cdot mol^{-1}\cdot K^{-1}$$

从 $(NH_4)_2Cr_2O_7$ 的标准摩尔生成焓看，它在室温下是比较稳定的。从计算的 $(NH_4)_2Cr_2O_7$ 反应热可见是放热的，且熵增较大，反应有向右进行的可能。根据 $\Delta_r G_m^\ominus = \Delta_r H_m^\ominus - T\Delta_r S_m^\ominus$，当温度升高时，更利于 $(NH_4)_2Cr_2O_7$ 分解。

氧化值为 +3 的铬 Cr^{3+} 价电子层构型为 $3d^3 4s^0$，是一种相对稳定的排布形式。Cr^{3+} 易于形成配合物，在 6 配位的八面体场中，无论强场还是弱场，d^3 电子排布均进行内轨型 d^2sp^3 杂化，形成稳定的配合物。Cr^{3+} 化合物大多有色也是可以发生电子的 d－d 跃迁的结果。在水溶液中，以 $[Cr(H_2O)_6]^{3+}$ 组成存在，并按下式发生水解：

$$[Cr(H_2O)_6]^{3+} \xlongequal{} [Cr(OH)(H_2O)_5]^{2+} + H^+ \quad K^\ominus \approx 1.0\times10^{-4}$$

$$2[Cr(H_2O)_6]^{3+} \xlongequal{} [(H_2O)_4Cr(OH)_2Cr(H_2O)_4]^{4+} + 2H^+ + 2H_2O \quad K^\ominus \approx 1.99\times10^{-3}$$

向 $[Cr(H_2O)_6]^{3+}$ 溶液中加入碱时，首先生成灰绿色的 $Cr(OH)_3$ 沉淀，当碱过量时生成亮绿色的 $[Cr(OH)_4]^-$（或 $[Cr(OH)_6]^{3-}$）使 $Cr(OH)_3$ 沉淀溶解，反应示意如下：

$$[Cr(H_2O)_6]^{3+} + 3OH^- \xlongequal{} Cr(OH)_3\downarrow \xlongequal{\text{过量}OH^-} [Cr(OH)_4]^- + H^+$$

绿色(紫色)　　　　　灰绿色胶状物　　　　亮绿色

铬盐 ←—————— 两性 ——————→ 亚铬酸盐

加酸左移　　　　加碱右移

$Cr(OH)_3$ 具有两性，与 Al 相似，加酸溶解生成铬盐，加碱也溶解生成亚铬酸盐。Cr_2O_3 与 Al_2O_3 同晶，灼烧后 Cr_2O_3 不溶于酸。

根据元素电势图可知，在酸性溶液中，将 Cr^{3+} 氧化为 $Cr_2O_7^{2-}$ 是比较困难的，而在碱性溶液中，将 $[Cr(OH)_4]^-$ 氧化为铬酸盐就比较容易。如在酸性溶液中，要氧化 Cr^{3+} 需使用氧化性很强的过硫酸铵 $(NH_4)_2S_2O_8$ 等氧化剂，反应式为

$$2Cr^{3+} + 3S_2O_8^{2-} + 7H_2O \xlongequal{} Cr_2O_7^{2-} + 6SO_4^{2-} + 14H^+$$

在碱性溶液中，要氧化 $[Cr(OH)_4]^-$ 只需用 H_2O_2 这样的氧化剂，反应式为

$$2[Cr(OH)_4]^- + 3H_2O_2 + 2OH^- \xlongequal{} 2CrO_4^{2-} + 8H_2O$$

这一反应常用来初步鉴定溶液中是否有 Cr^{3+} 存在，进一步确认时需在此溶液中再加入

Ba^{2+} 或 Pb^{2+}，生成黄色的 $BaCrO_4$ 或 $PbCrO_4$ 沉淀，证明原溶液中确有 Cr^{3+}。

通常，Cr^{3+} 的配合物稳定性较高，在水溶液中解离程度较小，且速率很慢。当 Cr^{3+} 的配合物与其他配体发生反应时，会形成多种异构体。例如，组成为 $CrCl_3 \cdot 6H_2O$ 的配合物有常见的三种水合异构体，呈现以下不同的颜色：

$[Cr(H_2O)_6]Cl_3$	$[CrCl(H_2O)_5]Cl_2 \cdot H_2O$	$[CrCl_2(H_2O)_4]Cl \cdot 2H_2O$
（紫色）	（蓝绿色）	（绿色）

Cr^{3+} 的配合物中，还因配体在空间的排布不同而形成几何异构体。例如，组成为 $[CrCl_2(NH_3)_4]^+$ 的配离子就有顺、反两种几何异构体。

三、锰及其化合物

在自然界中，锰主要以软锰矿 $MnO_2 \cdot xH_2O$ 的形式存在。在地壳中锰的含量在过渡元素中仅次于铁和钛为第三位，在深海中也已经发现称之为"锰结核"的锰矿。锰的外形与铁相似，纯锰是白色金属，质硬而脆，锰常用来制造合金钢。

锰原子的价电子层构型为 $3d^5 4s^2$，能形成氧化值为 +7，+6，+5，+4，+3，+2，+1，0，−1，−2 的化合物。锰元素的多变价性使其拥有多种化合物。首先，最高氧化值 +7 的化合物较为稳定，如高锰酸盐 $KMnO_4$ 等；其次是氧化值为 +4 的化合物，如 MnO_2 是最稳定的一种；氧化值 +2 的化合物最为稳定，如 $MnSO_4$ 和 $MnCl_2$ 在固态或水溶液中都比较稳定。锰元素的电势图如下：

$\varphi_a^\ominus/V$
（酸性溶液）

$$MnO_4^- \xrightarrow{0.558} MnO_4^{2-} \xrightarrow{2.239\,5} MnO_2 \xrightarrow{0.938} Mn^{3+} \xrightarrow{1.51} Mn^{2+} \xrightarrow{-1.18} Mn$$

$MnO_4^- \to MnO_2$：1.679；$MnO_2 \to Mn^{2+}$：1.224；$MnO_4^- \to Mn^{2+}$：1.507

$\varphi_b^\ominus/V$
（碱性溶液）

$$MnO_4^- \xrightarrow{0.558} MnO_4^{2-} \xrightarrow{0.617\,5} MnO_2 \xrightarrow{-0.20} Mn(OH)_3 \xrightarrow{-0.10} Mn(OH)_2 \xrightarrow{-1.56} Mn$$

$MnO_4^- \to MnO_2$：0.596 5；$MnO_2 \to Mn(OH)_2$：−0.015 4

从锰元素的电势图可以看出，在酸性溶液中，电对 MnO_4^-/MnO_2，MnO_4^{2-}/MnO_2，MnO_2/Mn^{3+}，Mn^{3+}/Mn^{2+} 都表现出氧化型有强的氧化性，而电对 Mn^{2+}/Mn 中还原型有强的还原性，由此可以得出，酸性体系中，以 Mn^{2+} 的化合物最稳定。在碱性溶液中，上述各电对中氧化型的氧化性大幅降低，只有电对 Mn^{2+}/Mn 中还原型的还原性有所加强，那么，在碱性体系中，各氧化值的化合物都比在酸性体系中稳定。

对于那些具有颜色的含氧酸根离子，如 MnO_4^-（紫色）、MnO_4^{2-}（暗绿色）等，它们的颜色是由电荷迁移引起的。上述离子中的金属元素都处于最高或较高氧化态，锰的氧化值为 +7，+6，它们具有 d^0 或接近 d^0 电子构型，均有较强的夺取电子的能力，而呈现出不同的颜色。

1. 高氧化值（+7，+6）锰的化合物

高氧化值锰的化合物中，最重要的是高锰酸钾 $KMnO_4$ 和锰酸钾 K_2MnO_4。高锰酸根离子（MnO_4^-）中锰原子进行 d^3s 杂化，杂化时用的是 $3d_{xy}$，$3d_{xz}$，$3d_{yz}$ 和 4s 轨道，四个 d^3s 杂化轨道分别与 4 个氧原子以 σ 键相连，呈四面体构型，锰原子位于四面体的中心，4 个氧原子位于四面体的四个顶点。余下的 2 个 3d 轨道又与 4 个氧原子之间形成一个 Π_5^6 多中心大 π 键。MnO_4^- 在水溶液中的性质见表 13－5。

表 13－5　水溶液中锰的离子及性质

离　子	MnO_4^-	MnO_4^{2-}
氧化值	+7	+6
颜色	紫红色	暗绿色
d 电子数	d^0	d^1
存在于溶液中的条件	中性溶液中稳定	在 pH>13.5 的碱性溶液中稳定

锰的高氧化态只以 MnO_4^{2-}，MnO_4^- 形式存在，所形成的盐颜色都较深，氧化性较强，由于锰酸盐的稳定性不如高锰酸盐，所以最常使用的氧化性的盐是高锰酸盐，如高锰酸钾。并且其盐的氧化性与介质的酸碱性相关。这可以从它们的电极电势和相对应的产物看出：

$$MnO_4^- + 8H^+ + 5e^- \xlongequal{} Mn^{2+} + 4H_2O \qquad \varphi^\ominus = 1.507\ V$$

$$MnO_4^- + 4H^+ + 3e^- \xlongequal{} MnO_2 + 2H_2O \qquad \varphi^\ominus = 1.679\ V$$

在不同的介质中生成不同的产物，如在酸性溶液中，MnO_4^- 被还原为 Mn^{2+}；在中性或弱碱性溶液中，MnO_4^- 被还原为 MnO_2；在浓碱溶液中，MnO_4^- 能被 OH^- 还原为绿色的 MnO_4^{2-}，并放出氧气，半反应式为

$$MnO_4^- + 8H^+ \xlongequal{} Mn^{2+}(\text{无色}) + 4H_2O$$

$$MnO_4^- + 2H_2O \xlongequal{} MnO_2\downarrow(\text{棕色}) + 4OH^-$$

$$4MnO_4^- + 4OH^- \xlongequal{} 4MnO_4^{2-}(\text{绿色}) + O_2\uparrow + 2H_2O$$

比较 $\varphi^\ominus(MnO_4^-/MnO_2) = 1.679\ V$ 和 $\varphi^\ominus(O_2/H_2O) = 1.229\ V$ 可知，在酸性溶液中，MnO_4^- 可以把 H_2O 氧化为 O_2。但是，由于该反应的速率非常慢，使得水溶液中的 MnO_4^- 表面看是稳定的，长时间放置可以看出 MnO_4^- 分解的结果，棕色沉淀，反应式为

$$4MnO_4^- + 4H^+ \xlongequal{} 4MnO_2\downarrow + 2H_2O + 3O_2\uparrow$$

上述反应在光照、增加酸的浓度时都会加速进行，常用棕色瓶盛装 $KMnO_4$ 溶液就是为了降低分解速率。

通常使用 MnO_4^- 作氧化剂时，都是在酸性介质中进行。例如，MnO_4^- 可以把 H_2S 氧化为 S，还可进一步把 S 氧化为 SO_4^{2-}，反应式为

$$2MnO_4^- + 5H_2S + 6H^+ \xlongequal{} 2Mn^{2+} + 5S\downarrow + 8H_2O$$

$$6MnO_4^- + 5S + 8H^+ \xlongequal{} 6Mn^{2+} + 5SO_4^{2-} + 4H_2O$$

高锰酸钾热稳定性不高，受热即分解，反应式为

$$2KMnO_4 \xlongequal{200℃\text{以上}} K_2MnO_4 + MnO_2 + O_2\uparrow$$

$KMnO_4$ 粉末在低温下与浓硫酸作用，可生成黄绿色油状液体七氧化二锰（Mn_2O_7），也称为高锰酸酐，反应式为

$$2KMnO_4 + H_2SO_4(\text{浓}) \xlongequal{\text{低温}} Mn_2O_7 + K_2SO_4 + H_2O$$

生成的 Mn_2O_7 在 0℃以下是稳定的，室温下立即爆炸分解为 MnO_2 和 O_2。它与许多有机物（酒精、醚类等）接触时，立即着火燃烧。与 Mn_2O_7 对应的高锰酸（$HMnO_4$），仅能存在于稀溶液中，浓缩到 20%以上时就分解为 MnO_2 和 O_2。

常见的锰(Ⅵ)的化合物是 K_2MnO_4，它在强碱性溶液中以暗绿色的 MnO_4^{2-} 形式存在。由锰的元素电势图可以看出：在微酸性甚至近中性的条件下发生歧化反应式为

$$3MnO_4^{2-}+4H^+ = 2MnO_4^-+MnO_2+2H_2O$$

2.中氧化值(+4)锰的化合物

中等氧化值锰的化合物中最重要的是棕(褐)色固体粉末的二氧化锰(MnO_2)。MnO_2 氧化态居中,既可以做氧化剂,也可以做还原剂。氧化性的强弱与介质的酸碱性相关,通常,在酸性体系中,MnO_2 有强氧化性,反应式为

$$2MnO_2+2H_2SO_4 = 2MnSO_4+O_2\uparrow+2H_2O$$

$$MnO_2+4HCl(\text{浓}) = MnCl_2+Cl_2\uparrow+2H_2O$$

$$MnO_2+H_2O_2+2H^+ = Mn^{2+}+O_2\uparrow+2H_2O$$

而在碱性体系中,MnO_2 主要做还原剂,如

$$2MnO_2+4K^++2OH^-+KClO_3 = 2K_2MnO_4+KCl+H_2O$$

以 MnO_2 为原料,可以制取锰的其他低氧化值的化合物。例如,加热 MnO_2 可分解生成 Mn_3O_4 和 O_2;继续在氢气流中加热,可生成绿色粉末状的 MnO,反应式为

$$3MnO_2 \xrightarrow{530℃\text{以上}} Mn_3O_4+O_2\uparrow$$

$$Mn_3O_4+H_2 \xrightarrow{\triangle} 3MnO+H_2O$$

3.低氧化值(+2)锰的化合物

低氧化值的锰以简单离子形式存在,此时 Mn^{2+} 具有 d^5 的电子构型,这是一种较稳定的排布形式。因此,低氧化值锰的化合物一般最稳定,如 $MnSO_4\cdot7H_2O$,$Mn(NO_3)_2\cdot6H_2O$,$MnCl_2\cdot4H_2O$ 等都是稳定的低氧化值锰的化合物。这些化合物易溶于水,其溶液呈淡红色,也就是$[Mn(H_2O)_6]^{2+}$的颜色。$[Mn(H_2O)_6]^{2+}$(或 Mn^{2+})在水溶液中是比较稳定的,轻度水解,反应式为

$$[Mn(H_2O)_6]^{2+} = [Mn(OH)(H_2O)_5]^++H^+ \quad K^{\ominus}=2.51\times10^{-11}$$

在酸性体系中,Mn^{2+} 难被氧化成高氧化值的锰。需要像铋酸钠 $NaBiO_3$ 或二氧化铅 PbO_2 等这类强氧化剂才能把 Mn^{2+} 氧化为 MnO_4^-,反应式为

$$2Mn^{2+}+5NaBiO_3+14H^+ = 2MnO_4^-+5Bi^{3+}+5Na^++7H_2O$$

$$2Mn^{2+}+8PbO_2+4H^+ = 2MnO_4^-+5Pb^{2+}+2H_2O$$

上述反应是 Mn^{2+} 的特征反应,由于生成了 MnO_4^- 而使溶液呈紫红色,因此常用这些反应来检验溶液中是否存在微量的 Mn^{2+}。但是,当 Mn^{2+} 过量时,会在紫红色出现后又立即消失。这是因为生成的 MnO_4^- 又被过量的 Mn^{2+} 还原了,反应式为

$$2MnO_4^-+3Mn^{2+}+2H_2O = 5MnO_2+4H^+$$

在碱性体系中,Mn^{2+} 的稳定性比酸性体系中差一些,易于被氧化。若在含 Mn^{2+} 的溶液中加 OH^-,首先得到白色的氢氧化锰$[Mn(OH)_2]$沉淀:

$$Mn^{2+}+2OH^- = Mn(OH)_2\downarrow$$

它在空气中很快被氧化,生成棕色的 Mn_2O_3 和 MnO_2 的水合物:

$$Mn(OH)_2 \xrightarrow{O_2} Mn_2O_3\cdot xH_2O \xrightarrow{O_2} MnO_2\cdot yH_2O$$

或

$$2Mn(OH)_2+O_2 = 2MnO(OH)_2$$

中等强度的氧化剂 H_2O_2 就能把 Mn^{2+} 氧化为 MnO_2,反应式为

$$Mn^{2+}+H_2O_2(\text{氧化剂})+2OH^- = MnO_2\downarrow+2H_2O$$

四、铁、钴、镍

铁、钴、镍也称为铁系元素。其中以铁的分布最广，在地壳中的含量最丰(位居第四位)，主要的矿石有赤铁矿(Fe_2O_3)、磁铁矿(Fe_3O_4)、黄铁矿(FeS_2)和菱铁矿($FeCO_3$)等。钴和镍的常见矿物是辉钴矿(CoAsS)和镍黄铁矿(NiS · FeS)。纯的铁、钴、镍都是银白色金属，具有明显的磁性，通常称它们为铁磁性物质。

铁、钴、镍原子的价电子层构型分别为 $3d^64s^2$，$3d^74s^2$，$3d^84s^2$。虽然它们的 3d 和 4s 电子都是价层电子，但是它们的氧化值只有铁可以有最高氧化值＋8，钴、镍的最常见氧化值为＋3，＋2。这主要是因为随着原子的电子数增加，获得高氧化值更加困难所致。铁、钴、镍的元素电势图如下：

$$\varphi_a^\ominus/V \quad FeO_4^{2-} \xrightarrow{1.9} Fe^{3+} \xrightarrow{0.771} Fe^{2+} \xrightarrow{-0.447} Fe$$

$$Co^{3+} \xrightarrow{1.95} Co^{2+} \xrightarrow{-0.28} Co$$

$$NiO_2 \xrightarrow{1.68} Ni^{2+} \xrightarrow{-0.257} Ni$$

$$\varphi_b^\ominus/V \quad FeO_4^{2-} \xrightarrow{0.9} Fe(OH)_3 \xrightarrow{-0.547} Fe(OH)_2 \xrightarrow{-0.891} Fe$$

$$Co(OH)_3 \xrightarrow{0.17} Co(OH)_2 \xrightarrow{-0.73} Co$$

$$NiO_2 \xrightarrow{0.49} Ni(OH)_2 \xrightarrow{0.69} Ni$$

从铁、钴、镍的元素电势图可以看出，铁的最高氧化值如 FeO_4^{2-}、镍的高氧化值如 NiO_2、钴的高氧化值如 Co^{3+}，在酸性体系中都具有很强的氧化性；在碱性体系中也有一定的氧化性，但比酸性体系中的氧化性弱。铁、钴、镍的低氧化值以还原性为主。

例如，高铁(Ⅵ)酸钾 K_2FeO_4 在室温下能把氨氧化为氮气。铁、钴、镍的高氧化值化合物多是以含氧酸盐或配盐形式存在，例如，Na_2FeO_4，K_3CoO_4，K_2NiF_6 等，这类化合物在水溶液中都是极不稳定的。铁、钴、镍属于中等活泼金属，都能溶于稀酸，通常形成水合离子 $[M(H_2O)_6]^{2+}$，铁、钴、镍都不易与碱作用。

氧化值为＋3 的 Fe^{3+}，Co^{3+}，Ni^{3+} 的氧化性按 $Fe^{3+}<Co^{3+}<Ni^{3+}$ 的顺序增强。当与活泼非金属 F 形成氟化物时，FeF_3 是比较稳定的，加热到 1 000℃ 升华而不分解；CoF_3 稳定性次之，加热到 350℃ 以上开始分解，生成 CoF_2 和 F_2；NiF_3 未见报道。其他卤族离子 Cl^-，Br^-，I^- 与 Fe^{3+}，Co^{3+}，Ni^{3+} 形成的卤化物的稳定比氟化物要差。例如，$FeCl_3$ 在真空中加热到 500℃ 分解为 $FeCl_2$ 和 Cl_2，$FeBr_3$ 在 200℃ 左右就分解为 $FeBr_2$ 和 Br_2，而纯的 FeI_3 尚未制出。镍的氯化物、溴化物、碘化物只有 $NiCl_2$，$NiBr_2$，NiI_2。

氧化值为 0 的铁、钴、镍的化合物都是以配合物的形式存在，例如铁、钴、镍与一氧化碳形成的羰基化合物 $[Fe(CO)_5]$，$[Co_2(CO)_8]$ 和 $[Ni(CO)_4]$ 等。

1. 铁、钴、镍的氧化物和氢氧化物

(1)氧化物。铁的常见氧化物有红棕色的氧化铁(Fe_2O_3)、黑色的氧化亚铁(FeO)和四氧化三铁(Fe_3O_4)。它们都不溶于水，灼烧后的 Fe_2O_3 不溶于酸，FeO 能溶于酸。一般的铁(含有杂质)在潮湿的空气中慢慢形成棕色的铁锈 $Fe_2O_3 \cdot xH_2O$。

钴、镍的氧化物与铁的氧化物相类似，常见的氧化物有暗褐色的 $Co_2O_3 \cdot xH_2O$ 和灰黑色

的 $Ni_2O_3 \cdot 2H_2O$,灰绿色的 CoO 和绿色的 NiO 等。氧化值为+3 的钴、镍的氧化物在酸性溶液中有强的氧化性,如 Co_2O_3 与浓盐酸反应放出 Cl_2,反应式为

$$Co_2O_3+6HCl \xlongequal{} 2CoCl_2+Cl_2\uparrow+3H_2O$$

(2)铁、钴、镍的氢氧化物。向含有 Fe^{3+}、Fe^{2+} 的各自溶液中加入碱时,分别生成红棕色的 $Fe(OH)_3$ 和白色的$Fe(OH)_2$沉淀,反应式为

$$Fe^{3+}+3OH^- \xlongequal{} Fe(OH)_3\downarrow(\text{红棕色})$$

$$Fe^{2+}+2OH^- \xlongequal{} Fe(OH)_2\downarrow(\text{白色})$$

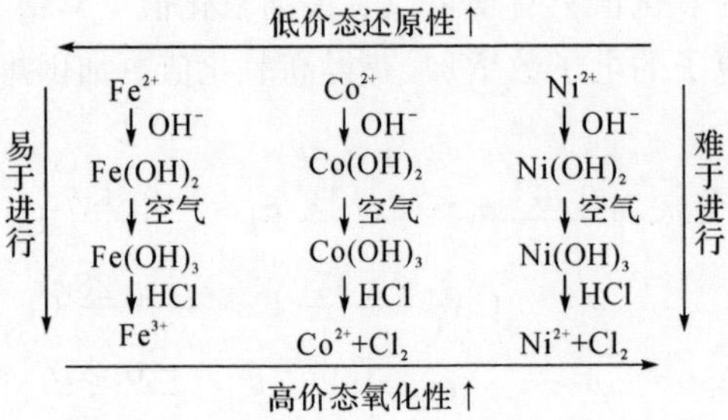

但是,由于 $Fe(OH)_2$ 的不稳定性,从溶液中析出的白色 $Fe(OH)_2$ 沉淀迅速被空气中的氧所氧化,生成红棕色的 $Fe(OH)_3$ 沉淀,所以,颜色由白色转化为灰绿色,随即变为棕褐色。只有在完全无氧时,才能得到白色的 $Fe(OH)_2$ 沉淀。在浓碱溶液中,用 NaClO 可以把 $Fe(OH)_3$氧化为紫红色的 FeO_4^{2-},反应式为

$$2Fe(OH)_3+3ClO^-+4OH^- \xlongequal{} 2FeO_4^{2-}+3Cl^-+5H_2O$$

在 Co^{2+} 和 Ni^{2+} 的溶液中加入强碱时,分别生成粉红色 $Co(OH)_2$ 沉淀和苹果绿色 $Ni(OH)_2$沉淀,反应式为

$$Co^{2+}+2OH^- \xlongequal{} Co(OH)_2\downarrow(\text{粉红色})$$

$$Ni^{2+}+2OH^- \xlongequal{} Ni(OH)_2\downarrow(\text{苹果绿色})$$

生成的 $Co(OH)_2$ 能被空气中的氧缓慢地氧化成暗棕色的 $Co(OH)_3$[或水合物 $Co_2O_3 \cdot xH_2O$],反应式为

$$2Co(OH)_2+1/2O_2+(x-2)H_2O \xlongequal{} Co_2O_3 \cdot xH_2O$$

生成的 $Ni(OH)_2$ 需要更强的氧化剂,如 NaClO 才能把它氧化为黑色的 $Ni(OH)_3$[或 $NiO(OH)$],反应式为

$$2Ni(OH)_2+ClO^- \xlongequal{} 2NiO(OH)+Cl^-+H_2O$$

由此可见,在碱性体系中,铁从低氧化值+2 到高一级氧化值+3,只要有空气中氧的存在就能进行;钴从低氧化值+2 到高一级氧化值+3,空气中的氧可以氧化,但速度慢;镍从低氧化值+2 到高一级氧化值+3,需要更强的氧化剂才能实现。可见,氧化值为+3 的 Fe^{3+},Co^{3+},Ni^{3+} 的氧化性依次增强,氧化值为+2 的 Fe^{2+},Co^{2+},Ni^{2+} 的还原性依次减弱。

2. 铁、钴、镍的盐

在水溶液中,Fe^{3+} 和 Fe^{2+} 分别以淡紫色的$[Fe(H_2O)_6]^{3+}$、淡绿色的$[Fe(H_2O)_6]^{2+}$形式存在,Co^{2+} 和 Ni^{2+} 分别以粉红色的$[Co(H_2O)_6]^{2+}$、绿色的$[Ni(H_2O)_6]^{2+}$形式存在。它们在溶液中发生的反应有水解、沉淀、氧化还原和配位等反应。

铁、钴、镍的盐均有一定程度的水解。对于铁的盐，由于Fe^{3+}比Fe^{2+}的电荷多，半径小，因而Fe^{3+}比Fe^{2+}更容易发生水解，它们的水解反应及标准水解常数分别如下：

$$[Fe(H_2O)_6]^{3+} \rightleftharpoons [Fe(OH)(H_2O)_5]^{2+} + H^+ \qquad K_{h1}^{\ominus} = 8.91\times10^{-4}$$

$$[Fe(OH)(H_2O)_5]^{2+} \rightleftharpoons [Fe(OH)_2(H_2O)_4]^{+} + H^+ \qquad K_{h2}^{\ominus} = 5.50\times10^{-4}$$

$$[Fe(H_2O)_6]^{2+} \rightleftharpoons [Fe(OH)(H_2O)_5]^{+} + H^+ \qquad K_{h1}^{\ominus} = 3.16\times10^{-10}$$

对于Fe^{3+}的盐溶液，其水解产物主要是$[Fe(OH)(H_2O)_5]^{2+}$和$[Fe(OH)_2(H_2O)_4]^{+}$。通常习惯将Fe^{3+}盐水解产物写成$Fe(OH)_3$。又由于Fe^{3+}水解程度较大，$[Fe(H_2O)_6]^{3+}$只能存在于酸性较强的溶液之中，当稀释溶液或增大溶液的pH，都会有胶状沉淀FeO(OH)析出，习惯上也写作$Fe(OH)_3$。$FeCl_3$的净水作用，就是基于Fe^{3+}水解产生FeO(OH)后，与水中悬浮的泥土等杂质一起聚沉而使混浊的水变清。

Co^{2+}和Ni^{2+}的盐水解程度较小，水解反应式为

$$[Co(H_2O)_6]^{2+} \rightleftharpoons [Co(OH)(H_2O)_5]^{+} + H^+ \qquad K_{h1}^{\ominus} = 6.31\times10^{-13}$$

$$[Ni(H_2O)_6]^{2+} \rightleftharpoons [Ni(OH)(H_2O)_5]^{+} + H^+ \qquad K_{h1}^{\ominus} = 2.29\times10^{-11}$$

可见，Co^{2+}和Ni^{2+}盐的水解程度比Fe^{3+}，Fe^{2+}盐的水解程度小。

Fe^{2+}盐不稳定，易于被空气中的O_2所氧化。例如：在$FeSO_4$晶体上，常常可以看见在绿色晶体上有锈斑出现，锈斑的主要成分是$[Fe(OH)SO_4]$；配制Fe^{2+}溶液时，常需加酸抑制水解，加铁钉抑制氧化，也是因为放置$FeSO_4$溶液后，有棕黄色的混浊物出现，就是Fe^{2+}被空气中的氧氧化为Fe^{3+}，Fe^{3+}又水解而产生的。在Fe^{2+}盐中，硫酸亚铁铵$(NH_4)_2Fe(SO_4)_2$较为稳定。Co^{2+}，Ni^{2+}盐通常是稳定的。

在酸性溶液中，Fe^{3+}盐也是不稳定的，因为$\varphi^{\ominus}(Fe^{3+}/Fe^{2+}) = 0.771$ V，可见Fe^{3+}是中强氧化剂，遇还原性物质如I^-，即发生以下氧化还原反应：

$$2Fe^{3+} + 2I^- = 2Fe^{2+} + I_2$$

所以FeI_3是不存在的，因为Fe^{3+}和I^-不能共存。它还能把H_2S，Fe，Cu等氧化，反应式为

$$2Fe^{3+} + H_2S = 2Fe^{2+} + S\downarrow + 2H^+$$

$$2Fe^{3+} + Fe = 3Fe^{2+}$$

$$2Fe^{3+} + Cu = 2Fe^{2+} + Cu^{2+}$$

工业上常用$FeCl_3$的溶液在铁制品上刻蚀字样，或在铜版上制造印刷电路，就是利用了Fe^{3+}的氧化性。

钴、镍的主要卤化物是三氟化钴(CoF_3)、氯化钴($CoCl_2$)和氯化镍($NiCl_2$)等。CoF_3是淡棕色粉末，与水猛烈作用并放出氧气。氯化钴($CoCl_2\cdot6H_2O$)在受热脱水过程中，伴随有颜色的变化：

$$\underset{\text{(粉红)}}{CoCl_2\cdot6H_2O} \xrightarrow{52.25℃} \underset{\text{(紫红)}}{CoCl_2\cdot2H_2O} \xrightarrow{90℃} \underset{\text{(蓝紫)}}{CoCl_2\cdot H_2O} \xrightarrow{120℃} \underset{\text{(蓝)}}{CoCl_2}$$

根据氯化钴的这一特性，常用它来显示某种物质的含水情况。例如，干燥剂无色硅胶用$CoCl_2$溶液浸泡后，再烘干使其呈蓝色。蓝色硅胶吸水后，逐渐变为粉红色，表示硅胶吸水已达饱和，必须烘干至蓝色出现，方可再利用。钴、镍的硫酸盐、硝酸盐和氯化物都易溶于水。

3. 铁、钴、镍的配合物

在水溶液中，Fe^{3+} 和 Fe^{2+} 形成的简单配合物较少，且稳定性一般不高，只有高自旋的 $[FeF_6]^{3-}$ 和 $[Fe(NCS)_n]^{3-n}$，低自旋的 $[Fe(CN)_6]^{3-}$，$[Fe(CN)_6]^{4-}$ 和 $[Fe(CN)_5NO]^{2-}$ 是稳定的，但是，Fe^{3+} 和 Fe^{2+} 能形成多种稳定的螯合物。Co^{3+} 能形成许多配合物，且都是十分稳定的，如 $[Co(NH_3)_6]^{3+}$，$[Co(CN)_6]^{3-}$ 等，但是 Co^{2+} 形成的配合物，一般都是不稳定的，Co^{2+} 的螯合物也很多，主要有两大类：一类是以粉红或红色为特征的八面体配合物，另一类是以深蓝色为特征的四面体配合物，如八面体构型的粉红色 $[Co(H_2O)_6]^{2+}$，四面体构型的蓝色 $[CoCl_4]^{2-}$。Ni^{3+} 的配合物比较少见，而且是不稳定的，而 Ni^{2+} 的配合物较为稳定。

(1) 铁、钴、镍的氨配合物。Fe^{2+}，Fe^{3+} 不能形成氨配合物，是因为 Fe^{2+}，Fe^{3+} 易于水解，得到相应的氢氧化物。Co^{3+}，Co^{2+} 能形成氨配合物，并且 $[Co(NH_3)_6]^{3+}$ 的稳定性比 $[Co(NH_3)_6]^{2+}$ 高。Ni^{2+} 也可形成氨配合物。

由于 Co^{3+} 在水溶液中不能稳定存在，通常不能够由 Co^{3+} 与配体直接作用形成配合物，而在溶液中 Co^{2+} 是稳定的，可以直接与配体作用形成配合物，但是，形成的配合物很容易被氧化，转化成 Co^{3+} 的配合物。例如氨配合反应式为

$$Co^{2+} + 6NH_3 \xlongequal{\text{适量}} [Co(NH_3)_6]^{2+} \xlongequal{NH_3\ \text{过量}} [Co(NH_3)_6]^{3+}$$

可见 O_2 可以将 $[Co(NH_3)_6]^{2+}$ 氧化成 $[Co(NH_3)_6]^{3+}$，但是，O_2 不能将 Co^{2+} 氧化成 Co^{3+}。究其原因是因为 Co^{2+} 为 $3d^7$ 电子构型，通常只能进行 sp^3d^2 的外轨型杂化；而 Co^{3+} 为 $3d^6$ 电子构型，既可进行 sp^3d^2 的外轨型杂化，也可进行 d^2sp^3 的内轨型杂化。当进行内轨型杂化所形成的配合物稳定性在溶液中或固态时十分稳定，不容易发生变化。例如，$[Co(NH_3)_6]^{3+}$ 在水溶液中几乎不解离，NH_3 不被 H_2O 所取代，浓硫酸也不能把它破坏。固态的 $[Co(NH_3)_6]Cl_3$ 加热到 180℃左右时，才分解出 1 个 NH_3。形成配合物后，电极电势也发生了变化，见电极反应：

$$Co^{3+} + e^- \xlongequal{} Co^{2+} \qquad \varphi^\ominus = 1.95\ V$$

$$[Co(NH_3)_6]^{3+} + e^- \xlongequal{} [Co(NH_3)_6]^{2+} \qquad \varphi^\ominus = 0.1\ V$$

$$O_2 + 4H^+ + 4e^- \xlongequal{} 2H_2O \qquad \varphi^\ominus = 1.229\ V$$

因此，简单离子的稳定性是 $Co^{2+} > Co^{3+}$，一般配离子的稳定性是 $Co^{2+} < Co^{3+}$。

(2) 铁、钴、镍的硫氰配合物。铁、钴、镍均可形成硫氰配合物。例如反应：

$$Fe^{3+} + nSCN^- \xlongequal{} [Fe(NCS)_n]^{3-n}\text{(血红色)}$$

这是 Fe^{3+} 的特征反应，配位数 $n=1\sim6$ 形成的配合物均是血红色，反应的灵敏度高，检出限量为 $3\times10^{-6}\ mol\cdot L^{-1}$。在含 Co^{2+} 的溶液中加入 KSCN(s)，可以生成蓝色的 $[Co(NCS)_4]^{2-}$，但是 $[Co(NCS)_4]^{2-}$ 在水溶液中不稳定，反应时若加入丙酮或乙醚，有利于 $[Co(NCS)_4]^{2-}$ 的稳定，反应式为

$$Co^{2+} + 4NCS^- \xlongequal{\text{丙酮}} [Co(NCS)_4]^{2-}$$

利用这一反应可以鉴定 Co^{2+} 的存在。Ni^{2+} 也可形成四配位的硫氰配合物。

(3) 铁、钴、镍的氰配合物。在 Fe^{2+} 的溶液中，加入 KCN 溶液，发生如下反应：

$$Fe^{2+} + 2CN^- \xlongequal{} Fe(CN)_2\downarrow\text{(白色)}$$

$$Fe(CN)_2(s) + 4CN^- \xlongequal{CN^-\ \text{过量}} [Fe(CN)_6]^{4-}$$

用氯气氧化$[Fe(CN)_6]^{4-}$时，生成$[Fe(CN)_6]^{3-}$，反应式为

$$2[Fe(CN)_6]^{4-}+Cl_2 = 2[Fe(CN)_6]^{3-}+2Cl^-$$

在Fe^{3+}，Fe^{2+}的溶液中分别加入黄血盐$K_4[Fe(CN)_6]$、赤血盐$K_3[Fe(CN)_6]$溶液，都生成蓝色沉淀，分别称为普鲁士蓝、滕氏蓝，但是其组成是一样的，反应式为

$$xFe^{3+}+xK^++x[Fe(CN)_6]^{4-} = [KFe(CN)_6Fe]_x\downarrow\text{（普鲁士蓝）}$$

$$xFe^{2+}+xK^++x[Fe(CN)_6]^{3-} = [KFe(CN)_6Fe]_x\downarrow\text{（滕氏蓝）}$$

这两个反应分别用来鉴定Fe^{3+}和Fe^{2+}。

在Co^{2+}的溶液中，加入 KCN 溶液，发生与Fe^{2+}相似的反应，只是$[Co(CN)_6]^{4-}$并不稳定，在空气中极易氧化生成$[Co(CN)_6]^{3-}$，反应流程如下：

$$Co^{2+}+2CN^- = Co(CN)_2\downarrow \xrightarrow{CN^-\text{过量}} [Co(CN)_6]^{4-} \xrightarrow{O_2} [Co(CN)_6]^{3-}$$

Ni^{2+}也可发生类似的反应生成稳定的$[Ni(CN)_4]^{2-}$，这是平面正方形构型的配合物。Ni^{2+}的配合物主要是八面体构型的，其次是平面正方形和四面体的。在Ni^{2+}的八面体构型配合物中，因为Ni^{2+}是$3d^8$电子构型，不大可能以d^2sp^3杂化轨道成键，主要是以sp^3d^2杂化轨道成键。在Ni^{2+}的四配位配合物中，可以有dsp^2杂化的平面正方形构型，也可以有sp^3的四面体构型。这两种杂化形成的配合物最大的不同是，平面正方形构型的配合物都是反磁性的，而四面体构型的配合物都是顺磁性的。

在Ni^{2+}的平面正方形配合物中，还有二丁二肟合镍(Ⅱ)。在弱碱性条件下，Ni^{2+}与丁二肟生成难溶于水的鲜红色螯合物沉淀二丁二肟合镍(Ⅱ)，这一反应常常用于鉴定Ni^{2+}的存在。

(4)铁、钴、镍的其他配合物。在试管中向$FeSO_4$和硝酸盐的混合溶液中，沿试管壁慢慢加入浓硫酸，在浓硫酸与溶液的界面处出现“棕色环”。这是由于生成了配合物$[Fe(NO)(H_2O)_5]^{2+}$而呈现的颜色，反应如下：

$$3Fe^{2+}+NO_3^-+4H^+ = 3Fe^{3+}+NO\uparrow+2H_2O$$

$$[Fe(H_2O)_6]^{2+}+NO = [Fe(NO)(H_2O)_5]^{2+}\text{（棕色，环状）}+H_2O$$

这一反应用来鉴定NO_3^-的存在。经测定此配合物的磁矩，证实它有 3 个未成对电子。又从它的红外光谱得知，有亚硝酰离子NO^+存在。也就是说，NO 与Fe^{2+}成键时，NO 提供了 3 个电子，其中 1 个电子给了Fe^{2+}，使Fe^{2+}的 3d 电子由 6 个变成 7 个，氧化值由+2 变成+1，另外 2 个电子则形成配键，其电荷分布为$[Fe^+(NO)^+(H_2O)_5]^{2+}$。此配合物是不稳定的，微热或振摇溶液，“棕色环”立即消失。

Fe^{3+}和Fe^{2+}还能形成多种稳定的螯合物。例如，在酸性条件下，Fe^{3+}与螯合剂磺基水杨酸$[C_6H_3(OH)(COOH)SO_3H]$反应，形成紫红色的$[Fe(C_6H_3(OH)(COO)SO_3)_3]^{3-}$螯合物。联吡啶 bipy 和 1，10－二氮菲 phen 等也能与Fe^{3+}，Fe^{2+}形成螯合物。与钴有相似之处，形成螯合物后，会有稳定性的改变。如$[Fe(bipy)_3]^{2+}$比$[Fe(bipy)_3]^{3+}$稳定，$[Fe(phen)_3]^{2+}$比$[Fe(phen)_3]^{3+}$稳定，但是，$[Fe(CN)_6]^{4-}$不如$[Fe(CN)_6]^{3-}$稳定。根据各电对的标准电极电势值来看：

$$Fe^{3+}+e^- = Fe^{2+} \qquad \varphi^{\ominus}=0.771\,V$$

$$[Fe(CN)_6]^{3-}+e^- = [Fe(CN)_6]^{4-} \qquad \varphi^{\ominus}=0.3557\,V$$

$$[Fe(bipy)_3]^{3+}+e^- = [Fe(bipy)_3]^{2+} \qquad \varphi^{\ominus}=0.96\,V$$

$$[Fe(phen)_3]^{3+} + e^- \rightleftharpoons [Fe(phen)_3]^{2+} \qquad \varphi^\ominus = 1.12\,V$$

当电对的标准电极电势比 $\varphi^\ominus(Fe^{3+}/Fe^{2+})$ 大，则 Fe^{2+} 的螯合物比 Fe^{3+} 的螯合物稳定；反之，当电对的标准电极电势比 $\varphi^\ominus(Fe^{3+}/Fe^{2+})$ 小，则 Fe^{3+} 的配合物比 Fe^{2+} 的配合物稳定。

它们的标准稳定常数如下：

	$[Fe(phen)_3]^{2+}$	$[Fe(phen)_3]^{3+}$	$[Fe(CN)_6]^{4-}$	$[Fe(CN)_6]^{3-}$
$\lg K_f^\ominus$	21.3	14.10	45.623	52.613

$[Fe(phen)_3]^{2+}$ 呈深红色，$[Fe(phen)_3]^{3+}$ 呈蓝色，由 $[Fe(phen)_3]^{2+}$ 变为 $[Fe(phen)_3]^{3+}$ 发生明显的颜色变化，1,10－二氮菲在容量分析中常用作测定铁的指示剂。

阅读材料

一、稀土金属

周期表中ⅢB族的钪（Sc）、钇（Y）、镧（La）和镧系的 15 个元素被统称为稀土元素（以 RE 表示），因为这些元素生成的氧化物像氧化铝（过去将不与水作用的氧化物称为“土”），而且被看作是稀少的元素。现已查明，稀土元素在地壳中的储量并不稀少。我国是世界上稀土资源最丰富的国家之一，遍及近 20 个省，堪称“稀土大国”，如内蒙古的白云鄂博矿是世界上少有的稀土大矿，其中稀土储量约占全国的 98%。

稀土元素全部都是典型的金属元素，大部分稀土金属的晶体属于六方密堆积或面心立方密堆积的晶格，只有钐为菱形结构，铕为体心立方结构。根据原子结构、物理性质、化学性质以及在矿石中存在的相似程度，通常将稀土金属分为两个组：铈组和钇组。铈组包括镧、铈、镨、钕、钷、钐和铕；钇组包括钆、铽、镝、钬、铒、铥、镱、镥、钪和钇。其中钷是人造放射性元素，在地壳中几乎不存在，钪的含量也极少。

稀土金属具有银白色（或灰色、微蓝色）的金属光泽，质软，有延展性和强顺磁性，其熔点随原子序数的递增而升高。纯稀土金属的导电性好，在超低温下（－268.8℃）具有超导性，随着金属纯度的降低，其导电性也下降。

稀土金属的化学性质很活泼，仅次于碱金属和碱土金属。它们几乎能与所有的元素起作用生成稳定的化合物。如，稀土金属加热到 200～400℃时便可燃烧生成稳定的氧化物，特别是粉末状的金属铈在空气中就会自燃生成铈的氧化物。

由于镧系元素的原子最外两层电子构型基本不变，只是外数第三层的 f 亚层电子数不同，而 f 电子对最外层电子的屏蔽系数较大，因而由左到右有效核电荷（Z^*）增加很慢，由此引起原子半径的缩小也很少，所以彼此间性质非常相似，在地壳中常共生在一起，也不易分离。使用时，常常是使用“混合稀土”。

稀土金属的用途十分广泛。在玻璃和陶瓷工业中，它们主要用于抛光、脱色、着色以及制造特种光学玻璃和陶瓷等。在电子工业和无线电工程中，它们可用作永磁材料、激光材料及计算机元件等。在冶金方面，使用量很少（0.5%～1.0%）就能显著改善钢或合金的性能，被称为冶金工业上的“维生素”。如含有锆和稀土金属的镁合金，不但抗疲劳性能好，且能在较高温度下有很高的强度，目前常用它来制造喷气式飞机。不锈钢中加入 0.02%的稀土金属，加工时就不容易出现裂纹,可以大大减少废品。

通常的“打火石”就是稀土与铁的合金。利用稀土元素磨出的细屑在空气中剧烈氧化而着火的性质,军事上可作曳光子弹和发光炮弹等。此外,在医疗、军事方面也离不开稀土金属,如:用稀土永磁材料制成的磁疗器可治高血压、关节炎等疾病;用稀土金属材料可作子弹、炮弹的引信和点火装置等。以钇、镝的氧化物为主制造的透明陶瓷可用作红外窗、激光窗和高温炉窗等。

总之,稀土金属的用途极广,在国民经济各个领域中发挥着很大的作用。

二、f 区元素的化学

f 区元素包括 La 系和 Ac 系共 30 种元素。镧系元素为 57 号镧 La 到 71 号镥 Lu 的 15 种元素,以 Ln 表示;锕 Ac 系元素包括 89 号锕 Ac 到 103 号铑 Lr 的 15 种元素,以 An 表示。f 区元素原子的电子构型主要差别在于外数第三层的 f 亚层上,因此,f 区元素又称为内过渡元素。Ac 系元素均为放射性元素,周期表中的多数放射性元素属于 f 区元素。

1. 镧系元素

(1)镧系元素的价电子层构型和性质。镧系元素的价层电子构型和某些性质列于表 13 - 6 和表 13 - 7 中。

表 13 - 6　镧系元素的电子构型和性质(1)

元　素	Ln 电子构型	Ln^{3+} 电子构型	常见氧化值	原子半径 r/pm	离子半径 $r(Ln^{3+})$/pm	第三电离能 I_3/(kJ · mol^{-1})
(39 钇 Y*)	$4d^15s^2$	$4s^44p^6$	+3	180	88	1 986
57 镧 La	$5d^16s^2$	$4f^0$	+3	188	106	1 855
58 铈 Ce	$4f^15d^16s^2$	$4f^1$	+3,+4	182	103	1 955
59 镨 Pr	$4f^3\ \ 6s^2$	$4f^2$	+3,+4	183	101	2 093
60 钕 Nd	$4f^4\ \ 6s^2$	$4f^3$	+3	182	100	2 142
61 钷 Pm	$4f^5\ \ 6s^2$	$4f^4$	+3	180	98	(2 150)
62 钐 Sm	$4f^6\ \ 6s^2$	$4f^5$	+2,+3	180	96	2 267
63 铕 Eu	$4f^7\ \ 6s^2$	$4f^6$	+2,+3	204	95	2 410
64 钆 Gd	$4f^75d^16s^2$	$4f^7$	+3	180	94	1 996
65 铽 Tb	$4f^9\ \ 6s^2$	$4f^8$	+3,+4	178	92	2 122
66 镝 Dy	$4f^{10}\ \ 6s^2$	$4f^9$	+3	177	91	2 203
67 钬 Ho	$4f^{11}\ \ 6s^2$	$4f^{10}$	+3	177	89	2 210
68 铒 Er	$4f^{12}\ \ 6s^2$	$4f^{11}$	+3	176	88	2 197
69 铥 Tm	$4f^{13}\ \ 6s^2$	$4f^{12}$	+3	175	87	2 292
70 镱 Yb	$4f^{14}\ 6s^2$	$4f^{13}$	+2,+3	194	86	2 424
(71 镥 Lu*)	$4f^{14}5d^16s^2$	$4f^{14}$	+3	173	85	2 027

* 为了比较,将其一并列入。

表 13-7 镧系元素的电子构型和性质(2)

元素	熔点 T/K	电负性	原子化焓 $\Delta_{atm}H_m^{\ominus}$/kJ·mol^{-1}	$\varphi^{\ominus}(Ln^{3+}/Ln)$/V	$\Delta_h H_m^{\ominus}(Ln^{3+})$/kJ·mol^{-1}	$U_m(LnCl_3)$/kJ·mol^{-1}	磁矩 μ/B. M.
(39 钇 Y)	1 495	1.1	421.3	−2.397	−4 923.3	4 500.5	—
57 镧 La	1 193	1.11	431.0	−2.362	−4 612.0	4 276.6	0
58 铈 Ce	1 071	1.12	423.	−2.322	−4 666.8	4 324.7	2.4
59 镨 Pr	1 204	1.13	355.6	−2.346	−4 710.4	4 363.3	3.5
60 钕 Nd	1 283	1.14	327.6	−2.320	−4 746.2	4392.	3.5
61 钷 Pm	1 353	1.1	(300)	(−2.29)	—	—	—
62 钐 Sm	1 345	1.17	206.7	−2.303	(−4 792.)	4 427.	1.5
63 铕 Eu	1 095	1.0	175.3	−1.983	−4 835.	4 467.	3.4
64 钆 Gd	1 584	1.20	397.5	−2.28	−4 849.	4 472.	8.0
65 铽 Tb	1 633	1.1	388.7	−2.252	−4 880.	4 495.	9.5
66 镝 Dy	1 682	1.22	290.4	−2.30	−4 904.	4 506.(β)	10.7
67 钬 Ho	1 743	1.23	300.8	−2.327	−4 948.	4 549.	10.3
68 铒 Er	1 795	1.24	317.1	−2.312	−4 973.	4 567.	9.5
69 铥 Tm	1 818	1.25	232.2	−2.287	−4 995.	4 584.	7.3
70 镱 Yb	1 097	—	152.3	−2.225	−5 041.8	4 627.7	4.5
(71 镥 Lu)	1 929	1.27	427.6	−2.17	−4 995.	4 576.	0

镧系元素的原子及其阳离子的基态电子构型常用发射光谱的数据来确定。La～Lu 的基态价层电子构型可以用 $4f^{0\sim14}5d^{0\sim1}6s^2$ 来表示，其 4f 与 5d 电子数之和为 1～14，其中 57 号 La($4f^0$)，63 号 Eu($4f^7$)，64 号 Gd($4f^7$)，70 号 Yb($4f^{14}$)处于全空、半满和全满的稳定状态。这 15 种元素完成了 7 个 4f 轨道中 14 个电子的填充，镧系元素形成 Ln^{3+} 时，外层的 5d 和 6s 电子都已电离掉。离子的外层电子构型为 $4f^{0\sim13}$，随着原子序数的增加，f 电子的数目也相应地增加。在离子晶体和水溶液系统中形成 Ln^{3+} 状态时，镧系各元素的性质比较相似，随着离子半径由大到小有规律的变化，其气态离子水合焓和 $LnCl_3$ 的晶格焓也呈规律性变化，但是彼此相差不大，数值比较接近。在金属或共价态时，镧系元素性质如第三电离能、熔点、原子半径、原子化焓等却有所不同，Eu 和 Yb 的 4f 亚层处于半满或全满状态，在金属晶体中只有 2 个 6s 电子参与成键，其熔点、原子化焓比相邻其他元素的低，原子半径较大，第三电离能也较大。

(2)原子半径、离子半径和镧系收缩。在表 13-6 中列出了镧系元素的原子半径和离子半径，较之主族元素原子半径自左向右的变化，其总的递变趋势是随着原子序数的增大而缓慢的减小，这种现象称为“镧系收缩”。镧系收缩有以下两个特点。

1)镧系内原子半径呈缓慢减小的趋势,多数相邻元素原子半径之差只有 1 pm 左右。这是因为随核电荷的增加相应增加的电子填入外数第三层的 4f 轨道,它比 6s 和 5s,5p 轨道对核电荷有较大的屏蔽作用,因此随原子序数的增加,最外层电子受核的吸引只是缓慢地增加,从而导致原子半径呈缓慢缩小的趋势。

2)随原子序数的增加镧系元素的原子半径虽然只是缓慢地减小,但是经过从 La 到 Yb 的 14 种元素的原子半径递减的累积却减小了约 14 pm,从而造成了镧系后边 Lu,Hf 和 Ta 的原子半径和同族的 Y,Zr 和 Nb 的原子半径极为接近的事实。此种效果即为镧系收缩效应。

在镧系收缩中,离子半径的收缩要比原子半径的收缩显著得多,这一现象可由图 13-3 清楚地看出,这是因为离子比金属原子少一层电子,镧系金属原子失去最外层的 6s 电子后,4f 轨道则处于次外层,这种状态的 4f 轨道比原子中的 4f 轨道对核电荷的屏蔽作用小,从而使得离子半径的收缩效果比原子半径的明显。

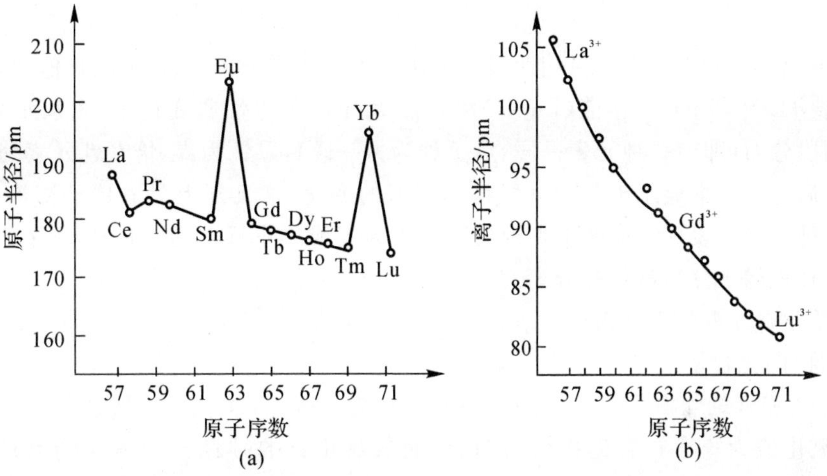

图 13-3　Ln 原子半径、Ln^{3+} 离子半径与原子序数的关系

(3)氧化值。一般认为镧系元素的特征氧化值是+3。La^{3+},Gd^{3+} 和 Lu^{3+} 的 4f 亚层的电子构型分别为 $4f^0$,$4f^7$,$4f^{14}$,它们是比较稳定的。同样,其他元素在反应中也有达到这类稳定结构的趋势,如 Ce 有氧化值为+3 的化合物,也有构型为 $4f^0$、氧化值为+4 的化合物。Pr 有 PrO_2,PrF_4 等氧化值为+4 的化合物,但不很稳定。

Eu^{2+} 和 Yb^{2+} 的电子构型为 $4f^7$ 和 $4f^{14}$,有一定的稳定性。但是,这种认为只有趋向于形成 $4f^0$,$4f^7$,$4f^{14}$ 构型的化合物才稳定的看法,随着新化合物的相继出现而有所改变。如近 20 年来,已经发现了 Tb(Ⅳ),Nd(Ⅳ),Dy(Ⅴ),Ce(Ⅱ),Nd(Ⅱ),Tm(Ⅲ)等的化合物。电子构型是影响其稳定存在的重要因素,但也不能不考虑其他因素对稳定性的影响。

(4)离子的颜色。表 13-8 列出了 Ln^{3+} 在水溶液中的颜色。Ce^{3+}(f^1)和 Gd^{3+}(f^7)的吸收峰在紫外区而不显示颜色。Eu^{3+}(f^6),Tb^{3+}(f^8)的吸收峰也仅有一部分在可见光区,故微显淡粉红色。Yb^{3+}(f^{13})的吸收峰则在红外区也不显示颜色,Y^{3+} 是无色的。f 区元素的离子产生颜色的原因,从结构来看是由 f-f 跃迁而引起的。

表 13-8 Ln^{3+}在水溶液中的颜色

原子序数	离子	4f 亚层电子构型	颜色	未成对电子数	颜色	4f 电子数	离子	原子序数
57	La^{3+}	0	无	0	无	14	Lu^{3+}	71
58	Ce^{3+}	1	无	1	无	13	Yb^{3+}	70
59	Pr^{3+}	2	黄绿	2	浅绿	12	Tm^{3+}	69
60	Nd^{3+}	3	红紫	3	淡红	11	Er^{3+}	68
61	Pm^{3+}	4	粉红	4	淡黄	10	Ho^{3+}	67
62	Sm^{3+}	5	淡黄	5	浅黄绿	9	Dy^{3+}	66
63	Eu^{3+}	6	浅粉红	6	微淡粉红	8	Tb^{3+}	65
64	Gd^{3+}	7	无	7	无	7	Gd^{3+}	64

(5)镧系元素的分组。通常采用两段分组法。正如在原子半径、常见氧化值、第三电离能、原子化焓、$\varphi^{\ominus}(Ln^{3+}/Ln)$、晶格能($LnCl_3$)和 Ln^{3+} 离子颜色等性质变化中，镧系元素性质系列的变化呈两段分布(即前 7 种元素一段，后 7 种为另一段)，以钆为界，恰在钆元素处分段，故称钆断效应。后一段又常显示出与前一段特别相似的变化，这实际上是其原子结构(f 电子)重复变化的一种反映。表现在成矿上形成的轻稀土为主或以重稀土为主的矿种，在稀土分离中也常常是按轻重稀土分组富集并分离。

(6)镧系元素的重要化合物。

1)Ln(Ⅲ)的化合物。

a. 氧化物和氢氧化物。Ln 的氧化物除Pr_2O_3 为深蓝色，Nb_2O_3 为浅蓝色，Er_2O_3 为粉红色外，其他氧化值为+3 的氧化物均为白色，而氢氧化物的颜色则与氧化物有所不同。$Ln(OH)_3$ 的溶度积比碱土金属的溶度积小得多。用氨水即可从盐类溶液中沉淀出 $Ln(OH)_3$。温度升高时溶解度降低，在 200℃左右脱水生成羟基氧化物 LnO(OH)。$Ln(OH)_3$ 具有碱性，其碱性随 Ln^{3+} 半径的减小而逐渐减弱，胶状的 $Ln(OH)_3$ 能在空气中吸收二氧化碳生成碳酸盐。$Ce(OH)_3$ 在空气中不稳定，易被 O_2 逐渐氧化变成黄色的 $Ce(OH)_4$，见表 13-9。

表 13-9 $Ln(OH)_3$ 的性质

氢氧化物	溶度积	颜色	氢氧化物	溶度积	颜色
$La(OH)_3$	1.0×10^{-19}				
$Ce(OH)_3$	1.5×10^{-20}	白	$Yb(OH)_3$	2.9×10^{-24}	白
$Pr(OH)_3$	2.7×10^{-20}	浅绿	$Tm(OH)_3$	2.3×10^{-24}	绿
$Nd(OH)_3$	1.9×10^{-21}	紫红	$Er(OH)_3$	1.3×10^{-23}	浅红
$Pm(OH)_3$	—	—	$Ho(OH)_3$	—	黄
$Sm(OH)_3$	6.8×10^{-22}	黄	$Dy(OH)_3$	—	黄
$Eu(OH)_3$	3.4×10^{-22}	白	$Tb(OH)_2$	—	白
$Gd(OH)_3$	2.1×10^{-22}	白	$Gd(OH)_3$	2.1×10^{-22}	白

镧系元素的氢氧化物、草酸盐或硝酸盐经加热分解可生成相应的Ln_2O_3。对Ce，Pr，Tb则只能得到CeO_2，Pr_6O_{11}和Tb_4O_7。这3种氧化物经过还原后才能得到氧化值为+3的氧化物。Ln_2O_3的生成焓$\Delta_f H_m^\ominus$一般都小于$-1\ 800\ kJ\cdot mol^{-1}$（除$Eu_2O_3$，$Ce_2O_3$，$La_2O_3$外），比$Al_2O_3$的生成焓更小[$\Delta_f H_m^\ominus(Al_2O_3,am)$为$-1\ 632\ kJ\cdot mol^{-1}$]，所以稀土元素与氧作用生成氧化物时将放出大量的热。

b. 卤化物。镧系元素的氟化物难溶于水，其溶度积由LaF_3到YbF_3逐渐增大。镧系元素的其他卤化物多易形成水合物，Ln的氯化物和溴化物常含6～7个结晶水，而$LnI_3\cdot nH_2O$中$n=8\sim9$。无水的$LnCl_3$的溶解度在室温下一般在$440\sim540\ g\cdot L^{-1}$之间。

$LnX_3\cdot nH_2O$可用氧化物或碳酸盐与HX直接作用而制得。无水的LnX_3可用下列反应制备：

$$2Ln+3X_2 = 2LnX_3$$

$$Ln_2O_3+3C+3Cl_2 = 2LnCl_3+3CO\uparrow$$

用还原剂C是为了防止生成LnOCl。

c. 其他盐类。镧系元素的草酸盐在稀土化合物中相当重要，因为草酸盐的溶解度很小。如$La_2(C_2O_4)_3$，每100 g水中只能溶解0.02 mg(25℃)。在碱金属草酸盐溶液中钇组草酸盐由于形成配合物$[Ln(C_2O_4)_3]^{3-}$，比铈组草酸盐的溶解度大得多。根据稀土元素草酸盐的这种溶解度的差别，可以进行镧系元素分离中的轻、重稀土分组。

除草酸盐外，镧系元素的碳酸盐、氟化物、磷酸盐和焦磷酸盐$[Ln_4(P_2O_7)_3]$都难溶于水。稀土与硫酸、硝酸、盐酸三强酸形成的盐都易溶于水，结晶出的盐都含结晶水。硫酸盐的溶解度随温度升高而降低，故以冷水浸取它为宜；$Ln_2(SO_4)_3$易与碱金属硫酸盐形成复盐$Ln_2(SO_4)_3\cdot M_2SO_4\cdot nH_2O$。铈组的硫酸盐复盐溶解度小于钇组，这种性质也常用来分离铈和钇两组的盐类。

2)Ln(Ⅱ)和Ln(Ⅳ)的化合物。Ce，Pr和Tb都能生成氧化值为+4的化合物。Ce^{4+}在水溶液中或在固相中都可存在，在空气中加热铈的一些含氧酸盐或氢氧化物都可以得到黄色的CeO_2。CeO_2是强氧化剂：

$$CeO_2(s)+4H^++e^- = Ce^{3+}+2H_2O \quad \varphi^\ominus=1.26\ V$$

CeO_2可将浓盐酸氧化成Cl_2，将Mn^{2+}氧化成MnO_4^-。CeO_2的热稳定性很好，在800℃时不分解，温度再高可失去部分氧。

在Ce^{4+}的溶液中加入NaOH溶液时将析出黄色胶状的$CeO_2\cdot nH_2O$沉淀，它能溶于酸。Ce^{4+}易发生配位反应，如在H_2SO_4中可生成$CeSO_4^{2+}$，$Ce(SO_4)_2$和$Ce(SO_4)_3^{2-}$等。在$HClO_4$溶液中由于ClO_4^-的配位能力很弱，溶液中主要存在下列水解平衡：

$$Ce^{4+}+H_2O = Ce(OH)^{3+}+H^+ \quad K^\ominus=5.2$$

进一步反应：

$$2Ce(OH)^{3+} = [Ce—O—Ce]^{6+}+H_2O \quad K^\ominus=16.5$$

当$HClO_4$浓度很大时，可抑制水解反应的进行而保持较高浓度的$Ce^{4+}(aq)$，因此$\varphi^\ominus(Ce^{4+}/Ce^{3+})$随$HClO_4$浓度而改变。在pH=0时，$\varphi^\ominus(Ce^{4+}/Ce^{3+})=1.74\ V$；pH=6时，$\varphi^\ominus(Ce^{4+}/Ce^{3+})=0.76\ V$。可见$Ce^{3+}$在弱碱或弱酸溶液中易被氧化成$Ce^{4+}$。

氧化值为+4的Pr和Tb多存在于其混合氧化态的氧化物(如Pr_6O_{11}和Tb_4O_7等)及配合物中。在氧化值为+2的离子中，只有Eu^{2+}能在固态化合物中稳定存在。$\varphi^\ominus(Eu^{3+}/Eu^{2+})=$

-0.351 V，而 $\varphi^{\ominus}(Sm^{3+}/Sm^{2+})=-1.75$ V，$\varphi^{\ominus}(Yb^{3+}/Yb^{2+})=-1.21$ V，可见 Yb^{2+} 和 Sm^{2+} 的还原能力较强，在水溶液中易被氧化。若溶液中存在 Eu^{3+}，Yb^{3+} 和 Sm^{3+} 3 种离子，可以用 Zn 作还原剂将 Eu^{3+} 还原。而要将 Yb^{3+} 和 Sm^{3+} 还原为低氧化态的离子，只能用钠汞齐那样的强还原剂。

Ln^{2+} 同碱土金属离子类似，尤其同 Ba^{2+} 相似，能形成溶解度较小的硫酸盐。

3)镧系元素的配合物。镧系元素同 d 区元素相比，形成配合物的种类和数量要少得多。镧系元素形成的配合物稳定性较差，这可以从以下两个方面来理解：一是从价层电子构型看，Ln^{3+} 的价层电子构型是 $4f^n5s^25p^6$，4f 电子被外层电子所掩盖，与外部配体轨道之间的作用很弱，Ln^{3+} 与配体之间的作用主要是静电作用，配位键主要以离子性为主，所形成的配离子稳定性差。Ln^{3+} 的配离子稳定性与配位原子的电负性大小有关，配体的配位能力依下列顺序而减弱：

$$F^- > OH^- > H_2O > NO_3^- > Cl^-$$

二是从离子半径的大小来看，Ln^{3+} 的离子半径（在 106～85 pm 之间）比一般的 Cr^{3+} 和 Fe^{3+} 的离子半径要大 20～40 pm，Ln^{3+} 像ⅡA 族离子那样只与配合能力强的配体如 EDTA 和其他螯合剂才能形成稳定的配离子。由于离子半径较大，Ln^{3+} 所形成的配离子会有较大的配位数，通常为 7,8,9,10。若从金属离子的酸碱性来看，Ln^{3+} 属于硬酸类，它们与 F,O,N 等硬碱类配位原子有较强的配位作用，形成的配离子较稳定，而与 Cl,S,P 等软碱类配位原子只能形成稳定性较差的配离子，有些甚至不能从水溶液中分离出来。

2.锕系元素

锕系元素都是放射性元素。其中位于铀后面的元素，即 93 号镎(Np)至 102 号锘(No)被称为“铀后元素”或“超铀元素”。锕系元素的研究与原子能工业的发展有着密切的联系。当今除了人们所熟悉的铀、钍和钚已大量用作核反应堆的燃料以外，诸如 ^{138}Pu，^{244}Cm 和 ^{252}Cf 这些核素，在空间技术、气象学、生物学直至医学方面，都有着实际的和潜在的应用价值。

(1)锕系元素的价层电子构型。表 13-10 列出了锕系元素的价层电子构型和某些性质。由表中可以看出，89，90 号元素 Ac，Th 的电子构型为 $6d^{1\sim2}7s^2$，没有 5f 电子。91，92，93 和 96 号元素都具有 $5f^{n-1}6d^17s^2$ 电子构型（n 为按能级顺序应填充在 5f 轨道上的电子数），其余元素则都属于 $5f^n7s^2$ 电子构型。与镧系元素相比，同样把一个外数第三层的 f 电子激发到次外层的 d 轨道上去，在前半部分（$n=7$ 以前）锕系元素所需的能量要少，表明这些锕系元素的 f 电子较容易被激发，成键的可能性较大一些，更容易表现为高氧化态；在 $n=7$ 以后的锕系元素则相反，因此它们的低氧化态化合物更稳定。

表 13-10　锕系元素的价层电子构型和性质

元　素	气态原子可能的电子构型	An^{3+}离子半径/pm	An^{4+}离子半径/pm	$\varphi^{\ominus}(An^{3+}/An)$/V	熔点/℃
89 锕 Ac	$6d^17s^2$	111	99	(−2.6)	1 050
90 钍 Th	$6d^27s^2$	108	96	—	1 750
91 镤 Pa	$5f^26d^17s^2$	105	93	—	<1 870

续 表

元素	气态原子可能的电子构型	An^{3+}离子半径/pm	An^{4+}离子半径/pm	$\varphi^{\ominus}(An^{3+}/An)$/V	熔点/℃
92 铀 U	$5f^{3}6d^{1}7s^{2}$	103	92	−1.642	1 132
93 镎 Np	$5f^{4}6d^{1}7s^{2}$	101	90	(−1.856)	637
94 钚 Pu	$5f^{6}\ \ 7s^{2}$	100	89	(−2.031)	639
95 镅 Am	$5f^{7}\ \ 7s^{2}$	99	88	(−2.32)	995
96 锔 Cm	$5f^{7}6d^{1}\ \ 7s^{2}$	98.5	87		1 340
97 锫 Bk	$5f^{9}\ \ 7s^{2}$	98	86		1 340
98 锎 Cf	$5f^{10}\ \ 7s^{2}$	97.7			
99 锿 Es	$5f^{11}\ \ 7s^{2}$				
100 镄 Fm	$5f^{12}\ \ 7s^{2}$				
101 钔 Md	$5f^{13}\ \ 7s^{2}$				
102 锘 No	$5f^{14}\ \ 7s^{2}$				

(2)氧化值。对镧系元素来说，+3 是特征氧化值，对锕系元素有明显的不同，从表 13－11 中可以看到，由 Ac 到 Am 为止的前半部分锕系元素具有多种氧化值，其中最稳定的氧化值由 Ac 为+3 上升到 U 为+6，随后又依次下降，到 Am 为+3。Cm 以后的稳定氧化值为+3，唯有 No 在水溶液中最稳定的氧化态为+2。5f 轨道伸展得比 4f 轨道离核更远些，且 5f，6d，7s 各轨道能量比较接近，这些因素都有利于共价键形成并保持较高的氧化值。

表 13－11　锕系元素的氧化值

氧化值	Ac	Th	Pa	U	Np	Pu	Am	Cm	Bk	Cf	Es	Fm	Md	No
+2							2			2	2	2	2	$\underline{2}$
+3	$\underline{3}$			3	3	3	$\underline{3}$	$\underline{3}$	$\underline{3}$	$\underline{3}$	$\underline{3}$	$\underline{3}$	$\underline{3}$	3
+4		$\underline{4}$	4	$\underline{4}$	4	$\underline{4}$	4	4	4	4				
+5			$\underline{5}$	5	$\underline{5}$	5	5							
+6				$\underline{6}$	6	6	6							
+7					7	7								

注：画线者为最稳定的氧化值。

(3)锕系收缩。同镧系元素相似，锕系元素相同氧化态的离子半径随原子序数的增加而逐渐减小，且减小的也较缓慢(从 90 号 Th 到 98 号 Cf 共减小了约 10 pm)，称为锕系收缩。由 Ac 到 Np 半径的收缩还比较明显，从 Pu 开始各元素离子半径的收缩就更小。

(4)电极电势。下面列出了部分重要的锕系元素在酸性溶液中的元素电势图 $\varphi_a^{\ominus}/V$：

$$PaO_2^+ \xrightarrow{-0.1} PaO^{4+} \xrightarrow{-0.9} Pa \quad (PaO_2^+ \xrightarrow{-1.0} Pa)$$

$$UO_2^{2+} \xrightarrow{0.05} UO_2^+ \xrightarrow{0.62} U^{4+} \xrightarrow{-0.607} U^{3+} \xrightarrow{-1.642} U$$

$$NpO_2^{2+} \xrightarrow{1.15} NpO_2^+ \xrightarrow{0.75} Np^{4+} \xrightarrow{0.147} Np^{3+} \xrightarrow{-1.856} Np$$

$$PuO_2^{2+} \xrightarrow{0.93} PuO_2^+ \xrightarrow{1.15} Pu^{4+} \xrightarrow{0.98} Pu^{3+} \xrightarrow{-2.031} Pu$$

$$AmO_2^{2+} \xrightarrow{1.639} AmO_2^+ \xrightarrow{1.261} Am^{4+} \xrightarrow{2.18} Am^{3+} \xrightarrow{-2.32} Am$$

在 1 mol·L^{-1} $HClO_4$ 溶液中，由 U 到 Am 的 $\varphi^{\ominus}(An^{4+}/An^{3+})$值愈来愈大，表明 An^{3+} 的稳定性按同一顺序而增强。

(5)单质的性质。锕系元素单质的金属性较强。它们的制备方法可以用碱金属或碱土金属还原相应的氟化物或用熔盐电解法制备。锕系元素的单质通常为银白色金属，易与水或氧作用，保存时应避免与氧接触。锕系元素可与其他金属形成金属间化合物和合金。

(6)钍和铀及其化合物。

1)钍及其化合物。钍主要存在于硅酸钍矿 $ThSiO_4$、独居石等矿石中，在 1 000℃的高温下可用金属钙还原 ThO_2 而制得金属钍。钍的主要化学反应如下：

$$Th + \begin{cases} H_2 \xrightarrow{870\ K} ThH_2 \\ C \xrightarrow{2\ 400\ K} ThC,\ ThC_2 \\ N_2 \xrightarrow{1\ 050\ K} ThN \\ O_2 \xrightarrow{500\ K} ThO_2 \longrightarrow \begin{cases} HF \xrightarrow{870\ K} ThF_4 \\ HNO_3 \longrightarrow Th(NO_3)_4 \cdot 5H_2O \\ CCl_4 \xrightarrow{870\ K} ThCl_4 \end{cases} \end{cases}$$

像其他锕系元素一样，钍(Ⅳ)的氢氧化物、氟化物、碘酸盐、草酸盐和磷酸盐等都是难溶性的盐，除氢氧化物外，钍的后四种盐类即使在 6 mol·L^{-1}的强酸中也不易溶解。钍的硫酸盐、硝酸盐和氯化物均易溶于水，其从水溶液中结晶时得到含水晶体。

钍可以形成 $MThCl_5$，M_2ThCl_6，M_3ThCl_7 等配合物，也可与 EDTA 等形成螯合物。

2)铀及其化合物。沥青铀矿中的铀主要以 U_3O_8 的形式存在。沥青铀矿经酸或碱处理后用沉淀法、溶剂萃取法或离子交换法可得到 $UO_2(NO_3)_2$，再经还原可得 UO_2。UO_2 在 HF 中加热得到 UF_4，用 Mg 还原可得到 U 和 MgF_2。铀与各种非金属等的反应见表 13－13。

在化合物中氧化值为＋6 的 U 最稳定。在氟化物 UF_3，UF_4，UF_5 和 UF_6 中以 UF_6 最为重要，该物质为易挥发性化合物，可以利用低氧化值的化合物经氟化而制得。UF_6 有两种：$^{238}UF_6$ 和 $^{235}UF_6$，利用它们的扩散速率不同，可使 $^{238}UF_6$ 同 $^{235}UF_6$ 分离，再从 $^{235}UF_6$ 进一步制得铀-235 核燃料。U 的主要化学反应如下：

$$U+\begin{cases} F_2 \xrightarrow{500\ K} UF_4 \xrightarrow[F_2]{600\ K} UF_6 \\ Cl_2 \xrightarrow{770\ K} UCl_4, UCl_6, UCl_8 \xrightarrow[Cl_2]{770\ K} UCl_{10} \\ O_2 \xrightarrow{600\ K} U_3O_8, UO_3, UO_2, \\ N_2 \xrightarrow{1\,300\ K} UN, UN_2 \\ S \xrightarrow{770\ K} US_2 \\ H_2 \xrightarrow{520\ K} UH_3 \\ H_2O \xrightarrow{373\ K} UO_2 \end{cases}$$

在酸性溶液中，U(Ⅵ)主要以 UO_2^{2+} 的形式存在，如将 UO_3 溶于硝酸可得到硝酸铀酰 $UO_2(NO_3)_2 \cdot 6H_2O$。在 UO_2^{2+} 的水溶液中加碱，有黄色的 $Na_2U_2O_7 \cdot 6H_2O$ 析出。$Na_2U_2O_7 \cdot 6H_2O$ 加热脱水后得到无水盐，叫作铀黄。铀黄作为黄色颜料被广泛应用于瓷釉或玻璃工业中。醋酸铀酰 $UO_2(CH_3COO)_2 \cdot 2H_2O$ 能与碱金属钠离子加合形成 $Na[UO_2(CH_3COO)_3]$ 等配合物，这一反应可用来鉴定微量钠离子，通常是使钠生成溶解度更小的 $NaZn(UO_2)_3(CH_3COO)_9 \cdot 9H_2O$ 黄色晶体。

$$Na^+ + Zn(CH_3COO)_2 + 3UO_2(CH_3COO)_2 + CH_3COOH + 9H_2O = NaZn(UO_2)_3(CH_3COO)_9 \cdot 9H_2O(s) + H^+$$

UO_2^{2+} 还能与其他许多阴离子(如 Cl^-，F^-，CO_3^{2-}，NO_3^-，SO_4^{2-} 和 PO_4^{3-} 等)形成配合物。

思　考　题

1. d 区元素的结构特征是什么？有怎样的变化规律？
2. d 区元素的单质有着怎样的特殊性质？有什么重要的应用？
3. d 区元素的含氧酸及其盐有什么特点？有着怎样的规律性变化？
4. d 区元素与 ds 区元素在结构上有何异同？对性质的影响有着怎样的规律？
5. d 区元素与 p 区元素最大的不同有哪些？又是如何影响性质的变化的？
6. 简述钛金属的重要性质和主要用途。
7. 简述铬的重要性质和主要用途。
8. 简述锰的重要性质和主要用途。
9. 简述铁系元素的重要性质和主要用途。
10. 稀土金属包括哪些元素？有什么重要的应用？

习　　题

1. 完成并配平下列反应方程式：

(1) $TiO^{2+} + Zn + H^+ \longrightarrow$

(2) $Ti^{3+} + CO_3^{2-} + H_2O \longrightarrow$

(3) $TiO_2 + H_2SO_4 \longrightarrow$

(4) $TiCl_4 + H_2O \longrightarrow$

(5) $TiCl_4 + Mg \longrightarrow$

2. 一紫色晶体溶于水得到绿色溶液 A,A 与过量氨水反应成灰绿色沉淀 B。B 可溶于 NaOH 溶液,得到亮绿色溶液 C,在 C 中加入 H_2O_2 并微热,得到黄色溶液 D。在 D 中加入氯化钡溶液生成黄色沉淀 E,E 可溶于盐酸得到橙色溶液 F。试确定各字母所代表的物质,写出有关的反应方程式。

3. 在 $MnCl_2$ 溶液中加入适量的硝酸,再加入 $NaBiO_3$(s),溶液中出现紫红色后又消失,试说明原因,写出有关的反应方程式。

4. 一棕黑色固体 A 不溶于水,但可溶于浓盐酸,生成近乎无色溶液 B 和黄绿色气体 C,在少量 B 中加入硝酸和少量 $NaBiO_3$(s),生成紫红色溶液 D。在 D 中加入一淡绿色溶液 E,紫红色褪去,在得到的溶液 F 中加入 KNCS 溶液又生成血红色溶液 G。再加入足量的 NaF 则溶液的颜色又褪去。在 E 中加入 $BaCl_2$ 溶液则生成不溶于硝酸的白色沉淀 H。试确定各字母所代表的物质,写出有关的反应方程式。

5. 某粉红色晶体溶于水,其水溶液 A 也呈粉红色。向 A 中加入少量 NaOH 溶液,生成蓝色沉淀,当 NaOH 溶液过量时,则得到粉红色沉淀 B,再加入 H_2O_2 溶液,得到棕色沉淀 C,C 与过量浓盐酸反应生成蓝色溶液 D 和黄绿色气体 E。将 D 用水稀释又变为溶液 A。在 A 中加入 KNCS 晶体和丙酮后得到天蓝色溶液 F。试确定各字母所代表的物质,写出有关的反应方程式。

6. 某黑色过渡金属氧化物 A 溶于浓盐酸后得到绿色溶液 B 和气体 C,C 能使润湿的 KI-淀粉试纸变蓝。B 与 NaOH 溶液反应生成苹果绿色沉淀 D。D 可溶于氨水,得到蓝色溶液 E,再加入丁二肟乙醇溶液则生成鲜红色沉淀。试确定各字母所代表的物质,写出有关的反应方程式。

7. 在过量的氯气中加热 1.50 g 铁,生成黑褐色固体,将此固体溶在水中,加入过量的 NaOH 溶液,生成红棕色沉淀。将此沉淀强烈加热,形成红棕色粉末。写出有关的反应方程式,并计算最多可以得到多少红棕色粉末。

8. 在一溶液中含有 Co^{2+},Fe^{3+},如何把它们分离开,并鉴定它们的存在?

9. 指出下列离子的颜色,并说明其显色机理。

$[Ti(H_2O)_6]^{3+}$	$[Cr(OH)_4]^-$	CrO_4^{2-}	MnO_4^-	$[Fe(H_2O)_6]^{3+}$
$[Ni(NH_3)_6]^{2+}$	$[CoCl_4]^{2-}$	$[Fe(H_2O)_6]^{2+}$		

10. 根据下列各组配离子化学式后面括号内所给出的条件,确定它们各自的中心离子的价电子层排布和配合物的磁性,推断其为内轨型配合物,还是外轨型配合物。比较每组内两种配合物的相对稳定性。

(1) $[Mn(C_2O_4)_3]^{3-}$(高自旋)	$[Mn(CN)_6]^{3-}$(低自旋)
(2) $[Fe(en)_3]^{3+}$(高自旋)	$[Fe(CN)_6]^{3-}$(低自旋)
(3) $[CoF_6]^{3-}$(高自旋)	$[Co(en)_3]^{3+}$(低自旋)

参 考 文 献

[1] 大连理工大学无机化学教研室. 无机化学[M]. 6 版. 北京:高等教育出版社,2018.
[2] 武汉大学. 无机化学[M]. 3 版. 北京:高等教育出版社,2011.
[3] 宋天佑. 简明无机化学[M]. 北京:高等教育出版社,2007.
[4] 雪维尔. 无机化学[M]. 2 版. 北京:高等教育出版社,1997.
[5] 史启祯. 无机化学与化学分析[M]. 2 版. 北京:高等教育出版社,2010.
[6] 胡小玲,苏克和. 物理化学简明教程[M]. 北京:科学出版社,2012.
[7] 岳红. 高等无机化学[M]. 北京:机械工业出版社,2002.
[8] 格林伍德,厄恩肖. 元素化学[M]. 曹庭礼,等译. 北京:高等教育出版社,1996.
[9] 西北工业大学普通化学教学组. 普通化学[M]. 西安:西北工业大学出版社,2013.
[10] 苏志平. 无机化学(第五版)同步辅导及习题全解[M]. 北京:中国水利水电出版社,2011.
[11] 苏志平. 无机化学(第三版上册、下册)同步辅导及习题全解[M]. 北京:中国水利水电出版社,2011.
[12] 钟福新,余彩莉,刘铮. 大学化学[M]. 北京:清华大学出版社,2012.
[13] 华彤文,陈景祖. 普通化学原理[M]. 北京:北京大学出版社,2007.
[14] 浙江大学普通化学教研组. 普通化学[M]. 6 版. 北京:高等教育出版社,2011.
[15] 刘密新,罗国安,张新荣,等. 仪器分析[M]. 2 版. 北京:清华大学出版社,2002.
[16] 王祥云,刘元方. 核化学与放射化学[M]. 北京:北京大学出版社,2007.
[17] 戴志群,黄思良. 化学废旧电池的环境污染和利用[J]. 化学教育,2005(1):4-5.
[18] 刘慈. 废旧电池的污染与回收利用[J]. 当代化工,2005(4):89-91.
[19] 聂永丰. 废电池的环境污染及防治[J]. 科学对社会的影响,2009(4):19-22.
[20] 肖传豪. 废旧电池污染及其防治对策[J]. 宁波化工,2010(2):16-20.
[21] 张叶锋,赵春颖,张叶翠. 旧电池对环境的污染与回收利用[J]. 广西轻工业,2010(5):82-83.
[22] 钟东臣,卢伟. 核武器、化学武器、生物武器及其防护[J]. 化学教学, 2007(8):47-52.
[23] SHRIVER D F, ATKINS P W, LANGFORD C H. Inorganic Chemistry[M]. 2nd ed. London: Oxford University Press, 1994.
[24] ROSE S. The Chemistry of Life[M]. 4th ed. London: Penguin Books, 1999.
[25] WHITTEN K W, DAVIS R E, PECK M L. General Chemistry[M]. 7th ed. Philadelphia: Saunders College Publishing, 2000.

附　表

附表 1　热力学数据(298.15 K,100 kPa)

族　别	化学式(状态)	$\Delta_f H_m^\ominus$/(kJ·mol^{-1})	$\Delta_f G_m^\ominus$/(kJ·mol^{-1})	$S_m^\ominus$/(J·mol^{-1}·K^{-1})
1.无机物				
ⅠA	氢(Hydrogen)			
	H_2(g)	0	0	130.7
	H(g)	218.0	203.34	114.7
	H^+(aq)	0	0	0
	H^-(aq)	—	217	—
	锂(Lithium)			
	Li(s)	0	0	29.1
	Li(g)	159.3	126.6	138.8
	Li^+(aq)	−278.5	−292.3	13.4
	LiOH(s)	−484.9	−439.0	42.8
	LiF(s)	−616.0	−587.7	35.7
	LiCl(s)	−408.6	−384.4	59.3
	Li_2CO_3(s)	−1 215.9	−1 132.1	90.4
	钠(Sodium)			
	Na(s)	0	0	51.3
	Na(g)	107.5	77.0	153.7
	Na^+(aq)	−240.1	−261.9	59.0
	Na_2O(s)	−414.2	−375.5	75.1
	Na_2O_2(s)	−510.9	−447.7	95.0
	NaOH(s)	−425.6	−379.5	64.5
	NaOH(aq)	−470.1	−419.15	48.1
	NaF(s)	−576.6	−546.3	51.1
	NaCl(s)	−411.2	−384.1	72.1
	NaBr(s)	−361.1	−349.0	86.8
	NaI(s)	−287.8	−286.1	98.5
	$NaHCO_3$(s)	−950.8	−851.0	101.7
	Na_2CO_3(s)	−1 130.7	−1 044.4	135.0

续表

族　别	化学式(状态)	$\Delta_f H_m^\ominus/(kJ \cdot mol^{-1})$	$\Delta_f G_m^\ominus/(kJ \cdot mol^{-1})$	$S_m^\ominus/(J \cdot mol^{-1} \cdot K^{-1})$
	钾(Potassium)			
	K(s)	0	0	64.7
	K(g)	89.0	64.7	106.3
	K^+(aq)	−252.4	−283.3	102.5
	KOH(s)	−424.6	−378.7	78.9
	KF(s)	−567.3	−537.8	66.6
	KCl(s)	−436.5	−408.5	82.6
	KBr(s)	−393.8	−380.7	95.9
	KI(s)	−327.9	−324.9	106.3
	KCN(s)	−133.0	−101.9	128.5
	KSCN(s)	−200.2	−178.3	124.3
	$KHCO_3$(s)	−963.2	−863.5	115.5
	K_2CO_3(s)	−1 151.0	−1 063.5	155.5
ⅡA	铍(Beryllium)			
	Be(s)	0	0	9.5
	Be(g)	324.0	286.6	136.3
	Be^{2+}(aq)	−382.8	−379.7	−129.7
	BeO_2^{2-}(aq)	−790.8	−640.1	−150.9
	BeO(s)	−609.4	−580.1	13.8
	$Be(OH)_2$(s,a)	−902.5	−815.0	45.5
	$BeCl_2$(s)	−490.4	−445.6	75.8
	$BeSO_4$(s)	−1 205.2	−1 093.8	77.9
	$BeCO_3$(s)	−1 025.0	—	52.0
	镁(Magnesium)			
	Mg(s)	0	0	32.7
	Mg(g)	147.1	112.5	148.6
	Mg^{2+}(aq)	−466.9	−454.8	−138.1
	MgO(s)	−601.6	−569.3	27.0
	$MgCl_2$(s)	−641.3	−591.8	89.6
	MgF_2(s)	−1 124.2	−1 071.1	57.2
	$Mg(OH)_2$(s)	−924.5	−833.5	63.2
	$MgSO_4$(s)	−1 284.9	−1 170.6	91.6
	$MgCO_3$(s)	−1 095.8	−1 012.1	65.7

续表

族　别	化学式(状态)	$\Delta_f H_m^\ominus$/(kJ·mol^{-1})	$\Delta_f G_m^\ominus$/(kJ·mol^{-1})	$S_m^\ominus$/(J·mol^{-1}·K^{-1})
	钙(Calcium)			
	Ca(s)	0	0	41.6
	Ca(g)	177.8	144.0	154.9
	Ca^{2+}(aq)	−542.8	−553.6	−53.1
	CaO(s)	−634.9	−603.3	38.1
	$Ca(OH)_2$(s)	−985.2	−897.5	83.4
	CaF_2(s)	−1 228.0	−1 175.6	68.5
	$CaCl_2$(s)	−795.4	−748.8	108.4
	CaC_2(s)	−62.8	−67.8	70.3
	$CaSO_4$(s)	−1 434.5	−1 322.0	106.5
	$CaCO_3$(方解石)	−1 207.6	−1 129.1	91.7
	$CaCO_3$(文石)	−1 207.8	−1 128.2	88.0
	锶(Strontium)			
	Sr(s)	0	0	55.0
	Sr(g)	164.4	130.9	164.6
	Sr^{2+}(aq)	−545.8	−559.5	−32.6
	SrO(s)	−592.0	−561.9	54.4
	$Sr(OH)_2$(s)	−595.0	−869.4	(88)
	$SrSO_4$(s)	−1 453.1	−1 340.9	117.0
	$SrCO_3$(s)	−1 220.1	−1 140.1	97.1
	钡(Barium)			
	Ba(s)	0	0	62.5
	Ba(g)	180.0	146.0	170.2
	Ba^{2+}(aq)	−537.6	−560.8	9.6
	$BaCl_2$(s)	−855.0	−806.7	123.7
	BaF_2(s)	−1 207.1	−1 156.8	96.4
	BaO(s)	−548.0	−520.3	72.1
	BaO_2(s)	−629.7	−568.2	65.7
	$Ba(OH)_2$(s)	−944.7	−856.5	(95.0)
	$BaSO_4$(s)	−1 473.2	−1 362.2	132.2
	$BaCO_3$(s)	−1 213.0	−1 134.4	112.1
ⅢA	硼(Boron)			
	B(s)	0	0	5.9
	* B(g)	565.0	521.0	153.4

续表

族　别	化学式(状态)	$\Delta_f H_m^{\ominus}$/(kJ·mol^{-1})	$\Delta_f G_m^{\ominus}$/(kJ·mol^{-1})	$S_m^{\ominus}$/(J·mol^{-1}·K^{-1})
	$H_2BO_3^-$(aq)	−1 054.0	−910.4	31.0
	H_3BO_3(s)	−1 094.3	−968.9	90.0
	H_3BO_3(aq)	−1 068.0	−963.32	160.0
	B_2O_3(s)	−1 213.5	−1 194.3	54.0
	B_2H_6(g)	−35.6	−86.7	232.1
	BCl_3(l)	−427.2	−387.4	206.3
	BCl_3(g)	−403.8	−388.7	290.1
	BF_3(g)	−1 136.0	−1 119.4	254.4
	* BN(s)	−254.4	−228.4	14.8
	铝(Aluminum)			
	Al(s)	0	0	28.3
	Al(g)	330.0	289.4	164.6
	Al^{3+}(aq)	−531.0	−485.0	−321.7
	AlO_2^-(aq)	−930.9	−830.9	−36.8
	$Al(OH)_3$(无定形)	−1 276.0	−1 138.0	(71.0)
	Al_2O_3(s,刚玉)	−1 675.7	−1 582.3	50.9
	$AlCl_3$(s)	−704.2	−628.8	109.3
ⅣA	碳(Carbon)			
	C(石墨)	0	0	5.7
	C(金刚石)	1.9	2.9	2.4
	C(g)	716.7	671.3	158.1
	CO(g)	−110.5	−137.2	197.7
	CO_2(g)	−393.5	−394.4	213.8
	CO_2(aq)	−412.9	−386.2	121
	CCl_4(l)	−128.2	—	—
	H_2CO_3(aq)	−698.7	−623.42	191.0
	HCO_3^-(aq)	−692.0	−586.8	91.2
	CO_3^{2-}(aq)	−677.1	−527.8	−56.9
	CH_3COOH(l)	−484.3	−389.9	159.8
	CH_3COOH(aq)	−486.0	−369.3	86.6
	CH_3COO^-(aq)	−486.0	−369.3	86.6
	HCN(aq)	150.6	172.0	94.1
	CN^-(aq)	150.6	172.0	94.1
	CH_3OH(l)	−239.0	−166.3	126.8

续表

族 别	化学式(状态)	$\Delta_f H_m^\ominus$/(kJ · mol^{-1})	$\Delta_f G_m^\ominus$/(kJ · mol^{-1})	$S_m^\ominus$/(J · mol^{-1} · K^{-1})
	$CH_3OH(g)$	−201.0	162.0	239.9
	硅(Silicon)			
	Si(s)	0	0	18.8
	Si(g)	450.0	405.5	168.0
	SiO_2(石英)	−910.7	−856.3	41.5
	SiO_2(玻璃态)	−903.49	−850.7	46.9
	$SiF_4(g)$	−1 615.0	−1 572.8	282.8
	$SiCl_4(l)$	−687.0	−619.8	239.7
	$SiCl_4(g)$	−657.0	−617.0	330.7
	$SiH_4(g)$	34.3	56.9	204.6
	* SiC(s)	−65.3	−62.8	16.6
	* $Si_3N_4(s)$	−743.5	−642.6	101.3
	锡(Tin)			
	Sn(s,白)	0	0	51.2
	Sn(s,灰)	2.1	0.1	44.1
	Sn(g)	301.2	266.2	168.5
	$Sn^{2+}(aq)$	−8.8	−27.2	−17.0
	$Sn^{4+}(aq)$	—	−2.7	—
	$Sn(OH)_2(s)$	−56.1	−491.6	155.0
	$Sn(OH)_4(s)$	−1 131.8	−951.9	121
	$SnO_2(s)$	−577.6	−515.8	49.0
	$SnCl_2(s)$	−325.1	−302	123
	$SnCl_4(l)$	−511.3	−440.1	258.6
	铅(Lead)			
	Pb(s)	0	0	64.8
	Pb(g)	195.0	162.2	175.4
	$Pb^{2+}(aq)$	−1.7	−24.4	10.5
	$Pb^{4+}(aq)$	—	303	—
	$Pb(OH)_2(s)$	−514.6	−420.9	88
	PbO(s,红)	−219.0	−188.9	66.5
	PbO(s,黄)	−217.3	−187.9	68.7
	$PbO_2(s)$	−277.4	−217.3	68.6
	PbS(s)	−100.4	−98.7	91.2
	$PbSO_4(s)$	−920.0	−813.0	148.5

续表

族 别	化学式(状态)	$\Delta_f H_m^\ominus$/(kJ·mol^{-1})	$\Delta_f G_m^\ominus$/(kJ·mol^{-1})	$S_m^\ominus$/(J·mol^{-1}·K^{-1})
	PbF_2(s)	−664.0	−617.1	110.5
	$PbCl_2$(s)	−359.4	−314.0	136
	$PbBr_2$(s)	−278.7	−261.9	161.5
	PbI_2(s)	−175.5	−173.6	174.9
	$PbCO_3$(s)	−699.1	−625.5	131.0
ⅤA	氮(Nitrogen)			
	N_2(g)	0	0	191.6
	N(g)	472.7	455.5	153.3
	N_2O(g)	81.6	103.7	220.2
	NO(g)	91.3	87.6	210.8
	N_2O_3(g)	86.6	142.4	314.7
	NO_2(g)	33.2	51.3	240.1
	N_2O_4(g)	11.1	99.8	304.4
	N_2O_5(g)	13.3	117.1	355.7
	N_2O_5(s)	−43.1	113.9	178.2
	NCl_3(l)	230.0	—	—
	HNO_3(l)	−174.1	−80.7	155.6
	NO_3^-(aq)	−207.4	−111.3	146.4
	NO_2^-(aq)	−104.6	−32.2	123.0
	NH_4^+(aq)	−132.5	−79.3	113.4
	NH_4Cl(s)	−314.4	−202.9	94.6
	NH_3(aq)	−80.83	−26.6	—
	NH_3(g)	−45.9	−16.4	192.8
	N_2H_4(l)	50.60	149.3	121.2
	$N_2H_2(CH_3)_2$(l)	42.0	—	—
	磷(Phosphorus)			
	P(s,白)	0	0	41.1
	P(s,红)	−17.6	−12	22.8
	P(s,黑)	−39.3	—	—
	P(g)	316.5	280.1	163.2
	P_4O_{10}(s)	−3 013	—	—
	H_3PO_4(aq)	−1 290	−1 147	176
	$H_2PO_4^-$(aq)	−1 296.3	−1 130.2	90.4
	HPO_4^{2-}(aq)	−1 292.1	−1 089.2	−33.5

续表

族别	化学式(状态)	$\Delta_f H_m^{\ominus}/(kJ \cdot mol^{-1})$	$\Delta_f G_m^{\ominus}/(kJ \cdot mol^{-1})$	$S_m^{\ominus}/(J \cdot mol^{-1} \cdot K^{-1})$
	PO_4^{3-}(aq)	−1 277.4	−1 018.7	−220.5
	PH_3(g)	5.4	13.4	210.2
	PCl_3(g)	−287.0	−267.8	311.8
	PCl_5(g)	−374.9	−305.0	364.6
ⅥA	氧(Oxygen)			
	O_2(g)	0	0	205.2
	O_3(g)	142.7	163.2	238.9
	O(g)	249.2	231.7	161.1
	H_2O(l)	−285.8	−237.1	70.0
	H_2O(g)	−241.8	−228.6	188.8
	OH^-(aq)	−230.0	−157.2	−10.8
	H_2O_2(l)	−187.8	−120.4	109.6
	H_2O_2(aq)	−191.1	−131.67	—
	HO_2^-(aq)	—	−65.312	—
	硫(Sulfur)			
	S(s,斜方)	0	0	32.1
	S(s,单斜)	0.30	0.096	32.6
	S(g)	277.2	236.7	167.8
	SO_2(g)	−296.8	−300.1	248.2
	SO_3(g)	−395.7	−371.1	256.8
	HSO_4^-(aq)	−887.3	−755.9	131.8
	SO_4^{2-}(aq)	−909.3	−744.5	20.1
	H_2SO_3(aq)	−60.8	−538.02	234
	HSO_3^-(aq)	−626.2	−527.7	139.7
	SO_3^{2-}(aq)	−635.5	−485.5	−29.0
	H_2S(g)	−20.6	−33.4	205.8
	H_2S(aq)	−39	−27.4	122
	HS^-(aq)	−17.6	12.1	62.8
	S^{2-}(aq)	33.1	85.8	−14.6
	SF_6(g)	−1 220.5	−1 116.5	291.5
ⅦA	氟(Fluorine)			
	F_2(g)	0	0	220.8
	*F(g)	79.4	62.3	158.8
	F_2O(g)	24.7	41.9	247.4

续表

族 别	化学式(状态)	$\Delta_f H_m^\ominus/(kJ \cdot mol^{-1})$	$\Delta_f G_m^\ominus/(kJ \cdot mol^{-1})$	$S_m^\ominus/(J \cdot mol^{-1} \cdot K^{-1})$
	$HF(g)$	−273.3	−275.4	173.8
	$HF(aq)$	−332.6	−278.8	−13.8
	$HF_2^-(aq)$	−649.9	−578.1	92.5
	$F^-(aq)$	−332.6	−278.8	−13.8
	氯(Chlorine)			
	$Cl_2(g)$	0	0	223.1
	$Cl(g)$	121.3	105.3	165.2
	$Cl_2O(g)$	80.3	97.9	266.2
	$HCl(g)$	−92.3	−95.3	186.9
	$Cl^-(aq)$	−167.2	−131.2	56.5
	$HClO(aq)$	−116.4	−79.956	130
	$ClO^-(aq)$	−107.1	−36.8	42.0
	$HClO_2(aq)$	−57.24	0.3	176
	$ClO_2^-(aq)$	−66.5	17.2	101.3
	$ClO_3^-(aq)$	−104.1	−8.0	162.3
	$ClO_4^-(aq)$	−129.3	−8.5	182.0
	溴(Bromine)			
	$Br_2(l)$	0	0	152.2
	$Br_2(g)$	30.9	3.1	245.5
	$Br(g)$	111.9	82.4	175.0
	$HBr(g)$	−36.3	−53.4	198.7
	$Br^-(aq)$	−121.6	−104.0	82.4
	$HBrO(aq)$	—	−83.3	—
	$BrO^-(aq)$	−94.1	−33.4	42.0
	$BrO_3^-(aq)$	−67.1	18.6	161.7
	碘(Iodine)			
	$I_2(s)$	0	0	116.1
	$I_2(g)$	62.4	19.3	260.7
	$I(g)$	106.8	70.2	180.8
	$HI(g)$	26.5	1.7	206.6
	$I^-(aq)$	−55.2	−51.6	111.3
	$HIO_3(aq)$	−159	−98.3	—
	$IO^-(aq)$	−107.5	−38.5	−5.4
	$IO_3^-(aq)$	−221.3	−128.0	118.4

续表

族 别	化学式(状态)	$\Delta_f H_m^\ominus/(kJ\cdot mol^{-1})$	$\Delta_f G_m^\ominus/(kJ\cdot mol^{-1})$	$S_m^\ominus/(J\cdot mol^{-1}\cdot K^{-1})$
ⅢB	钪(Scandium)			
	Sc(s)	0	0	34.6
	Sc(g)	377.8	336.0	174.8
	Sc^{3+}(aq)	−614.2	−586.6	−255.0
ⅣB	钛(Titanium)			
	Ti(s)	0	0	30.7
	Ti(g)	473.0	428.4	180.3
	Ti^{2+}(aq)	—	(−314)	—
	Ti^{3+}(aq)	—	(−350)	—
	TiO^{2+}(aq)	—	−577	—
	TiO_2(s,金红石)	−944.0	−888.8	50.6
	$TiO(OH)_2$(s)	—	−1 059	—
	$TiCl_4$(l)	−804.2	−737.2	252.3
	$TiCl_4$(g)	−763.2	−726.3	353.2
	TiC(s)	−225.9	−221.8	24.3
	TiN(s)	−338.1	−309.6	30.3
ⅤB	钒(Vanadium)			
	V(s)	0	0	28.9
	V(g)	514.2	754.4	182.3
	V_2O_3(s)	−1 218.8	−1 139.3	98.3
	V_2O_4(s)	−1 439	−1 331	103.1
	V_2O_5(s)	−1 550.6	−1 419.5	131.0
	VN(s)	−217.1	−191.2	37.3
ⅥB	铬(Chromium)			
	Cr(s)	0	0	23.8
	Cr(g)	396.6	351.8	174.5
	Cr_2O_3(s)	−1 139.7	−1 058.1	81.2
	CrO_3(s)	−610.0	—	—
	$Cr(OH)_3$(s)	−899.9	−859.8	82.0
	$Cr(OH)^{2+}$(aq)	−474.9	−431.0	−68.6
	Cr^{3+}(aq)	−256	−216	−308
	CrO_2^-(aq)	—	−52.3	—
	$HCrO_4^-$(aq)	−921.3	−773.6	69.0
	CrO_2^{4-}(aq)	−894.33	−736.8	38.5

续表

族 别	化学式(状态)	$\Delta_f H_m^{\ominus}$/(kJ·mol^{-1})	$\Delta_f G_m^{\ominus}$/(kJ·mol^{-1})	$S_m^{\ominus}$/(J·mol^{-1}·K^{-1})
	$Cr_2O_7^{2-}$(aq)	−1 490.3	−1 301.1	261.9
	$CrCl_2$(s)	−395.4	−356.0	115.3
	$CrCl_3$(s)	−563.2	−493.7	126
	Cr_4C(s)	−68.62	−70.29	105.9
ⅦB	锰(Manganese)			
	Mn(s)	0	0	32.0
	Mn(g)	280.7	238.5	173.7
	Mn^{2+}(aq)	−220.8	−228.1	−73.6
	MnO_4^{2-}(aq)	−653.0	−500.7	59.0
	MnO_4^-(aq)	−541.4	−447.2	191.2
	$MnCl_2$(s)	−481.3	−440.5	118.2
	MnS(s,绿)	−214.2	−218.4	78.2
	MnO(s)	−385.2	−362.9	59.7
	Mn_2O_2(s)	−971.1	−888.3	(92.5)
	Mn_3O_4(s)	−1 387.8	−1 283.2	155.6
	MnO_2(s,软锰矿)	−520.0	−465.1	53.1
	$Mn(OH)_2$(s,沉淀)	−697.9	−614.6	88.3
	$MnCO_3$(s)	−894.1	−816.7	85.8
	$KMnO_4$(s)	−837.2	−737.6	171.7
	Mn_3C(s)	−4.184	−4.184	98.74
Ⅷ	铁(Iron)			
	Fe(s)	0	0	27.3
	Fe(g)	416.3	370.7	180.5
	Fe^{2+}(aq)	−89.1	−78.9	−137.7
	Fe^{3+}(aq)	−48.5	−4.7	−315.9
	$Fe(OH)_2$(s)	−568.2	−483.54	80
	$Fe(OH)_3$(s)	−824.2	−694.5	(96)
	FeS(s,a)	−100.0	−100.4	60.3
	FeO(s)	−272.0	—	—
	Fe_2O_3(s)	−824.2	−742.2	87.4
	Fe_3O_4(s)	−1 118.4	−1 015.4	146.4
	Fe_3C(s)	20.92	14.64	107.5
	$FeCO_3$(s)	−740.6	−666.7	92.9
	钴(Cobalt)			

续表

族 别	化学式(状态)	$\Delta_f H_m^{\ominus}/(kJ \cdot mol^{-1})$	$\Delta_f G_m^{\ominus}/(kJ \cdot mol^{-1})$	$S_m^{\ominus}/(J \cdot mol^{-1} \cdot K^{-1})$
	Co(s)	0	0	30.0
	Co(g)	424.7	380.3	179.5
	Co^{2+}(aq)	−58.2	−54.4	−113.0
	Co^{3+}(aq)	92.0	134.0	−305.0
	$Co(OH)_2$(s)	−539.7	−454.3	79.0
	$Co(OH)_3$(s)	−730.5	−596.6	(84)
	CoS(s,a)	−82.8	−82.8	67.4
	CoO(s)	−237.9	−214.2	53.0
	Co_3O_4(s)	−891.0	−774.0	102.5
	Co_3C(s)	39.75	29.71	123.4
	$CoCO_3$(s)	−713.0	—	—
	镍(Nickel)			
	Ni(s)	0	0	29.9
	Ni(g)	429.7	384.5	182.2
	Ni^{2+}(aq)	−54.0	−45.6	−128.9
	$Ni(OH)_2$(s)	−538.1	−453.1	80
	$Ni(OH)_3$(s)	−678.2	−541.8	(81.6)
	NiO(s)	−244	−216	38.6
	NiS(s,a)	−82.0	−79.5	53.0
	$[Ni(CN)_4]^{2-}$(aq)	364	489.9	(138)
ⅠB	铜(Copper)			
	Cu(s)	0	0	33.2
	Cu(g)	337.4	297.7	166.4
	Cu^{+}(aq)	71.7	50.0	40.6
	Cu^{2+}(aq)	64.8	65.5	−99.6
	$Cu(OH)_2$(s)	−449.8	−357	(80)
	CuO(s)	−157.3	−129.7	42.6
	Cu_2O(s)	−168.6	−146.0	93.1
	CuS(s)	−53.1	−53.6	66.5
	Cu_2S(s)	−79.5	−86.2	121.9
	$CuSO_4$(s)	−771.4	−662.2	109.2
	$CuSO_4 \cdot 5H_2O$(s)	−2 278.0	−1 879.9	305.4
	银(Silver)			
	Ag(s)	0	0	42.6

续表

族　别	化学式(状态)	$\Delta_f H_m^\ominus$/(kJ·mol^{-1})	$\Delta_f G_m^\ominus$/(kJ·mol^{-1})	$S_m^\ominus$/(J·mol^{-1}·K^{-1})
	$Ag(g)$	284.9	246.0	173.0
	$Ag^+(aq)$	105.6	77.1	72.7
	$Ag_2O(s)$	−31.1	−11.2	121.3
	Ag_2S(s,a)	−32.6	−40.7	144.0
	$AgF(s)$	−204.6	−185	84
	$AgCl(s)$	−127.0	−109.8	96.3
	$AgBr(s)$	−100.4	−96.9	107.1
	$AgI(s)$	−61.8	−66.2	115.5
	$[Ag(CN)_2]^-(aq)$	270	301.5	205
	$[Ag(NH_3)_2]^+(aq)$	−111.81	−17.4	242
	$Ag_2CO_3(s)$	−505.8	−436.8	167.4
	金(Gold)			
	$Au(s)$	0	0	47.4
	$Au(g)$	366.1	326.3	180.5
	$Au^+(aq)$	—	163	—
	$Au^{3+}(aq)$	—	433.5	—
	$Au_2O_3(s)$	80.75	163.2	125.5
	$Au(OH)_3(s)$	−418.4	−290	121
	$[Au(CN)_2]^-(aq)$	244	269	123
	$[AuCl_4]^-(aq)$	−326	−235	255
ⅡB	锌(Zinc)			
	$Zn(s)$	0	0	41.6
	$Zn(g)$	130.4	94.8	160.0
	$Zn^{2+}(aq)$	−153.9	−147.1	−112.1
	$ZnO_2^{2-}(aq)$	—	−389.2	—
	$Zn(OH)_2(s)$	−641.9	−533.5	81.2
	$ZnO(s)$	−350.5	−320.5	43.7
	ZnS(s,沉淀)	−185	−181	—
	$ZnSO_4(s)$	−982.8	−871.5	110.5
	$[Zn(NH_3)_4]^{2+}(aq)$	—	−308	—
	镉(Cadminum)			
	$Cd(s)$	0	0	51.8
	$Cd(g)$	111.8	78.20	167.7
	$Cd^{2+}(aq)$	−75.9	−77.6	−73.2

续表

族别	化学式(状态)	$\Delta_f H_m^{\ominus}/(kJ\cdot mol^{-1})$	$\Delta_f G_m^{\ominus}/(kJ\cdot mol^{-1})$	$S_m^{\ominus}/(J\cdot mol^{-1}\cdot K^{-1})$
	$Cd(OH)_2(s)$	−560.7	−473.6	96.0
	CdO(s)	−258.4	−228.7	54.8
	CdS(s)	−161.9	−156.5	64.9
	$CdCO_3(s)$	−750.6	−669.4	92.5
	$[Cd(NH_3)_4]^{2+}(aq)$	—	−224.8	—
	汞(Mercury)			
	Hg(l)	0	0	75.9
	Hg(g)	61.4	31.8	175.0
	$Hg^{2+}(aq)$	171.1	164.4	−32.2
	$Hg_2^{2+}(aq)$	172.4	153.5	84.5
	HgO(s,红)	−90.5	−58.5	70.3
	HgO(s,黄)	−90.21	−58.404	73.2
	HgS(s,红)	−58.2	−50.6	82.4
	HgS(s,黄)	−53.97	−46.23	83.3
	$HgCl_2(s)$	−224.3	−178.6	146.0
	$Hg_2Cl_2(s)$	−265.4	−210.7	191.6
2.有机物				
	$CH_4(g)$甲烷	−74.6	−50.5	186.3
	$C_2H_2(g)$乙炔	227.4	209.9	200.9
	$C_2H_4(g)$乙烯	52.4	68.4	219.3
	$C_2H_6(g)$乙烷	−84.0	−32.0	229.2
	$C_3H_6(g)$丙烯	20.0	62.79	267
	$C_3H_8(g)$丙烷	−103.8	−23.4	270.3
	$C_4H_6(g)$1,3-丁二烯	110.0	153.7	279.8
	$C_4H_{10}(g)$正丁烷	−125.7	−15.6	310.1
	$C_6H_6(g)$苯	82.9	129.7	269.2
	$C_6H_6(l)$苯	49.1	124.5	173.4
	$C_6H_{12}(g)$环己烷	−123.4	31.76	298.2
	$C_6H_{12}(l)$环己烷	−156.4	24.73	204.3
	$C_7H_8(g)$甲苯	50.5	122.4	319.8
	$C_7H_8(l)$甲苯	12.4	114.3	219.2
	$C_8H_8(l)$苯乙烯	147.9	213.8	345.1
	$C_8H_{10}(l)$乙苯	−12.3	119.7	255.0
	$C_{10}H_8(s)$萘	78.5	201.6	167.4

续表

族 别	化学式(状态)	$\Delta_f H_m^\ominus/(kJ \cdot mol^{-1})$	$\Delta_f G_m^\ominus/(kJ \cdot mol^{-1})$	$S_m^\ominus/(J \cdot mol^{-1} \cdot K^{-1})$
	$CH_3OH(l)$甲醇	−239.2	−166.6	126.8
	$CH_3OH(g)$甲醇	−201.0	−162.3	239.9
	$C_2H_5OH(l)$乙醇	−277.6	−174.8	160.7
	$C_2H_5OH(g)$乙醇	−234.8	−167.9	281.6
	$C_3H_7OH(g)$丙醇	−255.1	−171.1	322.6
	$C_3H_7OH(l)$异丙醇	−318.1	−184.1	181.1
	$C_4H_{10}O(l)$乙醚	−279.5	−118.4	172.4
	$C_4H_{10}O(g)$乙醚	−252.1	−117.6	342.7
	$CH_2O(g)$甲醛	−108.6	−102.5	218.8
	$C_2H_4O(g)$乙醛	−166.2	−133.0	263.8
	$C_3H_6O(g)$丙酮	−217.1	−152.8	295.3
	$CH_2O_2(l)$甲酸	−425.0	−361.4	129.0
	$CH_2O_2(g)$甲酸	−378.7	−335.7	246.1
	$CH_3COOH(l)$乙酸	−484.3	−389.0	159.8
	$CH_3COOH(g)$乙酸	−432.2	−374.2	283.5
	$H_2C_2O_4(s)$草酸	−821.7	−697.9	109.8
	$C_7H_6O_2(s)$苯甲酸	−385.2	−285.6	167.6
	$CHCl_3(g)$三氯甲烷	−102.7	−66.94	295.7
	$CH_3Cl(g)$氯甲烷	−81.9	−58.58	234.6
	$CO(NH_2)_2(s)$尿素	−333.1	−197.2	104.6
	$C_2H_5Cl(g)$氯乙烷	−112.1	−60.4	276.0
	$C_6H_5Cl(l)$氯苯	11.1	203.8	197.5
	$C_6H_6N(l)$苯胺	31.6	153.2	191.6
	$C_6H_5NO_2(l)$硝基苯	12.5	146.2	224.3
	$C_6H_5OH(s)$苯酚	−165.1	−40.75	144.0
	$C_6H_{12}O_6(s)$葡萄糖(α-D)	−1 273.3	—	—

注:本表按化学元素周期表编排。

附表 2　一些有机物的标准燃烧热(298.15 K,100 kPa)

分子式(状态)和名称	$\Delta_c H_m^\ominus$/(kJ・mol^{-1})	分子式(状态)和名称	$\Delta_c H_m^\ominus$/(kJ・mol^{-1})
CH_4(g)甲烷	−890.8	CH_3OH(l)甲醇	−726.1
C_2H_2(g)乙炔	−1 301.1	C_2H_5OH(l)乙醇	−1 366.8
C_2H_4(g)乙烯	−1 411.2	$(CH_2OH)_2$(l)乙二醇	−1 189.2
C_2H_6(g)乙烷	−1 560.7	$C_3H_3O_3$(l)甘油	−1 655.4
C_3H_6(g)丙烯	−2 058.0	C_6H_5OH(s)苯酚	−3 053.5
C_3H_8(g)丙烷	−2 219.2	HCHO(g)甲醛	−570.7
C_4H_{10}(g)正-丁烷	−2 877.6	CH_3CHO(g)乙醛	−1 166.9
C_4H_{10}(g)异-丁烷	−2 871.6	CH_3COCH_3(l)丙酮	−1 789.9
C_4H_8(g)丁烯	−2 718.6	$CH_3COOC_2H_5$(l)乙酸乙酯	−2 238.1
C_5H_{12}(g)戊烷	−3 509.0	$(C_2H_5)_2O$(l)乙醚	−2 723.9
正-C_nH_{2n+2}(g)	−4.184(57.909+157.443n)	HCOOH(l)甲酸	−254.6
正-C_nH_{2n+2}(l)	−4.184(57.430+156.263n)	CH_3COOH(l)乙酸	−874.2
正-C_nH_{2n+2}(s)	−4.184(21.90+157.00n)	$(COOH)_2$(s)草酸	−246.0
(n为5～20)		C_6H_5COOH(s)苯甲酸	−3 226.9
C_6H_6(l)苯	−3 267.6	$C_{17}H_{35}COOH$(s)硬脂酸	−11 274.6
C_6H_{12}(l)环乙烷	−3 919.6	$(COOCH_3)_2$(l)草酸	−1 678.0
C_7H_8(l)甲苯	−3 910.3	CCl_4(l)四氯化碳	−156.1
C_8H_{10}(l)对二甲苯	−4 552.9	$CHCl_3$(l)三氯甲烷	−373.2
$C_{10}H_8$(s)萘	−5 156.3	$C_6H_6NH_2$(l)苯胺	−3 392.8
CH_3Cl(g)氯甲烷	−689.1	$C_6H_5NO_2$(l)硝基苯	−3 097.8
C_6H_5Cl(l)氯苯	−3 140.9	$C_6H_{12}O_6$(s)葡萄糖	−2 815.8
CS_2(l)二硫化碳	−1 075.3	$C_{12}H_{22}O_{11}$(s)蔗糖	−5 640.9
$(CN)_2$(g)氰	−1 087.8	$C_{10}H_{16}O$(s)樟脑	−5 903.6
$CO(NH_2)_2$(s)尿素	−631.66	H_2(g)	−285.8
CO(g)	−283.0		

附表 3 不同温度下水蒸气的压力

温度/K	压力/kPa	温度/K	压力/kPa	温度/K	压力/kPa
273.15	0.610 3	307.15	5.322 9	340.15	27.347
274.15	0.657 2	308.15	5.626 7	341.15	28.576
275.15	0.706 0	309.15	5.945 3	342.15	29.852
276.15	0.758 1	310.15	6.279 5	343.15	31.176
277.15	0.813 6	311.15	6.629 8	344.15	32.549
278.15	0.872 6	312.15	6.996 9	345.15	33.972
279.15	0.935 4	313.15	7.381 4	346.15	35.448
280.15	1.002 1	314.15	7.784 0	347.15	36.978
281.15	1.073 0	315.15	8.205 4	348.15	38.563
282.15	1.148 2	316.15	8.646 3	349.15	40.205
283.15	1.228 1	317.15	9.107 5	350.15	41.905
284.15	1.321 9	318.15	9.589 8	351.15	43.665
285.15	1.402 7	319.15	10.094	352.15	45.487
286.15	1.497 9	320.15	10.620	353.15	47.373
287.15	1.598 8	321.15	11.171	354.15	49.324
288.15	1.705 6	322.15	11.745	355.15	51.342
289.15	1.818 5	323.15	12.344	356.15	53.428
290.15	1.935 0	324.15	12.970	357.15	55.585
291.15	2.064 4	325.15	13.623	358.15	57.815
292.15	2.197 8	326.15	14.303	359.15	60.119
293.15	2.338 8	327.15	15.012	360.15	62.499
294.15	2.487 7	328.15	15.752	361.15	64.958
295.15	2.644 7	329.15	16.522	362.15	67.496
296.15	2.810 4	330.15	17.324	363.15	70.117
297.15	2.985 0	331.15	18.159	364.15	72.823
298.15	3.169 0	332.15	19.028	365.15	75.614
299.15	3.362 9	333.15	19.932	366.15	78.494
300.15	3.567 0	334.15	20.873	367.15	81.465
301.15	3.781 8	335.15	21.851	368.15	84.529
302.15	4.007 8	336.15	22.868	369.15	87.688
303.15	4.245 5	337.15	23.925	370.15	90.945
304.15	4.495 3	338.15	25.022	371.15	94.301
305.15	4.757 8	339.15	26.163	372.15	97.759
306.15	5.033 5			373.15	101.325

附表 4 一些常见弱电解质在水溶液中的解离常数

电解质	解离平衡	温度/℃	解离常数 $K_a^\ominus$ 或 $K_b^\ominus$	$pK_a^\ominus$ 或 $pK_b^\ominus$
醋　酸	$HAc \rightleftharpoons H^+ + Ac^-$	25	1.74×10^{-5}	4.76
硼　酸	$(H_3BO_3)B(OH)_3 + H_2O \rightleftharpoons B(OH)_4^- + H^+$	20	5.37×10^{-10}	9.27
碳　酸	$H_2CO_3 \rightleftharpoons H^+ + HCO_3^-$	25	$(K_{a1}^\ominus)4.47\times10^{-7}$	6.35
	$HCO_3^- \rightleftharpoons H^+ + CO_3^{2-}$	25	$(K_{a2}^\ominus)4.68\times10^{-11}$	10.33
氢氰酸	$HCN \rightleftharpoons H^+ + CN^-$	25	6.17×10^{-10}	9.21
氢硫酸	$H_2S \rightleftharpoons H^+ + HS^-$	25	$(K_{a1}^\ominus)8.91\times10^{-8}$	7.05
	$HS^- \rightleftharpoons H^+ + S^{2-}$	25	$(K_{a2}^\ominus)1.0\times10^{-19}$	19
草　酸	$H_2C_2O_4 \rightleftharpoons H^+ + HC_2O_4^-$	25	$(K_{a1}^\ominus)5.89\times10^{-2}$	1.23
	$HC_2O_4^- \rightleftharpoons H^+ + C_2O_4^{2-}$	25	$(K_{a2}^\ominus)6.46\times10^{-5}$	4.19
甲　酸	$HCOOH \rightleftharpoons H^+ + HCOO^-$	25	1.78×10^{-4}	3.75
磷　酸	$H_3PO_4 \rightleftharpoons H^+ + H_2PO_4^-$	25	$(K_{a1}^\ominus)6.92\times10^{-3}$	2.16
	$H_2PO_4^- \rightleftharpoons H^+ + HPO_4^{2-}$	25	$(K_{a2}^\ominus)6.17\times10^{-8}$	7.21
	$HPO_4^{2-} \rightleftharpoons PO_4^{3-} + H^+$	25	$(K_{a3}^\ominus)4.79\times10^{-13}$	12.32
亚硫酸	$H_2SO_3 \rightleftharpoons H^+ + HSO_3^-$	25	$(K_{a1}^\ominus)1.41\times10^{-2}$	1.85
	$HSO_3^- \rightleftharpoons H^+ + SO_3^{2-}$	25	$(K_{a2}^\ominus)6.3\times10^{-8}$	7.2
亚硝酸	$HNO_2 \rightleftharpoons H^+ + NO_2^-$	25	5.62×10^{-4}	3.25
氢氟酸	$HF \rightleftharpoons H^+ + F^-$	25	6.31×10^{-4}	3.20
硅　酸	$H_2SiO_3 \rightleftharpoons H^+ + HSiO_3^-$	25	$(K_{a1}^\ominus)1.26\times10^{-10}$	9.9
	$HSiO_3^- \rightleftharpoons H^+ + SiO_3^{2-}$	25	$(K_{a2}^\ominus)1.58\times10^{-12}$	11.8
氨　水	$NH_3 + H_2O \rightleftharpoons NH_4^+ + OH^-$	25	1.78×10^{-5}	4.75

注：表中的 $K_{a1}^\ominus$，$K_{a2}^\ominus$分别表示一级解离和二级解离的解离常数。

附表 5　一些常见物质的溶度积(298.15 K)

难溶物质	分子式	溶度积
氯化银	$AgCl$	1.77×10^{-10}
溴化银	$AgBr$	5.35×10^{-13}
碘化银	AgI	8.51×10^{-17}
铬酸银	Ag_2CrO_4	1.12×10^{-12}
硫化银	Ag_2S	1.12×10^{-12}(α型) 1.09×10^{-49}(β型)
硫酸钡	$BaSO_4$	1.07×10^{-10}
碳酸钡	$BaCO_3$	2.58×10^{-9}
铬酸钡	$BaCrO_4$	1.17×10^{-10}
碳酸钙	$CaCO_3$	4.96×10^{-9}
硫酸钙	$CaSO_4$	7.10×10^{-5}
磷酸钙	$Ca_3(PO_4)_2$	2.07×10^{-33}
氢氧化钙	$Ca(OH)_2$	4.68×10^{-6}
硫化铜	CuS	1.27×10^{-36}
氢氧化铁	$Fe(OH)_3$	2.64×10^{-39}
氢氧化亚铁	$Fe(OH)_2$	4.87×10^{-17}
硫化亚铁	FeS	1.59×10^{-19}
碳酸镁	$MgCO_3$	6.82×10^{-6}
氢氧化镁	$Mg(OH)_2$	5.61×10^{-12}
二氢氧化锰	$Mn(OH)_2$	2.06×10^{-13}
硫化锰	MnS	4.65×10^{-14}
硫酸铅	$PbSO_4$	1.06×10^{-8}
硫化铅	PbS	9.04×10^{-29}
碘化铅	PbI_2	8.49×10^{-9}
碳酸铅	$PbCO_3$	1.46×10^{-13}
碳酸锌	$ZnCO_3$	1.19×10^{-10}
硫化锌	ZnS	2.93×10^{-25}
硫化镉	CdS	1.40×10^{-29}
硫化汞	HgS	6.44×10^{-53}(黑) 2.00×10^{-53}(红)
氢氧化锌	$Zn(OH)_2$	6.8×10^{-17}
氢氧化铜	$Cu(OH)_2$	2.2×10^{-20}
氟化锂	LiF	1.8×10^{-3}
氟化镁	MgF_2	7.4×10^{-11}

元素周期表

原子序数 → 19
元素符号 → K
元素名称（注：*的是人造元素）→ 钾
稳定同位素的质量数（底线指丰度最大的同位素）→ 39 40 41
放射性同位素的质量数
外围电子的构型（括号指可能的构型）→ $4s^1$
相对原子质量（括号内数据为放射性元素最长寿命同位素的质量数）→ 39.0983(1)

注：
1. 相对原子质量录自1999年国际相对原子质量表，以$^{12}C=12$为基准，元素的相对原子质量末位数的准确度加注在其后括弧内。
2. 商品Li的相对原子质量范围为6.939~6.996。
3. 稳定元素列有天然丰度的同位素；天然放射性元素和人造元素同位素的选列与国际相对原子质量标的有关文献一致。

族 / 周期	ⅠA	ⅡA	ⅢB	ⅣB	ⅤB	ⅥB	ⅦB	Ⅷ	Ⅷ	Ⅷ	ⅠB	ⅡB	ⅢA	ⅣA	ⅤA	ⅥA	ⅦA	0	电子层	18族电子层数
1	1 H 氢 1 2 $1s^1$ 1.00794(7)																	2 He 氦 3 4 $1s^2$ 4.002602(2)	K	2
2	3 Li 锂 6 7 $2s^1$ 6.941(2)	4 Be 铍 9 $2s^2$ 9.012182(3)											5 B 硼 10 11 $2s^22p^1$ 10.811(7)	6 C 碳 12 13 14 $2s^22p^2$ 12.0107(8)	7 N 氮 14 15 $2s^22p^3$ 14.0067(2)	8 O 氧 16 17 18 $2s^22p^4$ 15.9994(3)	9 F 氟 19 $2s^22p^5$ 18.9984032(5)	10 Ne 氖 20 21 22 $2s^22p^6$ 20.1797(6)	L K	8 2
3	11 Na 钠 23 $3s^1$ 22.989770(2)	12 Mg 镁 24 25 26 $3s^2$ 24.3050(6)											13 Al 铝 27 $3s^23p^1$ 26.981538(2)	14 Si 硅 28 29 30 $3s^23p^2$ 28.0855(3)	15 P 磷 31 $3s^23p^3$ 30.973761(2)	16 S 硫 32 33 34 36 $3s^23p^4$ 32.065(5)	17 Cl 氯 35 37 $3s^23p^5$ 35.453(2)	18 Ar 氩 36 38 40 $3s^23p^6$ 39.948(1)	M L K	8 8 2
4	19 K 钾 39 40 41 $4s^1$ 39.0983(1)	20 Ca 钙 40 42 43 44 46 48 $4s^2$ 40.078(4)	21 Sc 钪 45 $3d^14s^2$ 44.955910(8)	22 Ti 钛 46 47 48 49 50 $3d^24s^2$ 47.867(1)	23 V 钒 50 51 $3d^34s^2$ 50.9415(1)	24 Cr 铬 50 52 53 54 $3d^54s^1$ 51.9961(6)	25 Mn 锰 55 $3d^54s^2$ 54.938049(9)	26 Fe 铁 54 56 57 58 $3d^64s^2$ 55.845(2)	27 Co 钴 59 $3d^74s^2$ 58.933200(9)	28 Ni 镍 58 60 61 62 64 $3d^84s^2$ 58.6934(2)	29 Cu 铜 63 65 $3d^{10}4s^1$ 63.546(3)	30 Zn 锌 64 66 67 68 70 $3d^{10}4s^2$ 65.39(2)	31 Ga 镓 69 71 $4s^24p^1$ 69.723(1)	32 Ge 锗 70 72 73 74 76 $4s^24p^2$ 72.64(1)	33 As 砷 75 $4s^24p^3$ 74.92160(2)	34 Se 硒 74 76 77 78 80 82 $4s^24p^4$ 78.96(3)	35 Br 溴 79 81 $4s^24p^5$ 79.904(1)	36 Kr 氪 78 80 82 83 84 86 $4s^24p^6$ 83.80(1)	N M L K	8 18 8 2
5	37 Rb 铷 85 87 $5s^1$ 85.4678(3)	38 Sr 锶 84 86 87 88 $5s^2$ 87.62(1)	39 Y 钇 89 $4d^15s^2$ 88.90585(2)	40 Zr 锆 90 91 92 94 96 $4d^25s^2$ 91.224(2)	41 Nb 铌 93 94 $4d^45s^1$ 92.90638(2)	42 Mo 钼 92 94 95 96 97 98 100 $4d^55s^1$ 95.94(1)	43 Tc 锝 97 98 99 $4d^55s^2$ (98)	44 Ru 钌 96 98 99 100 101 102 104 $4d^75s^1$ 101.07(2)	45 Rh 铑 103 $4d^85s^1$ 102.90550(2)	46 Pd 钯 102 104 105 106 108 110 $4d^{10}$ 106.42(1)	47 Ag 银 107 109 $4d^{10}5s^1$ 107.8682(2)	48 Cd 镉 106 108 110 111 112 113 114 116 $4d^{10}5s^2$ 112.411(8)	49 In 铟 113 115 $5s^25p^1$ 114.818(3)	50 Sn 锡 112 114 115 116 117 118 119 120 122 124 $5s^25p^2$ 118.710(7)	51 Sb 锑 121 123 $5s^25p^3$ 121.760(1)	52 Te 碲 120 122 123 124 125 126 128 130 $5s^25p^4$ 127.60(3)	53 I 碘 127 129 $5s^25p^5$ 126.90447(3)	54 Xe 氙 124 126 128 129 130 131 132 134 136 $5s^25p^6$ 131.293(6)	O N M L K	8 18 18 8 2
6	55 Cs 铯 133 $6s^1$ 132.90545(2)	56 Ba 钡 130 132 134 135 136 137 138 $6s^2$ 137.327(7)	57–71 La-Lu 镧系	72 Hf 铪 174 176 177 178 179 180 $5d^26s^2$ 178.49(2)	73 Ta 钽 180 181 $5d^36s^2$ 180.9479(1)	74 W 钨 180 182 183 184 186 $5d^46s^2$ 183.84(1)	75 Re 铼 185 187 $5d^56s^2$ 186.207(1)	76 Os 锇 184 186 187 188 189 190 192 $5d^66s^2$ 190.23(3)	77 Ir 铱 191 193 $5d^76s^2$ 192.217(3)	78 Pt 铂 190 192 194 195 196 198 $5d^96s^1$ 195.078(2)	79 Au 金 197 $5d^{10}6s^1$ 196.96655(2)	80 Hg 汞 196 198 199 200 201 202 204 $5d^{10}6s^2$ 200.59(2)	81 Tl 铊 203 205 $6s^26p^1$ 204.3833(2)	82 Pb 铅 204 206 207 208 $6s^26p^2$ 207.2(1)	83 Bi 铋 209 $6s^26p^3$ 208.98038(2)	84 Po 钋 209 210 $6s^26p^4$ (210)	85 At 砹 210 211 $6s^26p^5$ (210)	86 Rn 氡 211 220 222 $6s^26p^6$ (222)	P O N M L K	8 18 32 18 8 2
7	87 Fr 钫 223 $7s^1$ (223)	88 Ra 镭 223 224 226 228 $7s^2$ (226)	89–103 Ac-Lr 锕系	104 Rf 𬬻* 261 $(6d^27s^2)$ (261)	105 Db 𬭊* 262 $(6d^37s^2)$ (262)	106 Sg 𬭳* 263 (263)	107 Bh 𬭛* 264 (264)	108 Hs 𬭶* 265 (265)	109 Mt 鿏* 268 (268)	110 Ds 𫟼* 269 (269)	111 Rg 𬬭* 272 (272)	112 Cn 鿔 277 (277)	113 Nh 鉨	114 Fl 𫓧	115 Mc 镆	116 Lv 𫟷	117 Ts 鿬	118 Og 鿫		

镧系	57 La 镧 138 139 $5d^16s^2$ 138.9055(2)	58 Ce 铈 136 138 140 142 $4f^15d^16s^2$ 140.116(1)	59 Pr 镨 141 $4f^36s^2$ 140.90765(2)	60 Nd 钕 142 143 144 145 146 148 150 $4f^46s^2$ 144.24(3)	61 Pm 钷 145 147 $4f^56s^2$ (145)	62 Sm 钐 144 147 148 149 150 152 154 $4f^66s^2$ 150.36(3)	63 Eu 铕 151 153 $4f^76s^2$ 151.964(1)	64 Gd 钆 152 154 155 156 157 158 160 $4f^75d^16s^2$ 157.25(3)	65 Tb 铽 159 $4f^96s^2$ 158.92534(2)	66 Dy 镝 156 158 160 161 162 163 164 $4f^{10}6s^2$ 162.50(3)	67 Ho 钬 165 $4f^{11}6s^2$ 164.93032(2)	68 Er 铒 162 164 166 167 168 170 $4f^{12}6s^2$ 167.259(3)	69 Tm 铥 169 $4f^{13}6s^2$ 168.93421(2)	70 Yb 镱 168 170 171 172 173 174 176 $4f^{14}6s^2$ 173.04(3)	71 Lu 镥 175 176 $4f^{14}5d^16s^2$ 174.967(1)
锕系	89 Ac 锕 227 $6d^17s^2$ (227)	90 Th 钍 230 232 $6d^27s^2$ 232.0381(1)	91 Pa 镤 231 $5f^26d^17s^2$ 231.03588(2)	92 U 铀 233 234 235 236 238 $5f^36d^17s^2$ 238.02891(3)	93 Np 镎 237 239 $5f^46d^17s^2$ (237)	94 Pu 钚 238 239 240 241 242 244 $5f^67s^2$ (244)	95 Am 镅* 241 243 $5f^77s^2$ (243)	96 Cm 锔* 243 244 245 246 247 248 $5f^76d^17s^2$ (247)	97 Bk 锫* 247 249 $5f^97s^2$ (247)	98 Cf 锎* 249 250 251 252 $5f^{10}7s^2$ (251)	99 Es 锿* 252 $5f^{11}7s^2$ (252)	100 Fm 镄* 257 $5f^{12}7s^2$ (257)	101 Md 钔* 256 258 $5f^{13}7s^2$ (258)	102 No 锘* 259 $5f^{14}7s^2$ (259)	103 Lr 铹* 260 $5f^{14}6d^17s^2$ (260)